植物栄養・肥料の事典

植物栄養・肥料の事典編集委員会 — 編集

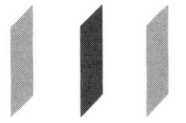

朝倉書店

序

　世界の人口は 2000 年についに 60 億人を突破した．人口の増加は必然的に食料需要の増加をもたらす．しかし，人口の増加はまた宅地，道路用地，レクリエーションの場や工業用地などの増加をもたらし，これらは多くの場合既存の肥沃な農地を転用して増設されるために，増加する人類の生存を保証するために必要不可欠である食料の生産の場である農地は，皮肉なことに，生産性が低いためにこれまで農地としては利用されていなかった劣悪な性質をもつ土壌地帯に向かって拡大せざるをえない事態になっている．さらに，化学肥料の過剰施肥起源の水質汚染や大気汚染などの環境問題が顕在化して，持続性のある農業生産形態を構築することが世界的な重要課題として問われている．

　食料は農産物のような直接的生産と家畜や魚類を経由した間接的生産の違いはあっても，それらの大部分は植物の生産機能に依存している．例えば，家畜の生産原料は植物そのものである．植物の独立栄養にもとづく生産機能は，植物の生育のために必須な養分元素の供給なしには正常に発揮することができない．もともと，養分元素が根や葉でどのように吸収・同化され，これらが太陽エネルギーの化学エネルギーへの転換と炭酸ガスの同化を出発点とする植物の生産機能とどのようにかかわるのかを明らかにすることと，生産機能を向上させるためにどのような養分供給が望ましいのかを最大の研究課題として発展してきた植物栄養学・肥料学は，今や増加する人口を背景として新たな局面に立ち至っているのである．

　本書は，現在および将来に向けて問われているこれらの世界的な課題に対して，植物栄養学・肥料学を構成するすべての分野の研究者が現在までに明らかにしてきた世界全体の研究成果を，詳細に記載したものである．植物栄養学や肥料学を志す専門家や学生諸氏はもちろんのこと，植物が持っている生産機能やストレス耐性機能などの多くの機能，世界の食料問題に対する対策，食料の品質，施肥起源の環境問題，環境汚染をもたらすことのない施肥法，環境改善法等に関心を持つ他の分野の専門家や学生諸氏にも座右の書にしていただくことができれば，それにまさる喜びはないと考えるものである．

本書を出版するために140名もの植物栄養学・肥料学の専門家や他の分野の専門家に多大なるご尽力をいただいた．ここに心からなる感謝の意を表する次第である．最後に，本書の立案から完成までに要した長時間にわたって実務に携わっていただいた朝倉書店編集部の皆様に深甚なる謝意を表したい．

　2002年3月

編集委員一同

植物栄養・肥料の事典編集委員会

編集委員
（五十音順．*編集委員長）

麻生　昇平	東京農業大学名誉教授
石塚　潤爾	前九州大学農学部教授
小畑　　仁	三重大学生物資源学部教授
越野　正義	（財）日本肥糧検定協会専務理事
関谷　次郎	京都大学大学院農学研究科教授
但野　利秋*	東京農業大学応用生物科学部教授 北海道大学名誉教授
茅野　充男	秋田県立大学生物資源科学部教授 東京大学名誉教授
前　　忠彦	東北大学大学院農学研究科教授
松本　英明	岡山大学資源生物科学研究所教授

執筆者
（執筆順）

関谷　次郎	京都大学	松口　龍彦	九州共立大学
寺林　　敏	京都府立大学	赤司　和隆	北海道立中央農業試験場
西澤　直子	東京大学	境　　雅夫	九州大学
山口　淳一	北海道大学	米山　忠克	東京大学
但野　利秋	東京農業大学 北海道大学名誉教授	安藤　忠男	広島大学
波多野隆介	北海道大学	高橋　英一	京都大学名誉教授
伊藤　純雄	（独）農業技術研究機構 中央農業総合研究センター	王子　善清	神戸大学
我妻　忠雄	山形大学	河野　憲治	広島大学
間藤　　徹	京都大学	森　　　敏	東京大学
久保井　徹	静岡大学	堀口　　毅	鹿児島大学名誉教授
松本　英明	岡山大学	小畑　　仁	三重大学
木村　眞人	名古屋大学	水野　直治	酪農学園大学短期大学部
牛木　　純	（独）農業技術研究機構 中央農業総合研究センター	山内　益夫	鳥取大学
早川　嘉彦	（独）農業技術研究機構 北海道農業研究センター	渡辺　和彦	兵庫県立中央農業技術センター
石塚　潤爾	前九州大学	平澤　栄次	大阪市立大学
		小西　茂毅	静岡大学名誉教授

執筆者

大山 卓爾	新潟大学
稲永 醇二	鹿児島大学
有馬 泰紘	東京農工大学
笠毛 邦弘	岡山大学
三村 徹郎	奈良女子大学
林 浩昭	東京大学
茅野 充男	秋田県立大学／東京大学名誉教授
藤原 徹	東京大学
藤田 耕之輔	広島大学
山谷 知行	東北大学
前 忠彦	東北大学
牧野 周	東北大学
大崎 満	北海道大学
西田 生郎	東京大学
渡辺 巖	三重大学名誉教授
河内 宏	(独)農業生物資源研究所
斎藤 雅典	(独)農業技術研究機構 畜産草地研究所
森 茂太	(独)森林総合研究所
吉田 静夫	北海道大学名誉教授
多田 幹郎	岡山大学
白石 友紀	岡山大学
積木 久明	岡山大学
加藤 潔	名古屋大学
山本 洋子	岡山大学
柴坂 三根夫	岡山大学
田中 浄	鳥取大学
河合 成直	岩手大学
小山 博之	岐阜大学
江崎 文一	岡山大学
横田 博実	静岡大学
馬 建鋒	香川大学
池田 元輝	九州大学
嶋田 典司	(社)日本土壌肥料学会／千葉大学名誉教授
長谷川 功	日本大学
藤井 義晴	(独)農業環境技術研究所
麻生 昇平	東京農業大学名誉教授
越野 正義	(財)日本肥糧検定協会
尾和 尚人	新潟大学
諸岡 稔	(財)農業技術協会
柴田 勝	チッソ旭肥料(株)
羽生 友治	全国農業協同組合連合会
関本 均	宇都宮大学
眞弓 洋一	全国農業協同組合連合会
野口 勝憲	片倉チッカリン(株)
吉羽 雅昭	東京農業大学
安藤 淳平	前中央大学
樋口 太重	(独)農業環境技術研究所
岸本 菊夫	岸本技術士事務所
日高 伸	埼玉県農林総合研究センター
上沢 正志	(独)農業環境技術研究所
齊藤 寛	弘前大学
関矢 信一郎	ホクレン農業協同組合連合会
吉野 喬	前農林水産省九州農業試験場
水落 勁美	開発肥料販売(株)
下野 勝昭	北海道立中央農業試験場
藤原 俊六郎	神奈川県農業総合研究所
松中 照夫	酪農学園大学
山本 克巳	(独)農業技術研究機構 九州沖縄農業研究センター
細谷 毅	日本合同肥料(株)
川内 郁緒	(独)農業技術研究機構 九州沖縄農業研究センター
中島田 誠	前農林水産省野菜・茶業試験場
大屋 一弘	(有)石垣島ファーマー／琉球大学名誉教授
五十嵐 太郎	前新潟大学
小池 孝良	北海道大学
生原 喜久雄	東京農工大学
贄田 博躬	前日本たばこ産業(株)
高木 浩	宮崎大学
深見 元弘	宇都宮大学

執筆者

本郷 千春	千葉大学
稲津 脩	北海道立中央農業試験場
加藤 淳	北海道立中央農業試験場
市川 信雄	北海道立中央農業試験場
建部 雅子	(独)農業技術研究機構 北海道農業研究センター
井村 悦夫	日本甜菜糖(株)
渡邉 幸雄	千葉大学
吉川 年彦	兵庫県立中央農業技術センター
駒村 研三	(独)農業技術研究機構 果樹研究所
三木 直倫	北海道立十勝農業試験場
能代 昌雄	北海道立中央農業試験場
藤沼 善亮	(財)日本肥糧検定協会
金澤 晋二郎	九州大学
嶋田 永生	コープケミカル(株)
犬伏 和之	千葉大学
川島 博之	東京大学
後藤 茂子	東京大学
梅宮 善章	(独)農業技術研究機構 果樹研究所
陽 捷行	(独)農業環境技術研究所
岡崎 正規	東京農工大学
藤井 國博	東京農業大学
米林 甲陽	京都府立大学
若月 利之	島根大学
袴田 共之	(独)農業工学研究所
長野間 宏	秋田県農業試験場
南澤 究	東北大学
森 忠洋	前島根大学
松本 聰	秋田県立大学 東京大学名誉教授
和田 英太郎	総合地球環境学研究所
山崎 慎一	(株)県南衛生工業
福原 道一	(財)日本土壌協会
米田 好文	北海道大学
榊原 均	理化学研究所
杉山 達夫	名古屋大学
髙橋 裕一郎	岡山大学
佐藤 公行	アリゾナ州立大学客員教授 岡山大学名誉教授
土屋 亨	三重大学
北柴 大泰	山形県テクノポリス財団
渡辺 正夫	岩手大学
鳥山 欽哉	東北大学
内藤 哲	北海道大学

目　　次

1. 植物の形態 ……………………………………………………………………1
    1.1 高等植物の進化とライフサイクル ……………………〔関谷次郎〕…1
    1.2 植物の器官と組織 ………………………………………〔寺林　敏〕…2
        1.2.1 茎 …………………………………………………………………2
        1.2.2 葉 …………………………………………………………………6
        1.2.3 根 …………………………………………………………………8
        1.2.4 花 …………………………………………………………………11
    1.3 植物の細胞構造 …………………………………………〔西澤直子〕…13
        1.3.1 細　胞　壁 ………………………………………………………13
        1.3.2 細　胞　膜 ………………………………………………………17
        1.3.3 細胞間連絡糸 ……………………………………………………17
        1.3.4 微　小　管 ………………………………………………………17
        1.3.5 細　胞　質 ………………………………………………………19
        1.3.6 核 …………………………………………………………………19
        1.3.7 リボソーム ………………………………………………………20
        1.3.8 小　胞　体 ………………………………………………………22
        1.3.9 ゴ ル ジ 体 ………………………………………………………23
        1.3.10 液　　　胞 ………………………………………………………25
        1.3.11 色　素　体 ………………………………………………………25
        1.3.12 ミトコンドリア …………………………………………………29
        1.3.13 マイクロボディ …………………………………………………29

2. 根　　圏 ……………………………………………………………………31
    2.1 根圏における養水分の動態 ……………………………………………31
        2.1.1 植物の根張り特性 ……………………………〔山口淳一〕…31
        2.1.2 根圏への養水分の移行 ………………………〔波多野隆介〕…34
        2.1.3 機能的養分吸収モデル ………………………〔伊藤純雄〕…37
    2.2 根圏における有害物質の動態 …………………………………………40
        2.2.1 アルミニウム …………………………………〔我妻忠雄〕…40
        2.2.2 過剰塩類 ………………………………………〔間藤　徹〕…42
        2.2.3 有害重金属 ……………………………………〔久保井徹〕…43
    2.3 根による物質の分泌と排出 ……………………………………………45
        2.3.1 有機化合物 ……………………………………〔但野利秋〕…45

2.3.2　無機イオン ……………………………………………〔松本英明〕…47
　2.3.3　二酸化炭素 ……………………………………………〔木村眞人〕…48
　2.3.4　酸素および酸化物質 ……………………………………〔但野利秋〕…49
　2.3.5　抗菌物質 …………………………………〔牛木　純・早川嘉彦〕…51
2.4　根圏における微生物の動態と代謝 ……………………………………53
　2.4.1　窒素固定菌および菌根菌 ………………………………〔石塚潤爾〕…53
　2.4.2　アンモニア化成に関わる微生物および硝化細菌 ………〔松口龍彦〕…55
　2.4.3　脱窒菌 ……………………………………………………〔木村眞人〕…57
　2.4.4　メタン細菌 ………………………………………………〔木村眞人〕…58
　2.4.5　硫酸還元菌 ………………………………………………〔木村眞人〕…60
　2.4.6　病原菌（糸状菌） ………………………………………〔赤司和隆〕…61
　2.4.7　有用根圏細菌 ……………………………………………〔境　雅夫〕…63

3．元素の生理機能 ……………………………………………………………67
3.1　必須元素の定義 …………………………………………………〔但野利秋〕…67
3.2　養分要求性 ………………………………………………………〔但野利秋〕…68
3.3　多量必須元素 ………………………………………………………………71
　3.3.1　炭素，水素，酸素 ………………………………………〔但野利秋〕…71
　3.3.2　窒　素 ……………………………………………………〔米山忠克〕…72
　3.3.3　リ　ン ……………………………………………………〔安藤忠男〕…75
　3.3.4　カリウム …………………………………………………〔高橋英一〕…81
　3.3.5　カルシウム ………………………………………………〔稲永醇二〕…85
　3.3.6　マグネシウム ……………………………………………〔王子善清〕…90
　3.3.7　硫　黄 ……………………………………………………〔河野憲治〕…94
3.4　微量必須元素 ………………………………………………………………98
　3.4.1　鉄 …………………………………………………………〔森　　敏〕…98
　3.4.2　マンガン …………………………………………………〔堀口　毅〕…102
　3.4.3　亜　鉛 ……………………………………………………〔小畑　仁〕…105
　3.4.4　銅 …………………………………………………………〔水野直治〕…108
　3.4.5　ホウ素 ……………………………………………………〔山内益夫〕…110
　3.4.6　モリブデン ………………………………………………〔渡辺和彦〕…113
　3.4.7　塩　素 …………………………………〔平澤栄次・間藤　徹〕…116
3.5　その他の有用元素 …………………………………………………………117
　3.5.1　ケイ素 ……………………………………………………〔間藤　徹〕…117
　3.5.2　ナトリウム ………………………………………………〔間藤　徹〕…119
　3.5.3　アルミニウム ……………………………………………〔小西茂毅〕…120
　3.5.4　コバルト …………………………………………………〔大山卓爾〕…122
　3.5.5　ニッケル …………………………………………………〔水野直治〕…124
　3.5.6　セレニウム ………………………………………………〔小西茂毅〕…124

4. 吸収と移動 ……………………………………………………………………127
4.1 細胞内へのイオンの吸収と移動 …………………………………………127
4.1.1 根内でのイオンの移動経路とイオン吸収サイト …………〔有馬泰弘〕…127
4.1.2 細胞壁とイオン輸送 ……………………………………〔有馬泰弘〕…136
4.1.3 イオンの細胞膜および液胞膜輸送 …………〔笠毛邦弘〕/〔三村徹郎〕…142
4.2 長距離輸送 …………………………………………………………………153
4.2.1 導 管 輸 送 …………………………………………………〔林　浩昭〕…153
4.2.2 師管輸送と物質集積 ……………………………………………………156
4.2.2.1 師管輸送と物質集積 ……………………………〔林　浩昭・茅野充男〕…156
4.2.2.2 シンク・ソース関係 ……………………………〔藤田耕之輔〕…160
4.2.2.3 シンクにおける物質集積 ………………………〔藤原　徹・茅野充男〕…163

5. 代　　謝 …………………………………………………………………165
5.1 窒素の代謝 …………………………………………………………………165
5.1.1 アンモニア態窒素と硝酸態窒素の根および葉における同化と
同化に及ぼす内的・外的因子の影響 ……………………〔山谷知行〕…165
5.1.2 アミノ酸代謝，遊離アミノ酸の蓄積と各種要因 …………〔山谷知行〕…170
5.1.3 核酸，クロロフィル，その他の窒素化合物の代謝 ………〔前　忠彦〕…175
5.1.4 植物におけるタンパク質の合成 …………………………〔前　忠彦〕…181
5.2 リンの代謝 …………………………………………………〔松本英明〕…186
5.2.1 リンの分布と利用 …………………………………………………186
5.2.2 リン酸の吸収と輸送 ………………………………………………187
5.2.3 植物体内でのリンの形態 …………………………………………188
5.2.4 無機リン酸による代謝調節 ………………………………………190
5.2.5 種子におけるフィチン ……………………………………………191
5.3 硫黄の代謝 …………………………………………………〔関谷次郎〕…191
5.4 炭水化物代謝 ………………………………………………〔牧野　周〕…196
5.4.1 体内での炭水化物 …………………………………………………196
5.4.2 デンプンの代謝 ……………………………………………………198
5.4.3 ショ糖の代謝 ………………………………………………………200
5.5 脂 質 代 謝 …………………………………………………〔西田生郎〕…201
5.5.1 体内脂質化合物の種類と量 ………………………………………201
5.5.2 脂 質 代 謝 …………………………………………………………204
5.6 光 合 成 ……………………………………………………〔牧野　周〕…209
5.6.1 個葉の光合成のしくみ ……………………………………………209
5.6.2 光合成の環境応答 …………………………………………………219
5.7 呼　　吸 ……………………………………………………〔大崎　満〕…223
5.7.1 呼吸のしくみ ………………………………………………………223
5.7.2 呼吸と物質代謝 ……………………………………………………226

5.7.3　光合成系と呼吸系との関係 ……………………………………231
　　5.7.4　呼吸と無機栄養との関係 ………………………………………233

6. 共　　生 …………………………………………………………………239
6.1　窒素固定微生物との共生 ………………………………………………239
　6.1.1　窒素固定共生系の特性とその農業および自然生態系における意義
　　　　　 ………………………………………………………〔渡辺　巖〕…239
　6.1.2　マメ科植物根粒における共生窒素固定 …………〔河内　宏〕…247
　6.1.3　窒素固定産物の動態とその生理的意義 …………〔石塚潤爾〕…259
6.2　菌根菌との共生 …………………………………………………………264
　6.2.1　内生菌根菌 ……………………………………………〔斎藤雅典〕…264
　6.2.2　外生菌根菌 ……………………………………………〔森　茂太〕…269

7. ストレス生理 ……………………………………………………………275
7.1　ストレスシグナル応答反応 ………………………………〔松本英明〕…275
7.2　物理的ストレス …………………………………………………………278
　7.2.1　植物の低温ストレス …………………………………〔吉田静夫〕…278
　7.2.2　光照射ストレス ………………………………………〔多田幹郎〕…281
7.3　生物的ストレス …………………………………………………………283
　7.3.1　病原微生物ストレス …………………………………〔白石友紀〕…283
　7.3.2　害虫ストレス …………………………………………〔積木久明〕…288
7.4　化学的ストレス …………………………………………………………290
　7.4.1　水分ストレス …………………………………………〔加藤　潔〕…290
　7.4.2　酸ストレス ……………………………………………〔山本洋子〕…294
　7.4.3　酸素ストレス …………………………………………〔柴坂三根夫〕…296
　7.4.4　活性酸素ストレス ……………………………………〔山本洋子〕…297
　7.4.5　光合成反応ストレス …………………………………〔池田元輝〕…301
　7.4.6　ガスストレス …………………………………………〔田中　浄〕…306
　7.4.7　窒素の過剰と欠乏ストレス …………………………〔王子善清〕…308
　7.4.8　リン欠乏ストレス ……………………………………………………312
　　7.4.8.1　個体・組織・細胞レベルでのストレス …………〔但野利秋〕…312
　　7.4.8.2　リン酸欠乏ストレスに対する分子・遺伝子レベルの応答反応
　　　　　　 ………………………………………………………〔松本英明〕…316
　7.4.9　塩ストレス ……………………………………………〔間藤　徹〕…319
　7.4.10　鉄欠乏ストレス ………………………………………………………322
　　7.4.10.1　根圏の変化 ………………………………………〔河合成直〕…322
　　7.4.10.2　組織・細胞構造の変化 …………………………〔西澤直子〕…325
　　7.4.10.3　分子レベル，遺伝子レベルでの耐性機構と耐性植物創出の戦略
　　　　　　 ………………………………………………………〔森　敏〕…326

7.4.11 アルミニウムストレス ………………………………………………………………332
　7.4.11.1 ストレスの成因と障害の機構 …………………………〔我妻忠雄〕…332
　7.4.11.2 耐性機構 ……………………………〔小山博之〕/〔江崎文一〕…337
7.4.12 カルシウム欠乏ストレス ……………………………………………………342
　7.4.12.1 個体・組織・細胞レベルのカルシウム欠乏ストレス 〔馬　建鋒〕…342
　7.4.12.2 分子レベルのカルシウム欠乏ストレス ………………〔松本英明〕…345
7.4.13 カリウム欠乏ストレス ……………………………………………〔渡辺和彦〕…347
7.4.14 マグネシウムの欠乏と過剰ストレス ……………………………〔嶋田典司〕…348
7.4.15 硫黄の欠乏と過剰ストレス ………………………………………〔関谷次郎〕…349
7.4.16 マンガンの欠乏と過剰ストレス …………………………………〔堀口　毅〕…351
7.4.17 亜鉛の欠乏と過剰ストレス ………………………………………〔小畑　仁〕…352
7.4.18 銅の欠乏と過剰ストレス …………………………………………〔長谷川　功〕…353
7.4.19 ホウ素の欠乏と過剰ストレス ……………………………………〔横田博実〕…355
7.4.20 モリブデン欠乏ストレス …………………………………………〔渡辺和彦〕…356
7.4.21 塩素の欠乏と過剰ストレス ………………………………………〔安藤忠男〕…356
7.4.22 カドミウム過剰ストレス …………………………………………〔長谷川　功〕…357
7.4.23 メタロチオネイン …………………………………………………〔小畑　仁〕…359
7.4.24 アレロパシーストレス ……………………………………………〔藤井義晴〕…360

8. 肥　　料 ……………………………………………………………………………363
8.1 肥料の種類と特性 ……………………………………………………………363
8.1.1 肥料の歴史 ………………………………………………………〔麻生昇平〕…363
8.1.2 肥料の定義と分類 ………………………………………………〔越野正義〕…364
8.1.3 普通肥料と特殊肥料 ……………………………………………〔越野正義〕…365
8.1.4 窒素質肥料 ………………………………………………………〔越野正義〕…366
8.1.5 リン酸質肥料 ……………………………………………………〔越野正義〕…368
8.1.6 カリ質肥料 ………………………………………………………〔越野正義〕…371
8.1.7 有機質肥料 ………………………………………………………〔長谷川　功〕…372
8.1.8 複合肥料 …………………………………………………………〔尾和尚人〕…376
8.1.9 石灰質肥料 ………………………………………………………〔諸岡　稔〕…380
8.1.10 苦土肥料 …………………………………………………………〔諸岡　稔〕…382
8.1.11 ケイ酸質肥料 ……………………………………………………〔尾和尚人〕…383
8.1.12 被覆肥料 …………………………………………………………〔柴田　勝〕…384
8.1.13 BB肥料（粒状配合肥料）………………………………………〔羽生友治〕…388
8.1.14 指定配合肥料 ……………………………………………………〔羽生友治〕…392
8.1.15 農薬その他が混入される肥料 …………………………………〔関本　均〕…393
8.1.16 微量要素肥料 ……………………………………………………〔眞弓洋一〕…395
8.1.17 葉面散布肥料 ……………………………………………………〔眞弓洋一〕…397
8.1.18 家庭園芸用肥料 …………………………………………………〔眞弓洋一〕…398

目　　次

　　8.1.19　特殊肥料と自給肥料 ……………………………………〔野口勝憲〕…399
　　8.1.20　土壌改良剤（土壌改良資材） ……………………………〔吉羽雅昭〕…403
　　8.1.21　肥料の評価 …………………………………………………〔越野正義〕…406
　8.2　肥料の品質と保全 …………………………………………………………406
　　8.2.1　公定規格と品質 ………………………………………………〔尾和尚人〕…408
　　8.2.2　肥料の主成分と保証成分量 …………………………………〔樋口太重〕…413
　　8.2.3　肥料の検査と登録状況 ………………………………………〔樋口太重〕…415
　　8.2.4　肥料の反応と物理性 …………………………………………〔安藤淳平〕…417
　8.3　肥料の研究開発と動向 ………………………………………〔尾和尚人〕…419
　　8.3.1　リン酸資材の開発と利用 ……………………………………〔岸本菊夫〕…420
　　8.3.2　産業廃棄物の肥料化と重金属 ………………………………〔日高　伸〕…421
　　8.3.3　各種汚泥中の金属元素 ………………………………………〔日高　伸〕…423
　　8.3.4　新肥料の動向 …………………………………………………〔尾和尚人〕…425

9.　施　　肥 …………………………………………………………………………427

　9.1　施肥の原理――施肥と収量・環境 …………………………〔上沢正志〕…427
　　9.1.1　養分の天然供給量 ……………………………………………………427
　　9.1.2　最小養分律 ……………………………………………………………427
　　9.1.3　報酬漸減の法則とその克服 …………………………………………428
　　9.1.4　施肥の要素 ……………………………………………………………428
　9.2　肥料試験法と施肥量の決定 …………………………………〔上沢正志〕…430
　　9.2.1　ポット試験 ……………………………………………………………430
　　9.2.2　枠試験およびライシメータ試験 ……………………………………431
　　9.2.3　圃場試験 ………………………………………………………………431
　　9.2.4　養液栽培試験 …………………………………………………………431
　　9.2.5　肥料試験の注意事項 …………………………………………………432
　　9.2.6　肥料の利用率 …………………………………………………………432
　9.3　環境条件と施肥 ………………………………………………………………433
　　9.3.1　土壌と施肥―土壌型別の対応技術 …………………………〔上沢正志〕…433
　　9.3.2　有機物管理と施肥 ……………………………………………〔上沢正志〕…436
　　9.3.3　気象条件と施肥 ………………………………………………〔藤原俊六郎〕…439
　　9.3.4　施肥と病害虫 …………………………………………………〔藤原俊六郎〕…440
　　9.3.5　施肥と農作物の品質 …………………………………………〔藤原俊六郎〕…441
　　9.3.6　不良土壌下における施肥 ……………………………………〔藤原俊六郎〕…443
　9.4　作物ごとの施肥 ………………………………………………………………444
　　9.4.1　水　　稲 ………………………………………〔関矢信一郎〕/〔吉野　喬〕…444
　　9.4.2　普通畑作物 …………………………………〔水落勁美〕/〔下野勝昭〕/〔大屋一弘〕…454
　　9.4.3　野　菜　類 ……………………………………………………〔藤原俊六郎〕…468
　　9.4.4　果　樹　類 ……………………………………………………〔齊藤　寛〕…473

9.4.5　飼料作物 ……………………………〔越野正義〕/〔松中照夫〕/〔山本克巳〕…477
　　　9.4.6　花き類 ……………………………………………………………〔細谷　毅〕…485
　　　9.4.7　球根類 …………………………………………………………〔五十嵐太郎〕…490
　　　9.4.8　クワ ………………………………………………………………〔川内郁緒〕…492
　　　9.4.9　チャ（茶） ………………………………………………………〔中島田　誠〕…494
　　　9.4.10　タバコ …………………………………………………………〔贄田博躬〕…496
　　　9.4.11　林木（苗畑・林地） ………………………………〔小池孝良・生原喜久雄〕…498

10．栄養診断 ………………………………………………………………………………501
　10.1　外観による栄養診断 ………………………………………………〔渡辺和彦〕…501
　　　10.1.1　概説 ……………………………………………………………………………501
　　　10.1.2　外観からの栄養診断のこつ …………………………………………………503
　　　10.1.3　葉色による栄養診断 …………………………………………………………507
　10.2　化学分析による栄養診断 ………………………………………………………509
　　　10.2.1　多量必須要素 ………………………………………〔大山卓爾〕/〔嶋田典司〕…509
　　　10.2.2　微量必須要素 ……………………………………………………〔髙木　浩〕…522
　　　10.2.3　その他の元素 ……………………………………………………〔深見元弘〕…528
　10.3　リモートセンシングによる栄養診断 ……………………………〔本郷千春〕…532

11．農産物の品質 …………………………………………………………………………537
　11.1　食糧・食品の品質要素 ……………………………………………〔麻生昇平〕…537
　11.2　農産物の安全性と施肥 ……………………………………………〔麻生昇平〕…539
　11.3　作物ごとの品質 …………………………………………………………………541
　　　11.3.1　コメ ………………………………………………………………〔稲津　脩〕…541
　　　11.3.2　普通畑作物 …〔下野勝昭〕/〔加藤　淳・市川信雄〕/〔建部雅子〕/〔井村悦夫〕…544
　　　11.3.3　野菜類 …………………………………………………………〔渡邉幸雄〕…552
　　　11.3.4　果菜類 …………………………………………………………〔吉川年彦〕…555
　　　11.3.5　果樹類 …………………………………………………………〔駒村研三〕…558
　　　11.3.6　飼料作物 ………………………………………………〔三木直倫〕/〔能代昌雄〕…560
　　　11.3.7　花き類 …………………………………………………………〔細谷　毅〕…563
　　　11.3.8　クワ ……………………………………………………………〔川内郁緒〕…566
　　　11.3.9　チャ（茶） ………………………………………………………〔中島田　誠〕…567
　　　11.3.10　サトウキビ ……………………………………………………〔大屋一弘〕…570
　11.4　有機農法と品質 …………………………………………………〔藤沼善亮〕…571
　　　11.4.1　有機農法とは …………………………………………………………………571
　　　11.4.2　有機栽培と生産物の品質 ……………………………………………………572

12．環境 ……………………………………………………………………………………577
　12.1　環境動態と植物 …………………………………………………………………577

12.1.1	生元素循環と植物	〔犬伏和之〕…577
12.1.2	養分の天然供給量	〔若月利之〕…579
12.1.3	土壌環境と植物栄養	〔金澤晋二郎〕…580
12.1.4	人工環境と植物栄養	〔嶋田永生〕…583
12.1.5	焼畑農業	〔岡崎正規〕…586
12.1.6	低湿地土壌と植物	〔米林甲陽〕…587
12.2	資材投入による環境負荷	…589
12.2.1	窒素質肥料	〔川島博之〕…589
12.2.2	リン酸質肥料	〔安藤忠男〕…591
12.2.3	下水汚泥の緑農地還元	〔後藤茂子〕…594
12.2.4	家畜ふん尿施用	〔梅宮善章〕…597
12.2.5	有機物と温室効果ガス	〔陽　捷行〕…599
12.2.6	施肥と塩類集積	〔岡崎正規〕…600
12.2.7	カウンターアニオンなどの影響（随伴イオン）	〔水野直治〕…603
12.3	環境の変化と植物栄養	…605
12.3.1	植物に対する地球環境変動の影響	〔藤井國博〕…605
12.3.2	重金属負荷	〔小畑　仁〕…608
12.3.3	貧栄養と過剰栄養	〔小畑　仁〕…610
12.3.4	酸性土壌とアルカリ性土壌	…612
12.3.4.1	酸性土壌	〔我妻忠雄〕…612
12.3.4.2	アルカリ性土壌	〔森　敏〕…613
12.3.5	土壌物理性の劣化と植物	〔長野間宏〕…614
12.4	植物栄養・肥料学的手法による環境改善へのアプローチ	…616
12.4.1	共生窒素固定	〔南澤　究〕…616
12.4.2	ラン藻による窒素固定と水素発生	〔渡辺　巌〕…618
12.4.3	低投入農業	〔袴田共之〕…619
12.4.4	環境保全型農業	〔尾和尚人〕…620
12.4.5	コンポスト化	〔森　忠洋〕…623
12.4.6	生理生化学・分子生物学的研究の進展	〔小山博之〕…623
12.4.7	土壌によるバイオリメディエーション	〔松本　聰〕…625
12.4.8	不耕起栽培	〔金澤晋二郎〕…627
12.5	解析手法	…632
12.5.1	安定同位体比と負荷源の特定	〔和田英太郎〕…632
12.5.2	元素分析法の進歩	〔山崎慎一〕…634
12.5.3	リモートセンシングによる環境解析の手法	〔福原道一〕…636

13. 分子生物学　…639

13.1	分子生物学の基礎技術	〔米田好文〕…639
13.1.1	組換えDNA実験技術の意義	…639

- 13.1.2 実験過程の概要 …………………………………………………640
- 13.1.3 実験計画上の留意点 ……………………………………………641
- 13.2 養分吸収と転流の分子生物学 ……………………………〔林　浩昭〕…643
  - 13.2.1 硝酸イオントランスポーターの単離 ……………………………644
  - 13.2.2 硫酸イオントランスポーターの単離 ……………………………646
  - 13.2.3 師管へのスクロースの取り込みをつかさどる遺伝子 …………647
- 13.3 窒素同化の分子生物学 ………………………………〔榊原　均・杉山達夫〕…650
  - 13.3.1 硝酸還元系酵素 ……………………………………………………650
  - 13.3.2 アンモニア同化系酵素 ……………………………………………654
- 13.4 光合成の分子生物学 …………………………………〔高橋裕一郎・佐藤公行〕…657
  - 13.4.1 光合成の反応 ………………………………………………………657
  - 13.4.2 光合成系を構成するタンパク質の遺伝子支配 …………………659
  - 13.4.3 光合成に関与するタンパク質の遺伝子情報の存在部位 ………662
  - 13.4.4 葉緑体の光合成遺伝子の発現調節 ………………………………662
  - 13.4.5 核の光合成遺伝子の発現調節 ……………………………………663
  - 13.4.6 光合成タンパク質の機能発現部位への輸送 ……………………664
  - 13.4.7 光合成に関与するタンパク質の構造と機能の分子生物学的解析 ………665
- 13.5 生殖生長の分子生物学 ………………〔土屋　亨・北柴大泰・渡辺正夫・鳥山欽哉〕…667
  - 13.5.1 花芽形成過程 ………………………………………………………557
  - 13.5.2 生殖器官成熟過程 …………………………………………………669
  - 13.5.3 受粉・受精過程 ……………………………………………………672
- 13.6 登熟の分子生物学 ……………………………………〔藤原　徹・内藤　哲〕…674
  - 13.6.1 種子の分化と発達 …………………………………………………675
  - 13.6.2 細胞分裂と細胞の分化 ……………………………………………675
  - 13.6.3 細胞肥大とエンドリデュプリケーション ………………………677
  - 13.6.4 種子貯蔵タンパク質の合成と蓄積 ………………………………678
  - 13.6.5 デンプンの合成と蓄積 ……………………………………………679
  - 13.6.6 脂質の合成と蓄積 …………………………………………………680
  - 13.6.7 休眠と乾燥耐性の獲得 ……………………………………………681

索　引 …………………………………………………………………………………683

1. 植物の形態

1.1 高等植物の進化とライフサイクル

　地球の歴史は45億年あるいはそれ以上におよぶが，地球の誕生後地球が冷えるとともに，岩石の細片が形成され，また火山などから大量のガスが噴出した．原始地球の大気の組成は今日のそれとは異なり，二酸化炭素，窒素ガス，水蒸気が主要な成分であり，硫化水素，アンモニア，メタン，水素なども含まれていた．しかし，遊離の酸素は存在していなかったと考えられている．このような原始地球の大気組成では，太陽からの紫外線をさえぎることができず，紫外線が地表まで大量に到達していた．このような中で，紫外線，放電，地熱などからエネルギーを得て，還元的なガスを素材として水中で有機化合物が生成したと考えられている．初期の有機化合物の中には，すでにグリシンなどの簡単なアミノ酸も含まれていた．これらの簡単な有機化合物から複雑な有機化合物が合成され，さらにタンパク質や核酸などの高分子化合物の合成へと化学進化が続いた．これらの有機化合物は海中に蓄積され，やがて膜様の構造で周囲から隔離され，細胞の原型ができた．いったん組織化された細胞様のものが形成されると，個々の物質だけではみられなかった機能が生じ，もっとも簡単な生物の誕生につながったと考えられる．約40億年前のできごとである（図1.1）．いったん原始生物が誕生すると，海水中に蓄積されていた有機物は栄養源になったものと思われるが，現在の海水中にはそれらの証跡は見出されていない．

　現在，最古の化石は約35億年前の地層から発見された細胞様のものである．10億年をへて25億年前になると，原核生物であるシアノバクテリア（ラン藻）の化石が見出されている．シアノバクテリアの出現は，大気組成に重要な変化をもたらした．つま

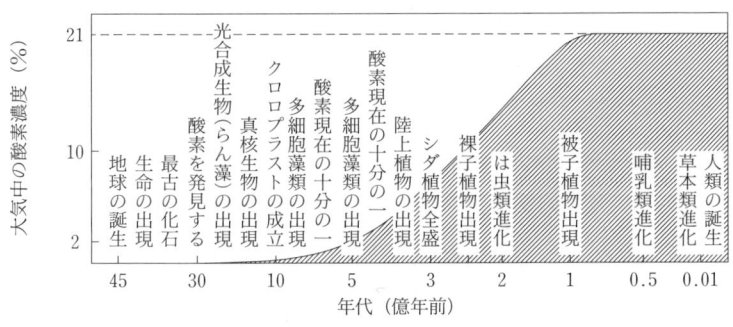

図1.1　地球の歴史と生物の進化

り，シアノバクテリアは原始的ではあるが光合成を行うことができ，その結果，酸素が大気中に放出され，還元的であった大気に酸素が蓄積され始めた（図1.1）．

酸素の蓄積は，オゾン層の形成を促して太陽からの紫外線を遮断し始め，後に陸上生物が出現する要因となった．第2に生物は酸素を利用することによりエネルギー獲得効率が著しく上昇し，多細胞大型生物へと進化することが可能となった[1]．

真核生物は約15億年前に出現したと考えられており，原核生物から十数億年かかって真核生物に進化した．真核生物の出現以後は進化の速度は早くなった．酸素濃度が1%に到達したのは約6億年前と推定されているが，真核生物の爆発的な発展もみられる．この頃（古生代），水中に動物も出現し始め，一方，地上も生物の生存に適した環境となってきた．4億年前には藻類の一部が陸上に進出し，初期の陸上植物（下等シダ類やコケ類）に発展した．陸上への進出は植物の進化の上で一大転機であり，栄養分の取得方法も大きく変わって根器官の発達となり，また光合成器官も進化して太陽光の利用効率が飛躍的に上昇した．陸上は緑におおわれはじめ，進化とともに植物の多様化が急速に進んだ．3億年前（古生代石炭紀）には，今日の石炭の起源となったシダ類が地上に繁茂していた．その後，裸子植物，被子植物（双子葉植物，単子葉植物）へと進化し，今日の植物に至っている．今日われわれが目にする植物は，種分化に加えて進化という時間軸にも由来する多様性を示している．現存の種には，これらの過去の進化のあとが刻み込まれている．今日用いられている分類の詳細については，文献を参照されたい[2,3]．

植物のライフサイクルをマクロにみれば，発芽から次世代となる種子を生産して個体の死に至る一連の過程とみることができる．その間には，さまざまな形態的な変化と機能的な変化が起こっている．いくつかの特徴的な時期に分けてみると，栄養生長期と生殖生長期にわけられよう．栄養生長期はさらに発芽期の従属栄養期と光合成を行うことができる光独立栄養期分わけられ，生殖生長期は花芽の分化から開花に至る時期と受粉・受精以後の登熟期などに分類できる．異なる生長期では，細胞の分裂・生長・分化，養分要求性や環境応答性，代謝なども異なっている．したがってそれぞれの生長期の形態的，機能的な特徴を十分に把握しておくことが重要である[4]． 〔関谷次郎〕

文 献

1) Graham, L. E.：渡邊 信，堀 輝三（訳）：陸上植物の起源—緑藻から緑色植物へ，内田老鶴圃，1996.
2) 八杉龍一ほか（編）：岩波生物学辞典（第4版），岩波書店，1998.
3) 岩槻邦男：陸上植物の種，東京大学出版会，1979.
4) 福田裕穂（編）：朝倉植物生理学講座4 成長と分化，朝倉書店，2001.

1.2 植物の器官と組織

1.2.1 茎

a. 茎の組織構造

1) 表　　皮　　表皮は植物体の表面を覆う組織で，通常1層の細胞層からなり，

細胞は互いにすき間なく密着している．表皮細胞の外側にはロウ質およびクチン質からなるクチクラと呼ばれる膜構造が存在する．表皮細胞は，一般に孔辺細胞を除き葉緑体を含まないが，水生植物やシダ植物には葉緑体を含むものがある．茎や葉の表面には，蒸散およびガス交換を行う気孔が存在する．気孔は向かい合う1対の孔辺細胞によってできている．また，表皮には水分を排出する排出毛，粘質物質などを分泌する腺毛など，さまざまな働きをもつ毛状突起がある．

表皮組織には植物体から水分が失われるのを防ぐ働きとともに，外部環境に対し内部の組織を保護する役割がある．樹木では，茎表皮の内側の組織あるいは表皮にコルク形成層ができ，内側にコルク皮層，外側にコルク組織を形成するようになる．

2) 皮　層　皮層は表皮と中心柱との間の部分で，皮層組織の大部分は比較的大型の柔細胞からなる．皮層の最も内側の組織である内皮は，根の場合とは異なりその存在が明瞭でない場合が多い．皮層の最も外側には，細胞壁が厚くなった厚角細胞からなる細胞層が認められる場合がある．若い茎を機械的に支持する役割を果たしているものと考えられる．

皮層組織では細胞と細胞が表皮細胞のようには密着しておらず，細胞間隙が認められる．水生植物などでは，この間隙が発達した通気組織がよく認められ，根への酸素供給の重要な通路となっている．

3) 中 心 柱　中心柱は内皮によって包まれている部分で，通道組織である維管束（図1.2）とそれ以外の基本組織からなる．中心柱はその形式から，原生中心柱，管状中心柱，真正中心柱，不斉中心柱，放射中心柱に分類される．真正中心柱は裸子植物と被子植物の双子葉植物の茎において，不斉中心柱は被子植物の単子葉植物の茎において，放射中心柱は一部のシダ類の茎において認められる．

ｉ) 木　部　木部は導管，仮導管組織，木部柔組織，木部厚壁組織（繊維）から

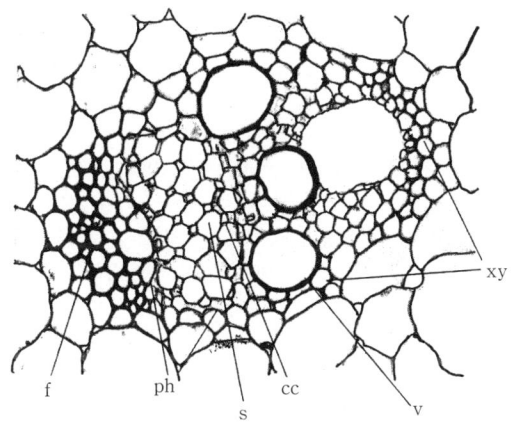

図1.2　単子葉植物の茎の断面図（Muller, 1979）
xy：木部, ph：師部, cc：伴細胞,
s：師管, v：導管, f：師部厚壁組織（繊維）

なる．導管は水や無機養分の通路で，細胞壁の大部分が木化した細胞（導管要素）が1列に管状に連なったものである．導管要素間には穴のあいたせん孔板がある．導管は細胞壁の二次肥厚の仕方によって環紋導管，らせん紋導管，階紋導管，網紋導管，孔紋導管などに分類され，同一個体に異なった導管が存在する．導管の二次壁の肥厚により導管の機械的強度が高められている．

仮導管組織は，両端がひどく傾斜した細長い仮導管と呼ばれる細胞からなり，導管のように連なった1本の管状構造をもたない．隣接する仮導管細胞の細胞壁は，導管要素の細胞壁のように消失したりせん孔をもたないため，仮導管による水の移動効率は導管に比べて劣る．導管は被子植物，仮導管組織はシダ植物，裸子植物に一般に認められる．しかし，シダ植物のスギナやワラビには導管があり，反対に被子植物のセンリョウには導管がない．木部厚壁組織（繊維）は仮導管に近い組織で，木部の保護および植物体を機械的に支持する働きがある．木部柔組織は有機養分を貯蔵する働きがある．

ⅱ）師　部　　師部は師管，師細胞組織，師部柔組織，師部厚壁組織（繊維）からなる．師管は師管細胞が軸方向に1列にならんだ管状構造で，同化産物である有機養分や水分などの通路である．師管細胞の連接部には，師孔と呼ばれる小さな穴のあいた師板が存在する．導管が死細胞によって形成されているのとは異なり，師管は不完全ながらも生きた師管細胞によって形成されている．被子植物で認められる伴細胞は生理活性が高く，師管における物質輸送の働きを助けていると考えられる．師部厚壁組織（繊維）は，師部の保護および植物体を機械的に支持する働きがある．師部柔組織には，有機養分を貯蔵する働きがある．

ⅲ）形成層　　木部と師部との間に層状に存在する分裂組織で，形成層の内側に二次木部を，外側に二次師部を形成する．形成層はその発生起源から，前形成層に起源する維管束内形成層と維管束と維管束の間の柔組織から形成される維管束間形成層とに区別される．両者は互いに連接し環状構造となる．形成層は内側に二次木部を増生しながら，形成層自身も分裂，増生し，茎の肥大を伴いながら生長する．形成層の分裂活性は生育時の気温や湿度に影響されやすく，樹木では気温変動に伴う形成層活動の変動が年輪となって現れる．

b．茎の形成と組織形成

1）茎頂の構造　　頂端分裂組織ないし残存分裂組織における細胞分裂の結果，将来，葉になる葉原基，茎の表皮となる前表皮，維管束となる前形成層，皮層や髄になる基本分裂組織などが形成される．前形成層は茎の外側に原生師部を，内側に原生木部を形成させる．その結果，両者の間には1層の細胞層が残り，形成層（維管束内形成層）となる．維管束と維管束の間の柔組織からも形成層（維管束間形成層）が生じ，やがて維管束内形成層とつながり環状となる．形成層はさらに内側に二次木部を，外側に二次師部を形成する（図1.3）．

被子植物の茎頂には，外衣-内体と呼ばれる構造が認められる．茎頂は最外部の外衣と呼ばれる細胞層と，その内側にあって層状構造をなさない内体と呼ばれる部分からなる．外衣は，一般に1～3層で，細胞は垂層分裂を行う．被子植物以外ではこのような構造は認められず，一部のシダ植物では一つの頂端細胞から，大部分の裸子植物では複

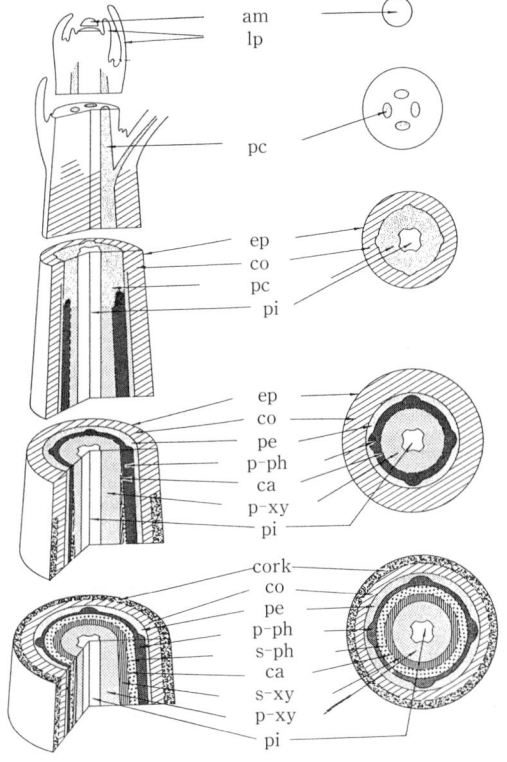

図1.3 茎内部組織の立体的模式図（Janick, 1963）
am：頂端分裂組織，lp：葉原基，pc：前形成層，ep：表皮，co：皮層，
pi：髄，pe：内鞘，p-ph：原生師部，p-xy：原生木部，ca：形成層，
cork：コルク層，s-ph：二次師部，s-xy：二次木部

数の頂端細胞群から分裂が開始し，茎の伸長が行われる．なお，茎頂を構成する細胞の形態からではなく，細胞の性質，領域の違いから，中央帯，周辺分裂組織（側面分裂組織），髄状分裂組織（中央分裂組織）にわけることができる．

  2) **茎の伸長生長と肥大生長**　茎の伸長は，頂端分裂組織のさかんな細胞分裂による細胞数の増加によって開始されるが，この領域での細胞分裂による伸長はわずかである．茎頂から少し距離をおいた部位で縦方向の細胞分裂がさかんに行われ，節および節間組織が形成される．節間の組織では次第に細胞分裂が低下する一方，伸長生長がさかんになる．一定の伸長を終えると伸長生長の能力も低下し，茎の生長はとまる．しかし，単子葉植物の中には茎頂から離れた節間に分裂能の高い節間分裂組織が残存し，著しい節間伸長を示すものが多くある．タケにみられる急激な茎の生長は，この節間分裂組織の働きによるものである．

  茎の肥大は茎頂の分裂組織の細胞分裂，伸長によって引き起こされる一次肥大と，形

成層の働きによって引き起こされる二次肥大とに分けられる．単子葉植物では，形成層の働きが活発でないため，二次肥大による肥大は顕著でない．しかし，大型のヤシ類では一次肥大が活発で，非常に太い茎に生長する．

c．茎の形態と多様性

1) 茎の変態　茎が変態したものに，巻きひげと刺がある．巻きひげは他のものに絡んで植物を支持する役目があり，ブドウ科，トケイソウ科の植物にみられる．ブドウ科のツタやムクロジ科のフウセンカズラなどの巻きひげは茎の変態であるが，茎が変態した巻きひげの例はあまり多くない．なお，エンドウやウリの巻きひげは葉が変態したものである．

ボケやサイカチの刺は茎の変態（茎針）であるが，よく知られているサボテンの刺は葉が変態したもの（葉針）である．カラタチの刺が茎針と解されることがあるが，カラタチの刺は腋芽の最初の葉が変態したものであり，明らかに葉針である．茎の表皮ないし表皮下の組織から形成されている刺もあり，バラの刺はこの例である．

2) 貯蔵器官　茎には根と同様に地中で生長し，貯蔵養分を蓄える性質がある．形態的特徴から球茎，塊茎，根茎とに分類される．球茎には明瞭な節輪があり，乾燥した保護葉が認められるのに対し，塊茎ではこのような特徴は明瞭でない．しかし，球茎が塊茎と呼ばれている場合が多い．

ヤマイモのイモは茎と根の中間的な存在であることから担根体と呼ばれているが，担根体の原基が茎の低節位に発生すること，担根体断面には並立維管束，不斉中心柱の構造が観察されることなどから，形態学的には茎とみるべきである．しかし，他の球茎，塊茎類のように節がなく，腋芽もない．定芽は茎の着生部近傍に一つあるだけである．

地上の茎が肥大し，栄養繁殖器官となるものにムカゴがある．ムカゴは腋芽が伸長せず貯蔵養分を蓄えて肥大したものである．ジャガイモはストロンと呼ばれる細長い茎が地中に伸長し，その先端部が肥大してイモを形成する．しかし，接木などによって地上部の養分が地下に転流するのを妨げると，ムカゴのように腋芽がイモのように肥大する．

1.2.2　葉

a．葉の基本形態

双子葉植物の普通葉と呼ばれる葉は葉身，葉柄，托葉の三つの部分からなる．しかし，葉柄や托葉を欠くものや葉身が退化したものなどがある．単子葉植物やある種の双子葉植物では，葉の基部が鞘状になって茎を包んでいる葉鞘がある．

b．葉の組織構造

1) 表　　皮　表皮は茎の場合と同様，植物体の表面をおおう通常1層からなる組織である．表皮細胞は概して，外側は細胞壁が厚く内部ほど薄くなっている．葉は光合成，蒸散作用，呼吸などの生理作用が活発に行われる器官であり，そのため葉の表皮細胞は蒸散，ガス交換の調節機能を有する気孔をもつ．気孔は向かい合う1対の表皮細胞が特殊に分化した孔辺細胞によって構成されている．気孔は一般に葉の下面に多く分布するが，水生植物には葉の上面に気孔が分布するものがある．葉は平たく表面積が広

いため，水分の蒸発が起こりやすい．そのため表皮細胞の外側には，水分の蒸発を防ぐクチクラ層が発達する．

　被子植物の表皮細胞には水生植物などの例外を除き，葉緑体は観察されないが，孔辺細胞には葉緑体が観察される．葉の表皮には，茎の表皮と同様に分泌などの働きをもつ毛状突起がある．イネ科などの葉には表皮に穴があき，維管束の末端が届いている水孔と呼ばれる排水組織がある．水孔は気孔とは異なり，開閉作用はない．

　2）葉肉組織　葉肉は葉の中の大部分を占める柔組織で，形態的な特徴から柵状組織と海綿状組織に分類される．しかし，単子葉植物では柵状組織と海綿状組織の区別は明瞭でない場合が多い．柵状組織は葉の上面側に円柱状の細胞が縦長に整然とならんでいる．一方，海綿状組織は葉の下面側に細胞が不規則にならんでいる．両組織の細胞内には葉緑体が存在し，光合成が行われる．柵状組織，海綿状組織ともに細胞の間隙が大きく，葉内でのガスの拡散を助けている（図1.4）．

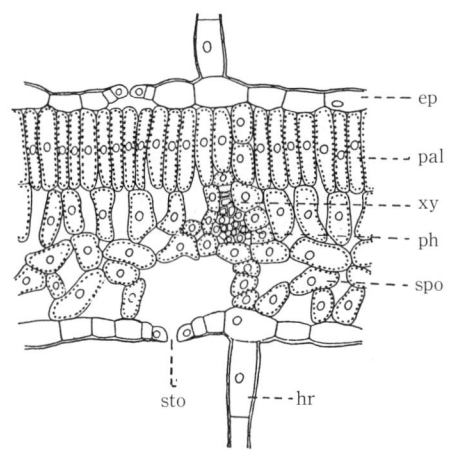

図1.4　タバコの葉の断面図（Hayward, 1967）
ep：表皮, pal：柵状組織, xy：木部, ph：師部, spo：海綿状組織, sto：気孔, hr：毛茸

　葉では維管束を取り囲む1層ないし数層の柔細胞からなる組織があり，これを維管束鞘という．C_4型の光合成を行うC_4植物では維管束鞘の発達が著しく，その細胞内に葉緑体を有し光合成効率を高めている．

　3）葉　脈　葉の維管束を葉脈という．葉の維管束では，木部が葉上面に，師部が葉下面に位置する．葉では維管束が枝分かれして葉のすみずみに広がっている．維管束が網目状に広がったものを網状脈，平行に走向しているものを平行脈といい，前者は双子葉植物に後者は単子葉植物に一般に認められる．維管束の末端部分では導管と呼べる形態のものがなくなり，仮導管が存在することが多い．一方，師管の末端部分では，細胞壁が入り込み表面積を増大させて物質の輸送を容易にさせている転送細胞が認められる場合がある．

　c．葉の形成と組織形成

　1）葉原基　葉原基は茎頂の周辺分裂組織の中央よりの部分から分裂が起こり形成される．双子葉植物では，最も外側の外衣は並層分裂せず，それよりも内側の部分で分裂が起こり，葉原基が隆起する．葉原基がもり上がってくると，その先端に分裂活性の高い頂端分裂組織が形成され，葉基部の分裂とともに伸長する．しかし，しばらくすると葉の先端の分裂活性は低下し，葉の周辺生長を促進する周縁分裂組織の働きが活発になる．葉の外縁のきょ歯や切れ込みは，この周縁分裂組織の働きによって決定され

る．一定の葉の形が形成されると，葉全体での細胞分裂，肥大が活発になり，葉全体の面積を増大させる．

単子葉植物では双子葉植物と比較し，葉原基の頂端分裂組織や周縁分裂組織の分裂活性が早いうちに低下し，葉基部に位置する介在分裂組織の活発な分裂活性によって上へ押し上げるようにして葉の長さを増していく．なお，成熟した葉が落葉する場合に葉柄基部に離層と呼ばれる特殊化した細胞層が形成され，葉の離脱が起こる．離層部では細胞が小型化し，維管束の通道要素も短く，また繊維の発達が悪いなどの特徴が認められる（図1.5）．

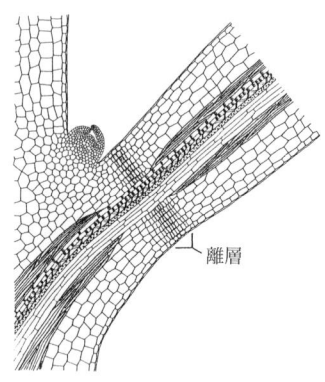

図1.5 葉柄基部の離層
(Addicott, 1982)

2) 両面葉と単面葉 葉の上面と下面との間で，葉肉組織，気孔分布，木部師部の配置関係（背腹性）などにおいて差異が認められる葉を両面葉という．維管束の構造以外，外見上も組織的にも表裏の差がないものを等面葉という．維管束構造においても背腹性が認められないものを単面葉という．ネギやアヤメの葉は単面葉である．

d. 葉の形態の多様性

1) 葉の変態 茎の変態と同様に，葉の変態によってできている刺や巻きひげがある．葉全体が刺になる例としてサボテンがあり，葉の一部が刺になる例としてメギ，カラタチなどがある．いずれの場合もこのような刺を葉針という．エンドウの巻きひげは小葉が変態したものである．葉全体，葉柄が変態して巻きひげになったものもある．その他，葉の特殊な変態としてはウツボカズラなどの食虫植物にみられる捕虫葉がある．

2) 葉形の変化 植物の一生をみた場合，葉形は個体の齢の進行に伴い変化する場合が多い．劇的な変化をする例としては，鋭いきょ歯をもった葉から全縁葉に変化するヒイラギ，手のひら状の欠刻をもった葉から全縁葉に変化するツタ，羽状複葉から細長い単葉に変化するソウシジュなどがあげられる．

葉形の変化は植物個体の幼若性によって説明される場合が多い．葉形は生育する環境条件によっても影響をうける．

3) 貯蔵器官 チューリップやタマネギなどのりん茎は，極端に短縮した茎の低節位についた複数の葉が多肉化したものである．地上部に展開する葉とは形態もまったく異なる．これらのりん茎は乾燥し紙状になった保護葉と呼ばれる特殊な葉で包まれており，乾燥の防止や病害虫の防御などに役立っている．

1.2.3 根

a. 根の組織構造

1) 表 皮 根の表皮は茎や葉と同様に細胞が互いにすき間なく密着しており，外部の種々の刺激から内部を保護する役割をもっている．また同時に，無機養分お

よび水分の吸収は，この表皮層をとおして行われる．養水分の吸収能は根の部位によって異なり，より先端部の若い根においてよく吸収される．このような領域には，根毛がたくさん観察される．

根毛は1個の表皮細胞の突起であるが，植物によっては複数の細胞から形成されるもの，根毛の先端が枝分かれしているものなどが観察される．根の表皮細胞は軸方向に対して細長く列をなして整然とならんでいる．しかし，根の表皮細胞には細長い長型細胞と短い短型細胞が認められる場合があり，根毛は短型細胞から発生しやすいことが知られている．

根毛は細根が土壌粒子のすき間に深く入り込み，根表面と土壌粒子との接触面積を大きくさせることにより，無機養分と水分の吸収を促しているものと考えられる．根毛は非常に湿度の高い空気中で発生しやすく，水中では発生が少ない．しかし，水中で根が生長する水耕栽培では，鉄欠乏や溶存酸素濃度の低い培養液条件下で根毛の発生が多く認められる．

ラン科植物の根には，根被と呼ばれる海綿状に肥厚した組織でおおわれているものがある．根被は数層からなる海綿構造をしており，弾性に富み内部を保護するだけでなく，水分の保持に役立っていると考えられている．根被は多層化した表皮で，前表皮から発生すると考えられる．

根の表皮には葉緑体を含まないのが普通であるが，ラン科植物の中には葉が退化して根で光合成を行うものがある．

2) **皮　　層**　茎と同様，皮層の細胞は大型で，細胞間に大きな空隙がある．沼沢植物の根では，これらの空隙は離生的あるいは破生的に発達して通気組織を形成する．地上部から地下部への重要な酸素供給路になっている．皮層の最外層では細胞壁が肥厚した厚壁組織が認められる場合があり，このような組織を外皮あるいは下皮と呼ぶ．

皮層の最内層は内皮と呼ばれ，細胞同士がすき間なく密着しており特殊な形態をしている．根の放射方向の面を除いて，細胞を環状に取り囲むようにして内皮細胞の細胞壁の一部がリグニン化，スベリン化している．この内皮にみられる帯状の構造をカスパリ

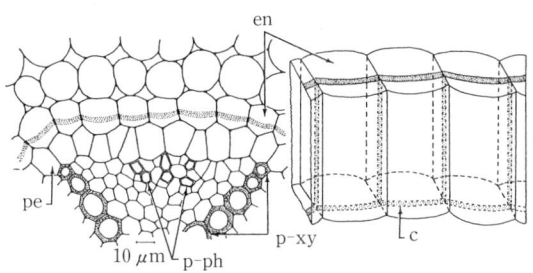

図1.6　内皮とカスパリー線（Esau, 1977）
pe：内鞘，p-ph：原生師部，p-xy：原生木部，en：内皮，
c：カスパリー線

一線と呼ぶ（図1.6）．中心柱へ向かう物質の横移動はカスパリー線の存在によって制御される．ただし，内皮の所々には通過細胞と呼ばれ，細胞壁が肥厚していない細胞があり，カスパリー線でいったん横移動が妨げられた物質は，この通過細胞あるいは内皮細胞内を通って中心柱内へ移動する．

イネなどでは皮層組織が表皮とともに脱落してしまうので，内皮が表皮の役割を果たす．このような働きのある内皮を特に保護鞘と呼び，内皮細胞の木化が進み，中心柱側の細胞壁がU字型に肥厚するなどの形態的特徴を有する．内皮は時にたくさんのデンプン粒を含んでいる場合があり，このような内皮をデンプン鞘という．

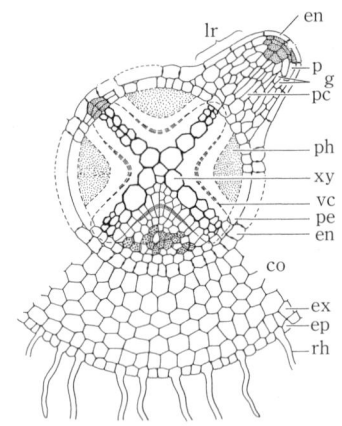

図1.7 根の横断面の模式図
(Foster and Gifford, 1974)
en：内皮，p：前表皮，g：基本分裂組織，pc：前形成層，ph：師部，xy：木部，vc：維管束形成層，pe：内鞘，co：皮層，ex：外皮，rh：根毛，ep：表皮，lr：側根

3）中心柱　内皮のすぐ内側には1～数細胞層からなる内鞘がある．内鞘も内皮と同様に細胞が互いに密着している．根が側根を形成する際，根の原基は内鞘で分化する．内鞘は側根形成を行う分裂組織である（図1.7）．裸子植物や木本生の双子葉植物の根では内鞘部にコルク形成層ができる．

根ではシダ植物，裸子植物，被子植物すべてに共通して放射中心柱が認められる．放射中心柱では根軸の中心部に位置する木部が星型にひだを出し，中心柱周辺部で師部と木部が交互に配列される．

b．根の形成と組織形成

1）根端の構造　根の先端には，根端の分裂組織を保護する根冠と呼ばれる部分がある．根冠は根端分裂組織からつねに細胞が供給され，外側は枯死脱落している．さらに根冠を含め根の先端部がムシゲル鞘と呼ばれる粘液性の物質でおおわれている場合がある．根冠は土壌中において根端分裂組織を保護する働きだけでなく，根の屈地現象に関与している．

根端の形態も茎頂と同様，細胞ならびに組織学的にも植物の種類による差異がある．種子植物では根端の分裂組織には茎頂と同様に層状構造を認めることがある．しかし，種子植物の中にも層状構造が存在しないものがある．一部のシダ植物では一つの頂端細胞が存在する．

根の生長点のすぐ下の，頂端分裂組織の中央部には細胞分裂速度の遅い静止中心と呼ばれているところがある．静止中心よりも基部側に細胞分裂の最もさかんな部位がある．活発な細胞分裂とそれに伴う細胞肥大によって根は急速に伸長する．根が旺盛に伸長する部位では同時に表皮，皮層，中心柱が次第に形成されていく．伸長を終えた根では各組織が完成し，表皮には多数の根毛が発生する（図1.8）．この成熟段階にある根

の領域において水分，無機養分がさかんに吸収される．さらに成熟が進んだ部分では，根毛も脱落し吸収能力が低下する．

多くの単子葉植物の根は，形成層の働きが弱く二次肥大することがほとんどない．しかし，裸子植物，双子葉植物の根では環状に形成された形成層がさらに二次木部，二次師部を増生することにより二次肥大が起こり，根は次第に太くなる．このように成熟した根の維管束配列様式は茎のそれと同じになる．

2) **根の肥大** ダイコン，カブ，ニンジンの根は極端に肥大する．根の肥大様式には組織学的にみて大きく3種類に分類することができる．肥大組織の主要部分が木部であるもの（木部肥大型），師部であるもの（師部肥大型），あるいは木部師部が交互に増生し年輪状になるもの（環状肥大型）とがある．ダイコンの根は木部肥大型，ニンジンの根は師部肥大型，ビートの根は環状肥大型である．ダイコンやカブの肥大根では，根だけでなく根と胚軸がともに肥大している．球形のダイコンやカブでは肥大している部分の上半分ないしそれ以上の部分が胚軸である．

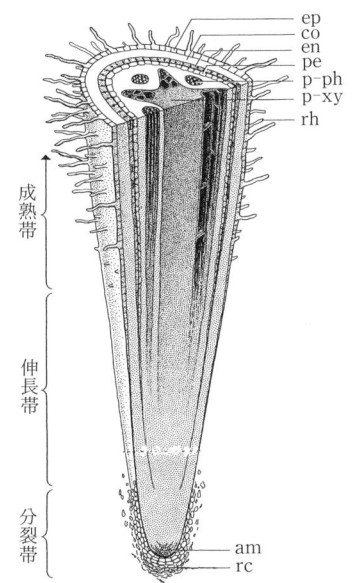

図1.8 根先端部付近の立体的模式図
(Muller, 1979, 一部改変)
ep：表皮，co：皮膚，en：内皮，pe：内鞘，p-ph：原生師部，p-xy：原生木部，rh：根毛，am：頂端分裂組織，rc：根冠

c. 根と茎の維管束連絡

根と茎では維管束の配列が異なる．この配列が根から茎の間でどのように変化しているかは植物の種類によって異なるが，維管束配列の変化は根に近い胚軸の下部あたりで起こっていることが多い．この部分では根と茎の中心柱の中間的な形態が認められる．

d. 根の諸形態

生育する環境に応じて根はさまざまな形態的・機能的な変化を示す．呼吸を助けるため気中に出た呼吸根，光合成をする同化根，着生ランにみられる付着根，球茎植物などにみられる牽引根（収縮根），地上に現れてさまざまな形態を示す板根，膝根，他の植物体内に入り込んで栄養を吸収する寄生根，根粒菌などと共生した菌根，開花および次年の生長に必要な養分を蓄える貯蔵根など，さまざまな形態と機能をもった根がある．

1.2.4 花
a. 被子植物の花の形態と組織構造

花はその発生起源から，葉の変態した複数の花葉と呼ばれる葉的器官が，茎頂先端において花床（花托）上で極端に節間が短縮した状態で着生したものである．各花葉は形態的および機能的な分化が進み，がく，花冠，雄ずい，雌ずいと呼ばれる器官を形成

し，花を構成している．花は茎軸の先端に着生し，外側からがく，花冠，雄ずい，雌ずいの順で分化する．

1) 花　　被　　がくと花冠をあわせて花被と呼ぶ．がく片では普通葉と同様な維管束走向が認められるが，花弁（花冠）の維管束走向はがく片とは相違がみられ，むしろ雄ずいのそれに似ている．花弁数が増加した八重咲きの花では，雄ずいが花弁化したもの，あるいは花弁と雄ずいの中間的形態を有するものが認められるなど，花弁はがくから転化したものではなく，雄ずいから転化したものと考えられる．花被の内部組織は葉と基本的に同一で，表皮，柔組織および維管束からなる．また，花被には結晶細胞，タンニン細胞，乳細胞などの異形細胞が認められる場合がある．

花被は虫媒花における花粉媒介者を誘導する働きがある．花被の色，においさらには花被片の立体的位置関係などが訪花昆虫にとって重要な意味をもつ．

配列上で外輪と内輪との間で花被片が区別されるとき，外側を外花被，内側を内花被と呼ぶ．両者に外見上の違いが認められない花を等花被花，明らかな違いが認められる花を異花被花という．異花被花では，外花被片はがく，内花被片は花弁と呼ばれる．

花被の表皮細胞には種々の色素が含まれており，色素構成，色素含量，さらには表皮細胞の形態などによって花被の色，色調，光沢などに変化が生じる．

2) 雄 ず い　　雄ずいは花粉を形成する"やく"とそれを支える糸状の花糸からなる．花糸の内部組織はきわめて単純で，維管束を柔組織がとりまいている．維管束の走向は普通葉と同様に木部が内側に位置し，背腹性が認められる．"やく"は通常，四つの花粉のうからなり，花粉のうの内側には絨毯組織と呼ばれる1層ないし数層の細胞層がある．花粉母細胞の発達に必要な養分の供給を行う働きがあり，花粉母細胞の発達とともに崩壊する．

3) 雌 ず い　　雌ずいは胚珠を内包している子房と子房上部に棒状に突起した花柱および花粉を受け取る柱頭からなる．胚珠をつけた1ないし数枚の花葉である心皮が内側に巻き込んで袋状になったものが子房であると考えられる．胚珠がつく部位を胎座と呼び，胎座の着生位置の違いから，中軸胎座，側膜胎座，独立中央胎座に分類される．また，花被と雄ずいが子房の上についている場合を子房下位，花被と雄ずいが雌ずいとともに花床についている場合を子房上位と呼ぶ．

子房，花柱および柱頭組織は表皮と維管束および多くの柔組織からなっている．子房の外表皮にはクチクラや気孔の存在が認められる．花柱先端の柱頭には，毛の発生や粘質物の分泌などが認められ，花粉が柱頭につきやすくなっている．

子房の組織の分化は開花期においても完了しておらず，子房が果実へと生長する過程で組織の発達が起こる．果実は細胞分裂を肥大の早期に停止し，もっぱら細胞肥大によって果実肥大が起こる．なお，他の花葉と同等に果実の表皮細胞においても気孔の存在が認められる．

一般に果実と呼ばれているものの中には，真に子房が肥大したものだけでなく，花托など子房以外の部分が肥大発達したものがあり，前者を真果と呼ぶのに対し，後者を偽果と呼ぶ．子房をもたない裸子植物においては果実はできない．裸子植物であるイチョウの球形の実のようなものは，種子であり種皮が特異的に発達し多汁質になったもので

ある。反対に，本来は果実であるにも関わらず，大きさ，形状あるいは取扱い上，便宜的に種子と呼ばれているものが多くある。イチゴ，ニンジンなどの種子はその例である。

〔寺林 敏〕

文 献

1) Muller, H. E.：Botany, A Functional Approach (4th edition). Macmillan Publishing Co., Inc., New York, 1979.
2) Janick, J.：Horticultural Science, W. H. Freeman and Company, San Francisco, 1963.
3) Hayward, H. E.：The Structure of Economic Plants, Verlag Von J. Cramer, 1967.
4) Addicott, F. T.：Abscission, University of California Press, 1982.
5) Esau, K.：Anatomy of Seed Plants (2nd edition), John Wiley and Sons Inc., New York, 1977.
6) Foster. A. S. and Gifford, Jr. E. M.：Comparative Morphology of Vascular Plants (2nd edition), W. H. Freeman and Company, San Francisco, 1974.
7) Esau, K.：Plant Anatomy (2nd edition), John Wiley and Sons Inc., New York, 1965.
8) Fahn, A.：Plant Anatomy (3rd edition), Pergamon Press, Oxford, 1982.
9) 原 襄：植物形態学，朝倉書店．1994．
10) 熊沢正夫：植物器官学，裳華房，1980．

1.3 植物の細胞構造

　植物が多種類の細胞群から成り立っているのと同じように，細胞自身も，いくつかの細胞内構成要素によって成り立っている共同体である。それぞれの構成要素は独自の機能をもっており，構造的，機能的に分化した構造体を細胞小器官（cell organella），あるいはオルガネラと呼ぶこともある。基本的には動物も植物も，細胞はほぼ同じ要素から成り立っているが，動物細胞には存在しない植物細胞独自の機能をもつ構成要素もある。たとえば，葉緑体を含めた色素体は植物細胞だけに存在しており，葉緑体が担っている光のエネルギーを変換して有機物を生成する光合成の機能は，動物には存在しない。細胞壁も植物細胞に特徴的な構造であり，したがって細胞壁を貫いて細胞と細胞を連絡する細胞間連絡糸も植物固有の構造である。以降は植物の細胞を構成するそれぞれの要素について説明する（図1.9）。

1.3.1 細 胞 壁

　植物細胞の一番外側に位置するのは細胞壁（cell wall）である（図1.9, 1.10）。陸上植物においては個体の支持強度を高めるうえで，細胞壁は重要な役割を果たしている。しかし，細胞壁は従来考えられていたよりもはるかに柔軟な構造である。高等植物の細胞壁は，結晶性のセルロース微繊維とこれを架橋するゲル状のマトリクス高分子から構成されている。

　若い細胞の細胞壁は，一次細胞壁と呼ばれる。細胞の分化・成熟に伴いさらにリグニン，スベリンなどが沈着する。このような細胞壁を二次細胞壁と呼ぶ。セルロース微繊維は，数十本の β1-4グルカン分子がグルコース残基内のOH基などを通して高頻度に分子間水素結合を形成した棒状の長い結晶で，化学的にも力学的にも非常に安定である（図1.11）。

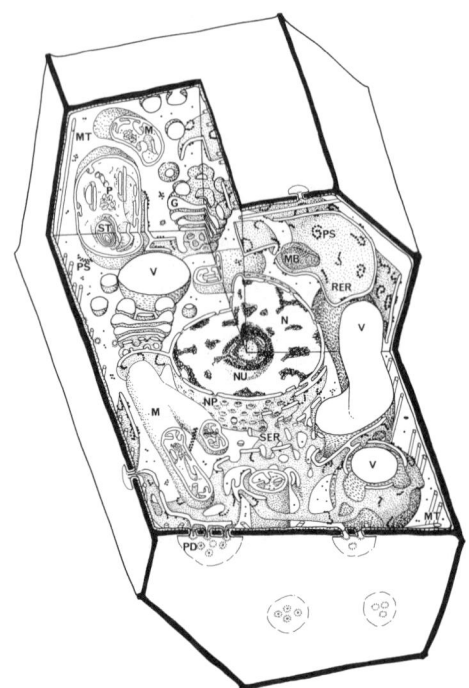

図1.9 植物細胞の模式図
G：ゴルジ体，M：ミトコンドリア，MB：マイクロボディ，MT：微小管，N：核，NU：核小体，P：色素体，PD：原形質連絡糸，PS：ポリソーム，RER：粗面小胞体，SER：滑面小胞体，ST：デンプン粒，V：液胞．その他の略号＝C：葉緑体，CP：細胞板，CM：細胞膜，CW：細胞壁，E：黄色体，L：リピッドボディ，PF：ファイトフェリチン．
(Gunning, B. E. S. and Steer, M. W.: Plant Cell Biology Structure and Function, Jones and Bartlett Publishers, Sudbury, Massachusetts を改変)

　セルロースは細胞膜上のセルロース合成装置で重合，結晶化されるのに対し，それ以外の多糖は細胞内のゴルジ体で重合され分泌される．高等植物のセルロース合成酵素は，最近（1997年）になってやっとその遺伝子が単離された．マトリクス高分子は，多糖類と構造タンパク質から構成されている．マトリクス多糖類はさらに，ペクチン性多糖類とヘミセルロース性多糖類の二つのグループに分けられる．ペクチン性多糖類はキレート剤溶液によって細胞壁より抽出される多糖で，主成分はホモポリガラクツロナンとラムノガラクツロナン I である．前者はガラクツロン酸の直鎖状のポリマーである．
　ホモガラクツロナンはガラクツロン酸残基が連なった領域で，カルシウムを介した分子間架橋を形成し，非常に多数の分子からなる大きな会合体をつくり，セルロース微繊維の間隙を満たしていると考えられる．
　ラムノガラクツロナン I は，ガラクツロン酸とラムノースの2糖のくり返し単位から

1.3 植物の細胞構造

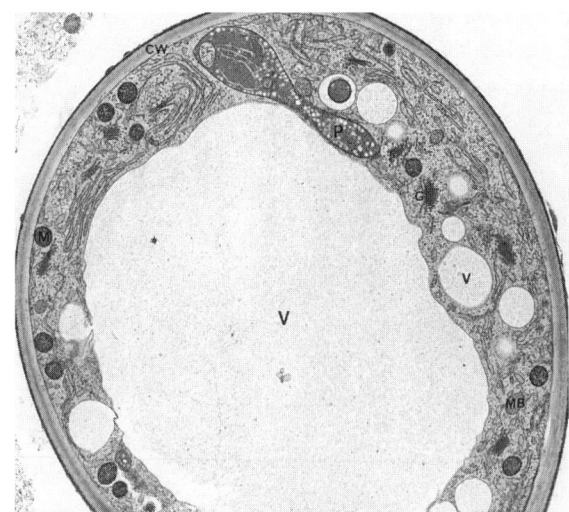

図1.10 カブの花の雌ずい先端の乳頭細胞（×10,000）
細胞は細胞壁によって囲まれている．一般に植物細胞では，このように大きな液胞が細胞の大きな容積を占める．色素体，ミトコンドリア，粗面小胞体，滑面小胞体，ゴルジ体，マイクロボディが細胞質の中に散在している．（スケール，1μm）

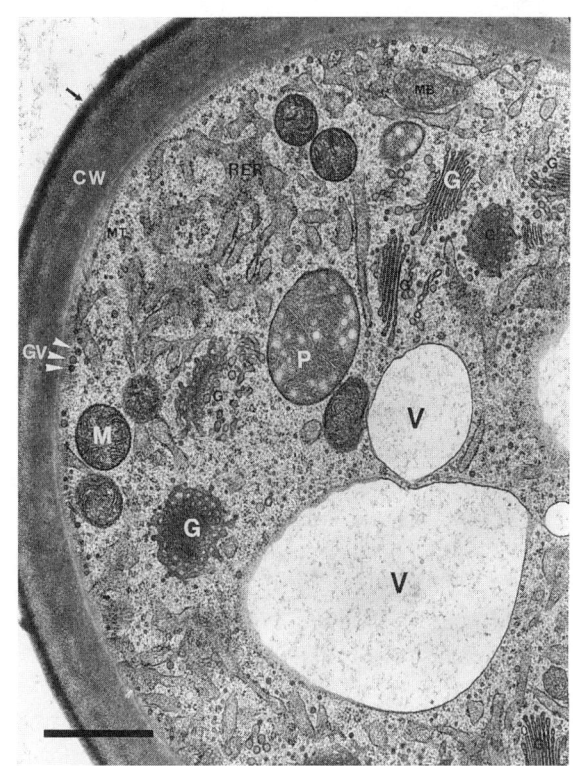

図1.11 カブの花の乳頭細胞の拡大図（×35,000）
細胞壁の最外部はクチクラ層に覆われている（矢印）．細胞膜の内側には表層微小管がみられ，ゴルジ小胞が多数（矢頭）存在する．リボソームの付いた粗面小胞体，ミトコンドリア，マイクロボディ，色素体の他にさまざまな断面のゴルジ体がみられる．小胞輸送に関与するたくさんの小胞もみられる．（スケール，1μm）

なる直鎖状の主鎖に，アラビノースとガラクトースよりなる側鎖が結合した分岐多糖である．また，高等植物固有の必須元素であるホウ素はラムノガラクツロナンIIに結合しているとされる．

ヘミセルロース多糖類は，ペクチン抽出後の細胞壁からKOHまたはNaOHなどのアルカリ溶液により抽出される多糖の総称で，キシログルカンとグルクロノアラビノキシラン，β1-3，β1-4グルカンが主要成分である．このうち，すべての種子植物の一次細胞壁に普遍的に存在するのはキシログルカンだけである．

図1.12　シロイヌナズナ葉柄細胞の走査電子顕微鏡像（×1,000）
走査電子顕微鏡では，試料の表面構造が観察できる．細胞壁が，縦横に密に並んだセルロースミクロフィブリルによって構成されていることがわかる．（スケール，10 μm）

多糖の組成は植物によって異なり，双子葉植物ではペクチン性多糖類の占める割合が比較的高いのに対し，イネ科植物ではヘミセルロースの割合が高い．細胞壁構造タンパ

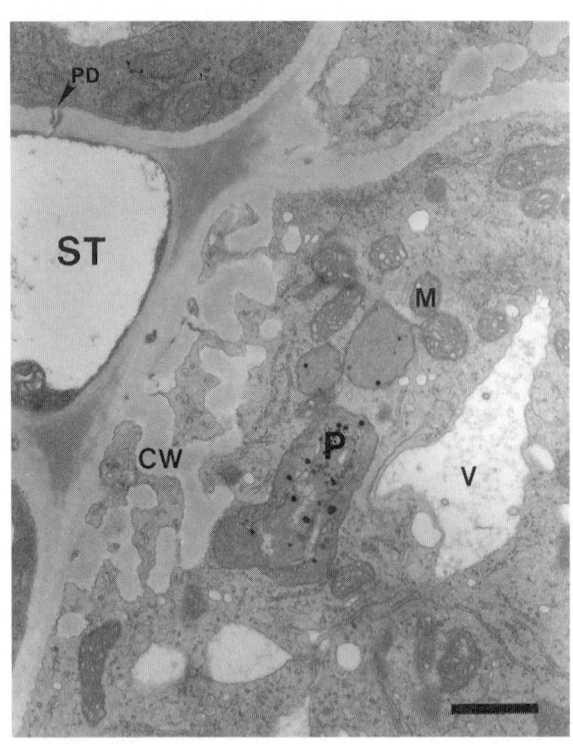

図1.13　シロイヌナズナの葉の師部に存在する輸送細胞（×17,000）
師管（ST）に隣り合った部分の細胞壁が，細胞内に突起状に複雑に発達し，細胞膜の面積を増加させている．師管と師管に隣り合う伴細胞との間の細胞壁には原形質連絡糸もみられる．師管への輸送，師管からの輸送と，細胞膜を横切る物質輸送が最も活発に行われている細胞の一つ．（スケール，1 μm）

ク質の主要成分であるエクステンシンは，ヒドロキシプロリンに富んだ糖タンパク質である．生長のさかんな若い細胞には少なく，生長速度が低下すると増加する．

細胞壁中にはエクステンシン以外にもさまざまな細胞壁タンパク質が存在し，その中にはエンド型キシログルカン転移酵素のように細胞壁再構成に関わる酵素も含まれる．

師管にみられる師板や，導管のらせん状紋様は細胞壁が分化したものである．輸送細胞（transfer cell）（図1.13）と総称される細胞では，細胞壁が細胞内に数多く突起し，入り組んだ構造をとっている．その結果，細胞膜の面積が飛躍的に増大し，物質の輸送が著しく促進される．木部や師部の柔細胞や，表皮細胞，腺細胞など物質輸送がさかんな部位にみられる．

1.3.2 細胞膜

細胞壁のすぐ内側に存在して，細胞質を包んでいる一重の膜を細胞膜（cell membrane）という（図1.14）．細胞内外の選択的透過性，被刺激性など細胞にとってきわめて重要な機能をもつ．一般に生体膜は，脂質が疎水性の炭素鎖を内側にむけ，親水性の部分を外側にして向かいあい，平行にならんでいる脂質二重層の中にタンパク質が入り混じって存在するモザイク状の構造を基本単位としている．

細胞膜には，ATPase，各種のシグナル受容体，イオン吸収に関わるトランスポーターなどさまざまなタンパク質が存在し，細胞膜としての機能を果たしている．細胞内に存在する膜はその膜の厚さにより，細胞膜，ゴルジ小胞膜などの外膜系と，核膜，小胞体膜，液胞膜などの内膜系の二つに大別することができる．外膜系は内膜系より膜が厚く，異なった膜系の膜は互いには融合できないと考えられている．内膜系から外膜系への変換はゴルジ体（p.22 図1.19）で行われる．ゴルジ体小胞が細胞膜に融合することによって，細胞膜は増加する．細胞内の小胞が細胞膜に融合し，内容物を細胞膜外に放出する過程をエキソサイトーシスと呼ぶ（図1.14）．

この過程とは逆に細胞膜が細胞内にくびれ込み，小胞として切り放されることによって細胞外の物質を細胞内に取り込む過程をエンドサイトーシスと呼ぶ．高分子のタンパク質を窒素源として与えて育てたイネの根の細胞では，エンドサイトーシスによって根圏に存在するタンパク質を取り込み消化して栄養源として利用する．また，マメ科植物の根粒形成過程では，根粒菌がエンドサイトーシスによって根毛細胞に取り込まれる．

1.3.3 細胞間連絡糸

植物の細胞と細胞とは，細胞壁を貫通する直径約50 nm の穴状構造である細胞間連絡糸（plasmodesmata）によって互いにつながっている．この構造により，隣接する細胞の互いの細胞膜は連続する．穴状構造の間に管状の ER がみられることもある．1細胞あたり，数千から数万個存在し，師管と隣り合う伴細胞のように，細胞によっては単純な管状ではなく複雑な構造をとることもある（図1.13）．

1.3.4 微小管

微小管（microtubule）は直径 25 nm 前後のチューブ状をした構造で，主に α チュー

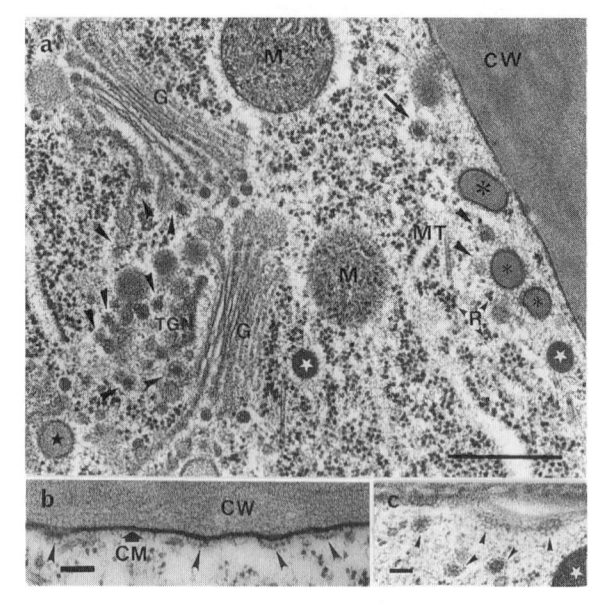

図1.14 オオムギの根の表皮細胞

a．根の表皮細胞からは，多糖類やタンパク質などが根圏に分泌されている．また，表皮細胞は根圏からの物質の取り込みにも関与している．発達したゴルジ体と大きなゴルジ小胞（☆）がみられる．ゴルジ小胞は，細胞膜に近づくにつれ内部の電子密度が高くなっている（★）．トランスゴルジネットワーク（TGN）から，被覆小胞（矢頭）が形成されている．細胞表層に運ばれた被覆小胞（矢印）は細胞膜に融合する．（スケール，500 nm）

b．細胞膜に被覆小胞が融合したあと，細胞膜の一部に被覆部分が残っている．（スケール，100 nm）

c．細胞表層に運ばれた被覆小胞（矢頭）が，細胞膜に融合している．（スケール，100 nm）

ブリン，βチューブリンというタンパク質がつくるダイマーが重合したものである．その他にもγチューブリン，微小管結合タンパク質などのタンパク質もその構成に関与している．

微小管は，細胞の分裂，運動，形態形成に必須のもので，真核細胞に普遍的に存在し，アクチン繊維などと共に細胞骨格（cytoskeleton）を構成する．高等植物の細胞内にみられる微小管は，表層微小管（図1.16），細胞質微小管，前期前微小管束，紡錘体微小管，隔膜形成体微小管（図1.17）に分類される．これらの微小管は，細胞周期の進行とともに形成と消失をくり返す．細胞膜の内側に沿って存在する表層微小管は，伸長成長中の細胞ではその配向が伸長方向に垂直にそろっていることが多い．

細胞壁を構成するセルロース微小繊維の配向は，表層微小管によって決定されると考えられている．分裂期が近づくと，表層微小管が消失するとともに，細胞膜の内側の一部に前期前微小管束ができてくる．前期前微小管束は細胞分裂後の娘細胞の細胞壁の位置を決めると考えられており，前期前微小管束のあったところに新しい細胞壁ができ

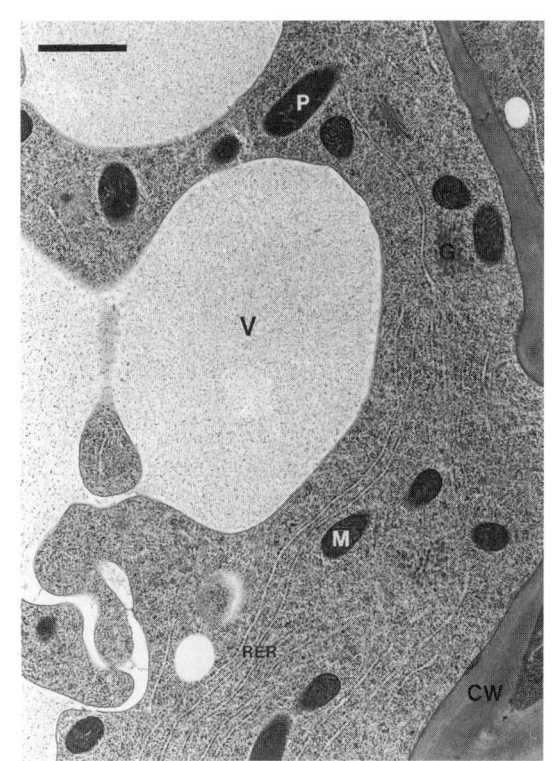

図1.15 オオムギの根の皮層細胞 (×25,000)
根端の分裂してまもない細胞では，液胞よりも細胞質の占める部分が多い．ミトコンドリア，色素体，ゴルジ体，粗面小胞体がみられる．液胞の形は入り組んでおり，流動的であることがわかる．（スケール，1μm）

る．分裂期に入ると前期前微小管が消え，紡錘体微小管，隔壁形成体微小管が現れる．隔壁形成体により細胞板が形成され（図1.17），新しい細胞壁ができあがる．前期前微小管，隔壁形成体微小管は動物細胞には存在せず，植物細胞に特徴的なものである．

1.3.5 細胞質

　光学顕微鏡で細胞を見たときに，細胞膜の内側にあって核を除いた部分のことを細胞質（cytoplasm）という．現在では，電子顕微鏡により構造として見分けることのできる細胞小器官も除いて，細胞の無構造の部分のことを細胞質と呼ぶことが多い．すなわち，多くの酵素や，その他のタンパク質，核酸などを含む液相である細胞質基質のことをさす．

1.3.6 核

　真核細胞内に存在する，核膜によってかこまれた構造のことで，一般には球形または楕円形をしており，遺伝情報の担い手であるDNAを含む染色体の局在する場所である（図1.24）．植物細胞では，核と，色素体，ミトコンドリアの3箇所にそれぞれDNAが存在する．核膜は二重膜構造をしており，核膜孔と呼ばれる部分で核の内と外とが連

絡しており，選択的に物質の透過が行われる．植物細胞の核膜は細胞分裂前期に小胞や小胞体と区別できないような断片となり，核膜が消失したかのように見えるが，分裂終期に娘染色体群の表面に再構成され娘細胞の細胞膜として再生される．核小体(nucleolus)は核内の小球体で仁とも呼ばれる（図1.24）．この部分はタンパク質とRNAから成り立っている．

1.3.7 リボソーム

タンパク質の一次構造，すなわちアミノ酸配列はDNAの塩基配列によって規定されている．この遺伝情報はmRNAを介して伝達されタンパク質に翻訳される．遺伝情報の翻訳，すなわちタンパク質の合成の場となる構造がリボソーム（ribosome）で，数種類のリボソームRNA（rRNA），と多数のリボソームタンパク質の複合体

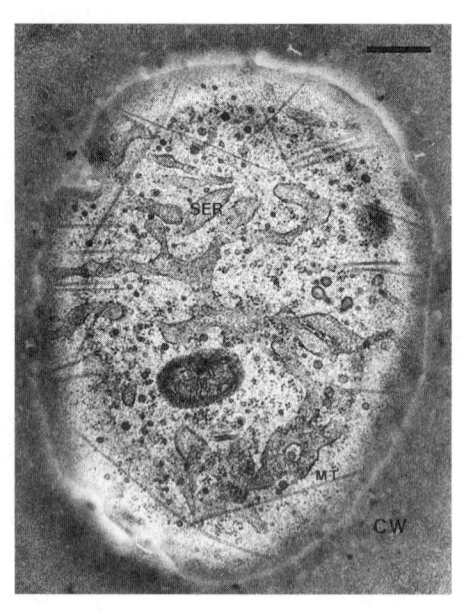

図1.16 カブの乳頭細胞の細胞表層部（×40,000）細胞表層の断面像．細胞膜のすぐ内側に滑面小胞体や表層微小管がみられる．被覆小胞を含め，多くの輸送小胞が存在している．（スケール，1μm）

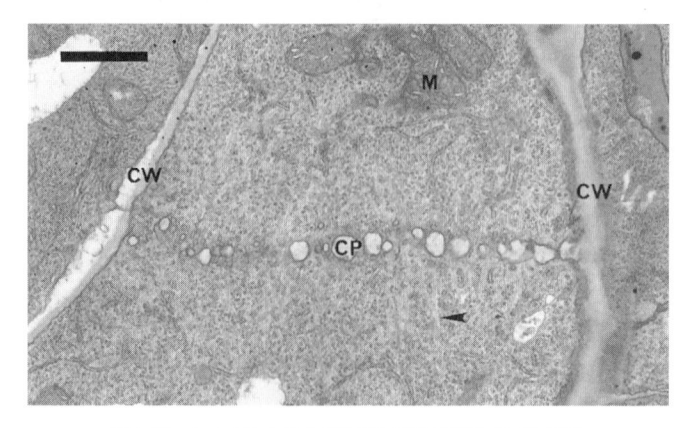

図1.17 シロイヌナズナの根端分裂域の細胞（×17,000）
細胞分裂は，遺伝子の分配過程である核分裂と，細胞全体を2分する細胞質分裂の二つの段階からなりたつ．動物細胞も植物細胞も核分裂の機構には大きな違いはない．しかし，植物には細胞壁が存在しているために，細胞質分裂は動物とまったく異なる機構で行われる．植物細胞の分裂終期には，隔壁形成体によって新しい細胞壁となる部分にゴルジ小胞が集められ細胞板（CP）が形成される．細胞板は融合を続け，新しい細胞壁が完成する．隔壁形成体は小胞体，微小管（矢頭），アクチン，ゴルジ小胞などから構成されている．（スケール，1μm）

1.3 植物の細胞構造

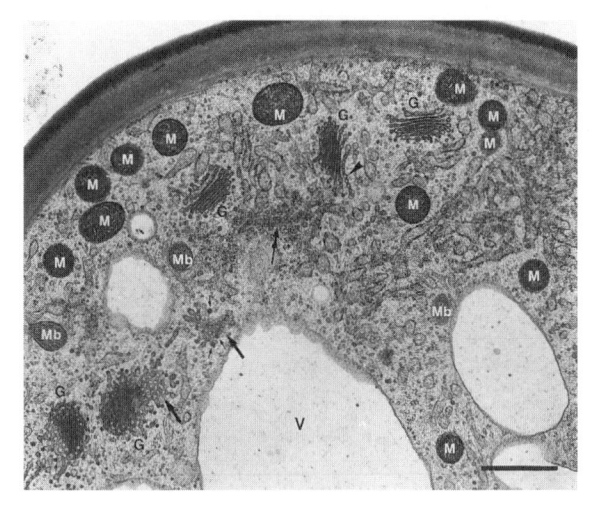

図1.18 カブの花の乳頭細胞（×24,000）

タンパク質の合成と分泌がさかんな細胞の一例．表面にポリソーム（二重矢印）が付着した粗面小胞体が発達し，ミトコンドリアの数も多く，エネルギーを消費してさかんにタンパク質が合成されていることがうかがえる．また，ゴルジ体の数も多く，さまざまな断面がみられる．横断像では，小胞が連なっているようにみえるトランスゴルジネットワーク（矢頭）は，平面像では格子状となり（矢印），その構造が有窓扁平嚢であることがよくわかる．トランスゴルジネットワークから被覆小胞が形成されている（小矢印）．（スケール，1μm）

からなる．細胞質内に散在する遊離型と，小胞体に結合した膜結合型がある．

これ以外にも，ミトコンドリア，葉緑体には，細胞質のものとは異なったそれぞれに固有のリボソームが存在する．mRNAに多数のリボソームが一定間隔で結合し，同時にタンパク質生合成が進行していることが多い．この機能的構造体をポリゾーム（図1.18）と呼ぶ．ミトコンドリア，葉緑体のリボソームで合成される限られたタンパク質を除いて，すべてのタンパク質は細胞質内のリボソームでその合成が始まる．合成（翻訳）されたあと，細胞質に留まって機能するタンパク質と，細胞質から別のコンパートメントに移行するタンパク質とに分かれる．また，後述のように，小胞体タンパク質は合成開始後リボソームが小胞体に移動し，翻訳と同時に小胞体にとりこまれる．

核タンパク質には核局在化シグナル，ミトコンドリアタンパク質にはミトコンドリア局在化シグナル，葉緑体タンパク質には葉緑体局在化シグナルが存在して，タンパク質は合成されたときからその行き先は正しく指定される．

また，細胞には行き先を認識するメカニズムが備わっていて目的の場所に運ばれる．それぞれの局在化シグナルは，タンパク質のアミノ酸配列内部に存在している．また，N末端側にシグナルペプチドと呼ばれるアミノ酸配列をもつタンパク質は，翻訳は細胞質のリボソームで開始されるが，そのシグナルペプチド部分が合成され，それが認識されると翻訳中のリボソームが途中で小胞体に移行して膜結合型となり，翻訳と同時にタンパク質は小胞体に取り込まれる．多くの場合，シグナルペプチドは切り放されて成

熟タンパク質となる．

1.3.8 小 胞 体

ER (endoplasmic reticulum) と略される．一重の限界膜に囲まれた袋状の構造で，細胞内に網目状に存在することもある（図 1.10, 1.11, 1.15, 1.16）．表面にリボソームの付着したものは粗面小胞体と呼ばれ，リボソームの付いていないものを滑面小胞体という（図 1.16）．小胞体の機能のうち最も重要なのはタンパク質生合成である．分泌タンパク質，小胞体やゴルジ体の内腔タンパク質，小胞体や細胞膜の膜タンパク質，液胞タンパク質は粗面小胞体において合成される．これらのタンパク質の前駆体は，そのN末端にシグナル配列をもっており，細胞質の遊離リボソームでタンパク質合成が開始されると，シグナル認識粒子がシグナル配列に結合して，タンパク質生合成は一時停止する．

この状態のリボソームは，小胞体膜の細胞質表面に存在するシグナル認識粒子受容体と結合して小胞体膜結合リボソームとなり，小胞体は粗面小胞体となる．そこで，タンパク質生合成は再開され，合成過程にあるタンパク質は小胞体内腔，あるいは小胞体膜

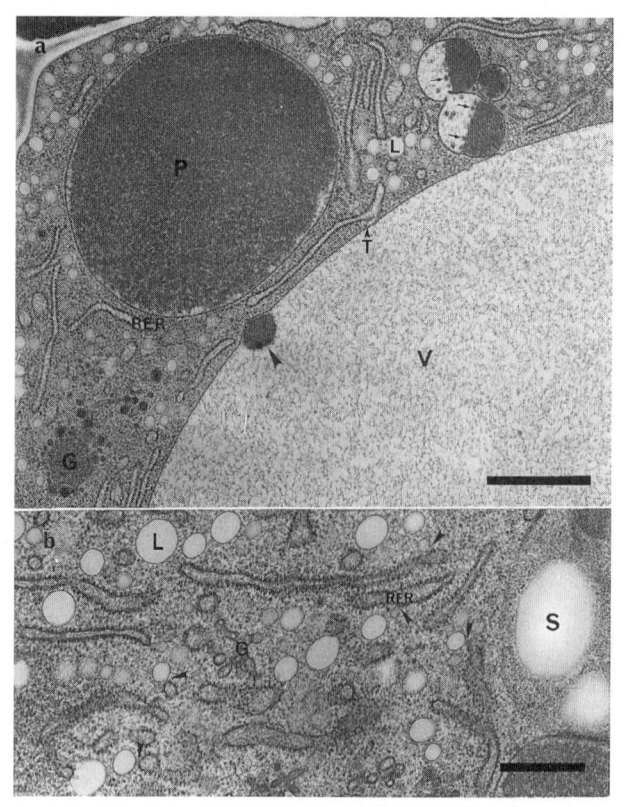

図 1.19 登熟期のダイズ子葉細胞
(a) 発達した粗面小胞体（×30,000）．ゴルジ体がみられる．貯蔵タンパク質が含まれる大小のプロテインボディが存在する．小さなプロテインボディには電子密度の高い小胞が積み込まれているところがみられる（矢印）．液胞の一部には，液胞膜（T）に沿ってタンパク質が集積し始めている（矢頭）．完熟期には液胞の内部は貯蔵タンパク質で占められる．膜に囲まれたリピッドボディもたくさんみられる．（スケール，1 μm）
(b) 登熟期ダイズ子葉細胞の拡大図（×50,000），粗面小胞体からリピッドボディが形成されている（矢頭）．（スケール，500 nm）

に輸送されて，さまざまな修飾をうける．シグナル配列はシグナルペプチダーゼによって切断され，アスパラギン型糖鎖の付加などが行われる．小胞体内腔にはタンパク質ジスルフィドイソメラーゼや，さまざまな分子シャペロンが存在しており，新生ポリペプチドの分子内，分子間 S-S 結合が触媒され，おりたたみや多量体形成などのタンパク質の会合体形成，すなわちタンパク質の高次構造形成に関与している．この過程で異常なタンパク質が形成された場合には，そのタンパク質は速やかに分解され，その先には輸送されない．正常な高次構造を形成した分泌タンパク質や，膜タンパク質は輸送小胞によってゴルジ体へと運ばれる．タンパク質生合成は粗面小胞体に固有の機能である．

　小胞体はまた葉緑体と並ぶ主要な脂質の合成の場である．貯蔵炭水化物として，トリグリセリドを利用している脂肪性種子の登熟過程において小胞体で合成されたトリグリセリドは，小胞体に集積する．さらに，このトリグリセリドを充満した顆粒が小胞体上に生成し，この顆粒の小胞体からの出芽によりリピッドボディができあがる（図 1.19）．さらに，小胞体は各種の 2 次代謝産物の合成の場である．

　また，小胞体膜には，NADPH と NADH を水素供与体とするチトクロム P 450，チトクロム b 5 とその還元酵素からなる電子伝達系が存在しており，ブラシノステロイドやジベレリンなどのホルモン生合成や，農薬などの薬物の代謝にも関与していると考えられる．

　また，カルシウム調節も小胞体の重要な機能である．小胞体内腔にカルシウムイオンを取り込んだり，放出したりして細胞質のカルシウムイオン濃度を調節することによって，細胞内情報伝達に主要な役割を果たしている．

1.3.9　ゴルジ体

　1898 年，ゴルジによって神経細胞に発見された構造で，赤血球を除くすべての真核細胞に存在することが知られている．ゴルジ体（Golgi body）は，小胞体から送られてきたタンパク質や膜脂質などを受け取り，修飾，選別してそれぞれの目的の場所に送り出しているオルガネラで，タンパク質や膜脂質が激しく出入りしている動的な構造である（図 1.20）．粗面小胞体で合成されて，小胞体残留シグナルをもたない分泌タンパク質，細胞膜タンパク質，液胞タンパク質などは，ゴルジ体に運ばれる．

　そこで，さまざまな修飾やプロセシングを受けたタンパク質は，トランスゴルジネットワークからそれぞれの目的の場所に輸送される．この過程はタンパク質の小胞輸送と呼ばれ，タンパク質は，最初に小胞体の膜を透過したあとは二度と膜を横切ることなく，膜に包まれたままで運ばれる．小胞体からゴルジ体への輸送のステップは，まず小胞体からゴルジ体へ進むべきタンパク質を包み込んだ小さな輸送小胞が形成され，これがゴルジ体のシス側に移行して，ゴルジ体膜と融合してその内容物を渡す．分泌タンパク質のような可溶性タンパク質ばかりではなく，膜の構成成分である膜タンパク質もこの小胞輸送によって運ばれていく．

　ゴルジ体は扁平な嚢が積み重なった構造（ゴルジ層板，システルネ）を中心に成り立っている．ゴルジ層板を構成するそれぞれの嚢は，この間を橋渡しする構造によって一定の間隔でつなぎ止められている．この層板は小胞体から分泌タンパク質を受け取るシ

ス側と送り出すトランス側に分極している．シス側には小胞とたくさんの"窓"をもつ嚢から成り立つシスゴルジネットワークと，トランス側には網目状の構造をなすトランスゴルジネットワークが発達している．

トランスゴルジネットワークでは標的の場所に応じて選別されたタンパク質が，それぞれの小胞に包まれて目的の場所に輸送される．これらの小胞をゴルジ顆粒，あるいはゴルジ小胞とも呼ぶ．これらの輸送小胞の中には，周囲をクラスリンタンパク質に覆われ被覆小胞と呼ばれるものもある．ゴルジ体の基本的な構成には変わりがないが，その細胞の果たす機能によってそこに存在するゴルジ体の構造は大きく変化する．

図1.10は開花直後の雌ずい先端の乳頭細胞の像である．この細胞では，粗面小胞体が発達しておりタンパク質の合成が盛んに行われていることを示している．同時にタンパク質の分泌も盛んなことが，よく発達したゴルジ体の構造から推定される．ゴルジ層板を構成する嚢の数は多く，シスゴルジネットワークやトランスゴルジネットワークも発達していて，小胞の数も多い．この細胞では，それぞれのゴルジ体がよく発達しているだけではなく，細胞1個あたりのゴルジ体の数も多い．同じゴルジ体でもタンパク質の分泌が活発ではない緑葉の，葉肉細胞では，ゴルジ層板はシス，メディアム，トランスの基本的な三つの嚢だけでシスゴルジネットワークの存在もはっきりしていない．根の先端の根冠細胞や表皮細胞のゴルジ体は，大きな分泌顆粒の存在が特徴的である．ゴルジ小胞は大きく，細胞表層に近づくに従ってその内容物の電子密度も高くなっていく（図1.14）．

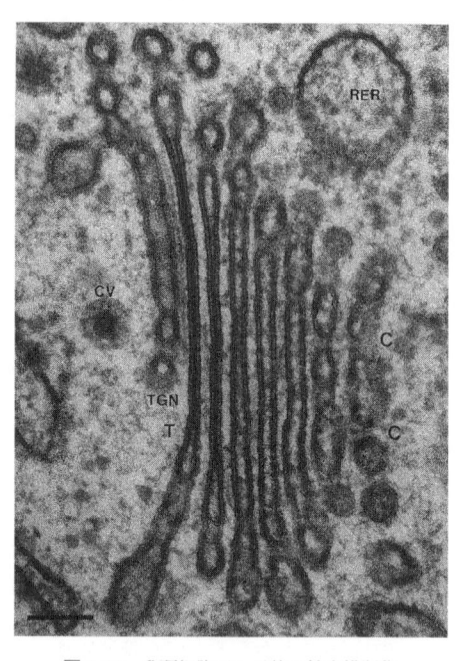

図1.20 乳頭細胞ゴルジ体の拡大横断像（×270,000）

ゴルジ体の形成面であるシス（C）側では，小胞体から運ばれてきた輸送小胞が融合している．システルネの内腔はトランス側で最も狭くなっており，電子密度も高い．トランスゴルジネットワークの近くに被覆小胞が存在する．（スケール，100 nm）

根圏へ分泌されるタンパク質やムシゲルは，この顆粒によって細胞表層へ運ばれ，この顆粒が細胞膜と融合することによって内容物が細胞外に放出される．種子の登熟期の細胞内に存在するゴルジ体もまた，特有の発達した構造を示す．図1.19はダイズ登熟期の細胞であるが，発達した粗面小胞体は種子タンパク質がさかんに合成されていることを示している．ゴルジ体小胞は，根冠細胞ほど大きくはないが，内容物の電子密度は高い．小胞体で合成されたタンパク質の大部分は，ゴルジ体を経てプロテインボディや

液胞に輸送され，蓄積されて貯蔵タンパク質となる．

1.3.10 液　胞

　液胞（vacuole）は，多くの場合，成熟した植物細胞で最も大きなコンパーメントであり，細胞の90％あまりを占めることもある．内部のpHは酸性側に偏っていることが多い（図1.10, 1.15）．液胞を取り囲む液胞膜（tonoplast）は小胞体膜と同様，内膜系に属する．動物細胞のリソソームと相同の細胞内小器官と考えることもできるが，植物細胞固有の機能ももつ．

　液胞の機能は，無機イオンや代謝産物の集積，タンパク質の貯蔵，細胞内消化，浸透圧調節，細胞の容積確保など多様であり，また大きさも形も細胞によってさまざまである．イネやソラマメの根の細胞では，液胞は自己貪食，異物貪食などの細胞内消化過程によって形成される．液胞内には，酸性プロテアーゼなどの加水分解系の酵素が細胞質から隔離されて存在する．登熟期の種子では，液胞は内部にタンパク質を集積し，貯蔵器官として働く（図1.19）．完熟した種子では貯蔵タンパク質のつまった電子密度の高いオルガネラとして存在する．種子の発芽時には，この貯蔵タンパク質は分解されて成長に消費され，再び電子密度の低い液胞となる．

1.3.11 色　素　体

　色素体（plastid）は二重の膜に囲まれたオルガネラで，分裂組織中では原色素体として存在し，植物体の成長，細胞の分化に伴って葉緑体（chloroplast），黄色体（ethioplast），白色体（leucoplast），アミロプラストなどのさまざまな形態をとる．色素体は進化のある時期に光合成機能をもつラン藻が真核細胞に取り込まれ，共生するようになったものと考えられている．二重の包膜で囲まれ，固有のDNAとその複製，転写，翻訳系をもち，分裂によって増殖する半ば自律的なオルガネラである．

　しかし，その自律性はかなり限られたもので，多くのタンパク質は核にコードされていて，翻訳後，色素体に運び込まれる．さらに色素体DNAの転写開始に必須のシグマ因子は核にコードされているので，色素体DNAの転写自体も核の情報によって制御されていることになる．色素体に運ばれるタンパク質の前駆体は，ほとんどすべての場合，N末端に30から100残基程度のアミノ酸からなる延長ペプチドをもち，包膜透過の際にプロセシングペプチダーゼによって切断される．

　包膜で囲まれた基質部分のストロマには，色素体DNAのほか，色素体リボソーム，鉄を貯蔵するフェリチンタンパク質（図1.25）などが存在する．プラストグロビュールと呼ばれる，直径50から100 nmのキノン化合物やカロチノイド，脂質を含む顆粒が存在することもある．色素体は，植物の成長，細胞の分化に伴って，組織，器管特異的にさまざまな形態に分化し，それぞれ特徴的な機能を営んでいる．光合成による炭酸固定とともに植物の独立栄養性を支える重要な要素である無機態窒素やイオウの同化も色素体で行われる．また，色素体は植物における主要な脂肪酸合成の場であり，さらにクロロフィルをはじめとする色素合成の場でもある．

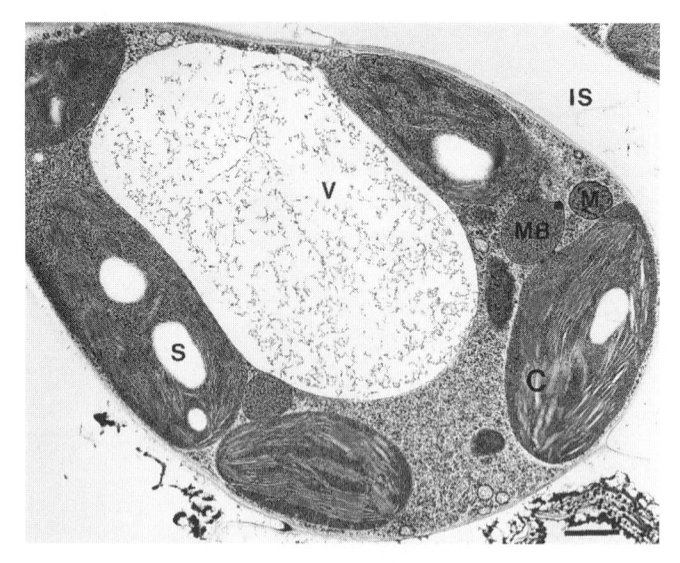

図 1.21 トマトの葉の葉肉細胞 (×14,000)
成熟した緑葉の柔組織には,ガス交換のために大きな細胞間隙が存在する.葉肉細胞の中心は大きな液胞で占められ,細胞表面に沿って葉緑体が並ぶ.葉緑体と葉緑体の間には,ミトコンドリア,マイクロボディが存在する.緑葉ではマイクロボディはペルオキシソームとして働き,光呼吸に関与している.(スケール,1 μm)

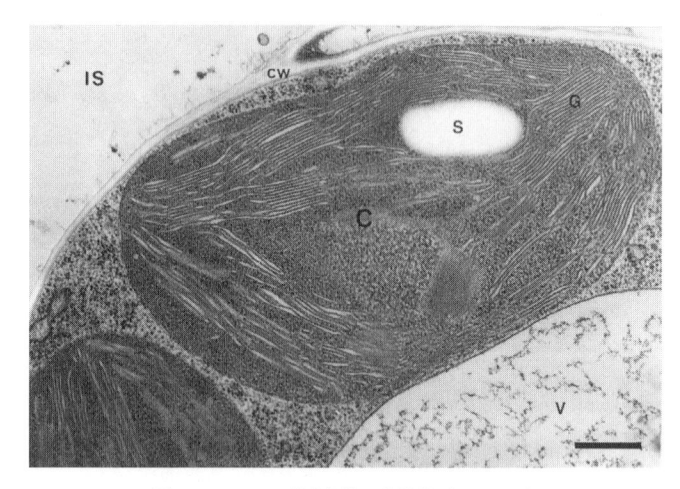

図 1.22 トマト葉肉細胞の葉緑体 (×42,000)
ラグビーボールのような形をした葉緑体の内部には複雑な膜構造を形成しているチラコイドが存在する.チラコイドが重なり合った部分はグラナと呼ばれる.光合成産物は,デンプン粒に蓄えられている.(スケール,500 nm)

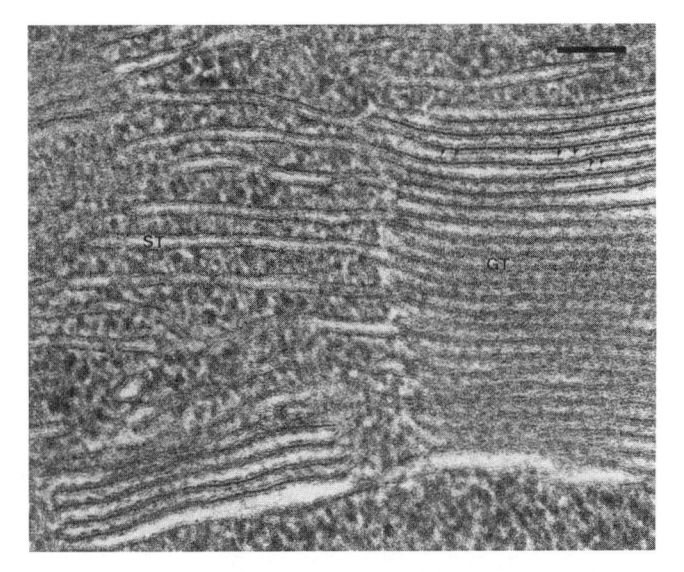

図1.23 トマト葉緑体のチラコイドの拡大図（×225,000）
チラコイドが重なり合ったグラナの部分のチラコイドには，光化学系IIが存在し，酸素発生系のタンパク質複合体が内腔側に観察される（矢頭）．重なっていないストロマチラコイドの部分には主に光化学系Iのシステムが存在し，内腔には酸素発生系の複合体がみられない．（スケール，100 nm）

a．葉緑体

　光合成器官の葉に存在する色素体は，葉緑体（chloroplast）と呼ばれる特殊な構造をとる（図1.21，1.22）．葉緑体は内部に一重の膜で囲まれたチラコイドが発達し，チラコイドが単独で存在する部分はストロマチラコイドと呼ばれ，チラコイドが多重に積み重なった部分はグラナチラコイドと呼ばれる．チラコイドにはクロロフィルを始めとする色素やエネルギー捕獲に必要な構成要素が含まれる．
　光合成の最初の反応のうち，光化学系Iは主にストロマチラコイドに存在し，光化学系IIは主にグラナチラコイドに存在する（図1.23）．ストロマでは，光化学反応によって生じたNADPHとATPを用いて炭酸固定が行われる．生成したトリオースリン酸はストロマでデンプンに変換されるか，あるいは細胞質に運ばれてシュークロースに変換される．葉緑体に一時的に貯えられた同化デンプンはデンプン粒として観察される．C_4植物では，葉肉細胞の葉緑体と維管束鞘細胞の葉緑体は機能的に分化しており，前者はカルビン回路の酵素タンパク質を，後者は光化学系IIのタンパク質を欠いている．したがって，C_4植物の維管束鞘細胞の葉緑体には，グラナチラコイドがみられない．

b．黄色体

　種子を発芽後暗黒下で生育させると植物は緑化せず，黄化植物体になる．黄化植物体に含まれる色素体である黄色体（ethioplast）は内部にプロラメラボディを形成している（図1.24，1.25）．プロラメラボディはクロロフィルの前駆体であるプロトクロロフィライドと，それを光還元する酵素であるプロトクロロフィライドオキシドリダクター

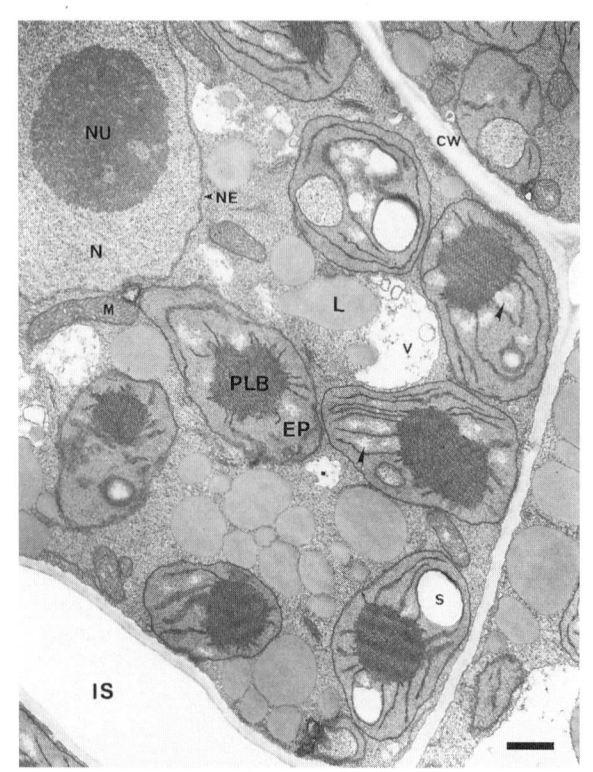

図1.24 暗所で発芽したシロイヌナズナ黄化子葉の葉肉細胞（×14,000）

細胞の中心に核膜で囲まれた核が存在する．核内には電子密度の高い核小体がみられる．リピッドボデイとして貯蔵されていた脂肪は発芽とその後の成長に伴い，消費される．プロラメラボディを含む黄色体がみられる．黄色体の白く抜けているように見える部分（矢頭）には色素体DNAが存在する．（スケール，1 μm）

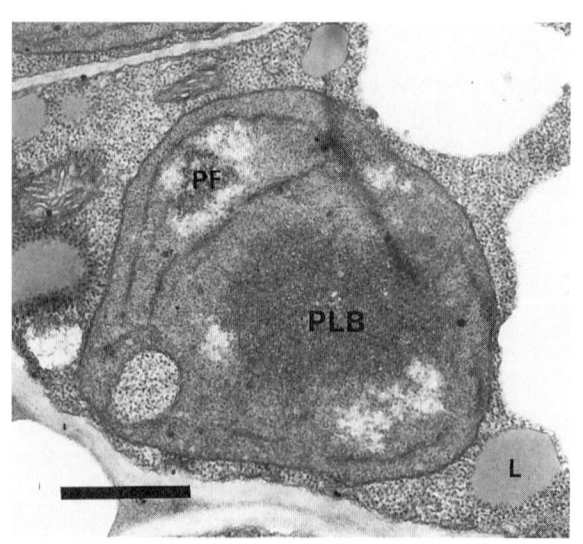

図1.25 シロイヌナズナ黄化子葉の黄色体（×21,000）

プロラメラボディの他にファイトフェリチンが集積している．ファイトフェリチンは1分子で4,000個の鉄原子を蓄えることができるタンパク質，生体にとって有害な遊離の鉄を抱え込み無毒化し，鉄の貯蔵部位として働く．光照射により，黄色体が葉緑体に発達するときに必要な鉄を貯蔵しているものと考えられる．（スケール，1 μm）

ゼ，NADPの3者で構成されている．

プロトクロロフィライドからクロロフィライドへの変換は，クロロフィル生合成経路のうち直接光のエネルギーを必要とする唯一の過程であり，暗黒下で生育した植物は色素体の中に，基質，酵素，コファクターによって構成されるプロラメラボディを発達させて，光の照射後すぐにクロロフィルを合成し，光合成を開始することができるように，直前のステップまでを準備していることになる．

c. 白色体

非緑色の分化した組織，たとえば表皮細胞，根などに含まれる色素体は白色体 (leucoplast) と呼ばれる（図 1.15）．根の細胞では根圏から取り込まれた無機態窒素やイオウの同化がここで行われるとされる．

d. アミロプラスト

根冠や貯蔵器官の細胞にはアミロプラスト（amyloplast）が存在する．アミロプラストとは転流してきた糖からデンプンを合成，貯蔵する場でありその内容のほとんどがデンプン粒で占められている．

e. クロモプラスト

クロモプラスト（chromoplast）はクロロフィルを欠くかわりに大量のカロチノイドを合成蓄積しており，赤く熟したトマト果実や紅葉した葉の細胞などに存在する．

1.3.12 ミトコンドリア

細胞内の呼吸，エネルギー生成器官として働く，二重の膜に囲まれたオルガネラで，内部の膜は突起状に突き出しており，クリステと呼ばれる．色素体と同様に，共生によって生じたと考えられ，独自の DNA，リボソームをもつが，多くのタンパク質は核にコードされており，翻訳後にミトコンドリア（mitochondria）に輸送される．ミトコンドリアタンパク質の前駆体は，N 末端側に輸送ペプチドをもち，ミトコンドリア膜透過後にそれが切り放されて成熟タンパク質となる．

1.3.13 マイクロボディ

過酸化水素を生成する一群の酸化酵素と生成した過酸化水素を消去するカタラーゼを含む一重の膜に囲まれたオルガネラで，細胞毒性のある過酸化水素を隔離して消去する．存在している細胞によってその機能は異なる．また大きさも通常は直径約 $0.3\,\mu m$ から $1.5\,\mu m$ であるが，細胞によって変化し，内部に結晶状の構造をもつことがある．たとえば，緑葉組織などの光合成を行っている細胞内では，葉緑体，ミトコンドリアと隣接して光呼吸経路の一部を担うペルオキシソームとして機能する（図 1.21）．

ペルオキシソームでは，葉緑体で生成されたグリコール酸が，グリコール酸酸化酵素によりグリオキシル酸となる．この過程で生成する過酸化水素はカタラーゼの働きで水と酸素に分解される．グリオキシル酸はアミノ基転移酵素によりグリシンに変わり，ミトコンドリアに運ばれる．

また，種子が発芽するとき，貯蔵脂肪をエネルギー源とする際に脂肪酸をアセチル CoA に分解してグリオキシル酸回路によって代謝するが，脂肪酸 β 酸化酵素群および

カタラーゼ，グリオキシル酸回路はマイクロボディに存在し，グリオキシソームと呼ばれる．グリオキシソームは，種子発芽時に増加し，それに伴って貯蔵脂肪の消費が増大する．光照射により，子葉組織が緑化するとともにグリオキシル酸回路の酵素が消失し，前述の光呼吸に関与する酵素が出現して，グリオキシソームは緑葉ペルオキシソームの機能をもつようになる．

また，マメ科植物の根において，窒素固定菌の共生により形成された根粒の内部には，大きなマイクロボディ（microbody）が存在し，アラントインを生成する尿酸酸化酵素（ウリカーゼ）とカタラーゼを含んでいる．

マイクロディに存在するタンパク質は，細胞質の遊離のリボソームで合成され，翻訳後にマイクロボディに運ばれる．局在化のシグナルはタンパク質のN末端側に存在するものと，C末端側に存在するものがある． 〔西澤直子〕

2. 根　　圏

2.1 根圏における養水分の動態

2.1.1 植物の根張り特性

陸上植物は，生長に必須である水と養分とを吸収するため，根を発達させた．土壌中における根の伸張に影響を与える要因として，遺伝および環境要因，また個体としての植物がもつ固有な要因がある．以下では，これら要因について作物を対象に概述する．

a. 遺伝的要因による変動

作物種によって根系発達に大きな差異があることが知られている（表2.1）．最大根深は，一般に，コムギなどのイネ科作物で，ダイズなどのマメ科作物より大きいが，マメ科であっても多年生のアルファルファ，クローバーなどの牧草類では根系深度が3mに達する．イネは湛水条件下に生育し，水が制限要因とならないためか，最大根深は小さい．野菜類は，葉菜・果菜類とも，最大根深は1m以上に達する例が稀ではない．

表 2.1　各種作物の最大根深および頻根深[1,2]

作物種	最大根深 (cm)	頻根深[*1] (cm)	作物種	最大根深 (cm)	頻根深[*1] (cm)
イネ	60	55	ヒマワリ	200	70
冬コムギ	190	130	トマト	150	90
春コムギ	145	90	キウリ	110	30
オオムギ	135	80	タマネギ	100	80
トウモロコシ	240	180	キャベツ	145	80
ダイズ	60	40	カブ	170	150
インゲンマメ	109	90	レタス	230	160
テンサイ	170	160	アスパラガス[*2]	310	180
バレイショ	115	70	西洋ワサビ[*3]	450	350
サツマイモ	100	80	アルファルファ[*4]	300	160
			赤クローバー	280	100

注）生育時期は，開花期・収穫期などの根系発達の最大期．
[*1]かなりの頻度で根が存在する深さ，[*2] 6年目，[*3] 10年目，[*4] 2年目

植物の生長を水の供給との関連で評価するときには，根の垂直方向への伸張が問題とされることが多く，養分との関連で議論されるときには根長，または根表面積が注目されている．これは，土壌中における水分の移動に比べて養分の移動速度が小さいことにより，養分吸収では接触の機会が問題になると考えられているからである．

単位圃場面積あたり総根長の植物種間差についてみると，生育期間が長い場合に総根長も長くなり，その典型的な例が冬コムギである（図2.1，主にイギリスでの例）。したがって，根張りの観点からは，光合成能・乾物生産能に大きな差異が存在するC_3，C_4植物間差は認められない。日本で観察された単位面積あたり総根長は，イネ科作物で50〜90 km/m^{2}に達し，ダイズではその約1/2，主要作物の中では最も総根長が小さいバレイショでも20 km/m^{2}である[4]。この場合の根の総表面積は，冬コムギの場合で約100 m^2/m^{2}であり，根と土壌との接触面はきわめて大きい。

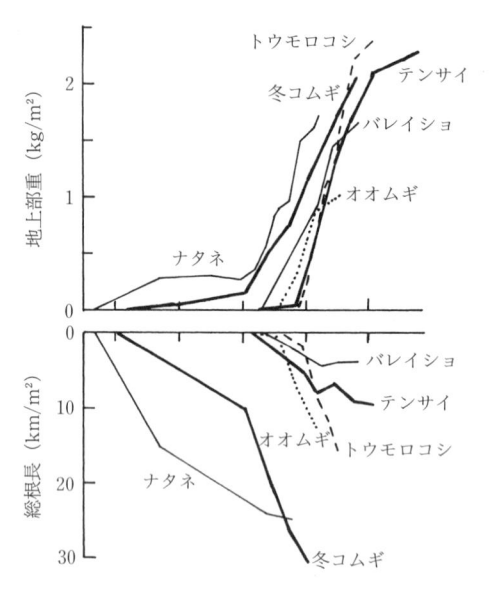

図2.1 各種作物の生育に伴う総根長および地上部重の変遷（Baraclough, 1989）[3]
バレイショでは塊茎重，テンサイでは菜根重を地上部重に含む．

根長密度（単位土壌体積あたり総根長）の分布は，一般には，土壌表層で大きく，深くなるに従い小さくなるが，トウモロコシ，ダイズなどでは10〜20 cm層で大きい（図2.2）。ここに掲げた例での根長密度の最大値は，イネ科作物で30〜40 cm/cm^3，バレイショでは10 cm/cm^{3}と大きな種間差が認められている．

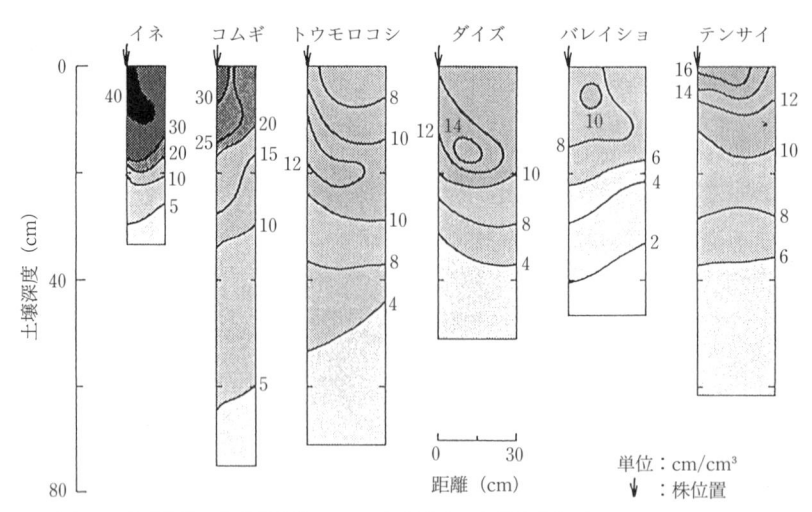

図2.2 各種作物の茎葉最大期における根長密度の土層内分布（Yamaguchi, 1990）[4]

根張りの品種間差異に関する報告は，種間差に比べると，きわめて少ない．バレイショ，コムギなどでの調査結果では，根重・根長の品種間差として数倍の差が存在し，さらに，収量との相関も認められている．しかし，これらの関係には生育期間の差異も含まれており，また，量的な側面のみならず，単位根重，長さ，表面積あたり活性をも評価した今後の研究の発展が待たれる．

b. 環境要因による変動

根張りに影響を与える環境としては，気象要因（日射量，気温，降雨量など）および土壌要因（物理性，化学性，生物性）がある．これら各種の要因は，植物の生長にとって悪い環境条件下，たとえば，水分不足，高低温，養分不足などで，地上部の生長に対し根の生長が促進されるのが一般的である（図2.3）．ただし，環境要因の中で日射量のみは不足条件下で，地上部の生長に比べて根の生長が抑制される．

土壌要因として，硬度・水などの物理性，養分吸収・施肥反応などの化学性の観点からの報告は多いが，生物性と根張りとの関連に関する知見は少ない．

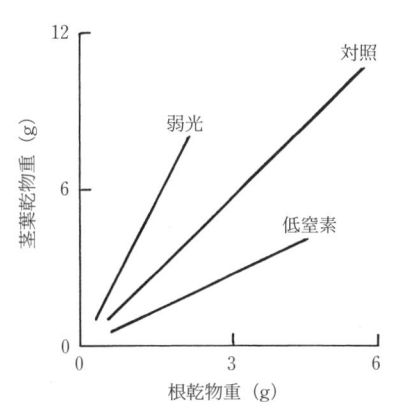

図2.3 低窒素および弱光化におけるインゲンマメの根・茎葉重の変化（Russell, 1981）[5]

c. 植物固有の要因

根は独立して生長しているわけでなく，地上部の生長と密接な関係をもち，また，その関係は生育時期によっても変動する．

生育初期においては，一般に，根部の生長が相対的に優先するが，その後地上部生長が優先する（図2.2）．根と地上部の乾物重分配割合は植物種固有の値をもち，葉や根の切除処理をしても，固有の値に復帰する例が，インゲンマメ，オオムギ，テンサイなどで確認されている[5]．

高収を上げるためには，根張りがよい，すなわち根圏域が大きいことが必要であるといわれる．根容量を125〜2,000 cm³としたポットでイネを流動水耕栽培した例では，開花期・収穫期ともに乾物生産量には差異が認められていない（図2.4）．このことは，養水分の供給が十分なときには，根圏容量は生長の制限要因にならないことを意味する．この125 cm³ポットで

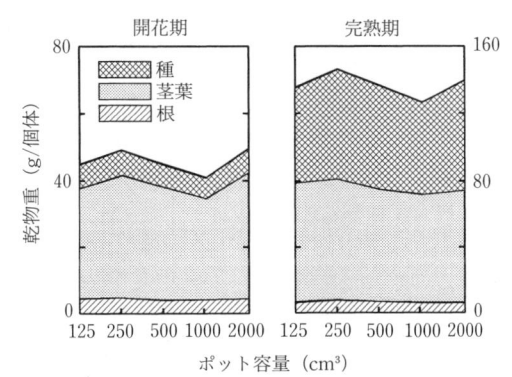

図2.4 異なる根圏容量でのイネの生長（Yamaguchi, 1990）[7]

の例(玄米重=45 g/個体)に基づくと,圃場で10 t/ha の収量を上げるために必要な根圏深度(土壌孔隙率を 24 %とする)は,1.0 cm と試算されている[7].したがって,養水分の供給に工夫をこらせば,高収を上げるためには根圏深度はかなり浅くても,植物体としての問題はないことになる.　　　　　　　　　　　　　　　　〔山口淳一〕

文献

1) Weaver, J. E. : Root Development of Field Crops., p. 291, McGraw-Hill, New York, 1926.
2) Weaver, J. E. and Bruner, W. E. : Root Development of Vegetable Crops., p. 351, McGraw-Hill, New York, 1927.
3) Barraclough, P. B. : *Aspects Appl. Physiol.*, **22**, 227-233, 1989.
4) Yamaguchi, J. and Tanaka, A. : *Soil Sci. Plant Nutr.*, **36**, 483-493, 1990.
5) Russell, R. S. (田中典幸訳):作物の根系と土壌, p.390, 農文協, 1981.
6) 山口淳一:農業技術大系・土壌施肥編, 2. 作物の栄養と生育, 作物栄養II, 39-48, 農文協, 1987.
7) Yamaguchi, J. and Tanaka, A. : *Soil Sci, Plant Nutr.*, **36**, 515-518, 1990.

2.1.2 根圏への養水分の移行
a. 根圏への水移動

1) 水移動の機作　根の水呼収(water uptake)に伴って,土壌中では根に向かう水移動が生じる.その過程はダルシー則(Darcy's law)により表される.図2.5のように,根とその周囲土壌を単純な円筒管とすると,単位面積あたり L の根長をもつ根への水フラックス,W は

$$W = 2\pi r L K (\delta\psi/\delta r) \tag{2.1}$$

と書ける.式(2.1)をシングル・ルート・モデル(single root model)という[1].ここで,r は根からの距離,K は根の周囲の土壌中の平均透水係数(hydraulic conductivity),ψ は水ポテンシャル(water potential)である.根の半径を r_r,周囲土壌の半径を r_s として,定常流を仮定すると,式(2.1)は,

$$W = \frac{2\pi L K}{\ln(r_s/r_r)}(\psi_s - \psi_r) \tag{2.2}$$

半径: r_r　r_s
水ポテンシャル: ϕ_r　ϕ_s

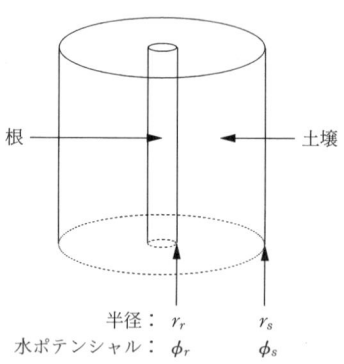

図2.5　シングル・ルート・モデル

とされる.ここで,ψ_s は土壌の水ポテンシャル,ψ_r は根の水ポテンシャルである.なお,根群の深さを d とすると,

$$r_s = \sqrt{\pi L/d}$$

とされる.さらに,

$$R_s = \frac{1}{2\pi L K/\ln(r_s/r_r)} \tag{2.3}$$

とおくと,式(2.2)は,

$$W = (\psi_s - \psi_r)R_s \qquad (2.4)$$

となる．R_s は土壌の抵抗(soil resistance)と位置づけられる[2]．すなわち，土壌の水供給は，土壌と根のポテンシャル格差（$\psi_s - \psi_r$）と，その間の抵抗 R_s により決定されることを意味する．式(2.4)はオームの法則のアナロジーとなっている．

さらに，土壌から供給された水の全量が植物体内を移動し蒸散(transpiration)すると，W は根と葉の水ポテンシャル格差（$\psi_r - \psi_l$）と植物の抵抗 R_p により，

$$W = (\psi_r - \psi_l)/R_p \qquad (2.5)$$

と表される．

2) 水供給と水ポテンシャル格差と抵抗の関係　　Blizzard and Boyer[3]は，日中気温30度，湿度40％の一定条件（−124 MPa）で，土壌の乾燥に伴う蒸散量の変化と，根と葉の水ポテンシャルを測定し，式(2.4)，(2.5)を用いて土壌と植物の抵抗を求めている．その結果，①蒸散量は，土壌の水ポテンシャルが−0.1 MPa のとき最大となったあと，水ポテンシャルの低下に伴い低下する（図2.6(a)），②根と葉の水ポテンシャ

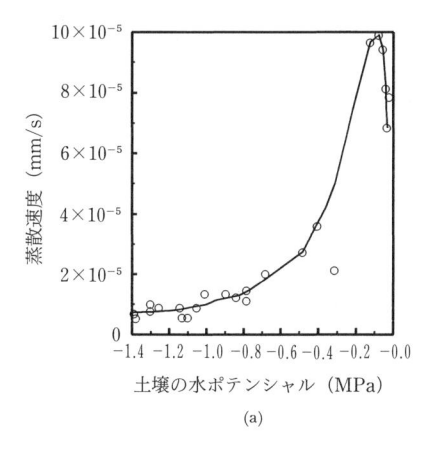

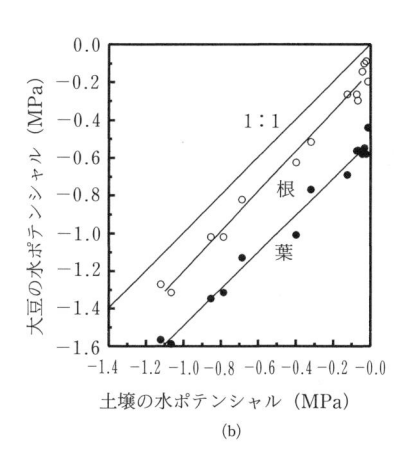

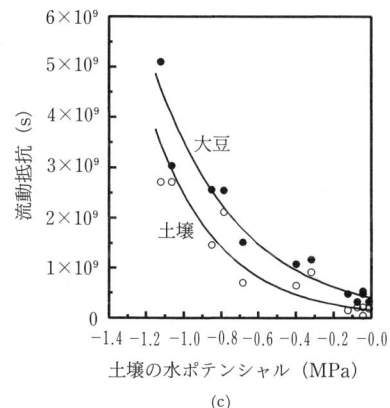

図2.6　土壌の水ポテンシャルとダイズの蒸散速度(a)，葉と根の水のポテンシャル(b)，および土壌とダイズの流動抵抗(c)の関係（Blizzard and Boyer, 1980）[3]

ルは土壌の水ポテンシャルより低下し，-0.1 MPa 以下ではほぼ一定のポテンシャル格差がみられる（図2.6(b)），③さらに土壌，植物の抵抗も，土壌の水ポテンシャル低下に伴い高まったが，植物抵抗 R_p の方が，土壌抵抗 R_s より大きい（図2.6(c)）ことが示されている．

式(2.3)を参照すると，土壌抵抗 R_s は，透水係数 K，根長 L が小さいほど大きくなる．透水係数は，土壌の水ポテンシャル低下に伴い急速に小さくなるが，水ポテンシャルの低い領域では，砂質土壌の透水係数は粘土質土壌より著しく低く，その違いは100倍以上にもなりうる．長谷川[4]は 10^{-10} cm/s の透水係数まで土壌は根に十分水を供給できるとしたが，砂質土壌では乾燥の早い段階で透水係数は低下するので，土壌抵抗を粘土質土壌と同じ程度に保つためには，大きな根長が必要となる．あるいは，もし大きな根長が達成できなければ，砂質土壌の透水抵抗は粘土質土壌より大きくなるので，根の水ポテンシャルをより低下させることにより，水ポテンシャル格差を高める必要がある．これらのことは，砂質土壌では乾燥の早い段階で，植物が水不足となる危険性が高いことを示している．

b． 根圏への養分の移動

1） 養分移動の機作　　根への養分供給は，根の水吸収の流れに伴うマスフロー(mass flow)と，濃度勾配を駆動力とした拡散(diffusion)と，同じく濃度勾配に依存するが流速分布にも依存する分散(dispersion)により生じる[5]．マスフローを J_1，拡散を J_2，分散を J_3 とすると，

$$J_1 = WC_l \tag{2.6}$$

$$J_2 = 2\pi r L D_p \delta C_T / \delta r \tag{2.7}$$

$$J_3 = 2\pi r L D_h \delta C_l / \delta r \tag{2.8}$$

であり，根への養分供給量は3者の合計となる．ここで，W は水吸収速度，C_l は土壌溶液養分濃度，L は単位面積あたり根長，D_p は拡散係数(diffusion coefficient)，D_h は分散係数(dispersion coefficient)である．C_T は土壌養分量であるが，カリウム，リン酸などは固相に吸着されるため，固相の乾土あたり養分量 C_s と土壌溶液の養分濃度 C_l から，$C_T = \rho C_s + \theta C_l$，とされる．$\rho$ は容積重(bulk density)，θ は水分率(volumetric water content)である．固相養分量が液相濃度と比例関係にあるとし，その比例定数を b とすると，$C_T = (b + \theta)C_l$ となる．この関係を用いると，拡散係数 D_p は，自由水の拡散係数 D_0 と土壌孔隙の曲路率 f (tortuosity factor)により，

$$D_p = D_0 f(1 + b\theta) \tag{2.9}$$

と表せる[6]．なお，Olsen and Kemper[7]は，$f = 0.005 \exp(10\theta)$ と近似している．b 値はバッファーパワー(buffer power)と呼び，値が大きいほど固相への配分が多いことを示す．バッファーパワーがほとんど無視できる硝酸では，D_p は 10^{-6} から 10^{-7} cm^2/s であるが，b 値が1から50と見積られるカリウムの D_p は 10^{-7} から 10^{-8} cm^2/s，リン酸では b 値は10から1,000と大きいため，D_p は 10^{-8} から 10^{-11} cm^2/s と小さい．

分散係数 D_h は，孔隙流速量 q と比例し，Bresler[8]は，

$$D_h = 0.28|q| \tag{2.10}$$

と表した．なお，$q = W/[2\pi r_r L \theta]$ である．

2) 要素による養分供給の違い　根が生長している場合には，マスフロー，拡散，分散の3供給形態に加えて，根の伸長による接触吸収(root intercept)も考えられる。Barber[9]は，土壌を伸長した根の体積分の土壌養分が根に吸収されたものとして，接触吸収量を求めている。さらに，トウモロコシ畑の土壌溶液濃度と蒸散量からマスフロー供給量を求め，マスフローと接触吸収量の合計値とトウモロコシ吸収量を比較して，吸収量が多い場合は，拡散による供給が起こったとしている。この拡散量は，実際には，拡散と分散による供給の合計量である。表2.2は要素別の結果である。土壌に吸着され

表2.2　肥沃なアルフィソルにおけるトウモロコシ畑の土壌溶液養分濃度と，根の接触，マスフロー，拡散の養分供給に対する相対的役割[9]

養分	土壌溶液濃度 (mg/L)	養分吸収量 (kg/ha)	土壌の養分供給量		
			根の接触	マスフロー (kg/ha)	拡散
窒素（硝酸）	60	190	2	150	38
リン酸	0.8	40	1	2	37
カリウム	14	195	4	35	156
カルシウム	60	40	60	150	0
マグネシウム	40	45	15	100	0
硫黄	26	22	1	65	0

にくい硝酸は，土壌溶液濃度が高いため，マスフローにより全体の80％が供給されている。それに対して，リン酸では，固相に強く吸着され土壌溶液濃度が低いため，マスフローによる供給は5％にすぎず，カリウムでも，マスフローによる供給は18％にとどまっている。また表2.2の結果では，カルシウムや，マグネシウム，イオウは，植物要求量より土壌存在量が圧倒的に多かったため，根の接触吸収とマスフローで全体の供給が行われていたことも示されている。　　　　　　　　　　　　　　　〔波多野隆介〕

文　献

1) Gardner, W. R.：*Soil Science*, **89**, 63-73, 1960.
2) Newman, E. L.：*J. Appl. Ecol.*, **6**, 1-12, 1969.
3) Blizzard, W. E. and Boyer, J. S.：*Plant Physiol.*, **66**, 809-814, 1980.
4) 長谷川周一：移動現象，日本土壌肥料学会編，11-40，1987．
5) 岡島秀夫，波多野隆介：土肥誌，172-177，1988．
6) Hatano, R., *et al.*：*Soil Sci. Plant Nutr.*, **39**, 245-255, 1993.
7) Olsen, S. R. and Kemper, W. D.：*Advance Agron.*, **20**, 91-151, 1968.
8) Bresler, E.：*Water Resour. Res.*, **9**, 975-986, 1973.
9) Barber, S. A.：Soil Nutrient Bioavailability, John Wiley and Sons, p. 398, 1984.

2.1.3　機能的養分吸収モデル

a.　機能的モデルの役割

植物根の養分吸収メカニズムの解明が進みつつあるが，知見の多くは細胞レベルあるいは，水耕条件で得られたものである。一方，土壌中の各種成分の存在形態などについても理解が深まりつつあるが，植物の養分吸収との関係の定量的な理解は十分でない。

植物の養分吸収過程全体を定量的に把握するためには，植物側，土壌側それぞれで得られた知見を，総合する必要がある．

しかし，土壌-根系は複雑で，実験的な手法による解析は容易でない．このような場面では，機能的養分吸収モデルが果たす役割が大きい．

b. モデルの数学的基礎

植物栄養・肥料を専門にする者の多くは，機能的モデルの数値的手法に，比較的縁が薄いと思われる．そこで以下に，差分法を使う単純な例をあげて，機能的養分吸収モデル開発の手順を紹介する．

1) 対象を定義する 対象を明確に定義することが，モデルの開発・利用の根本である．以下では根のまわりの養分濃度の時間的，空間的分布を表すモデルを対象にするが，これは例にすぎないので，定義については省略する．

2) 式に表す 根の養分吸収は根表面の当該養分濃度に大きく左右され，根表面の養分濃度は，養分の供給と吸収・消費とのバランスによって決まる．このような前提で，根の周辺における養分の収支と濃度変化を，数式で表してみよう．

根のまわりの養分の移動には，水の移動に伴う移流（vC，$v=$ 水の流速，$C=$ 養分濃度）と，濃度差に伴う濃度拡散（$-DdC/dx$，$D=$ 実効拡散係数）とが考えられる．単純化のため移流を無視すると，移動 F は式(2.11)で表される．

$$F = -DdC/dx \tag{2.11}$$

ここで，x は距離である．養分の濃度変化は，入る養分と出る養分の差に由来する．一次限方向の移動による濃度変化は，式(2.12)で表される．t は時間である．

$$\delta C/\delta t = -\delta(F)/\delta x \tag{2.12}$$

式(2.11)の F を式(2.12)に代入して得られる式(2.13)は，一次限方向の濃度変化を表す．

$$\delta C/\delta t = \delta(DdC/dx)/\delta x \tag{2.13}$$

根圏土壌の養分移動を，根を中心とする同心円状の移動として扱うと，式(2.14)になる．r は半径である．

$$\delta C/\delta t = \delta(rDdC/dr)/(r\delta r) \tag{2.14}$$

この偏微分方程式が，きわめて単純化した形ではあるが，根のまわりの養分の空間的時間的な変化を表す数値モデル式になる．

この式を解くことによって，モデルがどのようにふるまうかが明らかになるが，このような式は，一般には数学的に解くことができない．そこで，差分法などを使い，コンピュータで値を求めることになる．

3) 偏微分方程式を差分法で解く ある関数 $f(x)$ が微分可能だと，テーラー展開により，

$$f(x+\Delta x) = f(x) + \Delta x f'(x) + \frac{\Delta x^2 f''(x)}{2!} + \frac{\Delta x^3 f'''(x)}{3!} + \cdots \tag{2.15}$$

ここで f'，f'' は1次，2次微分を表す．Δx が小さい値であれば，2次項以降を無視した近似式(2.16)が成り立つ[1]．

$$f(x+\Delta x) = f(x) + \Delta x f'(x) \tag{2.16}$$

式(2.16)の $f(x+\Delta x)$ は，Δx だけ x が変化したあとの関数の値，$f(x)$ は現在の関数の値，$f'(x)$ は与えられた微分式である．この式から，スタートの $f(x)$ がわかれば，あとは Δx きざみの計算をくり返すことによって，微分方程式を解かずに $f(x+\Delta x)$ を求められることが理解できよう．

実用的な差分式の展開は成書にゆずるが，少ない誤差で効率的に計算する方法が各種提案されているので，それらの中から適当なものを利用する[2]．

たとえばクランク-ニコルソン法で表すと，式(2.4)は

$$C_i^+ = \left(C_{i+1}^+\left(1+\frac{\Delta r}{2r}\right) + C_{i-1}^+\left(1-\frac{\Delta r}{2r}\right) + C_{i+1}\left(1+\frac{\Delta r}{2r}\right) \right. \\ \left. + 2C_i\left(\frac{\Delta r^2}{\Delta tD}-1\right) + C_{i-1}\left(1-\frac{\Delta r}{2r}\right) \right) \div \left(\frac{2\Delta r^2}{\Delta tD}+2\right) \quad (2.17)$$

式(2.17)のような差分式となる．ここで，i，$i+1$ や $i-1$ は根のまわりの空間上のある点またはそれに隣接する点を，$+$ は一段階進んだ時間段階を表す．この式は全体を細かく区分したモデル根圏時空間の各点で成り立つ．

式(2.17)は複雑にみえるが，C_i^+，C_{i+1}^+，C_{i-1}^+ の三つの未知数以外は既知数であり，式(2.17)を解くことは，多元連立1次方程式を解くことに帰着し，コンピュータがあれば容易に答が得られる．ただし，各地点におけるスタート時の濃度を始めに与える必要がある(初期条件)．また空間の端になる地点については，何らかの条件を与えないと，連立方程式を解くことができない(境界条件)．

4) 初期値と境界条件　初期条件，境界条件をどのように与えるかはモデルによって異なる．簡単には，以下のようにしてもよい．

初期条件は，根による吸収が始まる前は一定濃度であるとする．根に接する側の境界条件としては，ミカエル-メンテン式など，根の養分吸収特性を与えればよい．

反対側の境界としては，根と根の中間点を使い，中間点を越える養分の移動は生じないなどとすればよい．

5) 現実的なモデル　より現実的な養分吸収モデルとするためには，移流や根の形状，吸収活性の変化，根毛や菌根菌の存在あるいは土壌中における吸着・溶解など，対象とする系に応じて適当な要因をモデルに組み入れる必要がある．しかし，あまりに多くの要因を組み込むことは，かえってモデルとしての価値を損うので，対象を限定的に明確に定義することが重要である．

c. 機能的養分吸収モデルの事例

1) Nyeらのモデル　Nyeらは，機能的養分吸収モデルを先駆けて開発し[3]，リン酸やカリウムの吸収は土壌溶液中の養分濃度，土壌の緩衝力，土壌水分とともに増加すること，土壌中での拡散が制限要因になって，作物根の養分吸収力の大小が養分吸収量に反映されない場合があること，効率的な養分吸収には細い根の方が適していることなどを明らかにした．

2) Barberらのモデル　Barberらは根の生長を組み込んで，特定の植物-土壌系における養分吸収量の時間経過を具体的な量として表すモデルをつくった．このモデルは比較的単純で，さまざまな現象を適切に表すことができる[4]．

しかし、肥沃度が低い土壌では、モデルによる推定値が実測値を下回る傾向がみられるなど、Barberらのモデルには明らかに限界がある。

3) 機能的モデルの展開　植物の根は、環境から単に養分を取り入れるだけでなく、物質の分泌や微生物との共生など、さまざまな形で周囲に働きかけ、根圏を変化させる機能をあわせもっており、機能的モデルにこれらの要因を組み入れる試みが続けられている。

〔伊藤純雄〕

文　献

1) 平田光穂ほか：パソコンによる数値計算、98-125、朝倉書店、1982．
2) 戸川隼人：微分方程式の数値計算、65-98、オーム社、1973．
3) Tinker, P. B. and Nye, P. H.：Solute Movement in the Rhizosphere, Oxford University Press, 2000．
4) Barber, S. A.：Soil Nutrient Bioavailability—a Mechanistic Approach, John Wiley & Sons, 1995．

2.2　根圏における有害物質の動態

2.2.1　アルミニウム

アルミニウム（Al）は土壌中で最も多量に（酸化物として約15％）存在する金属元素であり、土壌の諸性質、環境、生物生産、植物のストレス生理に深く関連している。根圏固相中の主なアルミニウムは二次鉱物であるが、そのうち結晶性粘土鉱物は一定負荷電座に種々の程度に陽イオンを交換保持している。

2：1型粘土の一定負荷電座は、酸性条件で大量の交換性アルミニウムを保持する。このアルミニウムは通常1モル濃度の塩化カリウム溶液で抽出され、大工原酸度として有名であるが、酸性土壌での植物成育阻害程度の実用的尺度として、最近再評価されている。

アロフェンや鉄・アルミニウム水和酸化物は、構造末端に変異荷電座を有し、酸性の等電点以下ではプロトン保持によって正荷電を発現するため、陰イオンを交換保持する。リンは植物の栄養としてだけでなく、資源枯渇の潜在的危機、環境負荷の点でも重要視されているが、その収着はこの座に大きく支配される。また、この座は畑地や森林で大量に施用または生成される硝酸イオンや、酸性雨の中に含まれる硫酸イオンの保持にとっても重要である。根圏液相中には、各種形態のアルミニウムイオンが存在する。

耕地土壌には、大量の硫酸塩、カリウム、リン酸が投入されるので、jurbanite [$Al(OH)SO_4$]、basalminite [$Al_4(OH)_{10}SO_4$]、alunite [$KAl_3(OH)_6(SO_4)_2$]、variscite [$Al(OH)_2H_2PO_4$]、taranakite [$K_3H_6Al_5(PO_4)_8 \cdot 18 H_2O$] などの難溶性アルミニウムが生成し、これらとgibbsite [$Al(OH)_3$] によって水溶性アルミニウムイオン濃度が規定される。

アルミニウムイオンは、一般にpH(H_2O) 5以下で土壌溶液中へ急激に出現する。これには、3価を主とする単量体、無機・有機錯体が含まれ、さらに重合体も考えられた。これら水溶性の各アルミニウムイオン種の活動度を算出するために、GEOCHEM

などのコンピュータープログラムがアメリカを中心に数種考案され，植物成育と関連づけて用いられている．

交換性アルミニウムと，水溶性アルミニウムの，どちらが植物に対する土壌酸性ストレスの指標として，より適切であるか完全には決着がついていない．植物のイオン吸収機構上からは，水溶性アルミニウム濃度を指標にすべきであると考えられるが，そのためには，より高感度・高精度なイオン種分別分析法が必要である．

アルミニウムイオンは，根での吸収段階で陽イオン特にカルシウムと強く競合するが，この点をアメリカのSumnerらが詳細に検討した．カルシウムイオンの活動度対数値から，3種単量体アルミニウムイオン［Al^{3+}，$AlOH^{2+}$，$Al(OH)_2^+$］の各活動度対数値の和を差し引いた値（それぞれの対数値の項には各イオン種の価数を掛ける）を，毒性ポテンシャルと考えCAB（カルシウム－アルミニウムバランス）と呼んだ．この値は，アルミニウムイオン単独の濃度や活動度よりも好都合な指標であったが，その後，種々の手直しが加えられ，酸性雨による森林衰退の解析にも利用されている．

アルミニウムイオンに対する根圏中の無機態配位子には，フッ化物イオン，リン酸イオン，ケイ酸イオン，硫酸イオンがある．フッ素は電気陰性度が著しく大きいので，遊離イオンとしては存在せずアルミニウム錯体となる．土壌溶液中のフッ素濃度は普通 1 μM 以下なので AlF^{2+} が卓越し，また全水溶性アルミニウムイオンに占める AlF^{2+} の割合は 50 % 以下である．

この錯イオンは 3 価アルミニウムイオンよりは毒性が弱いが，植物体地上部にそのまま移行すると考えられている．アルミニウムイオンとリン酸イオンとの錯体も予想されているが，詳細は不明である．

pH 5 以上で生成されやすいヒドロキシアルミノシリケート錯体は，ほとんど無害である．また，根からの吸収移行性はアルミニウムイオンよりも小さいとされているが，一部に否定する報告もある．

飲料水や原水中のアルミニウムイオンは，ヒトのアルツハイマー病の危険因子の一つとして関心がもたれているが，水中の共存ケイ酸イオンは溶存アルミニウム濃度を下げ危険度を減らす．

アルミニウムイオンと硫酸イオンとの 1 価陽イオン錯体の植物に対する毒性は，3 価アルミニウムイオンよりもかなり弱い．土壌中には各種の脂肪酸，フェノール酸，アミノ酸，糖が存在し，それらの濃度は森林表層土で高く（数百 μM），耕地土壌で低い（数 μM）傾向がある．アルミニウムイオンとの錯体の安定度はクエン酸，シュウ酸で最も大きく，リンゴ酸，マロン酸は中位，コハク酸，乳酸，ギ酸，フタール酸，カテコール類は弱く，またアミノ酸，糖には錯形成能がほとんどない．クエン酸，シュウ酸，リンゴ酸のような配位子は，根圏に供給されるとアルミニウムイオンの吸収を抑え，その結果毒性を軽減する．ただし，土壌溶液中に存在するフェノール性化合物の錯形成能や毒性軽減効果については，ほとんど知られていない．

重合体アルミニウムイオン種の植物への毒性は 1960 年代から知られていたが，単量体イオン種よりも著しく毒性の強いことが 1980 年代後半に水耕条件で初めて明らかにされた（我妻ら）．それは，重合体イオン種の根への吸収が著しく大きく，その結果原

形質膜がはげしく破壊されるためである．主にアメリカの研究者達による多数の研究がその後報告され，このイオン種の著しい毒性が確認されるとともに，化学組成（アルミニウム13量体で7価の陽イオン），立体構造も解明された．このイオン種は，強酸性有機質スポドソルを除き土壌溶液中には見出されておらず，土壌での毒性発現には現在否定的見解が多い．重合体イオン種は，生成後すみやかに土壌固相へ吸着され非交換態となるが，生成直後にどの程度根に吸着吸収されるかは不明のままである．〔我妻忠雄〕

2.2.2 過剰塩類

一般に大陸は脱塩環境，海洋は高塩環境にあり，それぞれに適応した生物種が進化してきた．しかし，降雨による溶脱が不十分な場合には，根圏に植物が適応できない濃度にまで可溶性塩が集積していることがある．このような土壌は，塩性土壌（saline soil），アルカリ土壌（alkaline soil），アルカリ-塩性土壌（saline-alkaline soil）に分類されているが，その分類基準は土壌水飽和抽出液の電気伝導度（EC, mS/cm），土壌の交換性 Na の占める割合および土壌の pH である．熱帯沿海部には海水の影響下にある酸性硫酸塩土壌もある．

これらの自然環境に加え，灌漑導入による塩の移動や雨避け施設栽培によって可溶性塩が集積し作物の生育を阻害する例がある．前者は，乾燥，半乾燥気候下での灌漑農地にみられる．排水設備をもたない灌漑農地では，連年の灌漑によって地下水位が上昇し，ついには地下水が毛管連絡で地表に移動し塩を残して蒸発する．その結果，作物は滞水と高濃度の塩によって障害を受ける．集積する塩は，土壌の母材，灌漑水の水質に影響されるが，ナトリウム（Na），カルシウム（Ca），マグネシウム（Mg）の塩化物，重炭酸塩，硫酸塩が主である．さらにホウ素に富む場合もある．このような生育障害を回避するためには適切な排水設備を設けるとともに作土に塩が集積しないような灌漑水量を設定する必要がある．すなわち，作目の耐塩性の程度，必要灌漑水量，灌漑水の塩濃度，作土のイオン交換容量から除塩に必要な水量を上乗せして灌漑水量を設定し根圏への塩の集積を避ける．多量のナトリウムイオンは粘土から水素イオン，カルシウムイオンを追い出すため土壌にはナトリウム粘土が多くなり，ナトリウム粘土は分散性がよいため土壌が緻密になり透水性が著しく損なわれる．このため，除塩には石コウなどカルシウム塩を補って行う．塩性土壌でも塩濃度の低い灌漑水が得られる場合には，カルシウム塩を補いながら除塩することで耕地として使用可能になる場合もある．わが国の干拓地では，石コウを施用するだけで降雨によって除塩が進行する．

施設栽培下の土壌への塩集積は，1960年代から報告されるようになった[1]．降雨を遮断した施設栽培と過剰施肥で集積する塩のほとんどは硝酸カルシウムである．作土塩類集積の目安として乾土の5倍量の水懸濁液の電気伝導度を測定する方法が広く採用されている．土壌による違いはあるが，その測定値が 1 mS/cm を越えると生育障害が現れる．対策としては，天蓋をはずして降雨による洗脱，バイオマスが大きく塩を多量に吸収するイネ科牧草などのクリーニングクロップを栽培することによる除塩が実施されている．さらにわが国では，過剰リン酸施肥によって土壌から水でも抽出されるリン酸の存在が知られるようになってきた．

〔間藤　徹〕

文　献
1) 関東ハウス土壌研究グループ：農業および園芸, **41**, 1451-1455, 1966.

2.2.3　有害重金属
"有害重金属"の定義は明確ではないが，ここでは，原子番号21以上の第Ⅲ属～第Ⅳ属元素のうち，植物の生育・収量の低下あるいは食物連鎖を通じて健康に悪影響を及ぼしたことのある元素を対象にする．土壌中における有害重金属の挙動は，他の元素と同様に土壌溶液の量と流動方向，土壌固相と液相中の化学形態および各相間の分配率に支配される．しかし，有害重金属の多くは他の金属に比べて，①土壌固相に存在する率が高いため，移動しにくい，②酸化還元によって荷電が変化し，③さまざまな複合体を形成する特徴があり，挙動が複雑である．以下に根圏における有害重金属の存在形態とその変化が植物にもたらす影響を，主として過剰域について述べる．

a.　存在形態の分画[1]

土壌試料中の元素を各種の溶媒で順次溶解・浸出する逐次抽出法により，次の順で存在形態が分画されることが多い．

①　水溶態：土壌溶液中に存在するものを水抽出．なお，液相中の存在化学種（単体イオンや複合体）は主として数値計算から求められる．

②　交換態：土壌固相のイオン交換座に結合しているものを中性塩で抽出．

③　無機吸着態：粘土表面に特異吸着しているものを酢酸，フッ化物，キレート剤などで抽出．

④　有機結合態：腐植画分などに結合しているものをピロリン酸塩や水酸化ナトリウムで抽出または過酸化水素で分解抽出．

⑤　吸収態：金属酸化物や炭酸塩，リン酸塩などに吸着，吸蔵または共沈しているものをシュウ酸塩，硝酸，塩酸や還元剤で抽出．

⑥　吸蔵態：鉱物の結晶格子に存在するものなど，難溶性のものを強酸分解またはアルカリ溶融．

水溶態と交換態の合量は，亜鉛（Zn）や鉛（Pb），銅（Cu），マンガン（Mn），カドミウム（Cd）では全存在量の数％以下であるが，ニッケル（Ni）では10％以上になることがある．

b.　存在形態に影響する要因[1]

1)　pH　土壌 pH が上昇すると，土壌溶液中に存在する金属イオンの濃度は低下する．炭酸塩や金属酸化物による吸着，水酸化物や炭酸塩，リン酸塩としての沈殿が起こりやすくなるとともに，粘土鉱物や有機物の陽イオン交換能が増大するためである．ただし，陰イオンとして存在するヒ素やモリブデンは酸性下で溶解度が低下する．

2)　酸化還元電位　土壌の酸化還元電位が低下する（嫌気的になる）と，有害重金属イオンは還元される．たとえば，マンガンは $Mn^{4+} \to Mn^{2+}$，ヒ素は $As^{5+} \to As^{3+}$ に還元される．鉄やマンガン酸化物が還元されると，ここに吸着していた重金属は溶出する．しかし，還元状態では硫酸の還元（$SO_4^{2-} \to S^{2-}$）も行われ，S^{2-} と親和性の高い金属は，難溶性の硫化物（FeS，FeS_2，CdS など）を形成する．再び酸化状態になる

と，硫酸が生成して土壌を強酸性にする（酸性硫酸塩土壌）ことがある．これらの酸化還元には，pH とともに微生物が深く関わっている．還元条件では，ヒ素や水銀などが微生物的によって有機化される．未熟有機物の投与は，微生物基質の増加と酸素消費により還元を進行させる．

3）元素間相互作用　土壌のイオン交換座や複合体形成における拮抗，対イオン種による塩の溶解度の変化などの結果として相互作用が現れる．亜鉛による可溶性カドミウムの増加，リン酸によるヒ酸吸着の抑制など，多くの例があるものの，普遍的な現象はみあたらない．

4）土壌液相の有機物　可溶性有機物と金属陽イオンとの複合体形成は，有機物と金属イオンの種類や pH によって異なる．土壌溶液中の銅は大半が，またニッケル，カドミウム，亜鉛，鉛，コバルト（Co）も 10〜70％が有機複合体で存在している．複合体の電荷は単体金属イオンより小さいため，土壌中での挙動が変化する．

c. 可給態

植物根に吸収される，もしくは根に作用しうる元素の存在形態（可給態）を一義的に定めることは困難である．水溶態金属のすべてが可給態ではないことは，合成キレート化合物の添加によって植物への銅過剰症が軽減されることから明らかである．ただし，キレート亜鉛は逆に毒性を増幅させる．亜鉛，ニッケル，カドミウム，銅，マンガンなどの植物中濃度と水溶態の濃度との相関係数は必ずしも高くなく，むしろ交換態，無機吸着態や有機結合態を含めた重回帰式の寄与率が高い．その理由としては，各種の形態が動的平衡状態にある，根と土壌固相との接触置換が行われる，根が土壌固相の金属を溶解させることなどが考えられる．

d. 可給態量の変動

有害重金属が根圏に過剰に存在する場合，その化学形態がいか何に変化すれば不可給態化できるかが現実的に重要である．

1）時間経過　土壌に負荷された重金属には水溶態や交換態などが多い．しかし，徐々に安定な形態に移行して可給性が低下する[1]この現象は銅で特に顕著である．

2）水管理　湛水下（還元状態）でイネに亜ヒ酸（As^{3+}）障害やマンガン過剰症が起こる場合には，節水栽培によってこれら元素を酸化させ，カドミウム汚染の場合には，常時湛水で CdS を形成させて可給性を低下させる．

3）資材の投入　アルカリ資材の投入は土壌 pH の上昇によって，有機質資材の投入は固相有害物の増加によって多くの有害重金属の可給性を低下させる．しかし，有機廃棄物を投入した土壌において重金属の可給性が高まるケースもあり[2]，液相における複合体形成が溶解性を増加させたと考えられる．六価クロム対策として有機物を投入するのは $Cr^{6+} \rightarrow Cr^{3+}$ への還元を促すためである．

4）植物の影響　根の分泌物（次節参照）の質と量は植物によって異なる．放出されるプロトンや有機化合物は直接もしくは微生物を介して間接的に根圏の化学的環境を変化させ，その結果，可給性が局所的に変化する．　　　　　　　　　　〔久保井　徹〕

文 献
1) 日本土壌肥料学会：土壌中重金属類等の相互作用に関する参考文献調査，1-52，日本土壌肥料学会，1988．
2) 日本土壌肥料学会：土壌の有害金属汚染，89-112，博友社，1991．

2.3 根による物質の分泌と排出

2.3.1 有機化合物

植物根は根圏に対して各種の有機化合物を分泌（secrete），滲出（exudate）あるいは放出（release）している．ここでは，これらを一括して分泌と呼ぶことにする．

根が分泌する有機化合物の種類と量は多様であるが，これらの中には分泌能が植物の栄養状態によって変動する化合物が存在する．たとえば植物がリン欠乏や鉄欠乏，あるいはアルミニウム過剰のような養分ストレスに遭遇した場合に，ある種の植物あるいはほとんどの植物がそれらのストレスを回避するために機能するような有機化合物を分泌する．したがって，植物のこの種の有機化合物分泌機能は，植物が保持する積極的な根圏環境制御機能であると理解することができる．植物根が土壌病原菌に対して抗菌活性をもつ有機化合物，他の植物の生育に対して影響を与える有機化合物や，病原性のない一般的な根圏微生物の栄養源になるような有機化合物を分泌あるいは排出していることもよく知られている．

これまでに植物根から分泌されることが確認されている有機化合物種の中で，根による養分の吸収や病原性のない一般的な根圏微生物の生育と関連が深いと考えられる化合物種を一括して表2.3に示す．

これらの化合物のうち，シュウ酸，クエン酸，リンゴ酸，マロン酸，コハク酸，酒石酸，ピシディン酸などは土壌中に固形物として存在するリン酸鉄，リン酸アルミニウム，リン酸カルシウムなどの難溶性無機態リン酸化合物からリン酸を放出する機能をもち，酸性ホスファターゼやフィターゼは有機態リン酸化合物からリン酸を切断して放出する機能をもつ．

ムギネ酸類はイネ科植物が鉄不足条件で生育する場合に特異的に分泌する化合物であり，3価の鉄とキレート化合物を形成して鉄を可溶化する機能をもつ（高木，1972）．イネ科植物はムギネ酸鉄キレート化合物をきわめて効率よく吸収することも明らかにされている．一方，フェノール化合物類や有機酸類は双子葉植物で鉄不足条件で生育する場合に分泌され，難溶性3価鉄化合物を還元して可溶化する機能をもつと考えられている．ムギネ酸類は鉄のみでなく，亜鉛，マンガン，銅などの重金属元素ともキレート化合物を形成して可溶化する．フェノール化合物や還元力の高い有機酸類もマンガン欠乏土壌においてマンガンの可溶化をもたらす．これらの有機化合物の機能については，第7章でより詳細に解説される．

根粒菌とマメ科植物が共生関係に入る場合に起こる根粒形成の過程は，マメ科植物の根から分泌されるquercetin，liquiritigenin，4',7-dihydroxyflavoneなどのフラボノイド化合物によって促進される．これらのフラボノイド化合物は，G. etunicatumや

表 2.3 植物根から分泌あるいは滲出される有機化合物のうち，根による養分の吸収や病原性のない一般的な根圏微生物の生育と関連が深いと考えられる化合物種

アミノ酸
　ロイシン，イソロイシン，バリン，γ-アミノ酪酸，グルタミン，グルタミン酸，アスパラギン，アスパラギン酸，アラニン，セリン，シスチン，システイン，グリシン，フェニルアラニン，スレオニン，チロシン，リジン，プロリン，メチオニン，トリプトファン，ホモセリン，アルギニン，ヒスチジン，γ-グルタミルアラニン

有機酸
　シュウ酸，クエン酸，リンゴ酸，酢酸，プロピオン酸，酪酸，吉草酸，コハク酸，フマール酸，酒石酸，グリコール酸，アコニチン酸，マロン酸，ピシディン酸，p-methoxybenzyl tartaric acid

糖
　グルコース，フルクトース，スクロース，キシロース，マルトース，ラムノース，アラビノース，ラフィノース，オリゴ糖

糖アルコール
　マンニトール，イノシトール

糖酸
　グルコン酸，マンヌロン酸，ガラクツロン酸

フェノール化合物
　caffeic acid, p-coumaric acid, ferulic acid, vanillic acid, p-hydroxybenzoic acid, p-hydroxybenzaldehyde

ポリフェノール化合物
　4′,7-dihydroxyflavone, 3′,4′,7′-trihydroxyflavone, 4′,7-dihydroxy 3′-methoxyflavone (gelaldone), daiazeine, coumestrol

ムギネ酸類
　mugineic acid, avenic acid, 2′-deoxymugineic acid, 3-hydroxymugineic acid

フラボノイド化合物
　quercetin, liquiritigenin, 4′,7-dihydroxyflavone

酵素類
　acid phosphatase, phytase invertase, amylase, protease, polygalacturonase, nonspecific esterase, urease

その他
　biotin, thiamine, pantothenic acid, disticonic acid, niacine, cholin, pyridoxicine, p-amino benzoic acid, n-methyl nicotinic acid, adenine, guanine, kinetin

G. macrocarpum などの菌根菌の胞子の発芽をも促進することが明らかにされている．
　アミノ酸類，糖類，糖アルコール，糖酸，ポリフェノール化合物，各種酵素類やその他の化合物は，多くの場合一般的な根圏微生物の生育を促進あるいは制御する機能をもつと理解される．
　表2.3に記載した化合物以外にも，desoxyhemigossypol, desoxy-6-methoxy hemigossypol, hemigossypol, 6-methoxy hemigossypol, gossypol, 6,6′-dimethoxy gossypol などのテルペン化合物，pyrocatechol, hesperidin, taxifolin 3-arabinoside, formononetin 7-O-glucoside, phenol, phloroglucinol, quercitrin などのフェノール化合物や hirustin, サポニンなどの分泌が報告されている．これらのう

ちテルペン化合物の分泌は害虫による根の食害や土壌病原菌の侵入を防ぐ防御機構を構成すると理解されている．また，テルペン化合物以外の化合物は，他の植物の生育を抑制するアレロパシー物質として位置づけられる．抗菌物質については 2.3.5 で解説される．

〔但野利秋〕

2.3.2 無機イオン
a. 根の正常なイオンの放出
植物はカチオンとアニオンを等量ずつ吸収することはない．その結果植物根内と根圏の根が接する溶液間で電気的不均衡，すなわち膜電位の変化が生じる．それを補償するため H^+ や K^+ をポンプを使って放出したりアニオンとして HCO_3^- を放出する．これは細胞の電気的あるいは pH の恒常性を保つためのきわめて重要な生理的な現象である．

b. リン酸の排出
リン酸は，吸収が起こっている場合でも排出が認められる．特に水生植物，ウキクサ，レムナ，アゾラなどで観察される．これらの植物では，吸収するリン酸濃度に従って排出が増加する．またシアン，アザイド，CCCP（carbonyl cyanide m-chlorophenylhydrazone）などの代謝阻害剤や低温によって排出の割合が増加する（表 2.4）．排出量は 4〜40 ナノモル/g 新鮮重/時間に対し，吸収量は 20〜500 ナノモル/g 新鮮重/時間である．健全な植物の排出量は吸収量の 8％程度であるが，ストレス状態（リン酸欠乏，低温）に移すと，排出量は吸収量と同等かそれ以上になる[1]．

表 2.4 ウキクサ属におけるリン酸の吸収と排出に及ぼす条件 (Bieleski and Ferguson, 1983 を改変．値はナノモル/g 新鮮重/時間で表示)

リン濃度 (μmol)	吸収	排出	差	温度*	吸収	排出	変動
1,000	500	40	460	25°	460	38	422
100	220	29	191	15°	180	58	122
10	100	24	76	5°	80	84	−4
1	20	14	6				

*1,000 μmol で実験．

c. 塩類腺によるイオンの分泌[2]
1) イオン分泌の選択性　イソマツ科，ギョリュウ科，アカザ科，ヒルガオ科，イネ科に属する被子植物の中に塩類腺をもつものがある．これらの植物が高濃度の塩環境下におかれると塩類は塩類腺の液胞に隔離されたり，塩類腺から分泌される．分泌されるのは塩化ナトリウム（NaCl）が主であるが，ギョリュウ科では Ca^{2+}, Mg^{2+}, Ni^+, K^+, Cl^-, SO_4^{2-}, PO_4^{3-}, HCO_3^-, Br^- などが分泌され，葉のイオン総量の 25％が塩類腺から分泌される．

マングローブの分泌イオンは，海水の組成とほぼ同じである．Hoagland と Arnon の 1/2 濃度の培養液で栽培したイソマツ科の場合，Na, Mg, S, P, Cl, K, Ca といった元素が分泌されたが，特徴的なこととしてカチオンに対する電気的バランスを補償

する無機アニオンの量は小さく，Cl はその 2% 以下を占めただけであった．その代わりに大量の炭酸塩が分泌された．分泌されるイオンの選択性は根-茎-塩類腺のどこかに存在するが，よく解明されていない．分泌にはイオンの相関関係が作用する場合がある．たとえば，ギョリュウ科では，外液中の K^+, Mg^{2+}, と Cl^- が Na^+ の分泌を抑制するが，Ca^{2+} の分泌は外液のイオン組成や濃度に影響されない．

2) 塩類腺の分泌の機構 塩類腺の分泌液中のイオン濃度と浸透圧は，外液のそれらよりも高いので，塩類腺の分泌の機構に ATP のエネルギーを消費する能動輸送が関与している．塩類腺は輸送系の発達した器官であり，イソマツ科の葉は 1 cm² あたり 1 時間に 0.86 mg の溶液を分泌する．*Spartina anglica* とイソマツ科の植物を食塩を含む液で栽培すると，6 日間で葉 1 cm² あたりそれぞれ 2.3 と 1.0 μmol の Na^+ を分泌した．

3) 分泌の誘導 葉片あるいは植物個体を高塩濃度に曝すと一定時間のずれののち，分泌が認められる．イソマツ科の葉片をあらかじめ低塩濃度で処理したあと，高塩濃度液に移すと，分泌は 1 時間後に始まり 3〜4 時間で最高に達した．しかし，低塩濃度で処理した切片を，核酸，タンパク合成阻害剤で処理してから高塩濃度液に移すと，分泌は起こらなかった．一方，分泌を開始してから阻害剤で処理しても，阻害の効果は認められなかった．これらの結果は，塩類腺の分泌開始にポンプの合成が必要な可能性を示唆している． 〔松本英明〕

文 献

1) Bieleski, R. L. and Ferguson, I. B.：Inorganic Plant Nutrition, Encyclopedia of Plant Physiology New Series Vol. 15A (eds. A. Läuchli and R. L. Bieleski), 422-449, Springer-Verlag, 1983.
2) Thomson, W. W. *et al.*：Solute Transport in Plant Cells and Tissues (eds. Baker, D. A. and Hall, J. L.), 498-537, Longman Scientific & Technical, 1988.

2.3.3 二酸化炭素

根圏には根の呼吸に伴って二酸化炭素（CO_2）が分泌される．また根はムシゲルや水溶性有機物を分泌するとともに，根端からは根冠細胞が脱落し，根の基部では老化に伴って枯死した表皮細胞が剥離している．これら有機物が根圏微生物により最終的に二酸化炭素へと分解される．表 2.5 に穀類や牧草における光合成産物の移動・代謝の割合を示す．根および根圏微生物により 10% 内外の光合成産物が速やかに二酸化炭素にまで分解される．実験上の困難さのため，根圏土壌中の二酸化炭素に占める根の呼吸に由来する二酸化炭素の割合はあまり明確ではない．

畑土壌では根圏で生成した二酸化炭素の大部分が気相に存在するのに対し，水田土壌では液相中に存在する．二酸化炭素の水溶解度は 8.878 cm³/l（25°C；0°C，1 気圧に換算）であり，溶解した二酸化炭素の一部は重炭酸イオン（HCO_3^-），炭酸イオン（CO_3^{2-}）に変化する．H_2CO_3 の解離定数は，$pKa_1=6.35$, $pKa_2=10.33$ であり，通常の土壌溶液中では HCO_3^- が主要なイオンである．

植物根は各種養分のうち窒素を最も多量に吸収する．畑状態の土壌では硝酸態窒素

表 2.5 光合成産物の移動・代謝割合 (%)
(木村・高井, 1984)

植物名	地上部	根	分泌物	呼吸 根	呼吸 微生物	生育条件
野生コムギの一種	50〜67	15〜25		17〜25		有菌
野生コムギの一種	53〜65	30〜40		9〜15		有菌
コムギ	68〜73	19〜24	5〜6	1〜3	—	無菌
コムギ	52〜62	22〜32	7〜8	8〜10		有菌
オオムギ	67	22	10	1	—	無菌
オオムギ	57	24	10	9		有菌
コムギ	60〜63	21〜24	8〜11	5〜8	—	無菌
コムギ	56	28	7	9		有菌
コムギ	79	16	4	測定せず		無菌
クローバー	80	14	6	測定せず		無菌
ライグラス	70	28	3	測定せず		無菌

が，水田状態土壌ではアンモニア態窒素がその主体をなす．その結果，畑作物の窒素吸収に伴って根圏土壌は非根圏土壌に比べ pH が上昇し，水稲根圏では逆に非根圏土壌に比べ pH が低下するとともに，畑作物の根圏土壌中には非根圏土壌中に比べ多量の HCO_3^- が，水稲根圏では少量の HCO_3^- が溶存している．

根圏土壌中の二酸化炭素は，畑状態土壌においては気相を通して比較的速やかに土壌から大気へと放出される．他方，水田土壌中では多量の二酸化炭素が溶存している．これは液相における拡散係数 ($0.177 \times 10^4 cm^2/秒$；25℃) が気相における拡散係数 ($0.161 cm^2/秒$；25℃) の約 1/10,000 ときわめて小さいためである．

水田土壌中では二酸化炭素の一部が根に吸収され，水稲地上部へと移行する．移行した二酸化炭素の一部はそのまま大気中に排出されるが，一部は光合成産物として水稲体に蓄積される．しかし，経根的に吸収された二酸化炭素に由来する光合成の植物生育に対する意義については現在のところ明らかでない．なお，根から吸収された二酸化炭素は水稲の細胞間隙，破生間隙をガス状で移行するものと推察されている．嫌気状態の発達した水田土壌中では，メタン細菌により二酸化炭素の一部がメタン (CH_4) に還元され，水稲体を通して大気へと放出されている．

また，水田土壌中の HCO_3^- イオンは土壌水の浸透に伴い下層土へと運ばれる．水稲生育の後期における主要な土壌溶液中の陰イオンは HCO_3^- イオンであり，作土から溶脱する陽イオンの対イオンとなっている．水稲の栽培は，その生育初期や有機物が少なく還元状態の発達しにくい土壌では ΣCO_2 (HCO_3^-) の溶脱を助長し，同時に対イオンとして Fe^{2+} や各種陽イオンの溶脱を促進するが，還元状態の発達しやすい土壌では，反対に ΣCO_2 (HCO_3^-) の溶脱を抑制することが知られている． 〔木村眞人〕

2.3.4 酸素および酸化物質

水稲をはじめとする多くの沼沢植物 (helophyte, marsh-plant) は，培地の低酸素

分圧に適応するとともに、還元条件で生成する高 Fe^{2+} 濃度や高 Mn^{2+} 濃度による鉄過剰障害やマンガン過剰障害などを回避するために地上部から根に酸素（O_2）を供給し、さらには根から酸素を根圏に分泌するとともに、根内で酸化物質を生成して Fe^{2+} や Mn^{2+} を酸化する。酸化物質の一部は根から根圏に分泌されると推定される。

a. 酸素の分泌

根による酸素の分泌については、水稲を中心として詳細に研究されてきている。水稲などの多くの沼沢植物では葉、茎、根のすべての器官で破生通気組織がよく発達しており、大気から葉の気孔によって取り込まれた空気や葉で光合成の際に発生する酸素がこれらの通気組織を通って根に達し、還元土壌条件下で生育する根が呼吸をはじめとする酸素を必要とする代謝反応を正常に行うことを可能にしている。地上部から根に送られた酸素は、根の細胞内で利用されるとともに根から根圏にも分泌されて、根の周囲に酸素を高濃度に含む層を形成し、還元土壌条件下の土壌溶液中で高濃度になる Fe^{2+} や Mn^{2+} を酸化して根が接する土壌溶液中のこれらのイオン濃度を低下させる。水田で生育する水稲の根が赤褐色の酸化鉄によっておおわれ、あたかも根が赤褐色の薄い円筒によって被覆されているような現象がよく認められるが、これは根から分泌される酸素と後述する酸化物質によって Fe^{2+} が酸化されて Fe^{3+} となり、酸化鉄化合物を生成して沈殿することに起因する。沈殿物の中には酸化マンガン化合物が含まれていることが多い。

根による酸素の分泌は、ごく微量の酸素の存在下で発光する発光バクテリアを培地に加えて密閉系で発光状況を観察した研究（熊田，1949）、ポーラログラフィーの原理を利用した微小白金電極による酸素の直接的測定（相見，1960）や、酸素電極による酸素の直接的測定（Ando *et al.*, 1983）によって証明されている。根からの酸素の分泌は新根、特にその先端部位と根毛で多いと報告されている。

b. 酸化物質の役割と根圏への分泌

水稲の根をホモジナイズして 3,000 rpm で遠心分離して得た根浸出液に最終 Na 濃度が 1,000 ppm になるように塩化ナトリウム（NaCl）を加えた区と加えない区をつくり、窒素（N_2）ガスで溶存酸素を除去後、硫酸第 1 鉄（$FeSO_4$）を加えて Fe^{2+} 濃度を 100 ppm とし、空気を通気しつつ 2 時間放置して、生成した Fe^{3+} 濃度を測定した。別に、根浸出液の替わりに脱塩水を加えて Fe^{2+} 濃度を上記の 2 区と等濃度になるようにした区を設定した。水溶液中の Fe^{3+} 生成濃度はきわめてゆるやかに上昇したのに対して、根浸出液の Fe^{3+} 生成濃度は 1,000 ppmNa-NaCl が共存しない場合に急速に上昇し、1,000 ppmNa-NaCl が共存した場合には半減した（図2.7）。この結果は、根

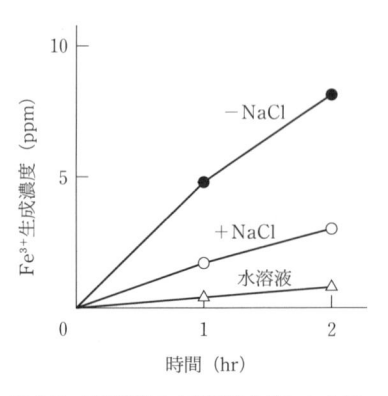

図2.7 根浸出液の 2 価鉄酸化能におよぼす 1,000 ppmNa-NaCl 共存の影響（但野，1976）
Fe^{2+} 処理濃度：100 ppm、処理温度：25°C、根浸出液：水抽出法により採取。

内における Fe^{2+} の酸化の主体は酵素的酸化であることを意味している．1,000 ppmNa-NaClが共存した場合の Fe^{2+} 酸化能の低下は酵素的酸化が阻害されたことによると推定される．もちろん，酸素による直接的酸化が存在していることは明らかであり，より長期的にみるとその貢献度はかなりのレベルに達すると考えられるが，酵素的酸化の貢献度が高いことは否定できない．

根の酸化能における酵素的酸化能の重要性については，過酸化水素を生成する酵素系とその系で生成された過酸化水素を利用したペルオキシダーゼの作用（坂井・吉田，1957），水稲根の抽出液が過酸化水素の存在下で α-ナフチルアミン酸化能をもつこと（Yamada and Ota, 1958），ペルオキシダーゼが過酸化水素の存在下で α-ナフチルアミンを酸化すること（1960），過酸化水素を供給するグリコール酸代謝系が水稲の根に存在すること（三井・熊澤，1961）など，多くの報告がある．さらに，ペルオキシダーゼには次式に示すオキシダーゼ作用があり，酸素の供給と水素供与体がある場合には Mn^{2+} とモノフェノールの存在下で自ら過酸化水素を生成できることが知られている（堀口，1990）．

$$AH_2 + O_2 \longrightarrow A + H_2O_2$$

したがって，ペルオキシダーゼ，Mn^{2+}，モノフェノールと有機酸などの水素供与体の共存条件下では，過酸化水素にペルオキシダーゼが作用して根の酸化能が発現されると理解することができる．過酸化水素による直接酸化も存在するであろう．

根から根圏に対してモノフェノールや各種の有機酸が分泌されることはよく知られており，酸性ホスファターゼ，アミラーゼ，インベルターゼなどの酵素類が分泌されることも明らかにされているが，ペルオキシダーゼや過酸化水素の分泌については，十分に明らかにされていない．実際にはこれらの酸化能に関わる物質も分泌され，根圏でも機能していると推測されるが，実際に分泌されて根圏で機能しているか否かについては残された研究課題である．

〔但野利秋〕

2.3.5 抗菌物質

植物は体内に抗菌物質を含有することにより，病原菌の感染や増殖に対する抵抗力を強めていると考えられている[1]．一方，植物が根から分泌するさまざまな物質（以下，根分泌物）は，根圏微生物によって主に栄養源として利用されるが，ある種の植物の根分泌物は特定の根圏微生物（土壌（伝染性）病原菌など）に対して生育阻害的に作用することから，抗菌物質を含んでいると考えられている．実際に，そのような植物の根圏土壌や水耕培養液から単離・同定された抗菌物質も多く，主に植物の病害抵抗性の観点からこれらの物質が果たす役割について検討されている．

a. 輪作・混作作物に関わる抗菌物質

輪作あるいは混作においてある種の作物の組み合わせが，他の組み合わせよりも土壌伝染性病害（以下，土壌病害）の発生を軽減することが知られている[2]．そのような現象と根分泌物に含まれる抗菌物質との関連を示唆する報告がある．

MaasとKotze[3]はダイズ，トウモロコシ，タバコ，ヒマワリの4作物をそれぞれコムギと二輪作し，コムギ立枯病の発生について調査した．その結果，トウモロコシある

いはタバコとの輪作により発病程度は低く推移すること，トウモロコシとタバコの根分泌物は病原菌（*Gaeumannomyces graminis*）のコムギへの感染を阻害することを報告している．さらに吉原[4]はトウモロコシの根分泌物中に含まれるアズキ落葉病菌（*Phialophora gregata*）の胞子発芽阻害物質として α-ionon などを単離し，トウモロコシの前作栽培による土壌病害の軽減にこれらの抗菌物質が寄与している可能性を示唆している．

インドでは，キマメとソルガムの間・混作が広く行われている．これはキマメの根分泌物（ピスディン酸）によるリン酸可溶化能力を応用した栽培法であること[5]が明らかにされているが，その一方で，ソルガムの根分泌物によりキマメの土壌病害が軽減されている可能性が示唆されている．Hillocks ら[6]はソルガムの根分泌物から数 ppm の濃度でシアン化合物が検出されること，根分泌物あるいは KCN 溶液が *in vitro* でキマメに感染する *Fusarium* 属病原菌の厚膜胞子発芽を阻害することを明らかにした．さらに，ソルガムの根圏土壌においても上記の現象が起こることを明らかにし，ソルガムの根分泌物に含まれるシアン化合物が土壌中においても抗菌活性を発揮していることを示した．

根分泌物の特性を利用した土壌病害防除法として，国内で最も広く知られているのはネギ属植物と罹病作物の混植栽培であろう．ネギ属植物の混植による発病抑制効果は，その根圏に定着する拮抗菌 *Pseudomonas gladioli* によるところが大きいが，このような拮抗菌の定着していないネギ属植物の混植によっても，かなりの防除効果が認められており，ネギ属植物の根から分泌されるアリシンなどの抗菌物質が発病抑制に寄与していると考えられている[7]．

b. 病害抵抗性品種・台木に関わる抗菌物質

病害抵抗性品種あるいは台木の利用は，土壌病害の最も有効な生態的防除法の一つである．抵抗性品種の根分泌物が病原菌に対して抗菌活性を示すことは古くから知られており[8]，その病害抵抗性と根分泌物に含まれる抗菌物質の関連性が示唆されている．

ヒヨコマメは，前述のキマメと並んで世界で最も生産量が多いマメ科作物であり，その生産の大きな障害となっている *Fusarium* 属病原菌に対する抵抗性品種の開発が進められている．Stevenson ら[9,10]は，抵抗性の異なるヒヨコマメ 4 品種の根分泌物が *F. oxysporum* の生育に及ぼす影響について調査し，抵抗性品種の根分泌物が同病原菌の胞子発芽と菌糸生長を阻害することを明らかにした．さらに，その根分泌物に抗菌物質である medicarpin および maackiain が罹病性品種の 10 倍以上も含まれていることから，これらの物質が抵抗性品種の化学的防御機構に貢献している可能性を示唆している．このような抵抗性品種と罹病性品種の根分泌物の抗菌活性の違いは，エンドウ[8]，アマ[8]，トウガラシ[11]などについても報告されている．

台木植物の根分泌物に関する報告はほとんどみられないが，根に含有される抗菌物質に関して吉原[4]は，ナス台木植物の根が抗菌物質である solavetivon を通常のナスの根の約 5 倍含有していること，さらに圃場で生育したこれらの植物は，温室で生育した植物体の 20～80 倍もの solavetivon を含有していることを報告し，土壌微生物などのさまざまなストレスに対して台木植物は抗菌物質を根に集積し対応していることを推論し

c. 根圏微生物相の改善に関わる抗菌物質

根の分泌物が根粒菌，菌根菌，病原菌に対する拮抗菌などの定着を促し，根圏微生物相を改善することにより，間接的に病害に対する抵抗力を高める現象には（先述のネギ属植物の混植の例のように）大きな効果が期待されている．

先述の抵抗性品種について，根分泌物の組成と根圏微生物相に関する興味深い報告がある．Neqvi と Chauhan[11]はトウガラシの根分泌物に含有されるアミノ酸と糖の組成について調査し，抵抗性品種の根分泌物からのみ検出される methionine などの成分が病原菌（$F.\ oxysporum$）の胞子発芽抑制に影響していること，罹病性品種の根分泌物は $F.\ oxysporum$ の胞子発芽を促進する一方で，同病原菌の拮抗菌（$Trichderma\ viride$ など）の胞子発芽を阻害していることを報告し，根分泌物の組成の違いが病原菌のみならず拮抗菌を含めた根圏微生物相に影響している可能性を示唆している．

エンドウの苗の根分泌物から単離された βIA と呼ばれるアミノ酸の一種は，広範囲の糸状菌原菌の菌糸生長や菌核形成を強く阻害するのに対して，エンドウの着生根粒菌（$Rhizobium\ leguminosarum$ など）に対しては高濃度においてもまったく生育を阻害しないという選択的毒性をもち，病害抵抗力の強化と根粒菌の着生促進に重要な役割を果たしている可能性が示唆されている[12]．

以上のように，根の分泌物に含有される抗菌物質は，植物の化学的防御機構に多面的に寄与していると考えられるが，その生態的有効性については，さらなる検討が必要である．そのためには，病害抵抗性と抗菌物質の関係を証明するための $in\ vivo$ な生物検定法の確立が急務である．　　　　　　　　　　　　　　　　〔牛木　純・早川嘉彦〕

文　献

1) 谷 利一，山本弘幸：植物感染生理学（西村正暘・大内成志編），99-129，文永堂，1990．
2) 松田 明：植物防疫，**35**(3)，108-114，1981．
3) Mass, E. M. C. and Kotze, J. M.：$Soil\ Biol.\ Biochem.$, **22** (4), 489-494, 1990.
4) 吉原照彦：植物の根圏環境制御機能（日本土壌肥料学会編），173-195，博友社，1993．
5) 阿江教治ほか：植物の根圏環境制御機能（日本土壌肥料学会編），85-124，博友社，1993．
6) Hillocks, R. J., et al.：$Tropical\ Science$, **37**, 1-8, 1997.
7) 木嶋利男：栃木県農試研報，**35**，95-128，1988．
8) Schroth, M. N. and Hildebrand, D. C.：$Ann.\ Rev.\ Phytopath.$, **2**, 101-132, 1964.
9) Stevenson, P. C., et al.：$Acta\ Hortic.$, **381**, 631-637, 1994.
10) Stevenson, P. C., et al.：$Plant\ Pathology$, **44** (4), 686-694, 1995.
11) Naqvi, S. M. A. and Chauhan, S. K.：$Plant\ and\ Soil$, **55**, 397-402, 1980.
12) Schenk, S. U., et al.：$Biol.\ Fertil.\ Soils$, **11**, 203-209, 1991.

2.4　根圏における微生物の動態と代謝

2.4.1　窒素固定菌および菌根菌

a.　窒素固定菌

土壌中には，単生・共生窒素固定菌に加えて両者の中間的状態で窒素を固定する共同窒素固定菌が存在し，地球上の窒素の循環に大きく関わっている．単生菌は酸素に対す

る感受性の大小によって嫌気性・微好気性・好気生菌に分けられ，エネルギー源を他の生物に依存する従属栄養菌と光合成能を保有する独立栄養菌に分けることができる．

共生窒素固定菌には，宿主をマメ科植物とする根粒菌，非マメ科植物と共生するフランキア，地衣類，アゾラ，ソテツなどと共生するラン藻があり，ラン藻には単生状態で窒素固定する菌もある．共同窒素固定菌としては，トウモロコシやサトウキビの根圏で植物根からエネルギー源を得て窒素を固定する $Azospirillum$ などが知られている．ヘクタールあたりの年間窒素固定量は環境条件によって変動し，単生従属栄養菌では低く，1 kg前後，単生独立栄養のラン藻は80〜120 kg，マメ科の共生では40〜460 kg，非マメ科は27〜150 kg，共生ラン藻は50〜80 kg，共同窒素固定は3〜10 kgと見込まれている[1]．

窒素固定量が最大の根粒菌は，胞子を形成しない桿状の細菌で，生育が早い $Rhizobium$ 属と遅い $Bradyrhizobium$ 属があり，感染する植物群によって分類されていたが，近年は細菌のゲノム分析の結果を重視して分類されるようになっている．

土壌中には多様な土着根粒菌株が生息しているので，干拓地などマメ科作物の栽培歴のない土壌や根粒菌の生存に適しない圃場（高地温，強酸性）以外では，根粒の着生を促進するための根粒菌種子粉衣などの通常の接種方法では，効果が小さく，接種菌による根粒形成率は著しく低い[2]．

土着菌には，窒素固定能やエネルギー利用効率の低い菌株が存在するので，これらの土着菌株による根粒形成を避け，優良菌株による根粒形成率を増大させることは有意義である．

b. 菌根菌

高等植物の根に着生する糸状菌で，菌と宿主植物根は相互に影響を及ぼし合うが，その勢力関係が均衡する場合には共生が成立し，植物側の影響力が強い場合は寄生となる．また，菌糸が根の内部に侵入するか否かによって内生菌根と外生菌根に分けられる．内生菌根は接合菌類に属し，植物根中に樹脂状体を形成し，土壌中に菌糸を延ばし，宿主植物にビタミンや無機塩など，特にリンを供給する．多量のリンを施用すると菌根菌の着生は遅延，抑制されるが，リン肥沃度の低い土壌では植物成育の促進要因となっている．多くの草本植物やラン科，ツツジ科などに広くみられる．ランの種子は微小で，貯蔵組織がほとんどないので，発芽時に有機物を外部から取り入れる必要があり，そこに菌根が寄与しており，菌根の侵入がなければ，多くのランは発芽しない．人工培地による胞子の生産はできていないが，優良菌株を増殖し，農業生産への利用が図られている．外生菌根はマツ科，カバノキ科，ブナ科に多くみられ，主として子嚢菌と担子菌で，根の表面を菌糸が覆い，菌鞘を形成する．菌鞘から菌糸が土壌中に伸長し，土壌の有機態窒素や無機塩類を宿主根に供給し，宿主の炭水化物を利用する．また，根の表面にあっては，根の吸水にも貢献している． 〔石塚潤爾〕

文　献

1) Bothe, H. and Cannon, F. C. : $Encyclop.\ Plant\ Physiol.$, New Series Vol. 15A (ed. A. Lauchli and R.L. Bicleski), 241-285, Springer-Verlag, 1983.

2) Kamicker, B. J. and Brill, W. J.: *Appl.Environ. Microbiol.*, **51**, 487-492, 1986.

2.4.2 アンモニア化成に関わる微生物および硝化細菌

　土壌中の易分解性の高分子有機態窒素は，多様な従属栄養微生物により，アミノ酸，アミノ糖，プリンやピリミジン，尿素などに分解され，さらに脱アミノによりアンモニウム態窒素となる．この一連の分解過程を有機態窒素の"無機化"といい，そのうち脱アミノによるアンモニウム態窒素の生成過程を"アンモニア化成"という．ついで，アンモニウム態窒素は，2群の化学合成独立栄養細菌によって順次酸化され，亜硝酸態さらに硝酸態となる．この酸化過程を"硝化"という．

a. 根圏における窒素無機化の基質

　土壌全窒素量の90％以上を占める有機態窒素の65～80％が酸可溶性画分（うちアンモニウム態窒素20～35％，アミノ酸窒素30～45％，アミノ糖窒素5～10％，未同定窒素10～20％）である．酸可溶性画分は土壌溶液に遊離，土壌粒子に吸着，および微生物バイオマスに含有の3部分に大別される．微生物バイオマス窒素は土壌全窒素の3％以下の量にすぎないが，主成分はタンパク質，アミノ酸，アミノ糖，ヌクレオチドであり，土壌の乾湿，消毒，凍結融解などにより致死分解し急激に無機化される．その量は土壌の窒素無機化量の50～70％にも達する．特に，根圏の微生物バイオマス窒素は非根圏土壌に比べて数倍ないし数十倍多く，代謝回転速度（3か月以下）も6倍以上早い．くん蒸抽出法による測定結果では，根圏に富む草地表土のバイオマス窒素含量90～300 μgN・g乾土$^{-1}$は，コムギ畑表土の20～70 μgN・g乾土$^{-1}$に比べ約4倍多い．水田でも，水稲根圏土壌180～240 μgN・g乾土$^{-1}$は非根圏土壌120～160 μgN・g乾土$^{-1}$の1.5倍多い．

　根圏では，根から分泌されるタンパク質，アミノ酸，ヌクレオチドも重要な基質であるが，これらの根分泌速度および分泌後の分解速度は植物の種類，生育ステージ，根の部位，環境条件によって異なるので信頼できるデータはきわめて少ない．イネ科植物で糖類，脂肪酸，有機酸，アミノ酸，ヌクレオチドなどの根分泌量および無機化速度を炭素量で調べた結果，分泌量は光合成量の10～20％に相当し，分泌後ほぼ10日間で分泌量の1/2，20日間で3/4が根圏の微生物によって無機化される．

b. 窒素無機化に関与する酵素と微生物

　1) **タンパク質→アミノ酸**　　　細菌，放線菌由来のプロテアーゼ活性が主要である．植物根由来のプロテアーゼの関与は明らかでない．

　2) **アミノ酸→アンモニウム態窒素**　　酸化的脱アミノによりアミノ酸からα-オキソ酸とアンモニウム態窒素が生成される．グルタミン酸デヒドロゲナーゼはNAD(P)を補酵素とし，アミノトランスフェラーゼと共役して各種アミノ酸の脱アミノに関与する．アミノ酸オキシダーゼはFADを補酵素とし，L-，D-アミノ酸のいずれかに広く作用するが，D-アスパラギン酸とD-グルタミン酸には特異性が大きい．両酵素作用には従属栄養細菌，放線菌，糸状菌が関与する．

　3) **アミノ糖→アンモニウム態窒素**　　ペプチドグリカンはリゾチーム，N-アセチルグルコサミニダーゼおよびN-アセチルムラモイル-L-アラニンアミダーゼによりN

-アセチルグルコサミン，N-アセチルムラミン酸およびテトラペプチドとなる．キチンはキチナーゼ，キトビアーゼにより N-アセチルグルコサミンとなる．このアミノ糖重合体から単量体への分解過程には細菌，放線菌，糸状菌など多様な微生物が関与する．次に N-アセチルグルコサミンはキナーゼによりグルコサミン-6-リン酸へ，ついでイソメラーゼによりアンモニウム態となる．この過程には *Aerobacter*，*Bacillus*，*Streptococcus* などの細菌が関与する．

4） 核酸→アンモニウム態窒素 核酸はヌクレアーゼ，ヌクレオチダーゼ，ヌクレオシダーゼの作用によりプリン，ピリミジンとなり，ついでデアミナーゼ，β-ウレイドプロピオナーゼなどの作用によりアンモニウム態窒素となる．多様な細菌，放線菌が関与する．

5） 尿素→アンモニウム態窒素 ウレアーゼ活性をもつ好気性，微好気性，嫌気性の細菌，放線菌，糸状菌など多様な微生物が関与する．

c. 土壌および根圏における硝化の役割

アンモニウム態窒素は，通常の好気的土壌では急速に酸化され，亜硝酸態を経て硝酸態となる．硝酸態窒素は土壌溶液中に溶存し，多くは植物や微生物に吸収され，残部は脱窒や溶脱を受け大気や水系に去る．その量が多いと肥料の損失や環境汚染の原因となる．したがって，硝化は土壌中の窒素循環の律速段階ともいえる代謝過程である．土壌中での硝化には，主に化学合成独立栄養性の硝化細菌が関与するが，硝化細菌はカルビン回路により二酸化炭素を固定するので，土壌および根圏からの二酸化炭素放出量を低下させる役割も無視できない．

d. 硝化細菌の種類

土壌に生息する硝化細菌は，アンモニアを亜硝酸態へ酸化するアンモニア酸化細菌（*Nitrosomonas*，*Nitrosovibrio*，*Nitrosospira*，*Nitrosolobus*）と亜硝酸態を硝酸態へ酸化する亜硝酸酸化細菌（*Nitrobacter*）の2群からなる．

e. 硝化反応

上記2群とも化学合成独立栄養細菌で，それぞれアンモニアまたは亜硝酸態窒素を唯一のエネルギー源とする．

1） アンモニア酸化 $NH_3 + 3/2 O_2 \longrightarrow NO_2^- + H_2O + H^+$；$\Delta G_0 = -65$ kcal．アンモニアがアンモニアモノオキシゲナーゼによりヒドロキシルアミンへ酸化される過程（$\Delta G_0 = +3.85$ kcal）と，ヒドロキシルアミンがヒドロキシルアミン酸化還元酵素により亜硝酸態へ酸化される過程（$\Delta G_0 = -68.9$ kcal）からなる．シトクロム c 電子伝達系による後者の酸化過程で，酸化的リン酸化により ATP を得る．

2） 亜硝酸酸化 $NO_2^- + H_2O \longrightarrow NO_3^- + 2H^+ + 2e^-$ $\Delta G_0 = -17.5$ kcal．この過程で生じた電子はシトクロム c 電子伝達系で運ばれて O_2 で酸化される．それに共役した酸化的リン酸化により ATP を得る．

f. 硝化と環境条件

硝化細菌のエネルギー生成量（ΔG_0）は従属栄養微生物のそれの 1/10 以下にすぎない．したがって世代時間は培養条件で 10～20 時間，土壌条件では 30～100 時間を要し，増殖速度はきわめて遅い．硝化の最適土壌条件は温度 25～35°C，pH 6～8，水分－10

kPa前後，アンモニウム態窒素200〜300 mgkg乾土$^{-1}$とされる．近年，ピルビン酸，ホスホエノールピルビン酸により増殖促進したり，軽度の嫌気的条件下でN_2Oを生成するアンモニア酸化菌や，耐酸性の*Nitrobacter*など，硝化細菌の多様なエネルギー代謝経路が解明されている．また，硝化能を示すメタン酸化細菌，従属栄養細菌および糸状菌の存在も明らかにされている． 〔松口龍彦〕

2.4.3 脱窒菌

本来，有機物分解の過程で硝酸塩が一酸化窒素（NO），亜酸化窒素（N_2O），窒素（N_2）などの気体成分に変化し土壌から失われる現象を脱窒といい，これに関与する微生物を脱窒菌と称する．厳密には，細胞の増殖過程で硝酸塩や亜硝酸塩が電子伝達のための酸化剤として使われ，その過程でNO，N_2O，N_2が発生する現象を脱窒という．通常，脱窒過程で有機物が酸化されるが，硫黄（硫黄酸化細菌，*Thermothrix*，*Thiobacillus*，*Thiomicrospira*，*Thiosphaera*），水素（水素細菌，*Alcaligenes*，*Bradyrhizobium*），アンモニアや亜硝酸（硝化菌，*Nitrosomonas*，*Nitrobacter*）も脱窒過程で酸化されることが知られている．

脱窒過程は，一連の連続した生化学過程ではなく，後述するように三ないし四つの独立した過程の集合したものであり，それぞれの過程は異なる窒素酸化物（NO_3^-，NO_2^-，NO，N_2O）を最終電子受容体として利用する．これが硝酸呼吸，亜硝酸呼吸，一酸化窒素呼吸，亜酸化窒素呼吸と呼ばれるものである．このうち，亜硝酸塩の還元が脱窒過程の中心的過程であり，硝酸塩や一酸化窒素，亜酸化窒素の還元は付随的な過程といえ，特に一酸化窒素還元過程，亜酸化窒素還元過程は本来の"脱窒（窒素化合物が気体成分に変化し土壌から失われる反応）"の意味からは脱窒過程とはいえない．土壌中には，通常10^5〜10^7/g土壌の硝酸還元菌が，また10^4〜10^6/g土壌の亜硝酸還元菌が生育している．

真性細菌のうち絶対嫌気性細菌は脱窒反応を行わない．脱窒菌としてこれまでに50数属約130種が知られており，そのうち28種が*Pseudomonas*属，13種が*Neisseria*属，12属が*Bacillus*属の細菌である．その他の土壌細菌としては，*Agrobacterium*，*Alcaligens*，*Achromobacter*，*Flavobacterium*，*Azospirillum*，*Bradyrhizobium*，*Rhizobium*などがあげられるが，通常ある属に含まれる多数の種のうち1〜3種のみが脱窒能を有しているのが通例であり，属の同定から直ちにその菌の脱窒能を判断することはできない．脱窒菌の多くは*Bacillus*を除きグラム陰性の真性細菌である．なお，古細菌のうち，好塩性古細菌も脱窒反応を行うことができるが，好高温性古細菌やメタン生成菌では脱窒反応が知られていない．

硝酸還元酵素（nar）は染色体上にコードされており，一方，亜硝酸還元酵素（nir）は染色体上（*Pseudomonas aeruginosa*）またはプラスミッド上（*Alcaligens europhus*）にコードされている．脱窒過程に関与する酵素の諸性質を表2.6に示す．原核生物は窒素酸化物のうち硝酸を最も普遍的に呼吸に利用している．

脱窒菌の呼吸基質であるNO_3^-，NO_2^-は好気的過程である硝化過程により供給される．他方，脱窒過程が嫌気的過程であることより，水田土壌においては酸化層と還元層

表 2.6 脱窒過程に関与する還元酵素の性質

	硝酸還元酵素		亜硝酸還元酵素		一酸化窒素還元酵素	亜酸化窒素還元酵素	
微生物	P. stuzeri	E. coli	P. aeruginosa	A. xylosoxidans subsp. xylosoidans	P. stutzeri	P. stutzeri	W. succinogenes
反応	$NO_3^- \to NO_2^-$	$NO_3^- \to NO_2^-$	$NO_2^- \to NO$ oxidase	$NO_2^- \to NO$ oxidase	$NO \to N_2O$	$N_2O \to N_2$	$N_2O \to N_2$
存在部位	細胞膜	細胞膜	ペリプラズム	?(細胞質)	細胞膜	ペリプラズム	?(細胞質)
分子量(kDa)	140, 132	300	120	85	180	120	162
サブユニット	112	150	61	37	38	62〜74	88
SDS PAGE	60	58, 42			17		
四次構造	$\alpha\beta$	$\alpha_2\beta_2$	α_2	α_2	$\alpha\beta$	α_2	α_2
補欠分子団	Fe_nS_n	Fe_nS_n	Heme c Heme d_1	Cu complex	Heme c Heme b	C complex	Cu complex Heme c
電子供与体	Cyt b ?	Cyt b_{556}	Cyt b_{551}	Cyt b_{553}	?	?	?

の境界付近,畑土壌においては比較的大きな団粒の内部に形成された還元部位や植物遺体などの微生物活動の活発な部位が主要な脱窒の場と考えられている.

脱窒は植物にとって可給態の硝酸が不可給態の気体窒素に変化することであり,脱窒過程の抑制は施用窒素の利用率を向上させる.脱窒菌は種類も多くその生理・生態が多様なため,直接脱窒過程を抑制することが困難である.そこで,脱窒過程の前段階である硝化過程を生理・生態的に抑制することが試みられている.水田における窒素質肥料の全層施肥(肥料を作土全層に施肥する方法)や硝化抑制剤の使用がそれである.

脱窒菌は下水処理における窒素の除去に利用されている.有機態窒素で富化した下水はまず好気的処理槽で窒素の無機化とそれに続く硝酸の生成が計られたあと,脱窒槽と呼ばれる嫌気槽に導かれ,生成した硝酸は嫌気条件下で脱窒反応により窒素ガスに還元される.

脱窒菌の働きとして,benzoate,anthranilate,phthalate,p-cresol,phenol,toluene,xylenes などの芳香族化合物の嫌気的分解が知られている.　　〔木村眞人〕

2.4.4 メタン細菌

メタンを生成する一群の微生物の総称.メタンは,水田,湖沼,湿原など湛水ないし過湿な条件下におかれた土壌中で生成する.その他,埋立地や家畜の腸内からも多量のメタンが発生する.その生成環境の酸化還元電位は-200〜-300 mV ときわめて低く,土壌の還元化過程の最後,硫酸還元過程のあとに生成する.水田土壌においては,作土還元層,特に植物遺体や根圏がその主要な生成部位である.

メタンは微生物により還元状態下で炭酸ガスを電子受容体とする水素,ギ酸,エタノールなどの酸化($4H_2 + CO_2 \to CH_4 + 2H_2O$),メタノールやトリメチルアミンなど C-1 化合物の不均等化反応($4H_3OH \to 3CH_4 + CO_2 + 2H_2O$)によって,さらに酢酸の分解に伴って生成する($CH_3COOH \to CH_4 + CO_2$).現在メタン生成菌は,3目6科に分類されており,メタン生成に利用できる基質が異なる.表 2.7 に示すように,H_2/CO_2 系が最も一般的なメタン生成系である.他方,水田土壌中で重要な酢酸分解によるメタ

表 2.7 メタン生成菌の分類，Family の性質

I．Methanobacteriales
 (1) Methanobacteriaceae
　　長桿菌または短桿菌でメタン生成に H_2/CO_2，ギ酸，アルコールを利用，または球菌でメタン生成に H_2/メタノールを利用；通常グラム陽性；Pseudomurein 含有；非運動性；GC 含量は 23～61 mol %（*Methanobacterium*, *Methanobrevibacter*, *Methanosphaera*）
 (2) Methanothermaceae
　　桿菌；メタン生成に H_2/CO_2利用；グラム陽性；pseudomurein 含有；非運動性；GC 含量は 33～34 mol %（*Methanothermus*）
II．Methanococcales
 (1) Methanococcaceae
　　球菌；メタン生成に H_2/CO_2，ギ酸を利用；グラム陰性；運動性；GC 含量は 29～34 mol %（*Methanococcus*）
III．Methanomicrobiales
 (1) Methanosarcinaceae
　　桿菌，ラセン状菌，球菌；メタン生成に H_2/CO_2，ギ酸，アルコールを利用；グラム陰性；運動性または非運動性；GC 含量は 39～61 mol %（*Halomethanococcus*, *Methanococcoides*, *Methanohalobium*, *Methanohalophilus*, *Methanolobus*, *Methanosarcina*, *Methanosaeta* ("*Methanothrix*"））
 (2) Methanomicrobiaceae
　　球菌；メタン生成に H_2/CO_2，ギ酸，アルコールを利用；グラム陰性；運動性または非運動性；GC 含量は 48～52 mol %（*Methanoculleus*, *Methanogenium*, *Methanolacinia*, *Methanomicrobium*, *Methanoplanus*, *Methanospirillum*）
 (3) Methanocorpusculaceae
　　Sarcina 様菌，球菌，鞘状桿菌；メタン生成に H_2/CO_2，酢酸，メチル化合物を利用；グラム陽性または陰性；しばしば非運動性；GC 含量は 36～52 mol %（*Methanocorpusculum*）

ン生成は，*Methanosarcina* および *Methanosaeta*（"*Methanothrix*"）に限られる．水田土壌中には，通常 10^3～10^5/g 土壌のメタン細菌が生育している．

メタン細菌はいずれも古細菌群に属し，細胞壁成分に D-アミノ酸，ムラミン酸を含まず，16 S rRNA の塩基配列，tRNA の構造が通常の原核生物とは異なるとともに，細胞膜成分として通常の細菌にはみられないエーテル脂質を含有し，また細胞質には補酵素 M，F 420，F 430，7-methylpterin などの物質を含む特異な細菌群である．

メタンの植物生育に対する直接の影響は知られていないが，メタンの生成環境はきわめて還元的な環境であり，そのような環境下では通常多量の Fe^{2+} や硫化物が蓄積しており，植物（水稲）の生理障害が懸念される．この回避策として，中干しや間断灌漑が実施されている．

メタンは好気性細菌 *Methylomonas methanooxidans*，*Methylomonas methanica* などにより酸化分解される．これらの細菌はメタンやメタノールを唯一の炭素源とする培地に生育可能である．メタンの生成，分解は微生物に特有の代謝である．

水田土壌還元層で生成したメタンは，その大部分が水稲根から茎葉部を通して大気中へと運ばれる．メタンは炭酸ガスにつぐ地球温暖化ガスであり，温暖化への寄与率が約 15 %，水田からのメタン発生量は年間全メタン発生量の約 12 % と推定されている．ま

た，メタンの大気中濃度は現在約 1.7 ppm であり，毎年 1 ％程度の増加が観察されている．　　　　　　　　　　　　　　　　　　　　　　　　　　　　　〔木村眞人〕

2.4.5　硫酸還元菌

硫酸を還元し，硫化水素を生成する一群の微生物．硫酸還元菌は絶対嫌気性細菌であり，硫酸塩を電子受容体として水素や，酢酸，酪酸，乳酸などの各種有機物を酸化し，生育に必要なエネルギーを得ている．*Desulfovibrio*, *Desulfomicrobium*, *Desulfobacterium*, *Desulfosarcina* など 12 属の真正細菌と好熱性古細菌 *Archaeoglobus* が含まれる．

広義には，硫黄を還元し硫化水素を生成する微生物も含まれる（硫黄還元菌）．硫黄の還元は必ずしもエネルギー生成反応を伴わない．*Desulfuromonas*, *Desulfurella*, *Desulfovibrio*, *Desulfomicrobium*, *Wolinella*, *Pseudomonas* など 7 属の真正細菌と好熱性古細菌 *Acidianus*, *Sulfolobus* など 5 属が知られている．真正硫黄還元菌は硫黄を電子受容態として水素，酢酸，乳酸，ギ酸などの有機物を酸化する．他方，古細菌群は無機栄養細菌であり，有機物を利用できない．*Desulfovibrio*, *Desulfomicrobium* を除き，硫酸還元菌は硫黄を還元できない．硫黄還元菌の中には *Wolinella*, *Pseudomonas* のように好気的にも生育できるものが存在する．硫酸から硫化水素への還元経路として，

$$SO_4^{2-} \longrightarrow HSO_3^- \longrightarrow S_3O_6^{2-} \longrightarrow S_2O_3^{2-} \longrightarrow H_2S$$

が推定されている．水田土壌中には，$10^2 \sim 10^5$/g 土壌の硫酸還元菌が生育している．

多くの硫酸還元菌は硫酸塩の還元に水素を利用でき，水素の酸化によって得られるエネルギーを利用して，酢酸，二酸化炭素を用いて細胞を合成する．他方，硫黄還元菌のうち，好気性・通性微好気性細菌だけが水素を利用でき，偏性嫌気性細菌は水素を利用できない．

硫酸還元菌は acetyl-CoA を酸化できるかどうかにより，上記有機物を二酸化炭素にまで分解できる細菌群と，酢酸を最終代謝産物とする細菌群に二分される．

硫酸還元菌は還元的で有機物の豊富な環境下でよく生育するため，好気的環境である森林，草地，畑地での生育は制限されており，地方，水田の作土還元層，特に水稲根圏，稲ワラや刈株・残根など植物遺体の部位で活発に生育し，水稲の生育に対し影響が著しい．その他の生育環境としては，湖沼や海底の底泥での活発な生育が知られている．

鉄やマグネシウムの少ない花崗岩，石英斑岩などの酸性岩を母材とするものや，三紀層や中生代層に由来する水田土壌が透水過多の状態に長年月おかれると，水田作土からの鉄溶脱がすすみ，作土は極端な鉄欠乏を呈するようになり（このような水田を老朽化水田という），湛水に伴う土壌の還元化により硫酸イオンは速やかに硫化水素に還元される．通常の水田土壌では，生成した硫化水素は作土中の鉄と反応して無毒な硫化鉄を生成するが，老朽化水田では鉄不足のため硫化水素は遊離状態で存在し，水稲根を黒変化させるとともに養分吸収を阻害し，根腐れを引き起こす．硫化水素の生成は盛夏の頃に最大量に達するため，老朽化水田でも最高分けつ期頃までは硫化水素も少なく，土壌

中の養分量も多いため水稲の生育が旺盛であるが，幼穂形成期頃より硫化水素生成が活発化し，水稲根の養分吸収阻害，根腐れが進行する．このように栄養生長期の生育が良好であったにも関わらず，幼穂形成期以降生育の凋落する現象を"秋落ち現象"という．

硫化水素生成はいずれの水田土壌でもみられる現象であり，硫化水素生成の抑制のため，中干しや間断灌漑処理などの水管理が行われる．また，老朽化水田土壌の改良には，山土やベントナイト，池や堀などの沈泥の客入が効果的である．なお，それほど老朽化の進行していない水田では，鋤床層や下層土上部に活性鉄が集積しているので，深耕により下層土を作土と混和することも効果的である．活性鉄資材としてはスラッグが最も一般的である．施肥法による対策としては，無硫酸根肥料の使用や，後期生育の充実のために追肥の回数と量を増やすことも効果的である． 〔木村眞人〕

2.4.6 病原菌（糸状菌）
a. 根圏微生物としての病原糸状菌

作物の根の影響下にある根圏では，根-土壌-微生物の三者による生態系が形成されている．微生物の中には，作物の根を侵す病原糸状菌（カビ）も含まれ，根の近傍に位置する根圏域は病原糸状菌の根部感染へ向けての初期行動の場でもある．

一般に病原糸状菌は菌糸，発芽管および遊走子などの感染源により宿主の根部に侵入し，栄養体（菌糸，分生胞子など）を形成し増殖する．そのため，根の柔組織や導管部が破壊され，養水分の吸収が阻害される．宿主の枯死などにより栄養の摂取が困難になるに伴い，病原糸状菌は耐久生存器官（卵胞子，厚膜胞子，菌核など）を形成する．耐久生存器官は厚い細胞膜で保護されており，内部には十分な栄養が蓄積されている．そのため，土壌環境の悪化や拮抗微生物の攻撃に耐え，長期間土壌中で生存できる．これらの耐久生存器官は地温，土壌水分および作物根からの分泌物（糖，アミノ酸，有機酸，誘引物質など）の影響を受け，賦活し活動を開始する．すなわち，耐久生存器官の発芽に伴い生じる菌糸，発芽管および運動性を有する遊走子が宿主の根面に到達し，再び感染が始まる．

b. 根圏環境と病原糸状菌の生態

耐久生存器官の発芽や遊走子の生成・伝播には根の分泌物や，根面と胞子の間に介在する土壌の理化学性が密接に関与している．中でも根圏域における土壌水分は，ピシウム（*Pythium*），アファノマイセス（*Aphanomyces*）およびフィトフトラ（*Phytophthora*）などの卵胞子を耐久生存器官とする鞭毛菌類の感染にとって不可欠である．すなわち，これらの感染源である鞭毛を有する遊走子は，多湿条件下で生理的に多く生成され，また物理的に宿主へ泳動しやすい．

さらに，土壌溶液中の無機成分，とりわけ土壌溶液中に多く存在する硝酸態窒素が高濃度である場合，アファノマイセス菌や一部のピシウム菌（*P. aphanidermatum*）の遊走子生成が抑制され，さらに運動性を有する二次遊走子の被のう化（鞭毛が消失して運動性を失う）と死滅が促進される．その結果，感染ポテンシャルが低下し，これらの鞭毛菌類による土壌病害の発生が抑制される．一方，無機成分とりわけ硝酸態窒素が溶脱

により減少しやすい砂質土壌の圃場や，滞水により希釈されやすい重粘質土壌や透水性の悪い下層土を有する圃場では，アファノマイセス菌や遊走子感染する一部のピシウム菌による土壌病害が多発する．これらの知見は，A. cochlioides によるホウレンソウ根腐病の発生機構として整理されている（図2.8)[1]．

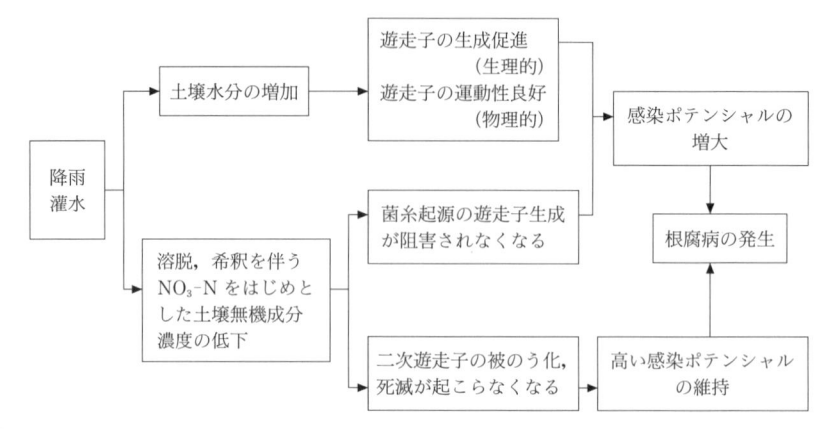

図2.8 圃場における水の働きからみたホウレンソウ根腐病の発生機構（赤司，1992)[1]
土壌の無機成分や NO_3-N が溶脱しやすい砂質土壌の圃場，および滞水により希釈されやすい重粘質土壌あるいは透水性の悪い下層土を有する圃場では，根腐病が多発する．

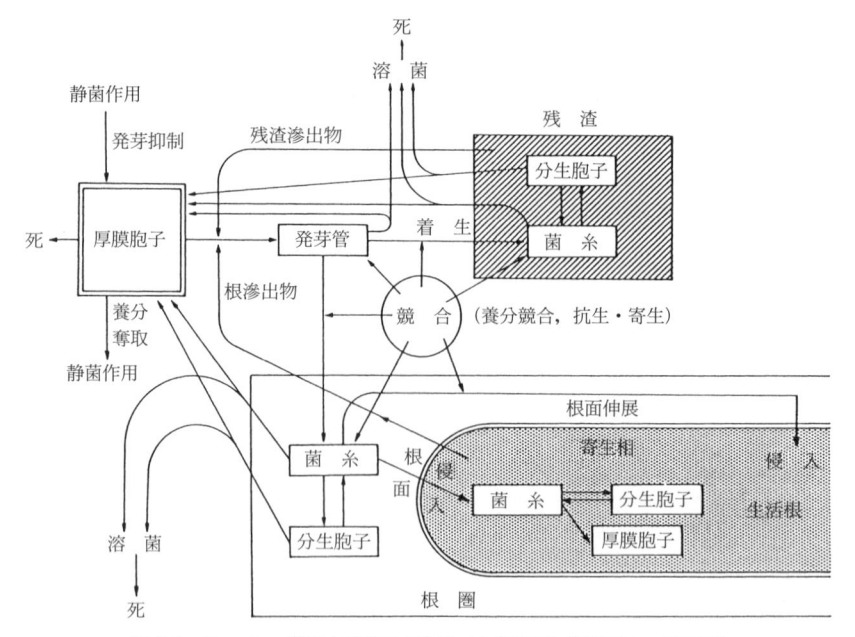

図2.9 Fusarium 菌の土壌中での生活（小倉原図）（松尾ほか，1982)[5]

また，アファノマイセス菌の遊走子は走化性を有し，宿主の根から分泌される誘引物質に向かって水中を泳ぎ移動する．*A. raphani* は indole-3-aldehyde（カンランから単離）[2]に，*A. euteiches* は prunetin（エンドウ）[3]に，*A. cochlioides* は，5-hydroxy-6,7-methylenedioxyflavone（ホウレンソウ）[4]にそれぞれ誘引される．

　一方，フザリウム菌の土壌中での生活は図2.9のように整理されている[5]．宿主の根では寄生生活が，作物残さでは腐生生活が営まれる．フザリウム菌の耐久生存器官である厚膜胞子は，近傍に宿主作物の根が伸長してくると，根から滲出する糖，アミノ酸などを吸収し，そのエネルギーにより発芽する．すなわち，発芽管が宿主の根に向かって伸長して感染が始まる．一般に糸状菌の耐久生存器官は，必ずしも発芽するわけではなく，土壌中で未発芽のまま生存することがある．この現象を引き起こす作用を土壌の静菌作用という．この作用は，酵素や養分の欠乏，二酸化炭素の過剰に起因するとされていたが，最近では土壌中の微生物の影響も明らかにされている．すなわち，発芽に必要な物質をめぐる他の微生物との競合や，微生物の生産する発芽阻害物質に起因すると解されている．また，土壌中の拮抗微生物は養分競合，抗生（抗生物質生産による生育阻害）および寄生によりフザリウム菌の菌糸，発芽管の生成，伸長を抑制する．

　作物の導管を侵す *F. oxysporum* では圃場における発生環境について多くの知見があり，多発条件はおおむね次のように整理される．①地温：26～30℃，②土壌水分：過湿・過干，③施肥：多肥，④土壌の種類：砂質土壌，⑤微生物による静菌作用が小さい土壌（厚膜胞子が発芽しやすいなど），⑥：寄生性線虫との複合病発生．

　なお，*F. oxysporum* f. sp. *cubense* によるバナナの病害は2：1型粘土鉱物（モンモリロナイト）の土壌では，発生が抑制される報告[6]もあり，発生に対する土壌の粘土鉱物の影響も十分に考えられる． 〔赤司和隆〕

文　献
1) 赤司和隆：土肥誌，**63**(3)，259-262，1992．
2) 横沢菱三，国永史朗：日植病報，**45**，339-343，1979．
3) Yokosawa, R., et al.：*Ann. Phytopath. Soc. Japan*, **52**, 809-816, 1986.
4) Horio, T., et al.：*Experientia*, **48**, 410-414, 1992.
5) 松尾卓見ほか：作物のフザリウム病，p.107，全国農村教育協会，1982．
6) Stotzky, G. and Martin, R. T.：*Plant Soil*, **18**, 317-337, 1963.

2.4.7　有用根圏細菌

　植物の生育促進や健全性維持のため，土壌の微生物種の構成を制御する研究が行われている．特に，根圏細菌（rhizobacteria）は根や根の近傍に生息し，大きな影響を根に与えるため，根圏細菌群を制御する研究が注目されている[1,2]．根圏細菌は植物の生育に与える影響に基づき有用，有害，中立なグループに分けられる．中でも有用なグループは有用根圏細菌（beneficial rhizobacteria）あるいは植物成長促進根圏細菌（plant growth-promoting rhizobacteria：PGPR）と呼ばれる．

　これまでに，さまざまな細菌種が有用根圏細菌として報告されており，蛍光性シュードモナス（fluorescent pseudomonads）に関する報告が最も多い．その他の細菌種とし

ては，*Agrobacterium*，*Arthrobacter*，*Alcaligenes*，*Bacillus*，*Serratia* 属などの菌株が有用根圏細菌として報告されている．初期の研究では，ジャガイモ，ハツカダイコン，サトウダイコンなどが対象植物として用いられた．その後，さまざまな種類の作物や野菜，また果樹などを対象とした有用根圏細菌の活用に関する研究が行われている．

本来，植物の生長促進を目的とした有用根圏細菌の選抜は，特定の病原菌を抑制する生物的制御（biological control）細菌の選抜とは異なるものとして行われた．しかし，有用根圏細菌による植物生長促進の多くが根圏の有害細菌（deleterious rhizobacteria）の抑制によることが明らかにされ，現在では両者に明確な違いはないと考えられている．有用根圏細菌の主な機能として，抗生物質やシアン化水素（HCN）産生による抗生，生息場所や養分の奪い合いによる競合，シデロフォア産生による鉄の競合，キチナーゼなどの細胞壁溶解酵素による寄生，植物ホルモン産生による植物生長促進，病原菌に対する植物の抵抗性誘導の付与などが推定されている．

特定の有用根圏細菌を根圏に導入するために，培養した細菌を種子や植物体の一部に接種するバクテリゼーション（bacterization）もしくは土壌への接種が行われる．有用根圏細菌によって作物収量を有意に増加させる結果が報告されているが，安定した効果は得られていない．

これは，接種菌株の根圏への定着，すなわち根圏定着（rhizosphere colonization）の安定性の欠如が原因と考えられている．この接種菌株の根圏定着とは，種子や植物体の一部あるいは土壌に接種された細菌が，生長する根に沿って分散・増殖し，土着の微生物群集の存在下で一定期間，生存する過程を示す．根圏定着は，部位として根の内部（endorhizosphere），根の表面（rhizoplane），根のごく近傍での定着を表している．同様の言葉である根定着（root colonization）は，定着部位が根の内部と表面に限定される．

安定した根圏定着のためには，以下の性質が有用根圏細菌にもとめられる．まず，生育伸長を続ける根系全体に分散することが必要である．これには，走化性（運動性）と根面付着性が役割を果たす．有用根圏細菌の多くが根分泌物に対して走化性を示すことや運動性欠損変異株の根圏定着力の低下が指摘されている．根面への付着は，菌体表面に密生する線毛や根から分泌される凝集素（agglutinins）による付着機構が推定されている．

次に，根圏での高い増殖速度が必要である．根の脱落細胞や根分泌物を効率よく利用し，その根圏環境に適応した増殖速度の高い菌株が，他の細菌よりも優占的に定着できる．

しかし，接種菌株の根圏定着は土壌環境条件に大きく影響を受ける．影響を及ぼす生物的環境因子としては，土壌が示す微生物的緩衝力がある．これには原生動物などによる捕食，他の微生物との生息部位の競合，その他の生物間相互作用などが含まれる．また，根分泌物の質と量も大きな影響を及ぼす．非生物的環境因子としては，①浸透圧，温度，界面，空間などの物理的条件，②イオン組成，炭素源，無機栄養条件，水分含量，pH，酸化還元電位，有害物質などの化学的条件が考えられる．これらの非生物的環境因子は，細菌に対して直接的に影響するばかりではなく，植物根の分泌作用への影

響を介して間接的にも影響を及ぼす.
　したがって,有用根圏細菌の実用的な活用には,根圏定着に適した土壌条件の設定,環境適応度の高い菌株の選抜,効果的な接種法の確立などが重要と考えられている.

〔境　雅夫〕

文　献

1) Weller, D. M.：*Ann, Rev. Phytopathol.*, **26**, 379-407, 1988.
2) Lynch, J. M.：The Rhizosphere (Lynch, J. M.), 1-10, John Wiley and Sons, New York, 1990.

3. 元素の生理機能

3.1 必須元素の定義

　植物が正常に生育するために必要不可欠な元素を必須元素という．ある特定の元素が必須元素であるか否かは次のような基準をもとに判定される．
(1) その元素が欠乏すると，植物の生育に特有の欠乏症状が現れ，その結果その植物のライフサイクルが完成されないこと（必要性）．
(2) 欠乏による生育障害は，その元素を適量与えることによってのみ回復させることができ，また，その役割はその元素に特有のものであり，他の元素によってはそのすべてを代替することができないこと（非代替性）．
(3) その元素を適量与えることによる生育の正常化は，生育阻害物質の悪影響の除去や土壌条件の改善などのような間接的な効果によるものではなく，その元素の直接的な機能によるものであること（直接性）．

あるいは，
(4) その元素が，植物の生育にとって重要な役割を果たしていると確認されている化合物の構成元素になっているか，生理生化学的反応に関与していることが立証されること．

　これらの基準のうち，(1)，(2)，(3)の基準はArnonによって提案された基準であり，(4)はその後に植物の生理生化学的研究の進展に伴って提案された基準である．ある元素が必須元素であると判定するためには，(1)から(3)までの基準をすべて確認するか，あるいは(4)を確認することが必要である．

　炭素（C），水素（H），酸素（O），窒素（N），リン（P），カリウム（K），カルシウム（Ca），マグネシウム（Mg），硫黄（S），鉄（Fe），マンガン（Mn），亜鉛（Zn），銅（Cu）が必須元素であることの発見は，実際にはIngenhousz (1779)，Senebier (1782)，De Saussure (1804)，KnopとSacks (1860)，McHarge (1914)，Warrington (1923)，SommerとLipman (1926)，BortelsとAllison (1927)らによってこの定義の提案前になされているが，いずれも上記の定義に合致している．

　必須元素は，要求量の多少によって多量必須元素と微量必須元素に分けられており，炭素，水素，酸素，窒素，リン，カリウム，カルシウム，マグネシウム，硫黄の9元素は前者に，鉄，マンガン，亜鉛，銅，ホウ素（B），モリブデン（Mo），塩素（Cl）の7元素は後者に分類されている．未だ必須元素として公認されてはいないが，ある種の植物の生育にとって有益な生育促進効果をもつことが示されている元素として，ケイ素（Si），ナトリウム（Na），アルミニウム（Al），コバルト（Co），ニッケル（Ni），セレ

ン（Se）がある． 〔但野利秋〕

3.2 養分要求性

a. 養分供給からみた生育環境と養分要求性との関係

自然界に生育する双子葉植物，単子葉植物および褐藻類の平均的な必須元素含有率を表3.1に示す．mMベースで比較した元素含有率は，双子葉植物ではH＞C＞O＞N＞Ca＞K＞Mg＞S＞P＞Cl＞Mn＞B＞Fe＞Zn＞Cu＞Moの順であり，単子葉植物でもリン（P）含有率がマグネシウム（Mg）および硫黄（S）含有率より高くなることを除くと，双子葉植物の高低順と一致する．褐藻類では生育環境が双子葉および単子葉植物と著しく異なるために，いくつかの元素の高低順が変化するが，それでも類似点の方が多い．このような平均的にみた元素含有率の差異は，生育環境からの供給能をある程度反映しつつ，その環境に適応した双子葉植物，単子葉植物および褐藻類のそれぞれの必須元素に対する平均的にみた養分要求性をほぼ反映していると考えることができる．

表3.1 植物体中に含有される必須元素の平均含有率（mM/kg 乾物）

元素	双子葉植物	単子葉植物	褐藻類
H	55,000	55,000	41,000
C	38,000	38,000	29,000
O	26,000	28,000	29,000
N	2,100	2,300	1,100
Ca	450	160	300
K	360	160	1,300
Mg	130	50	210
S	110	30	370
P	70	90	90
Cl	60	?	130
Mn	11	6.0	1.0
B	4.6	5.8	11
Fe	2.5	2.3	12
Zn	2.4	0.40	2.3
Cu	0.22	0.24	0.17
Mo	0.009	0.0014	0.0047

（Bowen, 1966を一部改変）

すなわち，水素（H），炭素（C），酸素（O）の含有率が他の元素と比較して飛び抜けて高い理由は，これらの元素が炭水化物，タンパク質，脂質を始めとする体構成成分すべての構成元素であるからであり，窒素（N）含有率がそれに次いで高く，その値は水素，炭素，酸素を除く他の元素と比べて著しく高い理由は，この元素が体内に多量含有されるタンパク質，核酸，クロロフィルなどの構成元素であることによる．

リン（P）は生命の維持にとってきわめて重要な元素であるが，含有率はカルシウム（Ca），カリウム（K），マグネシウム（Mg）と比較して低い．その理由としては土壌

がもつリン供給能がきわめて低いことが根本的な原因になっていると理解される．各種の植物にとってこれらの植物が初めて成立したときに，土壌溶液や海水中のリン濃度が他の多量必須元素の濃度と比較して1/1,000から1/10,000のレベルであったことは，大変な脅威であったと容易に想像できる．そのような生育環境でリン欠乏に陥ることなく正常に生育するために，植物はさまざまなリン獲得機能を開発してきたと考えざるをえない．このことが事実であったであろうことは，根における菌根の形成や根による有機酸や酸性ホスファターゼ分泌能に関するこれまでの多くの研究成果が如実に示している．これらの機能を獲得したことによって，現存する植物はそのリン要求性をぎりぎりのところで満たしえる量のリンを吸収することが可能になるに至ったと考えられる．その過程で植物は少量のリン吸収量でも，それを他の元素の場合と比較すると著しく効率よく循環利用するシステムを構築したであろうことも容易に想像できる．そのような経過で達成されたのが現存する多くの植物が保持するリン要求性であろう．鉄（Fe）も土壌からの供給能が要求性と比較して著しく低い元素である．この元素の要求性は本来リンよりかなり低いが，この元素がもつ生体内でも沈殿しやすい特性のために体内における循環利用システムをリンと同様には構築できない．したがって，要求性を満たすための鉄の獲得戦略が重要になる．この点でリンと類似する吸収機能の開発をみることができる．

なお，植物の塩素吸収能は他の元素とは異なって塩素に対する要求性と対応しておらず，生育培地に塩素が溶存している場合にはそれを要求性とは無関係に積極的に吸収する特性をもっているために，植物の塩素要求性を反映していない含有率であることを付記する．植物の塩素要求性はもっと低レベルである．

b. 養分要求性の植物種間比較

表3.2に大型水耕培養槽を用い，各必須元素の濃度を表の下段に示す濃度に設定して各元素の濃度を調節しつつ約20日間水耕培養をした各種作物の必須元素含有率を示した．ナトリウムは必須元素ではないが参考のために記載した．培養液中の各必須元素の濃度は供試したすべての作物が正常に生育しえる限界濃度よりやや高く設定してあるので，ここに示された元素含有率はそれぞれの作物の各必須元素に対する要求性（養分要求性）をほぼ反映していると考えることができる．

それぞれの元素含有率は種によって異なり，含有率の種間差は変動係数からみられるように，ナトリウムで飛び抜けて大きく，カルシウム，塩素，マンガン，銅，鉄でも大きく，リン，カリウム，亜鉛では相対的に小さい．しかし，含有率の変動係数が相対的に小さいリンやカリウムでもその含有率の最高値と最低値の間にはそれぞれ9〜22および71〜162 mM/100 gの差異がある．イネ科作物と双子葉作物を比べると，カルシウムとマグネシウムの含有率がイネ科作物で双子葉作物より低く，亜鉛含有率もイネ科で低い傾向がある．アブラナ科作物のイオウ含有率が高いのも特徴的である．

必須元素の中で要求性が種によって最も異なる元素はホウ素（B）である．表3.3にホウ素欠乏症が発現したときの各種作物のホウ素含有率を示した．各種作物のホウ素要求性は，欠乏症が発現する含有率よりやや高い含有率であると考えてもよいので，欠乏症が発現したときのホウ素含有率は各種作物のホウ素要求性を判断するために最も妥当

表3.2 各種作物の生育初期における地上部の元素含有率の比較

作物種	P	K	Na	Ca	Mg	S	Cl	Fe	Mn	Zn	Cu
			mM/100 g					μM/100 g			
シュンギク	—	128	63	16	17	10	119	274	244	125	14.3
レタス	—	101	13	20	25	12	83	529	481	150	11.7
トウガラシ	—	87	3	27	30	12	57	260	186	67	6.5
トマト	11.6	162	7	27	28	21	83	249	302	121	13.5
ニンジン	—	101	18	35	33	12	30	310	437	136	13.4
ダイズ	9.0	85	1	25	24	13	16	265	219	99	11.3
アズキ	21.9	94	2	27	30	10	22	593	577	148	9.0
エンドウ	—	79	5	17	15	5	33	281	199	122	11.5
キャベツ	—	94	16	39	30	28	58	253	295	142	6.9
ダイコン	—	120	19	51	33	25	121	174	230	156	7.7
テンサイ	13.2	64	233	10	37	11	73	297	607	125	11.7
イネ	9.0	71	2	9	12	8	29	529	918	119	33.4
コムギ	13.2	118	2	12	13	15	26	181	160	80	16.9
オオムギ	16.5	—	—	—	—	—	—	167	115	73	11.8
トウモロコシ	15.5	148	1	10	15	12	72	154	118	95	11.5
平均値	13.7	104	28	23	24	14	59	301	339	118	12.8
変動係数	31	28	221	53	34	47	59	46	66	24	50

培養液中元素濃度 P：3.2×10^{-3}mM，K，Na，Ca，Mg，SO_4：2 mM，Cl：4 mM，Fe：3.6×10^{-2}mM，Mn：1.8×10^{-2}mM，Zn：3×10^{-3}mM，Cu：1.6×10^{-4}mM/l．
培養期間：約20日．P以外の元素含有率はP濃度を0.32 mMに設定して培養した実験による．
（田中・但野ら，1973，1974，1978，1980；但野・田中，1980）

な指標になる．ホウ素欠乏症が発現したときの葉あるいは茎葉のホウ素含有率はイネ，ダイズ，アズキ，インゲン，レタス，パセリ，ナタネで低く，10 ppmホウ素以下であるのに対して，アルファルファ，キュウリ，カボチャ，ルタバガなどでは15～38 ppmと高く，最も低いナタネの4.4 ppmに対して最も高いルタバガでは38 ppmであって，その差は約9倍に達する．

養分要求性に植物種間差が存在する理由としては，(1)それぞれの植物が体内に合成・集積する有機化合物の含有率が異なることと，(2)吸収した必須元素を各種の合成系や代謝系で循環利用するシステムの効率が異なることをあげることができる．すなわち，体内に合成・集積するタンパク質や脂質などの含有率が高い植物種ではそれらを合成するために必要な元素含有率を相対的に高めることが要求され，また，吸収した必須元素を効率的に循環利用するシステムを構築している植物種では，構築していない植物種と比較して同じ有機化合物を合成・集積する場合でも要求される元素含有率は低レベルでもよい．ナトリウム，リン，カリウム，硫黄，亜鉛，鉄などの多くの元素では，これらに加えて全植物体の中での若い部位の割合も養分要求性に種間差をもたらす重要な要因である．これは，若い部位では各種有機化合物の合成が活発に行われているために，それ

表3.3 B欠乏症が発現したときの各種作物のB含有率

作物種	測定部位（生育時期）	含有率(ppm B)	欠乏症状	文献*
イネ	葉（移植後18日）	8.3	軽	1)
ダイズ	〃（〃 18日）	6.1	強	1)
アズキ	〃（〃 12日）	8.6	中	1)
インゲン	〃（〃 13日）	7.6	軽	1)
アルファルファ	茎葉（1番草）	16.8	軽	2)
	〃（2番草）	15.6	軽	2)
	〃	6.9～20	強～軽	3)
トマト	葉（移植後13日）	13.7	強	1)
レタス	〃（〃 13日）	5.2	軽	1)
ヒマワリ	〃（〃 20日）	10.7	軽	1)
パセリ	〃（〃 25日）	9.5	中	1)
キュウリ	〃（〃 11日）	20.1	強	1)
カボチャ	〃（〃 11日）	16.6	軽	1)
キャベツ	〃（〃 16日）	13.3	軽	1)
ハクサイ	〃（〃 11日）	10.6	軽	1)
ナタネ	茎葉（収穫期）	4.4～5.4	強	4)
ルタバガ	葉	15～32	強	5)
	〃	33～38	軽	5)
ココヤシ	〃	13～14	軽	6)

*文献 1) 山内, 1976；2) 諸遊・木内, 1964；3) Berger, 1949：5) Gupta and Cutcliffe, 1978；6) Margate et al., 1979

らの合成のために必要な元素を高いレベルで要求することに起因する． 〔但野利秋〕

3.3 多量必須元素

3.3.1 炭素，水素，酸素

炭素（C），水素（H），酸素（O）は，植物体の骨格を構成する各種の炭水化物，タンパク質，脂質，およびその他のあらゆる有機化合物の骨格を構成する元素であり，窒素，リンとともに生命体の基本構成元素である．水素と酸素は植物の骨格元素であるばかりでなく，体内におけるさまざまな酸化還元反応において重要な役割を果たす．

生育している植物に含まれる水の含有率は70～90％にも達する．この水は細胞の膨圧を維持するとともに，細胞内で行われるすべての代謝反応が順調に進行するために必要不可欠である．水が欠乏する場合には多くの代謝反応が低下する．また，水は植物が高温下で生育する場合に蒸散を通して体温を適正範囲内に維持するためにも必要である．各種の有機化合物や無機イオンの体内移動においても，水がその媒体として不可欠な役割を果たしている．

植物体内に含有される炭素の大部分は二酸化炭素（CO_2）として葉から取り込まれて光合成によって同化され，一部は根から主に重炭酸イオン（HCO_3^-）として吸収される．水素の主要吸収形態は水（H_2O）であり，主に根から吸収されるが降雨時には葉

からも吸収される。酸素の主要吸収形態は酸素,二酸化炭素と水である。酸素と二酸化炭素は主に葉の気孔から取り込まれるが,畑条件で生育する植物では根の呼吸のために必要な酸素の主体は根で根圏から吸収される。水素と酸素は酸素,二酸化炭素と水以外に NH_4^+, NO_3^-, $H_2PO_4^-$, HPO_4^{2-}, SO_4^{2-}, HCO_3^- などのさまざまな無機化合物イオンとしても根から吸収される。

〔但野利秋〕

3.3.2 窒　素
a.　植物の窒素獲得

　窒素（N）は生体生理関連物質の主要構成元素であり,植物の生長・分化増殖のすべてに関与し,制限因子となっている。培地への窒素（化合物）の添加と植物による吸収は,植物の生長や作物の収穫物の増大をもたらす。窒素化合物の代謝をめぐる生理機能の変異が,作物の生長や生産を変化させる。

　植物が吸収する窒素の主な形態は硝酸である。土壌にはアンモニア,アミノ酸など植物根が吸収することができる,他の形態の窒素化合物が存在するが,酸化的で温度が適当な土壌環境では,これらの窒素化合物は硝酸に還元され,大部分が土壌溶液に溶けており,この硝酸が吸収される。しかし,寒冷地帯の森林や厳寒地では硝化が進まず,また湛水土壌のように還元的環境では,硝酸として存在することが少なく,植物はアンモニアやアミノ酸の形態で吸収する割合が増大する。

　植物には,マメ科のように根粒菌との共生関係をつくって空気中の窒素（N_2）を固定できるものがある。この固定窒素量は年間 ha あたり 100〜400 kg に達する。植物の窒素源となる窒素固定には,土壌表面でのラン藻などによるもの（年間数十 kg）,穀物の根の周辺で生息し穀物の根から分泌される有機物をエネルギー源としている微生物（クレブシェラ,エンテロバクター,アゾスピラムなど）によるもの（その量は確かではないが 1〜20 kgN と推定される）がある。共生窒素固定によるものは,固定窒素の 95％以上が植物に利用されるが,他の固定系では固定窒素の 20〜50％が利用されるにすぎない。

　これ以外に,植物が自然の窒素サイクルから得る窒素としては,雨中の窒素（アンモニウムや硝酸の窒素として 5〜10 kg 以下）,大気のアンモニアや窒素化合物（NO_2など）のガスの直接吸収（数〜数十 kg）,などがある。植物がよい生長,生産を得るには 1 作あたり 100〜300 kg の窒素を必要とし,窒素固定をする植物以外では窒素が不足することになり,これが肥料窒素として補われる。肥料窒素は硝酸,アンモニア,尿素などの形で土壌に施され,作物が吸収することになる。植物は茎葉部から入った窒素も代謝できるので,短期に有効利用されるよう尿素などの形で葉面に散布することもある。

b.　硝酸,亜硝酸,アンモニア,低分子窒素化合物

　吸収された NO_3^- は,植物の"栄養"となるため,同化すなわち NH_4^+ への還元とアミノ酸の合成が起こる。しかし,一部の硝酸は植物細胞の液胞に数十 mM〜100 mM 集積される。硝酸の還元がなされる細胞質の濃度が数 mM であるのに対して,大変高濃度であり,この硝酸は細胞の浸透圧の維持に寄与しているとされる。硝酸の利用により濃度が低下すると塩素イオンが代替する。塩過剰や水分欠乏ストレスを受けた植物細胞

では，液胞には硝酸や塩素イオンが集積するが，細胞質の浸透圧を高めるためプロリンやベタインの低分子有機窒素化合物が集積する．

　低分子の有機窒素化合物の特殊な役割をもつものとして，アスコルビン酸とともに生体の代謝物の還元剤であるグルタチオン，マンガンやカルシウムなど重金属の運搬体となるアスパラギン，ヒスチジンなどのアミノ酸，特に鉄のキレート剤となるイネ科植物が根から放出するムギネ酸類，植物組織の分化や細胞pHの安定化などに関与するとされるプトレシン，スペルミジン，スペルミンなどのポリアミンが知られている．

　植物は硝酸還元の中間生成物の亜硝酸やアンモニアも同化して栄養源とすることができる．しかし，硝酸の場合20 mM程度培地に含まれていても障害が生じないが，亜硝酸やアンモニアの場合0.1 mM程度が通常の陸生植物の限界濃度である．水稲は例外で2 mM程度のアンモニア培地でもよく生育する．また，生体での蓄積も0.01 mM程度で，硝酸の蓄積50〜100 mMに比べて極度に低い．吸収された亜硝酸やアンモニアは，そのままの形では根から茎葉部に通常送られないが，アンモニアが培地に高濃度（数mM）に与えられたときアンモニアは根から移行され茎葉部に蓄積するようになる．茎葉部へのアンモニアの蓄積がアンモニアの毒性程度と対応することが多く，茎葉部のアンモニア同化の酵素活性の強さがアンモニア抵抗性となっているといえよう．しかし，アンモニア毒性のメカニズムについては不明であるが，その重要な要因としてアンモニアそのものの毒性よりも，アンモニア同化の結果生ずるH^+による細胞の酸性化に因っている可能性もある．このようにアンモニア，亜硝酸は植物にとって"栄養"と"毒性"の両方の機能をもっており，これらに対する植物の変異は多様である．

c. 窒素の転流

　植物体内での窒素の移行形態は，グルタミンやアスパラギンのアミド，各種アミノ酸，ウレイド，そして硝酸（イオン）である．移行経路には，根で吸収された栄養素や水が移行する導管と，葉から光同化産物が移行する師管とがある．

　植物の各器官が生長に利用する窒素源は，根での無機態窒素の吸収や根粒での固定により新しく獲得した窒素と，液胞に貯留している硝酸やアミノ酸，タンパク質の分解で生成するアミノ酸などの体内貯蔵窒素である．液胞に貯留した硝酸アミノ酸は，外からの新規に獲得できる窒素が少なくなったとき，サイトソルに放出されて積極的に利用れるようになる．

　他方，植物組織のタンパク質には，酸素タンパク質のように葉の生理活性に関与するものと，果樹の幹のアルギニンに富むタンパク質のような貯蔵のためのものとがある．これらが分解されて，アミノ酸を生成する．このように生成されたアミノ酸は，既成器官から生長器官に向かって移動し，そこで利用される．プロテアーゼはタンパク質の代謝回転を担う酵素群であるが，このうち酸性プロテアーゼは液胞にあるが，酵素タンパク質など短半減期のタンパク質の分解は，最近発見された細胞質や核に局在する顆粒プロテアソームで行われていると考えられるようになった．

　植物の生殖器官には，伸長する葉，分化生殖する子実など生殖器官，そして伸長する根などがある．前二者のように生長が盛んで窒素要求量が多いが蒸散速度は低く，導管による物質輸送では補えないところへは，師管による既成器官からの窒素の移行が積極

的になされる.

　生長器官へは,導管を上昇する窒素化合物,特にアミドが途中で師管に移され,師管流として流入している.一方,根の伸長にあたっては葉で同化された炭水化物の供給が必要であるが,この輸送と並行して,アミノ酸が葉から移行され,根のタンパク質合成に利用される.この茎葉部から師管を通してのアミノ酸の供給は,根の伸長に必要な窒素の50～90％に達すると見積られる.この残りが,根で吸収した窒素の直接的寄与である.

　このように植物の生長器官の必要とする窒素の多くの部分が葉を中心に生成されるアミノ酸であり,これらは光合成産物とともに師管へ移動する.このシステムは,他の器官でも同様であり,植物の拡大生産をささえている.

d. 窒素の生産性

　植物の拡大生産は,穀物などでは子実生産で終了し,この子実には植物体の50～80％の窒素がタンパク質の形で集積される.この子実タンパク質の収穫では次の三つの過程がキーとなる.すなわち,①硝酸の還元や窒素固定など植物の窒素獲得,②子実へのアミノ酸の主要なソース(アミノ酸の50～90％)である栄養器官のタンパク質アミノ酸の可動化(再転流という),③子実のタンパク質の合成能である.

　これに関与する酵素は,①では硝酸還元酵素とニトロゲナーゼ,②はプロテアーゼといわれる多種類のタンパク質分解酵素群,③ではタンパク質合成系酵素群である.

　今日までの品種間差などの研究から,概していえば,これらの酵素活性の高いものが子実タンパク質量が多くなると考えられる.しかし詳細にみると多くの問題がある.たとえば,葉とくに葉緑体中のタンパク質は子実への再転流窒素の最大の給源であり,このため葉のプロテアーゼ活性が高ければよいが,この結果,葉の光合成酵素や硝酸還元酵素の活性が早く低下することになり,結局は子実タンパク質量の減少になりかねない.全体として師管により移動される量を多くする"仕組み"が高い子実生産に望ましい.

　この問題は栄養生長期の植物の硝酸還元酵素やニトロゲナーゼ活性がさらに増大され,同時に有効な炭素の固定系を備えた系統の育成によってある程度克服できるかもしれない.しかし,植物のバイオマスが大きくなった生殖生長期の各種の酵素活性発現のタイミングや酵素間の活性のバランスの制御も子実生産により重要である.

　C_3植物よりもC_4植物で吸収された窒素あたりの乾物生産性が高くなる.C_4植物と違ってC_3植物では光合成で固定した炭素の30～40％が光吸収で失われる.また,C_3植物でCO_2の還元同化が,NO_3^-の還元同化と同じ葉肉細胞で行われ,両還元が競合的であるのに対して,C_4植物ではNO_3^-還元同化は葉肉細胞,CO_2還元同化は主に維管束鞘細胞と仕事が分業されている.NO_3^-の還元やさらに光呼吸では多くのNH_4^+が生成され,C_3植物では葉肉細胞中で毒性のあるNH_4^+が最も効率のよい無毒化(グルタミン合成酵素によるアンモニアの同化)が必要であり,これにはこの反応で生成するH^+の中和が必要であり炭素化合物が消費されることになる.C_4植物の効率のよい炭素獲得,硝酸の還元,アンモニアの同化,アミノ酸やタンパク質の生合成が単位窒素あたりの高い乾物生産となっているといえよう.

〔米山忠克〕

3.3.3 リン
a. リンと植物の生育

リン（P）は植物のみならず，すべての生物が有する三つの主要な生命過程に密接に関わっている．すなわち，自らと同じ個体を再生産する自己複製（遺伝情報伝達物質），外界から自らを区分する自己隔離（生体膜），生命のみが利用できるエネルギー源を利用して自らの構造と機能を維持する自己維持（高エネルギー化合物）である．いずれも，生命体として存在するために不可欠な過程なので，リンは生命の進化のごく初期の段階から重要な役割を果たしてきたものと考えられる．

リンは植物の生育の基本をになう過程に必須の元素であるが，植物体中のリン濃度は他の元素と比べてそれほど高くはない．炭水化物を構成する炭素（C），酸素（O），水素（H）を除く主要な養分元素，窒素（N）：カリウム（K）：カルシウム（Ca）：マグネシウム（Mg）：リン（P）：硫黄（S）のモル比は20：5：2.5：2：1：0.5で，これらの養分元素の4％を占めるにすぎない．通常の植物体のリン含有率はわずかに0.3％（DM）程度である．生命は，利用できる形態のリンが環境中ではきわめて乏しい状態に適応して，その獲得方法を工夫し，摂取したリンを効率的に利用する代謝過程をつくり上げてきたものと思われる．

b. リンの生理機能
1) リンの吸収・移行，分布，形態

植物は根の代謝と密接にむすびついた機構によって，土壌溶液中に低濃度で存在するリン酸イオン（$H_2PO_4^-$ あるいは HPO_4^{2-}，Pi と表示する）を吸収し，一部を速やかにATPなどの有機リン酸エステルに変換し，多くをPiのまま代謝活動が活発な生長部位などへ導管を通じて移動し，液胞中に蓄積する．液胞中のPiは必要に応じて細胞質内でエステル化され，DNAなどの遺伝情報伝達物質，リン脂質などの生体膜構成成分，ATPなどの高エネルギー物質などの生成に使用される．イオンの吸収移動については第4章を，リンの代謝については5.2節に詳述されているので参照されたい．

高等植物に存在するすべてのリンは，リン酸の形態で存在する．それらは，遊離のリン酸イオンとして，炭素鎖のヒドロキシル基とエステル結合したリン酸エステル化合物として，あるいはATP中のリン酸のようにピロリン酸結合により他のリン酸と結合したポリリン酸として存在する．Piは硝酸イオンや硫酸イオンのように代謝過程で還元されることはない．

植物体中のリン化合物は，それぞれ特徴的な生理機能を有する5グループに化学的に分画できる．すなわち，組織を単純な溶媒で抽出したときの残渣中に含まれる二つのグループの核酸：DNAとRNA，クロロホルムなどの有機溶媒で抽出されるリン脂質，水系の溶媒で抽出されバリウム塩などとして沈殿回収されるPi，沈殿されないヌクレオチドのような低分子リン酸エステル化合物（Pエステル）である．植物体中のリンの機能はこれらの化合物を通じて発揮される．

植物体中の各グループの含量は，植物の組織によって大きく異なる．根端のように液胞が少なく細胞質の多い組織でRNA，リン脂質，Pエステルに富む．葉身や未熟果のように代謝がさかんで液胞を含む組織では，5グループのいずれにも富む．種子や塊茎

のような貯蔵組織ではPiやフィチン酸が多い．
　一方，木質部のように代謝活性の低い組織ではいずれのグループの量も少ないが，Piが相対的に多い．若い葉の各グループの含量（$\mu gP/g$新鮮重）を比較すると，Pi：10，RNA：2，リン脂質：1.5，Pエステル：1，DNA：0.15のようになる．ただし，Pi量はリン酸供給量によって大きく変動する．

　2） 遺伝情報伝達物質（DNA）　　遺伝子の化学的本体，デオキシリボ核酸である．遺伝情報のコードとなる4種の塩基成分（アデニン，グアニン，シトシン，チミン）をになうペントースのD-2-デオキシリボースのヒドロキシル基をリン酸がホスホジエステル結合により連結する役割を果たしている（図3.1）．リン酸の存在によりDNA分子全体では強い酸性を示すので周囲に陽イオンを保持している．
　DNAはふつう1染色体あたり1分子含まれ，10^6以上の分子量をもつ糸状の分子である．DNAは核タンパク質としてほとんど核に局在しているが，少量のDNAがミトコンドリアや葉緑体にも見出されている．細胞が分裂し増殖していくときには，染色体も分裂しDNAが複製される．DNAの複製には部品となるヌクレオシドのリン酸化とヌクレオチドの活性化にリン酸が必要であり，リン酸が十分供給されない条件下では，細胞の分裂増殖が抑制され，植物体器官や個体全体の生育が抑制される結果となる．

　3） タンパク質合成装置（RNA）　　D-リボースを糖成分とする核酸である．DNAと同様に4種の塩基成分（アデニン，グアニン，シトシン，ウラシル）を担うリボースをリン酸がホスホジエステル結合で連結している（図3.1(b)）．RNAは分子量が3万から200万で，構造的にも機能的にも多様であり，機能によってリボソームRNA（rRNA，分子量50万～200万），メッセンジャーRNA（mRNA，分子量5万～50万），転移RNA（tRNA，分子量3万）などに区分される．rRNAはタンパク質合成の場となるリボソーム粒子を構成し，細胞内では最も多量に存在するRNAである．mRNAはDNA上の遺伝情報を転写し，リボソーム上でtRNAの働きを通じてタンパク質のアミノ酸配列を決定する．tRNAはmRNA上の遺伝情報を解読し，遺伝情報に応じたアミノ酸をリボソーム上でペプチド結合により連結する役を果たすほかに，遺伝子発現の制御や酵素活性の調節などの種々の機能を果たしている．
　RNAは上記のように数種のRNAがそれぞれ役割分担をしながら，植物体の構造や機能に関わる種々のタンパク質の合成や，それらの制御に関係している．その合成にはリン酸が必須であり，リン酸欠乏はタンパク質の合成阻害を通じて植物の生育や種々の機能を阻害する．

　4） 生体膜の主成分（リン脂質）　　生物は原形質膜，核膜，葉緑体膜などの生体膜を使って自らを外界から区分し，体内に性質や機能の異なる部分を設けている．生体膜の主要部分はリン脂質とタンパク質である．生体膜は異物の侵入を阻止するバリヤーになるとともに，養分などの必要物質を摂取し，不要物を排出するための物質の出入口の役割を果たし，細胞内の諸機能を円滑に分担させるための仕切りとなっている．生体は主に水系環境に接しているので，バリヤーとして機能するためには疎水性であることが有利であり，水溶性物質の授受には親水性の方が都合がよい．この相反する性質を両立させるために，界面活性剤のように，疎水性の脂質にリン酸がエステル結合して膜に親

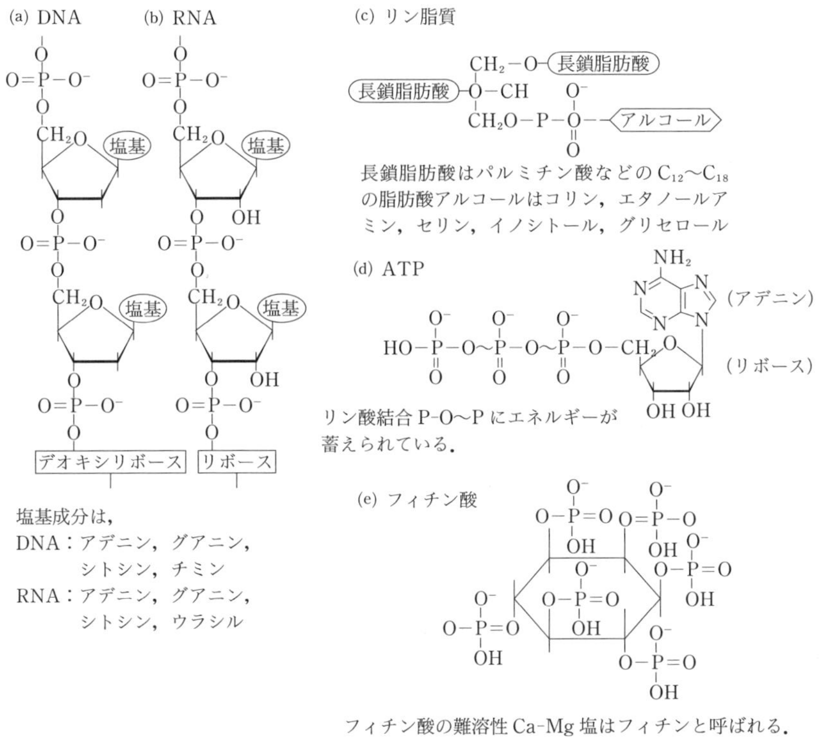
(a) DNA
(b) RNA
(c) リン脂質
長鎖脂肪酸
アルコール
塩基
デオキシリボース
リボース
塩基成分は,
DNA：アデニン，グアニン，
シトシン，チミン
RNA：アデニン，グアニン，
シトシン，ウラシル
長鎖脂肪酸はパルミチン酸などの C12～C18 の脂肪酸アルコールはコリン，エタノールアミン，セリン，イノシトール，グリセロール
(d) ATP
(アデニン)
(リボース)
リン酸結合 P-O～P にエネルギーが蓄えられている.
(e) フィチン酸
フィチン酸の難溶性 Ca-Mg 塩はフィチンと呼ばれる.

図 3.1 リン含有化合物の構造

水性を与えている．生体膜はリン酸基を内外の水系環境に露出させる形のおりたたみ構造をとっており，膜の水和を容易にして膜の物理的安定性を高めるとともに，水溶性物質の授受を容易にしている．酵素タンパクも膜の表面あるいは膜を横断する形で親水性部分によって保持されている．内部の疎水性部分はクロロフィルなどの脂溶性成分を保持している．生体膜が多様な機能を果たすためにはリン酸が不可欠である．

リン脂質の構造は図 3.1 (c)に示すように，脂質中の一つの脂肪酸がリン酸に置換されている形，すなわちグリセロールの一つがリン酸と直接エステル結合している．このリン酸は容易にイオン化し，親水性を脂質に与える．グリセロールが分子の中心であり，リン酸と結合していない他の二つにはパルミチン酸などの C_{12}～C_{18} の長鎖脂肪酸が結合している．

主要なリン脂質はホスファチジルコリン (PC)，ホスファチジルエタノールアミン (PE)，ホスファチジルグリセロール (PG)，ホスファチジルイニシトール (PI)，ホスファチジルセリン (PS) の五つである．いずれも物理的性質には大きな差異がないが，生体膜の種類が異なると脂肪酸の種類も特徴的に異なることから，生理的な機能は大きく異なると考えられている．

種々の植物組織のリン脂質の組成は，光合成組織を除き，かなり一定している．全リン脂質の中では PC が 40～50 % を，PE が 20～30 % を占める．PG は光合成組織では 15～25 % を占めるが，非緑色部では 5 % 以下である．葉緑体では PG が 35～45 % と最も多く，PC の 30～40 % を上回っている．PI は 5～10 %，PS は 1～4 % と少ない．

5) **細胞のエネルギー源（低分子リン酸エステル化合物）** 植物は光エネルギーを化学エネルギーに変換し，有機物としてエネルギーを蓄積し，それを必要に応じて取り出しては自らの活動エネルギーとして使用している．これらのすべての過程に深く関わっている物質が，低分子リン酸エステル化合物（P エステル）である．その種類は 50 以上に達するが，通常見出されるものは，4 種のヌクレオシドリン酸エステル，8 種のヌクレオチド 2 リン酸化糖とそれらの類縁化合物，ゼアチン誘導体，約 12 種のペントース，ヘキソース，ヘプトースリン酸モノあるいはジエステル，約 6 種のポリオールリン酸エステル，4 種のトリオースリン酸エステル，3-ホスホグリセリン酸（3 PGA），ホスホエノールピルビン酸（PEP），6 種のホスホグリコン酸などである．中でも活発に活動している組織では，P エステル中のリンの約 70 % が次の 9 種の化合物に含まれる．すなわち，グルコース 6-リン酸（20 %），フルクトース 6-リン酸（6 %），マンノース 6-リン酸（4 %），ATP（10 %），ADP（3 %），UTP（4 %），UDP（5 %），UDP グルコース（9 %），3 PGA（8 %）である．いずれも生体内エネルギーの生産，蓄積，消費に密接に関与している．

P エステルの中でも ATP（アデノシン 5′-三リン酸）は（図 3.1(d)）RNA 合成の直接の前駆物質として，エネルギー伝達物としてきわめて重要である．ATP は ADP に Pi を結合させることにより生産され，エネルギーはそのリン酸結合に蓄積される．植物体内では，光合成の光化学系で光エネルギーを ATP のリン酸結合に蓄える光リン酸化反応と，1 分子のグルコースの好気的代謝によって，38 分子の ATP を生産する酸化的リン酸化反応がある．ATP の加水分解は，自由エネルギーの減少を伴う発エルゴン反応で，ATP 1 モルあたり 31 kJ の自由エネルギーが減少する．この大きな自由エネルギー変化のために，種々の生体高分子の生合成やエネルギーを必要とする反応の進行が ATP の加水分解と共役することにより可能となる．高エネルギー P エステルが不足すれば，代謝は停止せざるを得ない．ATP：ADP：AMP の比率は通常 10：3：1 であるが，ATP の生産と消費により変動する．三者の比率をエネルギー充足率 {0.5 (ADP+2 ATP)/(AMP+ADP+ATP)} として示し，組織の代謝活性の指標として使うことがある．

代謝過程ではなばなしく活躍する上記の P エステルのほかに，Pi の貯蔵源として機能する P エステル，フィチン酸がある．フィチン酸はイノシトールのリン酸エステル（図 3.1(e)）で，種子中では全リン含量の 50 % 以上を占めることがある．高濃度で Pi を含有し，Pi 貯蔵源として最適の物質である．種子が発芽し始めるとフィターゼによってフィチン酸が加水分解されて Pi を放出する．植物の初期生育に必要なリン酸の大部分はこのフィチン酸から供給される．

6) **代謝の要（無機リン酸）** 上述してきた種々のリン酸化合物は，オルトリン酸（Pi）からつくられ，Pi にもどる．Pi はリン酸化合物の材料として重要なばかりでな

く，リン酸エステルが関与する種々の代謝過程の調節剤として機能していると考えられている．

植物組織内の Pi 濃度は，リン欠乏組織では 1 μmol/g 新鮮重程度で全リンの 15％を占めるにすぎないが，リン過剰状態では 40 μmol/g 新鮮重程度で全リンの 70％にも達する．Pi は根によって吸収されると，一部は ATP などにエステル化されるが，導管中では Pi の形態で移行され，液胞中に貯蔵される．通常の組織では Pi の大部分は液胞中に存在するが，葉緑体などの細胞内器官が正常に機能するためには 10 mM 程度の濃度の Pi を必要とする．量的には少ないがピロリン酸も存在し，一部の酵素反応が調節に関わっている．

c. リン欠乏症

リン欠乏症にはいくつかの特徴がある．第一は，全体的な生育不良である．極端なリン酸欠乏の場合には，初期生育後の生長はきわめて劣り，草丈，分げつ，葉数，葉面積が減少し，生育が停止する．これは，リン酸が前述したように，植物の代謝全般に深く関わっていることによる．比較的軽いリン酸欠乏の場合には生育が劣るだけで外見的な欠乏症状を示さない場合も多い．

第二に，初期生育時のリン酸要求量が比較的大きく，リン酸欠乏を起こしやすいことである．リン酸が細胞分裂に不可欠なためである．初期生育時に十分なリン酸を体内に蓄積すると，その後の栄養生長にはリン酸不足の影響が出にくい．

第三に，低温，日照不足，窒素欠乏などの根の活性を低下させる環境ストレスは植物のリン酸吸収を阻害し，作物にリン酸欠乏ストレスを引き起こす．冷害年にはリン酸の施肥効果が顕著となることが認められている．

第四に，リン酸欠乏症状は旧葉に現れやすいことである．リン酸は窒素などと同様に植物体内を移行しやすい元素なので，リン酸が欠乏してくると旧葉中の有機リン化合物がホスファターゼによって分解し，遊離した Pi が生長部位へ移行する．そのため，下位葉にクロロシスが発生し，やがて枯死するなどの症状を示す．この症状は窒素欠乏に類似しているが，窒素欠乏と異なり上位葉が暗緑色を示す場合が多い．

第五は，生殖生長の遅延，登熟不良が発生しやすい．リン酸欠乏は花芽分化時の細胞分裂や子実肥大期の葉の光合成能を低下させ，著しい欠乏では不稔となる．リン酸肥料が一般に実肥といわれる理由である．

第六は，下位葉などにアントシアンの赤紫色が認められることがある．リン酸欠乏による炭水化物代謝の撹乱が一因と考えられるが，リン酸欠乏により必ずアントシアンが集積するわけではなく，また，窒素欠乏など他の原因によりアントシアンの着色がみられる場合があるので，リン酸欠乏に特有な症状とはいえない．

リン酸欠乏時の体内リン含有率は，作物種，品種，生育時期，部位などによりその値が変化する（図 3.2）ので，一般的な欠乏限界含有率を示すことは困難である．リン欠乏ストレスを示す（生育量が低下し始める）ときの飼料作物などの茎葉部のリン含有率は一般に 0.16〜0.25％P を示す．リンが欠乏すると生育量も減少するので，リンが極度に欠乏した場合でも茎葉部のリン含有率が 0.1％P を大きく下回ることは少ない．0.3％P 以下では，多くの畑作物がリン欠乏ストレス下にある可能性がある．

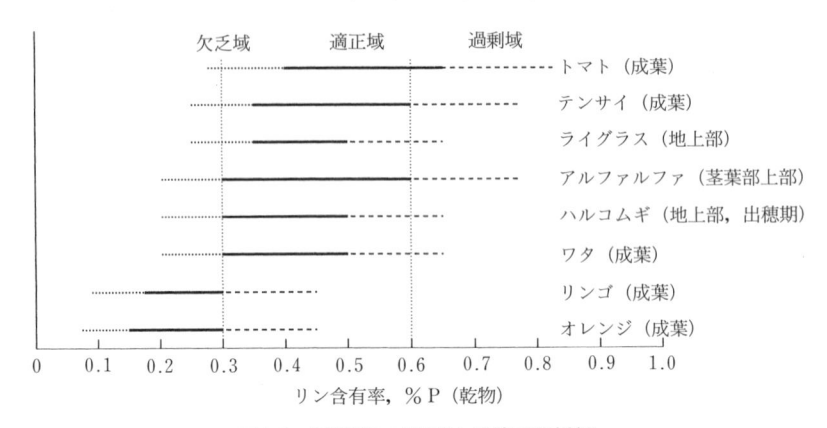

図3.2 各種作物の体内リン酸適正濃度域[2]

d. リン過剰症

　リン酸は土壌中で化学的あるいは生物的に不可給化されやすく，また，植物体内における毒性が低いため，多量のリン酸肥料を施肥した場合でも作物にリン過剰症が発生する場合は少ない．しかし，日本ではリン酸肥料が比較的安価で，品質の向上などの目的でリン酸肥料が多施される場合があり，作物のリン過剰が報告されている．

　リン過剰症状は作物種，生育条件などによって異なるが，単子葉作物では葉の先端や葉縁部のクロロシス，双子葉作物では葉縁部や葉脈間のクロロシスとして発生する場合が多い．症状は，作物種や生育条件によっても異なり，下葉から発生する場合と生長部位に顕著には発現する場合がある．リン酸過剰の発生機構は，リン酸自体の毒性よりは，亜鉛，鉄，マグネシウム，カリウムなどの養分との相互作用による間接的な生理異常と考える研究者が多い．高濃度で存在するリン酸が鉄や亜鉛を不溶化したり，移動を抑制するために生長部位に鉄クロロシス様の症状を発生させたり，下位葉に集積したリン酸がマグネシウムやカリウムの関与する代謝を攪乱するために下位葉にクロロシスが発生させたりするものと考えられるが，その機構は明確ではない．タマネギはリン過剰により球が軟弱化し，乾腐病などの病気の誘因になると考えられている．リン酸過剰が代謝を攪乱し，病気発生の引き金になることは十分考えられる．

　リン過剰限界含有率も作物種，部位，生育時期，生育条件などによって差がある（図3.2）．葉身のリン含有率が0.6％を超えると異常症状が発生する場合が多い．リン酸は窒素や他の養分が不足してくると相対的に過剰となってくるので，養分のバランスを維持することが施肥上のポイントである． 〔安藤忠男〕

文　献

1) Bieleski, R. L. and Ferguson, I. B.: Physiology and Metabolism of Phosphate and its Compounds, in Inorganic Plant Nutrition (Encyclopedia of Plant Physiology, New Series Vol. 15A) (ed. Lauchli, A. and Bieleski, R. L.), 422-449, Springer-Verlag, 1983.

2) Marscner, H：Mineral Nutrition of higher Plants 2nd Edition, 265-277, Academic Press, 1995.
3) 渡辺和彦：原色・生理障害の診断法，142-150，農山漁村文化協会，1986．

3.3.4 カリウム

カリウム（Kalium 独：K）の英語名の Potassium は，1807年，イギリスの H. Davy が発見したこの元素を potash にちなんで命名したことによっている．potash は昔，植物をポットの中で焼き，その灰から炭酸カリウムを水で抽出し，いろいろな用途に供していたことから生まれた言葉である．これは19世紀の中頃，ドイツで発見されたカリ鉱床の採掘が始まるまで，長らく行われてきたカリの主な入手方法であった．この方法は，植物がカリウムを土壌から吸収集積する性質をもっていることを利用したものといえる．

カリウムは灰からだけでなく，植物遺体（たとえばわら）から容易に溶出する．この性質はカリウムが有機物の中に構成成分として固定されておらず，イオン状で溶解あるいは吸着されていることを示唆しており，カリウムの生理作用を解く鍵になる．以下に，カリウムは植物にどのように吸収され保持されるのか，そして植物の生育にどのような役割をもっているのかについて述べる．

a. 植物のカリウム含量

植物のカリウム（K）含量は種類によってまた生育土壌によって異なるが，一例を示すと表3.4のとおりである．これは同一土壌に生育している175種の植物の葉の主要な無機成分の平均値であるが，カリウムは2.52％（K$_2$O としては3.05％）で無機成分中最も高く，灰分のほぼ1/4を占めている[1]．この場合，土壌の可給態カリウムのレベルは同じとみられるので，カリウム含量の変異幅（A/B）は植物の種によるちがいを反映しているが，その幅は他の無機成分に比べると小さい．これは，カルシウムやケイ酸におけるような，特別な集積種の存在はカリウムについてはあまりみられず，植物は一般にカリウムの集積性をもっていることを示している．

施肥が行われる作物の葉分析の結果も，そ菜についてカリウムの適量値として2〜3％の値が示されており，表3.4の平均値に近い．ただしカリウムは"ぜいたく吸収"が行われるため，施肥の仕方によってはこれより高くなる場合がある．

表3.4 同一土壌に生育する175種の植物の主要ミネラルの含有率（対乾物）[1]

	K	Ca	Mg	P	Si	灰分
	％	％	％	％	％	％
175種平均	2.52	1.57	0.23	0.31	0.58	9.9
上位20種平均(A)	5.70	3.85	0.57	0.64	2.74	18.4
下位20種平均(B)	0.77	0.40	0.07	0.08	0.04	3.9
(A)/(B)	7.4	9.6	8.1	8.0	69	4.7

被子植物147種（内双子葉類85種，単子葉類62種）
裸子植物12種，羊歯植物14種，蘚苔植物2種
日本新薬株式会社植物研究所（現山科植物資料館）圃場より採取

b. カリウムの吸収

カリウムが濃度勾配に逆らって積極的に吸収されるイオンであることはよく知られている．これは水耕栽培で水耕液のカリウム濃度が著しく低下していくことから容易に推察される．このカリウムの吸収は呼吸阻害剤によって著しく阻害されるので，ATPに依存した吸収であることがわかる．

動物細胞も植物細胞も，細胞質は著しく高カリウム低ナトリウムである．動物の細胞膜にはNa^+とK^+によって活性化されるNa^+-K^+-ATPaseが存在し，K^+を細胞内に汲み入れ，Na^+を汲み出し，細胞内を高カリウム低ナトリウムに保つポンプの働きをしていることが知られている．植物の場合は，動物ほど明らかな証拠はないが，Na^+-K^+-ATPaseがNa^+-K^+ポンプとして働いている可能性がある．また，植物の細胞膜にあるK^+によって活性化されるK^+-ATPaseが，細胞内へのK^+の輸送に関与していることを示す実験結果が得られている．

これらは，ATPaseの働きによるものであるが，このほかK^+はK^+漏えいチャンネルを通っても細胞内に流入する．この流入は細胞内の有機分子のもつ負電荷（固定化された陰イオン）を中和するために，K^+を細胞内に引き込もうとする電気的吸引力によって起こる．これは，細胞の内と外との間に形成されるK^+の濃度勾配（内側が高く，外側が低い）の原因になっている．

植物細胞のこのような性質を反映して，農作物のカリウム含量はナトリウムより著しく高くなっている（表3.5参照）．しかしこれを利用するヒトや家畜の体にはカリウムの約半分のナトリウムが含まれている．このような差異の原因は，動物には循環する細胞外液（血漿と組織液で体液の1/4を占める）があり，それが著しく高ナトリウム低カリウムであることによっている．植物にはこのような細胞外液はない．ただし，ホソバノハマアカザなどの塩生植物は，細胞内に巨大な液胞をもち，その中にナトリウム濃度の高い液胞液（細胞外液の一種である）が満たされているため，植物体のナトリウム含量はカリウムの数倍の高さになっている（表3.5）．ホソバノハマアカザの液胞膜にはNa^+-K^+ポンプがあり，細胞内に入ってきたナトリウムを液胞の中へ汲み出し，液胞液中の高濃度のナトリウムは高塩類環境に対して，細胞の膨圧を維持するのに役立てられている．

表3.5 植物体のK/Na含有比

野菜30種平均[1]	25.6
カブ（茎葉）*1	5.5
チンゲン菜*1	8.0
ダイコン（茎葉）*1	8.2
塩田跡地自生植物[2]	
ヨシ	8.6
ホソバノハマアカザ*2	0.30
ハママツナ*2	0.12
アッケシソウ*2	0.06

*1 K/Na比の最も低いもの．すなわち，相対的にNa含量が高い野菜．
*2 いずれもアカザ科の塩生植物．著しく高Na低K．
[1]日本食品無機質成分表より算出．
[2]高橋英一：生命にとって塩とは何か，p.99, 農文協, 1987.

c. カリウムの欠乏，過剰症[2]

カリウム欠乏症には，大きく分けると二つのタイプがある．一つは下位葉の先端から黄化がはじまって葉縁に及び，さらに褐色の斑点を生じるタイプ（イネ，トウモロコシ，トマト，タバコ，ダイズなど），いま一つは緑色の葉に鮮明な白ないし灰白色の斑

点が現れるもので，これも古い葉に発生しやすい（ハダカムギ，イタリアンライグラス，ソルゴー，クローバー，アルファルファなど）．また，特殊なカリウム欠乏症として水稲の青枯れがある．これは，登熟中のイネの根に近い稈が軟弱になって倒伏するもので，窒素過剰カリウム不足によって起こるといわれる．いずれにしても，カリウム欠乏症は植物体の下位部に現れる．このことは，カリウムが植物体中を移動しやすいことを示している．作物にカリウム欠乏の起こる限界値は，0.5〜1.5％といわれる．

一方，環境中にカリウムが多い場合，植物は必要以上にカリウムを吸収する（ぜいたく吸収）性質がある．この場合，過剰のカリウムそのものの害よりも，マグネシウム（Mg）の吸収を拮抗的に抑えて，マグネシウム欠乏を生じされることが多い．家畜の疾病のグラテスタニーも，過剰のカリウムによる牧草中の Mg/K の比の低下が原因とされている．

d. カリウムの生理的役割[3]

植物は正常な生育に多量のカリウムを必要とするが，カリウムを不可欠な構成元素とする生理的に重要な有機化合物は認められていない．この点カリウムは多量必須元素の中で特異な存在のようにみえるが，これはカリウムの役割が体内環境の維持調節にあるためである．カリウムの生理的役割は大きく三つに分けることができる．第1は細胞の浸透圧の維持調節，第2は細胞の pH の調節，そして第3は酵素タンパクのコンフォーメーションへの影響を介しての，いろいろな酵素の活性化である．

1) 浸透圧の維持，調節　陸上植物は水ストレスの危険性につねにさらされている．そのため，陸上植物は根を分化させて地中にはりめぐらし，吸水力を発揮して水を集め，地上部の表皮組織に気孔を分化させるとともに，それ以外の部分はクチクラやワックスでコーティングして，蒸散による水分の損失を防ぐとともに，細胞の浸透圧によって保水力をつくり出し，水ストレスに対処している．細胞質の浸透圧の作出には有機溶質と無機イオンが関わっているが，この無機イオンにカリウムが用いられている．

カリウムの供給を制限すると生育は低下していくが，乾物重のほかに含水量の低下もみられる．図3.3はその一例であるが，生育量（新鮮重）の低下は含水量の低下による部分が大きいことを示している．

これは，植物体中のカリウム濃度の低下が，浸透圧への影響を介して，保水力の低下をもたらしたものと思われる．ナトリウムはカリウムがあるときは吸収されにくいが，カリウムがないとある程度吸収され，カリウムの浸透圧作出の役割を一部代替するようである．それは-K-Na 区に比べ-K+Na 区の含水量が大きく，生育量もまさる結果になっていることから推察される．体内に水ストレスが生じると気孔の閉鎖が起こるが，これが長く続くと炭酸ガスの取り込みも抑えられ，乾物生産に低下につながっていく．カリウム欠乏症が発現するほどではないカリウム不足による生育低下は，このようにして起こると思われる．

カリウムの浸透圧調節の最も顕著な例は，気孔の開閉にみられる．陸上植物は大気と体内のガス交換の調節を行うために，開閉を制御できる機構を表皮組織に分化させた．葉面にある気孔は炭酸ガスの取り込みと蒸散の95％以上を支配しており，その開閉の調節は植物の生育にとってきわめて重要である．気孔の開閉は1対の孔辺細胞によって

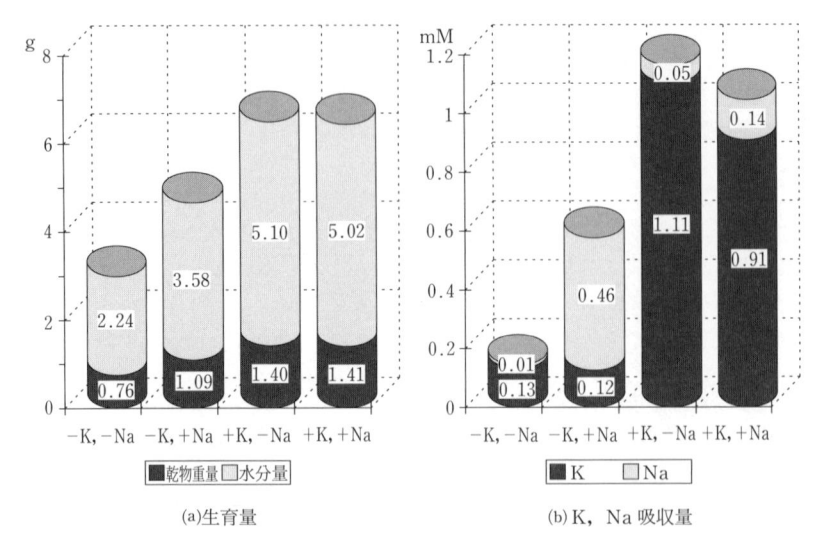

図3.3 水耕イネの生育に対するKとNaの影響（高橋・前嶋, 1998）[4]
処理開始3週間後の結果（発芽後7週間），試験水耕液は木村氏B液に準拠．NaはKと当量になるように与えた．

行われ，K^+の流入，流出による孔辺細胞の浸透圧変化によって作動する．すなわち，光があたる孔辺細胞の細胞膜にあるK^+を選択的に輸送するポンプが活性化されて，周辺細胞からK^+を取り込む．これによって，浸透圧が上昇し水を吸収するため，孔辺細胞は膨圧が高まり外側にわん曲して開口する．孔辺細胞のK^+濃度はソラマメで開口時400 mM，閉口時40 mMと大きく変化することが報告されている．一方植物を明所から暗所へ移すと，孔辺細胞に蓄積していたK^+は速やかに放出され気孔は閉じる．

K^+による浸透圧調節の特殊な例は，食虫植物の捕虫葉や，ある種のマメ科植物（オジギソウなど）の複葉の刺激による閉合運動にみられる．これらは葉枕組織などの特定の細胞へのK^+の流入流出による膨圧の急激な変化によって起こる．

2) **細胞内のpHの調節**　細胞内のカリウムは大部分がK^+として細胞液中に溶けており，また必要に応じて速やかに細胞膜を出入りできる．カリウムのこの性質は，細胞内の代謝過程で起こるpHの変化を調節するのに適している．

カリウム欠乏初期の植物体にはアミノ酸やアミドが集積し，タンパク合成が低下することが認められるが，さらに進むとプトレシンなどのアミン類の集積が起こる．カリウム欠乏のオオムギの葉で乾物あたり1％ものプトレシン（正常な場合の約50倍）が含まれていたという報告があるが，カリウム欠乏のオオムギの葉ではアルギニン脱炭酸酵素の活性が数倍高くなっており，これがプトレシンレベルの増加の原因と考えられる．また，うすい酸（0.025 MのHCl）を根からオオムギの芽生えに吸収させたところ，アルギニン脱炭酸酵素が誘導されたことから，プトレシンはカリウム欠乏に関連したpHの低下に対応して蓄積し，ジアミンのもつ塩基性の性質が，細胞内のpHを調節す

るホメオスタシス機構として作用しているのではないかという説がある．
 3) 酵素の活性化　カリウムによって活性化をうける酵素は多い．カリウムはアセチル CoA 合成酵素，グルタチオン合成酵素，ピルビン酸キナーゼなどの ATP と関係する酵素を活性化するが，これは K^+ と ATP と酵素の間に配位複合体が形成されるためと思われる．K^+ はカリウム要求性をもつ酵素分子のコンフォーメーションを変化させて，活性を増大させることが示唆されている．植物のカリウム要求性が高い原因の一つとして，最適活性を得るのに高い濃度の K^+ を必要とする酵素のあることが考えられる．カリウムが欠乏すると K^+ によって活性化されるピルビン酸キナーゼの活性が低下し，有機リンに対する無機リンの比が著しく増大することが報告されているが，これは無機リン酸による鉄の非移動性を助長し，カリウム欠乏によって起こる葉の白斑病の原因となっているという説がある．　　　　　　　　　　　　　　　　　　〔高橋英一〕

文　献
1) 高橋英一，三宅靖人：日土肥誌，**47**(7)，301-306，1976．
2) 高橋英一，吉野　実，前田正男：原色 作物の要素欠乏過剰症，p.288，農文協，1980．
3) ヒュイット，スミス共著，鈴木米三，高橋英一共訳：植物の無機栄養，118-122，203-204，理工学社，1979．
4) 高橋英一，前嶋一宏：近畿大学農学部紀要，31 号，57-72，1998．

3.3.5　カルシウム
　カルシウムイオン（Ca^{2+}）は，マグネシウムイオン（Mg^{2+}）とともにルイスの硬い酸に属し，硬い塩基の酸素や窒素原子と安定なイオン的性質をもつ複合体を形成する．カルシウム（Ca）は，マグネシウム（Mg）よりもイオン半径が大きいため，マグネシウムよりも水和金属イオン中の水分子を少ないエネルギーで放出し，その結果マグネシウムイオンよりも酸素リガンドなど（$R-COO^-$，$R-PO_3^-$，$R-O^-$，$R-O-R$，$R-N_3$）と安定な複合体を形成しやすい．カルシウムが陽イオンとして作用するほかに，このようなカルシウムイオンの特性が吸収・移動や植物体内における種々多様な生理作用に深く関わっている．

a.　カルシウムの吸収・移動特性
　植物根によるカルシウムの吸収は，消極的すなわち非代謝的によるが，トウモロコシの切断根で積極的に吸収されることが見出されている．カルシウム濃度が $5\sim50\ \mu mol$ の低い範囲では代謝的，$5\sim50\ mmol$ の高い範囲では拡散により吸収されると考えられている[1]．根から吸収されたカルシウムは，主に蒸散により導管を通って地上部に移行される．元素の再転流は師管によって行われるが，表 3.6 に示したようにカルシウムは元素の中で最も移動性が小さい．
　カルシウムは，必須元素の中でホウ素（B）と並んで植物間差異の大きな元素である．一般に，植物のカルシウム濃度は単子葉植物で低く，双子葉植物で高い値を示す．
　表 3.7 に各種植物のカルシウム置換容量を示した．表から明らかなように，トウモロコシ，コムギ，オオムギの置換容量はキュウリ，トマト，キャベツよりも著しく小さく，またこれらの切断根のカルシウム含有率もキュウリなどの含有率よりも低い．一

表3.6　各種元素の師管内での移動性

大…窒素, カリウム, マグネシウム, リン, 硫黄, 塩素
中…鉄, マンガン, 亜鉛, 銅, モリブデン
小…カルシウム, ホウ素

表3.7　各種植物のカルシウム置換容量[2]　(g/kg)

作物の種類	トウモロコシ	コムギ	オオムギ	キュウリ	トマト	キャベツ
カルシウムの置換容量	11.8	14.4	18.0	80.8	64.0	51.6

方, 地上部のカルシウム含有率は, トウモロコシ, コムギ, オオムギでは根の含有率と同じ程度であるが, キュウリ, トマト, キャベツのカルシウム含有率は根の含有率と, また ^{45}Ca を用いた根から地上部への移行率は根の置換容量と負の相関関係がある[2]. 導管中のカルシウム濃度は導管のカルシウムの置換により一定に保たれることから[3], 植物のカルシウム含量の種間差異は根のカルシウム置換容量に大きく依存する.

b. 植物体内における機能

植物におけるカルシウムの作用は多岐にわたっている. 動物細胞と同様に, カルシウムはさまざまな刺激に対する伝達過程においてセカンドメッセンジャーとしての役割を果たすとともに, 染色体, 細胞膜, 細胞壁のような細胞器官あるいは α-アミラーゼの酵素の構造維持に深く関与している. 前述したように, 必須元素の中でカルシウムは最も再移動しにくい元素の一つなので, その影響は生長のさかんな部位に発生する. すなわち, カルシウムが著しく欠如すると, 根や種子では細胞板形成の阻害や染色体に異常が生じ細胞分裂や細胞伸長が抑制される. また, トマトの尻腐れ病, ソラマメ種皮のしみ症, サトイモの芽つぶれ, リンゴのビターピットなどのように, 貯蔵器官の組織の一部が初期に壊死しても, 貯蔵物質を蓄積し続け, 品質の低下をきたす現象も観察される. このような症状の発現は, カルシウムの細胞質中のセカンドメッセンジャーとしての機能や細胞器官の構造維持としての役割などが, 複雑にからみ合って生じるものと推察される.

カルシウムイオンの機能の一つとして, 古くから細胞内で生じた有機酸, 特にシュウ酸と結合して不溶化することがあげられている. しかし, 数種の植物を用いた実験では, 葉身中のシュウ酸とカルシウムには一定の関係が認められず, さらに Lemna の細胞はシュウ酸を代謝的に利用することから, シュウ酸の有毒性およびカルシウムイオンのシュウ酸の不溶化説は疑問視されている[4].

1) 細胞質のカルシウム濃度　細胞質ではカルシウムイオンは, マグネシウムイオンやリン酸イオンの活性の低下を防ぐため, またリン酸などと結合して不溶性物質をつくり, 細胞が損傷を受けないように $10^{-6} \sim 10^{-7} M$ の低い濃度に維持されている. 光や重力などの刺激により細胞質のカルシウム濃度が上昇すると, カルシウムイオンはカルモジュリンやカルシウム受容タンパクとの結合によりセカンドメッセンジャーとして細

胞内の種々な機能に重要な役割を演じている．たとえば，カルモジュリンを介してCa-ATPase, NAD kinase, nuclear ATPase, protein kinaseなど，またカルモジュリンに依存しないものとして原形質膜に存在し，細胞壁が病原菌により損傷を受けたときに細胞壁に沈着生成されるカロースの合成酵素である1,3-β-グルカンシンターゼの活性を調節している（カルモジュリンの詳細については後述）．

細胞は損傷を防ぐために，細胞質のカルシウムイオン濃度を低く維持する必要があり，そのため細胞内に流入するカルシウムイオンを積極的に排泄する機構をもっている．細胞内では，液胞，小胞体，ミトコンドリア，クロロプラストなどにカルシウムが貯蔵される．細胞質からのカルシウムイオンの排出機構を図3.4に示した[5]．細胞質のカルシウムイオンの調節に原形質膜，液胞および小胞体が重要である．

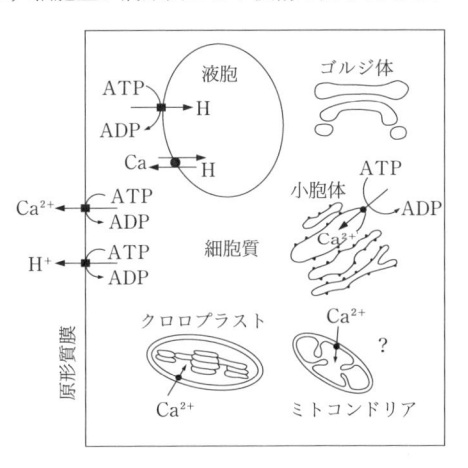

図3.4 植物細胞膜のカルシウム輸送[5]

原形質膜および小胞体では，カルモジュリンを介したCa-ATPaseによるカルシウムポンプ，また液胞では，カルシウム/H^+アンチポータが作用している．その他カルシウムイオンチャネルによるものもある．また，原形質膜では，起電性カルシウムイオンチャネル機構も示されている．

ミトコンドリアでは，カルシウムの吸収に吸収基質のコハク酸やリンゴ酸とATPが必要なことからエネルギーに依存していると考えられているが，ミトコンドリアにおけるカルシウムの生理的意義については不明である．クロロプラストのカルシウム吸収は光に依存し，約20 mM含まれているが，ストロマにはカルシウム依存のNAD kinaseが存在し，10^{-6}Mのオーダーの低い濃度に維持されている．細胞質のカルシウム濃度を低く維持するための各器官の調節機構はまだ疑問な点も多く，今後の解明が期待される．

2) 各器官の構造維持

i) 染色体　根冠の有糸分裂期にカルシウムは染色体や細胞板に高濃度に存在することがX線マイクロアナライザーにより観察されている．またクロマチンの鋳型活性の制御に関与している．牛肝中のDNAとRNAに含まれる金属イオン濃度を表3.8に示した[6]．カルシウムおよびマグネシウムともDNAよりもRNAに，またRNA,

表3.8　牛肝の核酸中に金属含量[6]（mg/kg）

	Mg	Ca	Mn	Fe	Cu	Zn	Al
RNA	500	930	81	370	147	291	37
DNA	110	280	25	400	140	120	140

DNA ともマグネシウムよりもカルシウムが多く含まれている．ジメチルスルホン酸中でカルシウムイオンはグアノシンと1：1で鎖体を形成する．また，マグネシウムイオンとともにリン酸基と結合してリン酸基の反発を弱めている．染色体を ED-TA などのキレート剤で処理すると染色体が離散することから，カルシウムイオンは核酸と結合し，染色体の凝縮などの構造維持に必要である．

ii) **細胞壁**　植物の成長した細胞壁は，セルロースが 20〜40 %，ヘミセルロースが 25〜50 %，タンパク質が 3〜10 %，ペクチン物質は単子葉植物では 5〜10 %，双子葉植物では 25〜35 % から成り立っているが，若い細胞壁ではペクチン物質の割合が生長した細胞壁のそれらよりも高い傾向にある．

細胞の接合部位であるミドルラメラはペクチン酸（α-1,4 ポリガラクチュロン）のような多糖類からなっているが，カルシウムイオンやマグネシウムイオンの存在によりゲル構造を形成する．ペクチンのカルボキシル基の一部はメチル基によりエステル化されているが，カルシウムはペクチン酸のカルボキシル基の一部と結合し，図3.5 に示すように，ペクチンポリマー間を cross-link により結び（エッグボックス説），ミドルラメラを安定化している．

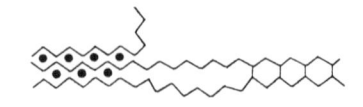

図 3.5　細胞壁のエッグボックス説
ジグザグライン：ペクチン酸
黒丸：カルシウム

ペクチン酸のカルボキシル基に結合したカルシウムが増加すれば細胞壁の可塑性が減少し，細胞の伸長が抑制されるが，pH の低下，EDTA 処理やオーキシン処理により細胞壁は伸長する．これはカルシウムイオンが水素イオンと置換することにより細胞壁にゆるみが生じると考えられていたが，細胞壁のゆるみのメカニズムは複雑であり，現在は次のように説明されている[7]．オーキシンにより小胞体から放出され，細胞質で増加したカルシウムイオンはアンチポーターにより液胞中の水素イオンと交替し，細胞質の pH が低下する．その結果，原形質膜の水素イオンポンプが活性化され，過剰となった水素イオンを細胞壁へ押出す．一方，細胞質のカルシウムイオンの増加により生じたタンパク・オーキシン結合体がゲノムのある領域に存在する抑制を解除し，特定の mRNA を合成する．このようにして合成されるタンパク質，または細胞壁に蓄積された水素イオンの直接または間接作用により細胞壁にゆるみが生じる．

細胞壁にカルシウムは多量に存在しているが，カルボキシル基との静電的相互作用のみならず，細胞壁に存在している多様なヒドロオキシグループと配位結合により固定されている．

維管束は成長に伴いリグニン化合物が沈着して木質化され，組織は強化される．細胞壁のカルシウムはリグニンの増加する時期にはリグニン画分に多く分配されるが，リグニンの生成には関与しない[8]．また細胞壁から抽出されたフェノール酸またはリグニンと炭水化物の複合体にカルシウムが結合することが明らかにされた[9]．カルシウムはフェノール化合物と結合することにより，ポリフェノールの酸化物である褐色のメラニン化合物の生成を抑制すると推定されている．リグニンはフェノール酸から形成され，維管束の木部に多く含まれることから，維管束では，カルシウムが二次生成物のリグニン

化合物と結合することにより維管束の強度を維持するものと考えられる．

iii) 細胞膜　　生体膜はリン脂質が主体の脂質二重層とタンパク質から構成されている．カルシウムは，膜の表面の酸性リン脂質の荷電の中和およびリン脂質のリン酸とタンパク質のカルボキシル基間に介在することにより分子の配列をより密にして，膜をゲル相状態に維持する．カルシウムが不足すると，膜は酸性リン脂質がイオン化して，荷電の反発によりゲル相から液晶相に転移する．その結果 leakage が起こり，外部から細胞質に種々な物質が流入し，呼吸などが増加する．さらに，カルシウムが過度に欠如すると，形態学的には，核膜，液胞膜，原形質膜の破壊が観察される．カルシウムの減少に伴いホスホリパーゼDが活性化し，リン脂質が分解され，原形質膜におけるプロトンポンプ活性の低下など種々な機能障害が起こる．

3) 老化と後熟　　カルシウムが植物の老化や後熟を遅らせることはよく知られている．これらの現象には，原形質膜と細胞壁の構造の変化が深く関与しているが，詳細なメカニズムやカルシウムとの関連については不明な点が多く残っている．

老化現象については，ホスファチジール・リノレニール（-エニール）カスケードにより説明される[10]．何らかの引き金により，細胞質のカルシウムイオン濃度が高まり，カルモデュリンにより活性化されたホスホリパーゼ A_2 により生じた不飽和脂肪酸（リノール酸，リノレイン酸など）がリポオキシゲナーゼによりヒドロ過酸化物を生じる．この生成物がカルシウムイオノフォアとして作用し，外部から細胞質に多量のカルシウムイオンが流入し，カルモデュリンと結合してホスホリパーゼ A_2 がさらに活性化される．その結果，原形質膜のリン脂質が分解され，膜の老化が一層進行する．また，不飽和脂肪酸が酸化されたとき，前駆物質のエチレンへの変換に必要なスーパオキサイドのようなフリーラジカルが生じ，エチレンの発生を促進する．しかし，これはカルシウムが老化を遅延する現象とは一見矛盾しているようにみえるが，カルシウムが in vivo では ACC オキシダーゼを活性化し，エチレンの発生を促進することは説明できる．

一方，果実の後熟はポリガラクチュロナーゼによりミドルラメラの分解や細胞壁の分離により促進される．その中で，カルシウムイオンはペクチン-Ca-ペクチン架橋により，その酵素に対する抵抗性を増加すると推察されている．遺伝子工学の技術で開発されたペクチンメチルエステラーゼ活性が低く，日もちのいい品種と野性品種のトマト果実の結合型カルシウムを比較すると，むしろ野性品種が高いことが見出され，またトマトの成熟の間細胞壁のミドルラメラに結合したカルシウムが増加することなど逆の結果も得られており，必ずしも一致していない．Roy らはトマトの細胞間隙付近の細胞壁に存在するペクチン-Ca-ペクチンがポリガラクチュロナーゼに対して抵抗性を示し，細胞が分離する前の最後のバリヤーとなることを観察している[11]．

老化と後熟の抑制に対するカルシウムの役割を細胞膜と細胞壁とに分けて述べたが，老化と後熟を区別すること自体むずかしく，両者とも細胞膜と細胞壁の分解や退化が平行して進むものと考えられる．　　　　　　　　　　　　　　　　　〔稲永醇二〕

文　献

1) Mass, E. V.：*Plant Physiol.*, **44**, 985-989, 1969.

2) 橘　泰憲：植物と金属元素（日本土壌肥料学会編），6-36，博友社，1982．
3) Maugrice, D., et al., : *Plant Cell and Enviroment*, **7**, 441-448, 1984.
4) 太田安定：土肥誌，**49**，12-15，16-20，1978．
5) Evance, D. E. : *J. Exp. Bot.*, **42**, 285-303, 1991.
6) 桜井謙一：化学の領域増刊，**67**，276-294，1967．
7) 笠毛邦宏：植物の生理（太田次郎ほか編），191-195，朝倉書店，1991．
8) Ito, A., et al. : *Plant Cell Physiol.*, **9**, 433-439, 1968.
9) Inanaga, S., et al. : *Soil Sei. Plant Nutr.* **41**, 103-110, 1995.
10) Leshem, Y. Y. : *Physiol, Planturm*, **69**, 551-559, 1987.
11) Roy, S., et al. : *Plant Physiol. Biochem.*, **32**, 630-640, 1995.

3.3.6 マグネシウム

マグネシウム（Mg）は，水溶液中では6分子の水が配位した半径0.428 nmの2価カチオンとして存在する．マグネシウムの機能は，クロロフィル分子内にみられるような共有結合によるものもあるが，たいていは，リン酸基などの求核性配位子とイオン結合によって安定度の異なる複合体を形成したり，酵素，基質，マグネシウムの3成分からなる複合体形成の架橋元素として正確な幾何学的構造ができることと関連している．

a. 結合形態と区画化

マグネシウムはクロロフィル分子の中心に位置する元素であるが，緑葉中の全マグネシウムのうち，クロロフィル結合型の割合は6％〜35％で，この割合はマグネシウムの供給を増やすと低下し，マグネシウム欠乏葉で高くなる．表3.9の例では，結合型が6〜25％であるが，通常，5〜10％が細胞壁のペクチンと固く結合したり液胞中に難溶性のリン酸塩として沈殿し，残り60〜90％は水溶性である．結合型の割合が20〜25％を超えると成長が抑えられ，マグネシウム欠乏症が現れる．

成熟葉では，おおよそ細胞の体積の85％を液胞が，細胞壁，葉緑体，細胞質がそれぞれ5％を占めるが，代謝プール中のマグネシウム濃度は厳密に制御されねばならない．葉緑体や細胞質のマグネシウム濃度は2〜10 mMと想定されており，液胞はマグネシウムの貯蔵庫として代謝プール中のマグネシウム濃度を制御する．トウヒの葉の液胞ではマグネシウムは13〜17 mM（葉肉細胞），16〜120 mM（内皮細胞）の濃度に達する．内皮細胞で高いのは四季を通じて他の細胞のマグネシウム濃度の維持に働くためである．液胞中マグネシウムはカチオンとアニオンのバランス調整や細胞の膨圧の制御に重要である．

表3.9　2地点に生育するトウヒ葉のマグネシウム含量

生育土壌	全 Mg (mg/g 乾物)	全 Mg に対する割合（%）		
		水溶性	ペクチン酸塩およびリン酸塩	クロロフィル
I（レンジナ）	1.47	91.2	2.6	6.2
II（ポドソル）	0.31	64.8	10.0	25.2

b. 葉緑体とタンパク質合成

マグネシウムはDNAの転写ならびに翻訳の過程に必須であることがクロレラで証明された。すなわち，マグネシウムはリボソームサブユニットの集合のための架橋元素として機能しているので，遊離のマグネシウムが欠乏すると，サブユニットが解離し，タンパク質合成が停止する．タンパク質合成にはカリウムも100 mM程度必要であるが，過剰に存在するとマグネシウムと競合して，マグネシウムの機能を低下させる．また，マグネシウムは亜鉛酵素の一つであるRNAポリメラーゼの活性化に必要なので，RNA合成はマグネシウム欠乏下では直ちに停止し，マグネシウムを添加すると急速に回復する．

葉緑体内のタンパク質合成にもマグネシウムは必須である（表3.10）。遊離のマグネシウムは葉緑体包膜を容易に通過するので，その流出を防ぎタンパク質合成を維持するには，包膜の細胞質側に0.25〜0.40 mMのマグネシウムが必要である．葉細胞の全タンパク質の25％が葉緑体に局在しているので，マグネシウム欠乏は葉緑体の構造，機能，サイズに影響を及ぼす．

表3.10 小麦単離葉緑体タンパクへの^{14}C－ロイシンの取り込みに対するMgの影響

Mg濃度 (mM)	^{14}C取り込み量 (cpm/mgクロロフィル)
0	412
0.5	688
5.0	3,550

c. 酵素の活性化，リン酸化，光合成

マグネシウムの複合体形成能，架橋能のため，マグネシウムを要求したり，マグネシウムで活性化される酵素が多い．H^+輸送性ATPaseやホスファターゼのようなリン酸基の転移酵素やカルボキシラーゼのようなカルボキシル基転移酵素がそれである．これらの転移反応では，マグネシウムは窒素（N）原子やリン酸基に優先的に結合する．ATPとの結合は図3.6のようになる．

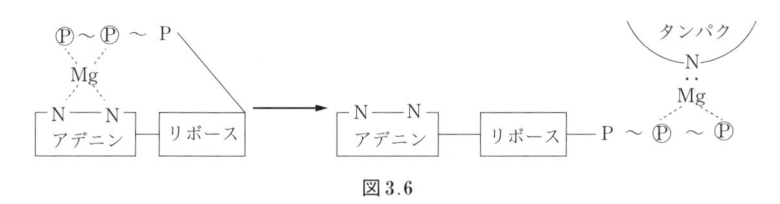

図3.6

それで，H^+輸送性のATP-アーゼやATPピロホスファターゼの基質は遊離のATP^{4-}ではなく，[ATPMg]$^{2-}$複合体である．緑豆の根端分裂細胞の全マグネシウム濃度は3.9 mMであるが，細胞質中ATPの90％はマグネシウムと複合体を形成し，遊離のマグネシウムは0.4 mMにすぎない．ATP合成酵素の基質も[ADPMg]$^-$であり，マグネシウムを必須とする．表3.11のエンドウ単離葉緑体での光リン酸化の例では，内在性のマグネシウム含量が比較的多いが，それでもマグネシウムを添加するとリン酸化が促進される．

マグネシウムはRubiscoを活性化することが知られているが，マグネシウムが酵素

と結合することによって，酵素の二酸化炭素（CO_2）に対する親和性を高め，V_{max} も増大させ，さらに至適pHを生理的条件（pH 8 以下）の方へシフトさせる（図3.7 A）．光照射によりRubiscoは活性化されるが，これは光照射によるH^+のストロマからチラコイド内腔への輸送がマグネシウムの逆方向の輸送を伴うからである（図3.7 B）．このため，ストロマのpHが7.6（無照射時）から8.0（照射時）に，またマグネシウム濃度も2 mMから4 mMに増大することになる．

表3.11 エンドウの単離葉緑体の光リン酸化に対するカチオンの影響

カチオン	光リン酸化速度 (μmol ATP/mg クロロフィル/h)
―	12.3
5 mM Mg^{2+}	34.3
5 mM Ca^{2+}	4.3

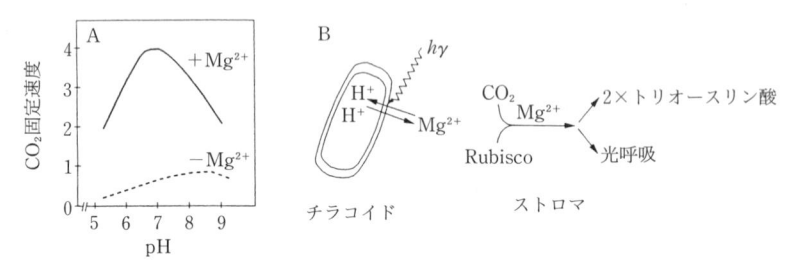

図3.7 Rubiscoの活性に対するMgの効果Aと光によるRubisco活性化B

アンモニア同化の鍵酵素であるグルタミン合成酵素もマグネシウム要求性が高く，至適pHも7.8と高く，ATP要求性も高い．光依存の亜硝酸還元や光呼吸によるアンモニア生成はグルタミン合成酵素活性の増大を伴う必要があるが，図3.7 BのCO_2固定還元のモデルは亜硝酸還元やアンモニア同化の場面でも適用できる．

以上とは異なり，細胞質に局在する硝酸還元酵素（NR）の活性制御はタンパク質リン酸化・脱リン酸化が関係していることが最近明らかにされた．図3.8にみられるように，NRの分解が無視できる数分から数十分の暗処理によるNRの活性低下がマグネシウムの存在に依存し，その後の明処理によりこれが回復する．NRは暗所でリン酸化され（ホウレンソウNRの場合543番目のセリン残基のリン酸化が活性制御サイトである），明所で脱リン酸化されるが，リン酸化されたNRが不活性型ではなく，これにNRインヒビタータンパク質（14-3-3

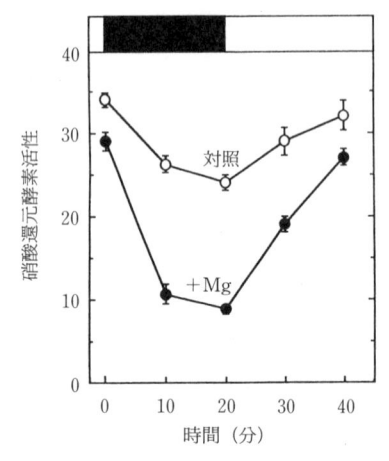

図3.8 光環境の変化に伴うコマツナ葉硝酸還元酵素活性のMg感受性の変動

タンパク質）が結合して不活性になるらしい。この結合にマグネシウムは必須であるといわれている。

d. 糖類の分配

マグネシウム欠乏植物では成熟葉中のマグネシウムの若い葉への再転流が活発化し、欠乏症は成熟葉に現れる。このような葉では、デンプンや可溶性の糖類が蓄積し（表3.12）、葉の乾物％が増加する。これは葉緑体内のデンプンの分解の阻害、その後の糖代謝の阻害、ショ糖の師管への積み込み阻害によっている。リン（P）欠乏葉でもデンプンの蓄積が観察されるが大いに趣を異にする。

表3.12 インゲンマメ植物の生育および炭水化物含量に及ぼすマグネシウムおよびリン酸欠乏の影響

処理	乾物重 (g/個体)		クロロフィル (mg/乾物)	炭水化物含量 (mg/g 乾物)			
				葉部		根部	
	茎葉部	根部		デンプン	糖	デンプン	糖
対照	2.5	0.50	11	10	27	4	51
$-$Mg	1.5	0.15	4	77	166	4	11
$-$P	0.9	0.48	12	43	34	8	35

ショ糖の師管への積み込みにはH^+輸送性 ATPase が重要な機能をもつが、本酵素が至適活性を示すには 2 mM のマグネシウムを要する。欠乏葉細胞の代謝プールのマグネシウム濃度は一般に低く、師管細胞では特に低いと考えられる。事実、マグネシウム欠乏植物にマグネシウムを供給すると 1 日以内にショ糖の師管輸送が回復する。マグネシウム欠乏で観察される師管輸送の阻害は、植物体内の糖分配のシフトを引き起こす原因となる。また、葉での光合成産物の蓄積は Rubisco に負のフィードバック制御となって現れ、オキシゲナーゼ反応に好都合となる。それゆえ、活性酸素の生産が増える。マグネシウム欠乏葉では、スーパーオキシドラジカルやH_2O_2の生成が促進され、これに応答してアスコルビン酸のような抗酸化物質含量が増え、活性酸素消去酵素の活性も増加する（表3.13）。マグネシウム欠乏葉は特に光感受性が高く、光強度の増加とともにクロロシスやネクロシスが激化することとなる。

e. 供給量、成分および生育

植物の至適生育に必要なマグネシウム要求量は、栄養器官で乾物あたり 0.15〜0.35

表3.13 インゲン葉の活性酸素消去系に及ぼすマグネシウム欠乏の影響

Mg 供与濃度 (mM)	クロロフィル (mg/g 乾物)	アスコルビン酸 (μmol/g 新鮮重)	酵素活性（相対値）		
			SOD	ASP	GR
1.00	11.3	0.9	100	100	100
0.02	5.3	6.2	229	752	310

SOD：スーパーオキシドディスムターゼ　ASP：アスコルビン酸ペルオキシダーゼ　GR：グルタチオン還元酵素

％である．マグネシウム欠乏の明白な症状は完全展開葉のクロロシス（葉脈間が多い）である．このような植物では，タンパク態窒素の割合が低下し，非タンパク態窒素や炭水化物が蓄積する．しかし，穀類の栄養成長期に一時的にマグネシウムが欠乏しても，これが一穂粒数の減少のような不可逆的なものでなければ，必ずしも最終収量の減少にはつながらない．ただし，マグネシウム欠乏ではソースからシンクへの糖の輸送阻害が起こるので，ジャガイモなどの貯蔵組織や穀粒のデンプン含量が低下する．マグネシウムは穀粒中ではフィチンの形成に関係しており，穀粒でのデンプン合成に影響する．すなわち，マグネシウム欠乏コムギでは穀粒中に無機リン酸が増大し，フィチン態リン酸が減少しデンプン合成能が低下する．

最近，中部ヨーロッパの森林生態系にマグネシウム欠乏が広がっているが，マグネシウム欠乏による特に根の生育阻害が水やその他の栄養素の吸収に悪影響を与え，水分欠乏ストレスや貧栄養環境への適応能を下げ，森林が全滅するのではないかと危惧されている．

過剰にマグネシウムを供給すると，多くは液胞に蓄積され，有機酸や無機アニオンの中和，浸透圧の制御に働く．しかし，葉中マグネシウム含量が 1.5 ％（乾物あたり）以上に達すると危険である．それは，葉の水ポテンシャルが低下するにつれて代謝プールのマグネシウム濃度が増加するためである．たとえば，ヒマワリでは 3〜5 mM から 8〜13 mM に増加することが報告されている．このレベルのマグネシウムがもし葉緑体のストロマに蓄積すれば，光リン酸化や光合成が阻害される．水分欠乏下のエンドウ葉緑体中マグネシウム濃度は 24 mM にも達するとの報告もある． 〔王子善清〕

3.3.7 硫　　黄
a.　硫黄の生理機能

硫黄（S）は植物の必須元素の一つであり，植物体には全硫黄として 0.15〜1.00 ％と，量的にも多く含まれる．全硫黄の約 70 ％以上は還元，同化された有機態硫黄として存在する．さらに有機態硫黄の約 80 ％はシステイン，シスチン，メチオニンなどの含硫アミノ酸であり，窒素（N）とともにタンパク質を構成している．これらは構造タンパク質，貯蔵タンパク質，酵素タンパク質などからなり，直接植物体の構成成分として重要であるばかりでなく，光合成などの生体内反応や代謝調節などに重要な役割を果たす．最近，チオニンの一種でシステイン残基に富んだビスコトキシンが葉の老化と関連すること[1]や，大豆子実中にシステインに富んだタンパク質の存在[2]も明らかにされている．また，メチオニンは植物ホルモンであるエチレンの前駆物質としても重要である．

残りの有機態硫黄は，チアミン（ビタミン B_1），ビオチン，リポ酸，コエンザイム A（CoA），グルタチオン，フェレドキシンなど多くのビタミンや補酵素として存在し，いずれも微量であるが，生体内の酸化還元反応や電子伝達，脱炭酸，転移基反応などさまざまな一次，二次代謝に関与する．たとえば，①チアミンはピロリン酸の形で補酵素として作用し，α-ケト酸の酸化的脱炭酸反応などに関与する．すべての植物に存在し，穀物胚芽，豆類，芋などに多い．②ビオチンは補酵素として作用し種々のカルボキシル

基転移反応に関与する．穀類に多い．③リポ酸は，補酵素として作用しα-ケト酸の酸化的脱炭酸に関与する．④グルタチオンはグルタミン酸，システイン，グリシンが結合したトリペプチドでチオール基をもつ．生体内で酸化還元反応に関与する．また過剰なシステインの貯蔵形態として機能している．⑤フェレドキシンは生体内で酸化還元を受け，光合成の電子伝達系に関与する．また，マメ科植物のN_2固定にも直接関与する．

その他，葉緑体膜に必要なスルホリピド，含硫非タンパクアミノ酸のS-メチルシステインやタマネギ催涙成分，カラシ油のイソチオシアン酸，またアブラナ科植物の臭気成分メルカプタンなど数多くの含硫化合物が知られている．このように硫黄は植物の生長や発達に重要な役割を果たす．さらに，大豆種子中の硫黄濃度が，システイン合成の前駆体であるo-アセチル-L-セリン（OAS）の蓄積を介して種子貯蔵タンパク質のβサブユニット合成のシグナルとして機能することが示唆されている[3]．

b．吸収と同化

植物は硫黄を主としてSO_4^{2-}の形で根から吸収するが，メチオニン，システイン，シスチンといった含硫アミノ酸も直接吸収する．また大気中のSO_4を気孔から直接吸収し，その濃度が低い場合は体内で同化利用するが，その同化利用割合は2〜11％程度と根から吸収したSO_4^{2-}に比べて低い．

硫黄の吸収は，培地の硫黄濃度が1 mgS/kg以下の濃度でも根中では数百mgS/kgと高濃度になること，培地の温度やpHの変化で変動しやすいこと，さらに青酸などの呼吸阻害剤によって阻害されることなどから，代謝に依存した積極的吸収であるといわれている[4]が，吸収機構の詳細については不明な点が多い．

植物体に吸収されたSO_4^{2-}はSO_4^{2-}の形で茎葉に移行し，葉緑体で還元-同化され，含硫アミノ酸，含硫ビタミン，含硫補酵素，スルホリピドなどの硫黄化合物となる．この葉緑体における硫黄同化作用は，炭酸同化作用や硝酸同化作用と並んで乾物生産やタンパク質生産の上からも重要である．

特にSO_4^{2-}の初期還元からシステイン合成までの還元同化過程の詳細や，二酸化炭素（CO_2）や硝酸（NO_3）の還元同化との細胞間，細胞内における相互関係なども明らかになりつつある[5]（後章参照）．

c．植物の硫黄欠乏とその発現条件

植物体の硫黄含有率は0.15〜1.00％と比較的高く，要求量としては決して少なくない．一方，植物への硫黄の供給源は主として根から吸収するSO_4^{2-}であることから，植物の硫黄欠乏の発現条件は，植物の硫黄要求量と土壌の硫黄供給量のバランスによって決まる．

植物の硫黄要求量は，植物の種類によって異なるばかりでなく，同じ植物でも生育ステージあるいは窒素など他の成分量とのバランス関係によっても異なり，一様ではない．中でもタンパク質の構成成分である窒素との相互関係が重要である．植物のタンパク質のN/S比は，硫黄あるいは窒素の供給条件にかかわらず植物の種によってほぼ一定していて，8〜15程度の値を示すため，窒素供給が多い場合は硫黄が不足しやすい．特にライグラスのようなイネ科草類では窒素施与によってタンパク質生産が旺盛となり，乾物収量も増加するため硫黄の要求量が著しく増加し，硫黄不足となりやすい[6]．

一般に硫黄が不足するとタンパク質や乾物生産が低下するため，ここでは乾物収量と植物体硫黄含有率との関係から，最大乾物生産を得るために必要な全硫黄含有率と各植物の硫黄欠乏限界含有率(最大収量の80〜90％となる場合の硫黄含有率)を表3.14に示した．概して硫黄要求量は穀類で低く，トマト，ワタ，オクラ，アブラナなどで高い．

　また硫黄欠乏限界含有率について何を指標にし，何を基準にするかは研究者により若干異なるが，SO_4-S/全硫黄比や葉のSO_4-S含有率などが信頼性の高い指標[7]として提案されている．概して硫黄欠乏限界含有率は寒地型牧草で高く，暖地型牧草で低い傾向が認められている．

　一方，土壌の硫黄供給量に関しては，一般に作物の生育に必要な最小限の土壌中の硫黄含有率は，可給態硫黄量［$Ca(H_2PO_4)_2$で抽出可能な硫黄量］で6〜8 mg/kg 乾土である[8]といわれている．また，土壌中の硫黄の多くは有機物構成成分として存在するので，有機物の少ない土壌では硫黄が不足しやすい．また，有機物中の硫黄は土壌微生物の働きで無機化されるが，土壌微生物バイオマスを介して放出される硫黄量は，草地・耕地土壌で約10 kgS/ha・yと推定され，植物の硫黄要求量に匹敵することから，土壌微生物バイオマス硫黄が土壌からの硫黄供給に主要な役割を果たすことが示唆された[9]．

　わが国では火山灰土壌が多く，硫黄欠乏の生じる可能性は低いと考えられていたが，火山灰土壌に立地する草地でさえも，近年の無硫酸根肥料の多用によって，硫黄欠乏の生じる可能性が指摘されている[10]．また，中国地区の鉱質土壌では可給態硫黄量が5 mg/kg程度と低く，腐植含量も著しく低いため草類の硫黄欠乏を生じやすい．

　国外では土壌の可給態硫黄が少ない土壌で，硫黄施与による増収効果が認められている．たとえば，①ナイジェリアでは土壌の可給態硫黄が4 mgS/kg以下の場所で15〜30 kgS/haの硫黄施与でトウモロコシの子実収量が22％増収し，②アメリカのバージニア州では可給態硫黄が2〜3 mgS/kgと低く有機物含量も低い土壌でトウモロコシの最大収量の90％を得るのに18〜20 kgS/haの硫黄施与が必要であり，③オレゴン州では可給態硫黄が2 mgS/kgと低い土壌で14 kgS/haの施与で冬コムギの収量が15〜25％増収し，また④カナダの砂質で可給態硫黄が5 mgS/kgと低い土壌では22 kgS/haの硫黄施与でアルファルファの収量が20〜25％増収し，硫黄と同時に窒素を比例的に施与するとさらに増収している．

d. 硫黄欠乏症状

　植物体中の硫黄含有率が低下すると，アミノ酸代謝が直接的に影響され，アルギニンあるいはアスパラギンなどが集積し，葉緑素やタンパク質の合成が阻害される．外見的には葉は窒素欠乏と類似の淡い黄色を呈する．そして光合成能を通じ乾物生産も低下し，草丈が低くなり，分げつ性のものでは分げつも少なくなる．

　これら硫黄欠乏症状は生育初期に現れやすく，症状の現れ方は植物によって異なる．硫黄不足でチューリップでは根の発達が悪くなり，キャベツでは葉が黄化し内側の葉がちぢれたように小さく巻く．トマト，トウモロコシ，コムギ，ダイズ，ヒマワリ，キュウリでは葉の黄化が上位葉から現れ，ハツカダイコン，カラシナ，コマツナ，タマネギおよびマメ科草種では葉の黄化は生じにくいといわれている．さらに，シコクビエ，ソ

表3.14 植物の硫黄(S)要求量

和名	学名	全S (%)	S欠乏限界含有率 SO₄-S (%)	S欠乏限界含有率 SO₄-S/全S	全要求量 全N/全S	最大生産のための含有率 全S (%)	最大生産のための含有率 全N/全S	備考
トマト	*Lycopersicon esculentum* L. MILL					0.72〜0.90	12	Gaines ら (1982)
ワタ	*Gossypium hirsutum* L.					0.43〜0.63	8〜9	Gaines ら (1982)
オクラ	*Abelmoschus esculentum* L. MOENCH					0.43〜0.57	8〜9	Gaines ら (1982)
インゲンマメ	*Phaseolus vulgaris* L.		0.03	15		0.22〜0.33		Stewart ら (1969)
セイヨウアブラナ	*Brassica napus* L.					0.22〜0.65		Spencer ら (1984) Janzen ら (1984)
コムギ	*Triticum aestivum* L.	0.15	0.02〜0.06	10〜15	15〜20	0.17〜0.33		Spencer and Freney (1980), Stewart ら (1969)
イネ	*Oryza Sativa* L.	0.06				0.16		Yoshida ら (1979), Islam ら (1982)
ダイズ	*Glycine max* L. MERR	0.15〜0.19			16〜17	0.33	20	Bansal ら (1983), Gaines ら (1982)
カウピー	*Vigna unguiculata* L. WALP	0.26			10	0.26〜0.29	15	Fox ら (1977), Gaines ら (1982)
アルファルファ	*Medicago sativa* L.	0.15	0.05	10	20	0.17〜0.22		Westermann (1975)
サブクローバー	*Trifolium subterraneum* L.	0.13〜0.24	0.02		15	0.40〜0.47		Jones ら (1980), Gilbert ら (1984)
シロクローバー	*Trifolium repens* L.	0.17						Smith ら (1983)
トウモロコシ	*Zea mays* L.	0.17			16	0.25〜0.30	15〜16	Reneau (1983), Gaines ら (1982)
イタリアンライグラス	*Lolium multiflorum* L.	0.09〜0.22	0.025	10	13〜6	0.30〜0.35		Jones ら (1982), Gilbert ら (1984)
グリーンパニック	*Panicum maximum*	0.15						Smith ら (1977)
ディスモディウム	*Desmodium intertum*	0.17						Smith ら (1983)
スタイロ	*Stylosanthes humilis*	0.14						Smith ら (1983)
サイラトロ	*Meroptilium atropurpureum*	0.15						Smith ら (1983)
ローズグラス	*Chloris gayana* KUNTH	0.12						Smith ら (1983)
パンゴラグラス	*Digitaria decumbens* STEUT	0.12						Smith ら (1983)

農山漁村文化協会：農業技術体系・土壌肥料編，第2巻"硫黄の吸収と栄養生理"，p.71，1987 より

ルガムなどのイネ科草種では葉全体が黄化する。これら植物間差異の生じる要因も明らかではないが，葉緑素やタンパク質合成の阻害の程度や体内での硫黄移動の難易度などが関連すると考えられる。

e. 硫黄過剰症状とその発現条件

植物の硫黄過剰については主として葉面からの過剰な二酸化硫黄（SO_2）吸収による害作用で，大気汚染との関連で論じられることが多い。硫黄不足条件下では葉からのSO_2を吸収同化し利用しうる。しかし，ある値（いき値）以上の二酸化硫黄の吸収は光合成の阻害や葉緑素の破壊などにより生長が阻害されるが，いき値は植物の種類や条件により大きく異なるといわれている。

また，土壌からの窒素供給に比べ硫黄供給が過剰な場合は，茎や葉にSO_4-Sとして集積する。SO_4-Sの集積そのものの害作用が認められた例は少ないが，モリブデン（Mo）吸収の低下や銅（Cu），マンガン（Mn），鉄（Fe）吸収の増加，さらに収量の低下や開花の遅れなどの症状が報告されている[11]。

しかしながら，多くの植物ではこれらの硫黄過剰の防御機構を有する。その一つはSO_4-Sの吸収抑制で，植物中のSO_4-Sや還元同化産物（システイン，メチオニン，還元型グルタチオン）の集積によって，SO_4-Sの吸収が抑制されることが知られている。また，過剰なSO_4-Sを液胞中に集積させたりグルタチオンとして貯えたりすることで過剰害を防ぐことが知られている[11]。〔河野憲治〕

文 献

1) Gesine, S. F. and Klaus, A.: *Plant Physiol.*, **101**, 745-749, 1993.
2) Yeonhee, C., et al.: *Plant Physiol.*, **101**, 699-700, 1993.
3) Kim, H., Fujiwara, T., Hayashi, H. and Chino, M.: *Soil Sci. Plant Nutri.*, **43**, 1119, 1997.
4) Shock, C. C. and Williams, W. A.: *Agron. J.*, **76**, 35-40, 1984.
5) Ahlert, S. and Karin, J.: *Annu. Rev. Plant Physiol.*, **43**. 325-349, 1992.
6) Gilbert, M. A. and Robson, A. D.: *Aust. J. Agric. Res.*, **35**, 379-388, 1984.
7) Kouno, K. and Ogata, S.: *Soil Sci. Plant Nutr.*, **34**, 327-339, 1988.
8) Heu, N. V., et al.: *Agron. J.*, **76**, 726-730, 1984.
9) Chowdhury, M. A. H., Kouno, K. and Ando, T.: *Soil Sci. Plant Nutri.*, **45**, 175-186, 1999.
10) 辻 藤吾：土肥誌, **51**, 210-220, 1980.
11) Heinz, R.: *Annu, Rev. Plant Physiol.*, **35**, 121-153, 1984.

3.4 微量必須元素

3.4.1 鉄

鉄（Fe）は生体内で二価鉄イオン（Fe^{2+}）として酵素の活性化に関与している。またポルフィリン環の中に入ってヘムとなり，このヘムはさまざまな酵素の活性中心に存在して，主として，①酸化還元反応，②電子伝達反応，③酸素運搬，に関係している。以下，鉄の関与する酵素と，鉄による遺伝子制御について簡単に述べる。

a. ヘム鉄含有タンパク

シトクロム：生理的にヘムが，$Fe^{2+} \rightleftarrows Fe^{3+} + e^-$の反応を行って電子伝達系の構成成

分をなす一群のタンパク質．

ペルオキシダーゼ：$H_2O_2 + AH_2 \rightarrow 2H_2O + A$ の反応を触媒する．

カタラーゼ（マイクロボディ：ペルオキシソーム）：生体内の種々の反応（triacylglycerol, glycollate, uric acid）などの代謝で生成される過酸化水素（H_2O_2）を H_2O と $1/2 O_2$ に分解する．

ヘモグロビン：植物に存在するヘモグロビンは，マメ科植物のレグヘモグロビンの5種類が知られている．これは主として根の根粒菌のまわりをとり囲み根粒への酸素の拡散を抑えて窒素固定に必要な還元条件を形成していると考えられている．

シトクロム P-450：近年，植物にもシトクロム P-450 が存在することが明らかにされてきた．ジベレリンの kaurene から kaurenol, kaurenal, kaurenoic acid を経て 7 α-hydroxykaurenoic acid に至る 4 段階の反応を触媒する酵素は P-450 である．豆類が病原菌に感染するとファイトアレキシンであるイソフラボノイドを生産して防御につとめるが，これはフラバノンからアリル基の 1,2-転位という新しい水酸化反応を経て合成される．植物のフェニルプロパノイド代謝のキー酵素である cinnamate 4-hydroxylase（P-450 C 4 H）はリグニン合成の初発段階に関与する古くから知られている酵素である．hydroperoxylinoleic acid からジャスモン酸の前駆物質である alleneoxide を合成する酵素の遺伝子がアマの種子からクローン化された．トウガラシのファイトアレキシンであるカプシジオールの生合成に P-450 が関係している．アントシアニンの B 環の水酸基は，花の色を変える要因である．これに関係する酵素として，flavonoide 3′,5′-hydroxylase P-450 の遺伝子がクローニングされた．

b．"鉄-硫黄"タンパク

酵素の活性中心に［Fe-S］のクラスターを有するタンパクを"鉄-硫黄"タンパクという．たとえばクロロプラスト中のフェレドキシンは，光励起クロロフィルから種々の電子受容体への電子の流れを支配する．フラビンヌクレオチドをコファクターとするフラボプロテインも鉄を有している．その他，NADH デヒドロゲナーゼ，コハク酸デヒドロゲナーゼ，NADH-ユビキノンデヒドロゲナーゼ，アコニターゼなどがこの範疇に入る．

c．光合成活性中心

紅色非硫黄光合成細菌（*Rhodopseudomonas viridis*）によって明らかにされた光合成活性中心複合体の構造では，一つの非ヘム鉄と四つのシトクロムヘムが存在し，バクテリオクロロフィル B によって受光された光のエネルギーを電子のエネルギーに変換して伝達する装置となっている．

d．遺伝子レベルでの制御への鉄の関わり

クロロフィル合成：クロロフィルはポルフィリン環にマグネシウムイオンが入ったもので，クロロフィル-タンパク複合体としての葉緑体のチラコイド膜にある．このポルフィリン環合成の前駆物質であるプロトポルフィリノーゲン合成酵素とプロトクロロフィライド合成酵素は，遺伝子レベルでの制御に鉄が関与していると考えられている．したがって，鉄欠乏になると，ポルフィリンの合成が抑えられ，クロロフィルが合成されなくなるので，植物は黄白化症を呈し，光合成ができなくなり枯死するに至る．

ファイトフェリチン合成：最近，Briatら（ENSA/INRA, Montepellier, 仏）によって大豆からファイトフェリチンの2種類の遺伝子がクローニングされた．これらは強弱の差はあるが，転写レベルで二価鉄によって制御されていることがわかっている．一方，動物のフェリチンやトランスフェリンは翻訳レベルで制御されており，トランス因子としてのシスアコニターゼ，二価鉄，そしてフェリチンmRNAとの三者の相互関係による制御の機構がかなり明らかにされている．

三価鉄還元酵素：Strategy-Iの鉄獲得機構をもつ植物の根の細胞膜に存在する三価鉄還元酵素活性と二価鉄イオン・トランスポーターは，鉄欠乏によって誘導がかかる．同じ細胞膜で鉄欠乏によって同時に活性誘導がかかるH^+-ATPaseも，鉄による遺伝子制御が行われているものと考えられる．

ムギネ酸生合成関連酵素群：Strategy-IIの鉄獲得機構をもつ植物の根については，三価鉄キレーターであるムギネ酸類の分泌機構が鉄欠乏によって強く誘導されることから，ムギネ酸合成系の酵素群のうちのいずれかが，鉄による遺伝子発現制御を受けていると考えられた．そこで森ら（東京大学）は一つひとつ酵素をチェックしていき，少なくとも，ニコチアナミン合成酵素（nicotianamine synthase）とニコチアナミンアミノトランスフェラーゼ（nicotianamine aminotransferase）が鉄による支配を受けていることを見出している．

森らは，鉄欠乏オオムギのmRNAからcDNAライブラリーを作成し，鉄欠乏オオムギと鉄を十分与えたオオムギとのそれぞれからmRNAを抽出し，それぞれからcDNAを作成して，これらをプローブにしてこのライブラリーから"デファレンシャルスクリーニング"を行い，七つの鉄欠乏に特異的クローンを選抜した．そのうち*Ids1*と名づけたものはメタロチオネイン（MT）様遺伝子であった．また*Ids2*と*Ids3*は真の基質はわからないが，α-ケト酸，アスコルビン酸，二価鉄をコファクターとするジオキシゲナーゼであった．*Ids1*, *2*, *3*のうち*Ids3*は最も発現量が多かった．これらの遺伝子はすべて鉄欠乏によってオオムギの根においてのみ強く発現し，鉄を投与すると発現しなくなった．*Ids3*はデオキシムギネ酸からムギネ酸への水酸化酵素であることが最近証明された．

以上，ファイトフェリチン，三価鉄還元酵素，ムギネ酸生合成関連酵素類の何れの場合も鉄による制御の機構は不明である．鉄制御領域（iron responsive cis element）や，また後に示す微生物の場合のFUR（ferric uptake regulator）タンパク，動物の場合のアコニターゼのようなトランス因子（iron responsive trans element）も未解明である．

微生物のシデロフォア合成の場合：微生物が鉄欠乏に曝されると，鉄キレーターであるシデロフォアを合成分泌するようになるが，このFe^{3+}-シデロフォアの吸収レセプターとシデロフォア合成遺伝子群は染色体中に一連のクラスターを形成している．通常，FURタンパクがトランス因子となっており，生体内で二価鉄が十分に存在すると（2 FUR：Fe^{2+}：プロモーターO.R.F.）の形で転写が抑制されているが，二価鉄イオンの濃度が低下するとFe^{2+}が離れていくので，転写が開始される，という形での鉄による制御を受けている．

e. 酵素の活性化因子

シスアコニターゼ：動物のトランスフェリンやフェリチンなど，鉄の輸送や貯蔵に関わるタンパク質の遺伝子は，その mRNA の 3′-下流（トランスフェリンの場合）や 5′-上流（フェリチンの場合）に存在するシスエレメントである IRE（iron responsive elements）とトランスエレメントであるシスアコニターゼが二価鉄を媒介として結合することによって遺伝子発現の抑制（トランスフェリンの場合）と解除（フェリチンの場合）を行っている．植物のファイトフェリチンの場合，このシスアコニターゼがトランスエレメント（iron responsive element-binding protein；IRE-BP）である可能性は低い．

ジオキシゲナーゼ：何種類かあるジオキシゲナーゼの中には，下記の反応のように，α-ケト酸，アスコルビン酸と二価鉄をコファクターとし分子状の酸素の一つを基質に付加する反応を触媒する酵素が存在する．

$$\triangle(基質) + \text{☆}O_2 + \underset{アスコルビン酸}{\overset{2\text{-オキソグルタール酸}}{\xrightarrow{(Fe^{2+})}}} CO_2 + \text{☆コハク酸} + \triangle\text{-☆OH}$$

植物のこのタイプのジオキシゲナーゼは，ACC（1-aminocycloprorane-1-carboxylic acid）からエチレン（C_2H_4）を合成するエチレン合成酵素（*pTOM30*，*TOME8*，*GTOMA*），トウモロコシのアントシアン合成酵素（*A2*），トロパンアルカロイド代謝経路に存在するヒヨスチアナミン-6β-ヒドロキシラーゼ（*H6H*）などが知られている．森らが鉄欠乏時に特異的にオオムギの根で発現する遺伝子としてクローニングした *Ids2* と *Ids3* はホモロジー検索の結果ジオキシゲナーゼであることがわかった．そのうち，*Ids3* はデオキシムギネ酸からムギネ酸への水酸化をつかさどる酵素であった．

f. 鉄の貯蔵体としてのファイトフェリチン

ファイトフェリチンの合成は，発生学的にも環境応答的にも制御されている．動物のフェリチンの場合と異なり，ファイトフェリチンタンパクの集積は鉄誘導性の転写制御が主要な原因である．これに対して動物の場合は翻訳レベルでの"posttranscriptional"制御が主である．したがって，ファイトフェリチンタンパク合成は，鉄の過剰集積によって転写レベルで制御されているという真核細胞でのユニークな例である．ダイズを水耕栽培したときの鉄応答性のファイトフェリチン合成には，ABA（アプシジン酸）によるシグナル伝達機構が働いている．しかし，切断葉で鉄を過剰集積した場合のファイトフェリチンの集積は ABA が関与していない．このファイトフェリチンの過剰集積はグルタチオン，*N*-アセチルシステインなどの還元剤によって抑制され過酸化水素によって促進される．したがって，ファイトフェリチンタンパクの集積は植物に対する酸化的ストレスに対する応答でもある．

ダイズは *ZmFer1*，*ZmFer2* という2種類のフェリチン遺伝子をもっている，両者は八つのエキソンと七つのイントロンを同じ位置にもっている．しかし 3′-側の非翻訳領域が異なっているので，この部分をプローブにして両遺伝子の環境ストレスに対する転写レベルでの違いを検出することができる．鉄の集積に対して *ZmFer1* の mRNA は

ZmFer2 の mRNA よりも速やかに集積する．一方，*ZmFer2* のみが ABA や水欠乏ストレスに対して反応することがわかっている． 〔森 敏〕

3.4.2 マンガン
a. 元素としての特性
1) **錯体形成** 一般に遷移元素は，植物体を構成するタンパク質，アミノ酸，核酸，有機酸などの生物配位子と安定な錯体を形成する傾向があり，これらの元素の生理活性は，この作用の特性に負うところが大きい（式3.1）．

$$M^{m+} + L^{n-} \longrightarrow ML^{(m-n)+} \qquad (3.1)$$
金属イオン　配位子　　　　錯体

金属と配位子との結合の強さ（錯体の安定度）を表すのに Irving-Williams 序列および Mellor-Malley 序列（表3.15）がよく用いられるが，Mn^{2+}は植物に必須の遷移元素の中では，最も配位力が小さい．

表3.15 Irving-Williams および Mellor-Malley 序列

Irving-Williams 序列
$\quad Zn^{2+} < Cu^{2+} > Ni^{2+} > Co^{2+} > Fe^{2+} > Mn^{2+} > Mg^{2+} > Ca^{2+} > Sr^{2+} > Ba^{2+}$
Mellor-Malley 序列
$\quad Cu^{2+} > Ni^{2+} > Co^{2+} > Zn^{2+} > Fe^{2+} > Mn^{2+}$

(Irving, *et al.*, 1948, '53 ; Mellor, *et al.*, 1947, '48)

2) **酸化還元** 遷移元素が生理活性を示すもう1つの重要な性質として，原子価変化による電子伝達がある．

$Mn^{2+} \to Mn^{3+}$系の標準酸化還元電位は約+1.5 V と非常に高く，生体内でMn^{2+}を酸化できる系は限られている．空気中のO_2によって化学的に酸化されるのはpH約8.0以上に限られており，中性付近では生物系による酸化が重要な意味をもつ．遷移元素の中でも，配位力と酸化還元電位におけるマンガン（Mn）の特異的な性質は，その土壌中での形態変化や植物体での生理作用特性を決定づけている．

　i) **光化学系によるMn^{2+}の酸化** クロロプラストのチラコイド系とMn^{2+}を含む系に光を照射するとMn^{2+}が酸化される．この機構は第1に光化学系IIの酸化側で電子供与体になって酸化される機構，第2には光化学系Iの還元側で Mehler 反応（後述）によって生じた活性酸素によって酸化される機構の可能性がある．

　ii) **ペルオキシダーゼ系によるMn^{2+}の酸化** Mn^{2+}，ペルオキシダーゼ，H_2O_2，モノフェノールを含む系では中性でもMn^{2+}が酸化される．しかし，生体内ではH_2O_2は毒性が強いため，実際には遊離のH_2O_2の存在を必要としないペルオキシダーゼのオキシダーゼ作用（後述）によって酸化されるものと思われる．すなわち，オキサロ酢酸のような水素供与体があれば，過酸化水素（H_2O_2）がなくてもペルオキシターゼはMn^{2+}を酸化できる．

b. 生理作用
1) **光合成** Mn^{2+}は葉緑体による光合成機構の中で，光化学系IIにおける水

の光分解による酸素（O_2）の発生に塩素と協同して作用すると考えられている．この場合，光化学系IIによってMn^{2+}が酸化されて生じたMn^{3+}の強い酸化力が水の酸化分解に重要な役割を果たしているものと思われる．また，マンガンはクロロプラストやクロロフィルの形成，維持にも関与している．

2) **呼吸（酸化作用）**　解糖系，TCA回路など有機酸代謝の中のいくつかの酵素はMn^{2+}によって活性化される．多くの植物において，植物体中のマンガン量の増大に伴って呼吸が増大するが，呼吸酵素の中でも，ポリフェノールオキシダーゼやペルオキシダーゼの活性増加が著しい．これらの酵素の活性増加は，しばしば組織の褐変をもたらす．

3) **酸素の活性化**　常温では分子状のO_2そのものの酸化力はそれほど強くないが，還元された形のO_2^-やH_2O_2などは活性酸素と呼ばれ，O_2よりも強い酸化力を示す．

i) **ペルオキシダーゼのオキシダーゼ作用**　ペルオキシダーゼ（peroxidase）は，過酸化水素の存在下でフェノール性化合物などの水素供与体を酸化する酵素と定義されているが，この定義はあくまで人為的なものである(式3.2)．

$$AH_2 \text{(水素供与体)} + H_2O_2 \xrightarrow{\text{peroxidase}} A + 2H_2O \tag{3.2}$$

ペルオキシダーゼはまたMn^{2+}，モノフェノールの存在下で，NADHなどの水素供与体を直接酸化するオキシダーゼ作用がある（式(3.3)）．すなわち，ペルオキシダーゼは分子状酸素の存在下においては，過酸化水素の添加なしに基質を酸化することができる．

$$YH_2 \text{(NADH)} + O_2 \xrightarrow[Mn^{2+}, \text{モノフェノール}]{\text{peroxidase}} Y + H_2O \tag{3.3}$$

ii) **光化学系によるO_2の活性化（Mehler反応）**　Hill反応の電子受容体は *in vivo* では通常$NADP^+$であるが，高酸素濃度条件下では酸素が水素受容体となって活性酸素を生成する．Mehlerはクロロプラストに光をあててH_2O_2が生成する反応（Mehler反応）をMn^{2+}が促進することを見出した．

4) **IAAの代謝**　IAA（インドール酢酸）はペルオキシダーゼのオキシダーゼ作用によって酸化されるが，このときMn^{2+}が必要である．クロロゲン酸などのジフェノール類はIAAオキシダーゼの阻害剤としての働きがあることが知られているが，これらの酸化はMn^{2+}と光の存在によって促進される．マンガンの栄養障害による生長阻害や奇形の発現にもこれらの反応が関係しているものと思われる．

5) **クロロフィルの光酸化**　マンガンの欠乏でも過剰でも葉にクロロシスが観察される．単離したクロロプラストはクロロフィルの光分解を受けるが，懸濁液にMn^{2+}を添加すると1mM付近で酸化が最も抑制され，それより低濃度側でも高濃度側でも分解が進む．適度のMn^{2+}は光化学系への電子供与体となるなどしてクロロプラストの光酸化を防ぎ，構造を維持する働きをもっている可能性も考えられる．

6) **窒素代謝**　ある種のペプチダーゼ，アルギナーゼなどMn^{2+}が配位すること

によって活性化される酵素が知られている．他の遷移元素が酵素の構成成分として強く配位して機能しているのに対し，Mn^{2+}は反応におけるactivatorとして作用する．

7) アスコルビン酸の代謝 マンガンはアスコルビン酸の生合成に関与しており，マンガンが欠除すると植物体中のアスコルビン酸量が低下するので，野菜などは品質が低下する．一方，マンガンが過剰に存在すると，アスコルビン酸が酸化され，酸化型/還元型の比が増大する．

8) フェノール代謝 マンガンは，アントシアニン，タンニン，リグニンなどのフェノール性化合物の代謝に関与する．フェノール代謝系の重要な酵素であるフェニルアラニンアンモニアリアーゼ（PAL）の活性は，植物体中のマンガン量の増大に伴って高まる．また，アントシアニンを集積する植物ではマンガンが欠除すると着色しなくなる．

リグニンの生成もMn^{2+}によって促進されるが，コニフェニルアルコールなどのリグニン前駆物質の脱水素重合が，細胞壁に結合したペルオキシダーゼのオキシダーゼ作用によるためと考えられる．マンガンを過剰吸収した植物には，しばしば褐色斑点がみられるが，フェノール代謝が促進されてフェノール性化合物が集積し，酸化されるためと考えられる．

9) 鉄/マンガン比と酸化還元平衡 Sommers（1942）らは鉄とマンガンが植物体内で酸化還元平衡をなし，Fe/Mn比が障害の指標となると提言したが，植物体内ではアスコルビン酸やフェノール性化合物などの有機化合物も加わった系で酸化還元平衡が保たれていると考えられる．過剰のマンガンは酸化状態を強め，アスコルビン酸の酸化型/還元型の比を増大させる．

10) 根の酸化力 Mn^{2+}は，根による培地のα-ナフチルアミンやFe^{2+}などの酸化を促進する作用があるが，その機構はペルオキシダーゼのオキシダーゼ作用によって生成したMn^{3+}のはたらきによるものと思われる．一方，培地のMn^{2+}が過剰になると根や他の部位の細胞壁周辺に二酸化マンガン（MnO_2）が沈積する．

11) マンガン栄養と光 光はマンガン吸収を促進する．一方，クロロプラストにおけるMn^{2+}の光酸化に伴って脂質やアスコルビン酸の過酸化も起こるので，光はマンガン過剰障害を促進する．

12) マンガン毒性と解毒の機構 他の重金属の場合には，主としてタンパク質などと強く配位することによって毒性を示したり，解毒されたりするのに対し，マンガンの毒性は，光酸化やペルオキシダーゼのオキシダーゼ作用など主としてその強力な酸化力によるところが大きい．

 i) **マンガンの酸化による解毒** ある種の植物はマンガンを酸化し，MnO_2に変えることによって解毒する．

 ii) **還元物質などの集積による酸化障害の抑制** 植物体のマンガン濃度が上昇するにつれて，アスコルビン酸やフェノール性化合物などの還元物質の含有量が増加するが，これらは酸化障害を軽減する役割を果たしているものと考えられる．

 iii) **ケイ酸による過剰障害の軽減効果** ケイ酸は，イネでは蒸散の抑制や根の酸化力の増大を通して過剰障害を抑制する作用があるが，他の植物でもフェノール代謝や

ペルオキシダーゼ活性を抑制して褐変を防ぐ作用がある。　　　　　　　〔堀口　毅〕

3.4.3 亜　　　鉛

　亜鉛（Zn）を含む生体成分が亜鉛酵素など多数明らかになり，また亜鉛の関与する生体内の反応も多く知られるようになった。しかし現在のところ，これらの生体成分や反応と関連させて亜鉛欠乏に伴って認められるさまざまな現象を統一して説明できるには至っていない。ここでは，まず植物の生体成分で亜鉛を含むものを述べたのち，亜鉛欠乏で植物に認められる症状や生理的反応を説明するための説を述べる。

a. 亜鉛を含む生体成分

　1）亜鉛酵素　金属元素としての亜鉛の特徴は陽イオンとしてZn^{2+}しかとり得ないことにある。したがって，亜鉛は鉄など複数の酸化数をとり得る遷移元素とは異なり，それ自体が酸化還元酵素の活性中心にはなりえない。亜鉛酵素は，動物や微生物では加水分解酵素などに数多く知られており，金属酵素のなかで鉄酵素についで多いが，高等植物で亜鉛酵素であることが証明されたものは少ない[1]。まず炭酸脱水酵素は植物に広く分布する酵素で，炭酸ガスの水和反応を触媒する。この酵素はRubisco（5.6.1項参照）に二酸化炭素（CO_2）を供給していると考えられているが，亜鉛欠乏でこの酵素の活性が低下しても光合成速度の低下は現れにくく，本酵素の生理的な役割は未解明の部分が多い。

　遺伝情報伝達の中枢をなすRNAポリメラーゼは亜鉛酵素である[2]。DNAの複製に働くDNAポリメラーゼが亜鉛酵素であることは動物や微生物では明らかにされているが，植物での解明はまだなされていない。このほかアルコール脱水素酵素およびCu・Zn SOD（スーパーオキシドジスムターゼ，7.4.4項参照）が亜鉛酵素である。SODには鉄を含むものとマンガンを含むものも知られているが，高等動植物の細胞質には銅と亜鉛を含むものが見出される。いずれも，過剰の還元力によって生成されたスーパーオキサイドによる生体成分の不必要な酸化をふせぐことにより，酸素を利用する生物に不可欠の機能を担っている。

　2）リボソーム　モデル生物として広く用いられているユーグレナのリボソームに高濃度の亜鉛が含まれる。亜鉛欠乏になると80Sリボソームがサブユニットに開裂し機能をはたさなくなる。

　3）ジンクフィンガータンパク　RNAポリメラーゼが，DNA鎖上の特定部位に結合し遺伝情報を読みとる際の，転写因子の中に広く見出されるタンパクである。亜鉛が4個のCysまたはHisと配位結合することによりペプチド鎖が折り曲げられて指に似た構造をとることから命名された。転写開始に不可欠のタンパクである。

b. 亜鉛の生理作用

　1）亜鉛欠乏による伸長生長の抑制　亜鉛欠乏症の特徴が顕著な伸長抑制であることから，亜鉛の生理作用を植物ホルモンのオーキシンとの関連で検討した一連の研究が，かなり古くから行われている。1940年Skoog[3]は亜鉛欠乏植物ではオーキシン含量が低下することを認め，またオーキシンの一種であるインドール酢酸（IAA）が亜鉛欠乏植物でより早く不活性化されることを認めて，亜鉛はオーキシンの生合成に関与す

るのではなく酸化分解抑制作用によってオーキシンを分解から保護すると述べた．しかしその後，オーキシン分解抑制説を否定する報告が出され，IAA の生合成経路（図3.9）に視点が移されて，前駆体であるトリプトファンの生合成が亜鉛欠乏下で阻害されることによって IAA 含量が低下すると報告された．この説は，亜鉛欠乏植物にトリプトファンを与えることにより生長が回復するなどの，いくつかの実験結果によって支持された．しかしその後，亜鉛欠乏植物でトリプタミンが集積する事実が発見され，トリプトファン生合成阻害説に対し，亜鉛はトリプタミンから IAA への生合成系に関与するとの説が述べられた．しかし，その後高木[4]によって，亜鉛欠乏植物で必ずしも IAA 含量そのものは低下しないことが明らかにされ，現段階では，亜鉛と IAA の関係について明確な結論は得られていない．

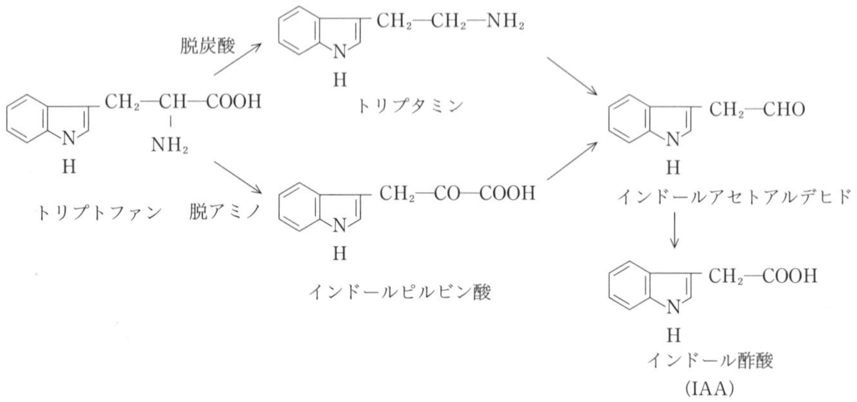

図3.9 トリプトファンからインドール酢酸への生合成経路

2) **亜鉛欠乏によるタンパク合成の阻害**　亜鉛欠乏がタンパク代謝に影響することが，オーキシン関連の研究開始とほぼ同年代から知られている．その後，亜鉛欠乏によって植物体内に遊離アミノ酸やアミドが集積すること，タンパク質の含量が低下することがさまざまな植物のさまざまな部位で認められた．他の必須微量元素が欠乏しても類似の現象がみられる場合があるが，亜鉛欠乏の場合影響が特に著しいようである．亜鉛が核酸代謝に関係することも報告されている．すなわち，亜鉛欠乏になると RNA の含量が低下し，無機態のリンが増加する．また亜鉛欠乏のオレンジ葉中では RNA 分解酵素（RNase）活性が高まることが報告されており，種々の植物から抽出された RNase が一定の濃度の亜鉛で阻害されることから，亜鉛は RNase 活性を調節することによって RNA レベルに影響しているとの考えもある．

DNA にコードされた遺伝情報がタンパク合成に至る過程において亜鉛が関与する箇所を，図3.10に掲げた．

この中のいずれの箇所に障害が生じても，タンパク合成は抑制されうる．亜鉛欠乏にした水稲の分裂組織で，可溶性のタンパク質が減少を始める前の段階で 80 S リボソームが減少することが認められており[5]，またタンパク質の総量は減少しても可溶性のペ

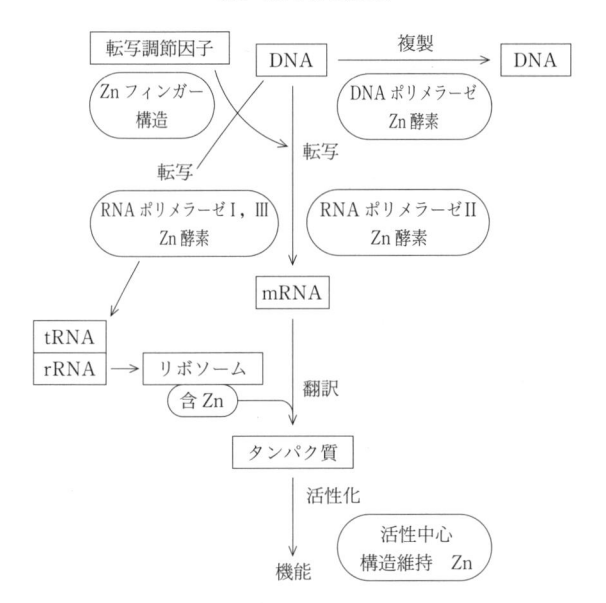

図3.10 タンパク質合成系において亜鉛の関与が明らかにされている箇所

プチドやmRNAの種類には一部を除いて大きな差がないことなどから,亜鉛欠乏下におけるタンパク合成阻害がリボソームの障害に起因することも考えられるが,明確ではない.

3) そ の 他　亜鉛欠乏によるクロロシスの発生が強光下で生じやすいことなどから,光酸素障害の発生が予測されている[6](7.4.17項参照).a.1)に述べたように,高等植物のSODが亜鉛酵素であることからこの可能性は高い.また,亜鉛欠乏によって糖の代謝に障害がでることが明らかにされており,さらに動物や微生物では亜鉛が解糖系の多くの酵素の成分であることやそれらを活性化することが明らかにされ,きわめて多くの箇所で亜鉛が機能していることが考えられる. 〔小畑　仁〕

文　献

1) Vallee, B.L.：Zinc Enzymes (Metal Ions in Biology Vol.5) (ed. Spiro, T.G.), 3-24, John Wiley, 1983.
2) 浅川征男：土肥要旨集, **26**, 73, 1980.
3) Skoog, F.：*Am. J. Bot.,* **27**, 939-951, 1940.
4) Takaki, H.：*Bull. Fac. Agric.,* Miyazaki Univ., **27**, 211-215, 1980.
5) Kitagishi, K., *et al.*：*Soil Sci. Plant Nutr.,* **33**, 397-405,1987.
6) Cakmak, I. And Marschner, H.：*J. Exp. Bot.,* **39**, 1449-1460, 1988.

3.4.4 銅
a. 植物体内における銅の役割

まず銅（Cu）は植物にとって必須元素であり，これがなくては生存できない．植物体内にあっては組織の構成成分か代謝にかかわる酵素の一部となっている．したがって，これの存在は特定の代謝に直接影響する．

たとえばクローバでは，銅の75％は葉緑体に含まれているといわれ，それゆえ銅の欠乏は葉緑体の減少，プラストシアニン（葉緑体中に局在する銅タンパク質，光合成の電子伝達系において光化学系Ⅰと光化学系Ⅱの間の電子の授受を行っていると考えられている）減少を伴うため，植物の光合成の効率を直接引き下げる原因となる．銅はその他にも生体内で重要な働きをする金属酵素の構成因子であることが明らかにされている．

高等植物などのミトコンドリアに存在するシトクロム c （シトクロムオキシダーゼ）は銅を含み，呼吸作用に影響している．しかし，こちらの方は銅欠乏でもあまり影響を受けない．このことはシトクロムオキシダーゼ中の銅は非常に安定な化合物であるため，容易に破壊や移動がないためと考えられている．

一方，銅欠乏植物では果実の着粒数の減少や不稔が発生するが，これは銅欠乏の条件下では糖などの可溶性炭水化物の減少によるものと考えられてきた．この仮説は銅欠乏植物にみられるクロロシスの発生からも支持され，銅は光合成に必要であるとされてきた．しかしながら，最近の研究では銅欠乏のコムギでも炭水化物の蓄積があり，炭水化物の分配はソース（物質生産の場）の方の問題でなくシンク（消費の場）の存在するかどうかが問題であるとされた[1]．これには炭水化物の分配に銅がどのように関わるのか何ら示唆がない．しかし現実の問題として銅欠乏のコムギでは花粉ができていても炭水化物の補給がないし，茎の中では明らかにグルコースなどの炭水化物の低下がみられる．

銅欠乏植物では組織の一部に絞りが入ったり，ねじれやひずみが観察される．このような細胞壁の機械的な弱さは，組織の木質化の未発達に原因している．植物組織の木質化に必要なリグニンの合成には，銅酵素であるフェノールオキシダーゼが直接関わる．

b. 銅欠乏と過剰の診断
1) 銅の欠乏

i) **銅欠乏の発生する植物**　銅欠乏は種々の植物に対して多くの地域で発生することが知られている．しかしながらこれらは畑作物であって，水稲での観察はみあたらない．これは銅の化学的性質と密接な関係がある．銅は水田土壌のような還元条件では，微量要素の中でも最も最初に硫化物として不溶化する元素の一つである．そこで，水稲では酸化還元反応のための金属酵素は，鉄（Fe）やマンガン（Mn）など還元条件で溶出しやすい元素に依存していることが明らかにされている．

圃場において発生する銅欠乏としては，オオムギ，コムギ，アルファルファ，レタス，ニンジン，タマネギ，トマト，タバコそれに柑橘類などの栽培植物である．

ii) **銅欠乏の症状**　一般的な欠乏の症状としては，クロロシス，ネクロシス，葉のねじれなどである．特にこれらの症状は葉先や生長点から発現する．コムギなどでは

初期の段階は窒素過多症のようになり,葉が垂れ下がる.柑橘類などにも水ぶくれのような症状の発生が報告されている.

銅欠乏の発生しやすいコムギでは,節間伸長期あたりから,生長点から枯れ上がる.症状の軽い場合はそのまま出穂するが,この場合,花粉中デンプンは少ないかまったく空の花粉粒の状態となる.このようなコムギは黄熟期

表 3.16 開花期におけるコムギの乾物率[2)]

処理	乾物%	比率
正常	31.8	1.00
銅欠乏	24.1	0.76

開花期コムギの節間中可溶性固形物(ブリックス%)

処理	第1節間	第2節間	第3節間	第4節間
正常	7.6	13.7	18.1	23.1
銅欠乏	7.1	7.2	10.3	11.9

になっても黄化せず,穂は不稔のままであって枯熟期に入って急速に枯れ上がる.

これらの一種の症状は銅欠乏で生じた光合成阻害の結果,体内など含有率が低く,このため水ぶくれ症状となる.事実,銅欠乏コムギでは茎葉中の水分含有率が高く,かつ炭水化物が低く窒素含有率が高い.コムギの出穂期における節間のブリックス糖度も明らかに低い値を示す.葉のねじれも貧弱な木質化のみでなく,このような高水分組織と関係がある.すなわち,細胞の浸透圧が低く,少しの気象の変化にも対応できず,風が吹いて乾燥すれば干しあがり,雨や湿度の高い条件では水分を吸って垂れ下がる.このようなことをくり返すため,葉はねじれてくる.

iii) 銅欠乏と体内成分　一般に植物体中の銅の含有率は乾物あたり 5 ppm 前後である.しかしながら,水稲のように初期生育の銅含有率が 20〜25 ppm と高く,生育後期にかけて低下していく植物も存在する.

銅欠乏も単に植物体中の銅の含有率のみで発現するのではない.他の栄養素とのバランスが重要である.すなわち,銅欠乏のコムギでは銅含有率が 1.0 ppm 以下でも発現しないのもあれば,2 ppm 前後でも欠乏症の発現する場合がある.これには鉄の含有率がかかわってくる.コムギ体中の Cu/Fe 比が 0.01 以下になると銅含有率が 2 ppm あっても不稔などの症状が発現するし,これより高い場合は銅含有率が 1 ppm でも不稔になりにくい.

2) 銅の過剰

i) 銅過剰地帯　銅鉱山の周辺や鉱山から流出する河川流域の地帯の植物に発生する.植物体中の銅過剰は往々にして鉄欠乏の形で発現する.銅の汚染が河川水でひろがることもあって水稲での過剰害が多い.水稲では土壌中の 0.1 規定塩酸可溶の銅が 125 ppm 以上を土壌汚染対策地域の指定条件とされている.これは,水稲に対して明らかに過剰障害の発現する条件とみなされている.

ii) 銅過剰の症状　銅過剰は特に根の抑制に現れる.根は毛根がみられず,太くサンゴのようになるか,またはライオンの尾のようにゴワゴワした根となる.チュウリップでは葉は伸長するが花茎が伸長せず,開花しない.過剰害では鉄欠乏を伴うため,葉の黄変が発現する.銅過剰では光合成や呼吸に直接影響はみられない.しかし養水分の吸収,特に水分の吸収阻害が著しくなる.

c. 銅欠乏と過剰の対策

1) 銅欠乏の発生しやすい土壌　水成岩，酸性火成岩由来の土壌，風化の進んだ土壌に発生しやすい．ヨーロッパなどでは泥炭土で発生する．国内での泥炭土での銅欠乏発生の報告は少なく，北海道でもこれまで札幌郊外の泥炭土のみである．多くは火山性土や灰色台地土，褐色森林土で観察される．

土壌中の総銅含有率は 5〜60 ppm 程度であるが，平均値はおおよそ 30 ppm である．銅欠乏の発生地帯は必ずしも総銅含有率の低い土壌ばかりではない．25〜30 ppm のほぼ平均値に近い値でも発現する場合がある．

銅欠乏の発現は，土壌中の可溶性銅と密接な関係がある．可溶性銅の抽出には EDTA，有機酸，希塩酸などが使用され，北海道のコムギの例では，0.1 N 塩酸可溶銅で 0.2 ppm 以下で欠乏症状が発現する．まれに 0.55 ppm 程度でも発現が観察される．

2) 銅欠乏の対策　1作で吸収される銅の量はわずか 50〜100 g/ha である．しかし対策として土壌に施用する銅の量は土壌吸着が大きいので，それではまったく足りない．外国の例では，硫酸銅水溶液（$CuSO_4 \cdot 5H_2O$）で 33〜66 kg/ha，北海道の例でも 40 kg/ha がおおよその目安となる．これで作土の深さを 15 cm とすると 10 ppm の添加となる．ただし1回施用するとその後はほとんど再発しない．

もっと経済的な方法としては葉面散布がある．0.5〜0.8 kg/ha の硫酸銅水溶液の散布となり，ha あたり 1 t の水に溶かすと 0.05〜0.08 ％の水溶液となる．ただしこの場合は持続性がなく，翌年も同様の処置が必要となる．葉面散布の場合は，銅欠乏が判明したときただちに応用できること，効果が早くコムギであれば減数分裂期前であっても効果が認められる．

3) 過剰対策　一般に重金属は酸性側で溶解度が増大するので，土壌 pH を中性にすることが必要である．しかし，ある限度を超える高濃度の場合は有効な方法といえない．その他の方法としては客土か汚染土壌の排除しかない．水田では，移植 2〜3 週間後に過剰障害の症状が発現するが，その後土壌の還元化に伴って症状は軽減する．これは還元によって銅が不溶性の硫化物になるためである．　〔水野直治〕

文 献

1) Bussler, W.: Copper in Soils and Plants (eds. Loneragan, J. F., Robs, A. D. and Graham, R. D.), 220-221, Academic Press, 1981.
2) 水野直治，土橋慶吉：土肥誌，**53**，503-506，1982．

3.4.5 ホ ウ 素

ホウ酸（H_3BO_3）はその解離定数（pK_1）が 9.234 と高いとこから，一般的な作物栽培条件下では分子の形で植物に吸収されると考えられている．植物によるホウ素（B）の吸収は濃度勾配に依存する物理的，非代謝的過程であるとされているが，明確な証明はなされていない．しかし，最近シロイヌナズナでホウ素吸収の劣る突然変異株が単離され，ホウ素吸収機構を解明する手がかりとなるかもしれない．

この要素は，欠乏症発生部位が生長点付近であることからもうかがわれるように，一

般的には古い葉からの再移動が困難であり，作物は生育後期まで一貫した供給を受ける必要がある[1]．

また，この要素に対する植物の要求性には大きな種間差があり，双子葉類は一般にホウ素欠乏に鋭敏で要求性も高いが，単子葉類はこれに比べ一般に鈍感で要求性も低い．また要求性の高い植物は低い植物に比べ，根のホウ素吸着能が高いことが知られている．根のホウ素吸収能の高低と，根の塩基置換容量（CEC）の高低とは関連があり，ともに植物根中のペクチンと関係する反応であろうと推測されている．

双子葉類あるいは単子葉類の中でも培地ホウ素濃度に対する反応は作物により異なり，表3.17のようにまとめられている[2]．

表3.17 培地ホウ素濃度適応性による作物の類別[2]

a 〔低B濃度適応〕			
	低B含有率耐性強	積極的排除能弱	（マメ科）
b 〔高B濃度適応〕			
	積極的吸収能弱	積極的排除能強	（ゴボウ，レタス，タマネギ，パセリ）
	低B含有率耐性弱	積極的排除能強	（フダンソウ）
		高B含有率耐性強	（シュンギク，ヒマワリ，テンサイ，トマト）
c 〔狭域B濃度適応〕			
	積極的吸収能弱	積極的排除能弱	（ニンジン）
		高B含有率耐性弱	（ナス，ピーマン，ネギ）
	低B含有率耐性弱	積極的排除能弱	（ソバ）
d 〔広域B濃度適応〕			
	積極的吸収能強	積極的排除能強	（オオムギ，トウモロコシ）
		高B含有率耐性強	（ウリ科，キャベツ，ダイコン）
	低B含有率耐性強	積極的排除能強	（ハクサイ，イネ）

ホウ素は高等植物，ケイソウ類や海成藻類（*Flagellates*）に対して必須微量要素であり，一方バクテリア，カビ，緑藻類や動物にとっては必須ではないとされてきた．しかし，最近 *Cyanobacteria* は窒素固定を可能とする根粒の生成にホウ素を必要とするが，固定した窒素を生長に利用しないという知見や，ホウ素は動物栄養にも有効な影響をもち，特にカルシウム代謝や骨の発達に関連することを示唆する知見も発表されている．

高等植物，特に維管束植物にホウ素が必須であるという発見は，Warington (1983)[3]がソラマメを用いて行った実験に帰する．その後，70年にわたりさまざまな報告がなされてきたが，まだその生理作用が解明されたとはいいがたい状況にある．

生理作用という言葉の定義にもよるが，ホウ素の植物での役割を個体レベル，器官レベル，細胞レベル，代謝反応レベルのいずれでみているかにより，既往の報告結果に差異が現れる．生理作用が不明であるという場合は，その要素が不足した場合の初発の代謝異常が解明されていないということが多く，ホウ素もそれにあてはまる．

個体レベルでのホウ素欠乏症の発現状況に関しては，古くから多数の記載がなされており，植物の種類によりその症状には差異がある．しかしホウ素欠乏は一般的にいって，形成層を含む分裂細胞の退化，柔組織細胞の破壊，および導管部に不完全な発育を

もたらす．また薄膜細胞の異常肥大とそれに続いて起こる変色は，時として細胞破壊の前兆である．

植物を水耕栽培などでホウ素欠如栽培したとき，多くの作物で最初に肉眼的に観察される欠乏の症状は根に現れる．対照区に比べ，伸長速度が遅くなり，根端の近くまで二次根の発生がみられ，あたかも伸長域が消失した観を呈する．正常根は先端に向けて細くスラリとしているが，欠乏根は粗剛で先端まで太い．また，発生した二次根も生長はできず，瘤状に膨れるに止まる．

地上部では生長点に最初に症状が現れる．新葉の伸展が止まり萎縮し黒変することが多い．植物の種類によっては葉がわん曲するが，その場合はいわゆる下向きカップリングである．

圃場条件下ではダイコン，テンサイ，ハクサイなど外観的には正常と変らないが，収穫物を切ってみると形成層，導管部などが褐変して商品とならない形で欠乏症を発生していることもある．また，コムギ，ナタネなどでみられる例では，栄養生長は正常でも花粉の生成あるいは花粉管の生長不良で結実に至らない，という形のホウ素欠乏症もある．果樹などでは果実に症状が発生することが大部分とされるが，果実のどの生長段階でホウ素不足になったかによってその症状を異にする．

過剰症は，一般的には下の葉から現れる．いずれの植物も，葉緑の変色をその特徴とするが，植物により黄化，白化，褐色化などの違いがある．

ホウ素が関与すると報告されている代謝反応は多岐にわたっている．最近の総説においても，10指にあまる反応があげられる場合が多い（糖の膜輸送，細胞壁合成，細胞壁のリグニン化，細胞壁構造の維持，炭水化物代謝，核酸（RNA，DNA）代謝，呼吸，IAA代謝，フェノール代謝，膜機能維持，脂質代謝など）．

一般的にはその必須性が高等植物に限られること，そして広範な代謝反応に影響が出ることの2点を同時に説明が可能となる機能の解明が必要である．筆者は細胞壁の構成成分としてのホウ素と，細胞質にあって代謝系に関与するホウ素を分けて研究する必要のあることを指摘した．前者はペクチンの架橋として細胞膜の中層（midle lamella）を構成し，作物により必要量に大きな差がある．後者のホウ素は少量で調節系（ホルモンなど）の代謝に関与するならば，上記の2点を説明できるとしたが，明確な証明はできなかった．最近，細胞壁が正常でなければすべての代謝が異常をきたすのは当然であるとの指摘もあるが，細胞を破壊しても正常と考えられる代謝反応を得ることができるとする生化学的知見とは矛盾する．

近年，微量のホウ素を定量する方法として発光分光光度計を利用する方法や，原子炉中性子即発ガンマ線利用，HPLCとクロモトープ酸を用いる微量定量法などが開発され，植物体内でのホウ素の局在性が定量的に明らかにされるようになってきた．

養液栽培された対照区のカボチャの葉では，全ホウ素の20～60％が細胞壁に存在し，欠如区では45～96％が細胞壁に局在した．すなわち，培地のホウ素が植物のホウ素必要量に比べ不足してくる状況では，植物体内でホウ素は優先的に細胞壁に入っていくことが強調されている[4]．また，間藤ら[5,8]は標準培養されたタバコの培養栽培のプロトプラストには，吸収されたホウ素の1.26％しか含まれず，大部分は細胞壁に存在すると

した．さらに，細胞壁に含まれたホウ素の 80 ％は，特定のペクチン質（多糖類ラムノガラクツロナンII）と架橋をすることに機能していると推定している[7]．

先に示した根端において二次根の分化は促進されるがほとんど伸長できないという観察結果から，ホウ素は細胞分裂より細胞の伸長に強く関与するとの推測がなされていたが，培養細胞をホウ素欠如栽培すると増殖しないという実験結果から細胞分裂でのホウ素の必要性を指摘する研究者もいる．

先に示したその他の各種代謝に対するホウ素の関与の有無，あるいは関与の仕方に関しては既往の参考書に記載されている以上の新展開は，まだみられていない．

ホウ素は植物体内での再移動が困難な要素であることは先にふれたが，もしまったく再移動しなければ，葉面散布の有効性は帰しがたいこととなる．近年この点に関しても ^{10}B 富化ホウ酸（あるいはホウ砂）を用いて，葉面散布されたホウ素や，一度葉に蓄積されたホウ素の挙動につき多数検討されている．その結果，葉面散布されたホウ素の新生器官への移動，あるいは開花時期には葉から花芽への再移動が起こっていることなどが証明されている．

〔山内益夫〕

文献

1) 山本満二郎：滋賀県農試特別報告，1960．
2) 山内益夫：鳥大農研報告．**31**, 37, 1979．
3) Warington, K., : *Ann. Bot*.(London), **40**, 27, 1926.
4) Hu, H., and Brown, P. H. : *Plant Physiol.*, **105**, 681, 1994.
5) Matoh, T., *et al.* : *Plant Cell Physiol.*, **33**, 1135, 1992
6) Matoh, T., *et al.* : *ibid*, **34**, 639, 1993.
7) Matoh, T. and Kobayashi, M., : *J. Plant Res.*, **111**, 179, 1998.

3.4.6 モリブデン

a. 欠乏症の発現条件と症状

モリブデン（Mo）は，ニッケル（Ni）とともに必要量の最も少ない植物の必須元素で，乾物重あたり通常 0.1 ppm 存在すればよい．必要量の次に少ない銅は約 6 ppm で，原子数で比べると銅 100 個に対してモリブデンは 1 個を必要とするのみである．

通常，欠乏障害は石灰の十分施されていない酸性の新規開墾畑で発生しやすい．土壌中のモリブデンの溶解度は pH 依存性が高く，酸性になるほどアルミニウム（Al）や鉄（Fe）の酸化物あるいは有機物に結合したり，ポリマーになり不溶化する割合が増えるためである．

モリブデンは一つには，根粒菌の窒素固定に関与する酵素ニトロゲナーゼの構成原子であるため，マメ科植物ではモリブデン欠乏が問題になる．窒素固定能の不足のため，生育は悪く，葉中の窒素含有率は低い．

モリブデンは導管や師管中を移動しやすい元素であるから，欠乏症状は古い葉や組織から現れる．アブラナ科のカリフラワー，ブロッコリなどでは欠乏症状を比較的発生しやすく whip tail（鞭状葉）を示す．ミカンなどでは葉脈間に黄色斑紋を生じ，症状がはげしくなると葉がコップ状に巻き込み，葉縁より枯死する．

モリブデンは硝酸還元酵素（NR）の必須構成原子であるため，モリブデン欠如下では植物の NR 活性が低く体内に硝酸態窒素が蓄積する．施用する窒素源がアンモニア態，尿素態では障害は発生しにくい．過去に窒素源をアンモニア態で生育されたカリフラワーでも，モリブデンの典型的な欠乏症が生じたことから NR 以外の機能も考えられたが，無菌条件下での追試で否定されている．

b．過剰症の発現条件と症状

植物はモリブデン過剰症状を示しにくいが，モリブデン鉱山地帯や人為的に多量のモリブデンを施用すると過剰症を観察することができる．バレイショ，トマトなどナス科植物はオオムギ，ソラマメより敏感でバレイショは小枝が赤黄色になりトマトでは黄金色を呈する．

モリブデンはすでに述べているように必須元素中最も要求量の少ない元素で，植物体内のモリブデン濃度は通常数 ppm 程度である．しかし，土壌中に多量存在すると植物はモリブデンを多量に吸収し，葉中のモリブデン含有率は数 100 ppm に達して，しかも外見上の変化はみられないきわめて特異な元素である．植物体内へはモリブデン酸イオン（MoO_4^{2-}）の形で吸収され，過剰毒性が低いのは，カチオンでなくアニオンとして吸収されるのが一因とされている．モリブデンの欠乏・過剰の限界含量の比は 10^3 以上になるが，この許容濃度範囲は微量必須元素中最大である．

植物体自身には過剰障害は発生しにくいが，それを食料とする家畜にモリブデン過剰症が発生する．ウシが最も敏感で，ついでヒツジが弱く，ウマ，ブタは強い．

家畜のモリブデン中毒は，硫酸銅を投与することによって予防，治療することができる．モリブデンの直接的な害作用は，家畜体内の銅が排出され銅欠乏による代謝異常を起こすことによるため，銅の投与が必要なのと，硫酸根はモリブデンの尿中への排泄を促進する．一方，硫酸銅は家畜の消化管内の還元状態下で不溶性の銅チオモリブデン酸（$CuMoS_4$）を形成し，モリブデンが過剰に体内に吸収されるのを防ぐ．

c．生理機能

1）硝酸還元酵素（NR） NR は硝酸が亜硝酸に還元されるのを触媒する酵素であるが，高等植物の NR は分子量 200〜270 kDa で，同一の構造をもつ二つのサブユニットからなるホモ二量体で，おのおののサブユニットは，FAD，シトクロム b_{557} およびモリブデンコファクターをそれぞれ1モルずつ含む三つのドメインから構成されている．二つのサブユニットはモリブデンコファクターを含むドメインで結合している（図3.11）．

モリブデンコファクターは，分子量 500〜550 程度のモリブデン－プテリン複合体（図3.12）としてタンパク質に結合している．ジチオナイトにより還元された5価のモリブデンが6価になって，NO_3^- に直接電子を供与し還元することなどから，NR 領域の終末で機能していることが明らかとなっている．

2）窒素固定 通常植物体中に含まれるモリブデンは平均 0.9 ppm とされているが，植物によって含有率に差異があり，裸子植物では少なく，マメ科植物で高い．特にマメ科の牧草はイネ科に比べて 2〜3 倍もモリブデン含有率が高く，根粒ではさらに含有率が高い．根粒中の含有率が高いのは窒素固定にモリブデンが必須のためで，分子

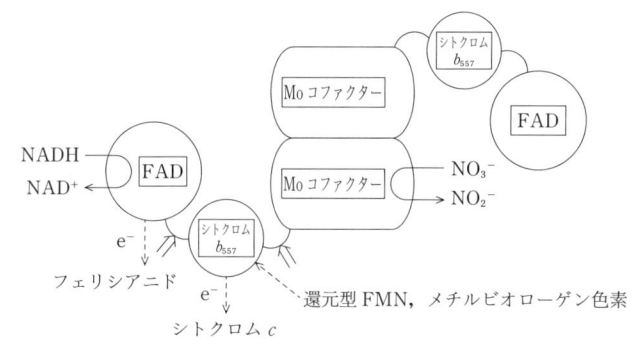

図3.11 緑葉体NRの構造（中川，1988）
それぞれのドメイン間はプロテアーゼ感受性部位（⇐）を含むポリペプチドで結合している．

状窒素をアンモニアに還元するニトロゲナーゼはモリブデンを構成要素としている．

分子状窒素（N_2）を NH_3 に変換する酵素をニトロゲナーゼと呼ぶが，これは図3.13に示すように N_2 にプロトンを渡して NH_3 に還元するモリブデンと鉄（Fe）を含む分子量約22万タンパク質（真のニトロゲナーゼ）と，ATPを消費して Mo-Fe タンパク質を還元する分子量約3万の鉄タンパク質（ニトロゲナーゼ還元酵素）で構成される複合酵素である．Feタンパク質を還元するためには $-400\,\text{mV}$ 程度のきわめて低い酸化還元電位が必要であり，フェレドキシンやフラボドキシンのような電子伝達タンパク質がその役割をになっている．

図3.12 モリブデン-プテリン複合体

本酵素の触媒作用によって N_2 を固定して2分子の NH_3 とするためには，約8個の電子（還元力）と約16個のATPが必要である．このうち2個の電子は副産物として水素を発生するために消費される．

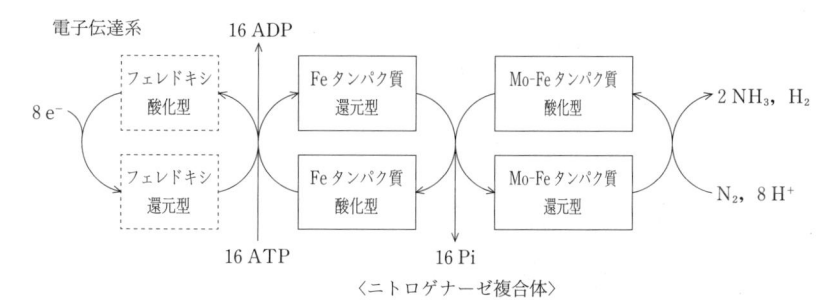

図3.13 ニトロゲナーゼによる窒素の還元

$$N_2 + 8e^- + 8H^+ + 16\,ATP \xrightarrow[\text{ニトロゲナーゼ}]{} 2NH_3 + H_2 + 16\,ADP + 16\,Pi$$

モリブデンは，高等植物だけでなく動物にも必須元素であり，キサンチン酸化酵素，アルデヒド酸化酵素，亜硫酸酸化酵素はモリブデンを構成要素とする酵素である．これら酵素に含まれるモリブデンは通常モリブデン（VI）として存在し，酸化反応の過程で次の還元が生じる．

$$Mo(VI) + 2e^- \rightleftarrows Mo(IV)$$

前記の NR やニトロゲナーゼもこのモリブデン原子の価電変化の性質を利用している．

〔渡辺和彦〕

3.4.7 塩　素

高等植物の必須元素として最も最近確認されたのが塩素イオン（Cl^-である．）Cl^-の欠除栽培には，海由来の粉じんがその給源となるため，脱塩蒸留水，再結晶塩類の使用とともに防塵装置つき育成箱が必須である．さらに種子，幼植物からのもち込み量も大きいので，Cl^-欠乏植物をつくるには種子の小さい生長の早い種を用いる必要がある．Cl^-が不足したトマトでは頂芽が萎凋し軟弱になり下位葉は葉焼け，壊死する．根は伸長が止まり太くなる．レタスでは葉が萎凋する．アサガオでは Cl^- 欠乏の影響は上位葉にクロロシス黄班が現れついで萎凋が始まる．下位葉，子葉には害徴が現れない．サトウダイコンでも葉身の萎凋がみられる．キウイは特に Cl^- 要求量の多い植物として知られている．

単離チラコイドを用いる酸素発生の実験過程で，チラコイドのエイジングによって酸素発生速度が低下すること，この低下は Cl^- の添加によって回復することが見出され，Cl^- は葉緑体チラコイド膜 PSII 粒子での水分解-酸素発生過程の触媒として機能していることが示された．一方，サトウダイコンを塩素欠除栽培したとき，その生育量が低下し始める緑葉の Cl^- 濃度は 20 μmol/g 乾物量であったが，このとき光合成活性は低下しなかったので，葉緑体における機能だけでは Cl^- の機能を説明できないという意見もある．

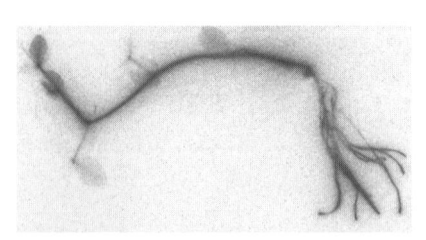

図 3.14

図 3.15

気孔の開閉はカリウム（K）と随伴アニオン（塩素イオン，リンゴ酸など）の移動による孔辺細胞の膨圧変化によって行われる．タマネギなど孔辺細胞が葉緑体をもたない種ではリンゴ酸をつくることができないのでカリウムイオン（K$^+$）の随伴アニオンとしてCl$^-$が必要とされる．ヤシは塩素欠乏によって孔辺細胞の反応が遅延する．ヤシの孔辺細胞は葉緑体をもつが，含塩素イオン肥料が生育促進効果をもち，これも気孔の開閉に起因するものと考えられている．エンドウで塩素を含むオーキシンがみつかっているが，必須性との関係は明かではない．

植物に吸収された塩素イオンの分布を放射性塩素（^{36}Cl）とバイオイメージングアナライザー（富士写真フィルム社）を用いて定量する方法が開発されている[1]．この方法は従来のX線フィルムに比べて高感度でしかも放射線量に定量性がある．アサガオやエンドウの場合，イメージングプレートに吸収された放射線量は葉の中の^{36}Cl量に比例する．茎や根の場合，厚みがあるため放射線は一部組織に吸収され組織内の^{36}Cl量と比例せず，この方法を用いた元素の定量には，放射線のエネルギーと組織の厚みを考慮する必要がある．

図3.15は偶然に見出された斑入りのエンドウ（図3.14）に^{36}Clを吸収させてバイオイメーシングアナライザーで解析したものであり，葉の斑入りの部分には^{36}Clが吸収されていないことがわかる[2]．

〔平澤栄次・間藤　徹〕

文　献

1) Fueda, W. and Hirasawa, E.：*Plant and Soil*., **164**, 261-266, 1994.
2) 笛田和佐子，平澤栄次：未発表．

3.5　その他の有用元素

3.5.1　ケ　イ　素

ケイ素（Si）は酸化物，ケイ酸塩として地殻中に酸素に次いで多量に存在する．植物が吸収できる，土壌溶液中に存在するケイ素はオルソケイ酸（H$_4$SiO$_4$）で，中性pHでは解離せずノニオンとして存在している．高濃度ケイ酸溶液を放置するとゲル化が進み室温では約100 mgSiO$_2$/Lの飽和溶液となる．被子植物の平均ケイ酸含有率（SiO$_2$/乾物重）は200 ppmと高くはなく，特にマメ科植物では低い．しかしシダ植物，イネ科植物の中には乾物重の20％近くまでケイ酸を吸収蓄積するものもある[1]．イネはケイ酸をよく吸収集積する．特に生育後期に顕著である．体内にかなり濃縮されること，根を呼吸阻害剤で処理すると呼吸が停止することからイネには何らかのケイ酸の積極的吸収機構が存在することが示唆されている[1]．イネ培養細胞はケイ酸を吸収しないがホルモン処理によって発根が始まるとケイ酸を吸収し始めるのでイネの特異的ケイ酸吸収能力は根に由来するものと考えられる．これらケイ酸集積植物においても現在のところケイ素の必須性は認められていない．ケイ藻はケイ酸欠除により増殖が停止しその必須元素である．高等動物ではニワトリ，ラットでケイ酸欠乏によって結合組織や関節軟骨の発育障害が生じ，ケイ酸は結合組織のムコ多糖タンパク質複合体の構成因子であると考えられている．

葉身の相互遮蔽が起こる水田ではケイ酸吸収によってイネ緑葉の受光姿勢がよくなり光合成がさかんになって生育の促進，窒素耐肥性を高めると推察されている．さらに水田土壌のケイ酸供給力が低くイネのケイ酸吸収が少ない場合には，いもち病の罹患が増加する．また，低温，乾燥，窒素過剰，塩害などのストレス条件下ではケイ酸の肥効が現れ収量低下を抑制する．これらの現象から，ケイ酸はイネにとっての農学的有用元素とされ，ワラのケイ酸含有率が11％以下ではケイ酸肥料の施用効果が期待できるとされている．特に北海道，東北の水田稲作においてケイ酸施肥は重要である．サトウキビ栽培でもケイ酸資材の施用が行われている．ケイ酸集積植物ではないキウリでもケイ酸含有率の高い方がうどんこ病や害虫に抵抗性が高い．最近ではケイ酸は作物と何らかの相互作用をもつとする見方が有力である[2]．トマト，キウリ，イチゴなどで厳密なケイ酸欠除栽培を行うと開花期以降に欠乏症と思われる障害が起こることが報告されているが，この障害は亜鉛栄養を介して発現しているとする見方もある．

相互遮蔽を考慮する必要のないポット栽培でもケイ酸を欠除すると，蒸散量の増加，葉身の下垂，鉄（Fe），マンガン（Mn）の過剰吸収，分げつ，1穂粒数，稔実歩合の低下などが生じる．イネ緑葉ではケイ酸の90％以上が重合したシリカゲルとしてクチクラ層直下にシリカ層，さらに細胞壁セルロースとセルロースシリカ層の，クチクラ-シリカ二重層を形成している（図3.16）[3]．同じイネ科でもケイ酸吸収の少ないムギ，トウモロコシではワックスからなるクチクラ層

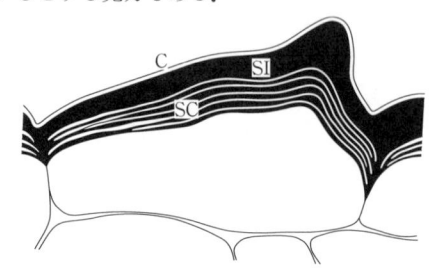

図3.16 イネ表皮細胞におけるケイ酸の局在[3]
黒い部分がケイ酸の沈積を示している．
C：クチクラ層，SI：シリカ層
SC：シリカセルロース層

が発達しているのに対し，イネではクチクラ層の発達が貧弱なことから，このクチクラ-シリカ二重層によってクチクラ蒸散を抑えており，ケイ酸の吸収が十分でない場合には，クチクラ蒸散が増加し葉が水ストレスを受けやすくなる．また，シリカ層の発達が不十分な場合にはイネにおけるいもち病，キウリにおけるうどんこ病など，糸状菌の菌糸に侵されやすくなる．つまりイネにおけるケイ酸の有用性はケイ酸の葉身細胞壁への集積による水ストレスからの回避と物理的強度によって発揮されると考えられる．しかし，ケイ酸による鉄，マンガンの過剰吸収抑制の機構は不明である．マンガンの過剰障害に対するケイ酸の軽減効果は，オオムギ，インゲンでも報告されているが，これらの種では，ケイ酸はマンガンの吸収を抑えるのではなく，葉内でのマンガンの局所的集積を抑えるとされている．

吸収されたケイ酸は，体内ではゲル化して存在し一部はプラントオパールとなる．ケイ酸集積植物でも有機化合物に含有されるケイ酸はみつかっていないが，マメ科エンジュのレクチンがケイ素を含んでいたという報告がある．またケイ素の同族体であるゲルマニウムは，ケイ酸集積植物に過剰に吸収されて障害をもたらす場合があるが，イネ根にゲルマニウムと結合するタンパク質が存在する可能性が示されており，このタンパク

質がケイ酸吸収に関係している可能性がある. 〔間藤　徹〕

文　献
1) 高橋英一：比較植物栄養学, 養賢堂, 1974.
2) Epstein, E.：*Proc. Natl. Acad. Sci. U.S.A.*, **91**, 11-17, 1994.
3) 吉田昌一：農業技術研究所報告, B 15, 1-58, 1965.

3.5.2　ナトリウム

　高等植物がナトリウム (Na) を必須元素とするかどうか厳密な水耕栽培試験がくり返されたが, ナトリウムを25 ng/Lまで除去してもトマトやワタでは生育には大きな影響はみられず, ナトリウムは高等植物の必須元素とは認められなかった. 1965年になって *Atriplex vesicaria* (アカザ科) がナトリウム欠乏による生育障害を示すことがBrownellらによって報告され[1], 彼らの精力的な研究によりC_4植物の中にナトリウムを必須とする種が存在することが明らかにされた. ナトリウムの必須性が認められないC_3植物でもカリウム (K) が欠乏しているときにはナトリウム施用が障害を軽減したり, 特定の作物では, カリウムが十分に供給されていてもナトリウムの生育促進効果が認められるところから, ナトリウムは農学的有用元素とされている.

　カリウムは, カリウム依存酵素の活性化, タンパク質合成系の安定化と活性化, 生体内負電荷の中和, 浸透圧 (膨圧) の形成などに機能している. これらの機能のうち, 前二つの機能はナトリウムでは代替できないカリウムの細胞質における機能である. 一方, 後二つはナトリウムでも代替できるカリウムの液胞における機能である. ナトリウムはカリウムが不足するとき液胞で電荷の中和, 膨圧の形成などの機能を代行し, これによってカリウムを細胞質に局在させカリウムの欠乏による代謝障害を軽減する. キャベツ, トマト, ワタ, ホウレンソウ, コムギ, オオムギ, イネ, ライグラスなどではカリウム欠乏植物にナトリウムを与えると葉身のナトリウム濃度が上昇し, 欠乏症状の軽減, 生育量の改善がみられる. 一方, ダイズ, インゲンマメ, トウモロコシなどではナトリウムは代替作用を示さず, 根では含有率が上昇するものの葉身には移行しない (図 3.17). すなわち, ナトリウムのカリウム代替性が顕著な種は, カリウム欠乏時にナトリウムが地上部に転送される種である. さらに, サトウダイコン, テーブルビートやローズグラスなどではカリウム供給が適切であってもナトリウムが生育を促進する. サトウダイコンでは葉身の吸水生長がナトリウムによって促進され

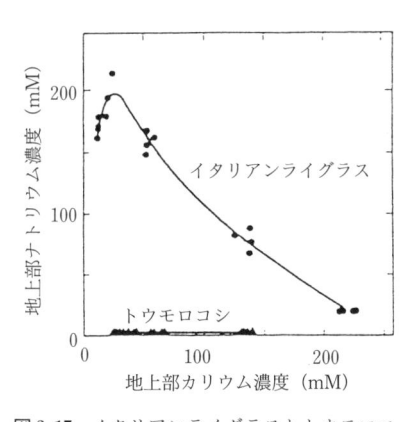

図 3.17　イタリアンライグラスとトウモロコシにおける地上部ナトリウム濃度とカリウム濃度の関係. 1 mM NaClを含みKCl濃度を異にする培養液で育てた植物地上部のナトリウム, カリウム濃度 (川本邦男・間藤徹・高橋英一原図)

ることが示されており，ナトリウムの液胞への蓄積による膨圧の形成がその有用性の理由であると考えられる．ナトリウムは動物には多量必須元素なので家畜への給餌を目的とする飼料作物は，葉身にある程度ナトリウムを蓄積するような種が望ましい．

ナトリウムを必須元素とする種は，C_4植物の中でもNAD-マリックエンザイム型，PEP-CK型のC_4光合成経路をもつもので，トウモロコシ，サトウキビなどNADP-マリックエンザイム型植物はナトリウムに反応しない．CAM植物の生育も微量のナトリウムで促進される．これらのナトリウム要求は培地濃度0.1 mM程度で飽和し，そのときの体内含有率は乾物重あたり0.4％程度とその挙動は微量要素的である．C_4植物葉肉細胞

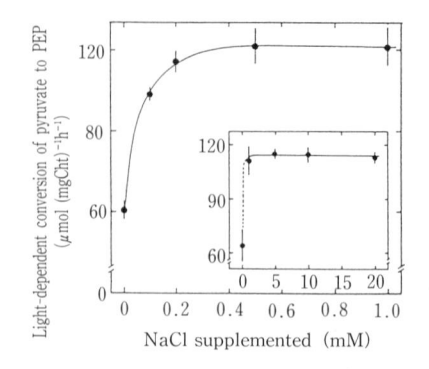

図3.18 *Amaranthus tricolor* 葉肉細胞葉緑体のピルビン酸からホスホエノールピルビン酸（PEP）の転換に対するナトリウムの効果．挿入図は高いナトリウム濃度域（1～20 mM）を示す．

では葉緑体で重炭酸イオンの受容体であるホスホエノールピルビン酸（PEP）がピルビン酸から合成される．ナトリウムを必須とするキビ，ハゲイトウの葉緑体では，このピルビン酸の葉肉細胞葉緑体による吸収がナトリウムと共輸送で行われること[2]，この吸収は葉緑体懸濁メディウム中のナトリウム濃度0.2 mMで飽和することが示され[3]（図3.18），ナトリウムの作用点は葉肉細胞葉緑体のピルビン酸トランスポーターである可能性が示されている．

〔間藤　徹〕

文　献

1) Brownell, P. F.：*Plant Physiol.*, **40**, 460-468, 1965.
2) Ohnishi, J., *et al.*：*Plant Physiol.*, **94**, 950-959, 1990.
3) Murata, S., *et al.*：*Plant Cell Physiol.*, **33**, 1247-1250, 1992.

3.5.3 アルミニウム

アルミニウム（Al）は3B族の金属元素の一つでホウ素と同族である．地殻中には8.2％も存在し，酸素，ケイ素に次いで多い．また土壌中では7.1％存在し，pHが4以下になると多くがAl^{3+}で存在するようになる．pHが4を超えると，水溶液アルミニウムの全濃度が減少するだけでなく，そのイオン種が$Al(OH)^{2+}$や$Al(OH)_2^+$のような水酸化アルミニウムとなったり，重合塩基性アルミニウムイオンまたはこれに近い組成のAl_{13}ポリマー〔$AlO_4Al_{12}(OH)_{24}(H_2O)_{12}$〕$^{7+}$などに変わる．さらにpHが上昇すると$Al(OH)_3$を形成し，よりpHが高くなると$Al(OH)_4^-$として溶解もする．これらの過程にリン（P）が関わると水溶性多価アルミノリン複合体が形成され，より複雑化する．したがって，これらに対する植物の応答は大変複雑なものとなる．それらの中で植物に最も毒性を与えるのはAl^{3+}であり，最近Al_{13}ポリマーもかなり毒性を示すといわれて

いる.

植物のアルミニウム含量は,被子植物で平均550 ppm, 草木植物で200 ppmといわれ,若葉より古葉で多い.また,酸性土壌で生育する植物の根には葉の数倍も含まれる.植物の酸性障害はH^+によるよりむしろAl^{3+}による障害が主とされている.植物のアルミニウム障害は当初根で生じ,必須元素のリンやカルシウムなどの吸収,移行を妨げる.さらにアルミニウムは植物の生命現象の基本的なところでダメージを与えている.すなわち根の細胞分裂の阻害,細胞膜の機能障害,カルモジュリンの活性阻害とそれに続く酵素阻害などを引き起こす.したがって,その障害機構の解明やその軽減は重要な課題である.

一方,いくつかの植物は高いアルミニウム含量を示し,また耐性の強いことが知られている.熱帯雨林に育つ原始的樹木性双子葉植物がそれで,37科に及ぶという.そして1,000 ppm以上含む植物をアルミニウム集積植物と定義されている.集積植物として特に知られているのがチャで20,000 ppmにも及び,アジサイ,ヒカゲノカズラの一群などもあげられる.

植物の吸収するアルミニウムの形態については,ほとんどわかっていなく,Al^{3+}やAl-有機複合体と推定されている.典型的な集積植物のチャの根では表皮細胞にアルミニウムが局在し,皮層・内皮細胞や中心柱にはほとんど認められない.しかし,樹液中には最高12.5 ppmも存在する.また葉では表皮細胞(表面裏面とも)に局在している.これらの集積植物中のアルミニウムの存在形態はあまり知られていないが,コハク酸,オキザロ酢酸,クエン酸との沈殿生成が樹木心材でみられると報じられている.チャでは新芽でAl-カテキン錯体の存在が推定されている.

植物,特にアルミニウム集積植物にとってアルミニウムが必須元素であるとする証左はまだない.しかしアルミニウムの培地への低濃度供与で植物生育が促進されたとする報告は多い.たとえば,ススキ,エンドウ,ハギ,テンサイ,ユーカリ,イネ,アザレア,クラウンベリー,ラジアタマツなどであり,1~2 ppmかそれ以下で促進がみられる.ところがチャでは10~43 ppmで有益効果がみられ,86 ppmになって初めて害らしき症状を呈する.次いでトウモロコシでは5 ppmまで良好になることが知られ,メラストーマ,オオイタドリ,メルラーカなどの植物でも促進効果が示され,有益性を示す植物は意外に多い.

これら生育促進を示す植物におけるアルミニウムの有益な効果を説明づけすることはむずかしいが,いくつかの指摘がなされている.その一つは,低pHになりH^+が増加すると根が障害をうけるが,アルミニウムはそれをマスクするという効果である.二つはアルミニウムがリン過剰を抑制する効果である.例えばチャはリン過剰に弱く,アルミニウムを与えるとその害が軽減され,一方リン少量下ではリンをよく吸収する現象がみられ,調節的役割を示す.三つには,これら耐性植物の多くはアルミニウムがカルシウムの吸収を抑制するが,リンやカリまた窒素の吸収を促進させることである.これは多分内因的なもので根の活性を上昇させるためと考えられる.たとえば,アルミニウムが根の細胞のアポプラストに達し,エリシターとして機能している可能性である.四つには,同じ3B族のホウ素と似た生理作用がみられることである.チャの花粉管の生長

はホウ素によって顕著に促進されるが,ホウ素の代わりに少量のアルミニウムを与えても促進がみられることである.このことはチャの根をホウ素欠乏にさせアルミニウムを供与することでも明確にみられる.しかし,地上部ではこの現象は認められなく,一部に代替性があるようである.その他,アルミニウムは銅や亜鉛の過剰吸収を抑制するという.またマンガン過剰害もアルミニウムの供与で見事に軽減されることがチャで実証されている.これらのことから,少くともチャではアルミニウムを有用元素と呼べよう.

アルミニウムを低濃度で与えると有益性を示す植物は漸次知られてきている.特に耐酸・アルミニウム植物一般に認められる現象のようである.今後これらの有益性を機構面からより明確にする必要がある.　　　　　　　　　　　　　　　　　　〔小西茂毅〕

3.5.4　コバルト[1〜3]

コバルト (Co) は,原子量59の鉄族遷移元素で,水溶液中ではCo^{2+}またはCo^{3+}のイオン型をとる.コバルトは動物および多くの微生物では必須元素であるが,高等植物における必須性は確認されていない.ただし,植物と微生物の共生的窒素固定にはコバルトの必要性が認められており,今後,高等植物自体にも必須性が認められる可能性がある.

コバルトの平均存在量は,土壌1L中に1〜40 mg含まれるが,植物には0.02〜0.5 mg/kg,動物(ヒト)には約0.04 mg/kgと少量含まれているにすぎない.植物体内のコバルト濃度は,植物種,器官,栽培土壌による変動が大きい.オーストラリアなどではウシやヒツジにコバルト不足による貧血症(ビタミンB_{12}欠乏)が発生する地域がある.反すう動物の飼料中にはコバルトを0.07 mg/kg以上含む必要があるので,飼料作物中のコバルト濃度は畜産上重要である.

コバルトは生体内でコバラミン補酵素として機能している.微生物ではコバラミン補酵素の関与する10種類以上の生化学反応が知られているが,動物ではビタミンB_{12}誘導体がメチルマロニル-CoAムターゼの補酵素として働くことが唯一の生理機能として認められている.高等植物でコバラミン補酵素の関与する反応は確認されていない.

コバルトの植物生育に対する有用性は,根粒菌と共生して窒素固定を行うマメ科植物についてよく知られている.根粒菌を接種したダイズやクローバを精製培養液を用いて無窒素栽培したところ,コバルト無添加では生育が極端に悪くなり,葉に窒素欠乏によるクロロシスを生じた.この原因はコバルト欠乏で根粒の発達と窒素固定が阻害されたためであった.マメ科根粒内でのコバルトの役割は,根粒内に特異的に存在し酸素運搬機能をもつレグヘモグロビンの生合成に関与していると予想されている.根粒菌では,メチルマロニル-CoAムターゼ,メチオニン合成酵素,リボヌクレオチド還元酵素がコバラミン依存酵素であり,特にメチルマロニル-CoAムターゼはレグヘモグロビンのヘム合成に関与している可能性がある.マメ科以外の共生窒素固定植物であるハンノキやアカウキクサなども比較的高濃度のコバルトを必要とし,コバルト欠乏症状が認められている.ただし,これらの共生窒素固定植物でも,硝酸やアンモニアを窒素源として育てるとコバルト欠乏が出にくくなることから,コバルトは植物生育というより共生微生

物（根粒菌，ランソウ，放線菌）に必要であると考えられる．

一方，0.006 mg/L と極微量のコバルトを培養液に添加することによりコムギの生育が促進されたという報告があり，また，芳香族アミノ酸類合成に関与する DAHP 合成酵素のアイソザイムの一つが Co^{2+}（0.5 mM）要求性であることがみつかったため，植物自体にもコバルトが必須または有益元素である可能性がでてきた．しかし，コバルトの欠乏濃度レベルはきわめて低く，環境中に比較的多く含まれるため，圃場でのコバルト施用試験において，窒素固定マメ科植物以外の一般作物では，効果はほとんど認められない．

植物に対するコバルトの生理作用としては，植物切片の伸長促進やバラ切り花の寿命延長効果などが知られている．しかし，これらの効果は，コバルトの直接作用というよりは，銀と同様にコバルトがエチレン生成阻害効果をもつためと考えられている．その他，オナモミの開花調節に関係する，ユリ科植物で花粉の発芽に必要であるという報告もあるが，これらの生理機構の詳細は不明である．

コバルトは植物にとって，毒性の強い元素の一つである．水耕栽培では多くの植物が，0.5 mg/L 以上のコバルト添加で生育低下を示す．水耕キャベツでは，培養液コバルト濃度が 0.05 mg/L では害は見られなかったが，0.5 mg/L では 60% 程度の生育抑制がみられた．その際，根と葉のコバルト濃度はそれぞれ約 75 mg，6 mg/kg であった[4]．クワの葉の生長阻害効果は，マンガン，亜鉛，ニッケル，銅よりも低濃度で現れた．

コバルト過剰症状は，インゲンでは初め葉脈が赤茶になり，症状が葉柄や茎に伸展した．トマトの過剰障害では小葉や花の退化や異常がみられた．コバルトは導管経由で蒸散流により容易に茎葉部に運ばれ，また，葉から与えたコバルトも篩管経由で根へ転流するなど植物体内で移動しやすい．コバルトは強いキレート生成作用があるため，活性中心に配位している金属原子と入れ代わり有害作用を示す可能性がある．そのほかのコバルトの過剰症状としては，エンバクなどで鉄との拮抗作用による鉄欠乏クロロシスが知られている．

コバルトを高濃度に含む鉱山土壌に適応した植物の中には，コバルトを 5000 mg/kg と非常に高濃度に集積しても障害を示さないものがある．これらの植物はコバルト濃度の低い土壌でも生育できるため，高濃度のコバルトが必要なわけではない．現在，コバルトを 0.1% 以上集積する高濃度コバルト集積植物が 15 種知られているが，コバルトのように有毒な元素を障害なしに高濃度に蓄積する機構はわかっていない．

〔大山卓爾〕

文献

1) Bollard, E. G.：Inorganic Plant Nutrition, Encyclopedia of Plant Physiology New Series Vol. 15B(ed. Lauchli, A. and R. L. Bieleski), 695-744, Springer-Verlag, 1983.
2) Marschner, H.：Mineral Nutrition of Higher Plants, 341-365, Academic Press, 1986.
3) Hewitt, E. J. and Smith, T. A. 鈴木米三，高橋英一共訳：植物の無機栄養，理工学社，1979．
4) Hara, T., Sonoda, Y. and Iwai, I.：*Soil Sci. Plant Nutr.,* **22**(3), 317-325, 1976.

3.5.5 ニッケル

ニッケル（Ni）は植物にとって必須元素に証明されていないが，この必須元素の最も近い位置にある元素の一つである．

a. 植物体内におけるニッケルの役割

植物体内に吸収された尿素はそのままでは窒素として利用されず，これがアンモニアと二酸化炭素に分解されてから利用される．この尿素の分解に一役かっているのがウレアーゼ（urease）である．このウレアーゼはニッケルの存在で活性化されることが知られている．一方，微生物による水素の発生と吸収に関与する酵素としてヒドロゲナーゼ（hydrogenase）があるが，この酵素もニッケルの存在で活性化されること知られている．

ダイズに対するニッケル施用試験では，ニッケルの高い土壌（総ニッケル，22 ppm 以上）ではその効果が認められなかったが，低ニッケル土壌（総ニッケル，13 ppm）ではウレアーゼと根粒中のヒドロゲナーゼ活性が増大した．しかし収量までの影響は認められないとの報告がある[1]．また嶋田ら[2]は尿素のみを窒素源とした場合，ニッケル欠乏のトマトやオオムギなどで生育不良になることを報告している[2]．土壌中の総ニッケルが 10 ppm 以下の土壌はかなりの頻度で存在するので，ニッケルの問題は将来農業上重要な意味をもってくるであろう．

b. ニッケルの過剰障害

変成岩の一種である蛇紋岩はマグネシウムとともに多量のニッケルを含む．この岩石は風化しやすく，この風化土壌ではニッケルの過剰害が発生する．総ニッケル含有率は 500～3,000 ppm にもなり，農業上深刻な障害が発生している．ニッケルに対する耐性は植物の種類によってかなり異なり，キャベツや白菜，エンバクなどで弱く，ジャガイモ，トウモロコシ，水稲などで強い．ニッケルによる障害の発現は総ニッケル含量ではきまらず，可溶性ニッケルである交換性ニッケルが目安となる．これでみるとキャベツでは 5 ppm 以上，エンバクでは 10 ppm 以上で障害が発現するが，ジャガイモでは 50 ppm 以上でもめったに発現しない．蛇紋岩地帯の水稲では，これまで過剰障害の報告はないが，人工的には発現する．

植物のニッケル過剰障害は，ニッケル濃度だけでなく，鉄とのバランスが重要で，ニッケルの吸収とともに鉄含量の増大する条件にあるものは障害が出にくい[3]．

〔水野直治〕

文 献

1) Dalton, D. A., *et al.*: *Plant and Soil*, **88**, 245-258, 1985.
2) 嶋田典司ほか：土肥誌, **51**, 487-490, 1980.
3) Mizuno, N.: *Nature*, **219**, 1271-1272, 1968.

3.5.6 セレニウム

セレン（Selenium, Se）は硫黄（S）と同族元素であり，化学的性質において似た点が多い．通常土壌中には 0.1～3 ppm 程度含まれており，セレン過剰地帯では数 ppm から

30 ppm にも及ぶ．また植物中には通常 0.02 から 1 ppm 程度存在し，微量である．しかしセレン過剰地帯で生育する Astragalus（ゲンゲ属），Xylorrhiza や Stanleyea の地上部では数千〜3万 ppm にも達し，耐性を示す．これらをセレン集積植物と称している．作物のマスタードやブロッコリーでも比較的多く集積し，耐性を示す．このようにセレン集積は植物種で大いに異なる．

植物は土壌や養液からセレン酸塩を亜セレン酸塩より好んで吸収する．根でのセレン酸塩吸収は，セレン酸塩と硫酸塩の吸収サイトが似ているため競合し，硫酸塩供与で強く阻害される．なお，セレン同化のサイトはセレン酸塩と亜セレン酸塩で異なるという．

セレンの有益性についてはまだ不明確である．かつて Astragalus でその効果が示されたが，この場合，リン過剰を示すようなレベルでセレンが供与されるとリンの害が軽減され，生育の促進がみられたものと思われる．リンの過剰でないレベルでは効果を示さない．

セレンは硫酸と同様セレン酸塩（および亜セレン酸塩）としてイオウの同化系の諸酵素上で競合し組み入れられながら同化される．その一つは硫酸が同化され活性硫酸を生成する鍵酵素である ATP スルフリラーゼであり，硫黄のかわりにセレンを含んだセレノシスティンやセレノメチオニンを生成する．セレンの非集積植物では，それらのセレノアミノ酸がタンパク質に取り込まれて機能しなくなったり，酵素タンパクとなって機能をそこねるかのいずれかで害をうける．これらの植物のセレン害回避戦略はセレンの吸収を抑制して耐性を発揮する．一方，セレン集積植物ではセレノメチオニンの生成は害となるので，セレノメチルシスティンのような非タンパクアミノ酸に形を変え貯蔵する．なおセレンがイネ，ブロッコリー，キャベツの葉などから揮散することが知られ，その主な化合物はジメチルセレナイドである．

他方，ある種の細菌，鳥類，哺乳動物でセレンが必須元素であることが認められた(1957)．それはセレンがグルタチオンペルオキシダーゼの不可欠因子であることがわかったからである．この酵素はグルタチオンを還元剤として過酸化水素や有機過酸化物を還元，分解するもので，動物の赤血球や臓器に存在し，過酸化物による傷害を防護する役割をもっている．また，この酵素は1分子あたり四つのセレン原子を含む．なお，緑藻（Chlamydomonas）でセレン供与によってセレン含有グルタチオンペルオキシダーゼの合成が誘導されるという報告があり，高等植物での研究が待たれる．〔小西茂毅〕

4. 吸収と移動

4.1 細胞内へのイオンの吸収と移動

4.1.1 根内でのイオンの移動経路とイオン吸収サイト

　根におけるイオンの移動を移動距離でみるならば，根の表面から導管までの放射方向の移動よりも，根の長軸に沿った移動の方が主要なものであると思われるかも知れない．しかし，根内でのイオン移動の生物学的重要性は，イオンの単なる位置移動にあるのではなく，土壌溶液中のイオン組成や濃度が茎葉部の必要に合致するように変化しながら移動する点にある．このような変化は，根の横断面に沿った放射方向の移動の過程で主に起こっている．

a. 根の横断面構造

　根の横断面構造は，植物種・根の部位（齢）・環境条件などによって異なる．成熟したオオムギ種子根の比較的若い部位を想定して横断面構造モデルを示すと，図4.1のようになる．土壌粒子や土壌溶液と直接接する根の一番外側は，一層の比較的小さな細胞が連なって表皮(epidermis)を形成している．表皮細胞には，根毛(root hair)を派生させた細胞と派生させない細胞がある．

　単子葉植物の一部では，根毛派生細胞と非派生細胞の分化が認められ，派生細胞は非派生細胞に比べて小さいが，その他の単子葉植物と双子葉植物では，すべての表皮細胞が根毛派生の潜在能力をもち，その発現は環境条件によって規定されているといわれる．根毛を派生させた細胞は，根表面から離れた位置の土壌溶液や土壌粒子とも接することが可能であり，同時に接触表面積を著しく拡大している．表皮の外側には，ムシレー

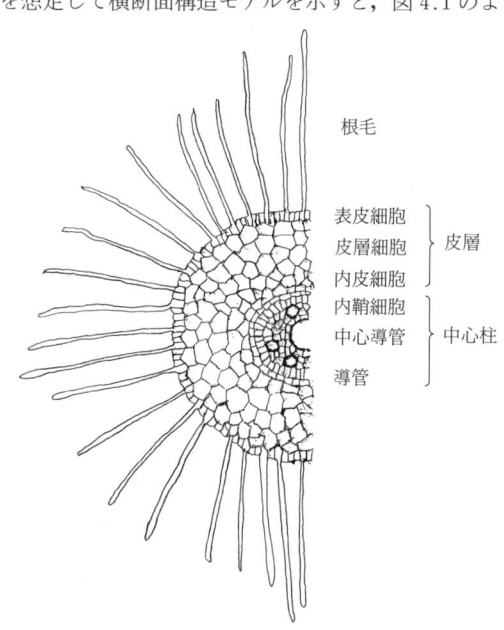

図4.1　オオムギ種子根の横断面構造

ジ（mucilage）あるいムシゲル（mucigel）と呼ばれる多糖類粘液物質の薄い皮膜があり，ムシレージは表皮細胞と根圏微生物の両方に由来している．

表皮細胞の内側は皮層（cortex）であり，比較的大きな皮層柔細胞が放射方向に重層している．皮層柔細胞の内側には一層の内皮細胞があり，相互に連なって内皮（endodermis）を構成している．成熟した内皮細胞の根の長軸と直交するすべての壁では，その中央部に疎水的な物質に富んだカスパリー帯（Casparian band）がある．カスパリー帯ではセルロース微繊維とヘミセルロース，ペクチン，壁タンパクからなる細胞壁立体網目構造の隙間を疎水的なズベリン（suberin）とリグニン（lignin）またはリグニン前駆物質が充填している[1,2]．

隣接する内皮細胞のカスパリー帯は相互に密着しており，また，内皮細胞の細胞膜もカスパリー帯とは密着している[3,4]．内皮に包まれた柱状体は中心柱（stele）である．内皮細胞のすぐ内側には内鞘（pericycle）細胞があり，高次根（側根）が分化する細胞層である．中心柱では柔細胞に囲まれて木部と師部が維管束系を形成しており，導管（xylem vessel）や師管（sieve tube）が物質の長距離輸送路となっている．導管は，原形質と細胞壁の一部が脱落し長軸に沿った細胞壁のみが残ったものである．残った細胞壁には細胞膜に接していた側に部分的な二次肥厚がみられ，これが導管の内壁に環状またはらせん状の紋様をつくって導管の力学的強度を高めている．

b. シンプラストとアポプラスト

根を構成する生細胞の原形質膜（細胞膜）と原形質は，細胞壁の小孔を貫通して相互に連なっており，この連絡を原形質連絡という．原形質連絡は根の横断方向にも長軸方向にも形成されていて，孔辺細胞などの特別の細胞を除けば，植物個体全体に広がっている．原形質連絡で相互に連なり一体化した多核体原形質をシンプラスト（symplast）と呼んでいる．シンプラスト以外の植物体の部位は，細胞壁と細胞間隙によって占められるが，これらが占める空間もまたシンプラストの中に入り込んだ三次元の連続した網目構造体とみることができる．このシンプラスト以外の部分の連続体をアポプラスト（apoplast）と呼んでいる．

シンプラストは細胞膜によって外部と区分され，細胞膜には制御されたイオンの選択的輸送機構が存在する．チャネル，トランスポーター，プロトンポンプ，シグナルレセプターなどは，この選択的輸送機構の主要な構成要素である．シンプラストを構成する原形質には各細胞ごとに液胞が存在し，成熟細胞では原形質体積の80～90％を占めている[5]．液胞の内部には各種のイオンや非電解質が存在し液胞膜によって細胞質ゾルと隔離されている．

液胞膜にはイオンや非電解質粒子の選択的輸送機構が存在し，その機構は基本的には細胞膜に存在するものと類似のものである．この輸送機構の働きにより，多量の溶質が液胞に貯蔵され，また液胞から放出される．液胞は細胞質ゾルにおける物質移動や代謝・浸透圧調節の調整池の役割をはたしている．色素体やミトコンドリオンの膜系にも選択的輸送機構が存在する．

シンプラストのくびれ部分である原形質連絡は，直径約 40 nm の円柱構造をとる（図 4.2）．円柱構造の中心にはオスミウム染色されやすい構造体が縦走している場合が

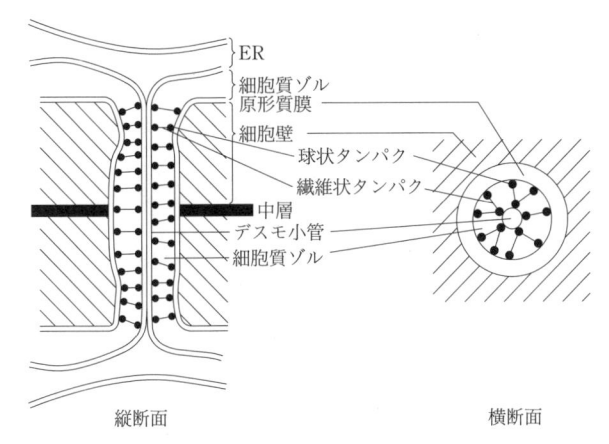

4.1 細胞内へのイオンの吸収と移動

図4.2 原形質連絡の構造模式図 (Clarkson 1996[7]および Lucas and Wolf 1993[8]を参照して作図)(デスモ小管の貫通が認められない場合もある)

多い．これは変形した細胞内膜構造（ER；endoplasmic reticulum）であり，デスモ小管（desmotuble）と呼ばれている．デスモ小管の縦走は細胞有糸分裂終期に ER をまたぐように細胞板が形成されることに由来すると考えられている[6]．縦走するデスモ小管の周囲は細胞質ゾルで包まれている．

Egeria densa では，根における原形質連絡を 1.2 nm 程度の粒径をもつ蛍光標識ペプチドが通過でき[9,10]，水和した K^+，Ca^{2+} の直径（0.66 および 0.82 nm）はこれよりも十分に小さい．原形質連絡細胞質ゾル部分には原形質膜とデスモ小管に付着した球状タンパクがみられ[11]，およそ 1 KD 以上の物質の通過を阻止している[12]．このような分子サイズによる排除の機構には，球状タンパクの他に，繊維状タンパクも関与していることが示唆されている[13]．弱い原形質分離処理は，この環状細胞質ゾル層の層厚を減少させ細胞膜とデスモ小管を密着させるが，デスモ小管の形態はほとんど影響を受けない[14]．このような処理はイオンの放射方向移動を強く抑制するので，デスモ小管を包む環状細胞質ゾル部分がイオンの通路となっていると考えられている．しかし，これはデスモ小管が隣接細胞間の物質輸送やその制御に関与しないと結論づけたものではない．

リグニン化やスベリン化が進んでいない一次壁の場合は，アポプラストを構成する細胞壁は，セルロース微繊維，ヘミセルロース，ペクチン，壁タンパクを主成分としている．これらのポリマーは，数 nm 以下の孔径をもつ多孔性の網目構造を形成しており，この孔径は水分子や低分子イオンはもちろん，コロイド粒子の侵入さえも許容する．

c．根におけるイオンの放射方向移動

イオンの放射方向移動は根の表面から始まり，中心柱内部の導管に到達することで終了する．根毛・成熟内皮・成熟導管が形成された根の比較的若い部分を想定して，この過程の全体像を模式図として示せば図 4.3 のようになる．

根の表面に到達した土壌溶液中のイオンは，まずアポプラストの外縁にあたる表皮細

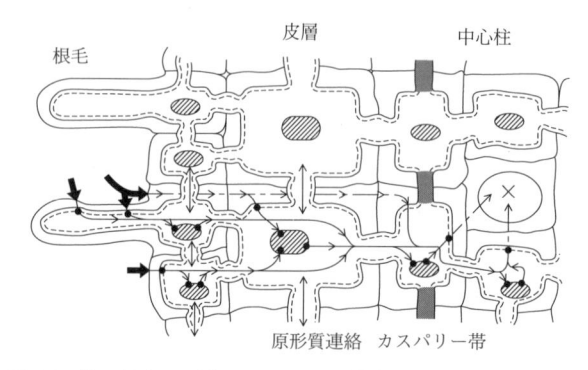

図 4.3 根の表面から導管までのイオンの移動径路模式図（根の横断面）
➡：土壌溶液からのイオンの到達，→：シンプラスト内の移動，-→：アポプラスト内の移動，
▨：液胞，×：導管，…：細胞膜，●：膜輸送

胞の細胞壁とであう．イオンのアポプラスト内での正味の移動は，溶液のマスフローや溶質であるイオンの拡散によって生じる．マスフローは，表皮細胞や皮層柔細胞でアポプラストからシンプラストへ水が吸収されることによって起こる．イオンの拡散は，アポプラスト内のシンプラスト近傍とそこから離れた点の間に形成されるイオン種ごとの電気化学ポテンシャルの熱力学的勾配によって起こり，この勾配は細胞膜を横断してイオンが吸収されることによって形成される．ただし，勾配がゼロの場合であっても，個々のイオン粒子は熱運動を行っており絶えず存在位置を変える．

　これらの運動により，イオンは表皮細胞の細胞膜に衝突する．衝突が，膜に存在する衝突イオン種に対応するイオンチャネルやトランスポーターとの間で起きれば，イオンは表皮細胞の細胞質ゾルすなわちシンプラストに細胞膜を越えて輸送（吸収）される可能性がある．実際にシンプラストに移動するか否かは，膜内外の当該イオン種の濃度差や電位差あるいはチャネルゲートの開閉状態，細胞質ゾルのエネルギー状態などによって決まる．

　表皮細胞でシンプラストに移動しなかったイオンは，アポプラストを通路としてさらに根の中心に向かって移動する．皮層柔細胞においてもイオンは表皮細胞の場合と同様の機構によりアポプラストからシンプラストへ移動する．しかし，表皮細胞におけるシンプラストへの移動（吸収）速度が大きく，根表面へのイオン到達速度が植物によるイオン吸収の律速段階になっている場合には，イオンはほとんど表皮細胞でシンプラストに移行し，アポプラストを通路としてさらに根の内部へ移動するイオンの量は少ない．すなわち，皮層柔細胞でのシンプラストへの移動も量的に少ない．Ca^{2+}を除く多くのイオン種でこのような状態にあると考えられている．Ca^{2+}については，一般に細胞質ゾルにおける濃度がきわめて低く保たれており，一般の細胞膜には吸収機構より排出機構の方がむしろ発達していると考えられるからである[15]．

　硝酸還元酵素は細胞質ゾルに分布する代表的な誘導酵素であるが，0.2 mM NO_3^-培地におかれた植物では，表皮細胞でのみこの酵素の誘導が認められ，皮層柔細胞や中心

柱の細胞での誘導は 20 mM の高濃度培地の場合に認められている[16]。これは，NO_3^-のシンプラストへの移動による細胞質ゾル NO_3^- 濃度の上昇が，低濃度培地では表皮細胞に限定され，高濃度培地では表皮細胞と皮層細胞の両方で起こるためであると考えられている．土壌で生育する植物については，土壌溶液中でのイオン濃度が高い施肥直後を除けば，Ca^{2+}を別とするイオンの吸収は主として根の表皮細胞で行われていると考えられる．

Ca^{2+} の場合や濃度が高いイオン種では，イオンはアポプラストを通路として内皮まで到達し，カスパリー帯の疎水的な障壁に遭遇する．この障壁はアポプラストを通路とする水やイオンの移動に対して大きな抵抗を示す．アポプラストに存在する水やイオンがこの障壁の外側でシンプラストへ移動するならば，この障壁を回避して中心柱へ到達することができる．内皮細胞の細胞膜は，カスパリー帯を境界にして皮層側と中心柱側で異なる性質をもつと考えられている．皮層側では，細胞膜結合タンパクが中心柱側よりも明らかに多く認められ，逆に原形質連絡の頻度は中心柱側の方が大きい．オオムギの内皮細胞の場合，内側の内鞘細胞との連絡頻度は外側の皮層細胞との連絡頻度の約2倍に達する[3]．

植物では茎や葉も含めて一般に，物質移動のさかんな組織や細胞で原形質連絡の頻度が大きいことから，内皮細胞の両極における原形質連絡頻度の大小も，それぞれの部位におけるイオン移動の活発さを反映したものと考えられている．内皮細胞の皮層側に多く存在する細胞膜結合タンパクは，アポプラストからシンプラストへの Ca^{2+} を含むイオンの移動（膜輸送）に寄与していると解釈されている[17]．結局，皮層におけるアポプラストとシンプラストを経路とする二つのイオン移動は，内皮細胞のカスパリー帯の外側でいったんシンプラストにおける移動に統合される．シンプラストを移動経路としてカスパリー帯を越え中心柱に達したイオンは，再び細胞膜を横断して導管に連なるアポプラストに移動する．

シンプラスト内のイオンの移動は受動的であり，溶媒である水の移動に伴うマスフローと拡散によると考えられている．根毛では，原形質流動によって細胞質ゾルが流動するので，根毛に吸収されたイオンはこの流れに乗って根毛内を比較的速く移動できる．しかし，原形質流動を阻害しても導管へのイオン移動速度は低下しないことが，イオン強度の比較的高い溶液におかれたトマト，トウモロコシ，キュウリの切断根で示されており[18]，イオン吸収における根毛の寄与が小さい場合には，根におけるイオンの放射方向移動が原形質流動によって促進されるわけではない．イオンの拡散をもたらす力は，電気化学ポテンシャル勾配に起因する．

根を横断するシンプラストの電位勾配についての情報は少ないが，トウモロコシでは電位勾配は非常に小さいことが微小電極挿入法で確かめられている[19]．これは，皮層側でも中心柱側でも，プロトンポンプが H^+ をシンプラストから汲み出す方向に作動しているためかも知れない．シンプラストの電気化学ポテンシャル勾配は，電位勾配が小さいことから主として化学ポテンシャル項の勾配によって規定されている可能性がある．細胞質ゾルにおける電気化学ポテンシャル勾配に影響する要因として，液胞でのイオンの出入りや NH_4^+，NO_3^-，PO_4^{3-} などの代謝は重要であるが，根の横断面構造と対応

したこれらに関する情報は少ない．

シンプラストとアポプラストの間には，アニオンに関して電気化学ポテンシャルの下り勾配が保たれているので，アニオンはシンプラストを移動する過程でアポプラストへ漏出する可能性がある．低濃度 NO_3^- 培地では，NO_3^- の外向流束（efflux）が測定されている．

d. シンプラストから導管へのイオンの移動

茎葉部への長距離物質移動のルートである導管は，壁物質に囲まれた間隙であり，アポプラストの一部である．イオンをはじめとする物質の木部柔細胞シンプラストから導管への放出機構の詳細は解明されていない．Cl^- や K^+ の導管への放出には，皮層側でのシンプラストへの膜輸送（吸収）に関与するタンパク質とは別のタンパク質が関与していることが示されている[20,21]．

また，トウモロコシのリン酸の吸収と移動について，グルコサミン処理は吸収を抑制せず，グルコース 6-リン酸の加水分解阻害を通じて導管への放出を抑制することが知られている[22]．さらに，リン酸の吸収能は健全であるが，導管への放出に関わる遺伝子の変異により茎葉部への輸送能が著しく損なわれたシロイヌナズナの変異株も得られている[23]．これらの事実は，木部におけるシンプラストから導管へのイオン放出が，皮層側での吸収機構に依存して付随的に起こる漏出ではなく，独立の機構によることを示唆している．

Pitman[24]は根におけるイオンの放射方向移動について，2ポンプモデルを提案した．このモデルでは皮層細胞にシンプラストへの汲み上げポンプが存在し，中心柱でシンプラストから導管への汲み出しポンプが存在すると仮定された．今日までの知見では，汲み出しポンプ（膜輸送）は養分イオンを直接汲み出すポンプだけではなく，シンプラストから導管への各種イオンの受動的移動を可能にする熱力学的下り勾配をつくり出すための間接的なポンプも想定すべきであろう．たとえば，導管液は木部柔細胞よりも高い電位をもつが，木部柔細胞の高いイオン濃度を考慮すれば，電気化学ポテンシャルは一価カチオンも含めて多くのイオン種について熱力学的下り勾配をもち，直接のエネルギー消費を伴わずに拡散によって輸送されるとする見解がある[19]．

導管液の H^+ 濃度は，木部柔細胞での濃度よりも著しく高く保たれており，前者と後者の pH はそれぞれ 5.5〜6.5 および 7〜8 である．このことから，アニオンの移動は電気化学ポテンシャルの熱力学的勾配に沿った拡散によって，養分カチオンについては勾配に沿った H^+ の逆向きの拡散と結合したアンチポートによって，それぞれシンプラストから導管へ放出されるとする見解もある[25]．これらの見解は，木部柔細胞シンプラストにおける各種養分イオンの濃度が高いことと，シンプラストに対して導管側の電位や H^+ 濃度が高く保持されていることを基礎にしている．

シンプラストの養分イオン濃度が高いことについては，皮層側汲み上げポンプの寄与が考えられるが，導管側の電位や H^+ 濃度が高く保たれることについては，木部柔細胞の細胞膜でエネルギー消費を伴うプロトンポンプが作動していると想定するのが妥当であろう[26]．電子顕微鏡観察によって，木部柔細胞はミトコンドリオンの密度が高く，ER の発達も著しいことが示されており[27,28]，エネルギー代謝活性が高い細胞であると

考えられている.

木部に導管が伸長する際には,導管直下の生細胞が死滅し,内容物を導管に放出しながら自ら導管の一部になる.オオムギ,トウモロコシなどの根の中心に遅れて形成される巨大な後生導管では,その伸長時に死滅する細胞から細胞内蓄積物が導管中に放出されると考えられている.このような漏出も,茎葉部の必要を部分的に満たすことに貢献するシンプラストから導管へのイオン放出の一方式である[29].

e. 根の縦断面構造とイオンの吸収・移動

根の長軸に沿った養分吸収の違いは,根面に到達する土壌溶液の量と組成および根の養分吸収機能が長軸に沿って変化することによって生じる.養液栽培では,前者の影響はない.

根の生長点は先端にあり,1本の根では,先端から基部に向かって組織の老化が進んでいる.根端領域は,分裂中の小さな細胞群と分裂を終了し伸長中の細胞群の領域に分けられる.分裂組織域では未分化細胞と分化の始まった細胞の分裂が進行しており,師管細胞の最初の分化はこの領域で認められる.これより基部側の伸長域では,成熟師管細胞の形成と導管細胞の最初の分化が認められる.伸長域のさらに基部側では表皮細胞からの根毛の派生が認められ,土壌および土壌溶液と根の接触面積をいちじるしく拡大している.根

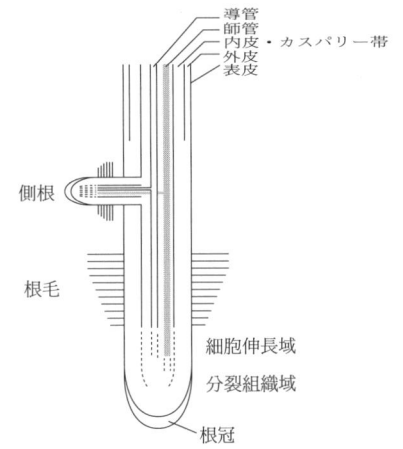

図4.4 根の縦断面模式図

毛派生域は1 cmから十数 cm以上にもわたり,根端側では短く伸長途上にある.代謝活性が高く原形質流動も盛んな根毛は伸長終了後間もないものまでに限られる.根毛派生開始位置は成熟導管およびカスパリー帯を有する成熟内皮細胞の出現位置とほぼ等しく,疎水的なカスパリー帯は土壌溶液のアポプラストを通路とする導管への流入に対して大きな抵抗を示す.根毛派生域より基部側では,多くの植物種で,表皮細胞のすぐ内側にある下皮(外皮)細胞の放射方向壁にズベリンやリグニン前駆体の沈着が認められ,内皮細胞に似た形態を示す[30,31].

根端領域の若い細胞や伸長終了後間もない根毛ではエネルギー代謝が活発であり,H^+の一次能動膜輸送(プロトンポンピング)や,それによって形成されるH^+の電気化学ポテンシャル勾配をエネルギー源とする二次能動膜輸送も活発である.ここでは多くのイオン種について能動的な吸収が認められる.Ca^{2+}は根の中心部に向かってアポプラストをマスフローで移動する割合が多く,下皮や内皮の疎水性壁物質は移動の障壁となることから,吸収部位は下皮や内皮の未発達な根端部で盛んである[32~34].鉄の吸収部位も根端に近い部位に限定されるが,それは鉄を可溶化する酸や還元物質(双子葉植物)あるいはファイトシデロフォア(ムギ類)の分泌部位がそこに限定されるためである[35~37].

表皮細胞で主に吸収され,シンプラストを通路として導管に達するイオン種では,根の先端から基部にわたって比較的広い領域で吸収される.厳密で直接的な証明は少ないが,リン酸イオンやK^+などのイオンはこのようにして吸収され移動すると考えられる[32〜34].

根端から離れた領域では,内鞘細胞由来の始原細胞から形成された側根が内皮と皮層を貫通して外部に派生している.派生した側根はもとの根よりもかなり細いが,基本的な構造と機能はもとの根と同じである.側根派生部位では,もとの根の内皮が細胞分裂して側根の表皮を形成するので,側根を囲むように環状の内皮欠落部位ができる[38].ここでは,アポプラストに疎水的壁物質の障壁がないので,水や[39]アポプラスト移動性物質[40]の吸収と移動が比較的さかんである.発達した根系では,全根長と全表面積の大部分を数次にわたって枝分かれした側根の根長と表面積が占めており,イオン吸収の大部分も側根によって行われている.

根端から十数 cm 以上はなれた部位では,原形質連絡を残して内皮細胞の壁全体が二次的に肥厚しズベリン化する[3].ここでは水の移動も著しく大きな抵抗を受け,内皮細胞の膜輸送機能も封殺されることになるので,水やCa^{2+}の吸収や放射方向移動は少ない[41].

さらに,細胞の老化が進んだ部位では,皮層細胞の一部が死滅し皮層に根の長軸に沿った空洞ができる.しかし,皮層シンプラストの縮小は,イオンの放射方向移動を必ずしも制限しない.

f. 水の移動とイオン輸送

土壌溶液に溶けたイオンは,マスフローと拡散によって根の表面に到達する.水とイオンは根に吸収され,アポプラストやシンプラストを通路として導管に到達するが,この過程で養分溶液や土壌溶液が組成を変えずに導管に到達することはない.たとえば,一般的な植物養分溶液を吸収させた場合,蒸散がさかんで植物の水吸収速度が大きいときであっても,培地中のイオンの濃度は吸収時間の経過とともに変化し,NH_4^+,NO_3^-,$H_2PO_4^-$,K^+などのイオンは濃度の低下がみられる.逆に導管液中のいくつかのイオンの濃度は,培地中の濃度よりも著しく高い.すなわち,吸収と移動の過程で,水とイオン,あるいはイオン種の間で選別が起きている.

この選別は,水やイオンが根のシンプラストに出入りするときの膜通過過程で主に生じている.特に非荷電粒子である水と荷電粒子であるイオンとでは,膜通過過程における通路が異なるだけではなく,通過に要する駆動力も質的に異なる.水分子の直径は1Å程度であり水和金属イオンなどよりもかなり小さいので,一般にはチャネルやトランスポーターによらず,膜脂質の中の不飽和脂肪酸鎖の屈曲などがつくり出す間隙を比較的自由に通過できる.水分子は膜の両側に形成される水ポテンシャル勾配に沿って,イオンは電気化学ポテンシャル勾配に沿うかあるいは直接のエネルギー消費を伴って勾配を遡るかすることによってそれぞれ膜を通過する.エネルギー代謝を基礎にして成立する部分をもつという点で両者に共通点はあるが,膜通過を進行させる駆動力の物理化学的性質は異なる.水の膜輸送については,その寄与の程度は十分には明らかではないが,水特異的チャネルであるアクアポリンによるものも知られている.アクアポリンの

水透過性はチャネルタンパクへのリン酸脱着によって調節されるが，あくまでも受動的な輸送である[42]。

イオンと水分子の移動が一体となって進行する場面は，溶質であるイオンが溶媒である水とともに移動するマスフローの場面に限定される。このようなマスフローによる物質移動は，アポプラストとシンプラスト細胞質ゾルにおける移動においてみられる。Ca^{2+}と水の吸収や移動には正の相関が認められる場合が多い。オオムギの例では，Ca^{2+}の根における放射方向移動と蒸散が高い正の相関を示し[43]，また，根の長軸に沿って水とCa^{2+}の吸収速度をみると両者とも内皮の二次的ズベリン化が進んでいない比較的若い部位で大きな値を示す。これは水の吸収がさかんな部位では，Ca^{2+}がマスフローによりアポプラストを多量に移動し，Ca^{2+}の吸収サイトが表皮細胞だけではなく皮層細胞にも広がるためである。　　　　　　　　　　　　　　　　〔有馬泰紘〕

文　献

1) Van Fleet, D. S : *Botanical Review,* **27**, 165-221, 1961.
2) Scott, M. G. and Peterson, R. L. : *Canadian J. Bot.,* **57**, 1040-1062, 1979.
3) Robards, A. W., Jackson, S. M., Clarkson, D. T. and Sanderson, J. : *Protoplasma,* **77**, 291-312, 1973.
4) Scott, M. G. and Peterson, R. L. : *Canadian J. Bot.,* **57**, 1063-1077, 1979.
5) Wink, M. : *J. Exp. Bot.,* **44**, suppl., 231-246, 1993.
6) Hepler, P. K. : *Protoplasma,* **111**, 121-133, 1982.
7) Clarkson, D. T. : Plant Roots ; The Hidden Half 2nd edition (eds. Waisel, Y., Eshel, A. and Kafkafi, U.), p493, Marcel Dekker Inc., New York, 1996.
8) Lucas, W. J. and Wolf, S. : *Trends Cell Biol.,* **3**, 308-315, 1993.
9) Goodwin, P. B. : *Planta,* **157**, 124-130, 1983.
10) Erwee, M. G. and Goodwin, P. B. : *Planta,* **163**, 9-19, 1985.
11) Ding, B., Turgeon, R. and Parthasarathy, M. V. : *Protoplasma,* **169**, 28-41, 1992.
12) Beebe, D. U. and Turgeon, R. : *Physiol. Plant.,* **83**, 194-199, 1991.
13) White, R. G., Badelt, K., Overall, R. L. and Wesk, M. : *Protoplasma,* **180**, 169-184, 1994.
14) Burgess, J. : *Protoplasma,* **73**, 83-95, 1971.
15) Hepler, P. K. and Wayne, R. O. : *Ann. Rev. Plant Physiol.,* **36**, 397-439, 1985.
16) Rufty, T. W., Jr., Thomas, J. F., Remmler, J. L., Campbell, W. H. and Volk, R. J. : *Plant Physiol.,* **82**, 675-680, 1986.
17) Robards, A. W., Newman, T. M. and Clarkson, D. T. : Plant Membrane Transport, Current Conceptual Issues (eds. Spandwick, R. M., Lucas, W. J. and Dainty, J.), 395-396, Elsevier/North Holland, Amsterdam, 1980.
18) Grass, A. D. M. and Perley, J. E. : *Planta,* **145**, 399-401, 1979.
19) Dunlop, J. and Bowling, D. J. F. : *J. Exp. Bot.,* **22**, 453-464, 1970.
20) Schaefer, N., Wildes, R. A. and Pitman, M. G. : *Australian J. Plant Physiol.,* **2**, 61-73, 1975.
21) Morgan, M. A., Volk, R. J. and Jackson, W. A. : *Plant Physiol.,* **77**, 718-721, 1985.
22) Sasaki, Y., Okubo, A., Murakami, T., Arima, Y. and Kumazawa, K. : *J. Plant Nutr.,* **10**, 1263-1271, 1987.
23) Poirier, Y., Thoma, S., Somerville, C. and Schiefelbein, J. : *Plant Physiol.,* **97**, 1087-1093, 1991.
24) Pitman, M. G. : *Aust. J. Biol. Sci.,* **25**, 243-257, 1972.
25) Hanson, J. B. : *Plant Physiol.,* **62**, 402-405, 1978.
26) Clarkson, D. T. and Hanson, J. B. : *J. Exp. Bot.,* **37**, 1136-1150, 1986.
27) Lauchli, A., Kramer, D., Pitman, M. G. and Luttege, U. : *Planta,* **11**, 85-99, 1974.
28) Pitman, M. G. : *Ann. Rev. Plant Physiol.,* **28**, 71-88, 1977.
29) Clarkson, D. T. : Plant Roots, The Hidden Half 2nd edition (eds. Waisel, Y., Eshel, A. and

Kafkafi, U.), 500-501, Marcel Dekker Inc., New York, 1996.
30) Peterson, C. A., Emanuel, M. E. and Wilson, C.: *Canadian J. Bot.*, **60**, 1529-1535, 1982.
31) Peterson, C. A. and Perumalla, C. J.: *J. Exp. Bot.*, **35**, 51-57, 1984.
32) Harrison-Murray, R. S. and Clarkson, D. T.: *Planta*, **114**, 1-16, 1973.
33) Marschner, H. and Richter, C.: *Z. Pflanzenernähr. Bodenk.*, **135**, 1-15, 1973.
34) Ferguson, I. B. and Clarkson, D. T.: *New Phytol.*, **75**, 69-79, 1975.
35) Römheld, V.: *Physiol. Plant*, **70**, 231-234, 1987.
36) Römheld, V. and Marschner, H.: *Plant Physiol*, **80**, 175-180, 1986.
37) Marschner, H., Römheld, V. and Kissel, M.: *J Plant Nutr.*, **9**, 695-713, 1986.
38) Dumbroff, E. B. and Pierson, D. R.: *Canadian J. Bot.*, **49**, 35-38, 1970.
39) Sanderson, J.: *J. Exp. Bot.*, **34**, 240-253, 1983.
40) Peterson, C. A., Emanuel, M. E. and Humphreys, G. B.: *Canadian J. Bot.*, **59**, 618-625, 1981.
41) Harrison-Murray, R. S. and Clarkson, D. T.: *Planta*, **114**, 1-16, 1973.
42) Maurel, C.: *Annu, Rev. Plant Physiol. Plant Mol. Biol.*, **48**, 399-429, 1997.
43) Lazaroff, N. and Pitman, M. G.: *Australian J. Biol. Sci.*, **19**, 991-1005, 1966.

4.1.2 細胞壁とイオン輸送

細胞壁にはいくつかの酵素も存在し，壁成分の合成や分解，微生物との相互作用において機能しており，限定的ではあるが代謝的な場である．しかし，壁におけるイオンの蓄積，排除，移動は直接にはエネルギー代謝と関係しない受動的なものであり，これらについては壁の立体構造や化学的性質が第一義的に重要である．

a. 細胞壁の組成と構造

植物の一次壁を構成する主要な成分は，セルロース，ヘミセルロース，ペクチンなどの多糖類であり，少量の糖タンパクが含まれる[1]．肥厚が進んだ細胞壁やカスパリー帯ではリグニン含量も多いが，リグニンはプロパニルメトキシフェノールやプロパニルフェノールを単位構造とするポリマーで疎水的であり，リグニン含有量の高い細胞壁はイオンの通路とはならない．

セルロース分子は，グルコースがβ1-4結合により数千分子連なった線状のポリマーである．ヘミセルロースは枝分かれ構造をもつ多糖類であるが，典型的なものはセルロース分子の長鎖にキシロース，ガラクトース，フコースなどからなる短い側鎖が多数結合した構造をもつ．ペクチンはガラクツロン酸とメチルエステル化したガラクツロン酸がα1-4結合で長鎖をつくり，ところどころにガラクトース，アラビノース，ラムノースなどの中性糖が1-2結合で挿入されてねじれを生じ，この中性糖に中性ペクチンなどの比較的短い糖鎖が結合して枝分かれしている．ペクチンは，セルロース，ヘミセルロースとは異なり酸性糖を長鎖の基本単位とし，カルボキシル基の陰電価をもっている．また，きわめて水和しやすいという点でも特徴的である．壁成分として存在する糖タンパクの特色は，構成アミノ酸としてヒドロキシプロリンを含むことであり，セリン残基や多数含まれるヒドロキシプロリン残基にオリゴ糖が結合することによって，糖タンパクが形成されている[2]．

セルロース分子は平均数十本が並列に配向し，分子間で相互に水素結合して束となり，3〜30 nmの直径をもつ1本の微繊維（microfibril）を形成している．ヘミセルロースは微繊維の表面に微繊維と同じ配向をもって多数水素結合し，ヘミセルロース分子同士もその側鎖を介して相互に結合することによって微繊維間を架橋している．ペクチ

ン分子は，その側鎖が異なる微繊維に結合した複数のヘミセルロース分子の側鎖と結合して微繊維間を架橋するほか，複数のペクチン分子のカルボキシル基間にCa^{2+}のイオン結合架橋も形成される．このようにして細胞壁は全体として立体的な網目構造をもっている．また，ペクチンは一次細胞壁の外縁部で特に多く，中層（middle lamella）を形成して隣接する細胞の壁同士を結合することにも寄与している．糖タンパクも，そのオリゴ糖側鎖が他の糖鎖と結合して壁の網目構造の形成に寄与している．このような複雑な網目構造体の中で，セルロース微繊維は可塑性の小さな骨材的な役割を果たしている．

水分子で満たされた細胞壁の立体網目構造は，イオンの透過移動に対して無視できない抵抗を示すが，その抵抗は細胞膜の示す抵抗に比べればはるかに小さい．細胞壁を構成するセルロース微繊維が大きな直径をもち，枝分かれした多糖類の長鎖の一部は折れ曲がり，枝はある長さと間隔をもって存在していることなどが水分子や水和無機イオンの大きさからみれば比較的大きな網目も数多くつくり出すからである．重合度の異なるポリエチレングリコールを用いて高張液を作製し，原形質分離と cytorrhysis（細胞の締め付けによる変形）の境界分子サイズを求めた実験から，4.5 nm 以上の直径をもつ分子はアカカブ（Raphanus sativus）の根毛の壁により排除され，細胞膜のすぐ外側まで到達できないこと，これによりやや小さな粒子（MW 1,000～1,600；分子直径 3.5～3.8 nm）は細胞膜外側への到達に時間を要し，cytorrhysis が起こったあとに原形質分離が認められることなどが明らかにされた[3]．3.5～3.8 nm の粒子が通過できるルートは，細胞壁の網目のうち，孔径の比較的大きなものに限定されると考えられている．しかし，これは細胞壁が 3.5 nm 以下の粒子の移動に対して抵抗にならないということではない．粒子や壁が電荷をもたないと仮定した場合でさえも，壁物質は移動断面積を挟めるし，細胞壁の小さな網目は一時的に粒子をとらえ移動を妨げる場合もあるからである．壁の立体網目構造が，ペクチンのカルボキシル基に主に起因する負電荷をもち，イオンと静電気的な相互作用を示すことは，イオンの壁内移動の問題をさらに複雑にしている．

b. 壁へのイオン吸着と Donnan 膜平衡

細胞壁はペクチンのガラクツロン酸残基にカルボキシル基をもち，一部はメチルエステル化されているが，多くは負電荷をもち，H^+を含む交換性カチオンを保持することによって静電気的な中性を達成している．また，細胞膜外部表面の極性脂質リン酸残基や，リン酸エステル残基も同様である．さらに，量的には少ないが細胞壁タンパク質に主として由来する正電荷も存在し，交換性アニオンを保持している．すなわち，細胞壁で構成される細胞膜外領域は，不動性の多電解質相とみなすことができる．

これらの，壁や膜に固定された電荷の起源となっている官能基（不動性イオン）は，水との親和性も高く水和して存在しており，また，遊離の無機イオンも水和イオンとして存在するので，交換性イオンの保持のされ方には，イオン結合による直接的なもの（結合型）と水和イオン同士の静電気的な引力によるもの（求引型）とがあると考えられる[4]．カチオンを例にとれば，結合型保持の場合，多電解質相における遊離カチオン濃度，非結合不動性アニオン濃度，結合カチオン濃度の間には質量作用の法則が成立

し，結合によって静電気的に中和された結合不動性アニオンは，求引型保持に寄与しない．求引型保持の場合，多電解質相における遊離イオン濃度と多電解質相外の遊離イオン濃度の関係は，Bolzmann の法則に従い，不動性電荷の空間分布が均一ならば Donnan の平衡式で表すことができる．

Donnan 膜平衡理論は，不透過性イオンと透過性イオンを含む溶液が半透膜で隔てられ平衡に達したときの，化学平衡に関する理論である．半透膜の片側（c_l 側）に不透過性アニオン Q^- と K^+ からなる濃度 c_l の電解質溶液を，反対側（c_r 側）に濃度 c_r の K^+Cl^- 溶液を同体積おいた場合を想定すると，Cl^- の一部は半透膜を越えて Q^- 側に拡散移動し濃度 x で平衡に達する．このとき，Cl^- と等量の K^+ も Q^- 側に移動して膜の両側でそれぞれ電気的中性は保たれる．平衡状態での膜の両側における各イオンの濃度は次のようになる．

イオン種濃度	c_l 側			c_r 側	
	Q^-	K^+	Cl^-	K^+	Cl^-
	c_l	$c_l + x$	x	$c_r - x$	$c_r - x$

平衡状態にあっては，膜の両側における KCl の化学ポテンシャル μ は等しいから

$$\mu_{lKCl} = \mu_{rKCl}$$
$$\mu_{lKCl} = \mu°_{K^+} + \mu°_{Cl^-} + RT/na_{lK^+} + RT/na_{lCl^-}$$
$$\mu_{rKCl} = \mu°_{K^+} + \mu°_{Cl^-} + RT/na_{rK^+} + RT/na_{rCl^-}$$

ここで，l, r：膜の左右の側を示す添字
 $\mu°$：成分の標準ポテンシャル
 a：成分の活量
 R：気体定数
 T：絶対温度

であるので，

$$a_{lK^+} \cdot a_{lCl^-} = a_{rK^+} \cdot a_{rCl^-} \tag{4.1}$$

膜の両側における成分の濃度が低い場合には，活量と濃度はほぼ等しいので式(4.1)は，

$$(c_l + x)x = (c_r - x)^2 \tag{4.2}$$

となる．式(4.2)を変形すれば

$$(c_l + x)/(c_r - x) = (c_r - x)/x$$

以上より，不透過性アニオン側での透過性アニオン濃度は，透過性カチオン濃度よりも低くなり，膜の両側における透過性イオンの濃度比は，カチオンとアニオンで逆数の関係になることがわかる．

半透膜を介したイオン種ごとの活量比の関係を一般化すると，次のような関係に従う．

$$M_L^+/M_R^+ = \sqrt{N_L^{2+}}/\sqrt{N_R^{2+}} = X_R^-/X_L^- = \sqrt{Y_R^{2-}}/\sqrt{Y_L^{2-}} = \lambda$$

ここで，M^+, N^{2+}：1 価と 2 価のカチオンの活量
 X^-, Y^{2-}：1 価と 2 価のアニオンの活量

R, L：膜の右側と左側
λ：濃度によらず温度と圧力で決まる定数

　根の細胞膜外に形成される不動性多電解質相（壁空間）が，全体として不動性電荷の静電気的力が均一に及ぶ領域であるならば，この多電解質相は上述のモデルの不透過性イオン存在側に相当し，根の外側の外液（土壌溶液あるいは水耕液）相は不透過性イオンの存在しない側に相当する．

　しかし，細胞膜外多電解質相における不動性電荷の分布を無機イオンサイズのスケールでみるならば，分布は不均一であり，膜外領域にこの不動性電荷の静電気的力が直接に及ぶ領域と及ばない領域の存在を考える必要がある．この場合，2種類の領域の境界面を境にDonnan膜平衡が成立する．不動性アニオン密集領域では可動性カチオン濃度が可動性アニオン濃度よりも高く，この領域と不動性アニオン疎領域の可動性イオンの濃度の比は価数が同じならば可動性カチオンと可動性アニオンで逆数の関係になり，2価イオンと1価イオンの各濃度比の関係は，2価イオンの濃度比の平方根が1価イオンの濃度比と等しくなる．すなわち，壁や細胞膜外面の不動性アニオン密集領域では可動性カチオンの吸着と可動性アニオンの負の吸着（排除）が起こり，この効果は多価イオンの方が強く表れる．

　根の細胞膜における不動性アニオンの平均密度は，イオン交換樹脂のように高くはないが，CECの値からわかるように，一般的な土壌の不動性アニオン密度と同等かそれよりも高い．壁の中層には特にペクチンが多く存在しており，壁の立体網目構造がつくり出す孔隙の中には，不動性アニオンが近接して高密度で存在する場もできる．また，細胞膜と細胞壁の間にもそのような場が存在するものと考えられる．そのような場では，ほとんどの空間が不動性アニオンの静電気的影響を受け，この空間では可動性カチオンの方が可動性アニオンよりもはるかに高密度で存在する．不動性アニオンの可動性アニオン排除効果は，アポプラストにおける可動性アニオン濃度を著しく低めている．根の細胞壁全体を均一な不動性多価アニオン空間と仮定して計算されたこの空間における $H_2PO_4^-$ 濃度は，根圏外液濃度の1/5から1/10程度であるという[5]．

　不動性アニオン密集領域では，そこに存在する可動性カチオンの多くが不動性アニオンとイオン対を形成し，可動性ではあるが静電気的に拘束されている．この空間で，壁構造からの静電気的拘束を受けずに自由に運動できる可動性カチオンは，排除されずに残った可動性アニオンとイオン対を形成する限られた部分だけである．このような影響の結果として，アポプラストにおける1価カチオンの拡散による移動速度は，ただの溶液の場合に比べて1/10に，2価カチオンの場合は1/100に減少すると推定されている[6]．

　一方，不動性アニオン疎領域では，不動性アニオンに直接影響されない空間を比較的広くもつ．このような空間では，可動性カチオンと可動性アニオンがイオン対としてほぼ同じ密度で存在し，これらのイオンは壁構造による静電気的拘束を受けずに運動ができる．

c. フリースペース

　植物根は非代謝的にもカチオンを蓄積し，このようにして蓄積されたカチオンは容易

に溶出あるいは交換が可能である．植物根のこのような物理化学的現象の場を，代謝的な場の外側あるいは吸収障壁の外側の空間という意味で outer space あるいは free space と呼ぶようになった．この空間は根の外部から溶液が比較的自由に侵入できる領域であり，大まかには中心柱の外側（皮層）のアポプラストに対応する．

この領域には，不動性イオン（主としてアニオン）が分布するので荷電粒子（可動性イオン）の運動にとって領域全体が free な空間というわけではない．この空間を荷電粒子にとって自由な空間とみなして体積を算出する試みがなされ，みかけの自由空間（apparent free space；AFS）という概念が提出された．AFS は water free space（WFS）と Donnan free space（DFS）からなる．WFS は前項で述べた，細胞壁の不動性アニオンの影響を受けない空間に対応し，可動性イオン同士がイオン対を形成して水などの非荷電粒子と同様に自由に運動できる場である．DFS は不動性アニオンの影響を受け，ドンナン膜平衡に支配されて可動性のカチオンとアニオンが異なる電荷密度で分布する場である．

前項で述べたように，DFS は細胞壁のペクチンカルボキシル基と細胞膜極性脂質の外面極性基に主に起因するので，細胞壁の形態や構造とむすびつけて考えるならば，DFS は特に細胞壁中層および細胞膜と細胞壁の間に形成されていると考えられる．これらの概念に基づく検討から，皮層アポプラストには相対的に移動性の低いカチオンが比較的高密度で存在する場と，相対的に移動性の高いカチオンが外部溶液と同じ密度で存在する場があること，また，可動性アニオンについても排除される場と排除されない場があることがわかる．

AFS の概念は，事実に即さない仮定を導入しており混乱のもととなるので，今日ではほとんど用いられていない．また，WFS と DFS は体積として算出することが困難であり，非代謝的に蓄積された可動性イオンを水抽出可能画分（water-extractable fraction；WFS に蓄積された可動性イオンに対応）とイオン交換可能画分（ion-exchangeable fraction；DFS に蓄積された可動性イオンに対応）に分けて量的に表現する場合が多い（図 4.5）．

d. 根の CEC とイオン吸着の植物種間差

植物根の細胞膜外に不動性アニオンの静電気的効果として生じる交換性カチオンの保持容量が CEC（cation exchange capacity）である．pH が低いとき，すなわち H^+ 濃度が高いとき，NH_4^+ や K^+ などの H^+ 以外のカチオンの保持容量で根のカチオン交換容量を測定すれば，pH が高いときに比べてより多くの交換座が H^+ でふさがれるので，pH が高いときよりも値が小さくなるのは当然である．

プロトプラストを除去した根の壁物質について調べると，例外はあるが，一般に単子葉植物に比べて双子葉植物の方が CEC は大きく，根のペクチン含有量の違いを反映したものと考えられる（表 4.1[7]）．根の CEC と植物体の Ca^{2+}/K^+ 比には正の相関が認められる場合が多い[8,9]．植物体の含有する Ca^{2+} の大部分は細胞壁に存在し，その多くはペクチンに結合ないし吸着している．K^+ は Ca^{2+} との競争関係においては Ca^{2+} よりもペクチンと結合・吸着しにくく，逆に原形質に多く存在する．これにより，ペクチン含有量が多く従って CEC も大きい植物は，CEC が小さい植物に比べてアポプラストも含

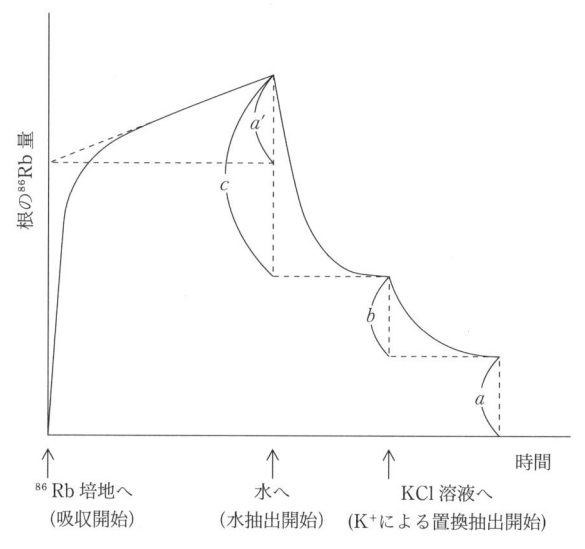

4.1 細胞内へのイオンの吸収と移動

図4.5 切断根に吸収された ^{86}Rb の分画
切断根を ^{86}Rb 培地に入れ一定時間吸収させ，続いて水と KCl で逐次洗滌した場合の根の ^{86}Rb 量の推移（模式図）
a：非交換性画分，b：イオン交換可能画分，c：水抽出可能画分
$a \simeq a'$ で，原形質と内皮の内側に存在する画分
b と c は皮層アポプラストに存在する画分

めた個体全体の Ca^{2+}/K^+ 比が一般に大きくなる。この現象によって，CEC の大きな植物根ではシンプラストへの Ca^{2+} influx も大きいと単純に考えることはできない。細胞膜外では，Ca^{2+} は K^+ よりも強い力で不動性アニオンに結合・吸着され，細胞膜内への吸収はより強く制約されていると考えられるからである。

表4.1 乾燥植物根の CEC とペクチンカルボキシル基
(meq/100 gDW)

植物種	CEC	ペクチンカルボキシル基
コムギ	23	25
トウモロコシ	29	34
インゲン	54	60
トマト	62	72

(Keller and Deuel, 1957 に基づく)

根のカチオン交換能は，土壌溶液のカチオンの濃度や組成の変化をやわらげながら細胞膜近傍に伝える緩衝作用をもつ。銅，亜鉛，鉄などの多価重金属もアポプラストに蓄積するが，ヒメフラスコモの例ではこれらの多くはイオン結合や吸着による保持よりはキレート結合や不溶化沈着による保持である[10]。キレート結合には細胞壁成分の1つである糖タンパクがキレーターとして重要であり，このようにして保持された重金属は微量必須元素の給源としても大きな意義をもつ場合がある。

〔有馬泰紘〕

文献

1) McNeil, M., Darvill, A. G., Fry, S. C. and Albersheim, P.：*Ann. Rev. Biochem.*, **53**, 625-663, 1984.
2) Cassab, G. I. and Varner, J. F.：*Ann. Rev. Plant Physiol. Plant Mol. Biol.*, **39**, 321-353, 1988.
3) Carpita, N., Sabulase, O., Montezinos, D. and Delmer, D. P.：*Science*, **205**, 1144-1147, 1979.
4) Sentenac, H. and Grignon, C.：*Plant Physiol.*, **68**, 415-419, 1981.
5) Sentenac, H. and Grignon, C.：*Plant Physiol.*, **77**, 136-141, 1985.
6) Walker, N. A. and Pitman, M. G.：Encyclopedia of Plant Physiology (New Series), Vol. 2A, 93-125, Springer-Verlag, Berlin.
7) Keller, P. and Deuel, H.：*Z. Pflanzenernähr. Düng. Bodenk.*, **79**, 119-131, 1957.
8) Crooke, W. M. and Knight, A. H.：*Soil Sci.*, **93**, 365-373, 1962.
9) Haynes, R. J.：*Bot. Rev.*, **46**, 75-99, 1980.
10) Van Custem, P. and Gillet, C.：*J. Exp. Bot.*, **33**, 847-853, 1982.

4.1.3 イオンの細胞膜および液胞膜輸送
a. 細胞膜・液胞膜の単離および構造組成
1) 細胞膜および液胞膜の単離 細胞膜および液胞膜の単離の基本は，組織を磨砕後遠心し，得られたミクロゾーム分画を平衡密度遠心法あるいは水性二層分配法で分離する方法である．すなわち種々の材料を細胞内小器官などが破損しないように，細胞内とほぼ同じくらいの浸透圧，すなわち0.25～0.3Mをもつショ糖やマンニトールなどの非電解質を含む緩衝液下で乳鉢などでゆるやかに磨砕する．この摩砕液を粒子の重さにより遠心分画する．大部分の細胞膜および一部の液胞膜はミクロゾーム分画（80,000g～100,000gで60～90分遠心沈殿）に存在する．また，液胞膜の一部は粗ミトコンドリア分画（1,500g～10,000gで10～30分遠心沈殿）に存在する．細胞膜はこれらミクロゾーム分画をショ糖密度勾配法（35％と42.9％ショ糖濃度（w/v））で遠心したのち，その界面（$d=1.14$～1.16）から単離することができる[1]．この方法は収量はよいが小胞体などの混在が若干みられる．また，膜表面の荷電あるいは表面の疎水性—親水性の性質の違いを利用して分離する水性二層分配法もある．デキストラン-ポリエチレングリコールによる水性ポリマー二層分配法は，純度の高い細胞膜を効率よく分離することができるが，収量が若干悪いのが欠点である[2]．この方法で調製された細胞膜小胞の方向性は，密度勾配法で得られたそれとは異なり，大部分がright-side-out（生体内に存在していると同じ方向性をもつ膜）の小胞の集まりである．

液胞膜を単離する最も簡便な方法は，デキストラン（dextranT-70）を使う方法である．1,500～10,000gの沈殿分画を0.25Mマンニトールを含んだ0％および6％のデキストラン溶液の上に重層し遠心する．得られた中間層を集めることでright-side-outの液胞膜小胞が得られる[3]．ここで得られた膜は，若干の細胞膜の混在がみられるが収量は比較的よい．もう一つの方法は，ショ糖とソルビトールの二層による浮遊遠心法による液胞膜を単離する方法である[4]．ミクロゾーム分画を0.3Mのショ糖で縣濁した溶液の上に，0.25Mのソルビトール溶液を重層したのち約12,000gで40分間遠心する．その後，これら二層の界面に集まったものを遠心で集める．この分画には，非常に純度の高いright-side-outの液胞膜が集まっている．しかし，若干収量が悪いのが欠点である．

2) **細胞膜および液胞膜の構造および組成**　細胞膜や液胞膜などの生体膜は，基本的には Singer と Nicolson によって唱えられた流動モザイクモデル[5]からなりたっている．細胞膜や液胞膜の生体膜の基本構造は，親水基を外側に疎水基を内側に配置したリン脂質の二重層のうちに，同じく両性親媒性であるタンパク質が埋め込まれている構造である．生体膜は静的な構造体ではなく，つねに動的構造体であることが，リン脂質の二分子の間にスピンラベルした脂質の ESR スペクトルや，放射性同位元素で標識した膜成分の代謝回転などの研究から明らかになっている．その運動は，脂質分子の回転運動や横への運動だけでなく，リン脂質分子の表側から裏側へと膜を横切るフリップフロップ運動も可能である．膜の運動性は，膜を構成する脂質の構造に依存する．すなわち，脂質を構成する炭化水素鎖の長さが短いほど，またシス不飽和化結合が多いほど相転移温度が低く，低温下でも膜の流動性が高い．

　生体膜構造で重要なことの一つは，それが非対称性であることである．つまり膜には表と裏がある．生体膜の情報の応答・伝達，物質の選択的輸送，エネルギー変換などの重要な機能はこの構造に起因する．植物の生体膜において表裏を示すはっきりしたデーはまだないが，人の赤血球膜においては表側にホスファチジルコリン（PC）スフィンゴミエリンの大部分とホスファチジルエタノールアミン（PE）の一部など中性脂質が存在し，裏側には負電荷をもつホスファチジルセリン（PS）のすべてと PE の大部分が存在する．また，大部分の糖脂質は，膜の外側のみに存在している．このような膜の非対称性は，脂質と細胞骨格との特異的な結合による安定化や，脂質のフリップフロップに関与するエネルギー依存性のトランスロカーゼが深く関与すると思われる．

　生体膜の主成分は，タンパク質と脂質である．炭水化物は，全脂質の約 10 % を占めるが一部は糖脂質や糖タンパク質として存在する．タンパク質と脂質の相対量は乾燥重量でタンパク質が約 20 % のゴルジ膜から 80 % のミトコンドリアまでさまざまである．細胞膜は約 50 % であるが液胞膜はこれより小さい．このような脂質組成の割合が膜の密度に強く反映されている．いままで植物から単離された細胞膜の密度 d は 1.14〜1.17 g/mL であり，それに対して液胞膜は 1.10〜1.11 g/mL である．また，それら膜の脂質を構成するリン脂質は PC と PE で約 80 % を占め，それらを構成する脂肪酸はリノール酸（18：2），パルミチン酸（16：0）それにリノレン酸（18：3）で約 90 % 占める．細胞膜の厚さは約 11 nm で，液胞膜のそれは 10 nm で細胞膜の方が若干厚い．これは，分泌顆粒の成熟の度合いに依存していると思われる[6]．

b．膜輸送の種類

　細胞あるいは細胞内小器官は，生体膜によって仕切られることによって外界から内部は守られている．細胞においては，生体膜を介しての種々の物質の輸送がみられ，それにより細胞内の恒常性が保たれ生命が維持されている．また，細胞および細胞内小器官の内部は，外界と生体膜を介して絶えず物質の交換を行い，必要なものを取り込み不要なものを排出する選択的透過性が機能として備わっている．

　生体膜を介しての膜輸送は，単一の溶質だけを輸送するユニポート，H^+ や Cl^-，それに H^+ と糖の輸送のように，ある溶質の移動に伴って他の溶質が同方向に動くシンポートなどがある．また，主として液胞膜で起こる Na^+ と H^+，それに細胞膜で起こる

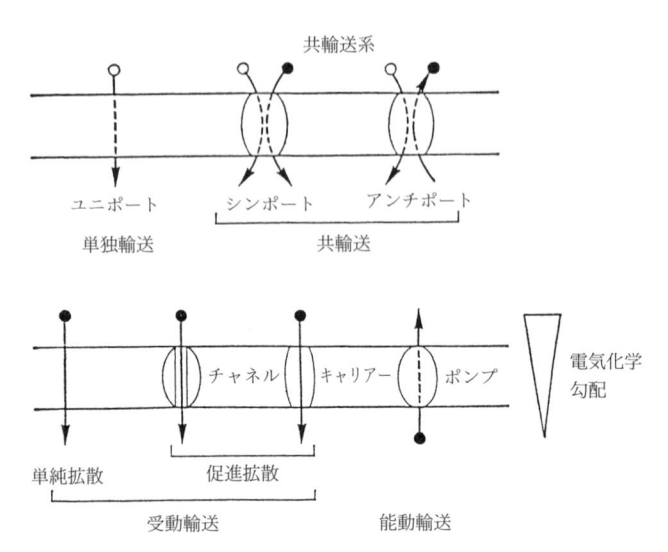

図4.6 小分子の膜輸送系（Albertsら，1983を改変）

Na^+とK^+のような逆方向に動くアンチポートが存在する（図4.6）[7]。

　これら膜輸送は，エネルギーの必要性あるいは物質の濃度勾配などから次の三つの型にわけられる（図4.6）．第一は濃度勾配（電気化学的ポテンシャル）に従って輸送される受動輸送，第二は濃度勾配に逆らって輸送されるためエネルギーを必要とする能動輸送，第三はタンパク質や細菌などの高分子の輸送のための膜動輸送である．

　1) 受動輸送　存在する物質の濃度勾配，正確には電気化学ポテンシャルに従って起こる輸送である．輸送される分子が糖など荷電されていない場合は，これら分子の輸送能は膜の内外での濃度差だけで決まり，次のようなFickの単純拡散の法則で表される．

$$J = -D\frac{dc}{dx} \tag{4.3}$$

ここで，Dは単純拡散係数で，$D = wc \cdot RT/c$と表される．dc/dxは濃度勾配である．wは移動度，cは流量測定面での溶質の濃度，RT/cは動力学エネルギー項であり，負記号は溶質の低濃度への移動を示している．一方，生体においては，イオンやアミノ酸など電荷をもった物質が多く含まれている．この場合，濃度差だけでなく膜内外での電位勾配を加味した電気化学ポテンシャル差に従って輸送される．イオン化した溶質の動きは膜の電位によっても影響を受けるので，その項を導入することによってその流速はNernst-Planckの式で表される．

$$J = -wc\left(\frac{RT}{C} \cdot \frac{dc}{dx} + ZF\frac{d\Psi}{dx}\right) \tag{4.4}$$

ここで，Zは透過する分子の電荷の数，FはFaraday定数，$d\Psi/dx$は膜を介しての

電位差を表し，この式は濃度勾配と膜の電位差に由来する力の和として表される．これら二つの式が適用できる溶質の移動を単純拡散という．

促進拡散は受動輸送の一つであり，膜に存在するチャネルやキャリアーなど輸送タンパク質によって起こる輸送で，その輸送形態は溶質分子の特異性，濃度飽和性，濃度依存性を示す．キャリアーは，特定の物質を結合して輸送し，それによる溶質の輸送は単純な拡散とは異なり，酵素-基質の反応速度と非常によく似ており，Michaelis-Mentenの式で表される．

$$J = J_{\max}\left(\frac{C_1}{K_m + C_1} - \frac{C_2}{K_m + C_2}\right) \tag{4.5}$$

J は区画1から区画2への流れ，$J_{\max}$ は流れの最大速度，C_1 および C_2 は区画1および区画2における溶質濃度，K_m は $J = J_{\max}/2$ のときのその溶質に対する固有の結合定数と定義される．現在までにグルコース，スクロース，アミノ酸などのキャリアーが知られているが，その働く機構はよくわかっていない．一方，適当な大きさと電荷をもつ溶質が拡散現象で膜内を通過できるようにするのがチャネルである．チャネルは K^+，Na^+，Cl^-，Ca^{2+} などのように電圧によって調節されるものと，アセチルコリンのような神経伝達物質を結合するような化学物質によって調節されるものにわけられる．チャネルによる輸送は，キャリアーによる輸送よりもはるかに早い．チャネルの存在は，パッチクランプ法で測定される．この方法を用いると，チャネルの方向性だけでなく1個のチャネルも測定できるという利点がある．

 2) **能動輸送** 電気化学ポテンシャルに逆らった昇り返の溶質の輸送で，受動輸送と異なりエネルギーを必要とする．この溶質の昇り返輸送の反応は，溶質の取り込みを行わせるに必要な自由エネルギーを生ずるもう一つの反応と共役する．このような一次性能動輸送は，全部ではないが，たいていの場合イオンポンプに依存する．イオンポンプでは，イオンの移動はエネルギーの産出系の化学的または光化学的な反応と共役しており，多くの場合電位発生的（electrogenic）であり，その結果として生体膜の内外に電位差が生じる．したがって，一次性能動輸送はプロトンポンプの場合，膜の内外にプロトンの電気化学ポテンシャル差（electrochemical gradient），すなわちプロトン駆動力（proton motive force：ΔP）が生じる．

ΔP は次のように表される

$$\Delta P = \Delta \psi - Z\Delta pH \tag{4.6}$$

すなわち，ΔP は H^+ の濃度差（ΔpH）（$Z = 2.3RT/F$ で，絶対温度下では 60 mV）と膜電位差（$\Delta \psi$）の和として表される．この ΔP が能動輸送のエネルギー源となる．

一方，一次性能動輸送でできたイオンの勾配を利用して溶質の輸送を引き起こす輸送系を二次性能動輸送という．この系は，膜を横切って同方向に二つの異なる溶質（たとえば糖とプロトン，陰イオンとプロトン）が輸送されるシンポートや逆方向に二つの異なる溶質（たとえばアミノ酸とプロトン）の輸送と共役するアンチポートなどがこれに属する．

 3) **膜動輸送** いままで述べた輸送は，小分子やイオンの輸送系について述べたものである．しかし，細胞内ではタンパク質やポリヌクレオチド，それに多糖類などの

多くの高分子が合成され輸送される．これら高分子の生体膜を介しての輸送は，エキソサイトシスやエンドサイトシスといった膜動輸送で行われている．

  i) **エキソサイトシス**　　細胞内で合成された高分子物質を細胞外へ放出する際，それをとり囲んだ分泌小胞と細胞膜と融合する過程をエキソサイトシスという．この過程において，分泌小胞の膜が細胞膜の細胞質に面した側と接着し，さらに小胞の内部は直接細胞外液とつながり，小胞の内容物のみが細胞外へ放出される．放出された分子は，細胞壁の成分として利用されたり，細胞間隙に拡散して再度利用されたり，あるいは他の細胞へのシグナルとなったりする．このようにして細胞膜に取り込まれた小胞はずっと細胞膜にとどまることなく，細胞膜から回収されてゴルジ体から分泌小胞へ，さらには次に述べるエンドサイトシスで運ばれると思われる．

  ii) **エンドサイトシス**　　高分子物質や粒子を細胞内に取り込むため，細胞膜の一部がそれらを取り囲み，陥入した形になり，しだいにくびれて膜から遊離して細胞内の小胞となる．溶質として比較的小さい小胞を形成して取り込む場合を飲作用（pinocytosis），微生物などのような大きな粒子を比較的大きな小胞を形成して取り込むものを食作用（phagocytosis）という．これらの過程を総称してエンドサイトシスという．これらの過程は代謝エネルギーの供給が必要であり，また温度依存性がある．これらエンドサイトシスで取り込まれた小胞は，細胞内で他の小胞と融合を重ねて，しだいに大きくなり，最終的にはリソゾーム（lysosome）と融合し，その中の加水分解酵素によりアミノ酸，糖，ヌクレオチドなどの低分子に分解される．

c. 膜 電 位

膜電位は，生体膜によって隔てられた二つの水相の電気化学ポテンシャルの差として定義される．膜電位は，①拡散電位による場合，②定常状態でのイオン拡散流による場合，③能動的なイオンの移動による場合，など電荷分布の非対称によって生じる（図4.7)[8]．

  1) **拡散電位による場合**　　たとえば，膜が Na^+ のような特定のイオンにのみ透過性があり，他のイオンに対して不透過性であるとき，膜の両側におけるこのイオンの濃度比の対数に比例して膜電位が発生する．その膜電位（$\Delta\psi$）は Nernst の式で表される．

$$\Delta\psi = \frac{-RT}{2.303FZ} \log\left(\frac{[Na^+]_1}{[Na^+]_2}\right) \qquad (4.7)$$

すなわち，R は気体定数，T は絶対温度，F は Faraday 定数，Z は原子価（Na^+ の場合1），$[Na^+]_1$, $[Na^+]_2$ は1および2画分でのナトリウムイオン濃度を示す．

  2) **定常状態のイオンの拡散流による場合**　　膜がいくつかのイオンに対して透過性があるとき，それらイオンは膜を横切って流れるが，透過係数の違いにより拡散の程度が異なり，膜を介しての電荷の分離が生じる．これを表す式は，Goldman-Hodkin-Katz の式と呼ばれ，次の式で表される．いま，Na^+ と Cl^- を透過イオンとした場合を示す．

$$\Delta\psi = \frac{-RT}{2.303F} \log\left(\frac{P_{na}[Na^+]_1 + P_{cl}[Cl^-]_2}{P_{na}[Na^+]_2 + P_{cl}[Cl^-]_1}\right) \qquad (4.8)$$

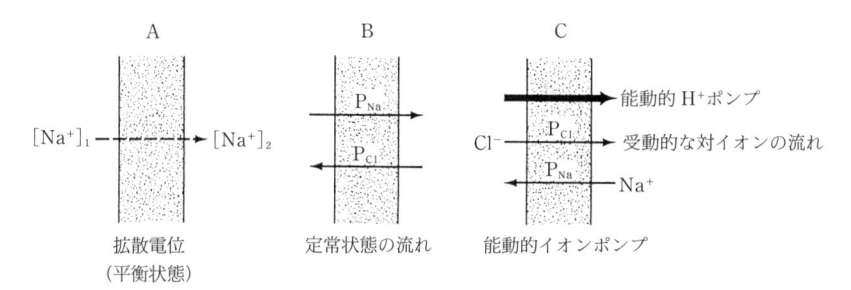

図 4.7 膜電位を生じる三つの状況を示す模式図（Gennis, 1989 より）
A. 膜がただ一種のイオンにだけ通過性のある場合，膜の両側におけるこのイオン（Na^+）の濃度比の対数に比例して膜電位が発生する．
B. 定常的なイオンの流れのある場合，膜を横切る透過係数の違いにより拡散が異なり，これにより膜電位差が生じる．
C. エネルギー駆動型イオンポンプは膜を介してイオンを移動させるが，他のイオンはそれに対して全体としての電気的中性を保つために拡散することにより膜電位を発生する．

すなわち，P は各イオンの透過係数を示す．このイオンの流れは定常状態になるまで持続する．

3) 能動的なイオンの移動による場合 膜を介してのあるイオンの電荷の分離は，エネルギー駆動型イオンポンプなどを介しての能動的移動によって生じる．他のイオンは，それに対して全体として電気的中性を保つため，受動的なイオンの流れが生じる．このイオンの流れは，能動的な過程より遅れる傾向にあり，それにより生体膜を介しての正味の電荷の分離が生じ，結果として膜電位が生じる．

植物細胞では細胞膜電位，液胞膜電位さらには各オルガネラ膜にはそれぞれにオルガネラ膜電位が形成されている．いままで測定されたこれらの膜電位の値から一般に細胞膜電位は$-150〜-200\,mV$，それに対して液胞膜電位は$10〜20\,mV$の正の値を示すものが多い．植物の膜電位は，ふつうイオン，特にK^+の不均等分布によって生じる拡散電位によって起こっていると思われる．ところが植物細胞の E_k（K^+の平衡電位）と E_m（実測電位）を比較してみると，E_m は E_k よりもつねに負の高い値をとっている．このことは植物細胞の膜電位には，拡散電位のほかに起電性イオンポンプなどの能動的なイオン輸送による電位が関与していると思われる． 〔笠毛邦弘〕

文献

1) Kasamo, K.: *Plant Cell Physiol.*, **20**(2), 281-292, 1979.
2) Larsson, C.: Plasma membranes,.Cell Components. (eds. Linskens, H. F., Jackson, J. F.), Methods of Plant Analysis, New Series, vol.1, Springer-Verlag, Berlin, 85-104, 1985.
3) Kasamo, K., Yamanishi, H., Kagita, F. and Saji, H.: *Plant Cell Physiol.*, **32**(5), 643-651, 1991.
4) Matsuura-Endo, C., Maeshima, M. and Yoshida, S.: *Eur. J. Biochem.*, **187**, 745-751, 1990.
5) Singer, S, J. and Nicolson, G. L.: *Science*, 175, 720-731, 1972.
6) 笠毛邦弘：物質の輸送と貯蔵（現代植物生理学 5，茅野充男編），1-25，朝倉書店，1991.
7) Alberts, B., Bray, D., Lewis, J., Roff, M., Roberts, K. and Watson, J. D.: Molecular Biology of the Cell, Garland Publishing Inc., New York, 1983；細胞の分子生物学（上・下）（中村桂子，松原

謙一監訳），教育社，1985.
8) Gennis, R. B.：Biomembranes；Molecular Structure and Function, Springer-Verlag, Tokyo, 1989；生体膜，分子構造と機能（西島正弘他共訳），シュプリンガー・フェアラーク東京，1990.

d. イオン輸送とエネルギー

電荷をもたない分子は，化学ポテンシャル勾配（濃度勾配）に従って動くが，電荷をもつイオンは電気化学ポテンシャル勾配（電位勾配と濃度勾配の和）に従って移動する．イオンの動きを考える場合は，そのイオンのもつ電荷の種類（プラスかマイナス）と大きさに応じて，その場に存在する電位勾配と濃度勾配のそれぞれを考慮に入れなければ，イオンがどの方向に動くかは判断できない．

いま，j というイオンの電気化学ポテンシャル（$\tilde{\mu}_j$）は次のように表す．

$$\tilde{\mu}_j = \tilde{\mu}_j^* + RT\ln C_j + z_j F\psi \tag{4.9}$$

ここで，C_j，z_j，ψ はそれぞれ j イオンの濃度，符号を含めた電荷，電位を示す．R，T，F はそれぞれ気体定数，絶対温度，ファラデー定数である．$u\mu_j^*$ は標準状態（$C_j = 1$，$\psi = 0$）における電気化学ポテンシャルを意味する．

この j というイオンの異なる環境（環境1，環境2）では電気化学ポテンシャルを，それぞれ $\tilde{\mu}_j^1$，$\tilde{\mu}_j^2$ とするとその差 $\varDelta\tilde{\mu}_j$（電気化学ポテンシャル勾配）は

$$\varDelta\tilde{\mu}_j = \tilde{\mu}_j^2 - \tilde{\mu}_j^1 = RT\ln(C_j^2/C_j^1) + z_j F\varDelta\psi \tag{4.10}$$

で表現される．$\varDelta\psi$ は環境1を基準とした二つの環境間の電位差である．$\varDelta\tilde{\mu}_j = 0$ のときは電気化学ポテンシャル勾配が存在しないのでイオンの正味の移動は起こらない．

通常の植物細胞では，イオンの濃度勾配も電位勾配も膜を介した二つの区画の間に生じることが多い（たとえば細胞の内と外）．ただし，イオンの拡散が十分早く行われないような環境（たとえば師管や導管のような非常に長い連続した空間）では，必ずしも間に膜が存在しなくても，離れた環境の間に，特定のイオンの電気化学ポテンシャル勾配を形成することができる．

実際に生じるイオンの輸送が，電気化学ポテンシャル勾配に従っている場合を受動的と呼び，さからって行われている場合を能動的と呼んでいる．能動輸送を起こすためには，電気化学ポテンシャル勾配にさからってイオンを動かすためのエネルギーが必要になる．

生体膜には，イオン輸送を行う膜タンパク質として複数の種類が知られている．生体内で，ATPのような化学結合エネルギー，NADHのような酸化還元エネルギー，あるいは光エネルギーなどのような物理・化学エネルギーを用いて基質イオンを輸送し，膜に高エネルギー状態をつくり出すことができるタンパク質をポンプと呼ぶ（図4.8(a)）．ポンプが行う輸送を一次能動輸送と呼ぶ．ポンプと同様に，基質イオンをいったんある部位に結合して輸送を行うタンパク質で，ポンプ以外のものをキャリアーと呼ぶ（図4.8(b)）．キャリアーには，能動輸送を行うものと，受動輸送を行うものが存在し，このうち能動輸送を行うキャリアーは，ポンプによって形成された特定イオンの電気化学ポテンシャル勾配を，他の物質の輸送のためのエネルギーとして利用する．キャリアーが行う能動輸送を二次能動輸送と呼ぶ．生体膜に特定イオンを選択的に通過

エネルギー　　　　受動輸送体　能動輸送体

(a) ポンプ　　　　(b) キャリアー　　　　(c) チャネル

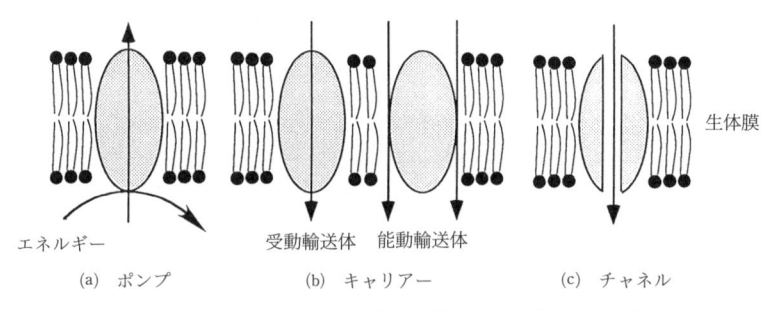

図 4.8　生体膜でイオン輸送に関与している膜タンパク質

させる孔を作るタンパク質も存在する．これをチャネルと呼ぶ（図 4.8(c)）．チャネルは電気化学ポテンシャル勾配に従う受動輸送のみを行う．この他に，ABC（ATP binding cassette）トランスポーターと呼ばれる一次能動輸送体が存在する．ABC トランスポーターは，動物細胞では薬物排出などに機能する輸送体として研究が進んでいるが，近年植物細胞にもその存在が明らかになりつつあり，今後の解析が待たれる．

e．プロトン ATPase

　植物の細胞膜には ATP の加水分解エネルギーを利用して，プロトン（H^+）を細胞内から細胞外に運び出すプロトン ATPase の存在が知られている．この ATPase のことをプロトンを輸送するポンプという意味でプロトンポンプと呼ぶ．プロトンが動くことにより，細胞内が弱アルカリ，細胞外が酸性に保たれる．したがって，細胞の内外にプロトンの濃度勾配が形成される．さらに，プロトンとしてプラスの電荷が運び出されるため，細胞内が負になるような電位勾配が形成される．プロトンポンプのようにエネルギー依存に電位勾配を形成する性質を起電性と呼ぶ．こうしてプロトン ATPase により，細胞膜には外から内に向かうプロトンの電気化学ポテンシャル勾配が形成される．多くの植物細胞では，プロトンの電気化学ポテンシャル勾配を利用して，その他の栄養塩の輸送などを行っている．

　細胞膜のプロトンポンプは，分子量約 10 万の二量体として機能していると考えられている．高等植物では多重遺伝子族を形成し，組織によって異なる分子種が発現していることが報告されている．遺伝子から推定されたアミノ酸配列により，図 4.9 のような膜貫通構造をとっていることが示唆されている．細胞膜のプロトンポンプはヴァナジン酸により特異的に阻害され，この阻害反応が細胞膜プロトンポンプの生体内での関与を示す指標として利用される．

　同じようなプロトン ATPase は，液胞膜，ミトコンドリア内膜，葉緑体チラコイド膜にその存在が知られているが，それぞれ異なる分子形態をもつ．液胞のプロトン ATPase は細胞質から液胞へとプロトンを輸送し，液胞内の酸性化や液胞膜を介したイオン輸送に寄与している．液胞膜プロトン ATPase は 8 種類以上のサブユニットをもつ巨大タンパク質である．液胞膜のプロトン ATPase は硝酸や抗生物質の一種であるヴァフィロマイシンによって特異的阻害を受ける．

　ミトコンドリアと葉緑体のプロトン ATPase は，通常はプロトンの電気化学ポテン

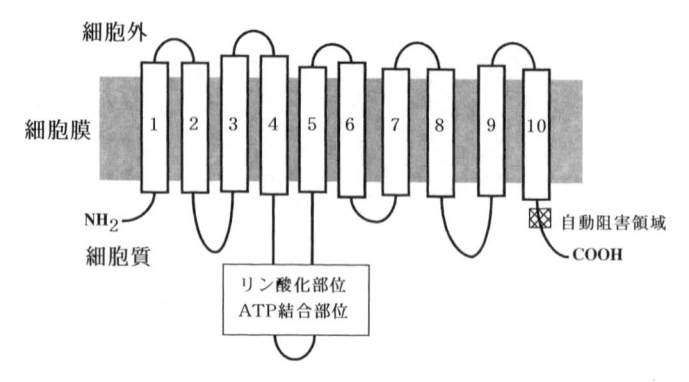

図4.9 細胞膜 H^+-ATPase の生体膜貫通構造と分子内機能ドメイン
(植物細胞(朝倉植物生理学講座1), 2002 より(笠毛邦弘:
植物の細胞膜プロトンポンプの分子構造と機能調節(膜, 18
巻)の図を改変))

シャル勾配を利用して ATP の生合成を行う酵素である.
f. プロトン-ピロリン酸ホスファターゼ
　液胞膜には,ピロリン酸高エネルギーリン酸結合の加水分解と共役して,プロトンを細胞質から液胞内に輸送するプロトン-ピロリン酸ホスファターゼの存在が知られている.プロトン-ピロリン酸ホスファターゼもプロトンポンプである.分子量約7万のタンパク質が主要分子として機能している.みかけ上,液胞膜プロトン ATPase と同じ働きをしているが,環境やイオンに対する反応性が違うことが知られており,液胞膜では植物の生理状態に応じて二つのプロトンポンプが相互依存に機能しているものと予想されている.なお,細胞質には糖代謝に関与するピロリン酸ホスファターゼが知られているが,このタンパク質は膜タンパク質でもなければプロトン輸送活性ももたない.

g. イオン輸送のカイネテクス
　生体膜を介したイオン輸送には,ポンプ,キャリアー,チャネルといったイオン輸送性膜タンパク質が関与していることが知られるようになってきた.イオンの移動自体は電気化学ポテンシャル勾配によってのみ規定されるものだが,生体系においては,輸送されるイオンに対して,それぞれ選択性の違うタンパク質が輸送機構に関与している.輸送タンパク質のイオンに対する親和性や最大輸送活性を検討することで,それぞれの細胞・組織におけるイオン輸送のカイネテクスが得られ,輸送タンパク質の種類,性質などを知ることができる.
　ポンプやキャリアーのような,基質結合型の輸送タンパク質によりイオンが運ばれる場合は,基質濃度の変化に対して輸送活性は Michaelis-Menten 型の飽和曲線を示す場合が多い(図4.10(a)).Michaelis 定数(K_m)が,輸送タンパク質の基質に対する親和性を表し,最大吸収速度(V_{max})が,輸送タンパク質分子の最大活性でその分子数に比例した値になる.
　植物細胞においては,窒素化合物,リン酸,カリウムのような大部分の栄養塩はキャ

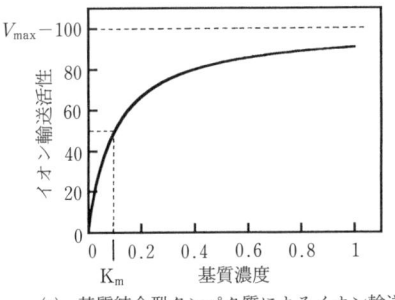

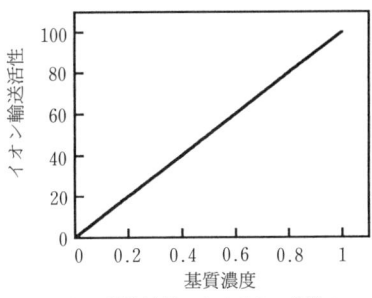

4.1 細胞内へのイオンの吸収と移動

(a) 基質結合型タンパク質によるイオン輸送の基質濃度依存性

(b) 単純拡散によるイオン輸送の基質濃度依存性

図 4.10 イオン輸送のカイネテクス

リアーによって細胞内に取り込まれることが知られている．特定のキャリアーは特定のイオン種に対して高い選択性を示す，すなわち K_m が小さいことが知られている．リン酸やカリウムの吸収活性の濃度依存性を測定すると，基質値イオンの濃度域や植物の栄養状態に応じて異なる K_m 値を示す関係が得られる．このことから植物細胞には異なる K_m 値をもつ複数のキャリアーが同一基質の輸送に関与する可能性が示唆されてきたが，最近それぞれのキャリアーに対応する遺伝子が多数同定され始めた．

カリウムやその他のイオンの高濃度域での吸収活性は，濃度に依存して直線的に上昇する場合がある．これは，リン脂質二重膜やイオンチャネルを介して拡散でイオンが移動することによるものと考えられている（図 4.10(b)）．

h. キャリアー

生体膜においてイオン輸送に働く膜タンパク質のうち，ポンプと同様に，基質イオンをいったん分子内の特定部位に結合して輸送を行うタンパク質で，ポンプ以外のものをキャリアーと呼ぶ．キャリアーには，能動輸送を行うものと，受動輸送を行うものが存在する．受動輸送は促進拡散と呼ばれ，輸送活性のカイネテクスは Michaelis-Menten 型の飽和曲線を示す．ただし，受動輸送であるから，輸送基質はその電気化学ポテンシャル勾配の方向にのみ移動する．

能動輸送を行うキャリアーは，ポンプによって形成された特定イオンの電気化学ポテンシャル勾配を，他の物質の輸送のためのエネルギーとして利用する．多くの細菌や植物細胞では，細胞膜や液胞膜に存在するプロトンポンプが，それぞれの膜の両側にプロトンの電気化学ポテンシャル勾配をつくり出す．プロトンの電気化学ポテンシャル勾配は，通常，細胞膜では細胞外から細胞内に，液胞膜では液胞から細胞質に向かっている．この電気化学ポテンシャル勾配に従って移動するプロトンの流れを利用して，その他の物質を，その電気化学ポテンシャル勾配に逆らって移動させることができるものが能動輸送を行うキャリアーである．特に，電気化学ポテンシャル勾配に従って動くイオンと逆らって動くイオンが同一方向に輸送される場合をシンポート（輸送タンパク質をシンポーター）と呼び，それぞれが逆方向に輸送される場合をアンチポート（輸送タン

パク質をアンチポーター）と呼ぶ（図
4.11）.
（注：2種類の輸送基質を同時にいず
れも電気化学ポテンシャル勾配に従っ
て移動させるキャリアータンパク質も
知られている）.

植物生長における栄養塩の大部分
は，細胞膜のシンポーターによって細
胞内に吸収される．すでに，硝酸やア
ンモニウム，カリウム，リン酸のシン
ポータータンパク質を指令していると
推定される遺伝子がみつかっている．液胞膜に存在し，液胞にアミノ酸や糖を運び込む
働きをするタンパク質では，輸送基質はプロトンと逆方向に移動するのでアンチポータ
ーとして機能する．葉緑体やミトコンドリアなどのオルガネラにも多くのキャリアータ
ンパク質の存在が報告されている．

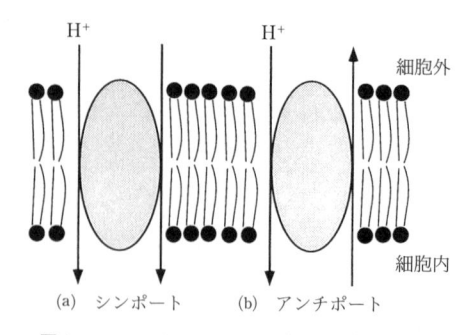

(a) シンポート　　(b) アンチポート

図4.11　キャリアータンパク質による能力輸送

i. イオンチャネル

生体膜において，特定イオンを選択的に通過させる孔をつくる膜タンパク質のことを
チャネルと呼ぶ．チャネルは電気化学ポテンシャル勾配に従う受動輸送のみを行う．イ
オンはチャネル内の孔を拡散で移動する．ポンプやキャリアーと違い，一つ一つの輸送
基質が個々の輸送タンパク質に結合した形で運ばれる必要がないので，単位時間あたり
の輸送量が圧倒的に大きい．通常，チャネルを通過するイオンは1秒間に10^6から10^7
個に達する．これに対し，ポンプやキャリアーが運べる量は毎秒10^4から10^5個にすぎ
ない．動物細胞における研究から，チャネルにはイオン透過のための孔以外に，チャネ
ルの開閉を制御するゲート機構，通過できるイオンの種類を決めるフィルターなどが存
在するものとされている．また，チャネルの開閉は膜電位で制御される場合と化学物質
の結合によって制御される場合があり，それぞれにおいて電位センサー部位や化学物質
結合部位が存在する．

植物細胞では，細胞膜，液胞膜，オルガネラ膜のいずれにおいても，複数種のイオン
チャネルの存在が報告されている．陽イオンチャネルとして，カリウムチャネルやカル
シウムチャネル，陰イオンチャネルとして塩素イオンチャネルなどが代表的なものであ
る．CAM植物の液胞膜には，リンゴ酸のような有機化合物イオンを通過させるチャネ
ルの存在も知られている．植物生長において最も重要な水分子を選択的に通過させる水
チャネルも見出されている．すでに，多くのイオンチャネルで遺伝子が単離され，分子
レベルの機能解析が始められている．

j. パッチクランプ法

細胞膜の電気的性質を測定する手法として，膜電位固定（ヴォルテージクランプ）法
が存在する．これは生体膜に存在する多くの輸送系タンパク質が膜電位に依存してその
活性を変えることと，輸送されるイオンの移動が電気化学ポテンシャル勾配（膜電位差
と濃度差の二つのパラメーターをもつ）によって規定されていることから，正確なイオ

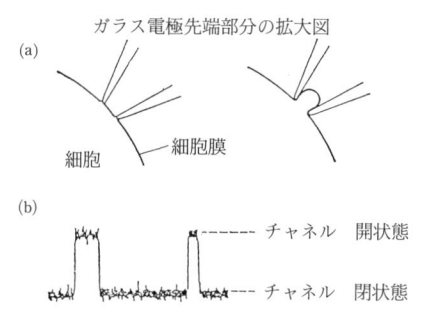

図 4.12 パッチクランプ法によるイオンチャネル活性の測定
(a) 細胞膜の微小部分（直径1μm程度）にガラス電極を接触させ，電極内に陰圧をかけて膜と電極の接触を強くすることでイオン電流の測定感度を上げる．電極内の微小膜部分に存在するイオンチャネルを通る電流を測定する．
(b) 一つのイオンチャネルを通った膜電流．チャネルが開いているときだけ電流が測定される．
（物質の輸送と貯蔵（現代植物生理学5，茅野充男編），図2.15を改変）

ンの移動量を推定するために，膜電位を人為的に特定の値に固定し，その際のイオンの移動量を電流として測定しようとする手法である．膜電位固定法を，生体膜のきわめて微小な範囲（パッチ）に応用すると，個々のイオンチャネルタンパク質1分子の孔を通過するイオンを電流として測定することができる．これをパッチクランプ法と呼ぶ（図4.12）．パッチクランプ法で測定されるものは，イオンの流れによって生じる電流であるが，測定の際の実験条件をさまざまに設定することにより，電流を運んでいるイオンの種類を同定することが可能である．こうして，それぞれの生体膜に異なる種類のイオンを選択的に通過させるイオンチャネルが存在することが分子レベルで証明された．

〔三村徹郎〕

4.2 長距離輸送

4.2.1 導管輸送

a. 導管の分化と構造

植物は，根より水と養分を吸収し，地上部へ送っている．植物体内の水は，さまざまなミネラルを溶かす溶媒として重要であるばかりでなく，蒸散による植物の体温の調節，膨圧による細胞の形の維持，など重要な働きをしていることはいうまでもない．

図4.13には，養分や水が土壌溶液中から根毛や表皮細胞，皮層細胞などにより吸収され，導管まで移動する様子を示した．表皮細胞，皮層細胞の細胞壁や細胞間隙を通じて内皮細胞周辺まで到達した水や養分は，そこに存在するカスパリー線にさえぎられ，そこから先のフリースペースへは移動できず，内皮細胞に取り込まれる．そこから原形質連絡を通じて内鞘細胞へ移動し，導管周辺のフリースペースへ再び放出される．導管周辺の水と養分は導管に取り込まれ，地上部へと移動していく．導管あるいは仮導管は，分裂組織の前形成層や維管束形成層より分化してくる．導管は，仮導管と違い，管を形成する上下の細胞が穿孔と呼ばれる孔によってむすばれている．

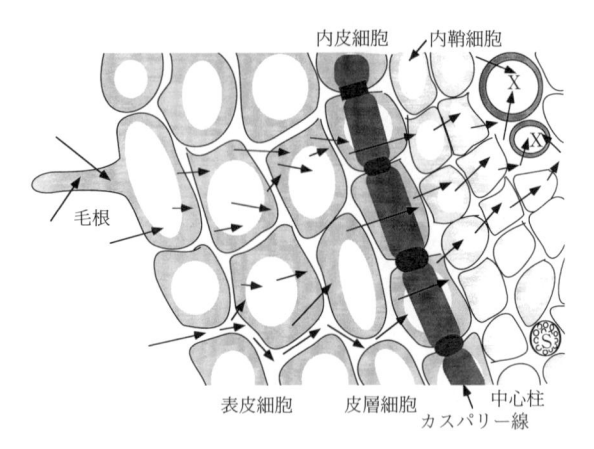

図4.13 根における養分と水の土壌から導管への動き
根毛より吸収された場合には，原形質連絡により中心柱に存在する導管（X）周辺の細胞まで移動し，細胞外へ出た後に導管へ取り込まれる．表皮や皮層の細胞間隙を進んできた養分と水は，カスパリー線の手前で細胞内に取り込まれる．Sは師管を示した．

　管状要素の分化過程は，ヒャクニチソウ（*Zinnia elegans*）の葉より単離した葉肉単細胞の培養系により，詳しく観察されている．この単離葉肉細胞は，ある濃度のオーキシンとサイトカイニンを含む培地で培養することにより，高頻度で導管を形成する細胞である管状要素へ分化する．細胞は，まず細胞壁の沈着によるらせん状の特徴的な模様をみせるようになる．その後自己分解過程にはいり，核，液胞，ゴルジ体，ミトコンドリア，色素体，小胞体などの細胞内小器官が崩壊し，最後には細胞死に至る．なお，このヒャクニチソウ葉肉単細胞が，細胞死に至るまでの詳細な遺伝子発現のしくみが明らかにされている[1]．

b. 導管液の採取と組成

　導管液は，地上部と根の境界付近を切断することによりその切り口より，また，根部に圧力をかけることにより葉の先端などの地上部より採取することができる[2,3]．このようにして得られた導管液の組成を表4.2，4.3に示した．表を見てわかるように導管液の組成は，植物の種類により大きく異なるし，またどのような養分状態にあるかによっても大きく変化する．導管液中にはほとんど糖類は見出されず，窒素化合物や無機塩が大部分を占める．アミノ酸ではグルタミンが主要であるが，窒素化合物としては，硝酸イオンやアラントインなどのウレイドが主となるような植物が多く存在する．

　表4.4には，導管液中に見出される植物ホルモンであるアブシジン酸の濃度を示した．導管中のアブシジン酸濃度は，培地中のナトリウム濃度や，温度に敏感に反応して濃度が変動することが知られている．また，導管液中のアブシジン酸濃度と蒸散の間にも密接な関係があることが示されている．導管を通じてホルモンを移動させることにより，根による地上部の生長調節がなされていると考えることができる．　〔林　浩昭〕

4.2 長距離輸送

表 4.2 ヒマ (*Ricinus communis*) の導管液イオン組成 (mM)[4]

陽イオン		陰イオン	
K^+	15.7	NO_3^-	24.2
Na^+	0.6	Cl^-	0.2
Mg^{2+}	2.6	$H_2PO_4^-$	1.8
Ca^{2+}	4.6	SO_4^{2-}	0.9
		リンゴ酸	0.1
全陽イオン (塩基性アミノ酸含む)	30.7	全陰イオン (酸性アミノ酸含む)	29.8

表 4.3 導管液のアミノ酸組成 (μM)

	ヒマ (*Ricinus communis*)[4]	トウモロコシ (*Zea mays L*)[3]
Asp	14	240
Thr	40	60
Ser	10	220
Asn	123	140
Glu	50	190
Gln	7,880	310
Gly	0.4	30
Ala	4.0	200
Val	140	60
Cys	25	ND
Met	40	3
Ile	60	20
Leu	46	30
Tyr	12	30
Phe	12	—
GABA	11	90
NH_4^+	615	110
Orn	16	—
Lys	166	50
His	130	20
Arg	181	20
合計	9,575.4	1,823

表 4.4 導管液中のアブシジン酸濃度 (nM)

トウモロコシ[5,8]	25〜600
イネ[6]	2〜15
オオムギ[7]	75〜280
ヒマワリ[8]	50〜600

文献

1) 南 淳，福田裕徳：組織培養, **22**(1), 3-7, 1996.
2) Munns, R. : *Aust. J. Plant Physiol.,* **19**, 127-35, 1992.
3) Canny, M. J. and McCully, M. E. : *Aust. J. Plant Physiol.,* **15**, 557-566, 1988.
4) Schobert C. and Komor E. : *Planta,* **181**, 85-90, 1990.
5) Tuberosa, R. Sanguineti, M. C. and Landi, P. : *Crop Sci.,* **34**, 1557-1563, 1994.
6) Lee, T.-M. Lur, H.-S. and Chu, C. : *Plant, Cell and Environment,,* **16**, 481-490, 1993.
7) Kefu, Z. Munns, R. and King, R. W. : *Aust. J. Plant Physiol.,* **18**, 17-24, 1991.
8) Zhang, J. and Davies, W. J. : *J. Exp. Botany,* **41**, 1125-1132, 1990.

4.2.2 師管輸送と物質集積

4.2.2.1 師 管 輸 送

1) 師管の分化と構造 被子植物においては，光合成産物の長距離輸送は師管 (sieve tube) を通じて行われる．師管は，師部柔細胞，伴細胞 (companion cell) とともに維管束内に師部を形成している．維管束の分化は，生長点において葉原基の分化が始まると，その下部より始まり，向頂的および向基的に分化が進み，生長段階のずれた他の葉の維管束とつながる．ここでは，維管束が分化するにつれて，師部を構成する細胞，特に師部要素 (sieve element) がどのような分化過程を経て師管に分化するかについて述べてみる．

分化の過程で師部に属する細胞は，最終的には，師管，伴細胞，師部柔細胞に分化していく．また，師管に分化する師部要素と伴細胞は一つの母細胞より不均等分割によって生じると考えられている．この中でも特異な分化過程を遂げるのは師部要素であり，不可逆的選択的な自己分解過程を経て師管に分化する．しかしながら，導管が最終的には，生物学的には死滅した細胞よりなる管であるのに対して，師管は，細胞学的にも生きた細胞が連続した通路になっている．

師部要素分化の過程では，以下に述べるような特徴的な変化がみられる[1]．①師部要素の核が崩壊してしまう．核の崩壊は，染色体の分解，核膜の崩壊と続く．②原形質そのものが崩壊していくことはないが，ゴルジ体，リボソーム，などが消失してしまう．色素体は，通常細胞のように内膜系が発達することもなく，デンプンを蓄積するタイプと結晶状のタンパク質を蓄積するタイプに分化する．ミトコンドリアや小胞体は成熟師管にも存在する．③双子葉植物においてはP-タンパク質と呼ばれる特殊なタンパク質やカロースが蓄積する．ただし，単子葉植物ではP-タンパク質は観察されない．④液胞膜が破壊され厳密な意味での液胞内と細胞質の区別はなくなる．⑤さらに分化が進んだ段階においては，葉からの光合成産物の転流がはじまると，師管の細胞膜上にATPaseの活性が現れてきたり，細胞壁の厚化が起こる．要するに，成熟した師管内は，少数のミトコンドリアや色素体，小胞体を含む細胞質様物質が細胞膜にうすくへばり付いており，その内側に液体が流れる空間が広がっている構造となっている．したがって，師管内を通常の細胞内とは区別して内腔 (lumen) と呼ぶこともある．それぞれの師部要素は，原形質連絡が発達した師孔によってむすばれ，長距離輸送のための長い管を形成する．この師孔がカロースやP-タンパク質によってつまっているとする観察がなされていたが，このような構造は人工物あり，現在では，水やそれに溶けた物質さ

らにウイルスなども自由に通過できると考えられている．このことは，師管転流機構を考えるときに重要な要素になる．

師管は，その特異な分化過程もさることながら，他の細胞との原形質連絡形成においても特徴的である．師管と伴細胞は，密に原形質連絡で結ばれているが（師管-伴細胞複合体と呼ばれる），他の細胞とは原形質連絡による細胞質のつながりをもっていない（双子葉植物の中には，師管-伴細胞複合体と師部柔細胞の間に原形質連絡が観察されるものもある）．したがって，葉肉細胞で合成された炭水化物は，師管-伴細胞複合体周辺において，いったんアポプラストに放出され，そこから師管-伴細胞複合体内へ吸収されなければならない[2]．

2) 師管液の採取と組成　師管液(phloem sap)は，師管内を流れている液であり，特に葉肉細胞で合成された炭水化物（スクロース）やアミノ酸に富んでいる．この液を周辺細胞からの汚染なくできるだけ純粋に取り出す技術が開発されている．樹木やウリ科，マメ科植物のように茎や莢に切り込みを入れるだけで，ある程度純粋な師管液を採取できる植物もある．また，葉のついた茎や葉柄を切断し，その切り口を10 mM程度のEDTA溶液につけ，その溶液内に染み出した師管液を集める方法もある[3]．ここでは，最も純粋な師管液採取法であるアブラムシ法について，特にそのイネ科植物への応用法として開発されたインセクトレーザー法[4]（insect laser technique）について述べ

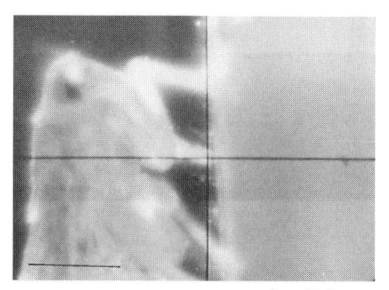

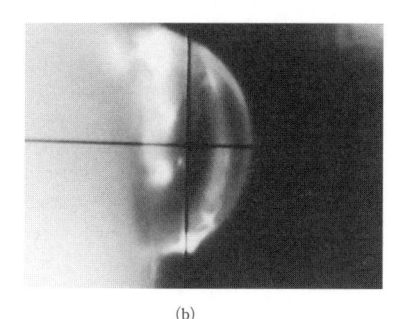

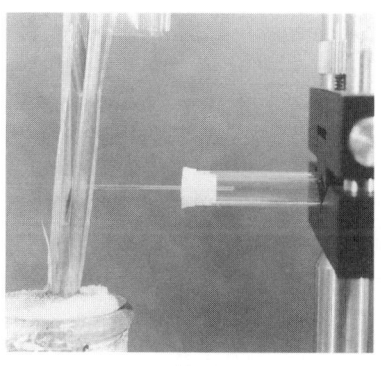

図4.14　イネ師管液採取の様子

る．この方法は，アブラムシでなくてウンカの口針を切断することを特徴としている．イネにはトビイロウンカを，コムギやトウモロコシにはヒメトビウンカを利用する．これら半翅目の昆虫はその口針を正確に師管内に挿入し，師管液を吸汁している．

図4.14(a)は，トビイロウンカがイネ葉鞘の師管に口針を挿入し，師管液を吸汁しているところである．透明なフィルム（サランラップなど）で小さなカゴ（4cm×2cmϕ）を作成し，これを7～10葉期の最大展開葉葉鞘にかぶせ，中にトビイロウンカを2～3びきいれ，3時間ほど静置する．落ち着いて吸汁を続けているときに，YAGレーザー装置（SL 129 ANd：YAG Laser, NEC）により，図4.14(a)黒線の交差点上の口針を切断する．図4.14(b)は，切り口より，師管液が溢れ出ている様子である．師管液流出速度は，およそ1μL/hrである．図4.14(c)のように，マイクロキャピラを用いて，採取することができる．通常1～2時間流出が続くが，6日間同一の口針より師管液が得られ続けた例もある[5]．

このようにして得られたイネ[6]，コムギ[7]，トウモロコシ[8]の師管液組成を表4.5に示した．転流される炭水化物は大部分がスクロースである．グルタミンやグルタミン酸などのアミノ酸も高濃度で含まれている．カリウムイオンや塩素イオンも高濃度で含まれる．これら師管液のpHは7.5前後である．

表4.5 イネ科植物の師管液組成 (mM)

	イネ	コムギ	トウモロコシ
スクロース	205.5	251.0	900
全アミノ酸	103.2	261.7	375.2
グルタミン	19	9.7	0
グルタミン酸	13.6	79.3	59
K$^+$	147.0	299.0	497
Cl$^-$	65	25.1	273
全有機酸	20	——	——
ATP	1.6	——	1.52

——：分析値なし

3) 師管へのスクロースの取り込み 原形質連絡を通じて葉肉細胞より師部に到達したスクロースは，ここでいったんアポプラストへ放出される．その後，師管-伴細胞複合体の細胞膜上に存在するスクローストランスポーターによってプロトンとの共輸送により複合体内へ能動的に取り込まれる．この機構のために，師管内には高濃度のスクロースが取り込まれうる．また，ソースの師管において高濃度のスクロースが取り込まれることによる高膨圧の維持が，師管転流を生みだす源であると考えられている．すでに，スクローストランスポーター遺伝子はクローニングされており，その遺伝子構造が明らかになっている[9]．この遺伝子の発現を押さえるように作成した形質転換植物（ジャガイモ）においては，野生株に比較して20倍もの可溶性炭水化物が成熟葉に蓄積すること，根やイモの発育が著しく抑えられることが分かっている[10]．

4) 師管内タンパク質 先に述べたように双子葉植物においては，師管が成熟してくるとP-タンパク質が師管内に蓄積してくるようになる．このP-タンパク質の遺伝子は

カボチャよりクローニングされており、その構造が明らかになっている[11]。しかしながら、このP-タンパク質は、実際に師管内を転流するというよりは、構造体として存在しているようである。では、単子葉植物の師管内にタンパク質は含まれているのであろうか。インセクトーレーザー法により採取された純粋な師管液中には、数百のタンパク質が検出される。その中で最も多く存在するタンパク質は、チオレドキシンhであることが最近の研究により明らかになった[12]。これら師管内タンパク質がどのような機能をもっているかは興味のもたれるところである。師管内にはタンパク質を合成するために必須な核やリボゾームなどの細胞内小器官がないため、師管内のタンパク質は、細胞質に富む伴細胞内で合成され、原形質連絡を通じて師管内に運ばれると考えられる。上記2種のタンパク質に限らず、スクローストランスポーターなど師管の細胞膜上に存在すると考えられるタンパク質も同様である。これらタンパク質が原形質連絡をどのようにして通過するのかは、今後の重要な研究テーマである。

5) 師管を通じたシグナル伝達 師管の主たる機能は光合成産物を転流することであるが、この師管を通じてシグナルの長距離移動も起こっていると考えられている。たとえば、花成や全身的獲得抵抗 (systemic acquired resistance, SAR) と呼ばれる現象も師管を通じた刺激の伝達が必要と考えられている現象である[13]。SARとは、植物の免疫機構と考えることもできる現象であり、植物のある葉にウイルスが感染したとき、ウイルスの感染していない別の葉に、そのウイルスに対する抵抗性が現れる現象などが含まれる。ウイルスに限らず、病原性のバクテリアやカビの感染、昆虫の摂食などによりもたらされる傷、によってもSARが引き起こされることが知られており、転流する刺激伝達物質としてサリチル酸[14]やペプチドであるシステミン[15]が考えられている。システミンは師管内からも検出されている[16]。

師管は伴細胞とは原形質連絡による密接なつながりをもっているが、他の細胞とはつながりをもたない。したがって、スクロースの師管への取り込みがそうであったように、師管へのシグナルの取り込みもアポプラストから細胞膜を介して師管内へ入っていき、長距離輸送されていくと考えられる。細胞膜を介したシグナルの伝達に関してはほ

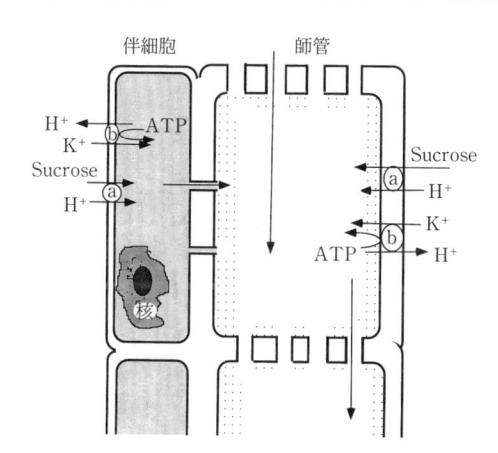

図4.15 師管-伴細胞複合体へのスクロースの取り込み
a：スクローストランスポーター，b：H^+-ATPase
ATPのエネルギーによるH^+の濃度勾配を利用して、スクロースが取り込まれる。H^+の細胞外への放出に伴いK^+が取り込まれる。

とんどの場合細胞内のタンパク質リン酸化システムが関与している。したがって，師管内（細胞内である）でタンパク質リン酸化が起こっているかどうかを知ることは意義深い。イネの純粋な師管液を用いた実験により確かに師管内にタンパク質リン酸化反応が起こっており，この反応に重要なタンパク質リン酸化酵素は，カルシウム依存性タンパク質リン酸化酵素であることが明らかになってきている[17]。しかしながら，実際にどのような刺激が師管内リン酸化反応に変換されるのか，リン酸化されたタンパク質が何なのかなど，解明されなければならない課題は多い。　　　　　　　　〔林　浩昭・茅野充男〕

文　献

1) Parthasarathy, M. V.: Transport in Plants I (Encyclopedia of Plant Physiology) (eds. Zimmermann, M. H. and Milburn, J. A.), 3-52, Springer-Verlag, 1975.
2) Giaquinta, R. T.: *Ann. Rev. Plant Physiol.*, 34, 347-389, 1983.
3) 林　浩昭：物質の輸送と貯蔵（現代植物生理学5，茅野充男編），135-144，朝倉書店，1991.
4) Kawabe, S., *et al.*: *Plant Cell Physiol.*, **21**, 1319-1327, 1980.
5) Nakamura, S., *et al.*: *Plant Cell Physiol.*, **34**, 927-933, 1993.
6) Hayashi, H. and Chino, M.: *Plant Cell Physiol.*, **34**, 247-251, 1990.
7) Hayashi, H. and Chino, M.: *Plant Cell Physiol.*, **27**, 1387-1393, 1986.
8) Ohshima, T., *et al.*: *Plant Cell Physiol.*, **31**, 735-737, 1990.
9) Riesmeier, J. W., *et al.*: *EMBO J.*, **11**, 4705-4713, 1992.
10) Riesmeier, J. W., *et al.*: *EMBO J.*, **13**, 1-7, 1994.
11) Bostwick, D. E. and Thompson, G. A.: *Plant Physiol.*, **102**, 693-694, 1993.
12) Ishiwatari, Y., *et al.*: *Planta*, **195**, 456-463, 1995.
13) Enyedi, A., *et al.*: *Cell*, **70**, 876-886, 1992.
14) Yalpani, N., *et al.*: *The Plant Cell*, **3**, 809-818, 1991.
15) McGurl, B., *et al.*: *Science*, **255**, 1570-1573, 1992.
16) Pearce, G., *et al.*: *Science*, **253**, 895-898, 1991.
17) Nakamura, S., *et al.*: *Plant Cell Physiol.*, **36**, 19-27, 1995.

4.2.2.2　シンク・ソース関係

作物個体は，多数の葉，分枝，根，子実，果実などの性格を異にする多数の器官から構成されている。光合成の場をソース，光合成産物を材料として生長あるいは貯蔵する場をシンクと考えると，ソースとしては葉が主たる器官であり，シンクとしては頂芽，根などの栄養器官に加えて，穀実作物の子実，マメ類の莢，根菜類の塊根，塊茎，果菜類や果樹類の果実などの貯蔵器官があげられる。しかし，これらは器官固有の特性ではなく，たとえば，葉の主要な機能はソースであるが，その展開中にはシンクとして働く。

一方，トマトの果実はシンクであるが，その肥大初期にはクロロプラストを備え，光合成を行い，自らのソースとして働く。また，収穫器官はシンクであるが，ソースとしての機能を合わせもつ例外もあり，ナタネの莢は子実に対して，ムギ類には内，外穎が穎花に対してそれぞれソースとして働くものがある[1]。

光合成産物はソースからシンクへ師管を通じて次のように転流し，シンクにおいて利用または貯蔵される。まず，ソースの光合成によって生産された糖は，スクロース（ショ糖）として葉肉細胞または維管束鞘細胞からフリースペースへ放出されたあと，師管

伴細胞へ取り込まれる (loading). ソースにおける師管のスクロース濃度が高まると，スクロースはその濃度落差によってシンクへ転流し，師管からシンク側のフリースペースへ放出される (unloading). スクロースはシンク細胞へ取り込まれたあと，最終的にはその一部を呼吸で放出しつつ液胞，アミロプラストなどへ貯蔵される[2]．

このようなソース・シンク関係には，次のような特徴がある．まず，①ソースの光合成能が高いと転流速度が高まり，シンクの生長がさかんになり，②シンクによる師管からのスクロースの取り去りが活発になると師管中のスクロース濃度落差が大きくなり，転流がさかんになって葉の光合成能が高まる．すなわち，光合成産物の転流は師管中の光合成産物の移動よりもソースにおける光合成能や光合成産物の loading の能力（ソース能）と，シンクにおける光合成産物の unloading やその利用・貯蔵能力（シンク能）によって強く支配される．

ソース能がシンク能を上回ると，ソースからシンクへの光合成産物の転流速度が低下し，葉に光合成産物が集積し，葉の光合成能が低下する．たとえば，コムギでは穂切除によってシンク能を低下させると，止葉からの光合成産物の転流速度が低下し，止葉の光合成能は低下する[3]．しかし，穂切除に加え下位の葉や桿を遮光すると，この部位がシンク能を発現するため光合成能は再び上昇する．同様の現象は，トマトの果実，トウモロコシの雌穂，ジャガイモの塊茎を切除しシンク能を低下させた場合など多くの作物について観察されている．

一方，シンク能がソース能を上回り，葉からシンクへの光合成産物の取り去りがさかんになると，葉の光合成産物の濃度は低下し，光合成能は高く保たれる．この例として，トマトやインゲンマメで，葉の一部を切除すると残った葉からの光合成産物の転流速度は上昇し，これらの葉の生産能や光合成能が上昇する現象があげられる[1]．

このようなソース・シンク関係において，①ソースからシンクへの光合成産物の転流の支配要因や，②ソース能がシンク能を上回る場合の光合成能の低下の原因などについてかならずしも十分に解明されるに至っていない．光合成産物の転流がシンク能によって支配される現象は多くの作物種について観察されている[4]．しかしながら，光合成産物の転流がソース能や植物ホルモンなどによって支配されるという異論もある．

ソース能がシンク能を上回る場合に光合成能が低下する原因について，さまざまな推論や実験結果が提出されている．光合成能は，葉に集積した糖によってフィードバック的阻害を受け低下するという推論がなされている．

一方，光合成能の低下の直接的原因は糖やデンプンの集積とは異なることが指摘されている．たとえば，光合成の低下はリブロース二リン酸カルボキシラーゼ（Rubisco）の不溶化に伴う活性低下や，デンプン合成系のリン酸化代謝中間体の集積に伴い無機リン酸濃度が低下し，ATP 合成が阻害されることなどに帰因するという報告がある．しかし，沢田ら[5]のダイズを用いた研究成果によると，細胞質でスクロース集積に伴いその合成過程における各種のリン酸化代謝中間体の集積が促進され無機リン酸濃度が限界濃度以下に低下すると，Rubisco が不活性化することが明らかにされている．

ソース能はソースの大きさとソースの活性の積である．ソースの大きさは，葉面積やクロロプラストの密度で示されるが，その生成機構は十分に明らかにされていない．一

方,ソース活性は,光合成,スクロース合成,loading などに係わる一群の酵素活性によって支配されている.

シンク能はシンクの大きさとシンクの活性に解析することができる.シンクの大きさは細胞の数や大きさから構成され,容器として捉えることができる[6].たとえば,子実の大きさは細胞の大きさではなく,主に,細胞の数によって決定されるが,細胞の数の支配要因は明らかにされていない.一方,シンク活性はその代謝活性によっており,師管を通じて転流するスクロースの unloading,そのシンク細胞による吸収,貯蔵形態への合成など一連の酵素作用が関与している.

最近,分子生物学的手法がソース・シンク関係の解析に導入され,植物生理学,植物生化学的知見をベースにソース能やシンク能の支配要因を機構上の特性から詳細な検討が進められている[7,8].ソース能の解析例をみると,遺伝子操作によってフリースペースにインベルターゼ活性を発現させ,スクロース分解能を付与すると,糖の loading が阻止される.すなわち,糖の loading にはエネルギーに加えて,スクロースとしての化合形態が不可欠であることが示唆されている.

一方,シンク能との関連では,ジャガイモ塊茎のデンプン合成の主たる酵素,アデノシン二リン酸グルコースピロホスホリラーゼ(ADPGPPi)活性を異にする形質転換体を作出し,各種のパラメーターについて解析したところ,ジャガイモ塊茎のシンク活性は,ADPGPPi 活性によって支配され,この酵素活性が低下するとシンク活性が低下し,平均塊茎重で示されるシンクの大きさも減少するためシンク能が低下するのに対し,この酵素活性を高めることによってデンプン集積量が増大することなどが明確に示された.このように,ソース・シンク関係の実体がより明確になるとともに,ソース能やシンク能を人為的に調節しうる可能性がある.

作物の物質生産は,光合成のみならず各種の無機元素の吸収・利用などの所産である.マメ類の子実生産には多量の窒素を必要とし,子実は固定窒素に対して主要なシンクとして働く,また,一般に収穫器官はリンに対してもシンクとして働くことが推定される.

このようなことから,窒素固定やリン吸収などについても,ソース・シンク関係からの解析が試みられている.たとえば,ダイズにおいて,固定窒素に対して,根粒をソース,莢をシンクと考えると,ソースで固定された窒素がシンクへ速やかに取り去られることによって根粒の窒素固定能が高く維持されるという[9].実際,ダイズでは,根粒の一部を切除すると,残った根粒の窒素固定能が上昇するのに対し,莢切除によって固定窒素のシンク能を低下させると,固定窒素の根粒から宿主植物への転流速度が低下し,これと平行して窒素固定能は低下する[9].

これらの実験結果は,根粒の窒素固定もソース・シンク関係の支配を受けることを示唆している.しかしながら,ソース能に対してシンク能が低い場合,窒素固定能が低下する機構については,ほとんど解明されていない.莢切除下では,光合成能よりも窒素固定能がより早期に低下することや,根粒の炭水化物含有率の低下が起こらないことなどから,シンク能の低下に伴う窒素固定の低下は光合成との相互作用によるものではないものと推定されている.

一方，硝酸態窒素の吸収・利用は莢のシンク能の制御を受けており[10]，さらに，リンの吸収・利用もソース・シンク関係によって支配される可能性があるが，目下のところ，この関係を証明する実験的証拠が必ずしも十分蓄積されるに至っていない．

ソース・シンク関係から作物の生産能の支配要因を個体レベルで解析する試みがなされている．この解析にあたって，①個体全体でソースとシンクのどちらが生産能の支配要因として働くかを明らかにすることや，②多数の葉とシンクとが光合成産物の授受を通じてどのように関連しているかなどが検討されている．特に，②と関連して，あるシンクはそれに近接する葉を光合成産物のソースとしており，この関係をソース-シンク単位と呼び，いろいろな作物のソース-シンク単位構造が検討されている．そして，たとえば，トウモロコシにおいて，雌穂をシンクとするソース-シンク単位の生産能の向上をめざし，この単位内のソース・シンク関係やソース能の支配要因の解析が進められつつある[11]．　　　　　　　　　　　　　　　　　　　　　　　　　〔藤田耕之輔〕

文　献

1) 藤田耕之輔：物質の輸送と貯蔵（現代植物栄養生理学5，茅野充男編），145-166，朝倉書店，1991．
2) 田中　明：光合成II（植物生理学2，宮地重遠編），121-147，朝倉書店，1981．
3) King, R. W., Wardlaw, I. F. and Evans, L. T. : *Planta*, **77**, 261-276, 1967.
4) Gifford, R. M. and Evans, L. T. : *Ann. Rev. Plant Physiol.*, **32**, 485-509, 1981.
5) Sawada, S., Usuda, H. and Tsukui, T. : *Plant Cell Physiol.*, **33**, 943-949, 1992.
6) Ho, L. C. : *Ann. Rev. Plant Physiol. Plant Mol. Biol.*, **39**, 355-378, 1988.
7) Sonnewald, U. and Willmitzer, L. : *Plant Physiol.*, **99**, 1267-1270, 1992.
8) Frommer, W. and Sonnewald, U. J. : *Exp. Bot.*, **46**, 587-607, 1995.
9) Fujita, K., Masuda, T. and Ogata, S. : *Soil Sci. Plant Nutr.*, **37**, 436-469, 1991.
10) Fujita, K., Morita, T. and Nobuyasu, H. : *Soil Sci. Plant Nutr.*, **43**, 63-73, 1997.
11) Sawada, O., Ito, J. and Fujita, K. : *Crop. Science.*, **35**, 480-485, 1995.

4.2.2.3　シンクにおける物質集積

光合成産物は主にスクロース（ショ糖）やアミノ酸として師管を通じてシンクに送られ，さまざまな物質の合成に使われる．シンクとは光合成産物の転流に関してソースと対をなす概念で，ソースが転流物質が移動する源を示すのに対して，シンクとは転流物質が流れ込む先をさす．

栄養生長期においては茎頂部，未展開の葉，根端，などの生長部が主なシンクであり，植物種によって，成育時期によっては塊茎，塊根，りん茎などがシンクとなる．生殖成熟期にはいると，種子や果実などが主要なシンクとなる．

転流物質から合成される物質はシンクによって，植物種によって異なっている．茎頂や根端分裂組織では細胞の分裂，伸長に必要な細胞を構成する物質が主に合成される．種子や塊茎などの貯蔵器官ではデンプン，脂質，タンパク質が大量に合成，蓄積され，次代の幼植物の栄養源となるとともに，食糧となる．コンニャク芋に蓄積されるマンナンに代表されるように，植物種によっては特殊な貯蔵物質を蓄える．

ソースから転流してくる光合成産物は，主にスクロースとアミノ酸である．植物種によってはスクロース以外の糖が転流してくる場合もある．これらの物質から，それぞれ

のシンクでさまざまな物質が合成される．米や麦類など穀類の重要な貯蔵物質であるデンプンはスクロースから合成される．光合成葉から転流されてきたスクロースはスクロースシンターゼやインベルターゼなどの作用によってフルクトース 6-リン酸となり，フルクトース 1,6-二リン酸を経て 3 ホスホグリセリン酸などのトリオースリン酸に代謝される．トリオースリン酸はデンプン合成の場であるアミロプラスト（主にデンプン合成を行うように分化したプラスチド）に輸入され，フルクトース 1,6-二リン酸，フルクトース 6-リン酸，グルコース 6-リン酸，グルコース 1-リン酸を経て ADP グルコースピロホスホリラーゼによって ADP グルコースとなり，デンプン合成酵素の基質となってデンプン粒に取り込まれる．

　油糧植物の種子には脂質が蓄積するが，脂質もスクロースから合成される．脂肪酸はプロプラスチドでペントースリン酸経路と解糖系を経てピルビン酸となり，アセチル CoA を経て，アシルキャリアータンパク質を介した反応によって脂肪酸に取り込まれる．脂肪酸は小胞体膜 CoA と縮合し，還元などを受けグリセロール 3-リン酸との反応によってトリアシルグリセロールとなる．種子では小胞体膜で合成された脂質はオイルボディーと呼ばれる脂質一重層の膜で囲まれた直径 1 μm の小胞となって安定に蓄積する．

　タンパク質は穀類，特にマメ類で重要な貯蔵物質である．転流してくるアミノ酸から主に転写，翻訳によって合成されるが，シンク器官で合成されるアミノ酸も使われる．生長部位などのシンクでは細胞分裂や伸長に必要なさまざまなタンパク質が合成されるが，貯蔵器官では合成されるタンパク質の種類は比較的少ない．これらのタンパク質は貯蔵タンパク質と呼ばれ，種子のほか，塊根，塊茎などに蓄積する．ダイズでは種子での貯蔵タンパク質の合成は転流してくるアミド態の窒素に依存しており，硝酸やアンモニア態の窒素が登熟中の種子に供給されても貯蔵タンパク質の合成はほとんど起こらないことが知られている．

　デンプン，脂質，タンパク質などの貯蔵物質の蓄積は相互に協調して行われる．種子での貯蔵物質の蓄積は登熟の中期から後期にかけて起こるが，環境条件などによって集積してくる物質の組成に変動がある．サツマイモやジャガイモの貯蔵タンパク質の蓄積は，スクロースによって誘導されることが知られている．貯蔵物質の合成が起こるには植物体全体としてエネルギー過剰の状態になくてはならない．スクロースによってタンパク質合成が誘導されるのは，スクロースがタンパク質合成の基質として働くというよりはむしろ，植物体全体での光合成量とエネルギー消費のバランスを示す指標として，貯蔵タンパク質合成を誘導するシグナルであると考えられる．　〔藤原　徹・茅野充男〕

5. 代　　　謝

5.1 窒素の代謝

5.1.1 アンモニア態窒素と硝酸態窒素の根および葉における同化と同化に及ぼす内的・外的因子の影響

a. 硝酸態窒素の同化

　多くの作物では，根から吸収された硝酸イオンの大部分は，硝酸イオンのまま地上部へ輸送された後，葉の硝酸還元酵素（NR）と亜硝酸還元酵素（NiR）の触媒を受けてアンモニウムイオンに還元され，アミノ酸へと同化される．葉で同化された窒素は，再び他の器官に輸送され，タンパク質合成などに利用される．

　一部の硝酸イオンは根の液胞に貯蔵され，また一部は根の NR と NiR により根においても同化される．この葉と根における硝酸還元の割合は，一般に根における炭水化物の量的な状態が根の硝酸還元系全体を調節していると考えられている．エネルギー，還元力，炭素骨格の供給が必要である硝酸の同化の大部分を，光合成器官の周辺で行っている結果は，植物個体全体の経済効率を反映しているものと考えられている．

　1) 硝酸還元酵素（NR）　　高等植物の NR に関しては，1953 年にはじめてその活性の存在が報告されて以来，現在でも広範な研究が進められている．NR は，遺伝子構造，発現制御，組織内分布などについて，植物酵素の中でも最も研究の進んでいる酵素の一つである．この NR は，硝酸還元やアンモニウムイオンの同化に関わる他の酵素との活性の比較から，硝酸還元および同化系全体を律速している酵素として考えられている．NR は，NADH あるいは NADPH を電子供与体として硝酸イオンを亜硝酸イオンに還元する反応を触媒する．緑葉や根端の酵素は NADH-NR（EC 1.6.6.1）であるが，イネ科植物の成熟根においては NADH と NADPH の両方で活性を示す NAD(P)H-NR（EC 1.6.6.2）が重要な機能をもつとされている．NAD(P)H-NR は，イネ科全般の植物とダイズなどで認められるが，他の植物では検出されない．オオムギ根では，NADH-NR と NAD(P)H-NR の存在比率は，約 1：1 である．これらの NR は異なる遺伝子にコードされているアイソザイムである．反応基質である硝酸イオンは，両 NR の遺伝子発現に必要とされる．ダイズやタバコなどには，硝酸イオンに影響されず構成的に発現している NR の存在が知られている．なお，NADPH‐NR（EC 1.6.6.3）は，アカパンカビなどのカビにおいて研究例が多い．

　NADH-NR はサブユニット分子量約 110 kD，また NADPH-NR はわずかに小さい約 100 kD のホモ二量体からなる．研究の進んでいる NADH-NR を例にすると，サブユニットはさらに，NADH が結合して分子内電子伝達を開始する FAD を含む 28 kD

の領域，シトクロム b_{557} を含む14 kDの領域，Moコファクターを含み硝酸イオンを還元する75 kDの領域の，3種の領域からなる分子構造をしている．NRの遺伝子構造の解析結果から，イネ，オオムギ，タバコ，シロイヌナズナの間では，アミノ酸配列の相同性はFAD領域で62〜72％とわずかに低いものの，他の領域ではいずれも73％以上と類似した配列をもつことが明らかにされている．さらに，単子葉植物あるいは双子葉植物同志を比較すると，その相同性はさらに高くなる．

NADH-NRは，C_3およびC_4植物の葉ではいずれも葉肉細胞のサイトソルに局在する．根のNAD(P)H-NRに関する研究例は少ないが，トウモロコシ成熟根におけるmRNAの発現は，すべての細胞において確認されている．

硝酸イオンで誘導されるNADH-NRおよびNAD(P)H-NRは，NRmRNAとNRタンパク質の増加を伴っている．したがって，NR活性の増加はNRタンパク質のデノボ合成に基づくことと，その発現が転写段階で制御されていることが示されている．また，シロイヌナズナのNR遺伝子プロモーター領域には，硝酸イオンに応答するシス領域が同定されている．このNRの誘導は，より還元された窒素であるアンモニウムイオンやアミノ酸により抑制される．最近，硝酸イオンの情報はサイトカイニンを介して地上部へ伝達され，二成分制御系のリン酸リレーを介して遺伝子発現に至る機構が明らかにされつつある．硝酸イオン以外でも，NRは光照射によりその活性やmRNAのレベルが増加することが知られているが，この光の効果は複雑である．フィトクロムを介した，直接的な転写レベルでの制御も報告されている．

光はそれ以外に糖やNADHの供給，さらに液胞に貯蔵されていた硝酸イオンのサイトゾルへの移動などにも影響を与え，間接的な効果であることを示唆する報告例も多い．最近になって，明暗処理に伴うNR活性の変化は，既存NRタンパク質のリン酸化，脱リン酸化による可逆的な活性化と不活性化による，いわゆる翻訳後の調節を受ける結果が示されている．リン酸化NRに14-3-3タンパク質が結合して，不活性化される機構が，*in vitro*の研究で提唱されている．

2） 亜硝酸還元酵素（NiR）　NiR（EC 1.7.7.1）は，還元型のフェレドキシン（Fd）を電子供与体として，亜硝酸イオンを6電子還元してアンモニウムイオンを生じる反応を触媒する．NiRはNRとは異なり，葉では葉緑体に，また根ではプラスチドに局在する．以前は，根におけるFdとその還元機構が不明であったが，最近根のFdの存在が確認された．

また，プラスチドにおける五炭糖リン酸回路で生じるNADPHが，Fd-NADP還元酵素の触媒によりFdを還元する機構が示され，根においても葉緑体における反応と同様に亜硝酸が還元されるものと考えられている．毒性が強い亜硝酸イオンは，植物体内では極微量にしか検出されず，NRで生じた亜硝酸イオンは速やかにNiRにより還元されていることがわかる．近年，環境汚染物質の一つであるNO_xの浄化との関連からも，研究はさかんに進められている．

NiRは，分子量60から64 kDの単量体からなる酵素であり，シロヘムと4 Fe-4 Sクラスターを補欠分子族として活性中心にもっている．根と葉において，異なる分子種が存在するということが，タバコにおいて報告されている．ホウレンソウ，カバ，タバ

コ，トウモロコシなどから NiR cDNA が得られており，またホウレンソウとインゲンからはゲノム DNA がクローン化されている．アミノ酸レベルでの相同性は非常に高く，核遺伝子によりコードされている．遺伝子の解析から，成熟型 NiR の N 末端に 18 から 32 アミノ酸からなるプラスチド移行シグナル配列（トランジットペプチド）を有する前駆体として翻訳されていることが明らかにされている．成熟型 NiR の N 末端側に Fd が結合する領域がある．

NiR は，NR と同様に硝酸イオンや光照射に伴って活性が増加する．この NiR 活性の増加は，NiR mRNA と NiR タンパク質合成を伴っており，転写段階での制御を受けている可能性がホウレンソウ，トウモロコシ，インゲンなどで報告されている．硝酸イオンの除去により NiR レベルは減少するが，その速度は NR に比較してやや遅い．光照射もまた，NR と同様に NiR mRNA やタンパク質レベルでの増加を引き起こす．NR と同様な日周性も認められ，NR と NiR 遺伝子の発現は同じ機構で制御を受けているものと考えられている．しかし，NR と NiR 遺伝子の発現調節に関わると考えられるプロモーター領域の比較解析結果によると，インゲンでは少なくとも塩基配列において，両者で保存されている領域は見出されておらず，調節機構の解明は今後の課題となっている．また，光環境に応答した翻訳後の調節機構の存在は，見出されてはいない．

b. アンモニア態窒素の同化

植物がアンモニウムイオンと出会う局面は，①硝酸の還元，②施肥，③タンパク質などの分解，④葉における光吸収代謝，⑤フェニルプロパノイド合成などがあげられる．硝酸イオンと異なり，根から吸収されたアンモニウムイオンは根で，また硝酸還元や光呼吸で生じたアンモニウムイオンは葉緑体で速やかに同化され，通常植物体で検出される遊離のアンモニウムイオンは微量である．C_3 植物の葉において，光呼吸代謝で生じるアンモニウムイオンの速度は，硝酸還元由来のそれの 10 倍にも達するが，葉においてもわずかにしか検出されないことは，植物体内で非常に効率のよいアンモニウムイオンの同化系が機能していることを示している．高等植物では，グルタミン合成酵素（GS；EC 6.3.1.2）が，アンモニウムイオンをグルタミンのアミド基に同化する反応を触媒する．GS はグルタミン酸合成酵素（GOGAT）と共役して，最終的にグルタミン酸を生じる．以前，NADH 依存性グルタミン酸脱水素酵素（NADH-GDH；EC 1.4.1.2）がアンモニウムイオンをグルタミン酸へ同化すると考えられていたが，現在では NADH-GDH はグルタミン酸の分解に関与しているものと考えられている．

1) グルタミン合成酵素 (GS)

GS は，以下の反応を触媒する．

$$\text{グルタミン酸} + NH_4^+ + ATP \xrightarrow{Mg^{2+}} \text{グルタミン} + ADP + Pi$$

反応基質のグルタミン酸は，一般に GS と共役している GOGAT の生成物である 2 分子のグルタミン酸のうち 1 分子が使われると考えられている．GS には，大別してサイトゾルにある GS1 と葉緑体（プラスチドを含む）ストロマに局在する GS2 の分子種があり，これらは相同性は高いが異なる遺伝子にコードされているアイソザイムである．多くの植物では，サイトゾル型 GS はさらに複数のアイソザイムが検出されてい

る．多くのC₃植物の葉では，GS2が主要なGSであり，GS1の存在割合は，たとえばイネ科植物では5〜30％程度で，ホウレンソウ，トマト，タバコなどではわずかにしかGS1タンパク質は検出できない．C₄植物であるトウモロコシ葉では，GS1とGS2の存在比は葉肉細胞，維管束鞘細胞ともに約1：1である．

一方，多くの根においてはサイトゾル型GSが主要な分子種であるが，ある特定の品種のエンドウ根では，プラスチド型を多く含むことが報告されている．

GSは，生化学的，分子生物学的，免疫組織学的な研究が非常に進んでいる酵素の一つであり，多くの植物においてそれぞれのアイソザイムのcDNAやゲノムDNAの解析やタンパク質化学的な性質などの詳細が明らかにされている．サイトゾル型GSは，サブユニット分子量約40 kDの八量体から構成されており，核遺伝子の支配を受ける．エンドウやインゲンなどのマメ科植物やトウモロコシなどでは複数のcDNAが得られており，根粒特異的なGS，根に特異的なGS，根と地上部両方で発現するGSなどが認められている．

これらのcDNAの塩基配列や推定されるアミノ酸配列は，非常に相同性が高い．八量体を形成する際に，異なるGS1遺伝子産物がヘテロに会合することも報告されている．葉緑体型のGS2は，サブユニット分子量約45 kDの八量体から構成されており，N末端に葉緑体移行シグナルであるトランジットペプチド部分をもつ約49 kDの前駆体タンパク質として生合成される．

この前駆体は，すみやかに葉緑体やプラスチドに輸送された後，プロセッシングをうけ，成熟型のタンパク質となる．多くの植物では通常単一のGS2 cDNAが得られている．GS2 cDNA間で相同性やGS1 cDNAとの相同性も非常に高い．また，GS1やGS2タンパク質を抗原として作成された抗体は，通常両方のアイソザイムを認識する．

葉緑体に存在するGS2の主要な機能は，オオムギのGS2欠損突然変異体を用いて解析された結果から，光呼吸代謝の過程で生じるアンモニウムイオンの再同化反応を担うことにあると考えられている．この考えを指示する研究例は，GS2プロモーター活性が葉緑体を含む細胞で高く認められることや，GS2タンパク質が葉緑体ストロマのみに検出されること，葉の老化の進行に伴ってRubiscoと同様にGS2タンパク質含量が低下すること，さらに葉緑体をもたない寄生植物ではGS2が検出されないことなどがあげられる．

一方，地上部に存在するGS1の主要な機能は，器官の老化に伴って窒素が若い器官に転流する際の，主な窒素形態であるグルタミンを合成することにあるものと考えられている．この機能は，GS1プロモーターが師部要素で特異的に発現すること，GS1タンパク質が老化葉の維管束組織，特に師部伴細胞で高発現していることなどから示唆されている．最近，遺伝子導入技術を利用して，GS1やGS2の発現量を増大あるいは減少させた形質転換植物を用いた機能解析が進められている．

以上のように葉のGSアイソザイムは，異なる組織で異なる機能を分担していることが明らかにされてきた．なお葉のGS1とGS2は，両者とも外的因子の影響を受けにくいが，GS2の発現は葉緑体の発達に関係する緑化過程において光の影響を受けることが示されている．

根におけるサイトゾル型 GS は多くの植物で複数あり，それぞれの機能は地上部の GS1 ほどは明確にはされていない．硝酸イオンやアンモニウムイオンの供給に伴って，応答する分子種もある．根の GS は，施肥由来，硝酸還元由来のアンモニウムイオンの同化，さらには根における窒素転流などの局面で機能していることが当然考えられるが，個々のアイソザイムの機能を一般化できる状況にはなく，今後の課題である．硝酸イオンの供給により，根のプラスチド型 GS が増加する結果がいくつかの植物で認められている．亜硝酸還元がプラスチド内で起こることを考慮すると，この GS は硝酸還元系と密接な関係をもつ可能性がある．

2) **グルタミン酸合成酵素（GOGAT）**　　GOGAT は，GS で合成されるグルタミンを利用して，グルタミン酸を合成する以下の反応を触媒する．

$$\text{グルタミン}+2\text{オキソグルタル酸} \xrightarrow{\text{還元型 Fd または NADH}} 2\times\text{グルタミン酸}$$

高等植物には，電子供与体として還元型の Fd を利用する Fd-GOGAT（EC 1.4.7.1）と NADH を用いる NADH-GOGAT（EC 1.4.1.14）の二つの分子種がある．他の反応基質である 2-オキソグルタル酸は，NAD(P)-イソクエン酸脱水素酵素が供給すると考えられている．緑葉における主要な分子種は Fd-GOGAT であり，NADH-GOGAT は微弱な活性しか検出できない．

一方，若い葉や子実，さらに根では，両者は同レベルの活性を示す．緑葉における GOGAT の主成分である Fd-GOGAT の研究は比較的進んでいるが，NADH-GOGAT に関する研究例は少ない．

Fd-GOGAT は，分子量約 160 kD の単量体からなる巨大なタンパク質である．精製された酵素のスペクトル分析から，3 Fe-4 S を含むフラボタンパク質であることが示されている．トウモロコシなどから全鎖長を含む cDNA が単離され，塩基配列が決定された．不完全鎖長の cDNA は，シロイヌナズナを含む数種類の植物から得られている．核遺伝子の支配を受け，また免疫組織学的解析から，GS 2 と同様に葉緑体ストロマに局在することが判明している．

オオムギおよびシロイヌナズナの Fd-GOGAT 欠損突然変異体を用いた解析から，その生理機能は GS 2 とともに光呼吸で生じるアンモニウムイオンの再同化に深く関与していることが示されている．根においてもプラスチドに局在し，NiR と同様な機構で還元された Fd を利用して，グルタミン酸の合成に機能しているものと考えられている．GS 2 と同様に，葉緑体が発達する局面での光の影響を転写レベルで受ける．一方，体外から供給される硝酸イオンやアンモニウムイオンは，根や葉における Fd-GOGAT レベルに大きな影響は与えない．

NADH-GOGAT は，イネやアルファルファ根粒から精製され抗体が得られている．この GOGAT は，分子量約 200 kD の単量体のさらに巨大なタンパク質である．得られた抗 NADH-GOGAT 抗体は Fd-GOGAT を認識しないことから，両 GOGAT は免疫学的にも異なるタンパク質であることが明らかにされた．cDNA もアルファルファ根粒とイネから得られており，原核生物の NADH-GOGAT の大小サブユニットを結合したような構造をしている．NADH-GOGAT の遺伝子構造もこれらの植物から明らか

にされ，プロモーターの機能解析も進められている．免疫組織学的解析から，イネでは NADH-GOGAT は未抽出の非緑色葉身や登熟初期の頴果の維管束組織，特に師管や導管からの物質の流路に相当する細胞群で高発現していることが判明した．

したがって，窒素転流において，若い器官へ輸送されてくるグルタミンをグルタミン酸へ変換し，多くの生合成反応で窒素を再利用する初期段階で機能していることが推定されている．葉身の成熟や頴果の登熟に従って，そのタンパク質の含量が著増，急減することから，遺伝子発現には細胞特異的かつ生育時期特異的な制御機構があるものと考えられている．根においては，低濃度のアンモニウムイオンの供給に伴って，NADH-GOGAT の mRNA，タンパク質，活性のいずれも短時間に著増することが明らかにされた．

このタンパク質が集積する場所は，イネでは表皮と外皮の2層の細胞のみであることが判明し，吸収したほとんどすべてのアンモニウムイオンをこの2層の細胞で同化していることが示された．アンモニウムイオンに対する応答は，その同化に際して GS にグルタミン酸を供給する反応が律速段階にあると考えられ，そのグルタミン酸の合成において NADH-GOGAT が重要な機能をもっていることを示唆している．なお，NADH-GOGAT の細胞内での局在性は，イネ根ではプラスチドに局在していることが明らかにされた．

5.1.2 アミノ酸代謝，遊離アミノ酸の蓄積と各種要因

アミノ酸代謝に関しては，生合成反応は研究がよく進められているものの，末端のアミノ酸，たとえばリジン，バリン，イロソイシン，芳香族アミノ酸などの，分解に関する研究例はきわめて少ないのが現状である．したがって，本項では，生合成反応を中心に述べる．

a. アスパラギン酸・アスパラギンと分岐鎖アミノ酸

1) アスパラギン酸とアスパラギン　　アスパラギン酸はアンモニウムイオンの同化で生じたグルタミン酸とオキザロ酢酸との間でのアミノ基転移反応で合成される．このアスパラギン酸はアスパラギンやリジン，メチオニン，スレオニン，イソロイシンの前駆体となる．また，イソロイシン合成は，バリンやロイシンの合成と密接に関係する．

窒素の転流や貯蔵に関係の深いアスパラギンは，グルタミンとアスパラギン酸からアスパラギン合成酵素（AS；EC 6.3.5.4）の触媒を受けて合成される．AS は，グルタミンのかわりにアンモニウムイオンを直接用いるという報告もされているが，精製 AS がほとんど得られていないことから，まだ正確にはわかっていない．

ほかに，青酸の解毒機能の一つとして，青酸配糖体やエチレン合成系から遊離する青酸とシステインから β-シアノアラニンを合成する反応があるが，この β-シアノアラニンの加水反応によってもアスパラギンは合成される．2-オキソサクシナミン酸とのアミノ基転移反応でもアスパラギンは合成され得るが，AS による合成が主経路と考えられている．

2) スレオニン合成　　アスパラギン酸を前駆体として，アスパルトキナーゼ，アスパラギン酸セミアルデヒド脱水素酵素，ホモセリオン脱水素酵素，ホモセリンキナー

ゼ，アレオニン合成酵素の反応により，スレオニンが合成される．中間体のアスパラギン酸セミアルデヒドからは，リジン合成系も分岐しており，分岐鎖アミノ酸合成を含む全体の経路は，アスパルトキナーゼの段階で生成物阻害などさまざまな調節を受けている．

また，ホスホホモセリンは，スレオニンの直接の前駆体であるが，同時にメチオニン合成系への分岐点でもある．

3) **メチオニン合成** メチオニンは，ホスホホモセリンからシスタチオニン合成酵素の触媒を受けホモシステインが合成されたあと，メチオニン合成酵素により合成される．Sの同化とも密接に関係するが，メチオニン合成は，シスタチオニン合成酵素量により調節されていると考えられている．

4) **リジン合成** リジンは，アスパラギン酸セミアルデヒドからジヒドロジピコリン酸が合成されたあと，五つの中間体をへて合成されると考えられている．一方，微生物のように，中間体のピペリジンジカルボン酸から3段階を経ずに直接メソジアミノピメリン酸を合成するメソジアミノピメリン酸脱水素酵素の存在もダイズやトウモロコシで知られている．このバイパス反応の評価も含め，植物でのリジン合成はまだ完全にはわかっていない．

5) **イソロイシン，ロイシン，バリンの合成** イソロイシンは，スレオニンから4段階の代謝をへて合成される．2-オキソ酪酸から開始されるこのイソロイシン合成系に関わる4種の酵素は，同時にピルビン酸から開始されるバリン合成系の反応も触媒する．また，バリンの直接の前駆体である2-オキソイソバレリアン酸からは，ロイシンの合成系が分岐しており，3段階の反応後ロイシンが合成される．

この3種類のアミノ酸合成反応は，イソロイシン，バリン合成の最初の段階を触媒するアセト酪酸合成酵素がバリンやロイシンにより活性阻害を受けることで調節されると考えられている．

アスパラギン酸代謝系のアミノ酸のうち，リジン，スレオニン，イソロイシン，バリン，ロイシンは，葉緑体で合成されることがわかっている．

b. **3C前駆体から合成されるアミノ酸**

ピルビン酸や3-ホスホグリセリン酸から合成されるアラニン，セリン，グリシンには，いくつかの合成経路がある．

1) **アラニン合成** アラニンは，ピルビン酸がアミノ基受容体となるアミノ基転移酵素により合成される．ピルビン酸を利用できるアミノ基転移酵素には多くの種類があり，アラニン合成の主経路を特定するのは困難である．代表的な酵素には，ミトコンドリアやペルオキシソームのグルタミン酸：ピルビン酸アミノ基転移酵素があげられる．プラスチドにもアラニンを合成できるアミノ基転移酵素があり，植物細胞全体に広く分布している．アミノ基転移反応以外に考えられるアラニンの合成には，アスパラギン酸の脱炭酸反応があるが，高等植物でこの機構の関与は確立されていない．

2) **グリシンとセリンの代謝** 緑葉においては，これらのアミノ酸の合成は光呼吸系と密接に関連している．つまり，葉緑体でのRubiscoオキシゲナーゼ反応により生じたグリコール酸がペルオキシソームに輸送されグリオキシル酸に変換されたあと，グ

ルタミン酸：グリオキシル酸アミノ基転移酵素およびセリン：グリオキシル酸アミノ基転移酵素の触媒でグリシンが合成される．グルタミン酸の代わりにアラニンが，またセリンの代わりにアスパラギンがアミノ基供与体となりうる．

合成されたグリシンは，ミトコンドリアに輸送され，2分子のグリシンからグリシン脱炭酸酵素，セリンヒドロキシメチル転移酵素の触媒で1分子のセリンが合成される．光呼吸以外の系では，葉緑体において，3-ホスホグリセリン酸から脱水素酵素，ホスホセリンアミノ基転移酵素，ホスホセリン脱リン酸化酵素の触媒で，セリンが合成される．セリンから，セリンヒドロキシメチル転移酵素によりグリシンが生じる．

c. 芳香族アミノ酸

芳香族アミノ酸であるチロシン，フェニルアラニン，トリプトファンやこれらの合成中間体は，タンパク質合成以外にも二次代謝産物の合成に深く関与しており，研究が進んでいる．これらのアミノ酸合成には，ホスホエノールピルピン酸とエリスロース3-リン酸の縮合反応から始まり，7段階でコリスミン酸を生成するシキミ酸経路（コリスミン酸経路とも呼ばれる）を経由する．

1) **トリプトファン合成**　コリスミン酸は，トリプトファン合成あるいはフェニルアラニンやチロシンの合成反応の分岐点に位置する．トリプトファンは，コリスミン酸がアンスラニール酸合成酵素の触媒を受けてアンスラニール酸が合成されたあとに，4段階の反応を経由して合成される．この酵素は，トリプトファン合成の鍵を握っており，フィードバック阻害などの調節を受ける．

2) **チロシン，フェニルアラニンの合成**　コリスミン酸ムターゼの触媒で，コリスミン酸からプレフェニン酸を生成する反応がトリプトファン合成との分岐点であり，この酵素には芳香族アミノ酸により正および負の調節を受けるアイソザイムがある．その後の経路には論争があったが，現在ではプレフェニン酸アミノ基転移酵素によりアロゲニン酸が合成されたあと，アロゲニン酸デヒドラターゼの触媒でフェニルアラニンが，またアロゲニン酸脱水素酵素によりチロシンが合成されることがわかっている．

d. ヒスチジン合成

ヒスチジン合成に関する植物での研究例は少なく，他のアミノ酸に比較して情報量は限られている．微生物でのヒスチジン合成系を参考にして，ホスホリボシルピロリン酸から始まる10段階の生合成系が提唱されているが，植物ではこれらのうち4段階に関わる酵素活性が検出されているにすぎない．現時点で，ホスホリボシル-ATPが合成され，4中間体をへたあと，イミダゾールグリセロールリン酸，イミダゾールアセトールリン酸，ヒスチジノールリン酸，ヒスチジノールをへて，ヒスチジンが合成されると考えられている．

e. アミノ基転移以外の反応でグルタミン酸から合成されるアミノ酸

グルタミン酸は，窒素同化とアミノ酸代謝の中心的な役割をになっており，前節で述べたようにGSによるグルタミンの合成やアミノ基転移酵素のアミノ供与体として機能する意外にも，アルギニンとプロリンの合成中間体となる．

1) **アルギニン合成**　グルタミン酸は，まずN-アセチルグルタミン酸に変換され，その後3段階の反応を経てオルニチンが合成される．オルニチンは，カルバモイル

リン酸からカルバモイル基の転移をうけてシトルリンとなり，アルギノコハク酸を経由してアルギニンが合成される．シトルリン合成までの経路は葉緑体で，またシトルリンからアルギニンへの変換はサイトゾルで行われている考えられている．

2) **プロリン合成**　プロリンの生合成に関しては，最終段階を触媒するピロリン5-カルボキシレート還元酵素以外にはあまり明らかにされていない．現在のところ，グルタミン酸5-リン酸，グルタミン酸5-セミアルデヒド，ピロリン5-カルボキシレートを経由して，プロリンが合成されるものと考えられている．

f.　含硫アミノ酸

硫黄の代謝（5.2節）で述べられているように，硫酸還元系により還元された硫黄は，システイン合成酵素の触媒で O-アセチルセリンと反応してシステインに有機化される．このシステインは，本項a．3）に述べたように，ホスホホモセリンと反応して，メチオニンの合成に用いられる．

g.　ポリアミン類の代謝

アミノ酸ではないが，アミノ酸代謝と密接に関係し，アミノ基を2～4個もつ低分子のポリアミン類が存在する．個々のポリアミンの生理機能は解明されていないが，ポリアミン類欠損の突然変異体は生育できないことから，通常の生育や分化に不可欠な窒素化合物であると考えられている．代表的なポリアミンには，プトレシン，スペルミジン，スペルミン，カダベリンがある．いずれも遊離の形で存在するが，タンパク質などの高分子や有機酸類と結合した形で存在している場合もある．カダベリンは，他の3種のポリアミンに比較して，検出される植物種が限られている．

1) **プトレシン**　ジアミンであるプトレシンの合成には，アルギニンから，①アルギナーゼの触媒で脱尿素反応の生成物であるオルニチンを経由し，さらに脱炭酸を受けて合成される経路と，②アルギニン脱炭酸酵素で生じるアグマチンの加水分解，脱カルバモイル反応を経由して合成される経路，の2種類がある．オルニチン脱炭酸酵素は細胞分裂が活発な組織で，またアルギニン脱炭酸酵素は細胞伸長や二次代謝のさかんな組織で活性が高く，組織によりプトレシン合成経路が異なることが示唆されている．

2) **スペルミジンとスペルミン**　トリアミンであるスペルミジンは，プトレシンに脱炭酸 S-アデノシルメチオニン（dSAM）のアミノプロピル基が転移することにより合成される．また，テトラアミンであるスペルミンは，スペルミジンに dSAM のアミノプロピル基が転移して合成される．

3) **ポリアミンの分解**　プトレシンはジアミン酸化酵素により，またスペルミジンとスペルミンはポリアミン酸化酵素により，過酸化水素の生成を伴いながらピロリン，ジアミノプロパン，アミノプロピルピロリンに分解される．ピロリンはさらに γ-アミノ酪酸へ，またジアミノプロパンは β-アラニンへ変換される．

4) **カダベリン**　カダベリンの代謝はよくわかっていないがリジンの脱炭酸反応で合成されると考えられている．

h.　遊離アミノ酸と各種要因

遊離アミノ酸とは，植物体の可溶性画分に検出される非タンパク質体のアミノ酸を意味していた．つまり，定常状態における生合成されたアミノ酸やタンパク質などの分解

に由来する個々のアミノ酸プールと，そのプールから代謝や分解を受け消失した個々のアミノ酸の差が示されることになる．

　一般に，個々の遊離アミノ酸の含量は，植物の生育時期，組織，栄養を含む生育環境などにより大きく変化するが，直接アミノ酸代謝に関わる要因以外の局面では，遊離アミノ酸含量の変化を測定しても，その結果から論議を進めるのは困難であろう．

　遊離アミノ酸に限らず，低分子物質のプールには，概念的に代謝プールと貯蔵プールに大別して考えることができ，一般には貯蔵プールは液胞と考えられている．代謝プールは，サイトゾルやオルガネラ内部のプールが考えられ，直接代謝に関わることから代謝回転は早い．代謝プールのサイズや一連の代謝速度の解析を，目的とする遊離アミノ酸群の定量と重窒素標識化合物を利用することにより，動力学的にモデル化することができる．たとえば，重窒素標識アンモニウムイオンを植物に与え，経時的に遊離のグルタミンやグルタミン酸の定量した結果と，これらのアミノ酸のアミノ基やアミド基への重窒素の取り込みとラベルの入らないアミノ基，アミド基の割合を求めることにより，代謝プールでのアミノ酸の代謝速度や貯蔵プールとの交換速度などを動的に解析することができる．

　環境変化により，劇的に変化が認められる遊離アミノ酸などが知られており，代謝系との直接的な関わりが論議されている．栄養環境を例にとると，カリウム（K）欠乏植物ではポリアミンの一つであるプトレシンが蓄積する．プトレシンは，アルギニンからアグマチンを経て合成される系があるが，カリウム欠乏によりアグマチン合成を触媒するアルギニン脱炭酸酵素が活性化されていることに由来する．カリウムの生理機能の一つであるサイトゾルのpHの維持との関係が論議されている．

　また，亜鉛（Zn）欠乏植物では，80Sリボソームおよびタンパク質合成が抑制されるのに伴い，遊離アミノ酸プールが増加することが知られている．亜鉛は，遺伝子からタンパク質が合成される転写，翻訳に関わる酵素の補欠分子族であることが示唆されており，またRNA自体に含まれる亜鉛や転写制御に関わる因子の一つであるzinc-fingerモチーフなど遺伝子発現の多くの局面で重要な機能をもっている．

　環境ストレスと遊離アミノ酸類の蓄積に関しては，乾燥や塩類ストレスに伴って，遊離のプロリンを蓄積する植物や，4級アンモニウム塩の一種であるグリシンベタインを蓄積する植物がある．プロリンを蓄積する植物では，ストレスに伴ってプロリン合成の直前に位置するピロリン5-カルボキシレート活性が上昇することが認められている．プロリン蓄積の意義はまだ明らかではないが，サイトゾルの浸透圧の調節や暗条件下における呼吸基質供給との関係が考えられている．

　一方，グリシンベタインは，セリンを出発材料としてエタノールアミン，コリン，ベタインアルデヒドをへて生合成される．塩性植物であるホソバノハマアカザでは，グリシンベタインは液胞には存在せずサイトゾルに高濃度で蓄積されている．サイトゾルの生理機能を阻害しない不活性な有機溶質として貯えられ，塩類濃度の高い液胞との浸透圧バランスをとることで浸透圧ストレスを回避しているものと考えられている．

〔山谷知行〕

文献

1) Miflin, B. J. and Lea, P. J.: The Biochemistry of Plants, Vol. 16, Intermediary Nitrogen Metabolism, Academic Press, 1990.
2) Sechley, K. A., et al.: *Int. Rev. Cytol.*, **134**, 85-163, 1992.
3) Ireland, R. J. and Lea, P. J.: Plant Amino Acids, Biochemistry and Biotechnology, Marcel Dekker Inc., 1999.
4) Oaks, A.: *Plant Physiol.*, **106**, 407-414, 1994.

5.1.3 核酸,クロロフィル,その他の窒素化合物の代謝
a. ヌクレオチド,核酸[1,2]

ヌクレオチドは,ATPや環状AMPに代表されるよう体内のエネルギー代謝やシグナル伝達などに広く関与する.核酸(DNA,RNA)は,ヌクレオチドのポリマーで生体内でいろいろな役割をもつ.分子量の小さい核酸成分はタンパク質の合成などを通して代謝反応に広く関与する.ある種の高分子核酸はタンパク質と強く結合して構造体となる.また,グルタミルtRNAのように$δ$-アミノレブリン酸の合成に関わる特殊な働きをするものもある.しかし,核酸独特の最も重要な役割は,遺伝情報を蓄え伝えることである.細胞は,核酸に暗号化して蓄えた情報により自分と同じ機能をもち,また新しい機能を果たす新細胞をつくり出す.

遺伝情報は,核酸分子中に全生物に共通で簡単な方法で暗号化され蓄えられる.核酸分子は鎖状で枝分かれがない.細胞はその配列を読み取り,その暗合に従って特定のタンパク質やペプチドに翻訳する.決まったアミノ酸配列のタンパク質を合成することこそ,生物の遺伝のあらわれで,その表現型を決定する.

1) ヌクレオチド,核酸の構造　ヌクレオチドは,糖とプリンまたはピリミジン塩基,そしてエステル結合したリン酸基の3成分からなる.糖はリボースかデオキシリボースで,この糖によりリボ核酸(RNA)かデオキシ核酸(DNA)に分かれる.アデニン,グアニンはDNA,RNA両方に含まれるプリン塩基である.RNAに含まれるピリミジン塩基はシトシンとウラシルで,DNAに含まれる主なピリミジン塩基はシトシンとチミンである.一部メチル化されたものもある.ヌクレオチド同士が3′→5′ホスホジエステル結合して糖とリン酸が一つおきにつながったのが核酸の主鎖である.このDNA分子におけるわずか4種(4文字)のデオキシリボヌクレオチドの3文字暗合をもとに,タンパク質の20種のアミノ酸の配列が決められる.図5.1にDNA,RNAの構造の一部を示す.

2) プリン核,イノシン酸,AMP,GMPの合成　プリンやピリミジンは,簡単な分子から合成される.プリン核の9個の原子は,グルタミン,アスパラギン酸,グリシン,ギ酸,二酸化炭素(CO_2)の5種の前駆体分子に由来する.図5.2にプリン核合成の概略を示した.プリン合成の出発反応は5′-ホスホ-$α$-D-リボシル二リン酸とグルタミンから5′-ホスホ-$β$-D-リボシルアミンを生じることである.次にグリシンとリボシルアミンとがアミド結合でつながる5′-ホスホリボシルグリシンアミドは,ホルミルトランスフェラーゼの作用でN^5N^{10}-メテニルテトラヒドロ葉酸からホルミル基を受け取り5′-ホスホリボシル-N-ホルミルグリシンアミドを生じる.これでプリン核のイミ

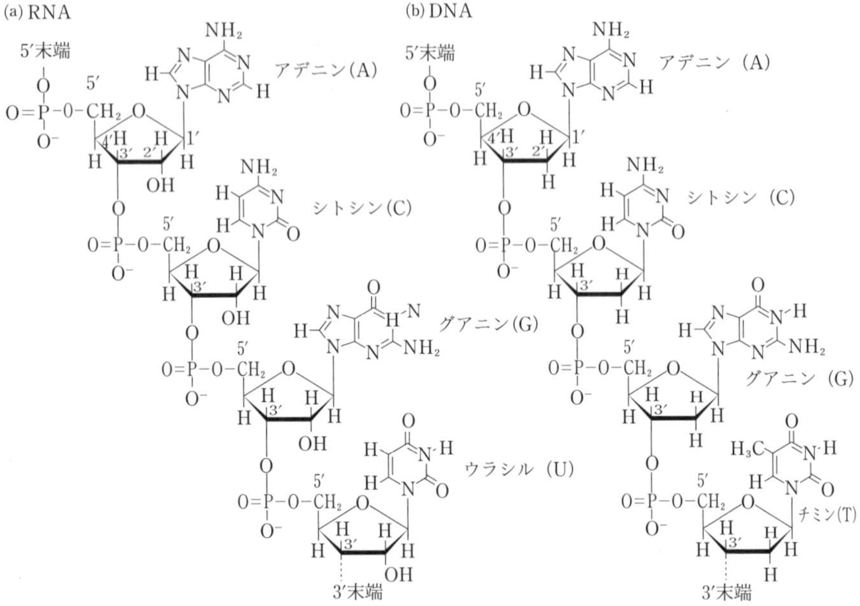

図 5.1 RNA, DNA の構造の（一部）

ダゾール環の原子が全部そろうが，まだ閉環せず，そのまえにプリン核3位の窒素がつく．

5′-ホスホリボシル-N-ホルミルグリシンアミジンはATPの加水分解と共役して脱水閉環し，プリン核のイミダゾール部分ができる．プリン核をつくるにはあと3原子必要だが，まずイミダゾール環に二酸化炭素がカルボキシル化して6位の炭素ができる．次にアスパラギン酸の窒素が与えられる．プリン核の六員環をつくるにはもう一つの炭素原子が必要だが，これは10-ホスミルテトラ葉酸からくる．次に可逆的にH_2Oを除去する酵素の作用で閉環してイノシン酸になる．図5.3の反応を合計すると次の式となる．

$2 NH_3 + 2 HCOOH + CO_2 +$ グリシン $+$ アスパラギン酸 $+$ リボース5-リン酸 $\longrightarrow$ イノシン酸 $+$ フマル酸 $+ 9 H_2O$

この反応に必要なエネルギーはATPから供給される．

プリン核をもつAMPとGMPはイノシン酸からできる．AMPの場合，6位のアミノ基はアスパラギン酸に由来する．GMP合成では，2位のアミノ基はグルタミンに由来する（図5.3）．

3) ピリミジン核，UMPの生成　ピリミジン骨格の原子は，アスパラギン酸とカルバモイルリン酸からくる（図5.4）．最初の反応はカルバモイルリン酸からアスパラギン酸にカルバモイル基を移してN-カルバモイルアスパラギン酸にする反応である．N-カルバモイルリン酸は閉環してジヒドロオロト酸を生じ，次いで2個の水素がとれ

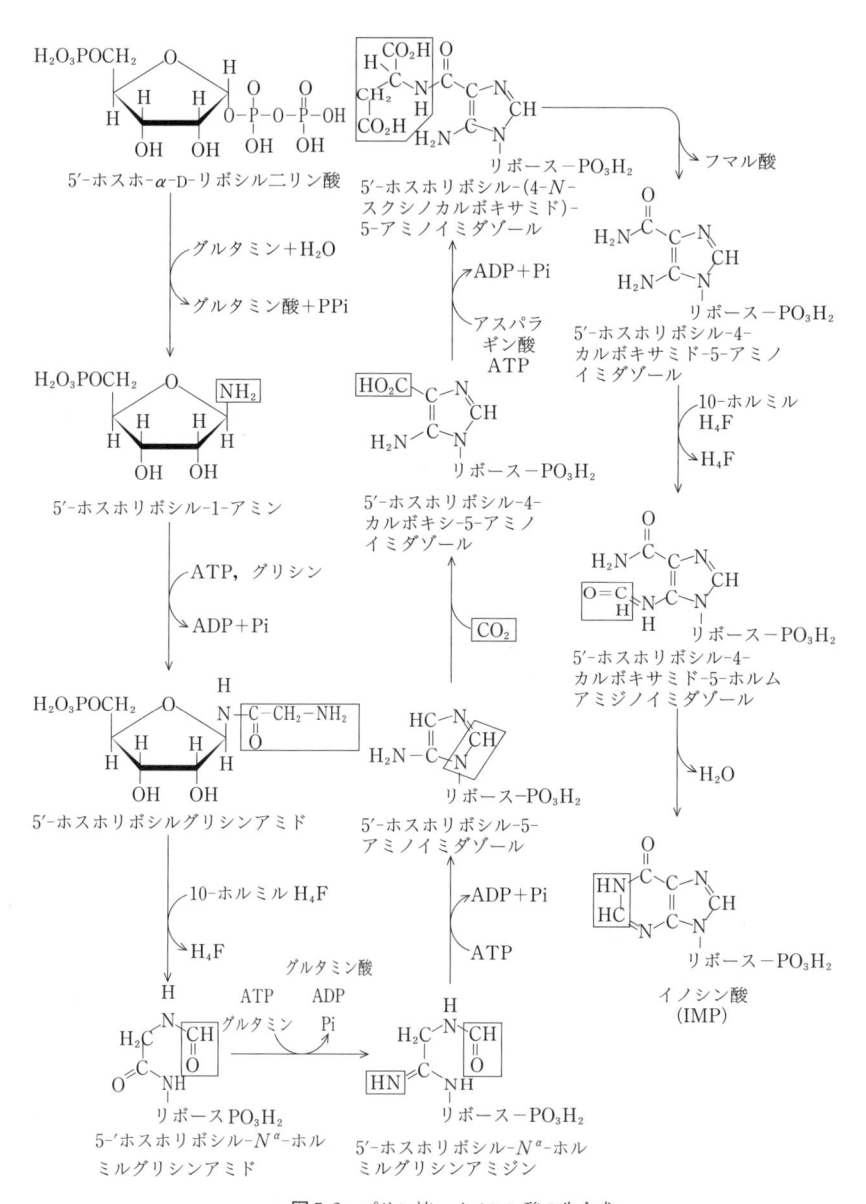

図5.2 プリン核, イノシン酸の生合成

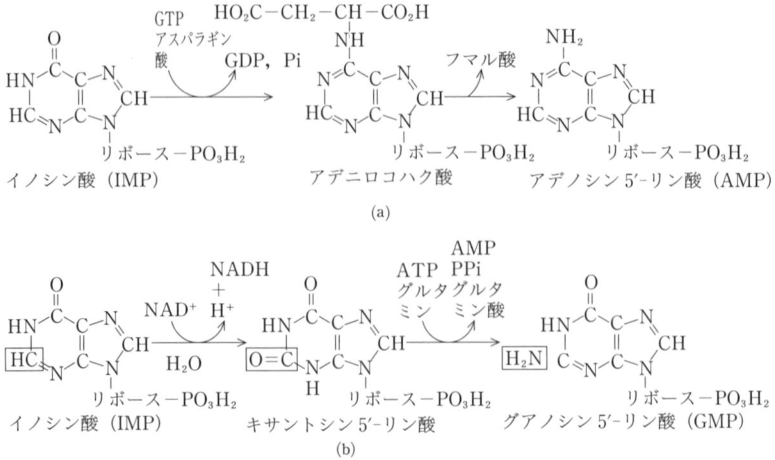

図 5.3 AMP, GMP のイノシン酸からの生合成

二重結合をもつオロト酸になる．オロト酸は 5′-ホスホ-α-D-リボシルニリン酸と反応し，5′-ホスホリボシル酸がついてオロチジン 5′-リン酸になる．最後にオロチジル酸が脱炭酸されウリジン 5′-リン酸（UMP）となる．これがシトシンとチミンのヌクレオチド合成の出発物質である．シチジン誘導体（CTP）は UMP のアミノ化ではなく UTP のアミノ化で生成する．チミジル酸（dTMP）はデオキシウリジル酸（dUMP）とテトラヒドロ葉酸（H_4F）からチミジレートシンターゼで合成される．

4) **ヌクレオチドニリン酸，三リン酸の合成**　プリンヌクレオシド，ピリミジンヌクレオシドの一リン酸（NMP）から二リン酸（NDP），三リン酸（NTP）への変換は，ふつう ATP のリン酸基が移って行われる．

$$NMP\ (dNMP) + ATP \longrightarrow NDP\ (dNDP) + ADP$$
$$NDP\ (dNDP) + ATP \longrightarrow NTP\ (dNTP) + ADP$$

DNA 合成には 4 種のデオキシリボヌクレオチド三リン酸（dATP, dGTP, dCTP, dTTP）が必要である．これらは，リボヌクレオシドホスフェートレダクターゼがリボースの 2′-OH を H に置換して生成される．

図 5.5 にヌクレオチド合成の概要を示す．

b. クロロフィルの合成[3]

　クロロフィルは光合成における光エネルギー獲得の中心的役割を果たす．クロロフィルはポルフィリンという環状テトラピロール構造をもつ．ポルフィリンは δ-アミノレブリン酸（ALA），ポルホビリノゲンをへてつくられる．ポルホビリノゲンは，ポルホビリノゲンシンターゼの作用により 2 分子の ALA が脱水縮合しつくられる．さらに何段階かの酵素反応で，4 分子のポルホビリノゲンから環状テトラピロール構造ができる．これに Mg が配位しプロトクロロフィリド，クロロフィリドとなり側鎖のフィトール基がついてクロロフィル分子となる．図 5.6 にその概略を示す．前駆物質である

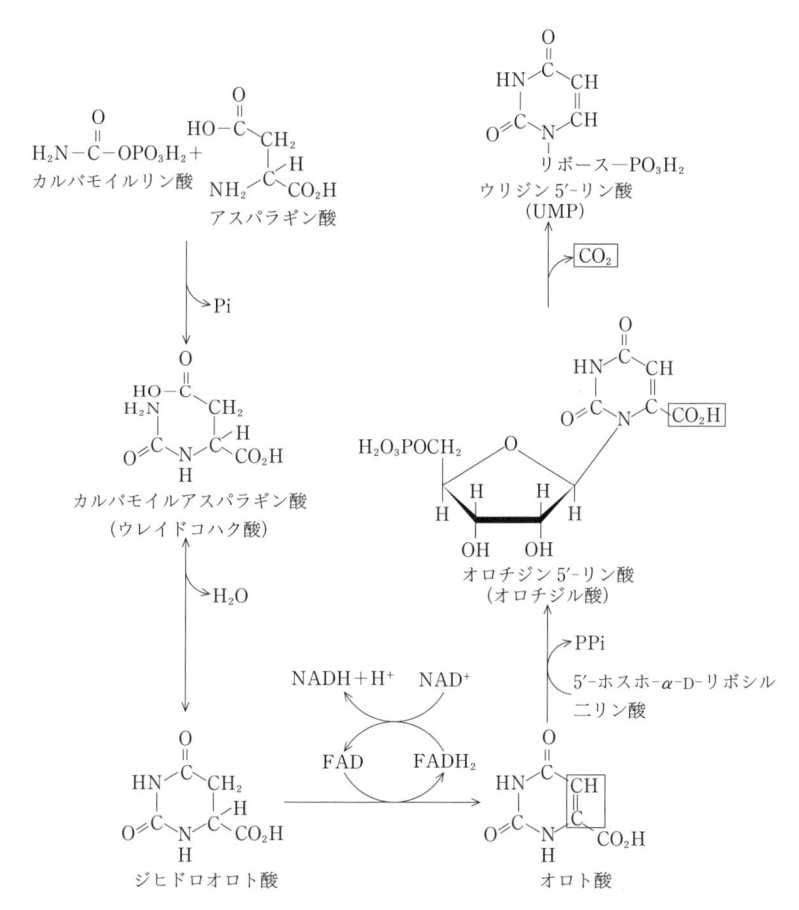

図5.4 ピリミジン核, UMP の生合成

ALA の高等植物における生成は, 動物や多くの非光合成微生物の場合と異なっている. 高等植物や光合成微生物では, ALA はグルタミン酸から特異なグルタミル tRNA をへて直接つくられる. 一方, 動物などではグリシンとスクシニル CoA からつくられる.

c. その他の代謝

プトレシン, スペルミジン, スペルミンなどのポリアミンは塩基性で DNA と強く結合し, その複製を制御するのでタンパク合成や細胞分裂に影響を与える. スペルミジン, スペルミンは, オルニチンの脱炭酸により生じるプトレシンに, S-デカルボキシアデノシルメチオニンのアミノプロピル基が転移してできたものである. 植物ホルモンとして広く知られるようになったエチレンは S-アデノシルメチオニンを出発物質に 1-アミノシクロプロパンカルボン酸 (ACC) シンターゼ, ACC オキシダーゼが作用して

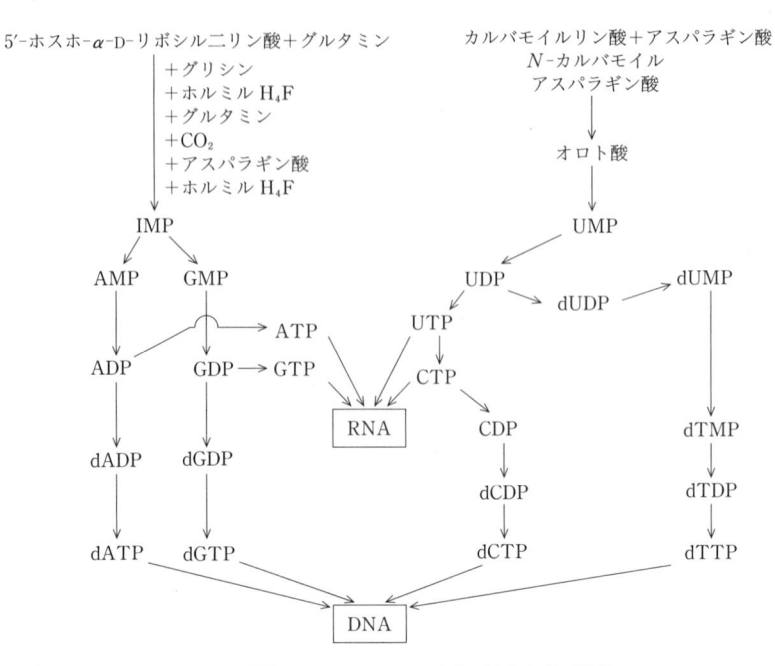

```
5'-ホスホ-α-D-リボシル二リン酸+グルタミン      カルバモイルリン酸+アスパラギン酸
                    │ +グリシン                          │   N-カルバモイル
                    │ +ホルミル H₄F                      │   アスパラギン酸
                    │ +グルタミン                        │
                    │ +CO₂                               │
                    │ +アスパラギン酸                    ↓
                    │ +ホルミル H₄F                    オロト酸
                    ↓                                    ↓
                   IMP                                  UMP
                  ↙   ↘                                  ↓
               AMP     GMP                  UDP  →  dUDP  →  dUMP
                ↓       ↓  ↘→  ATP           ↓              ↓
               ADP     GDP → GTP            UTP            dTMP
                                 ↓           ↓              ↓
                               [RNA]        CTP           dTDP
               dADP    dGDP                  ↓              ↓
                ↓       ↓                   CDP           dTTP
               dATP    dGTP                  ↓
                                            dCDP
                                             ↓
                                            dCTP
                                         [ DNA ]
```

図5.5 ヌクレオチド合成と核酸合成の関係

生成される.

植物成分としてのアルカロイドには3,000種近い化合物がある[4]. アルカロイドは元来,植物に含まれる窒素を含む天然の有機塩基類に与えられた名称であるが,現在ではこれの示す範囲は必ずしも明確ではない. これらはアスパラギン酸,グルタミン酸,リシン,トリプトファン,フェニルアラニン,チロシンなどから誘導される.

十字花科植物に多く含まれるシアン化合物を含む配糖体やカラシ油の配糖体もアミノ酸からできる.

自然界にセルロースに次いで大量存在するリグニンのほか,フラボノイド,フェノール類,クマリン類は,trans-ケイ皮酸からつくられる. trans-ケイ皮酸はフェニルアンモニアリアーゼの作用で L-フェニルアラニンからできる.

チアミン(ビタミン B_1),リボフラビン(ビタミン B_2),ニコチン酸,ニコチンアミド,ピリドキサル,ピリドキシン,ピリドキサミン(ビタミン B_6)などの水溶性で窒素を含むビタミンB群や葉酸は補酵素の構成要素として体内代謝においていずれも重要な働きをする.　　　　　　　　　　　　　　　　　　　　　　　〔前　忠彦〕

文　献

1) Conn, E. E., Stumph, P. K. and Doi, R. H.(田宮信雄,八木達彦訳):コーン・スタンプ生化学 第5版,485-495,東京化学同人,1988.
2) Beevers, L.: Nitrogen Metabolism in Plants, 107-172, Edward Arnold Ltd., London, 1976.

5.1 窒素の代謝

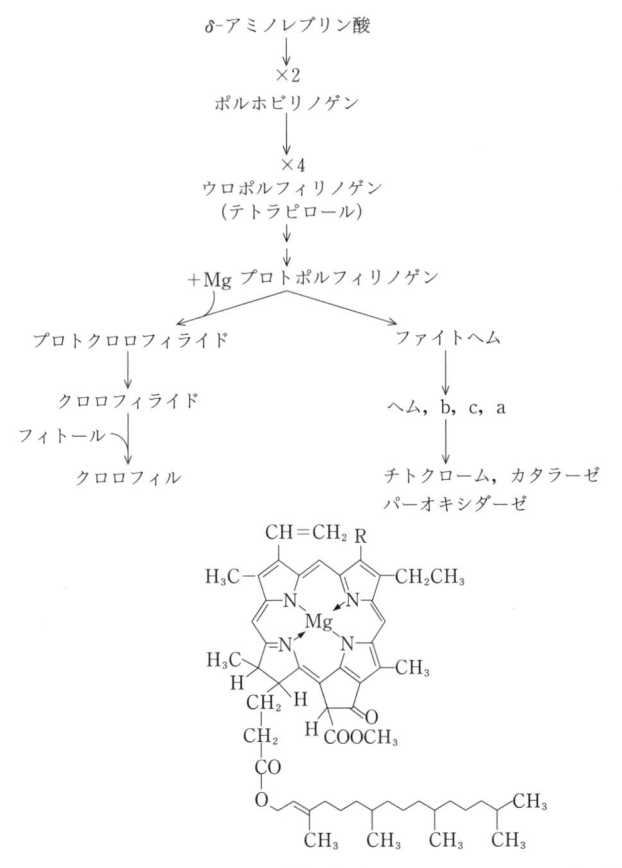

```
      δ-アミノレブリン酸
           ↓ ×2
       ポルホビリノゲン
           ↓ ×4
     ウロポルフィリノゲン
       (テトラピロール)
           ↓
   +Mg プロトポルフィリノゲン
         ↙        ↘
プロトクロロフィライド    ファイトヘム
    ↓                ↓
クロロフィライド       ヘム, b, c, a
フィトール↘              ↓
    ↓                チトクローム, カタラーゼ
 クロロフィル           パーオキシダーゼ
```

図5.6 クロロフィル分子の生合成の概略とクロロフィル a, b の分子構造
クロロフィル a：R＝CH_3
クロロフィル b：R＝CHO

3) Hendry, G.：Plant Biochemistry and Molecular Biology(eds. Lea, P. J. and Leegood, R. C.), 181-196, John Wiley & Sons Ltd., Chichester, 1993.
4) 南川隆雄：代謝（現代植物生理学2，宮地重遠編），172-192, 1992.

5.1.4 植物におけるタンパク質の合成

　タンパク質は，アミノ酸からなるポリマーで，多様かつ多能な高分子であり，細胞の主成分として細胞の維持，生長，発生に不可欠である．タンパク質は細胞の形や構造を決定し，分子識別をし，触媒作用を行う．これらタンパク質は植物の生長や与えられた環境に応答して，時期特異的，組織特異的に生成される．
　タンパク質は，DNA の遺伝情報を写しとった mRNA の情報に従って合成される．

植物におけるタンパク質合成は，主に細胞質で行われるがミトコンドリアと葉緑体（プラスチド）でも行われる．遺伝子も，細胞核，ミトコンドリア，そして葉緑体とそれぞれに存在する．細胞質でのタンパク質合成は，細胞核遺伝子に依存した，いわゆる真核細胞型の合成系で，ミトコンドリアと葉緑体のそれは，細菌などと類似の原核細胞型の合成系である．しかし，ミトコンドリアや葉緑体に含まれるすべてのタンパク質が，それぞれのオルガネラの遺伝子情報に基づきそこで生合成されるわけではない．葉緑体遺伝子にコードされているタンパク質は，未同定のものを含め50〜150種でしかない．葉緑体を構成するタンパク質の種類を考慮すると，これらは全体のごく一部でしかない．すなわち，80〜90％の葉緑体タンパク質は核遺伝子にコードされており細胞質で生合成され，のちに葉緑体に取り込まれる．たとえば，集光機能を担う葉緑体のLHC II（光化学系IIの light-harvesting chlorophyll a/b binding protein）タンパク質は核の遺伝子にコードされており，主に光誘導により細胞質で生合成されたのち，葉緑体に取り込まれクロロフィルと結合してチラコイド膜に局在化したものである．また，光合成CO_2固定の初発反応を担うRubisco (ribulose-1'5'-bisphosphate carboxylase/oxygenase) タンパク質は，大小それぞれ8個のサブユニットから構成される葉緑体タンパク質であるが，その大サブユニットは葉緑体遺伝子にコードされており葉緑体内で生合成される．一方，その小サブユニットは，核遺伝子にコードされており，細胞質で大サブユニットと同調的に合成される．生成された小サブユニット前駆体は，葉緑体包膜通過のためのシグナルペプチドを有しており，葉緑体に取り込まれる際にシグナルペプチドがはずされ，葉緑体内では，シャペロニンと呼ばれる介在タンパク質を介して大小サブユニットからなる成熟型Rubiscoとなる．

以下，植物におけるタンパク質合成の概略について説明する[1〜3]．

a. RNAの生合成（転写）

DNAの遺伝情報はRNAポリメラーゼの働きによりRNAに転写される．つまり相補的な塩基配列として写しとられる．転写では，①メッセンジャーRNA (mRNA)，②リボソームRNA (rRNA)，③トランスファーRNA (tRNA)，が合成される．mRNAはアミノ酸を特定の順序でつないでタンパクを合成するためのDNAの遺伝情報を伝達する．rRNAはタンパク合成（翻訳）の場であるリボソームの構成成分であり，tRNAは活性化したアミノ酸をmRNA鋳型上の特定の認識部位に運ぶ．ミトコンドリアや葉緑体などのオルガネラを別にすれば，DNA依存のRNA合成は核で行われる．RNAの合成は，DNA鋳型上のプロモーターという特定の部位の下流から始まる．mRNAは，ものにより鎖長すなわち分子量が非常に異なる．真核細胞ではエクソン（翻訳配列）とイントロン（非翻訳配列）の両配列を含むmRNAの前駆体（ヘテロ核RNA）がまず生成され，その後キャッピング（5'末端への7-メチルグアノシンの付加），テイリング（3'末端へのポリAの付加），スプライシング（イントロンの除去）などの修飾（プロセッシング）を受けて成熟mRNAとなって，細胞質へ運ばれる．これらに対し，オルガネラの遺伝子がイントロンを含むことはまれである．葉緑体遺伝子の転写産物は，キャッピングやテイリングを受けない．ミトコンドリアの転写産物はテイリングはされるがキャッピングは受けない．

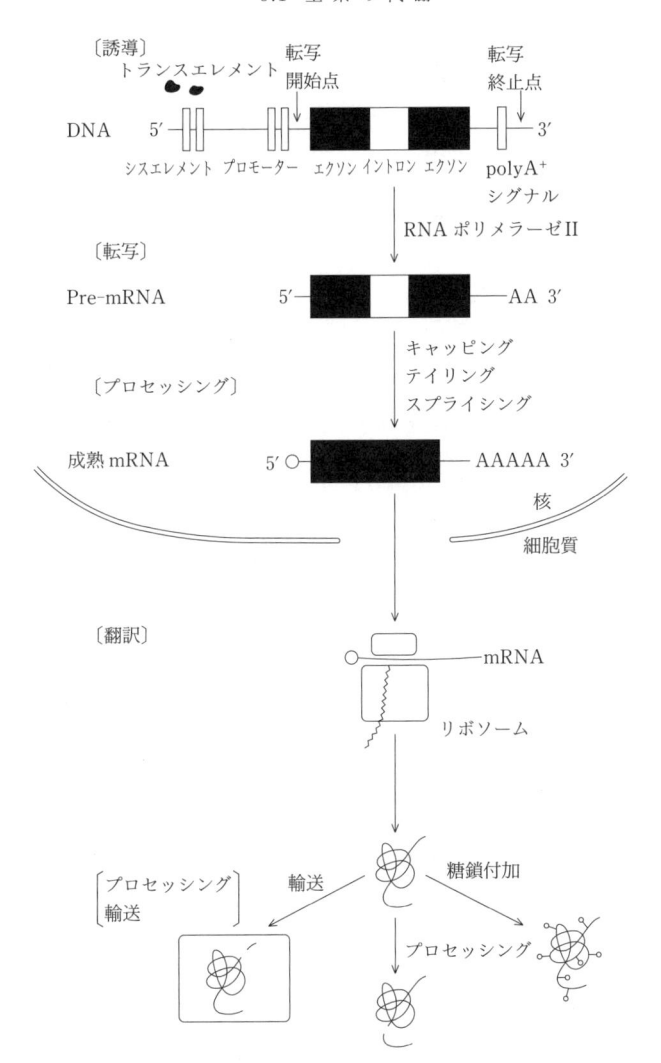

図5.7 植物細胞における核DNAからのmRNA合成とそれに続くタンパク質合成の概略

b. タンパク質の合成（翻訳）

mRNAの情報に基づいてタンパク質のアミノ酸配列に翻訳する過程では，tRNA，mRNA，リボソームその他いろいろな酵素やタンパク質因子など多数の高分子物質と低分子物質が秩序よく作用する．タンパク質合成は大きく次の4段階に分かれる．

1) アミノ酸の活性化とtRNAへの転移　タンパク質を構成する20種のアミノ酸は，まずそれぞれに特異的なアミノアシル-tRNAシンテターゼにより活性化され，それぞれに特異的なtRNAに結合する．tRNAはそのアンチコドン部分によりmRNA

上の特定アミノ酸に対するコドンを認識し，mRNAのヌクレオチド配列に従いタンパク質の一定の位置に特定のアミノ酸を入れる役割を果たす．コドンは，3個のヌクレオチドの配列により決まり，各アミノ酸に対してそれぞれ特有のコドンがある．

2) **ポリペプチド鎖の合成の開始** mRNAはDNAの遺伝情報をタンパク質合成の場所（リボソーム）に伝えるのがその役割である．リボソームはリボヌクレオタンパク質からなる大きな粒子で，翻訳が行われる場所である．リボソームは大小二つのサブユニットからなるが，細胞質のリボソームは80S（40S，60S），ミトコンドリアと葉緑体のそれは70S（30S，50S）と異なっている．いずれの場合も，最初に小サブユニット-mRNA-開始因子が結合し，次いでさらに別の開始因子が作用してMet-tRNA（fMet-tRNA），GTPなどが結合して，開始複合体を形成する．このときMet-tRNA（fMet-tRNA）は，mRNAの開始コドンAUGに結合している．これらに大サブユニットが結合しMet-tRNA-mRNAを含む80S（70S）リボソーム複合体ができる．Met-tRNAは複合体のペプチジル部位（P部位）を占める．そして隣りのA部位（アミノアシル部位）には開始コドンの隣りのコドンによって指定されるアミノアシルtRNAがつけるようになる．

3) **ポリペプチド鎖の延長** 大サブユニットに結合するペプチジルトランスフェラーゼの作用で新しいペプチド結合が生成する．リボソームのP位置に残った空のtRNAが離れ，生成されたペプチジル-tRNAはmRNAのコドンに結合したまま，リボソームの方がmRNAを$5'→3'$方向に移動する．これで新ペプチジル-tRNAはP位置にきて次のコドンがA部位にくる（転座）．このようにしてペプチド鎖が次々とつくられ延長していく．

4) **合成の終結** タンパク質合成はmRNAの終結コドンを識別し完成したタンパク質とtRNAのエステル結合を加水分解して終結する．

　タンパク質は，そのまま成熟型タンパク質として合成される場合もあれば，プレプロ型やプロ型タンパク質として合成され，小胞体や液胞，葉緑体，ミトコンドリアなどで，シグナルペプチドがはずされ初めて成熟型タンパク質となる場合もある．リン酸化や糖鎖が付加されたりしてプロセッシングを受けたのちに利用される場合もあり，さまざまである．

c. 葉の一生とタンパク質の生成，分解

　細胞のタンパク質のレベル（量）は，その生成と分解のバランスにより決定される．以上に述べたように，細胞内におけるタンパク質の生成メカニズムについては詳細な点までわかってきた．しかし，細胞内におけるタンパク質の分解機構についての詳細は，ほとんどわかっていない．以下，葉の場合について，タンパク質の構成とその生成と分解について述べる．

　葉は光エネルギーを化学エネルギーに変換し，そのエネルギーを利用した無機物資であるCO_2，NO_3^-，NH_4^+，SO_4^{2-}などを有機物へと変換する重要な役割を担っている．その中心的役割を果たしているのが葉緑体である．葉緑体は葉の発達に伴ってその数と体積を増し，葉の展開が完了する頃かその直後に数も体積も最大となる．

　図5.8は，エンドウ成熟葉における窒素分配の様子を示したものである[4]．体内にお

ける窒素成分の大部分がタンパク質であるから，これら窒素の分配はほぼタンパク質への分配とみてよい．葉緑体への窒素分配が80％にも及んでいる．このことは，イネでも同様である．一方，暗呼吸において中心的役割を果たすミトコンドリアへは6％である．二酸化炭素固定反応を担うカルビン-サイクルの酵素群が存在するストローマ画分は57％，中でもCO_2固定の初期反応を触媒する酵素であるRubiscoへの分配が29％にも及んでいる．そして，集光，電子伝達機能を担うチラコイドへは23％の窒素が分配されている．これらの中では，光化学系IIの集光性クロロフィル結合タンパク質であるLHC IIへの分配が最も多く，5％程度と予想される．クロロフィルへはおよそ1.7％である．光化学系I，IIへの分配は合わせて5％程度であろう．

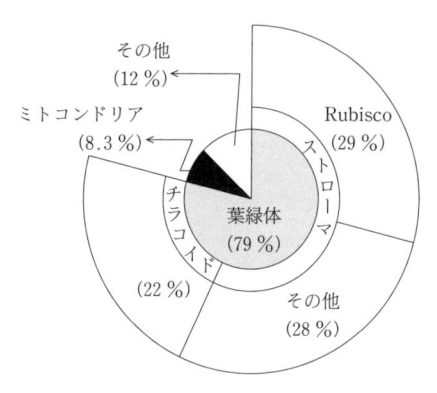

図5.8 エンドウ成熟葉における窒素の分配[4]

葉のRubisco含量は光合成能力を左右する重要な因子である．図5.9にはイネの葉の一生におけるRubiscoの生成と分解の様子を示してある[5]．この場合，葉は出葉後10日目には完全展開している．Rubiscoの生成は葉の出葉後の窒素栄養によらず展開後1～2週間頃までに葉の一生における生成の90％が終えており，その後の老化過程での生成はわずかである．すなわち，その生合成は，葉の一生の早い時期にほぼ限られている．また，葉の展開中の窒素栄養により生成量がかなり影響を受けることもわかる．Rubiscoは，葉の老化過程において徐々に分解され，その窒素は新しくつくられる器官へと転流していく．すなわち，葉の老化過程におけるRubiscoタンパク質の分解は，光合成機能と窒素転流の両面に深く関わっている．　　　　　　　　　　〔前　忠彦〕

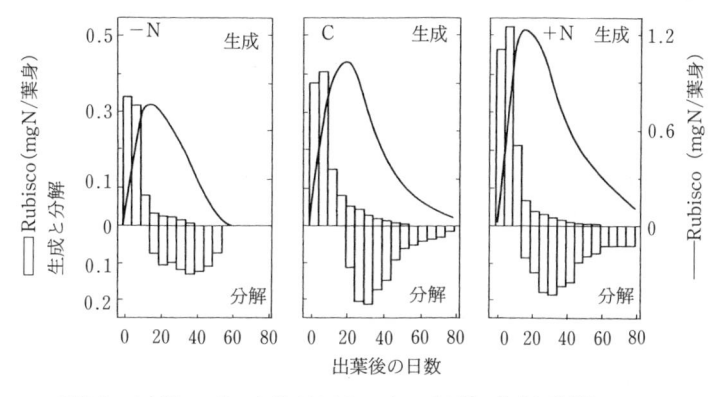

図5.9　イネ葉の一生におけるRubiscoタンパク質の生成と分解[5]
　－Nは出葉後窒素を与えず栽培，＋NはC（標準）の二倍量の窒素を与えて栽培．

文　献

1) Conn, E. E., Stumph, P. K. and Doi, R. H.（田宮信雄，八木達彦訳）：コーン，スタンプ生化学 第5版，539-564，東京化学同人，1988.
2) Watson, M. D. and Murphy, D. J.：Plant Biochemistry and Molecular Biology, (eds. Lea, P. J. and Leegood, R. C.), 197-219, John Wiley & Sons Ltd., Chichester, 1993.
3) Robinson, N. J., *et al.*：Plant Biochemistry and Molecular Biology, (eds. Lea, P. J. and Leegood, R. C.), 221-240, John Wiley & Sons Ltd., Chichester, 1993.
4) Makino, A. and Osmond, B.：*Plant Physiol.*, **96**, 355-362, 1991.
5) Makino, A., *et al.*：*Plant Cell Physiol.*, **25**, 429-437, 1984.

5.2　リンの代謝

5.2.1　リンの分布と利用

　リン（P）は窒素（N），カリウム（K）とともに植物の3大栄養素の一つに数えられている．リンの分布は，他の元素と異なり過去，現在にわたる生物の活動と密接に関係している．リンは地殻に広く分布しており全元素の重量比で0.1％に相当する．われわれが利用するリン酸塩の大部分は糞化石（グアノ）とその末端産物やサンゴあるいは生物的な作用と物理化学的な作用により生成した海底の堆積物に依存している．

　いずれにせよ，リン酸塩の堆積物の生成にとって重要なことは，生物が外界からリン酸を摂取する能力によっており，その結果，生物体内のリン酸の濃度は1,000倍あるいはそれ以上に濃縮される．グアノを例にとると，リン酸塩は長い食物連鎖の過程（海産微生物→甲殻類→魚類→海鳥）を経て濃縮される[1]．

　リン酸（P_2O_5）は核酸（DNA，RNA）の構成成分でありすべての生物体に含まれる．植物体には通常，新鮮重あたりで0.04％，乾物重あたりで0.3％程度含まれる．炭水化物を除くと植物体構成成分のおよそ4％を占め，リンを1とすると，他の元素，窒素，カリウム，カルシウム（Ca），マグネシウム（Mg），硫黄（S）の割合は20：5：2.5：2：0.5になる．通常，この値の1/3以下あるいは3倍以上になるとリン酸欠乏あるいは過剰の障害が出現する．細胞内に存在するリンの50％以上が無機態と考えられるので，植物組織中の無機リン酸の濃度は5〜20 mMである．無機あるいは有機態にかかわらず，リンは土壌に固定されて植物に利用されにくい型で存在することが多いので，リン酸欠乏は植物に普通にみられる現象である．

　したがって，リン酸の利用性は植物の生育にとって最も重要な制限因子になっている．リンは土壌に強く固定されているので土壌からの溶脱は大きくない．たとえば3日間に34 mmの雨量を記録した場合，ヘクタールあたりで0.03 gのリンが失われ，年間でも1 gに相当するだけである．

　したがって，リン酸を蓄積している表層土が失われることがリンの消失にとって重要な意味をもっている．風雨による土壌の浸蝕がリンの消失にとっては重大な問題である．リン酸肥料を施与した直後に76 mmの降雨があると施与したリン酸の1/4が失われてしまうので，土壌管理が重要である．

表5.1 土壌，導管，植物組織中の元素の比較
(Bieleski and Ferguson, 1983)

元素	組織 (T)	導管液中 (X)	割合 (T/X)	土壌 (S)	割合 (X/S)
N	170	2.7	63	1～3	1.3
K	80	2.8	29	1～2	1.8
Ca	28	1.1	25	0.5～1.5	1.1
Mg	14	0.6	23	2～4	0.2
S	—	0.2	—	0.3～0.7	0.4
P	9	0.4	23	0.0005～0.002	400

$T: \mu$モル/g新鮮重, $X: \mu$mol/mL, $S: \mu$mol/mL

5.2.2 リン酸の吸収と輸送
a. リンの濃度
多くの元素は土壌溶液中の濃度と導管中の濃度に大きな差はないが，蒸散によって水分が失われるので組織中の含量は50～150倍，高くなることが多い（表5.1）．しかしながらリン酸は例外で，導管液中の濃度ははるかに高い．リン酸の場合は400倍にもなり，明らかにリンの吸収は代謝に依存したものである．多くの植物の無機リンの濃度は，1～10mMで10,000倍以上に濃縮されている．原形質膜の膜電位を考慮すると濃度勾配は10^6倍以上である．

b. リン酸の吸収と体内分布
リン酸の吸収曲線は，他の多くの元素にみられるようにリンの濃度に応じて，二相性が認められる．低濃度域でのK_mは5μM，高濃度域でのK_m値は500μMである．師管中のリンの輸送形態は，大部分が無機リンであり植物体内でリン酸塩は比較的，動きやすく葉面に与えられたリンの60％は師管を通って生長点へ再配分される．

細胞内のリンの分布については，リンの供給をとめても細胞質のリン含量はほとんど変動しないが，液胞のリン含量は顕著に減少する．このことは液胞にリン酸塩を貯蔵し，必要に応じてそれを利用していると考えられる．いいかえると，リンの供給状態にかかわらず細胞質のリンの恒常性が保持されている．一方，リンの分布を原形質とアポプラストで比較すると，アポプラスト中の含量が比較的，容易に変動する．

c. リンの輸送機構
植物の組織片や培養細胞にリン酸塩を与えると急速な外液のアルカリ化が認められる[2]．アルカリ化は与えたリン酸塩が吸収されてしまうまで続くが，その時点で再びもとのpHにもどる．このことはH^+とリン酸の共輸送が起こっていることを示しており，逆に細胞質のpHはリン酸とともに取り込まれるH^+によって低下する．このリン酸吸収過程でH^+の補給のため原形質膜のH^+ポンプが活性化される．動力学的解析から$H^+/H_2PO_4^-$の化学量論比はおそらく4であると考えられる．

d. リン酸プール
^{32}Pi（放射性無機リン酸）を短時間，根から吸収させると導管中の放射能の比活性は根のそれより高くなる．このことは，根に吸収された^{32}Piは根に存在していた無機リン

でほとんど希釈されなかっことを意味している．すでに存在していた無機リンの大部分は，リン酸エステルの生成や導管への輸送に利用されず，この不活性なリン酸を"非代謝プール"と呼び，全無機リン酸の85〜95％を占める一方，5〜15％を占める少量の無機リン酸は，"代謝プール"と呼ばれる．この2種のプールは，おそらく違ったタイプの細胞（"貯蔵細胞"と"エステル生成細胞"）に分けられ，"非代謝プール"のリン酸は液胞に"代謝プール"のリン酸は細胞質に存在するリン酸を表している．NMR（核磁気共鳴）によってトウモロコシ根端を生きたまま分析すると，90％の無機リンが液胞に，残りの10％がグルコース6-リン酸やATPの型で細胞質に存在する．

5.2.3 植物体内でのリンの形態

植物体内のリンは遊離の無機リン酸や炭素鎖に結合しているOH基（C-O-P）を介した単純なリン酸エステル，あるいはヌクレオチドやポリリン酸にみられるピロリン酸結合の型で存在する（図5.10）．

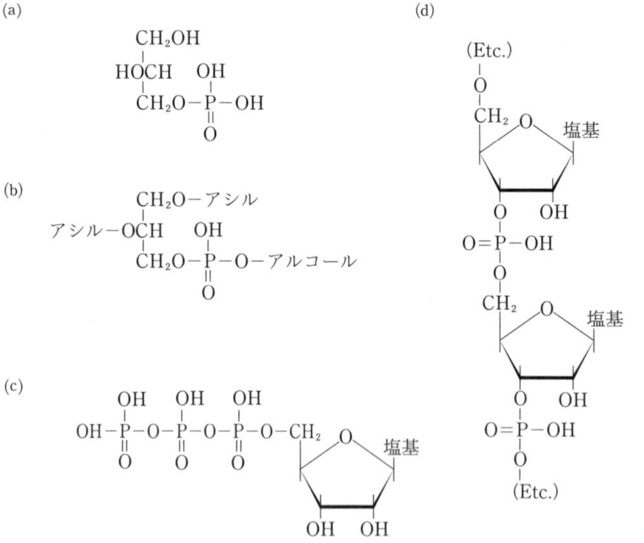

図5.10 リン酸化合物の一般的な形態．(a)；α-グリセロリン酸（1-ホスホグリセロール）のモノエステル構造，(b)；リン脂質（アシル基は脂肪酸，アルコールは水酸基を持つコリン，エタノールアミン，イノシトール，セリン，グリセロール），(c)；ATPのピロリン酸構造，(d)；RNAの基本構造（塩基はアデニン，グアニン，シトシン，ウラシル），DNAはペントースの水酸基が水素に，ウラシルがチミンに置き換わっている（Bielesky and Ferguson, 1983）．

植物細胞ではリン化合物は主に5グループに分けられる．細胞質の占める割合が大きく，液胞の占める割合が小さい細胞は多量のRNA，リン脂質，リン酸エステルを含む．貯蔵組織は大量の無機リンとフィチン酸を含んでいる．

一方，カビ類は大量のポリリン酸を含んでいる．代謝活性の低い木部組織は割合とし

作物学事典

日本作物学会編
A5判　580頁　本体18000円

作物学研究は近年著しく進展し，また環境問題，食糧問題など作物生産をとりまく状況も大きく変貌しつつある。こうした状況をふまえ，日本作物学会が総力を挙げて編集した作物学の集大成。〔内容〕総論(日本と世界の作物生産／作物の遺伝と育種，品種／作物の形態と生理生態／作物の栽培管理／作物の環境と生産／作物の品質と流通)。各論(食用作物／繊維作物／油料作物／糖料作物／嗜好料作物／香辛料作物／ゴム料作物／薬用作物／牧草／新規作物)。〔付〕作物学用語解説

ISBN4-254-41023-9　注文数　冊

根の事典

根の事典編集委員会編
A5判　456頁　本体16000円

研究の著しい進歩によって近年その生理作用やメカニズム等が解明され，興味ある知見も多い植物の「根」について，110名の気鋭の研究者がそのすべてを網羅し解説したハンドブック。〔内容〕根のライフサイクルと根系の形成(根の形態と発育，根の屈性と伸長方向，根系の形成，根の生育とコミュニケーション)／根の多様性と環境応答(根の遺伝的変異，根と土壌環境，根と栽培管理)／根圏と根の機能(根と根圏環境，根の生理作用と機能)／根の研究方法

ISBN4-254-42021-8　注文数　冊

園芸事典

松本正雄・大垣智昭・大川　清編
A5判　408頁　本体16000円

果樹・野菜・花き・花木などの園芸用語のほか，周辺領域および日本古来の特有な用語なども含め約1500項目(見出し約2000項目)を，図・写真・表などを掲げて平易に解説した五十音配列の事典。各領域の専門研究者66名が的確な解説を行っているので信頼して利用できる。関連項目は必要に応じて見出し語として併記し相互理解を容易にした。慣用されている英語を可能な限り多く収録したので英用語集としても使える。園芸の専門家だけでなく，一般の園芸愛好者・学生にも便利

ISBN4-254-41010-7　注文数　冊

植物土壌病害の事典

渡邊恒雄著
B5判　288頁　本体12000円

植物被害の大きい主要な土壌糸状菌約80属とその病害について豊富な写真を用い詳説。〔内容〕〈総論〉土壌病害と土壌病原菌の特性／種類と病害／診断／生態的研究と諸問題／寄主植物への侵入と感染／分子生物学。〈各論〉各種病原菌(特徴，分離，分類，同定，検出，生理と生態，土壌中の活性の評価，胞子のう形成，卵胞子形成，菌核の寿命，菌の生存力，菌の接種，他)／土壌病害の生態的防除(土壌pHの矯正，湛水処理，非汚染土の局部使用，拮抗微生物の処理，他)

ISBN4-254-42020-X　注文数　冊

＊本体価格は消費税別です(2002年2月1日現在)

▶お申込みはお近くの書店へ◀

朝倉書店

162-8707 東京都新宿区新小川町6-29
営業部　直通(03)3260-7631　FAX(03)3260-0180
http://www.asakura.co.jp　eigyo@asakura.co.jp

雑草管理ハンドブック

草薙得一・近内誠登・芝山秀次郎編
A5判　616頁　本体18000円

農耕地はもとより，広く人間が管理するところ，人間とのかかわりのある立地を対象として，雑草の発生生態や環境に配慮した省資源的・効率的な雑草管理の仕方を具体的に詳述。〔内容〕雑草の概念と雑草科学／種類と分類／生理・生態／除草剤利用技術の基礎／管理用機械の種類と特性／水稲作／麦作／畑作／特用作物／作付体系と雑草管理／樹園地／草地／林業地／ゴルフ場／水系／河川敷／公園／物理的防除法／生物的雑草防除法／雑草と環境保全／雑草の利用／類似雑草の見分け

ISBN4-254-40005-5　　注文数　　冊

植物保護の事典

本間保男・佐藤仁彦・宮田　正・岡崎正規編
A5判　528頁　本体20000円

地球環境悪化の中でとくに植物保護は緊急テーマとなっている。本書は植物保護および関連分野でよく使われる術語を専門外の人たちにもすぐ理解できるよう平易に解説した便利な事典。〔内容〕(数字は項目数)植物病理(57)／雑草(23)／応用昆虫(57)／応用動物(23)／植物保護剤(52)／ポストハーベスト(35)／植物防疫(25)／植物生態(43)／森林保護(19)／生物環境調節(26)／水利，土地造成(32)／土壌，植物栄養(38)／環境保全，造園(29)／バイオテクノロジー(27)／国際協力(24)

ISBN4-254-42017-X　　注文数　　冊

土壌の事典

和田光史・久馬一剛他編
A5判　576頁　本体20000円

土壌学の専門家だけでなく，周辺領域の人々や専門外の読者にも役立つよう，関連分野から約1800項目を選んだ五十音配列の事典。土壌物理，土壌化学，土壌生物，土壌肥沃度，土壌管理，土壌生成，土壌分類・調査，土壌環境など幅広い分野を網羅した。環境問題の中で土壌がはたす役割を重視しながら新しいテーマを積極的にとり入れた。わが国の土壌学第一線研究者約150名が執筆にあたり，用語の定義と知識がすぐわかるよう簡潔な表現で書かれている。関係者必携の事典

ISBN4-254-43050-7　　注文数　　冊

農薬学事典

本山直樹編
A5判　592頁　本体20000円

農薬学の最新研究成果を紹介するとともに，その作用機構，安全性，散布の実際などとくに環境という視点から専門研究者だけでなく周辺領域の人たちにも正しい理解が得られるよう解説したハンドブック。〔内容〕農薬とは／農薬の生産／農薬の研究開発／農薬のしくみ／農薬の作用機構／農薬抵抗性問題／化学農薬以外の農薬／遺伝子組換え作物／農薬の有益性／農薬の安全性／農薬中毒と治療方法／農薬と環境問題／農薬散布の実際／関連法規／わが国の主な農薬一覧／関係機関一覧

ISBN4-254-43069-8　　注文数　　冊

5.2 リンの代謝

て無機リン酸を多く含むが，全体としてリン含量は低い．若い葉を例にとると Pi，10；RNA，2；DNA，0.15；リン脂質，1.5；リン酸エステル，1.0（μg/g 新鮮重）の割合で含んでいる．

　リン酸化合物の機能としては，分子量が 10^6 以上の高分子である DNA は遺伝情報源となっている．理論的には細胞中の DNA 量は一定で，一つの核には一揃いの染色体がそろっている．しかし多核細胞の場合，細胞あたりの DNA 含量は増加する．植物細胞は，細胞あたり一定の DNA を含まないことが多いが，その理由として，植物は細胞，組織の分化の過程で多核細胞の出現する頻度が高く，かつ DNA は核だけでなく葉緑体，ミトコンドリアにも含まれている．

　RNA は，2.3×10^4～1.3×10^6 の分子量で遺伝情報を mRNA を介して伝達する．タンパク合成において，リボソーム RNA（rRNA，18 S と 25 S）と転移 RNA（tRNA，4 S）が関与する．したがって，細胞中の RNA 含量はタンパク合成のさかんな組織で多い．RNA は細胞質にあまねく存在し，細胞器官は固有の割合で種々の RNA を含んでいる．特に葉緑体は固有のタンパク合成系をもち，細胞 RNA の 5～50％ を含み，そのリボソーム RNA は 23 SRNA と 16 SRNA で，他のリボソーム RNA（25 S と 18 S）と異なる．

　リン脂質のリンは容易にイオン化し，親水性の性質を示す．リン脂質においてはグリセロールが中心の位置を占め，2 分子の飽和ないし不飽和長鎖脂肪酸が結合している．脂肪酸で主要なものはパルミチン酸，リノール酸，リノレイン酸である．リン脂質のうち，脂肪酸を含む部分が疎水性で他の部分が親水性を示す．リン酸基を含む部位の性質により，リン脂質は 5 種に分類される．すなわち，ホスファチジルコリン，ホスファチジルイノシトール，ホスファチジルエタノールアミン，ホスファチジルセリン，ホスファチジルグリセロールである．

　植物の抽出物中にはリン脂質と類似の化合物が存在する．ホスファチジルコリンを例にとるなら，C 1 位の脂肪酸がホスホリパーゼ B で分解されるとリゾホスファチジルコリンが得られ，C 2 位の脂肪酸がホスホリパーゼ A で分解されるとグリセロホスファチルコリンが得られる．もし，グリセロール全体と C 1，C 2 の脂肪酸がホスホリパーゼ C で除かれるとホスファチルコリンが得られる．

　一方，ホスホリピッドの残りの部分からコリンがホスホリパーゼ D で除かれると，ホスファチジン酸が得られる．ホスファチジン酸はリン脂質の主要な前駆体である．植物組織のリン脂質の組成は比較的一定であるが，大きな違いは光合成器官に認められる．すなわち，緑色あるい非緑色組織でホスファチジルコリンは主要な成分でリン脂質の 40～50％ を占め，それについでホスファチジルエタノールアミンが 20～30％ を占める．

　しかし，緑色組織ではホスファチジルグリセロールの割合が非常に高い（15～25％）のに比べ，非緑色組織では 5％ 以下である．他のリン脂質は比較的少なくホスファチジルイノシトール（5～10％），ホスファチジルセリン（1～4％），ジホスファチジルグリセロール（1～3％）である．リン脂質の役割は，親水性と疎水性の構造を分子中にもっていることである．そのため，水と脂肪の界面でリン脂質分子は自身を二つの相に位

置づけることにより安定させることである．

低分子のリン酸エステルも主要なリン酸化合物であり，およそ50種が存在する．低分子リン酸エステルのおよそ70％を，9種の化合物すなわちグルコース6-リン酸，フルクトース6-リン酸，マンノース6-リン酸（20，6，4％），ATPとADP（10，3％），UTP，UDPとUDPG（4，5，9％）と3ホスホグリセリン酸（8％）が占める．通常の組織ではATP/ADP/AMPの比は10/3/1で，エネルギー充足率（energy charge：1/2([ADP]+2 [ATP]/ [AMP]+ [ADP]+ [ATP]))は0.8～0.9に保たれている．活発に代謝を行っている細胞では，高エネルギーリン酸化合物は高い代謝回転を示し，ATP，UTPの代謝回転は非常に高く10～40秒と計算されている（表5.2）．

表5.2 ウキクサ属のリン酸化合物の代謝回転と合成率（Marschner, 1986）

リン酸化合物	量 (nモル/g 新鮮重)	代謝回転 （分）	合成率 (ナノモル P/g 新鮮重×分)
ATP	170	0.5	340
グルコース6-リン酸	670	7	95
リン脂質	2,700	130	20
RNA	4,950	2,800	2
DNA	560	2,800	0.2

少量のATPが細胞のエネルギー要求を満たしていることは驚異的である．活発に代謝しているトウモロコシ根先端においては，新鮮重1gで1日，約5gのATPを合成している．リン脂質やRNAの量ははるかに多いが，これらは安定で，合成率はATPに比べて非常に低い．

無機リン酸は，非代謝プールと考えられる液胞に大量に存在し，リンが十分に供給された場合，無機リン酸の85～95％が液胞に存在する．リンの供給をとめると液胞の無機リン酸は急激に減少するが，代謝プールと考えられる細胞質の無機リン酸は，6mMから3mM程度に減少するだけである．植物には無機リン酸（Pi）のほか，ピロリン酸（PPi）が存在する．この結合は，高エネルギー結合で液胞膜に存在するピロリン酸依存のH$^+$ポンプの基質になり，きわめて重要な役割を担っている．

5.2.4 無機リン酸による代謝調節

無機リン酸は，植物細胞で重要な代謝調節を担っているので，無機リン酸の細胞内の分布は重要である．トマト果実では無機リン酸は液胞から細胞質へ運ばれ，そこで解糖系の鍵酵素であるホスホフルトクキナーゼを活性化する．また，光合成とそれに続く炭素代謝の調節に重要な働きをしている．すなわち，光合成産物を葉緑体から細胞質へ輸送する通路にあたるリン酸トランスロケーターの制御と，デンプン合成におけるグルコース供与体となるADPG（UDPG）を合成する酵素ピロホスホリラーゼの制御に関わっている．

表5.3に単離ホウレンソウ葉緑体におけるデンプン合成に対する無機リン酸の影響を

表5.3 ホウレンソウ単離葉緑体における炭素固定とデンプン合成に対する無機リン酸の影響（Marschner, 1986）

	無機リン酸濃度 (mM)				
	0.15	0.65	1.0	2.0	3.5
全固定炭素	11.0	13.9	10.9	7.1	3.3
デンプンへの取り込み	2.6	0.4	0.1	0.1	0.1

8分間光照射後の炭素取り込み量（μg 炭素/mg クロロフィル）

示しているが，リン酸量を 0.65 mM に増やすだけで炭素固定量はほとんど変化しないのに，デンプン合成は著しく減少する[3]．このことはリン酸トランスロケーターが働き，葉緑体から光合成同化産物のうち三炭糖がリン酸と結合し，トリオースリン酸として細胞質へ排出したためと考えられる．

5.2.5 種子におけるフィチン

穀類や種子では無機リン酸の含量は非常に小さく，大部分のリンはフィチン酸塩，すなわちミオイノシトール（イノシトール 6-リン酸）の塩として存在する．穀類の細胞内で変化するのは無機リン酸でなくてフィチン酸塩である．穀類のリンの 62～70%，コムギのぬかのリンの 86%，マメ科の種子の全リン酸の 50% がそれぞれフィチン酸塩である．フィチン酸塩の大部分は発芽直後に分解され，リン脂質に取り込まれ膜の合成に使われる．

〔松本英明〕

文 献

1) Bieleski, R. L. and Ferguson, I. B.：Inorganic Plant Nutrition, Encyclopedia of Plant Physiology New Series Vol. 15A, (eds. Läuchli, A. and Bieleski, R. L.), 422-449, Springer-Verlag, 1983.
2) Sakano, K.：*Plant Physiol*., **93**, 479-483, 1990.
3) Marschner, H.：Mineral Nutrition of Higher Plants (ed. Marschner, H.), 226-235, Academic Press, 1986.

5.3 硫黄の代謝

植物中に存在する主な硫黄（S）化合物は，硫酸イオン（SO_4^{2-}），システイン，メチオニン，グルタチオン，硫黄脂質，タンパク質などである．ダイズにおけるこれらの化合物の含量を表5.4に示した．含量が高いものは，硫酸イオンとタンパク質であり，グルタチオン類，硫黄脂質などがこれに続き，遊離のシステインやメチオニンの含量は低い．そのほか，ビタミン（補酵素）などの微量成分にも構成元素として硫黄が含まれる化合物がある．数多くある硫黄化合物は，酸化型硫黄化合物と還元型硫黄化合物に分類される．酸化型硫黄化合物には硫酸イオン，硫黄脂質，硫酸エステルなどがあるが，大部分は還元型硫黄化合物に属する．

最も重要な植物の硫黄代謝は硫酸イオンからシステインを合成する系であり，硫酸イオンの還元同化と呼ばれる[1〜4]．1960年代に，単離葉緑体にATP，^{35}S-硫酸イオンな

どを与えて光照射すると，放射能がシステインに取り込まれることが観察された．その後の研究とあわせて，植物の硫酸還元同化は主に葉緑体で行われていることが明らかになった．図5.11に硫酸還元同化経路の概要を示す．

根から葉へ硫酸イオンとして輸送された硫黄は，葉の細胞に取りこまれ，一部は液胞中に貯蔵される．一方，葉緑体に取り込まれた硫酸イオンは還元同化されてシステインに変換される．還元同化経路の最初のステップは硫酸イオンの活性化で，ATPスルフリラーゼ反応でAPSとなる．硫酸イオンから直接硫黄が代謝されることはなく，硫黄代謝はすべてAPSを経て行われるといってよい．

APSはグルタチオンの存在下でAPS還元酵素（以前はAPSスルホトランスフェラーゼとも呼ばれた）によって亜硫酸イオン（SO_3^{2-}）に還元され，さらに亜硫酸還元酵素によって硫化物イオンに還元される．亜硫酸還元酵素反応における電子供与体は，フェレドキシンである．システインの炭素骨格はセリンに由来する．O-アセチルセリンと硫化物イオンからシステイン合成酵素（O-アセチルセリンチオールリアーゼ）によってシステインが生成する．システインはそれ自身タンパク質の構成アミノ酸である

表5.4 ダイズ植物の主要な硫黄化合物含量

化合物	含量(nmol-S/g 新鮮重)[*1]	
	根	葉
SO_4^{2-}	8,960	3,490
システイン	15	19
メチオニン	9	16
ホモグルタチオン[*2]	124	506
硫黄脂質	76	528
タンパク質	3,820	10,250
全硫黄	10,060	12,130

[*1] ホーグランド培養液中で3週間育成させたダイズの根と第3葉．[*2] ダイズにはグルタチオンの代わりにホモグルタチオンが存在する．

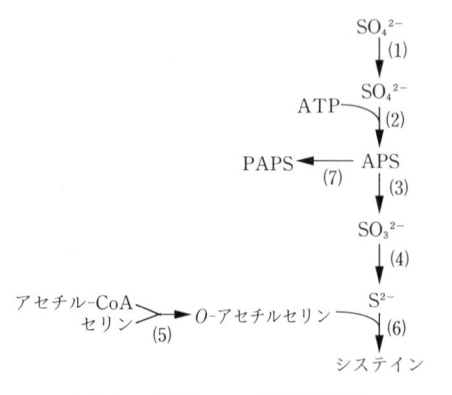

図5.11 硫酸イオンの還元同化経路
APS，アデノシン5′-ホスホスルフェート，PAPS，3′-ホスホアデノシン5′-ホスホスルフェート，(1)硫酸イオントランスポーター，(2) ATPスルフリラーゼ，(3) APS還元酵素，(4)亜硫酸還元酵素，(5)セリントランスアセチラーゼ，(6)システイン合成酵素，(7) APSキナーゼ

とともに，さまざまな還元型硫黄化合物合成の出発物質となる重要な化合物である．植物の硫酸同化経路では，ATPやフェレドキシンが必要であり，これらは光リン酸化や光化学反応によって供給されている．

APSはATPキナーゼによってPAPSにも変換される．ラン藻や酵母の硫酸還元同化経路では，APSから亜硫酸イオンが直接生成するのではなく，ATPキナーゼとPAPS還元酵素によってPAPSを経て亜硫酸イオンが生成する．この点高等植物とは異なっている[2]．一方，高等植物にもAPSキナーゼは存在し，生成したPAPSは硫黄脂質や硫酸エステルの生合成における硫黄の供給源となっている．すなわち，APSは

硫酸還元同化と酸化型硫黄化合物生合成の分岐点となる化合物である．

動物ではメチオニンが必須アミノ酸となっている．動物にはAPSあるいはPAPSから亜硫酸イオンをへてシステインを生合成する経路がなく，メチオニンからシスタチオニンをへてシステインが合成される．

硫酸イオンの細胞膜透過やATPスルフリラーゼ，APS還元酵素は，生成物である硫化物イオンやシステインによってフィードバック阻害される．また，グルタチオンによって硫酸イオンの吸収が抑制されることが知られている．したがって，硫酸還元同化系は生体内硫黄化合物濃度などによっても調節されていると考えられる．C_4植物では硫酸イオンの還元同化は主に維管束鞘細胞で行われている[5]．

化石燃料を燃焼した場合に生じる二酸化硫黄は，濃度が高ければ大気汚染物質として植物の生育障害を引き起こすが，低濃度の場合は硫黄栄養の供給源となる．吸収された二酸化硫黄は水に溶解して亜硫酸イオンとなるが，その後硫酸イオンとなってあるいは直接還元されてシステインとなって植物に利用される[6]．低濃度の硫化水素も葉に吸収されたあと，システインに取り込まれて硫黄栄養源として利用される．

メチオニンは，システインとホモセリンから生合成される（図5.12）．システインとO-ホスホホモセリンからシスタチオニンは，シスタチオニンβ-リアーゼ（β-シスタチオナーゼ）によって解裂すると，システインより炭素が一つ多いホモシステインとなる．最後にメチオニン合成酵素によってメチオニンとなる[3]．

メチオニン生合成は，シスタチオニンの生成までは葉緑体で行われているが，シスタチオニンβ-リアーゼは葉緑体と細胞質に分布しており，この酵素反応は葉緑体と細胞質の両方で行われている．最終段階のメチオニン合成酵素反応は細胞質で行われている．メチオニンはタンパク質の構成アミノ酸であるとともにS-アデノシルメチオニン（SAM）の前駆物質である．SAMはメチル基供与体としてあるいはエチレンやポリアミンの前駆体とし

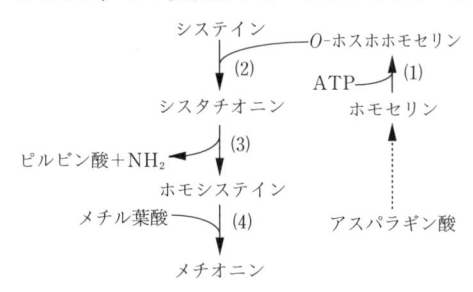

図5.12 メチオニン生合成
(1) ホモセリンキナーゼ
(2) シスタチオニンγ-合成酵素
(3) シスタチオニンβ-リアーゼ
(4) メチオニン合成酵素

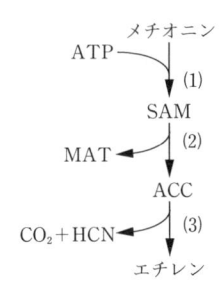

図5.13 エチレン生合成
SAM, S-アデノシルメチオニン．MAT, メチルチオアデノシン．ACC, 1-アミノシクロプロパン1-カルボン酸．(1) SAM合成酵素, (2) ACC合成酵素, (3) エチレン生成酵素（ACCオキシダーゼ）

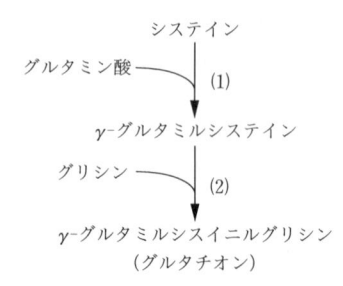

図5.14 グルタチオン生合成
(1) γ-グルタミルシステイン合成酵素
(2) グルタチオン合成酵素

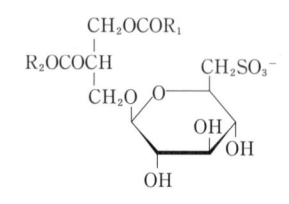

図5.15 葉緑体に存在する硫黄脂質
(スルホキノボシルジグリセリド)

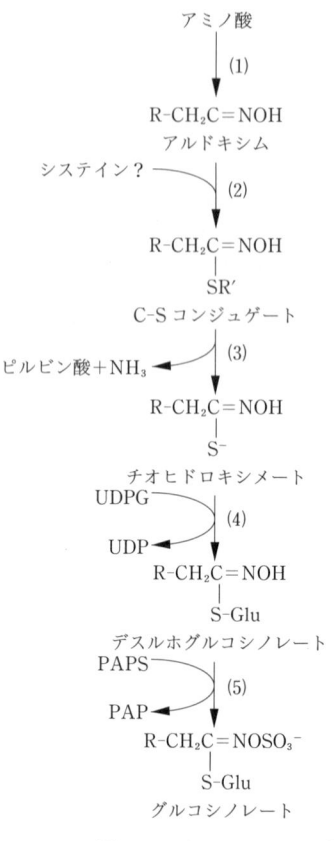

図5.16 グルコシノレート生合成
UDPG：UDPグルコース，Glu：グルコース残基，
PAP：3′-ホスホアデノシン5′-ホスホフェート．
(1) フラビン酸化酵素あるいはペルオキシダーゼ
(2) C-Sコンジュゲート生成酵素
(3) C-Sコンジュゲートリアーゼ
(4) UDPGグルコシルトランスフェラーゼ
(5) PAPSスルホトランスフェラーゼ

ての役割を有している（図5.13）．

システインを含むトリペプチドとしてグルタチオン類がある．図5.14に示したように，グルタチンは2段階の酵素反応でその構成アミノ酸から生合成される[3]．グルタチオンはさまざまな酸化還元反応に関与し，外来物質などとグルタチオン複合体を形成して生理活性を修飾したりする．また，還元型硫黄化合物の貯蔵体としても機能している．インゲン，ダイズなど一部マメ科植物にはホモグルタチオン（γ-グルタミルシステイニル-β-アラニン）が存在し，グルタチオンはほとんど存在しない[7]．

現在までのところ，グルタチオンとホモグルタチオンの生理機能は同じであると考えられている．植物をカドミウムなどの重金属で処理するとフィトケラチン（(γ-グルタミルシステイニル)$_n$グリシン，$n=2\sim7$）が誘導される[8]．この現象は重金属（特にカドミウム）の解毒機構の一つとして機能しているといわれている．グルタチオンがフィトケラチンの前駆体である[9]．

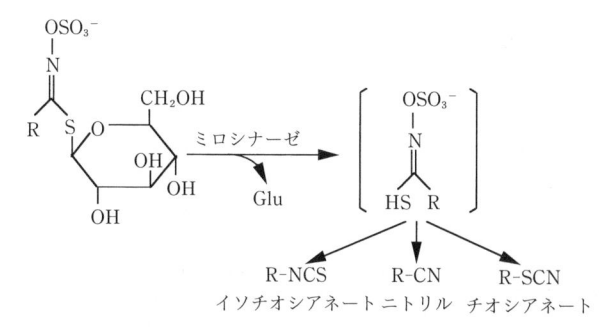

図 5.17 グルコシノレートの分解

　植物の硫黄脂質はスルホキノボシルジアシルグリセリド (SQDG, 図 5.15) であり，葉緑体の包膜やチラコイド膜の全グリセロ脂質の 5～10 % を占めている．SQDG のスルホキノボシル基の生合成経路はまだ不明であるが，PAPS に由来することが推定されている[10]．Rhodobacter sphaeroides の SQDG 合成能を欠損した変異株はみかけ上，野生株と同じ光合成能を示すので，SQDG は光合成に必ずしも必要ではないと考えられている[11]．

　アブラナ科植物にはグルコシノレート（辛子油配糖体）が二次代謝産物として含まれている（図 5.16）．グルコシノレートはその構造中の R 基が異なる一群の化合物の総称であり，植物によって構成比が異なっている．グルコシノレートの生合成は，R 基に相当する構造をもつアミノ酸が出発物質となって開始されるが，その生合成経路にはまだ不明な点も多い（図 5.16）[12]．植物組織が物理的傷害を受けると液胞中のグルコシノレートと細胞質のミロシナーゼが接触して分解反応が起こり，生成物（主成分はイソチオシアネート）はそれぞれの植物特有の刺激臭と辛味を示す（図 5.17）．グルコシノレートおよびそれに由来する揮発性化合物は昆虫や微生物に対する防御物質として働いているが，最近，硫黄欠乏で蓄積していたグルコシノレートの異化が促進されることより，硫黄の貯蔵体としての機能が注目されている[13]．タマネギやニンニクなどのネギ属植物は S-アルキル-L-システインスルホキシドを前駆体として揮発性のジスルフィド化合物を生成する．揮発性ジスルフィド化合物は，特に植物組織が物理的傷害を受けた場合に大量に生成し，ネギ属植物に特有の刺激臭と辛味を与える原因物質となる．また，生成した化合物の多くは抗菌性を示す．　　　　　　　　　　　　　　　　〔関谷次郎〕

文　献

1) Anderson, J. W.: The Biochemistry of Plants, Vol. 5 (ed. Milfin, B. J.), 203-223, Academic Press, 1980.
2) Schiff, J. A.: Encyclopedia of Plant Physiology 15A (ed. Lauchi, A. and Bieleski, R. L.), 401-421, Springer-Verlag, 1983.
3) Anderson, J. W.: The Biochemistry of Plants, Vol. 16 (ed. Milfin, B. J. and Lea, P. J.), 327-381, Academic Press, 1990.
4) Schwenn, J. D.: Sulphur Metabolism in Higher Plants (ed. Cram, W. J., et al.), 39-58, Backhuys Publishers, 1997.

5) Gerwick, B. C. and Black, C. C. Jr.: *Plant Physiol.*, **64**, 590-593, 1979.
6) Sekiya, J.,*et al.*: *Plant Physiol.*, **70**, 437-441, 1982.
7) Klapheck, S.: *Physiol. Plant.*, **74**, 727-732, 1988.
8) Grill, E., *et al.*: Sulfur Nutrition and Sulfur Assimilation in Higher Plants (ed. Rennenberg, H., *et al.*), 89-95, SPB Academic Publishing, 1990.
9) Imai, K., *et al.*: *Biosci. Biotech. Biochem.*, **60**, 1193-1194, 1996.
10) Mudd, J. B. and Kleppinger-Sparace, K. F.: The Biochemistry of Plants, Vol. 9 (ed. Stumpf, P. K.), 275-289, Academic Press, 1983.
11) Benning, C., *et al.*: *Proc. Natl. Acad. Sci. USA*, **90**, 1561-1565, 1993.
12) Wallsgrove, R. M. and Bennett, R. N.: Amino Acids and their Derivatives in Higher Plants (ed. Wallsgrove, R. M.), 244-259, Cambridge University Press, 1995.
13) Schnug, E.: Sulfur Nutrition and Sulfur Assimilation in Higher Plants (ed. Rennenberg, H., *et al.*), 97-106, SPB Academic Publishing, 1990.

5.4 炭水化物代謝

5.4.1 体内での炭水化物

高等植物は独立栄養生物であり，光エネルギーを利用して無機物を栄養源に有機物を生産している．しかし，植物体内においては体内組織すべてが独立栄養組織として機能しているわけではない．葉を中心とした光合成により，他のさまざまな従属栄養組織を養っている．たとえば，その従属栄養組織は根であったり，茎であったり，独立栄養組織に発達する前の展開中の葉であったり，生殖成長期間の植物であるなら花や子実に相当する．葉での光合成による有機物生産と従属栄養組織での有機物の利用は植物の成長の中核をなす代謝である．光合成の最終生産物はデンプン（starch）とショ糖（スクロース，sucrose）であり（5.6.1 参照），従属栄養組織における最も代表的な貯蔵物質や利用物質もデンプンとショ糖である．そして，光合成組織から従属栄養組織に生産物を供給するときの輸送炭水化物（転流という，4.2.2 参照）もショ糖である．このように，植物における炭水化物の代謝においてデンプンとショ糖は最も重要な生産物質である．

デンプンは葉や緑色果実における葉緑体（クロロプラスト）や従属栄養組織のアミロプラストに代表される白色体というわれる色素体（プラスチッド）で合成され，それらの色素体内でデンプン粒という形で貯蔵される．葉緑体で生産されるデンプンのように合成・分解の代謝回転の速いものを同化デンプンと呼び，子実や芋などの貯蔵器官でつくられ長期にわたって代謝されないものを貯蔵デンプンと呼んで区別する場合がある．しかし，両者には構造上の明確な違いはない．デンプンはグルコースだけを成分に重合してできた巨大分子で，浸透作用を起こさないので，生体内の浸透圧を変えることもなく，高濃度で存在しても生物的に害作用はほとんどない．きわめて貯蔵物質としてすぐれた高エネルギー蓄積物質であるという特徴をもつ．構造的にはグルコースが α-1,4 結合により重合した直鎖状成分と α-1,4 結合に α-1,6 結合した分枝構造成分からなる（図 5.18）．α-1,4 結合からなる直鎖状成分をアミロース（amylose）と呼び，α-1,6 結合による分枝構造成分をアミロペクチン（amylopectin）と呼ぶ．デンプン粒にはデンプンの合成や分解に関与するいくつかの酵素も含まれている．

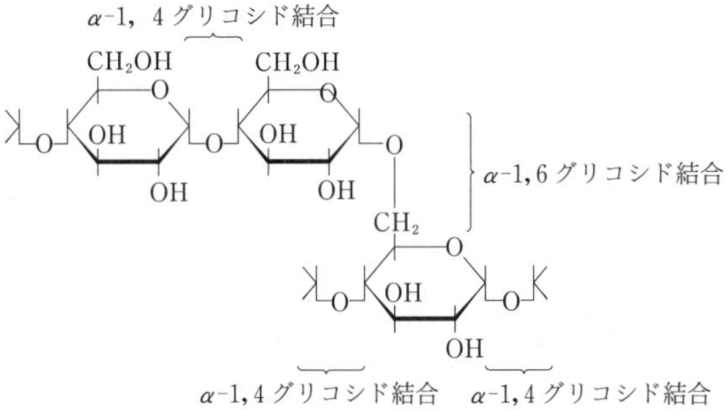

図5.18 デンプンの分子構造．デンプンはグルコース分子が α-1,4 および α-1,6 グリコシド結合して互いに連なるポリグルカンである．

ショ糖はグルコースとフルクトースの還元末端同士がグルコシル結合した二糖である（図5.19）．分子内に還元基をもたない非還元糖であるため生物学的反応性には乏しい．また，きわめて水への溶解度が高く 15℃で 100 g の水に 197 g まで溶ける．これらのことは，貯蔵物質として適しているのみならず，体内の炭水化物の輸送物質（転流物質という）として機能する上で非常に有利な性質でもある．貯蔵炭水化物としてのショ糖は主に液胞に蓄えられる．

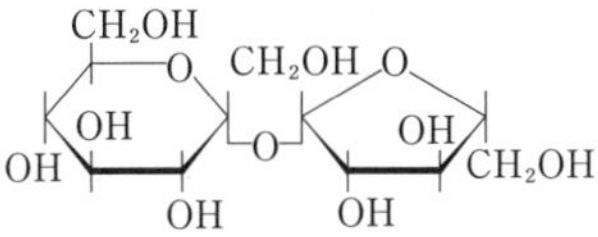

図5.19 ショ糖の分子構造．グルコースとフルクトースからなる二単糖である．

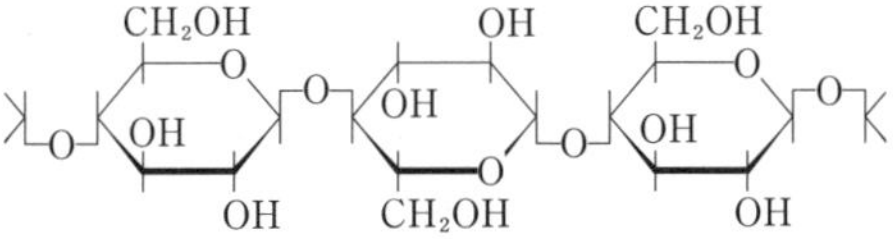

図5.20 セルロースの分子構造．グルコース分子が β-1,4 グリコシド結合した直鎖ポリマーである．

その他，量的に多い貯蔵炭水化物としてはフラクタンがあげられる．フラクタンは可溶性のポリフルクトースで基本構造はショ糖にフルクトースが重合したものである．液胞で合成され液胞に蓄えられる．代表的な作物ではコムギ，オオムギの葉・茎などに比較的多く含まれ，ダリアの球根やタマネギの炭水化物の主成分でもある．また，転流物質としてはショ糖のほかにバラ科の植物にみられるソルビトールなどがある．

生体内でのもう一つの主要な炭水化物は細胞壁の主成分であるセルロースである（4.1.3参照）．セルロースが β-1,4 グリコシド結合した分枝のないポリマーである（図5.20）．そのセルロースは水素架橋により重合し，ミクロフィブリル（microfibril）と呼ばれる結晶格子構造を形成し，物理的，化学的に非常に安定した構造を保持している．このセルロースはキチンとともに地球上に存在する最も量的に多い炭水化物である．

5.4.2 デンプンの代謝
a. 葉緑体におけるデンプン合成[1,2]

葉緑体におけるデンプン合成の出発物質はカルビン回路の中間物質であるフルクトース6-リン酸（F6P）である（5.2.2参照）。F6Pはグルコース6-リン酸イソメラーゼによってグルコース6-リン酸（G6P）に異性化され，次いでホスホグルコムターゼによりグルコース1-リン酸（G1P）に変換される。G1Pは，ADPグルコースピロホスホリラーゼ（AGPase）によってADPグルコースとなる（図5.21）。ADPグルコースのグルコース基はデンプンシンターゼ（STS）の働きによって，グルカン受容体の非還元末端と α-1,4 グルコシド結合を形成してデンプンの直鎖基として伸張される（図5.21）。AGPaseにより触媒される反応は本来，可逆反応であるが，葉緑体内ではピロホスファターゼ活性が強く，生産したピロリン酸がすぐに分解されるため，実質的にはほとんど不可逆に近い反応となる。

一方，デンプンのアミロペクチンをつくる酵素はブランチングエンザイム（分枝酵素）である。この酵素はデンプンの端から一定の長さの α-1,4 結合鎖を切断して，切られた鎖を α-1,6 結合でつなぎ分枝をつくる。

上で述べたAGPaseによる反応が，デンプン合成の律速であり制御因子であると考えられている[3]。この酵素は3-ホスホグリセリン酸（PGA，炭酸固定の初期産物）により活性化され，無機リン酸によって阻害される。葉緑体内のPGA濃度とリン酸濃度は葉緑体包膜に存在するリン酸トランスロケーターを経た細胞質でのスクロース合成と非常に密接に関係している（5.6.1d参照）。すなわち，細胞質におけるスクロース合成が低下するとリン酸トランスロケーターを介して細胞質に放出されるはずの三炭素リン酸（特にPGA）が葉緑体に蓄積しリン酸濃度が低下するので，結果としてAGPaseが活性化されデンプン合成が促進される関係にあるのである[2]。

b. 非緑色組織におけるデンプン合成

非緑色組織におけるデンプン合成は白色体で行なわれ，その代謝経路

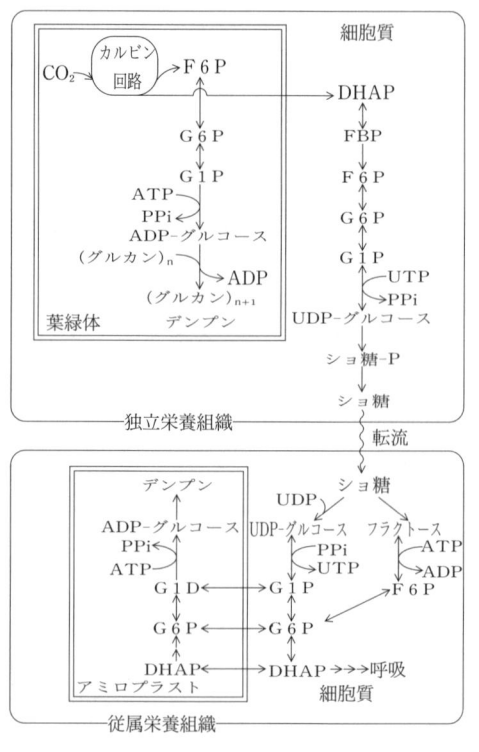

図5.21　葉緑体，アミロプラストのデンプン合成と細胞質のスクロース合成

は，イネ，コムギ，トウモロコシなどの胚乳細胞やジャガイモなどの地下組織などのアミロプラストでよく研究されている．このような貯蔵組織でのデンプン合成の原料は転流によって運ばれてくるショ糖である（図5.21）．ショ糖はまずスクロース分解活性の高いスクロース合成酵素（SuSy）により UDP-グルコースとフルクトースに分解される．一部ではインベルターゼの働きによってグルコースとフルクトースに分解される系もある．SuSy の酵素活性は葉を除くデンプンの貯蔵器官では共通して高く，細胞質に局在する．しかし，SuSy によって生成された UDP-グルコースが直接デンプン合成に用いられることはなく，細胞質に存在する UDP-ピロホスホリラーゼの働きによってG1Pに変換され，以後G6P，F6Pなどを経てトリオースリン酸などに変換されてからデンプン合成に用いられる．グルコースとフルクトースもデンプン合成に用いられる前に解糖系を経て糖リン酸に代謝される．それらの糖リン酸の一部はピルビン酸まで代謝されミトコンドリアで呼吸基質として使われるが，多くはアミロプラストに存在するリン酸トランスロケーターと呼ばれるタンパク質を介して無機リン酸との交換反応でG1P，G6Pあるいはトリオースリン酸の形でアミロプラストに輸送される[4]．それらの糖リン酸からデンプンが合成される．その経路で働く酵素は葉緑体とまったく同じである．しかし，アミロプラストは ATP の自給能をもたないので，ミトコンドリアにおける呼吸系とカップルした形で ATP がアミロプラストに供給されるものと考えられている．

c. デンプンの分解

デンプンの分解には2種類の反応系がある．一つはアミラーゼ（amylase）を代表とする加水分解系の酵素による分解で，もう一つはホスホリラーゼ（phosphorylase）による加リン酸分解である．加水分解系の酵素は数種類存在する．α-アミラーゼはデンプン鎖の内部の α-1,4 グリコシド結合を加水分解するエンド型の分解酵素で，分子量の特に大きいアミロペクチンのような巨大分子のデンプンでもある程度の大きさに分断する役割を担う．β-アミラーゼはエキソ型の分解酵素で α-1,4 グルカンを非還元末端からマルトース（2糖）単位で分解する．α-グルコシダーゼは α-1,4 結合したグルコオリゴ糖の非還元末端を分解しグルコースを生成する．デンプンの枝分かれ部分の α-1,6 結合はイソアミラーゼ（デブランチングエンザイム，脱分枝酵素）により分解される．

ホスホリラーゼは α-1,4 グルカンの非還元末端を加リン酸分解してG1Pを生成する．このデンプン分解はアミラーゼによる加水分解よりもエネルギー代謝的な面からのメリットが大きい．生成物質がグルコースではなくG1Pであるので，ATPを消費し糖リン酸に変換することなく，そのまま解糖系やショ糖合成の代謝物質に用いることができるからである．葉緑体の同化デンプンの分解調節は非常に重要な問題であるにも関わらずまだよくわかっていない[2]．イネ，コムギ，トウモロコシなどの植物は光合成の最終産物としてショ糖を主要産物として生産するのに対して，ダイス，インゲン，トマトなど植物はショ糖よりデンプンを好んで生産する．これらの植物では多量に生産されるデンプンを利用するとき，呼吸基質として用いるにしろ，転流物質として利用するにしろ，かなり高速でデンプンをヘキソース単位に分解する代謝系をもっていなければな

らない.葉緑体のデンプン分解は加リン酸分解と加水分解が同時に起こっているという指摘がある.ホスホリラーゼだけでは葉緑体中の大きな分枝デンプンを分解できないと考えられているからである.しかし,これらのデンプン蓄積型の植物では近年グルコースやマルトースが夜間,ヘキソーストランスロケーターを介して葉緑体から細胞質へ活発に輸送されていることが観察されている[5].同じくデンプンを葉緑体に多量の貯め込むCAM植物(5.6.1参照)ではリン酸トラスロケーターを介してG6Pが細胞質に輸送されているという報告もある[6].さらに,リン酸トランスロケーターを介してトリオースリン酸として輸送されるという説もあるが,これらに関する知識はまだまだ不完全である.

5.4.3 ショ糖の代謝

ショ糖(スクロース)は細胞質で合成される(図5.21).光合成のカルビン回路の中間物質であるトリオースリン酸(ジヒドロキシアセトンリン酸,DHAP)がショ糖合成の出発物質である(5.6.1参照).DHAPは葉緑体から細胞質に輸送され,一部がグリセルアルデヒド3-リン酸(GA3P)に変換され,DHAPとGA3Pからフルクトース1,6-二リン酸(FBP)が生成される.FBPはF6P,G6P,G1Pと変換され,G1PはUDPグルコースピロホスホリラーゼによってUDPグルコースになる.このUDPグルコースのグルコース基が,スクロースリン酸シンターゼ(SPS)によって,F6Pに転移されスクロース6-リン酸が生成される.このSPSによる反応は可逆反応であるが,つづいて生じるスクロースリン酸からスクロースリン酸ホスファターゼにより脱リン酸され,ショ糖が生じる反応が不可逆であるため,SPSによるスクロースリン酸の合成反応を含めショ糖合成の最終反応は不可逆となる.

SPSの生体内で非常に複雑な制御を受けている[7].それゆえに,SPSの反応がスクロース合成の重要な調節段階であり,律速反応であると考えられている.この酵素は近傍の代謝産物の影響を受ける.たとえば,G6Pにより活性化され,リン酸によって阻害される.また,タンパク質分子への直接的なリン酸化と脱リン酸化反応によっても大きく活性が制御されている.SPSタンパク質の構成アミノ酸の一つであるセリン残基が特異的なプロテインキナーゼによりリン酸化されるとSPSは不活性化され,そのリン酸化されたセリン残基がSPSに特異的に働くホスファターゼにより脱リン酸化されるとSPSは活性化される.このホスファターゼは光照射下で活性が高まることから,SPSの光活性化の制御に密接に関わる要因であると考えられている.また,別の部位にもリン酸化・脱リン酸化されるセリン残基があり,こちらは浸透ストレスが関与しているとされている.また,葉内にショ糖が蓄積するとSPSが不活性化することが知られている.しかし,試験管内の反応ではこの現象は起こらず,このショ糖の蓄積によるフィードバック的なSPSの活性制御のメカニズムはわかっていない.一方,光合成産物としてデンプンを多量に生産する植物では,このSPSが明暗の制御を受けないことも報告されている.夜間にデンプンからショ糖への変換が活発に行なわれることを反映していると思われるが,上で述べたリン酸化・脱リン酸化とどのような関係にあるのかはわかっていない.

〔牧野 周〕

文献

1) Trethewy, R. N. and Smith, A. M.: Photosynthesis : physiology and metabolism(ed. Leegood, R. C., Sharkey, T. D. von Caemmerer, S.), 205-231, Kluwer Academlc Publishers, Dordrecht/ Boston/ London, 2000.
2) Stitt, M.: Photosynthesis and the Environment, N. R. Baker, 151-190, Kluwer Academic Publishers, Dordrecht/ Boston/ London, 1996.
3) Preiss,J., Sivak, M.: Photoassimilate distribution in plants and crops(ed. Zamski, E., Schaffer, A. A.), 63-94, Dekker, New York, 1996.
4) Smith, C. J.: Plant biochemistry and molecular biology(ed. Lea, P. J. Leegood R. C.), 82-118, John Wiley and Sons, Chichester, 1999.
5) Schleucher, J., Vanderveer, P. J. and Sharkey, T. D.: *Plant Physiol.*, **118**, 1439-1445, 1998.
6) Kore-eda, S. and Kanai, R.: *Plant Cell Physiol.* **38**, 895-901, 1997.
7) Huber, S. C. and Huber, J. L.: *Annu. Rev. Plant Physiol. Plant Mol. Biol.*, **47**, 431-444, 1996.

5.5 脂質代謝

5.5.1 体内脂質化合物の種類と量

脂質とは，生物組織から有機溶剤（クロロホルム，ベンゼン，エーテルなど）で抽出される一群の有機化合物の総称である．最も一般的な脂質は，グリセロ脂質で，sn-1,2-ジアシルグリセロール（DG）を疎水部位にもつ．DGのsn-3位に極性基を結合したリン脂質や糖脂質は，細胞の膜構造に由来する．また，トリアシルグリセロール（TG）は貯蔵物質であり，植物油脂として知られている．グリセロ脂質以外では，ステロール類や植物スフィンゴ脂質が微量な膜脂質成分として存在する．各種色素類も膜脂質に含まれる．一方，細胞外にはワックスや植物特有の保護物質であるクチン，スベリンといった中性の脂質ポリマーが存在する．

a. 脂肪酸の種類と量[1]

植物の脂肪酸は，そのほとんどが偶数の炭素原子から構成されるが，奇数鎖の脂肪酸もわずかながら含まれる．脂肪酸は，遊離の酸として植物細胞内に蓄積することはまれであり，脂質の構成要素として重要である．

植物油脂は，たいてい，膜脂質に一般的なC16およびC18の長鎖脂肪酸を含む．しかし，脂肪酸組成は植物種によって異なり，同一種でも品種による違いがみられる．また，膜脂質にはみられない特異な脂肪酸を含む植物油脂が数多く報告されており，植物の遺伝子資源として注目を集めている．表5.5に植物の主な脂肪酸の名称と含量の高い植物油脂についてまとめた．

植物の膜脂質は，ポリエン脂肪酸の含量が高いことが特徴である．ポリエン脂肪酸は，シス二重結合がメチレン基（$-CH_2-$）を間にはさんで連なった構造をとっている．α-リノレン酸は，葉，茎，根のグリセロ脂質の主要脂肪酸であり，葉緑体チラコイド膜の糖脂質は，これを大量に含む．アラキドン酸は，高等植物では，コケ，シダで同定されている．また，海産藻類やケイ藻などでは，膜脂質の主要成分の一つとして含まれる．3-トランスヘキサデセン酸は葉緑体のホスファチジルグリセロール（PG）のsn-2位に，また，ヘキサデカトリエン酸（16：3 $7c10c13c$）はある種の植物（16：3-植物と呼ばれる）のモノガラクトシルジアシルグリセロール（MGDG）のsn-

表5.5 主な植物脂肪酸の種類と存在

名称	慣用名	略記法	含量の高い植物油
飽和脂肪酸			
オクタデカン酸	カプリル酸	8:0	*Cuphea* sp.（〜80％）の種子
デカン酸	カプリル酸	10:0	ニレ（60％），ケヤキ（>70％）の種子：*Cuphea paucipetala*（87％）
ドデカン酸	ラウリン酸	12:0	クスノキ科：*Cuphea laminuligera*（63％）
テトラデカン酸	ミリスチン酸	14:0	ニクズク科
ヘキサデカン酸	パルミチン酸	16:0	綿実油（17〜31％）：ヤシ油（32〜59％）
オクタデカン酸	ステアリン酸	18:0	ココアバター（30〜36％）
アイコサン酸	アラキジン酸	20:0	
ドコサン酸	ベヘン酸	22:0	落花生油（5〜8％）
テトラコサン酸	リグノセリン酸	24:0	
モノエン脂肪酸			
3-トランスヘキサデセン酸		16:1 3 *t*	
オクタデセン酸			
	オレイン酸	18:1 9 *c*	オリーブ油（72％）
	シスバクセン酸	18:1 11 *c*	カキ果肉（<30％）
	ペトロセリン酸	18:1 6 *c*	*Umbelliferase*, *Araliaceae* および *Garryaceae*（>50％）
ドコセン酸	エルカ酸	22:1 13 *c*	十字架植物：*Nastatium*（>80％）
ポリエン脂肪酸			
ヘキサデカトリエン酸		16:3 7 *c* 10 *c* 13 *c*	
オクタデカジエン酸	リノール酸	18:2 9 *c* 12 *c* (18:2 *n*-6)	ベニバナ（55〜81％）：ヒマワリ（20〜75％）
オクタデカトリエン酸			
	α-リノレン酸	18:3 9 *c* 12 *c* 15 *c* (18:3 *n*-3)	亜麻（45〜60％）：荏（え），クロゴマおよび樟脳（60〜70％）
	γ-リノレン酸	18:3 6 *c* 9 *c* 12 *c* (18:3 *n*-6)	ボラジ（〜20％）：オオマツヨイグサ（〜10％）
アイコサテトラエン酸	アラキドン酸	20:4 5 *c* 8 *c* 11 *c* 14 *c* (20:4 *n*-6)	

2位にそれぞれ特異的に結合している．

　細胞外に分泌されるワックスやクチン・スベリンには，C 30（あるいはそれ以上）にも及ぶ長鎖脂肪酸や ω- および in-chain- ヒドロキシ脂肪酸が含まれる．そのほか，共役ポリエン脂肪酸，アレン脂肪酸，アセチレン脂肪酸，シクロプロペン脂肪酸がある種の植物で報告されているが，これらについての詳細は参考文献にゆずる[1]．

b. グリセロ脂質の種類と量[2]

1) リン脂質　表5.6にリン脂質の化合物名と構造を示す．ホスファチジン酸（PA）は，グリセロ脂質の生合成中間体で *in vivo* ではわずかにしか存在しない．しかし，単離細胞膜のリン脂質画分に8％程度含まれる PA は *de novo* 合成産物とは考え

5.5 脂質代謝

表5.6 リン脂質の化合物名と構造

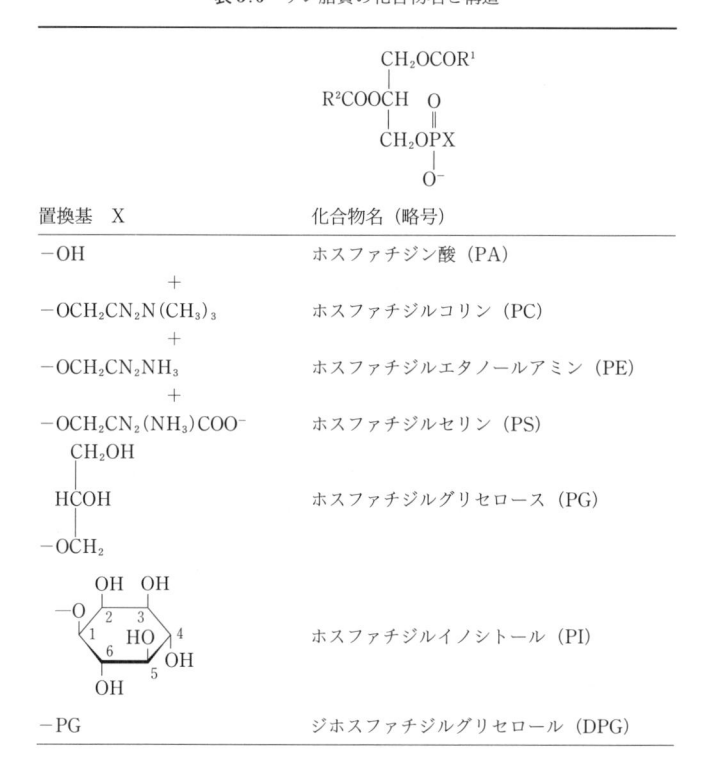

$$\begin{array}{c} CH_2OCOR^1 \\ R^2COOCH \quad O \\ | \quad \| \\ CH_2OPX \\ | \\ O^- \end{array}$$

置換基 X	化合物名（略号）
$-OH$	ホスファチジン酸（PA）
$-OCH_2CN_2N(CH_3)_3$ の $+$ 形	ホスファチジルコリン（PC）
$-OCH_2CN_2NH_3$ の $+$ 形	ホスファチジルエタノールアミン（PE）
$-OCH_2CN_2(NH_3)COO^-$ の $+$ 形	ホスファチジルセリン（PS）
$\begin{array}{l} CH_2OH \\ HCOH \\ -OCH_2 \end{array}$	ホスファチジルグリセロース（PG）
(イノシトール環)	ホスファチジルイノシトール（PI）
$-PG$	ジホスファチジルグリセロール（DPG）

にくい[3]．ホスファチジルコリン（PC）は，葉緑体のチラコイド膜を除くほとんどの膜構造に含まれる．ホスファチジルエタノールアミン（PE）の分布は，PCとほぼ平行関係にあるが，葉緑体の包膜には，外包膜にわずかに検出されるだけで，内包膜には存在しない．ホスファチジルセリン（PS）は微量（<1％）の酸性脂質で，C 20～C 26の長鎖脂肪酸を14～45％含んでいる[4]．PGは，葉緑体の主要リン脂質（7～9％）であるほか，小胞体やミトコンドリアにも含まれる．ホスファチジルイノシトール（PI）は，葉緑体以外の膜に含まれる酸性リン脂質である．ジホスファチジルグリセロール（DPG：カルジオリピン）は，ミトコンドリア膜に特異的なリン脂質である．

2）糖脂質 図5.22に植物の糖脂質の構造を示す．糖脂質は，葉緑体に特有の脂質であると考えられている．MGDGとジガラクトシルジアシルグリセロール（DGDG）をあわせてチラコイド膜脂質の～80％を占める．スルホキノボシルジアシルグリセロール（SQDG）は，<10％存在する．

3）アシルグリセロール TGは脂質を貯蔵する種子の全脂質の～90％を占める．DGは，PAと同様，脂質代謝中間体として重要であるが，総脂質に占める割合は非常に低い．モノアシルグリセロールも存在量は低い．

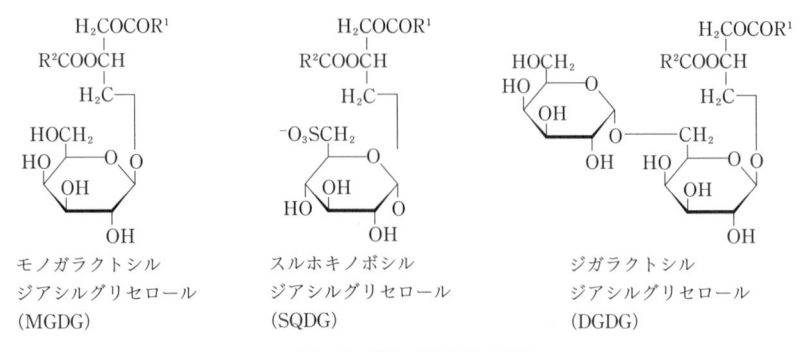

図5.22 植物の糖脂質の構造

モノガラクトシルジアシルグリセロール (MGDG)
スルホキノボシルジアシルグリセロール (SQDG)
ジガラクトシルジアシルグリセロール (DGDG)

c. その他の脂質の量

1) ステロール[5]　植物ステロールはシトステロール＞スチグマステロール～カンペステロール＞コレステロールの順に多く含まれる．遊離のステロールのほか，脂肪酸やグルコースと結合して存在する．

2) 植物スフィンゴ脂質[6]　植物スフィンゴ脂質は，スフィンゴイドと呼ばれる長鎖塩基と C 20～C 26 の脂肪酸（ときには 2-D-ヒドロキシ脂肪酸）がアミド結合したセラミドを疎水部位にもち，極性基にグルコースを1分子結合したモノグルコシルセラミド（セレブロシド）がほとんどである．セラミドはスフィンゴイド部位が不飽和化やヒドロキシル化を受けており，構造が多様である．

3) ワックス，クチン，スベリン[7]　クチンは地上器官のクチクラ層に含まれるヒドロキシ脂肪酸のポリマーである．また，スベリンはクチンとは別のヒドロキシ脂肪酸のポリマーで，地下部の器官や傷害治癒組織の表面をおおっている．ワックスは，長鎖脂肪酸と長鎖アルカノールのエステルで，クチンやスベリンの間隙を埋めていると考えられている．ホホバの種子には，例外的に，ワックスが貯蔵物質として蓄積する．

5.5.2 脂質代謝

本項では，主に脂肪酸とグリセロ脂質の代謝について述べる．ステロール類[5]，スフィンゴ脂質[6]，細胞外脂質[7]の代謝は，参考文献を参照されたい．

a. 脂肪酸の合成[8]

植物の脂肪酸はプラスチド（緑葉では葉緑体）で合成される．プラスチドのストロマには，アセチル-CoA カルボキシラーゼと一連の脂肪酸合成酵素が存在し，アセチル-CoA からパルミトイル-アシルキャリアプロテイン（16：0-ACP）とステアロイル-ACP（18：0-ACP）が合成される．18：0-ACP はさらに最終産物であるオレオイル-ACP（18：1-ACP）に不飽和化される．

アシル-ACP は，プラスチドの脂質合成系の基質となるが，大部分はストロマで脂肪酸に加水分解される（図5.23）．遊離脂肪酸は包膜でアシル-CoA に変換されたのち，細胞質の脂質代謝系や C 20 以上の脂肪酸合成系の基質となる．

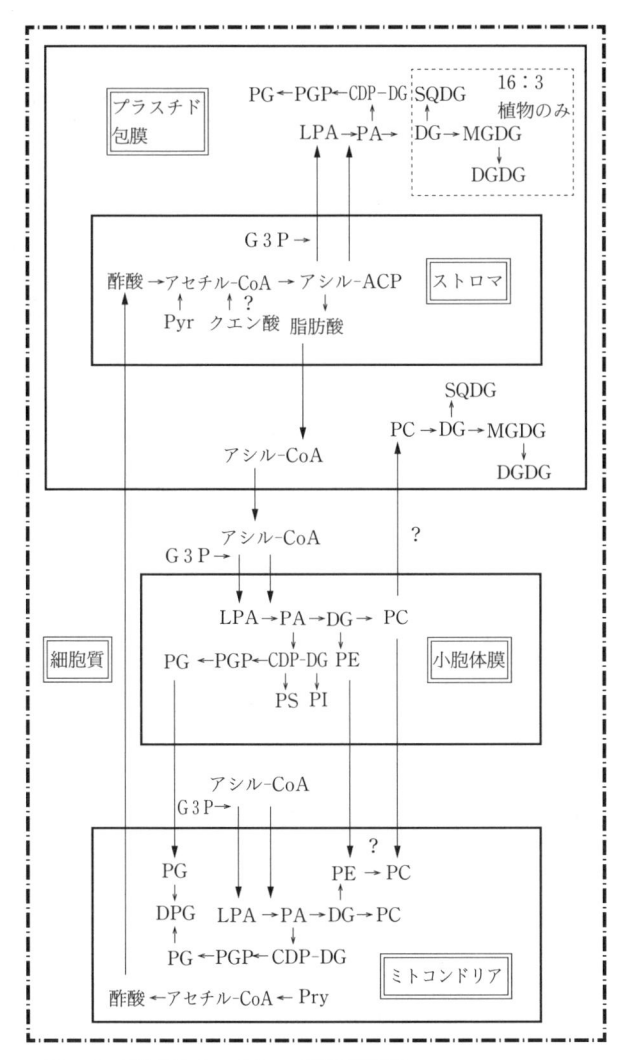

図5.23 植物細胞内のグリセロ脂質代謝経路
(略号：LPA, リボホスファチジン酸. その他は本文参照)

b. アセチル-CoA の合成経路[9]

脂肪酸合成に使われるアセチル-CoA は，ミトコンドリアのピルビン酸デビドロゲナーゼ複合体（PDC）の働きでピルビン酸（Pyr）から生成する．ATP と CoA の存在下でクエン酸から生成する経路も一部の植物組織で報告されている．種子のプラスチドはグルコースから Pyr を代謝する酵素系を備えている．

一方，葉緑体では，トリオースリン酸の葉緑体外への輸送が活発であること，および

ホスホグリセロムターゼの活性が低いことから脂肪酸合成に十分なアセチル-CoA を供給できるほど Pyr は合成されないと考えられる．代わりに緑葉ではミトコンドリアの PDC によりアセチル-CoA が合成され，その後，加水分解を受けて酢酸として葉緑体に輸送されると考えられる．以上の三つの合成系は，種々の生理条件下で相補的にアセチル-CoA の合成を司ると考えられる（図5.23）．

c. グリセロ脂質の合成

PA は，すべてのグリセロ脂質の合成前駆体であり，アシル-CoA やアシル-ACP からグリセロール3-リン酸（G3P）に脂肪酸が転移して合成される．植物では，小胞体，プラスチド，ミトコンドリアで PA が合成される．PA の脂肪酸位置分布には特徴がある．すなわち，小胞体の PA は，sn-2 位に 18：1 を結合するのに対し，プラスチドの PA は，sn-2 位に 16：0 を結合する．ミトコンドリアの PA の脂肪酸位置分布はよくわかっていない．図5.23 にグリセロ脂質の合成場所と経路についてまとめた．

1) 小胞体のリン脂質合成[10]　　小胞体は，リン脂質合成の中心となるオルガネラである．PA が脱リン酸して生成する DG から，中性のリン脂質が合成される．DG と CDP-コリンの反応で PC と CMP が生成する（CDP-コリン経路）．また，DG と CDP-エタノールアミンの反応で PE と CMP が生成する．PE のメチル化による PC の合成は植物の小胞体では起こらない．また，PS の脱炭酸による PE の合成経路も働いていない．PA と CTP の反応で生成する CDP-DG から，酸性のリン脂質が合成される．CDP-DG とセリンの反応で PS と CMP が生成する．また，CDP-DG とイノシトールの反応で PI と CMP が合成される．CDP-DG と G3P の反応からはホスファチジルグリセロールホスフェート（PGP）が生成するが，PGP はさらに脱リン酸化され PG となる．植物では，動物細胞で知られているリン脂質の極性基の交換反応もあるようだがほとんど研究されていない．

2) プラスチドのグリセロ脂質合成[11]　　糖脂質の合成はプラスチドの包膜で起こる．UDP-ガラクトースと DG から MGDG と UDP が合成される．DGDG は MGDG と UDP-ガラクトースから UDP とともに合成されると考えられていたが，最近，2分子の MGDG からガラクトースの転移反応を経て，DGDG と DG が合成される経路がより重要であると考えられるようになった．SQDG は，UDP-スルホキノボースと DG から UDP とともに合成されると推測されている．PG の合成系も備わっている．

3) ミトコンドリアのリン脂質合成[12]　　ミトコンドリアの脂質合成活性は，自らの脂質の合成をまかなうほど高くはない．しかし，PC，PE，PG が小胞体と同様に合成されることがヒマ胚乳ミトコンドリアで確かめられている．また，PC は PE のメチル化経路によっても合成されるらしい．PG と CDP-DPG の反応で DPG と CMP が生成する．

d. 緑葉の脂質代謝

1) 緑葉のポリエン脂肪酸合成[13]　　緑葉の MGDG に大量に含まれる α-リノレン酸（18：3）の合成経路は少し複雑である．まず，プラスチドから細胞質に放出されたオレオイル-CoA（18：1-CoA）は，小胞体膜の脂質合成系で 18：1-CoA → 18：1-PA → 18：1-DG → 18：1-PC へと変換される．18：1-PC はさらに不飽和化されて 18：2-

PCとなる（不飽和化反応はsn-1位とsn-2位で進行する）. 次に, 18：2-PCは葉緑体包膜に移行すると推定され, そこで18：2-PC → 18：2-DG → 18：2-MGDGへと変換される.

最後に, 18：12-MGDGが不飽和化されて18：3-MGDGとなる. この一連の合成経路は, 協同経路あるいは真核経路と呼ばれる.

16：3-植物（アカザ科, ナス科, アブラナ科など）では, 加えてもう一つのα-リノレン酸合成経路が存在する. まず, 葉緑体で合成された18：1-ACPと16：0-ACPが, プラスチドの脂質合成系でアシル-ACP → 18：1/16：0-PA → 18：1/16：0-DG → 18：1/16：0-MGDGへと変換される. 18：1はMGDGのsn-1位で18：2と18：3に不飽和化される.

また, MGDGのsn-2位で16：0から16：3への不飽和化が起こる. この経路は, プラスチド経路あるいは原核経路と呼ばれる. 多くの植物は, プラスチド経路をもたず18：3-植物と呼ばれる.

ポリエン脂肪酸の生合成を司る酵素は, 小胞体膜および葉緑体膜に結合したアシル脂質デサチュラーゼである. シロイヌナズナの遺伝学的解析から植物のアシル脂質デサチュラーゼの種類と性質が研究されている[14].

2) 緑葉のTG合成[15] 緑葉をオゾンにさらすと, 傷害が表面化する以前にMGDGが分解しTGが蓄積する. すでに, 2分子のMGDGからDGDGとDGが生成する反応を述べたが, このDGが葉緑体包膜のDGアシルトランスフェラーゼによってTGに変換される. これらの一連の反応は, オゾン処理によってMGDGから遊離する脂肪酸が促進因子になっていると推定されている.

e. 種子の脂質代謝

1) 登熟種子のポリエン脂肪酸合成[16] 登熟種子の胚乳や子葉の細胞では, 受粉後のある時期から突然ポリエン脂肪酸を大量に合成し, オレオソームと呼ばれる小体中にTGとして蓄積する. これらの細胞におけるポリエン脂肪酸の合成は以下のように進行する. まず, 小胞体で18：1-PCから18：2-PCが合成される経路はすでに述べたとおりである. 18：2は, さらにPCに結合したままで18：3-PCへと不飽和化を受ける. 不飽和PC分子はDGに加水分解されたあと, TGへと変換される. また, PCのsn-2位に結合した18：2（あるいは18：3）は, 18：1-CoAと交換反応を起こし, その結果, 細胞質の不飽和アシル-CoAプールが増大する. トリアシルグリセロールのsn-3位に結合したポリエン脂肪酸は, このアシル-CoAプールから取り込まれる.

2) 発芽種子の脂肪酸代謝[17] 成熟種子の胚乳や子葉の細胞に蓄積された脂肪酸は, 種子の発芽に際してほぼ定量的にショ糖に変換したのち, エネルギー源として胚に転送される. 種子の発芽に際して, オレオソーム内のTGがどのように加水分解されるかはよくわかっていない. しかし, 遊離した脂肪酸は, グリオキシソームでアシル-CoAに活性化されたのち, グリオキシソームに局在するβ-酸化酵素系によって分解されアセチル-CoAとなる. アセチル-CoAからグリオキシル酸回路を経てコハク酸が合成され, さらに糖新生に至る経路の詳細は, 参考文献にゆずる[18].

β-酸化の酵素系は, 種子のグリオキシソームだけでなく緑葉のパーオキシソームに

も存在する．パーオキシソームにはグリオキシル酸回路の酵素は存在しないので，緑葉での β-酸化の役割が脂肪酸の分解のほか，ジャスモン酸の合成にも関わっている．

f. 脂肪酸の酸化[19]

若い葉や貯蔵組織の切片では脂肪酸の 2 位（α 位）を酸化する活性（α-酸化活性）が高い[9]．反応は分子状酸素が関与し，2-ヒドロペルオキシ脂肪酸中間体の形成が推定されている．最終産物として，2-D-ヒドロキシ脂肪酸あるいは C_{n-1} アルカナールが生成する．アルカナールは NAD^+ の存在下奇数鎖の C_{n-1} 脂肪酸となり，さらに α-酸化される．α-酸化活性は小胞体膜に結合しているらしい．β-酸化と異なり遊離脂肪酸を基質とする．飽和脂肪酸に対しては C12 ≪ C14＞C16＞C18 の順で反応性が高く，不飽和脂肪酸もよい基質となる（14：0〜18：1〜18：2〜18：3）．遊離脂肪酸はまた ω-酸化や in-chain 酸化により，クチン，スベリンの合成に必要なヒドロキシ脂肪酸に変換される．植物には遊離脂肪酸と脂質エステルにそれぞれ特異的なリポキシゲナーゼが存在し，ポリエン脂肪酸をヒドロペルオキシ脂肪酸に変換する． 〔西田生郎〕

文 献

1) Guston, F. D., *et al.*：The Lipid Handbook, Chapman and Hall, 1986.
2) Harwood, J. L.：Biochemistry of Plants (Vol. 4) (ed. Stumpf, P. K. and Cohn, E. E.), p. 1, Academic Press, 1980.
3) Yoshida, S. and Uemura, M.：*Plant Physiol.*, **82**, 807–812, 1986.
4) Murata, N., *et al.*：*Biochiem. Biophys. Acta*, **795**, 147–150, 1984.
5) Mudd, J. B.：Biochemistry of Plants (Vol. 4) (ed. Stumpf, P. K. and Cohn, E. E.), p. 509, Academic Press, 1980.
6) Kojima, M.：Biochemistry and Molecular Biology of Membrane and Storage Lipids of Plants (ed. Murata, N. and Sommerville, C.), p. 191, American Society of Plant Physiologists, 1993.
7) Kolattukudy, P. E.：Biochemistry of Plants (Vol. 4) (ed. Stumpf, P. K. and Cohn, E. E.), p. 571, Academic Press, 1980.
8) Stumpf, P. K.：Biochemlistry of Plants (Vol. 4) (ed. Stumpf, P. K. and Cohn, E. E.), p. 177, Academic Press, 1980.
9) Stumpf, P. K.：Biochemistry of Plants (Vol. 9) (ed. Stumpf, P. K. and Cohn, E. E.), p.121, Academic Press, 1987.
10) Mudd, J. B.：Biochemistry of Plants (Vol. 4) (ed. Stumpf, P. K. and Cohn, E. E.), p. 249, Academic Press, 1980.
11) Joyard, J. and Douce, R.：Biochemistry of Plants (Vol. 9) (ed. Stumpf, P. K. and Cohn, E. E.), p. 215, Academic Press, 1987.
12) Douce, R.：Mitochondria in Higher Plants, p. 244, Academic Press, 1985.
13) Roughan, G. and Slack, R.：*Trend. Biochem. Sci.*, 383–386, 1984.
14) Browse, J., *et al.*：Plant Lipid Metabolism (ed. Kader, J. C. and Mazliak, P.), p.9, Kulwer Academic Publisher, 1995.
15) Sakaki, T., *et al.*：*Plant Cell Physiol.*, **35**, 53–62, 1994.
16) Stymne, S. and Stobart, A. K.：Biochemistry of Plants (Vol. 9) (ed. Stumpf, P. K. and Cohn, E. E.), p. 175, Academic Press, 1987.
17) Kindl, H.：Biochemistry of Plants (Vol. 9) (ed. Stumpf, P. K. and Cohn, E. E.), Academic Press, 1987.
18) Beevers, H.：Biochemistry of Plants (Vol. 4) (ed. Stumpf, P. K. and Cohn, E. E.), p. 117, Academic Press, 1980.
19) Galliard, T.：Biochemistry of Plants (Vol. 4) (ed. Stumpf, P. K. and Cohn, E. E.), p. 85, Academic Press, 1980.

5.6 光　合　成

5.6.1 個葉の光合成のしくみ

　光合成 (photosynthesis) とは，独立栄養生物が光エネルギーを利用し，二酸化炭素 (CO_2) と水 (H_2O) から有機物（糖）を生産する一連の反応を意味する．

$$6\,CO_2 + 12\,H_2O + 光エネルギー \longrightarrow C_6H_{12}O_6 + 6\,H_2O + 6\,O_2$$

　光合成を営む生物には，植物，藻類，ラン藻，および光合成細菌などがある．高等植物や藻類などの真核光合成生物では，光合成を行う葉緑体と呼ばれる細胞小器官が分化している．葉緑体は，ミトコンドリアと同様に DNA の遺伝情報系とタンパク質合成系を有する細胞小器官で，核との共同作業によって器官の形成と機能発現を行っている．一方，ラン藻や光合成細菌などの原核生物では，光合成を行う器官としての明確な分化はなく，光合成のエネルギー変換系が細胞膜やその内膜に存在し，炭酸同化系は呼吸やその他の代謝の反応系と一部共有している．

　高等植物の場合，光合成の一連の反応は大きく分けると，次のような四つの過程の代謝に分けられる．

① 光エネルギーを葉緑体チラコイド膜に存在するアンテナ色素分子が吸収し，そのエネルギーを反応中心の色素分子へと伝達し，反応中心で酸化還元を生ずる（集光・光化学反応，light-harvesting/photochemical reaction）．

② 反応中心の光化学反応によって放出された電子は，それにつながる電子伝達系に伝達される．そのとき，反応中心の強力な酸化力で水 (H_2O) が分解され酸素 (O_2) を発生し，電子伝達系では，NADPH が生産される．水の分解により生じた H^+ と電子伝達に伴う H^+ の共役輸送で葉緑体チラコイド膜の内外に H^+ の濃度勾配が生じ，その電子化学ポテンシャルを利用して ATP が生産される（電子伝達系・光リン酸化反応，electron transport/photophosphorylation）．

③ ②の反応で生産された ATP と NADPH を利用して，生体内（葉緑体ストロマ）まで拡散してきた二酸化炭素 (CO_2) を有機物へ組み込む（炭酸同化反応，carbon assimilation）．

④ 二酸化炭素を組み込んだ有機物の一部から，ショ糖，デンプンが生産され，その過程途中で再生産される無機リン酸が ATP 生産のための P 源として再利用される（最終産物生産反応，end-product synthesis）．

　以上，四つの過程は，植物の種の違いにかかわらず，基本的には同じ機構で成り立っている．しかし，地球上のさまざまな環境要因に関連して異なる過程や機構を付加的に有する植物もある．たとえば，熱帯系の植物であるサトウキビ，トウモロコシ，ソルガムなどは，③の過程に二酸化炭素を濃縮する経路を有し，高い光合成能力を発揮している（C_4 植物）．また，一方，乾燥気候に生育するサボテンやベンケイソウなどの多肉植物は，きびしい水環境へ適応するため，③の前処理的な反応を夜間行い，光合成を営んでいる（CAM 植物）．

　本項では，まず①から④までの光合成の基本的な反応について紹介し，次に葉の構造との関連，さらには C_4 植物と CAM 植物の炭素代謝について述べる．

a. 集光・光化学反応

光合成の反応は光エネルギーの獲得（集光反応）から始まる．光エネルギーの獲得は，主に葉緑体のチラコイド膜に存在する光合成色素，クロロフィルで行われる．そのクロロフィル分子はすべてタンパク質と結合して機能している．それらは大きく分けて，①光捕集（アンテナ）の機能をもつ集光性色素タンパク質複合体（LHC ⅠとLHC Ⅱ），②光化学系Ⅰ（PS Ⅰ）のアンテナとその反応中心を含むいくつかの色素タンパク質複合体，③光化学系Ⅱ（PS Ⅱ）のアンテナの一部とその反応中心を含む色素タンパク質複合体，の3種に分類される．

①の集光性色素タンパク質複合体のLHC ⅠとLHC Ⅱは，それぞれPS ⅠとPS Ⅱへの集光の役割を担っている．これらの色素タンパク質複合体は，同じチラコイド膜に存在する他のタンパク質より量的に多く，全チラコイドタンパク質の50％以上にも相当する[1]．緑葉中の全窒素含量に対する比率に換算すると，LHC Ⅱが約5％，PS Ⅰの色素タンパク質複合体が約3.5％，PS Ⅱの色素タンパク質複合体が約2.5％ほどと算出されている[3]．このように，植物は光エネルギーの捕捉のために多くの窒素を投資している．

光合成色素には，クロロフィルのほかにカロチノイドとフィコビリンが存在し，いずれの色素もタンパク質と結合して機能している．カロチノイドは広く植物界に認められる光捕集の色素で，フィコビリンは，ラン藻や紅藻などにみられる．クロロフィルは構造上の若干の違いからa型，b型，c型にわけられ，高等植物にはaとbが存在する．高等植物の場合，両者の比は陽葉でほぼ3：1で，陰性植物では2：1付近のものが多い．PS ⅠとPS Ⅱの色素タンパク質複合体のクロロフィル分子はすべてaで，その100分子から400分子に一つの割合でそれぞれの反応中心クロロフィルaが存在する．一方，クロロフィルbはすべて集光性色素タンパク質に結合している．中でも，90％以上のクロロフィルbはLCH Ⅱに結合し，LHC Ⅱのクロロフィルa/bはほぼ1：1となっている．残りのクロロフィルはLHC Ⅰに結合し，LHC Ⅰのa/bは約5：1である．

光エネルギーを吸収したクロロフィル分子やカロチノイド分子は励起状態になる．その励起エネルギーは色素分子間で共鳴移動しながら，反応中心クロロフィルへ伝達される．この反応中心は伝達された励起エネルギーを，すみやかに電子伝達系エネルギー変換する機構を有する．しかし，電子伝達系の受容能力を越える光エネルギーが色素分子に吸収された場合，過剰となった励起エネルギーの多くはカロチノイド分子で熱に変換され消去される[2]．反応中心は2種類あり，それらに付随する色素集団も2種類にわかれている．それらがPS ⅠとPS Ⅱとして区別されている．

PS Ⅰの反応中心クロロフィルは，酸化されたときの長波長側の吸収変化の極大が700 nmに存在することからP 700と呼ばれる．一方，PS Ⅱの反応中心クロロフィルは，同じく酸化されたときの長波長側の吸収変化の極大が680 nmに現れることからP 680と呼ばれている．

b. 電子伝達系・光リン酸化反応

図5.24にチラコイド膜上での集光，電子伝達およびそれらの反応に伴うH^+輸送と

5.6 光合成

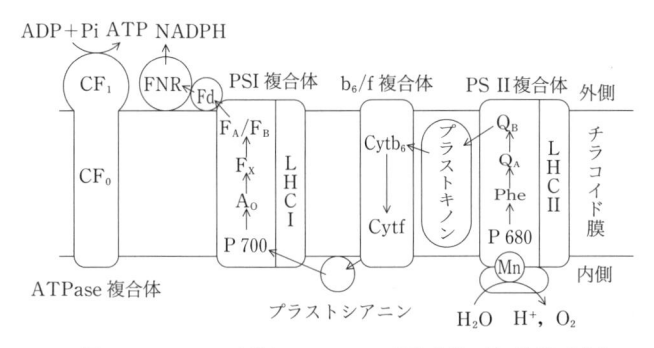

図5.24 チラコイド膜上でのタンパク質複合体と電子伝達系成分

ATP合成を担う分子複合体のモデル的な配置について示した．チラコイド膜上には主に4種の超分子複合体が存在する．それらはPS I 複合体，PS II 複合体，シトクロム b_6/f 複合体およびATP複合体である．

PS I 複合体は，反応中心P 700を含むPS I 色素タンパク質とLHC I および A_0（単量体クロロフィル a），フィロキノン（ビタミン K_1）から F_A/F_B（鉄-硫黄センターA/B）までの電子伝達成分で構成されている．PS I に捕捉された光エネルギーはまずP 700へ伝わる．それによって励起されたP 700は，自ら酸化型になることによって，A_0へ電子をわたす．そして，それは F_A/F_B を経て，膜の外側（ストローマ側）に存在するフェレドキシン，フェレドキシン-NADP酸化還元酵素を経て，最終還元物質NADPHの生産につながる．

PS II 複合体は，反応中心P 680を含むPS II 色素タンパク質とLHC II および水の分解系から Q_B での電子伝達成分より構成されている．反応中心P 680から光化学反応で放出された電子はフェオフィチンをへて，膜の外側に存在する Q_A，Q_B をへて，膜内のプラストキノンプールに渡される．一方，PS II 反応中心が供給する強力な酸化力によって，Mn-クラスターが水分解して，酸素（O_2）を発生し，チラコイド内腔へ H^+ を放出する．

プラストキノンプールの電子は，次の複合体シトクロム b_6/f 複合体へ渡される．その電子は複合体のシトクロム f から，膜内外に位置するプラスシアニンをへて，P 700へと伝達されている．そして，それは上述のPS I の複合体を経て，NADPH生産へとつながっている．

これらチラコイド膜を介するこのような一連の電子の流れが，ストローマからチラコイド内腔への H^+ の輸送と共役している．生じた H^+ 濃度差は，チラコイド膜内外に電気化学ポテンシャルを生む．それによって，内腔から再びストローマへ H^+ が流出するとき，共役因子，$CF_1 \cdot CF_0$ 複合体（ATPase複合体）がADPとPiからATPを合成している．

c. 炭酸同化反応

1) カルビン回路　　植物は，電子伝達系において生産したATPのエネルギー源と

NADPHの還元力を用いて，空気中の二酸化炭素から有機物を生産する．この有機物を生産するための二酸化炭素受容体を生産する回路は，カルビン回路または炭素還元回路と呼ばれる．この回路は一連の酵素反応による代謝で，葉緑体のストロマに存在する．図5.25にその回路について示した．カルビン回路は，機能の面から次の二つにわけてまとめることができる．

  i) 炭酸固定反応　　この反応は，1分子の二酸化炭素が二酸化炭素の受容体である1分子のリブロースジリン酸（RuBP）に付加され，2分子のホスホグリセリン酸（PGA）が生産される過程をさす．この反応は，リブロースジリン酸カルボキシラーゼ・オキシゲナーゼ（Rubisco）によって触媒される．Rubiscoは，52 kDaの分子量をもつ大サブユニット8個と14〜18 kDaの分子量をもつ小サブユニット

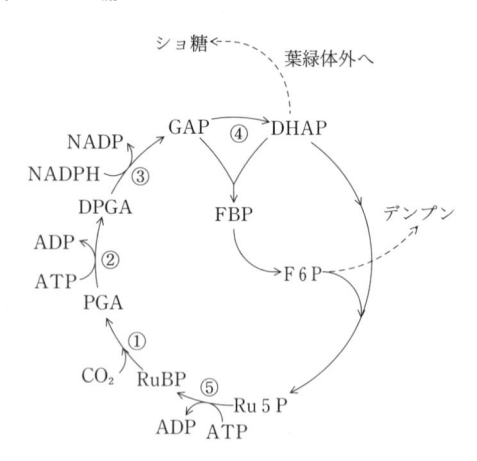

図5.25　カルビン回路（炭素還元回路）．RuBP：リブロース-1,5-ジリン酸，PGA：ホスホグリセリン酸，DPGA：ジホスホグリセリン酸，GAP：グリセロアルデヒドリン酸，DHAP：ジヒドロキシアセトンリン酸，FBP：フラクトースジリン酸，F6P：フラクトース6-リン酸，Ru5P：リブロース5-リン酸
酵素名①Rubisco，②PGAキナーゼ，③NADP型トリオースリン酸デヒドロケナーゼ，④トリオースリン酸イソメラーゼ，⑤Ru5Pキナーゼ

ト8個からなる巨大タンパク質で，植物界では最も量的に多いタンパク質である．C_3植物の場合，緑葉全窒素含量の20％から30％をも占める[2]．Rubiscoの基質はHCO_3^-ではなくストローマ内での溶存二酸化炭素である．二酸化炭素は，外気から気孔をとおり葉内へ拡散し，細胞間隙，細胞壁，細胞膜，細胞質（?），葉緑体包膜，ストローマの順に単純拡散されている．ストローマ内には酵素カルボニックアンヒドラーゼが存在し，溶存二酸化炭素とHCO_3^-の平衡反応を促進している．光合成が行われている間のストローマのpHは約8なので，二酸化炭素の形態の大部分はHCO_3^-である．したがって，この酵素はRubiscoの近傍でHCO_3^-を二酸化炭素へ変換し，Rubiscoへ供給している働きをしていると考えられる．Rubiscoの生体内での活性発現は，みかけ上葉に照射される光強度に強く依存しているが，この活性制御は酵素Rubisco activaseによって調節されている（Rubiscoの光活性化）．さらに，このRubisco activaseの活性は，ストローマ内のATPのレベルやPS Iでの電子伝達活性により調節されていて，電子伝達系の活性と炭酸同化系の活性のバランスを維持するのに重要な役割を果たしていると思われる．また，ダイズ，インゲン，タバコ，イネなどのいくつかの植物では，暗所でRubiscoの活性を著しく抑える阻害物質カルボキシアラビニトール1-リン酸（CA1P）が高濃度に蓄積されることが知られている．

  ii) **RuBPの再生産反応**　　この反応は，PGAから二酸化炭素受容体としてのRuBPが再生産される過程をさす．炭酸固定初期産物PGAは，PGAキナーゼによっ

てATPからリン酸化され,続いてNADP型トリオースリン酸デヒドロゲナーゼによってNADPHを酸化してグリセルアルデヒドリン酸(GAP)となる.GAPはトリオースリン酸イソメラーゼによってジヒドロキシアセトンリン酸(DHAP)になる.6分子のDHAP中,1分子のDHAPはカルビン回路からはずれ,細胞質でのショ糖合成源として利用されるか,またはストロマ内のデンプン合成源となる.残りの5分子のDHAPは,カルビン回路を経て3分子のリブロース5-リン酸(Ru5P)となり,Ru5Pキナーゼによって,ATPからリン酸化され,3分子のRuBPとして再生産される.

2) **光呼吸** カルビン回路の初発反応である二酸化炭素固定を担う酵素Rubiscoは,同時にオキシゲナーゼ活性も有し,酸素分子も取り込む機能を有する.二酸化炭素分子と酸素分子はRubiscoの同一触媒部位に拮抗的に結合するため,両活性割合は二酸化炭素と酸素分圧比で決まる.なお,生体内での両活性割合はほぼ4:1である[4].

Rubiscoは酸素とRuBPから,1分子ずつのPGAとホスホグリコール酸を生産する.PGAはカルビン回路へ流れるが,ホスホグリコール酸は葉緑体内でグリコール酸となり,カルビン回路からはずれる.そして,グリコール酸は別の経路(グリコール酸経路)に流れ込む(図5.26).

グリコール酸はペルオキシソームに移行され,アミノ化されグリシンとなり,次にミトコンドリアに移行される.ミトコンドリアでグリシンはグリシンデカルボキシラーゼによって脱炭酸され(二酸化炭素放出),セリンに変換され,セリンは再びペルオキシソームにもどり,脱アミノと還元を受けてグリセリン酸となる.グリセリン酸は葉緑体へもどってリン酸化され,PGAとなり,カルビン回路へ流れ込む.

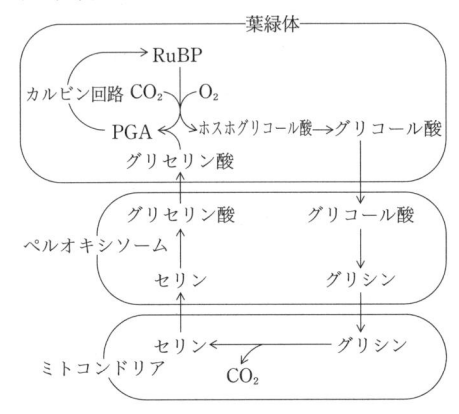

図5.26 光呼吸経路(グリコール酸経路)

このグリコール酸経路の回転により,RuBPの酸化によりカルビン回路からそれた炭素の3/4がPGAとして回収されることになる.ただし,ミトコンドリアのグリシンデカルボキシラーゼによって放出された二酸化炭素も通常の大気二酸化炭素条件下ではRubiscoによって再固定される.この代謝は一般に光呼吸(photorespiration)と呼ばれ,光合成およびいわゆる呼吸とは異なる別の代謝として位置づけれている.しかし,代謝そのものは完全に光合成と連結し,同時進行で進むものであるから,光合成の代謝の一部として考えるべきものであろう.さらに,代謝速度は,炭素同化反応と同様に初発段階であるRubiscoのオキシゲナーゼ活性によって律速されるため,その速度は,高酸素分圧,低二酸化炭素分圧下で大きく,また高温下で大きいなどの特性がある.

d. 最終産物生産反応

1) ショ糖（スクロース）合成 光合成の最終産物の一つであるショ糖の合成の場は細胞質である．カルビン回路の代謝産物の一つであるDHAPが，葉緑体から細胞質におくられショ糖合成の分岐点の物質になっている．その経路について図5.27に示した．このショ糖が合成される際，分子のDHAPの細胞質への輸送に伴い，1分子の無機リン酸が葉緑体へ交換輸送されている．そして，葉緑体に取り込まれたリン酸は電子伝達系・光リン酸化反応で生産されるATPのリン酸源として利用されている．このDHAPとリン酸の交換輸送をになっているのがリン酸トランスロケーターと呼ばれるタンパク質で，葉緑体包膜に存在する．細胞質でのショ糖合成においてはフルクトース1,6-ビスホスファターゼ（FBPase），UDPグルコースピロホスファターゼ，スクロースリン酸ホスファターゼの反応の3箇所で脱リン酸される段階があり，リン酸トランスロケイターを経てリン酸が葉緑体に循環されている．このショ糖合成の制御は，DHAPの供給速度と細胞質のショ糖合成経路におけるFBPaseとスクロースリン酸合成酵素（SPS）の酵素活性の調節によっていると考えられている[5]．

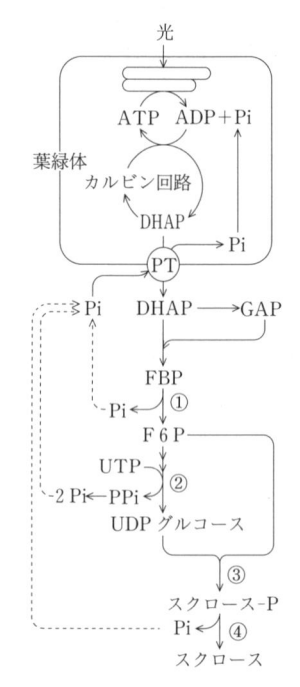

図5.27 ショ糖（スクロース）合成経路
PT；Piトランスロケーター
① FBPase
② UDPグルコースピロホスファターゼ
③ SPS
④ スクロースリン酸ホスファターゼ

FBPase活性は，基質，Mg^{2+}やK^+などの無機イオン，およびいくつかの代謝産物などによって制御されている．特に，フラクトース2,6-ジリン酸の細胞内での合成と分解の制御を通じて巧みに活性発現が調節されている点が注目されている．また，SPSは光合成の最終産物であるデンプン（後述）とショ糖への分配に関与することが指摘されている[6]．特に，葉のショ糖含量とSPS活性との間には負の相関関係が見出されており，SPS活性が光合成産物の炭素分配において重要な役割を果たしていると考えられている（5.4.3参照）．

2) デンプン合成 デンプンは葉緑体内で合成される．図5.27に示したように，フルクトース6-リン酸（F6P）を出発点に（図5.25），グルコース6-リン酸（G6P），続いてG1Pを経て，ADP-グルコースピロホスホリラーゼの作用によってADPグルコースとなる．この反応で生成されるピロリン酸はただちに無機リン酸に分解され，光リン酸化反応におけるATP生産のためのリン酸源として利用される．そして，ADPグルコースは，続いて，スターチ合成酵素によって，グルカン受容体となり，デンプン分子がつくられていく（5.4.2a参照）．

一般に，光合成が定常的に行われている場合，固定された炭素がショ糖側に多く分配される種（イネ，コムギなど）とデンプン側に多く分配される種（ダイズ，インゲンなど）とがある．しかし，ショ糖側に多く分配される種でも，ショ糖合成が滞ると，葉緑体内のリン酸糖の濃度が高まり，デンプン合成速度が上昇する．このように，デンプンへの炭素の分配率は，ショ糖合成側の制御によって決定されると考えられている．また，ショ糖とデンプンの分配比に関わらず，すべての植物の炭素の転流形態はショ糖であるので，デンプン分配優先型の植物には，すみやかなデンプンからショ糖への変換系が存在するはずであるが，まだ詳細についてはわかっていない（5.4.2c参照）．

e. 葉の構造と光合成

1) 葉の構造 高等植物の葉の表面は，クチクラと呼ばれる，水やガスなどを透過しにくいロウやロウ物質におおわれている．そして，クチクラを発達させた葉の表面細胞は表皮細胞と呼ばれる．この表皮におけるクチクラの発達は，植物の大敵である乾燥や水ストレスから生命を守る意味がある．しかしながら，一方ではクチクラの発達は光合成の原料である二酸化炭素の葉内への拡散を大きく制限している．植物はこの相反する二つの機能を満足させるため表皮組織に気孔をもっている．気孔の開閉は，多くの場合光合成と連動して調節されている．しかし，水ストレスなどの乾燥条件では，光合成とは無関係に閉鎖し，結果として光合成を制限する．気孔は，葉の表面$1\,\mathrm{mm}^2$あたり一般に50〜300個程度存在し，多くの植物では葉の表裏両面に存在する．

一般に，表皮細胞は，気孔の孔辺細胞を除いて発達した葉緑体をもたない．発達した葉緑体は葉内の葉肉細胞に集中しており，葉肉細胞が葉における主要な光合成の場になっている．イネ科植物を除いた多くの植物では，葉肉細胞の形態は，葉の表側がさく状組織を形成し，裏側が海綿状組織を形成している．一方，イネ科植物では，そのような形態的な違いは認められず，有腕細胞と呼ばれる入り組んだ形状組織を形成している．

葉の内部には，葉肉細胞のほかに，維管束と呼ばれる葉脈組織が存在する．維管束には，葉に水分や養分を供給する木部維管束と，主に有機物の転流を担う師部維管束がある．そして，これらの維管束組織は柔組織と維管束鞘細胞に囲まれている．C_3植物では，維管束鞘細胞に発達した葉緑体をもたないが，C_4植物ではこの維管束鞘細胞に発達した葉緑体を有し，葉肉細胞の葉緑体と機能分化した光合成を営んでいる（後述）．

葉の内部には，さらにいくらかの空間スペースがあり細胞間隙と呼ばれている．その空間スペースは空気で満たされている．葉肉細胞の形態，そしてそれらにはさまれ形成されている細胞間隙の大きさ広さなどは，葉内での光環境[7]や二酸化炭素ガスの拡散[8]に大きく関係し，葉の光合成速度を決定する因子の一つとなっている．次にそれらについて述べる．

2) 葉の内部構造と光合成 葉に照射された光の約90％は葉に吸収される．このことは，葉の表側に近い組織と裏側に近い組織に大きな光環境の違いを生じさせ，葉が葉肉細胞を柵状組織と海綿状組織とに分化させていることと密接に関係している．まず，それらの組織における葉緑体の配向についてみると，葉の表面に近い組織（柵状組織）では，光の入射方向に対し平行に並び，相対的に明るい光を相互に遮光しないように配置されているのに対し，裏側に近い海綿状組織では不規則に配向し，光の吸収効率

を上げている．さらに，陽葉は，陰葉に比較すると主に柵状組織を発達させ厚くなり，ふんだんに照射される光を効率よく吸収している．その結果として，葉の単位面積あたりの葉肉細胞の数を増加させることによって，高い光合成能力を発揮している．また，1 枚の葉の内部においても，陽葉型の特性をもった葉緑体から陰葉型の特性をもった葉緑体（5.6.2 a.参照）の勾配形成がはっきりと認められている[9]．

葉の内部構造は葉内での二酸化炭素ガスの拡散とも密接に関係している．C_3 植物の場合，葉緑体内の二酸化炭素分圧は外気の二酸化炭素分圧よりかなり低い．その分圧差によって，二酸化炭素は図 5.28 に示すように外気から気孔を通じて細胞間隙へ，そして葉肉細胞の細胞壁，原形質膜を通過し，細胞質，葉緑体包膜そしてストローマの順に拡散している．この拡散経路で，植物は気孔の開閉によって，葉内の細胞間隙での二酸化炭素分圧を調節している．

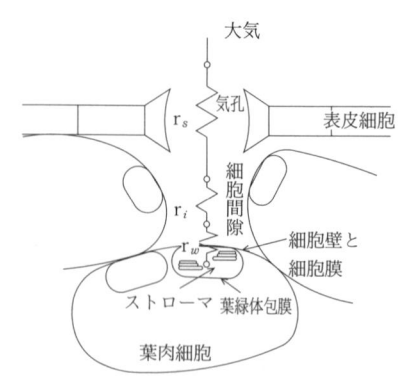

図 5.28 二酸化炭素の拡散モデル
r_s：気孔抵抗，r_i：細胞間隙抵抗（きわめて小さいことが指摘されている），r_w：細胞壁からストローマまでの抵抗

しかし，細胞間隙から葉緑体までの二酸化炭素の拡散抵抗は意外に大きく，実際光合成が行われている葉緑体での二酸化炭素分圧は細胞間隙の二酸化炭素分圧より数 Pa 低い[10]．そして，そこにおける拡散抵抗値は葉の内部構造と深く関わっている．たとえば，単位面積あたりの細胞間隙にさらされている葉肉細胞の表面積の大きさや，厚い葉肉組織を有する葉や片面のみに気孔を有する葉では細胞間隙の空間スペースの大きさなどが特に重要視されており，それらが大きいほど，葉緑体までの二酸化炭素の拡散抵抗は小さいことが指摘されている[8〜11]．また，葉緑体の葉肉細胞内での配置も二酸化炭素ガスの拡散に非常に深く関係すると推定されている[10]．一般に，高い光合成活性を示す葉においては，細胞間隙にさらされている部分の葉肉細胞に葉緑体がぎっしり付着していることが観察されている[10]．細胞質にはカルボニックアンヒドラーゼ活性がほとんど見出されないことから，葉緑体が直接葉肉細胞の原形質膜に接することはきわめて重要と考えられる．

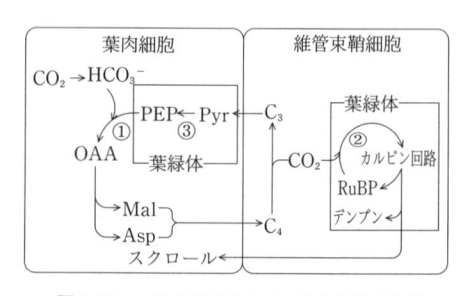

図 5.29 二酸化炭素光合成の基本的炭素代謝
PEP：ホスホエノールピルビン酸，OAA：オキザロ酢酸，Mal：リンゴ酸，Asp：アスパラギン酸
酵素名，①ホスホエノールピルビン酸カルボキシラーゼ（PEPC），② Rubisco，③ピルビン酸 Pi ジキナーゼ

f. C_4 光合成

植物は地上に進出して以来，さま

5.6 光合成

ざまな環境ストレスに遭遇し,多様な適応機構を獲得してきた.ここでは光合成の炭素代謝に関するそれらの代表的なものとしてC_4光合成とCAM光合成について紹介する.

C_4光合成を行う植物(C_4植物)は葉肉細胞のみならず維管束鞘細胞にも発達した葉緑体をもち,光合成の炭素代謝をその2種の細胞で高度に分業し行っている.C_4植物は,現在までに,トウモロコシ,サトウキビなどの作物を含め20科1,000種以上が知られている.図5.29にC_4光合成の基本的なメカニズムについて示した.C_4植物では,葉肉細胞の細胞質にはカルボニックアンヒドラーゼが存在し,葉内に拡散してきた二酸化炭素をすみやかにHCO_3^-変換している.そのHCO_3^-を同じ細胞質に局在するホスホエノールピルビン酸カルボキシラーゼ(PEPC)が炭酸固定する.そのときの炭酸の受容体はホスホエノールピルビン酸(PEP)である.初期産物はオキザロ酢酸で,トウモロコシ,サトウキビなどの植物では,葉肉細胞の葉緑体の電子伝達系で生産されたNADPHによってただちに還元されリンゴ酸となり,維管束鞘細胞の葉緑体に移行される.

リンゴ酸は維管束鞘細胞の葉緑体でNADPリンゴ酸酵素によって脱炭酸されピルビン酸になる(NADP-ME型).このとき,生産されるNADPHは同じ維管束鞘細胞内でのカルビン回路の代謝で使われる.他のタイプの植物では,PEPCによって生産されたオキザロ酢酸が,同じ細胞質でアミノ化されアスパラギン酸へ変換され,維管束鞘細胞に移行される.このアスパラギン酸で移行される植物にはさらに二つのタイプがあり,キビ,シコクビエなどの植物では,維管束鞘細胞のミトコンドリアでリンゴ酸に変換されたのち,同じミトコンドリアでNADリンゴ酸酵素によって脱炭酸されピルビン酸になる(NAD-ME型).

シバ,ギニアグラスなどの植物では移行されたアスパラギン酸は維管束鞘細胞の細胞質でオキザロ酢酸に変換され,次に細胞質に存在するPEPカルボキシキナーゼによってATPを消費し,脱炭酸されPEPに変換される(PCK型).そして,いずれのタイプの植物でも,脱炭酸された二酸化炭素は,同じ維管束鞘細胞の葉緑体に存在するRubiscoにより再固定され,C_3植物と共通のカルビン回路へ流れ込む.一方,脱炭酸で生じたピルビン酸は,葉肉細胞の葉緑体に移行されピルビン酸リン酸ジキナーゼによってPEPとなり,細胞質にもどってPEPCの基質となる.PCK型の植物では脱炭酸で生じたPEPが直接PEPCの基質ともなるが,別のアミノ代謝からピルビン酸を生じる経路も有するので葉肉細胞の葉緑体で同様のPEP再生産を行う.

C_4光合成としての特徴は,PEPCの酵素としての比活性がRubiscoのそれとして比較して著しく大きい点にある[12].結果として,Rubiscoが働く維管束鞘細胞の葉緑体内の二酸化炭素分圧が非常に高くなっており,約100から500 Pa程度と見積られている[13].したがって,オキシゲナーゼ活性が非常に小さいため,二酸化炭素補償点や二酸化炭素飽和点が著しく低くなっている.二酸化炭素補償点は,C_3植物では5 Pa前後であるがC_4植物ではほとんど0である.また,二酸化炭素飽和点は,C_3植物では約90 Pa以上であるのに対し,C_4植物では20から30 Pa前後である.

このように,C_4植物ではC_3植物と異なり,二酸化炭素分圧が通常の大気条件下では光合成の律速要因にならないため,気孔の拡散伝導度が非常に低くなっている適応がみ

られる.結果として光合成速度に対する蒸散速度が著しく小さく（C_3 植物の 1/3 から 1/2)，光合成の水利用効率が高くなっている．また，C_4 植物の Rubisco 含量は C_3 植物のそれと比較して小さい[14]（全葉身窒素含量の 10 ％程度）が，酵素あたりの比活性は高く[15]，さらにはオキシゲナーゼ活性がほとんど生じない条件であるため，結果的に高い光合成速度を示す植物が多い．しかし，二酸化炭素濃縮を行う経路（PEP を再生産する経路）で ATP を消費するので，二酸化炭素固定に対するエネルギー消費率は高く，光が十分でない環境条件では逆に不利な光合成となる場合もある．

g. CAM 光合成

乾燥地帯に生育するベンケイソウやサボテンなどは夜間に二酸化炭素を吸収し，光合成の炭素源を蓄え，昼間気孔を閉じ光合成を行う独特な代謝機構をもっている．この光合成の代謝は主にベンケイソウ科の酸代謝，crassulacean acid metabolism＝CAM，と呼ばれている．現在，CAM 植物は上記の植物のほか，パイナップル科，トウダイグサ科などの 18 科，約 300 種以上の存在が知られている．

CAM 型光合成は二酸化炭素吸収のメカニズムの変化に基づき四つのフェイズにわけられる．暗期（夜間期）の二酸化炭素吸収がさかんな時期のフェイズ 1，明期開始直後（早朝期）の二酸化炭素の吸収がみられる時期のフェイズ 2，続いて，明期（昼期）の二酸化炭素吸収が行われない時期のフェイズ 3，そして，明期終期（夕刻期）の二酸化炭素吸収が再開される時期のフェイズ 4 である．

フェイズ 1（夜間期）では，主にデンプンなどを基質に解糖系が駆動し，細胞質内に PEP が多量に供給される．植物は気孔を開き二酸化炭素を吸収し，同じ細胞質に多量に存在する PEPC で炭酸固定を行う．初期生成物はオキザロ酢酸で直ちにリンゴ酸に還元され液胞内にプールされる．

フェイズ 2（明期移行直後 1 から 2 時間）では，暗期と同様に PEPC による炭酸固定が行われる．しかし，PEP のプールは時間とともに減少し，リンゴ酸の液胞からの流出が開始され，気孔の閉孔が始まる．

続いて，フェイズ 3（明期）では，気孔は完全に閉鎖され，暗期に液胞に蓄えたリンゴ酸の脱炭酸が始まる．放出された二酸化炭素は Rubisco へ供給され光合成が行われる．ここでの特徴は，カルビン回路への二酸化炭素供給が外気からではなく，フェイズ 1 で蓄積したリンゴ酸からの脱炭酸である点にある．そして，フェイズ 4（明期終期）では，気孔の開孔が始まり，二酸化炭素の取り込みが生ずる．しかし，この時期の二酸化炭素固定は PEPC ではなく，Rubisco によって直接行われる．

このように，CAM 植物は，日中乾燥から身を守るため気孔を閉じながら光合成を行うことで，C_3 型植物や C_4 型植物が適応できないような乾燥地帯に生育している．しかし，同一種でも CAM の発現程度は環境条件に左右される種もあり，そのような種では比較的水分条件に恵まれた場合など標準的な C_3 光合成に変化する場合がる[16]．そのような条件では発現される光合成速度も増加することが多い．すなわち，CAM 光合成はきびしい乾燥環境に適応した光合成であり，C_4 光合成のようにポテンシャルとして高い光合成を構築している機構ではない．

5.6.2 光合成の環境応答

植物の光合成に直接大きな影響を及ぼす環境要因として，光，二酸化炭素濃度，温度，水，および栄養素などがあげられる．植物はそれらの環境の変化に対し，さまざまな応答を示し，多様な適応能力をもっている．ここではそれらについて紹介する．

a．光

光強度を変化させて光合成速度を測定し，光−光合成速度曲線を解析すると，光補償点から光合成がほぼ直線的に増加する初期段階，光強度の増加に対し光合成が曲線的に応答する段階，さらに光強度が増加しても光合成が増加せず飽和傾向を示す飽和段階の三つの段階がみられる（図5.30）．これらの三つの段階の応答のパターンは，植物の種，植物が生育している光環境や栄養状態によって大きく異なる．たとえば，陽葉では曲線的に応答する範囲が広く光飽和点が高い．そして，そのとき得られる光合成速度も高い．それに対して，陰葉あるいは弱光下で育った植物の場合は，光補償点が低く，相対的に低い光強度で光合成は飽和し，その速度も低い[17]．

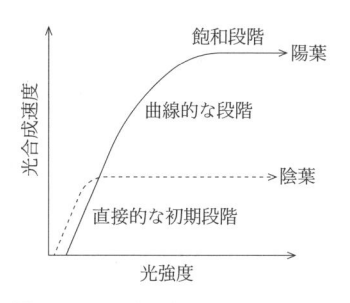

図5.30 光強度の変化に対する光合成速度の応答

光−光合成曲線が直線関係にある初期段階では，光合成は葉における集光・光化学反応によって決定されている．この領域で植物が吸収した光エネルギーの利用効率は約80％にも及ぶ．続いて光強度変化に対して光合成が曲線的に応答する段階では，光エネルギーの利用効率は減少し，光合成は電子伝達系・光リン酸化反応によって決定される局面が強くなる．この段階での光合成速度の変化は生体内でのRubiscoの活性化状態の変化と非常に高い相関があることが認められているが，このRubiscoの活性化状態の変化はRubiscoへ供給されるRuBP量に対応した二次的な応答であることが明らかにされており，光合成の直接の決定因子ではない[18]．そして，光飽和段階での光合成は光強度によって影響されない光合成である．ここでの光合成速度は，低い二酸化炭素濃度下では炭酸固定反応，高い二酸化炭素濃度下では電子伝達系・光リン酸化反応か光合成最終産物生産反応に伴うPiの循環によって決定されている（5.6.2.b.参照）．

陽葉と陰葉間において光−光合成曲線のパターンが異なるのは，それらの植物において上で述べた光合成速度の決定因子間の能力的なバランスが異なることによる．陰葉では相対的に色素タンパク質の量が多く，総クロロフィル量の増加が認められる．特に，LHCIIを中心とした集光性色素タンパク質複合体の増加が著しく，結果としてクロロフィルa/b比の減少を伴っている．これらのことは逆に，クロロフィル含量あたりの電子伝達活性の減少，Rubisco含量の減少，FBPaseやSPS活性の減少などを意味している．すなわち，陰葉は陽葉に比べポテンシャルとしての光合成能力は低くとも弱光下では陽葉より効率の高い光合成速度を示す機構をもっていると評価することができる[19]．

b. 二酸化炭素濃度

二酸化炭素濃度を変化させて光合成速度を測定した場合も，その速度はみかけ上，光応答と似た変化を示す．すなわち，二酸化炭素補償点から二酸化炭素濃度上昇に伴い光合成が直線的に増加する初期段階，二酸化炭素濃度の増加に対し光合成が曲線的に応答する段階，そして，二酸化炭素濃度の増加に対して光合成が応答せず飽和傾向を示す飽和段階の三つの段階がみられる（図5.31）．しかし，一般に二酸化炭素濃度の増加に伴い気孔が閉鎖する傾向にあるので，気孔の開閉の程度により二酸化炭素-光合成曲線のパターンは大きく異なる．そのため，光合成の二酸化炭素濃度変化に対する応答を解析する場合は，気孔の拡散伝導度を同時に求め，葉内（細胞間隙）の二酸化炭素濃度を算出し，その葉内二酸化炭素濃度変化に対する光合成速度の応答として解析することが多い．

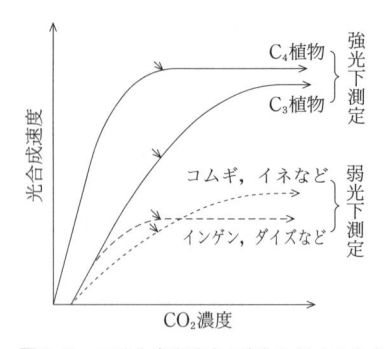

図5.31 二酸化炭素濃度の変化に対する光合成速度の応答
矢印は大気二酸化炭素濃度（約36 Pa）の点を示している．

この応答変化のパターンは，植物種または植物の生育した環境条件によっても大きく異なる．もちろん，C_3植物とC_4植物でも大きく異なり，一般にC_3植物では90 Pa以上の二酸化炭素濃度条件でないと二酸化炭素飽和にはならないのに対し，C_4植物では20〜30 Pa付近ですでに二酸化炭素飽和となる場合が多い．光が不十分な条件（弱光下）での光合成の二酸化炭素濃度に対する応答にも植物種間差がみられる．たとえば，インゲン，ダイズなどでは光強度の低下に伴い二酸化炭素飽和点が減少するのに対し，イネ，コムギなどの二酸化炭素飽和点は光の影響を受けない．しかし，その差を裏づけるメカニズムの詳細についてはまったくわかっていないので，ここでは，光が十分な条件下での二酸化炭素濃度に対する応答について述べる．

二酸化炭素濃度変化に対するみかけ上の光合成の応答は，光強度変化に対するそれに似ているが，その光合成を決定している内的な因子はまったく異なっている．二酸化炭素補償点から直線的に増加している初期段階の光合成速度はRubisco量とその酵素的機能（K_mやV_{max}など）および葉内外の二酸化炭素の拡散伝導度に決定されている[4]．二酸化炭素濃度の増加に対し光合成が曲線的に応答している段階では，その光合成速度は初期段階のRubiscoと二酸化炭素の拡散による律速段階から光化学系電子伝達による律速段階に移る[4]．その律速段階が移る遷移点は，大気二酸化炭素濃度（36 Pa）附近と解釈されている報告が多いが必ずしも正しくない．それは，気孔の開閉の応答はその遷移点とは無関係に調節されていること，および葉内の二酸化炭素拡散伝導度もその遷移点とは無関係に決定されていることが明らかにされているからである．そして，二酸化炭素飽和の段階での光合成速度はショ糖，デンプン合成に伴うPiの循環速度によって律速されると推定されているが[20]，まだ直接的に証明がされているわけではない．

c. 温　　度

　光合成の温度に対する応答は低温域から温度の上昇に伴いゆるやかに増加し，ある範囲の温度域で最高値を示し，それ以上の高温域では逆に減少するパターンを示す．最高値を示す適温域は，普通C_3植物ではかなり幅広く15〜35℃ぐらいに見出されるのに対し，C_4植物では30〜40℃の範囲内であるものが多い．一方，極端な低温あるいは高温下では光合成器官に傷害が現れ光合成は阻害される．

　C_3植物の光合成の適温域が幅広いことは，生体内で発現されるRubiscoの温度特性と深い関係がある．Rubiscoのカルボキシラーゼ/オキシゲナーゼのキネティックスの温度依存性と二酸化炭素，酸素の溶解度の温度依存性から大気二酸化炭素，酸素分圧下で発現される正味のRubiscoの活性を算出すると15℃から30℃の範囲でその差が著しく小さいことがわかっている[21]．しかし，Rubiscoが光合成の決定因子とならない高二酸化炭素分圧下の光合成の温度依存性は大きく，35〜40℃で最高値を示す応答を示している．これには，電子伝達活性やショ糖，デンプン合成の代謝活性などの温度依存性が反映しているものと思われる．

　一方，光合成の温度応答は，植物が育った生育温度とも密接にかかわっている．一般に，低温域で生育した植物の適温域は低温側にシフトし，逆に高温域で生育した植物の適温域は高温側にシフトする傾向が認められる[21]．このことは，同種の植物でも生育温度に依存して観察されている．これらの温度適応のメカニズムはよくわかっていないが，気孔の温度応答や葉内での生育温度に依存した形態的違いが深くかかわっているものと考えられている．

d. 水

　葉の水分含量は生重の70〜90％にも相当し，水は光合成のみならずあらゆる代謝反応に必須である．光合成に直接利用される水の量は，二酸化炭素とのモル比にして，1:1であるが，1分子の二酸化炭素が光合成によって固定されるのに蒸散によって消費される水分子はC_3植物の場合は50倍から500倍にも及ぶ．C_4やCAM植物ではそれより小さく，C_4では50〜150倍，CAMでは30倍以下である．

　このように，光合成に伴う蒸散によって多量の水が消費されている．また，C_3植物では，活発に光合成が営まれているときに消費される水分量は，1時間あたりにしておよそその葉が有する体内水分量の数倍にも相当することがある．これらのことは，いかに水が光合成を営む際に重要な因子であることかを意味している．したがって，蒸散によって失われる水分量と根からの吸収量のバランスがくずれると植物体内の水ポテンシャルは減少し，植物は水ストレスを受ける．

　植物体内の水ポテンシャルの低下は直接気孔の閉鎖にむすびつき，光合成も減少する．植物の外囲空気の湿度もこの現象と深く関わっている．空気の湿度低下は蒸散速度の増大にむすびつくので，体内の水ポテンシャルを維持するため気孔を閉鎖する応答を示し，結果として光合成は低下する．そして，水ポテンシャルの低下がある一定のレベル以下まで進むと，気孔の閉鎖のみでは説明できない光合成の低下を生じることが認められている．この光合成低下の生化学的要因については，まだよくわかっていない．今後の重要な研究課題の一つであろう．

e. 栄養素（特に窒素）

植物の必須元素のほとんどは何らかの形で光合成に影響を与えている．中でも，窒素，リン酸，カリウムなどはそれらの代表であるが，窒素を除くほとんどの栄養素はある一定含量以上になると光合成に影響を与えなくなる（一部の栄養素では過剰障害が現れるものもある）．それに対し，窒素だけはその含量と光合成との間に曲線的ではあるが比例的な関係が認められている．そこで，ここでは，栄養素として特に窒素と光合成とのかかわりあいについて述べる．

光合成速度と窒素含量との間に高い正の相関が認められる理由としては，緑葉の全窒素含量の80％までが葉緑体に分配されていることがあげられる[3]．しかし，植物への窒素供給量が増加し，葉身窒素含量が増加するとき，光合成に関係する各構成成分や酵素などがすべて同じ割合で増加するわけではない．多くのC_3植物において，窒素の栄養に応答して，Rubiscoだけが他の光合成の構成成分よりも高い割合で特異的に増加することが明らかとなっている[22]．また，細胞質に局在するスクロース合成系の酵素は逆に他の光合成構成成分より増加割合が低いことが報告されている．しかし，このRubiscoの特異的増加は必ずしも光合成の増加に反映していない局面がある．このことから，近年，ヨーロッパの研究者の間ではRubisco貯蔵タンパク質説が再燃している．しかし，光合成全体のバランスから考えると，この議論には疑問符をうたざるを得ない．つまり，Rubiscoの特異的な量的増加が必ずしも光合成の増加に反映していないのは，葉内に無視でき得ないほどの二酸化炭素ガスの拡散抵抗が存在するためであると考えるべきである（5.6.1.e.参照）．

事実，高い光合成速度を示す葉では，特にRubiscoの活性基部位での二酸化炭素分圧低下が生じていることが明らかにされている[10]．そのため植物は，積極的にRubisco含量を増加することによって他の光合成の決定因子，たとえば，光化学系電子伝達活性とのバランスを維持しているのであろう．そして，それらの結果として，みかけ上Rubiscoの特異的増加分が光合成の増加として認められなくなると考えるべきである．さらに，これらの現象の程度の差によって，窒素と光合成との相関関係が直線的であったり曲線的であったりすると思われる． 〔牧野　周〕

文献

1) Evans, J. R.：*Oecologia*, **78**, 9-19, 1989.
2) Demmig-Adams, B. and Adams, W. W.：*Annu. Rev. Plant Physiol. Plant Mol. Biol.*, **43**, 599-626, 1992.
3) 牧野　周，前　忠彦：化学と生物, **32**, 409-413-1994.
4) Farquhar, G. D. and von Caemmerer, S.：Encycl. Plant Physiol. New Ser., Vol. 12B(eds. Lange, O. L., Nobel, P. S., Osmond, C. B. and Ziegler, H.), 550-587, Springer-Verlag, Berlin, 1982.
5) Stitt, M., Huber, S. and Kerr, P.：The Biochemistry of Plants, Vol. 10(eds. Hatch, M. D. and Boardman, N. K.), 327-409, Academic Press, New York, 1987.
6) Huber, S. C. and Huber, J. L.：*Annu. Rev. Plant Physiol. Plant Mol. Biol.*, **47**, 431-444, 1996.
7) Terashima, I.：Photosynthesis (ed. Briggs, W. R.), 207-226, Alan R. Liss, New York, 1989.
8) Raven, J. A. and Glidwell, S. M.：Physiological Processes Limiting Plant Productivity(ed. Johnson, C. B.), 109-136 Butterworths, London, 1981.
9) Terashima, I. and Takenaka, A.：Biological Control of Photosynthesis(eds. Marcelle, R.,

Clijsters, H. and van Poucke, M.), 219-230, Martimus Nijihoff Publishers, Dordrecht, 1986.
10) Evans, J. R. and von Caemmerer, S.: *Plant Physiol.*, **110**, 339-346, 1996.
11) Loreto, F., Harley, P. C., Marco, G. D. and Sharkey, T. D.: *Plant Physiol.*, 98, 1437-1443, 1992.
12) Peisker, M. and Henderson, S. A.: *Plant Cell Environ.*, **15**, 987-1004, 1992.
13) Henderson, S. A., von Caemmerer, S. and Farquhafr, G. D.: *Aust. J. Plant Physiol.*, **19**, 263-285, 1992.
14) Sugiyama, T., Mizuno, M. and Hayashi, M.: *Plant Physrol.*, **75**, 665-669, 1984.
15) Seemann, J. R., Badger, M. R. and Berry, J. A.: *Plant Physiol.*, **74**, 791-794, 1984.
16) Winter, K.: *Oecologia*, **40**, 103-109, 1979.
17) Bjökman: Encycl. Plant Physiol. New Ser., Vol. 12A, (eds. Lange, O. L., Nobel, P. S., Osmond, C. B. and Ziegler, H.), 57-107, Spriger-Verlag, Berlin, 1981.
18) Mott, K. A., Jensen, R. G., O'Leary, J. W. and Berry, J. A.: *Plant Physiol.*, **76**, 968-971, 1984.
19) Evans, J. R.: *Aust. J. Plant Physiol.*, **15**, 93-106, 1988.
20) Sharkey, T. D.: *Bot. Rev.*, **51**, 53-105, 1985.
21) Berry, J. and Bjökman, O.: *Annu. Rev. Plant Physiol.,* **31**, 491-543, 1980.
22) Makino, A., Sakashita, H., Hidema, J., Mae, T., Ojima, K. and Osmond, B.: *Plant Physiol.*, **100**, 1737-1743, 1999.

5.7 呼　　　吸

　作物の生産は総光合成量と呼吸量の差として示されるが，光合成と呼吸は独立した代謝系ではなく複雑に交差しており両方面から多くの研究がなされてきている．しかしその全貌はいまだに不明である．呼吸は作物体内のあらゆる代謝に必要なエネルギーを供給する過程であるが，植物体を構成する成分の供給という意味でも重要である．植物の呼吸は基本的には他の生物の呼吸と同じであるが，①光合成系や窒素代謝系と密接な関係にある，②無機栄養の影響を強く受ける，③シアンといった呼吸阻害剤に対して感受性が低い場合がしばしば認められる，④シトクロムオキシダーゼ以外の末端酸化酵素（パーオキダーゼなど）を多量に含む，⑤生育時期や器官によって呼吸の機能が変わるなど，多くの異なる点もある．

　本節では，まず植物の呼吸の仕組みについて，次いで呼吸と物質代謝や無機栄養との関係について，最後に作物の生産性との関連について述べる．

5.7.1 呼吸のしくみ

　呼吸は大きく分けて二つの反応過程からなり，一つは各種の基質を酸化的分解し，NADH を生成する過程でこれは解糖系，TCA 回路（Embden-Meyerhof-Parnas 回路），ペントースリン酸回路からなり，もう一つは NADH の酸化による ATP の生成過程で酸化的リン酸化反応である．

a. 解　糖　系

　解糖系の基本は主に 6 炭糖がグルコース 6-リン酸に代謝され，さらに一連の化合物鎖の変化を通じて 2 分子のピルビン酸を生じ，この間に 2 分子の NADH を生じる系である（図 5.32）．グルコース 6-リン酸はフルクトース 1, 6-二リン酸に代謝され，これはジヒドロキシアセトンリン酸（DHAP）とグリセルアルデヒド 3-リン酸に分解されるが，両化合物はトリオースリン酸イソメラーゼにより可逆的な反応によって一方が他

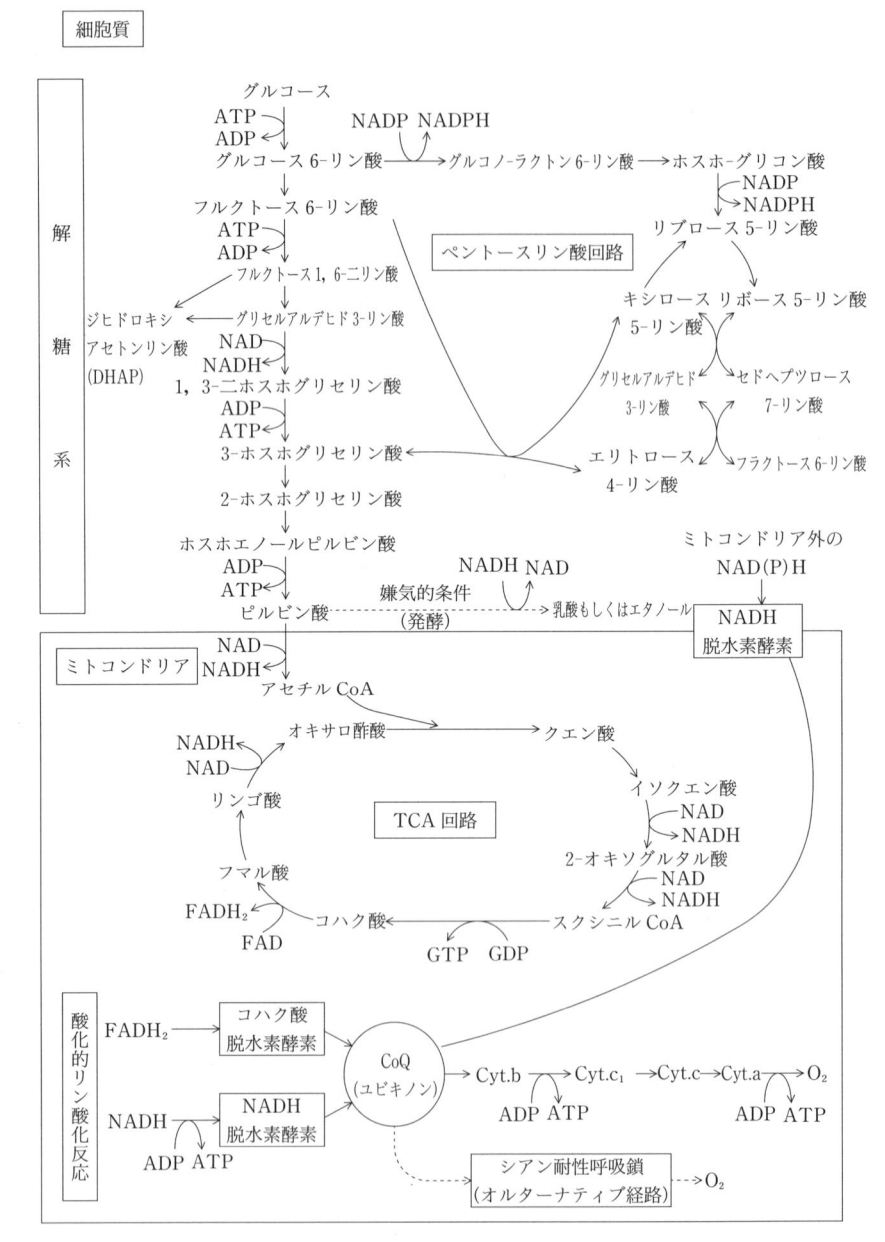

図5.32 呼吸の基本的な仕組み

方に変化することができ，解糖過程では，DHAP はグリセルアルデヒド 3-リン酸となりホスホエノールピルビン酸（PEP）を経てピルビン酸を生成する．DHAP はカルビン回路からも供給される（後述）．

酵素が存在する条件下では，ピルビン酸はミトコンドリアに移行して TCA 回路でさらに代謝される．無酵素条件下ではピルビン酸がこの解糖系で生じた 2 分子の NADH によって還元されて，エタノール発酵や乳酸発酵が起こり，それぞれエタノールあるいは乳酸が生じる．したがって，嫌気的な灌水条件下での種子の発芽においては，NADH の収支は 0 で，解糖系で生じるわずか 2 分子の ATP（4 ATP 生成-2 ATP 消費）を使って生育することになる．

b. TCA 回路

組織が好気的な条件にあるとき解糖系で生じたピルビン酸はミトコンドリア中で脱炭酸を受けてアセチル CoA に代謝され TCA 回路に入り，アセチル CoA がオキザロ酢酸と反応してクエン酸となり，TCA 回路を一巡して再びオキザロ酢酸となる（図 5.32）．この TCA 回路が一巡する間に，2 分子のピルビン酸は完全に分解され，6 分子の二酸化炭素（CO_2）が放出され，6 分子の NADH が生ずる．

c. ペントースリン酸回路

この回路の意義はミトコンドリア以外の細胞質での NAD(P)H 生成，生合成の基質として重要な中間体である 3，4，5，6 炭糖間の相互の接続，核酸合成（リボース 5-リン酸からホスホ・リボース 1-二リン酸をへて合成）にある（図 5.32）．この代謝系で生成される中間体はいずれも解糖系で代謝される．

d. 電子伝達系と酸化的リン酸化経路

呼吸により基質が分解される過程において生成された多量の NADH，NADPH，$FADH_2$ などの還元物質は，ミトコンドリア内膜の電子伝達系により酸化されて ATP を生成する．この過程は，酸素が NADH を酸化して ATP を生成するので，酸化的リン酸化反応と呼ばれている．水素および電子の伝達経路は，①リンゴ酸，イソクエン酸，α-ケトグルタル酸，ピルビン酸の H がまず NAD に入ってから，NADH 脱水素酵素，ユビキノン（CoQ），チトクロム類をへる経路と，②コハク酸の H が直接コハク酸脱水素酵素に入って CoQ に至る経路に大きく分けられる（図 5.32）．グルコース 1 分子が解糖系と TCA 回路をへて完全に分解する過程で，解糖系で 2 分子の NADH，ピルビン酸の酸化で 2 分子の NADH，TCA 回路で 6 分子の NADH と 2 分子の $FADH_2$ が生成する．ミトコンドリア外の NADH は 2 分子の ATP を，ミトコンドリア内の NADH は 3 分子の ATP を，$FADH_2$ は 2 分子の ATP を生成するので，呼吸系全部で 32 分子の ATP が生成する．このほかに解糖系内と TCA 回路内でリン酸化が 1 回起きて，それぞれ 2 分子の ATP が生成されるので，計 36 分子の ATP が生成される．

近年，通常の電子伝達系であるシアン感受性呼吸（1 NADH あたり 3 ATP 生成）に対して，1 NADH あたり 1 ATP しか生成しない（もしくはまったく生成しない）シアン耐性呼吸が明らかにされてきたが，この機構は過剰な炭素を酸化するエネルギーオーバーフロー機構として考えられている[1,2]．展開中の若い葉のように炭素骨格を急速に

生合成する組織では,炭素骨格形成の際に発生する NADH が過剰になると考えられ,このため,解糖系,TCA 回路が阻害を受けてしまう.シアン耐性呼吸にはこれを防ぐ役割があるのではないかと考えられている[3].

5.7.2 呼吸と物質代謝

呼吸の基本過程は前項で述べたごとく,各種基質を分解しエネルギーを生成することである.しかし,呼吸の過程で各種の中間代謝産物が生成され,これらをもとにして新たな体構成成分が合成される.そこで,本項では呼吸系と関連して,体構成のための中間代謝産物がどのように供給・合成されるかについて述べる.

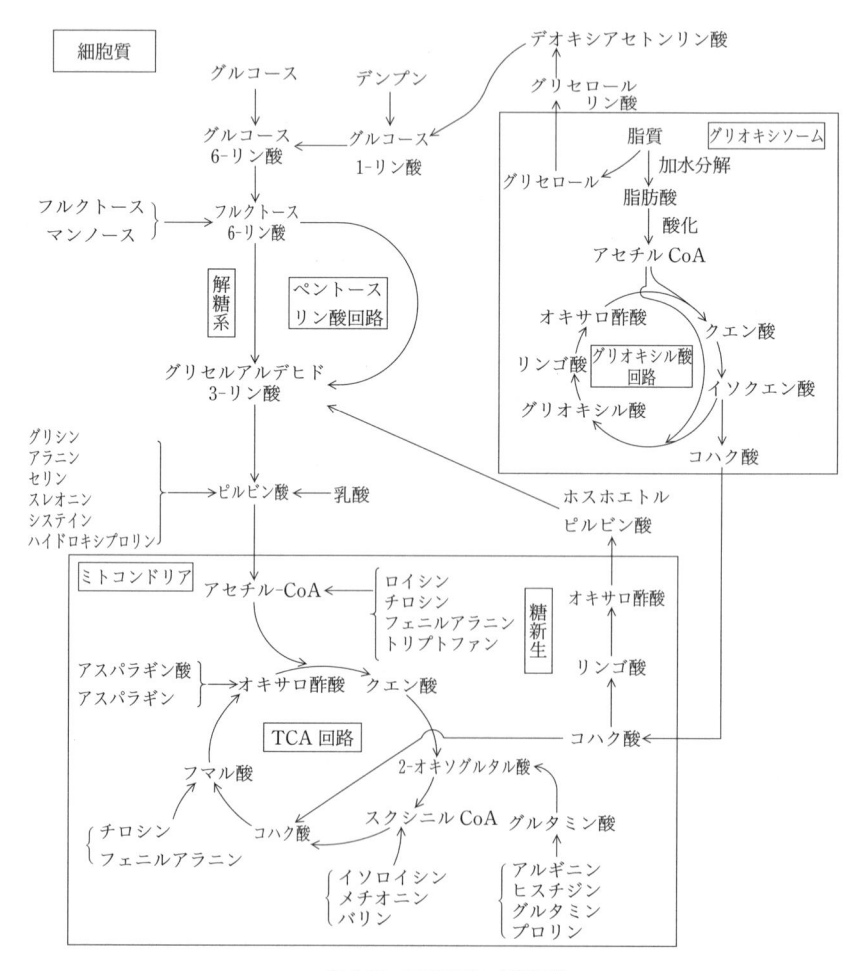

図 5.33 呼吸基質の代謝経路

a. 呼吸基質

1) 体構成物質，貯蔵物質からの呼吸基質の供給　デンプンはグルコース1-リン酸，次いでグルコース6-リン酸に代謝され解糖系もしくはペントースリン酸回路をへてTCA回路で代謝される（図5.33）．

タンパク質はアミノ酸に加水分解され，各アミノ酸類ごとにTCA回路で酸化分解を受ける（図5.33）．各アミノ酸がTCA回路に至るまでの分解に共通して用いられる重要な反応は3種類ある[4]．第一の反応はアミノ酸酸化酵素による酸化的脱アミノ反応で，次式のように酸素（O_2）を水素受容体とする脱水反応を経て，非酵素的に水と反応して α-ケト酸とアンモニアになる．

$$R\text{-}CH(COOH)\text{-}NH\text{-}H + O_2 \longrightarrow R\text{-}C(COOH)=O + NH_3$$

第2の反応はグルタミン酸脱水素酵素による酸化的脱アミノ反応で，NADを水素受容体とする以外第1の反応と同様である．

$$HOOC\text{-}CH_2\text{-}CH_2\text{-}CH(COOH)\text{-}NH_2 + NAD + H_2O$$
$$\longrightarrow HOOC\text{-}CH_2\text{-}CH_2\text{-}C(COOH)=O + NADH + NH_3$$

第3の反応はグルタミン酸トランスアミナーゼ（アミノ基転移酵素）反応で，各種アミノ酸の α-アミノ基が α-ケト酸に移されグルタミン酸を生ずる．

$$R\text{-}C(COOH)\text{-}NH_2 \text{（各種アミノ酸）} + HOOC\text{-}CH_2\text{-}CH_2(COOH)\text{-}C=O \text{（}\alpha\text{-ケトグルタル酸）}$$
$$\longrightarrow R\text{-}C(COOH)=O + HOOC\text{-}CH_2\text{-}CH_2\text{-}C(COOH)\text{-}NH_2 \text{（グルタミン酸）} + \text{各種ケト酸}$$

この3種の反応に個々のアミノ酸特有の反応が組み合わさり，アセチルCoAやTCA回路に導入されて分解される．

脂質は，ペルオキシゾーム（葉）やグリオキシゾーム（その他の組織）中で脂肪酸とグリセロールに分解される（図5.33）．脂肪酸は β 酸化を受けてアセチルCoAに分解され，TCA回路で完全に分解される．脂質の多いヒマ種子の胚乳などではグリオキソームで β 酸化を受けて生成したアセチルCoAがグリオキシル酸回路によりコハク酸まで分解されTCA回路に入る．コハク酸はTCA回路でさらに分解されるが，リンゴ酸を経て細胞質中でオキザロ酢酸に代謝されPEPをへてスクロースまで合成される糖新生の機構も存在する．グリセロールはグリセロールリン酸，デオキシアセトンリン酸を経てグルコース1-リン酸，グルコース6-リン酸へと分解され，グルコースと同様に代謝される．

2) 初期光合成産物と貯蔵物質を基質とする呼吸　群落中のイネに $^{14}CO_2$ を同化し ^{14}C 残存割合を調べたところ，この割合は生育とともに高まるが，全植物体の生長効率はむしろ低下することや，^{14}C 放出速度は2日目まで急速に低下する相と，その後ゆるやかに放出する相に分けられることから，植物体中では主に二つの呼吸基質のプールが存在することが指摘されている[5]．そして，初期光合成産物を基質とする呼吸は初期光合成産物呼吸（Rp），貯蔵物質を基質とする呼吸は貯蔵物質呼吸（Rs）と命名された．Rsは一度茎葉に構成された物質の再構成や茎葉でのデンプンなどの一時的貯蔵によりまかなわれることから，全呼吸中に占めるRsの割合は生育とともに高まり，光，

温度，窒素栄養の影響を強く受ける．

一方，呼吸を生長呼吸と維持呼吸に分けることができると考えられているが，現在これらの呼吸の分離は，①長期の暗処理[6]，②回帰分析法，③光強度の変化[8]，④^{14}C法[9]などにより行われているが，これらの測定法では実際にはRpとRsを求めているにすぎない．

貯蔵物質の使用は光条件を変えたら変化すること，貯蔵物質は維持のみに使用されないこと，茎葉乾物中に占める貯蔵物質量は生育とともに変化することから，^{14}C法以外の方法でRsを評価するのは困難と考えられる．実際，四つ

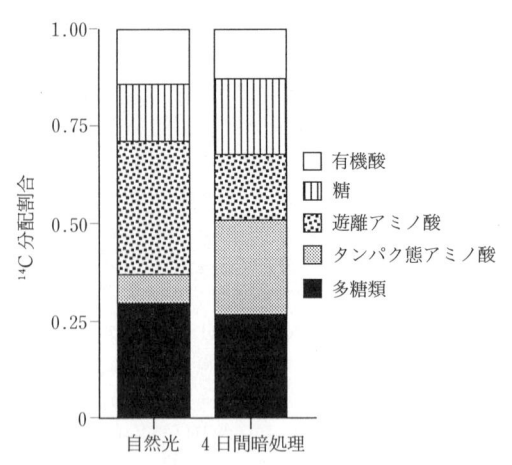

図5.34 初期光合成産物（自然光下で^{14}C-スクロース吸収）と貯蔵物質（4日間暗処理後^{14}C-スクロース吸収）の代謝24時間目（暗所中）の各種構成成分への分配 (Shinano, T., Osaki, M. and Tadano, T.[11]より作成)

の方法で同時に評価したところ，RpとRs（それぞれMaCreeらの生長呼吸と維持呼吸と同じ）は測定法により著しく異なることが明らかにされている[10]．仮に，初期光合成産物呼吸と貯蔵物質呼吸を正確に測定したとして，それらをそれぞれ生長呼吸と維持呼吸とみなしてもよいであろうか．4日間暗処理したイネ（MaCreeらの定義によると維持呼吸のみの状態と考えられる）の葉の先端から，^{14}Cスクロースを吸収させて24時間の呼吸放出と24時間目の^{14}Cの各種構成成分への取り込みを調べたところ，自然光処理と同様に活発に体構成成分に取り込まれた（図5.34）[11]．また，呼吸による放出および遊離アミノ酸画分は自然光の方が暗処理に比べ2倍ほど高いことから，むしろ維持呼吸（タンパク質のターンオーバーをそう呼ぶなら）は自然光の方が高い．暗所下で貯蔵物質は，維持のみならず生長（体構成）にも使用されていることはこの結果から明らかである．したがって，実際に生長と維持の呼吸は存在するとしても，これらの手法では分離することが不可能なので，混乱を避けるためにもこれらの用語および解析法は使用しない方がよい．

b. 各種成分の構成のための呼吸

植物体を構成する各種成分をグルコースより構成する際の効率について生化学的な代謝系に基づいて試算されている[12]．この値から1gのグルコースからの合成量はproduction value（PV）と定義され，タンパク質，脂肪，炭水化物でそれぞれ0.40g（硝酸を窒素源とした場合），0.33g，0.83gである．この考えに基づきSinclair and de Wit[13]は1gの光合成産物からイネでは0.75g，ダイズでは0.50gの収穫部位が合成されることを予想している．なお，タンパク質のPV値は葉における光エネルギーの硝酸還元への関与を考慮すると0.56になる[14]．

一方，McDermitt and Loomis[15]は植物体を炭素（C），水素（H），酸素（O），窒素（N），硫黄（S）から構成されていると考え，電荷保存の法則から植物体の元素含有量からそれに必要なグルコース量を算出できることを指摘し，その量を glucose equivalent と称した．Williams ら[16]はこの考えに基づき，さまざまな植物の収穫部位の glucose equivalent を測定し PV 値との比較を行ったところ，PV/glucose equivalent 比は収穫部位のさまざまな組成にも関わらずほぼ 0.88 で変化がなかった．このことは，作物種による理論上の生合成経路に違いがほとんどないことを示唆するものである．

理論的な解析とは別に，各成分の生産効率について実測が試みられている[17]．各種作物の収穫器官について，乾物増加能（ΔW）と呼吸能（R）より計算した生長効率（$\Delta W/(\Delta W + R)$）と構成成分割合に基づいて理論値より求めた PV 値とでは，理論が正しければ同じ値となるはずである．しかし，実測の生長効率と PV 値では，特に脂質を集積する植物で著しく異なることが明らかとなった（表 5.7）．これは，収穫器官での呼吸された二酸化炭素再固定，光合成系よりのエネルギーの供給，転流物質の組成の違いなど種々の問題があることを示している．したがって，構成成分の異なる各種作物の生長効率と構成成分割合に基づいてグルコースから炭水化物，タンパク質，脂質を構成する効率を最小二乗法で推定し得るという考えは誤りである（過去にこのような推定値を報告した例があるが，測定値自体の再現性がまったく認められない）．茎葉においても生長効率は窒素含有率（窒素施与）の影響をあまり受けず，またイネとダイズでは茎葉の構成成分は同じであるにもかかわらずダイズでイネよりかなり低い（表5.8）．また，光合成産物の呼吸による放出は同化直後からダイズでイネより高いことか

表 5.7 収穫器官の生長効率（GE）と production value（PV）[17]

作物	GE	PV
イネ	0.83	0.77
アキコムギ	0.70	0.77
オオムギ	0.79	0.74
エンバク	0.81	0.73
トウモロコシ	0.76	0.75
ソルガム	0.70	0.76
ダイズ	0.77	0.57
サイトウ	0.82	0.74
ルーピン	0.80	0.70
エンドウ	0.84	0.73
アズキ	0.83	0.74
ヒヨコマメ	0.76	0.72
ピーナッツ	0.92	0.53
バレイショ	0.89	0.79
ヒマワリ	0.51	0.49
ベニバナ	−0.11	0.63
アマ	0.50	0.59
ナタネ	0.67	0.58
ヒマ	0.32	0.50
ワタ	0.92	0.75

表 5.8 植物体全体の生長効率（GE）と production value（PV）[18]

作物	1991 年			1993 年		
	窒素処理（ppm）	GE	PV	窒素処理（ppm）	GE	PV
イネ	5 N	0.70	0.74	5 N	0.70	0.73
	30 N	0.65	0.73	15 N	0.76	0.73
	90 N	0.65	0.71	30 N	0.69	0.73
ダイズ	5 N	0.59	0.73	5 N	0.59	0.71
	30 N	0.56	0.72	15 N	0.60	0.70
	90 N	0.56	0.71	30 N	0.55	0.70

ら，葉における光合成産物の呼吸系への初期分配機構が大きく異なると考えられつつある[19]．いずれにしても，イネ科とマメ科作物の茎葉における生産効率の違いは生長や維持の呼吸概念ではまったく説明がつかない．

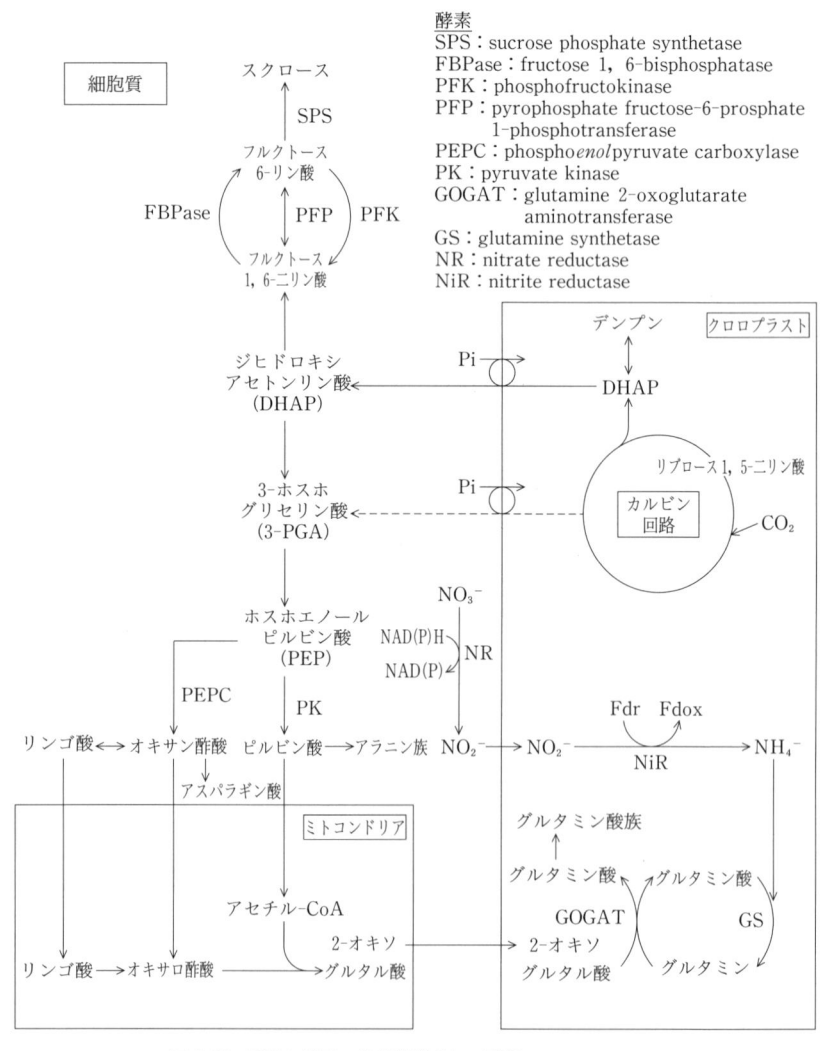

酵素
SPS：sucrose phosphate synthetase
FBPase：fructose 1, 6-bisphosphatase
PFK：phosphofructokinase
PFP：pyrophosphate fructose-6-prosphate 1-phosphotransferase
PEPC：phospho*enol*pyruvate carboxylase
PK：pyruvate kinase
GOGAT：glutamine 2-oxoglutarate aminotransferase
GS：glutamine synthetase
NR：nitrate reductase
NiR：nitrite reductase

図5.35 呼吸と炭素・窒素代謝系との関係
(Huppe, H. C. and Turoin, D. H., 1994[21])を参照)

5.7.3 光合成系と呼吸系との関係
a. C_3光合成系

カルビン回路で生成したジヒドロキシアセトンリン酸（DHAP）がPiトランスロケータを介して細胞質中に移送され，このDHAPがスクロース系か有機酸・アミノ酸系に分配されるが，それぞれスクロースホスフェイトシンターゼ（SPS）かホスホエノールピルビン酸カルボキシラーゼ（PEPC）により制御されており（図5.35），明所では暗所に比べてPEPC活性は約3倍に高まり，SPS活性は抑制されることから，光合成産物は明所下では暗所下に比べて有機酸・アミノ酸系に活発に分配される[20]．また，この代謝系は，ホスホエノールピルビン酸（PEP）がPEPCで触媒されてオキサロ酢酸，リンゴ酸を経てミトコンドリアで代謝されることから，解糖系のバイパスである（暗所下ではピルビン酸キナーゼ（PK）でピルビン酸に代謝されてミトコンドリアに入るのが主経路）．また，光と同様にNO_3^-もPEPCの活性を高め，SPSの活性を低下させる．

したがって，明所下でNO_3^-が十分存在すると光合成産物は有機酸・アミノ酸系，つまり呼吸系に多量に分配されることになる．さらに，フルクトース6-リン酸（F6P）とフルクトース1,6-二リン酸（FBP）の相互変換の制御機構は呼吸代謝にも重要な意

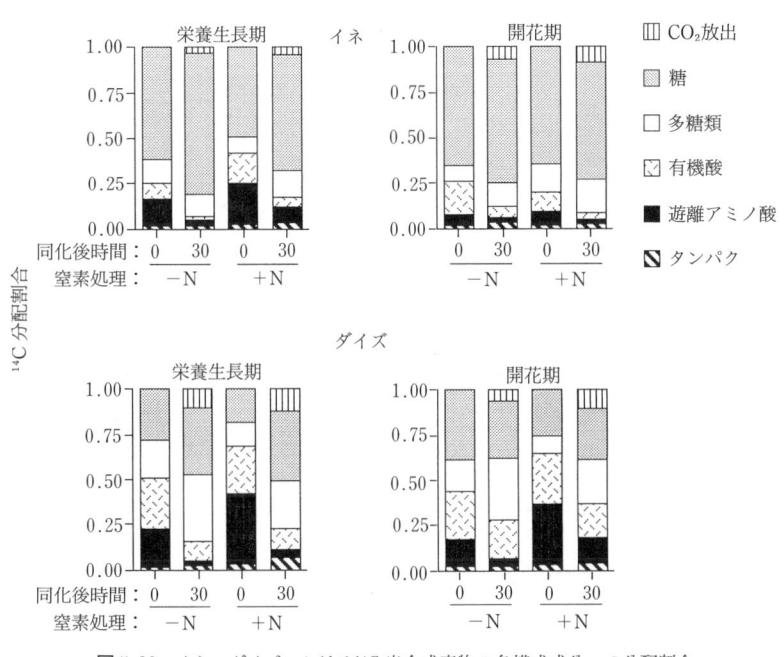

図5.36 イネ・ダイズにおける^{14}C光合成産物の各構成成分への分配割合
(Nakamura, T., Osaki, M., Shinano, T. and Tadano, T.[22]より作成)
−N処理：7～14日前に窒素切除
＋N処理：窒素を継続して供給

味をもつ[21]．FBPのF6Pへの触媒はFBPaseでスクロース合成系へ導き，F6PのFBPへの触媒はPFKで呼吸系へと導く．このほか，PFP酵素はFBP, F6Pの両方向に触媒する．これら酵素活性はPi, PEP量や各種要因によって制御されていてきわめて複雑である．

最近，イネ科とマメ科作物では初期光合成産物のスクロース系と有機酸・アミノ酸系への分配様式が著しく異なることが明らかにされつつある．図5.34は窒素を同化の7〜14日前に切除した区とそのまま供給した区で生育した植物に$^{14}CO_2$を10分間同化し，その直後（0分目）と30分後における同化葉の^{14}C画分を示している[22]．ダイズでは生育時期の影響をほとんど受けず，光合成産物はまず有機酸・アミノ酸系に分配され，その後糖類へ再構成される（糖新生の機構は不明）が，イネではこれまで考えられているようにスクロース系に主に分配された．

しかし，イネにおいても栄養生長期では生殖生長期に比べて有機酸・アミノ酸系への光合成産物の分配が多く，これは葉の窒素栄養の影響によるものではなく，生育に伴い光合成産物の初期分配機構そのものが変化していることを示している．このような光合成産物の初期分配機構の違いがイネ科とマメ科作物の生長効率や生育に伴う炭素・窒素バランスの変化をもたらす主因と考えられる．Osakiら[23]は圃場条件下でも，炭素・窒素関係はイネ科作物（デンプン集積作物）では指数関数的に変化するが，マメ科作物では直線的に変化することから，炭素・窒素関係は両科作物で明らかに異なることを指摘した．

これらの関係式によると，吸収窒素量を同じにしても乾物生産量は明らかにマメ科作物で低いことから，マメ科作物ではタンパク質集積量が多いために呼吸による光合成産物のロスが多く，タンパク質合成のために生産効率が低いという考えは通用しないことを示している．

b. C_4光合成系

呼吸機構はC_4植物においても基本的にはC_3植物と同様である．しかし，C_4植物では維管束鞘細胞中のミトコンドリアは，葉肉細胞で二酸化炭素を同化して生成した化合物の脱炭酸を行いカルビン回路へ二酸化炭素を供給するのに関与している．C_4植物では3種類の異なった脱炭酸酵素が以下のごとくそれぞれ維管束鞘細胞の異なった細胞器官に存在する[24]．① NADP-リンゴ酸酵素（クロロプラスト中）で触媒（NADP-ME型）：リンゴ酸＋NADP→ピルビン酸＋CO_2＋NADPH，② NAD-リンゴ酸酵素（ミトコンドリア中）で触媒（NAD-ME型）：リンゴ酸＋NAD→ピルビン酸＋CO_2＋NADH，③) PEP carboxykinase（細胞質中）で触媒（PCK型）：オキサロ酢酸＋ATP→PEP＋CO_2＋ADP．②の型は酵素がミトコンドリアに存在するために，③の型はPEP carboxykinase活性化のためにATPがミトコンドリアから供給されることや，ミトコンドリア中にNAD-リンゴ酸酵素が存在するために，C_4植物の両型はミトコンドリアの影響を強く受ける．

NAD-ME型では葉肉細胞からアスパラギン酸が維管束鞘細胞に入りミトコンドリアで2-オキソグルタル酸と反応してオキサロ酢酸とグルタミン酸を生成する．グルタミン酸はミトコンドリアから放出され，ピルビン酸と結合してアラニンとなり，葉肉細胞

に転流する．ミトコンドリア中でオキサロ酢酸がリンゴ酸，ピルビン酸へと代謝される二つの過程で NADH/NAD が共役していることから，高い呼吸能を伴わずにリンゴ酸の脱炭酸が可能である．

PCK 型ではオキサロ酢酸の脱炭酸は PEP caboxykinase の触媒で ATP を消費して行われる．この ATP はミトコンドリア中で NAD リンゴ酸酵素によりリンゴ酸（葉肉細胞から供給）の酸化により生成される．

c. 光条件と呼吸

明条件下でのミトコンドリア（暗呼吸）の機能は不明な点が多い．明条件下では光合成組織での呼吸能の著しい低下が認められる[25]．最近，Laisk 法（各種葉内二酸化炭素濃度と光合成能との直線回帰を各種光照度下で求めると交差する点があり，この点が明条件下での暗呼吸能に相当する）で求めたところ，明所下の暗呼吸能の半分以下に抑制されていた[26]．

一方，^{14}C コハク酸と酢酸を明・暗所下でコムギ葉断片に吸収させて TCA 回路へ取り込みを調べたところ，TCA 回路の活性は光条件下で暗条件下の約 80％であった[27]．

なお，明所では暗所に比べて，糖，デンプン，グリセリン酸，グリシン，セリンに強く取り込まれ，代謝経路は光条件でやや異なっているようである．一方，ミトコンドリアの ATP 合成阻害剤（Oligomycin，光合成機構そのものは阻害しない）により光合成能も著しく阻害されることから，ミトコンドリアでの酸化的リン酸化と光合成能が連動していることが指摘されている[28]．これは，光飽和条件下では過剰の還元物質の酸化が光合成の維持に必要なためであり，低照度下では細胞質に ATP を供給して生合成系の反応を進めるのに必要なためである．また，明条件下でのミトコンドリアの主要基質は光呼吸能で生産されるグリシンという報告もある[28]．

5.7.4 呼吸と無機栄養との関係

a. 窒素栄養

根では，根の生長と直接関係しない呼吸の占める割合が高いことが報告されているが[29~31]，これはイオン吸収に関わる割合が高いためと考えられている[29,32]．根から吸収されるイオンの大部分は窒素化合物である．土壌溶液からの窒素吸収は根のシンプラストへの窒素の輸送，師管へのイオンのローディングへと進み，この過程で H^+-ATPase による窒素の膜輸送や細胞質での pH の維持が行われる．Sasakawa and LaRue[33]は 1 mol の NO_3^- 吸収に 0.47 mol の CO_2 が放出されるとしたが，これは Amthor[34]の理論値に近い．しかし，多くの実験値はこれよりも大きな CO_2 放出値を示している[35]．

窒素代謝系は光合成・呼吸系と密接な関係にある（図 5.35[21]）．カルビン回路で生成した DHAP は細胞質中に転流し，解糖系で PEP に代謝され，明条件下では PEPC 活性が高いためにオキサロ酢酸，リンゴ酸へと代謝され，ミトコンドリア中でさらに 2-オキソグルタル酸となり，再びクロロプラストに移行する．一方，NO_3^- は細胞質で還元されて NO_2^- となり，クロロプラストに移行してさらに NH_3^+ へと還元される．クロロプラスト中でこの 2-オキソグルタル酸と NH_3^+ が GS と GOGAT により触媒されてグルタミン酸が生成する．

同化窒素あたりのCO_2放出速度はNO_3^-（NO_2^-を含む）同化でNH_4^+同化より大きい．しかし，NO_3^-同化はNH_4^+同化に比べて暗所（低照度を含む）下および強光下においてミトコンドリア中のO_2消費はほとんど増加しない．これらのことは，NO_3^-同化中に呼吸により生成される NADH などの酸化は O_2 非依存性の NO_3^- 還元によって起こることを示している[39]．暗所での NO_3^- 同化中には呼吸過程はアミノ酸合成のために炭素骨格を供給するのみならず，NO_3^- を NH_4^+ に還元するために NADH を供給することにある．ただし，明所下では光合成で生じた還元物質が NO_3^- 同化の還元力となる．しかし，明所下でも窒素が制限された条件下ではミトコンドリアで生成した還元物質がクロロプラストに供給される[36]．

b．リン栄養

リン欠乏条件下ではグルコースの解糖系およびカルビン回路から細胞質への三炭糖の転流系にバイパス機構が作用する．グルコースは解糖系で PEP まで代謝されるが，その後，①PK によりピルビン酸に代謝された後ミトコンドリアに入るか，②PEPC によりオキサロ酢酸，リンゴ酸へと代謝され，ミトコンドリアでピルビン酸に代謝されるか，③液胞中の PEP-phosphatase[37]もしくは PEP-hydrolyzing 酵素[38]により PEP がピルビン酸に代謝されるか，のいずれかの経路を経て TCA 回路に導入され代謝される．

暗条件下では通常，①の系で代謝されるが，リンが欠乏すると，②と③の経路が活性化する．PK 系では Pi が要求されるが PEPC 系および PEP-phosphatase 系ではむしろ Pi が放出されるため Pi の再利用という観点から有効な系と考えられる[39,40]．さらに，通常，光合成により生成した DHAP がクロロプラストから細胞質へ放出されるが，細胞質で DHAP が解糖系でグリセリン酸 3-リン酸に代謝される間に Pi が要求されることから，むしろ主にグリセリン酸 3-リン酸がクロロプラストから放出され，細胞質で PEP へ代謝されると考えられる[41]．

リン欠乏が呼吸能に与える影響はさまざまに報告されており，リン欠除後数日では呼吸能が高まる[42]が，長期間のリン欠乏では植物（細胞）の生育も低下し，呼吸能も低下する[39,43,44]．Nagano and Ashihara[38] によると，長期のリン欠除処理では糖のリン酸化自体がリン欠乏のため抑制され，このような状況ではアミノ酸が呼吸基質として主に利用される．

根の呼吸活性は，リン欠乏の影響をほとんど受けない[45]が，根におけるリン濃度の減少に伴ってシアン耐性呼吸が高まる[46,47]．このような状況下では，イオン吸収のためのエネルギーが減少するため NO_3^- の呼吸も低下する[46]．

c．カリ栄養

光リン酸化や光還元（NADH の生成）に K^+ が正の効果をもたらす[48,49]．また，カリが欠乏すると光合成能や光呼吸能は低下するが呼吸能は高まる[50,51]．しかし，その具体的な機構については不明である．

5.7.5 呼吸と生産性

草型の悪い作物では葉面積指数（LAI）が高まると相互遮蔽により光合成能は増加し

なくなるが，呼吸はLAI増加につれて高まるために，乾物生産にとって最適の葉面積が存在するという考えがある[52,53]．そこで，光合成と呼吸の関係について多くの研究がなされた．ある時点において光合成によって獲得された炭水化物で植物体を構成する際の効率は，総光合成速度（P_g）に対するみかけの光合成速度（P_n）の比（P_n/P_g比）や，乾物を基礎とした生長効率（＝乾物増加量/(乾物増加量＋呼吸量)）により評価されてきた．実際には個体の総光合成能を測定するのは困難であることから生長効率により生産効率を論ずるのは有効である．これまで得られた結果によると，P_n/P_g比や生長効率は栄養生長期には高く一定に保たれるが，登熟期には著しく低下することが明らかにされた[54,55]．しかし，マメ科作物以外の各種作物で^{14}C残存割合（初期光合成産物の生産効率）は群落条件下でむしろ生育とともに高まり，初期光合成産物はむしろ効率よく生長部位に転流していることが明らかとなった[56]．

生長効率は呼吸基質として初期光合成産物と貯蔵物質を含むことから，^{14}C残存割合との差異は生育とともに貯蔵物質を基質とする呼吸割合が高まることを示している．また，下位葉をアルミホイルで遮光したとき，上位葉から下位葉への光合成産物の転流はむしろ抑制される[57]．Tanaka[52]によるとイネの下位葉は根に光合成産物を供給している．

これらのことを総合すると，生育後期の乾物生産能の低下は呼吸による消費が高まるために低下するというよりは，根の機能低下に伴い養分吸収能が低下するために，茎葉構成成分が分解されて収穫部位に再転流するために光合成能が低下するためである．呼吸能は貯蔵物質呼吸（P_s）が高まるために高く維持される．したがって，生長効率の低下は呼吸ロスが多くなったために植物の成長速度が低下した（原因）ためではなく，むしろ植物の生理活性が低下した（結果）ために起こることを示す．多収穫試験によると，乾物生産能が著しく高い根菜作物などでは草型の影響はほとんど認められず，生育後期にも根の活性が高く保たれ，養分が旺盛に吸収され光合成能も高く保たれる[58,59]．したがって，群落中では，呼吸効率よりも根部にいかに効率よく光合成産物を供給するかが重要となる．　　　　　　　　　　　　　　　　　　　　　　　〔大崎　満〕

文献

1) Lambers, H. : *Physiol. Plant.*, **55**, 478-485, 1982.
2) Lambers, H., et al. : *Physiol. Plant.*, **58**, 148-154, 1983.
3) Rees, A. T. : In The Biochemistry of Plants, Vol. 14, Carobohydrates (ed. Preiss, J.), 1988.
4) 萩原文二ほか：生体とエネルギー，124-125，講談社，1978．
5) 大崎　満，田中　明：土肥誌，**50**, 540-546, 1979．
6) McCree, K. J. : In Prediction and Measurement of Photosynthetic Productivity (ed. Setlik, I.), 221-229, Centre for Agricultural Publishing and Documentation, Wageningen, 1970.
7) Baker, D. N., et al. : *Crop Sci.*, **12** 431-435, 1972.
8) MaCree, K. J. (1974)
9) Ryle, G. J. A., et al. : *Ann. Bot.*, **40**, 571-586, 1976.
10) 大崎　満，田中　明：土肥誌，**53**, 93-98, 1982．
11) Shinano, et al. : *Soil Sci. Plant Nutr.*, **42**, 773-784, 1996.
12) Penning de Vries, F. W. T., et al. : *J. Theor. Biol.*, **45**, 339-377, 1974.
13) Sinclair, T. R. and De Wit, C. T. : *Science*, **189**, 565-567, 1975.
14) Vertregt, N. and Penning de Vries, F. W. T. : *J. Theor. Biol.*, **128**, 109-119, 1987.

15) McDermitt, D. K. and Loomis, R. S. : *Ann. Bot.*, **48**, 275-290, 1981.
16) Williams, K., et al. : *Plant Cell Environ.*, **10**, 725-734, 1987.
17) Shinano, T., et al. : *Soil Sci. Plant Nutr.*, **39**, 269-280, 1993.
18) Shinano, T., et al. : *Soil Sci. Plant Nutr.*, **41**, 1995.
19) Shinano, T., et al. : *Soil Sci. Plant Nutr.*, **40**, 199-209, 1994.
20) Champigny, M. and Foyer, C. : *Plant Physiol.*, **100**, 7-12, 1992.
21) Huppe, H. C. and Turpin, D. H. : *Annu. Rev. Plant Physiol. Plant Mol. Biol.*, **45**, 577-607, 1994.
22) Nakamura, et al. : *Soil Sci. Plant Nutr.*, **43**, 789-798, 1997.
23) Osaki, M., et al. : *Soil Sci. Plant Nutr.*, **38**, 553-564, 1992.
24) Hach, M. D. and Carnal, N. W. : In Molecular, biochemical and physiological aspects of plant respiration(eds. Lambers, H. and van der Plas, L. H. W.), 167-175, SPB Academic Publishing, The Hague, The Netherlands. 1992.
25) Graham, D. : In the Biochemistry of Plants, A Comprehensive Treaties, Vol. 2(ed. Davies, D. D.), 525-579, Academic Press, New York, 1980.
26) Villar, R., et al. : *Plant Physiol.*, **107**, 421-427, 1995.
27) McCashin, B. G., et al. : *Plant Physiol.*, **87**, 155-161, 1988.
28) Krömer, S., et al. : In Molecular, biochemical and physiological aspects of plant respiration, (eds. H. Lambers and L. H. W. van der Plas), 167-175, SPB Academic Publishing, The Hague, The Netherlands, 1992.
29) Veen, B. W. (eds) : In Genetic engineering of osmoregulation. Impact on plant productivity for food, chemicals, and energy(eds. Rains, D. W., Valentine, R. C., and Holaender, C.) 187-195, Plenum Press N. Y., 1980.
30) Hansen, G. K. : *Physiol. Plant.*, **48**, 421-427, 1980.
31) Lambers, H. : *Physiol. Plant.*, **46**, 194-202, 1979.
32) Bouma, T. J. and De Visser, R. : *Physiol. Plant.*, **8**, 133-142, 1993.
33) Sasakawa, H. and LaRue, T. A. : *Plant Physiol.*, **81**, 972-975, 1986.
34) Amthor, J. S. : In Physiology and determination of crop yield, eds. by K. J. Boote, J. M. Bennett, T. R. Sinclair, and G. M. Paulsen, 221-250, ASA, CSSA, SSSA, Madison, Wisconsin, USA, 1994.
35) Johnson, I. R. : *Plant Cell Environ.*, **13**, 319-328, 1990.
36) Weger, H. G., et al. : In Molecular, biochemical and physiological aspects of plant respiration(eds. Lambers, H. and van der Plas, L. H. W.), 149-165, SPB Academic Publishing, The Hague, The Netherlands. 1992.
37) Duff, S. M. G., et al. : *Plant Physiol.*, **90**, 734-741, 1989.
38) Nagano, M. and Ashihara, H. : *Plant Cell Physiol.*, **34**, 1219-1228, 1993.
39) Theodorou, M. E., et al. : *Plant Physiol.*, **95**, 1089-1095, 1991.
40) Nagano, M., et al. : *Z. Naturforsch.*, **49c**, 742-750, 1994.
41) Theodorou, M. E., and Plaxton, W. C. : *Plant Physiol.*, **101**, 339-344, 1993.
42) Tillberg J.-E. and Rowley, J. R. : *Physiol. Plant.*, **75**, 315-324, 1989.
43) Li, X.-N. and Ashihara, H. : *Photochemistry*, **29**, 497-500, 1990.
44) Thorsteinsson, B. and Tillberg, J. E. : *Physiol. Plant.*, **71**, 271-276, 1987.
45) Lee, R. B. and Radeliffe, R. G. : *J. Exp. Bot.*, **146**, 1220-1240, 1983.
46) Rychter, A. M. and Mikulska, M. : *Physiol. Plant.*, **79**, 663-667, 1990.
47) Rychter, A. M., et al. : *Physiol. Plant.*, **84**, 80-86, 1992.
48) Hartt, C. E. : *Plant Physiol.*, **49**, 569-571, 1972.
49) Pflüger, R. and Mengel, K. : *Plant Soil.*, **36**, 417-425, 1972.
50) Bottrill, D. E., et al. : *Plant Soil.*, **32**, 424-438, 1970.
51) Peoples, T. R. and Koch, D. W. : *Plant Physiol.*, **63**, 878-881, 1979.
52) Tanaka, A. : *J. Fac. Agric., Hokkaido Univ.*, **51**, 449-550, 1961.
53) Tanaka, A. : In Proc. Symp. Rice Breeding, 483-498, IRRI, Los Baños, 1972.
54) Tanaka, A. and Yamaguchi, J. : *Soil Sci. Plant Nutr.*, **14**, 110-116, 1968.
55) 広田　修, 武田友四郎 : 日作紀, **47**, 336-343, 1978.
56) Tanaka, A. and Osaki, M. : *Soil Sci. Plant Nutr.*, **29**, 147-158, 1983.
57) Osaki, M., et al. : *Soil Sci. Plant Nutr.*, **41**, 1995.

58) Osaki, M., et al. : *Soil Sci. Plant Nutr.*, **37**, 331-339, 1991.
59) Osaki, M., et al. : *Soil Sci. Plant Nutr.*, **37**, 445-454, 1991.
60) Hansen, G. K. : *Physiol. Plant.*, **46**, 165-168, 1979.
61) Rufty, T. W., et al. : *Plant Physiol.*, **94**, 328-333, 1990.
62) Turpin, D. H. and Weger, H. G. : In Plant Physiology, Biochemistry and Molecular Biology (eds. Dennis, D. T. and Turpin, D. H.), 422-433, Longman Scientific and Technical, Harlow, UK, 1990.
63) Takeda, T. : *Jpn. J. Bot.*, **17**, 403-437, 1961.

6. 共　　生

6.1　窒素固定微生物との共生

6.1.1　窒素固定共生系の特性とその農業および自然生態系における意義

a.　窒素固定と共生

空気中の窒素ガス（N_2）を還元してアンモニアと水素ガスをつくる生物反応は，酵素ニトロゲナーゼで触媒される．この反応を窒素固定作用という．

ニトロゲナーゼの反応は，次の化学式で表される．
$$N_2 + 8\,RH = 2\,NH_3 + H_2 + 8\,R$$
（RH は還元性物質で，R はそれが酸化されたもの）

この反応は，生物のうち，微生物である原核生物と古細菌にのみみられ，真核生物にはない．

固定したアンモニアを自分の窒素栄養に使う微生物を，独立性窒素固定菌という．一方，何らかの植物にかかえ込まれて，密接な関係を保ちつつ，固定したアンモニアを相手の植物である宿主に与えるものを共生的窒素固定菌という．宿主は共生菌から窒素固定産物をもらうので，結合態の窒素の供給がなくても空中の窒素ガスを間接的に同化できる．植物と微生物を一緒にして共生系という．

一部の共生的窒素固定菌は，宿主を離れて，独立性窒素固定菌として生育できる．共生的窒素固定を理解するために窒素固定の次の性質を念頭に入れておく必要がある．

① 窒素固定にエネルギー供給が必要である．1分子の窒素ガスの還元には少なくとも 16 分子の ATP が必要である．

② ニトロゲナーゼ活性が酸素ガスで容易に破壊されるので，好気性窒素固定菌はいろいろな方法で酸素ガスの害から守る機構を発達させている．

③ 窒素固定産物のアンモニアが供給されると，窒素固定菌は窒素固定をやめて，アンモニアを吸収するようになる．

b.　共生の特徴と利点

生物間の共生とは，生物同士が密接に関係しあって生活していて，一方が他方を陵駕してしまうことはない．一般には相互に利益を分かちあう場合を共生としている．共生的窒素固定では，宿主は共生菌から窒素固定産物をもらい，そのかわり，共生菌にその活動のエネルギー源となる有機化合物を与える．

共生の過程の特徴は宿主特異性と，相互の生物の成育の同調化であろう．宿主特異性とは共生関係が限られた範囲の生物の間でのみみられることをいう．あるグループの植物から分離された微生物がそのグループの植物に対して共通に共生できる場合，これら

のグループの植物は，同一の交互接種群に属するという．相互の生物の成育の同調化とは，両者の細胞の分裂が何らかの機構で調節しあって，一方の増殖が他方の増殖に打ち勝ってしまうことはないことをいう．

この調節は，共生微生物を特異な組織（共生組織）に制限することで行われる．共生的窒素固定では，窒素固定微生物はすべて好気性であり，嫌気性微生物が共生している例はない．好気性菌の酸素呼吸の方が，エネルギー効率がよいので，消費したエネルギー源に対する窒素固定の効率はよくなる．しかし，一方では好気性菌のニトロゲナーゼは，酸素ガスの害から守られなければならない．共生系では，酸素ガスの害に対する特徴的な防御機構が発達している．こうして，共生的窒素の効率（消費されたエネルギーに対する窒素固定量）は概して独立的窒素固定より高くなる．

c. 共生的窒素固定菌の種類とその宿主

窒素固定能をもつ原核生物の属は 100 以上ある．その中で共生的窒素固定能力のある菌がみられるものは，真正細菌(バクテリア)では根粒菌(リゾビウム *Rhizobium*)*，放線菌（アクチノミセテスまたはタロバクテリア）ではフランキア（*Frankia*）．ラン藻（シアノバクテリア）で緑色植物と共生するのはヘテロシストをつくるラン藻であるノストック（*Nostoc*）に限られている．これらの共生系を，共生微生物，植物宿主の範囲，共生微生物の存在でのみできる特異的共生組織の有無，細胞内共生の有無，酸素ガスに対する防御機構，共生菌の分離・培養と再接種の有無などで整理すると表 6.1 のようになる．ラン藻共生系が最も特異性が低く，分離されたラン藻は植物の網をまたがっ

表 6.1 窒素固定微生物と緑色植物との共生

微生物大グループ	属名	宿主植物	共生菌の存在 構造または器官[1]	宿主の細胞内外	酸素防御機構	分離・再接種の有無
細菌（根粒菌）	*Rhizobium*, *Bradyrhizobium* *Azorhizobium*	マメ科植物とParasponia	根粒（誘導）	内	宿主細胞内のヘモグロビンが酸素運搬	あり
放線菌	*Frankia*	カバノキ科など8科，主に樹木	根粒（誘導）	内	小胞（vesicle）形成一部ではヘモグロビン	あり
らん藻	*Nostoc*	コケ植物―ツノゴケなど	葉状体の小孔内	外	ヘテロシスト	あり
	Nostoc（*Anabaena*ともいう）	シダ植物―アゾラ	葉の小孔内	外	ヘテロシスト	なし
	Nostoc	ソテツ類	真珠状根	外	ヘテロシスト	あり
	Nostoc	ガンネラ（被子植物）	葉柄基部腺状組織	内	ヘテロシスト	あり

注）誘導とは共生菌によって引き起こされること，そうでないものは共生菌がなくても存在する．変形は器官の変化が起こること．

---

*根粒菌はリゾビウム（*Rhizobium*），ブラディリゾビウム（*Bradyrhizobium*），アゾリゾビウム（*Azorhizobium*），の 3 属に分けられるけれど，はじめに名づけられたリゾビウムで 3 属を代表することがある．その後属名はいくらかふえた．

て，共生することができる．共生菌によって特殊な共生組織ができることはない．ついでフランキア共生系（アクチノリゼー共生）で，共生菌はいくつかの科の植物をまたがって，共生することができる．根粒菌共生系が最も特異性が高い．

  d. 細菌とマメ科植物との共生

マメ科植物と根粒菌の共生は最もくわしく研究されており，農業的意義も大きい．くわしくは次節で述べる．

なぜニレ科のパラスポニア（*Parasponia*）のようなマメ科植物と分類上離れている植物に根粒菌の中の *Bradyrhizobium* が根粒をつくるのか不明である．マメ科 Leguminoseae はカワセケツメイ亜科 Caesalpiniaceae，ネムノキ亜科 Mimosaceae，チョウ型花亜科 Papilionaceae の3亜科に分かれる．そのうちマメ科植物でもともと進化的に古いとされる Caesalpiniaceae の属のうち根粒形成が認められている属は10％くらいである．その根粒も大部分は未分化で，窒素固定能力も低い．他の2亜科では90％以上の属で根粒形成がみられる．アゾリゾビウムは西アフリカのセスバニア・ロスタラタ（Sesbania rostrata）の地上部の茎の表面にできる茎粒（厳密にいうと茎から出た気根の先にできた根粒だが，肉眼では茎の上にできたようにみえる）から分離された．培地上で，通常の酸素ガス圧のもとで窒素固定できる．他の根粒菌は酸素ガス分圧を下げないと培地上で窒素固定できない．

  e. 放線菌と樹木の共生

  1）宿主範囲 放線菌の共生（アクチノリゼー）は，今日まで8科24属の植物で知られている（表6.2）．共生相手は樹木で，寒帯から熱帯まで分布する．この共生菌が放線菌フランキアであることが確認され，その分離・培養・再接種が成功したのは1964年のことである．菌の生育がおそかったためである．フランキアは好気性放線菌で，菌糸の先端または中途に多室の胞子のう（スポランギア）をつける．放線菌の分類では *Geodermatophilus* に近い位置にある．窒素欠乏の条件にある培地上または宿主内で小胞（ベシクル，vesicle）をつくる．これは主菌糸から分岐した短い柄の先端にでき，表面の脂質のさやをかぶった直径 2〜6 μm の球状またはだ円状のふくれである．

表6.2 フランキアと共生する植物

科		属
Butulaceae	カバノキ科	*Alnus*（ハンノキ，ヤシャブシ）
Casuarinaceae	モクマオウ科	*Alocasuarina*, *Casuarina*（モクマオウ）, *Gymnostoma*, *Ceuthostoma*
Coriariaceae	ドクウツギ科	*Coriaria*（ドクウツギ）
Dasiscaceae	スミレに近い科	*Datisca*
Elaeagnaceae	グミ科	*Elaeagnus*（ナツグミ）, *Hippopha*, *Shepherdia*
Myricaceae	ヤモママ科	*Myrica*（ヤマモモ）, *Comptonia*
Rhamnaceae	クロウメモドキ科	*Cenothus*, *Colletia*, *Discaria*, *Centhrothamus*, *Retanilla*, *Talguenea*, *Trevoa*
Rosaceae	バラ科	*Cercocarpus*, *Chamebatia*, *Cowania*, *Dryas*（チョウノスケソウ）, *Pushia*

この小胞が窒素固定の場である．おそらく表面の皮膜が酸素ガスの侵入を抑えてニトロゲナーゼを酸素から守っているものと思われる．

フランキアは，宿主に対する特異性や培養的性質，DNA間の親和性によってハンノキ (*Alnus*) 群，ナツグミ (*Elaeagnus*) 群，モクマオウ (*Casuarina*) 群の三つのグループに分かれるが，概して根粒菌の場合ほど，宿主特異性が狭くない．別々な種として独立させるかどうかについては意見の一致をみていない．互いに近縁なヤマモモ科 (Myricaceae)，カバノキ科 (Betulaceae)，モクマオウ科 (Casuarinaceae) からのフランキア（これらの菌は最もよく研究されている）の根粒形成の特異性をみると，ヤマモモが最も特異性が低く，モクマオウが最も特異性が高かった（モクマオウの菌のみしか受け付けない）．系統発生的にみるとヤマモモがもっとも古いので，植物が進化するにつれ，共生菌の特異性が高まったといえよう．

2) 根粒形成機構 フランキアは広く土壌中に生存している．根毛（大部分の例）や表皮の割れ目 (*Hyppophä* 属で) から根に侵入する．菌糸のまわりには植物の細胞壁が集積する．宿主細胞の中に入った菌糸の先に小胞（ベシクル）が分化する．こうなると内鞘 (pericycle) の分裂が促進されて側根が発達してくる．この側根の皮層にさらに感染細胞組織が発達する．これは側根の皮層の外周にでき，維管束は中心部に発達する．マメ科植物の根粒と逆になる．根粒の先端には分裂組織がある．たとえばヤマモモやモクマオウのような植物は根粒の先端からさらに根が伸びる場合もある．ヤマモモの側根に根粒ができると，側根は上に向かって伸びる．感染細胞中の小胞が窒素固定の場所である．

モクマオウ，*Alocasuarina* では小胞ができない．アクチノリゼーの窒素固定は根粒の細胞配列が粗いにもかかわらず，マメ科植物の根粒の窒素固定より酸素ガスによる阻害を受けにくい．窒素固定の場である小胞の脂質に富んだ壁が酸素ガスの防壁になっているものと考えられている．培養器上では小胞をつくるが共生状態ではつくらないモクマオウ，*Alocasuarina* と，菌糸の先がやや膨れただけの小胞しかつくらないヤマモモの根粒中には，エンドウのものに匹敵する量の（レグ）ヘモグロビンが存在する．マメ科植物根粒中と同じように，ヘモグロビンが酸素ガスの貯蔵と運搬を行っていると思われる．

f. ラン藻と植物の共生

緑色植物（コケ植物，シダ植物，ソテツ類，ガンネラ）と共生するのは，ヘテロシスト性のラン藻のノストックである．ツノゴケに対してはガンネラ，ソテツ，アゾラ，地衣の共生ラン藻やさらに土壌から分離した独立生活性のラン藻が共生できる．また共生が最も進化したと思われるガンネラに対しても，コケ，ソテツ，地衣からの共生ラン藻や一部の独立生活性のラン藻が共生できる．アゾラではまだ共生ラン藻の分離・培養・再接種に成功していない．したがってアゾラをのぞけば，共生ラン藻の特異性は低い．

共生ラン藻のヘテロシストの割合は 30〜80％ にも達する（独立生活の窒素固定ラン藻では多くても 10％ くらいなのに）．窒素固定の場であるヘテロシストの割合が増すので，ラン藻の細胞あたりの窒素固定活性は共生状態の方が高くなる．共生ラン藻は植物体中でクロロフィルを保持しているが，光合成活性はないか，著しく弱い．エネルギー

源となる有機化合物は全部かほとんどを植物から供給されているものと思われる．

1) コケ植物との共生　ツノゴケ類（Anthecerophyta）の *Anthoceros*, *Phaeoceros*, *Notothylas*, *Dendroceros* と苔類（Hepaticophyta）の *Blasia*, *Cavicularia* にラン藻との共生がみられる．ツノゴケ（*Anthoceros*）の配偶体の葉状体の下側に小孔（キャビティー）があり，その中にラン藻が入る．ラン藻は共生に移る前は遊走性のホルモゴニアとなる．小孔中には宿主の細胞の突起が発達する．ここを通じて物質の交換が行われると思われる．葉上からみるとラン藻の入ったところは黒い点にみえる．

2) シダ（アゾラ）　水生シダのアゾラ（アカウキクサ，*Azolla*）は熱帯，温帯の池，灌漑路，水田，湿地に生育する浮遊性の水草である．現生種は 6 または 7 種である．日本にはアカウキクサ（*A. imbricata*），オオアカウキクサ（*A. japonica*）が自生する．国際稲研究所には 500 近い株が保存されている．互生する葉は上下 2 枚の小葉からなっていて，上葉（背面葉ともいう）の下側にある小孔（キャビティー）にラン藻が存在している．共生ラン藻は *Anabaena azollae* といわれているけれど，形態，DNA 特性，生活史からノストックであるといえる．分離・培養したという共生ラン藻の抗原や DNA の性質は共生中のラン藻と異なっており，またラン藻のいないアゾラに分離ラン藻を再接種することにも成功していない．

通常は栄養繁殖する．茎の先端の分裂中の葉の周辺に共生ラン藻がいて，葉が生育して，小孔が分化し始めると，共生ラン藻はこの小孔に閉じこめられる．葉の生長が進んでいくと，ラン藻にヘテロシストができ，最高 30％ くらいの細胞がヘテロシストになる．この状態で窒素固定能力は最高になる．先端部分にいる栄養細胞のラン藻は窒素化合物を宿主からもらっていると思われる．

小孔の中に発生したシダの毛状突起はラン藻との物質交換にたずさわる．条件によっては栄養繁殖器官である大胞子のう果（雌）と小胞子のう果（雄）が茎の基部にできる．胞子のう果の発達の初期には両胞子のう果に共生ラン藻がいるけれど，成熟したときには大胞子のう果にのみ，ラン藻が定着する．ラン藻は大胞子のう果の先端の壁の内側に存在する．その下には大胞子のう柄壁がある．大胞子から配偶体が発達し，そこで受精をする．新世代の胚が生長して，大胞子のう柄壁を破って新葉が伸びてくると，大胞子のう柄壁の外側，大胞子のう果の内側にいたラン藻は新葉に取り込まれる．新葉の小孔に閉じこめられる機構は，栄養繁殖中の場合と同じであろう．こうして新世代の生長とともにラン藻と共生に入る．こうしてアゾラの共生ラン藻は世代間を伝達する．

宿主からは糖類の供給を受ける．しかし，ラン藻はフィコシアニン色素がアゾラのクロロフィルに吸収されない光の一部をつかまえるフィコシアニン色素の助けで光還元を行う．

3) ソテツ類　この植物のすべてにみられる．地下部の浅いところにある側根が変形した上向きのシンジュ状根の皮層組織の外周にある層状の細胞間隙に共生ラン藻が侵入する．おそらく，根の先端の表面の裂け目から入るのであろう．根の基部に向かうにつれ，ヘテロシスト頻度が増加する．共生ラン藻の入ったシンジュ状根はやや屈地性を失う．

4) **ガンネラ** この植物（属の和名なし）は主に太平洋，南半球の湿潤地域に分布する草本で，全部で50種くらいある．小さいもので（*G. monoica*），2 cm くらいの高さ，大きいもので（*G. chilensis*）6 m になる．葉柄のつけねの茎に粘質物を分泌する腺状の突起があり，分泌物に集まったラン藻は腺状突起の底部にある間隙から奥に入り込む．このとき，ラン藻は遊走性のホルモゴニアとなる．内奥部には小孔があいていて，ここから宿主の細胞内に入る．細胞内に入ったラン藻の多い場合は80％がヘテロシストに分化する．独立生活ラン藻にはみられないヘテロシストが，二つ連結している場合もみられる．ラン藻細胞のまわりには，マメ科植物の根粒の感染細胞内のように植物の原形質膜がある．共生が成熟すると，腺は褐変する．先端から5～10 mmくらいのところでラン藻のヘテロシストの頻度がほぼ最高になり，窒素固定活性も最高になる．さらに奥へ入ったところではラン藻の量が増え，ヘテロシストの頻度もいくらか増すけれど，窒素固定活性は低下する．

g. 植物とのゆるい結びつきによる窒素固定

1) 植物根圏の窒素固定菌 熱帯産のイネ科牧草が窒素肥料がなくてもよく育つことから，窒素固定が牧草の根で起こっているのではないかという疑問からブラジルのデブライナー（Döbreiner）は1968年に *Paspalum notatum* の根圏に特異的に *Azotobacter paspali* という窒素固定細菌が住み着いていることを見出し，植物とのゆるい結びつきによる（アソシエイティブ，associative）窒素固定という考えができた．

1970年代前半に，熱帯産の牧草や C_4 植物の根圏からアゾスピリラム（*Azospirillum*）はじめ，いろいろな従属栄養性の窒素固定菌が分離された．水稲の根圏からはアゾスピリラム *Klebsiella*, *Enterobacter cloacae*, *Pseudomonas diazotrophicus* などが分離された．水稲の根圏から分離された従属栄養細菌のときには，90％が窒素固定菌であった．アゾスピリラムは，いろいろな植物の根圏から分離された．根圏または根の中の窒素固定菌は根圏の有機物を利用して，窒素固定を行い，その産物が直接または間接的（菌体の崩壊後）に植物に吸収される．

窒素固定量や，植物に吸収される固定された窒素の割合は，まだ十分に解明されていない．水稲やサトウキビでは，無窒素肥料区の植物の窒素吸収量の10～60％に達すると見積もられている．しかし，実際の貢献は1970年代に期待されたより少ない．

2) 内生的窒素固定菌 アゾスピリラムが見出された1970年代に，この菌が根圏だけでなく，根の組織や細胞内に生息していることが報告されていたが，1980年代後半には根圏よりも根や地上部の細胞や細胞内に存在する窒素固定菌が分離された．やはりデブライナーらは30％の砂糖濃度でも生育でき，10％が最適濃度である酢酸菌の一種 *Acetobacter diazotrophicus* をサトウキビの根，葉，茎から分離した．デブライナーらはサトウキビと結びついた高い窒素固定をこの菌の存在（ときには茎に $10^7/g$ くらいいる）と関連させている．この菌はサツマイモの塊茎からも分離されたけれど，土壌中からは分離されていない．それ以外に内生的窒素固定菌として *Herbaspirillum seropedica* や，耐塩性の *Leptochloa fusca* という草から分離された *Azoarcus* などが知られている．しかし，これらの菌の生態的意義はよくわからない．

h. 共生的窒素固定と農林業

化学的に合成された肥料中の窒素成分の全部は植物に吸収されない．だいたい30〜80％くらいが吸収され，残りの一部は硝酸や亜酸化窒素として水や大気に放出されて環境を汚染する．また，その製造と運搬に化石燃料を消費する．したがって，その利用は環境に負荷を与える．

これに反し，共生的窒素固定では，固定された窒素はすべて植物に吸収されるので，利用効率が100％で，つくられるときにも環境を汚染しない．環境にやさしい農林業を考えるとき，生物的窒素固定は大いに利用されるべきである．まず，問題になるのは窒素固定量である．

1) 窒素固定量の測定方法

i) 全窒素収支法 これが最も古い方法だが，確実である．有底の土壌を含む系では

窒素獲得量＝植物の吸収した窒素量－土壌全窒素の減少量－施肥窒素量

窒素獲得量のすべてが固定窒素量ではないが，他の給源たとえば雨水中の成分が無視できれば，窒素固定量の推定できる．土壌の全窒素量は大きな量で，その測定誤差も大きいので，一年生作物では数作連作して，植物の吸収した窒素量を大きくして，収支を求める．

ii) 重窒素ガス法 測定対象を重窒素^{15}Nで標識した窒素ガスを含む密閉した容器に入れて，測定する．この方法が最も直接的である．植物系で，測定期間が長期になる場合は気相の二酸化炭素濃度と温度を一定に保つ必要がある．ある一定期間の窒素固定量しか把握できない．しかし，固定された窒素の代謝を知るにはこの方法しかない．

iii) アセチレン還元法 ニトロゲナーゼは，アセチレンを還元してエチレンにする．この反応は，ニトロゲナーゼ以外では起こらないので，アセチレン還元法はニトロゲナーゼの特異的検出法である．微量のエチレンはガスクロマトグラフで簡単に測定できるので，簡便で最も感度のよい測定法である．次式により理論的には2モルのエチレン生成は1モルのアンモニア生成に相当する．

$$2\,C_2H_2 + 4\,RH + 4\,e = 2\,C_2H_4 + 4\,R$$
$$\frac{1}{2}N_2 + 4\,RH + 4\,e = NH_3 + \frac{1}{2}H_2 + 4\,R$$

しかし，ニトロゲナーゼによる水素ガス発生とアンモニア生成の比が条件により変わるので，エチレン生成量はアンモニア生成量と厳密に対応し，したがって今日ではこの比をもとに，アセチレン還元活性から窒素固定量を計算しない．ただ，半定量的に窒素固定活性を推定するのに用いられる．窒素固定活性の相互比較に有用である．

iv) 重窒素希釈法 気相に^{15}Nで標識した窒素ガスを与えるかわりに，根から吸収する窒素成分の方を標識するやり方である．窒素固定植物では，空中の標識されない窒素ガスの吸収があるので，植物体内の標識した窒素の含有率は，窒素固定をしない植物よりも低い(希釈される)．窒素固定植物も非固定植物も根から吸収した窒素の中の^{15}Nの含有率は同じだと仮定する．適当な非窒素固定植物を対照として用いる必要がある．長い期間の植物の窒素固定量を測定できる利点がある．計算は次式で行う．

$$N_{dfa}\ (\%) = \left(1 - \frac{窒素固定植物の{}^{15}N\ atom\ \%\ excess}{非窒素固定植物の{}^{15}N\ atom\ \%\ excess}\right) \times 100$$

N_{dfa}：体内窒素中の空中窒素ガスに由来する窒素の割合である．

この方法には${}^{15}N$で標識した結合態窒素化合物を基質として与える方法（基質添加法）と，${}^{15}N$の自然同位体の含有率のわずかな差を利用する方法（自然同位体比法）がある．基質添加法では，窒素固定植物も非固定植物も根から吸収した窒素の中の${}^{15}N$の含有率は同じだとする仮定が成立し得るかどうか吟味する必要がある．

自然同位体比法では，自然同位体比を$\delta^{15}N$として次のように定義し，その下の式を用いる．

$$\delta^{15}N\ (‰) = \frac{{}^{15}N\ atom\ \% - 標準物質の{}^{15}N atom\ \%}{標準物質の{}^{15}N atom\ \%} \times 1000$$

$$N_{dfa}\ (\%) = \frac{(非窒素固定植物の\delta^{15}N - 窒素固定植物の\delta^{15}N)}{\{(非窒素固定植物の\delta^{15}N - A\delta^{15}N)\}} \times 100$$

$A\delta^{15}N$は窒素固定植物を完全に窒素ガスに依存して育ったときの$\delta^{15}N$で大体$-1〜-0.5‰$くらい．非窒素固定植物の$\delta^{15}N$は$+6$から$+9‰$くらいである．この方法は基質添加困難な自然生態系での研究に適する．

v) **ウレイド法** ダイズ，インゲンマメなど一部のマメ科植物は窒素固定産物をアラントイン，アラントイン酸（ウレイド）の形で導管をとおって地上部に送る．導管液中のこの窒素化合物の含量を分析すれば，窒素固定活性の測定ができる．この方法はウレイドをつくる特定の植物にしか適用できないが，窒素固定能力の高い品種の育成に役立つ．導管液は茎を切断した後，切り口にチューブをはめ，減圧しながら液を引き出す．この液中の全窒素量に対するウレイド態窒素の割合をウレイド窒素比とし，これと別に実験で求めたN_{dfa}との関係を示す計算式からN_{dfa}を求める．

2) **マメ科植物の共生的窒素固定と農業** マメ科植物は食用種子生産，牧草，緑肥として長い利用の歴史がある．マメ科作物の共生窒素固定量は，地球上で化学窒素肥料として生産された窒素量の年間9,000万tとほぼ匹敵する量であると推定されている．しかし，まだその窒素固定の可能性は十分引き出されているとはいえない．共生的窒素固定の農林業に対する意義を考えるとき，まず問題になるのは窒素固定量である．

i) 窒素固定量 マメ科作物は空中窒素の同化とともに，土壌や肥料からの窒素も吸収する．ダイズの窒素中の空中窒素由来の割合を日本で集めた子実について，上に述べた自然同位体比法で求めたら平均50％であった．北海道のいろいろな土壌での調査では16から80％で，固定量は14から200 kg/haでかなりばらつきがあった．空中窒素同化能のあるものとして有名なダイズでも，窒素の半分ちかくは施肥，土壌窒素に依存している．おそらく，日本の土壌の高い窒素肥よく度や肥料施肥量を反映しているものと思われる．根粒の窒素固定活性を高める栽培法が探究されるべきである．

ii) 根粒菌接種 培養した根粒菌をマメ科作物の播種時に接種することは，今世紀はじめから行われている．新しくその作物を栽培するときには，しばしば土着の根粒菌がいないことがあるので，根粒菌接種が必要である．根粒菌は通常泥炭を主体にした個体培地に生育させて袋入りにして，農家に配布される．これを水に懸濁させ，種子に

まぶして播種する．適当な付着剤と一緒に菌をまぶした種子か，減圧にして種皮の中に菌を侵入させた種子を用いる場合もある．一度マメ科作物を栽培すると，土壌中の根粒菌数は 10^5/g くらいになり，その後徐々に減少する．土着の根粒菌がいるときでも，その窒素固定能が弱いことがある．この場合，優良な根粒菌を接種する必要があるが，土着菌にかつには普通すすめられている量より，1,000 倍以上も多い菌を接種しなければならない．

3) 放線菌による共生的窒素固定　アクチノリーザ植物は温帯のやせた土地で，初期の侵入植物や造林樹木となることが多い．ハンノキ属の植物は，温帯で経済的な樹木の一つである．熱帯の砂質土壌の植林にモクマオウ（ちょっと松に似た外観）が有望で，土壌の肥よく度向上に役立てると同時に，生育の速い樹木として，薪炭材として利用される．固定量は，年 100〜200 kg/ha を超える．

4) アゾラの利用　年間の窒素固定量は，熱帯で1年中生育できるところで 500〜1,000 kgN/ha に達する．条件がよければ2日で倍加し，1日あたりの生産量は 100〜200 g 新鮮重（乾物重で 5〜12 g）/m^2 となる．水面をいっぱい覆ったときは，4〜12 g/m^2 の窒素を蓄える．体内の窒素の 60〜90％は窒素固定による．古くから水稲の緑肥として，中国揚子江以南，北部ベトナムで用いられてきた．利用の歴史は 11 世紀までさかのぼる．1960〜1980 年ころ最も広く利用された．しかし，両国とも 1980 年代後半に，市場経済が導入されると急速に利用が減少した．アジアでは 1980 年にフィリピン・ミンダナオ島で利用されたが，一部の地域を除いて広まらなかった．アゾラは窒素肥料のほかに，家畜，家きん，魚の飼料として利用可能である．また，生物的除草剤，水域からの汚染物質の除去などにも利用可能である．

5) 根圏の窒素固定　この窒素固定がどの程度の量であるのか，まだ知識に不確実なところが多い．ある種のサトウキビの品種では，無窒素肥料区の3年間の窒素収支は +560 kg/ha で，これは植物の窒素吸収量の 70％であった．同時に行った ^{15}N 希釈法による固定窒素の寄与率は，34 から 52％の間にあると推定された．インドで行われた自然存在比法を用いた実験では，C$_4$ 牧草と結びついた窒素固定をほとんど確認できなかった．水稲の根と結びついた窒素固定量は，アセチレン還元法，^{15}N 標識窒素ガス法，^{15}N 希釈法，^{15}N 自然存在比法の結果を総合して，1〜7 kg/ha くらいであろうと推定される．稲わらの分解と関連したもの，ラン藻による土の表面でのもの，それに根圏でのものをあわせた窒素収支法で求めた窒素固定量は水稲の品種によって違い，ha あたり1作で 7〜60 kg（平均 20 kg）であった．　　　　　　　　　　〔渡辺　巌〕

6.1.2　マメ科植物根粒における共生窒素固定

マメ科植物は一群の土壌細菌（*Rhizobium*, *Bradyrhizobium*, *Azorhizobium*, *Shinorhizobium*, *Mesorhizobium*—以下，根粒菌）の感染によって根粒を形成し，根粒菌の固定した大気窒素を利用して生育できる．根粒菌は単独で土壌中に生息するときには通常窒素固定能を示すことはなく，植物との細胞内共生によってはじめて窒素固定系を発現する．マメ科植物は根粒という特異な器官を形成することで，共生する根粒菌に窒素固定活性を誘導するとともにそのエネルギー源としての光合成産物を供給し，さ

らに根粒菌の固定した窒素を効率的に利用する体制を作り上げている．本節では植物-微生物相互作用という観点から植物側を中心に，窒素固定共生をめぐる研究の現状を紹介する．

a. 根粒の形成過程

ほとんどの場合，根粒は生長中の根毛に付着して，カーリングとよばれる特異な根毛の変形をひき起こす（図6.1の1）．植物根表面への接着は根粒菌固有の特質で共生成立のための最初の必要なステップだが，それ自体は宿主選択的な現象ではなく，根毛のカーリングが感染の最初の表現型と見なされる．根粒菌は根毛から感染糸とよばれる管状の構造を形成しつつエンドサイトーシス的に表皮細胞に侵入し，同時に皮層細胞に

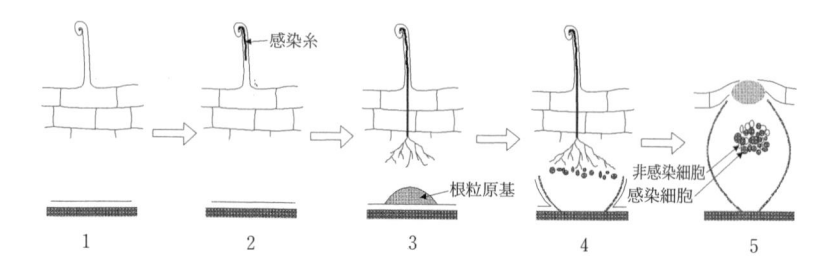

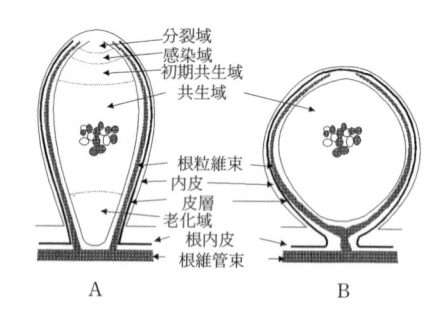

図6.1 根粒の形成過程と構造

(上)根粒の形成過程（エンドウマメ）
 1．根粒菌は生長中の根毛に付着してカーリングをひき起こす．
 2．根粒菌は感染糸を形成しつつ，根毛から表皮細胞に侵入する．
 3．感染糸は枝分かれしながら皮層細胞の奥深く侵入し，感染糸中で根粒菌の増殖が進む．同時に皮層細胞分裂が誘導され，根粒原基が形成される．
 4．根粒原基は根の表面に向かって生長し，感染糸からは根粒菌が植物細胞中に放出される．
 5．通導組織が発達し，感染・非感染細胞が分化し，根粒の構造が完成する．根粒菌は植物細胞中でバクテロイドとなって窒素固定活性を発現する．

ダイズ，カウピーなどでも感染とそれに引き続く根粒形成過程は基本的には同様だが，これら有限型根粒をつくる植物では，根粒原基（一次分裂組織）は表皮直下の皮層細胞に形成されて，感染糸の発達も表皮に近い数層の皮層細胞に限定される．根粒原基の形成にやや遅れて，根の内鞘細胞が分裂をはじめ（二次分裂組織），これはやがて根粒原基と根の中心柱をつなぐ通導組織となる．

(下)完成された根粒の構造．無限型(A)と有限型(B)根粒．

分裂が誘導され根粒原基を形成する（図6.1の2, 3）．やがて根の中心柱と根粒原基の間に通導組織系が形成され，根粒原基はさらに発達して，根の表面に突出し根粒が形成される．このような根粒の発達と並行して，感染糸は皮層細胞中に枝分かれしながら生長し，根粒菌は宿主細胞中に放出される．根粒細胞中に放出された根粒菌は植物原形質膜に由来するペリバクテロイド膜（PBM）によって植物細胞質と隔離され，増殖を停止してバクテロイドと呼ばれる共生に特異な形態に分化して，窒素固定活性を発現する．一部の例外を除いて，根粒のすべての細胞がバクテロイドを含むことはなく，感染領域には感染細胞と非感染細胞が混在し，これらの間で代謝的な機能分化が認められている．

根粒の形成過程には大きく分けて2つの場合がある[1]．ダイズ，インゲン，カウピーなどではまず表皮直下の皮層細胞に分裂がおこり（一次分裂組織），根粒原基となる．皮層細胞分裂の誘導にやや遅れて，中心柱の内鞘に分裂が誘導され（二次分裂組織），通導系を発達させながら根粒原基に融合する．これに対して，エンドウ，アルファルファ，クローバー，ベッチなどの植物では根粒原基は根の中心柱に隣接する皮層細胞に形成され，一次，二次分裂組織の区別は明確ではない．このような違いに対応して形成された根粒の組織形態も異なっており，前者は球形で頂端分裂域をもたず細胞分裂は根粒形成のごく初期に限られ，形成された根粒の生長はもっぱら細胞肥大による（有限型，図6.1 B）．一方，後者は円筒形で先端に分裂域をもち，基部に向かって共生の発達段階の異なる細胞群が配置する（無限型，図6.1 A）．それぞれに対応する根粒菌は通常，異なった分類上のグループ（主に前者では *Bradyrhizobium*，後者では *Rhizobium*）に属するが，このような根粒の形成過程および組織構造の違いはそれぞれの植物の遺伝形質によるもので，根粒菌の違いに起因するものではない．根粒は皮層細胞の分裂によって形成され，通導組織系は根粒の外層の皮層（コルテックス）に網の目のように発達し，これらの点で側根形成とは明確に区別される．

このような根粒の形成過程にはいくつかの例外があり，たとえば落花生は *Bradyrhizobium* によって有限型根粒を形成するが，感染は根毛を経由せず，側根形成に伴って生ずる根の裂け目（クラッキング）から感染する．また，根粒菌によって根粒形成する唯一の非マメ科植物であるパラスポニア（ニレ科木本植物）の根粒も側根の変形したものと考えられる．

b. 感染・根粒形成の分子機構

1) 根粒菌 *nod* 遺伝子と Nod ファクター　　一般に，根粒菌と宿主植物の相互作用には厳密な宿主特異性が存在する．すなわち，たとえば *R. meliloti* はアルファルファのみに根粒を形成し，ダイズやエンドウに感染することはない．このような宿主認識と根粒形成に関与する根粒菌の遺伝子は詳しく研究されており，その中でも *nod* 遺伝子と呼ばれる一群の遺伝子がもっとも詳しく調べられている．根粒形成に関与する微生物側の遺伝子は，*nod* 遺伝子以外にも，*exo*, *lps*, *ndv* など菌の表層多糖質の生成に関係する遺伝子も重要な役割をもっており，さらに窒素固定遺伝子の調節に関与する遺伝子の一部（*fix* 遺伝子群）も根粒形成に関連している．しかし，これらが共生成立に関わる植物-微生物相互作用において果たしている役割については *nod* 遺伝子ほどには解明

Rhizobium, Shinorhizobium では，nod 遺伝子は sym プラスミドと呼ばれる巨大プラスミドにコードされているが，Bradyrhizobium, Mesorhizobium ではそのような巨大プラスミドは存在せず，nod 遺伝子は"symbiosis island"と呼ばれるクラスターとしてクロモソーム上に存在する．しかし，これらの菌の間で宿主認識・根粒形成に関わるメカニズムに本質的な差異はない．R. leguminosarum bv viciae（エンドウ根粒菌）における nod 遺伝子の概略を図 6.2 に示した．nodDABC，および nodIJ はすべての根粒菌に保存されており，"共通"（common）nod 遺伝子と呼ばれる．その他の nod 遺伝子のうちの多くは"宿主特異的"nod 遺伝子と呼ばれる．nodD は常に発現しており，その産物 NodD は，他の nod 遺伝子群のプロモータ領域に存在する 50〜60 bp のきわめてよく保存された配列（nod ボックス）に結合する転写因子である．

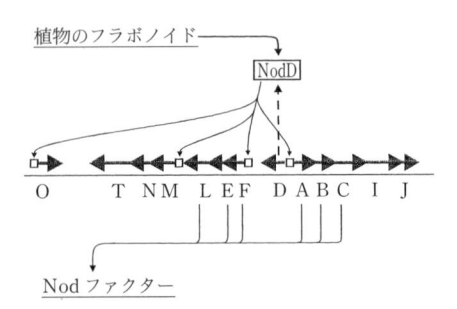

図 6.2 R. leguminosarum bv. viciae の根粒形成（nod）遺伝子の構造
太矢印は各遺伝子の ORF の位置と方向，□は nod ボックスの存在位置を示す．NodD タンパク質は，nod ボックスに作用して，他の nod 遺伝子を活性化する．これまでに nodA, B, C は Nod ファクターのアシル化 N-アセチルグルコサミン骨格の形成に，また，nodE, F, L は宿主特異性を決定する側鎖の合成に関与することがわかっている．

NodD による他の nod 遺伝子の発現には，植物根から分泌されるフラボノイド系のシグナル物質が必須である[2,3]．つまり nodD 以外の nod 遺伝子は宿主植物との相互作用によってはじめて活性化される．さまざまの遺伝的解析や NodD タンパクの構造から，NodD とこれら植物側のシグナル物質との相互作用は直接的で，NodD の C 末端側に植物シグナルの認識部位があると推定されているが，今のところこの相互作用のメカニズムは明らかではない．根粒菌は対応する宿主植物に固有のシグナル物質に選択的に反応するので，NodD とフラボノイドの相互作用は宿主認識に関与するが，それは比較的ゆるやかで厳密に特異的なものではない．nodABC のどれか一つの発現を阻止すると，根毛カーリング，皮層細胞分裂，感染糸形成のすべてが起こらなくなる．一方，nodIJ および多くの宿主特異的 nod 遺伝子の変異は，根粒非着生のほかに，根粒形成の遅延，根粒数の減少，あるいは"不完全"な根粒形成をもたらし，ある場合には宿主特異性を変える．

nod 遺伝子の生化学的機能の解明は，これらの遺伝子の発現に依存して合成され菌体外に分泌される根粒形成のシグナル物質（Nod ファクター）が単離され構造決定されたことで，急速に前進した[4,5]．すべての根粒菌で Nod ファクターの基本構造は共通しており，3〜5 個の N-アセチルグルコサミン骨格の非還元末端に C 16，または C 18 の脂肪酸側鎖をもつアシル化キチンオリゴマーである（図 6.3）．Nod ファクター

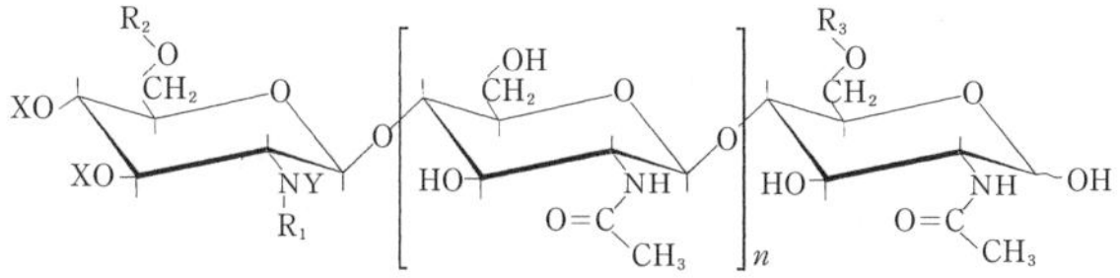

6.1 窒素固定微生物との共生

根粒菌	宿主植物	R_1 [*1]	R_2	R_3	X	Y	n
R. meliloti	アルファルファ	$-C16:2(2,9)$ $-C16:3(2,4,9)$	$-CH_3CO$ $-H$	$-SO_3H$	$-H$	$-H$	1,2, or 3
R. leguminosarum bv *viciae*	エンドウ, ベッチ	$-C18:4(2,4,6,11)$ $-C18:1(11)$	$-CH_3CO$	$-H$ $-CH_3CO$	$-H$	$-H$	2 or 3
B. japonicum	ダイズ	$-C18:1(9)$ $-C18:1(9,Me)$ $-C16:9$ $-C16:0$	$-H$ $-CH_3CO$	2-O-MeFuc	$-H$	$-H$	3
R. sp. NGR 234	広宿主域[*2]	$-C18:1(11)$ $-C16:0$	$-H$	$-SO_3H$ $-CH_3CO$ -2-O-MeFuc	$-H$ $-CONH_2$	$-CH_3$	3
A. caulinodans ORS 571	セスバニア	$-C18:0$ $-C18:1$	$-CONH_2CO$ $-H$	D-arabinosyl	$-H$	$-CH_3$	2 or 3
R. fredii	ダイズ	$-C18:1(11)$	$-H$	$-Fuc$ -2-O-MeFuc	$-H$	$-H$	1,2, or 3

図 6.3 Nod ファクターの構造. おのおのの根粒菌について主要な Nod ファクターの構造を示してある. [*1] カッコ内の数字は不飽和結合の位置を示す. [*2] 60 種類以上のマメ科植物に根粒を形成する.

は $10^{-9} \sim 10^{-12}$M の低濃度で,対応する宿主植物に根毛の変形や皮層細胞分裂を誘導し,アルファルファ,野生ダイズ,ミヤコグサなどでは根粒形成まで引き起こすことができる[6,7]. 宿主特異性の決定には,骨格となる N-アセチルグルコサミン残基の数,および両末端,とくに還元末端側の側鎖(図6.3のR_3)の構造が重要で,たとえば *R. meliloti* の生産する Nod ファクターから還元末端のスルホン基を取り去ると,本来の宿主であるアルファルファに対する活性を失うが,*R. leguminosarum* bv *viciae* の宿主であるベッチに根毛の変形を引き起こすようになる. 同様に,*B. japonicum* の生産する Nod ファクターの還元末端のメチルフコシル基を除去すると,ダイズに対する生物活性が失われる. 非還元末端のアシル基は生物活性に必須であるが,NodRlv-IV (C 18:4) の不飽和部位をすべて飽和させても活性に影響はなく,また脱スルホン化した NodRm-IV (C 16:2) がベッチに活性を示すことなどから,アシル基の構造の違いは宿主特異性の決定に普遍的に重要というわけではない.

Nod ファクターの構造と宿主特異性の関連が明らかになるに伴い,共通および宿主特異的 *nod* 遺伝子の機能の解明が進んできた[8]. アシル化 N-アセチルグルコサミン骨格の形成には共通 *nod* 遺伝子である *nodABC* が関与する. NodB は非還元末端の N-

アセチルグルコサミンに特異的に働く脱アセチ酵素活性をもつことが示されている．NodC は N-アセチルグルコサミン骨格の形成にかかわる UDP-N-アセチルグルコサミントランスフェラーゼであり，また NodA はこの骨格の形成のための残された機能であるアシル基の付与に関わる N-アシルトランスフェラーゼと推定されている．nodI と nodJ の機能は未解明だが，予想される遺伝子産物の構造から，Nod ファクターの菌体外への輸送に関与する膜タンパクをコードするものと推定されている．一方"宿主特異的" nod 遺伝子のうち，R. meliloti における nodPQ は還元末端のスルホン化に関与し，また B. japonicum の nodZ は還元末端にフコシル基を付加することがわかっている．R. leguminosarum の nodF, E はアシル基の基本構造を決め，そのうち nodF はアシルキャリアータンパクをコードしている．また，M. loti の nolL は還元末端に付加されたフコシル基のアセチル化に関与する．

このように Nod ファクターの単離と構造決定を契機として，"共通" nod 遺伝子である nodABC が Nod ファクターの基本構造であるアシル化キチンオリゴマーを形成し，"宿主特異的" nod 遺伝子が，その側鎖の構造を決定することで宿主特異性に関与するという基本的なメカニズムが明らかになってきた．Nod ファクターは植物側にプログラムされた根粒形成の引き金となるシグナル分子であると同時に，感染成立にも必須の役割を果たしている．Nod ファクターの側鎖の構造にかかわる nod 遺伝子の変異株に対する植物応答の解析から，植物側では根粒形成と感染プロセスに関して，構造特異性を異にする二つ以上の受容系が働いているとするモデルが提案されている[9]．実際，単一の根粒菌が生産する Nod ファクターの構造は通常 1 種類ではない．それら構造の異なる Nod ファクターの混合物が，精製または化学合成した単一の Nod ファクターによる場合よりも根粒形成をより先に進めることができるという結果も，複数の受容系の関与を示唆している[10]．

Nod ファクターの構造と宿主特異性の関係は，植物根の分泌するフラボノイド系化合物による根粒菌 nod 遺伝子の活性化におけるよりはるかに厳密であり，Nod ファクターは宿主特異性を決定するもっとも基本的なシグナル分子ということができる．しかしながら，Nod ファクターのみによって宿主特異性のすべてが説明できるわけではない．詳しくは触れないが，根粒菌の表層多糖質を介した相互作用も重要な役割を担っている．また，上に述べてきたような根粒形成と感染の初期過程だけでなく，いったん細胞内共生が成立した後にも，植物細胞と根粒菌（バクテロイド）の間に，特異的な相互認識が働いていることを示す興味ある研究結果がある[11]．こうした共生成立後の相互作用の分子機構についてわかっていることはほとんどない．

2) 共生に関わる植物遺伝子　宿主植物による Nod ファクターの受容と，根粒形成と感染成立に至るシグナル伝達機構の解明は，窒素固定共生系の理解のために今日もっとも基本的な課題である．

しかしながら，1990 年の Nod ファクターの構造決定以後現在にいたるまで，Nod ファクター受容体は単離されておらず，nod 遺伝子を中心にした根粒菌の分子遺伝学的研究の進展に比べて植物側の研究は大きく立ちおくれている．これは，根粒形成にかかわる植物-微生物相互作用が，あらかじめ正確な位置を予測できない根の表面で局所的

に起こる現象であるために,その初期過程を追跡することに大きな困難が伴うという理由によるものと考えられる.そのため近年,さまざまな突然変異体を利用して,分子遺伝学的手法によって共生に関与する植物遺伝子を単離しようとする試みが強力に進められるようになった.

エンドウマメにおける多くの sym 遺伝子などをはじめとして,根粒形成の各段階に特異的に関与する多くの独立な植物遺伝子の存在が,さまざまな手法によって分離された突然変異体の解析によって示されている.それらの変異は多くの場合根粒非着生をもたらすが,根粒形成の遅延,あるいは"無効根粒"(根粒は形成するが窒素固定活性を発現しない)形成などをもたらすものもある.また特定の根粒菌株に対する(非)親和性に関与する遺伝子や,"超根粒"(通常の5〜10倍の根粒を着生する)形成に関わる遺伝子の存在も報告されている.

エンドウ,インゲン,ダイズなど主要なマメ科植物はしかし,巨大かつ複雑なゲノム構造や,形質転換の困難などのために,共生の原因遺伝子の単離をめざした分子遺伝学的研究の材料としては適していない.そのために,適切な性質を備えたモデル植物の利用が提唱され,こんにちミヤコグサ (Lotus japonicus) とウマゴヤシ (Medicago trancatula) が,マメ科モデル植物として活用されている.ミヤコグサはわが国を含むアジア一帯に広く分布するマメ科雑草で,マメ科としては例外的に小さなゲノムサイズ(2倍体,約 500 Mb),短い世代時間(約3カ月)などの性質に加えて安定な形質転換系が確立されている.トランスポゾンを用いた遺伝子タギング法によって単離されたミヤコグサ nin 遺伝子は,こうしたモデル系を用いた分子遺伝学的研究の最初の成功例となった[12].nin 変異体は,根毛の変形はおこるものの感染糸が形成されず,その結果根粒非着生となる.nin 遺伝子は Nod ファクターによってきわめて短時間に発現が誘導され,その産物は新規の転写調節因子と考えられており,現在その機能の解析が進められている.

これらのモデル植物については,変異誘発剤やトランスポゾン等を用いた根粒形成変異体の大規模な分離とともに,精密な遺伝子地図の作成など,基礎的な研究基盤の整備が組織的に進められており,これらの基盤の上に今後次々に植物側の共生遺伝子が単離されるものと期待されている[13].

レクチンが根粒菌と植物の相互認識に関与しているという説は古くから行われているが,根粒形成におけるレクチンの関与についての実験的証拠は比較的最近になって示された.R. leguminosarum bv viciae はエンドウやベッチに根粒を形成するがクローバーには根粒形成しない.しかし,エンドウのレクチン遺伝子を導入したクローバーには根粒を形成できる[14].R. leguminosarum bv viciae はクローバー菌 (R. leguminosarum bv trifolii) と非常に近い関係にあり,クローバーに対して根粒形成には至らないものの,根毛の変形など感染初期の反応をひき起こすことができる.したがってこの実験結果は,レクチンの関与は感染初期の宿主-根粒菌の相互認識ではなく,それに引き続く根粒原基の形成の過程にあることを示唆するものといえる.しかしながら,最近ある種のマメ科植物のレクチンが,Nod ファクターに強い結合活性をもつことが示されており[15],レクチンが根粒菌との相互認識において果たす役割についてはなお不明の部分が

表6.3 マメ科植物根粒から単離されている主なノジュリン遺伝子

名称	植物種	遺伝子産物と予想される機能	発現部位	誘導機構
後期ノジュリン				
Lbs	ダイズその他	レグヘモグロビン	感染細胞	
ノジュリン-22	ダイズ			
ノジュリン-23	ダイズ	PBMタンパク	感染細胞	
ノジュリン-24	ダイズ			
ノジュリン-26	ダイズ	PBMタンパク	感染細胞	
ノジュリン-20	ダイズ			
ノジュリン-100	ダイズ	スクロース合成酵素	非感染細胞	
ノジュリン-44	ダイズ			
GmN 56	ダイズ		感染細胞	
ノジュリン-35	ダイズその他	ウリカーゼ	非感染細胞	
初期ノジュリン				
ENOD 2	ダイズその他	細胞壁タンパク	皮層細胞	Nodファクター サイトカイニン
ENOD 40	ダイズその他	皮層細胞分裂の誘導	維管束内鞘, 根, 分裂細胞	Nodファクター サイトカイニン
ENOD 5	エンドウ			Nodファクター
ENOD 12	エンドウ アルファルファ	感染糸形成	感染糸を含む細胞	Nodファクター
GmN 93	ダイズ アルファルファ		感染細胞	
GmN 70	ダイズ	硫酸トランスポーター	感染細胞	Nodファクター
ENOD 55	ダイズ		感染細胞	

多い．

3) ノジュリン遺伝子 一方これらとは別に，根粒形成の各段階で特異的に誘導される一群の植物遺伝子（ノジュリン遺伝子）が数多くクローニングされている．ノジュリン遺伝子は，感染およびそれに引き続く根粒形成過程での植物-微生物相互作用の結果として誘導されてくるものであり，根粒菌のnod遺伝子のように，狭い意味でそれ自体ただちに共生の原因遺伝子と目されるものではない．しかし，ノジュリン遺伝子の大部分は多くのマメ科植物によく保存されており，以下に述べるように，根粒形成・共生窒素固定の発現過程で時間的・空間的にきわめて秩序だった発現様式を示すことなどから，これらは根粒形成・共生成立において重要な役割を果たすものと考えられてきた．

ノジュリン遺伝子はその発現時期によって初期および後期ノジュリンに区分される．これまでに報告されている主要なノジュリン遺伝子を表6.3に示した．後期ノジュリンは，窒素固定活性の発現とほぼ同時期，あるいはその直前に一斉に誘導され，その多くは感染細胞に特異的で，共生窒素固定に密接に関連して機能を果たしていると考えられ

ている．実際，もっとも大量に存在するノジュリンであるレグヘモグロビン（Lb）は，ニトロゲナーゼの発現に必要な低酸素分圧を維持しつつ，バクテロイドの好気呼吸に必要な酸素フラックスを確保するという重要な機能を果たしている．また，PBM を構成するタンパクにも多くの後期ノジュリンが含まれており，それらは植物細胞質とバクテロイド間の物質輸送に関与するものと推定されている．

これに対して感染・根粒形成の初期に誘導されるものを初期ノジュリン（以下 ENOD と表記）と呼んでいる．ENOD の発現時期は個々の遺伝子によって異なり，もっとも早いものは根粒菌接種後数時間以内に発現する（ENOD 12, ENOD 40 など）．ENOD 2 はこれよりもやや遅れて根粒原基の形成後に誘導され，ENOD 55 や GmN 70 のように根と根粒原基を連結する通導組織の形成後に誘導されるものもある[16]．これら初期ノジュリン遺伝子は例外なく差スクリーニング法によって単離されたもので，その予想される遺伝子産物の構造は機能既知の遺伝子との相同性をほとんどの場合示さないため，根粒形成におけるこれら遺伝子の機能の解明は今後の研究に待たねばならない．しかし，ENOD 40 を過剰発現させたアルファルファでホルモンバランスの異常に基づくと考えられる形態形成の異常が観察されており[17]，このことはこの遺伝子が根粒の器官形成において重要な機能を果たしている可能性を強く示唆している．ENOD 40 の発現の部位やタイムコースに関する詳しい解析の結果[18]もこの遺伝子の発現が皮層細胞分裂の誘導に深く関わっていることを示唆するものである．

いまのところ，これら初期ノジュリン遺伝子は根粒形成の異なる発達段階を特徴づけるよい分子マーカーである．ある種の根粒菌変異株は感染糸を形成できず，したがって細胞内共生の能力を欠くが，このような根粒菌によって形成された根粒でも ENOD 2 や ENOD 40 は発現する．さらに，Nod ファクターの投与によって，ENOD 40 の部位特異的な発現が誘導されることが多くのマメ科植物で確認されている．野生ダイズの場合，NodBj-V（C 18:1, MeFuc）によって，6 時間以内に ENOD 40 の誘導が認められる[18]．一方，ENOD 2, ENOD 55 は構造の異なる 2 種以上の Nod ファクターを同時に与えた場合にのみ誘導される[10]．さらに野生ダイズにおける ENOD 40 の発現は，ダイズに対して見かけ上不活性な構造の Nod ファクターによっても誘導される．これらのことから，Nod ファクターに対するレセプターは少なくとも 2 種以上あると推定されている．

Nod ファクターによってアルファルファや野生ダイズに形成される構造は，ほぼ真正の根粒に近い組織構造を示すことから，根粒の形態形成のプログラムは，基本的に Nod ファクターによってオンされると信じられている．しかしそのような構造において後期ノジュリンの誘導は報告されておらず，機能的な共生の実現のためには植物細胞内に侵入した根粒菌（バクテロイド）と植物細胞の間に未知のシグナル交換が存在する可能性が高い．

c. 共生窒素固定の生理機構

以上述べてきたような，宿主-根粒菌の相互認識・感染・根粒形成に関わる分子機構とともに，根粒内におけるバクテロイドと植物細胞質間の物質交換，代謝的な機能分化などに関する生理・生化学的研究も，共生窒素固定研究の重要な一部分を構成してい

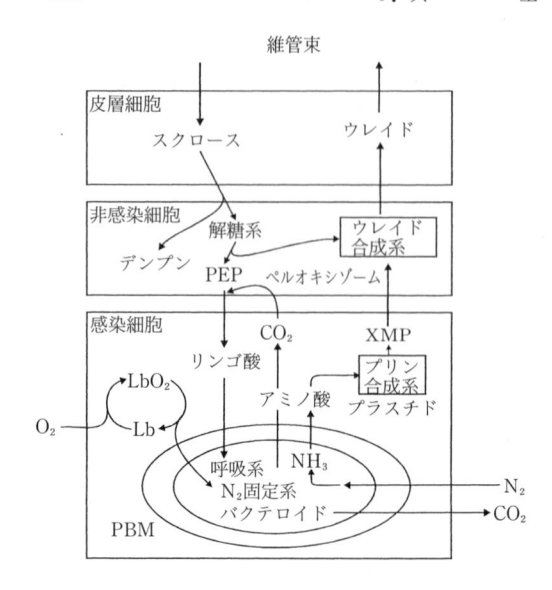

図6.4 ダイズ根粒における炭素・窒素の流れ
プリン合成の部位については議論がある.
PEP：ホスホエノールピルビン酸
XMP：キサンチン 1-リン酸

る．分子状窒素のアンモニアへの還元は，きわめて大きなエネルギーを必要とする反応であり，バクテロイドはそのためのエネルギーをすべて宿主植物の光合成産物に依存している．そしてバクテロイドは固定した窒素を植物に供給し，植物はそれを利用して生長している．このように植物の光合成とバクテロイドの窒素固定は緊密な相互依存関係にある．ここでは，根粒中での光合成産物（炭素）の代謝と，固定窒素の同化についてこれまでの知識を整理する．この分野のさらに詳細については他の総説を参照されたい[19]．

1) 炭素およびエネルギー代謝　大まかな見積もりでは，1gの固定窒素あたり5～6gの炭素がニトロゲナーゼ反応とアンモニア同化のために消費される．言葉を換えていえば，地下部に転流した光合成産物のうち，20～30％が根粒（主としてバクテロイド）の呼吸基質として消費され，これを上回る25～35％が同化窒素の炭素骨格として地上部に戻される．

ダイズ根粒内でのコンパートメントと炭素・窒素代謝の概略を図6.4に示した．共生状態にある根粒菌すなわちバクテロイドの炭素代謝におけるもっともきわだった特徴は，バクテロイドがスクロース，グルコース等の糖類を利用できず，炭素源をもっぱらリンゴ酸などの有機酸に依存していることである．根粒から単離されたバクテロイドは単生状態の根粒菌と違って，一般に糖を炭素源として利用することができず，実際解糖系の酵素活性はほとんど検出されない．その一方，リンゴ酸，コハク酸などの有機酸は単離バクテロイドの呼吸と窒素固定活性を著しく促進する．このように，バクテロイドは供給された有機酸を基質として好気呼吸を行い，ニトロゲナーゼ系に必要な還元力とATPを生産する．根粒菌は有機酸の吸収に必要な能動輸送系をもっており，*R. meliloti* と *R. leguminosarum* から有機酸輸送系に関わる遺伝子が単離されてその発現

制御機構が詳しく調べられている.有機酸輸送系を欠くかまたは有機酸代謝系に欠損をもつ根粒菌変異株は,例外なく窒素固定活性のない根粒を形成するので,有機酸の代謝とニトロゲナーゼ系の発現は密接にリンクしているが,両者の遺伝子レベルでの関係は十分明らかではない.有機酸のみの供給で TCA サイクルを回転させ続けることはできないから,アセチル CoA を供給する系が必要で,そのため有機酸を基質とする好気呼吸系ではマリックエンザイムが重要な役割をもつと推定されている.実際,$R.\ meliloti$ では NAD 依存のマリックエンザイムの欠損が窒素固定活性のない根粒をもたらすことが証明されている.

バクテロイドは植物細胞中で植物原形質膜に由来するペリバクテロイド膜(PBM)によって植物細胞質と隔離されて存在する.PBM は植物細胞とバクテロイドの間の物質輸送において重要な機能を果たしており,実際 PBM 上に有機酸の能動輸送系が存在することが示されている.しかし,PBM の物質輸送活性については,実験手法の困難もあって不明の部分が多い.

地上部から輸送されたスクロースは植物細胞質の解糖系で有機酸にまで分解されバクテロイドに供給される.解糖系の酵素活性や,根粒特異的なスクロース分解酵素(ノジュリン-100)の局在性を調べた実験の結果から,光合成産物の分解においては,根粒の皮層および非感染細胞が主要な役割を担っていると推定されている.

バクテロイド中では呼吸鎖電子伝達系に共役した NADH の酸化はきわめて低い溶存酸素濃度のもとで行われる.$B.\ japonicum$ のバクテロイドでは,低酸素濃度に適応した新しい末端酸化酵素系が誘導されることがわかっている.この共生特異的なシトクロム bc 酸化酵素は,その欠損が fix- の根粒をもたらすことから,共生窒素固定に必須と考えられている.

2) 酸素バリヤー 感染細胞中のきわめて低い溶存酸素濃度は,根粒の代謝活性を規定するもっとも大きな要因である.レグヘモグロビンは根粒の全タンパク量の数 10 %を占めるタンパク質で,そのきわめて高い酸素親和性のために,バクテロイドの活発な好気呼吸を支えるための大きな酸素のフラックスを確保しつつ,ニトロゲナーゼ活性の発現のために必要な低い溶存酸素分圧を保っている.微小な酸素電極や分光学的手法で測定された感染領域の酸素濃度は 20〜50 nM となり,皮層細胞から感染域に移る部位で急激な酸素濃度の低下が認められる.そのため,皮層組織に感染領域を囲む形で酸素の拡散を抑える障壁が存在すると考えられ,いくつかのモデルが提案されている[20].重要なことは,この障壁が外界の酸素濃度,炭水化物の供給等々の生理的条件によって可逆的に調節されているという発見である.たとえば根粒を 100 %の酸素気流にさらすと,ニトロゲナーゼは速やかに失活するが,酸素分圧を段階的に上昇させていくと,100 %の酸素気流中でもニトロゲナーゼ活性は保たれる.その状態から 20 %酸素の大気中に戻すと,ニトロゲナーゼ活性はいったん低下するが徐々に回復してもとのレベルに戻る.このことは,酸素分圧の上昇に対して皮層の酸素バリヤーが可逆的に変化し,酸素の感染域への拡散を制御しているためと考えられている.

このような可塑的な酸素バリヤーの実体は解明されていないが,物理化学的な考察から皮層組織の細胞間隙の水分量の調節が有力なモデルとして提案されている.

3) 固定窒素の代謝 バクテロイドによって固定された窒素はアンモニア(NH_3)として植物細胞質に拡散する．しかしながら，PBMによって隔離された領域(peribacteroid space；PBS)のpHが酸性側に傾くと，NH_3はアンモニウムイオン(NH_4)となって，自由拡散は困難になる．PBSのpHについて明確な実験結果はないが，PBMにNH_4の能動輸送系が存在することを示す結果がある．いずれにせよ，感染細胞質に輸送されたアンモニアは，GS-GOGAT (glutamine synthetase-glutamate synthase)系によって同化される．根粒には非常に高いGS活性が認められ，ダイズとアルファルファでは根粒特異的に発現するGS遺伝子が単離されている．

固定窒素の一次的な同化経路は多くのマメ科根粒で共通だが，根粒から植物体地上部に転流する窒素化合物の形態は，有限型根粒を作る植物と，無限型根粒を形成する植物で異なっている．若干の例外はあるが，ダイズ，カウピーなど有限型根粒を形成する植物では，最終的な窒素の輸送形態はウレイド(アラントインおよびアラントイン酸)であり，エンドウ，アルファルファなど無限型根粒を形成する植物ではアスパラギンである．後者ではアスパラギン酸アミノトランスフェラーゼやアスパラギン合成酵素がきわめて高い濃度で根粒中に存在することが示されている．

ダイズなどウレイド植物では，プリンの *de novo* 合成経路を経て，最終的にアラントインが生成される．この反応の最終段階を触媒する尿酸酸化酵素，ウリカーゼは根粒特異的であり，ウリカーゼIIと呼ばれる．この酵素は非感染細胞のパーオキシゾームに局在することが証明されており，根粒では感染・非感染細胞の間で固定窒素代謝の分業が行われている．感染領域中で非感染細胞はランダムに配置しているのではなく，ダイズではすべての感染細胞が少なくとも一つの非感染細胞と接しており，このことも固定窒素の同化と根粒外への輸送を円滑に行うための体制と考えられる．アラントイン生成の最終段階が非感染細胞に局在することは十分証明されているが，プリン合成系と尿酸合成が感染，非感染細胞のどちらで行われるかということははっきりしていない．プリン合成は感染細胞に含まれるプラスチドで行われるという考えが有力だが，非感染細胞にもプラスチドは存在しており，尿酸生成にかかわるキサンチン脱水素酵素は感染領域のすべての細胞に分布している．

ウリカーゼIIはノジュリン-35と呼ばれる33 kdのタンパクのホモ4量体である．ノジュリン-35遺伝子はダイズ，インゲン，ナタマメなどからクローニングされており，それらはきわめて高い相同性を示す[21]．ノジュリン-35のmRNAは非感染細胞に局在しており，すなわちこの遺伝子の発現は非感染細胞特異的である．ウレイドの生成は，C/Nバランスの観点からアミドに比べて有利と考えられているが，一方プリン合成にはアミド合成に比べてより多くのATPが必要とされるので，この点からはエネルギー的に有利とはいえない．アミド植物根粒でも少量のウレイドは合成されており，非感染細胞特異的な発現を示すウリカーゼmRNAがクローニングされている．マメ科植物根粒における活発なウレイド合成の生理的な意義はなお十分に明らかではない．

〔河内 宏〕

文献

1) Rolfe, B. G. and Gresshoff, P. M. : *Ann. Rev. Plant Physiol. Plant Mol. Biol.,* **39**, 297-319, 1988.
2) Peters, N. K., *et al.* : *Science,* **233**, 977-980, 1987.
3) Long, S. R. : *Cell,* **56**, 203-214, 1989.
4) Lerouge, P., *et al.* : *Nature,* **344**, 781-784, 1990.
5) Spaink, H. P., *et al.* : *Nature,* **354**, 125-130, 1991.
6) Stokkermans, T. J. W. and Peters, N. K. : *Planta,* **193**, 413-420, 1994.
7) Niwa, S., *et al.* : *Mol. Plant-Microbe Interact.,* **14**, 848-856, 2001.
8) Carlson, R. W., *et al.* : *Mol. Plant-Microbe Interact.,* **7**, 684-695, 1994.
9) Ardourel, M., *et al.* : *Plant Cell,* **6**, 1357-1374. 1994.
10) Minami, E., *et al.* : *Mol. Plant-Microbe Interact.,* **9**, 574-583, 1996.
11) Banba, M. *et al. Mol. Plant-Microbe Interact.,* **14**, 173-180, 2001.
12) Schauser, L., *et al.* : *Nature,* **402**, 191-195, 1999.
13) Kawaguchi, M. : *J. Plant Res.,* **13**, 449, 2000.
14) Diaz, C. L., *et al.* : *Nature,* **338**, 579-581, 1989.
15) Etzler, M. E., *et al.* : *Proc. Natl. Acad. Sci. USA,* **96**, 5856-5861, 1999.
16) Kouchi, H. and Hata, S. : *Mol. Gen. Genetics,* **238**, 106-119, 1993.
17) Crespi, M. D., *et al.* : *EMBO J.,* **13**, 5099-5112, 1994.
18) Minami, E., *et al.* : *Plant J.,* **10**, 23-32, 1996.
19) Tajima, S. and Kouchi, H. : Plant-Microbe Interactions, Vol. 2 (eds. Stacey, G. and Keen, N.), 27-60, Chapmann & Hall, NY 1996.
20) Hunt, S. and Layzell, D. B. : *Ann. Rev. Plant Physiol. Plant Mol. Biol.,* **44**, 483-511, 1993.
21) Takane, K., *et al.* : *Mol. Plant-Microbe Interact.,* **13**, 1156-60, 2000.

6.1.3 窒素固定産物の動態とその生理的意義

a. 窒素固定の初期産物，アンモニアの同化

1) グルタミン合成酵素－グルタミン酸合成酵素　生物的窒素固定で，最初に確認される安定な窒素化合物はアンモニアであり，バクテロイドからペリバクテロイド膜を通過して宿主細胞のサイトゾルに移行，同化され，一部は根粒の生長に利用され，他の大部分は導管によって宿主器官に送り出される．根粒におけるアンモニアの同化は，植物の他の器官と同様にグルタミン合成酵素／グルタミン酸合成酵素（GS/GOGAT）経路によって触媒される．両酵素の活性の大部分は，バクテロイド以外の植物組織に存在する．

このGS/GOGATは，根粒形成過程で誘導されるが，nif-ミュウタントによって形成された根粒にも，GSのポリペプチドが正常なレベルに存在する．しかし，根粒菌が感染糸から離れられなかったり，ペリバクテロイド膜が早期に崩壊するミュウタントの根粒ではGSが生成されなかったことなどから，GS遺伝子の発現にはアンモニアの生成は必要でないが，感染糸からの菌の正常な放出は必要と考えられている[1]．

2) グルタミン酸デヒドロゲナーゼ　その他のアンモニア同化酵素としては，グルタミン酸デヒドロゲナーゼ（GDH）の活性の高いことが知られている．しかし，基質アンモニアに対するGDHのK_mがGSに比較して著しく大きく，正常な状態ではアンモニア同化への関与が大きいとは考えにくい．窒素ガスをアルゴンで置換した気相中にササゲ根粒を入れると，そのGOGATは急速に低下するが，GSとGDH活性は低下しない．これを空気中にもどすと，導管液のグルタミン酸は増大しないが，グルタミン

が増大することから，GOGAT活性の低い場合にはGDHによるグルタミン酸生成の可能性があると考えられている[2,3]．また，根粒の老化過程では，アンモニア濃度が高まり，GDHの関与が予想されている．

b. ウレイド植物とアミド植物

ダイズでは，ウレイドの生成・集積と根粒着生状況あるいは窒素固定能との間に密接な関連性が認められるが[4]，共生的に窒素を固定するすべてのマメ科植物がウレイドを集積するウレイド植物ではなく，アミドを主要な窒素の転流形態とするアミド植物が存在する．前者は熱帯起源のマメ科植物に多く，球形の有限型根粒を形成し，後者は温帯起源で，特定の方向に生長が持続する無限型根粒を形成するといわれてきた[5]．また，温帯原産のマメ類がウレイドを集積しないのは，アラントインの溶解度が低温で低いため，より溶解度の高いアミドを生成するよう進化したとする説もある．

しかし，ダイズの導管液のウレイド態窒素濃度は1,000 ppmを超えることはほとんどなく，この濃度はアラントインの溶解度の約50％にすぎず，しかも，この導管液のウレイドにはアラントインよりはるかに溶解度の高いアラントイン酸が50％以上含まれているので，アラントインの溶解度の低さがアミド植物への進化の主な原因とは考えにくい．また，ウレイド植物の代表であるダイズは，熱帯起源ではない[6]．Schubert[5]は，マメ科植物をウレイド植物とアミド植物に分類しているが，アミド植物には，エンドウ，ソラマメ，クローバ，レンズマメなどがあり，ウレイド植物の中には，ダイズ，アズキ，ササゲ，リョクトウ，シカクマメなどがある．前記のアミド植物は，冬温暖で雨量に恵まれ，夏高温で乾燥する地中海地域から中近東の原産であり，いわゆる地中海農耕文化で栽培化された冬作物が主で，盛夏の前に成熟する植物である．これに対して，ウレイド植物はサバンナ農耕文化と照葉樹林農耕文化の所産である夏作物で，最も高温の季節に登熟する植物である．したがって，アミド植物，ウレイド植物への分化は原産地における登熟期の気候条件と栽培化した農耕文化による選択の結果であり，熱帯原産，温帯原産と単純に割り切ることはむずかしい．

ピーナッツでは，アミド，ウレイドのほかに4-メチレングルタミン（MeGLN）を窒素固定産物，あるいは転流形態として生成することが知られている．また，ハンノキやモクマオウなどでは，シトルリン（CIT）が主要な窒素固定産物である．

c. アスパラギンの生成と代謝

アミド植物，アルファルファの根粒におけるアスパラギン（ASN）のアミド基への$^{15}N_2$の取り込みは早く，代謝回転速度は大きい．GS，GOGAT，アスパラギン酸アミノ基転移酵素（AAT）のそれぞれの阻害剤，メチオニンスルホキシム，アザセリン，アミノオキシアセテートを根粒に投与した場合の標識の変化は基本的には，アスパラギン酸（ASP）のグルタミン（GLN）依存アミド基転移によるASNの生成とは矛盾しない．ルーピンとダイズ根粒から分離されたASN合成酵素は，GLNのアミド基を取り込むが，アンモニアは部分的にしか代替できない．ASNのアミド基への直接的なアンモニアの取り込みは，標識アンモニアをアルファルファ根粒へ浸透させる実験で証明された[7]．ルーピンの根粒では，AATとASN合成酵素の活性は根粒が生長し，窒素固定の開始したあとに増大する．

根粒の ASN 生成と根粒外への継続的移出には，前駆物質である C_4 有機酸（オキザロ酢酸，リンゴ酸など）の供給が必要であり，その多くは糖代謝に由来する．しかし，根粒には比較的高活性のホスホエノールピルビン酸カルボキシラーゼ（PEPC）が存在し，この酵素によって固定された炭素から ASN 生成に必要な炭素骨格が供給されていることが，アミド植物のルーピン，アルファルファ，ソラマメを用いた研究で証明された．ダイズ根粒の $^{14}CO_2$ 固定速度は根粒の呼吸の 14％に相当するとの計算があるが，暗固定炭素の 75〜92％は速やかに炭酸ガスとして再放出されるので[8]，PEPC によって生成される有機酸は ASN 生成のためより，ニトロゲナーゼへの還元力とエネルギーの供給に，また，導管液の荷電のバランスの維持のための有機酸（malate など）の供給に大きく貢献しているのかも知れない．

d. ウレイドの生成と代謝

1) 尿素とグリオキシル酸の縮合　バナナ葉に ^{14}C-尿素を投与し，標識炭素がアラントインに取り込まれたことから，グリオキシル酸に尿素2分子が縮合するアラントイン生成経路の存在が提起されたが，その再現性は認められていない．

2) プリン核の酸化分解　根粒におけるアラントインがプリン核の酸化分解により，イノシン酸（IMP），キサントシン酸（XMP），キサントシン，キサンチン，尿酸をへて生成されることは，キサンチンデヒドロゲナーゼの阻害剤，アロプリノールによるアラントイン生成の阻害[9]，ウレイド植物根粒におけるキサンチンデヒドロゲナーゼやウリカーゼの高活性，根粒無細胞系による各種プリン化合物のアラントインへの変化などの知見の積み重ねにより明らかになった．ウレイド植物の根粒でアラントイン生成能が著しく高くなる機構については，キサンチンデヒドロゲナーゼ，ウリカーゼ，アラントイナーゼなどの酵素活性とプリン合成の前駆物質ホスホリボシル2リン酸（PRPP）の生成が，アミド植物よりウレイド植物の根粒で，著しく高く，窒素固定能の上昇に伴って増大することが明らかにされている[10]．

Boland ら[11]はダイズ根粒細胞をプラスチド，ミトコンドリア，バクテロイドに分画し，おのおのの画分にプリン合成の各種 ^{14}C 標識前駆物質を加えてインキュベートした結果，プラスチド画分のみで標識の IMP への取り込みと IMP デヒドロゲナーゼの存在を確認した．ダイズ根粒細胞のプラスチドにおけるキサンチンの生成は，それに関与する酵素，ヌクレオチダーゼ，ヌクレオシダーゼなども同時に検出されているので，間違いなさそうである．しかし，ササゲ根粒の IMP デヒドロゲナーゼはサイトゾルに存在することが明らかになり，プラスチド外で IMP が代謝されている可能性も否定できない[12]．

ウレイド生成のその後の段階を触媒する酵素，キサンチンデヒドロゲナーゼ，ウリカーゼ，アラントイナーゼは，それぞれ非感染細胞の細胞質，パーオキシゾーム，小胞体に存在することがほぼ確定している．プリン合成に関する酵素はいずれも酸素感受性が高く，その機能を維持するためには，レグヘモグロビンによって酸素が捕捉され，酸素分圧が低く維持される感染細胞が有利であり，一方，ウリカーゼなどは酸素に対して安定で，K_m 値も高いため，酸素分圧が相対的に高い非感染細胞が有利であり，アラントイン生成における感染，非感染両細胞間の分業体制は合理的であるといえる．

e. 4-メチレングルタミンとシトルリンの生成

MeGLN は GS による NH_4^+ の MeGLU への転移によっても生成されると考えられていたが，GS の MeGLU に対する K_m が GLU に対する値よりはるかに大きく，その生理的意義については明確さを欠いていた．その後，ピーナッツの子葉に特異的な MeGLN 合成酵素が検出された[13]．しかし，この酵素はピーナッツ根粒では見出されていない．

CIT はオルニチン（ORN）とカルバモイルリン酸から生成されるが，ハンノキ根粒に $^{14}CO_2$ を投与すると，PEP カルボキシラーゼとカルバモイルリン酸合成酵素によって固定された炭素が CIT に取り込まれる．ORN は GLU から生成されるので，PEPC によって固定された炭素は，CIT の C_1 に取り込まれることになるが，その取り込み ^{14}C は CIT の全 ^{14}C の 10〜20％にすぎない．残りの 80％の ^{14}C はウレイド基に取り込まれるが，これはカルバモイルリン酸をへて取り込まれた炭素である．CIT の生成に関与する酵素の特性や分布については明確になっていないが，PEPC の主要部分が宿主のサイトゾルに存在することが示されている．

f. 栄養生長および子実タンパクの生成におけるウレイドの生理的意義

1) ウレイドの集積と栄養生長の抑制 ダイズでは，茎の切断面からの溢泌液や乾燥粉砕した茎の熱水抽出液のウレイド含量と根粒着生量や窒素固定由来窒素の全窒素吸収量に対する比率との間に密接な関連性のあることから，ウレイド濃度の測定による窒素固定能の推定法, すなわち後述のようなウレイド法(10.2.1 項 a)が開発されている．

ダイズではウレイド含量の増大は，概してアミノ酸含量の低下を伴い，その増減と栄養生長との間には高い負相関関係が認められる．したがって，ウレイド含量の増大は間接的ではあるが，栄養生長の抑制につながる[4]．しかし，窒素の貯蔵形態とみられるウレイドの集積が栄養生長を直接的に抑制する要因であると認めることはむずかしい．すなわち，導管液の窒素の 80％以上がウレイド態である場合でも，茎，葉身のウレイド態窒素はそれぞれ全窒素の 4，5％にすぎず，栄養体でウレイドが分解・利用されにくいと考えることができないためである．

2) 子実タンパク生成の窒素源 正常に生育しているダイズでは，ウレイドは子実タンパク生成の窒素源としてアミノ酸，アミドよりまさり，ウレイドが集積するような栄養状態が子実タンパクの生産には有利であることを示唆する状況証拠はある．すなわち，ウレイドの生成・集積を促進する条件となる窒素施用量の節減，根粒着生の促進などが吸収窒素の子実への分配率を高める．ウレイドは正常に登熟中の莢殻には多量に集積するが，種子（胚）ではほとんど検出されず，発育を停止した莢では，莢殻と未熟種子に高濃度のウレイドの集積が認められる．これらの現象は，登熟期にウレイドは速やかに莢殻，種皮，胚へと移行するが，胚ではタンパク合成の窒素源としてすみやかに分解利用されるので，ほとんどウレイドとしては検出されない．しかし，何らかの障害でタンパク合成の停止した発育停止莢では，ウレイドが分解利用されず，集積することになる．これらの事実から一般に胚（子葉）では検出されないが，ウレイドとして多量に莢に転流していると推定できる[14]．

このような状況証拠の妥当性を判定するためには，師管・導管を転流する窒素成分の

組成と量が正確に測定され,莢殻,種子に集積する窒素の起源が明らかにされなければならない.登熟期の窒素は葉身から師管を通って,または根部から導管を通って直接莢に送り込まれるが,その後種皮の師管を経て種皮の内側の空隙に分泌され,それが生長中の胚に吸収されると考えられる.

そこで,種皮から分泌される窒素の主な形態がウレイドであるか,ウレイド以外の物質であるかの解明が試みられた.登熟中期のダイズ莢の莢殻の一部を切取り,片面を露出させた種子の莢の先端方向の半分を切り出し,残った半分の種子から胚(子葉)のみを除去し,残されたカップ状種皮の空隙に寒天溶液を流し込み,凝固させる.種皮内側から分泌される物資を一定時間寒天に吸収させた後,寒天を取り出して溶出させ,分析した.

この方法によるダイズの調査結果では,種皮から分泌される窒素の53%がグルタミンで,アスパラギンが19%,その他はアンモニア,アルギニン,ヒスチジンの順で,ウレイドは検出できなかった[14].また,未熟胚組織をグルタミン,アスパラギン,アラントインをそれぞれ単独窒素源として培養し,その生長量を比較したところ,グルタミンで最大,アスパラギンではその約1/2,アラントインでは1/4以下であった.

Pateらもウレイド植物であるササゲの莢の背側に開けた小孔から溢出する液の組成を調査し[15],高いスクロース濃度からその液が師管液であると判定し,その窒素成分組成を導管液と比較した.供試したササゲは根粒が十分に着生しており,茎の導管液のアミノ酸-Nとウレイド-Nの比は23:77であったが,莢の師管液では89:11で,ウレイドの比率は著しく低下していた.これらの事実はウレイドが子実の発育に直接的な役割を演じている可能性を否定するものである.

さらに,Rainbirdら(1984)は,ダイズの茎を莢の派生している節の上下で切断し,各種[14]C標識窒素化合物を下端から吸収させ,生長中の莢への取り込みを調査した結果,アラントインはほとんど胚に取り込まれなかった.しかし,用いたアラントインの標識位置が2の炭素で,アラントインが分解された場合,炭酸ガスとして放出される炭素である.したがって,この実験結果は,直ちにウレイドが胚に取り込まれないことを証明するものではない.また,分離した胚に上記の各種[14]C標識窒素化合物の濃度を変えて吸収させた場合に,放射性炭素の取り込み量はアスパラギンが最大で,グルタミンはその60%前後,アラントインは処理濃度が5mMの場合はグルタミンとほぼ同程度であった.しかし,この場合もアラントインは2の炭素が標識されており,放射性炭素のかなりの部分が揮散したと考えられるので,実際の吸収量ははるかに大きいはずであり,また,1分子あたりの窒素原子数はアミドの2倍であるので,吸収された窒素量はアラントインの場合が多く,ウレイドが胚に取り込まれないという前段の結論とは矛盾する.

その後,MosquimとSodekは,同様に切断した茎に各種窒素化合物を吸収させ,子実タンパク集積量を測定し,アラントインがアスパラギン,グルタミンと同程度の効率的な窒素源であり,茎,莢殻,種皮への移行性にもまさるが,胚にウレイドの形態で転流することを示す証拠は得ていない[16].植物体に何らかの障害を与える実験方法で得られた結果の信頼性については,多角的検討が必要である.

以上のように，ダイズの生理・生化学的研究結果に基づいてアミノ酸やアミドと比較すると，ウレイドが子実タンパク合成の直接的な窒素源として特別に重要な役割を果たしているという結論よりも，むしろこれを否定する結果が多い．しかし，その反面，現実のダイズ栽培では，子実生産にウレイドが重要な役割を果たしていると思わせる現象が認められており，これをどう説明するかが問題として残っている． 〔石塚潤爾〕

文献

1) Werner, D., et al.: Planta, **147**, 320-329, 1980.
2) Atkins, C. A., et al,: Planta, **162**, 316-326, 1984.
3) Atkins, C. A., et al,: Planta, **162**, 327-333, 1984.
4) 石塚潤爾：北農試研究報告, **101**, 51-121, 1972.
5) Schubert, K. R.: Ann. Rev. Plant Physiol., **37**, 539-574, 1986.
6) 前田和美：マメと人間（その一万年の歴史），43-60，古今書院，1987.
7) Ta, T. C., et al.: Biochem. Cell Biol., **66**, 1349-1354, 1988.
8) King, B. J., et al.: Plant Physiol., **81**, 200-205, 1986.
9) Fujihara, S. and Yamaguchi, M.: Plant Physiol., **62**, 134-138, 1978.
10) Atkins, C. A., et al.: J Plant Physiol., **134**, 447-452, 1989.
11) Boland, M. J. and Schubert, K. R.: Arch. Biochem. Biophys., **220**, 179-187, 1983.
12) Atkins, C. A.: Biology and biochemistry of nitrogen fixation, (eds. Dilworth, M. J. and Glenn, A. R.) 293-319, Elsevier Science Publisher, B. V. 1991.
13) Winter, H. C., et al.: Biochem. Biophys. Res. Commun., **111**, 484-489, 1983.
14) Rainbird, R. M., et al.: Plant Physiol., **74**, 329-334, 1984.
15) Pate, J. S., et al.: Plant Physiol., **74**, 499-505, 1984.
16) Mosquim, P. R. and Sodek, L.: Plant Physiol. Biochem., **30**, 451-457, 1992.

6.2 菌根菌との共生

　糸状菌（fungi）が，植物の根の組織内に入り込んだり，あるいは根の表面に付着して植物と共生（symbiosis）を営むとき，これを菌根（mycorrhiza）と呼び，共生菌である糸状菌を菌根菌（mycorrhizal fungi）と呼ぶ．陸上植物の 70～80 ％が菌根を形成するといわれている．共生菌である糸状菌菌糸の宿主植物根内への侵入が，主に根表面でとどまっている菌根を外生菌根，主に根表面よりも根組織内部へ入り込んでいる菌根を内生菌根と大別しているが，これらの中間的な形態の菌素も存在する．菌根菌はその菌糸を根から土壌中へ伸ばし，土壌中の無機養分を吸収し宿主植物へ吸収する．一方，宿主植物は光合成産物である有機物を菌へ供給する．このような物質の授受を通して，植物と糸状菌の共生関係が成立している．

6.2.1 内生菌根菌
a. 内生菌根の種類

　内生菌根（endomycorrhiza）には，VA 菌根（vesicular-arbuscular mycorrhiza, アーバスキュラー菌根（arbuscular mycorrhiza）とも呼ばれる），ツツジ型菌根（ericaceous mycorrhiza），ラン型菌根（orchid mycorrhiza）がある．これらの菌根を肉眼で観察しても通常の非感染根とほとんど区別できない．これらの菌根を適当な方法

で染色し,顕微鏡で観察することによってはじめて根内の菌根菌の存在を確認することができる.

b. VA菌根

1) VA菌根菌[1,2]　VA（アーバスキュラー）菌根は根皮層細胞間隙に囊状体(vesicle),皮層細胞内に樹枝状体（arbuscule）と呼ばれる共生特異的器官を形成することから,それらの頭文字をとってそう呼ばれている.VA菌根を形成する菌根菌は,接合菌類Glomales目に属し,*Glomus, Acaulospora, Entrophospora, Gigaspora, Scutellospora, Archaeospora, Palaglomus*の7属が知られており[3],これまでに130種ほどが報告されている.これらの菌群は現在までのところ菌単独での培養には成功していない.菌の増殖のためには宿主植物との共生状態の成立が必須である.そのため,菌株の維持に労力がかかり,系統分類的な研究は十分には進んでおらず,種の同定もむずかしい.

Glomales目の中で,*Gigaspora*属,*Scutellospora*属は根内に囊状体を形成しない.このことから,Glomales目の菌群によって形成される菌根全体を表す用語としては,アーバスキュラー菌根の方が適切であるとの主張がなされており,最近ではそう呼ばれることの方が多い.

リボソーム遺伝子の部分塩基配列に基づく分子進化系統学的研究によると,Glomales目が類縁の菌類から分かれたのは約4億年前の陸上植物の出現時期に相当すると考えられている.すなわち,VA菌根という共生系の起源もほぼ陸上植物の出現時期にさかのぼることができる[4].

2) VA菌根菌の分離と増殖[5]　VA菌根菌の増殖のためには分離した胞子を宿主である植物根へ接種・感染させ,植物との共生状態を成立させる必要がある.胞子の分離には,土壌から直接胞子を抽出分離する方法と,土壌などを接種源としてポット栽培で一度胞子を増殖させる方法がある.VA菌根菌は$50〜500\,\mu m$の大型の胞子を形成するので,これらを実体顕微鏡下で形態別に分別し,接種源とし,ポット培養法で増殖を行う.すなわち,宿主である植物根に胞子を接種し,殺菌土壌などを用いたポットで宿主の栽培を行う.2〜3か月後植物の生長とともに根への菌根菌の感染・増殖が起こり,ポット土壌中に胞子が形成される.これを抽出分離し,研究材料あるいは次の接種源とする.土壌中に形成された胞子は,土壌をそのままの状態で低温保存すると数か月〜数年程度発芽能を維持している.一度,土壌より分離した胞子は容易に他の微生物に侵され,長期保存は容易ではない.したがって,菌株保存のためには,適宜植物によるポット栽培による継代培養を行う必要がある.

3) VA菌根菌の生理[1,2]　VA菌根菌は,直径$50〜500\,\mu m$の大型の胞子を主に土壌中に形成する.適当な環境条件になると胞子は発芽し,宿主となる植物根を求めて菌糸を伸張する（図6.5）.菌糸が根と遭遇すると根の表皮細胞表面に付着器（appressorium）が形成される.付着器から菌糸は根の皮層細胞内へ伸張し,樹枝状体（arbuscule）を形成する（図6.6）.また,皮層の細胞間隙を伸張する内生菌糸は部分的に肥大し,球状,楕円状の囊状体を形成する.ただし,*Gigaspora*属,*Scutellospora*属の菌は囊状体を形成しない.こうした根内での菌の増殖とともに,根から土壌中へ広く外生

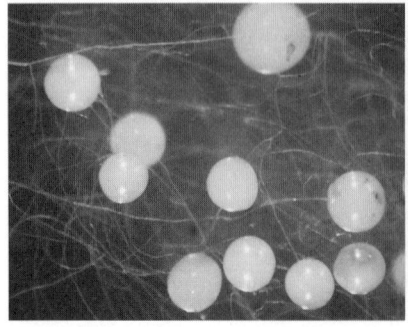

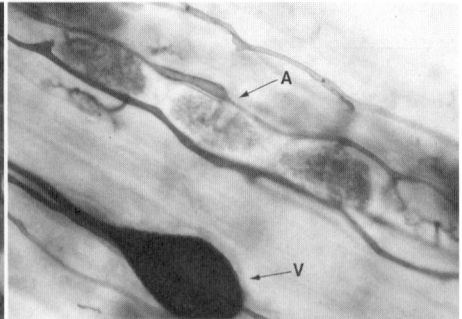

図6.5 発芽する Gogaspora margarita の胞子　図6.6 植物根内における VA 菌根菌の嚢状体 (V) と樹枝状体 (A)（江沢氏原図）

菌糸が伸張する．外生菌糸の先端部において新たな胞子の形成が行われる．宿主植物根への感染なしにあらたな胞子の形成は起こらない．

　土壌中へ伸張した外生菌糸は土壌溶液から無機リン酸などを吸収する．これらの成分はポリリン酸などの形態へ変えられ，原形質流動の作用で内生菌糸まで運搬される．ポリリン酸は樹枝状体において加水分解された後宿主植物へ供給され，一方，宿主植物からは糖などの光合成産物が菌へと供給されると考えられている．このような宿主-共生菌間の物質交換は VA 菌根共生系の根幹ともいえるが，その生化学的機構の解明は十分には進んでいない．

　VA 菌根はきわめて普遍的な菌根であり，ほとんどの草本類と一部の木本類に VA 菌根が形成される．しかし，アブラナ科，アカザ科の植物群においては VA 菌根は形成されないか，あるいはきわめて希である．また，VA 菌根菌は宿主特異性をほとんど欠いており，多様な植物に感染可能である．宿主特異性が低いために，一種の VA 菌根菌が同時に複数の宿主植物に感染することが知られている．この場合，片方の宿主から菌根菌菌糸を通してもう片方の宿主へ物質（炭素，窒素など）の移動の起こることがある．また，こうして異種植物間を菌糸が結ぶことによって，植物群落の多様性が高まるといった現象も見出されている[6]．

　4）**植物生育への効果**[2,7,8]　VA 菌根は，主にリン酸などの養分吸収を促進し，宿主植物の生育を改善する（図6.7）．その機構は次のよう考えられている．すなわち，リンは土壌粒子に吸着されやすく，土壌中での移動速度がきわめて遅い．そのため，根のごく近傍におけるリンは植物によって吸収されてしまい，根近傍におけるリン濃度はきわめて低い．根に共生する VA 菌根菌の外生菌糸は，このようなリン欠乏領域を越えて，根から離れた土壌中へ伸張し，そこのリンを吸収する．外生菌糸によって吸収されたリンは菌糸を通して運搬され，根内の菌糸から宿主植物へ供給され，宿主のリン栄養を改善する（図6.8）．

　したがって，VA 菌根による作物生育の促進は，リン肥沃度の低い土壌において顕著である．土壌中に可給態リンが多量に存在する場合，VA 菌根の共生成立は阻害され

図 6.7 シロクローバに対する VA 菌根菌の接種効果
左：無接種，中央：*Glomus mosseae* 接種，右：*Gigaspora margarita* 接種．

る．これは，植物体内のリン濃度が高まることによって菌根菌の根への感染が阻害されるためと考えられているが，その機構については不明である．なお，リン以外にも銅，鉄など土壌中で移動しにくい養分が VA 菌根によって吸収促進されることが知られている．

養分吸収促進以外に，VA 菌根が植物生育に及ぼす影響として，①水分ストレス（乾燥）に対する抵抗性付与，②病害に対する抑制効果，③マンガンなどの要素過剰障害の軽減，④花芽促進，節間生長の変化などの生長制御などが知られている．

①の乾燥ストレスに対する抵抗性は，リンの吸収促進と同様に外生菌糸が根域の拡大を果たしているということで部分的には説明可能である．しかし，菌根の形成によっては，葉の含水率上昇，水ポテンシャル低下あるいは気孔抵抗の変化が起こるともいわれており，植物ホルモンの変化などを介在した何らかの機構が作用しているではないかと考えられている．VA 菌根の形成した植物において植物ホルモン濃度に変化の生じるこ

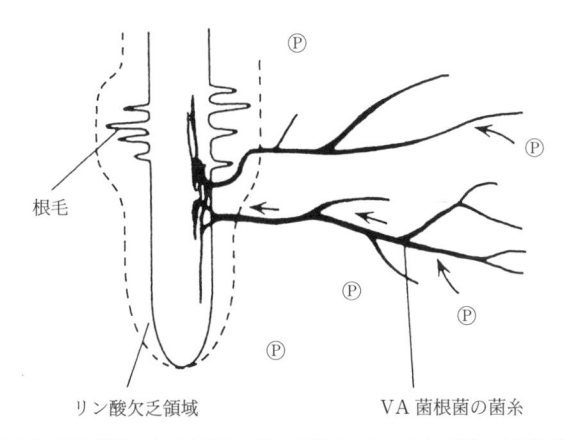

図 6.8 VA 菌根による土壌中のリン吸収のメカニズム（Ⓟ＝水溶性リン）

とが知られており，このことが④の生長制御を引き起こしているものと考えられている．病害抑制効果・養分過剰障害軽減効果については，その機構はよく解明されていない．

このような VA 菌根菌の植物生育改善効果を農業生産の場へいかすために，VA 菌根菌の接種資材化が行われ，市販されている[8]．

c. ツツジ型菌根 (Ericaceous mycorrhiza)[2]

ツツジ目 (Ericales) は非常に大きな植物群であり，その中にはヒース (heath) と呼ばれるツツジ科 (Ericaceae) に属する一群の常緑低木や，半腐生的あるいは葉緑素を欠いて腐生的な生活を行うイチヤクソウ科 (Pyrolaceae)，シャクジョウソウ科 (Monotropaceae) の草本類を含んでいる．ツツジ目の植物群は，VA 菌根や外生菌根とは異なる特殊な菌根を形成することで知られている．ヨーロッパの酸性泥炭質土壌に優占するヒースと呼ばれるツツジ科 (*Erica*, *Calluna*, *Vaccinum* など) にはエリコイド (ericoid) 菌根と呼ばれる特徴的な内生菌根が形成される．これらの植物は非常に細かい根を有しているが，その根の内皮部分の細胞にコイル状の菌糸が侵入し，根表面からは細かい菌糸が土壌中へ伸張している．ヒースは主に酸性の泥炭質土壌に優占する植物群であるが，ヒースがこのような不良環境に適応する上でエリコイド菌根の役割は大きいと考えられている．

すなわち，泥炭質土壌では土壌窒素のほとんどが腐植質に含まれる有機態であり，植物にとって吸収可能な無機態窒素はきわめてわずかである．そのような環境のもとで，エリコイド菌根菌の菌糸はこれらの微量の無機態窒素を効率よく吸収し，宿主へ供給するのである．無機態窒素のみならずアミノ酸も菌を通して宿主へ移行することが知られている．また，菌根の形成されたヒース類は，アルミニウム，重金属など酸性土壌で生育障害の原因となる物質の吸収を抑制する作用があり，このことも酸性土壌のような環境でヒース類が優占できる原因と考えられている．

イチヤクソウ (Pyrolaceae) 科のマドロナ (*Arbutus*)，クマコケモモ (*Arctostaphylos*) 属などに形成される菌根は，通常の外生菌根のように根の外表面に菌鞘を形成し，皮層細胞間隙にハルティッヒネットを形成するが，皮層細胞内にもコイル状の菌糸が充満している（図 6.9 参照）．このような菌根をアーブトイド (arbutoid) 菌根と呼ぶ．

葉緑素を欠き腐生的な生活様式をもつシャクジョウソウ (Monotropaceae) 科の植物 (ギンリョウソウ類縁) には，やはり菌鞘とハルティッヒネットを有する菌根が形成される．この場合，皮層細胞への菌糸の侵入はくさび形であり，モノトロポイド (monotropoid) 菌根と呼ばれている．この菌根菌は，隣接する他の葉緑素を有する宿主 (木本類) にも同時に感染している．葉緑素を欠いた宿主植物の炭素源は，菌根菌の菌糸を通して，この光合成を行う宿主の方から供給されると考えられている．

d. ラン型菌根 (orchid mycorrhiza)[2]

ラン科植物の根の皮層細胞内にコイル状の菌糸を形成する菌根菌をラン型菌根菌と呼んでいる（図 6.9）．この菌根菌の多くは *Rhizoctonia* に属し，分離培養は比較的容易である．ランと菌根菌との宿主特異性は，宿主であるランの種類あるいは菌根菌の種類によって，特異性の高い場合と低い場合がある．たとえば，*R. repens* は 22 種類のラ

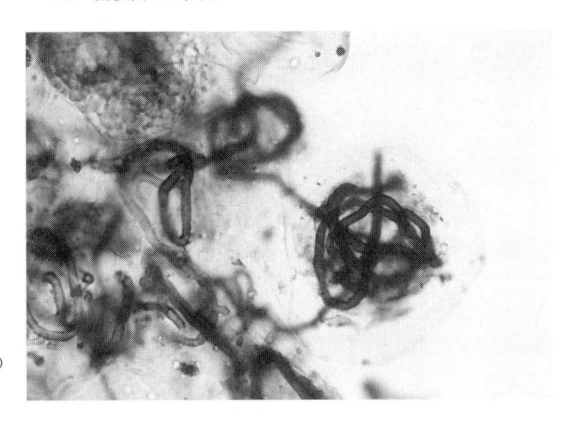

図6.9 ラン型菌根（ネジバナ）のコイル状菌糸

ンに対して菌根を形成する特異性の低い菌として知られている．

ラン科植物の種子は未分化の胚のみからなり，非常に小さい．発芽に際しては，シュートと根の形成に先だって胚が分裂肥大するプロトコーム期を有する．ラン科植物には緑葉を欠いた種も存在するが，緑葉の有無に関わらずプロトコーム期において菌根菌の感染を必要としている．さらにその後の幼苗期においても宿主であるランはこの菌根菌を通してその炭素源を吸収している．葉緑素を欠いた腐生的な種の場合には，こうした菌根を通した炭素源の供給がランの一生を通じて行われる．　〔斎藤雅典〕

文 献

1) 斎藤雅典：化学と生物, **36**, 682-687, 1998.
2) Smith, S. E. and Read, D. J.：Mycorrhizal Symbiosis, 2nd ed., p.605, Academic Press, 1997.
3) Mrton, J. B. and Redecker, D.：*Mycologia*, **93**, 181-195, 2001.
4) Redecker, R., *et al.*：*Science*, **289**, 1920-1921, 2000.
5) 斎藤雅典：新編土壌微生物実験法, 297-311, 養賢堂, 1992.
6) 斎藤雅典：日本生態学会誌, **49**, 139-144, 1999.
7) 小川 眞：作物と土をつなぐ共生微生物—共生の生態学, p.241, 農文協, 1987.
8) 依藤敏明, 鈴木源士：菌根菌の活かし方, p.170, 農文協, 1995.

6.2.2　外生菌根菌
a. 外生根菌根に関する研究

外生菌根菌（ectomycorrhizal fungi）に関する研究は日本でも古く，今世紀はじめにはスタートしていた．しかし，マツタケなど対象となる菌類は限定されていた．菌の取り扱いは困難で手間がかかる上，基本となる外生菌根菌の分類も十分でない．現在，日本で記録されている菌類の数倍は未登録と考えられている．また，樹木との共生関係を扱うため外生菌根の研究には，菌学的研究ばかりでなく，植物生理学，植物生態学，植物栄養学，遺伝学，生化学などさまざまな分野の手法を取り入れて，植物と菌の双方を対象に分野横断的に研究を進めなければならない．

外生菌根菌に関する論文が発表されるジャーナルは，プラントサイエンス，植物病

理，生態学，土壌学，植物栄養学，林学，菌根研究専門誌などさまざまな分野におよび，これらをレビューして現在の研究の状況を把握することは非常に困難である．しかし，近年，インターネットによる菌根関連研究の情報交換ホームページもでき（http://mycorrhiza.ag.utk.edu），文献のレビューも分野横断的に行われるようになりつつある[1,2]．

b. 外生菌根の形態的特徴

外生菌根菌は，樹木に外生菌根（ectomycorrhiza）を形成する．外生菌根菌は菌根菌の中でも比較的あとの時代に出現したものといわれている．近年，樹木化石からその起源が議論され始めた．外生菌根菌の種数は約5000種と推定されている．外生菌根はその名のとおり，共生する菌糸が根の細胞間隙にしか侵入せず，細胞の中へ菌糸が侵入しないタイプである．外生菌根は次の三つの構造から成り立っている．

① 根の外側を包む菌糸は菌鞘（fungal sheath），厚さは $20\sim100\,\mu m$ で，外生菌根の乾燥重量の $25\sim40\%$ との報告がある（図6.10(a)）．

② 菌鞘から一部の菌糸が根の外皮または皮層細胞間隙に侵入し，ハルティヒネット（Hartig net）と呼ばれる外生菌根特有の網目状構造を形成する（図6.10(b)）．

③ 菌鞘の外側に広がる菌糸，菌糸束．これらは子実体や土壌と接している．

外見は植物だけの細根とは異なり，棍棒（club），二叉分枝（dicotomonus）型，羽状（pinnate）型，といった外生菌根特有の形態を示す物が多く（図6.10(b)），分枝数は未感染根より多く，外界に接する表面積を拡大しており，表面構造，色彩もさまざまである．また，菌根には未感染根にみられる根毛はない．外生菌根の形態的な分類はな

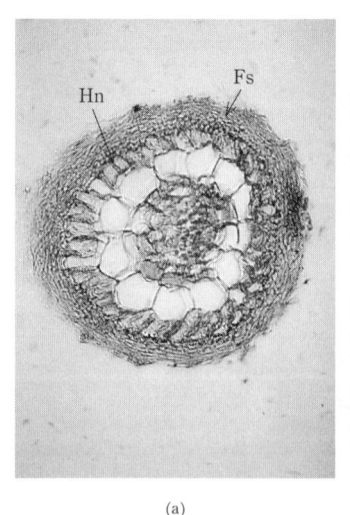

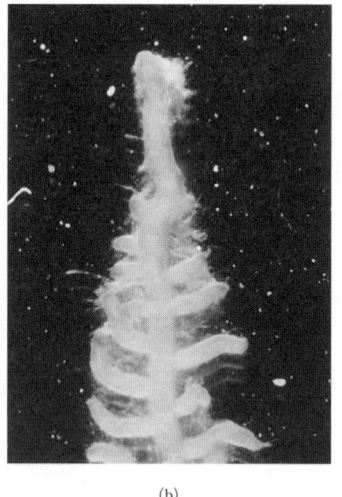

(a) (b)

図6.10 外生菌根菌ニセショウロ目の一種（*Scleroderma columnare*）がフタバガキ科樹木（*Shorea leprosula*）に形成した外生菌根の横断面写真(a)と分枝の様子(b)（菊地淳一氏撮影）
Fs：菌鞘，Hn：ハルッヒネット

されているが,その形態から菌根菌の種を同定することは通常困難であり,このことが菌根研究の障害となっている.さらに,大半の外生菌根菌は分離が困難な場合が多く,培地での生長が遅く取り扱いがむずかしい.このため,外生菌根菌に関する研究は分離,培養,接種が容易なきわめて限られた種類の外生菌根菌に集中してきた.

c. 宿主との関係

外生菌根菌は木本植物(裸子植物,被子植物)と広い意味で共生する単子菌類,子のう菌類などである.全種子植物の約3%が外生菌根菌と菌根を形成すると考えられており,VA菌根を形成する樹木種数に比べると外生菌根性樹種の数は少ない.しかし,裸子植物ではマツ科,ヒノキ科,被子植物ではブナ科,ヤナギ科,カバノキ科,ニレ科,バラ科,カエデ科,シナノキ科,フトモモ科,フタバガキ科など,森林生態系で優占する主要樹種が外生菌根を形成する.近年,地球環境で果たす森林生態系の役割の重要性認識が高まるとともに,森林生態系で菌根共生の果たすさまざまな役割が次第に明らかになりつつある.これまで宿主となる樹木のリストがつくられてきた[3,4].しかし,外生菌根菌と記載されていても細胞内に菌糸が侵入しているなど,共生関係が不確かなものも依然として少なくない.

外生菌根菌の宿主特異性は高いもの低いものさまざまである.たとえば,ハナイグチなどの外生菌根菌はカラマツとだけ菌根を形成し,ハンノキ属の樹木も特異的な外生菌根菌と菌根を形成する.一方,ベニテングタケのようにマツ属とカンバ属に菌根を同時に形成し,光合成産物を異種の樹木間で移動させていることが報告された例もあり,野外での異種樹木間の光合成産物の移動も確かめられた[5].ダグラスファー(*Pseudotsuga menziesii*)は2,000種もの菌根菌と共生すると考えられているものもある.カリマンタン島だけで276種あるといわれる熱帯降雨林の主要構成樹フタバガキ科樹木は,ニセショウロ目の1種(*Scleroderma columnare*)との間の親和性に非常に幅があることが報告されている[6].植物の種多様性と菌根共生の関係が注目を集めており[7],今後の熱帯林研究の重要な課題であろう.

外生菌根菌は宿主から,炭素の供給を受ける.培地上では一般的に外生菌根菌は炭素源として5炭糖を利用しないが,光合成産物である6炭糖や糖アルコール,中でもグルコース,フルクトース,マンノース,マニトールを利用する[8].2糖類ではセロビオース,マルトースのようにグルコースが結合したものを利用し,スクロースはほとんど利用しない.また,細胞壁をつないでいるペクチンの分解能は高く,宿主組織へ侵入する能力が高いことがうかがえる.菌糸体に多量に含まれるトレハロースはよく利用される.多糖類の中ではデキストリン,デンプンを利用できるものがショウロやホンシメジの類にみられるが,これら以外に多糖類を利用できるものの報告はない.多糖類を分解できない点で腐生菌とはまったく異なる性質をもつ.

d. 宿主のリン,窒素の吸収促進

外生菌根形成に伴うリン酸吸収促進は,他のタイプの菌根とともに古くから知られている[9].ホスト樹木の菌根の周りにある可溶性リン酸ばかりでなく,ホスト樹木が利用困難な不溶性リン酸,有機体リン酸を,広い範囲に分布した菌糸により効率よく吸収してそれをホスト樹木に受け渡している.リン酸吸収促進は外生菌根菌,外生菌根の酵

素，有機酸の分泌によるものでこれまで酸性ホスファターゼ，シュウ酸，グルコン酸[9,10]などが知られている．

　リンは植物の呼吸，光合成に重要な働きをしていることは作物を材料にした研究で明らかにされてきている．リンの働きをホスト樹木の成長解析，リンの成長に対する効率などと合わせて明らかにする必要性があるだろう．リンに関する研究は主に放射性同位元素を用いた植物体内の代謝経路の研究として行われてきた[11,12]．これらの研究は，滅菌した培地での研究が主流であり，菌根菌に関して野外で森林生態系のリンの挙動に着目した研究は少ない．

　外生菌根菌は通常植物が直接利用できないアミノ酸などの形で窒素を吸収してホストに供給する[13,14]．一方で窒素は，ホストのカーボンゲイン，生長にとり重要な働きをしている．すなわち，通常は利用不可能なアミノ酸のような資源を利用可能にすることでホストに新しい生態的地位（niche）を付け加えることになる．このことは，無菌根植物が可溶性リン酸を吸収できるが，それが菌根形式によりさらに吸収強化されるのとは異なったニッチ変化といえる[15]．しかし，一方で，EltropとMarschner[16]は無菌根植物と菌根植物の間に窒素代謝に差がないことを報告するなど，必ずしも一定した結論ばかりではない．

　注目される例として，マツの葉にあるポリフェノールが葉のリター中の窒素化学的なバランスを変化させて，外生菌根菌類がより吸収しやすい形態に変化させていることが報告されている．つまり，外生菌根菌により窒素欠乏したサイトで生育するマツが，自ら二次代謝産物をつくり葉のリターの中で利用して窒素循環のショートカットを行っていたのである[17]．

e. 外生菌根と土壌微生物群集，哺乳動物との関係

　Amaranthusら[18]，ChanwayとHoll[19]，Liら[20]，Kikuchら[21]は外生菌根の周辺に窒素固定バクテリアが存在することを確認した．これらバクテリアの存在がホスト樹木への窒素の供給を高めている．また，節足動物の菌食性トビムシが菌根形成率を高めるとともに宿主植物の窒素含量を高めていることも確認されている[22]．これら菌食性のトビムシは，菌根の形成を減少させることはなく増加させた点も興味ぶかい．Garbaye[23]は土壌中に存在して菌根形成を促進する一群のバクテリア群集をMHB（mycorrhization helper bactera）として提案した．このように，宿主樹木-菌根菌-MHBの間で複雑な共生関係が存在している．しかし，同じ種類のMHBでも系統により変異がありホストの成長促進に関与する系統としないものがあり，今後の研究の進展が期待される．一般的に，根から光合成産物を含んださまざまな物質が浸出することが，作物などで定量的に測定がされている．例としてオオムギの根重量の約10％が根から植物体外に出たとの報告もある．しかし，樹木に関する研究はほとんどみられない．以上のように菌根のまわりに通常このような微生物群が集まるが，逆にマツタケのようにバクテリアを排除する例外もある[24]．

　in vitro で菌根をもった植物が，野外で生育する植物の測定結果や観察結果を反映しないといわれている．野外の自然条件に近い，さまざまな土壌微生物群集を含んだ系で研究をする必要性が指摘されている[25]．また，森林生態系には一見，外生菌根菌とは無

関係と思われる哺乳動物も生態系の内の一員であり，一部の菌食を行う小型哺乳動物が外生菌根菌の胞子の散布と関係が深いことが確認されており，生態学的な視点からレビューも行われている[26]．

f. 外生菌根と樹木生理

外生菌根の形成か樹木の生理的な特性にどのように関与しているか実証的なデータ，論文はきわめて少なく，外生菌根の研究の総数に対して，宿主樹木の生理にまで踏み込んだ研究はかなり限られている．数少ない研究には，光合成，呼吸を促進するとの報告[6,27,28]もあるが，外生菌根菌の種類によってキツネタケ属 Laccaria のようにはほとんど影響も及ぼさないものや[27]，呼吸を減少させたとの報告[29]もある．図6.11にフタバガキ科樹木の一種（Shorea smithiana）にニセショウロ目の一種の外生菌根菌（Scleroderma columnare）を接種して光合成の日変化を調べた例をした．このように，光合成の日中低下が大幅に緩和された．これは，菌根形成により吸収面積が拡大されただけでなく，菌糸束などからもホスト樹木に水が供給されたためである[30]．この結果，樹木の耐乾燥性が増し，生長は大きく促進された．これらの研究は野外で滅菌操作なしに，炭を用いて外生菌根菌の形成度をコントロールして行われた[6,31]．

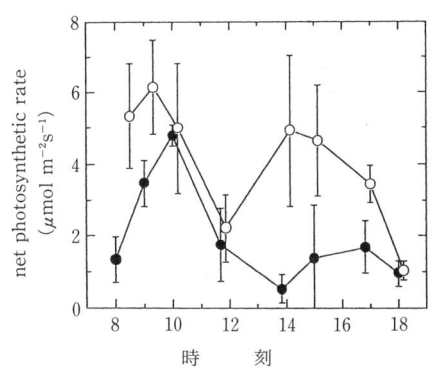

図6.11 フタバガキ科樹木（Shorea smithiana）の外生菌根菌（Scleroderma columnare）の感染個体と未感染個体の光合成の日変化（Springer-Verlag, 2000）

● : 外生菌根のない苗木
○ : 外生菌根のある苗木

g. 地球環境変動下の菌根共生と森林生態系

Staddon と Fitter[32]は高二酸化炭素環境が外生菌根に与える影響についてレビューを行っているが，必ずしも予想していたほど菌根形成は促進されず，菌根形成が促進された場合，されない場合があり，一定の結果ばかりではない．また，前出の菌根情報交換ホームページには高二酸化炭素条件における菌根研究の論文が整理されており，今後急速な発展が期待される．

これは，菌根形成がややリン欠状態，やや乾燥状態で促進される場合が多く，さらにホストの光条件など複合要因が関連するため作業仮説どおりにかならずしも結果は出ないようである．しかし，高二酸化炭素条件下では植物のリンの要求性が高まるため，リン欠乏を起こしやすい土壌条件下では植物と共生菌に何らかの反応がみられると予測される．

このことを考えると森林生態系として共生菌を含めて物質循環系が高二酸化炭素条

件，温暖化下でどうなるか予測することが必要となろう．すでに述べたように節足動物を含んだ複雑な土壌微生物群が外生菌根菌の形成に関与しており，特に日本にはリン欠乏を起こしやすいアロフェン性火山灰土壌が多く，高二酸化炭素条件下でリン吸収促進に関係した外生菌根菌の形成と樹木の生理的応答を関連づけて自然条件に近い実験系で考える必要があるだろう．

また，北方森林の地下部への光合成産物の配分が多くなる原因が外生菌根菌によると考えられており[33]，温暖化の影響が顕著に出ると予測される北方森林の菌根を含めた生態系の研究が待たれる． 〔森 茂太〕

文 献

1) 森 茂太：日本生態学会誌, **49**(2), 125-131, 1999.
2) 菊地淳一：日本生態学会誌, **49**(2), 133-138, 1999.
3) Trappe, J. M.: *The botanical review*, **28**, 538-606, 1962.
4) Harley, J. L. and Harly, E. L.: *The new phytologist*, **105**, 1-102, 1987.
5) Simard, S. W., et al.: *Nature*, **388**, 579-582 1997.
6) Mori, S. and Marjenah: Rainforest ecosystems of East Kalimantan (Ecological studies, 140) (eds. Guhardja et al.), 251-258, Spronger-Verlag, 2000.
7) Van Der Heijiden, M. D., et al.: *Nature*, **396**, 69-72, 1998.
8) Hacskaylo, E.: Ectomycorrizae (eds. Marks, G. C. and Kozlowski, T. T.), 207-230, Academic press, 1973.
9) Smith, E. and Read, D. J.: Mycorrhizal symbiosis, Academic Press, 1997.
10) Iwase, K.: *Canadian Journal of Botany*, **70**, 84-88, 1992.
11) Finlay, R. D.: *New Phytologist*, **112**, 185-192, 1989.
12) Antibus, et al.: *Mycorrhiza*, **7**, 39-46, 1997.
13) Plassard, C. D., et al.: *Canadian Journal of Botany*, **72**, 189-197, 1994.
14) Botton, B. and Chalot, M.: Mycorrhiza (eds. Varm, A. and Hock, B.), 325-363, Springer-Verlag, 1995.
15) Allen, M.: The Ecology of Mycorrhiza, Cambridge University Press, 1991.
16) Eltrop, L. and Marschner, H.: *New Phytolgist*, **133**, 469-478, 1996.
17) Northup, R. R., et al.: *Nature*, **377**, 227-229, 1995.
18) Amaranthus, M. P., et al.: *Canadian Journal of Forest Research*, **20**, 368-371, 1990.
19) Chanway, C. P. and Holl, F. B.: *Canadian Journal of Botany*, **69**, 507-511, 1991.
20) Li, C. Y., et al.: *Plant and Soil*, **140**, 35-40, 1992.
21) Kikuchi, J. and Ogawa, M.: Proceeding of the international workshop of BIO-REFOR : 71-80, 1995.
22) Setala, H.: *Ecology*, **76**, 1844-1851, 1995.
23) Garbaye, J.: *New Phytologist*, **128**, 197-210, 1994.
24) Ohara, H. and Hamada, M.: *Nature*, **213**, 528-529, 1967.
25) Watkinson, A. R.: Plant Ecology (ed. M. J. Crawley), 359-400, Blackwell Scientific Publications, 1997.
26) Johnson, C. H.: *Trends in ecology and evolution*, **12**, 503-507, 1997.
27) Dosskey, M. G., et al.: *New Phytologist*, **115**, 269-274, 1990.
28) Conjeaud, C., et al.: *New Phytologist*, **133**, 345-351, 1996.
29) Marshall, J. D. and Perry, D. A.: *Canadian Journal of Forest Research*, **17**, 872-877, 1987.
30) Duddridge, J. A., et al.: *Nature*, **287**, 834-836, 1980.
31) Mori, S. and Marjenah: *Journal of Japanese Forestry Society*, **76**, 462-464, 1994.
32) Staddon, P. L. and Fitter, A. H.: Trends in ecology and evolution, **13**, 455-458, 1998.
33) Rygiewicz, P. T. and Andersen, C. P.: *Nature*, **369**, 58-60, 1994.

7. ストレス生理

7.1 ストレスシグナル応答反応

a. ストレスへの対応

　大部分の陸上植物は，根を通して土に固定されていて移動できない．したがって，さまざまな環境ストレスに対して自らの生活環境を制御したり，変化させることによってのみストレスから逃れることが可能になる．このことは，植物の環境に応答して適応する能力が生存にとって不可欠なことを意味している．陸上植物をとりまく環境は，地上部と地下部に分けられる．植物にとっては，根圏におけるイオンの集積や溶脱，あるいは可溶化や不溶化がイオンストレス生成の原因となっている．土壌中のイオンストレスの生成要因となるのは，土壌中の水分の動きである．土壌中へ浸透する水が表層土の塩類を溶脱させることになる．

　他方，土壌表面から水分が蒸発すると，下層土中の水に含まれている塩類が表層土に蓄積することになる．このような土壌水の循環が長期間にわたると，塩類を過剰に集積した問題土壌が生成されることになる．問題土壌には塩類集積土壌の他，アルカリ土壌，酸性土壌などが含まれる．

　このような問題土壌におけるストレスに対しても，植物はさまざまな戦略を駆使して耐性を獲得している．鉄，リン酸，アルミニウムといったイオンに対する適応反応が知られている．

　イオンストレスによる現象には過剰のイオンによって引き起こされる毒性と，一般的にはイオンの欠乏によって引き起こされるが，イオンの供給によって回復が可能な程度の障害に分けられる．土壌中の環境因子には不適，好適，中立，毒性の状態が考えられる[1]．たとえば，土壌 pH を例にとると高 pH では鉄やリン酸が欠乏して，いわゆる不適性の状態を引き起こす．しかし，低 pH ではアルミニウム（Al）やマンガン（Mn）が過剰になり強い毒性を引き起こす．

　植物は環境情報（ストレス）に対してさまざまな適応現象を示すが，その戦略を分子レベルで考えてみると，いくつかのパターンに分けられる[1]．

　① 分子構造の質的な変化に基づく場合：たとえば低温ストレスに対してリン脂質の脂肪酸の構造を変えて，適応を示す．

　② 生体内の物質の量的変化に基づく場合：塩ストレス下においてプロリンの合成を高め，浸透圧の調節を行ったり，ファイトケラチンのような重金属をキレートする物質の合成を高める．

　③ 分子の官能基を変化させる場合：嫌気的な状態におかれた植物のように，TCA

回路にかわって嫌気的な呼吸回路を誘導して適応を示す．

このように植物は，さまざまな環境ストレスに対して分子レベル，代謝レベルでの適応反応により生存のための戦略をとっている．

b. 細胞のシグナルの受容と伝達

動物細胞で明らかにされてきたシグナルリガンドの細胞表層での受容，それに続くセカンドメッセンジャーへのシグナル変換とその応答反応の機構は，植物でも全体としては容認されている．植物に特有な情報伝達機構として，防御機構に関わる伝達機構を発達させている．植物の病原に対する抵抗反応を誘導する物質をエリシターと呼ぶ．エリシターによるシグナル伝達によって，拡散性物質としてさまざまなファイトアレキシンを生産し，病原に対する抵抗性を獲得している（図7.1）．

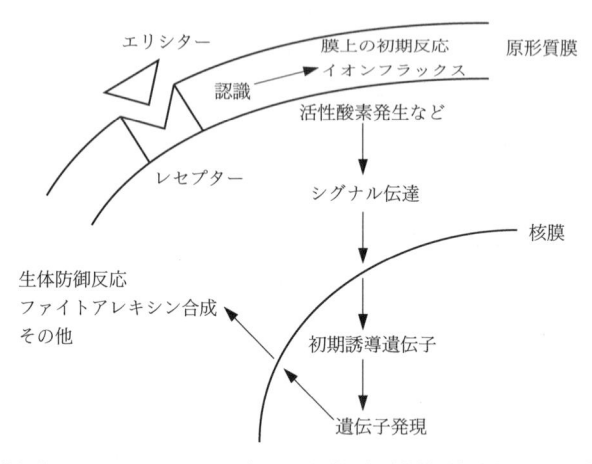

図7.1 植物細胞におけるエリシターシグナルの認識と伝達機構（朽津和幸・渋谷直人, 1993）

動・植物で共通のシグナル伝達機構として知られているものに，Ca^{2+}をセカンドメッセンジャーとする情報伝達系がある．外界のシグナルリガンドが原形質膜上のシグナルレセプターに結合する．その結果，レセプターの構造が変化し，Gタンパク質（GTP結合タンパク質）に作用する．αサブユニットにGDPを結合しているGタンパクはα，β，γのサブユニットが会合しているが，これに，シグナルが作用することにより構造の変化したシグナルレセプターが作用することによってαサブユニットが解離し，標的酵素であるホスホイノシチドジホスホリパーゼC（PIP_2ホスホジエステラーゼ）に結合して，その活性を活性化する．

この酵素は，原形質膜のリン脂質の1％以下しか存在しないホスファチジルイノシトール4,5二リン酸（PIP_2）に作用しイノシトール1,4,5三リン酸（IP_3）とジアシルグリセリド（DG）を生成する．PIP_2ホスホジエステラーゼに結合しているGタンパクのαサブユニットには，GTPase活性がありGTPをGDPに分解する．その結果，DGPを結合したαサブユニットは酵素から離れ，再びβ，γサブユニットと会合してもとのGタンパクを形成する．

一方，細胞質に放出されたIP$_3$は細胞内のカルシウム貯蔵器官としての液胞や小胞に働きかけ，遊離のCa^{2+}を細胞質に放出する．これをカルシウム動員という．その結果，細胞質の遊離のCa^{2+}が増え，これがセカンドメッセンジャーとなり，カルモジュリンと結合したり直接タンパクキナーゼを活性化する．

一方，DGはタンパクキナーゼCを活性化し，さまざまなタンパク質のリン酸化を促す．カルシウム動員の役割を終えたIP$_3$は順次，脱リン酸化を受けイノシトールになる．イノシトールへの最終段階の反応は，リチウムによって特異的に阻害される．DGはホスファチジン酸を経てシチジンホスファチジン酸となる．両者は合体してPIP$_2$が生成される．これをイノシトール脂質回路と呼ぶ（図7.2）．

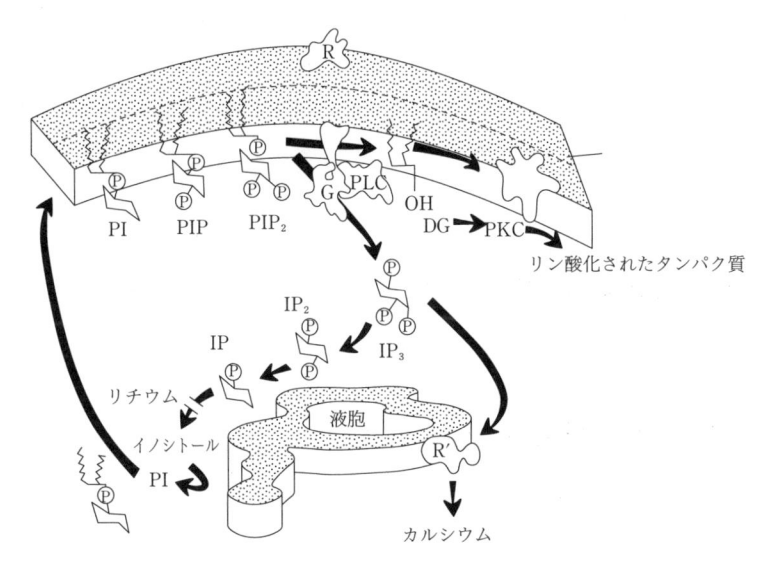

図7.2 ホスファチジルイノシトールの代謝回路（Morseら，1989）
ホスホイノシチドホスホリパーゼC（PLC）はPIP$_2$を分解してIP$_3$とDGを生成する．IP$_3$はカルシウム貯蔵器官の受容体（R'）と結合してカルシウムを動員する．IP$_3$はホスホジエステラーゼによりノシトールまで分解される．DGはATP，CTPの存在下でシチジンホスファチジン酸となり，イノシトールと結合してホスファチジルイノシトール（PI）が合成され，リン酸化を受けて再びPIP$_2$が生成される．R：シグナル受容体，G：Gタンパク質，PLC：ホスホイノシチドホスホリパーゼC（PIP$_2$ホスホリパーゼ；PDE），IP$_3$：イノシトール3-リン酸，PI：ホスファチジルイノシトール，PIP：ホスファチジルイノシトール4-リン酸，PIP$_2$：ホスファチジルイノシトール4,5-2リン酸，DG：ジアシルグリセロール，PKC：タンパクキナーゼC，R'：イノシトール3-リン酸の受容体．

c. 植物の環境ストレスに対する応答

1) 温度ストレス　一般に植物は10〜35℃付近に最適温度をもつが，これを超すとストレスとなる．一方，温度ストレスを加える前に適度な温度ストレスを施すと，ストレスに対して耐性を獲得する場合がありこれを馴化という．

低温ストレスに対して植物は異なるセンサーが働いている．一つはタンパク質の一次

構造の変化であり，一つはリン脂質である．一般に低温感受性の高い植物は，ジパルミジルホスファチジルグリセロール（DPPG）と呼ぶ飽和脂肪酸を多く含んでいる．高温ストレスに対しては熱ショックタンパク質を合成する．近年，遺伝子レベルでの応答反応の解析も進んでいる．シロイヌナズナで cor (cold-response) 遺伝子, lti (low-temperature induced) 遺伝子が得られている．熱ショックタンパクに対して HSP (heat shock protein) 遺伝子があり，その5'非転写領域には HSE (heat shock responsive element) と呼ばれるシス配列（5'-CNNGAANNTTCNNG-3'）が存在し，熱ショックによる遺伝子の発現誘導に関わっている[2]．

2) 塩ストレス 多くの陸上植物は塩濃度が0.1％になると生育が低下し，0.3％を超えると著しく抑制される．塩ストレスにより細胞内の浸透圧の変化を感知してプロリン，ベタイン，糖アルコール（ポリオール）を合成して耐塩性を獲得している場合がある．塩ストレス下でこれらの合成酵素の遺伝子の発現が高まることが知られている．

3) 乾燥ストレス 植物は乾燥に対してさまざまな応答反応を示す．乾燥がシグナルになって合成されるタンパク質に，植物を保護する機能をもっているものが多い．これらのタンパク質の合成に関わる遺伝子は，乾燥ストレスの過程で生成される植物ホルモンのアブシジン酸（ABA）によって誘導される遺伝子と，されない遺伝子が存在する．ABA を介して発現される遺伝子については，イネの rab16 とコムギの Em 遺伝子の解析が進み，これらの遺伝子には ABA の誘導に関わっている相同性の高いプロモーター領域が存在する[2]．ABA の生理作用の一つは，気孔を閉じ水分の蒸散を防ぐことである．

〔松本英明〕

文献

1) 太田安定ほか訳：植物の環境と生理（eds. Fritter, A. H. and May, R. K. M.），1-24，学会出版センター，1985．
2) 篠崎一雄：植物の遺伝子発現（長田敏行，内宮博文編），124-136，講談社，1994．

7.2 物理的ストレス

7.2.1 植物の低温ストレス

a. 冷温傷害(障害)と冷温耐性機構

1) 冷温傷害の機構 熱帯・亜熱帯に由来する植物の多くは，0〜12℃の冷温では種子発芽，生長，開花結実が阻害される．温度が低いほど，また，さらされる時間が長いほど組織細胞は不可逆的な傷害を受け，ついには植物体が枯死することもある．自然条件での冷温傷害は温度以外の環境要因，すなわち，光や水分条件などが複雑に作用するため複雑な様相を呈する．

常温で育てた低温感受性植物（インゲン）をそのまま低湿度の低温室（5℃）に入れると気孔からの蒸散が促進され，同時に根からの吸水も抑制されるので植物は乾燥により短時間で致死的な傷害を受ける．植物をポリエチレン袋にいれ水分飽和の状態で低温処理すると傷害は著しく軽減される．低温に敏感な植物を照明下で低温処理すると，短

時間でクロロシスを起こし光合成機能が損傷を受けるだけでなく，細胞の不可逆的な傷害が著しく助長される．低温による光合成機能低下の初発的な要因は，光合成系Iの電子受容体の阻害，ついでP-700自身の失活，そして反応中心の大型結合サブユニットであるPS1-A/Bの部分分解が起こるためといわれる[1]．これが引き金となって光合成系IIも損傷を受けるものと考えられている．

低温障害は"暗黒-水分飽和"条件でも，また，根などの非光合成器官でも黄化植物でも起こる．亜熱帯原産のヤエナリの黄化実生ならびに培養細胞を用いた実験によると，暗黒-水分飽和の条件での低温傷害は可逆的な初期過程をへて時間とともに不可逆的な傷害へと進むことが明らかで，可逆的な初期過程（0°C，24〜48時間）では液胞膜のH^+-ATPaseが他の生体膜酵素に先行して失活し，液胞内部のアルカリ化と細胞質の酸性化が短時間で同時進行する[2]．細胞質の酸性化（0°C，18時間でpH 6.3まで低下）はタンパク合成や脂質合成，呼吸活性などの生理活性を著しく阻害し，ついには，細胞は死に至るものと考えられる．低温による細胞内環境の恒常性の乱れは，光や低湿度条件を含めた複合環境でも傷害に対して重要な役割をもつものと思われる．

2) **冷温耐性機構** 低温に敏感な植物の中には，事前にゆるやかな低温を与えると生体膜脂質の脂肪酸が不飽和化され膜脂質の流動性が増加する．このことは，低温下での生体膜の機能を維持する上で大変重要と思われる．最近，脂肪酸転移酵素や脂肪酸不飽和化酵素遺伝子の操作により生体膜脂質の飽和度を増加させると耐冷性が増加することが明らかになっている[3,4]．低温耐性機構には，膜脂質の他にも膜結合酵素の低温適合性や構造安定性も大きく関わっていると思われる．液胞膜H^+-ATPaseはそのよい例と思われる．低温に敏感なヤエナリやキュウリの実生を0°Cに冷やすと本酵素は速やかに失活するが，低温耐性植物では長時間安定である．本酵素の低温安定性を支える分子機構が解明されれば，酵素の分子的改変によって植物の低温耐性を高めることが可能かも知れない．

低湿度条件で低温（5°C）処理するとただちにしおれて枯死する植物も，あらかじめ低湿度でゆるやかな低温（12°C）を与えると数日間の低温処理に耐えるようになる．ワタ，インゲン，トマトなどがその例である．この場合の低温馴化には，ABAの合成と気孔調節機構が強く関わっている．環境ストレスによって発生する活性酵素を速やかに消去する能力も，植物ストレス耐性に重要であると思われる．トウモロコシの黄化実生を14°Cで育てると，ある程度の低温耐性を獲得する[5]．この場合，ミトコンドリアに局在するカタラーゼアイソザイムの遺伝子が活性化され，酵素活性の上昇がみられる．この遺伝子発現には，低温馴化の初期に一過性に生成する過酸化水素が関与しているといわれる．

イネの冷害（不稔）の原因は，花粉の発達が冷温によって特異的に阻害されるためであることが知られている．小池はテッポウリを使った実験から，四分子細胞から小胞子が遊離する過程に関与する酵素活性の発現と薬腔液の酸性化が低温により強く抑制，あるいは遅延することが原因と推定している[6]．薬のタペート組織および小胞子の発達における細胞間の情報伝達の仕組みが重要な鍵を握っているものと思われる．

b. 凍結傷害と耐凍性機構

1) 凍結による細胞脱水 植物を氷点下に冷やすと，細胞の外にある水分が凍結を開始する．細胞外に形成される氷晶の蒸気圧は細胞内の過冷却状態の水分よりも低いため，細胞内の水分は細胞膜を通過して外側に移動して氷晶となる．これは細胞外凍結といわれ，自然状態での細胞の凍結様式である．細胞外凍結による細胞からの脱水の程度は，凍結温度と細胞内の初期浸透濃度に依存し，温度が低いほどより大きな脱水ストレスを受ける．細胞が凍結・脱水によって傷害されるとき，膨圧の喪失とともに無機イオンやアミノ酸などの電解質が細胞から漏出することが観察される．これは細胞膜の半透過性が失われるためであり，細胞膜の構造的・機能的損傷が細胞傷害の原因であることが古くから指摘されてきた．耐凍性の季節変動や植物種間差は，凍結による脱水ストレスから細胞膜を保護する仕組みに関係している．

2) 凍結傷害と細胞膜構造の変化 凍結傷害に伴って細胞膜構造が変化することが藤川[7]やSteponkusら[8]の研究グループによって明らかにされている．細胞をゆっくりと一定温度まで凍結し，そこから液体窒素中に急速に凍結固定するフリーズフラクチャー法により，細胞が凍結・脱水されたときの状態を保持したまま細胞膜構造を電子顕微鏡で観察できる．細胞が傷害を受ける温度まで凍結したとき，細胞膜の破断面に膜内タンパク粒子（IMP）を欠いた脂質のみからなる部位（aparticulate domain；AP部位）が形成される．異なる生体膜の異常接近と膜表面からの脱水により，脂質表層に露出している膜タンパク質の極性部位は，脂質分子の極性基よりも相対的に大きな水和反発を生ずるため，タンパク分子は膜の横方向にはじかれて凝集し，いわゆる相分離（lateral phase separation）を起こす．このことが凍結脱水によるAP部位の形成に大きく関与していると思われる．AP部位で脂質極性基からの脱水がさらに進むと，水和度の小さい脂質が相分離（lyotropic phase separation）し，逆ミセル構造の中間体（inverted micellar intermediate, IMI）をつくる．このIMIは，膜面に形成される頻度と温度条件で非二重層の逆シリンダーミセル構造（ヘキサゴナルII相，H_{II}）へ移行するか，あるいは膜間融合をもたらす原因となる．

3) 耐凍性増大の機構 凍結による傷害は細胞外凍結による脱水と収縮，細胞膜と他の生体膜との異常接近，および生体膜分子からの脱水によってもたらされる細胞膜の構造的損傷が原因と考えられる．それを防御するには，①脱水による細胞の収縮変形を緩和すること，②たとえ生体膜同士が異常に接近しても，親水性の高い物質の介在によって水和特性に基づく分子間相互作用（水和反発）を防止すること，および③細胞膜のタンパク質や脂質の組成を変えることによって膜構造を安定化させることなどが考えられる．低温馴化過程では糖類，グリシンベタインなどの溶質が細胞内に蓄積することが知られる．これらの溶質が細胞質中にも蓄積するなら浸透濃度の増加による細胞脱水の緩和①と②による保護効果が期待される．耐凍性の増加に伴ってCOR, LEA, Dehydrinなどの特別な分子構造をもつ可溶性のタンパク質が増加することが多くの植物で知られるようになった．これらのタンパク質は種子登熟後期に発現することから，細胞の脱水ストレスに重要な役割を有するものと考えられている．糖などの溶質とこれらの特別なタンパク質の相乗作用による細胞膜の保護も重要な要素と考えられる．細胞膜の

自己防御機構②として，低温馴化過程における膜タンパク質や膜脂質の組成変化が考えられる．冬小麦の実生を低温順化させるとき，また，その培養細胞を常温でABA（アブシジン酸）処理するとき，耐凍性の増大に伴って特別な低分子膜タンパク質（18〜19 kDa）が細胞膜に蓄積される[9]．このタンパク質の構造と機能はまだ明らかでないが，上記の親水性タンパク質と同様に細胞膜を脱水から保護する役割も期待される．耐凍性機構には複数の要因が相乗的に働いており，その作用の仕方も植物の種類で異なっているであろう．その中で最も主導的な役割をもつ要因を究明することが今後の重要な研究課題であろう．

〔吉田静夫〕

文 献

1) Terashima, I., Funayama, S. and Sonoike, K.：*Planta*, **193**, 300-306, 1994.
2) Yoshida, S.：*Plant Physiol*., **104**, 1131-1138, 1994.
3) Murata, N., Ishizaki-Nishiyama, O., Higashi, S., Hayashi, H., Tasaka, Y., and Nishida, I.：*Nature*, **356**, 1710-1713, 1992.
4) Kodama, H., Hamada, T., Horiguchi, G., Nishimura, M. and Iba, K.：*Plant Physiol*., **105**, 601-605, 1994.
5) Prosad, T. K., Anderson, M. D., Martin, B. A. and Stewart, C. R.：*Plant Cell*, **6**, 65-74, 1994.
6) 小池説夫：細胞工学，**4**，329-335，1992．
7) 藤川精三：細胞工学，**4**，319-328，1992．
8) Steponkus, P. L., Uemura, M. and Webb, M. S.：Advances in Low-Temperature Biology, JAI Press, Vol. 2, 211-312, 1993.
9) Zhou, B. -L., Arakawa, K., Fujikawa, S. and Yoshida, S.：*Plant Cell Physiol*., **35**, 175-182, 1994.

7.2.2 光照射ストレス

植物との関わりにおいて，太陽からの光（太陽放射：300〜3,000 nm）は，①エネルギー源として，ならびに②環境の変化を伝える情報伝達因子（シグナル）として，正常な生育に必須の作用を果たしている一方で，③有害因子としての作用も合わせもっている．

植物は，400〜700 nm（光合成有効放射）の幅広い波長域の光を利用して無機物から有機物の生産を行っているが，この光合成の速度と産物量は，それぞれ，光強度と照射光量（光強度×時間）によって支配される．植物は，また，光をシグナルとして受容して，生育の諸過程の調節と制御を行っている．"光形態形成"や"光代謝制御"の言葉に包含されている諸現象は，"赤・近赤外光可逆反応（650〜720 nm）"，"青色光反応（350〜500 nm）"や"近紫外光反応（300〜400 nm）"などと呼ばれるように，その発現は波長に依存している．この場合，強い光を必要とする現象もあるが，多くの現象は比較的弱い光によって発現される．

このように植物は光量あるいは光強度と光質（波長）を正確に認識し，さらにその認識を代謝制御に反映させることによって正常な生育を維持している．したがって，光強度あるいは光量が不足すると有機物生産は低下し，照射波長の変化は正常な代謝を撹乱し，その結果として，弱光障害と称される種々の生育異常が出現する．これら光の量的および質的効果に対応する反応は，互いに密接に関連している．たとえば，光強度が低い条件下では，葉やクロロプラストを光の方向に向けてより多くの光量を確保しようと

する。この光向運動は青色光をシグナルとする光生物反応である。このようにして，植物は太陽放射の比較的広い光強度範囲での正常な生育を可能にしている。

細胞の光による不活性化，すなわち，光が細胞の生育あるいは増殖を阻害する現象は，古くから観察されている。この細胞の不活性化と光との関係は，これまで主に紫外光（200～400 nm）によるDNA損傷の観点から検討されてきた。近年，オゾンホールの形成に伴う長波長紫外光（＝近紫外光），とりわけUV-B（280～320 nm）の放射量の増大が及ぼす生物への影響が懸念されているが，これはこの波長域で生じるピリミジン塩基の二量体化反応によるDNA損傷が予想されるからである。しかし，これまでの研究では，植物細胞にはDNA損傷の修復機構（光回復，暗回復など）が備わっているので，予想される放射量（強度）の範囲内では，植物の生育に大きな影響はないとされている。なお，光回復には青色光が必要で，光による損傷の回復に光が関与しているのである。

光による細胞の不活性化は，DNAが直接吸収しないUV-A（320～400 nm）あるいは可視光（340～780 nm）の高光強度照射によっても生じる。この強光障害は，生体成分の光化学反応による変化に起因する細胞膜やオルガネラの機能損傷あるいは酵素の活性変化によってもたらされる。生体成分の光化学反応による変化の機構は，大きく二つに分類できる。一つは，光を吸収した分子が，吸収したエネルギーによって直接変化する場合で，クロロフィルの高強度の青色光による分解はこの例である。他は，ある分子（光増感剤）が吸収した光エネルギーを他の分子に移し，その分子を励起あるいは化学的に変化させる間接的な機構で，これを"光増感反応"と呼ぶ。そして，特に光増感反応による分子状酸素の活性化（励起一重項酸素［$^1O_2$］の生成）が関与する酸化反応を"光力学的増感反応"という。細胞内には光増感能を有する物質が多種存在しており，そのため光吸収のない生体成分でも光によって化学変化を受ける。

ところが，細胞内には，このような光増感反応による障害を防ぐために，$^1O_2$クエンチャー，ラジカルスカベンジャーなど抗酸化能を有する物質（抗酸化剤）が存在している。カロテンやトコフェロールはその例である。また，生体成分の光分解を補償するために，光がその成分の生合成を促進させる現象も知られている。高強度の光によるクロロフィル生合成の促進は，クロロフィルの光分解を十分に補っている。長波長紫外光によるカロテノイド，フラボノイドあるいはアントシアンなど二次代謝産物生合成の誘導は，これらの色素が，光のスクリーンとしてあるいは抗酸化剤として強光障害の防御に役立つことから，光防護機構の一つであると考えられている。

植物は，生育必須因子と有害因子という相反する作用をもった太陽光のもとで生命活動を行っているため，"光エネルギーの吸収"に続く，"光化学反応"を通して光の量と質を正確に認識し，その認識を細胞内での"生化学反応"に反映させる機構とともに，光による損傷からの防護と修復の機構を合わせもっているのである。しかし，それらの機構の詳細は今後の研究に待たねばならない。

〔多田幹郎〕

7.3 生物的ストレス

7.3.1 病原微生物ストレス

植物はつねに多種多様な病原体の攻撃にさらされている．植物病原微生物には，菌類（カビ，糸状菌），細菌（200種），ファイトプラズマ（マイコプラズマ様微生物）やスピロプラズマ（59科200種の植物の病因），リケッチア様微生物（9種以上の植物の病因），線虫（数百種），プロトゾア（原虫）などがあり，また，微生物には含まれないが，ウイルス（1,000種以上）やウイロイド（20種以上）も重要な病原体である．これらは，いずれも伝染性の病害を引き起こすが，菌類病が80％以上を占めているのが植物病の特徴である．

植物が寄生され発病に至るまでには，いくつかの過程がある．病原体としての適応能力からみれば，植物に①付着・侵入する能力，②宿主の抵抗性に打ち勝つ能力，さらに③発病力が必須である（Gäumann, 1951；Oku, 1980）．病原微生物はそれぞれが独自の侵入方法を備えているが，菌類の場合，傷口，花器，気孔，クチクラなどから自らの力で侵入する．菌類はクチナーゼ，ペクチナーゼ，セルラーゼなどクチクラや細胞壁成分を分解する酵素を分泌することが知られており，これらの化学的な力と貫入菌糸の物理的な力によって植物細胞へ侵入するものと考えられている．

しかし，侵入するすべての病原微生物が，植物体内で定着（栄養関係を成立）できるわけではない．菌類病を例に述べると，地球上に存在する十数万種といわれる菌類の中で，植物を加害するものは約1万種である．しかし，イネを例にとれば，これを加害する病原菌は約50種，さらに甚大な被害をもたらすものは10指にも満たない．すなわち，ある植物種や品種は大多数の病原菌に対して抵抗性ないし免疫性であり，一握りの病原菌だけが感染に成功するというのが自然の姿である．これは宿主-寄生者の特異性（host-parasite specificity）と呼ばれる生物界に普遍的な現象である．

1902年，非親和性の組み合わせでは過敏感反応（急速な細胞死を伴う防御応答）が起こることがWardによって発見され，その後，植物は病原微生物に対するさまざまな抵抗機構を備えていることがわかってきた．これまでに明らかとなった植物の抵抗性を生理学的観点から表7.1にまとめた．これらは，植物が感染を受ける前から備えている抵抗性（静

表7.1 植物の抵抗性

静的抵抗性（先在的抵抗性）
　ワックス層
　クチクラ
　細胞壁（硬さや厚さ，ケイ質化など）
　先在性抗菌性物質（フェノール類，サポニン，ステロイドなど）

動的抵抗性（誘導抵抗性）
　感染阻害因子（カテキンなど，植物の表層に分泌され侵入を阻害する）
　ファイトアレキシン（低分子抗菌性物質）
　PR（pathogenesis-related）タンパク質（β-endoglucanase, chitinaseなど，抗菌性を示すものもある）
　過酸化脂質（抗菌性を有する）
　リグニン（細胞壁，物理的障壁）
　カロース（細胞膜最外層，物理的障壁）
　パピラ（侵入部に形成，物理的・化学的障壁）
　HRGP（hydroxyproline-rich glycoproteins，細胞壁，物理的障壁）
　H_2O_2（酸化に関与，HRGPを架橋，O_2^-からSODによって生成）

的抵抗性）と感染を受けた植物体に発現する動的抵抗性に分類される．これらの抵抗性は，階層的に病原微生物の攻撃から植物自身を保護しているものと考えられるが，タンパク質やmRNAの合成阻害剤，熱，細胞内骨格の重合阻害剤などで植物を処理して動的抵抗性の発現を抑制しておくと，本来感染できない病原微生物の感染が成立する（受容化）．これは，植物の抵抗性の主体が動的抵抗性にあることを強く示唆している．

病原微生物が動的抵抗性の誘導因子（elicitorあるいはinducer，以下エリシター）を生産することはよく知られている（Keen, 1975；Darvill and Albersheim, 1984；deWit, 1986）．グルカン，多糖類，キチン，キトサン，ペプチド，糖ペプチド，タンパク質や脂質など病原微生物の生産する多種多様な代謝産物がエリシター活性を示すことがわかっている（表7.2）．病原微生物と植物の接触の場におけるエリシター生成については，病原菌細胞壁から植物 β-1,3-グルカナーゼで切り出される例（Yoshikawaら，1981；Keen and Yoshikawa, 1983）や病原菌の発芽胞子から分泌される例（Shiraishiら，1978；Hayami et al., 1982）が報告されている．一方，病原微生物の生産するペクチン分解酵素によって切り出された植物細胞壁断片（α-1,4-ガラクチュロン酸残基を含む）がエリシター活性を示すことも明らかにされ，内生エリシター（endogenous elicitors）と呼ばれている（Hahnら，1981）．また，ウイルス感染植物やペクチン断片で処理された植物体に生成するサリチル酸（Raskin, 1992）やジャスモン酸（Farmer and Lyan, 1992）がPR-タンパク質を誘導することも報告されており，これらは内生のシグナルと考えられている．

表7.2 病原菌から見出されたエリシターの例

- ペプチド（monilicolin A, elicitin など，植物細胞間液にも検出される．また，宿主特異的毒素victorin はエンバクのファイトアレキシンであるアベナルミンを誘導する）
- 糖ペプチド・糖タンパク質（細胞培養ろ液，細胞壁）
- 多糖類（Man, Glc を含む，培養ろ液や胞子発芽液）
- キチン，キトサン，β-グルカン（菌体細胞壁，感染の場では植物のキチナーゼ，キトサナーゼ，グルカナーゼで切り出される）
- 脂質（eicosapentaenoic acid, arachidonic acid, ジャガイモ疫病菌）
- ペクチン分解酵素（分泌酵素，植物細胞壁からペクチン断片〈内生エリシター〉を切り出す）

ファイトアレキシン生産等の動的抵抗性は，生物的なストレスのみならず，UV，重金属，SOXやNOXなどの非生物的エリシター（abiotic elicitor）によっても誘導されるので，植物の普遍的なストレス応答の一つととらえることもできる．

現在，エリシターの受容・認識から情報伝達，さらに防御遺伝子応答までのブラックボックスの解析に世界の研究者の関心が集まっている[1,2]．エリシターで誘導される防御遺伝子発現の制御に関しては，シス領域やトランス作動因子の解析が進められている．また，表7.3に示すように，エリシターの受容から遺伝子応答に至るシグナル伝達系に関しては，K^+流出やプロトン流入（細胞の酸性化）などのイオン変動，ポリホスホイノシチド代謝系の昂進（IP_3やDAGの生成），cAMPの増加，Ca^{2+}の流入などの重要性が指摘されている．また，活性酸素種の関与について，エリシター刺激で活性化

7.3 生物的ストレス

表7.3 植物防御応答に関与するシグナル伝達系の例

植物	作動するシグナル伝達系（エフェクター分子）	セカンドメッセンジャー	防御応答	発見者，年
ニンジン培養細胞	タンパク質リン酸化，PI代謝系	Ca^{2+}, cAMP, IP_3, DAG	ファイトアレキシン	Kurosakiら，1987
パセリ培養細胞	タンパク質リン酸化，PI代謝系，Ca^{2+}流入，K^+流入	IP_3, Ca^{2+}	ファイトアレキシン	Dietrichら，1990 Reneltら，1993
インゲン培養細胞	GTP結合タンパク質	?	PAL活性上昇	Bolwellら，1991
タバコ培養細胞	PI代謝系，K^+流出	?	過敏感反応死	Atkinsonら，1985 & 1993
	タンパク質リン酸化，PI代謝系	IP_2	PAL活性上昇	Kamada & Muto，1994
イネ組織	ホスホリパーゼA_2，PI代謝系	IP_3	過敏感反応死	Sekizawaら，1990 Kanoh ら，1993
トマト組織	タンパク質リン酸化，ホスホリパーゼ，リポオキシゲナーゼ	脂肪酸，ジャスモン酸	プロテアーゼインヒビター	Grosskopfら，1990 Farmerら，1989 Farmer & Ryan，1992
ジャガイモ組織・プロトプラスト	NADPH酸化酵素，ホスホリパーゼA_2，GTP結合タンパク質	Ca^{2+}, O_2^-	過敏感反応死 ファイトアレキシン	Doke，1983 & 1985 Chai & Doke，1987 Kawakitaら，1993
ダイズ培養細胞	Ca^{2+}流入	?	ファイトアレキシン	Stab & Ebel，1987
	GTP結合タンパク質	H_2O_2	Oxidadve burst	Legendreら，1992
エンドウ組織	タンパク質リン酸化，PI代謝系	IP_3, DAG	ファイトアレキシン	Shiraishiら，1990 & 1994 Toyodaら，1992 & 1993

されるNADPH-酸化酵素に依存したO_2^-の生成が過敏感細胞死やファイトアレキシン生産のシグナルになることや，エリシター刺激で増加するH_2O_2によって細胞壁糖タンパク質（HRGP）がクロスリンクされ物理的障壁を形成すること（Bradleyら，1992）も報告されている。エリシター活性を担う糖鎖構造に関しても精力的に研究されており（Ossowskiら，1983；Sharpら，1984；Yamadaら，1993；Hadwigerら，1994），エリシター結合タンパク質が原形質膜に存在することも明らかにされてきた（Yoshikawa ら, 1983, 1993 ; Smidt and Ebel, 1987 ; Cosio ら, 1990 ; Cheong and Hahn, 1991). しかし, 防御応答に至るシグナル伝達系の全容の解明にはもう少し時間が必要であろう.

前述のように, 植物は病原微生物の侵入・感染行動に対してさまざまな防御システムを備えており, いったん物理的・化学的障壁 (表7.1) が形成された組織には, 本来感染できる微生物であっても侵入し定着することはできない. エリシターを生成・分泌しない病原微生物は抵抗性を誘導しないものと想像できるが, 表7.2に示したように病原菌の細胞壁に存在する至極ありふれた構成糖鎖がエリシター活性を示すことや病原菌の胞子発芽液中にも Man や Glc を含むエリシターが分泌されることをみれば, エリシターを生産しない病原微生物の存在は考えがたい. 1970年代になって, 病原微生物はむしろ積極的に動的抵抗性の発現を阻害 (遅延) する仕組みを備えていることがわかってきた (表7.4)[3]. ジャガイモ疫病菌 (*Phytophthora infestans*) から非親和性レースによって誘導される過敏感細胞死を抑制する物質が (Doke, 1975), また, エンドウ褐紋病菌 (*Mycosphaerella pinodes*) からはエリシターで誘導されるファイトアレキシン生産の阻害物質が発見され, サプレッサー (suppressors) と呼ばれるに至った (Oku ら, 1977). 現在までに8種の病原菌による生産が認められており, これらは糖やペプチドから構成される水溶性物質である.

最近, エンドウつる枯病細菌 *Pseudomonas syringae* pv. *pisi* からもサプレッサーが発見された (Yamada ら, 1994).

サプレッサーの化学構造については長年不明であったが, 最近, エンドウ褐紋病菌の生産する2種のムチン型サプレッサーの構造が, GalNAc-*O*-Ser-Ser-Gly (suppresc in A) および Gal (β1-4) GalNAc-*O*-Ser-Ser-Gly-Asp-Glu-Thr (supprescin B) と決定された (Shiraishi *et al.*, 1992). サプレッサーは, 種あるいは品種特異的にエリシターで誘導される防御応答を阻害し, またあるものは非病原性菌に対する受容性を誘導する. しかし, いずれにも, 宿主特異的毒素 (HST) のように顕著な毒性は認められていない.

HST を生産する病原菌はおよそ20例知られているが, ほとんどは *Alternaria, Helminthosporium* に属している. 化学的にはペプチド, エポキシトリエンカルボン酸, アミノペントール, ジヒドロピロンや配糖体であり, 宿主特異的に壊死を誘導する. しかし, 現在, HST の主要な役割は宿主の初期防御応答を抑制し, 受容性を誘導するサプレッサーとしての役割であると考えられている[4]. 一方, Mayama ら (1986) は, *Cochliobolus (Helminthosporium) victoriae* の生産する宿主特異的毒素 victorin は, エンバクのファイトアレキシンであるアベナルミンの生産を誘導することを明らかにしている.

サプレッサーや HST による防御応答の抑制機構やシグナル伝達系に対する研究事例はわずかである. エリシター (疫病菌細胞壁) 処理ジャガイモ塊茎では NADPH オキシダーゼ依存性の O_2^- の生成が数分以内に認められるが, これに先だって膜系からの Ca^{2+} の放出が起こる (Doke, 1983 ; Sanchez ら, 1993). しかしながら, 親和性疫病菌のサプレッサーグルカンは膜系からの Ca^{2+} の放出 (細胞内流入) を阻害することで一連のシグナル伝達を遮断するものと考えられている (道家, 1995). エンドウ褐紋病菌サプレッサーはエリシターによって誘導されるファイトアレキシン生産を生合成酵素遺伝子の転写レベルで抑制 (遅延) する (Yamada ら, 1989). サプレッサーの作用点

表 7.4 植物病原菌の生産するサプレッサー

病原菌	起源	化学的性質	宿主	特異性	抑制される防御応答	作用点	発見者・年
Ascochyta rabiei	培養ろ液	glycoprotein	ヒヨコマメ	品種	ファイトアレキシン	?	Kessmann and Barz, 1986
Botrytis sp.	胞子発芽液	peptide + ?	*Allium* spp.	属 (種)	general ?	原形質膜 ?	Kodama ら, 1989
Mycosphaerella ligulicola	胞子発芽液	glycopeptide ?	キク	種	general ?	?	Oku ら, 1987
M. melonis	胞子発芽液	glycopeptide ?	*Cucumis* spp.	属 (種)	general ?	?	Oku ら, 1987
M. pinodes	防止発芽液	glycopeptide	エンドウ	種	general ? ファイトアレキシン, PR タンパク質 感染阻害因子	原形質膜 (ATPase, PI 代謝系)	Oku ら, 1977 Shiraishi ら, 1978 Shiraishi ら, 1992
Phytophthora infestans	胞子発芽液 菌体	anionic and nonanionic glucan	ジャガイモ	品種	スーパーオキサイド 過敏感細胞死 ファイトアレキシン	膜系 (NADPH oxidase)	Doke, 1975
P. infestans	胞子発芽液	glucan ?	トマト	品種・種	過敏感細胞死 ファイトアレキシン	?	Storti ら, 1988
P. megasperma f. sp.*glycinea*	培養ろ液	mannanglyco- protein (invertase)	ダイズ	品種	ファイトアレキシン	?	Ziegler and Pontzen, 1982
Uromyces phaseoli	infection strucmre	?	インゲン	種	general ? シリコン沈着	?	Heath, 1981

が解析され,宿主原形質膜ATPase活性を in vivo および in vitro で阻害すること(Yoshiokaら,1990; Shiraishiら,1991)や,また,PtdInsやPtdInspリン酸化酵素,ホスホリパーゼCなどポリホスホイノシチド代謝系の酵素群を阻害すること(Toyodaら,1992,1993)が判明した.さらにサプレッサーは細胞膜NTPaseを阻害することが示されており(Kibaら,1995),これとクロストークするペルオキシダーゼ依存性の活性酸素生成系を阻害するものと推定されている[3].サプレッサーやHST[4]の作用機構に関して現在までに得られた知見を総合するならば,「病原菌は宿主のアポプラストや膜系に存在するホメオスタシス,エネルギー生産や情報伝達に関わる基本的な代謝系を攪乱する物質を感染に先立って生産・分泌することによって,宿主の抵抗性の発現を回避して,感染に成功する」ものと考えられる. 〔白石友紀〕

文 献

1) Dixon, R. A., et al. : Annu. Rev. Phytopathol., **32**, 479-501, 1994.
2) Yoshikawa, M., et al. : Plant Cell Physiol., **34**, 1163-1173, 1993.
3) Shiraishi, T., et al. : Int. Rev. Cytol., **172**, 55-93, 1997.
4) Otani, H., et al. : Molecular Strategies of Pathogens and Host Plant, Springer-Verlag, 139-149, 1991.

7.3.2 害虫ストレス

　昆虫の生活は多岐にわたり,その食性もさまざまであるが,そのうち植物を食べる食植性が最も多い,全体の約50%に達する.食植性昆虫といえども植物ならなんでも食べるわけではなく,その大部分が寄主特異性を示す.昆虫が植物を攻撃する場合,まず寄主の探索,発見,着地し,その後は自らの食物であるか,あるいは次世代の幼虫の食物であるかを認知しなければならない.さらに,幼虫の摂食開始と継続,完全な発育もこの過程に含まれる.この一連の行動は,昆虫の視覚,接触覚などの物理的感覚と嗅覚や味覚などの化学的感覚によって決定される.寄主とならない植物の場合に,上記行動のどの段階でも抑制されれば,それ以降の行動への移行は阻止される.食植性昆虫の中で,作物を攻撃する昆虫(害虫)の種類は非常に少ない(恒常的な被害を与えるのは2%程度)ものの,人間と直接利害が対立するため注目されることが多い.

　昆虫の栄養上必要なアミノ酸,炭水化物,脂質,無機塩などの一次物質は種が異なってもほぼ共通している.したがって,一般には植物に含まれる一次物質によるよりも,昆虫の栄養に関係しない配糖体,アルカロイド,タンニン,精油,有機酸といった二次物質によって昆虫の寄主選択は行われる.

　以下の解説の中で,具体的な植物名と昆虫名には作物とそれを加害する害虫をできるだけ取り上げるようにした.

a. 産卵刺激因子

　成虫による産卵のための寄主選択は,基本的には幼虫時代に食べた植物と同一種の植物で行われる.この寄主認識には先に述べたように植物の色や形,表面構造など物理的因子と,植物のにおいといった化学的因子が関係している.寄主植物となるにおいが漂ってくると,昆虫はその刺激によって飛翔が開発され,視覚と嗅覚で風上へ定位する.

においが高濃度になれば飛翔速度を落として着地し，その後，接触化学刺激によって寄主植物としての適否を判定する．モンシロチョウは花蜜の採集時には黄・青，紫といった花の色に引きつけられるが，産卵行動に入ると緑色に引きつけられる．さらに，寄主であるアブラナ科には特有の揮発性のにおい成分であるカラシ油（主成分：アリルイソチオシアネート）が含まれ，成虫はこのにおいに強く誘引される．植物に着地した成虫は，カラシ油やその配糖体の存在を感知すると，産卵を開始する．これらの物質は，アブラナ科を寄主とするコナガ，ダイコンアブラムシなどの産卵や産子の刺激物質でもある．タマネギ臭の主成分である n-プロピルジスルフィドと n-プロピルメルカプタンは，タマネギバエ雌成虫の誘因物質でもあるし，産卵刺激物質でもある．さらに，これらの硫黄化合物には幼虫も誘引され，摂食も刺激される．アゲハはミカン科の植物に産卵するが，その産卵刺激物質はフラボン酸配糖体など10種類の化学物質が関与しているといわれており，単一成分では刺激効果がほとんどない．

一方，化学的因子が関係していない例も知られており，アズキゾウムシはアズキとよく似た曲率をもった平滑なガラス玉に産卵するし，ヨツモンゾウムシでも同様のことが認められている．マメシンクイガは莢に毛じの発達したダイズ品種によく産卵することが知られている．しかし，昆虫の産卵は物理的因子よりも，化学的因子に影響される場合が圧倒的に多い．

b. 摂食刺激因子

一般に，親の産卵刺激物質が孵化幼虫の摂食を刺激する．孵化幼虫は口器にある味覚受容器で植物に含まれる化学物質を感知する．昆虫が植物を摂食する必須条件は，その植物に誘引因子，咬みつき因子，呑み込み因子が存在していることである．そのうちのどの因子が欠けても摂食は連続して起こらない．また，これらのすべての因子がそろっていても摂食阻害物質を含むと摂食はおこらない．

カイコはクワしか食べないが，その誘因因子として，シトラールやリナロールが，咬みつき因子として，β-シトステロール，フラボン類のイソクエルシトリンやモリンが知られている．β-シトステロールはクワの葉の表面に局在しており，咬む反応が促進される．呑み込み因子としてはセルロースが，その補助因子としてリン酸塩とケイ酸が知られている．さらに，スクロースやフルクトースといった糖やアスコルビン酸，クロロゲン酸，含硫アミノ酸といった一次物質も摂食促進の補助作用を有している．

イチョウの葉はめったに昆虫に食べられないが，葉面にカラシ油を塗布してやると，モンシロチョウの幼虫は食べるようになる．したがって，イチョウの葉には摂食阻害物質や有毒物質が含まれているのではなく，誘因と摂食刺激物質が含まれていないためであるとされている．

c. 産卵と摂食阻害因子

植食性昆虫に対する植物の防衛様式には，物理的因子と化学的因子の両方が関係している．物理的因子としては，表皮の硬さ，粘着物質，トゲや刺毛などが考えられる．化学的因子には，摂食阻害物質や有毒物質が関係している．

すでに述べたように，カラシ油やその配糖体はモンシロチョウやコナガの産卵刺激物質であり，誘引と摂食刺激物質でもある．しかし，アブラナ科を寄主としない昆虫にと

って、カラシ油は産卵阻害物質であり、摂食阻害物質でもある。野生ナス属に含まれるアルカロイドのデミシンとトマトのトマテインはコロラドハムシの摂食阻害物質であり、ジャガイモに含まれるアルカロイドのソラニンやウリ類のテルペノイドであるククルビタシンも一種の摂食阻害物質である。タイヌビエに含まれるアコニット酸はトビイロウンカの、オオムギのグラミンとコムギのハイドロキサム酸はアブラムシの吸汁阻害物質として知られている。ここにあげた以外にも、種々の植物に含まれるアルカロイドやサポニンは、苦味によって昆虫の摂食を阻害する。また、タンニンは、昆虫の摂食阻害と同時にタンパク質の消化吸収を阻害する作用があると考えられている。

さらに、植物由来の殺虫剤として用いられているピレスロイド、ロテノン、ニコチンなど、非常に毒性の高い化学物質を含むことで、昆虫の攻撃を防衛している植物もある。特異な例として、昆虫の脱皮ホルモン様物質、幼若ホルモン様物質、あるいは抗幼若ホルモン物質を含み、昆虫の発育の撹乱により、防衛している植物も知られている。

d. 共進化

植物は昆虫の攻撃に対して主に化学的因子を発達させて防衛するとともに、一方では昆虫の好む色や香りで昆虫を誘引し花粉の媒介に利用することで、今日の繁栄を築き上げてきたといえる。ところが、ある種の昆虫は、その因子を無毒化する機構を獲得するだけでなく、寄主認識に利用する能力を身につけた。この結果、植物とその植物に寄生する昆虫の間で、共進化が促進されることになった。しかし、寄生できなかった昆虫にとって、この化学的因子は依然として産卵の定位を阻止する忌避物質であり、摂食阻害物質である。このような相互関係の中で、植物の種分化が促進され、それに伴って昆虫の寄主特異性をも促進させることになったと考えられる。

さらに、これまで述べてきた直接防衛以外に間接防衛を共進化させた例が最近いくつか報告されている。これは、昆虫から攻撃を受けた植物は、その天敵を呼び寄せるSOS物質を生産し、自身を防衛することである。その例として、トウモロコシ—アワヨトウ—カリヤコマユバチ、アブラナ科植物—モンシロチョウ—アオムシコマユバチ、また昆虫の例ではないが、リママメ—ハダニ—カブリダニなどが知られている。

〔積木久明〕

7.4 化学的ストレス

7.4.1 水分ストレス

a. 細胞における水輸送

大気によるはげしい水収奪のストレスにさらされる陸上植物が、積極的な吸水システムを備えている可能性は高いと考えられてきた。しかし、フシナシミドロなど一部の例外を除き、細胞膜は水透過性の高い半透膜であるため、細胞内の水ポテンシャル（$\psi = P - RTC$）をまわりより高く保つことは、エネルギー論的に無理がある。そのため、細胞による水輸送は半透膜を介する浸透が基本で、能動輸送の可能性は低いとする考えがほぼ定着している。

植物細胞の水ポテンシャル ψ は、外界の水環境に応じて変化するが、細胞は細胞内溶質濃度（C^i）だけでなく、細胞内圧（P^i）も変えてこれに応ずる。特に、細胞外の

ψ の急激な上昇に際しては，P^i の急上昇が細胞内外の水ポテンシャルの差の拡大を防ぎ，過剰な吸水を抑えて細胞破裂の危険を回避する．堅固な細胞壁と液胞をもつ植物細胞固有の体制が，このような調節を可能にする．しかし，細胞の水代謝の基本は細胞内外の溶質濃度差の調節であり，これには，細胞膜および液胞膜における溶質輸送と細胞質における適合溶質の代謝調節など，能動的な調節反応が深く関わる．そのため，細胞による水輸送も結果としてエネルギー代謝に依存する．

b. オーキシンによる細胞吸水の促進

オーキシンによる植物細胞の伸長促進は細胞容積の増大生長の促進であり，それは同時に細胞吸水の促進でもある．それゆえオーキシンによる細胞吸水の促進に水の能動輸送が関わるのではないかと考えられた．しかし，前述の理由により，その可能性は少ないと考えられている．

ところで，細胞膜が完全な半透膜であるとすると，浸透による細胞の吸水フラックス（J_w）は次式で表される．

$$J_w = L\{RT(C^i - C^o) - (P^i - P^o)\}$$

ここに，L は相対的水透過係数，R は気体定数，T は絶対温度，C^i と C^o はそれぞれ細胞内外の溶質濃度，P^i と P^o は細胞内外の静水圧である．

オーキシンが J_w を増大させるのは C^i が急上昇するためとする報告が出たが，追試できないばかりか C^i が時に減少する事例すら見つかった．幼茎切片の生長試験では，C^o は切片を浮かべる試験液の濃度，P^o は大気圧であるためともに一定と考えられ，細胞膜の水透過性 L_p も変化しないことが証明されているので，J_w を増大させる残る可能性は P^i の減少であった．伸長生長には細胞壁の力学的弛緩が不可欠なので，弛緩に伴う P^i の低下を考えることは当然といえよう．

1960年代末の細胞内圧計の発明とその後の改良により，植物組織内の小さな細胞でも P^i の直接測定が可能になった．ところが，伸長幼茎の P^i はオーキシンによる伸長促進時には低下せず，呼吸阻害による伸長抑制時にだけ低下するという意外な事実が判明した[1]．このことは，細胞内の水ポテンシャル（ψ^i）が，肝心の吸水促進時に低下せず，逆の吸水阻害時に低下することを意味する．水の能動輸送を考えない限り，この矛盾は理解できそうにない．同様の矛盾は，茎や幼葉鞘などの光屈曲，根の水分屈曲，水ストレスよる生長阻害からの適応回復[2]など，さまざまな生長調節過程でも報告されている．

c. 能動的吸水とアポプラストカナル模型

水の能動輸送の可能性は本当にあり得ないのだろうか．KedemとKatchalsky（1958）[3]は，水だけでなく溶質に対してもある程度透過性を示す非理想半透膜（KK膜）における水と溶質の輸送過程を非平衡の熱力学により解析した．KK膜の半透性は必然的に低下し，溶質に対する反撥係数 σ は1より小さい．ちなみに，膜の半透性の程度は反撥係数 σ（$1 \geq \sigma \geq 0$）によって表され，理想半透膜は，$\sigma = 1$ 全透性膜は $\sigma = 0$ となる．

KK膜では，チャネルを透過する溶質流と水のフラックスは互いに共役する．そこで，溶質の能動輸送系を備えた半透膜とKK膜をうまく組み合わせると，溶質輸送の

能動的調節により水の能動的輸送が可能になる[4]．しかし，ほとんどの細胞で，K^+など通常の生理的な溶質に対する細胞膜のσはほぼ1であることがわかった．

KK膜モデルのいう溶質流と水フラックスのチャネルを介した共役という考え方は，細胞膜レベルでは妥当性を欠いても，それがセミマクロなしかるべき構造体のレベルでは妥当である可能性はある．定常浸透勾配モデルまたはLocal Osmasisと呼ばれるシステムがそれで，組織化された多細胞生物の構成細胞個々にとって，細胞外環境は必ずしも均質でないという認識に立てば理解しやすい考え方である．モデルの原型は根における等浸透出液を説明したAriszら（1951）のActive Volumeモデル[5]であるが，主に動物上皮・腺組織における体液の等浸透輸送の機構として解析が進み，広く認められるようになった[5]．

幼茎の細胞伸長に必要な水および溶質は，導管から供給されて木部柔組織細胞によって吸収される．木部柔組織細胞は原形質連絡によって互いにつながり，皮層の柔組織とも結合して一体となってシンプラストを形成する（図7.3参照）．事実，細胞内電位とP^iに半径方向の差はなく，細胞内通電抵抗は孤立単一細胞に比べ1桁小さい．

また，電子顕微鏡像も原形質連絡の存在を明らかにしている．してみると，茎の伸長生長に伴う吸水を律速するのは木部柔組織細胞群であるとみて過誤はあるまい．しかし，導管にじかに接する細胞は，木部柔組織細胞群のほんの一部でしかない．大部分の細胞は，細胞間隙を埋める狭くて長いアポプラスト細胞壁（カナル）を介して導管と接する．

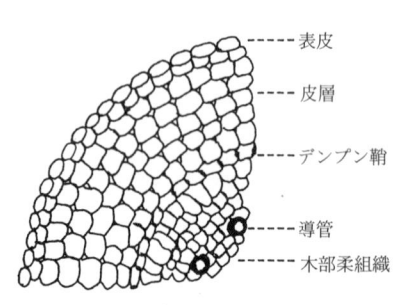

図7.3 ミトリササゲ胚軸の四分の一横断面のスケッチ．麦皮，皮層，木部柔組織の細胞群は，原形質連絡によって一体となってシンプラストを形成していると考えられる．(Katou and Enomoto, 1992を修正)

したがって，木部細胞は水および溶質を直接的にはカナルから吸収する．カナルの容積は小さいので，その溶質濃度，したがって浸透ポテンシャルは細胞の溶質吸収速度に応じて容易に変化するはずである．

ここで，図7.4（上）に示すような2本の導管の間に展開するカナルシステムを考察する．シンプラストを構成する柔組織細胞が，木部プロトンポンプの働きと共役した二次的能動輸送によりカナルから正味の溶質吸収をすると，カナル内に中央に向かう溶質欠乏層の勾配ができ，カナルの中心部に近いほど浸透ポテンシャルが高くなる．すると，細胞内のψ^iがたとえ低下しなくても，カナル中心部では浸透による細胞吸水が活性化される．カナル内の浸透勾配は溶質の能動輸送に依存する動的勾配であるので，この系における水吸収は代謝依存の能動的性格を帯びる．また，導管とじかに接するシンプラストの表面積はカナルと接する面積に比べて圧倒的に小さいので，たとえ導管のψがシンプラストのそれより低くても，導管からシンプラスト内へψ勾配にさからう正

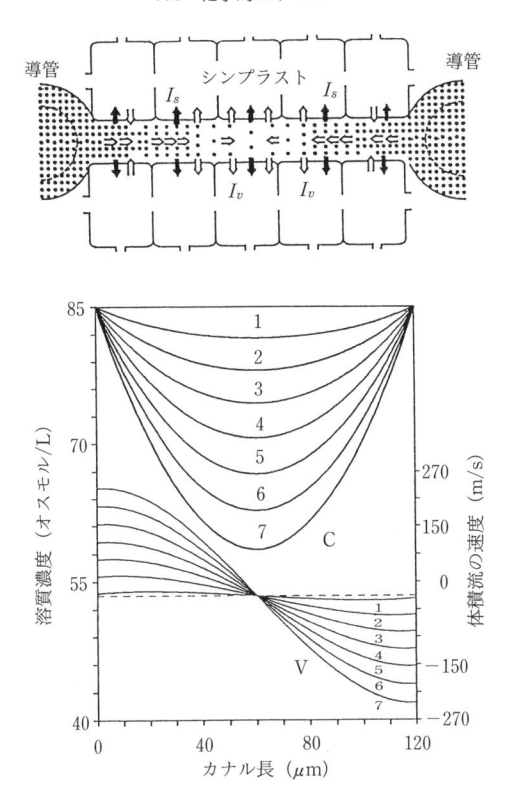

図7.4 (上). 胚軸木部の二つの導管の間に展開するアポプラストカナルシステムの模式図. 点は溶質濃度, I_s は溶質の正味の吸収フラックス, I_v は浸透による水フラックス.
(下) ササゲ伸長幼茎の木部アポプラストカナルにおけるカナル内の溶質濃度 (C) と, カナルに沿って流れる水フラックス (v) の定常分布パターンの溶質吸収速度 (I_s) 依存性を計算によって求めたもの. このとき C^i および P^i は一定としている (Katou and Furumoto, 1986 を修正).

味の水輸送, つまり能動輸送が可能になる.

カナルシステムにおける溶質と水の運動は, 非線形の連立微分方程式[7,8]により記述できる. 図7.4 (下) は, オーキシンによる茎の生長促進を想定したカナル方程式の数値解である. オーキシンがプロトンポンプを活性化して溶質吸収速度を増大させると, その程度に応じてカナル内の溶質欠乏層は拡大し, その結果, システムによる正味の水吸収速度が増大する様が読み取れる[7]. この解は, 細胞膜の水透過性 L_p は一定でシンプラスト細胞の P^i および C^i もともに一定, すなわち ψ^i 一定として得た解であることはいうまでもない.

d. 茎生長の浸透ストレス適応とアポプラストカナル

灌流導管液の溶質濃度を急に上げ, 茎切片に適当な浸透ストレスをかけると, 茎の伸長生長は一時的に抑制されるがまもなく適応回復を始める. 一方, 導管液を介して加え

た浸透ストレスに反応して直ちに木部プロトンポンプは活性化する[2]．この生長回復が起こる頃までには，ストレスにより当初急速に低下したP^iはそのまま安定化し，C^iの上昇をうかがわせる兆候はみられない[2]．この問題もカナル模型によって解析できる．計算機を用いた数値計算により，浸透ストレスに対応した生長のすばやい適応回復に木部ポンプの活性化による能動的吸水が必須であることが予測されている[9]．

〔加藤 潔〕

文 献

1) Cosgrove, D. J. and Cleland, R. E.：*Plant Physiol.*, **72**, 332-338, 1983.
2) 北村さやか：名古屋大学大学院博士論文，1999.
3) Kedem, O. and Katchalsky, A.：*Biochem. Biophys. Acta*, **27**, 229-246, 1958.
4) Curran, P. F.：*J. Gen. Physiol.*, **43**, 1137-1148, 1960.
5) Arisz, W. H., *et al.*：*J. Exp. Bot.*, **2**, 257-297, 1951.
6) Oschman, J. L., *et al.*：*Symp. Soc. Exp. Biol.*, **28**, 305-350, 1974.
7) Katou, K. and Furumoto, M.：*Protoplasma*, **133**, 174-185, 1986.
8) Diamond, J. M. and Bossert, W. H.：*J. Gen. Physiol.*, **50**, 2061-2083, 1969.
9) Katou, K. and Enomoto, Y.：*Plant Cell Physiol.*, **32**, 343-351, 1991.

7.4.2 酸ストレス

酸ストレスとは，水素イオン（H^+）濃度の増加によってもたらされる植物の生育阻害であり，狭義には細胞質の酸性化が原因で起こる代謝異常である．一方，酸ストレスを広義に捕らえ土壌の酸性化に基づく生育阻害とすると，その原因は土壌中で増加したH^+による直接的な生育阻害（細胞質の酸性化）のほかに，H^+と土壌成分との相互作用に基づく無機養分の減少や，有害金属イオンの増加などが含まれる．ここでは，まず狭義の酸ストレスである細胞質の酸性化について，その成因と調節機構について述べ，次に土壌の酸性化の成因と酸性土壌での生育阻害について述べる．

a. 細胞質の酸性化[1〜3]

1） 細胞質の酸性化の成因　細胞の代謝反応をになっている酵素の多くはその触媒活性に至適pHをもち，至適pHの前後で活性が低下する．したがって，細胞質pH（pHc）の低下は多くの酵素活性を低下させ，正常な代謝を阻害する．

細胞質のH^+濃度の増加は，自らの代謝反応の結果生じ，またさまざまな環境因子によってももたらされる．

① 窒素代謝において，植物根が窒素源としてアンモニウムイオン（NH_4^+）を吸収した場合，窒素同化の過程で過剰のH^+を生じる．さらに，細胞質の過剰のH^+は根圏に排出されるため，土壌の酸性化の原因にもなっている．

② 根における有機化合物（糖，アミノ酸など）や陰イオン（NO_3^-，Cl^-，PO_4^{3-}など）の吸収はH^+との共輸送によって行われるため，これらの物質の吸収によって細胞質のH^+濃度が増加する．

③ 光合成の明反応によって生じたH^+が，葉緑体から細胞質に出てpHcを下げると考えられている．

④ 植物が冠水などによって低酸素条件下におかれた場合，好気呼吸から乳酸発酵に

切り替わるため，pHcが低下する．
　⑤　二酸化炭素（CO_2），二酸化硫黄（SO_2），二酸化窒素（NO_2）などのガス濃度が高くなると細胞質に溶けて酸となりpHcが低下する．
　⑥　根圏で増加したH^+が細胞内に入りpHcを低下させる可能性がある．
　2）　細胞質pH調節機構　　代謝反応や環境の変動によってpHcは一時的に変動するもののすぐ回復し，7.1から7.6のほぼ一定値を保っている．このことからpHcは厳密に調節されていると考えられており，調節機構として，
　①　細胞内成分（リン酸塩，重炭酸塩，ヒスチジンなど）による緩衝作用．
　②　酵素反応による弱酸性物質をより中性の物質にかえる代謝的調節（例，リンゴ酸の脱炭酸反応）．
　③　原形質膜のH^+ポンプによるH^+の細胞外への排出．
　④　液胞膜のH^+ポンプによるH^+の液胞への隔離．
などが提唱されている．

b.　土壌の酸性化[3,4]
　1）　土壌の酸性化の成因　　土壌の酸性化は，
　①　植物根におけるNH_4^+の吸収と同化によるH^+の生成と根圏への排出（上記）．
　②　酸性降下物．
　③　土壌微生物の酸化反応による酸の生成（硝化細菌によるNH_4^+から亜硝酸や硝酸の生成，硫黄細菌による硫化物から硫酸の生成）．
　④　酸性の基をもつ腐植質の増加．
などの要因によって進行する．

　2）　酸性土壌における生育阻害機構
　i）　土壌による無機養分供給量の減少　　土壌は腐植質や粘土鉱物の負電荷により陽イオンを結合し，Ca^{2+}，Mg^{2+}，K^+，NH_4^+などの生育に必要なイオンを植物に供給している．しかし，土壌の陽イオン交換容量（CEC）は酸性化に伴い低下し，解離した陽イオンは土壌水とともに根圏から溶脱される．
　ii）　有害金属イオンの増加　　金属元素の溶解度は土壌の酸性化に伴って増加するが，中でもアルミニウムイオン（Al^{3+}）は有害であり根の細胞分裂や伸長を阻害する．さらにAl^{3+}は他の陽イオンよりも土壌の陽イオン交換基へ結合しやすいため，すでに結合している陽イオンと置換し，解離した陽イオンは土壌から溶脱される．またAl^{3+}や鉄イオン（Fe^{2+}，Fe^{3+}）は，リン酸イオン（PO_4^{3-}）と難溶性の塩を形成し根によるリン酸吸収を阻害しリン酸欠乏を引き起こす．マンガンイオン（Mn^{2+}）は必須微量元素であるが酸性化に伴い過剰害を引き起こす．
　iii）　土壌微生物の増殖阻害　　植物の生育は，土壌微生物による有機物の分解や，共生による養分の供給に負うところが大きい．酸性土壌では微生物の増殖も阻害されるため植物の生育に影響を与える．

　酸性土壌での生育の程度は，植物種によってまた同一種でも栽培品種によってさまざまである．酸性土壌に耐性のものの中には，H^+に耐性のものやAl^{3+}に耐性のものがあり，現在その耐性機構が検討されている．　　　　　　　　　　　　　　　〔山本洋子〕

文献

1) Felle, H.: *Physiol. Plant.*, **74**, 583-591, 1988.
2) Kurkdjian, A. and Guern, J.: *Ann. Rev. Plant Physiol. Plant Mol. Boil.*, **40**, 271-303, 1989.
3) 松本英明：日本土壌肥料学雑誌, **62**, 563-572, 1991.
4) Wild, A.: Soils and the Environment: an Introduction, Cambridge Univ. Press, 1993.

7.4.3 酸素ストレス

　高等植物は，その生活環を完結させるためには絶対的酸素要求性であり，大部分の植物組織は限られた時間しか嫌気条件に耐えることができない．通常，陸上の高等植物における低酸素ストレスは，主として種子発芽の局面と，生活領域が冠水を受けた場合に生じる．

　大部分の高等植物の種子内では，吸水期間中に種皮が破れる前に嫌気条件が生じている．発芽開始直後の数時間は，種皮は酸素不透過であり，種子は急速に呼吸商を高める．アルコール脱水素酵素活性が増大しアルコール発酵が活性化する．幼根や芽が種皮を破って突出することで呼吸が誘導され，アルコール脱水素酵素活性は無視できる程度まで減少する．水浸しになった土壌中では，大部分の植物の種子は発芽できず，急速に生存率が低下していく．オオムギ，トウモロコシ，ソルガム，コムギなど大部分の農作物は，ほんの一過性の浸水にもほとんど耐えられない．

　高等植物では，限られたいくつかの種のみが完全な嫌気条件で発芽し，生育することが知られている．これらの種の中で最もよく調べられているのはイネとヒエの一種である．イネ種子の低酸素条件における発芽は，形態的にも代謝的にも空気中の発芽とまったく異なる高度な適応を示す．

　適度な湿り気をもつ土は，空気が入り込む隙間があるので，土の中の水にはつねに空気から酸素が補給される．冠水すると空気からの補給がなくなり，土壌微生物の働きでしだいに酸素分圧が低下していく．

　水と土壌の界面付近は，冠水後数時間以内に嫌気条件となる．排水の悪い土地では，完全に水没しなくても雪解けや雨の多い時期にしばしば土壌が嫌気条件となる．植物体地下部の低酸素ストレスは，地上部では最初に葉のしおれとしてあらわれる．その後数日のうちに葉がたれ下がるのが多くの植物で観察される．この現象は萎れとは違い，上偏生長と呼ばれる現象で葉柄が下方に曲がってしまうために起こる．冠水が続くと，耐性のない植物では根に微生物の侵襲を受けたり，根組織の壊死が起こる．

　多くの植物では，低酸素条件におかれるとポリリボソームが解離し，タンパク質合成が急速に減少し，合成されるタンパク質の種類が変化する．低酸素条件で特徴的に合成されるタンパク質はいくつかの解糖系酵素と熱ショックタンパク質として知られているものである．イネでは嫌気条件でもポリリボソームは解離しないという報告がある．

　湿地にみられる植物には，地上部から根にかけて大きな空隙が連なる構造がみられる．これは通気組織と呼ばれ，地上部から根へ酸素を運ぶ役割を果たし，地下部の嫌気条件を緩和していると考えられている．通常はそのような組織をもたない植物でも，トウモロコシやヒマワリなどは，通気が不十分な用土で育てると，根に大きな空隙（破生

通導組織)が発達する.

　冠水耐性に関して,長年にわたり多くの理論や仮説が導き出されてきたが,そのうちCrawfordの冠水耐性の代謝理論とDavies-RobertsのpH安定化仮説の二つの理論が最も重要である.

　冠水耐性を包括的な代謝の用語で最初に説明したのは,McManmonとCrawfordによって1971年に提案された"冠水耐性の代謝理論"である.この理論は,植物における冠水耐性はアルコール脱水素酵素活性を低めてエタノールを低下させ,それによってアルコールの害作用を減少させることに依存するというものである.いくつかの耐性種では解糖中間体から乳酸やリンゴ酸,コハク酸,γアミノ酪酸,アラニンなどに最終生成物を変えることによって,エタノールの蓄積を緩和している.

　"pH安定化仮説"は最初はDaviesによって提案された.それは細胞質の酸性化を回避するように細胞内pHが安定的に調節されるというものである.この仮説に従うと,乳酸とエタノールの合成の相対速度が細胞質のpHに依存している.嫌気条件ではピルビン酸は最初は,乳酸に変換されるが,細胞質のpHが低下すると乳酸脱水素酵素の活性が低下し,ピルビン酸脱炭酸酵素活性が促進され,エタノール合成が優勢になる.生体NMR技術を用いて,Robertsによっていくつかの場合において証明された.トウモロコシなど冠水耐性のない植物では,低酸素条件がさらに続くと,液胞のpH上昇を伴う細胞質のpH低下が起こり,その死は液胞-細胞質プロトン濃度勾配の消失と相関がある.

　冠水に弱い植物の中には,低酸素条件で活性酸素消去系の活性が低下し,通常の酸素濃度条件へもどったときに活性酸素による障害を受けるものがある.水中で発芽したイネ芽生えは,細胞質の活性酸素消去系の各酵素活性は低いものの,低分子の抗酸化物質であるグルタチオンを高濃度に蓄積し,ミトコンドリアのスーパーオキシドジスムターゼのレベルは維持されている.これによって,酸素にふれてから細胞質の活性酸素消去系が活性化するまでの酸化的障害を軽減し,呼吸系への障害を回避している.

〔柴坂三根夫〕

7.4.4　活性酸素ストレス[1~5]
a.　活性酸素ならびに活性酸素による障害

　活性酸素ストレスは,還元型酸素種(スーパーオキシドアニオン,過酸化水素,ヒドロキシルラジカル)や一重項酸素といった反応性の高い酸素種が,さまざまな生体内構成成分と反応することによってもたらされる障害である.酸素分子が1個の電子を取り込むことによってスーパーオキシドアニオン($\cdot O_2^-$)となり,さらに$\cdot O_2^-$は非酵素的もしくは酵素的不均化反応(式(7.1))の結果,過酸化水素(H_2O_2)とO_2になる.また,$\cdot O_2^-$はFe^{3+}やCu^{2+}などの遷移金属を還元し(式(7.2)),さらに還元型の金属イオンはH_2O_2と反応してヒドロキシルラジカル($\cdot OH$)を生じる(式(7.3)).式(7.2),(7.3)をまとめると式(7.4)となり,これをHarber-Weiss反応と呼ぶ.一重項酸素($^1O_2$)は,O_2の2個の不対電子が対をなして一方の酸素原子のπ軌道に入り他方の軌道が空になったものである.これら活性酸素の中でも,$\cdot OH$は最も反応性が高い

化学物質の一つであり，すべての生体高分子と反応して，脂質過酸化，タンパク質の変性，DNA損傷などを引き起こし細胞死をもたらす．

$$2\cdot O_2^- + 2H^+ \longrightarrow H_2O_2 + O_2 \tag{7.1}$$

$$\cdot O_2^- + Fe^{3+} \text{ (or } Cu^{2+}) \longrightarrow O_2 + Fe^{2+} \text{ (or } Cu^+) \tag{7.2}$$

$$Fe^{2+} \text{ (or } Cu^+) + H_2O_2 \longrightarrow Fe^{3+} \text{ (or } Cu^{2+}) + \cdot OH + OH^- \tag{7.3}$$

$$\cdot O_2^- + H_2O_2 \xrightarrow{\text{金属触媒}} O_2 + \cdot OH + OH^- \tag{7.4}$$

b. 活性酸素の生成機構

活性酸素は，好気性生物における正常な代謝の副産物として，また光，放射線，温度，除草剤，大気汚染物質，さらには病原体の感染といったさまざまな環境因子によって生じる．

1) 代謝の副産物としての活性酸素の生成 好気呼吸において，生物はO_2を最終の電子受容体として利用することによりブドウ糖から効率よくATPを生成する．このO_2を電子受容体とする反応過程はミトコンドリアの内膜で行われ，O_2を四つの電子で順次還元し最終産物のH_2Oにする．この反応過程に関わるシトクロムbやユビキノンの自動酸化によって，$\cdot O_2^-$を生成する．

植物においては，葉緑体が最も活性酸素をつくり出す確率の高い器官である．葉緑体では，光合成の反応産物であるO_2濃度が高いうえに，電子伝達系が存在するため，$^1O_2$や$\cdot O_2^-$を生じる．$^1O_2$は，励起されたクロロフィルが内部変換をし三重項励起状態になったとき，励起エネルギーをO_2に渡すことによって生じ，$\cdot O_2^-$は，光化学系Iにおける最終反応で，電子が$NADP^+$ではなくO_2に渡されることによって生じる．$\cdot O_2^-$の生成頻度は，NADPHに対する$NADP^+$の割合が低い場合に高まるため，$NADP^+$を生成するカルビン回路を阻害したり，二酸化炭素（CO_2）の供給量を抑制する水ストレスなどの条件下で増加する（光阻害の項，参照）．$\cdot O_2^-$からは不均化反応によってH_2O_2を生じる．

一方，酵素の中には，O_2を電子受容体として酸化反応を触媒するものがあり，酸化酵素（オキシダーゼ）と総称されている．酸化酵素の中には反応産物として活性酸素を生じるものがあり，グルコースオキシダーゼ（式(7.5)）やアミンオキシダーゼ（式(7.6)）などは過酸化水素を生じる．

$$\beta\text{-D-グルコース} + H_2O + FAD + \frac{1}{2}O_2$$
$$\longrightarrow \text{D-グルコノ-}\delta\text{-ラクトン} + H_2O_2 + FADH_2 \tag{7.5}$$

$$R\text{-}CH_2NH_2 + H_2O + O_2 \rightleftharpoons R\text{-}CHO + NH_3 + H_2O_2 \tag{7.6}$$

2) 環境因子による活性酸素の生成

i) 光阻害 光合成を行っている植物に強光を照射したり，また光照射下で低温や高温にさらすことによって，光合成色素の破壊や電子伝達反応の阻害，膜の脂質過酸化が生じ光合成能が低下する．この現象は光阻害と呼ばれ，光阻害は，吸収した光のエネルギーが光合成の電子伝達能力を上まわる場合に起こる．光阻害における障害の一部は，光阻害条件下の電子伝達系で発生する$^1O_2$や$\cdot O_2^-$，さらに$\cdot O_2^-$から生じるH_2O_2

や・OH によるものと考えられている．

ii) 冠水および水ストレス 植物は，冠水によって酸素欠乏になるが，多くの場合，低酸素状態には耐えて，むしろ水がひいたときに枯死するものが多い．これは再び空気にさらされたときに酸素障害を強く受けるためと考えられている．また水ストレスの場合は，気孔が閉じることでCO_2が供給されなくなり，カルビン回路が阻害されて，光化学系Iにおける電子受容体の$NADP^+$の供給量が減少する．その結果，電子が$NADP^+$のかわりにO_2に渡され・O_2^-を生じ酸素障害を受けると考えられている．

iii) 除草剤 除草剤の中には，活性酸素を発生させて，光合成能を低下させたり細胞死をもたらすものがある．除草剤（アトラジン，アイオキシニル）は光合成における電子伝達反応を阻害し，その結果，クロロフィルの励起エネルギーがカロテノイドに渡され，カロテノイドが徐々に破壊される．カロテノイドが破壊されてしまうと，励起エネルギーはO_2に渡され$^1O_2$などの活性酸素を生じる．また，カロテノイド合成を阻害する除草剤（アミノトリアゾール，ノルフルラゾン）によっても$^1O_2$の生成量が増加する．ビピリジウム系の除草剤（パラコート，ジクワット）は電子受容体として働き，種々の化合物から受け取った電子をO_2に渡して・O_2^-を生成する．特に光合成の電子伝達系Iでは，これらの除草剤によって多くの・O_2^-が生成される．

iv) 大気汚染物質 オゾン（O_3）や亜硫酸ガス（SO_2）は，植物の生育阻害因子となっている．O_3の場合，脂質過酸化がみられ光合成能も低下する．これは，O_3が・O_2^-，H_2O_2，・OH に分解したり，生体物質との反応によって$^1O_2$を生成することによって，クロロフィルやカロテノイドの破壊を引き起こしているためらしい．またSO_2は硫酸に酸化される過程で・O_2^-，・OH，・SO_3^- などのラジカルを生じ，これらが障害を引き起こしていると思われる．

v) 病原体 病原体の感染に伴い宿主細胞に過敏感反応がみられる場合がある．過敏感反応には活性酸素が関わっており，まず病原体の感染に伴い・O_2^-やH_2O_2が生じると考えられている．これらの活性酸素が病原体を殺すとともに，宿主細胞自身にも過敏感死を引き起こし，さらに細胞壁のタンパク質間の架橋や，リグニン形成を促進して細胞壁を補強し，病原体が全身に広がるのを防ぐと考えられている．また，活性酸素が，セカンドメッセンジャーとして新たな遺伝子発現の開始に関わっている可能性も考えている．

c. 活性酸素に対する防御機構

活性酸素を消去したり，活性酸素を生成する可能性のある物質を不活性化することにより生体を活性酸素から防御する系が発達している．特に光合成を行う植物は活性酸素を生じやすいため，その防御系もよく発達している．防御系は，酵素によるものと酵素以外の抗酸化物質によるものとに分けられる．

1) 酵素による消去系

・O_2^-の消去： スーパーオキシドジスムターゼ（SOD）の触媒による不均化反応によってH_2O_2とO_2になる（式(7.1)）．SODは活性中心に補助因子として金属を含み，銅と亜鉛をもつCu/Zn SOD，マンガンをもつMn SOD，鉄をもつFe SODの3種に分類されている．植物では，細胞質にCu/Zn SOD，ミトコンドリアにMn SOD，葉緑体

に Cu/Zn SOD もしくは Fe SOD が局在している。これらの SOD の遺伝子の発現は，活性酸素を生成すると考えられるさまざまな環境ストレスによって誘導される。

H_2O_2 の消去： H_2O_2 は，カタラーゼ（式(7.7)）とペルオキシダーゼ（式(7.8)）によって消去される。カタラーゼは，ペルオキシソームおよびグリオキシソームに局在し，ペルオキシソームにおける光呼吸やグリオキシソームでの脂肪酸の β-酸化で生じる H_2O_2 の消去に関わっている。ペルオキシダーゼの中では，アスコルビン酸ペルオキシダーゼ（APX）が H_2O_2 消去系の酵素として重要であると考えられており，主として葉緑体に局在し，アスコルビン酸のリサイクル系とカップルして H_2O_2 を消去する（図7.5）。

$$2\,H_2O_2 \longrightarrow 2\,H_2O + O_2 \tag{7.7}$$

$$H_2O_2 + RH_2 \longrightarrow 2\,H_2O + R \tag{7.8}$$

2) 抗酸化物質による消去系 アスコルビン酸，α-トコフェロール，β-カロテン，グルタチオン，システイン，ヒドロキノン，マンニトール，フラボノイドなどが活性酸素の捕捉や消去に関わっている。アスコルビン酸は，APX の基質として H_2O_2 の消去に関わる一方，$\cdot O_2^-$, $^1O_2$, $\cdot OH$ を捕捉する。α-トコフェロールは生体膜にあって $^1O_2$ や脂質の過酸化物を捕捉する。β-カロテンはチラコイド膜に存在し，$^1O_2$ や励起したクロロフィルから過剰なエネルギーを吸収する。グルタチオンは，タンパク質その他のジスルフィドの還元剤であり，非酵素的もしくは酵素的抱合反応により毒物（例：除草剤）を解毒するとともに，$^1O_2$ や $\cdot OH$ を捕捉する。また，グルタチオンレダクターゼの基質としてデヒドロアスコルビン酸からアスコルビン酸への再生に関わる。

3) 葉緑体における $\cdot O_2^-$ 消去系 葉緑体のチラコイド膜では，光照射により光化学系 II において水分子から生じた電子（e^-）が，中間電子伝達体鎖を経由して，光化学系 I で $NADP^+$ に渡され NADPH を生じる。ここで e^- の量が $NADP^+$ の供給量を上まわった場合に，過剰の e^- が O_2 に渡され $\cdot O_2^-$ を生じる。葉緑体では，この $\cdot O_2^-$ を酵

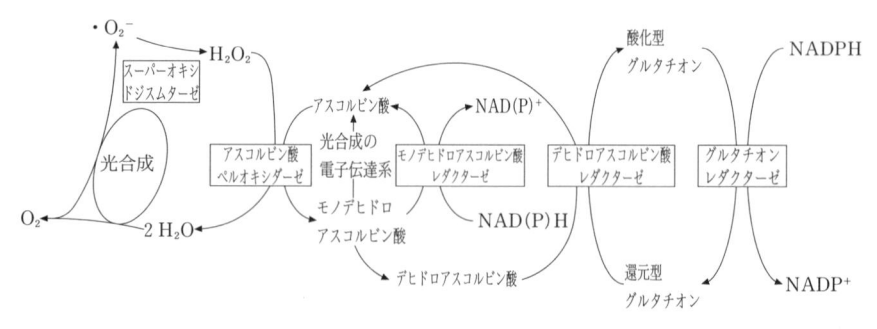

図 7.5 光合成で生じる $\cdot O_2^-$ の消去系

光合成によって生成した $\cdot O_2^-$ は，スーパーオキシドジスムターゼの不均化反応によって H_2O_2 になる。H_2O_2 は，アスコルビン酸ペルオキシダーゼによって H_2O に還元される。酸化型アスコルビン酸から還元型アスコルビン酸への再生は，光合成の電子伝達系による直接的還元，モノデヒドロアスコルビン酸レダクターゼによる還元，もしくはアスコルビン酸-グルタチオンサイクルによる還元によって行われる（文献 3 を一部改変して引用）。

素と抗酸化物質の連繋プレーによってすみやかに消去し,光阻害を回避しているが(図7.5),特にチラコイド膜での消去系は Water-Water サイクルと呼ばれ重要である(図7.6).Water-Water サイクルでは,光化学系 II において水分子から生じた e^- が(式(7.9)),光化学系 I で O_2 に渡され・O_2^- を生じると(式(7.10)),・O_2^- はチラコイド膜表面で SOD(式(7.11))と APX(式(7.12),電子供与体はアスコルビン酸(AsA))の触媒により,ただちに H_2O_2 を経て再び水に還元される.APX の反応で生じる酸化型 AsA [モノデヒドロアスコルビン酸(MDA)もしくはデヒドロアスコルビン酸(DHA)]は,光化学系 I の e^- によって直接還元される(式(7.13)).以上の連鎖反応をまとめると式(7.14)となり,系 II で $2H_2O$ の光酸化によって生じた4還元当量の e^- が系 I で O_2 を還元して再び $2H_2O$ を生じるために Water-Water サイクルと呼ばれている.一方,Water-Water サイクルで消去できなかった・O_2^- も,ストロマに存在する SOD や APX ならびに酸化型アスコルビン酸のリサイクル系によってすみやかに還元され水になる(図7.5).

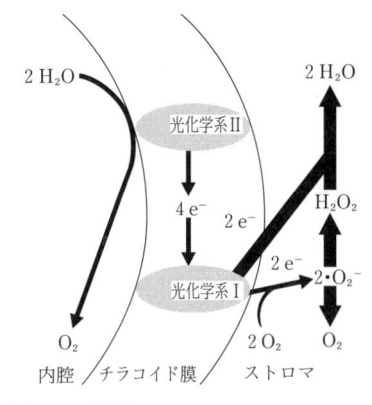

図7.6 葉緑体の Water-Water サイクル
(文献5を一部改変)

$$2H_2O \xrightarrow{\text{系IIにおける光酸化}} 4[e^-] + 4H^+ + O_2 \qquad (7.9)$$

$$2O_2 + 2[e^-] \xrightarrow{\text{系I}} 2 \cdot O_2^- \qquad (7.10)$$

$$2 \cdot O_2^- + 2H^+ \xrightarrow{SOD} H_2O_2 + O_2 \qquad (7.11)$$

$$H_2O_2 + 2AsA \xrightarrow{APX} 2H_2O + 2MDA \qquad (7.12)$$

$$2MDA(もしくはDHA) + 2[e^-] + 2H^+ \xrightarrow{\text{系I}} 2AsA(または1AsA) \qquad (7.13)$$

$$\Sigma 2H_2O + O_2 \longrightarrow O_2 + 2H_2O \qquad (7.14)$$

〔山本洋子〕

文献

1) Bowler, C. et al.: *Annu. Rev. Plant Physiol. Plant Mol. Biol.*, **43**, 83-116, 1992.
2) Scandalios, J. G.: *Plant Physiol.*, **101**, 7-12, 1993.
3) Foyer, C. H. et al.: *Plant Cell Environ.*, **17**, 507-523, 1994.
4) Mehdy, M. C.: *Plant Physiol.*, **105**, 467-472, 1994.
5) Asada, K.: *Annu. Rev. Plant Physiol. Plant Mol. Biol.*, **50**, 601-639, 1999.

7.4.5 光合成反応ストレス

光合成は植物の乾物生産にとって最も重要な生理反応である.光合成に影響するストレスは正常な植物葉に対して直接的,比較的短時間で作用するものと,たとえば養分ストレスによるクロロシスのように,ある程度長い時間を経て葉緑体や葉組織に異常や損傷をもたらすようなものとに区別できよう.

ここで取り上げる光合成反応ストレスとは,前者に該当するストレスのうち体内水分,二酸化炭素,大気汚染物質のような化学的要因によるものをさし,温度,光,湿度のような物理的要因によるものは含めない.しかし,物理的要因は光合成反応ストレスに対してさまざまな影響を及ぼすことは当然である.

a. 体内水分

葉の水分欠乏状態が進行するに伴って気孔の閉鎖による光合成速度の低下,葉肉細胞の光合成(代謝活性)の阻害,炭素の光合成産物への分配の変化が起こる.

土壌中に水分が不足しているとき,また水分があっても光が強く,温度の高い昼間に根から葉部への水分移動が蒸散に追いつかないときには,体内水分の欠乏により水ポテンシャルの低下が起こる.水ポテンシャルは気孔の開きぐあいに影響し,その低下は普通の植物では気孔の閉鎖をもたらす.気孔の閉鎖は水分損失,葉の乾燥の進行を抑制するのであるが,同時に二酸化炭素の取り込みを強く減少させる.水分の蒸散が抑制されるため葉温の上昇をももたらす.

さらに,気孔の開閉は物理的要因である空気湿度の影響を直接受ける.気孔の開きぐあいは,気孔を通じるガス拡散の難易で表され,水蒸気の拡散伝導度を用い気孔伝導度と呼ぶ.体内水分の損失が起こり,膨圧が低下すると気孔が閉じる.そのとき気孔伝導度が低下する.

気孔伝導度の低下が始まる葉の水ポテンシャルは,植物の種類によって著しく異なる.イネ,トウモロコシ,ダイズでそれぞれ$-2\sim-3$ bar, $-3\sim-4$ bar, $-6\sim-12$ bar である[1].気孔の開閉の調節には,葉や根の水ポテンシャルに応じて変化する他の植物的要因,たとえば根で合成され葉に移動してくる植物ホルモンであるアブシジン酸の作用も強く関係している.光合成速度と気孔伝導度との間には,高い正の相関が認められ,葉が弱い水分欠乏状態になると細胞間隙の二酸化炭素(CO_2)濃度は減少する.

したがって,水分欠乏の初期段階(相対水分含量で70％まで)において光合成速度が低下する第一の原因は,気孔の閉鎖によって光合成反応の場である葉肉細胞が,葉外からの二酸化炭素の供給を受けられなくなることである[2].

気孔の開度の影響を消去するために,気孔が分布する表皮をはいだ葉を使ったときの,光合成が飽和するのに十分に高い二酸化炭素(CO_2)濃度のときの光合成の最高速度(リブロース二リン酸と無機リン酸の再生能力を示す)や,光合成の二酸化炭素濃度に対する反応曲線の初期勾配(リブロース二リン酸カルボキシラーゼの固定効率を表す)が水分欠乏葉では減少する.

また,細胞間隙の二酸化炭素濃度(C_i)は先に述べたように水分欠乏の程度が軽いときには,水ポテンシャルの低下に伴って減少するが,さらに水分欠乏が進行するとそれが増加に転ずる.この現象は,光合成代謝活性の阻害が起きていることを示すと理解された.しかし,光合成代謝活性を C_i によって評価する方法は,直接的ではない点が問題視されていると同時に,水分欠乏状態にある葉では気孔の閉鎖が不均一に発生することがわかり,気孔の閉鎖が均一に起こる場合に比べて C_i は過大評価されることとなる.最近では,このような条件下では C_i を光合成代謝活性の評定に用いるときは十分に注意する必要があるとされている.

他方，水分欠乏状態の葉における葉肉細胞の光合成の代謝的阻害を示す証拠は多数報告されてきた[3]．カルビン回路のいくつかの酵素の活性低下，チラコイドの電子伝達および光化学系II活性の減少，光リン酸化能の低下などが起こる．これらは相対水分含量が70％以下になったときに発生し葉肉細胞の光合成を低下させる原因となる．水分含量の著しい低下は細胞内のさまざまな塩類の濃度を上昇させ，酵素などに影響するものと考えられる．

水ストレスと強光・高温条件が重なるといわゆる光合成の光阻害（photoinhibition）を発生させることがある．このような条件では，葉緑体が光化学反応産物の利用できる能力以上の光エネルギーを吸収することにより葉緑体に損傷が起こり，光合成速度を低下させることになる．長期間の気孔の閉鎖はおそらく光阻害と他の種類の代謝的傷害を引き起こし，光呼吸を増加させるので，水ストレスに弱い中生植物の生育にとってはきわめて問題である．

水ストレス状態の葉では，光合成同化産物の炭素はショ糖合成に向けて分配されると同時にデンプンの分解が起こる．この結果，ショ糖や可溶性糖類などの低分子物質が増加し，細胞内の浸透圧の調節に寄与すると同時に，水ストレスが回復するときに，直ちに利用され生長部位の生育に役立つ．

b. 二酸化炭素

二酸化炭素（CO_2）は光合成の基質であるので，その濃度の低下は光合成速度を低下させる．二酸化炭素濃度に対する光合成速度の反応は，C_3植物とC_4植物では異なる．

現在の大気二酸化炭素濃度以下では，C_3植物の光合成速度の増加はC_4植物と比べてゆるやかであり，補償点二酸化炭素濃度はC_3植物では50 ppm前後，C_4植物では0～数ppmである．また，C_4植物の光合成速度は，約400 ppm CO_2で飽和するのに対して，C_3植物では1,000 ppm CO_2までは直線的に増加する．したがって，二酸化炭素濃度の低下による光合成速度の減少は，C_3植物において顕著である．C_3植物では，最初の炭素固定酵素がリブロース二リン酸カルボキシラーゼであるので，この酵素がもつオキシゲナーゼ活性により二酸化炭素の固定に対して酸素（O_2）が阻害的に働く．二酸化炭素濃度が低下するにつれて，CO_2/O_2の比が減少する．これは単に基質である二酸化炭素の濃度が低下するだけでなく，光呼吸による固定炭素の放出割合を増加させることになり，光合成速度の減少に対して二重に負の影響を与える．

一方，C_4植物の最初の炭素固定酵素ホスホエノールピルビン酸カルボキシラーゼは基質HCO_3^-に対するK_m値がきわめて小さく，酸素の影響を受けない．このため非常に低い二酸化炭素濃度でも効率的に固定をすることができる．現実には二酸化炭素濃度の低下は風のない日中の群落内や換気の不十分な温室では発生する可能性があるが，通常の野外の農地では風による大気の攪拌があるので二酸化炭素濃度はそれほどは低下しないであろう．

化石燃料の使用増加や森林伐採面積の増加は，大気中の二酸化炭素濃度を毎年おおよそ1 ppmずつ増加させている．二酸化炭素は温室効果をもつ物質の一つであるので，気温の上昇をもたらす可能性をもつという点では，気候的意味の汚染物質であるとみなせよう．温室効果による温度上昇は，植物の光合成に対しては二面性がある．気温の高

い夏期には,最適温度以上の葉温を招来させたり,蒸散が旺盛になるため水ストレスにかかりやすくなるので,光合成速度を低下させることにつながる.

一方,気温の低い冬期では葉温を上げることにより,光合成速度を上昇させる.このことが最終的に乾物生産にどのような結果をもたらすのかについて結論をだすのはむずかしい.

高二酸化炭素濃度自体は,先述のように光合成速度に対して正の効果をもたらすので,ストレス物質とはいえないかもしれない.現在の大気二酸化炭素濃度以上に二酸化炭素を富化したときの乾物生産の増加がC_3植物では一般的に起こるが,C_4植物では現在の大気二酸化炭素濃度ですでに光合成速度が飽和しているので,二酸化炭素富化の効果はまれであり,葉の形態変化や寿命の延長が原因で乾物生産が増すことがある.高二酸化炭素濃度に馴化した葉の大気二酸化炭素濃度で測定した光合成速度は,大気二酸化炭素濃度で生育した葉のものよりも低くなる.

c. 大気汚染物質[4]

二酸化硫黄(SO_2),オゾン(O_3),窒素酸化物(NO_x),フッ化水素(HF)が光合成に直接影響を与え,単独の物質の光合成に対する影響の強さは,フッ化水素が最も大きく,オゾン,二酸化硫黄,窒素酸化物の順に続く.フッ化水素の汚染は比較的狭い地域に限られているが,二酸化硫黄とオゾンの汚染地域はかなり広範囲にわたるという点からより重要である.

大気汚染物質の侵入経路は,気孔を経由して葉肉細胞に至るものと葉の外表面に吸着されるものとがある.ぬれた葉では水によく溶ける二酸化硫黄,窒素酸化物,フッ化水素は酸性液体となって傷害を与える.フッ化水素は他の気体と比べて葉の外表面からの侵入が容易である.汚染物質による光合成阻害の感受性は,植物種の違いや環境条件によって複雑に変動する.光合成阻害は,可視的な傷害の発生した葉で起こるのは当然であるが,傷害を発生させない程度の低濃度の汚染物質によっても発生する.

ソラマメでは35 ppb 二酸化硫黄で,2時間の処理でも光合成阻害が報告されているが,多くの植物種では短時間の二酸化硫黄曝露実験では200～400 ppbの濃度で光合成阻害が明らかに認められており,この阻害は容易に回復する.光合成の低下割合が20％を超えなければ,回復は直ちに始まり2時間以内にもとの速度にもどる.阻害がもう少し大きくなると完全な回復には1日程度が必要である.

光合成の阻害が起こったときは気孔が閉鎖していることが多い.これは気孔に対する二酸化硫黄の直接的作用の結果よりも,同化の阻害により細胞間隙の二酸化炭素(CO_2)濃度が高くなるために生じたと考えられている.長期間にわたって間断的に低濃度二酸化硫黄の処理をしても,光合成の阻害が大きくなることはないようである.しかし1日以上の期間の二酸化硫黄曝露を継続的に行うと影響が大きくなったり,限界濃度が低下したりするが,逆に阻害が観察されなくなることもある.二酸化硫黄処理は光合成産物の転流を低下させるため根の生育が抑制され水ストレスにかかりやすくなる.

二酸化硫黄による光合成阻害の機構に関して,気孔閉鎖のほかに光化学系IIの反応中心の阻害,光リン酸化の阻害などが報告されている.最近の研究によって,二酸化硫黄の作用は二酸化硫黄が水に溶けて生成する酸による細胞内の酸性化によって現れるので

はなく，化学的に活性である SO_3^{2-} によるリブロース二リン酸カルボキシラーゼの阻害や光合成に関連した中間産物の葉緑体包膜を通る輸送の阻害が，光合成の阻害をもたらすことが明らかにされた．C_4 植物は最初の炭素固定酵素がホスホエノールピルビン酸カルボキシラーゼであることや葉の構造が違うことから，C_3 植物よりも二酸化硫黄に対する耐性が強い．弱光で生育した植物の二酸化硫黄感受性は高くなる．また光が強いほど二酸化硫黄の阻害効果は大きくなることが量子収率と最大光合成速度の低下から示された．

二酸化炭素濃度を高くすると二酸化硫黄の阻害効果が軽減される．これは高濃度の二酸化炭素が気孔を閉じさせることにより二酸化硫黄の侵入を少なくすることと二酸化炭素自体が光合成作用に防御的に働くためであると考えられる．

大気中に放出された窒素酸化物や炭化水素が太陽光の紫外線の作用でオゾンを発生させる．数時間程度の短時間のオゾン曝露では 200〜500 ppb O_3 の濃度で光合成の低下が起こる．数日間のような長時間にわたってオゾン曝露を行うときは，作物では 500 ppb O_3 前後の濃度から光合成が低下し始めるが，樹木では 150 ppb O_3 で光合成の低下がみられるようになる．成熟葉では耐性が大きくなり，馴化も起こる．

オゾンの作用は可逆的である．オゾンと二酸化硫黄とを同時に曝露したときはより強い光合成阻害が現れ，オゾンの限界濃度が低くなる．多くの植物種では 200 ppb O_3 以上の濃度になると気孔の閉鎖が起こるが，光合成の低下は気孔伝導度の変化によるよりも葉肉の光合成能力と密接に関係している．気孔閉鎖は光合成の低下の原因ではなくて結果であり，汚染物質がさらに葉内へ侵入するのを防ぐのに役立つ．

200〜300 ppb O_3 で数時間曝露すると，リブロース二リン酸カルボキシラーゼ活性の低下，同酵素タンパク質の量に減少が生じるが，二酸化炭素の受容体であるリブロース二リン酸の再生産は強く影響を受けないので，オゾンによる光合成阻害の第一の原因はリブロース二リン酸カルボキシラーゼによる炭素固定反応の減退と考えられる．オゾンも二酸化硫黄と同じく同化産物の転流を低下させることにより根の生育を抑制する．低濃度オゾンの慢性的ストレスは，葉の老化を促進するので光合成能力も減少してくる．

窒化酸化物は 500 ppb 以上の高い濃度で光合成の阻害を起こすが，低い濃度でも二酸化硫黄の阻害効果を増強する．一酸化窒素（NO）は二酸化窒素（NO_2）と比べてより阻害的に作用する．フッ化水素は数十 ppb の低濃度でもすでに光合成阻害を発生させることができる．

〔池田元輝〕

文　献

1) 石原　邦：光合成（現代植物生理学 1，宮地重遠編），p.89，朝倉書店，1992．
2) Chaves, M. M.：*J. Exp. Bot.*, **42** (234), 1-16, 1991.
3) Berry, J. A. and Downton, W. J. S.：Photosynthesis vol. II, Development, Carbon Metabolism, and Plant productivity (ed. Govindjee), p. 307, Academic Press, 1982.
4) Darrall, N. M.：*Plant Cell Environ.*, **12**(1), 1-30, 1989.

7.4.6 ガスストレス
a. 公害ガスによる障害機構

植物に被害を与える公害ガスには，オゾン（O_3），PAN（ペルオキシアセチルナイトレート），二酸化硫黄（SO_2），二酸化窒素（NO_2），フッ化水素（HF）などがある．大気中にこれらの汚染物質が存在すると気孔を通して葉の中に汚染物質が進入し，細胞の機能や構造の損傷が起こり，最終的には植物が枯死する．公害ガスの植物に対する毒性は，光合成の阻害で評価した場合におおむね次のような順序で表される．これらの阻害濃度は植物種や栄養，水分状態などの環境条件で大きく変化することは当然である．公害ガスで引き起こされる葉の白色や褐色の斑点が生じる濃度はこれより，数倍から数十倍高い．

HF, PAN　　　＞　　　O_3　　　＞　　　二酸化硫黄　　　＞　　　NO_2
(0.01 ppm)　　　　(0.05 ppm)　　　(0.1〜0.2 ppm)　　　　(1 ppm)

公害ガスの植物影響を調べたときに，公害ガスそのもの（オゾン，PAN，HF），公害ガスが細胞内で水に溶けたときに生じるイオン（亜硫酸イオン，亜硝酸イオン，水素イオン），これらの化学物質が細胞内の代謝系を攪乱して生じる新たな化学種（活性酸

表7.5　公害ガスによる植物の主な可視被害症状，毒性種，生理的影響

公害ガス	主な可視被害症状と毒性種	生理的影響
二酸化硫黄（SO_2）	中位葉の葉脈間　不定型大型斑 活性酸素，亜硫酸イオン，水素イオン，エチレン，エタン，硫化水素	気孔閉鎖，光合成阻害（FBPase, Ru 5 PK, NADP-GAPD）などのSH酵素阻害，Ru-BisCoの拮抗阻害，亜硫酸イオンによる二酸化炭素の葉肉細胞への吸収阻害，光化学系II（反応中心）と水分解系阻害
二酸化窒素（NO_2）	葉脈間に褐色斑，葉縁部にクロロシス 亜硝酸イオン，アンモニア，活性酸素	光合成阻害，気孔への影響少ない 亜硝酸によるカーボニックアンヒドラーゼ阻害，亜硝酸によるストロマの酸性化，亜硝酸還元によるNADPHの消費
オゾン（O_3）	成熟葉の表面が白色化，着色化，褐色斑点，落葉 オゾン，活性酸素，エタン，エチレン	気孔閉鎖，光合成阻害 光化学系II（水分解系）阻害，脂質代謝系の変動
フッ化水素（HF）	葉縁，葉先の変色 フッ化水素（詳細は不明）	気孔閉鎖，Hill反応阻害，CaやMg欠乏による生理障害（受精，発芽，輸送・伝達，タンパク質・核酸生合成など），葉緑体色素生合成阻害
PAN（$CH_3COOONO_3$）	未成熟葉の裏面が光沢化，銀白色化，青銅色化 PAN（詳細は不明）	光合成阻害（阻害機構の詳細は不明）

素，遊離脂質，エタン，エチレン，アンモニア，硫化水素など）が，毒物として作用していることが明らかになってきた（表7.5）．これらの化学種の中で特に注目されるのが活性酸素であり，最も強い細胞毒性をもつことが知られている．公害ガスの中で植物障害と活性酸素毒性の関係が明確にされているのは，二酸化硫黄である．植物細胞内に取り込まれた二酸化硫黄は，亜硫酸イオンに変化し，葉緑体チラコイド膜上で微量生成している活性酸素種のスーパーオキシドラジカルと連鎖反応し，多量の活性酸素が生成する．この活性酸素は光合成を阻害し，クロロフィルなどの色素を破壊して，植物を枯死させることが明らかになった．二酸化硫黄に限らず他の公害ガスに接触した植物においても，次に示した反応で活性酸素毒性が発現する（活性酸素ストレスの詳細については7.4.4参照）．① 光合成過程の炭酸固定系が最初に阻害されると光化学系の過剰還元状態が生じて，酸素分子の還元が起こり，活性酸素が生じる．② チラコイド膜の微少な損傷が電子の酸素分子への漏出につながり，活性酸素が生成する．③ 活性酸素消去系の失活．

b. 公害ガスに対する防御機構

植物は二酸化硫黄や亜硫酸に対しては植物が本来備えている硫酸還元代謝系，硝酸還元代謝系，活性酸素代謝系（図7.7と7.8）を利用して防御していると思われる．オゾンに対しては，活性酸素代謝系のほかに，毒性の高い遊離脂肪酸を速やかに除去する代

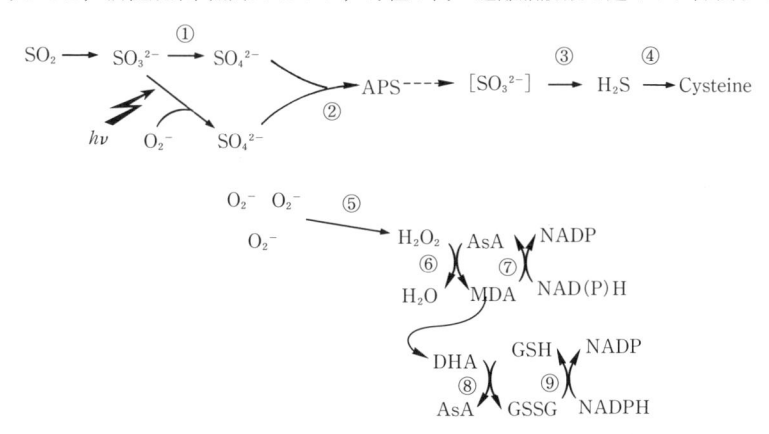

$SO_2 \longrightarrow SO_3^{2-} \xrightarrow{①} SO_4^{2-}$
$h\nu \searrow O_2^- \nearrow SO_4^{2-}$ ② $\longrightarrow$ APS $\dashrightarrow [SO_3^{2-}] \xrightarrow{③} H_2S \xrightarrow{④} $ Cysteine

$O_2^- \; O_2^-$
$O_2^- \longrightarrow$ ⑤ H_2O_2 × AsA × NADP
　　　　　　　⑥　⑦
　　　　　H_2O　MDA　NAD(P)H
　　　　　　　　DHA × GSH × NADP
　　　　　　　　　⑧　⑨
　　　　　　　　AsA　GSSG　NADPH

図7.7 植物のSO₂代謝系と活性酸素代謝系

SO₂ガスは植物体に取り込まれると亜硫酸イオンになり，一部は亜硫酸酸化酵素で，大部分は光合成光化学系で生成しているスーパーオキシドラジカル（O_2^-）との連鎖反応で硫酸に酸化される．このときに大量のO_2^-が生成し，植物障害を与える．APS，アデノシンホスホ硫酸，$[SO_3^{2-}]$，亜硫酸か結合型亜硫酸，AsA，アスコルビン酸，MDA，モノデヒドロアスコルビン酸，DHA，デヒドロアスコルビン酸，GSHとGSSG，還元型と酸化型グルタチオン，①亜硫酸酸化酵素，②ATPスルフリラーゼ，③亜硫酸還元酵素，④システインシンターゼ，⑤スーパーオキシドジスムターゼ，⑥アスコルビン酸ペルオキシダーゼ，⑦モノデヒドロアスコルビン酸還元酵素，⑧デヒドロアスコルビン酸還元酵素，⑨グルタチオン還元酵素．⑤〜⑨の酵素系で活性酸素代謝系を構成している．②，③，⑦，⑨の反応は葉緑体の還元力を利用して進行する．

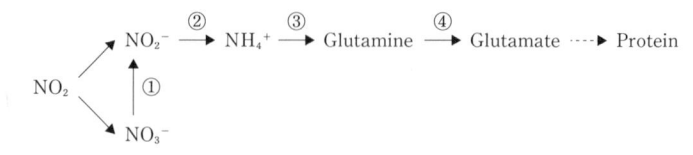

$$NO_2 \begin{matrix} \nearrow \\ \searrow \end{matrix} \begin{matrix} NO_2^- \\ \uparrow ① \\ NO_3^- \end{matrix} \xrightarrow{②} NH_4^+ \xrightarrow{③} \text{Glutamine} \xrightarrow{④} \text{Glutamate} \cdots\rightarrow \text{Protein}$$

図7.8 植物のNO$_2$代謝系 ①硝酸還元酵素,②亜硝酸還元酵素,③グルタミン合成酵素,④グルタミン酸合成酵素.②,③,④の反応は葉緑体の還元力を利用して進行する.

謝系を利用して防御することが知られている.また,オゾンによりフラボノイドやスチルビンなどの抗酸化性物質の合成が促進されるので,これも防御反応の一つとして考えられている.植物に取り込まれた公害ガスは,どれも酸化的毒性を示すので植物が備えているアスコルビン酸,還元型グルタチオン,トコフェロールなどの抗酸化性物質と抵抗性の関係も重要視されている.比較的低濃度の公害ガスに接触した植物で,スーパーオキシドジスムターゼ,アスコルビン酸ペルオキシダーゼ,グルタチオン還元酵素,亜硝酸還元酵素などの活性,タンパク質,遺伝子が誘導されることが知られ,植物の防御機能との関連が指摘されている.

また,これらの代謝酵素の遺伝子に関する形質転換植物を開発する試みがなされ,グルタチオン還元酵素,スーパーオキシドジスムターゼ,システイン合成酵素活性の上昇した形質転換植物が二酸化硫黄抵抗性を示すことが証明された. 〔田中 浄〕

7.4.7 窒素の過剰と欠乏ストレス

窒素は植物の生育を規制する最重要因子である.植物が吸収する無機態窒素は,アンモニウムイオン(NH_4^+)と硝酸イオン(NO_3^-)が主要なものであるので,本項では,これらの無機態窒素の過剰と欠乏ストレスについて述べる.

a. 窒素の過剰ストレス

植物は窒素の吸収過程を制御できないので,過剰の供給は過剰の吸収をもたらす.吸収が需要を上回ると蓄積し,さまざまな生理作用を及ぼす.

1) カチオン(NH_4^+)およびアニオン(NO_3^-)としての過剰ストレス NH_4^+およびNO_3^-は植物が吸収する全カチオンおよびアニオンの約70%を占める.このため,窒素の供給形態は細胞内および培地pHに強いインパクトを与える.仮に両イオンとも根で同化されないとすると,植物は細胞内のpHおよび電気的中性維持のために,次のように応答する.過剰のカチオン(NH_4^+)の吸収は細胞質pHを高め,これがホスホエノールピルビン酸カルボキシラーゼ(PEPC)を活性化し,有機酸(リンゴ酸)の生成を促し,これによってpHの維持と電荷の中和を行う.その後,過剰のカチオンおよび有機酸アニオンが液胞や地上部に輸送され蓄積される.逆に,過剰のアニオン(NO_3^-)の吸収は,細胞質pHを下げ(プロトン—アニオン共輸送のため),これが,リンゴ酸酵素を活性化し,液胞などの貯蔵プールからの有機酸の脱炭酸を促進する.NO_3^-は有害な影響を及ぼすことなく根,地上部,貯蔵組織の細胞の液胞に多量に蓄積されるが,NH_4^+,特にその平衡パートナーのアンモニア(NH_3)は低濃度できわめて有毒である.

$$NH_4^+ \rightleftharpoons H^+ + NH_3, \quad pKa=9.2$$

通常は細胞質のNH$_4^+$濃度は，15 μM以下に保たれているが，多量のNH$_4^+$を液胞に貯えるアンモニア植物といわれるカタバミ，スイバ，ベゴニアなどは液胞に多量の有機酸を含み，pHが非常に低いためNH$_4^+$を過剰に吸収蓄積してもNH$_3$濃度を低く保ち，有機酸アンモニウム塩として解毒している．

しかし，いずれの窒素もアミノ酸などに有機化される場合は，状況が一変する．すなわち，NH$_4^+$同化はH$^+$の，NO$_3^-$同化はOH$^-$の生成を伴う．

$$3\,NH_4^+ \longrightarrow 3\,R\cdot NH_2 + 4\,H^+$$
$$3\,NO_3^- \longrightarrow 3\,R\cdot NH_2 + 2\,OH^-$$

地上部のH$^+$処理能には限度があるので，H$^+$の培地への放出が容易な根でNH$_4^+$を同化する方が好都合である．この場合，NH$_4^+$同化によって細胞質pHが下がることになるが，H$^+$の培地への放出と有機酸の脱炭酸の促進により，細胞質pHが維持される．培地pHが低いとH$^+$の放出が阻害されることになるが，これを避けるためにポリアミン類を合成してpHを維持するのである．

一方，NO$_3^-$同化の場合，同化部位の違いや師管をへて根に再転流される有機酸量の違いにもよるが，生成するOH$^-$はPEPCによってつくられる有機酸によって中和されたり，あるいは培地に放出されたりして細胞内pHが維持される．このような生化学的pH維持機構が存在するため，窒素の同化量およびカチオン・アニオン吸収のインバランスは，根や地上部の有機酸含量ならびにアポプラストや培地のpHを変化させることになる．

NH$_4^+$やNO$_3^-$の吸収同化に伴って，以上のような応答が認められるのであるが，同化量を上回る吸収があればNO$_3^-$やNH$_4^+$が蓄積することとなるが，植物はNH$_4^+$の蓄積を防止するさまざまな生理機能をそなえている．

2) 過剰窒素の処理機構　　窒素の過剰供給はアミノ酸，アミド，その他さまざまな低分子窒素化合物を液胞に，タンパク質（Rubisco）を葉緑体に集積させる（窒素源がNO$_3^-$の場合は，NO$_3^-$としても貯蔵できるので，これらの集積の程度が小さくなる）．これは過剰NH$_4^+$の処理機構であるが，Rubiscoの増加は炭素の同化速度に影響しない場合が多い．状況はC$_4$植物でも同様である．

図7.9に窒素の同化経路とともに過剰NH$_4^+$の処理機構を示した．窒素が過剰になると，まず遊離のアミノ酸プールが，ついでタンパク質が増大する．NH$_4^+$供給がさらに増えるとグルタミン酸合成酵素の反応でできるグルタミン酸の2分子がNH$_4^+$受容体として機能し，生成したグルタミン2分子のうちの1分子がそのサイクルから除かれ，それをもとにN/C比の大きいさまざまな窒素化合物を合成・蓄積する．植物の種類によって蓄積される化合物が異なるが，グルタミン，アスパラギンが代表的なものである．シトルリン，オルニチン，アルギニン，プトレシン，スペルミジン，スペルミンなどを蓄積する場合もある．

これらの蓄積物は，過剰のNH$_4^+$の処理産物とみられるが，この処理容量の大小がNH$_4^+$の過剰ストレス耐性と関連する．許容量を超える量のNH$_4^+$が内生的であれ外因性であれ，生じれば体内にNH$_4^+$が蓄積し，これに起因するアンモニア（NH$_3$）障害

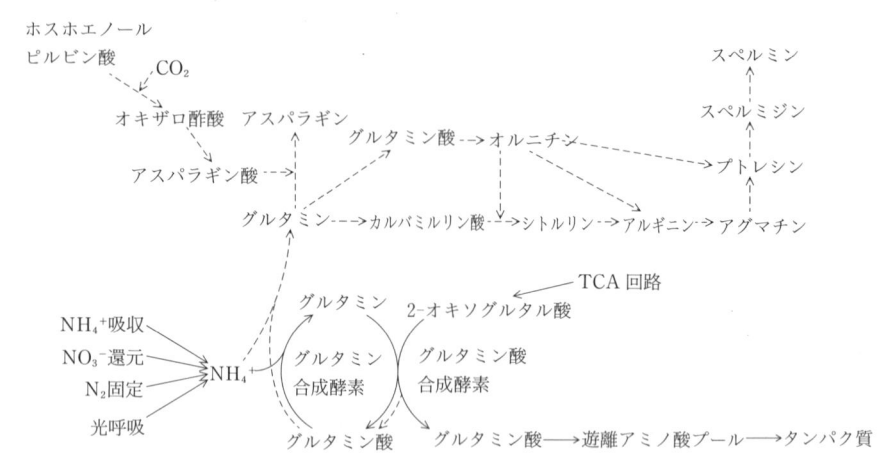

図7.9 窒素の同化経路（実線）と過剰 NH_4^+ の処理機構（破線）

が出現するのである．NH_4^+ の過剰供給以外の，たとえば無機栄養素の欠乏ストレス下でも同様な窒素化合物の蓄積が認められるが，これも一種のアンモニアストレスが原因ではなかろうか．

以上のように，NH_4^+ 過剰ストレスに対して植物は，①通常の NH_4^+ 同化系の活性の促進，②アルギニン合成系の活性化を中心とする同化系の付加，によって対処するのであるが，液胞 pH すなわち有機酸合成活性も重要である．

3) NH_4^+ 過剰障害 窒素の過剰により葉が暗緑色となるが体内に NH_4^+ が蓄積しはじめると，やがてクロロシス，ネクロシスを伴って葉縁部から褐色に枯れていく．障害を発生させる NH_3 濃度は，スーダングラス，ワタを用いた研究では 0.15〜0.2 mM と報告されている．細胞質 pH を 7.2 とすると 15〜20 mM の NH_4^+ 濃度となる．この程度の NH_4^+ の蓄積は，過剰障害葉ではしばしば経験するところである．アンモニア障害は生理機能のうえでは葉緑体の炭素同化の阻害，光リン酸化反応の阻害，多糖類合成の阻害などとなって現れてくる．

b. 窒素の欠乏ストレス

窒素の欠乏ストレスは，細胞の分裂・伸長，光合成，出葉，分げつなどのさまざまな過程の速度低下を伴って生長抑制が起こる．しかし，いまだにどの過程が最初にあるいは最も強く影響を受けるかは知られていない．現在認められている窒素欠乏ストレスの因果関係を，水分代謝と根のシグナルの二つの面から述べる．

1) 水 分 代 謝 一般に窒素欠乏ストレスは葉面積の拡大速度を低下させるが，これは光合成速度の低下に起因するのではなく，水の吸収・輸送速度の低下に基づく葉の伸長速度の阻害によることが明らかにされている．水輸送の低下は，葉細胞の水ポテンシャルを低下させ，細胞拡大のための膨圧を減らす．図 7.10 に窒素欠乏ストレスに応答する一連の過程を示した．それは，まず根の水吸収を低下させるのであるが，その原因は，①根の水透過性の低下，②イオンの吸収減による導管液浸透圧の低下，③葉のア

7.4 化学的ストレス

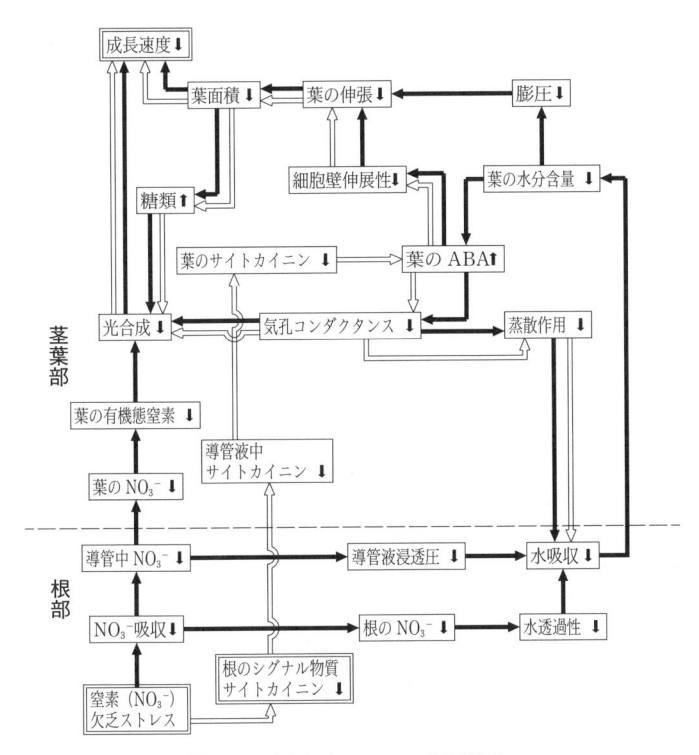

図7.10 窒素欠乏ストレスの因果関係

ブシジン酸（ABA）レベルの上昇に基づく気孔コンダクタンスの低下に起因する．もし，①が③を上回るなら，葉の水分含量・膨圧が低下し葉の伸長速度が低下する．より緩慢な応答は葉での有機態窒素の減少に基づく，光合成の低下による生長阻害である．

光合成機能は，初期は気孔コンダクタンスの減少によって，欠乏がはげしくなると有機態窒素の減少によって低下する．なお，窒素欠乏ストレス下で根のバイオマスが増えるのは，炭素固定速度が低下する以前に葉の生長が阻害され，根への炭素分配が増大するためである．

2) 根のシグナル物質　最近，葉の細胞が十分な膨圧を維持しているときでも葉の伸長が低下する場合があることより，根中のなんらかのシグナル物質の含量変化（またこれに伴う輸送量の変化）が葉の伸長低下の原因と考えられるに至った．その有力候補はサイ

表7.6 ジャガイモ植物におけるサイトカイニンの導管輸送に対する窒素欠乏ストレスの影響

窒素欠乏ストレス後の日数	サイトカイニン輸送量 (ng/個体/日)	
	+N	−N
0	196	196
3	420	26
6	561	17
9*	—	132

発芽後30日間生育させた植物を使用
*窒素欠乏ストレス6日目に窒素の供給を再開

トカイニン（CYT）である．CYT は根の分裂組織で合成されるが，窒素の欠乏ストレス下ではその合成・地上部への輸送が阻害され（表7.6），茎葉部の生育が低下する．ABA の合成は欠乏ストレスで逆に高まる（表7.7）が，CYT は ABA の作用を打ち消すので，窒素供給を再開すると茎葉部の生育が回復することになる．CYT は根と茎葉部の情報交換のメッセンジャーと推察されている（図7.10）．

植物は生長のためのコストを最小にするため，炭素と窒素のバランスを維持することが重要である．葉の細胞伸長に対する窒素欠乏ストレスの一次的応答は，炭素代謝産物と窒素代謝産物のインバランスが起こる前に植物の生長を抑える一種のサインであると考えられる．

表7.7 ヒマワリのアブシジン酸含量に対する窒素欠乏ストレスの影響

部位	アブシジン酸含量 ($\mu g/g$ 新鮮重)	
	+N	−N*
古い葉	8.1	29.8
完全展開葉	6.8	21.0
若い葉	13.5	24.0
茎	2.5	4.9

*窒素欠乏ストレス7日目

〔王子善清〕

7.4.8 リン欠乏ストレス
7.4.8.1 個体・組織・細胞レベルでのストレス
1) リン欠乏による生育障害の機構 リンは ATP, ADP, UTP, UDP, NATP, NADP, DNA, RNA などの構成元素であるために，光合成で必須であるばかりでなく，植物の細胞を構成する各種炭水化物，タンパク質，脂質をはじめとするほぼすべての化合物の合成，代謝と細胞分裂において不可欠な役割を果たす．

植物がリン欠乏土壌で生育する場合に認められる最初の生育障害は初期生育の抑制である（図7.11）．この障害はすべての植物に共通している．初期生育時には細胞分裂が活発に行われるが，そのためには染色体が正常に合成されていることが必要である．それに加えて，初期生育時の幼植物を構成するすべての細胞は未だ形成されて間もない細胞であり，タンパク質，セルロース，ヘミセルロース，リン脂質その他の重要な細胞構成化合物を活発に合成している段階にある．これらの化合物の

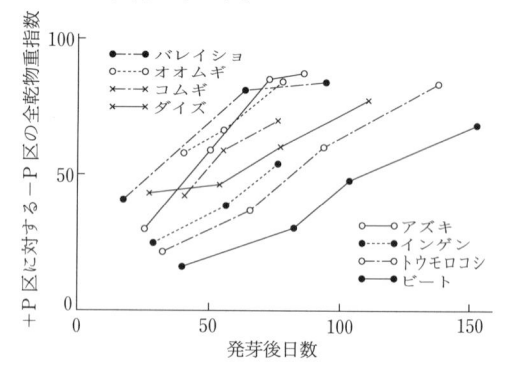

図7.11 低リン土壌で生育する各種作物における生育日数の経過にともなう+P区に対する−P区の全乾物重の推移（但野・田中，1980）
＊ +P区：100 kgP 205/ha 施与区

合成のために高含有率の ATP, NADP, 無機リン酸などのリン化合物が要求される．植物がリン欠乏土壌で生育する場合に，初期生育が強く抑制される理由は，根によるリン酸吸収がきわめて少なく，リン酸の主要供給源が種子に貯蔵されていたリン化合物であるために，幼植物が要求する量の上記の各種リン化合物が十分に供給されないことに

よる．

　リン欠乏が強度に進行する場合には，初期生育が強度に抑制され，細胞分裂の停止，細胞肥大の停止などのために組織および個体の生育が停止し，植物は初期生育時に枯死に至る．リン欠乏がそれほど強度でない場合には，葉の発生と展開の停滞，下位葉の枯死，分げつの停滞，などの生育抑制が起こりつつゆるやかに生育する．下位葉の枯死が起こる理由は，発生後の日数が短い下位葉から新葉へのリンの再移行が活発に起こり，下位葉のリン含有率が生育可能レベル以下になることによる．根がある程度生育した後には，根の伸長に伴ってリン酸吸収が次第に増加することと，下位葉から新葉へのリンの再移行が活発に起こるために，初期生育が抑制された植物の生育は次第に回復する方向に向かう（図7.11）．

　リン欠乏による生育中後期の生育障害としては花芽分化の抑制と子実や果実形成の遅延が重要である．リン欠乏下で生育する場合には登熟期がすべての植物で遅延する．その機構は，初期生育の抑制の機構と同様である．

　2) リン欠乏土壌に対する耐性の機構　リン欠乏土壌に対する植物の耐性機構の大きな特徴は，土壌溶液中のリン酸濃度が他の必須元素の濃度と比較して著しく低いために，植物はその発生・成立の当初からリン酸を吸収するために多くの機能を獲得あるいは開発せざるを得なかったという点にある．たとえば，施肥歴のない土壌の土壌溶液中リン酸濃度は 0.001～0.01 ppmP であり，この濃度は $NO_3\text{-}N$, K, Ca, Mg, SO_4 などの他の多量必須元素の土壌溶液中濃度が通常の土壌では少なくても 2～10 ppm であることと比較すると，著しく低いことがよく理解できる．したがって，それぞれの植物は発生・成立した当初から正常な生育をするために，つねにリン欠乏に陥る脅威にさらされてきたと考えられ，この脅威を回避するためにさまざまな機能を獲得あるいは開発してきた．以下にそれらの機構を述べる．

　i) リン要求性　発生したばかりの若い葉細胞のリン含有率は，地上部全体を平均したリン含有率や下位葉も含めた全葉の平均含有率より著しく高いが，その含有率には種間で大きな差異が認められない．しかし，各種作物の苗をリン酸濃度を異にする培養液に移植して 18 日間培養した後の地上部リン含有率と最大生長区の生長量を 100 としたときの相対生長量との関係には種間でかなり大きな差異が認められる（図7.12）．この図からイネ，コムギ，トマトの3作物種を比較すると，この生育時期に正常に生育するために要求される地上部全体を平均したリン含有率はイネで低く約 0.2％であり，トマトで高く少なくとも 0.8％であり，コムギでは約 0.4％であって両者の中間であるとみることができる．養分要求性は植物が

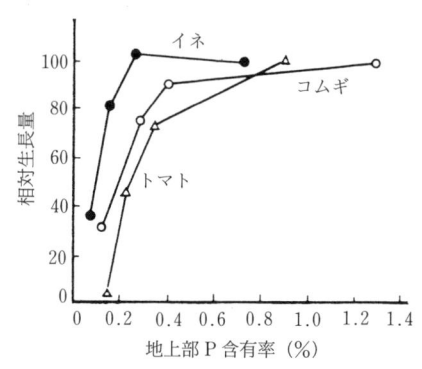

図7.12　イネ，コムギ，トマトにおける地上部リン含有率と地上部生育との関係（但野・田中，1980）

表7.8 トウモロコシ葉身の光合成能，クロロフィル含有率，タンパク含有率と光合成および呼吸関連酵素活性の 0.5 mMP 区に対する 0.001 mMP 区の割合

パラメーター あるいは酵素	0.5 mMP 区に対する 0.001 mMP 区の割合（％）	同 左	
新鮮重	65	NAD-malate dehydrogenase	73
光合成能	50	ADPG-pyrophosphorylase	74
クロロフィル含有率	90	hydroxypyruvate reductase	75
タンパク含有率	89	chloroplastic-FBPase	77
PEP carboxylase	51	3-phosphoglycerate kinase	82
cytoplasmic-FBPase	56	phosphohexose isomerase	84
FBP-aldolase	58	phosphoglucomutase	84
RuBP carboxylase	58	acid invertase	85
NADP-glyceraldehyde-3-phosphate dehydrogenase	65	starch phosphorylase	91
NADP-malic enzyme	66	sucrose synthase	93
NADP-malate dehydrogenase	68	sucrose phosphate synthase	96
catalase	69	UDPG-pyrophosphorylase	100
amylase	71	Cyt-C oxidase	102
pyruvate phoshate dikinase	71	hexokinase	107

(Usuda and Shimogawara, 1991 を一部改変)
注）酵素活性は播種後 18～19 日目のトウモロコシの第 3 葉葉身について測定．

　正常に生育するために必要な個体全体を平均した含有率から判断できるので，リン要求性はトマト，コムギ，イネの順に高いと考えられる．
　リン要求性の支配機構としては，光合成，呼吸，タンパク合成，脂質合成，硝酸還元をはじめとする多種類の合成系や代謝系に関わる諸酵素の活性維持，イオンの積極的吸収などにおいて，ある濃度レベル以上のリンが要求されることをあげることができる．一例として，トウモロコシ葉身の光合成，クロロフィル含有率，タンパク含有率と光合成および呼吸関連酵素活性に及ぼす低リン供給の影響を表 7.8 に示す．標準区の生育と比較して低リン区の生育は 65 ％に低下し，光合成能も 50 ％に低下したのに対して，クロロフィル含有率やタンパク含有率はあまり低下しなかった．また，光合成や呼吸に関与する各種酵素のうち PEP carboxylase や Rubisco をはじめとするかなりの酵素活性が 50～80 ％に低下した．これらの結果は，光合成や呼吸に関与する酵素群はその活性を維持するためにタンパク合成やクロロフィル合成で必要とされるリンレベルより高レベルのリンを要求することを示している．
　リン要求性に種間差が存在する理由として，各種の酵素に接して存在するリンレベルが等濃度である場合に各酵素の活性が種によって異なるとは考えにくいので，根で吸収したリンの体内での循環利用のシステムが異なり，効率的に循環利用するシステムを確立している植物と循環利用のシステムが効率的でない植物が存在することがリン要求性に種間差がある主要機構であると考えられる．その点からみて作物の中では，イネが最も効率的なリンの循環利用システムを発達させた作物であるとみることができる．さらに，トマトやテンサイのような発芽後長期間にわたって新たな栄養生長器官を形成し続

ける植物と，イネのようにある時期から栄養生長器官の形成が停止する植物では，全植物体に対する若い部位の割合が前者で後者より高いために前者のリン要求性が高くなることもリン要求性に種間差が存在する重要な機構になる．

ii) **リン酸獲得機構**　リン欠乏土壌に対する植物の耐性は，求められるリン要求量をリン酸獲得機構によって充足し得るか否かによって決定される．

根の伸長と根毛形成：　養分吸収における根の伸長と根毛形成の重要性については第2章2.1.1に詳述したが，その重要性は土壌溶液中の濃度が飛び抜けて低いリン酸の吸収において特に大きい．その理由は，リン欠乏土壌では土壌溶液に溶存するリン酸濃度がきわめて低いために根近傍に溶存するリン酸はごく短期間に吸収しつくされ，土壌固相からのリン酸溶出速度も遅いために，根が次から次へと未開地に伸長することによってそこに溶存するリン酸を吸収しなければ，植物はたちまちリン欠乏に陥らざるを得なくなるからである．根の伸長は後述する菌根の形成を増加させるとともに，根からの有機酸や酸性ホスファターゼの分泌領域をも増大させる．

根のリン酸吸収能：　植物根が根圏の土壌溶液中に低濃度で溶存するリン酸を吸収する機能もリン欠乏土壌からリン酸を獲得するために基本的に重要な機構である．根のリン酸吸収能を示すパラメーターとして，I_{max}，K_m，C_{min}がしばしば用いられる．これらのパラメーターの中で，I_{max}はリン酸濃度が高い培地からの吸収能を反映する値であるのに対し，K_mとC_{min}はリン酸濃度が低い培地からの吸収能をよく反映する値であって，K_mとC_{min}はともに値が低いほどリン酸濃度が低い培地からのリン酸吸収能が高く，低リン土壌に対する植物の耐性にとってプラスに機能すると理解される．

菌根形成：　リン欠乏土壌からのリン酸吸収において菌根の形成も重要な役割を果たす．菌根には内生菌根と外生菌根がある．一般に草本植物には内生菌根が形成され，木本植物には外生菌根が形成される．内生菌根は，菌根菌の菌糸が植物の根の細胞表面に形成されるappressoriumから細胞内に侵入し，さらに根組織内で伸長して分岐体（arbuscule）や嚢状体（vesicle）を形成するとともに，根外の土壌中にも伸長して形成される．根外に伸長した菌糸は，植物の根が保持するリン酸吸収能をもつと同時に後述する有機酸分泌能や酸性ホスファターゼ分泌能をももっており，土壌からリン酸を吸収して自分の栄養源にするとともに菌糸を経由して共生している植物にリン酸を供給する．根外における菌根菌の菌糸の伸長がもつリン酸吸収の貢献度は，根の伸長のそれとほぼ同等であるという研究結果が集積しつつある．なお，内生菌根は，植物根の内部に分岐体と嚢状体を形成するために古くからVA菌根（vesicular arbuscule mycorrhiza）と呼ばれていたが，近年嚢状体を形成しない菌根があることが明らかになったためにarbuscule mycorrhizaと呼ばれている．

根による有機酸の分泌：　ほとんどの植物がリン欠乏土壌で生育する場合に根から有機酸を分泌することに関する知見が集積しつつある．リン欠乏土壌で分泌される有機酸種としては，クエン酸，リンゴ酸，コハク酸，シュウ酸，アコニット酸，マロン酸，酒石酸，ピシデイン酸などがある．これらの有機酸の中でクエン酸の分泌は，草本植物，木本植物を問わず多くの植物に共通している．しかし，有機酸分泌能には植物種間差があり，作物ではルーピン，ナタネなどで他の作物より分泌能が高い．

根から分泌されるこれらの有機酸は,根圏土壌中に沈殿して存在するリン酸鉄,リン酸アルミニウム,リン酸カルシウムなどの難溶性無機リン酸化合物の鉄,アルミニウムあるいはカルシウムと錯塩を形成して,無機リン酸を溶出する機能をもつ.

根から分泌された有機酸は,根圏に存在する各種の微生物によっても吸収利用されるので分泌後の寿命は短いが,リン欠乏土壌で生育する植物の根からの有機酸分泌は継続的になされるので,分泌性有機酸によって溶出して吸収されるリン酸の量はかなり多量になると推定されている.

根による酸性ホスファターゼの分泌: 植物がリン不足状態に陥った場合に根から酸性ホスファターゼが分泌されることと,有機酸の分泌と同様に草本植物・木本植物を問わず多くの植物がこの種の酵素を分泌することがよく知られている.酸性ホスファターゼ分泌能には植物種間差があり,作物ではルーピンの分泌能が特に高い.植物体内には多数の酸性ホスファターゼ・アイソザイムが存在するが,多量分泌される酸性ホスファターゼは1種類である.分泌された酸性ホスファターゼは,根圏に存在する各種の有機態リン化合物を加水分解して無機リン酸を放出する機能をもつ.植物根は根圏で放出された無機リン酸をただちに吸収する.ルーピンの分泌性酸性ホスファターゼについては,そのタンパクの遺伝子の全塩基配列まで解明されている.ある種の植物ではホスファターゼの一種であるフィターゼを分泌して,土壌中に多量存在するフィチンから無機リン酸を放出する.

植物根を構成する細胞の細胞壁にも酸性ホスファターゼが局在している.すなわち,植物はリン欠乏を感知した場合に根から積極的に一種類の酸性ホスファターゼを分泌して根圏に存在する有機態リン化合物からリン酸を解放し,これを吸収すると同時に,根による水吸収によって起こる根への水移動に伴い根細胞表面に達した有機態リン化合物に対して,細胞壁に局在する酸性ホスファターゼが作用して無機リン酸を解放し,これを直ちに吸収するという2段構えの有機態リン化合物からのリン解放システムを保持すると考えることができる.有機態リン化合物が根によって直接吸収されるのではないかという意見があるが,そのことを立証した研究例がない上に,フィターゼ分泌能をもたない植物では糖リン酸やATPのリン酸を吸収できるのに対して,イノシトールリン酸のリン酸を吸収できないという事実を説明することができない.　　〔但野利秋〕

7.4.8.2 リン酸欠乏ストレスに対する分子・遺伝子レベルの応答反応

1) リン酸レギュロン　バイオマスに寄与するリン酸（P_2O_5）は,自然界で最も利用されにくい元素で制限因子になっている.したがって,細菌や酵母ではリン酸欠乏誘導（phosphate starvation inducible: psi）遺伝子が存在する.これらは,リン酸の利用や吸収を高める作用をもち,リン酸レギュロンと呼ぶ.大腸菌においては,*psi*遺伝子であるpho Bの生産するpho Bタンパク質（29 KD）が,リン酸レギュロンの多くの遺伝子のプロモーター領域に結合し,それらの発現を高めることが明らかにされている.最近,植物においても概念的に大腸菌の系に相当する"リン酸レギュロン"の考えが提唱されている.

2) 呼吸代謝における制御[1]　植物細胞がリン酸欠乏状態におかれると,代謝的無

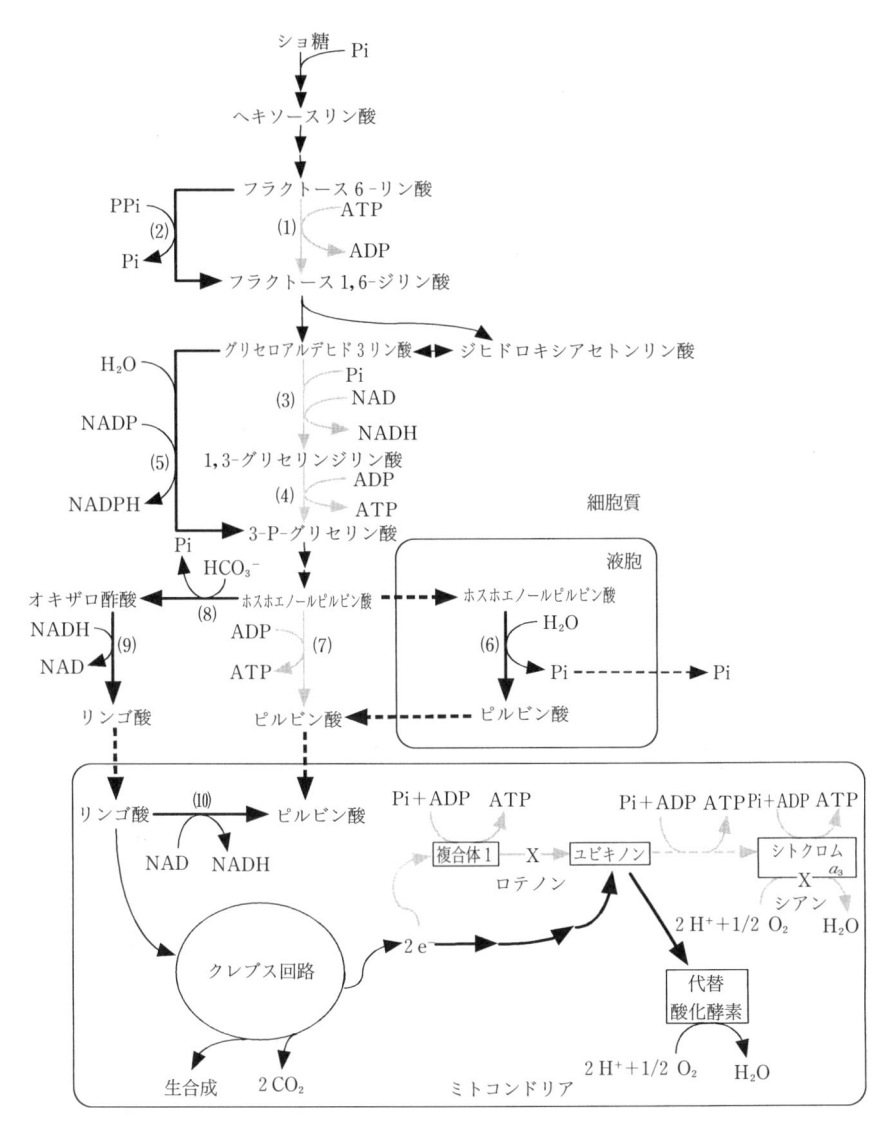

図 7.13 高等植物のリン酸欠乏下における解糖系の炭素とミトコンドリアの呼吸の代替経路図(太い矢印で示してある)(Theodorou and Plaxton, 1993).

この代謝的適応性により植物は点線で示すように,アデニル酸ーおよびリン酸依存の呼吸代謝を迂回し,リン酸欠乏植物でも呼吸と連動した炭素の代謝が可能になる.(1) PFK:ホスホフルクトキナーゼ,(2) PFP:PPi 依存フラクトース-6 P 1-ホスホトランスフェラーゼ,(3) phosphorylating-NAD-G 3 PDH:リン酸化 NAD-グリセリン 3 リン酸脱水素酵素,(4) 3-PGA kinase:3 ホスホグリセリン酸キナーゼ,(5) nonphosphorylating NADP-G 3 PDH:非リン酸化 NADP グリセリン 3 リン酸脱水素酵素,(6) PEP phosphatase:ホスホエノールピルビン酸ホスファターゼ,(7) PKc:細胞質ピルビン酸キナーゼ,(8) PEPC ホスホエノールピルビン酸カルボキシラーゼ,(9) malate dehydrogenase:リンゴ酸脱水素酵素,(10) NAD malic enzyme:NAD リンゴ酸酵素.

機リン (Pi) とヌクレオチド類，特にアデニンヌクレオチドが減少する．これらの変動は，解糖系のいくつかの酵素（PFK(1), NAD-G3PDH(3), 3-PGA キナーゼ(4), PK(7), 図7.13参照）の基質依存性とミトコンドリアの電子伝達系のリン酸化反応に影響する．Pi はホスホエノールピルビン酸（PEP）による PFK のアロステリック阻害を解除するので，Pi の減少は PFK の活性を減少させることになる．高等植物の細胞質では，3種の異なったエネルギー供給系すなわちアデニン，ウリジンヌクレオチドとピロリン酸 (PPi) が存在する．ヌクレオチド類は，Pi 欠乏により強く影響を受けるが PPi は影響されない．したがって，PPi は Pi 欠乏下でのエネルギー供給体として自律的な役割を果たしている．PEP に対し高い特異性を示す PEP ホスファターゼ(6)が存在し，この活性は Pi で強く阻害を受ける．したがって，Pi 欠乏により10倍以上活性が増加する．Pi 欠乏下では細胞内の ADP が減少するので，エネルギー的には損失であるが，ADP 依存の細胞質ピルビン酸キナーゼ(7)のかわりに液胞内でバイパスとして Pi 欠乏誘導性の PEP ホスファターゼ(6)がピルビン酸を生成し，かつ Pi を供給する．Pi 欠乏による PEP ホスファターゼの活性増加は，タンパク合成によること，またこの酵素は液胞に存在することが明らかにされている．PEP ホスファターゼによる解糖系のバイパスは，PEP の液胞への輸送とピルビン酸の液胞からの排出を必要とする．

　もう一つの PEP の分解系は，PEP カルボキラーゼ（PEPC）(8)によるものである．リン酸欠乏によりこの酵素は5倍増加する．PEPC，リンゴ酸脱水素酵素(9)，NAD-リンゴ酸酵素(10)は Pi 欠乏下におけるミトコンドリアへのピルビン酸供給の代替経路と考えられる．また Pi 欠乏によって通常の解糖系に存在する PFK(1), 3-PGA キナーゼ(4)と PK(7)は変化しなかったが，他の二つの酵素，PFP(2)と NADP-G3PDH(5)の活性は20倍程度増加した．一方，Pi 依存の NADP-G3PDH(3)は6倍減少した．PFP(2), NADP-G3PDH(5)は PFK(1), 3-PGA キナーゼ(4)，NADP-G3PDH(3)による反応経路と平行しているが，アデニンヌクレオチドや Pi を消費しない．Pi 欠乏下で誘導される PEP ホスファターゼは，Pi 欠乏下でも減少しない Fru-2, 6-P_2（フルクトース-2,6 ジリン酸）で強く活性化を受ける．

　ミトコンドリアの呼吸にとって ADP と Pi の濃度は重要な因子になっている．リン酸欠乏による Pi と ADP の減少は，シトクロム系を介した電子の流れを制限することになる．植物のミトコンドリアの電子伝達系でリン酸化を伴わない経路が2箇所知られている．一つは CN 耐性呼吸で，他はロテノン非感受性バイパスであり，Pi 欠乏下の植物は ATP の生産は落ちるが，これらの経路を高めることによってクレブス回路（クエン酸回路，TCA サイクル）を作動させている．

　3) **RNAaseの誘導**　　トマト培養細胞，シロイヌナズナなどでリン酸欠乏により RNase の活性が誘導される．トマトの場合，等電点が4.24で205のアミノ酸からなる RNase が誘導される．コントロールとリン酸欠乏細胞の mRNA から cDNA を構築し，ディファレンシャルハイブリダイゼーションにより，0.7 KD の cDNA クローンが得られ，その発現は Pi 欠乏で誘導された．Pi 欠乏で誘導される RNase は，液胞に存在するものや分泌性のものが知られ，これらの役割はリン酸欠乏下で細胞内の余分な RNA を分解し，その分解産物をさらにホスホジエステラーゼや酸性ホスファターゼが

分解し、Piを供給するためと考えられている。

4) 酸性ホスファターゼの誘導 植物はリン酸欠乏下で酸性ホスファターゼの活性を増加させる。液胞内，細胞壁結合性あるいは分泌性のものが知られている。活性変動は酵素タンパクの合成と分解によっている[2]。リン酸欠乏したトマト培養細胞からcDNAを構築し，誘導性酸性ホスファターゼに相当するcDNAクローンが得られ，Pi欠乏処理で著しく発現することが確認されている。また、mRNAの無細胞系翻訳実験から誘導ホスファターゼに相当する分子量のタンパクの合成が明らかにされている。RNAaseの場合と同様、リン酸欠乏下で誘導される酸性ホスファターゼはリン酸エステル化合物を分解し、無機リン酸の供給の役割を果たしていると考えられている。

〔松本英明〕

文　献

1) Theodorou, M. E. and Plaxton, W. C.：*Plant Physiol.*, **101**, 339-344, 1993.
2) Duff, S. M. G., *et al.*：*Proc. Natl. Acad. Sci. USA*, **88**, 9538-9542, 1991.

7.4.9　塩ストレス

　塩ストレスは、土壌の塩分濃度が高いことで生じる作物の生理障害で、河口デルタや海水が浸透してくる耕地、灌漑水が塩を含んでいる場合、灌漑管理の失敗や過剰施肥によって作土に塩が集積した場合に発生する。生育障害は塩溶液の高浸透圧と高イオン濃度によって生じ、土壌のpH（高低）、土壌水分（乾燥、過湿）、土壌養分（窒素、リンなどの欠乏）、高温、強光などが障害を助長する。さらに障害の程度は集積する塩の種類や土性、作物の種、齢などによっても影響される。

　水耕栽培したイネ栽培品種を100 mM以上の塩化ナトリウム（NaCl）を含む培養液に移植すると吸水がただちに停止し（水ストレス），200 mM以上では回復せずそのまま枯死する。100～200 mMでは一時萎凋する間に浸透圧調節が行われ吸水は再開するが、1～4週間のうちに下位葉先端から枯れ始め新葉まで枯死する。根から浸入した塩は地上部に移動し細胞間隙、細胞壁で濃縮され細胞に浸透圧ストレス（水ストレス）をもたらし、ついには細胞質に侵入して代謝反応を阻害したり溶質を流失させる（イオン過剰ストレス）。100 mM以下でも下位葉の枯れ上がりは顕著で分げつ、穂数、千粒重すべて塩濃度に応じて低下するが枯死はしない。10～25 mMでは生育、穀実収量ともにあまり低下しない。植物に吸収されにくいポリエチレングリコール（PEG）6000などで塩と等しい浸透圧を培養液に与えることで、イオン過剰ストレスと水ストレスのどちらが塩ストレスの要因か検討され、主因はイオン過剰ストレスによるものと判断された。PEGを用いる場合には、混入している触媒やPEG分解物の毒性、作物種によってはPEGをかなり吸収することなどを考慮する必要がある。

　概して塩耐性の弱い作物に対し、100 mM以上の塩化ナトリウム共存下でも開花結実できる高等植物を塩生植物と呼ぶ。双子葉塩生植物は、高塩濃度の根圏から吸水するため葉身にナトリウム塩を1 M近く蓄積して浸透圧を高める。蓄積された塩は生理機能を発揮する細胞質にイオン過剰ストレスをもたらさないよう液胞に隔離され、細胞質に

は液胞との浸透圧バランスをとり生理活性を保護するため，ベタリン，プロリンなどの溶質を蓄積する．塩集積植物（ソルトアキュムレーター）と呼ばれるこれらの双子葉塩生植物では，ナトリウムを積極的に吸収する能力が耐塩性を与えているとする考えもあるが，葉身塩濃度は根圏塩濃度の 2～4 倍にすぎない．さらにこれらの植物は，カリウム塩を高濃度（＞100 mM）に与えると過剰に吸収して枯死する．これらの結果は，塩生植物の根がナトリウムの過剰吸収を抑制し葉身に吸水力を生み出せる適切なナトリウム塩濃度を与えること，すなわち，ナトリウム吸収が制御下にあること，を示唆している．作物を高塩濃度下に栽培すれば，葉身ナトリウム濃度は必ず上昇するが，この上昇がどの程度制御されたもので，どの程度が制御能力を越えて侵入したものなのかを明らかにすることが，塩ストレスの回避を考えるために必要であろう．根における導管へのイオンの負荷は，導管柔細胞を経由するシンプラスチック経由と細胞壁，細胞間隙を通るアポプラスチック経由が考えられる．前者は細胞膜のイオンチャネルで制御され，ナトリウムは低親和性カリウムチャネルを経由して侵入すると考えられる．後者はカスパリー帯の未発達な根端などの部分で細胞壁を通り抜けて導管に至る経路で，イオンの移動はマスフローや拡散によると考えられる．

　培養細胞を用いて耐塩性，塩害の機構を解明する試みや耐塩性株を単離する試みも行われている．培養細胞では，塩の細胞に対する作用を検討しやすい．懸濁培養では培地塩濃度は培養期間中ほとんど一定で，これは土壌溶液の塩濃度にあまり変動がない場合の根の状態に近い．しかし，培養細胞での結果を，水分蒸発によって根圏塩濃度が変動する根や蒸散によって細胞壁中の塩濃度が変動する緑葉に直ちにあてはめることはむずかしい．さらに，無傷植物地上部ではナトリウムは，ピラミッド状，すなわち下位葉，茎で高く上位葉に低く分布し，生長につれて下位葉を脱落させ上位葉の光合成能力を保護することで個体としての生存を計っている．この下位葉への優先的蓄積は，ホウ素，カルシウム，重金属などの過剰施用の場合にもみられる現象で，根から地上部に転送される過剰栄養塩に共通する分配機構があるらしい．塩集積植物ではカリウム濃度が上位葉で高いのに対し，ナトリウムは上位葉，下位葉に濃度勾配なく分布している．塩生植物の中には塩腺（salt gland）と呼ばれる塩水排出装置や塩嚢（bladder hair）と呼ばれる塩を皮膚細胞に集積して，これを脱落させる塩排除装置をもつものもある．

　作物の生育が影響されない土壌飽和抽出液塩濃度（閾値）と塩濃度の上昇に伴う生育量低下の勾配による作物の耐塩性のランク付け[1]によると，アスパラガス，サトウダイコン，ワタ，オオムギ，ライムギ，ソルゴーなどが耐塩性強，イネ，トウモロコシ，エンドウ，インゲン，キウリ，ニンジン，タマネギなどが耐塩性弱と判断される．耐塩性の強弱は品種間でもみられる．イネでは生育阻害の程度と地上部ナトリウム濃度の間にほぼ正の相関があり，地上部へのナトリウム塩の集積が生育障害をもたらすと判断されている[2]．しかし例外的な品種もある．オオムギではその相関は高くない．ダイズなどマメ科では高塩化ナトリウムにさらされた場合，ナトリウムよりも葉身塩素イオン濃度の上昇が著しい．耐塩性のダイズ品種は，葉身から塩素イオンを排除する能力が高く，この形質は単一の塩素イオン排除遺伝子（*Ncl, ncl*）という対立遺伝子によって制御されている．その他の種でも接木実験によって根の塩排除能力が耐塩性の程度に影響する

ことが示されている[2]．海岸近くでは塩分を含むミストによって作物，果樹が塩害を受けることがあり，その感受性は土壌が塩を含む場合と異なる．

国際イネ研究所（IRRI）で選抜系統の交配による耐塩性品種の選抜が試みられ多くの耐塩性品種が得られた[3,4]．耐塩性という形質は優性であった．これらの選抜，育種された系統を塩濃度の高い水田に導入すると収量は顕著に増加したが，病虫害耐性の弱さが問題になった．さらに海沿塩害地では塩濃度以外に土壌酸性，低リン酸濃度，銅欠乏，ホウ素過剰などの問題もあり，耐塩性イネが導入されてもなかなか収量増加につながらない．オオムギ栽培品種の中にも 400 mM NaCl で生育可能なものがあり，この形質が遺伝することが交配実験で確認されている[5]．トマトでは耐塩性の強い野性株と栽培種との交配が試みられている．

一方，生理学的には作物の耐塩性品種や塩生植物を用いて耐塩性植物がもつべき形質の検討が行われてきた．こうした形質には，プロリンやベタイン，ソルビトールやピニトールなど細胞質の浸透圧を構成したり代謝活性を保護すると考えられる溶質（コンパティブルソリュート，適合溶質）の蓄積能力，液胞へのナトリウム閉じこめ能力（ナトリウムプロトンアンチポート活性），そのエネルギー源であるプロトン勾配を形成するプロトン ATPase 活性，導管柔組織でのナトリウム再吸収-転送能力などがある．しかし，どの形質がどの程度耐塩性に寄与しているのかははっきりしない．ベタインを集積するラン藻，イネや，大腸菌のマニトール合成酵素遺伝子を導入したタバコ，酸素毒性を緩和するカタラーゼなどを増強したタバコなどの形質転換植物で耐塩性，耐乾性が強化されたという報告があり，遺伝子工学的手法が開発されるに伴って各形質が耐塩性にどの程度寄与しているかの評価が行われている．これらの結果に基づいて有望な形質が交配や遺伝子操作によって作物に導入されるであろう．注目されている形質には，液胞膜ナトリウムプロトンアンチポートタンパク質，細胞膜カリウムチャネルタンパク質，細胞内のカルシウム濃度調節に関係するタンパク質などで，これらのタンパク質の DNA クローニングが進行中である．多方面からの解析が進んだ結果，耐塩性はさまざまな形質（因子）が相互に作用して発揮される性質であろうと考えられるようになってきた．今後，新たな因子の同定とともに各因子の寄与の割合を明らかにすることが重要な課題になってくるであろう． 〔間藤 徹〕

文 献

1) Maas, E. V. and Hoffman, G. J.：*J. Irrig. Drain. Division.*,115-134, 1977.
2) 山内益夫ほか：土肥誌，**60**, 325-334, 1989.
3) Meljopawiro, S. and Ikehashi, H.：*Euphytica*, **30**, 291-300, 1981.
4) Ponnanperuma, F. N.：Salinity Tolerance in Plants (eds. Staples, R. C. and Toenniesseen, C. H.), 255-271, John Wiley & Sons Publication, 1984.
5) Norlyn, J. D. and Epstein, E.：Biosaline Research, (eds. San Pietro, A.), 525-529, Plenum Press, 1982.

7.4.10 鉄欠乏ストレス
7.4.10.1 根圏の変化
1) 鉄欠乏の発生する土壌　世界の大陸各地に広がる半乾燥地帯には土壌pH 7〜9を示す石灰質土壌の分布がみられる．これら地域では，一部作物における鉄欠乏クロロシスによる減収が問題となっている．地殻の鉄含有量は約5％といわれ，土壌は一般に多量の鉄を含むため，土壌の鉄含有量自体は鉄欠乏症の原因ではない．土壌の母材由来の塩基の含量と乾燥気候下における塩類集積による作土層のpH上昇，それに伴う鉄の不溶化と植物の鉄吸収量の低下が原因である．世界の陸地の25〜35％が潜在的鉄欠乏発生土壌に覆われているといわれ[1]，アメリカのGreat Plainsとその周辺でダイズやソルガムに鉄欠乏が頻発するといわれている．

2) 高等植物の鉄吸収　マメ科植物の鉄欠感受性品種と耐性品種の交互接ぎ木実験において，鉄欠乏症発生の有無が根系の品種により決まることから，植物の鉄獲得能力において根の遺伝形質が主要な役割を果たすことが結論された．鉄が不加給化した根圏で，植物根は各種の誘導性，非誘導性の鉄吸収機構を用いて，根圏の鉄の可給化，吸収を促進する．

根における鉄欠乏非誘導性の鉄吸収機構には以下のものが考えられる．
① Fe^{2+}に対する細胞膜の透過能．
② 根圏pHを下げる優先的な陽イオン吸収能．
③ 根圏pHを下げ鉄をキレート化する有機酸の分泌能．
④ 鉄還元物質および鉄キレート物質の量や根圏pHを変化させる微生物を増加させる有機物の分泌能．

これらに加えて，鉄欠乏誘導性の二つのタイプの鉄吸収機構がある．一つはStrategy Iと呼ばれる双子葉類およびイネ科を除く単子葉類の機構であり，他方はStrategy IIと呼ばれるイネ科植物の機構である．

3) StrategyI（双子葉類と非イネ科単子葉類の機構）　この鉄欠乏応答機構の解明の基礎的研究は，Brown, J. C.[2]のグループにより行われた．この機構の主な特徴は，生理的には鉄欠乏時の根におけるFe^{3+}還元吸収力の増加，根圏へのプロトン放出と有機酸分泌であり，形態的には根の伸長阻害，根先端領域における組織の膨張，根毛の密生，さらに根の微細構造としてのtransfer cell（転送細胞）の形成である．これらの変化は多くの場合，同時期に根先端の同じ領域で誘導される．

この種の鉄吸収機構には鉄の還元と膜を透過するFe^{2+}の運搬が必須の段階である．鉄還元速度と鉄吸収速度には密接な関係があり，鉄欠乏時にはともに促進される．恒常的に機能する非誘導性還元酵素に加え，鉄欠誘導性還元酵素が機能しFe^{3+}の吸収速度が劇的に増大する．

これらの還元酵素は，細胞膜結合性であり，NAD(P)Hを消費して根圏のFe^{3+}を還元する．また，根に供給されたFe^{3+}キレート錯体は膜表面でキレート開裂し，鉄のみが吸収されることが^{59}Fe [^{14}C] EDDHAを用いた実験で示されている．

この鉄欠乏誘導性機構はTurbo機構とも呼ばれ，根圏の塩基性により強く阻害される．よって，塩基性土壌中において植物自らが根圏pHを低下させない場合，この機構

の能力は低下する．また，この還元酵素の活性は可溶性鉄の濃度に依存するため，水酸化鉄のような溶解度の低い鉄を与えたときはキレート鉄を与えたときに比べ，この機構による鉄吸収速度は小さい．

近年，上記の還元機構と異なる細胞壁結合性の鉄欠誘導性還元機構も提唱されている．これは，NADH 依存性の還元酵素，または，超酸化ラジカルを介しており，7.5〜8.0の高い至適 pH をもつといわれており，石灰質土壌中で重要な機能をもつ可能性が示唆されている．

トマト，ヒマワリなどの双子葉類は鉄欠乏に際し，還元性物質を根より分泌する．これは p-クマリン酸やクロロゲン酸などのフェノール性物質であり，p-クマリン酸は根の酵素によりカフェイン酸となり，これが鉄を還元する．

しかし，その分泌量は植物根の鉄吸収量を説明できないといわれている．この物質は，空間的に離れた土壌粒子と細胞膜上の鉄吸収部位との間隙で鉄を運搬し，鉄還元吸収機構の補助的機能を果たすと考えられている．このフェノール類分泌は，鉄欠乏によりリグニン合成が阻害され，その構成成分が根面に増加する結果であると考えられている．ピシジン酸やアルファフランも，このフェノール類の一種であるとも考えられる．この還元性物質フェノール類の分泌も，塩基性条件下で抑制される．

これらの還元酵素と共同的に働く機構として根の ATP 駆動性のプロトンポンプが知られており，これが鉄欠乏時に活性化され根圏の pH を低下させる．また，この pH 低下が有機酸分泌によっては，説明されにくいことを示す実験事実がある．

また，このプロトン放出がみられない双子葉類もある．根圏の pH 低下により Fe^{3+} の溶解度は上昇し，鉄吸収は促進される．しかし，pH 緩衝能の高い石灰質土壌中では，あまり大きな pH 低下は期待できないので，そこでのプロトン放出による鉄吸収促進の主因は，鉄欠誘導性酵素と還元性物質分泌の活性化であるといわれている．

また，植物種によっては，鉄欠乏に際しリボフラビンを根より分泌するが，その生理的意義は不明である．

4） StrategyII（イネ科植物の機構）　コムギ，イネなど世界の主要作物が属するイネ科植物は，鉄欠ストレスに対して双子葉植物が示す鉄欠ストレス反応をまったく示さず，水耕培地中で容易に鉄クロロシスを呈するので，かつてはすべて鉄欠感受性植物に属すると考えられていた．高城はイネ科には双子葉類と異なる鉄欠ストレス反応があると考え研究を行い，鉄欠耐性のイネ科は鉄欠乏時にアミノ酸系キレート剤を根より多量に分泌し鉄を可溶化吸収することを見出した．この物質は，水耕鉄欠オオムギ根の分泌物より単離，構造決定され，ムギネ酸（mugineic acid）と命名された．

また，ムギネ酸と構造類似の物質群が，他のイネ科植物の根分泌物から単離構造決定され，それぞれデオキシムギネ酸（コムギ），ハイドロキシムギネ酸（ライムギ），アベニン酸A（エンバク），エピハイドロキシムギネ酸（ビールムギ）

図7.14 ムギネ酸

と名づけられた．これらにまれに単離されるディスティコン酸Aなどを加えた物質群を，微生物由来の鉄運搬体シデロフォア（siderophore）にならいムギネ酸系ファイト

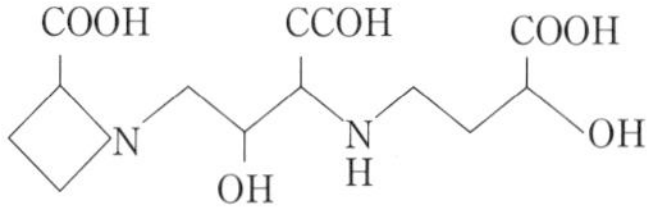

シデロフォアまたはムギネ酸類（mugineic acid family of phytosiderophoresまたはmugineic acids）と呼ぶ．

この物質群は5～8の広いpH領域において土壌中の不溶性鉄源から効率的にFe^{3+}を溶出し，イネ科の鉄吸収を強く促進するという一般の合成キレーターや有機酸類にはない独特の生理活性を有する．さらに，^{14}Cと^{59}Feの二重標識ムギネ酸鉄錯体の吸収実験の結果，ムギネ酸と鉄の何れもが根内に吸収されることが示されている．しかし，道管内を鉄がムギネ酸錯体として移行しているか否かについては明らかではない．

イネ幼植物においてムギネ酸の鉄吸収促進は，培地の冷却，代謝阻害剤の添加で阻害されることから，イネ科の鉄吸収にはムギネ酸類鉄錯体を介する能動輸送系が機能すると考えられる．この鉄欠誘導によるムギネ酸類の合成，分泌，キレート鉄の吸収の機構は，双子葉類にはみられずイネ科固有のものである．しかし，もう一つの鉄の形態であるFe^{2+}の鉄欠誘導性吸収機構の存在については，イネ科においては研究が少ない．

ムギネ酸類の分泌量は，植物の鉄栄養状態により異なるが，水耕オオムギの場合，根乾物重の2％に達する．また，イネ科植物間の分泌量の順序が鉄欠耐性の順序（オオムギ＞コムギ≒ライムギ＞エンバク＞トウモロコシ＞ソルガム＞イネ）とほぼ一致すること，また，ムギネ酸鉄錯体の吸収能が植物間で大差がないことから，ムギネ酸類の合成能力と，それに伴う分泌能の大小が，イネ科植物の鉄欠耐性を支配する基本的要因であると考えられる．

ムギネ酸類の分泌は温度の昇降により制御され，自然条件下では午前中3～5時間の間に集中的に分泌される．人工気象室内の実験では，温度低下後定温に保つと約14時間後に分泌が開始し，それ以前に温度上昇があれば，昇温の1時間以内に分泌が開始する．この温度上昇をなくしたのち，終日の定温とすると24時間おきに分泌が2～3回みられるので，概日性体内リズム（circadian rhythm）による分泌制御系の関与も示唆される．

土壌よりの鉄溶出能を合成キレーターEDTA，DTPAや微生物由来のキレーターFOBと比較した実験において，これらが鉄よりアルミニウムやカルシウムをよく溶出するのに対し，ムギネ酸類はあまりアルミニウムやカルシウムを溶出せず，鉄をよく溶出することが示された．土壌1gあたり0.5μ molのキレーターを石灰質土壌に添加して比較したとき，ムギネ酸はDTPAの3倍，FOBの5倍の鉄を溶出した．これは，ムギネ酸が鉄錯体の安定度定数（18.1）が小さいにもかかわらず，土からの鉄溶出能力が他よりすぐれていることを示した．また，土壌中ではフェリハイドライトのような結晶性の低い鉄が結晶性の鉄より溶出されやすいことが知られている．

ムギネ酸類は容易に微生物分解される．しかし，植物は旺盛に伸長する根の，微生物数の少ない先端領域でこの物質を間歇的に大量分泌し，短時間で鉄とともに再吸収することにより，土壌中での微生物分解を最小限に抑えていると考えられる．〔河合成直〕

文 献

1) Wallace, A. and Lunt, O. R.：*Amer. Soc. Hort. Sci.*, **75**, 819-841, 1960.
2) Brown, J. C.：*Plant Physiol.*, **28**, 495-502, 1953.

3) Nomoto, K. *et al.*: Iron Transport in Microbes, Plants and Animals (eds. Winkelmann, G. *et al.*), 401-425, VCH verlagsgesellschaft GmbH, 1987.

7.4.10.2 組織，細胞構造の変化

1) 地上部の変化 植物は鉄欠乏ストレスにより葉，特に新葉の葉脈間が黄白化し，はげしい場合には葉全体が黄白色となる鉄欠乏クロロシスを示す．クロロシスになった部分では，クロロフィル含量が低下している．鉄欠乏によるクロロフィル含量の低下には，多くの要因が関与していると考えられるが，その主な理由はクロロフィル生合成経路のうちの2，3のステップで直接鉄が必要とされるからである．

鉄欠乏によるクロロフィル含量の低下により，また葉緑体のチラコイド膜の一部を構成する電子伝達系には，鉄原子そのものが必要とされるために，鉄欠乏植物の葉緑体の構造は大きく変化する．特にチラコイド膜は貧弱で，またチラコイド膜が重なりあったグラナ構造が少なくなる．光合成能の低下に伴い，糖含量やデンプン含量が低下するために，葉緑体内にデンプン粒はみられなくなる．これらの葉緑体内の構造変化については，単子葉植物と双子葉植物の間での違いは報告されていない．

2) 根の変化 鉄欠乏を回避するために，植物は大きく分けて二つの戦略をとっている．双子葉植物と一部の単子葉植物の戦略は Strategy I と呼ばれ，イネ科植物のそれは Strategy II と呼ばれる（7.4.10 c, 3.4.1 参照）．鉄欠乏による根の構造の変化は，Strategy I，Strategy II，それぞれの植物によって異なる．

Strategy I 植物では，鉄欠乏により根の伸長が阻害されて，根端部分の直径が増し，根の先端が膨らんでみえる．また，根毛の形成も増大している．これらの変化は，多くの場合，輸送細胞の形成を伴っている（p.16，図1.13参照）．輸送細胞は，細胞壁が細

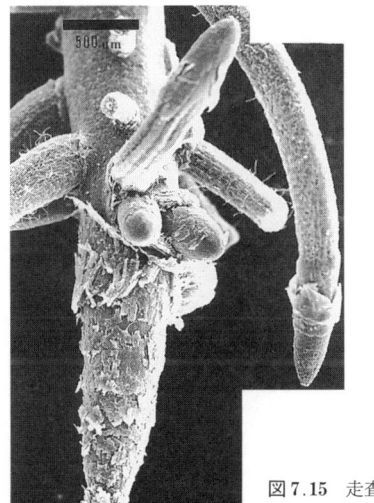

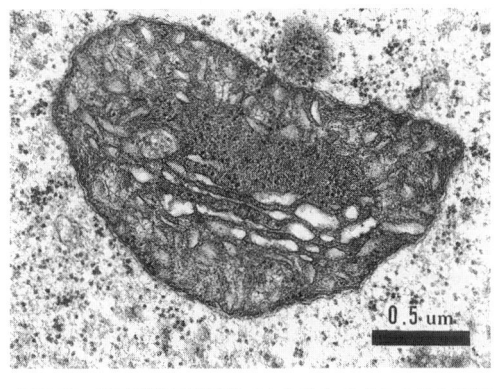

図7.16 透過型電子顕微鏡でみた鉄欠乏イネの根の皮層細胞内のミトコンドリア
クリステが膨潤したり基質の一部が消失している．

図7.15 走査型電子顕微鏡でみた鉄欠乏イネの根の尖端部
生長点に近いところから多数の分岐根がでている．

胞内に突起状に発達して複雑に入り組んだ構造をもつ細胞のことで，細胞壁の表面積が増えることにより細胞膜の表面積も増えることになる．また，ミトコンドリアの数も多い．細胞間の輸送が活発な部位にみられ，葉の師管部に存在するものがよく知られている．鉄欠乏により根の外皮細胞が輸送細胞になることによって，鉄の吸収を増大させているものと推定されている．すなわち，輸送細胞化した部位において，プロトン放出の増加，還元力の増加，フェノール化合物の放出といった Strategy I 植物の鉄欠乏応答が行われると考えられている．

Strategy II のイネ科植物では，鉄欠乏によりムギネ酸類の分泌量が増加する．鉄欠乏の根の先端部は，わずかにカーブし膨らむが，輸送細胞の形成はみられない．オオムギでは根の皮層細胞内に，周囲にリボソームが付いた膜をもつ特殊な顆粒が観察される．夜明け後数時間のうちに分泌されるムギネ酸類の放出のパターンとこの顆粒の消長がよく一致することから，恒常的に合成されているムギネ酸類が分泌されるまでの間，貯蔵される部位ではないかとの仮説が出されている．

イネでは，鉄欠乏がはげしくなると根の先端部が壊死し，生長点近くから多数の2次根が発生して獅子の尾状になる（図7.15）．このような状態の根の細胞内のミトコンドリアは異常な形態を示す．サイズが大きくなり，クリステは膨潤したり消失する（図7.16）．電子伝達系の構成に必要な鉄の欠乏が原因であると考えられる． 〔西澤直子〕

7.4.10.3 分子レベル，遺伝子レベルでの耐性機構と耐性植物創出の戦略
1) 分子レベルでの鉄欠乏耐性機構

植物が進化の課程で水圏から陸に上がった段階から，酸化的条件下で不溶態の鉄を可溶化しなければ植物は鉄欠乏症（クロロシス）で枯死する運命にあった．この難問を解決するために植物界は二つの鉄獲得機構（Strategy I, Strategy II）を進化的に開発してきたと考えられている．

$$Fe^{3+} + 3\,OH^- \to Fe(OH)_3$$
$$K_{sol} = [Fe^{3+}][OH^-]^3$$
$$K_{sol} \approx 4 \times 10^{-38}$$
$$[Fe^{3+}] = \frac{4 \times 10^{-38}}{[OH^-]^3}$$
$$[Fe^{3+}] = \frac{4 \times 10^{-38}}{(10^{-7})^3} = 4 \times 10^{-17} M\,(pH\ 7.0)$$

図7.17 Fe^{3+}の溶解度

i) **Strategy I** イネ科以外の植物根では鉄欠乏条件下で，根圏にプロトンを放出する（図7.17 の式により，たとえば，Fe(OH)$_3$ の場合は pH が1低下すると理論上 10^3 倍の濃度で鉄が溶け出してくる）か，根圏にその能力は強くないが鉄溶解性の鉄キレート物質を分泌する．また，根圏には根圏微生物が存在し，これらの微生物も鉄を摂取する目的で，各種の鉄キレート（シデロフォアと

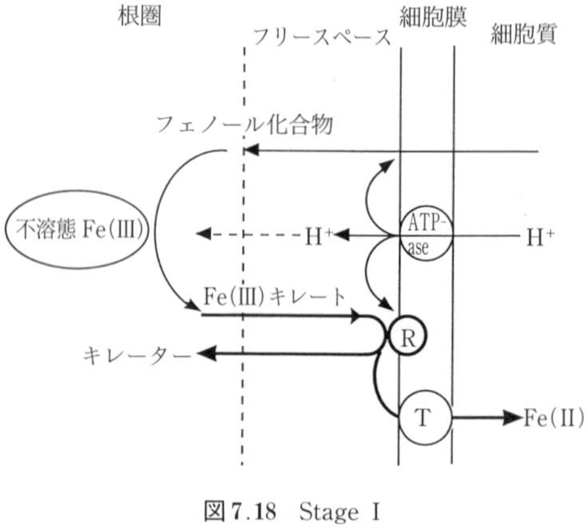

図7.18 Stage I

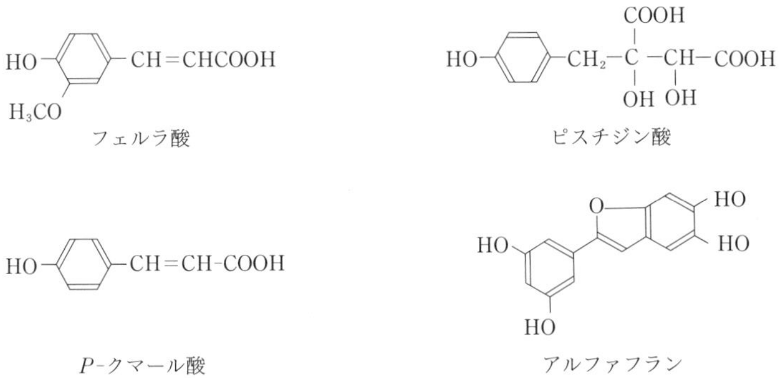

7.4 化学的ストレス

図7.19 鉄溶解性化合物の構造式

呼んでいる）を分泌している．溶けてきた根圏の三価鉄は，これらのキレートと結合し，蒸散流 (mass flow) によって引き起こされる細胞膜に向かった流れにのって細胞膜表層に到達する．そこに存在する，三価鉄還元酵素（至適pH，5.0～5.5）によって鉄は二価鉄に還元され，二価鉄・キレートは一般に結合定数が低いので，一部は容易に二価鉄イオンとキレートに解離する．二価鉄イオンは"二価鉄イオントランスポーター"を通って細胞内に取り込まれる．このときの還元力として，NADHやFAD，FMN，アスコルビン酸などが想定されている．

これまで双子葉植物では，いくつかの鉄溶解性物質が見出されている．根が分泌する，クエン酸やリンゴ酸，また一連のフェノール性酸（フェルラ酸，クマール酸など）は，いずれも弱い鉄のキレート活性をもっている．フェノール性酸は弱い三価鉄還元活性ももっている．阿江教治らはICRISAT（国際半乾燥地土壌研究所，インド）の圃場（土性 Alfisol: $FePO_4$）でキマメ (pegion pea) が，根から強い鉄溶解性物質であるピスチジン酸 (pistidic acid) を分泌し，遊離してきたリン酸を吸収することによってリン酸欠乏を回避していることを見出した．また，正岡淑邦らは鉄欠乏水耕条件下でアルファルファが根から抗菌性物質として知られるモネシン様物質を分泌していることを見出し，その中に，アルファフラン (Alfafuran) と命名した強い鉄溶解性物質を単離した．

最近 Eide らによって二価鉄イオントランスポーターの遺伝子 *IDT1* がシロイヌナズナ (*Arabidopsis thaliana*) からクローニングされた（1996年）．また Robinson らによって三価鉄還元酵素の遺伝子 *fro2* が *Arabidopsis thaliana* からクローニングされた（1999年）．

ii) StrategyII この方式はイネ科植物の根にのみ観察される．体内の鉄欠乏シグナルを根が感じると，主として根の先端組織において，メチオニンを前駆体としてムギネ酸類が合成され，日の出直後から数時間以内に根圏に集中的に分泌される．この分泌は概日リズムをもっている．ムギネ酸は三価鉄の強いキレーターである．根圏で形成された"鉄-ムギネ酸"は特異的なトランスポーターを通過して，そのままの形で細胞内に取り込まれると考えられている．このトランスポーターの遺伝子 *ys1* が，2001年

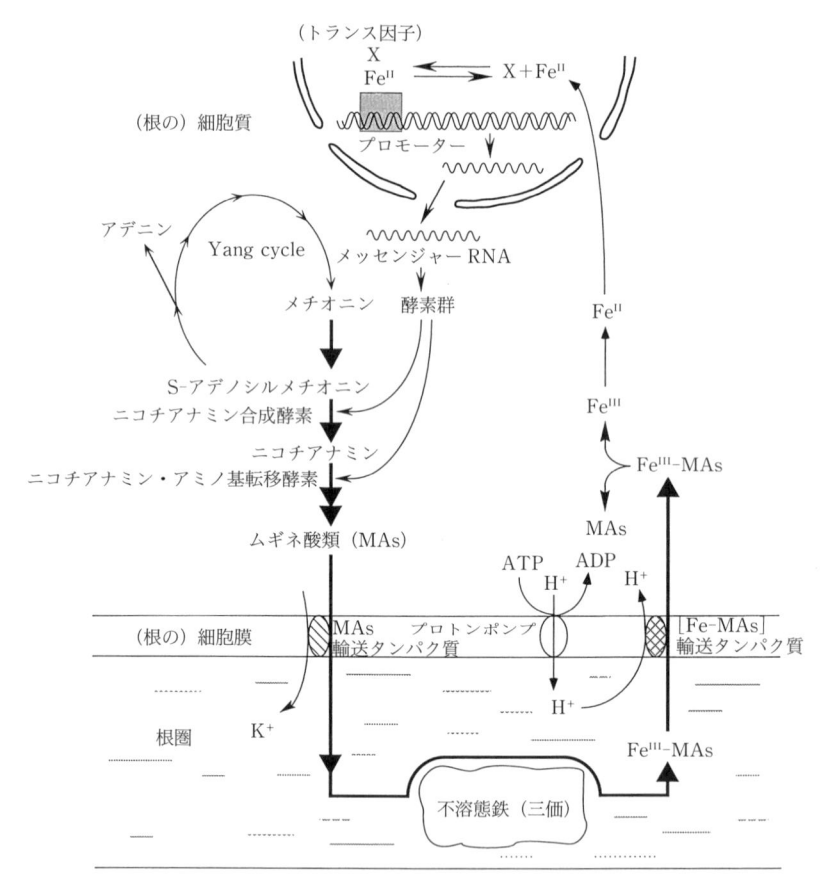

図 7.20 ムギネ酸類の合成・分泌と根圏環境

に Walker らによってクローニングされた．

2) 遺伝子レベルでの鉄欠乏耐性機構　上記の，鉄欠乏時に積極的に根から分泌される低分子の化合物は，その生合成関連酵素の合成が，遺伝子の転写レベル（transcriptional）か翻訳レベル（translational）で，二価鉄により制御されていると考えられている．すなわち，"鉄がない条件下"で酵素タンパクの合成が促進され，したがって化合物の合成が促進されるように働くものと考えられる．これに対して，以下に述べる，ファイトフェリチンの場合は，生体内鉄含量が増加される条件下で，遺伝子の転写レベルの発現が始まり，ファイトフェリチンタンパクの合成が始まる．合成されたフェリチンはクロロプラストに運ばれ，鉄の貯蔵体として存在すると同時に，過剰の鉄を抱え込むことによって，生体における二価鉄の過剰害（フェントン反応による生体毒である O_2^- の発生）を抑えると考えられる．

3) 鉄欠乏耐性植物創出の戦略　鉄欠乏に対処するためには三つの方法が考えられ

る．

i) ファイトフェリチン遺伝子の改造 一つは，体内の鉄の転流活性を高めることである．葉の中の鉄の3/5はクロロプラストのチラコイド膜に存在し，1/5がストロマに存在する．あとの1/5が細胞質に存在する．これまでの知見では一度クロロプラストに入った鉄は，鉄欠乏になっても細胞の老化過程を経て，クロロプラスト膜が崩壊されるまでは細胞質に放出されにくい．すなわち，クロロプラストは鉄の積極的な排出機構をもたないと考えられる．これに対して，細胞質の鉄は原形質連絡組織（plasmodesmata）を通じて隣接細胞や通導組織を通じて転流している（これを symplasmic transport という）．

細胞中の鉄の貯蔵体としてファイトフェリチンが知られているが，これは，すべてクロロプラストのストロマに存在して可溶性の鉄の濃度の調節に関わっている．すなわち，鉄が十分にあるときはフェリチンタンパクは転写レベルで合成が促進され，過剰の鉄を保持する．このような転流可能な鉄を無毒な形でクロロプラストばかりでなく細胞質にも保持し，鉄欠乏時にはこの鉄を新生葉に転流するメカニズムを植物に付与することができればおもしろい．

フェリチンの改造アイデア：植物に存在する2種類のファイトフェリチンの一つは ABA（アブシジン酸）に依存性である．もう一方は ABA に依存しない．何れのファイトフェリチンも鉄の存在により誘導され，5′側にクロロプラスト膜透過性のターゲティングシグナルペプチドを有している．したがって，この二つのファイトフェリチンのうちの鉄反応性の高い方のシグナルペプチドをなくして，しかもプロモーターを強化した遺伝子を導入すれば，このファイトフェリチンはクロロプラストに入らずに細胞質に留まることになる．鉄を抱えたファイトフェリチンが細胞質の中で無毒に存在し，いざ鉄欠乏のときには，鉄を放出して symplasmic に新生葉に転流すれば真の鉄欠乏症の発現を遅延させることができるかもしれない．

ii) 根による鉄溶解能の増強 二つめは，根の分泌物により根圏土壌溶液中の鉄溶解量を増大することである．

イ）プロトンポンプの増強：根圏の pH を低下させて根圏の可溶性の三価鉄イオン濃度を増加させることがまず考えられる．このためには根の細胞膜に存在する H^+-ATPase（V-ATPase）の活性を高めなければならない．この酵素は ATP を ADP に分解するときのエネルギーを使って細胞膜外にプロトンを放出することによって根圏の pH を低下させる．クローバーなどでは，三価鉄還元酵素活性よりもこの H^+-ATPase 活性のほうが，現場での鉄欠乏耐性との相関が高いことが報告されている．すなわち，鉄欠乏によって強く誘導される H^+-ATPase が存在することが明らかである．

このような鉄欠乏によって誘導される細胞膜由来の H^+-ATPase の遺伝子をクローニングして，これを根特異的に大量発現させることは，鉄欠乏耐性増強のための有望な手段である．動物の場合，このタンパク質は，ATP の分解部分（V_1；$\alpha^3\beta^3\gamma\delta\varepsilon$）とプロトンの通過部分（$V_0$；abc）を有していると考えている．このサブユニット複合体の全分子量は，50万 kD 以上という巨大なものである．すでにいくつかの植物から，特定のサブユニットの遺伝子が単離されている．これらのサブユニットの一部を改良し

たり，大量発現させたりして，プロトン放出能の高い品種を創製すれば鉄欠乏耐性を獲得することができるかもしれない．このプロトン放出による pH の低下ということは，次に述べる根の細胞膜表層に存在する三価鉄還元酵素活性の至適 pH の形成という面からも重要なことである．

　ロ）鉄溶解性物質の分泌力の増強：すでに述べた，ピスチジン酸を含めたフェノール性酸類は，おそらくフェニールアラニンアンモニアリアーゼ（PAL）を経由して形成されるものと考えられる．中でもピスチジン酸は特異的三価鉄キレート活性を有しているので，この物質の生合成中間体の同定を含めた生合成経路を解明し，生合成関連酵素遺伝子を強化して近縁種の植物にこの物質の大量生産能力を付与することはおもしろいアイデアであろう．そのための第一ステップとして，まず，この物質の合成が培地の P 欠乏によって誘導されているのか，鉄欠乏によって誘導されているのかを解明することが重要であろう．

　ハ）ムギネ酸類分泌力の増強：次に述べる，イネ科植物がもつムギネ酸分泌力をイネ科以外の植物に付与することも重要である．以下に述べるようにデオキシムギネ酸の根圏での濃度が増えれば，可溶性の三価鉄濃度が上昇することになるからである．どの植物も，ムギネ酸合成系路のうち，メチオニン→s-アデノシルメチオニン（SAM）→ニコチアナミン，までの経路を有していることがわかっているので，その次の酵素であるニコチアナミンアミノトランスフェラーゼ（ニコチアナミンから 3″-ケト酸へのアミノ基移転反応をつかさどる酵素，その後，この 3″-ケト酸が還元されてデオキシムギネ酸となる．図 7.21 参照）の遺伝子を導入したときに，生体内の既存の非特異的なレダクターゼが働いて 3″-ケト酸からデオキシムギネ酸まで反応が進めば，鉄欠乏条件下で

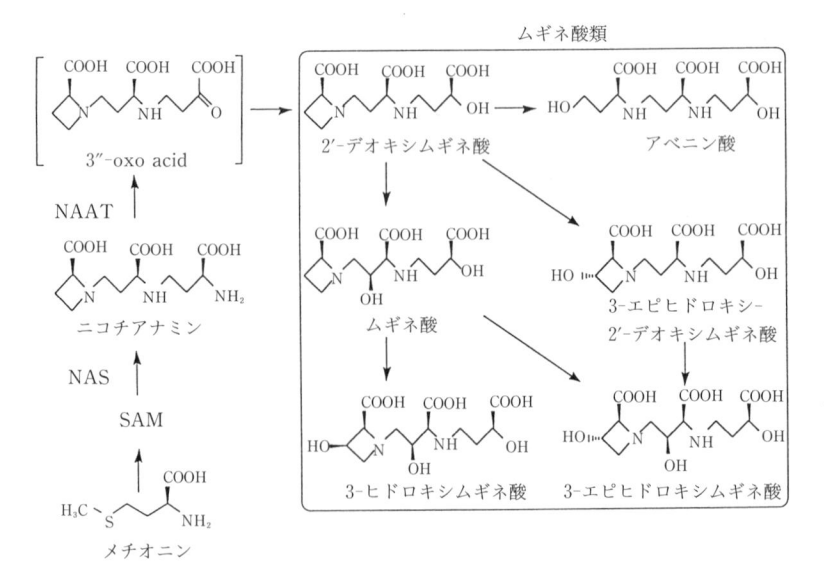

図 7.21　ムギネ酸生合成経路

デオキシムギネ酸が分泌されて根圏土壌の鉄溶解力活性が高まると考えられる。

ニ) Strategy II植物の場合：イネ科植物がもつムギネ酸分泌力をさらに増強することは，イネ科植物が本来"鉄-ムギネ酸"・トランスポーター活性を有しているので，イネ科植物にとっては最も好ましい方法である。イネ科植物の中でも，水稲，陸稲，ソルガム，トウモロコシなどはムギネ酸類の分泌力が低くてクロロシスになりやすいので，生合成関連遺伝子を強化して導入する必要がある。生合成経路のうち，これまでにわかっている鉄欠乏によって強く誘導される酵素は，3分子のSAMから1分子のニコチアナミンを合成するニコチアナミンシンターゼ (NAS) と，その次のステップのニコチアナミンアミノトランスフェラーゼ (NAAT) である。森ら東京大学グループはこれらの酵素の精製単離に成功し，遺伝子の nas と $naat$ のクローニングに成功した (1999年)。

実際，高橋らは，$naat$-B と $naat$-A が同方向にタンデムに並んでいるオオムギのゲノム断片11 kbをイネに遺伝子導入し，石灰質土壌で生育の旺盛な"アルカリ土壌耐性イネ"を作出した (1999年)。

c. 根による鉄吸収能の増強

三つめは，微量に存在する根圏中の三価鉄イオンを迅速に吸収するためにStrategy Iの鉄吸収能を高めることである。

三価鉄還元酵素活性の増強：そのためには，まず根の細胞膜表核相に存在する三価鉄還元酵素活性を高めなければならない。そのために細胞質側にある酵素の基質濃度を高めることが考えられる。すなわち，NADH，FMN，FDA，アスコルビン酸，などの三価鉄還元酵素の基質と考えられている物質の濃度を高めることである。すでに植物からアスコルビン酸合成酵素の遺伝子はクローニングされているので，遺伝子導入によって，根でのアスコルビン酸濃度を高めることは可能であろう。そのような植物が鉄欠乏耐性を示すかどうか興味ある問題である。

次に，根の細胞膜表層に存在する三価鉄還元酵素自身の含量を増強することである。そのためには，この酵素の遺伝子発現量を増やさなければならない。既述のように，最近三価鉄還元酵素の核遺伝子が $Arabidopsis$ からクローニングされたので，この遺伝子を改変して遺伝子導入した形質転換作物がいずれ登場するものと考えられる。前述の酵母から $Fre1$ 遺伝子が単離されたが，これは酵素を精製して得られたものではなく，変異源EMS (エチルメタンスルホン酸) を用いてこの遺伝子が欠損した酵母をまず作成し，それに酵母の核遺伝子ライブラリーを導入して，三価鉄培地のみで生育してくる酵母の核遺伝子をスクリーニングするという"コンプリメンテーション法"で得られたものである。

森ら (東京大学) は酵母 ($Saccharomyces\ cerevisiae$) でクローニングされたこの三価鉄還元酵素遺伝子 ($Fre1$) をDr. Dancis (NIH, Washington) から提供され，これをプローブとしてゲノミックサザーン，およびノーザンハイブリダイゼーションで植物の遺伝子を検索したが成功しなかった。そこで，次にカリフラワーモザイクウィルスのプロモーターであるCaMV35Sに $Fre1$ 遺伝子をつないでタバコに遺伝子導入した形質転換タバコを作成した。しかし，残念ながらこのタバコは鉄が十分ある条件下では三価鉄

還元酵素活性を示さなかった．詳細に検討すると，この *Fre1* 遺伝子からのメッセンジャーが短く切れていた．そこで，タバコのアミノ酸コドン頻度にあわせ，また転写の途中でポリアデニル基が付加されないようにコドンを修正したものに *Fre1* 遺伝子を書き換えた遺伝子 *refre1* を作成し，タバコに導入したところ，このタバコの根は強い三価鉄還元力活性を示した（Ohki ら，1999）．一方，Samuelson らは1998年酵母のもつ，もう一つの三価鉄還元酵素，*Fre2* をそのままタバコに導入し，三価鉄還元力活性の高い株を得ることができたと報告している．

二価鉄イオントランスポーター活性の増強：既述のように，二価鉄イオントランスポーター遺伝子が *Arabidopsis* からクローニングされたので，鉄欠乏条件下で根でこの遺伝子が強く発現するように改変した遺伝子を作物に導入することも可能である．一般的に，N，P，K，S などの必須元素については，このイオンを吸収するときの高親和性トランスポーターが強く誘導されることが知られている．したがって，二価鉄イオントランスポーター遺伝子の（上流のプロモーターを含む）ゲノムを開示されているデータベースからクローニングしてそのゲノムを作物に導入することが有効な手段と考えられる．

以上に述べた，植物の三価鉄還元酵素遺伝子，二価鉄イオントランスポーター遺伝子を改変した研究に関しては，まだトランスジェニック作物の報告はない．〔森　　敏〕

7.4.11　アルミニウムストレス
7.4.11.1　ストレスの成因と障害の機構

土壌溶液中のアルミニウム（Al）濃度は，一般に pH（H_2O）5程度以下で急激に上昇し，このとき植物にアルミニウムストレスが発現する．その発現の難易は土壌や植物の種類によって異なる．同一のアルミニウム濃度であっても，アルミニウムイオン種・共存陰イオンや陽イオンの種類と濃度によってストレス程度は異なる．

共存するカルシウム（Ca）などの陽イオン濃度が高いほど，競合作用によってアルミニウムストレスの発現が抑えられる．また，アルミニウムが低濃度存在すると同じ作用で低 pH 障害が抑えられるので，むしろ生育が良好になる場合がある．イオン吸収機構上からは，土壌の交換性アルミニウムよりも水溶性アルミニウムの方がストレスの判断材料として，より適していると考えられる．

ストレスの強さの指標として，カルシウムイオンとアルミニウムイオンの活動度の対数値に，それぞれのイオン原子価を掛けたものの差も推奨されている．土壌や水系中のアルミニウム陽イオン種としては，3価などの単量体，1価硫酸錯体，クエン酸・シュウ酸・リンゴ酸との錯体，ケイ酸やリン酸との錯体などが検出または予想されている．この中で，毒性は3価イオンが最も強い．水酸化物イオンが徐々に供給されると，アルミニウムが13個重合した7価陽イオンが生成する．この重合体の毒性は，単量体に比較して著しく強い．

アルミニウム過剰条件ではリン，カルシウム，マグネシウム，カリウム，鉄，マンガンなどの吸収が抑制されるが，その程度には種・品種間差がある．これらの養分欠乏耐

性や低 pH 耐性は，一般にアルミニウム耐性と対応関係がない．

アルミニウム耐性には種・品種間差があり，たとえばチャ，アジサイ，メラストーマ，メラルーカ，イネ，ソバなどは強く，トマト，キュウリ，エンドウなどは中位，ゴボウ，オオムギ，ニンジン，テンサイ，アルファルファなどは弱い．また，概して樹木には強いものが多い．

ストレス症状やアルミニウムの高含有率は，一般に根部に限定される．アルミニウム含有率は根の基部よりも根端部で，内側よりも表皮・外側皮層部で，また成熟した太い根よりも幼植物段階の根や種子根で高い．症状は植物種によって異なるが，根冠は脱水様，根端から数 mm 基部寄りでは表皮に細胞ごとの陥没した多数のくぼみ，あるいは表皮の脱落・皮層部にまで達する横方向亀裂を生じる．

地上部へのアルミニウム移行性は，根の内皮構造（カスパリー帯）の発達度や CEC の高い種ほど小さいが，逆に吸水能の高い種では大きい．地上部へのアルミニウム移行性には種間差があり，概して双子葉植物の方が単子葉植物よりも高い傾向がある．また前者のうちでも，テンサイ，ソバ，ダイコン，トマト，ゴボウなどは含有率が高いが，エンドウ，キュウリ，アズキなどは低い．しかしながら，地上部へのアルミニウム移行性の大きさはアルミニウム耐性程度とは無関係である．

地上部アルミニウム含有率は，根圏のアルミニウム濃度が上昇してもゆるやかに上昇するだけであるが，著しい高濃度処理によって根部にアルミニウムが飽和したときには急激に上昇する．また，根が部分的に切除されたり著しい障害を受けると，アルミニウムが急激に地上部へ移行し，その結果，晴天時には地上部にも急性のアルミニウム過剰症が発現する．たとえば，トウモロコシやイネで脈間縞状ネクロシス，ハクサイやダイコンで脈間斑点状ネクロシス，ダイズで葉柄首折れ，アスパラガスで葉先端クロロシスを呈するが，エンドウ，キュウリ，ゴボウ，シュンギク，ソバでは何らの症状も認められない．これらの症状の発現難易は，アルミニウム耐性種間差に対応していないが，体内の有機態配位子との錯体形成による無毒化能力が関連している可能性がある．

アルミニウム集積性や好酸性の植物，たとえば，チャ，アジサイ，メラストーマ，メラルーカ，タロイモ，ソバのアルミニウム耐性機構がさかんに研究され，リンやカルシウムなどの養分吸収機構上の特殊性やシュウ酸，クエン酸の根からの大量放出が明らかにされているが，詳細な点は不明である．根端のアルミニウム含有率は，高濃度アルミニウム処理条件下では根端や根端細胞壁の CEC と正に対応するが，アルミニウム耐性程度とは無関係である．一方，数〜数十 μM という低濃度アルミニウム処理条件下では，根端のアルミニウム含有率はそれほど高くならず，また CEC にも対応しないが，長期間処理し続けるとアルミニウム耐性の弱い種・品種で根端のアルミニウム含有率が急激に上昇する．

結局，アルミニウム耐性は根端細胞内にアルミニウムが急激に侵入するのを阻止する能力と関連しているのに対し，CEC はアルミニウムイオンの結合ポテンシャルを示すだけである．根のアルミニウム結合座は，細胞壁中のペクチン質やタンパク質，原形質膜中のリン脂質やタンパク質，核中の核酸，細胞質中の各種可溶性物質，たとえば ATP や糖リン酸などのリン化合物，タンパク質，クエン酸などの有機酸，カテキンな

どのフェノール性物質，各種オルガネラなどである．

アルミニウムは原形質膜のアルミニウム排除能の低下に伴って細胞内に侵入したあと，上記のこれら各成分と結合安定度に基づいて結合する．アルミニウムは水和イオン（6配位水）として行動するが，各成分との反応によって共有結合型錯体となる．その際，それら結合座はアイゲン（Eigen）機構によって脱水和され，より疎水的になると予想される．アルミニウムは有効イオン半径が非常に小さく（53.5 pm），カルシウムやランタンのおよそ半分であるのに対し，イオン原子価が+3と大きいので各成分との結合性が強い．その結果，これら成分はアルミニウムと結合すると代謝回転から除外され，実質的なプールサイズは減少すると考えられる．また，これら錯体の大部分は移動性が低いためにその場に留まり，アルミニウムが局在化する．

このように，アルミニウムの化学的特性は，細胞・組織・器官各レベルでの局在や障害の部位，それらの程度を大きく支配する．なお有機酸やフェノール性物質などの可溶性物質の錯体が，細胞間や長距離をどのように移動するのかは不明である．

アポプラストのアルミニウム結合座は，主にペクチンのウロン酸残基のメチルエステル化されていないカルボキシル基であるとされている．しかし，そのほか細胞壁にイオン結合しているリンゴ酸脱水素酵素・ペルオキシダーゼ，ホスファターゼ，グルカナーゼなどの各種酵素のカルボキシル基や，原形質膜外側表面（あるいは内側）の酸性リン脂質由来のリン酸基や，表在・内在タンパク質のカルボキシル基も考慮すべきである．

ペクチンについては，抗体法や種々の手法によって，新しく生じた細胞では高度にエステル化されたカルボキシル基が新規に合成されるが，成熟細胞ではこれが脱エステル化され遊離カルボキシルとなることが明らかにされた．それゆえ，根端部アポプラストでどの程度にペクチンがアルミニウムと結合しているのかは，検討を要する．アルミニウムは根端の分裂細胞内の核に集積し，また in vitro 実験ではDNAのリン酸と結合することによって鋳型活性を阻害し，分裂域への局所的アルミニウム供与によって根伸長が阻害されるといわれている．

しかしながら，アルミニウムストレスによって，まず根端部の根冠や表皮の細胞質が崩壊し小胞体やミトコンドリアなどの数が減り液胞化が進行するものの核の状態に変化はみられず，また分裂部細胞への影響は根伸長阻害よりも遅れて発現することが明らかになった．さらに，アルミニウムによる根伸長阻害とDNA代謝回転とが対応せず，根伸長域のみへのアルミニウム供与によっても，その部位の表皮細胞は破壊される．

このような諸点から，アルミニウムの初期の標的が分裂域ではなく，伸長域であるとする見解が多くなっている．なお，厳密には分裂部と伸長域の境界が初期の主要な標的であり，ここで初期の重要なストレス応答が起こるという報告もある．

ミューシレッジは粘性が高く，またウロン酸を含むので，根端細胞から放出される有機酸の拡散による濃度低下を抑えたり，逆に培地由来のアルミニウムの根端細胞への拡散速度を抑えることによって，アルミニウムストレスを軽減できることが期待された．しかしながら，アルミニウム耐性とミューシレッジ分泌量は必ずしも対応していない．また，アルミニウム処理によって根冠部からのミューシレッジ分泌は抑制され，根冠部を切除しても根伸長やアルミニウム耐性に影響がないので，ミューシレッジは耐性を支

配する主要因子とは考えにくい．

　アルミニウムストレス条件下でK^+・NH_4^+のような陽イオンよりもNO_3^-のような陰イオンをより多く吸収できる植物はアポプラストのpH上昇がより大きいので，アルミニウムストレスを軽減できるといわれた．しかしながら，アルミニウム感受性植物のpH上昇能が小さいのは，アルミニウムストレスを受けた結果，主にNO_3^-の吸収がより顕著に阻害されたためであり，また培地pHを一定に維持しても耐性差は依然として変わらない．このことから，pH上昇能・下降能の違いは耐性に貢献できるものの，耐性差をもたらす主要因ではないと思われる．

　アルミニウムストレスは，根端細胞シンプラスト中のカルシウムやリンの濃度を急速に低下させる．ただし，インタクト植物でのカルシウム流入チャネル阻害は，アルミニウム感受性品種で顕著であるのに対して，原形質膜ベシクルではカルシウム取り込みに品種間差が認められない．それゆえ，カルシウムイオンチャネルは耐性を決定する要因ではないと考えられるようになった．アルミニウムストレスによって短時間で根伸長が阻害され，その後，しばらくして根の脂質が過酸化される．それゆえ，脂質過酸化は根伸長阻害の直接的原因とは考えにくい．また，根端部のペクチン，ヘミセルロース，セルロースも増えるが，この応答には数時間の高濃度のアルミニウム処理が必要なので，直接的結果とは思われない．

　アルミニウムストレスによる根端部の短時間応答には，次が知られている．すなわち，カリウム濃度の急激な低下，ニュートラルレッド染色で検出される表皮細胞や外側皮層細胞の崩壊，ヨウ化プロピジウムによる赤色蛍光で示される原形質膜透過性増大，プロトプラスト表面の凹凸と崩壊，H^+ポンプ活性の低下，カルシウム流入チャネル阻害剤であるベラパミルの特異的結合部位へアルミニウムが強力に結合することによるカルシウム取り込みの阻害，ミクロソームの酸性リン酸基とアルミニウムの強固な結合による膜流動性の低下，各種酵素の立体構造への影響などである．さらに，根端やプロトプラストは分単位のアルミニウムストレスで，原形質膜外側に新たにすばやくβ-1,3-グルカンを誘導生成する．β-1,3-グルカン合成酵素は，原形質膜のマーカー酵素のひとつであるが，通常$0.1\mu M$というきわめて低濃度に維持されている細胞質カルシウム濃度が原形質膜の透過性増大に伴って上昇すると活性化する．同一ストレス条件でも，アルミニウム耐性の弱い植物は，より多くのβ-1,3-グルカンを合成する．β-1,3-グルカン自体にはアルミニウム結合能はないが，以上の結果はアルミニウムストレスの初期の主要な作用部位が原形質膜であることを示している．また，このβ-1,3-グルカンはアポプラスト内や原形質連絡周辺にも沈積するために，アポプラストや隣接細胞間シンプラストでの数種の物質の移動を速やかに阻害することが示されている．

　好気条件下での根へのアルミニウム吸収は，最初の短時間あるいは低処理濃度域では急激に，その後あるいは高処理濃度域では小さな勾配の2段階パターンを示し，アルミニウムは主に細胞壁付近に分布する．一方，クロロホルム・DNP・窒素ガス処理のような非代謝的条件下では，アルミニウムは細胞内部へ大量に侵入し吸収量が増える．正常な構造・機能をもつ原形質膜は，アルミニウムの受動的侵入に対する障壁となっており，根にはアルミニウムに対する積極的排除能が存在する．

アルミニウム耐性の強い植物種・品種は，根端細胞原形質膜のこの機能がよりすぐれている．すなわち，感受性植物の根端細胞ほど，同一処理条件下であっても細胞内に侵入するアルミニウム量が多い．根端から単離したプロトプラストでも，これは立証されている．

根端細胞原形質膜の負荷電座は，アルミニウムの初期の結合座である．耐性種は根端細胞原形質膜の負荷電密度が小さいので，アルミニウム結合量の少ないことが示唆された．正荷電を付与したシリカマイクロビーズを根端プロトプラストに結合させ，フィコール密度勾配遠心分離法によって細胞を分画することで，原形質膜表面負荷電密度の違いを利用したアルミニウム耐性細胞単離技法が開発された．多数の植物種・品種にも，この技法が適用できるのかどうかは調べられていない．原形質膜成分中にアルミニウムを多く結合できるリン脂質が多いと，短時間のうちに膜が硬直化する．このような膜は，根伸長に伴って透過性が増大する．根端の原形質膜脂質組成と耐性の関係が検討されているが，精製度の高い原形質膜の入手が困難なために明らかでない．リン脂質代謝に関わる遺伝子を操作してリン脂質組成を変えることによって，アルミニウム耐性を獲得させようとする試みがなされたが，根端原形質膜でのリン脂質代謝・脂質構築機構とアルミニウム耐性との関係が不明であり成功していない．

根端部の外側を占める細胞の微小管やミクロフィラメントのような細胞骨格もアルミニウムストレスに早く応答し，硬直化し，消失する．また，アルミニウムはホスホリパーゼC活性を阻害することによって，細胞内情報伝達の中枢であるPI（ホスファチジルイノシトール）レスポンスにも速やかに影響を与える．ある種の原形質膜タンパク質を介して，細胞壁のエクステンシン様部分と微小管が原形質膜を隔てて連結していると考えられている．上記の原形質膜や微小管のアルミニウムストレスへの早い応答は，この一体化構造に起因する可能性もあるが，そのどこが応答の引き金なのかは不明である．

アルミニウム耐性植物は，アルミニウムストレス時に根の内外にアルミニウムと結合性の高いタンパク質を誘導生成する．これらは根内外でのアルミニウムの解毒を可能にするが，概してこの応答は遅いので，耐性支配因子としての役割は小さいと考えられる．

また，酸性タンパク質で多数の生化学反応の調節に関与しているカルモジュリンは，その活性化に必要なカルシウム結合座にアルミニウムが著しく交換結合しやすいために，不活性型になると報告された．しかし，その後の詳細な検討の結果，カルモジュリンとアルミニウムの強い結合性や，耐性との対応関係は疑問視されている．

多数の重金属によって誘導生成され解毒能を発揮するメタロチオネインは，そのチオール基がアルミニウムと反応しないために，耐性に関与できない．

多数の植物でアルミニウム耐性は，根から放出されるクエン酸，シュウ酸，リンゴ酸のいずれかの量と正の関係がある．この放出はストレス誘導的であるが，培地中のアルミニウム濃度に対してクエン酸は，等モル濃度，シュウ酸は3倍，リンゴ酸は10倍程度のとき，アルミニウムストレスをほぼ完全に打ち消すことができる．これはこれら有機酸錯体の安定度に基づいており，根への吸収が抑えられるためである．

リンゴ酸放出は，根端原形質膜中の遅延応答型 Cl^- 流出チャネルに似た部分で行われるという報告もある．しかしながら，このチャネルの正体・機構・関連遺伝子は不明である．根端表面の実際の有機酸濃度は実測されていず，また培地バルク中の有機酸濃度はアルミニウム濃度よりも著しく低い．さらに有機酸を大量に放出しても耐性が強くない植物や逆の例もある．

有機酸放出よりも強力な耐性戦略も予想されている．培地中に存在する有機酸量が根からの放出量とされているが，アルミニウムストレスを受けた根端部細胞からの有機酸の漏出や，ストレスを受けた根からの再吸収・移行については，報告がない．形質転換によって細胞質のクエン酸合成を過剰発現させると，寒天培地でのアルミニウムストレス耐性が増強した．しかしながら，土壌中でも耐性を発揮できるのか，また増加したクエン酸放出によって土壌中から新たに溶解する可能性のある銅，マンガン，亜鉛などの重金属が，どの程度過剰吸収されるのかについても報告がない．

一般に，アルミニウムの短時間ストレスと長期間ストレスとに対する耐性傾向は一致する．また，耐性にはストレス誘導性のものと構成的なものとがあるが，アルミニウムストレスは根端伸長に対して素早く表れるので，後者の機構の方がより有効であると考えられる．

アルミニウムストレスは，酸性土壌の主要で普遍的な成育阻害要因であるが，酸性土壌での成育改善を図るためには，アルミニウム耐性植物の創成だけでは解決にならない．アルミニウム耐性獲得植物は，さらに低養分（リン，カルシウムなど）耐性でなければならず，同時に土壌化学性や栽培法の改善も必要である．　〔我妻忠雄〕

7.4.11.2　耐性機構

1）　個体レベル，細胞レベル　アルミニウムストレスは，酸性土壌における最も普遍的な植物生育に対するストレスの一つとされるが，その発現はきわめて複合的である．すなわち，可溶性アルミニウムが毒性をもつとともに，難溶性リン酸塩を形成することにより，間接的にリン酸欠乏などの栄養障害の原因となっている．さらに可溶性アルミニウムによる障害はきわめて短時間で起こり，二次的に多くの現象を伴う．このような一連の複雑さが，耐性機構を解明する際に障壁となっていた．しかし，近年，溶液化学に配慮した実験系や（図 7.22），培養細胞などを用いたモデル系が考案され[1]，さらに，生理学・生化学的手法の飛躍的発展により，ようやくその一端が明らかにされつつある．

i）　アルミニウム耐性の遺伝性　直接的な

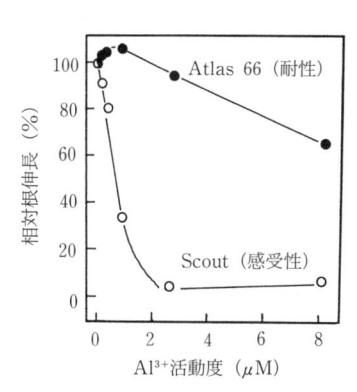

図7.22　アルミニウム耐性（Atlas）および感受性（Scout）コムギ幼植物のアルミニウムによる根伸長阻害

塩化カルシウムのみを含む単純な塩酸酸性溶液では，アルミニウム単量体として存在し，イオン種が推定できる．コムギでは Al^{3+} が毒性が強く，数 μM で生育を阻害する．（Kinraide ら，1992）．

アルミニウム障害による生育阻害程度は，植物種により大きく異なり，たとえばイネ科の主要穀作物の耐性順は，おおむねイネ＞コムギ＞オオムギの順とされている．同様な耐性差は品種間でも認められ，アルミニウム耐性は遺伝的に固定されうる形質であると考えられる．これまでのところ，遺伝学的な解析例は少ないものの，ライ麦のアルミニウム耐性に関与する遺伝子群の染色体上の位置[2]，コムギの戻し交配実験による耐性遺伝子の存在が確認されている[3]．一般に，栽培種のアルミニウム耐性と幼植物根のアルミニウム伸長阻害との間には相関があるとされ，コムギではこの指標による耐性順が詳しく調べられている．根の伸長は，細胞分裂と細胞伸長を反映していることから，アルミニウム耐性は根の伸長・分裂領域の細胞のアルミニウム耐性程度と関連すると考えられる．一方，複数の植物種で行われた細胞選抜では，再分化植物体でアルミニウム耐性が発現し，厳密な遺伝実験が行われたタバコの場合，種子後代でメンデル則に従って耐性が分離した[4]．したがって，少なくとも耐性機構の一部は細胞レベルでも発現すると考えられる．

ii) **アルミニウム耐性機構のモデル** これまでにアルミニウム耐性機構に関する複数の仮説が提出されている[5]．しかし，個別の事例での耐性差を明確に説明しうる現象が，異なる材料では，耐性との関連が否定される例も少なくない．このことは，耐性種および耐性品種は，単一の戦略でアルミニウム耐性を獲得しているのではなく，貢献度の異なる別個の機構により耐性を獲得しているとして理解されうる[6]．一連の研究で想定されているアルミニウム耐性機構は，おおむね，①細胞外でのアルミニウムの無毒化，②細胞壁・細胞膜表面への結合量，③細胞内での解毒・防御で耐性が説明される場合，に大別される[7]．

アルミニウムの阻害は，複雑なプロセスを伴うが，シンプラストでの阻害を生じ，最終的には細胞の破壊，分裂の停止を生じる．したがって，細胞外でアルミニウムを無毒化すれば，一連の阻害を回避することが可能である．たとえば，アルミニウムはpHが高い場合毒性の低い沈殿を形成するため，耐性品種では，根圏もしくはアポプラストのpHを高く保ち，阻害部位での可溶性アルミニウム濃度を低下させる能力をもつと考えられる．実際，微小電極によるコムギ耐性品種の根表面近傍のpH測定を行った場合，感受性品種に比較して根端では若干pHが高い傾向が示されている[8]．

しかし，pH制御などを行った一連の水耕実験では，pH変化能力とアルミニウム耐性の間に相関を認めた例は少なく，この機構が耐性の主要因子であるとは考えられていない．同様にアルミニウムを細胞外で無毒化する機構として，有機酸の放出などが報告されている．有機酸のうち，クエン酸やリンゴ酸はアルミニウムと安定なキレートを形成し，形成される錯体は毒性が低く吸収もされにくい．コムギでは，リンゴ酸の放出量が耐性品種で増加する傾向が複数報告されている．この放出は溶液全体における濃度ではアルミニウムを定量的に解毒するには不十分な量と考えられたが，根表面では耐性を説明できる濃度であるため，最も重要な耐性機構と考えられている．

同様な機構として，放出したリン酸によるアルミニウムの無毒化も想定されているが，細胞内のリン酸栄養条件がアルミニウムの吸収・阻害程度と関連するため[7]，現状では仮説にとどまっている．なお，コムギではアルミニウム耐性とmucilage形成に相

関があり，一連の体外での無毒化による耐性機構は，mucilage などの関与する土耕時の限られた根圏での貢献度を評価する必要がある．

アルミニウム耐性のスクリーニングで用いられるヘマトキシリン染色は，根部のアルミニウム吸着量を視覚化し耐性を評価している．細胞壁・細胞膜外側表面は，アルミニウムが最初に結合・吸着する部位であり，結合したアルミニウムは徐々にシンプラストに移行し阻害を引き起こすとともに，膜上では直接的に，流動性の低下，カルモジュリンを介した細胞内情報伝達の攪乱などを引き起こすと考えられる．したがって，吸着・結合量の寡多が耐性と関連すると考えられる．この考えに従えば，CEC が小さい場合アルミニウム吸着が少なくなり，耐性をもつと考えられ，実際にコムギでは，根端 CEC は耐性種ほど小さい傾向が報告されている．一方，細胞膜への結合では，細胞膜の負荷電を考慮する必要があるが，根端より調製したプロトプラストでは，耐性種ほどアルミニウムによる凝集が生じにくく，塩基性色素を吸着しにくい．これは，ゼータ電位から推定される負荷電が耐性種ほど少ないことにより，明確に説明されうる[5]．なお，アルミニウムストレスにより形成されるカロース（β-1,3-グルカン）は，細胞壁伸長阻害の直接原因とも考えられ耐性との関連が議論されたが，現時点ではアルミニウムストレス応答現象の一つと考えられている．

細胞内でのアルミニウムの阻害を回避するためには，解毒や隔離による回避，アルミニウム阻害部位の強化などが想定される．現状では，これらに関する知見は少ないが，たとえば一部のアルミニウム集積性植物では，液胞にアルミニウムを隔離する場合がある．オオムギでは，アルミニウムストレスにより液胞 H^+ ポンプの活性化が起こり，これは細胞質 pH の低下阻止，および H^+ 勾配を利用した液胞へのアルミニウム集積に関

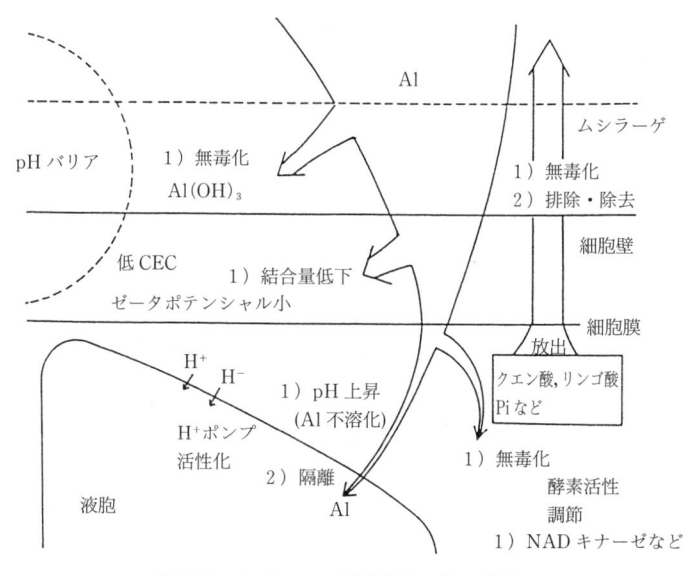

図 7.23 アルミニウム耐性機構モデルの概略

与すると考えられ[7]，この能力差で耐性を説明しうる可能性がある．細胞質での有機酸による解毒，結合性タンパクによる解毒などもアルミニウム耐性機構として想定されているが，耐性との関連は明確でない．各タンパクレベルの応答では，耐性への関与は不明なものの，たとえば，NADキナーゼなどの活性制御が耐性に関与する可能性が指摘されている．また，アルミニウムを細胞内に取り込んだ場合においても，積極的にこれを排除すれば，阻害を回避できると考えられる．実際，CCCPなどの脱共役剤を添加した場合，みかけ上のアルミニウム吸収量が増加することから代謝に依存する排除機構が存在すると考えられるが，直接シンプラストから排除されるのか，アポプラストに結合したもののみを排除するのか，現時点では結論されていない．

アルミニウムによりひき起こされる養分欠乏は，アルミニウムストレスの二次的な側面と考えられる．たとえば，大過剰のアルミニウム添加培地で選抜されたニンジン低リン酸耐性細胞は，定量的に放出したクエン酸により，難溶性リン酸アルミニウムを可給態化する能力をもつ（図7.23）．この細胞は，アルミニウムを解毒するクエン酸放出能力が高いにもかかわらず，可溶性アルミニウムに対してはむしろ野生型細胞より感受性がある．したがって，この細胞におけるクエン酸放出は，初期のアルミニウム吸着抑制を回避するためではなく，リン酸アルミニウムの可溶化に貢献すると考えられる[9]．なお，従来の育種プログラムでアルミニウム耐性として選抜された品種間にも，難溶性リン酸の利用能力に差が存在し，この形質がリン酸の有効性が低いアルミニウムストレス土壌での生育に，アルミニウム耐性と同様に貢献している可能性が高い．

iii) 結 論 結論として，アルミニウム耐性は，吸収抑制，隔離，解毒によりアルミニウムの相対量を低下させるか，酵素活性の調節などにより代謝攪乱を回避する機構と考えられる．個体における耐性は，これらの要因の総和として発現すると考えられる．現状では，個々の機構の貢献度は明らかにされていないが，現象をタンパク・遺伝子レベルで解析し，いわゆる分子遺伝学的手法により解明されることが望まれる．なお，強酸性土壌に適応したある種の植物では，むしろアルミニウムが生育を促進する効果が認められている．このような植物におけるアルミニウムの意義を解析することは，栽培種のアルミニウム耐性の向上に貢献しうる可能性がある． 〔小山博之〕

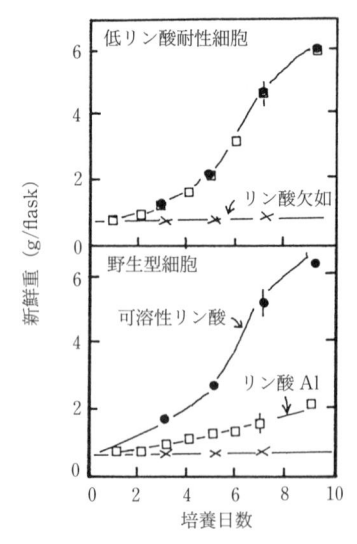

図7.24 リン酸アルミニウム利用能力をもつ低リン酸耐性細胞の生育特性．低リン酸耐性細胞は，リン酸アルミニウム給源で良好に生育する．(Koyamaら，1992)

文　献

1) Yamamoto, Y. *et al.*: *Plant Cell Physiol.*, **35**, 575-583, 1994.
2) Aniol, A.: *Can. J. Genet. Cytol.*, **26**, 701-705, 1984.
3) Delhaize, E. *et al.*: *Plant Physiol.*, **103**, 695-702, 1994.
4) Conner, C. J. and Meredith, C. P.: *Planta*, **166**, 466-473, 1985.
5) 我妻忠雄：低 pH 土壌と植物, 99-121, 博友社, 1994.
6) Taylor, G. J.: *Current Topics in Plant Biochemistry and Physiology*, **10**, 57-93, 1991.
7) 松本英明：低 pH 土壌と植物, 59-98, 博友社, 1994.
8) Miyasaka, S. C. *et al.*: *Plant Physiol.*, **91**, 1186-1193, 1989.
9) 小島邦彦, 小山博之：低 pH 土壌と植物, 203-222, 博友社, 1994.

2) 遺伝子レベル　他のストレスと同様に，アルミニウムストレスでもその生育障害を克服するために必要な遺伝子群を発現誘導していく耐性機構が植物には存在していると考えられる．耐性遺伝子に関する解析からは，そのタンパク質機能についての詳細な情報が得られるし，新たな耐性形質転換植物の作成にも直結するので，耐性機構の解明とその確立のために特に有効である．アルミニウムストレスに対する耐性遺伝子，感受性変異株の単離やその遺伝子レベルでの解析が現在さかんに展開されつつある．

　耐性遺伝子の単離を目的として，まずアルミニウムストレスで誘導される遺伝子群の単離が試みられた．Gardner のグループは 1993 年，95 年にアルミニウム誘導性遺伝子群（*wali* 遺伝子群 7 個）をコムギから単離している[1,2]．また Ezaki らはタバコ培養細胞のアルミニウム誘導性遺伝子として，*parA*, *parB*, *peroxidase* (*NtPox*), *NtGDI1* を報告した[3,4]．*parB* 遺伝子は glutathion Stransferase (GST) をコードしており，peroxidase とともに酸化ストレスの耐性遺伝子として知られている．最近，Gardner のグループはアラビドプシスから新たにアルミニウムストレス誘導性遺伝子群を多数単離したが，その中にも GST, peroxidase (*AtPox*), superoxide dismutase 遺伝子など酸化ストレス耐性遺伝子が含まれていた[5]．アルミニウムストレスは細胞膜中のリン脂質や膜タンパクの過酸化を促進することが知られているので，これらの酸化ストレス耐性遺伝子はアルミニウムストレスでも同様な機能で生育障害の抑制に寄与している可能性がある．また，単離されたアルミニウム誘導性遺伝子の多くは他の金属イオンストレス，酸化ストレス，傷害 (wounding)，病原菌感染，植物ホルモン処理，リン酸欠乏，低温処理などの幅広いストレスによっても誘導される遺伝子群であったことから，アルミニウムストレスとこれらのストレスの間には共通の遺伝子発現機構が存在すると思われる．

　一方，Kochian らは，アラビドプシスからアルミニウムストレスに対して感受性を示す変異株（*als* mutant）を単離し，その解析から少なくとも八つの遺伝子がこのストレスに関与していることを示唆している[6]．一方，De la Fuente らは，タバコとパパイヤに微生物由来のクエン酸合成酵素遺伝子を導入した形質転換体を構築し，それらがクエン酸を大量合成することでアルミニウムストレスに対して耐性を示すことを報告した[7]．クエン酸がアルミニウムイオンとの間でキレート錯体を生成してアルミニウム毒性を解消する機構を応用した彼らの結果は，アルミニウム耐性機構獲得の戦略の一つとして大変注目された．最近では，コムギを中心として有機酸の合成や分泌などに関わる遺伝子群の単離が，積極的に進められている．一方，Ezaki らはアラビドプシスを用い

て植物由来のアルミニウム誘導性遺伝子からのアルミニウム耐性遺伝子のスクリーニングを試み，*AtBCB*，*parB*，*NtPox*，*NtGDI1* 遺伝子の四つがアルミニウム耐性を付与できることを報告してており，有機酸分泌以外の耐性機構の存在を強く示唆した[8]。

以上のような植物の系を用いた解析だけでなく，最近では酵母の系を用いた分子遺伝学的解析も行われ，Gardner らは酵母のマグネシウムイオンチャネルをコードする *ALR1*，*ALR2* 遺伝子を大量発現する酵母がアルミニウムストレス耐性を示すことを報告している[9]。酵母からはアルミニウムストレス誘導性を示す遺伝子として *HSP150* 遺伝子が単離され，さらに酵母でのアルミニウムストレス耐性に関与していたことから，熱ショックストレス，酸化ストレス，アルミニウムストレスの三者の阻害機構や耐性機構に共通した部分が存在することが示唆されている[10]。また，Ezaki らは，酵母の系を用いて植物由来のアルミニウム誘導性遺伝子からのアルミニウム耐性遺伝子のスクリーニングを試み，*AtBCB*，*NtGDI1* 遺伝子の二つが耐性を付与できることを報告している[11]。

このように遺伝子レベルでの解析は，今後ますます植物におけるアルミニウムストレスの研究に新たな知見を提供していくと思われる。〔江崎文一〕

文献

1) Snowden, K. C. and Gardner, R. C.: *Plant Physiol.*, **103**, 855-861, 1993.
2) Snowden, K. C. *et al.*: *Plant Physiol.*, **107**, 341-348, 1995.
3) Ezaki, B. *et al.*: *Physiol. Plant.*, **93**, 11-18, 1995.
4) Ezaki, B. *et al.*: *Physiol. Plant.*, **96**, 21-28, 1996.
5) Richards, K. *et al.*: *Plant Physiol.*, 1998.
6) Larsen, P. B. *et al.*: *Plant Phys.*, **110**, 743-751, 1996.
7) De la Fuente, J. M. *et al.*: *Science*, **276**, 1566-1568, 1997.
8) Ezaki, B. *et al.*: *Plant Physiol.*, **122**, 657-665, 2000.
9) MacDirmid, C. W. and Gardner, R. C.: *J. Biol. Chem.*, **273**, 1727-1732, 1998.
10) Ezaki, B. *et al.*: *FEMS Microbiol. Letters*, **159**, 99-105, 1998.
11) Ezaki, B. *et al.*: *FEMS Microbiol. Letters*, **171**, 81-87, 1999.

7.4.12 カルシウム欠乏ストレス

7.4.12.1 個体・組織・細胞レベルのカルシウム欠乏ストレス

1) 欠乏症と障害機構 カルシウム（Ca）は植物の多量必須元素の一つで，およそ 30 以上の植物の生理障害はカルシウム欠乏と関連している。その代表的な例はトマトの尻腐れ，ハクサイ・キャベツ・タマネギの心腐れ，リンゴのビターピットなどがある。カルシウム欠乏は植物の生長の最もさかんな頂芽，新根，果実で発現し，頂芽の壊死，若い葉の黄化，分岐根の発生などとして現れる。これはカルシウムが根に吸収されたあと，蒸散流または根圧によって地上部に運ばれるので，蒸散が比較的に少ない組織において，カルシウムの供給量も少ないためである。また，カルシウムの移動性が師管内で小さいため，カルシウムが欠乏すると，古い組織から新しい組織への再転流が困難で，結果として上記のような組織でカルシウム欠乏症が現れる。

植物組織に存在しているカルシウムの大部分がアポプラストや液胞に存在している。

細胞質内の遊離のカルシウム濃度は，10^{-6}から10^{-8}Mの間に維持されている．これは細胞質内でカルシウムが高濃度存在すると，リン酸との沈殿，マグネシウム結合サイトとの競合，いくつかの酵素の阻害などを引き起こすためである．細胞質内でのカルシウム濃度を低く保つために，植物は細胞質内のカルシウムをアポプラストや液胞へくみ出す仕組みをもっている．細胞質内での微量なカルシウムは，次のセクションに述べるようにセカンドメッセンジャーとして，また一部の酵素の活性化剤などとして作用する．アポプラストに存在しているカルシウムは，植物細胞の構造と機能の維持に関与している．細胞壁において，カルシウムは細胞壁の構成分であるペクチンのカルボキシル基と架橋することによって，細胞壁の強度を強める．また，細胞膜において細胞膜の外側に面しているリン脂質のリン酸基とカルボキシル基との架橋で，細胞膜の構造上の安全性と機能を維持している．したがって，細胞レベルからみると，カルシウム欠乏は細胞壁と細胞膜の破壊を引き起こす．

2）**種 間 差**　カルシウムは，多量必須元素の中で植物間差異が最も大きい元素で，乾物重あたり0.1～5％の間で変動する．一般的に，単子葉植物，特にイネ科植物のカルシウム含有率は双子葉植物より低い傾向にある．図7.25はカルシウム供給量の異なる条件下で水耕または圃場で栽培された18種類の植物のカルシウム含有率を示している．カルシウムの供給量の違いにもかかわらず，双子葉植物は単子葉植物より高い値を示す[1]．このことは，カルシウム含有率の違いが遺伝的に大きく制御されていることを示唆している．

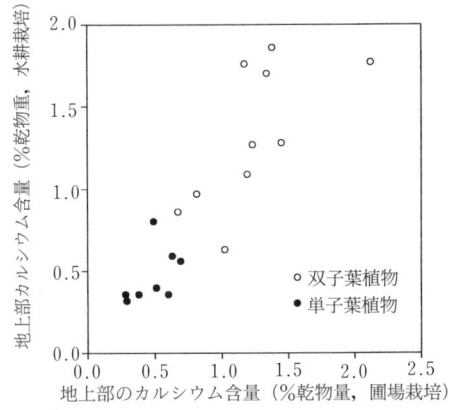

図7.25　水耕栽培と圃場栽培による18種類の植物カルシウム含量の相関（Loneeragan and Snowball, 1969より）

カルシウム含有率の種間差は，主に植物のカルシウム吸収能力と要求性の違いに起因する．カルシウムの吸収は，根のカチオン交換容量と密接な関係がある．植物組織のカチオン交換容量は，細胞壁のペクチンのフリーカルボキシル基に由来する．双子葉植物のカチオン交換容量は，単子葉植物より大きいため，同じカルシウム供給下で，双子葉植物の方がより多くのカルシウムを吸収できる．また，双子葉植物のカルシウム要求量も単子葉植物より多い．

トマトとライグラスのカルシウム要求量を比較した実験では，健全な生育に必要なカルシウムの量はトマトの方がライグラスより20倍ほども多い[1]．これは，主に細胞壁成分の違いによるものである．イネとトマトの細胞壁の成分を比較すると，葉と根ともにイネはトマトよりセルロース，ヘミセルロース含量が高いが，ペクチン含量は著しく低い．前述したように，植物体内の多くのカルシウムは細胞壁のペクチン成分と結合して，細胞壁の構造保持の役割を果たしている．したがって，植物組織のペクチン含量が

多いほどカルシウムの要求量も多い．

3) 耐性機構 作物のカルシウム欠乏は，農業上問題になっている生理障害の一つである．この問題を克服するために，低カルシウム耐性をもつ作物の選抜や創成が望まれる．植物のカルシウム欠乏を引き起こす原因は二つに分けられる．一つは土壌中のカルシウムの絶対的な濃度が低い，あるいはカルシウムと他のカチオンの比率が低いため，十分なカルシウムを吸収できない場合である．もう一つは吸収されたあとのカルシウムが生長のさかんな部位への分配ができないため，カルシウム欠乏になる場合である．一般的に砿質土壌において有効態のカルシウムが豊富に存在しているので，前者によるカルシウム欠乏の場合が少ない[2]．すなわち，カルシウム欠乏は植物側に問題がある．

植物の低カルシウムストレスの研究は，他の元素たとえばリン，鉄，カリなどと比べ非常に少ない．また，その耐性機構についてもほとんど明らかにされていない．最近，トマトやササゲなどにおいて，いくつか低カルシウムストレス耐性をもつ品種が選抜されている[3,4]．

低カルシウムストレス耐性機構としては，根による強い吸収力，地上部への輸送，分配および利用の高い効率などが考えられる．根によるカルシウムの吸収には，代謝依存型と非依存型がある．代謝非依存型は，前述したように根のカチオン交換容量と関連している．これによって吸収されるカルシウムは，植物組織のアポプラストに沈積する．代謝依存型によって吸収されるカルシウムは細胞質内に入ると思われる．

ササゲの低カルシウム耐性種（TVu 354）と感受性種（Solojo）をカルシウム濃度 10 から 1,000 μM の条件下で栽培したところ，感受性種が 10 μM カルシウムで枯死したが，同じカルシウム供給下で耐性種の乾物生産がほとんど影響されなかった[4]．しかし，カルシウムの吸収量を比較すると，両者に差がほとんどなかった．このことは，吸収能力の差が低カルシウム耐性の原因ではないことを示唆している．トマトにおいても同様な結果が報告されている[3]．

吸収されたカルシウムの地上部への移動と最終的な分配は，蒸散量に大きく依存する．カルシウムの導管による輸送は，導管壁の負電荷の密度，導管における他のカチオンの濃度，隣接細胞が交換サイトからカルシウムを離す能力などによって制御されている．

低カルシウムストレス条件下で，トマトの耐性種（line 113 (E)）は吸収されたカルシウムをゆっくり，連続的に生長の旺盛な茎頂や上位葉に移動する．それに対し，感受性種（line 67 (I)）は吸収されたカルシウムをすぐ下位葉に沈積し，上部への移動がごくわずかである[3]．このことは，低カルシウムストレス条件下で，耐性種の展開葉や茎頂のカルシウムの貯蔵（シンク）強度は蒸散を上回っている．すなわち，耐性種の植物において，カルシウムは蒸散量の多い古い葉を完全に避けて移動していることを示唆している．しかし，そのメカニズムは明らかではない．

体内のカルシウムの再利用効率の高低も，低カルシウムストレス耐性に関係している．一般的に，カルシウムはほかの元素と比べ，体内で移動しにくい元素である．これはカルシウムの体内存在形態と関係がある．カルシウムは体内でさまざまな形態で存在

しているが，そのほとんどは細胞壁との結合態，シュウ酸や他の不溶性の化合物とのイオン複合体の形態で存在している．

したがって，カルシウムがいったん沈積すると，別の組織への再移動が困難になる．低カルシウムストレス条件下で，限られた量のカルシウムを生長のさかんな部位へ運んで再利用されるために，体内の水溶性カルシウム形態の比率を高く保つ仕組みが必要である．トマトの場合，耐性種と感受性種の部位別水溶性カルシウムと不溶性カルシウムの量を測定したところ，耐性種の方がどの部位においても水溶性カルシウムの比率が高い[3]．

これまでの研究例は少ないが，植物の低カルシウム耐性は吸収の場面ではなく，地上部への輸送，分配および利用効率に関連しているといえる． 〔馬　建鋒〕

文　献

1) Loneragan, J. F., Snowball, K.：*Aust. J. Agric. Res.*, **20**, 465-478, 1969.
2) Mengal, K., Kirkby, E. A.：Principles of Plant Nutrition, 461-473, International Potash insitute, 1987.
2) Jonathan, P., *et al.*：*Plant Soil.*, **113**, 189-196, 1989.
3) Horst, W. J., *et al.*：*Plant Soil.*, **146**, 45-54, 1992.

7.4.12.2　分子レベルのカルシウム欠乏ストレス

1) セカンドメッセンジャーとしてのCa^{2+}　Ca^{2+}の作用は二つに大別される．一つは量的にも圧倒的に多くのCa^{2+}が関わっているもので，その作用は，より間接的でカルシウムが結合することにより物質の安定性を増し，その結果，機能の調節を受ける場合である．もう一方のカルシウムの役割は，細胞内できわめて少なく（10^{-6}〜10^{-7}モル程度），遊離の型で存在するCa^{2+}によるもので作用は直接的である．この遊離のCa^{2+}は，外界のさまざまなシグナルによってその量が10〜100倍変動する．これは，いわゆるシグナル変換の結果，生成されるセカンドメッセンジャーとしてのCa^{2+}で，Ca^{2+}の分子作用の多くをになっている．Ca^{2+}のシグナル変換については7.1節で詳しく述べる．

2) カルモジュリン　シグナル変換によって細胞内に遊離のCa^{2+}量の変化として導かれた細胞外情報は，さらに細胞の応答反応として発現されるために，Ca^{2+}の量的変化を特定の機構として認識する必要がある．その機構として，カルシウムの量的な変化を特定のタンパク質の構造の変化として認識する機構が存在する．このようなタンパク質として，カルモジュリン（calmodulin: CaM）を始めとするカルシウム結合タンパク質が存在する[1]．CaMは分子量17,000程度の安定な酸性タンパク質であり，動植物に普遍的に存在している．CaMはCa^{2+}が結合していない状態では不活性であるが，CaM 1分子に対し4分子のCa^{2+}が結合することにより，その立体構造が変化し活性型となり，CaM依存の標的酵素に作用して，それらの活性を高める．代表的なものとしてCaM依存のタンパク質リン酸化酵素，カルシウムポンプ，NADPを生産するNAD-キナーゼなどが知られている．これら細胞外の情報が細胞の応答反応として段階的に発現する機構を，カスケードと呼ぶ（図7.26）．したがって，セカンドメッセンジャー

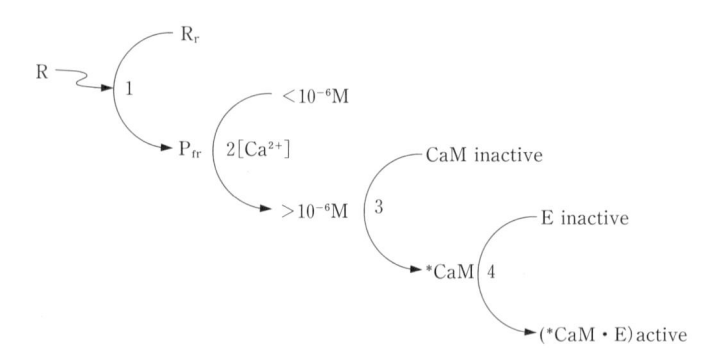

```
                    R_r
                   ╱
        R ─→  1
                   ╲       <10^{-6}M
                    P_{fr}╱
                         2[Ca^{2+}]       CaM inactive
                              ╲          ╱
                               >10^{-6}M 3
                                          ╲           E inactive
                                           *CaM ╱
                                                 4
                                                  ╲
                                                   (*CaM・E) active
```

図7.26 ファイトクロームの光活性化が開始点になる Ca-カルモジュリン系を介したカスケードモデル
1. 赤色光(R)によるファイトクロームの活性化, 2. 活性化されたファイトクロームによる細胞質内の遊離カルシウムの増大, 3. カルモジュリン (CaM) のカルシウムによる活性化 (*CaM), 4. カルモジュリン依存酵素の*CaM の結合による活性化. (Roux, S. J. ら, 1986)

として働くきわめて低濃度に保たれている遊離の Ca^{2+} の恒常性が破壊されたり, 外界のシグナルに依存して起こる遊離の Ca^{2+} の増加が阻害されると, 細胞のシグナル応答反応をはじめとする重要な機能が阻害を受けることになる.

3) **細胞内 Ca^{2+} 量の調節**　セカンドメッセンジャーとして働く遊離の Ca^{2+} は, いくつかの Ca^{2+} 輸送系によって調節されている. 植物細胞の原形質膜, 液胞膜, 小胞膜 (ER) にカルシウムポンプが存在する. ポンプによる Ca^{2+} の輸送は, 主に排出に関わっていると考えられ, 緩慢な Ca^{2+} の輸送である. 植物のカルシウムポンプの一部は, CaM によって活性化を受ける. また, 原形質膜, 液胞膜に起電性の Ca^{2+}/H^+ アンチポート系が存在する. 短時間に大量のカルシウムを輸送する方法としてカルシウムチャネルがある. このチャネルの阻害イオンとしてアルミニウム (Al) が知られている. アルミニウムは特にカルシウムチャネルブロッカーのうち, ベプリジルで阻害されるチャネルを特異的に阻害する. また, Al は CaM に対して Ca^{2+} より高い親和性を示し, CaM の作用も阻害する.

4) **Ca^{2+} による代謝制御**[2]
i) **伸長阻害**　根, 根毛, 花粉管の局在的な伸長に Ca^{2+} の濃度勾配が関わっている. 高濃度の Ca^{2+} やカルシウムイオノフォアーである A_{23187} によって Ca^{2+} の濃度勾配を破壊すると, 局在的な伸長が阻害される.

ii) **細胞の原形質流動, 運動の制御**　細胞質の Ca^{2+} 濃度が上昇すると, 原形質流動が停止する. トマト培養細胞の場合, Ca^{2+} を 0.1 から 1.0 μM にすると流動が停止する. クラミドモナスの遊泳が青色光下で Ca^{2+} によって制御を受ける. Ca^{2+} が 10^{-6} モル以上になると繊毛運動から鞭毛運動に変わる.

iii) **その他の制御反応**　ファイトクロームの赤色光照射による細胞拡大, 胞子の形成, 葉緑体の回転, NAD キナーゼの活性化, 膜の脱分極, 酵素分泌など多くの反応がカルシウム依存の反応である. 光合成系 II の反応も Ca^{2+} 依存である. 植物の病原菌に対する防御反応として重要なものである細胞壁中のアルカリ可溶の β-1,3-グルカン

は，エリシターを添加後，10分以内で1.0％から10％程度に増加するが，その合成に関わる1,3-β-D-グルカン合成酵素は原形質膜上に存在し，細胞質内のCa^{2+}濃度が0.1から0.5μM程度に上昇することが引金になって活性化される[2]。このことはカルシウムのキレーターであるEGTAによってカロースの生成が抑制されることからも明らかである。またエキソサイトーシス（外向きの膜動輸送）に細胞質のCa^{2+}の増加を必要とし，細胞外へのペルオキシダーゼ，アミラーゼをはじめとする酵素や多糖の分泌にカルシウムが必要である。

〔松本英明〕

文献
1) 松本英明，脇内成昭：金属関連化合物の栄養生理（日本土壌肥料学会編），61-110，博友社，1990．
2) Kauss, H.：*Ann. Rev. Plant Physiol.*, **38**, 47-72, 1987．

7.4.13 カリウム欠乏ストレス
a. カリウム欠乏障害発生の機構

作物が多量のカリウム（K）を必要とすることは広く知られており，肥料として施用されていることから通常の栽培作物にカリウム欠乏障害が発生することはまれである。

しかし，実際農業上においても作物が予想以上にカリウムを必要とする場合があり，カリウム欠乏ストレスが発生する。その一つは砂質土壌での果菜類の栽培で，砂質土はカリウム吸着力が弱く，カリウムが流亡しやすい。NPK同量施用ではカリウム要求量の多いスイカやメロンなどにカリウム欠乏障害を生じる。幼苗時はカリウムの要求量も少ないが，炭水化物生成量の多くなる果実肥大期には要求量が増大し，葉中のカリウムが糖とともに果実に転流するため葉にカリウム欠乏ストレスが生じ"葉縁枯れ""急性萎凋症"などのカリウム欠乏障害が急激に発生する。こうした条件下では，追肥としてカリウムを施用するのが望ましい。

他方，窒素とのバランスからカリウム栄養が問題になることも多い。たとえば，サツマイモはカリウムに比べて窒素過多の場合はつるぼけしやすい。カリウム濃度を高めるとその最大活性に50～100 mMのカリウムを必要とするデンプン合成酵素活性が高まるばかりでなく，カリウムにより師管の膨圧も高くなり，光合成産物の塊根への配分が増加するため，塊根の肥大が促進されつるぼけが防止できる。窒素とのバランスは特に重要で，多窒素施肥下ではそれに見合うだけのカリウムを必要とする。

濃度障害など，高塩類ストレス下の作物も多量のカリウムを必要とする。細胞内の高濃度のカリウムは浸透圧を高め，高塩類に対する抵抗性を高める。カリウム欠乏下では水分不足下でもプロリン合成能が十分でなく，降霜や干ばつに対する抵抗性も低下する。

水田の異常還元下におけるイネの鉄の過剰吸収障害に，いわゆる赤枯れやbronzingがあるが，鉄過剰は，水稲根のカリウム吸収力を低下させる。カリウム不足下では水稲根の酸化力による鉄排除能も低下する。カリウムの施用は鉄過剰障害を軽減する。その他マンガン過剰やリン過剰下でもカリウムの要求量が増加することが知られているが詳細な機構は明らかでない。

b. 生理的応答反応と耐性機構

カリウムは生体内を移動しやすい．したがって，植物体内のカリウムが不足ぎみになるとカリウムはより必要な部位，あるいは，より強力に引きずられる部位へと転流する．したがって，カリウム欠乏障害は，果実よりも葉に，それも新葉よりも旧葉に現れやすい．

カリウムは細胞内に 50～200 mM と最も多量に溶解している陽イオンであり，細胞内 pH の安定化，浸透圧の調節，物質転流に，また 50 種以上の酵素の活性化などと幅広く関与している．したがって，カリウム欠乏下で付随的に生じる一部の現象は，細胞の浸透圧や pH 調節に対する耐性機構とも考えられている．

カリウム欠乏下ではデンプン，タンパク合成能の低下から，可溶性炭水化物や非タンパク態の窒素化合物が増加し，病虫害に対する抵抗性が低下する．糖類は浸透圧の保持に役立ち，アスパラギンやグルタミンなどのジアミン類の蓄積は細胞液を少しでもアルカリ側（pH 7～8）に保つのに役立っているのであるが病害虫の餌になる．

カリウム欠乏下でアグマチンやプトレシンなども集積することが一部作物で知られているが，薄い塩酸を根から吸収させるとアルギニン脱炭酸酵素と N-カルバミルプトレシンアミドヒドロラーゼの生成が誘導される．それゆえ，プトレシンは，カリウム欠乏に関連した pH 値の低下に対応して蓄積される耐性機構の一つとも考えられている．

c. 種 間 差

カリウム欠乏は作物により欠乏症状の出やすいものと出にくいものがある．タバコ，ダイズ，トマト，キュウリ，イモ類，果樹などは比較的欠乏症を現しやすく肥効も大きい．ホウレンソウ，ハクサイ，コマツナなどもカリウム不足の影響を受けやすいが，シュンギク，ネギは耐えやすく，米麦など禾本科植物の欠乏症は現れにくい．特に水稲ではカリウム欠乏によって収量がかなり低下する場合でも，肉眼的な欠乏症状は生じない．

マメ科牧草であるクローバー，ルーサンなどは肥効が大きい．マメ科牧草は，イネ科牧草に比較して，カリウム吸収力が劣る．したがって，カリウム施用量が少なくなると，マメ科牧草の混生率は低減する．マメ科植物にカリウムの肥効が現れやすいのは，カリウム不足では師管の膨圧が低く，根粒への糖の転流が妨げられ，窒素固定に必要なエネルギーが不足し，窒素固定能が低下するためと考えられている． 〔渡辺和彦〕

7.4.14 マグネシウムの欠乏と過剰ストレス

マグネシウム（Mg）は，高等植物中におよそ 0.25～0.7 ％含有され，緑葉中ではマグネシウム全量の 10 ％程度がクロロフィルに含まれる．また，種子中にも多く含まれ，主としてフィチン酸塩として存在する．アリユーロン顆粒中のマグネシウムは，フィチン酸塩であり，水稲の種子ではその顆粒中に約 8 ％の含有率を示すという．ミトコンドリア中では遊離および結合型として存在し，ミトコンドリアの機能上重要な役割をもっている．さらに，リボソームに存在するマグネシウムは，リボソームとゆるやかに結合し，リボソームの形態保持と関連が深い．マグネシウムは，その他の有機物質と結合したり，無機塩として存在している．細胞汁液中では，イオンの状態で存在しており，酵

素作用などで重要な働きをしている.

作物にマグネシウムを欠乏させていくと,最初に無機態が減少し,やがてフィチン態,ペクチン態などが減少してクロロフィル態は最後に減少する.この時点になると,葉にクロロシスが発生する.したがって,欠乏によるクロロシスが現れる頃には重要な生理作用に種々の障害が発現しているわけである.

無機態のマグネシウムは,炭酸固定に必要なリン酸化反応に関係する多くの酵素作用を賦活する働きがあり,さらにマグネシウムは酵素タンパクとATPとの間に架橋をつくり,これによってリン酸化反応を行わせる.また,リボソームの形態保持に重要な役割りを果たしているために,マグネシウムが欠乏するとタンパク合成も阻害される.作物のマグネシウム欠乏は,培地に共存するカルシウムの少ない場合は,多い場合よりも欠乏症の発現は軽微である.

マグネシウム過剰は,その発現する条件としては,苦土石灰または水酸化マグネシウムの多施があげられるが,特に固定式のハウス土壌の場合は溶脱が少ないので施用により集積が多くなる.土壌の母材では蛇紋岩由来のものにマグネシウムが多い.

土壌中にマグネシウムが多いと,まず,カリウムの吸収阻害が起こり,植物に加里欠乏が発生することがある.また,カルシウムの吸収阻害もしばしば現れマグネシウム過剰によるカルシウム欠乏の発生もみられる.

マグネシウムの過剰の反応は,植物の根部によく現れる.根の生育阻害と同時に生理的な応答そして根の活性を反映するTCC還元力の阻害がみられる.これはミトコンドリア由来の種々の好気的脱水素酵素活性の低下によるものであり,その原因は,過剰のマグネシウムがミトコンドリアの形態の不安定化を招く結果として,ミトコンドリアに局在する諸酵素活性の低下をもたらしたものである[1].マグネシウム過剰に対する耐性のメカニズムは知られていないが,他種カチオンの共存は耐性を増すことになる.

作物のマグネシウム欠乏に対するレスポンスに作物の種間差がみられ,欠乏しやすいものとしては,トマト,ナス,ハクサイ,セロリー,ホウレンソウ,ブドウ,ミカンなどがあり,比較的欠乏が起こりにくいものには水稲,陸稲,キャベツ,ネギなどがある.

〔嶋田典司〕

文 献

1) 嶋田典司:千葉大学園特報, **6**, 1-105, 1972.

7.4.15 硫黄の欠乏と過剰ストレス

植物の葉の硫黄 (S) 含量は,通常 0.2〜0.5%の範囲にあるが,禾本科植物は低く (0.2%),アブラナ科植物ではグルコシノレートなどを含むためその含量は高い (1%).多くの植物の葉で硫黄含量が 0.2%を下回ると硫黄欠乏となる.硫黄欠乏の葉は黄変するが,その症状はどちらかというと若い葉から現れる.その初期には窒素欠乏と区別しにくい場合がある.

最近,先進国あるいは発展途上国を問わず世界各地で硫黄欠乏が報告されている.土壌の母材による欠乏もあるが,最近の欠乏の主な原因は,生産性の向上による土壌から

のもち出し量の増加や肥料の高品質化による硫黄（硫黄根）の投与量の減少が共通した原因であり，さらに先進国では大気中の二酸化硫黄の減少が硫黄欠乏に拍車をかけている[1,2]．北部ヨーロッパのナタネ栽培などで硫黄欠乏が顕著に観察されており，硫黄施肥によってその収量や品質の向上が認められる[1]．日本では硫黄欠乏は比較的少ないものの，硫黄施肥によって植物の生育が改善される例も知られている[3]．

硫黄欠乏は単に収量の低下にとどまらず，コムギでは種子貯蔵タンパク質中のチオール基含量に低下による製パン時の膨張率の低下[1,4]，ナタネなどの油脂含量の低下[1]，ダイズの β-コングリシニン（低含硫アミノ酸含量）の増加による種子貯蔵タンパク質中の含硫アミノ酸量の低下[5]など，農産物の品質低下の原因

表7.9 S欠乏条件で栽培したダイズの硫黄化合物含量

化合物	処理	含量（nmol-S/g 新鮮重）	
		根	葉
SO_4^{2-}	対照	8,960	3,490
	S欠乏	770	340
システイン	対照	15	19
	S欠乏	14	14
メチオニン	対照	9	16
	S欠乏	6	12
ホモグルタチオン	対照	124	506
	S欠乏	31	158
硫黄脂質	対照	76	528
	S欠乏	97	465
タンパク質	対照	3,820	10,250
	S欠乏	2,040	7,560
全硫黄	対照	10,060	12,130
	S欠乏	3,010	10,260

1) ホーグランド培養液で3週間生育させ，その後10日間硫黄欠乏栽培を行ったダイズの根と第3葉を用いた．対照は硫黄欠乏処理は行っていない．
2) ダイズにはグルタチオンの代わりにホモグルタチオンが存在する．

ともなっている．硫黄欠乏時のダイズにおける硫黄化合物含量の変化を表7.9に示した．硫黄欠乏下では，まず硫酸イオン含量が低下し，ついでグルタチオン類の含量が減少する．タンパク質は，量的にはあまり変化していないが，質的には変化している（表

表7.10 ダイズの種子貯蔵タンパク質の組成[5]

組成	タンパク質含量（mg/g 脱脂粉末）	
	対照	硫黄欠乏
A．全抽出タンパク質	44	38
グリシニン	18.3	10.3
β-コングリシニン	13.3	23.3
その他	12.1	4.7
B．サブユニット		
β-コングリシニン		
α'-サブユニット	4.4	5.5
α-サブユニット	4.3	3.9
β-サブユニット	4.6	13.9
グリシニン		
酸性サブユニット	12.2	7.1
塩基性サブユニット	6.0	3.2

7.10).そのほか,遊離アミノ酸,特にアルギニンが顕著に増加する[6].

植物の硫黄栄養診断のための分析には,葉中の全硫黄(TS),硫酸イオン量(SO_4-S),それらの比(SO_4-S/TS),N/S比などが用いられる[7].簡便法としては硫酸イオン量が用いられる.硫黄欠乏時の施肥としてはその化学形態によっても異なるが,20〜30 kg-S/ha が目安となる.

土壌中には100〜1,000 mg-S/kg soil の硫黄が含まれているが,その約10％が無機硫酸態(硫酸塩あるいは硫酸イオン)として存在し,残りは有機態硫黄である.硫酸イオンに対する土壌の保持能力は一般に低く,土壌から容易に溶脱する.有機態硫黄の約50％は易分解性で微生物により無機化されたあと,植物に利用される[8].施肥などによって硫酸イオンの供給量が多い場合は,植物体内で硫酸イオンとして存在する割合が高くなるが,過剰吸収されても害作用を呈することはほとんどない.したがって,日本を含めて通常の農耕地では硫黄の過剰障害はほとんどない.しかし,湛水した水田で夏の高温期に硫酸イオンが過剰に存在すると硫酸還元菌などの働きにより硫化水素が発生し,秋落ちの原因となることがある.大気中の二酸化硫黄は,その濃度が高くなると葉にネクロシスなどの障害を引き起こす.また,酸性雨による障害は,硫酸根の過剰による直接的な障害ではなく,土壌の酸性化による二次的な要因が障害の主要な原因となっている. 〔関谷次郎〕

文 献

1) Schnug, E.: *Sulphur in Agriculture*, **15**, 7-12, 1991.
2) Beaton, J. D. and White, M.: *Sulphur in Agriculture*, **20**, 30-46, 1997.
3) 河野憲治,尾形昭逸,小林省吾:土肥誌,**58**,343-349,1987.
4) Zhao, F. J. *et al.*: *Soil Sci. Plant Nutr.*, **43**, 1137-1142, 1997.
5) Gayler, K. R. and Sykes, G. E.: *Plant Physiol.*, **78**, 582-585, 1985.
6) Rabe, E.: Handbook of Plant and Crop Stress (ed. Pessarakli, M.), 261-276, Marcel Dekker, 1994.
7) Schnug, E. and Haneklaus, S.: Sulphur in Agroecosystems (ed. Schnug, E.), 1-38, Kluwer Academic, 1998.
8) Janzen, H. H. and Eller, B. H.: Sulfur in the Envisronment (ed. Maynard, D. G.), 11-43, Marcel Dekker, 1998.

7.4.16 マンガンの欠乏と過剰ストレス
a. マンガン欠乏ストレス
1) 可視症状

i) クロロシス 一般的には,葉が淡緑色ないし黄色になる.最上位葉は葉全体が黄化するが,中位葉では葉脈間クロロシスが生じる.カンキツ類では葉脈間クロロシスがみられるが,亜鉛(Zn)欠乏や鉄欠乏ほど鮮明ではない.エンバクは特にマンガン(Mn)欠乏に敏感で,葉の基部にグレイスペック(gray speck,灰斑病)と呼ばれる緑灰色の斑点や縞模様が現れる.硫酸マンガンの施用で回復する.

ii) アントシアニンの減少 ブドウ,赤ジソ,赤キャベツ,赤レタスなどアントシアニンを集積する植物は,マンガンが欠乏すると色づきが悪くなる.

iii） 生長異常　葉や茎などの生長が異常になり，萎縮した感じになる．葉の形が細長くなったり，凹凸が生じたり，縮んだりする．
　iv） 子葉の褐変　マメ科植物（エンドウ，ソラマメ，インゲンマメなど）の子実の子葉の内部にマーシュスポット（marsh spot，湿地病）と呼ばれる褐変症状が現れる．
　2） 細胞および生理機能の変化　光合成能力が低下する．炭水化物代謝が乱れ，アスコルビン酸量も低下する．フェノール代謝が低下して，アントシアニン，フラボノイド（タンニンなど），リグニンなどの含量が低下する．IAA酸化系の代謝が低下してホルモン代謝の乱れが生じる．
　b. マンガン過剰ストレス
　1） 可視症状
　i） 褐変斑点　一般に下方から葉や茎に褐色の斑点が現れる．
　ii） クロロシス　マンガンは配位力の強い銅やニッケルに比べると生物配位子に対して鉄と拮抗する力が弱く，いわゆる重金属誘導鉄クロロシスは起こりにくい．マンガン過剰によるクロロシスは鉄欠乏症状と似ているが，緑色のセロファンで遮光すると，鉄欠乏植物のクロロシスは生じるが，マンガン過剰植物のクロロシスは抑制されるので，過剰のマンガンとクロロフィルに吸収された光との直接的作用によってクロロフィルが酸化分解されるものと考えられる．キャベツ，レタス，アルファルファなどでは葉縁クロロシス（marginal chlorosis）と呼ばれる葉の緑が黄化する現象がみられる．
　iii） 生長異常　キャベツ，カリフラワーなどの葉はカップ状（cupping）になる．
　2） 細胞および生理機能の変化　呼吸系，特にペルオキシダーゼやポリフェノールオキシダーゼの活性が高まり，フェノール性化合物が酸化されて褐色物質が生じる．アスコルビン酸が酸化され還元型が低下する．
　3） マンガン毒性と解毒の機構　マンガンの生理作用参照．　　　〔堀口　毅〕

7.4.17　亜鉛の欠乏と過剰ストレス
　a. 亜鉛欠乏
　多くの植物に亜鉛（Zn）欠乏症がみられるが，その特徴は二つに大別される．①新鞘部の伸長阻害，②クロロシスの発生，である[1]．①の現象はどの植物にも共通してみられるもので，葉が小型化したり，茎の伸長が阻害されいわゆるロゼット状になる．そのため植物の伸長生長を司るホルモン"オーキシン"であるインドール酢酸（IAA）生合成の阻害がまず予測され，多くの研究が行われた．IAA生合成経路上にあるいくつかの中間代謝産物の集積や，亜鉛欠乏植物へのこれら中間代謝産物の添加またはオーキシンの添加による欠乏症の回復が報告されたが，明確な結論は得られていない（3.4.3項参照）．
　②の現象は植物の種類によって出方が若干異なり，多くの野菜では葉に褐色の斑点を生ずるが，イネやトウモロコシでは新葉が黄白化し，カンキツでは旧葉で葉脈部を緑色のまま残して葉脈間が黄色になる．これについても障害発生機構は明確になっていない．以前から強光下で亜鉛欠乏症が生じやすいことが知られていたが，最近，亜鉛欠乏

によるスーパーオキシドジスムターゼ（SOD）活性の低下や，それに伴う，光による亜鉛欠乏症の激化が報告されておりクロロシス発生との関連で注目される．

細胞にみられる生理的応答を調べるため，亜鉛欠乏の組織学的影響が光学顕微鏡や電子顕微鏡レベルで検討された．その結果，亜鉛欠乏によって葉緑体のグラナ構造の発達の阻害や色素体の液胞化がみられている．また，植物体内でみられる生理的応答として，亜鉛欠乏によるタンパク合成の抑制がある．この現象も多くの植物に共通してみられるものであり，これとの関連で，亜鉛欠乏による核酸合成の抑制や，タンパク合成の場であるリボソームの減少がみられ，いずれもタンパク合成の抑制に直接結びつくものとして注目されるが統一した解析はなされていない（3.4.3項参照）．その他，亜鉛欠乏下で還元糖が蓄積しデンプンの含量が減少するなど，糖の代謝に乱れが生じることが知られている．

b. 亜鉛過剰

亜鉛は銅などに比べ錯結合の安定度が低く根に蓄積されにくくて，過剰になった場合でも毒性は低い方である[2]が，過剰症が，鉱山やめっき工場排水の流入する水田にみられることがある．水稲は亜鉛過剰に比較的強い方で葉中亜鉛含量が 1,500 mg/kg 以上になることがあるが，タマネギなどは弱く 500 mg/kg でひどい被害を受ける．過剰症発現メカニズムのなかで明確になっているのは，重金属過剰によって誘導される鉄欠乏である[3]．この場合には，鉄欠乏特有のクロロシスを生ずるが土耕では症状は明瞭でない．イチゴやダイズなどでは葉脈を中心とした赤紫色化がみられ，インゲンでは褐色の斑点が葉脈部にみられる．色素の沈着は他の原因でもみられることがあり，亜鉛過剰はその遠因になっていることも考えられる．

高濃度の亜鉛が与えられると，植物体内で特殊なペプチド $(\gamma EC)_n G$（カディスチンまたはフィトケラチン）が生成される．しかし $(\gamma EC)_n G$ 生成能はカドミウムが最も強く，（7.4.22項，23項参照）亜鉛はかなり弱い．植物の亜鉛過剰耐性メカニズムについてはいくつかの実験が行われているが，統一した見解は得られていない．

〔小畑 仁〕

文 献

1) Brennan, R. F. *et al.*：Diagnosis of zinc deficiency in Zinc in Soils and Plants, (ed. Robson, A. D.) 167-181, Kluwer, 1993.
2) 茅野充男，北岸確三：土肥誌，**37**, 342-347, 1966.
3) Chaney, R. L.：Zinc Phytotoxicity in Zinc in Soils and Plants, (ed. Robson, A. D.), 135-150, Kluwer, 1993.

7.4.18 銅の欠乏と過剰ストレス

a. 銅の欠乏ストレス

地上部の銅（Cu）は葉緑体中に多く，その半分は光合成の電子伝達系の中で重要な役割をになうプラストシアニンの形である．そのため，銅欠乏になるとプラストシアニン含量が減少し，光化学系Iの活性がIIよりも著しく低下し，また，葉緑体中の他の酵素への影響もあることから，その欠乏により光合成速度が低下する．さらに，光合成で

二酸化炭素（CO_2）固定に作用する Rubisco も銅を含んでいる．高等植物のスーパーオキシドジスムターゼ（SOD）は銅と亜鉛（Zn）を含む酵素で，細胞に有害な活性酸素の消去にかかわっており，銅欠乏によりその能力が低下する．一方，呼吸系では銅は末端酸化酵素であるシトクロム $a-a_3$ 複合体やアスコルビン酸オキシダーゼに存在し，銅欠乏になるとこの酵素含量が顕著に低下する．しかし，この酵素活性が低下しても呼吸速度に変化が見られない場合もある．チロシナーゼやラッカーゼなどのポリフェノール酸化酵素も銅酵素で，リグニン合成に関与することから銅欠乏組織ではリグニン化が抑えられ木部の発達が不十分となる．

b. 銅の過剰ストレス

過剰の銅はほとんどが根に集積し，その生理機能を阻害する．銅は特に鉄（Fe）と拮抗作用を有し，銅の過剰は鉄の欠乏に起因する障害として発生するものが多い．渡良瀬川流域で発生した足尾銅山由来の銅含有排水による水稲の被害は，銅過剰にともなう水稲の鉄欠乏クロロシスが発現した有名な例として知られている．

その機構は細胞の中で活発な生理作用が営まれている部位にある微量必須金属，特に鉄と銅が置き変わり，正常な機能を損なうことが主因である．さらに，銅は電気陰性度やキレート安定度定数が高く，硫黄（S）イオンと不溶性の化合物をつくりやすいことから，生体内の酵素の作用基と結合し，その作用を阻害する．また，膜タンパク質と結合しやすく，物質の膜透過性に影響を与えたり膜自身を破壊する場合もある．

c. 耐性機構

Graham ら（1979, 1987）[1]は，ライムギとコムギの交雑と選抜により銅欠乏耐性のコムギを育成したが，その耐性機構は定かでないなど銅欠乏耐性に対する知見は著しく少ない．一方，銅過剰耐性では，アフリカ中部の銅含量の高い土壌地帯に生育する植物の中には，乾物当り 1,000 ppm を超える銅を集積しているものが存在する．このような植物では，銅が特殊な化合物をつくり，細胞内での銅活性を抑制していることが予想されるが，くわしいことはわかっていない．Rauser（1980）ら[2]が銅耐性のヌカボの根から銅結合タンパク質を分離したのが，植物で最初に発見されたメタロチオネイン（MT）で，次いで銅耐性のホウレンソウおよびシラタマソウからも銅結合タンパク質が得られているが，ヌカボのそれとはかなり異なるものである．その後，インゲン，キャベツ，トマト，水稲，ホテイアオイなどからも発見され，MT に類似する物質ということから MT 様物質と呼ばれ，これらが銅ストレスに対する防御手段の機能として作用しているといわれている．MT 合成遺伝子 *CUP* 1 は，その発現が銅によって誘導されるが，鉄欠乏のオオムギ根から得られたムギネ酸合成に関連する遺伝子（*ids*）にもこの *CUP* 1 と同様の塩基配列の存在することが報告されており，銅のもつ生理機能の遺伝的側面を考える上で重要である．

b. ストレス耐性の種間差

麦類は銅欠乏の指標植物といわれるくらいに鋭敏な植物であるが，逆に銅過剰に対しては比較的強い性質を有する．また，逆に鉄に対する感受性が高いイネ，特に陸稲は銅の過剰には弱い．植物の種類によるメタロチオネインやフィトケラチンの誘導能について同一条件で比較した結果，その誘導能は高等植物に比較的普遍に認められるが，量的

には植物の種類による差が大きいことが指摘されており，それがストレス耐性の植物種間差と考えられている．

〔長谷川　功〕

文　献
1) Graham, R. D. and Pearce, D. T.：*Aust. J. Agric. Res.*, **30**, 791-799, 1979.
2) Rauser, W. E. and Curvetto, N. R.：*Nature.*, **287**, 563-564, 1980.

7.4.19　ホウ素の欠乏と過剰ストレス

　土壌中のホウ素（B）は，酸性下では雨水や灌漑によって流亡しやすく，アルカリ性では土壌に固定されやすくなる．そのため，植物はホウ素欠乏を発生しやすくなる．また，土壌の乾燥によっても植物はホウ素の吸収が悪くなり欠乏をおこしやすい．

　ホウ素欠乏は，急速な伸長や肥大がみられる組織で現れやすく，組織によっていろいろな症状を呈する．ホウ素が欠乏すると茎先端の分裂組織や新葉の伸長が停止して壊死する．そのため，草丈が低くなりロゼット化することもある．このほかダイコンの褐色心腐れ，ビートの心腐れ，セルリーの茎割れ，リンゴの縮果症，ミカンの硬化症，ブドウのアン入り，エビ症，ナタネやムギの不稔などがホウ素欠乏の症状として知られている．根の生長もホウ素欠乏の影響を受け，根端の伸長が阻害される．これらの症状は細胞壁の不均一な肥厚や不規則な形の細胞形成，細胞伸長および細胞分裂の阻害，フェノール類の蓄積などによって起こるとされている．

　ホウ素欠乏はアブラナ科のダイコン，ナタネやビート，トマト，ブドウなど双子葉植物で発生しやすく，イネ科のオオムギ，トウモロコシなどの単子葉植物では発生しにくい．このような違いは，単子葉植物に比べて双子葉植物の細胞壁のペクチン含量やホウ素含量が高く，ホウ素要求量も概して高いためといわれている．

　ホウ素は欠乏と過剰の限界濃度差が狭く，その範囲も作物によって異なるため，過剰施肥により過剰害が起こりやすい．また，わが国ではみられないが，降雨による流亡の少ない乾燥地・半乾燥地では灌漑水や土壌に由来するホウ素により過剰害が起こることがある[1]．たとえば，1.5 mg/L のホウ素を含む灌漑水を用いてコムギを栽培すると過剰害が起こったとする報告がある．

　ホウ素過剰の典型的な症状は下位葉に現れ，葉の先端および葉縁部にクロロシスやネクロシスが起こる．葉が巻いてカッピングを起こすこともある．ホウ素過剰害の機構は明らかでないが，ホウ素はホウ酸の形で植物に吸収され，ホウ酸がシスのOH基をもつ化合物と複合体を形成する性質を有することから，植物体内の糖などの化合物と複合体を形成することによって代謝を阻害すると考えられている．

　ホウ素の過剰に対する耐性は柑橘などの果樹やダイズ，アズキなどで弱く，キャベツなどのアブラナ科，ビート，アルファルファなどで強い．オオムギやコムギではホウ素過剰に対する耐性が品種間で異なり，これはホウ素吸収を抑制する能力の違いによるとされている[1]．

〔横田博実〕

文 献
1) Nable, R. O. et al. : *Plant Soil.*, **198**, 181-198, 1997.

7.4.20 モリブデン欠乏ストレス
a. 障害発生の機構
モリブデンは植物の微量必須元素のうち最も要求量が少ない．種子の大きな植物では，2～3世代モリブデン欠如栽培をしなければ典型的な欠乏障害を生じないほどである．したがって，堆肥や微量要素剤を少し施用していると欠乏障害は通常発生せず，未耕地土壌や人工的な培地を利用した栽培において，ときに問題になる程度である．

モリブデン（Mo）の植物における関与は，窒素固定菌のニトロゲナーゼと，植物体内での硝酸還元酵素（NR）の必須構成元素としての機能が明らかにされている．また，根粒中に生成するキサンチンを尿酸に分解するキサンチン酸化酵素もモリブデンを含む．要求量が極微量なのは，働きがきわめて限定されているためである．

NRは，硝酸イオンや光照射により生成される典型的な誘導酵素である．硝酸培地で生育したモリブデン欠乏植物の葉の組織にモリブデンを真空浸透すると，すぐに酵素の急速な生成が起こるが，無細胞抽出物にモリブデンを加えてもNR活性を生じない．また，欠乏組織にモリブデンを注入しても同時にタンパク質合成阻害剤を加えるとNRは生成されないことから，NR誘導生成の過程でモリブデンは単に構成原子としてでなく，NR酵素タンパク質の生成それ自身にも必須であることが知られている．

NR活性の低下によるモリブデン欠乏ストレス植物は，葉中に多量の硝酸態窒素を蓄積する．モリブデン欠乏障害は窒素同化量の不足による窒素欠乏症状と，同時に多量に葉中に存在する硝酸イオン過剰による複合障害として症状に現れる．

b. 種間差など
モリブデン欠乏障害はマメ科植物で問題になりやすい．野菜では，ブロッコリー，ハナヤサイ，レタスで，花卉ではポインセチアで，果樹ではミカン，ナシで欠乏障害を生じやすいが，葉面散布で容易に回復する．マメ類では種子浸漬の効果が高い．蛇紋岩地帯のニッケル（Ni）過剰下ではミカンのモリブデン要求量が増える．また，ホウレンソウ，タマネギ，ゴボウなど一般野菜で外見上の欠乏障害は認められなくてもモリブデン施用により収量が増加した例は多い．土壌が酸性化すると，モリブデンが不溶性になるため，酸性土壌では潜在的モリブデン欠乏も多い．なお，土壌の酸性障害はアルミニウム過剰が主要因と考えられているが，モリブデン欠乏が優先する圃場もある．酸性土壌のモリブデン欠乏障害はアルカリ資材の施用で大半は解消するが，土壌中モリブデンの可溶化効果も大きい．

〔渡辺和彦〕

7.4.21 塩素の欠乏と過剰ストレス
Broyerらがトマトに塩素（Cl）欠乏症を発生させ，塩素が植物の必須元素として認められたのは1954年である．塩素の必須性を容易に立証することができなかった背景には，塩素が環境中に比較的豊富に存在すること，塩素の欠乏症を発生させる植物体内濃度がきわめて低いことがあったと考えられる．そのようなわけで，Broyerらの報告

後20年もの間,圃場レベルで作物に塩素欠乏ストレスが発生するとは考えられてこなかった.

ところが,1972年になってvon Uexkullがココナッツに対する塩素施与効果を発表して以来,コムギなどにも同様の効果が報告され,作物の塩素欠乏ストレスが注目されるようになった.

植物体内における塩素の生化学的役割については,クロロプラスト内の光化学系IIへの関与などが報告されているが,詳細については本書3.4.7項を参照されたい.これらの報告で明らかなことは,塩素の生化学的要求量が通常150 mg/kg以下ときわめて低いことである.作物体は,通常この10倍以上の塩素を含むので,塩素が生化学的機能を果たせないほどに欠乏することはきわめてまれであろう.

それでは,なぜ作物に塩素欠乏ストレスが生じるのか.塩素の施与効果として報告されている内容は,①塩素の生化学的役割のほかに,②塩素イオンが易動性で体内毒性が低いため植物の浸透圧調節剤として機能し,孔辺細胞や機動細胞の機能を調節し,水ストレス耐性の付与に貢献する,③土壌中の窒素の動態や植物の窒素やリンの吸収時に塩素イオンが相互作用を及ぼし,養分の肥効を調節する,④土壌病原菌やその宿主植物に作用して土壌病害を軽減する,などである.これらによって,作物の収量の増加や品質の向上が認められたと報告されている.

塩素の施与効果が報告されている作物とその限界含有率(mg Cl/kg)は一般植物(100),コムギ(1,500),オオムギ(1,200~4,000),バレイショ(>1,310),ココナッツ(2,500~7,000),オイルパーム(6,000)などである.しかし,塩素施与効果には大きな種間差異があるばかりでなく,品種間差異や生育段階・条件によっても効果に差異を生じ,塩素施与効果は一定していない.塩素欠乏ストレスの発生機構については,なお検討の余地がある.

一方,塩素過剰ストレスは,塩害の一因として頻繁に発生するように理解されている.しかし,植物体には通常塩素が2~20 g/kgと比較的高濃度に存在していて塩素の毒性は低いと考えられるので,塩害が真に塩素過剰に起因するのかは明確ではない.塩害はむしろ,高塩濃度による間接的障害ないし随伴するナトリウムイオンの毒性による障害が主体で,塩素そのものの過剰害は小さいものと推測される. 〔安藤忠男〕

文 献
1) Fixen, P. E.: *Advances in Agronomy*, **50**, 107-150, 1993.

7.4.22 カドミウム過剰ストレス
a. カドミウムによる障害の機構と生理的応答反応

重金属による農用地汚染が食物連鎖を通して人間に被害を及ぼした典型的な例がイタイイタイ病であり,その原因物質としてのカドミウム(Cd)は植物に対する影響が積極的に研究された非栄養性の重金属である.

植物に吸収されたカドミウムは比較的根に多く集積する元素で,根の伸長阻害がみられ100 ppm以上になると異常が発生すると予想される.地上部では10~30 ppm含まれ

ると異常と考えられ，300〜1,000 ppm になると亜鉛過剰と類似の鉄欠乏症類似のクロロシス症状が新しい葉の葉身に出現する．

水稲によるカドミウムの吸収が電子伝達系阻害剤であるアジ化ナトリウム（NaN_3）やエネルギー脱共役剤である DNP によって阻害されることから，その吸収は吸収エネルギーに依存している．また，カドミウムの吸収がカルシウムポンプもしくはチャンネルの阻害剤によって阻害され，カルシウムイオノフォアによって促進されることから，カドミウム吸収の一部がこうしたカルシウムポンプもしくはチャンネルによっているとの知見もある．低濃度のカドミウム溶液からの吸収は同族の亜鉛（Zn）よりも高い．体内のカドミウムはそのほとんどがタンパク質と結合して存在する．中でも亜鉛を含有する酵素の亜鉛部分に結合することにより，その生理機能を阻害することが指摘されているが，阻害機構の詳細については，まだ不明の点が多い．

カドミウムに対する植物体の生理的応答反応で特筆すべきことは，メタロチオネイン様物質（MT）のような SH 基含量が多い重金属結合タンパク質がカドミウムによって誘導生成されることである．

b．カドミウム過剰の耐性機構

植物における重金属耐性は，重金属イオンの低吸収性と無毒化である．前者の例として，イネ科の植物はカドミウムなどの二価イオンの吸収量が小さく，比較的耐性が大きいといわれている．それはこれらの根の細胞壁の陽イオン交換容量が小さく，ドンナン膜平衡理論から容量の小さい膜に対する多価カチオンの吸着は，1価のカチオンのそれよりずっと小さいことによると考えられている．

一方，無毒化としては，体内の重金属をクエン酸などの有機酸やシステインやヒスチジンなどのアミノ酸類と結合させて無毒化させる場合と重金属イオンを安定で低毒なキレート化合物に変化させ害作用を受けないようにすることが知られているが，後者の典型が MT 物質である．植物の場合の MT 物質は比較的低分子量で，システイン含量が多いので多量の SH 基を含有する．しかし，芳香族アミノ酸をまったく含まないのでタンパク質特有の 280 nm における吸収がないが，カドミウムにより誘導生成される化合物の場合は，SH 基とカドミウムの結合に基づく 254 nm の吸収がある．これらの化合物は分子量 30,000 を越えるものから 1,000 以下まで著しく幅が広いのが特徴である．Grill ら[1]はこの化合物の本体が $(\gamma\text{-Glu-Cys})_n\text{Gly}$ で，$n = 2 \sim 7$

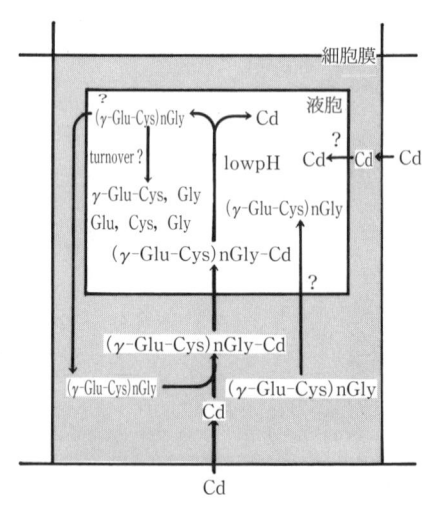

図 7.27 細胞内での Cd および（γ-Glu-Cys）nGly の分布
(Vogeli-Lange, R. ら，1990 の図を筆者が一部改変)

表7.11 カドミウムに対する植物の耐性序列

耐性大	耐性中	耐性小	
陸稲, トウモロコシ, コムギ, ライグラス	サツマイモ, トマト, ネギ, ニンジン	キュウリ, カブ, ダイズ, コンニャク	沼尾林ら (1973)
セイダカアワダチソウ, トウモロコシ, コンフリー	エンドウ, インゲン	ダイコン, ヒマワリ	田崎ら (1973)
ツバキ, クロマツ, シバ, ショウブ	サツキ, ツゲ, クワ, ダリア	ツツジ, グラジオラス, キク	沼尾林ら (1973)

であることを明らかにし,この一群の物質をフィトケラチンと命名した.$n=1$ の場合は生体内に広く分布するグルタチオン(GSH)で現在までに,$n=11$ までのフィトケラチンが発見されている.Volgeli-Lange ら[2]はカドミウム処理したキャベツの葉中でカドミウムと $(\gamma\text{-Glu-Cys})_n\text{Gly}$ がほとんど液胞中に存在することから,$(\gamma\text{-Glu-Cys})_n\text{Gly}$ が細胞内に入ったカドミウムを運搬する役割を果たしていると推定している(図7.27).

c. カドミウム耐性の植物種間差

ヘビノネコザ(シダ類)はカドミウムを高濃度に含有しても平気で生育することがよく知られている.表7.11 は植物のカドミウム耐性に関する主なものを列挙したものである.Kuboi ら(1986)は,カドミウムに対する耐性と吸収・集積特性との関係を検討し,吸収・集積能は科内種間差より科間差のほうが大きいことを明らかにした.また,小畑ら(1988)はイネ科,マメ科,ウリ科の3科12種類の植物を選び,カドミウム処理後の SH 化合物の誘導生成量とカドミウム取込み量の関係を調べ,両者の間に高い正の相関があることを明らかにした.さらに,Fujita ら(1987)は,生成誘導された化合物のアミノ酸組成を植物間で比較して,いずれの植物でもほぼ同じアミノ酸組成であることを報告している.これらのことから,カドミウムに対して植物はほぼ同じSH 化合物を誘導生成するが,誘導能は植物によって差があり,それが耐性能の差異と考えられる.

〔長谷川 功〕

文　献

1) Grill, E., Winnacker, E.-L, and Zenk, M. H.: *Science*, **230**, 674-676, 1985.
2) Vogeli-Lange, R. and Wagner, G. J.: *Plant Physiol.*, **92**, 1086-1093, 1990.

7.4.23 メタロチオネイン

メタロチオネイン(MT)は,生物に重金属を与えると生成されるタンパクまたはペプチドの総称で,含硫アミノ酸のシステイン(Cys)を特に多く含み,重金属との結合能が高い.MT-I,II,IIIの3群に分類されている.

MT-I は,カドミウム(Cd)を多量に含む特殊なタンパクとして MT 類の中で最初に,哺乳動物の臓器から発見された.MT-I はその後の研究で甲殻類や微生物にも含まれることが明らかにされ,特徴としてアミノ酸組成の1/3 が Cys で占められること

が分かっている．MT-IIは，MT-Iに似た構造であるが分子中でのCysの分布がMT-Iと明らかに異なっているものであって，主に微生物から発見されている．MT-IIIは，植物や分裂酵母を重金属処理することによって得られる分子量1,000以下程度の低分子量のペプチドである．植物から，MT-IIに分類されるコムギEcタンパクとMT-IIIのほか，植物MTと総称される一群のタンパクの遺伝子が発見され，検討が進められている．以下に植物に認められるMTについて述べる．

コムギEcタンパクはコムギ胚から抽出されたタンパクで，81アミノ酸残基からなり内17残基がCysである．亜鉛（Zn）と結合しており，胚中で細胞分裂に必要な亜鉛を蓄える働きをしていると推定されている．植物MTは動物由来のMTと相同性の高い遺伝子としてエンドウやコムギなど多くの植物から発見された．Cysの配置からタイプ1と2に分類されている．塩基配列から推定されるアミノ酸配列は，いずれもタンパクのN末端およびC末端に近い部分にCysが集中することを示している．金属は両部分を結びつけ安定化させる働きをしていると考えられている．

一方MT-IIIは，植物および一部の微生物に認められ，一般に $(\gamma\text{-Glu-Cys})_n\text{Gly}$ の構造で n の数は2～11のものが知られており，物質の名称としてフィトケラチンまたはカディスチンが与えられている．MT-Iと同様Cysの比率が高く重金属をキレートする能力が高い．カドミウム耐性の強い植物でその生成量が多く，培地に ^{109}Cd を与えるとそれが本物質と結合した形で回収されることが認められることなどより，本物質が重金属耐性に重要な役割を果たしていることは間違いないと考えられている．本物質はカドミウムと錯体を形成して液胞へ運ぶ機能を有することがキャベツで明らかにされた．また本物質の液胞への輸送が抑制される酵母，*S. cerevisiae* の変異株がカドミウム感受性であることが認められて，重金属を液胞へ隔離するための輸送も機能の一つとして注目される．本物質は分子中に γ 結合を含むためペプチド自体はDNA上に直接コードされていない．グルタチオン（γ-Glu-Cys-Gly）を基質として本物質を合成する酵素はフィトケラチン合成酵素と命名されている．この酵素は精製操作による活性低下がいちじるしく精製が困難で研究の進展が阻まれていたが，最近シロイヌナズナから本酵素の遺伝子が発見され，いくつかの植物で研究が進められている． 〔小畑　仁〕

文　献

1) Robinson, N. J., *et al.*: *Biochem. J.*, **295**, 1-10, 1993.

7.4.24　アレロパシーストレス
a.　アレロパシーの概念

アレロパシー（他感作用）は，狭義には「植物が放出する化学物質が，他の植物・微生物に阻害的あるいは促進的な何らかの作用を及ぼす現象」を意味する．作用物質を他感物質（allelochemicals），またはアレロパシン（allelopathin）という．一般に害作用が顕著であるが，促進作用も含む概念である．最近の研究は昆虫・微生物・動物を含めた生物間相互作用に広がっており，広義には化学物質による生物個体間の攻撃，防御，協同現象，あるいは何らかの情報伝達に関する相互作用を意味する[1,5]．

b. 他感物質の成因

従来存在意義が不明とされてきた二次代謝産物の多くが，アレロパシーに関与しているとの説が有力になっている．二次代謝産物は，核酸やタンパク質，脂質などの生命維持に不可欠の一次代謝産物とは異なり，特定の植物にのみ多量に存在する物質であり，タバコのニコチン，コーヒー豆や茶葉に含まれるカフェインなどがその例である．ニコチンは根で合成され，抗オーキシン作用とクロロフィル合成阻害作用があることが判明しており，ニコチンの真の意義は，根から溶脱して周囲の植物に影響を与えるアレロパシーとの説がある．カフェインもアレロパシーへの関与が報告されている．

c. 他感物質の例とその作用機構

これまでに他感物質であると報告された物質は多い．フェノール性物質，有機酸，脂肪酸，キノン類，クマリン類，フラボノイド，テルペノイド，アルカロイド，青酸化合物など，大部分の二次代謝産物が含まれている．その作用機構も，①細胞分裂，生長，②植物ホルモンの作用，③膜の透過性，④養分吸収，⑤光合成，⑥呼吸やエネルギー代謝，⑦一次代謝産物の合成，⑧特定の酵素の作用などへの影響が報告され，あらゆる栄養・生長・生理・遺伝などの生化学的機構に関わっている[2]．

他感物質は雑多であるが，概して分子内にOH基，C=O基，あるいはS-O基をもち，分子内に活性の高い酸素原子を含むもの，励起されやすい二重結合や三重結合をもつものが多い．たとえば，クマリン，スコポレチン，ソラレン，ストリゴール，パツリン，ナギラクトンなどは分子内にα, β-不飽和ラクトン構造をもっている．これらは，SH基を活性発現に必要とする酵素反応を阻害する．また，ユグロン，ミモシン，ドーパ，カテコール，カフェインなどは，キノン関連物質であったり励起されやすいπ電子系をもつグループで，生体内での酸化還元反応に関与していると推察されている[1]．

d. アレロパシー現象発現機構

アレロパシーの作用経路は大別して，①葉など地上部から揮発性物質として放出される揮散，②生葉あるいは植物体の残渣や落葉・落枝などから雨や霧滴などによって濾し出される溶脱（浸出），③根など地下部から滲み出る浸出（滲出）に分けられる[1]．一般に，溶脱や滲出の作用が顕著で，揮発性物質の作用はやや特殊である．

アレロパシーの報告例は多いが，多くの場合光や養分の競合の寄与も大きく，これらとの識別が重要である．最近，寒天培地を用いたプラントボックス法とサンドイッチ法という手法が開発されている[4]．

e. アレロパシーストレスの有効利用

1) 残渣や落葉のアレロパシーを利用した雑草防除　ライムギ，コムギ，ソルガムのわらを被覆すると，作物の収量は減収せずに雑草量を70〜90％減少させることができたという．β-フェニル酢酸，β-ヒドロキシ酪酸等が阻害物質として報告されている．樹木の落葉の利用も有望である．クルミのユグロン，ギンネムのミモシン，ユーカリのテルペン類，ナギのナギラクトンなどは阻害物質が同定されている[3]．

2) 被覆作物のアレロパシーの利用　被覆力が強い植物，たとえばヒマワリ，ムクナ，ヘアリーベッチなどが有望である．光の競合が主因であるが，アレロパシーも寄与して雑草を抑制する．このような植物を耕作放棄地の雑草抑制に利用する試みがあ

る[4].

3) 新たな生理活性物質・除草剤の開発　アフリカやアマゾン,東南アジアなどの未知の植物の新規生理活性物質を,新たな農薬のモデルにする.

ムギナデシコのアグロステミンは,リンの利用効率を高め,小麦のトリプトファンを増やすという[2].養分吸収や品質に影響する他感物質の利用が期待される.

4) アレロパシー能力を作物に導入　アレロパシーの強い系統を選抜したり,遺伝子組換え技術を用いて,他感物質を合成・分泌する雑草抵抗性作物をつくり出すことが考えられる.アレロパシー活性の高いイネの研究がアメリカと日本で開始されている.

〔藤井義晴〕

文　献

1) 藤井義晴:植物のアレロパシー,化学と生物, **28**, 471-478, 1990.
2) E. L.ライス著,八巻敏雄,安田　環,藤井義晴共訳:アレロパシー,学会出版センター, 1991.
3) 藤井義晴:雑草管理ハンドブック, 49-61,朝倉書店, 1994.
4) 藤井義晴:ヘアリーベッチの他感作用による雑草の制御(休耕地・耕作放棄地や果樹園への利用),農業技術, **50**, 199-204, 1995.
5) 藤井義晴:アレロパシー――他感物質の作用と利用―,農文協, 2000.

8. 肥　　料

8.1　肥料の種類と特性

　植物が健全な生育をするために必要な元素として，16元素があげられているが，肥料として認められているのは，窒素(N)，リン酸(P_2O_5)，カリ(K_2O)，石灰(Ca)，苦土(MgO)，ケイ酸(SiO_2)，マンガン(MnO)，ホウ素(B_2O_3)などを主成分とした物質とされている．

　農作物を栽培する場合，通常の土壌では窒素，リン酸，カリが欠乏しやすく，一般に施肥の効果が大きい．これら3成分を肥料の三要素といい3成分のいずれか一つ以上を含有するものを肥料として考えるのが普通である．

　肥料としては，土壌に施される物のみではなく，葉面散布により植物に施される物も含まれ，さらに土壌の化学性を改善する物も肥料として認められている．

　現在使用されている肥料はかなり多種多様に及んでおり，生産手段，入手経路，形態，主成分，組成などの観点から分類した便宜的なものおよび肥料取締法による普通肥料，特殊肥料に分類される肥料ならびに土壌改良資材などについて，その歴史的変遷をはじめ，それら肥料の種類と特性などについて記述する．

8.1.1　肥料の歴史

　作物の栽培にあたって肥料が利用されるようになったことについて，風土記をはじめ古事記や日本書紀などに記載されているが，当初は動物のふん尿や人ぷん尿などが利用され"こやし""こえ"などと呼ばれ"糞"という文字があてられていて，これは"manure"（英語），"dung"（ドイツ語），"manoeuvre"（フランス語）など，いずれもその語源は家畜の排せつ物を意味している．

　わが国の肥料史（「明治農書全集」）によれば，明治初期からで勧農政策に影響され，新知識の導入によって，グアノ（海鳥糞），骨粉および過リン酸石灰の輸入へと発展している．わが国ではそれ以前から，農家では各種有機物が自給肥料として利用されていた．すなわち，人ぷん尿，堆肥，緑肥類，草木灰などが中心であり，購入肥料では，乾鰯（ほしか），鰊メかすなどの魚肥類，なたね油かすをはじめとして植物系油かす類，石灰などであった．

　一方，泰西農学によれば，リービッヒが肥料の研究に大きな貢献をしたことが記述されており，近代肥料工業への発展へとつながっている．

　主な化学肥料工業についてみると，1843年に過リン酸石灰工場などが建設されたことが工業化の最初とされている．わが国では明治20年2月，東京人造肥料（現日産化

学）が生産を開始したことに始まっている．その後，肥料会社が創設されて過リン酸石灰などの製造がさかんになった．このような進展の中で明治20～30年の頃には，有機質肥料への異物混入などの不正がはびこり，不正肥料の取り締まりが強く要望されたことから，明治32年に最初の肥料取締法が制定された．

1895年にはカーバイドから石灰窒素の製造，合成硫安の製造は，Harber-Bosch法が1913年に始められ，アンモニア合成法としてヨーロッパ各国で製造されるところとなった．わが国では，1929（昭和4）年に唯一国産技術である"東京工業試験所法"による技術が工業化への苦労の積み重ねを経て開発された．硫安は大豆かす，魚かすなどに比較して窒素成分が多く，価格が低廉で，肥効の発現は速効的で，土壌に吸着保持されて流亡しにくいこと，取扱いが便利である特性をもち，水稲栽培に対して硫安が効果的であったことが大規模な工業化へと進展したものと考える．

このように，食糧生産，農業振興の目的に沿った化学肥料工業の発展がみられたが，この間に大戦や経済変動の時代もあって，肥料工業界に影響するところが大きかった．

化学肥料工業の歴史と肥料の変遷をみると，窒素質肥料として硫安，石灰窒素，リン酸質肥料といえば過リン酸石灰が主要なものであったが，大戦後は窒素質肥料で尿素，硝安，塩安などがつくられ，田畑に利用され，リン酸質肥料では熔成リン肥，焼成リン肥，さらには化成肥料が多く利用されるようになり，近年では環境保全の立場から緩効性肥料が開発されて，不足する有機質肥料の代替えとしての利用や，バルクブレンド方式によるBB肥料も生産されるようになり，施肥の機械化を推進させて農業生産における労働の省力化に役立っている．

今後，人工増加の傾向とも関連して，農業生産における肥料の重要性は不変のものであり，世界の食糧生産を増大させるためにも，肥料の生産を増大させる必要がある．

〔麻生昇平〕

8.1.2 肥料の定義と分類

肥料取締法では，肥料を"①植物の栄養に供することを目的として土地に施される物，②植物の栽培に資するため土壌に化学的変化をもたらすことを目的として土地に施される物，または③植物の栄養に供されることを目的として植物に施される物"と定義している．

植物の生育にとって必須な元素のうち，炭素，水素，酸素は大気，水から供給されるために特に肥料の対象とはしない．窒素（N），リン（りん，P），カリウム（加里，K）の3元素は，植物の吸収量に比較して土壌中での存在量が比較的少ないため欠乏になりやすく，外部から補給したときの効果が現れやすいことから，肥料三要素（または一次要素，primary nutrients）というが，諸外国では，この三要素を供給する物を肥料と定義する場合が多い．たとえばOECD農業委員会（1963）では，"肥料とは，作物の生育，収穫物の質的改良または収量増加に有効な形態および量の窒素，リン，またはカリウムを含有する物"と定義している．

石灰資材は土壌の酸性を矯正する物であるが，わが国では上記②の定義により，肥料に含まれる．硫黄は植物の必須元素であるが，わが国では欠乏が顕在化することが少な

表8.1 肥料取締法による肥料の分類

普通肥料	窒素質肥料 りん酸質肥料 加里質肥料 石灰質肥料 けい酸質肥料 苦土肥料 マンガン質肥料 ほう素質肥料	窒素，りん酸，加里（カリウム），アルカリ分（石灰），けい酸，苦土（マグネシウム），マンガン，ほう素をそれぞれ主成分とする肥料．有機質肥料（動植物質に限られる）は含まれない．
	複合肥料	三要素〔窒素，りん酸，加里〕の2以上を含む肥料
	微量要素複合肥料	マンガン，ほう素の両者を含む肥料．三要素は含まない．
	有機質肥料	動植物起源の肥料．窒素，または窒素に加えてりん酸，加里を少なくとも1％以上含む．
	汚泥肥料等	下水汚泥肥料，汚泥発酵肥料など．．
	農薬その他の物が混入される肥料	農薬・水稲倒伏軽減剤などを混入することが認められた肥料で，混入できる物と肥料が公定規格で定められている．
	指定配合肥料	登録を受けた肥料のみを原料として配合された肥料で，農林水産省省令で指定されたもの．
特殊肥料		肉眼などで識別できる粉末にしない魚かすや，自給肥料などで農林水産省告示で指定された肥料

く，また硫酸アンモニウムなどの形で他の要素と同時に供給されることが多いため，特に肥料の主成分とはしていない．しかし，土壌のアルカリ性を矯正する資材として硫黄華などの硫黄およびその化合物は普通肥料となっている．

微量要素を供給する資材が，定義では肥料に含まれるが，硫酸亜鉛やモリブデン酸塩などの工業薬品までを肥料として扱うのは無理があるので，公定規格では欠乏が比較的発生しやすいホウ素(ほう素)，マンガンを供給する物は肥料となるが，他の微量要素については肥料の主成分とはせず肥効発現促進材などとして取り扱う．

肥料は，その成分，形態，施肥法などからいろいろな分類が可能である．肥料取締法による分類は表8.1に示した．そのほかに，有機質肥料と無機質肥料（または化学肥料），あるいは農家の入手手段から自給肥料（堆肥など）と購入肥料（金肥，きんぴ）などに分けられる． 〔越野正義〕

8.1.3 普通肥料と特殊肥料

肥料取締法で肥料は普通肥料（ordinary fertilizer）と特殊肥料（special fertilizer）に大別される．

普通肥料は，特殊肥料以外の肥料のすべてをいう．化学肥料，油かす粉末などの有機質肥料，石灰資材などが含まれ，それらを生産したり輸入するときには銘柄ごとに登録する必要がある．大部分の化学肥料は農林水産大臣に，有機質肥料，石灰質肥料は都道府県知事に登録する．登録にあたっては主成分，有害成分の含量などについて公定規格

に適合することが必要である．肥料には保証成分や，施肥上の注意などを表示した保証票を添付する必要がある（通常は袋に印刷）．保証票の表示に基づいて国または都道府県の肥料検査官が検査を行い，品質を保全している．

特殊肥料は農家の経験と五感によりその内容・品質が識別できるような肥料や，品質の変動が大きいために普通肥料としての公定規格が設定できない物で，農林水産大臣が指定する肥料をいう．米ぬか，堆肥など，農家が自家生産するものでは，これを生産する農家を肥料生産業者として登録させたり，品質の検査を検査官が行うのは実際的ではなく，また農家は，それらの性質を熟知しており施肥上の注意などをあえて表示させることは必要がないから，特殊肥料に指定して肥料取締法による規制を大幅にゆるくしたものである．最近まで汚泥など産業廃棄物に由来する肥料も特殊肥料となっていたが，有害成分の規制を必要とする肥料は本来，特殊肥料になじまないということで，1999（平成11）年の肥料取締法の改正により，普通肥料に移行された．

なお新規の肥料を開発した場合など，普通肥料としての公定規格を満たさず，しかも特殊肥料に指定されていないときには，まず農林水産大臣に仮登録し，一定期間内に規格を改定または新設する必要がある．

8.1.4 窒素質肥料

肥料三要素のうち，窒素を主成分とする肥料をいう．植物が吸収・利用できる形態であるアンモニウムまたは硝酸を含有するか，または土壌中でこれらを生成する窒素化合物からなる．ただし，窒素以外にリン，カリウムを同時に含有する場合は複合肥料に，また動植物に由来する肥料は有機質肥料に分類される．

主要な窒素質肥料（nitrogen fertilizer）は表8.2に示した．

表8.2 主な窒素質肥料[*1]

肥料名	性状	成分量(%)[*2]	水溶性	吸湿性	肥効	備考
硫酸アンモニウム（硫安）	白色結晶または粉状	AN 21	高い	中	速効性	
塩化アンモニウム（塩安）	白色結晶粗粒状	AN 25	高い	中	速効性	
硝酸アンモニウム（硝安）	白色粒状	AN 16〜17 NN 16〜17	高い	高い	速効性	園芸用に適する．流亡性
尿素	白色粒状または粉状	TN 46	高い	高い	速効性	
石灰窒素	灰黒色粒状	TN 21	溶解	高い	やや遅効	農薬効果も期待できる

[*1] 緩効性窒素肥料と被覆窒素肥料については，8.1.12参照
[*2] TN＝全窒素，AN＝アンモニウム態窒素，NN＝硝酸態窒素

a. アンモニア

石灰窒素を除いた大部分の窒素肥料は，アンモニアを原料としてつくられる．アンモ

ニアはアメリカなどでは直接土壌に注入して肥料となっているが，日本では実用化されていない．

アンモニア（NH_3）は窒素と水素を反応させてつくられる．1913年，ドイツのHaberの基礎研究に基づきBASF社のBoschらが始めて工業化した．

$$N_2 + 3H_2 = 2NH_3 + 92 \, kJ \tag{8.1}$$

合成ガス（N_2+3H_2）のうち，水素の製造コストが高く，その原料，製造法がアンモニア合成全体のコストに影響する．Haber-Bosch法では，石炭から水性ガス反応によって水素をつくった．水を電気分解して水素をつくるのは技術的には容易であるが，電力コストが高く現在では引き合わない．天然ガスを使うと，合成ガスの生成工程が簡単になり安価なため，現在では世界的に原料の主流となっている（70%以上）．わが国では天然ガスの供給に限界があるため国際競争力は大幅に低下している．

b. 硫酸アンモニウム

硫酸アンモニウム［$(NH_4)_2SO_4$］は代表的な窒素質肥料である．公定規格では硫酸アンモニア（硫酸安母尼亜を略して硫安）と呼ばれる．

アンモニアと硫酸を反応させてつくる．現在，わが国では合成硫酸アンモニウムの生産はなく，他工業でいったん使ったアンモニア（あるいは硫酸）を回収した回収硫酸アンモニウムがほとんどである．ナイロン原料のカプロラクタムの生産工業からの回収硫酸アンモニウムが多い．年間の生産は160万t，消費は70～80万t程度であり，肥料窒素の約20%を占める（1998年）．

窒素を21%含有する．生理的酸性肥料であり，連用した場合には石灰の併用が必要である．

c. 塩化アンモニウム

炭酸アンモニウムをSolvay法でつくるときに，アンモニアを塩化アンモニウム（NH_4Cl）として回収すると，原料塩の利用率が高まることから，わが国で世界に先がけて肥料化が図られた（公定規格では塩化アンモニア，塩安）．

$$NaCl + NH_3 + CO_2 + H_2O = NH_4HCO_3 + NH_4Cl \tag{8.2}$$
$$2NH_4HCO_3 = Na_2CO_3 + CO_2 + H_2O \tag{8.3}$$

最近，国内メーカーが生産から撤退しており，輸入に頼らざるを得なくなっている．生産・消費は8万t程度（1998年）に減少し，肥料窒素の2%程度である．

窒素含量25%の無硫酸根肥料．水稲，特に秋落ち水田では好適である．単肥のほか，NK化成の原料に多く用いられている．土壌溶液中の塩類濃度を高めやすいことから，野菜などでは不適とされている．

d. 尿素

尿素［$(NH_2)_2CO$］は，哺乳動物の尿中に見出され，Wöhlerの合成（1828年）は化学史上で有名である．肥料用としての本格的な製造は1948年の東洋高圧砂川工場での操業開始が世界的に最も早かった．

アンモニアと二酸化炭素を，180～200°C，140～250気圧で反応させてつくる（特に触媒は必要としない）．

$$2NH_3 + CO_2 = NH_2CONH_2 + H_2O \tag{8.4}$$

吸湿性が比較的高いことからプリル（粒状）化されるが，この際にあまり高温にすると植生に有害なビウレット［$(NH_2CO)_2NH$］が生成し問題になることがある。

尿素の窒素含量45％前後。窒素含量が高いことから輸送・貯蔵コストが安くてすみ，国際貿易の主力である。わが国では最盛期には300万t以上の生産があり，世界最高の輸出国であったが，最近の生産量は70万t，消費は12万t（1998年）である。

尿素は施用後，土壌中のウレアーゼにより加水分解して炭酸アンモニウムを生成し，畑ではさらに硝酸化成を受ける。肥効は，通常の硫酸アンモニウムとほぼ同等と考えられているが，土壌表面施用したり，あるいは局部的に高濃度にすると加水分解直後のpHの上昇によりアンモニア揮散が起こることがあり，肥効が低下する。

e. その他のアンモニア系肥料

アンモニアを燃焼して硝酸をつくることができる。肥料として用いられる硝酸塩のうち，アンモニウム，カルシウム塩は硝酸を中和してつくられるが，ナトリウム塩はチリで採掘する硝石（チリ硝石）を用いる。

硝酸塩肥料は畑作物用の速効性窒素肥料として欧米諸国では広く使用されているが，わが国では吸湿性が高いこと，水田で脱窒により肥効が著しく低いことから，消費は限られている。

吸湿性を低下させ，緩効性にするために，硝酸カルシウムを樹脂などで被覆した肥料もつくられている。

f. 石灰窒素

カルシウムカーバイドを加熱し，窒素ガスを吹き込んでつくったカルシウムシアナミド（$CaCN_2$）と炭素の混合物をいう。

$$CaC_2 + N_2 = CaCN_2 + C \tag{8.5}$$

窒素含量は20～23％であり，炭酸カルシウムを含むためアルカリ性を呈する。炭素を含むため黒色である。

シアナミド自体は植物に有害であり，発芽障害，殺草効果があるが（除草剤としても使える），施用後は土壌コロイドの接触作用により尿素を生成し，さらに加水分解してアンモニウムを生成し，肥効を発現する。

シアナミドの作用を利用して除草剤となるほか，有害小動物の駆除（ミヤイリガイ，ジャンボタニシなど）や土壌病原菌の抑制に用いられる。最近ではジャガイモの落葉剤，ブドウなどの休眠覚醒剤などへの利用が注目されている。

g. 肥効調節型窒素肥料

合成系緩効性窒素肥料，被覆窒素肥料については，8.1.12参照のこと。〔越野正義〕

8.1.5 リン酸質肥料

肥料三要素のうちリン酸（りん酸，P_2O_5）のみを含有する肥料をいう。原料のリン鉱石はフッ素アパタイト構造をもっており，溶解性が低く肥効が現れにくいために，酸分解，または熱分解により，この構造を破壊して，リン酸肥料がつくられる。主なリン酸質肥料（phosphate fertilizer）は表8.3に示した。最も重要なリン酸供給源はリン酸アンモニウムであるが，これは化成肥料に分類されている。

8.1 肥料の種類と特性

表 8.3 主なリン酸質肥料

肥料名	性状	成分量 (%)[2]	水溶性	吸湿性	肥効	備考
過リン酸石灰	灰白色粒状または粉状	SP 17〜20	溶解	中	速効性	
熔成リン肥（熔りん）	淡緑色粉状または粗粒	CP 20〜25 CMg 12〜17 アルカリ分 40	不溶	なし	やや緩効性	リン酸の固定が少ない.
苦土重焼リン（加工リン酸肥料）[1]	灰白色粒状	CP 28〜46 WP 6〜30 CMg 4〜8	一部	中	やや緩効性	ク溶性

[1] 加工リン酸肥料には，他に熔りんと過リン酸石灰の混合物，リン酸とスラグなどとの反応物などがある．
[2] SP＝可溶性（アルカリ性クエン酸塩液）リン酸 (P_2O_5), WP＝水溶性リン酸, CP＝ク溶性（クエン酸可溶性）リン酸, CMg＝ク溶性 MgO.

a. リン鉱石

リン酸肥料の主原料であるリン鉱石（phosphate rock）の主要鉱物はフッ素アパタイト $[Ca_{10}F_2(PO_4)_6]$ といわれているが，実際にはフッ素の一部が水酸基で置換され，さらに炭酸アパタイトと固溶体となったフランコライト〔francolite，一般式＝$(Ca, H_2O)_{10}(F, OH)_2(PO_4, CO_3)_6$〕に近い．

主要な産地はアメリカ（フロリダおよび中西部山岳地帯），アフリカ諸国（モロッコ，チュニジアなど），中近東（ヨルダンなど），ロシア（コラ半島），オセアニア（クリスマス島など）である．わが国では能登島などに，ごくわずか発見されたが，現在の産出はない．

リン鉱石の埋蔵量は，TVA の推定によると，全世界で 1,442 億 t であり，その 1/4 は現在の技術でも採掘可能である．この量をもとに，2000 年までリン鉱石採掘量の伸びを 5％，それ以後 0％と仮定してリン鉱石の耐用年数を計算すると，現在の技術で採掘可能なリン鉱石は 150 年，全資源は 550 年で枯渇する．

b. リン酸液

リン酸液は直接肥料として使われることはないが，リン酸アンモニウムや重過リン酸石灰の原料として重要である．電気炉を使った乾式リン酸は純度は高いが電気コストが高いので，肥料用にはリン鉱石を硫酸で分解してつくる湿式リン酸が使われている．

c. 過リン酸石灰と重過リン酸石灰

リン鉱石を硫酸で分解すると過リン酸石灰となり，リン酸で分解すると重過リン酸石灰となる．いずれも主成分はリン酸一カルシウム〔$Ca(HPO_4)_2 \cdot H_2O$〕である．過リン酸石灰はセッコウを含むため成分の含量が低くなる．

$$Ca_{10}F_2(PO_4)_6 + 7H_2SO_4 + 3H_2O$$
$$\longrightarrow \underbrace{3Ca(HPO_4)_2 \cdot H_2O}_{\text{過リン酸石灰}} + 7CaSO_4 + 2HF \uparrow \tag{8.6}$$

過リン酸石灰の工業的生産は，イギリスの Lawes が骨粉に硫酸を反応させてつくったのが最初とされている（1842年）が，これ以前にも骨粉に硫酸を反応させた溶解骨粉などは世界各地でつくられていた．Lawes は過リン酸石灰の肥効を確かめるために，圃場試験を1843年に開始したが，これが世界最古の農業試験場であるローザムステッド農業試験場の始まりである．

わが国では，1887（明治20）年に高峰譲吉が澁澤榮一とともに東京人造肥料会社（現日産化学）を設立し，翌年東京釜屋堀（現 江東区西大島）で生産を開始した．

水溶性のリン酸を含み，速効性．生産量は最近では30万t強（1998年）である．

d. 熔成リン肥

熱分解でつくる代表的な肥料．リン鉱石と蛇紋岩を電気炉または平炉（重油燃焼）で1,350〜1,500°Cに過熱・融解して製造する．「学術用語集」（文部省編）では融解リン肥（fused phosphate）という．

リン鉱石と蛇紋岩の混合比率は，融解の温度が低くなるよう MgO/P_2O_5 の比2〜4，MgO/SiO_2 を1前後とする．ケイ酸塩ガラスにリン酸カルシウムが溶解した構造をしている．水にはほとんど溶けないがクエン酸可溶性であり，肥効は緩効的である．しかし，土壌中で固定されることが少ないため，火山灰土壌などの改良に効果が高く，土づくり肥料としても用いられている．最近の生産量は14万t程度である．

e. 焼成リン肥と苦土重焼リン

リン鉱石のフッ素を除くために，ケイ砂などをリン鉱石に加えて焼成してつくるリン酸肥料には，レナニアリン肥や脱フツリン肥などがあった．脱フッ素の効率を高めるため，わが国ではリン酸ナトリウムを加え，水蒸気雰囲気中で焼成してつくる工程が研究された結果，焼成リン肥として工業化に成功した．

焼成リン肥は，リン酸三カルシウム[$(Ca_3(PO_4)_2$]とリン酸カルシウムナトリウム($CaNaPO_4$)が混合したものであり，リン酸はクエン酸に可溶性である．生産は2万t程度である．

この焼成リン肥に蛇紋岩を加え，さらにリン酸液などを反応させてマグネシウムを含ませるとともに，リン酸もクエン酸可溶性と水溶性の両方を保証できるようにした肥料が苦土（マグネシウム）重焼リンであり（公定規格では加工リン酸肥料に含まれる），20万t前後の生産がある．

f. リン酸アンモニウム

公定規格上では化成肥料に分類されるが，最も重要なリン酸の供給源である．リン酸液にアンモニアを反応させてつくる．中和の程度により一アンモニウム（MAP，湿式リン酸を原料にすると11-48-0），または二アンモニウム（DAP，18-46-0）になる．

年産43万tの製造能力があるほか，60万t前後の輸入がある．高度化成の原料，またバルクブレンド肥料の原料として用いられている．

リン酸をポリリン酸として，さらにアンモニアで中和するとポリリン酸アンモニウムができる．高濃度の肥料として利用できる． 〔越野正義〕

8.1.6 カリ質肥料

肥料三要素のうちカリウムのみを含有する肥料（カリウム肥料，加里肥料）（potassium fertilizer）をいう．塩化カリウム（KCl），硫酸カリウム（K_2SO_4）などの速効性肥料のほか，最近開発されたケイ酸カリウムなどがある．

原料はカリウム鉱石，またはブライン（かん水）である．わが国では産出がなく，全量をカナダ，ロシア，ドイツなどから輸入している．海水中には，K_2O 0.045％が含まれているから，製塩工業で副産された（苦汁カリウム肥料など）．主なカリウム肥料は表8.4に示した．

表8.4 主なカリ質肥料

肥料名	性状	成分量 (%)*	水溶性	吸湿性	肥効	備考
塩化カリウム（塩化カリ）	白色または赤褐色結晶	WK 58〜62	溶解	中	速効性	色は産地，製法による．
硫酸カリウム（硫酸カリ）	白色ないし灰白色結晶	WK 48〜50	溶解	中	速効性	
硫酸カリウムマグネシウム（硫酸カリ苦土）	白色ないし淡褐色結晶	WK 22 WMg 19	溶解遅い	なし	やや緩効性	
ケイ酸カリ肥料	灰白色粒状	CK 25 SSi 25 CMg 3，CB 0.05	難溶性	なし	やや緩効	緩効性カリ肥料
重炭酸カリウム（重炭酸カリ）	白色結晶	WK 46	溶解	中	速効性	

* WK＝水溶性カリ（K_2O），CK＝ク溶性カリ，WMg＝水溶性 MgO，CMg＝ク溶性 MgO，SSi＝可溶性 SiO_2，CB＝ク溶性 B_2O_3

a. カリウム鉱石

カリウム(加里)肥料は，水溶性カリウム塩の鉱石を原料としている．原鉱石としては，シルビナイト（KCl＋NaCl）が最も多く，これにカーナリタイト（$KCl・MgCl_2・6H_2O$＋NaCl）を合計すると世界で採掘されるカリウム鉱石の90％以上に達する．そのほかにはハートザルツ［$KCl+NaCl+CaSO_4(MgSO_4・H_2O)$］，ラングバイナイト（$K_2SO_4・2MgSO_4$＋NaCl），カイナイト（$4KCl・4MgSO_4・11H_2O$＋NaCl）などが利用されている．カナダ，ロシア，ドイツなどでの埋蔵量が多い．全世界では K_2O として500億 t 前後が採掘可能であり，現在の採掘ペースでは2000年はもつ．さらに海水からの回収をも考えると資源的な心配はない．

塩水湖のブライン（かん水）から分別結晶法でつくられるカリウム塩は，アメリカ（シアルス湖，グレートソルトレーク），イスラエル・ヨルダン（死海）などで生産されている．

b. 塩化カリウム

純粋な塩化カリウム（KCl）は白色結晶，K_2O 63.2％．肥料用では純度96〜99％の場合が多い．鉱石を採掘・浮遊選鉱したものはピンクないし赤色であるが，ブラインか

らは白色の結晶状の製品が得られる。90万t前後輸入されている。
　水溶性であり速効性。硫酸カリウムとほぼ同等の肥効を示すが，土壌溶液に溶出してイオン濃度を上げやすく，濃度障害がでやすい。
　塩素は植物の必須元素であり，植物中の含量は案外に高く，過剰の場合には数％に達する。過剰の害作用は現れにくい。ただしタバコでは火つきが悪くなるので塩化物は使われない。バレイショや野菜の多くも，塩化カリウムよりは硫酸カリウムが好まれている。

c. 硫酸カリウム

　硫酸カリウム（K_2SO_4）は，ラングバイナイトやハートザルツから，副分解や不純物除去でつくられるほか，塩化カリウムを硫酸で分解して製造される（Mannheim法）。

$$2\,KCl+H_2SO_4=K_2SO_4+2\,HCl \tag{8.7}$$

塩化カリウムから4万t前後つくられているほか，20万t弱の輸入がある。
　水溶性であるが，吸湿性は低く，土壌溶液濃度を上げにくいので，野菜・果樹などで愛用されている。しかし価格的には塩化カリウムより高い。

d. 硫酸カリウムマグネシウム（硫酸加里苦土）

　硫酸カリウムと硫酸マグネシウムの複塩。ラングバイナイトの不純物（塩化カリウム，塩化ナトリウム）を溶解度の差を利用して除去してつくる（Sul-Po-Mag）ほか，ハートザルツから得られる硫酸マグネシウム（キーゼリット，$MgSO_4 \cdot H_2O$）に塩化カリウムを反応させてつくられる。

$$2\,KCl+2\,MgSO_4 \cdot H_2O=K_2SO_4 \cdot MgSO_4 \cdot nH_2O+MgCl_2+(2-n)H_2O \tag{8.8}$$

カリウムとともにマグネシウムを供給できる。水溶性であるが，結晶が硬く溶解速度は遅い。

e. ケイ酸カリウム

　肥料用のカリウム塩は水溶性であり，速効性である。緩効性カリウム肥料としては，カリウム含有石英粗面岩を利用したゼオライト質カリウム肥料なども研究されたが，コスト面で難点があった。
　ケイ酸(けい酸)カリウム肥料は，フライアッシュ（火力発電の煙突から回収），炭酸カリウム（または水酸化カリウム），水酸化マグネシウムを混合・造粒後，800〜900℃で焼成して製造する。カリウム，マグネシウムのケイ酸塩，またはアルミノケイ酸塩であり，クエン酸可溶性。5万t程度の生産がある。
　このほかに緩効性カリウム肥料としては，硫酸カリウムなどを硫黄あるいは樹脂でコーティングした被覆カリウム肥料もあるが生産量は限られている。　　　〔越野正義〕

8.1.7　有機質肥料

a. 有機質肥料とは

　農業生産のために土壌に施される有機物であって，肥料成分を植物に有効な形で含んでいるものを有機質肥料という。有機質肥料には，天然物由来の動植物質のものと，合成された有機化合物とが含まれるが，通常，有機質肥料が論ぜられる場合には，後者は動植物系の有機質肥料とは区別されて扱われる。動植物系の有機質肥料には，三要素は

もちろん多種類の肥料成分が含まれるので，総合的な肥料としての役割が有機質肥料の特徴ともいえる．

肥料成分を含まない有機物，含んでいても作物に吸収利用されない形態であったり，実用上意味をもたない少量だったりするような有機物が土壌に施されることがある．有機質土壌改良剤と呼ばれているもので，これらは土壌の化学性，物理性あるいは微生物的性質を改良するために施用される．最近，有機質肥料の効用がとりざたされることが多くなるに従って，両者の区別が付きにくい資材が流布されているが，肥効の面からいえば，肥料成分の供給を目的として成分含有率が高いものを有機質肥料といい，有機物の供給を目的として土壌改良効果をねらって施用するものが粗大有機物や土壌改良資材である．いずれを使用するかは施用する目的によって使い分けるべきで，そのためには，資材の特徴を正しく理解し，目的に見合った資材を選択するのが肝要である．

b. 有機質肥料の種類

肥料取締法に基づく有機質肥料は，普通肥料と特殊肥料に大別され，その種類は表8.5に示すが，主要な有機質肥料について説明する．

i) 油かす類 ダイズ，ナタネなどの種子から搾油した残りかすを油かすといい，古くから広く施用されてきた良好な有機質肥料で，なたね油かすは窒素全量4.5％以上，リン酸全量2％以上，カリ全量1％以上が，また，ダイズ油かすは窒素全量6％以上，リン酸全量1％以上，カリ全量1％以上が保証されている．油かす類は含有する油脂量によって土壌中での分解に差異があり，一般に油脂分の少ない方が分解が速い．化学肥料と比べれば肥効は遅いが，窒素含量が多いので意外と分解が早く速効的である．主として窒素の施用効果が大きい．

ii) 骨粉類 獣骨から脂肪，ゼラチンなどをとった残りの骨を粉砕したもので，生骨粉や蒸製骨粉などがある．窒素全量1％以上，リン酸全量16％以上（蒸製骨粉では17％以上），窒素およびリン酸全量の合計が20％（蒸製骨粉では21％以上）が最少量として保証されており，リン酸質肥料として使用されている．骨粉にはリン酸三石灰と有機物である脂肪，窒素化合物であるオセイン（硬タンパク質）などが含有されており，土壌中ではオセインが分解されてアンモニア，硝酸に変化するが，このとき有機酸，炭酸ガスなどが生成して，これがリン酸三石灰を溶解する．骨粉の窒素，リン酸は水に溶けず，土壌中で分解されてから植物に吸収されるので，流亡や固定が少なく持続性の高い肥料である．

iii) 魚肥 古くから用いられてきた肥料で，魚かす粉末，干魚肥料粉末，魚節煮かすなどがある．窒素3～9％，リン酸3％を含み，カリが少ないのが特徴である．その他に油脂約8％，食塩約7～10％を含有するが，油脂分の少ない分解の速いものがよい肥料である．施肥後1週間頃から肥効が現れ比較的持続性が高い特徴がある．

c. 有機質肥料の成分

普通肥料の有機質肥料の肥料成分は，公定規格によって含有すべき主成分の最小量が定められているが，肥料の種類によって窒素全量は1～12％，リン酸全量は1～25％，カリ全量は1～9％とさまざまである．また，特殊肥料は肥料成分を含んでいるが，その量についての保証はない．

表8.5 有機質肥料の種類

1. 普通肥料（動植物質のものに限る）
   1) 原体およびその粉末（登録有効期限6年，35種類）
      魚かす粉末，干魚肥料粉末，魚節煮かす，甲殻類質肥料粉末，蒸製魚鱗およびその粉末，肉かす粉末，肉骨粉，蒸製てい角粉，蒸製で角骨粉，蒸製毛粉（含羽および鯨ひげ），乾血およびその粉末，生骨粉，蒸製骨粉，蒸製鶏骨粉，蒸製皮革粉，蚕蛹粉末，干蚕蛹油かすおよびその粉末，絹紡蚕糸くず，とうもろこしはい芽およびその粉末，大豆油かすおよびその粉末，なたね油かすおよびその粉末，わたみ油かすおよびその粉末，落花生油かすおよびその粉末，あまに油かすおよびその粉末，ごま油かすおよびその粉末，ひまし油かすおよびその粉末，米ぬか油かすおよびその粉末，その他の草本性植物油かすおよびその粉末，カポック油かすおよびその粉末，とうもろこしはい芽油かすおよびその粉末，たばこくず肥料粉末，甘草かす粉末，豆腐かす乾燥肥料，えんじゅかす粉末，窒素質グアノ
   2) 動植物質の原料を加工したもの（登録有効期限3年，7種類）
      加工家禽ふん肥料（①家禽のふんに硫酸等を混合して火力乾燥したもの，②家禽のふんを加圧蒸煮した後乾燥したもの，③家禽のふんについて熱風乾燥および粉砕を同時に行ったもの，④家きんふんを発酵，乾燥させたもの）
      魚廃物加工肥料（魚荒，いか内臓その他の魚廃物を泥炭その他の動植物に由来する吸着原料に吸着させたもの）
      とうもろこし浸漬液肥料（コーンスターチを製造する際に副産されるとうもろこしを亜硫酸液で浸漬した液を，発酵，濃縮したもの）
      乾燥菌体肥料（①培養によって得られる菌体またはこの菌体から脂質もしくは核酸を抽出したかすを乾燥したもの，②食品工業，パルプ工業，醸酵工業またはゼラチン工業の廃水を活性スラッジ法により浄化する際に得られる菌体を加熱乾燥したもの）
      副産動物質肥料（食品工業，繊維工業，ゼラチン工業またはなめしかわ製造業において副産されたものであって，動物質の原料に由来するもの）
      副産植物質肥料（食品工業または発酵工業において副産されたものであって，植物質の原料に由来するもの）
      混合有機質肥料（①有機質肥料に有機質肥料または米ぬか，発酵米ぬか，乾燥藻およびその粉末若しくはよもぎかすを混合したもの ②前述の混合有機質肥料の原料となる肥料に血液または豆腐かすを混合し，乾燥したもの）
2. 特殊肥料（動植物質のものに限る）
   1) 次のもので粉末にしないもの
      魚かす，干魚肥料，干蚕蛹，甲殻類質肥料，蒸製骨，蒸製てい角，肉かす，羊毛くず，牛毛くず
   2) 米ぬか，発酵米ぬか，発酵かす，アミノ酸かす，くず植物油かすおよびその粉末，草本性植物種子皮殻油かすおよびその粉末，木の実油かすおよびその粉末，コーヒーかす，くず大豆およびその粉末，たばこくず肥料およびその粉末，乾燥藻およびその粉末，落綿分離かす肥料，よもぎかす，セラックかす，にかわかす，魚鱗，家禽加工くず肥料，発酵乾ぷん肥料，人ぷん尿，家畜および家禽のふん，グアノ，たい肥，発泡消化剤製造かす

（農林水産省肥料機械課監修：ポケット肥料要覧-1999/2000-，農林統計協会より作成）

　一般に有機物は，リグニン含量が比較的低く全窒素含量が高い窒素質系と，セルロース含量が高くリグニン含量は比較的低い繊維質系，さらにリグニン含量が高く全窒素含量が低い木質系に大別できるが，有機質肥料の大部分は窒素質系の有機物で，窒素(N)に富みC/N比が小さく土壌中で分解されやすいものが多い．

表8.6 有機質肥料の効果の分類

1. 直接的効果：有機質肥料が直接的に植物の生育に影響を及ぼす場合
   A. 有機質肥料中に含まれる無機成分の供給とそれらの吸収
   B. 有機質肥料中に含有される有機物もしくはそれが土壌中で分解される過程で生成する有機化合物の吸収と生理作用に及ぼす影響，たとえば根の伸長促進など
   C. キレート形成に基づく微量養分元素の吸収促進
   D. その他
2. 間接的効果：有機質肥料が土壌を改良することによって間接的に植物の生育に影響を及ぼす場合
   A. 土壌の物理性を改良（通気性，保水性の向上など）
   B. 土壌の化学性を改良（養分供給能の増進，たとえば陽イオン交換容量の増大など）
   C. 土壌の生物性を改良（土壌微生物に及ぼす影響，たとえば微生物フローラの維持など）
   D. その他

（麻生末雄，1974 を筆者が一部改変）

d. 有機質肥料の施用効果

有機質肥料は，いずれも土壌中で微生物の働きにより分解されて無機化されてから植物に吸収利用されるもので，その反応は複雑であり，肥効は緩・遅効性である．表8.6は有機質肥料の効果をまとめたもので，表に示すように有機質肥料の効果は，直接的なものと間接的なものに大別される．

有機質肥料の施用目的は主としてそれに含有される窒素，リン酸，カリの供給であるが，それ以外にも肥料原体に由来する微量要素の補給効果が以外に大きい．また，有機質肥料が土壌中で分解する過程で生成する有機化合物には，土壌中の鉄や銅などの微量要素とキレート化合物を生成し，それらの植物への供給を促す効果のあることも指摘されている．

有機質肥料を施用すると植物根の伸長が促される，あるいは干ばつや低温に対して抵抗性が高まるなどの効果のあることが農家の経験から知られている．さらに，最近，有機質肥料が好んで使用される理由に，その施用が野菜，果樹類の品質を向上させる効果が期待できることがあげられる．農作物の品質には，色，つや，形など経済的な品質と，味や栄養価など栄養的な品質とがあるが，有機質肥料の施用により色，つやが良くなったり，ビタミンC，カロチン含量や糖度などが増加するという報告が多くなされている．こうした効果は，肥料成分の補給とともに，有機質肥料に含まれる有機成分やそれが土壌中で分解される過程で生成する有機化合物に起因すると考えられる．有機質肥料が分解される過程でアミノ酸類，ビタミン類，核酸類，さらには植物ホルモン類などが生成することや，また，それらが直接植物に吸収されることは実験的には確かめられているが，これらの生成物と前述の品質向上効果の直接的な関係を証明した例はなく，今後の研究に期待するところである．しかし，有機質肥料にはこうした効果があることは事実であるが，有機質肥料なら何でもこうした効果があるわけではなく，肥料の種類による差異が大きいことに注意し，あまり過大な期待をかけるのは危険であり，有機質肥料が農作物の品質に及ぼす効果についての科学的な解明が一刻も早くなされることを期待する．

一方，有機質肥料の間接的な効果として，土壌の改良効果がある．有機質肥料は，それ自体が有機物として，また，土壌中での分解過程で生成する有機物質が土壌粒子の団粒化を促して，土壌の通気性や保水性を高める．また，生成した有機物質が負の荷電を有していることから土壌の陽イオン交換容量を増加させたり，鉄やアルミニウムと化合物をつくることから施肥リン酸の土壌固定を軽減するなどの効果が期待できる．しかし，こうした効果は主として有機物の分解集積過程で生成する腐植に由来するものであり，前述したように窒素質系の有機質肥料はC/N比が小さいため分解されやすく，腐植として土壌に残存する量はかなり少ないと考えた方がよいと思われる．間接的な効果はむしろ前述の木質系や繊維質系の有機物，たとえば特殊肥料の中の堆肥などに期待すべきであろう．

これまで述べたように，有機質肥料は，肥料成分の供給や土壌の改良を通して農作物の収量や品質を高める効果が期待できるが，すべての効果が高いわけではなく，むしろ，すべての効果をもっているが，そのいずれもが小さいと考えた方が妥当であろう．したがって，有機質肥料の施用にあたっては，その特徴をよく理解し，施用目的にあった種類の肥料を選択して使い，しかも，それを連用することが，有機質肥料の効果を最大限に引き出すことになろう．

〔長谷川 功〕

文 献

1) 農林水産省肥料器械課監修：ポケット肥料要覧-1999/2000-，農林統計協会，2000．
2) 藤沼善亮，岡部達雄，嶋田永生，麻生末雄，徳永美治，早瀬達郎：現代の有機質肥料―有機質肥料問題の多面的考察―，全国肥料商連合会，1974．
3) 肥料協会新聞部編：肥料年鑑，2001．

8.1.8 複合肥料[1]

複合肥料は，肥料の三要素である窒素，リン酸，カリウムのうち，主成分として2成分以上含んでいる肥料の総称である．その代表的なものが，化成肥料と配合肥料であるが，肥料製造技術の発展や消費者のニーズに応えて，多様な形態の複合肥料が製造されるようになり，肥料公定規格では，表8.7に示した9種類の肥料に分類されている．

表8.7 複合肥料の種類と公定規格の概要（平成13年農林水産省告示）

肥料の種類	公定規格の概要	主成分合計
化成肥料	肥料・肥料原料に化学的操作を加えたり，原料肥料を配合して，造粒・成形したもの	10％以上
形成複合肥料	肥料に泥炭，腐植，ベントナイトなどを混合し，成形したもの	10％以上
吸着複合肥料	三要素を含む水溶液を吸着材に付着させたもの	5％以上
被覆複合肥料	化成肥料または液状複合肥料を分解し難い資材で被覆したもの	15％以上
副産複合肥料	食品工業・化学工業で副産されたもの	5％以上
配合肥料	無機質肥料・有機質肥料を物理的に混合したもの	10％以上
液状複合肥料	液体，懸濁液（ペースト）状の複合肥料	8％以上
熔成複合肥料	肥料・肥料原料を配合し，熔融したもの	15％以上
家庭園芸用複合肥料	上記以外の複合肥料で，家庭園芸用の表示があるもの	0.2％以上

わが国で使用されている肥料三要素の最終利用形態は，大部分が複合肥料であり，複合肥料が占める割合（表8.8）をみると，最近では窒素とリン酸が約85％，カリウムが約95％と圧倒的に高くなっている。これは，複合肥料が次のようなすぐれた特性をもっているからである。

① 多成分を含み，成分含量が高いので，施肥や輸送，保管の労力が省ける。
② 作物や土壌の種類，地域に応じて，多様な成分の肥料が製造されている。

表8.8 肥料内需に占める複合肥料の比率（複合肥料化率，％）および高度化成率
（農林水産省肥料統計）

肥料年度	複合肥料化率			高度化成率	
	N	P_2O_5	K_2O	N	P_2O_5
1960	39.2	55.2	42.6	7.9	10.0
1965	61.4	73.7	72.7	29.5	38.3
1970	73.4	77.5	83.3	39.9	52.8
1975	76.0	77.8	86.0	42.3	55.6
1980	80.4	77.9	76.8	39.3	50.6
1985	80.9	79.5	91.8	33.2	45.5
1990	82.6	81.8	93.3	30.0	35.6
1994	85.8	84.7	94.5	23.5	27.7
1999	87.4	85.3	96.2	23.3	26.5

③ 粒状化，成形，吸湿・固結防止処理などにより物理的性状がよく，機械施肥にも適している。
④ 副成分の含量が低く，塩類集積など土壌への悪影響が軽減できる。
⑤ 施肥位置に複数の肥料成分が共存するので，塩類共存効果により養分吸収が促進される。

このような，すぐれた特性の肥料ではあるが，土壌診断に基づき合理的な施肥をしようとすると，三要素がセットになっているので，適切な肥料が選択できず，不要な肥料成分を施用する結果になる場合もある。

複合肥料の生産量の推移（表8.9）をみると，1980年には化成肥料と配合肥料を合わせると，全生産量の96％であったが，1998年にはそれが92％に減少し，この間に全

表8.9 複合肥料の生産量および輸入量，指定配合肥料の生産量の推移（t）
（農林水産省肥料統計）

年度	1980	1985	1990	1994	1998
種類別生産量					
化成肥料	4,487,686	3,762,122	2,934,440	2,687,805	2,285,859
形成複合肥料	168,162	113,801	81,627	50,995	42,242
吸着複合肥料	436	68	―	1	―
被覆複合肥料	3,253	7,850	17,684	31,721	28,467
副産複合肥料	13,215	26,373	12,584	13,353	21,812
配合肥料	1,080,218	162,691	56,147	68,127	65,535
液状複合肥料	26,499	34,498	83,912	118,730	107,527
家庭園芸用複合肥料	―	13	2,970	3,696	5,155
複合肥料生産量合計	5,779,469	4,107,416	3,189,364	2,974,428	2,556,597
複合肥料輸入量	219,759	299,062	695,682	731,528	603,957
指定配合肥料生産量	―	1,316,657	1,770,976	1,808,674	1,784,076

生産量は半分以下に減っている．これは主として次の二つの原因による．
① 1984年から指定配合肥料（登録された普通肥料を原料として配合した肥料）の届出制度が導入され，従来配合肥料とされた肥料の大部分が指定配合肥料に移行した．
② リン酸アンモニウムを主とする化成肥料の輸入が増加した．

一方，新しい肥料として登場し被覆複合肥料と液状複合肥料は，この15年間いずれも約3倍に増加している．

a. 化成肥料

各種原料肥料を配合し造粒または形成した肥料および原料肥料または肥料原料に何らかの化学的操作を加えた肥料で，肥料3成分のいずれか2成分以上の合計量が10.0以上保証されている肥料である．肥料3成分の合計量が30％以上のものを高度化成肥料，30％未満のものを低度（普通）化成肥料と呼んでいる．

低度化成肥料：化成肥料には多様な製造法があるが，現在では配合式低度化成が主要である．配合式低度化成は過リン酸石灰に硫酸アンモニウムまたは尿素，カリウム塩を配合して，過リン酸石灰中の遊離リン酸をアンモニア水を加えて中和しながら造粒，乾燥する．造粒，乾燥過程では複雑な反応が進行し，リン酸一カリウムアンモニウム $[(NH_4, K)_2SO_4 \cdot CaSO_4]$，塩化アンモニウムおよびシンゲナイト $[(NH_4, K)_2SO_4 \cdot CaSO_4]$ などが最終的に生成される．配合式低度化成に有機質肥料などを添加したものが有機質入り低度化成肥料である．

高度化成肥料[2]：リン酸やアンモニア，カリウム塩などを反応させて製造する高成分の肥料であり，製造法によりリン安系高度化成肥料と硝酸系高度化成肥料に大別される．リン安系肥料では，リン酸アンモニウム（リン酸一アンモニウム，リン酸二アンモニウム）自体が窒素とリン酸の合計量が60～70％の高成分の化成肥料であり，バルクブレンド肥料の原料として多量に利用されている．リン酸アンモニウム（リン安）は，全成分が肥料として利用されるという利点だけでなく，すぐれた肥料特性をもっている．リン安のアンモニウムイオンは，硫酸アンモニウムや塩化アンモニウムに比べて容易に解離するので，土壌に吸着されやすい．また，リン安のリン酸は，カルシウム塩のリン酸に比べて土壌に固定される割合が少ない．

3成分系のリン安系高度化成としては，アンモニアにリン酸と硫酸を反応させると硫酸アンモニウムとリン酸アンモニウムの混合物（硫リン安）が生成されるが，これにカリウム塩を混合して硫加リン安，さらに尿素を混合して尿素硫加リン安がつくられている．この両者が主要なリン安系高度化成肥料である．このほかに，塩化アンモニウムを原料とする塩加リン安や水酸化マグネシウムや蛇紋岩を原料とする苦土加リン安が製造されている．苦土加リン安にはリン酸アンモニウムマグネシウムが含まれているが，この化合物は水に難溶性であり，緩効的な肥効を示す．

硫酸系高度化成肥料は，リン鉱石に硝酸，硫酸，硫酸カリウムを混合して分解し，含有するカルシウムを石コウとして分離したのちアンモニアを加えて反応させたものである．主成分は硝酸アンモニウム，硝酸カリウム，リン酸カルシウムであり，副成分が少なく，畑作物用の肥料に適している．

b. 配合肥料

2種類以上の肥料を混合してつくる複合肥料であり，各種の成分含量の肥料を簡単に製造できるために，多量に使われている．しかし，原料肥料や肥料規格の変遷に伴って配合肥料の内容が大きく変化してきた．配合肥料の原形は，硫酸アンモニウム，過リン酸石灰およびカリウム塩を混合したもので，さらにこれに魚かす粉末や骨粉，植物油かすなどの有機質肥料を配合したものがある（普通配合肥料）．次に，熔成リン肥や尿素の生産がされるようになると，石灰窒素，熔成リン肥およびカリウム塩を混合したアルカリ性配合肥料や窒素源に尿素を使用した尿素配合肥料がつくられるようになった．現在では，粒状肥料を原料として配合したバルクブレンド肥料（BB肥料）が多くなっている．BB肥料は肥料の製造法からみると，典型的な配合肥料であるが，すでに登録済みの肥料を原料としていることから，肥料取締法の規格では指定配合肥料に該当し，配合肥料からは除外される．

c. 形成複合肥料

原料肥料の混合物に，肥料成分の保持力が高い資材を混合して成形または造粒した肥料である．最初に開発された形成肥料は，乾燥，粉砕した泥炭に，硫酸アンモニウム，過リン酸石灰，カリウム塩などを混合し，適当な水分含量にして15g程度の扁桃形の大粒に加圧成形し，さらに加熱したもので，固形肥料と呼ばれている．同じ原料で粒径6～12 mmに粒状化したものは，粒状固形肥料である．粒状固形肥料は，養分保持材として泥炭のほかに草炭質腐植あるいは紙パルプ廃繊維，ベントナイト，流紋岩質凝灰岩（大谷石）粉末を利用したものがある．これらの肥料では窒素の溶出速度がゆるやかになり，リンも土壌との接触が抑えられるために，化成肥料に比べて肥効が高い．

d. 被覆複合肥料

水溶性の粒状化成肥料や液状複合肥料を各種の非透水性資材で薄膜を形成して被覆し，肥料成分が徐々に溶出するように加工した肥料である．被覆資材や溶出特性については，基本的には被覆窒素肥料と同様であるが，リン酸やカリウムの溶出は，窒素とは多少異なる．

e. 副産複合肥料

食品工業または化学工業から副産される肥料で，肥料3成分の2成分以上の合計量が5.0％以上のものである．アルコール発酵廃液や酵母培養廃液などを濃縮乾燥したものがこの肥料に該当する．

f. 液状複合肥料

液肥，ペースト肥料，懸濁状（サスペンジョン）肥料など液状の肥料で，水溶性肥料を溶解して製造する．成分は窒素，リン酸，カリウムのいずれか2成分以上の合計量が8.0％以上と定められている．液肥は葉面散布用に開発されたが，最近では溶液栽培の普及に伴い水耕用のものの需要が増加している．葉面散布用の液肥にはホウ素，マンガン，鉄，銅，亜鉛，モリブデンなどの微量要素を添加したものが多く，液肥の葉面散布により微量要素欠乏症を速やかに回復させることができる．ペースト肥料は肥料原料を溶解し，有機性廃液などを添加して粘性が高いペースト状にしたものであり，水稲栽培で側条施肥に使用されている．わが国では懸濁肥料は生産されていないが，アメリカで

は過飽和の液肥に，析出する塩類の結晶生長を抑えて沈殿しないようにゲル型粘土（アタパルジャイなど）を加えて，懸濁状にした肥料が生産されている．

g. 家庭園芸用複合肥料

一般家庭で花，植木，家庭菜園などに簡便に使用できるように調製された肥料である．保証成分は肥料3成分の2成分以上の合計量が0.2％以上と低く設定されている．正味重量が10 kg以下で，"家庭園芸専用"の表示がしてある．この肥料は規格がゆるく設定されていて，原料および形状が特に規制されていないので，多種多様なものが市販されている．植木鉢用に成分を調整して形成したものや粒状化成を被覆したもの，希釈原液として調製された成分含量が高い液肥，希釈しないでそのまま使用できるように成分を低く調整した液肥などが各種形状の小さな箱やプラスチック容器に入れられている．

h. 熔成複合肥料

鉱さいケイ酸質肥料は，リン鉱石，炭酸カリウムなどの肥料または肥料原料を配合し，熔融して製造した肥料．主成分としてク溶性（クエン酸可溶性）リン酸12.0％以上，クエン酸可溶性カリウム3.0％以上を含有し，このほか可溶性ケイ酸，アルカリ分またはク溶性マグネシウムを保証するものにあっては，可溶性ケイ酸30.0％以上，アルカリ分45.0％以上，ク溶性マグネシウム20.0％以上を含有する緩効性の複合肥料である．

i. 吸着複合肥料

窒素，リン酸またはカリウムを含有する水溶液を焼成バーミキュライト，ゼオライト，泥炭などに吸着させた肥料で，窒素，水溶性リン酸または水溶性カリウムのいずれか2成分以上の合計量が5.0％以上含まれている．食品工業から排出する有機性廃液などを処理するために製造されるが，最近はほとんど生産されていない． 〔尾和尚人〕

文　献

1) 栗原　淳，越野正義：肥料製造学，163-183，養賢堂，1986．
2) 荒井康夫：植物栄養土壌肥料大事典（高井康雄ほか編），1204-1212，養賢堂，1976．

8.1.9　石灰質肥料

カルシウム（Ca，石灰）は肥料三要素に次ぐ二次要素の一つとして，植物栄養上必須の重要な養分である．しかし，特に降水量の多いわが国の自然条件下では，窒素肥料などの多施用と相まって，土壌は酸性化する傾向にあるため，カルシウムは酸性矯正資材としての役割が栄養素としてのそれよりも大きい．

肥料取締法の普通肥料に属する"石灰質肥料"には，生石灰，消石灰，炭酸カルシウム肥料，貝化石肥料（造粒品），副産石灰肥料，混合石灰肥料の6種類（1999年現在）がある．また同法の特殊肥料に属する石灰質の肥料としては，粗砕石灰石，貝化石粉末，貝殻粉末，製糖副産石灰などが主なものである．これらのほかに石灰を含む肥料として，石灰窒素，硝酸石灰，過リン酸石灰，熔成リン肥，重焼リン，ケイ酸質肥料など多くのものがあるが，それぞれほかの肥料要素の種別に含まれている．

1998年までの数年間の"石灰質肥料"(普通肥料)の年産量は，130～140万tで推移しており，うち炭酸カルシウム肥料が約50％を占めている．次いで生石灰，消石灰，副産石灰肥料がそれぞれ十数％ずつを占めている．同じく特殊肥料では，製糖副産石灰の年産約8万tが最も多い．

酸性矯正資材としての石灰質肥料の施用量は，土壌診断に基づき，マグネシウムやカリなどの養分とのバランスも保って適正に定める必要がある．わが国の土壌は全体としては石灰質肥料の施用を必要とする場合が多いけれども，近年とくに施設栽培などの降水の影響がない条件では，土壌が逆にアルカリ化している場合も認められている．

a. 生石灰

石灰石を粉砕して，1,000～1,200℃で焼成すると，酸化カルシウムを主成分とする生石灰が得られる．公定規格では，アルカリ分(石灰質肥料の品質保証は酸化カルシウムと酸化マグネシウムの合量でアルカリ分として表示する)80.0％以上を保証し，ほかに苦土も保証する場合は，可溶性苦土8.0％以上またはク溶性苦土7.0％以上となっている．石灰質肥料としては，アルカリ分の含有率が最も高く，活性も高い．生石灰は吸湿性があり，水と反応すると発熱して発火するおそれがあるから，貯蔵や使用時には注意を要する．

土壌の酸性を中和するための必要量は，生石灰を100とすると，消石灰は132，炭酸カルシウムは178となる．

b. 消石灰

生石灰に水を加えて水酸化カルシウムとしたものである．公定規格ではアルカリ分60.0％以上を保証し，ほかに苦土も保証するものでは可溶性苦土6.0％以上またはクエン酸溶性苦土5.0％以上と規定されている．空気中では二酸化炭素を吸収して炭酸カルシウムになる．

c. 炭酸カルシウム肥料

炭カルと略称され，石灰石を粉砕したもので，1.7mmの網ふるいを全通し，600μmの網ふるいを85％以上通過の粒度規制がある．アルカリ分として50.0％以上を保証し，ほかに苦土も保証するものでは，可溶性苦土5.0％以上またはクエン酸溶性苦土3.5％以上としている．ドロマイトのように特にマグネシウムが多い原料を用いた場合には，苦土炭カルと呼ばれているが，公定規格上は炭酸カルシウム肥料に含まれる．炭カルによる土壌酸性の中和は，生石灰や消石灰に比べるとゆるやかで，施用量が多い場合にも土壌pHの急激な上昇は起こらず，植物を害するおそれは少ない．

d. 副産石灰肥料

各種工業(業種は指定されている)から副産される石灰で，アルカリ分35.0％以上を保証し，ほかにク溶性苦土を保証するものでは1.0％以上となっている．重金属含量の制限があるほかに，鉱さいを原料として使用する場合は粒度規制がある．

e. 製糖副産石灰

製糖工業に使われた消石灰をろ別して回収したもので，水分が多く成分の変動が大きいため特殊肥料として扱われている．

〔諸岡　稔〕

8.1.10 苦土肥料

マグネシウム（Mg，苦土）はカルシウムと同じく肥料の二次要素の一つとして，植物生育に必須の養分である．わが国は降水量が多く，耕地土壌の苦土は表層から下層へ溶脱しやすいため，土壌診断に基づいた苦土肥料の投与が必要である．

肥料取締法で普通肥料の"苦土肥料"には，硫酸苦土肥料，水酸化苦土肥料，酢酸苦土肥料，腐植酸苦土肥料，炭酸苦土肥料，加工苦土肥料，リグニン苦土肥料，副産苦土肥料，混合苦土肥料，被覆苦土肥料の10種類（1999年現在）があり，それぞれ主成分として有効苦土含量の最小値が定められている．

この"苦土肥料"の最近数年間の年産量は8万t前後で推移しており，硫酸苦土肥料と腐植酸苦土肥料の両種で60％以上を占め，副産苦土肥料と水酸化苦土肥料がこれに次いでいる．これら4種類以外の生産量はわずかである．なお，このほかに副産苦土肥料を主とした年間4～5万tに及ぶ輸入がある．

以上の"苦土肥料"のほかに苦土を含む肥料として，熔成リン肥，苦土重焼リン，石灰質肥料，ケイ酸質肥料など多数があり，また苦土を保証する複合肥料の数も多い．それらを合わせたわが国における年間総施用量は，MgOとして25万t程度との推定値がある．この推定施用量のうち，前記した10種類の"苦土肥料"の割合は10％にも満たない．

苦土質肥料の肥効は，土壌の酸度によって異なり，土壌pHが6以上の場合には，水溶性の硫酸苦土肥料などがよく，pH 5.5以下の酸性土壌の場合には，塩基性の水酸化苦土あるいは苦土炭カルなどが適している．

a．硫酸苦土肥料

硫酸苦土を主成分とし，結晶水の数によって苦土含量が変わり，一水塩と七水塩がある．水溶性苦土11.0％以上を保証し，速効性であるが，生理的酸性肥料で土壌の酸性を中和することはできない．製法として，① 苦汁（ニガリ）を冷却して晶出させる，② 蛇紋岩，かんらん岩，水酸化苦土に硫酸を加える，③ キーゼリットを精製したもの，などがある．

b．水酸化苦土肥料

水酸化苦土を主成分とし，ク溶性苦土50.0％以上を保証する．2 mmの網ふるいを全通の制限事項がある．塩基性のため土壌酸性の中和力がある．海水に直接石灰乳を加えて製造する．溶解度は小さく，遅効性である．

c．腐植酸苦土肥料

石炭または亜炭を硫酸で分解し，これに水酸化苦土または焼成蛇紋岩粉末などの苦土源を反応させてつくる．保証成分はク溶性苦土3.0％以上，うち水溶性苦土1.0％以上を含み，腐植酸に相当するもの40％以上を含有となっている．ク溶性と水溶性の両者を含むが，総体として肥効は緩効的である．

d．副産苦土肥料

各種工業（業種は指定されている）などで副産される．保証成分は可溶性苦土40.0％以上および，またはク溶性苦土10.0％以上を含むこととなっている．重金属含量および粒度に制限がある．また，植害試験において害のないことが必要である．〔諸岡　稔〕

8.1.11 ケイ酸質肥料

ケイ素（Si）はイネ科植物に多量に吸収され，トマトでは欠乏症が認められたという報告もあるが，今のところその生理作用が未解明であり，必須元素としては認められていない．また，土壌中にはケイ酸化合物が多量に含まれているが，大部分は水に難溶性の鉱物や化合物であり，その中でアルミニウムや鉄などと結合したケイ酸が徐々に溶解して，植物にケイ酸を供給しているといわれている．しかし，鉄やマンガン，ケイ酸の溶脱が進み，土壌のケイ酸供給量が低下した老朽化水田では，鉱さい施用により水稲の収量が著しく増大したことが発端になり，ケイ酸質肥料の施用効果が明らかにされた．その後，水稲では茎葉の表皮細胞にケイ酸が沈着して組織を硬化させ，病虫害抵抗性や倒伏抵抗性を高めることが明らかになり，水稲の安定多収栽培技術としてケイ酸質肥料の施用が広く行われるようになった．

ケイ酸質肥料には，主として銑鉄，鋼，ステンレス，ニッケルなど各種金属の精錬工程で溶鉱炉や電気炉の中で，不純物が石灰石などの融剤に融けて分離し，上層に浮上した鉱さい（スラグ）を，砂状や微粉末に粉砕したものがそのまま利用されている．これらが鉱さいケイ酸質肥料と呼ばれ，主要なケイ酸質肥料である．鉱さいはケイ酸，カルシウム，マグネシウム，マンガン，アルミニウム，鉄などが主成分であり，発生源によって成分組成にかなりの変動がある（表8.10）．鉱さい中の元素の存在形態も多様であり，鉱さいを溶鉱炉から取り出すときにゆるやかに冷却した徐冷品では，一部の元素がケイ酸カルシウム，ゲーレナイト，オケルマナイトなどの鉱物となっているが，水で急冷した水砕品では鉱物は生成されず，非晶質である．新しいケイ酸肥料としてケイ灰石肥料や軽量気泡コンクリート粉末肥料が利用されているが，これらは，建築資材の調製時などに出てくる廃材を利用したもので，主成分はドバモライト $[Ca_5(Si_6O_{18}H_2 \cdot 4H_2O]$ などのケイ酸カルシウム水和物である．

表8.10 鉱さいケイ酸質肥料の成分組成（％）事例

鉱さいの種類	$S-SiO_2$	アルカリ分	$C-MgO$	$C-Mn$	$S-CaO$
製銑鉱さい	34.37	51.17	5.64	0.52	42.46
シリコマンガン鉱さい	38.38	40.43	1.84	6.48	37.81
フェロニッケル鉱さい	47.35	50.77	19.40	0.26	15.47
フェロクロム鉱さい	27.94	64.56	10.83	0.02	48.46
転炉さい	20.47	53.00	4.82	3.31	44.22

$S-SiO_2$：可溶性(0.5 M 塩酸可溶性)ケイ酸，$C-MgO$：ク溶性(クエン酸可溶性)マグネシウム，$C-Mn$：ク溶性マンガン，$S-CaO$：可溶性カルシウム

肥料中の有効なケイ酸は，0.5 M の塩酸に溶解するケイ酸含有で評価され，このケイ酸を可溶性ケイ酸と呼ぶ．可溶性ケイ酸含有率が10％以上，アルカリ分が35％（0.5 M 塩酸可溶性のマグネシウムやマンガンを含むものは30％）以上含むものが肥料として流通している．しかし，最近では精錬工程の変革により，鉱さいの特性が変化し，肥料中の可溶性ケイ酸量と肥料施用によるケイ酸吸収量の増加分の間には，相関が認められない場合が多い．ケイ酸質肥料には，主要成分のケイ酸のほかにアルカリ分，マグネ

シウム，マンガン，鉄など多種類の肥料成分が含まれ，多成分の養分供給ができるのが特徴である．水稲は玄米 100 kg を生産するために 10〜15 kg のケイ酸の吸収するが，これは窒素やカリウムの 5 倍程度の吸収量に相当し，その要求量はきわめて大きい．一般水田では，土壌の有効態ケイ酸含有量が，乾土あたり SiO_2 として 15 mg 以下にならないようにケイ酸肥料を施用する．また，稲わらの乾物あたりケイ酸含有率が 10 ％も施肥の目安であり，これ以下の場合には，ケイ酸肥料を施用すると効果がある．施用量は 10 a あたり 100〜150 kg が普通である．〔尾和尚人〕

8.1.12 被覆肥料

被覆肥料には樹脂などで被覆して物理的に緩効化した被覆窒素質肥料，被覆複合肥料，被覆カリ肥料がある．肥料など資材の適正投入による持続型農業生産を可能にする技術開発への要望は高く，被覆肥料への期待が大きい．被覆肥料の生産量は 1999 年では 6 万 5000 t に達し，1990 年度対比 206 ％の大幅な伸びをみせている（肥料年鑑，2000）．

表 8.11 緩効性肥料の種類別生産量（暦年）（農林水産省肥料機械課）

	肥料の種類	'80	'90	'92	'94	'96	'97	'98	'99	'99/'90 (%)
化学合成	アセトアルデヒド縮合尿素	10,332	10,331	8,819	9,790	7,902	7,741	6,268	6,932	67 %
	イソブチルアルデヒド縮合尿素	26,643	21,085	21,360	22,405	22,073	19,815	16,811	16,299	77 %
	ホルムアルデヒド縮合尿素	3,950	4,616	4,934	5,323	4,928	4,808	4,522	4,367	95 %
	硫酸グアニル尿素		266	177	194	136	125	120	0	0 %
	オキサミド		430	755	929	697	624	782	466	108 %
	小　計　①	40,925	36,728	35,850	38,641	35,736	33,113	28,503	28,064	76 %
被覆	被覆複合肥料	3,253	17,684	24,658	31,721	27,851	31,638	28,467	29,859	169 %
	被覆窒素肥料		13,918	16,851	26,196	31,788	34,476	37,101	34,764	250 %
	被覆加里肥料			69	57	797	398	1,162	375	—
	小　計　②	3,253	31,602	41,578	57,974	60,436	66,512	66,730	64,998	206 %
	硝酸化成抑制剤入り肥料③	—	—	—	28,879	32,873	22,236	25,586		

	'80	'90	'92	'94	'96	'97	'98	'99	'99/'90 (%)
合　計 （①＋②）	44,178	68,330	77,623	96,615	96,172	99,625	95,233	93,062	136 %
合　計 （①＋②＋③）	—	—	—	125,494	129,045	121,861	120,819		

＊肥料取締法に基づく生産量報告による．

a. 被覆肥料の種類

表 8.12 に示すように被覆窒素質肥料には被覆尿素（CFU），被覆硝酸石灰

表 8.12　メーカーと被覆肥料の種類

	CFU	CFCN	CFNPK	CFNK	CFNP	CFK
旭化成	○	○	○	○	○	○
チッソ	○					○
三井東圧	○		○			
セントラル硝子	○			○		
コープ	○		○			
片倉チッカリン	○		○			
三菱化学	○					
住友化学	○					
宇部興産	○					

(CFCN) が，被覆複合肥料には NPK 系, NK 系, NP 系がある.

b. 被覆肥料の製法

　被覆資材の種類によって，①熱可塑性樹脂被覆（ポリオレフィン系樹脂），②熱硬化性樹脂被覆（ポリウレタン系樹脂，アルキッド樹脂），③無機資材被覆（硫黄），などに大別される．被覆方式には噴流搭方式や回転ドラム方式があり，均一な厚さの被膜が肥料粒子表面に形成されるように工夫されている．

c. 被覆肥料の溶出タイプと溶出パターン

　溶出タイプは被覆資材の種類や被膜厚さを調節して設定される．溶出タイプは「含有する窒素成分の 80 % が水中 25℃で溶出するのに要する期間」と規定されている．表 8.13 のようにタイプを日数で表示した被覆肥料が販売されており，作物の栽培期間に合せた好適な肥料およびタイプが選べる（期間，記号で表示するものもある）．

　最近ではシグモイド型溶出パターンを示す図 8.1 のような溶出開始時期を調節した S, SS タイプ，スーパータイプと命名された被覆肥料も販売されている．

d. 被覆肥料の溶出

　被覆肥料の溶出は，①被膜を通って被覆肥料内部に水が浸入する．②肥料が溶解し，溶液の浸透圧が高まる．③被膜の微細な穴や亀裂を通じて肥料成分が溶出する．と考えられる．被覆資材の種類，被膜厚さ，肥料の吸湿性や溶解度によって溶出速度は決定されるが，水の膜透過，肥料の溶解，浸透圧が溶出

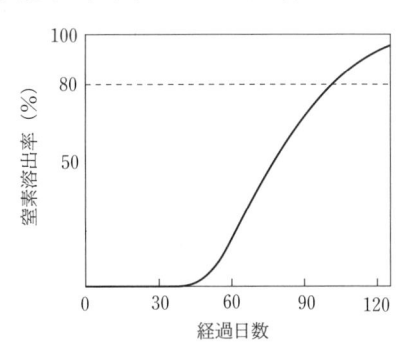

図 8.1　LP コート SS 100 の溶出曲線

速度の主な支配因子であるので，これらに大きく影響する温度によって溶出速度は変化する．図 8.2 に示すように 25℃より高温では早く低温では遅く溶出するので，好適なタイプを選定するためには栽培時の温度を調査しておくことが重要である．土壌水分の

表 8.13 チッソ旭肥料㈱の被覆肥料 (一部)

銘柄	保証成分							溶出タイプ																
	TN	WP	WK	W-Mg	W-Mn	W-B	W-Ca	30	40	50	60	70	80	100	120	140	160	180	200	220	270	360	700	1000
LP コート	40.0							○	○	○		○		○		○								
LP コート S	40.0									○		○		○	○			○	○					
LP コート SS	40.0													○										
ロング 424	14.0	12.0	14.0						○			○		○		○		○			○	○		
スーパーロング 424	14.0	12.0	14.0									○		○		○		○		○				
NK ロング 203	20.0		13.0									○		○		○		○						
スーパー NK ロング 203	20.0		13.0											○		○		○						
ロングトータル 313	13.0	11.0	13.0	2.0	0.10	0.06			○			○		○		○		○			○	○		
マイクロロングトータル 201	12.0	10.0	11.0	2.0	0.10	0.06			○			○												
ロングショウカル	12.0						23.0		○			○												
ハイコントロール 650	16.0	5.0	10.0									○				○					○		○	○
苗箱まかせ N 400	40.0										○													
苗箱まかせ NK 301	30.0		10.0									○												

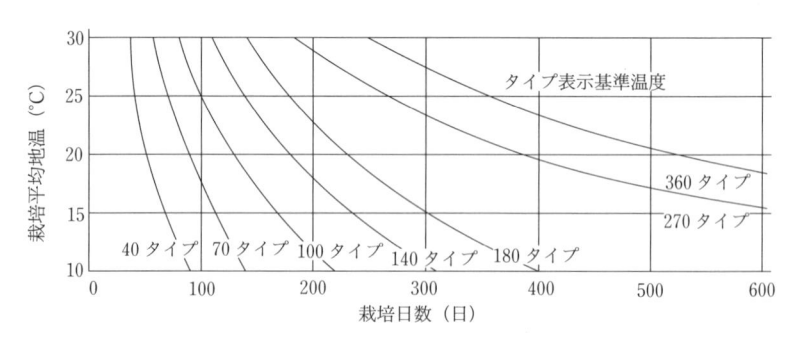

図 8.2 ロングの各溶出タイプの肥効期間と栽培期間平均地温の関係

溶出速度への影響は通常作物を栽培する条件下では小さいので, タイプ選定や肥効予測に際しては無視できる. また, 樹脂で被覆された被覆肥料は土壌の種類や微生物活性, PH, EC の影響はほとんど受けない.

e. 被覆肥料の溶出タイプ選定

タイプは 25°C 基準で表示されているので, 栽培期間の平均温度から好適なタイプを選択する必要がある. 被覆肥料の種類によって温度依存性が異なるが, ロング® の場合は図 8.2 から好適なタイプを選定できる. 栽培期間の温度データから成分の溶出率を予測する溶出シミュレーションパソコンシステム[1]が開発されており, 図 8.3 のように窒素成分だけでなく P_2O_5, K_2O も予測できる.

作物：　　　　　　　　　　　　　　　　全量元肥
栽培地：
- ロングリン安　16-40-0　　70タイプ　20.0％
- スーパーNKロング　20-0-13　140タイプ　80.0％

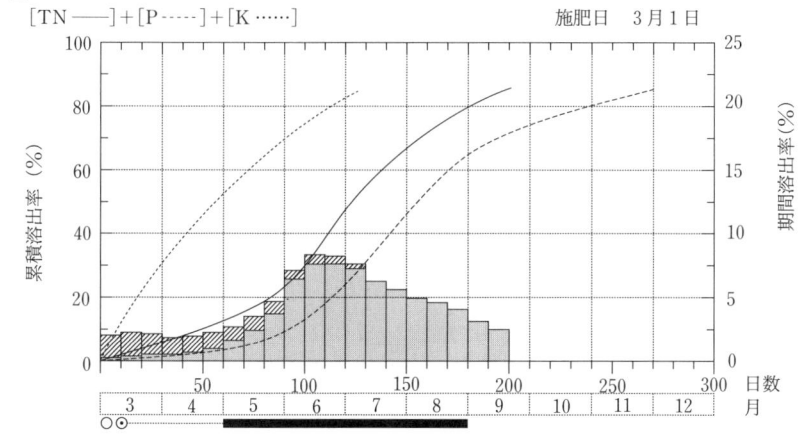

[TN ──]＋[P ……]＋[K ……]　　　　　　　施肥日　3月1日

平均地温（℃）									
上旬	8.0	12.0	18.0	24.0	28.0	28.0	22.0	16.0	12.0	10.0
中旬	10.0	14.0	20.0	26.0	28.0	28.0	20.0	14.0	10.0	10.0
下旬	12.0	16.0	22.0	26.0	28.0	28.0	18.0	12.0	10.0	8.0

図8.3　ロング溶出想定

f.　被覆肥料の特徴

肥料成分が被膜から徐々に溶出するので，①溶脱による損失が軽減される，②多量施肥しても濃度障害がなく，根圏域に施肥できる，③ガス障害の心配がない，などの特徴がある．さらに被覆肥料の成分，溶出タイプ，パターンが選定できるので，①作物の生育に合わせた適時，適量の養分が供給できる．②肥効が予測できるので合理的な施肥設計が組める特徴がある．被覆複合肥料の場合には，リン酸，カリの溶出も調節されているので，リン酸の土壌への固定軽減やカリの贅沢吸収が抑制され塩基類の吸収促進など肥効増進などの特徴もある．微量要素の供給を調節した被覆複合肥料もある．

g.　被覆肥料の施肥法

被覆肥料を他の肥料と組み合わせて養分供給を調節した施肥設計が考案できるので，これまでむずかしいとされていた長期間栽培作物の追肥回数を削減，基肥重点施肥とする省力型施肥法が可能になった．水稲では被覆窒素質肥料を用いた全量基肥施肥法や基肥追肥1回施肥法[2]が，被覆複合肥料では水稲その他の健苗育成施肥法[3]，トマト，ナスなどの果菜類の追肥省略型基肥重点施肥法，野菜の全面マルチ二作1回施肥法[4]などが研究され，実用に移されている．また被覆肥料の作物根圏域への直近施肥法や接触施肥法が研究され，催芽籾とともに一作分の肥料を被覆肥料で施肥する水稲育苗箱全量施肥法[5]が究極の省力化施肥法（苗箱まかせ施肥法）の普及が拡大している．

h. 被覆肥料の将来

被覆肥料は肥料成分の利用率が高いことから環境にやさしい肥料としての評価が高まっており，総合的な養分管理に基づく施肥技術の中で重要な役割を荷なうようになってきた[6,7]．高品質被覆肥料生産技術の研究も進んでおり，被膜に生分解性と光崩壊性の機能を導入し，溶出調節機能を保持しつつ自然環境下（土中）での被膜生分解性を高めた被覆肥料も開発されている[8]．被覆肥料は循環型農業生産を可能にする技術の一つとしてさらに発展していくものと予想される．　〔柴田　勝〕

文　献

1) 小林　新ほか：ガウス補正による溶出モデルの改良，土肥誌，**68** (5)，487，1997．
2) 全農肥料農薬部：窒素の全量基肥施用による水稲栽培試験，1988．
3) 全農肥料農薬部：ロングの育苗箱施用による健苗育成試験成績集，1988．
4) 農業研究センター：環境調和型農業生産における土壌管理技術研究会，1991．
5) 金田吉弘ほか：東北農業研究成果情報，1993．
6) 農業研究センター：総合的養分管理に基づく施肥技術の展望，1999．
7) 日本土壌肥料学会：土壌・肥料・植物栄養，進歩総説特集，1999．
8) 柴田　勝ほか：環境分解型被覆肥料，土肥誌講演要旨集，20-1，1999．

8.1.13　BB肥料（粒状配合肥料）

BB肥料（粒状配合肥料）はバルクブレンド肥料の略称で，その起源はアメリカである．粒状の原料を配合してバラで配送，供給するシステムを指しているが，広義ではフレコンバッグや袋詰め品も含まれている．化成肥料が造粒した一粒中に窒素，リン酸，カリなどの肥料成分すべてが含まれているのに対し，BB肥料は使用される数種の粒状原料がそのまま単独で存在するのが特徴である（図8.4）．BB肥料が普及する背景には，尿素やリン安（リン酸1安，リン酸2安），塩加など高成分の粒状原料が容易に大量生産できるようになったことである．BB肥料の特長は大量生産の数種類の原料をもとにして，地域や土壌などにあった多種の銘柄が消費地の近隣で配合できること，配合方法が簡便で製造コストが安いことなどである．

現在ではアメリカに限らずヨーロッパやアジア等でも広くも普及している．わが国で

粒状配合肥料	化成肥料
2種類以上の粒状の原料，たとえば，硫安，塩安，過石，塩加などを化学反応を伴わず，物理的に配合した肥料．原則的には粒の一つ一つが単一の肥料成分で異なっている．	化学反応によってつくられる肥料で，粒の一つ一つに窒素，リン酸，カリなどの肥料成分が含まれている．

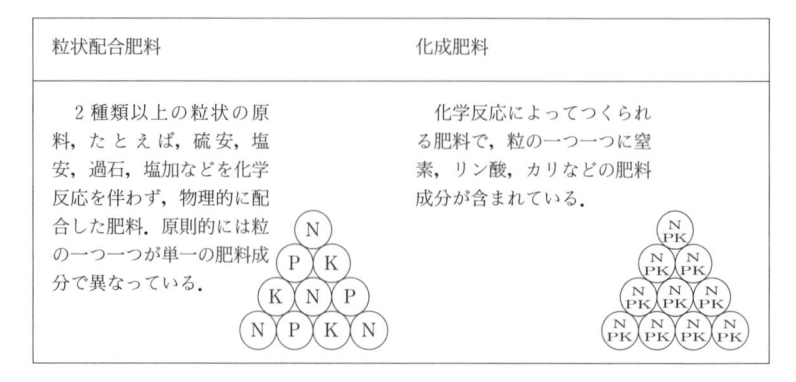

図8.4　粒状配合肥料（BB肥料）の形態的相違点

8.1 肥料の種類と特性

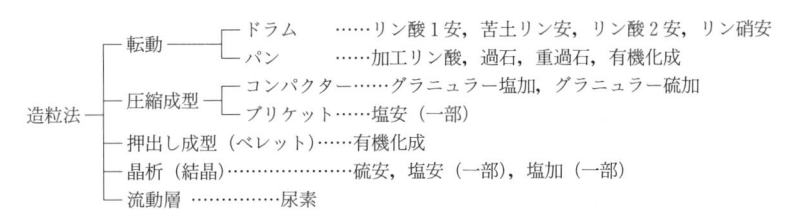

```
            ┌ 転動 ────┬ ドラム      ……リン酸1安，苦土リン安，リン酸2安，リン硝安
            │         └ パン       ……加工リン酸，過石，重過石，有機化成
            │ 圧縮成型 ┬ コンパクター……グラニュラー塩加，グラニュラー硫加
造粒法 ────┤          └ ブリケット……塩安（一部）
            ├ 押出し成型（ペレット）……有機化成
            ├ 晶析（結晶）…………………硫安，塩安（一部），塩加（一部）
            └ 流動層 ………………尿素
```

図 8.5　各種 BB 肥料原料の造粒法

は昭和40年代から導入され，その数量は80万t台と推定され，化成肥料などを含めた複合肥料全体の約1/4を占めるようになっている．使用される原料は，主原料として硫安，塩安，リン酸1安，リン酸2安，塩加，副原料として尿素，過リン酸石灰（過石），加工リン酸肥料などである．また最近では基肥全量施肥などの省力施肥に代表されるような肥効コントロールの可能な被覆肥料の使用が増加している．これら主要な原料の造粒方法を図8.5に示すが，粒状品といっても形状はさまざまであり，真球に近いものから板状のものまである．

a. 肥効特性

BB 肥料は化成肥料のように製造時の化学反応がないため，原料そのものの特性が肥効として現れる．一般に肥効は化成肥料はほとんど変わらずとみてよい．図8.6に同一成分の化成肥料と比較した展示圃試験での水稲とムギについての収量調査の結果を示す．また BB 肥料は被覆肥料などの特徴ある原料の性質をそのまま生かした組み合わせが可能であり，有利な面もある．

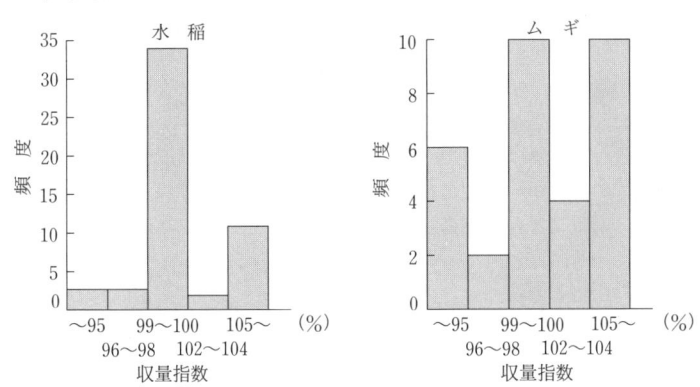

図 8.6　展示試験での BB 肥料の収量指数頻度（例）

b. 原料の物性と品質

原料の物性は BB 肥料の品質に大きな影響を与える．図8.7は粒度分布，かさ密度，形状の違う2種の原料を配合して，ホッパーから製品を抜き出したときの再分離の状況を表わしたものである．対照は粒度分布，かさ密度，形状を同じにしたものである．最も影響の大きいのは粒度分布の違ったときであり，原料が大きく再分離していることを

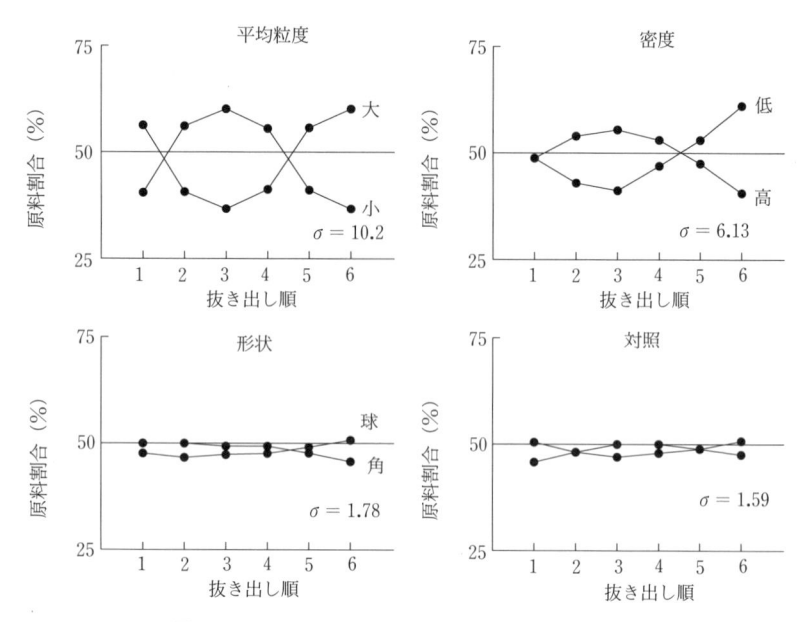

図 8.7 ホッパー内での粒度分布，密度，形状の違いと分離

示している．製品の堆積，抜き出し時に発生するコーニング現象によるもので，小粒に較べて大粒の方が転がりやすいために発生する現象である．肥料成分のバラツキをまねくので，なるべく粒度分布の近い原料を使用して分離を防止することが望ましい．かさ密度での分離も認められ，堆積時に重い原料が軽い原料を飛ばすために生じるものである．通常では肥料原料間の差は小さく，問題になるほどではない．形状の違いは分離とほとんど関係なかった．

その他に留意しなければならない原料物性として硬度，吸湿性などがある．硬度は圧壊強度で示され，軟らかいと配合や輸送時の粉化の原因となる．吸湿性は原料固有の性質ではあるが，固結などの問題につながるので特性を把握した上で湿度等の保管条件に注意する必要がある．

c. 原料間の反応と固結

化成肥料では用いられる原料が十分な水分と加温条件下で製造されるため，その工程の中で各種の反応が起こる．BB肥料原料は粒状で水分もほとんどないため通常では原料同士が反応することはない．しかし一方では水溶性で吸湿性に富むものが多いため，一度吸湿すると固結などの品質劣化の原因になるので注意する必要がある．図 8.8 に硫安，塩加，リン酸 2 安を BB 肥料原料としたとき，および副原料の尿素，重過石を加えたときの反応例を示した．この例は反応が進行した場合であるが，ほとんどが複反応により固溶体や複塩を生成して元の原料とは異なった化合物となっている．また重過石（過石でも基本は同じ）と尿素リン酸 2 安との配合は前者の主要構成物であるリン酸 1 石灰中の結晶水が遊離する反応で，外部からの水分の浸入がなくても進行するので避け

〔反応生成物〕

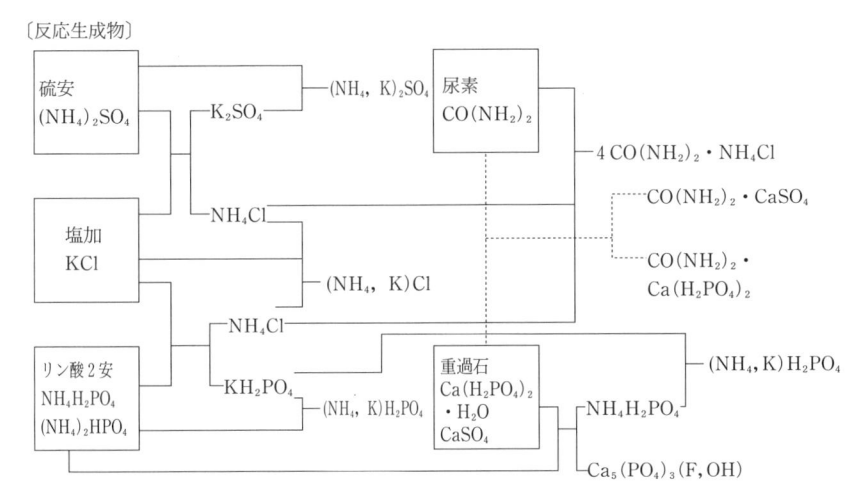

```
硫安              ┬─ K₂SO₄ ──(NH₄,K)₂SO₄──┬ 尿素
(NH₄)₂SO₄        │                          │ CO(NH₂)₂
                 │                          ├──── 4CO(NH₂)₂・NH₄Cl
                 ├─ NH₄Cl ──────────────────┤
                 │                          ├···· CO(NH₂)₂・CaSO₄
塩加             │                          │
KCl              ├─ (NH₄,K)Cl ──────────────┼···· CO(NH₂)₂・
                 │                               Ca(H₂PO₄)₂
                 ├─ NH₄Cl ──────────────────┐
                 │                          │ 重過石
リン酸2安        ├─ KH₂PO₄ ─────────────────┤ Ca(H₂PO₄)₂ ──(NH₄,K)H₂PO₄
NH₄H₂PO₄         │         (NH₄,K)H₂PO₄     │ ・H₂O
(NH₄)₂HPO₄       │                          │ CaSO₄    ── NH₄H₂PO₄
                                                       ── Ca₅(PO₄)₃(F,OH)
```

図8.8 リン酸2安，硫安系BB肥料の反応生成物（例）

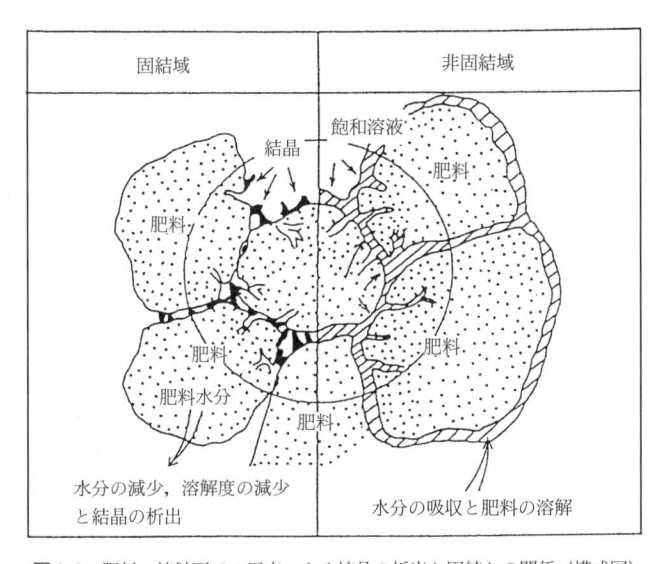

固結域	非固結域

結晶　飽和溶液　肥料　肥料　肥料　肥料水分　肥料

水分の減少，溶解度の減少と結晶の析出　　水分の吸収と肥料の溶解

図8.9 肥料の接触面での反応による結晶の析出と固結との関係（模式図）

ることが望ましい．

　固結は肥料が水分を含むことによって肥料分の溶解，再結晶化をくり返すことによって発生すると考えられる．したがって硫安，尿素などの単一の化合物や化成肥料のように一定程度反応が終了したものでも発生する．とくに析出した結晶が針状であったりすると肥料粒間を架橋させ(ブリッジ現象)，互いに絡み合ったりして固結がさらに強くなる．図8.9は非固結領域(右側)では肥料粒表面に吸湿した水分が薄く広がっているだけ

であるが，固結領域では乾燥や低温によって結晶が析出して肥料粒同士を接着している状態を示している．固結は古くから肥料に付きまとう課題であり，対策として固結防止材なども使われるが，いかに原料の吸湿を抑制，防止するかが基本である． 〔羽生友治〕

文　献
1) 安藤淳平：化成肥料の研究，日新出版，1967．
2) IFDC：Fertilizer Manual, 1979．

8.1.14　指定配合肥料

指定配合肥料は肥料取締法で定められた肥料で，もっぱら登録を受けた普通肥料同士が配合されるものをいう．リン酸液などの肥料原料や固結防止材などの材料を添加することは認められない．また，普通肥料であっても除外規定があり，農薬や硝酸化成抑制材入り肥料は使えず，さらに石灰質またはけい酸質肥料などのアルカリ分を保証する肥料との配合も原料としての使用が制限される．

a.　指定配合肥料の特徴

本肥料は製造を開始する 2 週間前までに農林水産大臣または都道府県知事に所定の内容（氏名，住所，名称など）を届け出することで販売が可能となる．登録が必要とされる普通肥料に較べると製造の手続きなどは簡素化されている．また，除外規定に触れなければこれまでは登録を受ける必要があった尿素と硫安の配合など多種にわたる種類の配合が可能となる．

同時に指定配合肥料は保証成分の設定方法や使用される原料肥料表示など登録が必要な肥料とは異なった遵守すべき条件もある．

b.　指定配合肥料の種類

現在流通している主要な指定配合肥料を形態や製法で分けると粒状の配合肥料，粉あるいは粉粒混合の配合肥料，混合土づくり肥料，水造粒肥料などとなる．

粒状の配合肥料は BB 肥料とも呼ばれ，肥効特性などは高度化成と同じである（8.1.13，BB 肥料を参照）．粉または粉粒混合の配合肥料はほとんどが有機配合肥料と無機の原料肥料を配合したものである．有機質肥料のもつ緩効的な肥効や物理性，生物性の改良効果から高品質が求められる果樹や果菜，花き類に多く使用されている．

混合土づくり肥料は熔リンや石灰窒素と石灰質肥料やけい酸質肥料との配合が主体で，配合による同時施肥が可能なことや原料の粒状化による散布しやすさとから普及が拡大している．

水造粒肥料は水添加による転動造粒やペレット，圧偏・破砕による造粒，および乾燥の工程を経た肥料を示す．固結防止材などの材料を使用しなくても問題の生じない肥料であり，有機質肥料配合のペレットなどが多いと推定される．

c.　指定配合肥料の流通量

河野によると指定配合肥料の流通量は 1993 年で 176 万 t である．内訳は BB 肥料（含む水造粒，水造粒，加工化成肥料）で 81 万 t，配合肥料は 75 万 t，混合土づくり肥料で 12 万 t となっている． 〔羽生友治〕

文　献
1) 肥料年鑑：肥料協会新聞部，12，1995．
2) 河野敏威：指定配合肥料の生産実態について，肥検回報，48，1995．

8.1.15　農薬その他が混入される肥料
a.　農薬入り肥料

　肥料に対する異物の混入については原則として禁止されているが，肥料取締法の例外規定によって，肥効増進や省力などの目的から，ベントナイトや紙パルプ廃繊維入り肥料，農薬入り肥料，微量成分入り葉面散布肥料，カーボンブラック入り炭酸カルシウム肥料などが規格化された．その後，統合，整理され，現在混入の認められているものは農薬だけになっている．混入が認められている農薬は，殺虫剤としてピリダフェンチオン，カルタップ，ベンフラカルブおよびイミダクロプリドの4種類，殺菌剤としてイソプロチオランとピロキロンの2種類，除草剤としてテトラピオン，クロルフタリウム，プロジアミン，ジチオピルおよびレナシルの5種類，植物生長調節剤としてウニコナゾールPとパクロブトラゾールの2種類である．

　農薬入り肥料の肥料と農薬の組み合わせは，①施用時期が一致すること，②おのおのの効果の低下がないこと，③肥料塩類との共存下で薬剤の物性が安定であること，などの肥料と農薬との適性で決まり，肥料と農薬の同時施用による省力化や施用量が多い肥料との組み合わせによる施薬の均一化という利点がある．

　多くの農薬入り肥料は，いわゆる農薬の混合剤や製剤の考え方の延長線上にあるといえる．しかし，植物生長調節剤（水稲用倒伏軽減剤）入り肥料は，短稈効果をはじめとする薬剤の生育抑制効果によって，水稲自らに作用して生育を制御し，耐肥性を付与するものである．つまり，この肥料は作物生育のケミカルコントロール技術である施肥の性能を向上させ，新しい施肥法を構築できるという点で，単なる"農薬入り"にとどまらない機能性を備えている．たとえば，コシヒカリの穂肥は下位節間を伸長させ，倒伏を助長するので，幼穂形成期が適期であるにもかかわらず出穂18～15日以降に施用しているが，植物生長調節剤入り肥料を用いることによって，コシヒカリでも幼穂形成期の穂肥が可能になり，収量性の向上を図ることができる．

b.　硝酸化成抑制剤入り肥料

　土壌に施用された窒素成分は，アンモニア化成菌や硝酸化成菌の作用を受けて，最終的には硝酸態窒素に変化する．陽イオンであるアンモニア態窒素は土壌コロイドに吸着されるが，硝酸態窒素は吸着されず，流亡しやすい．また，硝酸態窒素は脱窒によってガス化し，揮散，損失することが多い．したがって，施用窒素の損失を抑え，肥効を持続させるためには，硝酸化成作用を抑制して土壌に吸着されやすいアンモニア態のままで長い間存在することが望ましい．このような目的から，多くの硝酸化成抑制剤が開発され，それを添加した肥料がつくられている．

　一般に硝酸化成抑制剤がもつべき性質は，①硝酸化成抑制作用が強いこと，②亜硝酸害を防ぐために，アンモニアから亜硝酸の生成は抑制しても硝酸の生成は妨げないこと，③土壌で分解，流亡せずに安定で，作用が持続すること，④土壌中での移動性がア

ンモニア態窒素と同様であり，硝酸化成抑制効果の発現は作物の養分吸収のパターンに相応すること，⑤動植物に対して害がないこと，⑥肥料との混合に対して安定であり，肥効の発現に悪影響がないこと，などがあげられる．

現在，硝酸化成抑制剤として肥料に混入が許可されているものは，表8.14に示した8種類である．当初，これらは水稲の乾田直播用として開発されたために，肥料への添加量は抑制期間が施用後3〜4週間になるように設定されている．

表8.14 硝酸化成抑制剤と硝酸化成抑制剤入り肥料としての添加量

略称	構造式	化学名	硝酸化成制御剤入り肥料としての添加量*
Tu	$H_2N-CS-NH_2$	チオ尿素	6％（窒素あたり）
AM	2-アミノ-4-クロロ-6-メチルピリミジン構造	2-アミノ-4-クロル-6-メチルピリミジン	0.3〜0.4％
MBT	2-メルカプトベンゾチアゾール構造	2-メルカプトベソゾチアゾール	1％（窒素あたり）
Dd	$H_2N-C(=NH)-NHCN$	ジシアンジアミド	10％（窒素あたり）
ST	$H_2N-C_6H_4-SO_2NH-$チアゾール	サルファーチアゾール	0.3〜0.5％
DCS	$CH_2-CONH-$ジクロロフェニル / CH_2-COOH	N-2,5-ジクロルフェニルサクシナミド酸	0.5％
ASU	$NH_2-C(=NH)-NH-CS-NH_2$	1-アミジノ-2-チオウレア（グアニルチオウレア）	0.3％
ATC	$HCl \cdot H_2N-N-$トリアゾール	4-アミノ-1,2,4-トリアゾール塩酸塩	0.3〜0.5％

* 化成肥料中の重量比．窒素あたりとは，肥料窒素量に対する硝酸化成抑制剤量の比．

一方，これらを添加できる肥料は，硝酸アンモニウム，尿素，化成肥料，配合肥料などに限られているが，実際に生産されているものは化成肥料に添加したものである．硝酸化成抑制剤入り肥料は肥効調節型肥料として，また硝酸態窒素による水系汚染や亜酸化窒素による大気汚染の危険性を軽減する肥料として，近年注目されている．

〔関本 均〕

8.1.16 微量要素肥料

植物の必須成分には3要素以外に微量要素（micronutrients）がある．植物が必要とする微量要素はマンガン（Mn），ホウ素（B），鉄（Fe），亜鉛（Zn），銅（Cu），モリブデン（Mo），塩素（Cl），ニッケル（Ni）の8元素であるが，これら微量要素はつねに欠乏しているものではない．マンガンとホウ素については，わが国で欠乏する度合いが比較的多く，施用技術も普及しているが，これ以外の元素については欠乏が比較的限定されている．また，欠乏症状が発生しても，その地域や作物に必要元素を投与すれば回避できることもあるが，一方過剰害の発生のおそれがあることから慎重にならざるをえない面もある．したがって，マンガンとホウ素は必要性の高い元素として公定規格上，その含有量を表示し，保証することができるようになっているが，この他の元素については肥料に添加することを許可される材料として取り扱われ，鉄，亜鉛，モリブデンは葉面散布剤に混入することのできる元素として扱われている．

a. マンガン質肥料

マンガンは微量要素の中でも欠乏症状の出やすい要素の一つで，欠乏土壌は，約20万haと推定されている．その欠乏は，土壌が中性または塩基性になると起こりやすく，特に砂質土壌や老朽化水田に起こりやすい．

現在，マンガン質肥料には，硫酸マンガン肥料，炭酸マンガン肥料，鉱さいマンガン肥料，加工マンガン肥料，混合マンガン肥料および液体副産マンガン肥料の6種類が公定規格で定められている．そのほかにマンガンを主要な成分として保証する肥料にマンガン入り熔性リン肥，マンガン入り複合肥料，鉱さいケイ酸質肥料，微量要素複合肥料などがある．

1) **硫酸マンガン肥料** マンガン質肥料の中で代表的な肥料で，水溶性マンガン10〜32％を含有する．純品は桃色の結晶を呈し，潮解性が高い．速効性で，水に溶けやすいことから，液肥，葉面散布用としても使いやすいが，実際にはその大部分が複合肥料の原料として用いられている．製法には写真材料であるハイドロキノン製造の廃液を原料とするものと，マンガン鉱を原料とする二つの製法がある．

i) **ハイドロキノン製造の廃液を原料とするもの** 写真材料であるハイドロキノンを製造するときに，アニリンを硫酸溶液中で二酸化マンガンで酸化してキノンとし，これを還元してキノンを製造する工程があり，この際に廃液中から硫酸マンガンが回収される．不純物が比較的少なく，含有量25〜35％の製品が得られる．

ii) **マンガン鉱を原料とするもの** 低品位のマンガン鉱石（炭酸マンガン鉱石，二酸化マンガン鉱石など）に硫酸を反応させ，熟成したのち製品とする．鉱石に由来する不純物が比較的多いため，含有量は10〜20％と低い．

2) **炭酸マンガン肥料** 菱マンガン鉱と称されている炭酸マンガン鉱石を選鉱，微粉末にした肥料で，炭酸マンガンを主成分としており，石灰石と同様に希酸に溶けるが，溶解速度が遅く，ク溶性（クエン酸可溶性）マンガンを10％以上含有する．しかし，ク溶性マンガン以外の画分でも植物は吸収できることから，この肥料については0.5 M塩酸に対する溶解性で評価することとし，これを可溶性マンガンとしている．可溶性マンガン30％以上を保証する．

3) **鉱さいマンガン肥料** フェロマンガン，シリコマンガン鉱さい（スラグ）を微粉砕したものである．ク溶性マンガンを10～12％含有する．またこれに石灰，ケイ石などを加えて再溶融し，冷却後粉砕したものがある．これはク溶性マンガンのほかケイ酸30％，カルシウム35％，マグネシウム4％前後を含有していることからケイ酸カルシウム肥料の性格を合わせもっている．生産量は4～5万tと比較的多く，その大部分が水稲に利用されている．

4) **加工マンガン肥料** マンガン鉱石およびその他のマンガン含有物にかんらん岩その他のマグネシウム含有物を混合し，硫酸で処理した肥料で水溶性マンガン3～4％，水溶性苦土13～16％を含有する．苦土成分の方が多いが，公定規格ではマンガン質肥料として取り扱われる．

5) **混合マンガン肥料** マンガン質肥料に苦土質肥料を混合したものをいう．水溶性マンガン2％以上，水溶性苦土12％以上を含有する．

6) **液体副産マンガン肥料** 化学工業において副産された液体マンガン肥料で，平成3年の規格改定で新規に設定された肥料である．公定規格では水溶性マンガンを10％以上含むこととなっている．

マンガン施用にあたって，実際にはマンガン質肥料を単肥として施用することはごく限られ，複合肥料の形で施用することが多い．水田においてはマンガンはもちろんケイ酸およびその他の塩基類の補給として有用である．一方畑土壌においては，土壌のpHによって土壌中のマンガン溶出が著しく異なり，酸性土壌ではマンガンの溶出が著しく，酸性障害の一因であるミカンの異常落葉はマンガンの異常吸収であるとされるほどである．一方，土壌のpHが上昇すると，マンガンの溶出が著しく低下し，マンガン欠乏が発生することが多い．特に畑地では最近アルカリ化している土壌が増えているので注意しなければならない．

b. ホウ素肥料

ホウ素の欠乏は，てん菜の心腐れ，ブドウの不稔，ダイコンの褐色心腐れ，菜種の萎縮不稔，その他多くの畑作物で欠乏症状が認められているが，ホウ素の施用効果は顕著である．しかし，過剰施用の場合は障害がでるので，施用量には注意が必要である．

現在，ホウ素質肥料には，ホウ酸肥料，ホウ酸塩肥料，熔成ホウ素肥料および加工ホウ素肥料の4種類がある．その他ホウ素を主要な成分とする肥料に，ホウ素入り熔性リン肥，ホウ素入り複合肥料，微量要素複合肥料などがある．

ホウ酸肥料は，ホウ砂を硫酸で処理して得られたものでホウ酸を主な成分として，ホウ酸として55～56％を含有し，水溶性ホウ素を保証する．

ホウ酸塩肥料には，ナトリウム塩とカルシウム塩のものがある．ナトリウム塩は水溶性ホウ素を36～66％含有しており，アメリカから輸入している．アメリカではカルフォルニア州トロナにあるシアス湖の塩水からトロナ法と呼ばれる一連の分離結晶法によって塩化カリウムなどとともに生産される．日本に輸入されているものは無水塩 [B_2O_3，63～65％含有] で，不純物が少なく，水に溶けやすくProbor，Sorborと呼ばれ葉面散布用に用いられている．世界のホウ砂の90％以上がトロナ産であり，わが国の輸入量は約1,000tである．カルシウム塩はコールマナイト"灰ホウ鉱"と呼ばれる原

鉱石を輸入したのち粉砕して肥料として生産している．ク溶性（クエン酸可溶性）35％，水溶性ホウ素5％以上を含有している．肥料としてはホウ砂と変わらないが，ク溶性が多いため，土壌に施用したのちの流亡が少ないので砂質土壌で有利である．また薬害も現れにくい．ただし，いずれのホウ酸肥料とも単肥としての使用はわずかであり，ナトリウム塩の一部が葉面散布に用いられる程度で，ほとんどが複合肥料の原料として用いられている．

　熔成ホウ素肥料は，ホウ素塩および炭酸マグネシウムそのたの塩基性マグネシウム含有物に長石，ケイ石，ソーダ灰またはべんがらを混合し，溶融したもので可溶性ホウ素15.0％以上，ク溶性苦土10.0％以上を含む．微量要素であるホウ素の肥効を緩効化し，過剰害を少なくすることをねらった肥料である．

　加工ホウ素肥料は，ホウ酸またはホウ素塩などのホウ素含有物にかんらん岩その他の塩基性苦土含有物を混合し，これに硫酸を加えたもので，水溶性ホウ素のほかに水溶性苦土を保証する．

c. その他の微量要素肥料

　微量要素複合肥料は，マンガンとホウ素をともに保証する肥料（micronutrient mixture）であり，三要素は含まない．

　熔成微量要素複合肥料は，一般にはFTE（fritted trace elements）と呼ばれている．すなわち，ガラスに溶け込ませた微量元素の三つの頭文字をとって名づけたものでマンガン鉱さい，ホウ砂，長石，ソーダ灰，ホタル石，鉄鉱さいなどを配合，1,300℃で融解し，マンガン，ホウ素，鉄，亜鉛，銅，モリブデンなどをガラス中に非結晶体として溶かし込み，急冷して微粉末にしたものである．成分はク溶性マンガン17〜20％，ホウ素7〜9％以上を含有する．さらに蛇紋岩など塩基性マグネシウム鉱石を加えてマグネシウムを保証することがあり，マグネシウムを保証したものは5％以上を含有する．水溶性のホウ酸塩などに比較して薬害が現れにくく，効果は持続性がある．

　液体微量要素複合肥料は，マンガンおよびホウ素を主成分とした微量要素複合肥料のうち液状のものをいう．水溶性のマンガン，水溶性ホウ素の合計量が0.30％以上を含む，このほかに水溶性苦土を1.0％以上を含むものもある．なお，葉面散布を目的とする肥料では鉄，銅，亜鉛，モリブデンを添加してもよい材料となっており，添加する肥料の種類としては混合窒素肥料，化成肥料，配合肥料，液状配合肥料，混合微量要素肥料，液体微量要素肥料，家庭園芸用複合肥料などがある．この種の肥料は葉面散布を目的としたものであり，水溶性であることを要し，多くの場合，展着剤が加えられている．

〔眞弓洋一〕

8.1.17　葉面散布肥料

　作物による栄養分の吸収が根（経根的）からの吸収だけでなく，葉面（経葉的）から養分を吸収することは古くから知られており，これを利用して，作物の正常な生育をさせるために必要な栄養分を水溶液として葉面に散布することを葉面散布（floliar application）という．

　通常作物の生育に必要な養分は土壌中から根によって吸収されるが，葉面からの栄養

分の吸収は，根からの養分吸収に比べて吸収量は少ないが散布効果が速やかであることから，マンガン，ホウ素，鉄，銅，亜鉛，モリブデンなど微量要素の欠乏症状を呈したときなどの早期回復に使用すると効果的である．

多量要素では，尿素が微量要素と同じように葉面から直接吸収され，同化利用される．健全な水稲に対する尿素の葉面散布の効果はあまり認められないが，異常生育下にある老朽化水田，泥炭田などの秋落ち水稲や作物根の養分吸収機能が低下したようなときには，直接作物体に養分を吸収させるため有効である．

畑作物では凍霜害，風水害，湿害などを受け生育の衰えた場合に効果があり，品質向上にも効果が認められている．中でも尿素が特異的に葉面からの吸収が著しく早いことから多く利用されている．この方法は，土壌施用に比べて土壌の理化学的性質，根の生理的状態に影響を受けることが少ないために，土壌の性状によって肥料成分が根から吸収されにくい場合，病害虫や秋落ち水田によって根に障害ができた場合に効果がある．

また，果樹や花卉の葉に味，色の商品性を重んじるもの，蔬菜のように葉面積の大きいものに効果がある．葉面に散布した場合の成分の吸収・利用は，土壌施用の場合よりも一般的に効果が高い．特に，土壌による固定のみられる元素では，特にその差が大きい．多量要素では尿素の吸収がよく，薬害も現れにくい．葉面吸収は植物の種類，生育時期，その他の内的・外的要因に大きく作用され，また，濃度が高くなると薬害の現れることもある．したがって，微量要素以外の多量要素をすべて葉面散布で補うことは実際的ではなく，補助的あるいは欠乏症の発生時の応急的な役割が主である．

葉面散布剤には，液状複合肥料，液体微量要素複合肥料，これらに鉄，銅，亜鉛，モリブデンの塩類が添加されたもの，粉末液肥などがある．

液状複合肥料は，公定規格によって普通肥料または肥料原料を使用し，液状にしたものをいい，これに沈殿もしくは腐敗を防止し，展着を促進し，また土壌中における硝酸化成を抑制する材料を使用したものを含み，鉄，銅，亜鉛またはモリブデンの塩類の入ったものもある．これらの混入が許される最大量は鉄として7.0％以下，銅として0.1％以下，亜鉛として0.1％以下，モリブデンとして0.3％以下で，これらは混入後に水溶性であるものに限られている．

液体微量要素複合肥料は，マンガン，ホウ素の微量要素およびこれに鉄，銅，亜鉛またはモリブデンの塩類が添加された肥料で，混入が許される最大量は液状複合肥料と同じである．中には苦土の添加された肥料もある．粉末肥料は粉末状となっていて，これを水で溶かして施す液肥で，三要素がバランスよく含まれている． 〔眞弓洋一〕

8.1.18 家庭園芸用肥料

一般に家庭園芸用肥料とは，一般家庭において花き，盆栽，家庭菜園用などに使用される肥料で，その規格は，化成肥料，成形複合肥料，吸着複合肥料，被覆複合肥料，副産複合肥料，配合肥料および液状複合肥料以外の複合肥料であって，肥料取締法施行規則では，「当該肥料の容器または包装の外部に，農林大臣が定めるところにより，その用途が専から家庭園芸専用である旨を表示したもので，かつその正味重量が十キログラム以下のものをいう．」と定義されている．したがって，家庭園芸用複合肥料以外のも

のでも，前述の定義を満たすものは，家庭園芸肥料として取り扱われることになる．含有成分は，窒素，リン酸またはカリのいずれか2成分以上の合計量が0.2％とされ，混入を許可されているものとして，石コウ，鉄，亜鉛またはモリブデンの塩類および肥料の着色材が指定されている．家庭園芸肥料については，その目的の特殊性から，保証成分量の制限，保証票の記載事項などに特例的な緩和措置が講じられている．最近では，小規模の家庭菜園や各市町村が設けている貸農園の普及などによって生産量も増加し，平成3年の生産量は2,374tであったものが，平成4年には2,925tと551t も増加，複合肥料の生産量が35,926t減産であるのに対して著しい増加である． 〔眞弓洋一〕

8.1.19 特殊肥料と自給肥料

"特殊肥料"とは，肥料取締法で農林水産大臣が指定する米ぬか，堆肥その他の肥料をいい，特殊肥料以外の肥料は"普通肥料"という．"自給肥料"は農家でつくるもの

表8.15 主な特殊肥料の成分含量例（％）

	窒素	リン酸	カリ	備考
魚かす	4〜9	3〜8		
甲殻類質肥料	4	3		
蒸製骨	3〜4	17〜30		
蒸製てい角	10〜14			
肉かす	6〜10			
獣毛くず	5〜9			（羊毛くず）
粗砕石灰石				アルカリ分53
米ぬか	2	4	1	
はっこうかす	2.6	1		（ビールかす）
アミノ酸かす	0.5〜2.5			
コーヒーかす	2			
くず大豆およびその粉末	6	1	2	
たばこくず肥料およびその粉末	1〜2		4〜7	
乾燥藻およびその粉末	1		3	
よもぎかす	2.5		3.5	
草木灰		3	4〜10	
くん炭肥料	0.7	0.4	0.7	
骨炭粉末	1〜2	32〜35		
骨灰		35		
セラックかす	4			
にかわかす	4〜5			
魚鱗	2〜5	2〜18		
はっこう乾ぷん肥料	1.5〜2	5〜10		
動物排せつ物の燃焼灰（けいふん）		24〜29	6〜15	石灰10，苦土3〜6
グアノ（りん酸グアノ）	0.5	17〜18		
発泡消化剤製造かす	3.6〜6.1			風乾物
貝殻肥料				アルカリ分30〜50
貝化石粉末				アルカリ分30〜50

であり，稲わら，緑肥，堆きゅう肥などがある．特殊肥料は，①魚かすや蒸製骨などの粉末では普通肥料となるもの，および，②米ぬか，コーヒーかす，動物の排せつ物，堆肥，石灰処理肥料，石こうなど形態のいかんを問わず，有害成分などの懸念が比較的少ないもの，の二つに大きく分類される．

従来，特殊肥料の範疇であった有害成分などの規制が必要な汚泥肥料などは普通肥料へ移行し，登録が必要となった．

特殊肥料は，広義の有機質肥料といわれる有機物と石灰石，石こう，含鉄物などの無機物に大きく分けられるが，有機物の使用量が多い．

表8.15に主な特殊肥料の成分含量例を示したが，この他に発酵米ぬか，くず植物油かすおよびその粉末，草本性植物種子皮殻油かすおよびその粉末，木の実油かすおよびその粉末，落綿分離かす肥料，家きん加工くず肥料，人ぷん尿，動物の排せつ物，堆肥，製糖副産石灰，含鉄物，微粉体燃焼灰，カルシウム肥料，石灰処理肥料，石こうが指定されている．表8.16～8.18に動物の排せつ物，家畜ふん堆肥，バーク堆肥の分析例を示した．この中で最も多く使われているのがバーク堆肥，家畜ふん堆肥などのたい肥類であり，次に動物の排せつ物である．

表8.16 動物の排せつ物の成分含量例[1]（乾物%）

	乾物率	窒素 (N)	リン酸 (P_2O_5)	カリ (K_2O)	石灰 (CaO)	苦土 (MgO)	T-C	Na_2O
鶏ふん	81～85	3.5～3.7	5.5～6.4	3.0～3.4	5.0～11.3	1.4	26.8～37.7	
豚ぷん	76	3.4	6.0	2.0	4.4	1.6	35.8	0.6
牛ふん	72	2.3	2.6	2.4	2.2	1.1	36.1	1.0

表8.17 動物の排せつ物堆肥の成分含量例[2]（乾物%）

	窒素 (N)	リン酸 (P_2O_5)	カリ (K_2O)	石灰 (CaO)	苦土 (MgO)	NaCl	強熱減量
鶏ふん堆肥	1.4～5.1	0.4～9.9	0.4～5.4	3.0～29.3	0.7～2.4	0.8～3.1	26～82
豚ぷん堆肥	1.4～11.3	1.2～17.0	0.5～8.8	2.0～14.0	0.6～4.8	0.1～4.0	43～81
牛ふん堆肥	0.5～5.6	0.7～4.8	0.1～6.6	0.8～7.3	0.2～3.0	0.1～2.9	33～90

表8.18 バーク堆肥の分析例[2]

現物			乾物						
水分 %	pH	EC mS/cm	CEC mep/100g	有機物 %	有機態C %	C/N	還元糖 %	セルロース+ヘ ミセルロース%	リグニン %
53～70	5.4～8.0	0.33～3.60	61～128	60～90	32～46	9.9～61	19.3～33.7	16.1～34.9	29.1～47.7

乾物								
窒素 %	リン酸(P_2O_5) %	カリ(K_2O) %	MnO ppm	B_2O_3 ppm	Hg ppm	Cd ppm	As ppm	水溶性フェノール mg%
0.6～3.8	0.1～2.7	0.1～0.9	145～1505	76～330	0.02～0.12	0.02～1.40	0.12～2.30	2.2～16.2

8.1 肥料の種類と特性

表8.19 有機質肥料等推奨品質基準[2)]

			バーク堆肥[*1]	下水汚泥肥料・し尿	汚泥肥料[*2]	食品工業汚泥堆肥[*2]	し尿汚泥堆肥[*2]	食品工業汚泥堆肥[*2]	家畜ふん堆肥[*1]
品質表示必要	有機物	乾物%	70以上	35以上	50以上	35以上	35以上	40以上	60以上
	C/N		40以下	10以下	10以下	20以下	20以下	10以下	30以下
	窒素全量	乾物%	1以上	2以上	2.5以上	1.5以上	2以上	2.5以上	1以上
	無機態窒素	mg/乾物100 g	25以上	—	—	—	—	—	—
	リン酸全量	乾物%	—	2以上	2以上	2以上	2以上	2以上	1以上
	カリ全量	乾物%	—	—	—	—	—	—	1以上
	アルカリ分	乾物%	—	25以下	25以下	25以下	25以下	25以下	—
品質表示不要	水分	現物%	60以下	30以下	30以下	50以下	50以下	50以下	70以下
	pH	現物	—	—	—	8.5以下	8.5以下	8.5以下	—
	EC	現物 mS/cm	3以下	—	—	—	—	—	5以下
	CEC	乾物 meq/100 g	70以上	—	—	—	—	—	—

[*1]：特殊肥料，[*2]：普通肥料

表8.20 特殊肥料の品質表示基準

特殊肥料の種類	表示事項
堆 肥	一般表示事項：肥料の種類，肥料の名称，届出受理都道府県，表示者氏名住所，重量，生産年月 主成分含量等（現物あたり）： 窒素全量，リン酸全量，加里全量，炭素窒素比（C/N），銅全量（豚ぷん使用で，300 mg/1 kg 現物以上含有のもの），亜鉛全量（豚ぷんまたは鶏ふん使用で，900 mg/1 kg 現物以上含有のもの），石灰全量（石灰使用で，150 g/1 kg 現物以上含有のもの），水分（乾物表示の場合），原料（使用重量割合の順に記載）
動物の排せつ物	一般表示事項：肥料の種類，肥料の名称，届出受理都道府県，表示者氏名住所，重量，生産年月 主成分含量等（現物あたり）： 窒素全量，リン酸全量，加里全量，炭素窒素比（C/N），銅全量（豚ぷん使用で，300 mg/1 kg 現物以上含有のもの），亜鉛全量（豚ぷんまたは鶏ふん使用で，900 mg/1 kg 現物以上含有のもの），石灰全量（石灰使用で，150 g/1 kg 現物以上含有のもの），水分（乾物表示の場合），原料（使用重量割合の順に記載）

　これら特殊肥料は，種類・製法によりさまざまな品質のものがある．表8.19に有機質肥料等品質保全研究会から提出された業者の自己認証品質基準を示した．推奨肥料である旨の表示をする場合は，品質基準に適合していることを確認しなければならない．
　また，表8.20に特殊肥料の中の堆肥，動物の排せつ物の肥料取締法による品質表示基準を示した．
　これら特殊肥料の作物に及ぼす効果は，窒素，リン酸，カリ，カルシウム，鉄などの

表 8.21 有機物の分解特性による群別と施用効果[1]

初年目の分解特性		有機物の例	施用効果			運用での作用のN吸収増	施用上の注意
窒素の出入	C, Nの分解率		肥料的	地力N増	有機物増		
N放出 C/N 30以下	C, Nとも速やか（年60〜80％）	余剰汚泥, ケイフン, そ菜残さ, クローバーなど（C/N 10前後）	大	小	小	小	施肥Nの代わりとなるので肥料とのN合計量が施肥標準量を上回らないようにする。中には石灰含量が多いものがあるので注意
	C, Nとも中速（年40〜60％）	牛ふん, 豚ぷんなど（C/N 10〜20）	中	中	中	大	施肥Nの30〜60％を代替できるのでその上限量を上回らないようにする
	C, Nとも緩慢（年20〜40％）	わらなどの通常の堆きゅう肥類（C/N 10〜20）	中〜小	大	大	中	一般的な施用量では施肥量を変える必要はない
	C, N非常に緩慢（年0〜20％）	バーク, おがくずなどの堆肥類（C/N 20〜30）	小	中	大	小	できるだけよく腐熟したものを使用, 未熟なもので虫害発生
N取込み C/N 30以上	C速やか（年60〜80％）N取込み	稲わら, 麦わらなど（C/N 50〜120）	初期マイナス, 運用で中	大	中	中	使用初年目はNを併用するか施肥Nを増す。水田では還元障害を考慮して上限決定
	C中速〜緩慢（年20〜60％）N出入りなし, または取込み	水稲根, 製紙かす堆肥未熟物など（C/N 30〜140）	初期なし〜マイナス, 運用で小〜中	中	中	小〜中	施肥料を幾分増加する
	C非常に緩慢（年0〜20％）N取込み	おがくずなど（C/N 200以上）	マイナス	小	中	マイナス〜中	単独で使用せず, 堆肥化して使用. 未熟で虫害

(志賀, 1985に一部加筆)

　分解率は水田圃場のものであり, 分解しやすいものは, 水田, 畑で分解率に差はなく, 分解しにくいものは水田での分解が遅れる.

養分供給,腐植の増加,pH の矯正などの化学性改良,難分解性有機物,団粒形成による物理性改良,土壌生物の基質,化学性改良による土壌生物相改良の大きく 4 効果があり,これらの効果は相互に関連している.

使用量が多い有機物については,含有成分がおのおの異なり,それぞれの地域で作物ごとに施用基準が設けられているが,バーク堆肥で 1〜3 t,牛ふん堆肥で 1〜10 t,豚ぷん堆肥で 0.5〜5 t,鶏ふんで 0.1〜1 t,汚泥肥料で 0.4〜2 t とされている.

表 8.21 に有機物の分解特性による群別と施用効果を示したが,施用にあたっては肥料養分,重金属などの含量,分解特性に注意が必要である. 〔野口勝憲〕

文献

1) 有機質肥料等品質保全研究会:有機質肥料等品質保全研究会報告書,全国農業共同組合中央会,1995.
2) 農林水産省農業研究センター:有機物の処理・流通・利用システム—堆肥センターを軸として,(社)農林水産技術情報協会,1985.

8.1.20 土壌改良剤(土壌改良資材)

日本の耕地土壌の多くは,何らかの生産阻害要因をもつ不良土壌である.その生産阻害要因のうち,土壌の化学性・物理性・生物性を改善する目的で土壌に施用される資材を一般に土壌改良剤という.現在,土壌改良剤という名のもとに数多くの資材が生産販売されている.これら各種土壌改良剤を大別すると次のようになる.

1) 動植物系を原料とする資材で,その使用目的によってさらに 3 種に分類できる.

ⅰ) 有機物を主体とし,堆きゅう肥の効果に類似した資材で,この主のものは,①土壌の膨軟化,保水性あるいは保肥力の改善などを目的とした泥炭・若年炭とその処理物,または,石炭の亜炭の処理物(ピートモスや腐植酸質資材),②多量要素から微量要素にいたるまでの養分の補給を主目的とした家畜・家禽類のふんとその発酵・乾燥処理物(牛ふん,鶏ふん,堆きゅう肥など),③保水性や保肥力の改善を目的とした樹皮やおがくずなどの木質リグニン類(バーク堆肥など),④し尿・下水・工場排水汚泥の発酵処理物,⑤都市ゴミの発酵処理物,などが該当する.

ⅱ) 無機質を主成分とし,土壌の化学性改良と養分補給を目的とした資材で,石灰含有量の多い貝化石粉末やかに殻とか貝殻粉末などが該当する.

ⅲ) 有機物の腐熟促進やそれに伴う悪臭防止効果,有用微生物の富化および生物相の改善を目的としたもので,その大部分は微生物系資材といわれるもので,100 余種にものぼる資材が流通している.

2) 無機質系では,次のように分類できる.

ⅰ) 鉱物質を原料とするものとして,①水を吸収して膨張する性質を利用して水田の漏水田改良や保肥力を高める効果をもつもの(ベントナイト),② CEC の高い粘土で,土壌の保肥力を高める効果をもつもの(ゼオライト),③吸水力が高く,孔隙率が大きく土壌の通気性,保水性を改善する効果をもつもの(パーライト)や,さらに保肥性もあわせてもつもの(バーミキュライト),④耕土培養対策資材として取り扱われていた

表8.22 政令で指定された土壌改良資材

種　類	産地などの原料の説明（例）	品質基準	表示の区分	用途（主たる効果）
泥炭	北海道産みずごけ，草炭（水洗後乾燥処理）	乾物100gあたりの有機物含有量20g以上	有機物中の腐食酸含有率70％未満の物	土壌の膨軟化 土壌の保水性の改善
			有機物中の腐食酸含有率70％以上の物	土壌の保肥力の改善
バーク堆肥	広葉樹樹皮を原料（85％）に牛糞・尿素を加えて体積醱酵させた物	特殊肥料に該当する物		土壌の膨軟化
腐食酸質資材	石炭または亜炭を硝酸または硝酸および硫酸で分解し，カルシウム化合物またはマグネシウム化合物で中和した物	乾物100gあたりの有機物含有量20g以上		土壌の保肥力の改善
木炭	木材，ヤシガラなどを炭化した物			土壌の透水性の改善
けいそう土焼成粒	けいそう土を造粒（粒径2mm）して焼成した物	1Lあたりの質量700g以下		土壌の透水性の改善
ゼオライト	沸石を含む凝灰岩の粉末	乾物100gあたりの陽イオン交換容量50ng等量以上		土壌の保肥力の改善
バーミキュライト	雲母系鉱物（ひる石）を粉砕焼成した物			土壌の透水性の改善
パーライト	真珠岩などを粉砕焼成した物			土壌の保水性の改善
ベントナイト	吸水して膨潤する粘土鉱物	乾物2gを水中24時間静置後の膨潤容積5mL以上		水田の漏水防止
ポリエチレンイミン系資材	アクリル酸・メタクリル酸ジメチルアミノエチル共重合物のマグネシウム塩とポリエチレンイミンとの複合体	質量百分率3％の水溶液の温度25℃における粘土10ポアズ以上		土壌の団粒形成促進
ポリビニルアルコール系資材	ポリ酢酸ビニルの一部をけん化した物	平均重合度1,700以上		土壌の団粒形成促進

石灰質肥料（炭酸カルシウム），リン酸質肥料（熔性リン肥），ケイ酸質肥料（ケイカル）などがある．

　ⅱ）鉱さい類を原料とするものとして，①石灰や鉄，ケイ酸などの養分補給効果をもつもの（転炉さい，平炉さい），②可溶性ホウ素含有量が高くホウ素の供給効果をもつ

8.1 肥料の種類と特性

表 8.23 土壌改良資材の施用上の注意

土壌改良資材の種類	施用上の注意
泥炭（用途として土壌の保水性の改善を表示するものに限る）	この土壌改良資材は，過度に乾燥すると，施用直後，十分な土壌の保水性改善効果が発現しないことがあるので，その場合には，播種，栽植などは十分に土となじませた後に行う．
バーク堆肥	この土壌改良資材は，多量に施用すると，施用当初は土壌が乾燥しやすくなるので，適宜かん水する．また，この土壌改良資材は，過度に乾燥すると，水を吸収しにくくなる性質をもっているので，過度に乾燥させないようにする．
木炭	この土壌改良資材は，地表面に露出すると風雨などにより流出することがあり，また，土壌中に層を形成すると効果が認められないことがあるので，十分に土と混和する．
バーミキュライト	この土壌改良資材は，地表面に露出すると風雨などにより流出することがあるので十分覆土する．
パーライト	この土壌改良資材は，地表面に露出すると風雨などにより流出することがあるので十分覆土する．
ポリビニルアルコール系資材	この土壌改良資材は，火山灰土壌に施用した場合には，十分な効果が認められないことがあります．

もの（フライアッシュ），③可溶性ケイ酸と石灰を含有するもの（軽量気泡コンクリート粉末）がある．

iii) 合成高分子系資材で，耐水性団粒の形成効果のあるポリエチレンイミン系，ポリビニールアルコール系などが該当する．

　以上のように各種の資材があるが，その中には肥料取締法でその成分含有量や有害成分に対する規格が定められ，品質保全が保たれているものもある．しかし，特殊肥料に相当するものは，農家の経営と五感によって識別できる堆きゅう肥のようなもので，品質や含有成分の保証が必要なく届出だけで販売できるもので，必ずしも土壌改良剤としての施用効果が明らかでないものもある．さらに，特殊肥料の登録をしないで土壌改良剤と銘うち市販流通している資材も多数ある．それらの中には，原料や用途そして施用効果を明記しないものもあり，農業現場では混乱をきたしている．そこで，農林水産省は多様化した土壌改良剤の公正な流通，的確な選択，適切な使用そして品質に対する規制を目的として，昭和59年に地力増進法を制定した．その中でいままであいまいであった土壌改良剤を「植物の栽培を資するため，土壌の性質に変化をもたらすことを目的として土壌に施されるもの」を土壌改良資材と定義し，原則として土壌改良剤の呼称を用いない．一方，肥料取締法で肥料とは「………または植物の栽培に資するため，土壌に化学的変化をもたらすことを目的として土地に施されるもの」と土壌の化学的性質を変化させるものも肥料と定義している．このことから，土壌改良資材のうち，普通肥料である石灰質肥料，リン酸質肥料，ケイ酸質肥料に該当する資材を土壌改良資材からは除外し"土作り肥料"としている．さらに地力増進法では「消費者が購入に際し品質を識別することが著しく困難であり，かつ，地力の増進上その品質を識別することが特に必

要である」として，政令に定める種類のものについては，その種類ごとに原料，用途，施用方法その他品質に関することを表示することが定められた．現在，政令で指定された資材は表8.22に示した12種類で，それらの表示事項の一部を例示した．さらに，これらの資材のうち，表8.23に示した土壌改良資材7種類については，例示したような用語を用いて，施用の注意を記載することになっている． 〔吉羽雅昭〕

8.1.21 肥料の評価

肥料の効果を評価するためには，実際に肥料を施用して作物の反応でみるのが最も確実であるが，そのためには時間と労力が必要である．

肥料の有効成分が含まれているか，植生などに有害な成分がないかは化学分析によって知ることができる．しかし，化学分析のみで植物が吸収できる形態の成分（有効成分）を明確にするのは必ずしも容易ではない．一般に，肥料では特定の溶媒に対する溶解性で有効成分を評価しており，水，あるいはクエン酸などの希薄な酸が溶媒として用いられている．詳細は公定法である農業環境技術研究所著作の分析法に記載されている．しかし，たとえばリン酸の場合，アメリカの公定分析法では中性クエン酸アンモニウム溶液が用いられているのに対して，わが国ではアルカリ性クエン酸塩液，または酸性クエン酸液を用いるなど，分析法の詳細は国ごとに異なっているので，国際貿易などの場合には注意が必要である．いずれにしても化学的方法は必要条件ではあるが，十分条件ではないことを理解する必要がある．

産業廃棄物などに由来する肥料については，植生害試験を行い，未知の有害物などによる障害の発生を防ぐことに留意している．

成分ばかりでなく，肥料が商品として流通するためには吸湿性，固結性がなく機械施肥の場合の流動性が高いこと，また粉の飛散，水田での浮上などがないなど，物理的な性質についても良好な性状が求められる． 〔越野正義〕

8.2 肥料の品質と保全

肥料は農業生産における最も重要な資材であり，肥料の合理的利用により農業生産力を維持増進するためには，その品質を保全し，安定な供給を確保することが必要不可欠である．このため，わが国では肥料取締法（現行法は昭和25年に公布）を制定して，国内で生産されて使用される肥料または外国から輸入されて使用される肥料について，品質の保全と安定な需要の確保を図っている．肥料取締法では，肥料の規格の設定，登録および検査などについて，基本的な規定が定められているが，より具体的な事項は，肥料取締法施行令と肥料取締法施行規則の二つの政令で定められている．さらに年々改正が必要となる可能性のある特殊肥料の指定および普通肥料の公定規格の設定などは，告示で定めて法律の円滑な運用を図っている．また，国立肥料検査所（飼料検査所と合併して肥飼料検査所となり，平成13年4月には独立行政法人肥飼料検査所）を全国に配置して，肥料の検査体制を整備し，検査業務で行う肥料の分析は，肥料分析法に定められた方法で行われている．

8.2 肥料の品質と保全

表 8.24 金属等を含む産業廃棄物に係る判定基準を定める総理府令の別表第一の基準

昭和 48 年 2 月 17 日総理府令第 5 号
最終改定　平成 12 年 8 月 14 日総理府令第 94 号

1	アルキル水銀化合物	アルキル水銀化合物につき検出されないこと.
	水銀又はその化合物	検液 1 リットルにつき水銀 0.005 ミリグラム以下
2	カドミウム又はその化合物	検液 1 リットルにつきカドミウム 0.3 ミリグラム以下
3	鉛又はその化合物	検液 1 リットルにつき鉛 0.3 ミリグラム以下
4	有機燐化合物	検液 1 リットルにつき有機燐化合物 1 ミリグラム以下
5	六価クロム化合物	検液 1 リットルにつき六価クロム化合物 1.5 ミリグラム以下
6	砒素又はその化合物	検液 1 リットルにつき砒素 0.3 ミリグラム以下
7	シアン化合物	検液 1 リットルにつきシアン 1 ミリグラム以下
8	ポリクロリネイテッドビフェニル (以下「PCB」という.)	検液 1 リットルにつき PCB 0.003 ミリグラム以下
9	トリクロロエチレン	検液 1 リットルにつきトリクロロエチレン 0.3 ミリグラム以下
10	テトラクロロエチレン	検液 1 リットルにつきテトラクロロエチレン 0.1 ミリグラム以下
11	ジクロロメタン	検液 1 リットルにつきジクロロメタン 0.2 ミリグラム以下
12	四塩化炭素	検液 1 リットルにつき四塩化炭素 0.02 ミリグラム以下
13	1,2-ジクロロエタン	検液 1 リットルにつき 1,2-ジクロロエタン 0.04 ミリグラム以下
14	1,1-ジクロロエチレン	検液 1 リットルにつき 1,1-ジクロロエチレン 0.2 ミリグラム以下
15	シス-1,2-ジクロロエチレン	検液 1 リットルにつきシス-1,2-ジクロロエチレン 0.4 ミリグラム以下
16	1,1,1-トリクロロエタン	検液 1 リットルにつき 1,1,1-トリクロロエタン 3 ミリグラム以下
17	1,1,2-トリクロロエタン	検液 1 リットルにつき 1,1,2-トリクロロエタン 0.06 ミリグラム以下
18	1,3-ジクロロプロペン	検液 1 リットルにつき 1,3-ジクロロプロペン 0.02 ミリグラム以下
19	テトラメチルチウラムジスルフィド (以下「チウラム」という.)	検液 1 リットルにつきチウラム 0.06 ミリグラム以下
20	2-クロロ-4,6-ビス (エチルアミノ) -s-トリアジン (以下「シマジン」という.)	検液 1 リットルにつきシマジン 0.03 ミリグラム以下
21	S-4-クロロベンジル=N, N-ジエチルチオカルバマート (以下「チオベンカルブ」という.)	検液 1 リットルにつきチオベンカルブ 0.2 ミリグラム以下
22	ベンゼン	検液 1 リットルにつきベンゼン 0.1 ミリグラム以下
23	セレン又はその化合物	検液 1 リットルにつきセレン 0.3 ミリグラム以下

備考
1　この表に掲げる基準は, 第四条の規定に基づき環境大臣が定める方法により令第六条第一項第三号ハ (1) から (5) までに掲げる産業廃棄物, 同号カ, ヨ若しくはタに規定する産業廃棄物, 指定下水汚泥若しくは鉱さい若しくはこれらの産業廃棄物を処分するために処理したもの又は廃 PCB 等若しくは PCB 汚染物の焼却により生じた燃え殻, 汚泥若しくはばいじんに含まれるこの表の各項の第一欄に掲げる物質を溶出させた場合における当該各項の第二欄に掲げる物質の濃度として表示されたものとする.
2　「検出されないこと.」とは, 第四条の規定に基づき環境大臣が定める方法により検出した場合において, その結果が当該検定方法の定量限界を下回ることをいう.

a. 肥料の主成分

肥料取締法では，肥料として施用して効果がある元素を肥料の"主成分"（（ ）内は法律用語）とし，窒素，リン酸（りん酸），カリウム（加里），アルカリ分，ケイ酸（けい酸），マグネシウム（苦土），マンガンおよびホウ素（ほう素）の8種類の成分を指定している．また，鉄，銅，亜鉛およびモリブデンの4種類の元素は，肥料効果の発現を促進する材料として使用が認められている．

b. 特殊肥料の品質保全

肥料取締法では，肥料を特殊肥料と普通肥料に大別して，その品質保全をしている．特殊肥料は8.1.3項で述べたように，米ぬかなど農家の経験によって識別できる肥料や堆肥など肥料の価値や施肥基準が含有成分量によらない肥料であり，肥料の内容物の指定はあるが，肥料成分含量などの基準はない．しかし，じんかい灰，堆肥などについては，安全性と環境保全の見地から重金属などについて次の規制が行われている．①乾物1 kgにつきヒ素含有量50 mg以下，カドミウム含有量5 mg以下，水銀含有量2 mg以下．②重金属などを含む産業廃棄物に係わる判定基準を定める総理府令の別表第1の基準（表8.24）に適合するもの．

c. 普通肥料の品質保全

普通肥料は，特殊肥料以外のすべての肥料であり，肥料ごとに主成分の含量や有害成分の許容含有量などを定めた公定規格が設定されている．普通肥料の生産者は公定規格に合致した肥料を生産し，肥料の銘柄ごとに農林水産大臣や都道府県知事の登録を受ける義務がある．最近，各種の産業廃棄物の肥料化が進められているが，これらの肥料については，未知の有害物質が混入している可能性があるので，登録時に植物に対する害に関する栽培試験の成績を提出することが義務づけられている．

d. 肥料の検査と肥料分析法

肥料の品質などを保証するために，（独）肥飼料検査所または都道府県の職員による立入検査が行われている．全国6箇所の肥飼料検査所に配置された肥料検査官や都道府県の肥料検査員は，肥料の生産，流通に関係する場所に立入り，関係書類を検査し，検査に必要な肥料や原料を無償で採取することができる．肥料成分などは，肥料分析法に従って検査を行い，検査結果の概要は公表することになっている．

わが国の肥料分析法は，約90年の歴史があり，最近では分析化学や分析機器の進歩に応じて5年ごとに改訂されている．そこには試料の採取法から肥料の主成分，添加材料，有害成分の分析法などが記載されており，肥料の生産現場でも採用できる内容になっている．

〔尾和尚人〕

8.2.1 公定規格と品質

わが国で流通している肥料は，特殊肥料と普通肥料に大別されるが，普通肥料の品質を保全するために，肥料取締法に基づいて定められた肥料の品質などの基準が公定規格である．わが国では，公定規格の設定とこれを基準とした肥料検査により，肥料の品質が適正に保全されている．公定規格は肥料製造技術や農業技術の進歩に対応して，絶えず新しい規格の設定と既存の規格の内容変更が行われ，時代の要請に即応してきた．昭

8.2 肥料の品質と保全

表8.25 公定規格の事例

	肥料の種類	含有すべき主成分の最小量（%）	含有を許される有害成分の最大量（%）	その他の制限事項
例1	塩化アンモニア	アンモニア性窒素 25.0		
例2	硫酸アンモニア	アンモニア性窒素 20.5	アンモニア性窒素の含有率1.0％につき 硫青酸化物　0.01 ひ素　　　　0.004 スルファミン酸　0.01	
例3	被覆窒素肥料（窒素質肥料を硫黄その他の被覆原料で被覆したものをいう.)	1. 窒素全量，アンモニア性窒素，硝酸性窒素又はアンモニア性窒素の合計量のいずれかについて 10.0 2. 1. アンモニア性窒素を保証するものにあっては 　アンモニア性窒素 1.0 　2. 硝酸性窒素を保証するものにあっては 　硝酸性窒素　　1.0 3. 水溶性苦土を保証するものにあっては 　水溶性苦土　　1.0 4. 水溶性マンガンを保証するものにあっては 　水溶性マンガン　0.10 5. 水溶性ほう素を保証するものにあっては 　水溶性ほう素　0.05	窒素全量，アンモニア性窒素，硝酸性窒素又はアンモニア性窒素および硝酸性窒素の合計量の含有率の1.0％につき 硫青酸化物　0.01 ひ素　　　　0.004 亜硝酸　　　0.04 ビウレット性窒素　0.02 スルファミン酸　0.01	1. 窒素は，水溶性であること． 2. 窒素の初期溶出率は 50 % 以下であること．
例4	鉱さいけい酸質肥料（製りん残さい又は製銑鉱さい等の鉱さいをいい，ほう素質肥料を混合して熔融したものを含む.)	1. 可溶性けい酸及びアルカリ分を保証するものにあっては 可溶性けい酸　10.0 アルカリ分　　35.0	1. 可溶性けい酸が 20 % 以上のものにあっては 　1. 可溶性けい酸の 1.0 % の含有率につき 　　ニッケル　0.01 　　クロム　　0.1 　　チタン　　0.04 　2. 最大限度量 　　ニッケル　0.4	1. 可溶性けい酸が 20 % 以上のものにあっては 2 ミリメートルの網ふるいを全通し，かつ，水砕した鉱さい以外のものにあっては，600 マイクロメートルの網ふるいを 60 % 以上通過するものであること．

表8.25 （つづき）

	肥料の種類	含有すべき主成分の最小量 (%)	含有を許される有害成分の最大量 (%)	その他の制限事項
		2. 可溶性けい酸及びアルカリ分のほかく溶性苦土，く溶性マンガン又はく溶性ほう素を保証するものにあっては 可溶性けい酸　10.0 アルカリ分　20.0 く溶性苦土については　1.0 く溶性マンガンについては　1.0 く溶性ほう素については　0.05	クロム　4.0 チタン　1.5 2. 1以外のものにあっては 最大限度 ニッケル　0.2 クロム　2.0 チタン　1.0	2. 1以外のものにあっては，2ミリメートルの網ふるいを全通し，かつ，可溶性石灰を40％以上含有する鉱さいであること． 3. アルカリ分が30％未満のものにあっては，アルカリ分を30％以上保証する鉱さいけい酸質肥料に赤鉄鉱を加えたものであること．
例5	硫酸加里	水溶性加里　45.0	水溶性加里の含有率1.0％につき ひ素　0.004	塩素は，5.0％以下であること．
例6	下水汚泥肥料（次に掲げる肥料をいう． 1. 下水道の終末処理場から生じる汚泥を濃縮，消化，脱水又は乾燥したもの 2. 1. に掲げる下水汚泥肥料に植物質若しくは動物質の原料を混合したもの又はこれを乾燥したもの 3. 1若しくは2に掲げる下水汚泥肥料を混合したもの又はこれを乾燥したもの		ひ素　0.005 カドミウム　0.0005 水銀　0.0002 ニッケル　0.03 クロム　0.05 鉛　0.01	1. 金属等を含む産業廃棄物に係る判定基準を定める省令（昭和48年総理府令第5号）別表第1の基準に適合する原料を使用したものであること． 2. 植害試験の調査を受け害が認められないものであること．

（ポケット肥料要覧，1999/2000より抜粋）

和61年には，市場開放のためのアクションプログラムの一環として，肥料取締法の関連省令等の改正が行われ，それに伴い公定規格も全面的に見直され，制限事項の大幅な緩和，家庭園芸複合肥料の保証成分の見直しなどが行われ，現在の公定規格の原型となっている．また，平成11年には食料・農業・農村基本法の施行に伴い，その基本方針

に則り，農業の自然循環機能の維持増進と肥料の適正な施用を図るために，たい肥などの特殊肥料の品質表示制度を創設し，有害物質を含有するおそれのあるおでい肥料の適正な流通を図るために，普通肥料に移行して公定規格を設定した．

a. 公定規格の構成

公定規格では，肥料の主成分などにより普通肥料を，窒素質肥料（公定規格が設定されている肥料の種類の総数：21），りん酸質肥料（11），加里質肥料（12），有機質肥料（42），複合肥料（9），石灰質肥料（6），けい酸質肥料（3），苦土肥料（10），マンガン質肥料（7），ほう素質肥料（4），微量要素複合肥料（3），農薬その他のものが混入される肥料（17）の12種類に大別している．また，肥料の原料や製造方法によって，登録（8.2.3参照）の有効期限が6年のものと3年のものに分けられる．個々の肥料の種類や特性については，前項（8.1節）に詳しいので参照されたいが，平成12年1月現在145種類の肥料の公定規格が設定されている．

b. 公定規格の品質保証基準

公定規格は，表8.25に例示したように普通肥料の種類ごとに，肥料の種類，含有すべき主成分の最小量，含有を許される有害成分の最大量，その他必要事項について規定し，肥料の品質保証の基準を明示している．肥料の種類の欄では，肥料の名称の他に製造法や原料などの制限事項が規定されているもの（例4～6）がある．含有すべき主成分の最小量の欄には，単一の主成分（例1～3）だけではなく，複数の成分（例4～6）が規定されているものもある．肥料の保証成分量はこの最小量未満であってはならない．有害成分は，表8.25に例示した硫青酸化物，ひ素，スルファミン酸，亜硝酸，ビウレット性窒素，ニッケル，クロム，チタン，カドミウム，鉛の10種類の成分について，原料や製造過程で混入する可能性がある肥料の最大許容量を定めている．その他必要事項では，各種被覆肥料の初期溶出率，鉱さいけい酸質肥料や熔成りん肥など難溶性肥料の粒度，乾燥菌体肥料や各種の副産肥料の植害試験による安全確認が規定されている．

c. 公定規格の設定と改正

公定規格の改正は，新しい肥料が開発されたり，肥料の品質が既存の公定規格に合致しなくなった場合，肥料の生産・輸入業者，使用者等の農林水産大臣への規格改正の申し出にしたがって，おおむね1年に1回行われている．改正の内容は，普通肥料公定規格設定検討委員会で学職経験者による検討などを経て，農林水産大臣が定める．最近では毎年数件の改正が行われているが，改正の内容は新たな規格の設定，肥料原料の追加，保証成分量などの変更に分かれる．最近10年間に新たに設定された規格は，①液状窒素肥料，②被覆加里肥料，③炭酸マンガン肥料，④硝酸苦土肥料，⑤液体副産マンガン肥料，⑥とうもろこし浸漬液，⑦とうもろこしはい芽およびその粉末，⑧軽量気泡コンクリート粉末肥料，⑨酢酸苦土肥料，⑩りん酸苦土肥料，⑪熔成複合肥料，⑫蒸製鶏骨粉，⑬副酸マンガン肥料，⑭炭酸苦土肥料，⑮液体りん酸肥料，⑯被覆りん酸肥料，⑰被覆苦土肥料，⑱下水汚泥肥料，⑲し尿汚泥肥料，⑳工業汚泥肥料，㉑混合汚泥肥料，未利用資源など新たな資材の活用促進に関わる規格設定が多い．肥料原料の追加事例としては，①腐植酸りん肥への熔成りん肥など，②化成肥料，配合肥料および混合

有機質肥料への乾燥藻およびその粉末，③混合石灰肥料への微量要素複合肥料，④化成肥料および配合肥料へのけいふん炭化物，⑤液状窒素肥料へのチオ硫酸アンモニウムおよびトリアゾン，⑥けい酸加里肥料へのほう素質肥料，の追加などがある．

保証成分含量等の変更事例としては，

① 被覆複合肥料：水溶性の有機態窒素（アミノ酸など）を多く含有する普通化成肥料を原料とした被覆肥料が開発されたため，この肥料の生産を可能にするために，窒素および水溶性りん酸または水溶性加里の主成分の量の合計量を"25.0"から"15.0"に引き下げた．

② 甲殻類質肥料粉末：有機質肥料としての需要が増加し，一方原料の加工技術の向上や輸入先の多様化に伴い，複合肥料の原料としても需要の多い甲殻類質肥料粉末において，現行の規格を満たさない製品が増加してきたことに対応して，窒素全量の最小量を4％から3％に引き下げた．

③ 配合肥料：養液栽培用肥料において，マンガン，ほう素の含量が低くても有効であることから，含有すべき主成分の最少値のうち，可溶性マンガン，く溶性マンガン，水溶性マンガン，水溶性ほう素を"0.005％"まで引き下げた．

④ 軽量気泡コンクリート粉末肥料：製法上チタン混入の可能性があるので，含有を許される有害成分にチタンを追加した．

⑤ 液体微量要素複合肥料：施肥時における希釈間違いなどのトラブルが起こらないように，水溶性マンガンおよび水溶性ほう素の最小成分量を1/10に引下げた．

⑥ 重炭酸加里：輸入炭酸加里の利用，粒状化促進材の使用により最小量の維持が困難になったので，水溶性加里の最小成分量を46.0％から45.0％に引き下げた．

⑦ 副産複合肥料：アブラヤシの果房から搾油のために果実を分離したものを燃焼したもの（パームアッシュ）について，く溶性りん酸の肥料効果が認められたので，含有すべき主成分にく溶性りん酸，加里および苦土が追加され，加里とりん酸の複合肥料となった．

⑧ 鉱さいけい酸質肥料：シリコマンガン鉱さい中のく溶性ほう素の肥料効果が確認されたので，主成分としてく溶性ほう素を追加し，さらにほう素含有量を安定させるために，ほう素を含有する原料使用を可能にした．

⑨ 鉱さいけい酸質肥料：鉱さいけい酸質肥料に赤鉄鉱を加えた場合には，アルカリ分の最少量30.0％から20.0％に引き下げた．これは水田土壌のpH上昇と鉄欠乏に対応して，鉄含量が高くアルカリ分の低い鉱さいけい酸質肥料のニーズに対して，従来の鉱さいけい酸質肥料に赤鉄鉱を混合することにより鉄含量が高くアルカリ分の低い鉱さいけい酸質肥料を生産・流通できるようにしたものである．

⑩ 農薬その他の物が混入される肥料：農作業省力の強い要請を反映して，平成2年度に3種類であったものが，平成9年度には17種類と大幅に増加した．

〔尾和尚人〕

8.2.2 肥料の主成分と保証成分量
a. 主 成 分

　肥料取締法では，保証票に記載することを認める肥料の有効成分を主成分と呼んでいる．本法がこれを有効成分といわないで，特に主成分としているのは，この法律が有効成分のすべてについて規制しようとするものでなくて，有効成分のうちの主要なもののみをとり上げることによる．肥料の種類によっては，肥料価値に影響のないような成分も含まれるが，これは保証成分として表示していない．

　本法の主成分は，肥料の種別ごとに，政令で定められる．ここでいう種別とは，肥料の分類のための便宜的な用語で，公定規格が種類ごとに定められることに対比し，これと混同することを避けるための用語として用いられている．種別の内容は，分類用語としては種類よりさらに大きいものを想定している．

　主成分は，政令と告示の二つによって詳細に定められている．政令は，肥料を三要素系肥料とその他の肥料に分け，前者に属するものとして窒素質肥料等5種別を，後者では石灰質肥料など6種別をあげ，それぞれの主成分をあげている．告示は，主成分の規定が複雑となるのを避けるため，その成分がいかなる溶剤に溶けるかの性質，すなわち，溶解別の主成分を定めている．肥料の主成分を表8.26に示す．

　なお，告示は主成分の定義として，く溶性（クエン酸可溶性）とは2％くえん酸に溶けるものを，可溶性りん酸とは，ペーテルマンクエン酸アンモニア液に溶けるりん酸を示す．また，その他の可溶性成分すなわち，可溶性の苦土，石灰およびけい酸は，それぞれ1/2規定の塩酸に溶ける成分をさすことを規定している．

　本法が主成分と称しているのは，すべて前述の成分をさすものであり，これ以外の成分は，たとえ有効成分であっても本法の主成分とはならない．一方，公定規格の定めのない肥料では，仮登録を受けなければならないわけであり，その場合でも主成分は，前述の指定成分に限られる．

b. 保証成分量

　保証成分量は，肥料価値を左右する最大の因子であり，肥料取締法の中核をなすものであるから，その決定には特に慎重な考慮を払うことが必要である．

　保証成分量は，肥料の保証する主成分の最少量であって，基準成分量（代表的成分量）ではない．その成分量は，肥料が生産業者や輸入業者の管理下にあるときはもちろん，運送業者や販売業者の手に移り，農家の手に渡るまで，つねに維持されていなければならない．肥料のうちには，保管中に成分が異動するもの，たとえば空気中の二酸化炭素や水分を吸収するため容積が膨張し，これと反比例して相対的に成分量の低下するようなものや，貯蔵中に水溶性りん酸が還元するようなものがあるが，このような現象が，その肥料の本来の特性による場合であっても，保証成分量を下回ることは許されない．

　保証すべき主成分は，前述のとおり肥料の種類ごとに定められており，たとえ政令で指定された成分の範囲でも仮登録の場合以外は自由に選択することができない．また保証成分量は，マンガンおよびほう素以外は，1％未満の量や，少数以下第2位の数値を記載することができない．

表 8.26 肥料取締法による肥料の主成分

種　別		主　要　な　成　分
三要素系肥料	窒素質肥料［有機質肥料（動植物のものに限る．以下同じ）を除く．］	(1)窒素全量，アンモニア性窒素，硝酸性窒素 (2)窒素全量，アンモニア性窒素，硝酸性窒素，アルカリ分，く溶性苦土，く溶性マンガン，水溶性マンガン，く溶性ほう素，水溶性ほう素
	りん酸質肥料（有機質肥料を除く．）	(1)りん酸全量，く溶性りん酸，可溶性りん酸，水溶性りん酸 (2)りん酸全量，く溶性りん酸，可溶性りん酸，水溶性りん酸，アルカリ分，可溶性けい酸，く溶性苦土，水溶性苦土，く溶性マンガン，水溶性マンガン，く溶性ほう素，水溶性ほう素
	加里質肥料（有機質肥料を除く．）	(1)加里全量，く溶性加里，水溶性加里 (2)加里全量，く溶性加里，水溶性加里，く溶性苦土，水溶性苦土，く溶性マンガン，水溶性マンガン，く溶性ほう素，水溶性ほう素
	有機質肥料	(1)窒素全量，アンモニア性窒素，硝酸性窒素 (2)りん酸全量，く溶性りん酸，可溶性りん酸，水溶性りん酸 (3)加里全量，く溶性加里，水溶性加里
	複合肥料	(1)窒素全量，アンモニア性窒素，硝酸性窒素（以上 3 成分を窒素という．以下同じ．），りん酸全量，く溶性りん酸，可溶性りん酸，水溶性りん酸（以上 4 成分をりん酸という．以下同じ），加里全量，く溶性加里，水溶性加里（以上 3 成分を加里という．以下同じ．） (2)窒素，りん酸 (3)窒素，加里 (4)りん酸，加里 (5)窒素，りん酸，加里，く溶性苦土，水溶性苦土，く溶性マンガン，水溶性マンガン，く溶性ほう素，水溶性ほう素 (6)窒素，りん酸，く溶性苦土，水溶性苦土，く溶性マンガン，水溶性マンガン，く溶性ほう素，水溶性ほう素 (7)窒素，加里，く溶性苦土，水溶性苦土，く溶性マンガン，水溶性マンガン，く溶性ほう素，水溶性ほう素 (8)りん酸，加里，く溶性苦土，水溶性苦土，く溶性マンガン，水溶性マンガン，く溶性ほう素，水溶性ほう素
その他の肥料	石灰質肥料	(1)アルカリ分 (2)アルカリ分，可溶性苦土，く溶性苦土
	けい酸質肥料	(1)可溶性けい酸，水溶性けい酸 (2)可溶性けい酸，水溶性けい酸，アルカリ分，く溶性苦土，く溶性マンガン
	苦土肥料	く溶性苦土，水溶性苦土
	マンガン質肥料	(1)く溶性マンガン，水溶性マンガン (2)く溶性マンガン，水溶性マンガン，く溶性苦土，水溶性苦土
	ほう素質肥料	(1)く溶性ほう素，水溶性ほう素 (2)く溶性ほう素，水溶性ほう素，く溶性苦土，水溶性苦土
	微量要素複合肥料	(1)く溶性マンガン，水溶性マンガン，く溶性ほう素，水溶性ほう素 (2)く溶性マンガン，水溶性マンガン，く溶性ほう素，水溶性ほう素，く溶性苦土，水溶性苦土

このように，肥料に記載された主成分と保証成分量は，一方では肥料評価のための主要な判定基準に，他方では流通上の取り引きのポイントになる． 〔樋口太重〕

8.2.3 肥料の検査と登録状況
a. 肥料の検査

肥料の検査は，独立行政法人肥飼料検査所および都道府県に特別の権限を与えられた肥料検査官または肥料検査吏員によって，必要なときに立入検査形式で行う．立入検査は，肥料取締法が正しく実施されているか否かを監視する目的で厳正に行い，相手方の同意を必要としない行政上の必要から実施される．

検査の対象となるものは，肥料とその原料の品目検査だけでなく，肥料を取り扱う業者（生産，輸入，販売，輸送，倉庫，運送取扱業者）とその事業場，倉庫，船車などの場所，および肥料の生産に必要な原料や業務に関する帳簿書類などにまで及んでいる．肥料検査官は，肥料の品質などについて検査をした場合，その結果を相手方に現場で講評し，品質改善の機会を与える．

検査の際採取（収去）した肥料と肥料原料については，後日分析検査され，その結果の概要を新聞，機関紙などに公表される．これは，当該肥料の信頼性を消費者に知らせるため，購買および取り引きの参考にする．なお，肥料の主成分および有害成分を分析検査するための分析法は，旧農林水産省農業環境技術研究所で定めた方法にしたがって，全国同一規準で行われる．

このように肥料の検査は，肥料の信頼性を高め，粗悪肥料の流通を未然に防止することによって，農家が安心して使用できるように万全の措置がとられている．

b. 肥料の登録状況

肥料取締法でいう普通肥料は，農林水産大臣か都道府県知事のいずれかの登録を受けなければ，生産や輸入ができない．登録の区分は，肥料の生産方法，含有主成分または種類によって分かれる．都道府県知事での登録は，生産する事業場が自己の管轄地域内に存在する場合，市町村のJAが配合して生産する複合肥料を対象とする場合であり，農林水産大臣のそれは，輸入肥料のすべてを対象としている．登録は，肥料の銘柄ごとに，生産または輸入に先立って行われる．本法の銘柄は，肥料の分類用語としての種別，種類に対比して，最も小さなもの，つまり集団に対する個の意味で用いられる．また保証成分量は，銘柄の主要な構成要素であり，保証成分量が異なるごとに1銘柄を形成する．たとえば，同一業者の硫酸アンモニウムでも，アンモニア性窒素の保証成分量を21.0％と20.8％とに分けて登録することもできる．

公定規格の普通肥料で，農林水産大臣の登録を受けなければならない肥料を，表8.27に示す．

新肥料を市場に登場させる一つの方法として，肥料取締法では，仮登録の制度を設けている．仮登録の対象となる肥料は，公定規格の定めのない肥料であり，一つは規格にない主成分を保証する場合，他は原料その他の規格が該当しない場合である．仮登録肥料は，未確認の状態で販売を認めているものであるが，さらに肥飼料検査所の肥効試験の結果をみて，本登録に切り替えが行われる． 〔樋口太重〕

表8.27 農林水産大臣の登録を受けなければならない公定規格に基づく普通肥料 (1994)

肥料の種別	肥料の種類
窒素質肥料	硫酸アンモニア, 塩化アンモニア, 硝酸アンモニア, 硝酸アンモニアソーダ肥料, 硝酸アンモニア石灰肥料, 硝酸ソーダ, 硝酸石灰, 腐植酸アンモニア肥料, 尿素, アセトアルデヒド縮合尿素, イソブチルアルデヒド縮合尿素, 硫酸グアニル尿素, オキザミド, 石灰窒素, 硝酸苦土肥料, 被覆窒素肥料, ホルムアルデヒド加工尿素肥料, 副産窒素肥料, 液体副産窒素肥料, 液状窒素肥料, 混合窒素肥料
りん酸質肥料	過りん酸石灰, 重過りん酸石灰, 熔成りん肥, 焼成りん肥, 腐植酸りん肥, りん酸苦土肥料, 加工りん酸肥料, 副産りん酸肥料, 混合りん酸肥料
加里質肥料	硫酸加里, 塩化加里, 硫酸加里苦土, 重炭酸加里, 腐植酸加里肥料, けい酸加里肥料, 粗製加里塩, 加工加里汁加里肥料, 被服加里肥料, 液体けい酸加里肥料, 副産加里肥料, 混合加里肥料
有機質肥料	魚かす粉末, 干魚肥料粉末, 魚節煮かす, 甲殻質肥料肥料, 蒸製魚鱗及びその粉末, 肉かす粉末, 肉骨粉, 蒸製てい角粉, 蒸製てい角骨粉, 蒸製毛粉, 乾血及びその粉末, 生骨粉, 蒸製骨粉, 蒸製皮革粉, 干蚕蛹粉末, 蚕蛹油かす及びその粉末, 絹紡蚕蛹くず, 大豆油かす及びその粉末, なたね油かす及びその粉末, わたみ油かす及びその粉末, 落花生油かす及びその粉末, あまに油かす及びその粉末, ごま油かす及びその粉末, ひまし油かす及びその粉末, 米ぬか油かす及びその粉末, その他の草本性植物油かす及びその粉末, 甘草かす粉末, カボック油かす及びその粉末, とうもろこしはい芽油かす及びその粉末, たばこくず肥料粉末, 甘草かす粉末, 豆腐かす乾燥肥料, えんじゅかす粉末, 窒素質グアノ, とうもろこしはい芽及びその粉末, 蒸製鶏骨粉, 魚廃物加工肥料, 加工麦きんふん肥料, 乾燥菌体肥料, 副産動物質肥料, 副産植物質肥料, 混合有機肥料
複合肥料	熔成複合肥料, 化成肥料, 成型複合肥料, 吸着複合肥料, 被覆複合肥料, 副産複合肥料, 液状複合肥料, 配合肥料, 家庭園芸用複合肥料
石灰質肥料	生石灰, 消石灰, 炭酸カルシウム肥料, 貝化石肥料, 副産石灰肥料, 混合石灰肥料
けい酸質肥料	ケイ灰石肥料, 鉱さいけい酸質肥料
苦土肥料	硫酸苦土肥料, 水酸化苦土肥料, 腐植酸苦土肥料, 酢酸苦土肥料, 加工苦土肥料, リグニン苦土肥料, 副産苦土肥料, 混合苦土肥料
マンガン質肥料	硫酸マンガン肥料, 炭酸マンガン肥料, 加工マンガン肥料, 鉱さいマンガン肥料, 副産マンガン肥料, 液体副産マンガン肥料, 混合マンガン肥料
ほう素質肥料	ほう酸塩肥料, ほう酸肥料, 熔成ほう素肥料, 加工ほう素肥料
微量要素複合肥料	熔成りん微量要素複合肥料, 液体微量要素複合肥料, 混合微量要素肥料
農薬その他の物が混入される肥料	化成肥料 (混入が許される農薬その他の物の種類): ①o・o-ジエチル-o-(3-オキソ-2-フェニル-2H-ピリダジン-6-イル) ホスホロチオエート, ②2・2・3・3-テトラフルオルプロピオン酸ナトリウム, ③1・3-ビス (カルバモイルチオ)-2-(N, Nジメチルアミノ) プロパン塩酸塩, ④ジイソプロピル-1・3-ジチオラン-2-イリデンマロネート, ⑤(E)-(S)-1-(4-クロロフェニル)-4・4-ジメチル-2-(1H-1・2・4-トリアゾール-1-イル) ペンタ-1-エン-3-オール, ⑥N-(4-クロロフェニル)-1-シクロヘキサン-1・2ジカルボキシミド, ⑦1・2・5・6-テトラヒドロピロロ (3・2・1-i・j) キノリン-4オン, ⑧ (2RS・3RS)-1-(4-クロロフェニル)-4・4-ジメチル-2-(1H-1・2・4-トリアゾール-1-イル) ペンタン-3-オール, ⑨5-ジプロピルアミノ-α・α・α-トリフルオロ-4・6-ジニトロ-O-トルイジン, ⑩エチル=N-[2/3-ジヒドロ-2・2-ジメチルベンゾフラン-7-イソオキシカルボニル (メチル) アミノチオ]-N-イソプロピル-β-アラニナート, 配合肥料 (混合が許される農薬その他の種類): ①1・2・5・6-テトラヒドロピロロ (3・2・1-jj) キノリン-4-オン, ②エチル=N-[2・3-ジヒドロ-2・2-ジメチルベンゾフラン-7-イソオキシカルボニル (メチル) アミノチオ]-N-イソプロピル-β-アラニナート

表8.27 （つづき）

肥料の種別	肥料の種類
おでい肥料等	下水汚泥肥料，し尿系汚泥肥料，工業汚泥肥料，混合汚泥肥料，汚泥発酵肥料，焼成汚泥肥料，水産副産物発酵肥料，硫黄およびその化合物

8.2.4 肥料の反応と物理性

　肥料としては固体の粒状物が多く用いられ，粉状や液状のものも用いられる．粒の場合は取扱いで壊れない強度をもち，粒が付着，固結しないことが求められる．肥料を構成する各種の塩類は，肥料の製造中や貯蔵中に反応を起こし，粒状や粉状の肥料では吸湿や固結が起きやすい，液体肥料では反応で沈殿物を生じることもある．
　化学肥料は尿素以外は無機質が多く，各種の有機質を加えることも増えている．有機物は多種多様で一般に反応性が低いので，ここには主に無機質および尿素を主成分とする粒状肥料について述べ，バルクブレンド肥料，液体肥料，ペースト肥料にもふれる．

a. 吸湿性，水分，固結

　肥料塩類は空気中の湿度が一定以上（臨界湿度以上）になると吸湿する（表8.28）．硝酸塩類や尿素は臨界湿度が低くて吸湿しやすく，アンモニウム塩はカリウム塩より吸湿しやすい．一般的には，水に対する溶解度が大きい塩類が吸湿性が大きい．塩類を混合すると，もとの塩類よりも吸湿性が増える（表8.29）．化成肥料は各種の塩類を含むので，吸湿性は強まる．

表8.28 肥料塩類の吸湿性

名称	化学式	臨界湿度（％）			
		10℃	20℃	30℃	40℃
硫酸アンモニウム	$(NH_4)_2SO_4$	79.8	81.0	79.2	78.2
硫酸カリウム	K_2SO_4	99.1	98.5	96.3	95.9
塩化アンモニウム	MH_4Cl	79.5	79.3	77.2	73.7
塩化カリウム	KCl	88.3	85.7	84.0	81.2
リン酸二水素アンモニウム	$NH_4H_2PO_4$	97.8	91.7	91.6	90.3
リン酸二水素カルシウム	$Ca(H_2PO_4)_2H_2O$	97.9	94.1	93.7	94.5
硝酸アンモニウム	NH_4NO_3	75.3	66.9	59.4	52.5
尿素	$CO(NH_2)_2$	81.8	80.0	72.5	68.0

　吸湿性の肥料は防湿袋に入れるので，貯蔵中の吸湿は防止されるが，袋を開けて使い残した場合に問題を生じる．吸湿性の強い組成のものは，製造過程で造粒物を加熱乾燥する場合に水分が多く残りやすく，貯蔵中に固結しやすい．

表8.29 混合塩類の臨界湿度（％，30℃）

$CO(NH_2)_2 + NH_4NO_3$	18.1
$CO(NH_2)_2 + (NH_4)_2SO_4$	56.4
$CO(NH_2)_2 + KCl$	60.3
$(NH_4)_2SO_4 + NH_4H_2PO_4$	75.8

　肥料には種類に応じて水分が0.2〜8％程度含まれ，水分には塩類が溶けている．気温の変化に伴って溶解度が変わるので，結晶の析出や溶解がくり返され，これによって肥料の粒子が付着して固結する．固結を防ぐた

めには肥料の粒に固結防止剤（タルクの粉末，界面活性剤など）を加えるが，それでも水分が多いと固結する．

固結を防ぐためには水分を減らす必要がある．水分の許容限度は，尿素や硝酸アンモニウムの単肥の粒，あるいはこれらを多く含む高度化成肥料では 0.1～0.5％，窒素分の少ない高度化成肥料では 1～2％，水に溶けにくい成分を多く含む低度化成肥料では 2～5％程度である．

複塩をつくって吸湿性を下げる試みもある．たとえば，尿素は吸湿性が高いが，尿素と塩化アンモニウムの複塩は尿素よりも吸湿性が低い．しかし実際には，大部分は複塩になっても，未反応の尿素や塩化アンモニウムも残り，吸湿性はかえって増えることが多い．

b. 化成肥料の反応と固結

低度化成肥料の原料は過リン酸石灰（主成分はリン酸二水素カルシウムと無水硫酸カルシウム），硫酸アンモニウム，塩化カリウムで，これらの粉末を混合し，水分を加えて造粒，乾燥，冷却する間に (8.15)～(8.18) などの各種反応が起きる．

$$Ca(H_2PO_4)_2 \cdot HPO_4 + 2(NH_4)_2SO_4$$
$$\longrightarrow 2NH_4H_2PO_4 + (NH_4)_2SO_4 \cdot CaSO_4 \cdot H_2O \quad (8.15)$$
$$2KCl + (NH_4)_2SO_4 \longrightarrow K_2SO_4 + 2NH_4Cl \quad (8.16)$$
$$Ca(H_2PO_4)_2 \cdot HPO_4 + 2K_2SO_4$$
$$\longrightarrow 2KH_2PO_4 + K_2SO_4 \cdot CaSO_4 \cdot H_2O \quad (8.17)$$
$$K_2SO_4 + CaSO_4 + H_2O \longrightarrow K_2SO_4 \cdot CaSO_4 \cdot H_2O \quad (8.18)$$
$$KCl + NH_4H_2PO_4 \rightleftarrows NH_4Cl + KH_2PO_4 \quad (8.19)$$
$$NH_4Cl + CO(NH_2)_2 \longrightarrow NH_4Cl \cdot CO(NH_2)_2 \quad (8.20)$$

高度化成肥料の場合は，過リン酸石灰の代わりにリン安（リン酸二水素アンモニウムまたはリン酸水素二アンモニウム）を使用し，反応 (8.19) (8.20) などが起きる．これらの反応で新しい微細結晶が多量に生じ，粒が固く緻密になり，強度が増える．

一方，原料として使う硫酸アンモニウムや塩化カリウムなどの粒子が大きいと，製造過程で反応が十分に進まず，製品の貯蔵中にも反応が進行する．この反応が粒子の表面で起きると，表面に新しい結晶を生じ，粒子が付着して固結を起こす．

造粒には肥料の種類に応じて水分を 2～10％ 程度加え，乾燥には通常熱風を用いる．粒の表面は十分に乾き，水分は内部に残る．乾燥後の粒を冷却する工程で，内部の水分はしだいに表面に出て，蒸発や冷却が進む．水分が多いと粒の表面で新しい結晶が多く生成し，固結を起こす．固結を防ぐには，製造の際の冷却工程にも時間をかけ，粒を貯蔵の静止状態にするまえに水分の移動や結晶析出などの反応を十分に進めることが望ましい．

c. 化成肥料の添加成分の反応と作用

化成肥料にはマグネシウム源として水酸化マグネシウムを加えることが多い．マグネシウムはリン酸二水素アンモニウムと反応して緩効性のリン酸マグネシウムアンモニウム $MgNH_4PO_4$（70℃以下では6水塩，それ以上では1水塩）をつくる．実際には化成肥料に含まれる少量のフッ素（リン鉱石に由来する）が反応し，60℃以上では $MgNH_4$

HFPO₄が生じる．これもよい肥効を示す．

高度化成肥料には成分調製材として石コウを加えることが多い．石コウは反応を起こし，一部に水に溶けにくいリン酸カルシウムをつくる．このため粒は固くなるが，水田の水にまくと，いわゆる浮上が起きることがある．これは水溶性塩類の大部分が溶出した後に，不溶性の部分が気泡とともに浮き上がる現象で，粒子がそのまま浮き上がったようにみえて嫌われるが，肥効的には悪影響はほとんどない．

d．その他の各種複合肥料

バルクブレンド肥料では，原料の硫酸アンモニウム，リン酸アンモニウム，塩化カリウムなどの粒が均一に混合することが大切で，このためには各原料の粒の大きさをそろえることが重要である．

透明な液体肥料としては，純粋な乾式のリン酸にアンモニア，尿素，塩化カリウムなどを加えてつくることが多い．成分としては7-7-7や6-12-6などで，これよりカリウムが多いと塩化カリウムの結晶が析出しやすい．

スラリーやペーストの状態の肥料は，塩化カリウム，リン酸二水素アンモニウムなどの微粉末を含むもので，成分は高くなる．これらの場合は貯蔵中に結晶が生長し，施肥機械のノズルがつまる問題があり，成分や粘度の調整，貯蔵期間の短縮などで粗大結晶の生成を防ぐ必要がある．

〔安藤淳平〕

8.3　肥料の研究開発と動向

環境問題に関心が高まる中で，農業と環境の問題が重要な論点となっており，農業生産活動に伴って発生する環境負荷の実態解明とその軽減方策が求められている．わが国ではこれに対応する研究開発として，有機質資源の有効利用や肥効調節型肥料に関する研究開発が活発に行われている．農業生産に関わる有機質資源の有効利用は，物質循環機能の活用による持続的農業生産に不可欠であることが再認識されたが（食料・農業・農村基本法），一方で有機性廃棄物の蓄積による環境負荷発生の防止など環境的な観点からも重要な問題となっている．家畜ふん尿をはじめとする有機性廃棄物については，有用微生物を利用した効率的な堆肥化法の実用化が進められている．また，輸入飼料に依存した大規模な畜産業が拡大し，家畜ふん尿が特定地域に偏在する現状に対処するために，家畜ふん尿処理物の広域流通を可能にするペレット化などの新たな処理法の開発が進められている．

化学肥料はこれまで施肥効率の向上をめざして新しい肥料が開発されてきたが，耕地から流出する肥料成分が陸水や地下水の環境負荷の源になっていることが明らかになった現状では，さらに肥料効率が高い肥料の開発が求められている．すでにわが国では，各種の肥効調節型肥料が開発され，それらの利用により施肥効率が飛躍的に向上し，水稲の育苗箱全量施肥などの画期的な施肥法が普及しつつある．しかし，現在最も確実に肥効調節できる被覆肥料の被覆資材は難分解性であり環境への蓄積が懸念されており，生分解性資材を利用した被覆肥料の開発が緊要な課題となっている．

また，持続可能な農業を発展させるためには，有限な肥料資源を効率的に利用する技

術の開発が必要であり，この観点からは特にリン資源の効率的利用技術の開発が求められている．〔尾和尚人〕

8.3.1 リン酸資材の開発と利用

現在わが国で生産されているリン（りん）酸資材は，過リン酸石灰，リン酸アンモニウムのような速効性のものから，速効性と緩効性の両形態のリン酸をもつ加工リン酸肥料および熔成リン肥のような緩効性の肥料，さらにこれらに腐植酸あるいは各種ミネラル類を添加したものまで開発され生産されている．使用者は土壌条件，気象条件，栽培作物の種類に応じてこれら資材の中から適切なものを選択して施用している．このような状況下では，さらに新しいリン酸資材の開発は必要がないとみるのが一般的である．強いて開発するとすれば，次の二つの課題のものに絞られる．

① 従来からのリン酸資材に機能性を付与した新製品．
② 使用者がその供給を期待しているが，現在でもなお模索の域から抜け出し得ない資材，すなわち土壌中で無効化しにくく，作物による利用率が高く，施肥の省力化が可能なことに加え，価格も合理的な製品．

上記のような課題を満足させる資材の開発にあたり，既往の研究データを基礎にし，今後の農業の方向を視野に入れて検討した結果，期待をもち得る資材としては次の諸資材があげられる．

a. 既存のリン酸資材に肥料以外の機能を付与した製品

近年，化学工業の分野では従来から使用されている一般的な資材について，超微粒子化，結晶形態の変更あるいは超純粋化することにより，新しい特性をもつ資材に変え，先端技術産業用への展開をはかっている事例が多い．最も一般的な炭酸石灰も，微粒子化，結晶形の変更などにより製紙工業用から化粧品，歯磨き用，食品，ゴム，プラスチック，塗料用として広く使用されている．同様のことがリン酸資材についても当然考えられる．典型的なリン酸肥料である過リン酸石灰も，その約50％を占める石コウの特性，すなわち，①黒ボク土壌下層土のアルミニウム活性を抑制する土壌改良効果[1]，②干拓土壌のナトリウム（Na）粘土を石コウによりカルシウム（Ca）粘土に変え，除塩を促進する効果[2]も明らかにされている．また，レナニアリン肥，脱フツリン酸三石灰も製造時の冷却方法の改善により内容成分（レナニット）が活性化[3]されることも知られている．ゼラチン製造時に副産するリン酸二石灰も各種セラミックス原料その他先端産業分野での利用が進められている．

b. 作物による利用率が高いリン酸資材の開発

土壌に施用されたリン酸肥料は，土壌中の石灰，鉄，アルミニウムなどと容易に反応し，作物に利用されにくい形態に変化する．そのため作物による利用率は10～15％と低い．しかし，所定量の収量をあげるためには，作物が吸収するリン酸量の数倍の肥料を毎年施用する必要がある．その結果，土壌リン酸の蓄積量を年々増大させ，土壌中の鉄，亜鉛などを不活性化し欠乏症を招くという問題もある．リン酸の利用率を増大することができれば，施用量も少なくでき，土壌中リン酸蓄積量の減少，省資源とつながる．化学肥料が高価で貴重な1960年頃までは利用率の向上をはかるために，過リン酸

石灰を堆きゅう肥と混合して施用することが一般的に行われていた．現在では肥料が豊富に出回る一方，労力的な面から堆きゅう肥の施用が困難になってきた．しかし，施用リン酸の利用率を向上させることは必要条件となっている現在，堆きゅう肥の代わりとなり，しかも入手が容易なものとして腐植酸資材が使用されている．これをさらに進めて，少量の添加で目的を達し得ると考えられるキレート剤との組合わせも検討の価値がある．

c. 施肥の省力化が可能なリン酸資材の開発

施肥の省力化と利用率の向上がはかれる肥料として，コーティング肥料が開発され，広く使用されるようになってきた．しかし，これは窒素肥料が主体であり，リン酸肥料についてはせっかく溶出量をコントロールしても，溶出後ただちに土壌中の石灰，鉄，アルミニウムなどと結合し，難溶性のフィルムをコーティング肥料粒子のまわりに形成し，以後の溶出を阻害することが考えられる．溶出量を調節したリン酸資材の供給が望まれている現状から，この種の肥料の製造にあたっては，あらかじめ溶出するリン酸成分の動向を調査する必要がある．この場合も前記の利用率向上の目的で検討したキレート剤を一部添加することにより，溶出後の固定が抑制でき，省力化とともに利用率の向上がはかれると考えられる．また土壌中でのオルソ化が遅れ，土壌での固定が少ない縮合リン酸もキレート剤と同様の効果が期待できると思われる．エネルギーコストの高いわが国での生産には，コスト面で問題があるとしても，アメリカで液肥用リン酸源として広く使用されているポリリン酸アンモニウムを利用することも一つの方法である．

〔岸本菊夫〕

文 献

1) 三枝正彦：低pH土壌と植物（日本土壌肥料学会編），7-42，博友社，1994．
2) 三野 徹ほか：農業土木学会誌，**59**, 2, 163-169, 1991．
3) 藤原彰夫ほか：燐と植物（II）燐の工学と工業技術，223，博友社，1993．

8.3.2 産業廃棄物の肥料化と重金属

下水・し尿汚泥，工業由来の汚泥，都市ごみなどの多種・多量の産業廃棄物は自治体にとって最も深刻な問題になっている．加えて諸外国から大量に輸入している食糧・飼料は国内における廃棄物量を増大させている．汚泥類の多くは海洋投棄や埋設といった処分方法から，緑農地利用や建設資材としての利用など資源化，循環利用へと転換しつつある．

緑農地利用が可能な産業廃棄物は，汚泥類（下水，し尿，食品業廃水汚泥など），畜産廃棄物，木材廃棄物である．これらの年間発生量（濃縮汚泥ベース）と緑農地利用率は，下水汚泥8,550万t（33.2％）（1996年，日本下水道協会），し尿1,995万m³（0.3％）（1995年，厚生省），浄化槽汚泥1,359万m³（0.3％）（同），農村集落下水汚泥32万m³（2.3％）（1996年，農水省）である．下水汚泥の緑農地利用率（1996年，建設省）は脱水ケーキ22.8％，コンポストを含む乾燥汚泥は86.3％である．コンポストの緑農地利用は年間約600万t（濃縮汚泥ベース換算）となっており最近ではコンポ

スト化が増えている．

　汚泥類の緑農地利用の本格的対応が始まって以来，30年が経過した．この間に資源化が可能なコンポスト化の方法が開発され，コンポスト化の指標，汚泥の品質改善，緑農地還元に関する規準（ガイドライン）などが行われた．最近では下水汚泥の粒状化技術も開発されている．また，食品工場の排水処理に酵母を用いた新たな処理技術が開発され，余剰酵母の肥料化が進められている．しかし，わが国では汚泥類の緑地還元利用は定着するには至っていない．その大きな理由は，重金属など有害物質の混入とコンポスト製品の取扱い（含水率，衛生面，悪臭）の改善など，流通・利用にあたって解決しなければならない問題も山積している．加えて，家畜ふん尿の発生量は年間9,430万t（1997年）となっており，これの農地への適正な利用法が検討されはじめている．汚泥類の緑農地利用にとって大きな競合となってくる．

　そこで，産業廃棄物の肥料化にあたっては高品質コンポストの製造が強く望まれる．その具備する条件としては，有害物質に関する安全規準を満たしている，ビニール，ガラスなどを含まない，病原菌の殺菌，雑草種子の不活性化，取扱いがよい，機械散布に対する適応性が高い，悪臭がない，土壌改良効果が高い，肥料成分の含有率が高くバランスがとれている，などである．コンポスト化は有機物を好気性微生物により酸化分解するために，この反応過程で水分，温度，通気が重要になる．添加する発酵助剤は年間を通じて安全供給できる，通気性がよい，分解を促進する，土壌改良剤として効果が高いことが必要である．一般にはモミガラ，バークが使用されている．地域資源の有効活用例として，カントリーエレベーターから発生するモミガラの利用（秋田市），都市近郊では街路樹などの木材チップ（所沢市），サトウキビの絞りかすのキビバカス（沖縄県），CECの高い土壌改良資材である天然ゼオライトの利用（島根県）など，各地で高品質のコンポスト化が行われている．

　汚泥類の施用にあたっての最大の課題は，重金属である．1976年，特殊肥料に対する規制のため，肥料取締法が改正され，有害物質許容規準（カドミウム5 mg/kg以下，水銀2 mg/kg以下，ヒ素50 mg/kg以下）が定められた．1983年には農用地における土壌中の重金属などの蓄積防止に係わる管理規準の通達（環境庁）により，土壌中の亜鉛許容量として120 mg/kg（強酸分解法）のガイドラインが設定されている．基準値は人為的な負荷が特に認められない農用地などの土壌における自然賦存量（土壌中含量の累積確率として95％値）の範囲内としている．

　カドミウム，ヒ素については工場廃水の流入を防ぐことで対応できるが，水銀については特殊肥料の基準値を越える事例が多い．発生源である病院，歯科診療所から下水道へ排水する水銀濃度は下水道法による基準値（0.005 mg/L以下）をそのほとんどが越えているのが現状であり，発生源での対策が重要である．カドミウム，水銀などの蓄積性金属に関しては廃棄物中の濃度をできるだけ少なくし，コンポスト化により相対的に重金属濃度は低下する．添加する発酵助剤の混合割合が高いほど農地に投入される重金属の負担を軽減できる．また，ゼオライトの添加はイオン交換作用によって，重金属イオン濃度の低減効果をもたらす．

　長期的，多量に緑農地に施用した場合には，特に重金属が土壌中に蓄積して作物の生

8.3 肥料の研究開発と動向

表 8.30 土壌中の重金属に関する基準(mg/L, mg/kg)

	Cd	Cu	As	Pb	Zn	Cr⁶	Hg	アルキルHg	有機燐	PCB	CN	備考
土壌汚染防止法	1	125	15									酸抽出法 Cdは米中
環境基準	0.01		0.01	0.01		0.05	0.0005	検液中に検出されない				検液1リットル中
土壌管理基準					120							強酸分解法
肥料取締法(特殊肥料)	5		50				2					乾物中
参照廃棄物に係わる判定基準	0.3		1.5	3		1.5	0.005	0.0005以下	1	0.003	1	現物1:水10の抽出液

育に影響し，あるいは可食部に移行して，食物連鎖系で濃縮する可能性がある．流通・施用にあたっては特殊肥料としての届出がされ，カドミウム，水銀，ヒ素のほかに亜鉛，銅，ニッケル，クロム，マンガンなどの含有率が明らかにされているものに限る．欧米諸国における汚泥の濃度規制はカドミウム 10～30 mg/kg，水銀 7～25 mg/kg であり，わが国の特殊肥料の基準に比較するとかなりゆるやかである．また，農地への施用量を考慮した投入量（付加量）規制（イギリス，アメリカ）や施用後の土壌中での重金属濃度の規制（カナダ，ドイツ）がある．　　　　　　　　　　　　　　　〔日高　伸〕

8.3.3 各種汚泥中の金属元素

産業廃棄物中で緑農地利用が比較的多い汚泥類の発生源は，家庭および事業所排水中の残渣，洗剤，排せつ物，またあらゆる業種の原料や生産物残渣，その他に非特定な汚染源である地表面の堆積物，水路などの堆積物や鉱物の粒子など多様である．したがって，廃棄物中の重金属は集水域の人口，経済区分などの地理・社会条件によりあるいは地域植生，季節などの自然条件によっても影響を受ける．

緑農地に汚泥類を長期的に施用する場合，含有する重金属が土壌中に蓄積し作物の生育に影響を及ぼす．また，可食部に移行して食物連鎖系で濃縮されることが考えられる．したがって，これら再利用資源の施用にあたっては表 8.30 に示す各種規制値の準用が必要となる．肥料取締法の規制では単肥や化成肥料は肥料成分濃度が高いため，その施用量に限界があるので，規制値は肥料成分の含有率あたりで定められている．

これに対して，産業廃棄物に由来する特殊肥料は化成肥料に比べて多量に施用されるために，規制値は乾物あたりと定められている．また，産業廃棄物の中には重金属等含量の高いものが認められるため，金属等を含む産業廃棄物に係わる判定基準を定める総理府令（1973年）の溶出試験を満足しなければならない．環境庁（1984年）による農用地における土壌中の重金属等の蓄積防止に係わる管理基準の農耕地表層土壌（乾土）の亜鉛含有量 120 mg/kg（強酸分解法），また1993年には土壌の汚染に係わる環境基準（土壌環境基準）項目の追加（従来の10物質から15物質を追加），既定項目（Pb, As）の改訂が行われた．この基準は土壌のもつ水質浄化・地下水かん養機能を保全する立場から，振とう抽出液中の濃度で設定されている．

表 8.31　日本の耕地土壌の重金属自然賦存量(mg/kg)

	Cd	Cu	As	Pb	T-Zn	Zn	Cr	Ni
平均値	0.23	4.33	1.22	3.34	61.3	9.22	0.46	1.22
最大値	1.60	87.0	70.3	58.9	273.4	121.8	16.7	68.1
最小値	0.00	0.00	0.00	0.00	3.4	0.40	0.00	0.00

環境庁 (1982)：カドミウム等重金属賦存量調査, 全国687地点

表 8.32　各種汚泥, 有機物の重金属含量(mg/kg)

	Cd	Cu	As	Pb	Zn	Cr	Hg	Ni	試料数
下水汚泥	2.15	211.8	6.69	51.8	1250.1	48.9	1.39	39.4	30〜32
し尿汚泥	2.43	139.3	4.24	15.7	847.8	22.1	1.23	22.9	56〜57
工場汚泥	1.11	193.4	5.06	22.8	450.6	138.3	0.36	53.5	39〜40
都市ゴミコンポスト	2.49	196.2	2.75	224.3	638.0	83.0	2.04	27.2	21
家畜糞尿牛	0.25	21	1.22	7.6	95		0.22	13	
豚	1.03	244	1.39	9.5	738		0.20	16	
鶏	0.59	34	0.30	12.0	218		0.18	11	
バーク堆肥	2.05	45.7	1.10	18.3	100.0	45.7	0.28	12	26
稲わら	0.24	30	0.72	7.8	82		0.21	30	

再利用資源土壌還元影響調査 (日本土壌肥料学会, 1987)
農業と環境保全ハンドブック (愛知県農業総合試験場, 1995)

以上のような土壌汚染防止のための規制基準を参考にして, 土壌中の自然賦存量, 土壌条件, 地理的条件を考慮した適切な施用が必要である. 1982年に環境庁が実施した作土の重金属賦存量調査 (25県, 687地点) の結果を表8.31に示す. 土壌の重金属含量は母材の影響を強く受け蛇紋岩を母材とする土壌はニッケル, クロムなどの含量が高い.

各種有機物, 汚泥中の重金属含量を表8.32に示す. 都市ゴミコンポストを除くと, カドミウム, ヒ素, 水銀については基準値内である. 金属の濃度は下水汚泥, 下水汚泥コンポスト, し尿汚泥, 工場由来の汚泥の順に低下傾向があり, 亜鉛, 銅, ヒ素, カドミウムは下水汚泥が, ニッケル, クロムについては工場由来の汚泥が, 水銀, 鉛は都市ゴミコンポストで高い. 工場等由来の乾燥菌体肥料中の重金属含量は汚泥肥料と大差がみられない (瓶のラベルの印刷インクに原因がある) ために, 有機物副資材を混入したコンポスト化も検討する必要がある. 畜産廃棄物では豚ふんで銅, 亜鉛が高く, 鶏ふんでは亜鉛が高い. これは成長促進の目的で飼料中に添加されているためである.

産業の発展に伴い, さまざまな微量金属が用いられるようになった. 下水汚泥や工場由来の汚泥として農地へ還元されると, 新たな環境汚染物質となり近年問題になっている. 土壌蓄積性の金属として作物, 人・家畜への影響が懸念される元素はゲルマニウム, セレン, バナジウム, ベリリウム, モリブデン, ヨウ素であり, またアンチモン, ホウ素, 臭素, コバルト, ガリウム, チタン, ウラン, ジルコニウムについても汚泥の緑農地利用から規制値が提案されている.

〔日高　伸〕

8.3.4 新肥料の動向

窒素肥料の多量施用や，畜産廃棄物などの有機性廃棄物の過剰蓄積による陸水や地下水の硝酸態窒素濃度の上昇が，全国各地でみられる．これらの対応策として，肥効調節型肥料の特性改良と有機性廃棄物の肥料化成技術などの開発が進められている．

わが国では，1960年代から各種の肥効調節型肥料が，施肥効率の向上と施肥労力の省力化を目標として開発され，現在稲作をはじめ各種作物の栽培に広く使用されている．この肥効調節型肥料が，最近では環境保全的な肥料資材として改めて注目され，肥料特性の改良が進められるとともに，これらの肥料を使用した施肥法が，畑作物や野菜，園芸作物の栽培にも広がっている．その中でも，各種の被覆肥料の使用拡大が著しく，その生産量は1996年には6万tを越えて1990年のほぼ2倍に達している．これは，被覆肥料の特性改良により肥料成分の溶出速度だけでなく溶出開始時期の調節も可能になったこと，肥料成分の溶出が土壌特性や水分含量にあまり影響されずに土壌温度の変化からほぼ予測できるというすぐれた特性をもっていることによる．この特性をいかした施肥法の開発が活発に進められており，水稲の"育苗箱全量施肥法"などこれまで予想もしなかったような画期的な施肥法が続々と開発され普及しつつある．

一方，肥料成分の溶出があまり温度に影響されない肥料の開発も要望されている．秋まき小麦やユリの栽培試験を通じて，ある種の被覆肥料は低温時にも肥料成分が徐々に溶出し，早春における作物生育に好結果をもたらしている事例が見出されており，被覆肥料の特性改良の方向に有益な示唆を与えている．

被覆肥料の被覆資材は，天然の材料を原料としたものもあるが，大部分は合成樹脂であり，被覆肥料の利用拡大に相反して，未分解資材の環境中への蓄積と拡散が懸念されている．合成樹脂の環境中への蓄積や処分に伴う環境汚染の発生は，現代の工業化された社会の大問題であり，生分解性合成樹脂の開発が活発に進められている．このような状況を背景にして，生分解性資材を利用した被覆肥料の開発が活発に進められている．

一方，ホルムアルデヒド加工肥料などの緩効性窒素肥料の生産は，最近増加していないが，グリオキサール縮合尿素やメチロール尿素縮合肥料が効率的な製造法の開発によって実用化されるとともに，新しい利用法として尿素，アンモニア態窒素に緩効性窒素肥料を混合した緩効性ペースト肥料が，水稲の側条施用肥料として開発され，中間追肥の省力化が図られている．

水稲栽培の追肥施用技術として肥料の流入施肥の試みは新しいものではないが，最近瞬時に水に溶解する形態の肥料が製造され，きわめて省力的な水口流し込み施肥法が開発された．これは流出中の用水に灌注施用するものであり，肥料成分の分布も動力散布よりも均一であり，大区画水田（約1ha）の追肥作業の省力化として，導入が一層進むと予想される．農薬入り肥料も，圃場管理の省力化の観点から増加する傾向にあり，平成2年に3種類であったが，平成9年には17種類と急速に増加している．

また，肥料成分の高濃度化は，新肥料開発の重要な目標であり，肥料成分あたりの重量が減少するので，施肥の省力化につながり，さらに，硫酸イオンや塩素イオンなどの副成分の土壌蓄積に伴う塩類障害が回避される．このような肥料の特性が，湛水同時施肥という新しい施肥法の開発により実証され，いわゆる"ノンストレス肥料"の実用化

が望まれている．

　有機性廃棄物の肥料化については，畜産業の集約化・大規模化が進み，家畜ふん尿が特定地域に偏在して地域内における養分の農地還元量が過剰になっている問題を解決するために，石灰処理などによって家畜ふん尿堆肥を成形し，広域流通させることが試みられている．また，家畜ふん尿窒素の無機化は，牛ふんに豚ぷんや鶏ふんなど異畜種ふんを混合することにより調節することが可能であり，混合ふんの無機化量は，単独ふんの窒素無機化量に混合化を掛け合わせた値の和とかなりの精度で一致することが明らかにされている．

　さらに，家畜ふん尿をはじめ下水汚泥，食品工業廃棄物，生ごみなどの高速堆肥化法と装置の開発や各種の有効微生物を利用した高速堆肥化法の開発が進められている．これらの技術開発では，単一の廃棄物処理ではなく，たとえば，下水汚泥と牛ふん，下水汚泥とコーヒーかすなど複数の廃棄物を混合して，成分と水分を調整して処理する事例が多くなっている．以上のように，有機性廃棄物の有効利用については，農業をめぐる物質循環を回復させる方向で，各種の技術開発が進められている．　　〔尾和尚人〕

9. 施　　肥

9.1　施肥の原理——施肥と収量・環境

　肥料は，土壌に不足する養分ならびに作物生産によって土壌から収奪される養分を補って，持続的かつ安定的により多くの収穫を得るための資材である．肥料養分の流亡を回避し，施肥の効果を最大限に発揮するためには，栽培作物の栄養特性，土壌の理化学的性質（ときには生物的性質），気象条件などを考慮して，使用する肥料の形態を選択し，施肥位置，施肥時期，施肥量などを決定しなければならない．施肥の効果は，養分の不足域で最も高く，充足域に近づくと低下する．過剰な施肥は，各種作物の栄養病理複合障害，塩類濃度障害，土壌・作物系の物質循環機能の阻害，地下水などへの環境負荷を招き，持続的農業生産ならびにヒトの生活基盤を崩壊させるおそれがある．

9.1.1　養分の天然供給量

　施肥をしないである種の作物を栽培しても，ある程度の収量が得られるのは，土壌・灌漑水・降雨から養分が供給されるためである．無肥料栽培の平均収量は，水稲では三要素を十分に施用した収量の 70％程度であり，一方，小麦では 30％と少ない．水田では藻類による空中窒素の固定に起因する土壌窒素の富化，湛水による土壌リン酸の有効化，灌漑水によるカリウムなどが供給されるため，無肥料栽培でも平均収量は高いと考えられている．降雨からの養分供給は窒素と硫黄に限られ，その量はほぼ 20 kg 未満/ha・年と少ない．畑土壌では微生物の活動により土壌有機物が分解され，これに伴って養分が放出されるにすぎず，特に窒素の供給については土壌の有機物含量が大きな意義をもつ．一般に窒素，カリウムの供給は，粘質土壌で高く，砂質土壌で低く，リン酸の供給は火山灰を母材とする土壌では著しく低い．

9.1.2　最小養分律

　作物の生育収量に関係するすべての因子について，「必要な因子のうちの一つでも不足するものがあれば，他の因子はいかに十分であっても，作物の生育収量はその不足因子によって支配され，他の因子を増しても収量は増加しない」ことを最小律といっている．作物養分元素相互の関係についても，まったく同様な関係が成立している（図 9.1）．近年では，過剰な施肥によって土壌養分の過剰な集積がみられ，「多すぎる養分もまた収量を制限する」との最大律があてはまる事例がみられる．カリウムの過剰によるマグネシウムの欠乏，カルシウムの過剰吸収による生理障害などが該当する．

　施肥と収量の関係は，最小律ですべてが決定されるわけではないが，肥料の利用率・

収量の向上にとって制限因子は何か，その制限因子が克服されると他の制限因子が次の制限因子になってくるという考え方は，養分供給を考えるうえで貴重である．

9.1.3 報酬漸減の法則とその克服

経済法則の「一定の土地から得られる収量は，その土地に投下された労働や資本の量が増大するにしたがって増加するが，単位の労働や資本の増加に伴う収量の増加は次第に減少する」に対応して，「ある養分の効果は，その養分が不足しているときほど大きく，その養分の施用量を増して行くと，増収効果は次第に減少する」ことを報酬漸減の法則と呼んでいる．

図9.1　ドベネックの要素樽

一方，わが国における稲作収量の増大と施肥量との間には，密接な正の相関が認められるが，単に施肥量を増しただけで達成されたものではない．品種をはじめ栽培法などの稲作に関係する多くの要因が改善され，これらの総合的な成果としてはじめて施肥量に応じた収量の増大が実現している．図9.2はこの関係を模式的に示している．

稲作収量増大の歴史は，報酬漸減法則の克服の歴史そのものである．ヨーロッパにおける小麦の収量も日本の稲と同様な経過をたどって，その収量の増大は顕著である．しかし，報酬漸減の法則どおりに，投入窒素の利用率は漸減して溶脱窒素の量は漸増し，地下水への環境負荷が問題となっている．

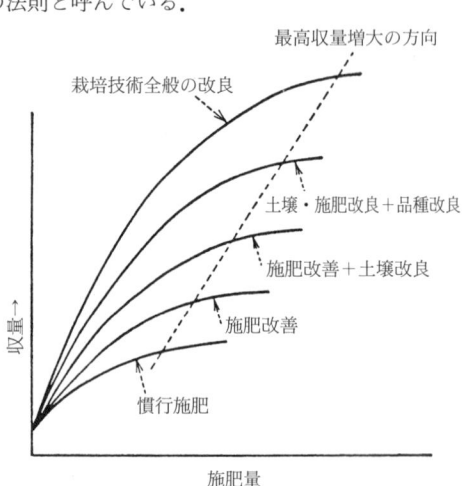

図9.2　稲作技術の改善と報酬漸減法則の克服

9.1.4 施肥の要素

作物生育の各時期に必要な各種養分量を効率よく作物根に供給し，吸収された養分が効率よく収穫物の生産に寄与するためには，肥料形態，施肥時期，施肥位置，施肥量などの施肥の要素を組み合わせて適正に施肥しなければならない．不適切な施肥は，収量のみならず品質を低下させ，かつ，環境への負荷を増大させることに注意する必要がある．

a. 窒素肥料の形態

作物は窒素をアンモニウムイオン（NH_4^-）ならびに硝酸イオン（NO_3^-）の形態で吸収する．したがって，窒素肥料はアンモニウム態，硝酸態および土壌中で化学的または微生物的にアンモニウムイオンまで分解される化合形態をとっている．アンモニウム態，硝酸態ならびに石灰窒素のシアナミド態と尿素態の窒素は，通常無機質窒素肥料に分類され，肥効は速効性であり，ウレイド態やグアニジン態の窒素は，難溶性または微生物難分解性の緩効性肥料に分類され，肥効は一般に緩効性または遅効性である．植物油かす類，魚かす，緑肥などは，主として窒素肥料として利用され，タンパク態窒素以外に複雑な窒素化合物を含有し，肥効は無機質窒素肥料に比べれば緩効・遅効性である．

これらの有機質肥料を発酵させて土壌を含む吸着資材と混合したぼかし肥料が，その局所施用とともに普及している．この種肥料には，少量の無機態窒素とアミノ酸などの低分子から，複雑かつ高分子の窒素化合物を含有している．肥効は無機質窒素肥料に比べれば緩効・遅効性であり，かつ，材料の有機質肥料に比べれば速効的である．尿素などの無機肥料を樹脂などで被覆した肥料の特徴は，施肥後約1月間は肥料成分の溶出を抑制したものなどさまざまであり，溶出に要する期間も長短さまざまである．溶出は積算地温によって支配され，土壌水分の影響を受ける．

b. 施肥位置

作物根が伸張し，その分布が変化することを考えて，養分の吸収効率を向上させるために，施肥位置が工夫されている．水稲作では脱窒による施肥窒素の揮散を避けるために，根が伸張する作土全層への混合施用（全層混合施肥）が一般的である．作物根が十分に伸張したときに追肥などによってなされる土壌表面への施肥は，施肥養分を速やかに吸収させるために有効である．畑作物での施肥は，全層混合施肥のほかに，条施肥，帯状施肥，植え穴施肥などの局所施肥が行われている．このような局所施肥は，施肥効率を高めるために行われるが，多量に施肥すると濃度障害の原因となり，施肥効率が低下することもある．リン酸の固定力の強い土壌では，リン酸肥料を局所施用や堆肥などとの混合施用すると，土壌との接触を回避して利用率が向上する．一次的な養分欠乏で，養分の経根的吸収が妨げられる条件下では，土壌施肥ではなく，地上部への葉面散布施肥が効果的となる．

c. 施肥時期

作物の養分吸収は，播種または移植後の生育初期では非常に緩慢である．この時期，基肥に由来する水溶性養分が土壌に多量に存在すると，土壌の電気伝導度が上昇し，発芽や根の伸張が妨げられ，作物生育の面からすると不利である．また，基肥窒素は溶脱を受けて流亡する割合も高い．こうしたことを回避して，作物の生育中期ならびに後期の栄養を確保するために，基肥のみではなく，時期ごとに追肥することが，収量増加・肥料の利用率向上の手段として重要な意義をもつ．

肥料を基肥として施用するか，追肥として施用するか，その分施割合は土壌・気象・肥料養分の種類と作物の生育特性を考えて決めなければならない．砂質土壌など陽イオン交換容量が小さいために肥料が流亡しやすい土壌では，追肥が施肥効率を高める重要

な手段となる．

また，冷害のおそれのある地域では，窒素の全量基肥は危険で，気象の推移と生育をみて追肥の要否を判断しなければならない．リン酸とカリウムは一般に基肥重点であるが，カリウムの追肥が有利となる作物と土壌もある．

d．施肥量

都道府県は，各作物に対して安定多収・品質向上を目的とした施肥基準を設定して，地域，土壌類型，品種，作型ごとに施肥量を設定している．この施肥量は，一般には当該地域での圃場試験の結果を基本として設定されている．設定されている施肥量は，あくまで標準施肥量であって，圃場に集積している養分の量によって，また，作付前に投入される有機物の量と質によって増減する必要がある．集積している養分の量は，作付前の土壌診断によって測定される．土壌養分は長年の作付によりその集積量を増しており，土壌診断により施肥量を節減する基準を設定している自治体が増加している．

〔上沢正志〕

9.2 肥料試験法と施肥量の決定

施肥の量や方法は，各作物を各種の土壌に栽培し，肥料の種類，施用適量，施用方法を試験し，結果を検討して確立される．肥料試験法は，試験の目的によって三要素試験，要素適量試験，施用法試験，連用試験，肥効比較試験，残効試験などに分けられる．これらの試験はおもに培地として土壌を用いる土耕栽培法によって実施される．また，その規模の違いによって，ポット試験，枠・ライシメータ試験，圃場試験などに分けられる．さらに，これら試験結果を解析するため，または，養液栽培のための養液の養分濃度を設定するために，養液栽培により作物の栄養特性を把握する試験が行われる．これら肥料試験を行う際には，試験結果の解析が正確かつ容易にできるよう，試験開始の前に試験区の配置とくり返しの数などを熟慮する必要がある．施肥基準はこうした肥料試験の積み重ねによって，設定されている．

9.2.1 ポット試験

ポットに土壌を一定量充填して作物を栽培する方法で，面積が少なくても試験の実施が可能であり，かつ，圃場試験結果の解析をときとして困難にするおそれのある地力ムラを回避し，ガラス室・網室に置かれて鳥害・虫害や不良天候による害を回避することができ，多くの試験数を精密に行える．しかし，実際の圃場とは著しく異なる環境，特に作物は群落状態ではなく，独立個体として光を十分に受けて生育する環境下にあり，圃場の生育とはまったく異なるという欠点がある．したがって，得られた結果をそのまま実際の栽培面に適用することは，一般には困難であり，こうした欠点を熟知した上で試験を行う必要がある．ポットは通常 1/2,000 a か 1/5,000 a，ときとして 1/1,000 a の大きさが用いられる．畑作物用のポットには下部に排水のための穴が開けられているので，土壌を充填する前に，ウレタンなどの多孔質資材で栓をする必要がある．大型のポットを使用する際には，底部には水洗した一定量の小礫，その上に水洗した一定量の砂を入れて押し付け，その上に目的の土壌を充填する．水稲用には小礫，砂をふるいで

除去してから充填する．施肥量は面積割合とするが，圃場試験よりも多く，通常1/2,000 a ポットで三要素ともに 1 g，1/5,000 a ではその半量が用いられている．肥料は，通常作土層の深さの土壌を取り出し，均一に混合する．畑状態での試験の際には，土壌水分状態の調節に注意する必要がる．また，各ポットは日光，風通しなどの条件が均一になるように配置する必要がある．

9.2.2　枠試験およびライシメータ試験

枠試験は，耕地の一部に無底の枠で外部と境をつくり，この枠内を一つの試験区として使用する方法である．耕起に伴う土壌の異動を抑えることができるので，肥料・有機物の連用試験，各種土壌の比較試験に適している．圃場試験に比べ小面積で精度の高い結果が得られることが多い．土壌充填の際は，圃場の土層条件に近似するよう十分注意する必要がある．また，枠の周囲にも同一の作物を生育させて群落状態を構成し，収量調査のための試料はできるかぎり枠の中心部から採取するなどの注意が必要である．

ライシメーター試験は，有底の枠を供試する試験であり，底部に集水孔が設けられている．浸透流出水を採取し，採取した水の量と溶質の濃度から浸透流出した養分量を求めることが可能であり，これにより，各種養分の収支が解析できる．ライシメーターの壁面を伝わって浸透する水量を可能な限り抑えるために，壁面に突起部分をもたせるなどの工夫が必要である．

9.2.3　圃場試験

圃場条件下で行われる栽培試験であり，通常その結果は実際の栽培に適用される価値をもっている．反面，規模が大きくなり，種々の面で誤差が生じやすい欠点をもっている．したがって，試験圃場は，地力ができるだけ均一な圃場を選定しなければならない．前作物の影響も考慮して，事前に均一栽培を行ってから試験を開始することが望ましい．また，地域を代表する土壌型の圃場を選定する必要がある．さらに，試験区相互の土壌や肥料の混合を防ぐため，試験区の境に，水田では畦畔，畑では溝を設ける．水田では，灌漑水は水路から各試験区に直接流入するように，また，試験区水尻からの排水は他の試験区に流入しないように，水路と試験区を配置しなければならない．肥料は無風または微風のとき試験区に均一に散布し，畑で条施用するときには，あらかじめ畦ごとに肥料を秤量しておいて施用する．生育の初期に欠株が生じた際には直ちに補植し，雑草・病害虫などの管理はその地域の一般的慣行に従い，かつ，全試験区を同一の方法で同日に行う必要がある．収量調査用の作物は，光条件などによる周辺効果のない群落内部の一定の面積から採取する．

9.2.4　養液栽培試験

土耕栽培は，土壌の緩衝機能が大きいため養分供給や根圏環境の制御が困難で，連作障害発生のおそれがあり，作物の栄養整理や代謝を目的とした研究や同一作物の繰り返し栽培には適していない．そこで，養液栽培法が利用されている．水耕法，砂耕・れき耕法，ロックウール法があり，園芸関係では実用化されている．水耕法の概要のみを紹

介するにとどめ，その詳細や他の栽培法はそれぞれの成書を参照されたい．

a. 湛水栽培法

容器は通常 1/5,000 a または 1/2,000 a のポットが使用されるが，遮光したガラス容器を使用することもある．作物の養分吸収によって，培養液更新の間に，養分濃度が顕著に変動しない容器の大きさが望ましい．容器の蓋は遮光と作物体の保持を目的としている．発泡スチロール板などに穴をあけ，ウレタンなどで作物体の基部を包んで固定する．作物の根が酸素不足や根腐れに陥らないよう，培養液面を低下させて根の上部が直接空気に接触させる液面低下法や小型ポンプなどで培養液内部に通気する強制通気法により，根圏に十分な酸素を供給する必要がある．培養液の養分組成・濃度としては，水稲用には春日井液，畑作物用にはホーグランド液，園芸作物用には愛知園芸研究所液などが基本となるが，試験の目的や供試作物の種類・品種によって修正する必要がある．培養液の pH は作物の養分吸収に伴って変化するため，一般に水稲で 5.0～5.5，水稲以外で 5.5～6.5 に1日1回は調整することが望ましい．

b. 流動栽培法

湛水栽培法では，培養液の養分濃度の低下と pH の変化が避けられず，また，根圏への通気が不可欠である．流動栽培法では，培養液タンクで培養液と大気とを接触させて空気を取り込み，自動的に養分濃度と pH を調整し，液の補充と殺菌を行い，定常状態の培養液をタンクと栽培容器との間を循環させ，湛水栽培法の欠点を改良している．施設園芸では数種の装置が開発されて，多くの野菜などが供給されている．

9.2.5 肥料試験の注意事項

一般的な注意事項を以下に列記する．①試験目的を明確にして，目的に合致した適切な作物・土壌を選定する．②試験結果の処理間の差を判定するために標準区を設け，肥料成分の利用率を算出するためには，当該成分の欠除を設定する．③試験しようとする肥料成分の効果が他の成分の影響により攪乱されないよう，他の成分は不足することのないように適量を施用する．④試験には必ず誤差が伴うので，試験区をラテン方格法・乱塊法により配置し，試験区の連数は，圃場試験では水稲・麦は4連，豆類では4～6連，野菜は5～6連とし，結果を統計処理-分散分析によって解析するのが望ましい．平均値の差の検定により統計的有意差を判定してもよい．⑤作物の生育をよく観察し，成分の過不足による症状や生育の異常を認めたときに途中経過を記録し，試験結果の判定に役立てる．

9.2.6 肥料の利用率

作物は，施用した肥料中の養分を全部吸収し利用するわけではない．施肥した養分の一部は，溶脱やガス化して根域の土壌中から損失し，土壌中にあっても作物に吸収されにくい形態に変化する．したがって，施肥した養分の吸収割合を知る必要があり，この指標を肥料の利用率という．利用率は土壌・施肥法・肥料・作物の種類ならびに品種によって異なる．たとえば，窒素肥料の利用率は，窒素無施用区と窒素施用区を設置し，リン酸，カリウムなどの標準量を共通に与えた条件で作物を栽培し，各区の窒素吸収量

を求め，次式を用いて算出する．

$$\frac{(窒素施用区の窒素吸収量) - (窒素無施用区の窒素吸収量)}{窒素施用量} \times 100$$

すなわち，肥料の利用率は，作物成分の全吸収量のうち肥料から吸収された成分量が，施肥成分の何%であるかを示している．この式に代表される肥料の利用率は，施肥成分の有無による養分吸収量の差と施肥量の比を求めたもので，正確には施肥養分の利用率を示したものではないという主張が成り立つ．

そこで，アイソトープで標識した肥料を施用し，作物に吸収された養分を肥料，土壌の供給源別に区別して，利用率を算出することがなされている．しかし，このアイソトープ法も肥料中のアイソトープで標識された養分と土壌中の養分が置換する現象を起こすので，真の利用率を示すことにはならない．一般には，資材費がかからない前者の方式で肥料の利用率は算出されている．圃場における窒素利用率は20～60％で，これを向上するには，分施，適切な炭素窒素比の有機物の併用，マルチの敷設，緩効性肥料の利用などにより窒素の溶脱量を少なくする必要がある．リン酸の利用率は，ほぼ10～20％と三要素の中では最も低い．土壌pHの中性化，局所施用，有機物との混合施用，クエン酸可溶性やポリリン酸の施用など土壌中でのリン酸の固定量を少なくする対策によって利用率は向上する．カリウムの利用率は40～70％と高い．しかし，砂質土壌など溶脱をうけやすい土壌では，分施により利用率を向上できる． 〔上沢正志〕

9.3 環境条件と施肥

作物の生育は環境の影響を受けている．したがって，施肥法は作物をとりまく環境を前提として定められている．環境条件は土壌環境と気象環境に大別され，土壌環境としては，土壌母材と土地利用が要因として大きい．

9.3.1 土壌と施肥——土壌型別の対応技術

土壌の養分に関する基本的な改善目標は，土地利用区分ごとに，かつ，土壌類型ごとに定められている（表9.1～9.3）．また，主要な作物に対する施肥法は，施肥基準として地域ごとに定められている．現在では，土壌診断が広く行われ，施肥基準と蓄積した土壌養分含量に基づいた施肥の調節が始められている．

a. 土壌診断と施肥

土壌診断は，かつてのような養分不足の発見ではなく，以下のような目的でなされている．①過剰な肥料の施用や極端な土壌管理による養分の過剰集積・アンバランスを未然に防止する，②養・水分管理のしやすい土をつくる，③土壌と作物が担っている物質循環機能を維持し向上させる，④環境にやさしい作物生産技術の定着を支援する，⑤消費者の"品質本位，本物指向"にこたえた生産効率の向上に，同時併行的に寄与する．その手順は，今日では以下のように整理されている．①既存情報の整理（既存のデータ，土壌特性の把握），②現地調査（聞き取り，作物生育状況，土壌断面調査，土壌・作物試料の採取），③生育阻害・障害発生の原因の仮説設定（情報の再整理，現地調査結果の整理，分析項目の決定），④採取試料の理化学分析，⑤処方箋の作成（最終診

表9.1 基本的な改善目標（水田）

土壌の性質	土壌の種類	
	灰色低地土，グライ土，黄色土，褐色低地土，灰色台地土，グライ台地土，褐色森林土	多湿黒ボク土，泥炭土，黒泥土，黒ボクグライ土，黒ボク土
作土の厚さ	15 cm 以上	
すき床層のち密度	山中式硬度で 14～24 mm	
主要根群域の最大ち密度	山中式硬度で 24 mm 以下	
湛水透水性	日減水深で 20～30 mm	
pH	6.0～6.5（石灰質土壌では 6.0～8.0）	
陽イオン交換容量（CEC）	乾土100 g あたり 12 meq（ミリグラム当量）以上（ただし，中粗粒質の土壌では 8 meq 以上）	乾土 100 g あたり 15 meq 以上
塩基状態 塩基飽和度	Ca^{2+}，Mg^{2+}，K^+が陽イオン交換容量 70～90% を飽和すること．	同左イオンが陽イオン交換容量の 60～90% を飽和すること．
塩基状態 塩基組成	Ca, Mg, K 含有量の当量比が（65～75）：（20～25）：（2～10）であること．	
有効態リン酸含有量	乾土 100 g あたり P_2O_5 として 10 mg 以上	
有効態ケイ酸含有量	乾土 100 g あたり SiO_2 として 15 mg 以上	
可給態窒素含有量	乾土 100 g あたり N として 8～20 mg	
腐植含有量	乾土100 g あたり 2 g 以上	—
遊離酸化鉄含有量	乾土 100 g あたり 0.8 g 以上	

（地方増進法解説，p.136，1985 より）

断），⑥診断結果の確認（対策効果の確認，処方箋の正確度判定，記録の保存）．特に①と②は不可欠であり，これらの段階で診断・処方が可能な場合には④の理化学分析は不要であり，省略すべきである．

b. 土壌養分の蓄積と施肥量の節減

近年では，土壌に過剰な養分の蓄積している圃場が多くなってきているため，土壌診断による施肥量削減の処方箋を作成するシステムが開発されている．例として，千葉県の土壌診断システムを紹介する．土壌診断による養分管理の基本は，交換性陽イオンならびに可給態リン酸の含量が適正範囲以下であれば，適正範囲の下限値に達するよう資材の施用量を算出し，次に，電気伝導率，可給態リン酸・カリウムの含量が適正範囲を超えているときは，次作では施肥基準に定められている基肥量を削減するようになっている．具体的な削減指針として，窒素では，電気伝導率が 0.5～1.0 dS/m の際には施

表9.2 基本的な改善目標（普通畑）

土壌の性質	土壌の種類		
	褐色森林土，褐色低地土，黄色土，灰色低地土，灰色台地土，泥炭土，暗赤色土，赤色土，グライ土	黒ボク土，多湿黒ボク土	岩屑土，砂丘未熟土
作土の厚さ	25 cm 以上		
主要根群域の最大ち密度	山中式硬度で 22 mm 以下		
主要根群域の粗孔隙量	粗孔隙の容量で 10 % 以上		
主要根群域の易有効水分保持能	20 mm/40 cm 以上		
pH	6.0〜6.5（石灰質土壌では 6.0〜8.0）		
陽イオン交換容量 (CEC)	乾土 100 g あたり 12 meq 以上（ただし，中粗粒質の土壌では 8 meq 以上）	乾土 100 g あたり 15 meq 以上	乾土 100 g あたり 10 meq 以上
塩基状態　塩基飽和度	Ca^{2+}，Mg^{2+}，K が陽イオン交換容量の 70〜90 % を飽和すること．	同左イオンが陽イオン交換容量の 60〜90 % を飽和すること．	同左イオンが陽イオン交換容量の 70〜90 % を飽和すること．
塩基状態　塩基組成	Ca, Mg, K 含有量の当量比が（65〜75）：（20〜25）：（2〜10）であること．		
有効態リン酸含有量	乾土 100 g あたり P_2O_5 として 10 mg 以上		
可給態窒素含有量	乾土 100 g あたり N として 5 mg 以上		
腐植含有量	乾土 100 g あたり 3 g 以上	—	乾土 100 g あたり 2 g 以上
電気伝導度	0.2 mS（ミリジーメンス）以下		0.1 mS 以下

（地力増進法解説，p.138，1933 より）

肥基準の 20 % 減，1.0 以上の際には 50 % 減とする．リン酸では，可給態リン酸の含量が 80〜100 mg/100 g の際には 20 % 減，100〜200 mg では 40 % 減，200〜300 mg では 60 % 減，300 mg 以上では無施用とする．カリウムでは，陽イオン交換容量に対する飽和度が 4.0〜6.0 % では 20 % 減，6.0〜8.0 % では 40 % 減，8.0〜10.0 % では 60 % 減とし，10.0 % 以上では無施用とする．

表9.3 基本的な改善目標(樹園地)

土壌の性質	土壌の種類		
	褐色森林土,黄色土,褐色低地土,赤色土,灰色低地土,灰色台地土,暗赤色土	黒ボク土,多湿黒ボク土	岩屑土,砂丘未熟土
主要根群域の厚さ	60 cm 以上		
主要根群域の最大ち密度	山中式硬度で 22 mm 以下		
主要根群域の粗孔隙量	粗孔隙の容量で 10 % 以上		
主要根群域の易有効水分保持能	30 mm/60 cm 以上		
pH	6.0〜6.5(石灰質土壌では 6.0〜8.0)		
陽イオン交換容量 (CEC)	乾土 100 g あたり 12 meq 以上(ただし、中粗粒質の土壌では 8 meq 以上)	乾土 100 g あたり 15 meq 以上	乾土 100 g あたり 10 meq 以上
塩基状態	塩基飽和度	Ca^{2+}, Mg^{2+}, K^+ が陽イオン交換容量の 70〜90 % を飽和すること.	同左イオンが陽イオン交換容量の 60〜90 % を飽和すること.	同左イオンが陽イオン交換容量の 70〜90 % を飽和すること.
	塩基組成	Ca, Mg, K 含有量の当量比が (65〜75):(20〜25):(2〜10) であること.		
有効態リン酸含有量	乾土 100 g あたり P_2O_5 として 10 mg 以上		
腐植含有量	乾土 100 g あたり 3 g 以上	—	乾土 100 g あたり 2 g 以上

(地力増進法解説, p.141, 1985 より)

9.3.2 有機物管理と施肥

　有機物の施用は、土壌の物理的・化学的・生物的性質を改良・保全するに不可欠である。しかし、その種類と機能は多様であり、不適切な施用は、作物の生育、収穫物の品質を劣化させるばかりでなく、環境への負荷を長期に与える。

a. 有機物の機能

　土壌生産力を良好に保持するうえで土壌有機物(腐植)はきわめて重要な役割を果たしている。有機物は土壌の団粒構造の維持・発達に不可欠であり、土壌有機物の含量は、土壌の水分保持機能、透水性・通気性・易耕性など土壌の物理的特性を決定する大

きな要因となっている．また，有機物は土壌中で分解をうけて多量要素から微量要素までの広範囲な作物養分を放出し，土壌有機物は土壌の陽イオン交換容量，すなわち，養分の保持容量を増大し，物理化学的な緩衝機能を増大させる．さらに，有機物は土壌微生物にエサとして利用され，その生息量や多様性に決定的な影響をおよぼしている．土壌有機物は，団粒構造の維持・発達を介して，団粒構造の内外に土壌微生物に多様な生息環境を提供している．このように有機物の施用は，土壌の各種性質を総合的に改良・維持する．土壌有機物は土壌微生物によって次第に分解されて消耗するので，毎年有機物を施用して，消耗した腐植を補う必要がある．

b. 有機物の種類

有機物は，わら類・落葉・野草・樹皮などの植物残渣，ウシ・ブタ・家禽などの家畜ふん尿，下水汚泥，食品工業・林産廃棄物など多種多様である．これらを単独で，または，混合して発酵させたものは堆肥と呼ばれ，土壌の各種性質を改良・維持する上で質が高い有機物である．これら有機物の土壌の性質に与える機能はさまざまであって，炭素率（C/N 比）が著しく高いため養分の放出をほとんど期待できず，主として物理的性質の改変や養分保持・緩衝機能の増加に寄与するもの，逆に炭素率（C/N 比）が著しく低く，物理的性質の改変や養分保持・緩衝機能の増加をほとんど期待できず，主として養分供給や土壌微生物の一次的なエサとして機能するものまで幅広い．

c. 有機物からの養分の放出

有機物の分解に伴う窒素などの養分の放出は，土壌微生物の活動によって左右されるので，有機物の炭素率（C/N 比）とリグニン含量によって左右される．炭素率が 23 前後より低く，リグニン含量も低い有機物は，土壌中で施用直後から窒素を放出し，炭素率が 23 前後より高い有機物は，土壌中では初めに施肥窒素などの無機態窒素を取り込んで炭素率を低下させたあとに窒素を放出する．したがって，炭素率の高い有機物の施用時期と施肥量ならびに作物栽培の開始時期は，作物へ窒素供給に大きな影響をおよぼす．すなわち，有機物の施用時期と作物栽培の開始時期が接近しているときには，生育の初期に作物は窒素不足に陥ることがあり（窒素飢餓），一方，窒素の放出が作物の生育に伴う窒素要求の推移に合致した際には，投入窒素の作物による利用率は向上する．

以上のような有機物からの養分の放出は，有機物を基質とする土壌微生物の増殖速度によって左右されるため，地温や土壌水分の影響を著しく受ける．したがって，作物を栽培するにあたっては，これら有機物の分解に伴う養分放出の特性を理解して，作物栽培時の地温・土壌水分（作物栽培期間の降水量）を考慮して，作物の種類と有機物の種類との組合せや施用法などを選択する必要がある．

d. 有機物の施用法

土壌生産力を長期的に維持安定させるためには，複数の有機物を混合堆肥化して施用するか，複数の有機物を堆肥化してリレー施用することが望ましい．作物生産が環境におよぼす負荷を最小限にするためには，投入する窒素の作物による利用率を向上することが基本であり，このため，C/N 比 5～10 の各種汚泥類は，化学肥料とほぼ同等の肥料効率を有しており，土壌の可給態窒素含量を増加させる機能はほとんどなく，併用する際には化学肥料の施用量を削減する必要がある．

一方，C/N比のかなり高い有機物を連用すると，土壌の可給態窒素含量は増加し，作物の収穫後にも可給態窒素成分は無機化を続け，これが溶脱すると環境に負荷を与えることになる．

わが国における畜産業の副産物としての家畜ふん尿は膨大な量に達しており，これに含まれる窒素総量は，化学肥料窒素の施用総量を越えている．家畜ふん尿を有機物資源，窒素肥料資源として活用するためには，越えなければならない技術的ハードルが多い．中でも，土壌中でどのような窒素放出様式を示すのかは，作物の生育・品質に影響が大きいため，より精密な窒素放出様式の解明が残されている．

e. 有機物の施用と環境容量

環境容量は，「汚染物質が環境中へ放出されても，自然の自浄能力によって物質による環境への悪影響が生じないような場合があり，このような環境の収容力」と一般的に定義されており，農業生態系の環境容量の定義としては，

① 生産力，適応力，再生能力を維持しつつ，健全な生命体を保持できる生態系の収容力．農業においては土，水，大気，植生，昆虫，微生物などの環境構成要素が保全される各種外部インパクトの許容量

② 農耕地の生産力を維持しつつ，外部から負荷された物質を消化（投入された有機・無機物質などが分解し，作物などが吸収すること）し，系外の環境に悪影響を及ぼさない限界能力を量的にとらえたもの．

が提案されている．

環境容量を考える際の規模は，小は圃場一筆ごとから，大は国レベルの環境容量が考えられ，土地利用型農業では地形・作目連鎖系（一つの水系）の環境容量の把握が当面の課題となる．さらに，環境保全型農業では，作物の生産・品質と環境へのインパクトの大きい窒素の環境容量が最初に必要とされる．この地形・作目連鎖系における土壌の作物生産と環境保全の両機能が調和できる年平均窒素投入量を"窒素環境容量"と定義する．

窒素環境容量の定義から考えれば，化学肥料窒素も有機物窒素も環境への負荷を与える点では同等である．作物生産による環境負荷を最小限にするためには，投入する窒素の作物による利用率を向上することが基本であり，このため，C/N比5～10の各種汚泥類は化学肥料とほぼ同等で，これらの有機物を併用する際には化学肥料の施用量を削減する必要がある．また，C/N比のかなり高い有機物を連用すると，土壌の可給態窒素含量は増加してくるので，その際にも化学肥料の施用量を削減する必要がある．

f. 窒素環境容量の指標

窒素供給の上限を設定する指標の考え方として，①当年供給窒素（肥料，有機物，雨水に含まれる窒素の合量）の作物による回収率は50％以上，②年間の窒素溶脱量は，浸透溶出水の年平均硝酸態など窒素濃度を10 mg/Lとするため，浸透流出水量(mL)×0.01以下（kg/10 a），③これら回収率と溶脱量の経年変化について，回収率が経年的に低下しないこと，溶脱量が経年的に増加しないことを提案したい（表9.4）．

これらを指標とすると，わが国の黒ボク土における野菜の露地栽培での年間窒素施用量は，30±5 kg/10 aと推定されている．なお，畑作物（露地）の場合，野菜では施肥

窒素利用率50％，普通作物では同じく70％の状態が適正施肥状態との診断指標が示されている．

このような施用窒素利用率の水準を満足させるためには，少窒素施用作物と多窒素作物を組み込んだ地域独自の作付体系を積極的に取り上げる必要があろう．

表9.4 畑地の窒素環境容量把握指標（案）

・作付1サイクルにおける平均窒素回収率
・浸透流出水の硝酸態窒素の年平均濃度
・窒素回収率，年平均窒素濃度の経年変化

わが国の農業用地下水の硝酸態窒素濃度は，畑地調査地点の約1/3で，飲料水基準（10 mg/L以下）を越えている．このことは畑地における集約農業の展開に伴う養分集積が環境への負荷を強めつつあることを端的に示している．原因は，要約すると耕地環境の容量以上に結果として窒素を多施用してきたことによる．

土壌生物，地下水などの資源の劣化を回復可能な範囲に抑えるために，年間あるいは作付体系ワンサイクルの窒素供給の上限を定める指標設定，これに伴う土壌窒素養分管理の高度化（緩効性肥料・マルチの活用，収穫跡地残存窒素の溶脱防止），養分集積を回避する副成分を含まない肥料の開発と利用が必要である． 〔上沢正志〕

9.3.3 気象条件と施肥

農業は自然環境に依存しており，気象条件の変化は作物生育に大きく影響し，気象異常は冷害や干ばつの被害となる．露地栽培だけでなく，温度条件の制御が可能な温室栽培においても日照時間など自然環境に影響される．環境条件の変化と作物生育の関係を正確に把握し，変化に応じた施肥対応をすることが望ましい．しかし，施肥法で対応できるのは，障害を軽減できる程度であり，過度の環境変化は施肥法によっては解決できない．

a．水　　稲

1) 冷　　害　水田では，窒素肥料を少なくし水稲を過剰生育させないことが基本になる．冷害が予測される年は，基肥の窒素を20％程度減少させ，低温下での肥料効果をあげるために肥料は速効性窒素肥料を使い，表面施肥する．幼穂形成期には追肥は行わないが，冷害の予測がはずれた場合は，幼穂形成期1週間後から止葉期に不足する窒素を追肥する．

リン酸は低温時には吸収力が落ち，土壌からの供給も減少するので，冷害年には基肥として増肥する．リン酸は，体内活性を高め，根の張りをよくする効果があるので冷害に対する抵抗性が期待できる．カリは冷害に対してほとんど効果がみられないので標準施肥でよい．

ケイ酸やマグネシウムの施用は，水稲の耐病性を増すことができるので，ケイ酸カルシウムを1 haあたり1,500 kg施用する．これらの施用は，菌の侵入に対する抵抗力の増加と，体内窒素濃度を低下させ，軟弱な生育になるのを防ぐ効果がある．

2) 干　　害　干害の対策は，水分を供給することと土壌の保水力を向上することであるが，施肥法によっても干害を軽減することができる．作物の茎葉から蒸散する水量に，根からの供給量がおいつかなくなると，作物は生理的な干害を起こす．このため，窒素の多施肥により茎葉が繁茂しすぎると干害を起こしやすい．また，カリ不足で

は根の機能が低下し，吸水能力が悪化する．窒素とカリの適切な施用により干害を軽減することができる．

3) 水害 水害常発水田では，耐水性の水稲を栽培することはもちろんであるが，水害に耐えうる栄養状態の水稲をつくる必要がある．それには，有機物を多めに施用し，窒素の肥効きを抑制するために，化学肥料の施用量を抑制することである．水害を受けたあとは，肥料が流亡している可能性があるが，水害直後の追肥は避け，数日後に窒素を1haあたり10kg程度施用し，その後は状態をみて追肥する．

b. 畑作物

1) 冷害 冷害に耐えるためには，畑作物でも水稲と同様に窒素肥料を抑制し，作物体を過剰に生育させないこと，リン酸の施用により根の張りをよくすることなどが効果がある．さらに，カルシウムの適切な供給は，作物体を強くし，体内窒素濃度を低下させ，軟弱な生育になるのを防ぐ効果がある．畑作物では，ポリマルチの使用により，地温の上昇と肥料の流亡抑制の効果がみられるため，冷害対策には適している．

2) 干害 干害を軽減するためには，窒素肥料を抑制し，リン酸を増施することにより根の張りをよくすることである．未熟な有機物の施用は，干害を起こしやすいため，完熟した有機物を施用する．また，完熟した有機物でも，火山灰土のような物理性のよい土壌に多量施用すると，土壌の粗孔隙が増加し，干害を受けやすくなる．

〔藤原俊六郎〕

9.3.4 施肥と病虫害

多肥栽培により作物の栄養状態が不健全な状態になったり，過繁茂により生育環境が悪化することにより，病害虫の発生に都合のよい条件となる．また，過剰な施肥により根傷みが生じ，土壌中の病害菌が侵入しやすくなることもある．このように多肥栽培は病虫害の発生を助長する．

a. 水稲

1) いもち病と施肥 水稲は窒素の施肥量に敏感なため，窒素の量が病虫害の発生に大きく影響し，中でもいもち病と窒素の関係は古くから知られている．窒素過剰になると水稲体内で有機態および無機態の可溶性窒素が増加し，ケイ酸含有率が低下する．このために組織は軟弱で可溶性窒素成分が多くなり，いもち病菌が侵入しやすくなる．

いもち病を防ぐためには，速効性の肥料を一度に多量施用しないで，数回に分施することが必要である．しかし，追肥に力点をおきすぎて後期の窒素濃度を高めすぎると穂首いもちが発生しやすくなる．また，ケイ酸質資材の施用は，水稲の窒素濃度を抑制し，ケイ酸により組織が丈夫になるため，いもち病の発病を抑制し，抵抗力を強めることができる．

2) 虫害と施肥 窒素肥料を多用すると，水稲体内の可溶性窒素成分が増大し，組織が軟弱化するため，害虫の幼虫が好む状態となり，窒素肥料を多用した水田では虫害が多発することが多い．イネツトムシ，ニカメイチュウなどでは，軟弱に繁茂した濃緑色の葉に産卵する，傾向がある．

虫害を軽減するためには，多量の窒素を基肥として一度に施用しないで分施し，窒素

濃度を急激に上げることのない施肥にこころがける．さらに，ケイ酸質資材の施用により体内窒素濃度を下げるなどの対策を行う．

b. 野　　菜

1) 窒素と土壌病害　窒素過剰になると作物の体内の水溶性窒素が増加し，根からの糖，アミノ酸などの分泌物が増加する．この結果，絶対寄生性や根系生息性の病害菌は，この根からの分泌物に反応し，胞子が発芽して根に病害菌が侵入してくる．また，窒素過剰で生育した作物は軟弱で，病害菌の出す酵素により作物の細胞壁が分解を受けやすく，植物の抵抗性が弱くなる．

　土壌病害を抑制するためには，過剰な施肥を抑制し，健全な作物生育をすることが大切である．そのためには，作物生育に応じた分施が必要であり，基肥重点の場合は，緩効性肥料による養分供給の過剰を防ぐことが必要である．完熟した有機物や微生物分解性のCDU肥料を連用すると微生物相が改善され，土壌病害が減少する[1]といわれている．

2) 塩類集積と土壌病害　施設栽培は，降雨の影響を受けることのない閉鎖環境のため，養分の流亡や溶脱がなく，施肥された肥料や石灰質資材は土壌中に蓄積し，塩類集積土壌となる．塩類集積がすすむと根の機能が損われ，土壌病害が発生しやすくなる．トマト褐色根腐病などは，塩類濃度が高くなるにつれて増加する．

　この対策は，塩類集を改善することであり，過度の塩類蓄積があるときは湛水除塩を行い，軽度の場合は有機物の投入により土壌の緩衝能を増加させることも効果がある．

3) 虫　　害　窒素肥料が多く，葉色の濃い作物は虫が好み，虫害や虫に媒介されるウイルス病が発生しやすくなる．さらに，多肥料，多灌水栽培では軟弱な生育になり虫害が発生しやすくなる．また，魚かすなどの未分解物質を多く含む有機質肥料は，その臭気が虫を誘引し，虫害を引き起こす．動植物性有機物にはタネバエが産卵し，未分解性有機物が多いとコガネムシが産卵し，作物に食害を与えることがある．

〔藤原俊六郎〕

文　献
1) 知念　弘：新農法への挑戦（庄子貞雄編），81-92，博友社，1995．

9.3.5　施肥と農作物の品質
a. 品質を向上させる要因

　品質には，形状，色沢，鮮度などの外観上の問題と，栄養価，食味などの成分上の問題とがある．現在の市場流通においては外観による評価を主体に価格決定がなされているが，徐々に農作物の内容を重視する傾向がみられるようになった．作物の品質と施肥には密な関連があり，一般に，十分な窒素施肥のもとで，多灌水栽培された作物は，収量を増加させるが，糖やビタミンなどの内容成分の少ない，食味の劣る作物となりやすく，貯蔵性も悪くなる．

　高品質農作物生産のためには，省窒素・節水栽培が基本になるが，この場合は収量は大きく低下することは避けられない．これら，窒素栄養と水が有機物の品質に及ぼす影

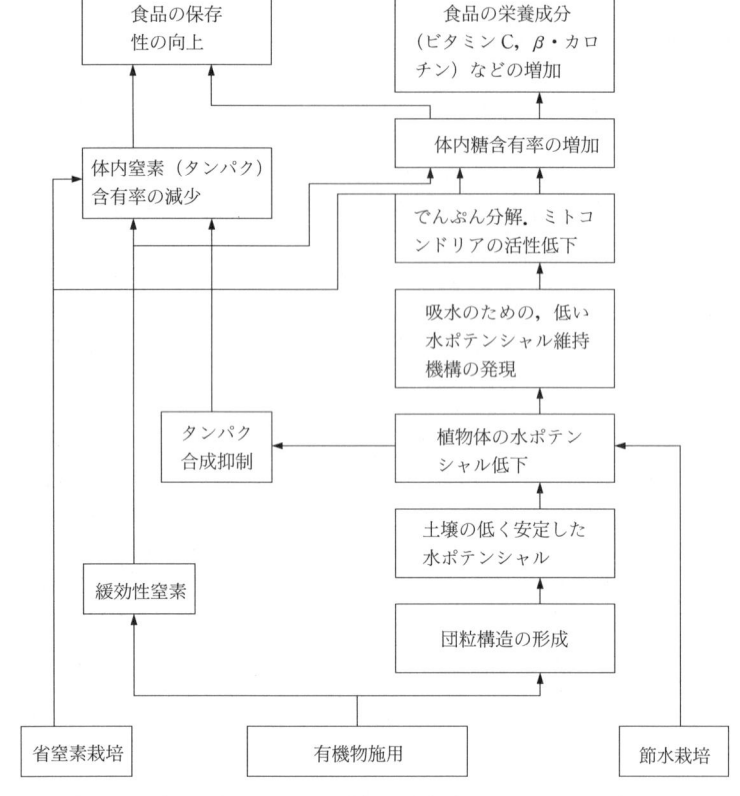

図9.3 省窒素・節水栽培による"食品の質"向上のメカニズム（森，1986）

響を説明したものを図9.3に示した[1]．

b．水と品質

　節水栽培により糖含量の増加がみられる．これは，植物体内の水ポテンシャルが低下した結果，植物体内でタンパク合成が抑制され，糖の含量が増加する．また，生成した炭水化物の代謝においては高分子成分の合成が遅れ，食味に関係の深い可溶性成分が集積し，窒素代謝面では遊離アミノ酸が集積する．これらの結果，作物の食味は向上するといわれている．

　このような水ストレスを野菜の栽培に利用し，糖含量を高める技術は，隔離床や遮根シート利用によるメロンやトマト栽培では実用的に行われ，成果をあげている．また，ホウレンソウでは，水ストレスにより糖やビタミンを増加させシュウ酸を減少させる試みも行われている．

c．窒素と品質

　窒素の過剰施肥は，糖含量を抑制する．これは窒素の過剰施肥では，光合成による同化炭素の供給が無機態窒素の同化に追いつかず，糖の生産が抑制され，逆に窒素が少な

ければ，光合成によってできた炭素は糖として蓄積される．このように，窒素栄養の過剰は野菜の品質低下をまねくため，品質向上のためには緩効性の肥料の使用が望ましい．

施肥法により肥効を調節して品質を向上させる方法もある．すなわち，根と接触する確率の高い全層混合施肥に比べ，溝施用のような局所施用では，肥料効果の発現が抑制され，品質が高まる事例もバレイショなどで報告されている[2]．有機質肥料の使用により品質が向上するといわれているが，これも有機肥料の窒素が緩効的に発現するためであり，基肥に肥効調節型肥料を使うことにより品質を向上させることも可能である．

d. リン酸，カリと品質

リン酸は果菜類の成熟を早め，色をよくする働きがある．とりわけ開花期から果実肥大期までの間はリン酸の役割は重要であり，この時期に適切な養分供給が可能なように施肥設計しなければならない．

カリは作物体の細胞液の浸透圧に影響するが，トマトではカリの施用が果実の糖，酸，ビタミンCなどの内容成分を増加させる機能もある．しかし，これらにも適量があり，過剰施用では品質を低下させる． 〔藤原俊六郎〕

文 献

1) 森 敏：有機物研究の新しい展望（日本土壌肥料学会編），85-137，博友社，1986．
2) 金森哲夫ら：土壌肥料学会講演要旨集，**31**，210，1985．

9.3.6 不良土壌下における施肥

a. 水 質 汚 染

人為的活動により用水が汚染され，農作物に被害がもたらされるのが水質汚染である．水質汚染による農作物の被害は，窒素などの養分過剰，土壌の酸性化や還元化，重金属の蓄積などがある．

水質汚染の影響を最も受けるのが水稲である．水田に対する年間の灌漑水量は，1 haあたり年間1万tといわれており，窒素が1 mg/Lの濃度であれば1 haあたり10 kgの窒素が供給されることになる．したがって，水田用水のアンモニア態窒素は1 mg/L以下であることが望ましく，10 mg/L以上の場合は無窒素でも水稲の栽培が困難になる．一般に窒素含量の高い灌漑水はBODやSSの濃度も高く，溶存酸素が消費されやすいため，土壌の異常還元の原因にもなる．窒素濃度が基準以上であれば，基肥の窒素肥料を減肥し，カリの増肥やケイカルなどのケイ酸質資材の施用により，窒素吸収を抑制し，丈夫な水稲をつくる．また，中干しを十分に行い，倒伏を抑制する．

鉱山などから硫黄を含む水が流れ込む場合は，硫酸が生成し，土壌の酸性化がすすみ，土壌中の鉄分が溶脱し，水稲の根腐れの原因となる．この対策は，石灰質資材により土壌の中和をはかるとともに無硫酸根肥料を使用すること，中干しを行い根の健全化をはかることが必要である．

重金属による汚染は，客土が最も効果があるが，重金属は酸性では作物に吸収されやすいが，中性から塩基性では溶解度が減少するため，石灰質資材の使用により酸性改良

を行う必要がある．また，有機物の施用も効果がある．

b. 大気汚染

工場などから排出する排ガスの中には，作物にとって有害なものが多い，このガスによる障害が大気汚染による障害である．一般に作物の障害は根から起因するものが多いのに対し，茎葉の炭酸同化作用機能を直接加害し，乾物生産能を低下させる点が大きく異なる．有害ガスは作物葉の気孔から侵入し，活力の大きな葉ほど被害が大きく，日光によくあたっているところで大きい．汚染ガスとしては亜硫酸ガスやフッ化水素やオキシダント，塩素などが知られている．

障害は亜硫酸ガスによるものが最も多く，葉が濃緑色になったあと白変する．亜硫酸ガスに接触した植物は，細胞液中pH調整のためにカリが増加するので，カリの施用が効果があるといわれている．また，ケイ酸カルシウムの施用も効果があるといわれている．一般に多窒素で育った作物は障害を受けやすいので，適切な窒素肥料で栽培することが望ましい．また，1.2〜1.5％の石灰乳を散布し，葉面を石灰で覆うことも効果がある．

さらに，亜硫酸ガスが雨に溶解することによって，酸性雨による障害を起こすこともある．作物に急激な障害が起こらなくても，慢性的な酸性雨によって土壌中のカルシウムやマグネシウムが流亡し土壌の酸性化が進むため，カルシウムやマグネシウムの供給が必要である．

c. 塩　　害

灌漑水や地下水に海水が混入することによって塩化ナトリウムが土壌中に蓄積する場合以外に，台風などの強風により海風が内陸に入り込み障害を起こす場合がある．これを塩害という．植物の耐塩性は種類によって異なるが，土壌の飽和侵出液の電気伝導率（EC）ときわめて相関が高く，次の関係がいわれている．一般に，ECが0〜2 mS/cmでは作物は順調に生育するが，ECが2〜4では敏感な作物は生育困難となり，4〜8では耐塩性作物は生育可能であるが，8以上になると作物の生育は困難となる．

このような高濃度の塩類集積は，施設土壌では多くみられる．軽度の塩害は無硫酸根や無塩素根肥料を施用し，多灌水栽培を行うことである．はげしい塩類集積土壌は，湛水除塩するか新しい土を客土するしか方法はない． 〔藤原俊六郎〕

9.4　作物ごとの施肥

9.4.1　水　　稲

a. 寒　　地

「稲は地力で，麦は肥料でとる」という対句は，稲作における地力の重要性を強調するものであるが，同時に施肥の複雑さを示唆している．すなわち，地力は気候や土壌，地域によって著しく異なるので，これに対応して施肥は多様化することになる．

南北に長いわが国では，気候，特に気温に大きな開きがある．稲作の北限を名寄，南を石垣とすれば緯度ではN 44°30′と25°，平均気温では6℃と22℃となる．

1）寒地の稲作環境および生育特性　　ここでは寒地を水稲の生育特性，品種構成，積雪の有無，二毛作の適否などから北海道・東北・北陸・北関東および東山地方とし，

南関東の早期栽培も含まれるとする．この南限は，ほぼN 36°である．寒地を盛岡（N 40°），暖地を福岡（N 33°30′）で代表させ，両地の平均気温の年変化と稲作期間を図9.4に示した．これをもとに，寒地稲作の特徴を以下にあげる．

i) 寒地では低温下で生育が始まる　水稲の移植限界温度は平均気温で13°Cとされており，寒地水稲はこの限界を越えたところで移植される．ほぼ最高気温の25°Cの頃に出穂し，登熟限界の最低気温10°Cまでに収穫される．これに対し，暖

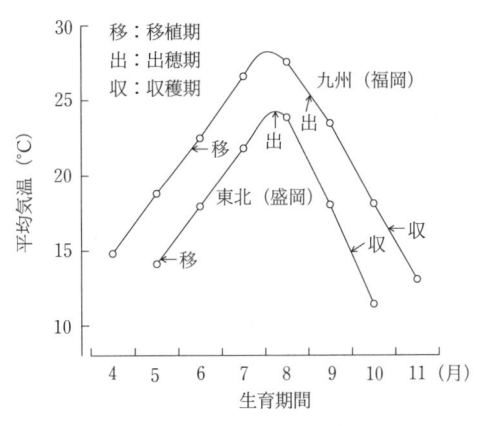

図9.4　平均気温の相移と生育期

地の普通栽培では22°Cと相当気温が高くなってから移植，最高期の28°Cをすぎてから出穂する．収穫期は17°Cでこの期の最低気温は14°Cでかなり高い．両地の温度差は移植期で7°Cで大きいが，出穂・収穫期では2°Cと小さい．

ii) 冷害の危険性が高い　寒地では全体に限界に近い低温下で生育するが，特に穂ばらみ期と登熟後期の低温は収量を著しく低下させ，冷害となることがある．生育前年の低温も出穂を遅らせ，その分発熟後期に低温とあう危険性が高くなる．このため，初期の生育を旺盛にするのが望ましいが，北日本特有の7月中下旬の低温期を不稔発生の危険性の高い減数分裂期（出穂15～10日前）が重ならないような作期設定が必要である．

暖地では，台風による障害はあるが，適作期の幅が広いので回避は可能である．

iii) 寒地の稲体の養分含有率は高い　低温下の短い期間で生産効率を上げるため，小づくりで もみ/わら比が高い品種が育成・選抜され，このような品種では表9.5に示すように茎葉中の養分含有率は高く経過する．一方，生産量が少ないためもあって養分吸収量は暖地に比べ初期に少なく後期に多い．窒素の例を図9.5に模式的に示した．

また，寒地では栄養生長期（移植～最高分げつ期）と生殖生長期（幼穂形成期）が連続もしくは重複するが，暖地での両期の間に休止期（ラグ期）が存在する．

表9.5　多収水稲の栄養状況（%）

養分	生育期	地域 収量	東北 850	九州 750
窒素	幼 形		2.0	1.6～1.7
	出 穂		1.5	1.2～1.3
	収 穫		0.6～0.7	0.8
リン酸	幼 形		0.7～0.8	0.62
	出 穂		0.6	0.48
	収 穫		0.25～0.3	0.22

収量限界向上に関する研究（1971）より

iv) 寒地土壌は有機物含量が高く，また火山灰土壌が多い　寒地は年間を通じて温度が低く，特に冬期は積雪下にあり，土壌有機物の分解は抑制される．この結果，暖

地に比べ有機物は集積の方向にあり，稲作期間に分解供給される窒素は多い．

一方，寒地の東日本では火山灰の影響を受けた土壌が広く分布し，リン酸の供給量は低く，施肥リン酸も不可給化しやすい．また，火山灰土壌では透水性が過良で漏水田が多い．

2) 寒地稲作における施肥上の問題点と特徴

i) 土壌からの養分供給は秋まさり的である
土壌から供給される窒素——地力窒素は，土壌中の有機物が土壌微生物によって分解された無機態の窒素である．微生物活性は温度に依存するので無機化量は，地温の低い移植期では少なく，気温が上るにつれて多くなって出穂後も続く．これに対し，暖地では移植期にはすでに温度が高く窒素無機化量も多い．一方，出穂後は温度が低下するので，無機化量は少なくなる．

リン酸やケイ酸も地温の上昇，還元の進行によって可給化するので，寒地では暖地に比べこれら養分の供給時期は遅くなる．

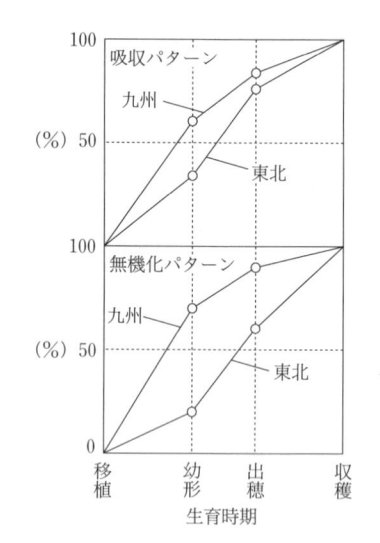

図9.5 イネの窒素吸収パターンと土壌窒素の無機化パターン（模式図）

ii) 土壌中の養分含量を高く維持する必要がある　低温下では根系の活性は低いので，稲体の必要とする養分を供給するためには，土壌中の養分濃度を高める必要がある．さらに寒地水稲の養分吸収は後期まで続くので，養分の供給を持続させる手段が必要となる．

iii) 穂ばらみ期の窒素の過剰吸収は不稔を発生させる　北日本では7月中下旬に低温となることがあり，この期に穂ばらみとなった水稲に著しい不稔が発生する．不稔は稲体の窒素含量と高い相関があり，穂ばらみ期の窒素の過剰な吸収は避けなければならない．

以上のことから寒地の施肥法には以下の特徴がある．

イ) 窒　素　初期生育の促進が重要な一方，土壌からの窒素供給が少ないので初期生育を支配する基肥の割合が高くなる．図9.6に示すように，全施肥量に対する基肥の割合は北ほど高く，南ほど追肥の割合が高くまた回数も多くなっている．北海道では全量基肥が原則で追肥は少ない．寒地では生育中後期に土壌から窒素が供給されるので，追肥の必要性は少ないが，現在は倒伏しやすい良質米の作付が多いので基肥を減らし，生育状況を判断（栄養診断）して必要量だけ施す方式が定着しつつあり，追肥の割合，回数は増えている．

ロ) リン酸　リン酸はほとんどすべての炭素代謝，エネルギー代謝に関係し，欠乏は初期の生育に現れやすい．初期生育の促進が必要な寒地では特に初期の施用——苗箱施用，基肥多用など——が効果的で，全量基肥が一般的である．すでに述べたように，東日本に多い火山灰土壌で施用量が多い．火山灰土壌では通常の施肥のほかに土壌

9.4 作物ごとの施肥

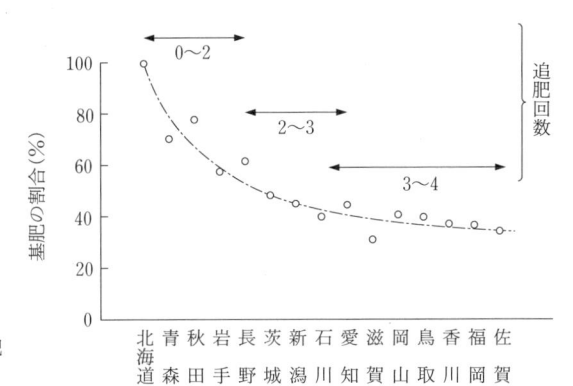

図 9.6 全窒素施肥量に対する基肥の割合と追肥回数(1983年)

改良材として熔リンなどを施用することがある．

水田の地温が上昇すると土壌からのリン酸供給が多くなるので，通常リン酸肥料の追肥は行われない．施用したリン酸の過半は吸収されず土壌に残留する．そのため施肥リン酸は年々集積して土壌中の可給態リン酸は目標値を相当上まわっている．このような水田では北海道でも平年ならば無リン酸でも平年水準の収穫が可能である．

ハ）カリ　カリは生育の全期間を通じて吸収され，根の活性に大きく支配される．したがってカリ保持能の低い土壌や湿田など根の活性が低下しやすい水田では，追肥の効果が認められている．北海道や北東北を除けば，窒素とともに成分でほぼ同量追肥される場合が多い．

ニ）有機物など　生育・収量・環境などの面から，有機物の補給は堆肥が望ましいが，営農の現況からは稲わらすき込みが多い．従来から寒地ではタブーとされてきたが，秋のすき込みや連用により安定化することが認められ，北海道でも実施されている．

3）現行の施肥法　農家が行っている施肥は，各県が試験結果に基づいて策定した品種・地帯・土壌・作期ごとの施肥基準によっている．これは品種の交替などによって改訂されるが，生産調整下の現在，収量よりも食味を重視して，品種が選ばれ，施肥法が決められている．現行の良食味品種は倒伏しやすく，また窒素の多用は食味を低下させるので全体として少肥傾向にある．

水稲は生育のほぼ全期にわたって養分を吸収するが，窒素の場合，生育時期ごとに期待される吸収量がほぼ決まっている．現在，施肥法はこの窒素吸収パターンと土壌窒素の供給（無機化）パターンに基づいて組立てられている．窒素吸収パターン，土壌窒素の無機化パターンは温度に支配されるので，図 9.5 に示すように寒地と暖地では著しく異なり，これが施肥法の差の原因となっている．

表 9.6 に寒地各県の施肥基準のうち，いくつかの県の平坦地の沖積土壌で良食味品種栽培の場合を掲げた．

すでに述べたように，寒地では基肥への配分が多く，北海道では全量基肥を原則としており，後述する分施を含めても追肥は 25 % 以下である．秋田以南では移植後1週間以内に"活着肥""つなぎ肥"とされる表層施肥が行われている．これは関東や福井で

表9.6 現行の施肥基準の例 (kg/10 a)

県名	窒素					リン酸	カリ	
	基肥	早期追肥	中間追肥	穂肥(1)	穂肥(2)	基肥	基肥	追肥
北海道	8~9			(-10~-20)(2.0)		9	9	
岩手	5			2		10	8	2
秋田	5~7			2*1	2*2	5~7	5~7	4
山形	4	2*3		1.5	1.5	6+2*3	6+2*3	2~3
新潟	3~4	(1.5)	(-32) 0.8	(-18~15) 1.5	(-10) 1.5	7	6	2
富山	3~4	1.5		(-18) 1.5	(-10) 1.5	7~8	6~8	4
茨城	4~5				2~3*2	8	8	2~3
福岡	3.5	1.5		(-18~15) 1.0~1.5	(-10) 1.5			

(各県, 沖積・平坦) *1幼形期, *2傾, *3活初期. ( ) 内は出穂前日数.

はやや遅くなって茎肥として中間施肥がなされる場合もある．これらは効果の上では，基肥と同様であるが，表面施肥なので生育促進効果が期待される．

代表的な追肥である穂肥は，幼穂形成期を目途としてきたが，この期の追肥は節間伸長により倒伏するおそれがある．そこで，これよりやや遅い出穂前 20 日頃から出穂期にかけ 1~2 回，追肥する方式が多い．出穂後の実肥は登熟性向上の効果が認められているが，食味を低下させるおそれがあるため，現在ではあまり行われていない．

窒素施用量は寒地では 7~12 kg/10 a，平均 10 kg/10 a でほぼ全国なみ，一般に乾田や砂質土で多く，グライ土や粘質土で少ない．基準との差は 1~2 kg である．多収品種の場合も 1~2 kg 多くなっている．

リン酸は原則基肥で 8~12 kg/10 a で火山灰土では 15 kg/10 a の場合もある．

カリは全量で 10~12 kg，この中から窒素とほぼ同量が追肥にまわる．

従来，寒地水稲の施肥は初期生育促進のため基肥重点であったが，上述のように現行は相当量の追肥が行われている．これは現在の稲作をとりまく状況にもよるが，追肥への着目は昭和 30 年代の畑苗代の普及に始まる．畑苗代は苗質の向上をもたらし，従来の基肥量では過繁茂となって登熟性の低下を招くようになった．そこで基肥を減らして過繁茂を防ぐと同時に，幼形期から積極的に追肥する後期重点追肥法が国公立の農試ばかりでなく農家の間でも検討された．この頃の収量水準の向上もこの開発を促がした．昭和 40 年代にはこれらが，それぞれ独自な技術として普及した．

昭和 46 年から始まった生産調節，良食味米，環境負荷などの問題への対応は，この施肥法の延長上で解決されることが多かった．4) においてこれらの施肥法を紹介する．

4) 寒地で特徴的な施肥法

i) **全量基肥** 初期生育促進に必要な移植時の土壌中の養分濃度を高めるため，全量を基肥で施用するもので，一部を表層に施すと効果的である．生育中期以降の養分

は，地温の上昇に伴って増加する土壌からの供給に期待する．北海道では現在でも一般的で，北東北でもみられる．経営面積が大きい場合は省力的な意味もある．

ii) 分施方式　基肥の一部を不稔発生の危険がなくなったと判断した時点で施用する方式で，昭和30年代に北海道で開発され，現在でも基本技術となっている．具体的には，標準量の15～20％を残しておき，減数分裂期に低温がこないと判断できたらできるだけ早く残りを施用する．

iii) 止葉期追肥　モミ数がほぼ確定し，不稔発生の危険期である減数分裂期に相当する止葉展開期に行う，出穂後の窒素栄養を確保するための追肥で，相当量を施用しても減収しない．北農試が昭和40年代に開発した．当時，全国的にも後期栄養のため穂肥（幼穂形成期追肥）以降の追肥が検討され，モミ数や草姿には影響せず登熟歩合，千粒重増加のための実肥の効果が確認され，実用化されていた．止葉期追肥は実肥の一種と位置づけられるが，現在では二度目の穂肥として施用されている場合が多い．

iv) 漸増追肥　水稲の吸収パターンに合せ必要な量を少しずつ追肥する方式で，北農試が昭和40年代に多収技術として開発した．北海道では実用化されなかったが，府県の多数回追肥体系の基礎的な知見となっている．

v) 深層追肥　基肥を少肥とし，大部分を出穂35日前を目途に緩効性肥料を作土の深部に施用するもので，昭和30年代に青森県で開発された．初期には団子肥料を足で踏み込んでいたが，現在では機械化されている．近年では青森県のほか各地で実施されている．

vi) 区分施肥法と施肥配分方式　山形県で750 kg/10 aを目標とし，生育期を出穂40～35日前と止葉抽出期を目途に初・中・後期に区分し，それぞれに施肥するものである．基肥は4～6 kg/10 aと少量とし，穂首分化期につなぎ肥，減数分裂期と穂揃期に追肥，必要に応じ早期追肥，実肥も施こす．1回の追肥量は2 kg/10 aを越えないとしている．

長野県では700 kg水準のために，基肥と追肥を1：1とする"施肥配分方式"を開発した．基肥を4～8 kgとし，もみ数確保と登熟向上のためほぼ同量を出穂前25～18日前に施用し，必要があれば実肥も施す．これらは形をかえて現行の施肥に受け継がれている．

vii) 側条施肥　田植機に施肥装置を取り付け，施肥・田植を同時に行うもので，施肥位置が苗条の片側に条肥されるのでこの名がある．苗近くの土中に局所的に施用されるので，初期生育が促進され寒地向きの技術として昭和60年代に東北地方を中心に普及した．当初は肥切れが早いなどの問題はあったが，追肥体系が策定され定着した．養分の流出が少ないので環境保全的技術として暖地にも普及している．

viii) 緩効性肥料による一回施肥　多回追肥をベースとする施肥法は労力の面で限界があり，緩効性肥料によって回数の削減が図られている．その一つとして全量基肥方式が各地で検討され，試行的には確立しているが，冷害対策ができず，普及は限られている．これは水稲の窒素吸収パターンと地力窒素の発現パターンの差に相当する溶出パターンをもつタイプを選び，全層施肥とする．寒地では初期生育促進のために速効性肥料が併用されている．

なお，3），4)については1990年代半ばについて述べているが，現在でも基本的には同様である．　　　　　　　　　　　　　　　　　　　　　　　　　　〔関矢信一郎〕

b．暖　地

1）窒素施肥体系の変遷　暖地での水稲栽培の特徴は，年間を通じ温暖であることから，3～4月の移植による早期栽培から，普通期および7月移植の晩期栽培まで幅広い作期をとることができ，地域ごとに土地利用や水利慣行などにより特徴的な栽培が行われることである．したがって，それぞれの栽培に応じた生育と養分吸収の特性があり，それらに対応する多様な施肥管理が行われている．近年，需要が良食味米に移行したことから，暖地においても良食味米の作付が増加している．早期水稲や早植水稲の栽培は，中山間部と台風被害のでやすい沿海部で主に行われ，平坦部では普通期水稲が主体である．晩期水稲の栽培はイグサ跡で行われ，特定の地方に限られる．以下，特に断らない限り普通期水稲が対象である．

暖地の代表的な稲作地帯における普及品種および施肥基準量の変遷を表9.7に掲げた．暖地水稲の収量水準と窒素施肥は，この半世紀の間に大きい変遷を遂げている．

表9.7　佐賀県の平坦部細粒質水田における水稲施肥基準の変遷

年　代	基準収量 (t/ha)	三要素量 (kg/ha)			窒素施肥配分（％）			
		N	P_2O_5	K_2O	基肥	中間追肥	穂肥	実肥
1953以前	4.2～4.8	65.7-71.3	37.5-45	37.5-67.5	50	30	20	—
1960年[1]	5.4	85	45	70	50	30	20	—
1964年	6.0	120	70	110	40	20	40	—
1968年[2]	6.6	140	80	120	40	15	35	10
1992年[3]	6.3	126	80	110	35	20	45	—
1992年[4]	5.8	105	80	100	35	20	45	—

注）主要品種：[1]ホウヨク，コクマサリなど，[2]ツクシバレ，レイホウなど，[3]レイホウ，[4]ヒノヒカリ

第1期は化学肥料不足が解消され，肥料の施用量が急増する1950年代の初頭までである．肥料の施用量および収量水準とも現在に比べ格段に低い．この時代まで，窒素は基肥に重点的に施用され，穂肥には総施用量の10～20％以内とするのが慣行であったが，この施肥配分では，施肥量をふやすと稈の伸長，倒伏や稔実不良をきたすため，窒素量の水準を高めることができなかった．

第2期には1960年頃に暖地で短稈，穂数型の倒伏に強い品種が出現し，同時に，窒素の後期重点施肥技術が確立され，収量水準の頭打ちが解消された．この技術は，基肥の窒素量を減らし過剰な分げつや稈の伸びを抑え，その上で，穂肥の施用量を慣行の約2倍として，面積あたりの着生モミ数の増加と稔実をよくすることにより単収（単位面積あたり収量）の向上と安定をもたらした．さらに実肥の追加が行われ，窒素施肥配分では穂肥期以後の量が総施用量の約半分を占め，施用する全体量が増加した．

第3期の1990年代になって，品質が重視され，栽培の動向としては，まず，外観品

質の改善が，つづいて良食味品種への移行が急激に進んだ．この時期になって施肥体系にも大きい変化が生じた．すなわち，食味低下に関係する米粒のタンパク質含有量の上昇を抑えるため実肥の施用が省略され，そのため従前から使用されてきた品種でも総施用窒素量は約 10 ％減少した．暖地向きとして普及している良食味品種の一つヒノヒカリでは倒伏に対する耐性の小さいこともあり，目標とする基準収量が約 10 ％減になり，窒素の施用量は多収品種に比べ約 20 ％も減少した．ヒノヒカリの施肥体系についてみると，収量水準の高い地域における全体の窒素施用量は 100 から 110 kg であり，基肥と中間追肥は全体量の 50 ％以上になった．なお，施肥体系の中に中間追肥が必ず組み込まれるとは限らず，その窒素量を基肥として施用する地方も多い．穂肥は，かつては出穂期の 23〜24 日前と 10〜15 日前に施用してきたが，品種が倒伏にやや弱いものに変化したことから第 1 回を出穂期前の 15〜20 日頃に遅らせ施用している．第 3 期には水稲成苗移植栽培から稚苗および中苗の機械移植栽培へと変化しているが，施肥体系の基本は共通である．

普通期水稲は温暖な時期に移植するため，初期生育は順調に進行する．しかし茎数や穂数は寒冷地ほどに増えない．前出（p.445 表 9.5）のように暖地で高収の出にくい理由として，現在栽培されている品種では，収量構成上，面積あたりのもみ数を多く確保しにくく，また養分利用面からみて，単位重量の窒素吸収量に対するもみ着生数の効率が低い特徴などをあげることができる．かつて，多収の条件解析において，暖地では最高分げつ期から幼穂形成期にかけて養分吸収の停滞するラグ期（栄養成長停滞期）の存在と，収量向上のためラグ期の養分吸収をいかに制御するかが論議されたが，それが普及技術に反映するにはいたらなかった．暖地水稲の多収と施肥に関しては超多収品種の出現が新しい展望を開くことになった．ジャポニカ種とインディカ種との交雑によって育成された超多収品種では，穂数，単位面積あたりのもみ着生数とも多く，一般に普及している品種の単収を 20 ％以上も上回る高収例が得られている．ただし，超多収品種は，食味，耐病性などの特性が十分に備わっていないため，特殊用途向けに小規模でしか栽培されていないが，将来，実用に耐えうる品種に改良されることを期待したい．

最近，地域・土壌型別の窒素の施肥基準量を地力窒素の発現予測と関連づけて求めることが試みられており土壌および栄養診断の活用がより拡がるものとして期待される．

2) **リン酸，カリ，ケイ酸**　普通期水稲では生育および収量に対するリン酸施用効果は，寒地ほどに明瞭に発現しない．その理由は，移植期の温度が高く，土壌の還元状態が比較的に速やかに進み，土壌リン酸が可給化されることと，水稲体のリン酸含有率が低い水準にあっても温度が高まると乾物生産つまり生育量が抑制されにくいことによる．早期水稲は，生育の初期に低温条件にあるため，リン酸の施肥効果が普通期水稲の場合とちがってより明瞭にでる．

水稲と麦の二毛作田で表作，裏作ともリン酸を施用せずに栽培を継続し，土壌リン酸が枯渇した段階でリン酸の施肥効果が発現するようになる．リン酸を長期施用しない水田の作土では，有機物が消耗し固結しやすくなる．リン酸施用は有機物含量を維持する副次的効果をもつ．リン酸は，通常 ha あたり 70 ないし 90 kg 程度施用され，火山灰水田でのリン酸施用量は，非火山灰のそれの 50 ％くらい多めとしており，主に基肥施

用である.

カリを施用せずに長期間栽培を続けると，砂質土や砂壌土からなる水田では，欠乏による収量低下が認められるようになる．暖地水稲でカリが不足すると稔実が不良になり，出穂期以後，日照の少ない年に減収割合が高くなる．また，暖地に発生する水稲の青枯れ症は幼穂形成期から出穂期にかけてカリ吸収の少ないときに発生するといわれる．総施用量は ha あたりで 90～140 kg の範囲であり，高収量地帯で多く施用される傾向にあり，基肥に 50～60％．残りを穂肥までの追肥として施用する．

ケイ酸不足による水稲の障害は，暖地においても 1930 年代から知られており，ケイ酸供給源として堆肥の重要性が明らかにされていた．ケイ酸供給資材として製鋼鉱さい（滓）の一種であるケイ鉄の利用技術が開発されたのは 1950 年代である．暖地にはケイ酸の不足しやすい花こう岩質など中粗粒土の分布面積がかなり大きいので，ケイ酸資材を継続して施用する重要性は高い．施用基準はケイ酸カルシウムで ha あたり 1～2 t である．

3） 移植水稲の省力施肥　1980 年代頃から稚苗移植と施肥を同時に行う側条施肥田植機が普及しはじめ，水稲の養分吸収時期の調整と利用率向上，河川に流出する養分を減らす有効な対策として注目されるようになった．普通期水稲では活着直後の生育促進は収量向上にとって特に必要としないので，脱窒量を減らして利用率を向上することと，省力が主な効果として期待される．側条施肥の場合の基肥量は慣行の全面全層施肥に比べ 20～40％減が適量である．側条施肥における追肥の時期や量は慣行施肥に準ずるので，基肥と追肥を含めた全体の窒素量は慣行施肥に対し肥沃地で 20％減，肥沃度の低い水田で 10％くらい減量できる．暖地では苗株の側条 3 cm に施用すると窒素吸収が早期に進んで分げつ期の後半まで肥効が持続せず，中間追肥を施用せざるを得なくなることもあり，施肥位置を苗株から 5 cm 以上はなして吸収を遅らせる工夫もなされている．同じ理由から速効性の化成肥料に代えて緩効性肥料を用いる傾向がある．側条の基肥と同時に追肥分を条間に深層施用する二段施肥については試験段階にある．

全面全層施肥の場合，被覆肥料を用いて基肥のみを施用し，それ以後の追肥を省略する全量基肥施用技術が次第に拡大している．普通期水稲では溶出期間が 100～140 日タイプの直線型とシグモイド型との組合せ，一部，速効性窒素を配合したものが用いられている．早期水稲では溶出期間が 60～100 日タイプの組合せになる．被覆肥料は利用率が高まるので，速効性と同量の窒素を施用すると吸収量が多くなり，低温や日照不足の年には窒素過多の弊害がでるおそれがある．被覆肥料による基肥全量施肥では窒素量を慣行分施体系の場合より，10～20％減とするのが安全である．食味およびその関連要素は基肥に被覆窒素の全部を投与しても慣行分施と同等と判定されている．被覆肥料の新しい使い方として，育苗箱全量基肥施肥方式が広く関心を呼んでいる．育苗箱に本田に施用すべき窒素を被覆肥料として混合し，水稲の育苗を行い，機械移植時に肥料を保持した苗株を植え込むもので，本田では基肥，追肥とも省略できる．育苗期が低温条件である早期栽培では，育苗期，本田生育とも支障なく実用化できる見込みである．

4） 田畑輪換および高度利用と水稲施肥　水稲・麦の二毛作で水稲の施肥は単作と同じである．前作として野菜類が栽培された跡地の水稲栽培では窒素施用量の調節が必

要である．秋冬作の野菜との組み合わせでみると，施肥量の少ないレタス跡に倒伏しやすい極早生品種を栽培する際の基肥窒素量は水稲跡の約20％減としており，施肥量の多いキャベツ，タマネギ跡に栽培する普通期水稲の基肥は50〜100％減とする．

　田畑輪換や，3〜4年のうち1年だけ畑作物を組み込むブロックローテーションでも水稲の施肥量調整が必要である．ダイズームギー水稲の体系ではダイズ跡の土壌に残存した無機態窒素や作物残渣などの易分解性窒素は主に冬作のムギに吸収されるので，水稲に吸収される窒素は少ない．ダイズームギ3年連続跡の初年目水稲の栽培においては基肥の窒素施用量は通常より20〜30％減とし，2年目の水稲作では通常の施肥量にもどしてよい．ダイズ跡の水稲に地力窒素の発現の影響が少ない点は寒冷地と異なる特徴である．輪換畑で化学肥料および堆きゅう肥を多く施用するネギ，サトイモなどの跡地に栽培する水稲初年目の場合，窒素は基肥を全量削減あるいは半減し，穂肥も通常より控えめに施用する．

　5）有機物施用と施肥　　暖地の水稲単作地帯での窒素の天然供給量はhaあたり約60kgである．収穫される稲わら全体を堆肥化して水田に還元すると約90kgの供給力が維持できる．暖地では，稲わらを連年施用することにより，水稲の生育期後半の窒素吸収が改善され，収量でも堆肥施用に匹敵する効果を期待できる．土壌有機物含量を維持する点でも堆肥施用に準ずる効果がある．堆肥や稲わらを連用して窒素肥よく度が高まると，化学肥料として施用される窒素を減量しなければならない．稲わらのすき込み時期は，寒地とこなとり春あるいは移植期直前でも支障がない．秋に稲わら，夏に麦稈の全量を連続してすき込むと，有機物過多になって水稲に障害の出るおそれがあり，いずれか一方の施用とするのが安全である．

　6）直播栽培
　i）乾田直播栽培　　代かきを省略し，入水期まで約1か月の非湛水期間があるため，速効性の窒素であると，基肥の溶脱，脱窒がはげしく，基肥窒素の肥効を分げつ盛期まで安定的に維持することは困難である．また一方で，代かきを省略するため地力窒素の放出量が少なくなるので，肥沃な圃場でないと生育や収量を維持できないといわれてきた．速効性窒素の施用体系では，基肥を総施用量の0〜20％に抑え，入水期以後の追肥に重点をおく．乾田直播の施肥回数は，基肥に加え入水期から穂肥まで5〜6回くらいになり，移植栽培に比べ1〜2回多い．窒素の肥効と水稲生育・収量の安定性からみて，この栽培様式は，減水深の小さい水田に適し，暖地では平坦で地下水位の制御できる干拓地がその条件を備えている．目標収量を稚苗移植栽培と同じ水準とするなら，乾田直播栽培での窒素の総施用量は，稚苗栽培に比べ20％以上の増肥を要する．乾田期間の硝酸化成作用を抑制して窒素の肥効を高めるとともに，雑草の抑制も兼ね石灰窒素利用による不耕起乾直播栽培が岡山県下で普及した．

　乾田直播栽培では，速効性窒素の利用率を高めることはむずかしく，被覆肥料のように水稲の生育時期に合わせて窒素放出のできるものが出現して，乾田直播の技術的な隘路であった窒素肥効や生育，収量の不安定が改善されるようになった．被覆肥料の利用では速効性を用いず，全面施用してもよいが，播種溝施用のような局所施肥で吸収効率が高まり，生育，収量が安定する．

リン酸に関しては，移植田に比べ還元状態の進み方が抑えられるため，可給化するリン酸量が少ない．リン酸固定の進みやすい火山灰土ではリン酸肥料の増肥が必要とされている．

ii) 湛水直播栽培 湛水土壌中直播，散播方式などがとられるが，過酸化カルシウム粉衣種子を用い，出芽率を高めている．表面散播だと倒伏に弱いため種子を土中に埋め込む条播や代かき同時播種方式が開発されている．施肥管理は稚苗移植栽培に準ずる体系をとるが，倒伏に対する抵抗が弱いため，稈の伸長，倒伏を避けるため基肥と中間追肥は稚苗移植栽培より控えめとする．乾田直播と同様に，被覆肥料による全量基肥方式が適用でき，追肥も省略できる．近年，スクミリンゴカイの被害が多く，普及の妨げになっている．

7) 早期栽培 暖地の早期栽培は，台風のような自然災害を回避する栽培様式として普及してきた．最近では食味のよい新米を早期に出荷できる特徴をいかして，作期が早まる傾向にあり，従来，普通期水稲が栽培されていた平坦部にも普及している．コシヒカリやそれと似た栽培特性をもつ品種が主力であるため，施肥量は普通期水稲に比べ少ない．目標収量を ha あたり 5 t 弱として，基肥窒素は約 40 kg，追肥が穂肥の 2 回施用の合計で約 40 kg である．倒伏に弱い特徴を施肥のみで制御することはむずかしく，分げつ期の間断灌水がとられる． 〔吉野　喬〕

9.4.2 普通畑作物
a. 陸稲（オカボ），ムギ類

イネとムギに共通する栄養特性として，子実収量が出穂後の光合成量に大きく依存するという点がきわめて重要である．そのため，目標収量に見合った粒数を確保すると同時に，過繁茂や倒伏を防止し，登熟期間中の根活性と光合成能を高く維持するような養水分管理を行うことが安定多収の必要条件となる．

1) 陸　稲 陸稲（オカボ）は耐乾性の強いイネ品種群であるが，普通畑作物の中では最も干ばつに弱く，降水分布や土壌の保水力に恵まれた北関東と南九州の畑作地帯を中心に作付されている．陸稲の平年単収は水稲の 50 %程度にすぎないが，クリーニングクロップとしての役割は重要であり，また灌漑施設の整備と品種改良により大幅な増収も期待される．ムギ間作，野菜後の早期栽培，灌水栽培（陸稲品種，水稲品種）など多くの栽培様式がある．

陸稲栽培では，水稲に比較して低収量の割には三要素とも施肥量が多い．その理由は，畑条件では一般に水田条件よりも養分の天然供給量が少なく，施肥養分の流亡や固定が起こりやすく，また水分ストレス下では作物体に吸収された養分の子実生産効率が低いことなどによる．

窒素の施肥法は追肥重点型であるが（表 9.8），これは基肥窒素が硝酸化成を受けて根域外に流失し，吸収率が低いためである．無灌水栽培では例年のように干害が発生するので，根を深く張らせることが肝要である．そのために深耕と疎植を行い，密植と生育後期の窒素追肥は干ばつを助長するので避ける．ムギ間作の窒素基肥はムギの若返りを防止するため 20～30 %にとどめ，残りはムギ刈取り 1 週間前に施すが，もしそれが

できない場合には刈取り後1週間以内に施す．早期栽培ではやや増肥するが，野菜後などでは残存養分量に応じて減肥する．マルチ栽培では窒素の流亡が少なく吸収率が高いので，全量基肥とし，かつ30％程度減肥する．

表9.8 陸稲の標準的施肥例（茨城県火山灰土，kg/10a）

栽培型	目標収量	N			P_2O_5	K_2O		堆肥
		基肥	追肥1	追肥2	基肥	基肥	追肥2	基肥
無灌水栽培	300	4～5	3	0	10	10	0	500
灌水栽培，陸稲	350	5	5	4	10	8	4	1000
灌水栽培，水稲	400	6	6	4	10	8	4	1000

注）追肥1は5～6葉期，追肥2は幼穂形成期．

　リン酸とカリは一般に全量基肥でよいが，カリは倒伏や病害に対する抵抗力を高め，登熟を向上させることを目的に，幼穂形成期以降に窒素と同時に追肥することも多い．

　陸稲は土壌pH 5.5付近の弱酸性を好み，リン酸の吸収力は強いが，鉄やマンガンを溶解・吸収する能力は弱い．pHが高いと鉄欠乏症（特に生育初期）やマンガン欠乏症（生育中後期）が発生しやすくなり，また過湿は鉄欠乏症を助長する．これらの欠乏症の予防には，圃場の排水，最適pHの低い前作物の選択，石灰施用の抑制，酸性肥料の使用，および堆肥施用が有効である．開墾地ではpHがやや高くても陸稲がよく生育するのは，多量の有機物の分解により鉄やマンガンが還元されて可給化するためと考えられている．

　イネは畑条件では体内窒素濃度が高まり，耐倒伏性が低下し，いもち病や紋枯病に罹りやすくなる．これに対し，ケイ酸は稲体を強剛にし，耐倒伏性と病害虫抵抗性を高めるので，ケイ酸資材の施用が有効な場合もある．

2) ムギ類　ムギ類は耐湿性が弱いので，排水のよい圃場を整備することが栽培の前提条件となる．ムギ類に対する三要素の天然供給率はいずれも水稲の場合より低く，また陸稲と比較してもリン酸の天然供給率が低い．ムギの栄養生長が行われる低温の時期には有機物の分解が遅く，土壌からの養分放出が停滞するばかりでなく，根のリン酸吸収が低温により強く抑制されるので，これを補う肥料の施用効果が大きい．「イネは地力で取り，ムギは肥料で取る」という格言のとおり，ムギ作における施肥の役割は重要である．

　長稈品種が栽培されていた時代には，窒素追肥は倒伏を招くのでタブーであった．近年，耐肥性の短強稈品種が育成されるに伴い，窒素追肥量が増加する傾向にある．施肥法はこのような品種の栄養特性ばかりでなく，目標収量，気候条件，土壌条件，肥料特性，機械化体系，あるいは環境保全などとの最適組み合わせの中で決められるので，他の技術要素が変化した場合には見直しを行い，改変されるべきものである．同種のムギに対する施肥法が栽培地や播種法によって異なるのはこのためである．

i) オオムギ　わが国では六条オオムギ（皮麦），ハダカムギ，二条オオムギ（ビールムギ）の3種が栽培されている．これらのうち耐寒・耐雪性の最も強い六条オオム

ギは主として北陸に，熟期が早くて二〜三毛作に有利なハダカムギは四国瀬戸内を中心に，耐寒性が最も弱くて熟期がややおそいが裏作に適する二条オオムギは主として北関東と北九州において栽培されている．北海道の二条オオムギは越冬できないため春まき栽培である．

オオムギはムギ類の中で最も耐湿性と耐酸性が弱いので，排水と酸度矯正（pH 6〜7）に特に注意すべきである．土壌が酸性化すると根張りや根毛の発達が悪くなり，マグネシウムの吸収が阻害される．一方，石灰の過用はマンガンやホウ素の欠乏を誘発する．マンガン欠乏症は気温の上昇に伴い地上部の生長が急速に進むにもかかわらず地温がまだ低い春期に発生しやすい．排水不良などにより根が活力を失った後で高温多照乾燥にさらされると急性のカリ欠乏症"枯熟れ"が多発する．

六条オオムギとハダカムギは子実 100 kg の生産に対し約 2.9 kg の窒素を吸収し，その生育時期別要求も類似しているので，気候と土壌が同じであれば同様の窒素施肥法を適用することができる．しかし，北陸の六条オオムギの場合には，多量の窒素を数回に分けて追肥する点で少雪地域とは異なる非常に特殊な施肥法が行われている（表 9.9）．地下水位が高く，秋雨と降雪の多い地域では，ムギの根は浅く，窒素の硝化・流亡と脱窒が著しいため，絶えず窒素を補給しなければムギは窒素欠乏を起こすからである．このような圃場での窒素施肥効率を改善するためには肥効調節型被覆肥料などの活用が考えられる．止葉期の窒素追肥は登熟期の光合成能を積極的に高める増収法であり，倒伏がなければ 1 穂粒数と千粒重を増加させる．

二条オオムギの場合は，モルト用として低タンパクの子実が求められているので，生育後期の窒素追肥は行わない．

ドリル播では肥料が種子の直下か側下方の近い位置に施されるので，肥料と根の接触が早く，基肥の利用率が高い．これに対し，全面全層播では肥料が広く分散して薄まってしまうために基肥量をドリル播の場合より 10〜50 ％増加するのが一般的である．

ii) コムギ コムギは，オオムギに比べて耐寒性の強い品種があるので，北海道

表 9.9 ドリル播栽培オオムギの標準的施肥例（kg/10 a）

| 種類 | 地域土壌等 | 目標収量 | N | | | | P_2O_5 | K_2O | 堆肥または稲わら |
			基肥	追肥 1	追 2	追 3	基肥	基肥	
六条オオムギ	富山県水稲後	400	5〜6	4+2	4	2	10	10	わら〜500
ハダカムギ	香川県砂・壌質	450	6	0	3	0	7	8	—
二条オオムギ	佐賀県平坦地	400	6	4	0	0	8	10	—
二条オオムギ	栃木県水田裏作	400	6	0	0	0	13	11	堆肥 800

注）追肥 1 は分げつ期，追肥 2 は幼穂形成期，追肥 3 は止葉期．
　　堆肥の代わりにわらを施用する場合は基肥 N を 1〜2 kg 増量する．

の一部で春まきされるほかは全国的に秋まき栽培されている．ただし熟期がおそいため寒冷地での二毛作には制限がきびしくなる．コムギの養分要求量はオオムギよりやや多いが，出穂期までの養分吸収パタンが似ていることから，一般的には六条オオムギやハダカムギと同様の施肥指導が行われている．一方，コムギの場合には子実のタンパク含有率を実需者の希望する範囲に合わせるために，葉緑素計などを用いた栄養診断により止葉期以降の窒素追肥を調節する試みもなされている．生育期間が非常に短い春まきコムギに対しては，密植・リン酸多施により生育を促進し，窒素は全量基肥とする．

多収栽培の施肥：子実100 kg あたりに吸収する養分量，つまり養分コストは品種特性，収量，気候などによってかなり大きく変動する．春まきのパン用品種では低収量の割に養分吸収量が多い．一方，灌水栽培の多収コムギでは収量に見合って多量の養分を吸収しているが，むだな吸収はなく，一般のコムギよりも養分コストが低い．たとえば，アメリカ・アイダホ州の多収コムギ（11 t/ha）の養分コストは窒素（N）2.37，リン酸（P_2O_5）0.89，カリ（K_2O）2.73，石灰分（CaO）0.54，苦土（MgO）0.39，マンガン（Mn）0.0081，亜鉛（Zn）0.0034，銅（Cu）0.0006（kg/100 kg）であった[1]．多収コムギは10 a あたり 25 kg 前後の窒素を吸収するが，これを従来の標準的な施肥配分にしたがって施用すると発芽傷害，軟弱徒長，冬枯れ，過繁茂，倒伏などが激発して失敗する．多収コムギは生育後期に非常に多量の窒素を要求するので，基肥窒素は従来の1/2 に減らし，翌春の起生期と止葉〜出穂期に追肥する"後期重点窒素施肥法"が適合する（図 9.7）．

多収のためには，適穂数精鋭型の群落をつくり上げることが肝要であり，①短強稈・極穂重型品種の選択，②適期の高精度整地施肥播種（薄播），および③後期重点窒素施肥法の適用が望ましい．理想的には穂数 550 本/m^2，1 穂粒重 1.8 g，稈長 0.9 m 以下を目標にし，繁茂度（＝穂数×稈長）が 600 本/m を超えそうな場合には出穂始期にエスレル散布を行うなどして倒伏を予防する．北海道農試の成績では多収系統"月寒1号"を 9 月 10 日頃，200 粒/m^2 播種，10 a あたり基肥窒素 4 kg，起生期追肥窒素 9

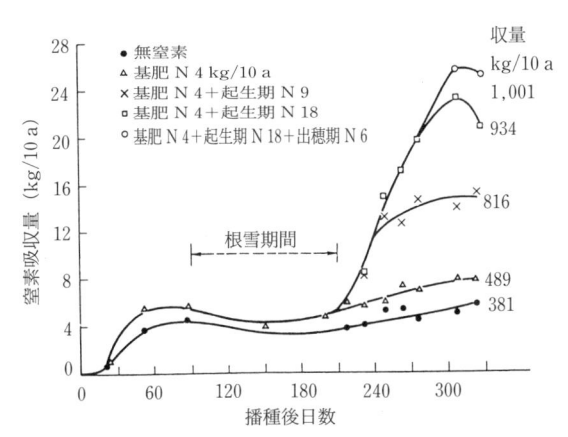

図 9.7 コムギ多収系統の窒素吸収経過と子実収量（北農試，1983）[2] "月寒1号"

kg，止葉期追肥窒素 7～8 kg を施用して 900 kg/10 a 以上の収量を安定的に得ている．密植あるいは多肥でスタートすると生育初期から茎間の競合がはげしくなり，翌春の窒素追肥により倒伏が誘発されるので危険である．

多収栽培の場合には，窒素以外の養分と水に対する需要も大きいので，養水分環境の総合的な改善につとめる必要がある．低収段階では問題にならなかったマンガン，銅などの微量要素や土壌水分の不足している圃場が散見される．灌水施設の整備は収量と養分の利用効率を同時に高める積極的な方策である．適正な養水分管理により多収を得た場合には，畑地からの養分流出はほとんどなく，多収と環境保全とは矛盾しない．

iii) その他のムギ　改良ライムギとライコムギは秋冬～早春期の土壌養水分と太陽エネルギーをよく利用し，土壌侵食や水質汚染を軽減する，また省肥・省農薬での管理に適するので，環境保全型農業において有用な穀物である．またこれらはエンバクとともに飼料，敷き料，緑肥，野菜畑のクリーニングなど多用途に栽培できる．

これらのムギは吸肥力がすぐれているので，子実生産を目的にする場合はコムギより 20％程度減肥し，緑肥生産の場合は基肥として少量の窒素とリン酸を施用するにとどめ，できるだけ前作物の残存養分を吸収させる．　　　　　　　　　　　〔水落勁美〕

文　献

1) Brown, B. D. : Better Crops/Spring, p. 27, 1986.
2) 水落勁美：北海道農業と土壌肥料, 1987.

b.　ジャガイモ，サツマイモ

平成 2 年度の春植えジャガイモの全国作付面積は約 11 万 ha である．このうち北海道が 61％を占め圧倒的に多く，以下，長崎 5％，鹿児島 3％，茨城 2％であり，平均単収も北海道が最も高く（3.8 t/10 a），長崎はその 57％にすぎない．同年度のサツマイモの作付面積は全国で約 6 万 ha，うち鹿児島が 33％を占め，以下，茨城 15％，千葉 13％，宮崎 6％であり，平均単収も鹿児島が高い（2.7 t/10 a）．

このような傾向と地域間格差は，ジャガイモの起源が冷涼なアンデス高地，サツマイモのそれが高温の熱帯アメリカにあることを反映しているようで興味深い．両イモの生産目的は生食用，工業原料用，加工用に大別されるが，ここでは需要の安定している生食用を対象とする．また，作期・作型も多様であるが，生食用を重視し，ジャガイモでは春植え栽培，サツマイモでは早掘りマルチ栽培を対象として記述する．

1)　生育特性　ジャガイモの塊茎は茎の節から伸長したストロンが塊状に肥大したものであり，ストロンの塊茎化率は 50～70％である．この作物は冷涼な気候を好み，生育適温は 15～20℃である．また，長日条件では生育期間が長くなり地上部，地下部とも旺盛に生育し，短日条件では両部の生育が早まり短期間で成熟する．北海道では春先に種イモを植付け 2～3 週間で萌芽するが，その後の昇温，長日化で茎葉と塊茎の生育は旺盛になるのに対し，収穫期頃の短日化で塊茎形成が促進されるので，ジャガイモの生育にとって理想的な環境にあるといえる．ただし，生育期間は品種間差が大きく，生食用で 100～140 日の変異を示し，塊茎の肥大期間も 60～80 日の格差がある．

サツマイモの塊根は根が塊状に肥大したもので，ジャガイモの塊茎とは形態的に異なる．この作物はジャガイモより高温を好み，15℃から35℃の間では高温ほど良好な地上部生育を示し，塊根の肥大適温は20〜30℃とされている．サツマイモは45〜60日間の育苗期間を経て本圃に植付けられる．植付け時期は作型や地域によって異なるが，早掘りマルチ栽培では3月下旬〜5月上旬である．その後の生育は九州と関東で異なり，前者（南方型）は緩やかに，後者（北方型）はそれより速かに進行するといわれているが，この差の原因は不明である．早掘りマルチ栽培の本圃の生育期間はジャガイモとほぼ同等で，塊根の肥大期間は塊茎より約30日長い．

2) 栄養生理特性と施肥管理 北海道で標準的に栽培したジャガイモの地上部乾物重は開花終期頃に最大となり，窒素，カリ吸収量も最大値に近づく．この時期以降の養分供給が過剰であると，茎葉の過繁茂と倒伏で塊茎収量の停滞とデンプン価の低下が生じる．また，塊茎は開花後（塊茎肥大期）に多量の炭素と窒素を集積するが，集積した炭素の大部分はこの時期に同化した炭素に由来するのに対し，窒素は塊茎肥大前の茎葉に蓄積した窒素に依存する比率が高く，この比率は他作物に比べて非常に高い．さらに，開花後に与えた窒素は光合成能を高める葉中Rubiscoに集積せず，もっぱら塊茎に転流するため，塊茎の炭水化物集積にはほとんど影響しないことも指摘されている[1]．したがって，施肥はこれらの点を考慮し基肥重点とすべきで追肥の必要はない．このような条件で塊茎1tを生産するに要する養分量は，3.1〜3.4 kgN，1.1〜1.3 kgP_2O_5，4.8〜9.8 kgK_2Oである．また，生食用の"男爵薯"で目標の収量（3t）とデンプン価（14%）を得るには，約11 kgNの吸収窒素で十分であることも認められている．これらの吸収養分量と北海道施肥標準量（4〜8 kgN，14〜20 kgP_5O_5，10〜12 kgK_2O）を比べると，窒素とカリは前者が相対的に多く肥料のみならず土壌からの供給にも依存するのに対し，リンは肥料からの供給に依存していることがわかる．

関東地方で標準的に栽培したサツマイモの茎葉と塊根の生育・肥大には転換期（植付け後70〜8日で生育中期）があり，落葉数の急増，茎のデンプンと葉の葉緑素の減少が認められ，この現象はそれ以降の塊根の生育に有利に作用するといわれている．多肥，とくに窒素供給が過剰であると，転換点は認められず茎葉の過繁茂（つるぼけ）を招き，塊根は減収するとともに曲根や皮脈，条溝が生じやすくなり品質も低下する．また，生育中期には葉柄の全窒素含有率と塊根重の間に弱い負の相関がある．したがって，サツマイモの収量と品質を向上させるには，植付け後の生育初期に茎葉の生育を増進する目的で窒素供給を多く，転換期以降はそれを少なく制御できる肥培管理が必要である．標準的な栽培法で塊根1tを生産するに要する養分量は，3.4〜3.5 kgN，1.6〜2.0 kgP_2O_5，8.8〜9.0 kgK_2Oであり，いずれもジャガイモよりやや多い．早掘りマルチ栽培の標準的な施肥量は目標収量が10aあたり2t程度の場合，2〜3 kgN，5〜22 kgP_2O_5，6〜10 kgK_2Oである（鹿児島と千葉の事例参照）．窒素やカリ吸収量に比べて施肥量が半減しているのは，マルチ条件で施肥効率の高いことも関与するが，それよりも以下に述べるサツマイモの生理特性に起因する可能性が強い．

サツマイモはその生育期間に3,000℃以上の積算温度が必要とされている．このため，商品化栽培の北限は宮城や新潟といわれていたが，昭和59年に奨励品種となった

"ベニアズマ"は北海道でも2t以上の塊根収量を示し,温暖地と遜色ないことが認められた。Osakiら[2]はこの点にも注目し,北海道でジャガイモとの比較栄養研究を行い興味ある結果を得ているので紹介する。北海道の寒冷気候でサツマイモの生育期間は短くなるが,全乾物重,塊根乾物重ともジャガイモにやや劣るものの高水準にある(表9.10)。この場合の収量対応養分吸収量はサツマイモがジャガイモより少なく,養分利

表9.10 北海道で栽培したジャガイモ(農林1号)とサツマイモ(ベニアズマ)の生育期間,乾物生産量,養分吸収量,収穫指数の比較(Osakiら 1995 より引用,作表)

	生育期間 (日)	乾物重 (g/m^2)		養分吸収量 (g/m^2)[1]			養分吸収量 ($g/g \times 100$)[2]			収穫指数			
		全体	塊茎(根)	N	P	K	N	P	K	乾物	N	P	K
ジャガイモ	174	1,825	1,185	27.3	4.4	37.7	2.3	0.4	3.2	0.65	0.59	0.78	0.70
サツマイモ	105	1,660	1,052	16.9	3.0	24.2	1.6	0.3	2.3	0.63	0.43	0.59	0.30

1) 単位面積あたり吸収量, 2) 塊茎(根)1gあたり吸収量(収量対応養分吸収量と呼ぶ)
注) 植付期(ジャガイモ:5月6日,サツマイモ:6月22日),m²あたり施肥量(ジャガイモ:150 gN, 150 gP_2O_5, 200 gK_2O,サツマイモ:100 gN, 100 gP_2O_5, 100 gK_2O)

用効率の高いことを示している。また,乾物の収穫指数にイモ間差はないが,三要素のそれは明らかにサツマイモで低いこともわかった。このことはサツマイモ塊根の養分要求度がジャガイモ塊茎のそれより弱いことを示すと同時に,サツマイモ地上部の養分濃度が相対的に高く維持されることも示しており,サツマイモが低肥よく度土壌でも高い光合成能を発揮する要因とみなすことができる。さらに,サツマイモは窒素を多量に吸収すると,前記の特性に基づいて葉に集積し,塊根の炭素代謝が攪乱されて大きく減収することも認められている[3]。前述のように窒素の過剰吸収はジャガイモの塊茎生産にも非効率的であるが,その程度はサツマイモで著しく大きく,両イモの本質的な相違といえる。〔下野勝昭〕

文 献
1) Osaki, M., et al.: Soil Sci. Plant Nutr., **39**, 595-603, 1933.
2) Osaki, M., et al.: Soil Sci. Plant Nutr., 1995.
3) Osaki, M., et al.: Soil Sci. Plant Nutr., 1995.

c. マメ類(ダイズ,ショウズ,サイトウほか)

わが国における平成4年度のマメ類作付面積は,ダイズ11.0万 ha,ショウズ5.1万 ha,サイトウ1.8万 ha である。いずれのマメも北海道と東北で作付面積が多く,ダイズでは北海道10%,東北25%,ショウズは北海道58%,東北15%,サイトウは北海道単独で88%を占める。さらに,北海道は他の地域より平均単収も高く,マメ類が基幹畑作物であることを示している。

1) 生育特性 マメ類の主要な生育期は,開花始期,莢実肥大始期,茎葉最大生育期,成熟期に分けることができる。このうち開花始めまでを生産前期,開化始めから

莢実肥大始めまでを中期，それ以降を後期と呼ぶことにする．ダイズ，ショウズの前期の生育は非常に緩慢で，中後期の生育が旺盛であるのに対し，サイトウは前期の生育が比較的旺盛である．いずれのマメも開花始めから茎葉最大生育期までの間は，栄養生長と生殖生長が同時進行するため，両器官で同化産物や養分を巡るはげしい競合が生じる．成熟期までの日数は，北海道の事例によるとダイズ140日前後，ショウズ120日前後，サイトウ（わい性）100日程度である．生育期間の短いサイトウは8月下旬から9月上旬に成熟期に達するため，北海道における秋播きコムギの前作としてバレイショとともに重要な位置を占める．

2) **栄養生理特性** マメ類の単位重量あたり子実生産に要する養分量は，同じ実取り作物であるコムギやトウモロコシより多く，それは窒素とカルシウムで著しい（表9.11）．特に，ダイズの窒素要求量は特異的に多く，10aあたり350kgの子実収量をあげるには，28kgもの窒素が必要である．この数値は品種や環境条件によってやや変動するが，その差にかかわらず成熟期の窒素吸収量とダイズの子実収量の間には，つねに有意な正の相関がある．ショウズ，サイトウでもほぼ同様な関係が認められており，窒素供給

表9.11 北海道の試験例から算出された畑作物の子実生産に要する養分量（桑原，1985より引用）

作物名	必要養分量 (kg/100 kg 乾物)			
	N	P_2O_5	K_2O	CaO
ダイズ	9.4	1.6	5.9	5.0
ショウズ	5.3	1.3	4.5	3.2
サイトウ	4.8	1.3	4.6	5.3
コムギ	4.0	1.4	4.4	0.7
トウモロコシ	2.7	1.2	3.9	0.9

出典：農業技術体系（土壌施肥編6），農文協，1985．

態勢の良否が，マメ類の子実生産を支配する一大要因であるといっても過言ではない．
マメ類の窒素吸収経過は生育経過と類似し，ダイズ，ショウズの吸収量は生育前期で少なく，中後期で急増するが，サイトウは全期にわたり漸増する（図9.8）．一方，マメ類の吸収窒素は施肥窒素，固定窒素，土壌窒素の三者に由来し，生育前期には施肥窒素，中期は固定窒素，後期は土壌窒素から供給されるのが理想であるといわれている．このうち，固定窒素はマメ類独特の供給形態であり，根に共生する根粒菌が空中の窒素ガスを取り込み，それをアンモニアに還元して宿主のマメ類に供給することで得られ

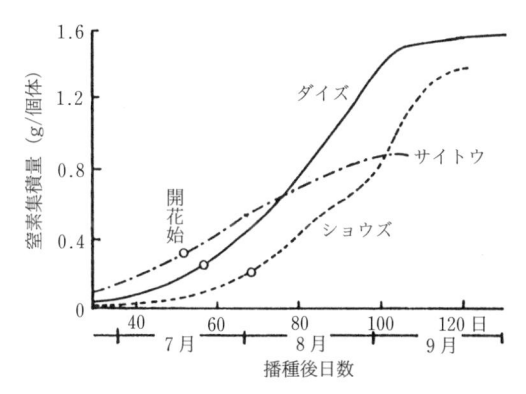

図9.8 ダイズ，ショウズ，サイトウ（わい性）の窒素集積経過（沢口，1987より引用）

る．ただし，その供給能力には格差があり，ダイズ＞ショウズ＞サイトウである．根粒の着生が良好であれば，全吸収窒素に占める固定窒素の比率はダイズで50～70％，ショウズで40～60％，サイトウで20～30％にも達し，その役割は大きい（図9.9）．しかし，根粒の着生と活性は気象，土壌など環境条件の影響を受けやすく，このような能力をつねに発揮できないことが問題である．

根粒の活性は環境条件の良否にかかわらず，生育後期には急低下し，土壌窒素の役割が相対的に大きくなる．土壌窒素は条件がよければ，いずれのマメも全吸収窒素の30％を占め，子実生産に大きな影響を与える．たとえば山形県のダイズでは，水田転換後1～2年目の窒素肥よく度にまさる土壌で10aあたり400kg以上の多収が得られている．しかし，土壌窒素も固定窒

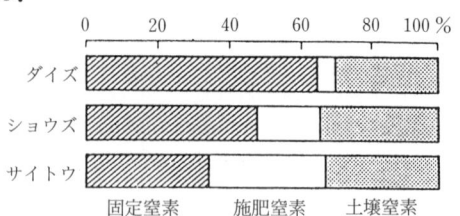

図9.9 マメ類の窒素吸収全体中に占める固定窒素，施肥窒素，土壌窒素の割合（沢口，1987より引用）

素と同様に，土壌条件や有機物を始めとした肥培管理来歴の影響を受けやすく，つねにこのような状態が期待できるとは限らない．したがって，安定的にマメ類の多収を得るには固定窒素や土壌窒素のみに依存するのではなく，施肥窒素も合理的に利用し，効率のよい窒素供給を行うことが重要である．

前述のように，ダイズやショウズは初期生育が非常に緩慢である．特に，寒冷地ではこの傾向が強いため，暖地とは異なり初期生育の増進で増収となる事例が多い．初期生育の増進には窒素の適期供給とともに，リンの供給が有効である．中でも北海道のマメ作地帯の中心は，リン固定力の強い火山性土に分布するため，リン肥よく度の向上とリン施肥の適正化が重要である．

3) **窒素施肥管理**　北海道におけるマメ類の基肥は，種子から側方5cmの部位に条施される．北海道施肥標準に示された10aあたり基肥窒素量は，ダイズ1.5～2.0kg，ショウズ2～4kg，サイトウ3～4kgでいずれも少ない．これは窒素多施による硝酸濃度の上昇で根粒の着生が阻害されることと，マメ類の耐塩性が総じて弱いことに起因する．したがって，マメ類の基肥窒素は初期生育増進のためのスターターとして位置づけるのが妥当である．しかし，初期生育が良好に進展したとしても，固定窒素や土壌窒素が十分供給されない場合は安定多収を望めない．このような危険を回避し，生育中後期の窒素栄養と光合成を良好に維持するには，ダイズでは開花始か開花期に5～10kgN/10a，ショウズ，サイトウではそれよりやや以前に5kgN/10a程度の速効性肥料を用いた窒素追肥が合理的である．また，このように比較的遅い時期の窒素施肥は早い時期に比べると，根粒着生の阻害程度が緩和されるため，固定窒素の供給もかなり期待できる．一方，山形県ではダイズの生育中・後期の窒素栄養を改善するため，被覆肥料を用いた早期窒素追肥法が確立されている．追肥量は7.5kgN/10a，追肥時期は開花期3週間前の培土期（7葉期）である．この時期に与える速効性窒素肥料は，根粒の着生阻害，生育中期の栄養生長過剰，後期の窒素供給力低下を招く危険性もあるが，その

対策として考えられた被覆肥料の早期追肥は緩効的に作用し，増収効果も大きく，10 aあたり 400 kg 以上の多収をあげている．

特殊な事例としてサイトウでは，連作障害の一種であるアファノミセス根腐病に有効な窒素施肥法が提案されている．本病は湿性土壌で発生しやすいが，速効性窒素肥料を基肥として全層に 10 kgN/10 a，作条に 4 kgN/10 a 施与した場合には，*Aphanomyces* 菌の活性をかなり抑制することが認められ，耕種的防除法として有効である．

〔下野勝昭〕

d．テンサイ

1）生育および栄養生理特性　テンサイは耐冷性が強く北海道畑作の基幹作物であり，その作付面積は約 7 万 ha，産糖量は 60〜70 万 t に達し，国内産糖量の約 75 % を占めている．

テンサイはアカザ科に属する 2 年生作物であるが，1 年目に糖貯蔵器官の根を収穫し製糖に供する．また，貯蔵根の肥大と糖蓄積は初期生育の良否と生育期間の長短に支配される傾向が強く，そのための好条件を得やすい移植栽培が 95 % 以上に達する．移植は 4 月下旬〜5 月上旬に行われ，6 月の気温上昇とともに茎葉の生育は直線的に増大し，8 月中下旬（移植後 80〜90 日）には最大に達し，それを一定期間持続したあと，減少に転じる．一方，貯蔵根は茎葉より遅く肥大し始め 10 月中旬の収穫期（移植後約 180 日）まで S 字曲線状に増大する．この間，根中糖分は漸次上昇し，環境条件がよければ 20 % に達することもある（図 9.10）．

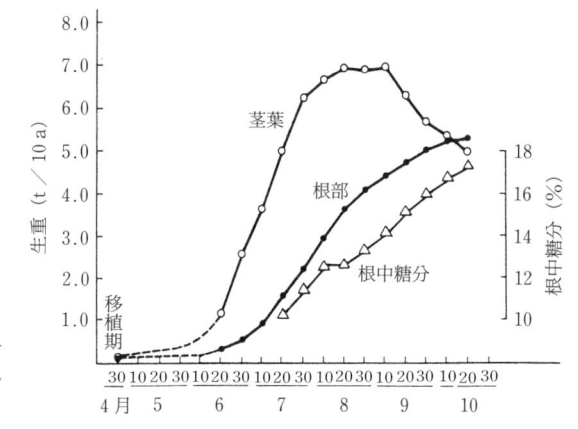

図 9.10　テンサイの生育と糖分含量の推移（十勝農試てん菜科，大崎作図）

以上のように，畑での生育期間は 180 日の長期にわたるが，適正な施肥条件では 100 日前後で養分吸収が終了し，その後はこの養分を利用して貯蔵根の肥大と糖蓄積が進行する．しかし，100 日程度で養分吸収が終了するとはいえ，その吸収量は各養分ともに他の畑作物より多く，テンサイは多肥性作物に該当する（表 9.12）．特に，ナトリウム吸収量は特異的に多く他作物の 100 倍程度にもなり，典型的な好塩性作物でもある．また，テンサイはナトリウム施肥で初期生育増進効果と増収効果も認められており，ナト

表9.12 畑作物の養分吸収量（窒素施与区と多収事例の平均値）

作物名	全乾物量 (t/ha)	養分吸収量 (kg/ha)						
		N	P	K	Ca	Mg	Na	合計
テンサイ	22.7	295	41	461	92	83	184	1,156
バレイショ	12.6	211	26	297	57	28	2	621
秋コムギ	14.8	207	29	192	29	19	3	479
ダイズ	5.8	226	20	109	36	18	1	410
トウモロコシ	16.4	210	30	209	37	23	5	514

（田中明，1985より下野作表）

リウムが有用元素と呼ばれる根拠になっている．さらに，テンサイは代表的な好硝酸作物であり，硝酸態窒素の施肥で初期生育は顕著に増進する．このようなことから，テンサイの肥料にはナトリウムと硝酸を含んだチリ硝石が汎用されるのである．その他，ホウ素欠乏になりやすい特性も有している．

テンサイの吸収根は伸長が早く，かつ心土の物理性が良好な場合には1m以下の土層にも多量分布する．一般にテンサイは施肥窒素の大部分を7月上旬までに吸収し，それ以降は土壌由来の窒素を吸収するといわれているが，吸収根の上記特性は後者の吸収と水分の吸収を増進するものと考えられる．ただし，この特性はいつも有利に作用するのではなく，生育後半に窒素と水分を過剰吸収すると生育が後まさりになり，貯蔵根の窒素濃度と水分を高めるため糖分は逆に低下する（図9.11）．したがって，テンサイ栽培では土壌窒素の評価と制御が最も重要な課題であり，この問題を解決することによって適正な窒素肥培管理法が確立されるであろう．

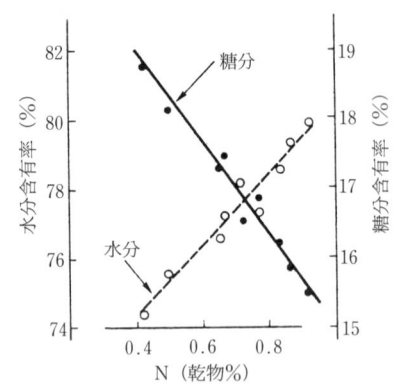

図9.11 テンサイ根の窒素含有率と水分および糖分の関係（1970〜1971，収穫期）（西宗，1987より引用）

2) 施肥管理の特徴 肥料は移植前に施肥機で全量作条施与し，生育の後まさり傾向と糖分低下を回避するため追肥は行わないよう指導されている．施肥量は北海道施肥標準で地帯別，土壌別に定められており，相対的に養分供給力の劣る火山性土では10aあたり三要素施肥量が多い（16 kgN，22〜25 kgP$_2$O$_5$，16 kgK$_2$O）のに対し，養分供給力のまさる沖積土ではそれよりも少なく（14 kgN，18〜20 kgP$_2$O$_5$，14 kgK$_2$O），洪積土は両者の中間で，泥炭土は窒素施肥量が最も少ない（12 kgN）．肥料の形態は多様であるが，テンサイの栄養生理的特性を反映して，チリ硝石，ホウ砂を共通的に含有する．

3) 施肥管理の実態 テンサイの取引制度は1986年に重量制から糖分制へ移行し，収量の確保とともに糖分の向上が求められるようになった．これを契機に品種や栽植密度の見直し，あるいは多肥の抑制が図られた．その結果，テンサイの主産地である十勝

9.4 作物ごとの施肥

表9.13 北海道十勝地方のテンサイに対する施肥実態の年次間差

成分	年次	点数	施肥量 (kg/10 a)			変動係数 (%)	道施肥標準(kg/10 a)
			最大値	最小値	平均値		
N	1977	252	40.2	8.8	23.2	25.8	12〜16
	1988	373	53.4	3.2	17.9	24.7	
P_2O_5	1977	252	66.2	14.4	37.4	23.8	20〜25
	1988	373	76.8	10.4	33.4	23.5	
K_2O	1977	252	47.4	9.6	25.6	24.6	14〜16
	1988	373	32.1	5.8	16.7	21.5	

(沢口より下野作表)

地方の窒素，カリの平均施肥量はかなり減少したが，それでも道施肥標準の上限を上まわっている（表9.13）．また，多肥性作物であるとともに生育期間の長いテンサイには，堆きゅう肥が集中的かつ多量に施用される傾向があり，その分を加えると施肥量は一層多くなる．さらに，窒素追肥の実施率も38％に達しており，これらはいずれもテンサイの生育と養分吸収を後まわしにし，糖量（根重×糖分）を停滞または減少させる原因であり，その適正化を推進する必要がある．

4）土壌診断に基づく窒素施肥の適正化 北海道施肥標準の目標収量程度（5.3〜6.1 t/10 a）と基準糖分の上限値（16.9％）を安定的に確保するために必要な作物体の窒素吸収量は，10 aあたり約23 kgであり，それ以上になると糖量は停滞から減少に転じ非効率的である．したがって，23 kgN程度の窒素吸収を可能とする診断技術の確立が不可欠になる．そのためには，土壌由来の窒素供給量を簡易にしかも精度よく推定する必要があり，長年の研究結果から有機物無施用土壌ではオートクレーブ法による熱水抽出性の全窒素（AC法-N）を，有機物連用土壌ではオートクレーブによる熱水抽出過程で放出される無機態窒素（AC変法-N）を，それにあてることが妥当と判断された．同時に，北海道施肥標準程度の窒素を与えたテンサイの窒素吸収率は約75％であることも認められており，この数値と土壌由来の窒素供給量推定値から窒素施肥基準が作成されるに至った（図9.12）．このことは窒素施肥の適正化と効率化に大きく貢献している．ただし，厚層黒色火山性土は本法の適用範囲から除外された．その理由は省略するが，土壌および施肥診断技術の進んでいるドイツでは対象作物別，土壌別，地域別に数種の手法

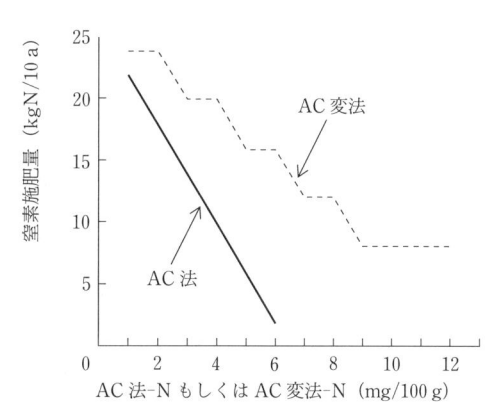

図9.12 土壌の可給態窒素供給量とテンサイの適正窒素施肥量の関係（十勝農試，北見農試成績，1990より下野作図）

(N_{min}法，N_{an}法，EUF法など)が合理的に使い分けられており，今後はわが国でもこの点を参考にし，診断技術の一層の前進に努めるべきであろう．換言すれば，土壌および施肥診断は本来，固定化したものではなく，与えられた環境条件に対応した合目的々なものとする必要があり，その意味では永遠の研究課題であるともいえる．

(b, c, d項は1995年に執筆) 〔下野勝昭〕

e. サトウキビ

1) 国内におけるサトウキビ生産　サトウキビは国内では西南暖地の沖縄県と鹿児島県で生産される．1970〜1999年期の生産実績[1,2]は表9.14のとおりで，両県ともサトウキビ作は漸減傾向にある．沖縄県ではサトウキビは普通畑の約40％を占め，畑作における比重が依然として大きい．

表9.14　国内における最近のサトウキビ生産

県名	年期	全収穫面積(ha)	生産量(1,000 t)	平均収量 (t/10 a)		
				春植	夏植	株出
沖縄県	1970/71	27,758	1,982.2	5.17	7.87	7.09
	1980/81	21,276	1,300.6	4.16	6.93	6.15
	1990/91	20,397	1,218.7	4.74	6.57	5.76
	1995/96	14,694	1,013.2	4.95	7.73	6.41
	1998/99	13,536	985.9	5.71	7.95	6.79
鹿児島県	1970/71	12,049	668.1			
	1980/81	12,714	793.6	5.11	7.92	6.19
	1990/91	12,265	760.4	5.53	7.68	6.15
	1995/96	9,369	607.8	5.78	7.85	6.25
	1998/99	8,932	678.7	6.75	9.15	7.22

(沖縄農水部, 2000；日甘工, 2000)

2) サトウキビの養分吸収　サトウキビが収穫期までに吸収する三要素の相対量はカリ(K_2O)＞窒素(N)＞リン酸(P_2O_5)の順となっているが，さらにケイ酸(SiO_2)が多く吸収される．たとえば，原料茎および葉の灰分中にケイ酸は，約40％と58％含まれるがカリは約19％と14.5％である[3]．

養分吸収量は土壌，肥培管理，品種，作型，気象などに左右されるが，10 aあたり窒素15.4 kg，リン酸3.4 kg，カリ27.8 kg，また株あたり窒素4.2〜4.8 g，リン酸1.1〜1.4 g，カリ10.5〜11.5 gなどの報告がある[4]．

3) サトウキビの作型　サトウキビの作型には春植え，夏植え，株出しの3種がある．2〜3月植付け作を春植え，7〜10月植付け作を夏植え，前作サトウキビ収穫後再生する分げつを育成するものを株出しと称している[5]．春植えは植付け翌年の1〜3月に収穫するので，生育期間は9〜13か月である．夏植えは翌々年の1〜3月に収穫するので生育期間は15〜20か月である．株出しの生育期間は1〜3月の収穫時から翌年の1〜3月までの10〜14か月である．植付けには2節苗や全茎苗を用いるが，最近鞘頭部を切除し茎の節から発生する側枝を苗（側枝苗）として使う方法が開発されている．

表9.15 沖縄県におけるサトウキビ施肥基準（沖縄農水部，1993）

作 型	施肥成分量（kg/10 a）*1			施肥配分（％）*2			施肥時期（月）		
	N	P_2O_5	K_2O	基肥	追肥		基肥	追肥	
					第1回	第2回		第1回	第2回
春植え	19〜20（30）	6〜15（100）	5〜10（20）	40	30	30	2〜3	4	5〜6
				30	30	40			
夏植え	24〜30（40）	8〜25（100）	7〜12（25）	30	30	40	7〜8	10〜11	2〜3
				30	20	50			
株出し	22〜25（35）	7〜15（23）	6〜11（23）	40	30	30	2〜3	4	5〜6
				30	30	30			

*1 （ ）内の施肥成分量は土壌養分の少ない造成畑あるいは国頭マージの新開畑に対する特別に多い施用量． *2 施肥配分の上段はジャーガルに，下段は島尻マージおよび国頭マージに適用する．

サトウキビ収量は夏植え＞株出し＞春植えの順で生育期間の長い方が高い（表9.14）．春植えは植付けてから発芽（地上出現）まで約10日かかるが，株出しでは幼芽が前作収穫時に地上に出現しているものが多く，実質生育期間は春植えより株出しの方がかなり長い．

4) 施肥基準

i) 沖縄県における施肥基準 沖縄県における基準施肥量，施肥配分，施肥時期などを表9.15[5]に示す．

沖縄県における畑地の主要土壌は暗赤色土（島尻マージ），赤・黄色土（国頭マージ），灰色台地土・石灰質（ジャーガル）であるから，これらの土壌の性質に応じて施肥量が設定されている．施肥成分量は表9.15に示す範囲のうちで窒素とリン酸は国頭マージやジャーガルで多く，カリは国頭マージや島尻マージで多くすることが勧められ，また表9.15の施肥量以外に堆きゅう肥10 a あたり3.0 t（春植え）〜4.5 t（夏植え）の施用，酸性土壌には改良資材の投与等も勧められている．追肥は以前は夏植えに対して3回となっていたが，機械化，省力化のため最近は2回となり，2回目の追肥には肥効の長い被覆肥料を併用するようになっている．

ii) 鹿児島県における施肥基準 鹿児島県では種子島以南の薩南諸島でサトウキビが栽培され，施肥基準は熊毛地区と奄美大島地区で異なるが，ここでは奄美大島における施肥基準[6]を例示する（表9.16）．

薩南諸島には暗赤色土，赤・黄色土，の他に黒ボク土も主要土壌となっており，それぞれの土壌に必要な改良資材の施用および有機質肥料の多用が勧められている．

5) サトウキビへの施肥法

i) 春植えおよび夏植えへの施肥法[4,5] 圃場を整地後うね間120 cm（春植え）〜135 cm（夏植え）で深さ30 cm程度の植え溝を切り，所定量の基肥（堆きゅう肥および化学肥料）を施し，植え溝両側面の土をわずかに削り落として肥料を覆うように埋戻し，植え溝の深さを20〜25 cm程度とする．これに株間25〜30 cm（春植え）または30〜40 cm（夏植え）で2節苗または全茎苗を伏せ，約3 cmの覆土をする．

表9.16 鹿児島県奄美大島におけるサトウキビ施肥基準（鹿児島県，1979）

作型	肥料成分	施用量 (kg/10 a)	施肥配分（%）			備考
			基肥	追肥 第1回	追肥 第2回	
春植え	N	18	50	50	—	目標収量 8 t.
	P_2O_5	8	100	—	—	追肥は5月中に最終培土と同時に.
	K_2O	10	50	50	—	
	堆肥または緑肥	2,000	100	—	—	
夏植え	N	22	32	18	50	目標収量 10 t.
	P_2O_5	10	50	—	50	第1回追肥は植付け後2か月目に.
	K_2O	13	46	—	54	第2回追肥は12月～3月の間に培土を兼ねて.
	堆肥または緑肥	2,000	100	—	—	
株出し	N	20	50	50	—	目標収量 9 t.
	P_2O_5	9	100	—	—	基肥は刈取り直後培土部分を排土して施用.
	K_2O	12	50	50	—	追肥は5月中に最終培土と同時に.
	堆肥または緑肥	2,000	100	—	—	

第1回追肥はサトウキビの仮茎長が30 cm程度に生長したときに施し，覆土を兼ねて平均培土をする．仮茎長50～70 cm程度に生長したときに第2回追肥と高培土をする．追肥は株から10 cm程度離して条施とする．高培土は20 cm程度とする．

ii) **株出しへの施肥法**[4,6]　　前作サトウキビ収穫後ただちに枯葉，鞘頭部，枯死茎などを堆肥用に搬出し，株際培土部分の排土，根切りを行い，基肥を施用して中耕する．必要に応じ心土破砕，欠株の補植，株揃えなども行う．その後の追肥や培土は春植えに準ずる．　　　　　　　　　　　　　　　　　　　　　〔大屋一弘〕

文献

1) 沖縄県農林水産部：糖業年報第40号，2000．
2) 日本甘蔗糖工業会：日本甘蔗糖工業会年報第35号，2000．
3) 内原 彰訳：甘蔗植物学（C. V. Dillewijn 1952 Botany of Sugarcane），131，134，琉球分蜜糖工業会，那覇，1971．
4) 宮里清松：サトウキビとその栽培，216-237，272，276，日本分蜜糖工業会，那覇，1986．
5) 沖縄県農林水産部：さとうきび栽培指針，1993．
6) 鹿児島県：さとうきび栽培基準，1979．

9.4.3 野菜類
a. 露地野菜
1) 果菜類　　果菜類は長期間にわたって収穫するため，栄養生長と生殖生長が

平行的に行われるのが特徴である．生育初期の栄養生長期は，窒素を中心とした養分吸収が行われ，果実肥大期はカリウム（K），カルシウム（Ca），マグネシウム（Mg）の吸収が増大する傾向が強い．

トマトの1株あたりの養分吸収量は，窒素（N）8g，リン酸（P_2O_5）2.5g，カリ（K_2O）15g程度であり，カリの吸収量が著しい．窒素は定植から収穫末期までほぼ直線的に吸収が行われるが，第1花房肥大期からの吸収が著しい．また硝酸態窒素を好むものが多い．リン酸は発根力を高め，果実の品質を高めるため，定植初期からリン酸の肥効を高める必要がある．カリは第1花房肥大期から急激に吸収され，最終的には窒素の2倍程度吸収されるため，追肥としての効果が高い．

キュウリの養分吸収量はトマトと類似しているが，窒素は定植から収穫末期まではほぼ直線的に吸収が行われる．キュウリの果実は肥大が早いので窒素不足を生じないよう追肥に注意する．カリの吸収量も生育中ほぼ直線的に増加する．カリが不足すると尻の太い奇形果を生じやすい．

ナスの窒素は定植から収穫末期までほぼ直線的に吸収が行われるが，果実の収穫最盛期には吸収が著しい．リン酸は吸収量は少ないが，定植初期からリン酸の肥効を高め，また過剰に施用すると果皮が硬くなることがある．カリは果実収穫期から急に増加するため，追肥としての効果が高い．ナスは酸性土壌では十分に生育できないため，酸性改良に注意する必要がある．

2）葉菜類　葉菜類は栄養生長の途中または終了期で収穫するため，養分吸収は生長につれ徐々に大きくなる傾向を示す．果菜類に比べ，好硝酸態窒素傾向は小さく，アンモニア態窒素も利用するが，アンモニア態窒素を多く吸収すると葉色が濃くなる．

結球野菜は，生育初期は外葉部の重量が増加し，これに伴って養分吸収量も増大する．結球期になると養分吸収量は低下し，外葉より結球への養分吸収がみられる．キャベツでは，窒素，リン酸の吸収は播種後35日目頃最大となり，カリは50日目頃が最大となる．1haあたりの養分吸収量は，窒素180kg，リン酸50kg，カリ200kg程度である．施肥量は，窒素で1haあたり250～350kg程度であり，基肥と追肥で等分する．基肥は全層施肥でもよいが，条施することが好ましい．リン酸は全量基肥でもよい．ハクサイは，リン酸やカリの不足に対して特に敏感であるので，十分に注意する．

軟弱野菜は，生育が早く，夏季では播種から1か月程度で収穫できる．このため，肥料は基肥重点とし，速効性肥料を施用する．しかし，冬季では100日を越えるので追肥に重点をおく．軟弱野菜の代表であるホウレンソウは酸性を嫌う作物であり，他の野菜に比べアンモニウム態窒素を好む性質がある．

3）根菜類　根菜類は根部を収穫するため，深い耕土が必要であり，物理性の改善に注意する必要がある．根菜類の基肥は，溝施用よりも全面施用の方が安全である．また，ダイコンやコカブでは乾燥によりホウ素欠乏が出やすい．

ダイコンは生育初期には葉が繁茂し，中期以後，葉から養分が根に転流される．これに伴い，窒素は生育初期に多量に吸収され，生育中期以後はカリの吸収が大きくなる．リン酸は必要量は少ないが，全期間を通じて平均して吸収される．1haあたりの養分吸収量は，窒素130kg，リン酸50kg，カリ150kg程度である．

表 9.17 代表的野菜類の施肥量 (kg/ha)

作物名	播種期	定植期	収穫期	元肥 N	元肥 P₂O₅	元肥 K₂O	追肥 N	追肥 P₂O₅	追肥 K₂O	合計 N	合計 P₂O₅	合計 K₂O	備考
トマト	2月	5月	7〜9月	200	250	150	50	0	50	250	250	200	追肥2回分施
キュウリ	4月	5月	6〜8月	130	130	110	150	0	150	280	130	260	追肥2回分施
イチゴ	8月	10月	5〜6月	150	200	150	70	70	70	220	270	220	追肥1回
ナス	2月	5月	6〜9月	120	250	120	240	0	240	360	250	300	追肥4回分施
ピーマン	2月	5月	6〜9月	120	250	120	240	0	240	360	250	360	追肥3回分施
スイカ	3月	5月	7〜8月	100	250	140	50	130	70	150	380	210	追肥1回
カボチャ	2月	4月	6〜8月	80	270	150	100	0	100	180	270	250	追肥1回
スイートコーン	4月		7〜8月	150	150	150	50	0	50	200	150	200	元肥重点
エダマメ	4月		6〜8月	100	150	100	0	0	0	100	150	100	元肥重点
ダイコン	8〜9月		10〜12月	100	130	100	50	0	50	150	130	150	追肥1回
ニンジン	7〜8月		10〜3月	100	200	100	120	0	120	220	200	220	追肥2回分施
タマネギ	9月	11月	5〜6月	60	120	80	120	60	100	180	180	180	追肥3回分施
ゴボウ	9月		6〜8月	100	150	100	150	50	150	250	200	250	追肥3回分施
キャベツ	9月	11月	4〜6月	60	90	60	180	60	160	240	150	220	追肥3回分施
レタス	9月	11月	4〜5月	120	220	160	0	0	0	120	220	160	追肥3回分施
ハクサイ	8月	9月	11〜1月	150	180	150	70	0	100	220	180	250	追肥1回
ホウレンソウ	3〜12月		5〜4月	150	100	150	0	0	0	150	100	150	元肥重点
コマツナ	3〜10月		5〜12月	150	100	150	0	0	0	150	100	150	元肥重点
ブロッコリー	8月	9月	11〜1月	120	130	100	30	0	30	150	130	130	追肥1回
セルリー	6月	8月	11月	250	350	250	300	0	300	550	350	550	追肥3回分施

(神奈川県施肥基準, 2000 より作成)

ニンジンは生育初期は生育が遅く, 各養分の吸収もわずかしか行われていないが, 後半になって根の肥大が始まると急に吸収が行われる. ニンジンの吸肥力は比較的強く, 無肥料栽培でも収量指数は 90% 程度であるという報告もある. また, カロチン含量は, 窒素, リン酸, 石灰 (CaO) が少なく, カリと苦土 (MgO) が多いと高くなるといわれている.

b. 施設栽培

1) 施設環境の特殊性　ビニルフィルムやガラスによって被覆されているため, 施設内の環境条件は露地畑と大きく異なっている. 施設栽培は多肥料に加え, 灌水量が少ないため, 下層土への養分の流出が少なく, 土壌中の陰イオンと陽イオンが増加し, 塩類集積が起こる. 作付け回数に比例して集積するが, 多くの場合 3 年あるいは 5 作以上経た頃から障害を起こす濃度になるといわれている. 集積するイオンは, 陽イオンは表層, 下層ともにカルシウムが多く, 陰イオンでは表層は硝酸, 下層は硫酸イオンが多い. 作付け回数の増加に伴う土壌への集積量の増加率はカルシウムよりもマグネシウムが大きい. また, 硝酸態窒素の蓄積した土壌では, カルシウムが多く含まれていても pH が低い土壌がしばしばみられる. 窒素多肥による pH の低下がアルミニウムやマンガンの過剰吸収の原因となり, 塩基過剰による pH の上昇がホウ素や鉄の微量要素欠乏

2) 施設における施肥　施設栽培は，野菜類が連続して栽培されるため施肥量は多く，溶脱がほとんどないため作付け跡の肥料の残存は著しく大きい．この残存量を正しく評価し，施肥設計を考える必要がある．このためには土壌診断を行い，その結果を参考にして施肥設計を行う必要がある．また，施設栽培では高品質化のために有機質肥料が多く使われているが，有機質肥料を連用すると窒素の蓄積効果がみられ，地力窒素として発現するので注意が必要である．施設では露地に比べ温度が高いため，土壌中の有機物の分解が速く，流亡もないため露地栽培よりもはるかに地力窒素が発現しやすい条件がそろっている．このため，土壌中の無機窒素量が少なくても有機質肥料を連用している場合は，基肥窒素を少なめにする必要がある．

　塩類集積を防ぐためには，過剰な施肥を防ぐ必要がある．このためには，基肥を少なくし，作物生育に応じた追肥主体の施肥体系をつくる必要があり，リアルタイム診断による追肥の決定などの技術が必要となってくる．

3) 隔離床栽培　板や容器によって地面と隔離された土壌による栽培が隔離床栽培（ベッド栽培）であり，カーネションやマスクメロン，トマトなどの栽培に用いられている．隔離床栽培は，養水分の調整がしやすく，消毒が容易な利点があるが，一般土耕と異なり土壌が少ないため，管理には注意が必要である．

　施肥量は基本的には土耕栽培と同じでよいが，土壌量が少ないため基肥に多量の速効性肥料を入れると濃度障害が発生しやすく，また流亡によるむだが多く，追肥重点の施肥が適している．基肥は，緩効的な有機配合肥料や被覆肥料を用い，追肥は，灌水とともに施用できる液肥を使用することが効果的である．

c. 養液栽培

1) 養液栽培における培養液組成　養液栽培は土壌のもっている緩衝力がなく，養分濃度を制御しやすいが，養分濃度の許容幅が狭いという欠点がある．このため，栽培中の培養液管理が特に重要になる．培養液の供給方法には，養液栽培で一般的な"循環方式"とロックウール栽培のような"かけ流し方式"がある．循環方式は同じ培養液を

表9.18　培養液の処方例（単位は meq/L，山崎処方ほか）

作物名	NO_3-N	P	K	Ca	Mg	EC(mS/cm)
園試処方	16	4	8	8	4	2.4
キュウリ	13	3	6	7	4	2.0
メロン	13	4	6	7	3	2.0
スイカ	13	1.5	6	7	1.5	1.6
トマト	7	2	4	3	2	1.1
ピーマン	9	2.5	6	3	2	1.3
ナス	10	3	7	3	2	1.5
イチゴ	5	1.5	3	2	1	0.7
レタス	6	1.5	4	2	1	0.8
ホウレンソウ	7	2	3	4	2	1.1
ミツバ	9	5	7	2	2	1.6

循環させるので，作物吸収により養分が減少するため，一定期間の後には養分調整をする必要があるが，かけ流し方式は培養液組成の変化を心配することはない．

培養液の組成は1961年，山崎，堀によりれき耕栽培用の汎用性のある培養液（園試処方）が発表され，その後，作物別の山崎処方が作成された．この処方では養分間のバランスは類似しており，当量比でみると $NO_3\text{-}N=K+Ca$, $P=Mg$, $NO_3\text{-}N:P=3\sim4:1$ の関係がみられ，陰イオンと陽イオンのバランスがとられている．$NO_3\text{-}N=K+Ca$ の K と Ca の比については，野菜の種類によって異なり，キュウリ，メロン，スイカなどの好カルシウム野菜と他の好カリウム野菜に分かれる．培養液の最適 pH は 5.5〜6.5 であり，この条件は作物生育に適しているだけでなく，肥料成分の溶解やイオン化に適した条件である．培養液の pH が低いとカルシウム，マグネシウム，カリウムの沈殿が多くなり欠乏症を生じ，逆に高いと鉄，マンガン，リンの欠乏症が発生する．

2) ロックウール栽培 ロックウールは，輝緑岩や玄武岩などの岩石を1,500°Cの高温で溶解し，繊維化したものである．数ミクロンの繊維（ケイ酸カルシウム）がからみ合った構造をしているため孔隙が多い．また，軽量で材質が均質であり，型が自由に成型できる特徴がある．

ロックウール栽培は"かけ流し方式"が主体であり，基準濃度の培養液を一定時間間隔でやや過剰な程度供給する．養液量が少なすぎると生育むらが生じるため，培地内の培養液を更新する意味も含め，わずかに培養液が流出する程度の量とする．

d. 培　　　土

1) 水稲用培土 水稲栽培は田植え機による機械移植が主体であり，育苗箱（60×30 cm程度）で稚苗または中苗を育苗した後，田植えする．山土など病気のない土壌を用い，手で握って固まらない程度に乾燥させ，5〜6 mm のふるいを通したものを使用する．有機物はほとんど使わないでよいが，土の粘土分が高い場合は，モミガラくん炭などを混合する．土壌の pH は 4.5〜5.5 と低めがよく，高いときは硫黄華や pH 降下剤で調節する．施肥は育苗箱1箱（2.7 L）あたり硫酸アンモニウム，過リン酸石灰，塩化カリをそれぞれ5 g 程度混合する．苗立ち枯れを防ぐために，このとき立ち枯れ防止用の農薬を少量混合しておくとよい．

2) 野菜の培土 野菜の培土は"播種床"と"育苗用培土"がある．播種床は，発芽から本葉展開までの短期間しか使わないため，肥料成分はほとんど必要なく，通気性や保水性にすぐれていることが大切である．

一般的な野菜用育苗培土は，基土 85 kg に有機物 15 kg 程度を混合し，CDU 床土配合（3-13-5）1〜2 kg を混合する．野菜苗はリン酸を多く必要とするため，成分が均一に含まれる化成肥料を用いた場合は，培土 100 kg あたり過リン酸石灰 500 g をさらに加える．窒素成分量は培土 1 L あたり 300〜600 mg になり，冬季間のトマト育苗のように長期間を必要とするものは，緩効性肥料を用い窒素量を多めとし，葉菜類など高温期に短期間育苗するものは速効性肥料を用い窒素量を少なくする．

3) 花の培土 洋ランなどミズゴケだけで栽培するものを除き，鉢物の花は培土により栽培される．鉢物はそのまま出荷されるため，鉢物用培土は栽培と流通，経営の条件を満たす必要がある．栽培面からは通気性や保水性にすぐれ保肥力が高いこと，流通

面からは軽くて清潔なこと，経営面からは安価で安定して供給できることが必要である．
種類により適正pHは異なり，4.0〜7.5とかなりの差があるため，栽培する花により適正pHを調整する．物理性は，容積重約1.0（栽培水分状態），土壌三相のうちでは気相率が重要であり，20〜30％が適している．有機物の混合にあたっては，気相率，保水性，容器重のいずれを改良の対象にするかにより資材を選択する．〔藤原俊六郎〕

9.4.4 果樹類

永年生木本作物である果樹は一般に深根性であり，また樹体内の貯蔵養分が比較的多いため，一年生作物に比較して施肥に対する反応は鈍く，肥料の利用率は低い傾向がある．根群分布は土壌の母材，有効深度，物理性，排水の良否などにより大きな影響を受けるので，施肥反応も土壌によって異なる．

土壌表面管理も施肥する場合に重要な要因である．清耕栽培法では樹体と下草間に養水分吸収の競合がないので，施肥量および施肥時期による直接的な効果を期待できる．しかし，有機物の補給がないことおよびわが国で果樹栽培が多く行われる傾斜地で土壌侵食が起こるという点で問題がある．草生栽培法では樹体と下草間に養水分吸収の競合が起こるという欠点はあるが，有機物の補給，土壌侵食防止の面では有利である．下草の刈り取りによって養水分吸収の競合を軽減することが可能である．下草による養分吸収は樹体による吸収より速やかであり，刈り取った下草からの養分の無機化は比較的早いので養分が循環し，溶脱量は少ない．草生栽培によって施肥量および施肥時期による直接的効果は軽減される傾向がある．

さらに剪定や摘果の強弱は施肥に対する樹体反応に大きな影響を与え，わが国では剪定や摘果を厳密に行うので施肥による収量上昇効果はさほど大きくないことが多い．窒素の多肥は熟期を遅らせ，着色不良，糖度低下，貯蔵性低下，生理障害多発などの品質低下をもたらす．また果樹の初期生長は樹体内に貯蔵された貯蔵養分に依存する割合が大きい．したがって，良品質の果実を安定多収するためには，適期に適度に施肥することが肝要である．

わが国で栽培されている果樹は，常緑果樹と落葉果樹に大別でき，たがいに生育相が大きく異なるので，以下にそれぞれについて述べる．

a. 常緑果樹

1) カンキツ類　わが国で栽培されるカンキツ類は多種多様であるが，最も栽培の多いウンシュウミカンについて述べる．

i) ウンシュウミカンの時期別養分吸収量　窒素の全吸収量は5〜6月の新梢伸長期で最も多く，果実肥大期の9月にもピークがある．新梢による吸収は5〜6月で最大であり，その後急激に減少する．果実による吸収は7〜9月で多いが，新梢の吸収量に比べて少ない．新根の発生は新梢伸長停止後活発となる．

リン酸の全吸収量は5月で最高であるが，その後もかなり吸収され，8月に第二のピークがある．新梢による吸収は5月が最高でその後急激に減少する．果実による吸収は9月で最高となり，その後も吸収は持続する．カリの全吸収量は6月で最高で，その後減少し，10月以後の減少が著しい．新梢による吸収は6月で最高となり，その後急激

に減少する．果実の吸収は9～10月で最高となり，吸収量も多い．

ii) 施肥法　高品質果を安定多収するために最も重要な要素は窒素である．最高収量をあげる年間窒素施肥量は20～30 kg/10 aとする例が多い．しかし，窒素施肥量の増加に伴って浮皮，果皮率の増加，着色不良など品質面で問題がみられる．品質面での最適窒素施肥量は，収量面での最適施肥量より低いと考えられる．また，施肥量が極端に多かった昭和30年代には土壌が酸性化し，マンガン過剰障害である異常落葉が多発した．主要生産県のウンシュウミカン成木に対する施肥基準（目標収量4 t/10 a）として，窒素の年間施肥量を20～25 kg/10 aとする県が多い．リン酸とカリの年間施肥量はほぼ等しく，15～20 kg/10 a程度である．また，その時期別の施肥割合は春肥：45～50 %，夏肥：0～20 %，秋肥：30～45 %とされている．窒素は春肥で最も多く施肥され，リン酸とカリは夏肥で多く施肥される傾向がある．

iii) 春肥　春肥の施肥時期は2月下旬から3月である．ミカンの生育は4月の萌芽から始まる．萌芽後の枝葉の生長は前年の貯蔵養分に依存する．貯蔵養分の多少は初期生育に大きな影響を及ぼす．地温の上昇とともに春肥の吸収が増加し，貯蔵窒素と切り替わり，枝葉の生長と幼果の肥大を促進する．草生栽培の場合は，下草による吸収があるため多めに施肥する必要がある．

iv) 夏肥　夏肥の施肥時期は5月下旬から6月中旬である．5月の開花から新梢生長は旺盛になり，果実の細胞分裂が活発となり，養分要求量が最高に達する．果実の肥大を促進するためカリを多めに施肥する．この時期に窒素を多肥したり，施肥時期が遅れると果実の成熟が遅れ，着色が不良となるおそれがある．

v) 秋肥　秋肥の施肥時期は10月下旬から11月上旬である．秋肥の目的は着果によって衰弱した樹勢の回復，耐寒性の向上，花芽形成促進にある．この時期に吸収された窒素は果実にほとんど移行しないので果実品質への影響は少ない．吸収された窒素の地上部への移行は低下し，根に貯蔵される割合が高くなる．この貯蔵態窒素は翌年の初期生育に大きく影響するので，そのレベルを高めておくことが重要である．

比較のため，アメリカ・カリフォルニア州におけるカンキツ類に対する施肥法をあげると，窒素施肥量は14～20 kg/10 a程度で，2月に施肥することが指導されている．

b．落葉果樹

わが国では，リンゴ，ナシなどの仁果類，モモ，オウトウ，アンズ，ウメ，スモモなどの核果類，ブドウ，カキ，クリ，イチジクなど多種・多様な落葉果樹が栽培されている．ここでは，これらのうち主要なものについて述べる．

1) リンゴ　リンゴの生育期間は樹体・果実の生育と養分利用の面から以下の5期に区分することができる．

i) 第1期（萌芽から6月上旬）　この時期は萌芽，展葉，開花，結実，新梢生長開始，新根発生など最も生育の変化が大きい．この時期には根の養分吸収はまだ活発でないため，これらの新生部位の生長は樹体内の貯蔵養分に大きく依存している．果実の細胞分裂はほぼこの時期で完了し，果実の細胞数が決定される．以後の果実の肥大は細胞の肥大と細胞間隙の発達による．この時期の後半に貯蔵養分から吸収養分に切り替わる．

ii) 第2期（6月中旬から7月下旬）　養分吸収は最も活発となり，窒素吸収量は

最大となる．吸収された窒素は新生部位（新梢，果実，新根）の生長に利用される．特に新梢の要求量は大きく，7月では吸収窒素の50％以上が新梢に取り込まれる．また果実への取り込み量もこの時期で最も多く，収穫時の果実に含まれる窒素量の50％以上に相当する．この時期に窒素の影響が最も顕著に現れ，窒素量が少ないと新梢生長は早く停止し，果実の肥大も劣る．一方，窒素が多い場合には新梢生長が旺盛となり過繁茂状態となる．果実への窒素の取り込みも増え，品質を悪化させる．したがって，春の施肥量は収量を維持するための葉面積の確保，適度の新梢生長，品質に悪影響を与えない程度の量が望ましい．

iii) **第3期（8月）**　新梢生長は停止し，葉も成熟するので光合成量は最も多い．果実への光合成産物の移行が多く，果実が肥大生長する．また，枝幹の肥大，新根の発生，花芽が形成する．窒素吸収量，要求量とも少ないが，窒素の配分割合は新梢より相対的に根，枝幹などで多い．

iv) **第4期（9月上旬から収穫時）**　果実が着色し，成熟期に入る．窒素吸収量はより少なくなるが，それは根や幹などの部位に取り込まれ，貯蔵態窒素となり，翌年度の初期生育に重要な役割を果たす．秋肥の意義はこの点にある．

v) **第5期（収穫後から翌春萌芽前まで）**　休眠期である．しかし，自発休眠打破後，地温がある程度高い場合は吸収量は少ないものの窒素は吸収・貯蔵される．

vi) **施肥法**　主要生産県の成木に対する施肥基準量は，窒素：10～15 kg/10 a，リン酸：5～8 kg/10 a，カリ：8～10 kg/10 aの範囲である．この基準はわい性台木の成木についてもほぼ同様である．リンゴに対する施肥で最も重要な要素は窒素である．窒素が過剰の場合，果実の肥大はすぐれるが，果肉は軟質化し，着色不良，貯蔵性低下，生理障害の多発など品質が低下する．わが国では剪定・摘果を強く行う傾向があるので，収量に対する窒素の貢献度は比較的少ないといえる．諸外国での窒素施肥量はわが国より少なく，10 kg/10 a以下の例が多い．

積雪の少ない地帯（岩手，福島，長野）では収穫後から3月の冬季に年間施肥量の70～80％，残りを9月下旬から10月上旬に施肥するが，積雪地帯である青森県では4月中旬に80～100％，6月下旬に0～20％に施肥することが指導されている．これは融雪水による溶脱を防止するためと考えられる．これらの中間的なのが秋田県で，4月に60％，9月下旬から10月上旬に40％施肥するよう指導され，山形県では全量9月下旬に施肥することが奨励されている．

近年，リンゴ園土壌の分析結果によれば，有効態リン酸，交換性カリの濃度が高く，これら要素の蓄積が問題となっている．特にカリの過剰は塩基バランスを不調にし，マグネシウム欠乏，カルシウム欠乏を助長するおそれがある．リンゴ果実の生理障害であるビターピット，コルクスポットはカルシウム欠乏とされている．また，低カルシウム濃度の果実では蜜症状が多発し，果実の貯蔵性が低下することが知られている．これらのことからカリの施肥量は抑制すべきである．

砂質土壌あるいは幼果期に過旱の場合，ホウ素欠乏が発生することがある．果実での発症は縮果病と呼ばれる．激症の場合新梢はロゼット化し，樹皮があばた状になる．

酸性土壌あるいは排水不良の場合，マンガン過剰障害が発症し粗皮病と呼ばれる．粗

皮病は台木，品種で感受性が異なり，ミツバ台，デリシャス系品種で発生しやすい．

2) ナ　　シ　　ナシには和ナシ，西洋ナシおよび中国ナシがあるが，わが国では和ナシが最も多く栽培され，次いで西洋ナシであり，中国ナシの商業栽培はきわめて少ない．ここでは和ナシについて述べる．

和ナシの生育相は前述のリンゴを類似していると考えられる．萌芽，開花，結実，新梢生長などの初期生育は貯蔵養分に依存する．その後，養分吸収が活発となり，葉の成葉化とともに光合成量が増加し，栄養的に自立し，果実が肥大する．秋になると貯蔵養分が蓄積する．

施肥法　主要生産県の成木に対する年間施肥基準は，窒素：15～25 kg/10 a の範囲で 20 kg/10 a 程度が多い．リン酸：10～20 kg/10 a の範囲で 15 kg/10 a が多い．カリ：10～20 kg/10 a の範囲で 15 kg/10 a 程度である．

9～10 月に全量の 25～30 %を，11～12 月に 70～75 %を施肥する冬季重点施肥法が行われている．秋肥は速効性窒素およびカリ肥料を用い，着果による衰弱した樹勢回復および貯蔵養分の蓄積を目的とする．一方，冬肥は基肥としての役割をもち，ナシの栽培地帯では，一般に冬期降水量が少ないので根圏への肥料成分の浸透に時間を要するため初冬に施肥する．落葉果樹は冬季であっても，地温がある程度高い場合，窒素を吸収，貯蔵する能力があることが知られている．そのために冬季施肥は樹体内濃度を高める効果があると考えられる．なお，このことは次年度の初期生育に有利であることは前述した．ナシの場合微量要素の欠乏はあまり問題とならない．

3) モ　　モ　　モモは果実の生育期間が短い果樹である．早生種では開花から 80 日程度，晩生種で 130 日程度である．また，窒素やカリの過不足に敏感に反応するので適切に施肥する必要がある．モモも初期生長は貯蔵養分に依存するが，新根の発生は早く，地温が上昇すれば冬季間でも養分吸収を行う．枝の伸長，果実肥大と成熟が行われる 6～7 月で養分吸収量が最大となる．その後吸収量は減少するが，吸収は継続する．秋季に窒素が欠乏すると早期に落葉し，貯蔵養分の不足を招く．

施肥法　主要生産県の施肥基準を示すと，窒素：10～15 kg/10 a，リン酸：6～8 kg/10 a，カリ：10～12 kg/10 a である．樹冠下を清耕法とし，樹間を草生とする部分草生法が推奨されており，また，有機物の施与が指導されている．施肥時期は基肥として 11～12 月に年間施肥量の 60～70 %程度，9 月に残量を施肥する．微量要素ではマンガン，亜鉛欠乏が問題となる場合がある．カリフォルニアでの窒素施肥量は 500～700 g/樹程度で 12～1 月に施肥される．

4) ブドウ　　ブドウにおいても初期生長に利用される窒素は貯蔵態窒素である．窒素の吸収開始は開花前頃で，多量吸収は果粒の肥大が活発になる時期である．開花前に多量の速効性窒素を与えると花ぶるいを起こし，新梢が徒長するので避ける．また，着色期に窒素が効きすぎると着色を遅らせ，品質を低下させる．

リン酸は 2 月頃より吸収が開始され，葉が最も繁茂する時期から果房の肥大期に吸収が最大となる．生育前期（6 月まで）のリン酸供給は果実の着色促進，糖度上昇，酸度低下など品質を向上させる．

カリの吸収は生育の進行とともに増大し，果実の成熟期まで吸収は持続する．果実の

カリ要求量は大きい．

わが国で栽培されているブドウにはヨーロッパブドウ（*Vitis vinifera*）とアメリカブドウ（*V. Labrusca*）の2系統，および両者の交雑種がある．ヨーロッパブドウ系の品種はカリの吸収が旺盛でマグネシウム欠乏が発生しやすく，アメリカ系品種はマグネシウム，カルシウムの吸収が旺盛でカリ欠乏が発生しやすい特徴がある．また，両者の交雑種では以上の養分関係は中間的な特徴を示す．

施肥法　主要生産県での施肥基準は，窒素12〜18 kg/10 a，リン酸：10〜15 kg/10 a，カリ10〜15 kg/10 aの範囲である．醸造用品種の場合は酒質に悪影響を与える傾向があるので窒素施肥量を減じる必要がある．

11〜12月に年間施肥量の窒素は60〜70％，リン酸は全量，カリは70％程度を基肥として施肥する．9〜10月に窒素とカリの残量を秋肥として施肥する．秋肥は樹体の衰弱回復と樹体内の貯蔵養分含量を高めるためである．

カリフォルニアでの窒素施肥量は5〜10 kg/10 a程度で，冬季に施肥する．

ブドウの場合，マグネシウム欠乏が問題となり，特にカリ多肥の場合発生しやすい．また，ホウ素欠乏が知られており，果房に発生した場合はエビ状果といわれる．

〔齊藤　寛〕

9.4.5　飼料作物
a．トウモロコシ，ソルガム類

トウモロコシ（*Zea mays*, L）は，北海道（根釧，天北などを除く）から本州にかけて広く栽培されている．ただし子実はアメリカなどからほぼ全量輸入されており，栽培はほとんどない．わが国ではエネルギー源とともに繊維分の飼料価値に期待が大きいことから，黄熟期に茎葉と子実を一緒に収穫してホールクロップサイレージとして利用することが多い．サイレージ用トウモロコシは作期，地域によって多数の品種があり，また育種の進歩により品種の交代も早い．

ソルガム属（*Sorghum* sp.）の作物は多くの種類があるが，青刈り利用されるのは主としてソルゴー型（ハイブリッド系統，スィートソルガムなど）である．グレーンソルガムの一部もサイレージに利用されることがある．再生力が強いので多回刈り利用ができる．トウモロコシより耐干性，耐倒伏性にまさり，西南暖地の干ばつ地帯，風害の多い地方で栽培されることが多い．

1）トウモロコシの生育と養分吸収過程　トウモロコシは，播種後，6週間くらいまでの乾物生産は遅いが，その後急激に増加し雄穂抽出期から絹糸抽出期にかけて茎葉の生産が最大速度に達し，その後は子実の生産が急増する（図9.13）．窒素は乾物の増大期より早く増加し始め，播種後4週間までの吸収速度は1〜2 kg/ha 日であるが，その後は6〜8 kg/ha 日に急増して雄穂抽出期に最大速度となり，その後4週間くらいからは子実に移行する窒素が多くなる．

このような吸収特性から，基肥窒素は初期生育に必要ではあるが，播種4週後からの吸収がさかんな時期に窒素を十分に供給することが特に重要である．肥沃な土壌や家畜ふん堆肥などを多量に施用したところ以外では追肥の効果が高い．

リン酸は乾物増加速度とほぼ同様なパターンで吸収される。寒冷地では初期に欠乏がでやすく、また土壌からの流亡も少ないので、基肥を中心にして施肥する。

カリウムはほとんどが茎葉に吸収され子実に移行する量は少ないから、その吸収も雄穂抽出期に 60％以上に達する。したがって、カリウムの肥効は生育初期に高く、後期の追肥効果は期待しにくい。

2) その他の長大飼料作物の養分吸収特性 ソルガムは窒素の施肥効果が著しい。窒素供給量（地力窒素を含めて）が 200～300 kg/ha までは収量は直線的に増加する。400 kg 以上で

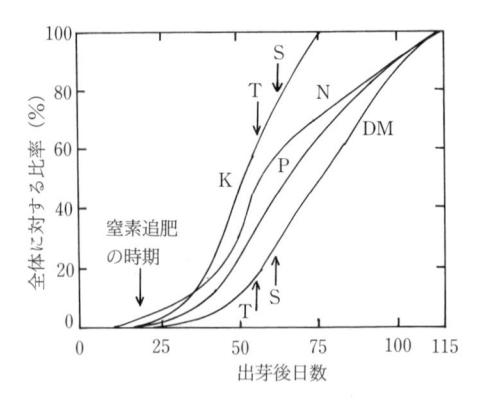

図9.13 トウモロコシの乾物生産（DM），窒素（N），リン（P），カリウム（K）の吸収の経過（Modern Corn Production）アメリカ中部，中生種，T＝雄穂抽出期，S＝絹糸抽出期

は窒素の吸収量は増加するが収量の増加とはならない（中国農試，1966 年）。最高収量になるときの植物体窒素濃度は 1.5～2.0％が下限であった。多回刈りをするために再生が問題になり，株，根に十分な貯蔵養分が必要であるが，この際に再生不良となる窒素濃度の下限も 1.5～2.0％である。

テオシントでは，2～3 回刈りをするので，窒素の施用量はトウモロコシなどよりも多い。300～400 kg/ha まで施肥効果が高く，500～600 kg でも増収となる。施肥量が多いので，窒素，カリウムについては分施とするのがよい。

3) 各地における施肥基準 施肥量は収量水準に従って決める。アメリカ・コーンベルト地帯では，窒素は子実収量（t/ha）を 18～21 倍した数字を施肥量（kg/ha）とし，前作，有機物の施用などによりこの値を補正している。東北部では 6 葉期に土壌深さ 30 cm をとり，その硝酸態窒素量で追肥窒素を決める。西部乾燥地帯では作付け前の土壌深さ 60～120 cm の硝酸態窒素で窒素施用量を調節している。リン酸，カリウムについては土壌診断結果により施肥量を決めている。

わが国のサイレージ用トウモロコシの場合には，収量目標を黄熟期の地上部収量をベースにしている（表 9.19～9.21）。ソルガム，テオシントの例も表 9.21 に示した。

4) 追肥窒素の施用法 トウモロコシに対する窒素追肥の効果は土壌肥よく度，前作の影響，有機物施用により異なる。飼料作物畑では家畜ふん尿の施用量が多いことがあり，しかもその量が畑によりまちまちで，追肥の要否，追肥量の予測が困難である。

アメリカ東北部では，トウモロコシが 15～30 cm となった時期に土壌深さ 30 cm の硝酸態窒素により追肥量を決めている。分析所要日数をみて追肥時期の 2 週間前までに土壌サンプルをとるとよい[2]。

同様な試験を草地試験場（1987 年）で行った（図 9.14）。4 葉期の土壌（深さ 30 cm）の可給態窒素（熱水抽出—デバルダ合金還元蒸留可能窒素）が 140 kg/ha 以下で

9.4 作物ごとの施肥

表9.19 北海道におけるサイレージ用トウモロコシ施肥基準 (kg/10a, 一部抜粋)*

地帯区分	沖積土				火山灰土			
	目標収量	N	P_2O_5	K_2O	目標収量	N	P_2O_5	K_2O
道央・石狩など	7,000	14	16	10	7,000	15	18	13
網走・北見内陸	6,000	16	18	10	6,000	15	20	12
十勝・中央部	6,500	17	18	11	6,000	15	20	11
根釧・内陸	5,500	15	18	11	5,000	13	20	14

* 黄熟期に達する品種の栽培を前提. マルチ栽培にも準用. 出芽期に濃度障害のおそれがあるときは, 窒素の基肥は10 kg/10 a (根釧・十勝では8 kg/10 a) を限度とし, 残りは7葉期 (根釧では4葉期) までに分施する.

表9.20 栃木県 (平坦, 中間地帯) におけるトウモロコシ・ソルガムの施肥基準 (kg/10 a)*

飼料作物	用途	目標収量	N(基肥)	N(追肥)	P_2O_5	K_2O
トウモロコシ	青刈り	4,000〜7,000	10	0	6	6
	サイレージ	4,000〜7,000	15	0	10	10
ソルガム	青刈り	6,000〜10,000	13	5	13	13
	サイレージ					

* 堆きゅう肥 (2,000 kg/10 a) は耕起1週間前. 転換畑初年目のトウモロコシでは施肥量を20%減らす.

表9.21 鹿児島県におけるトウモロコシ・ソルガムなどの施肥基準 (kg/10 a)*

飼料作物	用途	目標収量	N(基肥)	N(追肥)	P_2O_5	K_2O
トウモロコシ	青刈り	4,000〜6,000	10	5 (+5)	15	10 (+5)
ソルガム	青刈り	8,000〜10,000	10	5 (+10)	20	10 (+5)
テオシント		6,000〜8,000	10	5 (+5)	20	10 (+5)

* 追肥はトウモロコシではN, K_2O各5 kgを1〜2回, ソルガムではN 10 kg, K_2O 5 kg, テオシントではN, K_2O 5 kgずつを刈り取りごとに行う.

あれば追肥の効果が期待できる.

5) 有害性物質の集積と施肥 窒素が過剰になるとトウモロコシなどでは硝酸塩が集積しやすい. 特に茎基部に近いところで顕著である. そのため原地で肉眼的に集積を確かめる方法が提案されている[4].

ソルガムでは窒素が多いと青酸化合物が集積することが知られており, 要注意である.

6) 被覆肥料を使った全量基肥施肥法 トウモロコシに対して被覆肥料 (LP 70, LP 100) を基肥に使うことによって無追肥で, 硫酸アンモニウム追肥と同等以上の収量が得られ, 倒伏も軽減された[5]. ただ肥料の価格が高く広く普及されるに至っていない.

〔越野正義〕

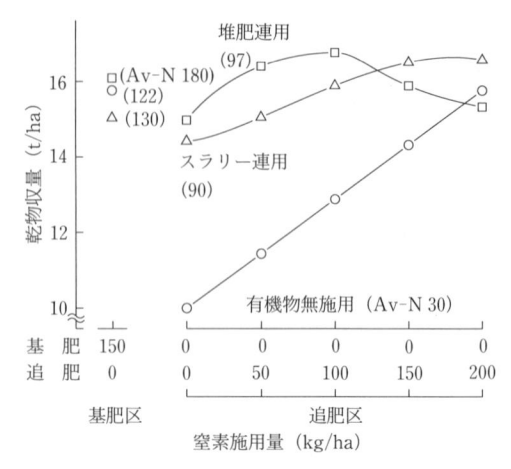

図9.14 窒素施用量と黄熟期乾物収量との関係（草地試，1987）
図中の数字は4葉期における土壌中の可給窒素（熱水抽出-還元蒸留）（kg/ha）

文　献

1) IFA：World Fertilizer Use Manual, p. 55-64, 1992.
2) Magdoff, F. R., D. Ross, and J. Amadon：*Soil Sci. Soc. Am. J.*, **48**, 1301-1304, 1984.
3) 草地試土肥2研：最新技術情報シリーズ（国立編），草地・飼料作物，83-84，1987.
4) 草地試土肥2研・栽培生理研：草地飼料作最新情報，No.5, 37-38, 1990.
5) 三枝正彦，児玉広志，渋谷暁一，阿部篤郎：日草誌，**39**，44-50，1993.

b.　牧　　草

1）　寒地型牧草

i）　草地の利用目的と牧草生産　　寒地型牧草は長日性植物であるため，春の長日条件下で出穂・開花などの生殖生長を行い，牧草の生産量が著しく増大する．この現象はスプリングフラッシュといわれる．夏期には気温が高まり，寒地型牧草の生育適温を上回ることが多くなり，牧草生産が鈍化する．場合によっては夏枯れが発生して，牧草生産が停滞する．8月下旬以降，しだいに気温が低下して生育適温となる．しかし，短日条件で日照時間，日射量が春より劣り，大部分の牧草は栄養生長しか行わない．しかも，葉の光合成産物は刈取り部の生産より刈株や根へ転流し，貯蔵炭水化物として貯蔵される．このように牧草生産は季節によって変化する（図9.15）．

一方，草地はその利用法から放牧草地と採草地に大別できる．放牧草地では家畜の要求にみあった牧草生産が必要である．放牧草地でのスプリングフラッシュ時には，現存草量が採食草量を上回るため，不食草が発生する．この不食草は，それ以降の放牧利用による採食率の低下をもたらす．また，夏から秋にかけての牧草生産量の減少は，家畜の要求量を満たしきれなくなる．それゆえ，この時期には現存草量が不足し，この期間の牛乳生産や増体量に悪影響をおよぼす．これに対し採草地では，スプリングフラッシュをより一層助長することによって，年間の牧草生産量を増加させることが可能であ

る．

このように，草地はその利用目的によって牧草生産の様相が大きく異なる．したがって，草地の施肥管理も利用目的に対応したものでなければならない．

ii) 放牧草地に対する施肥法
家畜が要求する草量は年間を通じて大きく変化しない．したがって，放牧草地では牧草の季節生産性を平準化して，余剰草を発生させないようにすることがきわめて重要である．

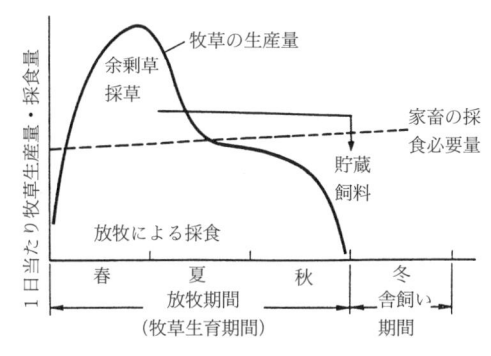

図 9.15 草地の季節生産性と家畜の採食量の関係

このため，施肥の基本はスプリングフラッシュをできるだけ抑制すること，秋の草量低下を施肥で補うことにある．

施肥はその後の牧草生育に直接関与するため，施肥時期の調節で牧草の季節生産性を平準化することができる．北海道根釧地方での試験結果[1]によれば，牧草の季節生産性を平準化するためには，5月と6月の施肥はスプリングフラッシュを助長するので省略し，7月初旬と8月下旬および最終放牧利用後の10月上〜中旬に施肥するのが最も有効である．大規模な公共放牧草地のように年間の施肥回数が1回程度に制限される場合には，夏至をすぎた7月初旬の施肥が望ましい．

なお，放牧草地における牧草の季節生産性平準化のためには，単に施肥時期だけで調節するよりも，放牧の利用方法も組み合わせて考慮すべきである[2]．すなわち，放牧の開始時期を早め，イネ科牧草の伸長茎の生長点を家畜の採食によって切除し，さらにスプリングフラッシュを抑制するため夏至以降に施肥すれば，牧草の季節生産性がより一層平準化する．さらに春の牧草の利用率を高め，余剰草を出さないようにするには，放牧利用時の草丈を採食利用率の高い20〜30 cmとし，放牧頭数，滞牧日数，休牧期間，牧区数，および1牧区あたり面積などを現存草量に対応したものにするといった総合的な技術が必要である．

iii) 採草地の施肥法 採草地では一番草収量が年間収量の60〜70％も占める．このため，一番草の収量水準を可能な限り高めることによって，年間収量が増加する．一番草収量は有穂茎数（出穂茎＋穂ばらみ茎）を多くしてスプリングフラッシュを助長することで増す．それゆえ，採草地に対する施肥法の要点は，一番草においていかに有穂茎数を増加させるかにある．

オーチャードグラス草地では，一番草に対する窒素施肥量が同じなら，春に全量施与するより前年秋の最終刈取り後と春に窒素を分施する方が，一番草の有穂茎数が増加して多収となる[3]．しかし，チモシー草地では前年秋の最終刈取り後に窒素を分施しても，一番草の有穂茎数は特に増加せず，春に全量施与する方が多収となる[4]．ただし，最近の報告[5]によれば，オーチャードグラス草地でも，最終刈取り後の窒素施肥が翌春一番草の有穂茎数や収量におよぼす影響は，秋の分げつ発生期における窒素供給条件に

よって変化することが指摘されている．すなわち，最終刈取り後の窒素分施によって翌春一番草に増収効果が期待できるのは，秋の分げつ発生期に十分な窒素がオーチャードグラスに供給されない場合である．

各刈取り番草収量は施肥量だけでなく，施肥時期にも大きな影響を受ける．チモシー草地では，窒素施肥量が同じでも，一番草に対しては早春の施肥時期が早いほど有穂茎数が増加するため，増収効果が大きい．二番草に対しては刈取り後5日から10日間程度経過してから窒素を施肥すると1茎重が増加して多収となる．また，チモシー草地に対する年間の窒素施肥配分も，一番草に対する割合を高める方が増収効果が大きい．

イネ科牧草とマメ科牧草の混播採草地に対する施肥の基本は，上述したイネ科牧草単播採草地での知見を適応できる[6]．しかし，窒素施肥適量については，混播採草地と単播採草地で大きく異なる．たとえば，北海道のチモシーを基幹とする混播採草地（目標収量：生草で45 t/ha）における年間の窒素施肥適量は，マメ科率が50％程度なら40 kg/haだった[7]．しかし，マメ科率が10％程度に減少すると窒素施肥適量は100 kg/haとなり，チモシー単一状態になれば，それが160 kg/haにまで増加する．

混播採草地におけるマメ科牧草の維持は，窒素施肥量の低減だけでなく草地の草種構成を良好に維持するという面もある．草地の草種構成が良好でなければ，施肥による増収効果が期待できないし，収量水準も低い． 〔松中照夫〕

文 献

1) 平島利昭：道立農試報告, **27**, 1-97, 1978.
2) 早川康夫，宮下昭光：北農試彙報, **100**, 91-96, 1972.
3) 坂本宜崇，奥村純一：道立農試集報, **40**, 40-50, 1978.
4) 松中照夫：土肥誌, **58**, 566-572, 1987.
5) 木村 武，倉島健次：日草誌, **39**, 381-386, 1993.
6) 松中照夫：道立農誌報告, **62**, 1-72, 1987.
7) 木曽誠二，菊池晃二：日草誌, **34**, 169-177, 1988.

2) 暖地型牧草 多種類の牧草のうち平均気温22℃以上で良好な生育を示し，10℃前後以下で生育を停止するものを総括的に暖地型牧草と呼んでいる．暖地型牧草の多くはアフリカや南アメリカ原産の多年生のC_4植物である．

i) 沖縄県における暖地型牧草の栽培 わが国における暖地型牧草の適応地帯は降霜のない沖縄県や南九州の一部に限られ，それ以外の地域では越冬が困難であるため1年生として利用されている．沖縄県における主要な草種であるローズグラスは多葉性で地表面の被覆が早く，再生力が強い利点をもっている．草地の造成時に基幹草種として利用されたために沖縄県ではいちばん多く栽培されているが，永続性が劣り栽培面積は減少傾向にある．ネピアグラスは品質が良く採食性にすぐれているが，栽植は一般に茎の挿し木で行うため植付けに労力を要することなどから栽培面積の伸びは停滞している．ギニアグラスは生産量は大きいが，土壌の過湿には敏感で極端に収量が低下する．最近では劣悪環境下での利用に適したジャイアントスターグラスや草地の維持管理が容易で家畜の嗜好性の高いパンゴラグラスの栽培が増加してきた．バヒアグラスは土壌適

表9.22 沖縄県で栽培される主要な暖地型牧草の特性概要（草地管理指標，1994）

草種	利用目的		環境適応性									乾物生産力
	採草	放牧	耐寒性	耐暑性	耐乾性	耐湿性	肥料要求度	刈取抵抗性	耐踏性	耐侵食性	耐潮害性	
ローズグラス	◎	○	×	○	○	△	◎	◎	○	◎	◎	○
ネピアグラス	◎	○	△	◎	○	◎	◎	◎	○	◎	◎	◎
ギニアグラス	◎	○	×	◎	○	◎	◎	◎	○	◎	◎	○
ジャイアントスターグラス	◎	○	×	◎	○	○	◎	◎	○	◎	◎	○
パンゴラグラス	◎	○	×	◎	○	○	◎	◎	○	◎	◎	○
バヒアグラス	△	◎	○	◎	○	○	○	◎	◎	◎	○	△

◎：優れている，○：普通，△：劣る，×：なし

応範囲が広い上に，放牧に対する抵抗力がきわめて強いため放牧用草種として利用されている[1]．

ii) 暖地型牧草の施肥 沖縄県は南北に細長く沖縄本島と先島諸島とでは平均気温で2℃以上の差がある．また，草地は国頭マージ，島尻マージ，ジャーガルなどの特殊な土壌に立地しているため，気候，土壌条件に応じた施肥が必要とされる．これら以外にも草地に共通的な施肥要因として，目標収量，草種，利用目的（採草地，放牧地など），造成後の年数などがあげられる．わが国における暖地型牧草の施肥については，研究の歴史が浅く今後の研究に期待されるところが大きい．

沖縄県畜産試験場[1]では主要牧草別に施肥基準量を公表しているが，ここでは草地管理指標[2]に記載された年間標準施肥量を示す．沖縄本島周辺における採草地の目標生草収量は90〜130 t/haで，先島諸島では100〜150 t/haであるが，最高の生草収量を目標とした場合には国頭マージにおける年間の標準施肥量は窒素500 kg，リン酸200 kg，カリウム400 kgとなっている．なお，窒素とカリウムの施肥配分は原則として生育旺盛な夏期に多くし，他の時期については草量に応じて適宜配分する．また，リン酸はなるべく刈取りごとに分施する．

一方，放牧地においては生草収量100 t/haを目標にした場合，沖縄本島周辺の年間標準施肥量は窒素220 kg，リン酸100 kg，カリウム150 kgであり，先島諸島では窒素200 kg，リン酸90 kg，カリウム120 kgである．施肥は原則的には早春および各放牧利用後に行い，窒素とカリウムは年間施用量を均等に分施する．リン酸は終牧後あるいは放牧開始前に施用する．　　　　　　　　　　　　　　　　　　　〔山本克巳〕

文　献

1) 沖縄県畜産試験場：沖縄県の主要牧草（第4版），沖縄畜試資料，No.8, p.32, 1989.
2) 農林水産省畜産局：草地管理指標（草地の維持管理編），p.214；（草地の土壌管理及び施肥編），p. 102, 1994.

c. 芝　草

芝草はゴルフ場，サッカー競技場などの競技用芝，公園・緑地用，あるいは家庭用の芝など，使用目的により用いられる芝の種類が違い，施肥管理法も異なっている．ゴルフ場だけみても，グリーンでは短く頻繁に刈り込み，緑を保ち，踏圧に強い芝，ティー・グラウンドでは損傷に強く再生のよい芝が必要である．フェアウエイやラフの芝はどちらかといえば手をかけなくてすむ芝がよい．公園・緑地の芝はいったん定着してしまえば，その後はあまり生長しない方が管理が楽と評価される．

芝の種類は寒地，暖地で違っている．夏季と冬季で年間の温度差が大きい地帯で通年よい生育をする芝はないから，何種類かの芝を混播するとか，追播するなどの管理をしており，栽培管理条件や施肥法も異なっている．牧草と違ってマメ科草は望ましくない（草汁で衣服が汚れやすい）ので生物的固定窒素は期待できない．したがって窒素肥料の施用法が重要である．

1) **ゴルフ場**　ゴルフ場では，グリーンの良否によってゴルフコースの評価が決まる．ベントグラスが代表的であるが，梅雨時の多雨と夏季の高温に弱い．そのため関東以西では夏季に強いコウライシバが用いられる．コウライシバは冬枯れがあり，プレー性も劣る欠点がある．

ベントグラスに対する施肥量は，吸収特性を反映して2～5月に年間施肥量の過半を施用し秋には少なくする．コウライシバでは4月以降に10月まで毎月ほぼ同じ量を施肥している．年間合計するとベントグラスより施肥量は少ない．関東周辺のゴルフ場での慣行施肥量は表9.23に示した．

グリーンの土壌は砂土であり，多量の灌水を必要とするが，灌水量が多いと溶脱が増え，施肥量を多くしなければならない．pFメーターで最適灌水量にするとか，緩効性窒素肥料の施用で窒素の利用率を上げることができる．

グリーン以外では刈り取り回数などで施肥量も減らしている．フェアウェイの施肥量はN-P$_2$O$_5$-K$_2$Oで年間 N 15～18，P$_2$O$_5$ 15～25，K$_2$O 11～19 g/m^{2}程度である．

表9.23　ゴルフグリーンにおける施肥量と吸収量の例 (g/m^2)

月	ベントグラス			コウライシバ		
	N	P$_2$O$_5$	K$_2$O	N	P$_2$O$_5$	K$_2$O
2	25.2	37.4	37.4			
4				11.4	19.8	13.1
5	17.5	11.7	4.2	3.3	4.2	4.8
6		11.7	4.2			
7		8.4	2.1	6.4	4.2	4.8
8	13.5	3.0	3.0	3.3	10.5	4.8
9	2.4	14.1	11.4	5.8	5.2	8.6
10				5.7	2.0	2.8
11	2.4	3.6	3.0			
施肥量計	61.0	89.9	65.3	36.0	45.9	38.9
吸収率計	44.9	10.6	27.0	16.6	5.6	10.5
回収率(%)	73.6	11.8	41.3	46.1	12.2	27.0

(角田，1972)

2) **公園・庭園・競技場芝に対する施肥**　芝草の種類，土壌，使用目的でさまざまであるが，表9.24のような年間施肥量となっている．この施肥量を3～5回に分け，冬期低温時と盛夏の高温・干ばつ時を避けて施用する．濃度障害を避けるため緩効性窒素肥料も使われており，施肥回数を減らすことができる．

〔越野正義〕

表9.24 公園・庭園・競技場芝生における年間施肥量（N, P_2O_5, K_2O それぞれ g/m²）

利用場所	ベントグラス	コウライシバ	バミューダグラス
公園・遊園地	15〜25	10〜20	15〜25
庭園・競技場	30〜40	20〜40	20〜40
ローンテニスコート	40〜60	35〜50	50〜90

（大久保・潮田，1972）

文 献

1) 角田三郎：芝生と芝草，ソフトサイエンス社，339-372，1972.

9.4.6 花 き 類

花きは，切り花，鉢ものに大別されるが，いずれも種類が多く，栄養特性は異なるため施肥法は種類により異なる．

a. 養分吸収量

切り花の養分吸収量は種類により異なるが（表9.25），平均的にみると，窒素（N）20.4，リン酸（P_2O_5）6.7，カリ（K_2O）32.8，石灰（CaO）15.1，苦土（MgO）4.7 kg/10 a 程度である．養分吸収量は概して生育量に比例し，生体重が大きく，採花本数の多い種類が多い．吸収量は品種，栽培方法，栽培時期などの差異によってもかなり異なる．花きは品種変遷や，栽培方法の変化が大きいことがあるのでそれらに注意する．鉢花の1株（鉢）あたり養分吸収量（g）を平均的にみると，窒素0.97，リン酸0.32，

表9.25 切り花の養分吸収量の目安（細谷，1995）

種類	収量など (10 a あたり)	養分吸収量 (kg/10 a)				
		N	P_2O_5	K_2O	CaO	MgO
アルストロメリア	切り花本数 130,000	18.4	6.6	49.1	8.2	2.6
カーネーション*¹	同 上 257,300	79.2	33.0	134.6	49.3	16.6
キク	同 上 59,600	16.3	4.2	27.9	7.0	2.8
キンギョソウ	定植株数 34,000	18.0	5.0	35.5	15.0	6.0
シュッコンカスミソウ	一 年 株 5,900	8.1	3.3	17.3	10.4	5.8
スイートピー	定植株数 20,000	16.7	4.5	12.3	12.1	3.4
スターチス・シヌアータ	同 上 4,400	14.4	6.6	20.4	3.8	7.5
ストック	同 上 59,900	20.4	5.6	32.2	16.0	2.5
デルフィニウム	同 上 4,900	12.2	3.5	27.2	6.8	5.4
トルコギキョウ（ユーストマ）	同 上 31,000	12.4	2.2	14.6	1.6	2.8
バラ	切り花本数 121,200	23.7	6.2	23.0	8.6	3.7
フリージア	定植球根数 150,000	12.9	3.3	20.9	4.2	2.5
ユリ	同 上 28,800	6.7	0.8	16.9	6.1	1.7
リンドウ*²	定植株数 7,150	25.7	9.0	27.2	12.1	1.8

*¹実栽培面積あたり．*²開花4年目．

表9.26 鉢花の養分吸収量の目安（細谷，1995）

種類	地上部生体重(g/鉢)	鉢(号)	養分吸収量 (g/鉢)				
			N	P_2O_5	K_2O	CaO	MgO
アサガオ	227	5	0.76	0.19	1.28	0.59	0.20
インパチェンス	183	5	0.35	0.21	0.73	0.33	0.24
ガーベラ		5	0.82	0.17	0.89	0.24	0.11
カルセオラリア	98	4.5	0.23	0.10	0.48	0.17	0.05
グロキシニア	100	5	0.28	0.07	0.51	0.34	0.05
クンシラン	481 (根323)	5	1.55	0.45	1.67	1.29	0.25
シクラメン	379	5	0.55	0.18	1.07	0.60	0.28
シネラリア	178	5	0.67	0.20	1.27	0.47	0.16
シンビジウム	1,343 (根683)		4.26	1.50	2.79	3.65	1.43
ペラルゴニウム	152	4.5	0.36	0.22	0.52	0.87	0.15
ポインセチア		5	0.59	0.13	0.41	0.31	0.09
ポットマム	323 (5株植え)	5	1.27	0.36	1.92	0.56	0.17

カリ1.13，石灰0.79，苦土0.27程度である（表9.26）．なお，切り花同様に種間差異が大きいが，概して生育量に比例し，クンシランのように植物体が大きい種類で吸収量が多く，プリメラのように小さい種類で少ない．品種間差異も大きく，さらに仕立て方などによっても養分吸収量は異なる．シクラメンの生体重は，7号鉢株は5号鉢株の4倍程度，ミニシクラメンは5号鉢株の1/4程度であり，養分吸収量はこの大きさにほぼ比例する．それゆえ，種類の平均的な吸収量を示すのも無理な場合がある．花きの養分吸収量は概してカリが最も多く，要素吸収比は種類により異なるが，平均的にみると，窒素100に対し，リン酸33，カリ144，石灰67，苦土26程度である．

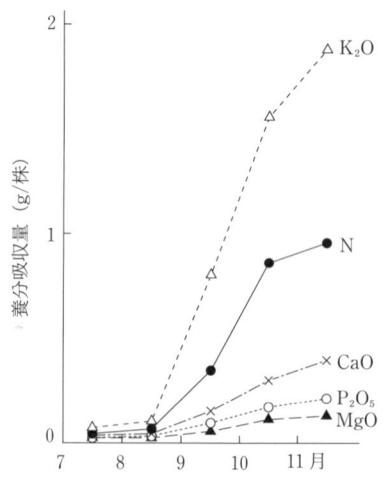

図9.16 キクの養分吸収経過（細谷，1974）

b. 生育と養分吸収過程

切り花のキク（図9.16），鉢花のシネラリア（図9.17）について生育と養分吸収経過をみると，いずれも定植後約1か月間は生体重の増加が少なく，その後急激にほぼ直線的に増加し，この傾向が後期まで続く．定植後，まず葉，茎が増加し，出蕾後その増加は緩やかとなり，蕾，花重が増加する．乾物率は概して初期が低く，後期にやや高くな

り，茎でその傾向が大きい．乾物重の増加は生体重の増加とほぼ同様の傾向を示す．養分含有率は概して窒素，リン酸，カリは初期が高く，後期がやや低いが，石灰は後期がやや高く，葉でその傾向が大きい．養分吸収量の増加傾向は生体重とほぼ同様であり，いずれの要素も定植1か月間の増加は少なく，その後収穫時（開花時）まで急激に，ほぼ直線的に増加する．

キクの養分吸収量を定植後の2か月間と，その後，開花までの約2か月間を比較すると，後期が窒素65，リン酸53，カリ57，石灰64，苦土59％で，各要素とも後期の吸収量が多い．

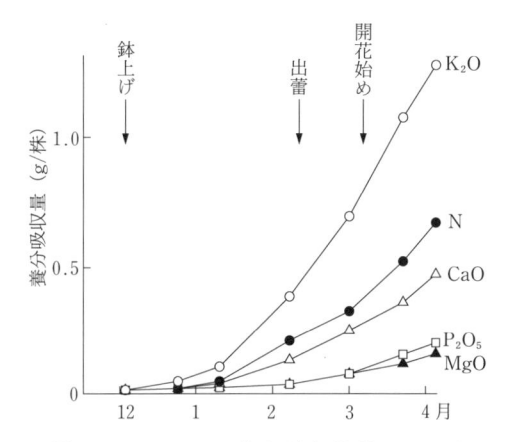

図9.17 シネラリアの養分吸収経過（細谷，1985）

シネラリアについて鉢上げ時から出蕾前の66日間と，出蕾後から開花までの57日間をみると，出蕾後の吸収量が窒素69，リン酸82，カリ71，石灰72，苦土74％で，キクと同様に後期の吸収量が多い．生育初期の養分吸収量は比較的に少なく，中・後期から開花時まで急激にほぼ直線的に増加し，後期の吸収量が多いのが，花きの一般的な養分吸収経過と考えられる．花きは，概して生育期間が短く，開花時に収穫し，栄養生長から生殖生長に移行したその初期に生育が打ち切られ穀実の成熟期がないため，このようなパターンを示すものと思われる．

なお，花きは種類が多く生育様相も多岐にわたるが，それらに基づき種類別養分吸収パターンを切り花について加藤は，A：連続採花型（バラ，ガーベラなど），B：二山型（キク二度切りなど），C：一山型（秋ギク，ストックなど），D：尻上がり型（トルコギキョウ，スターチスなど）の4型に分け，それに対する生育好適濃度と施肥モデルを示している．また，鉢花について細谷はA：長期開花型（シクラメンなど），B：発育相転換型（ポインセチアなど），C：花芽分化後休眠型（ハイドランジアなど），D：栄養生長型（観葉植物など），E：蓄積養分利用型（シャコバサボテンなど）の5型に分けている．各吸収パターンに応じて的確に施肥することが重要である．

c. 施　　肥

生育，開花への影響は窒素が最も大きく，不足では生育が劣り，開花が遅れ品質が劣る．多いと生育旺盛となるが軟弱徒長となり，開花が遅れ，葉と花のバランスが悪くなったり，日持ちが悪くなるなど，品質が低下する．花きは種類により好む窒素吸収形態が異なるが，わが国の研究成果をみると次の5型に分けられる．

Ⅰ型：硝酸態窒素のみで生育，開花が最もすぐれ，アンモニア態窒素の比が増すに伴って不良となるもの：アサガオ，コスモス，コリウス，ジニア，ゼラニウム，ポインセチア．

Ⅱ型：硝酸態窒素にアンモニア態窒素が2～4割共存した場合に最良となり，それ以

上アンモニア態窒素の比率が増すと不良となるもの：カトレア，カーネーション，ガーベラ，キク，サルビア，シクラメン，スイトピー，ストック，バラ，パンジー，ベゴニア，ユリ．

III型：アンモニア態窒素に硝酸態窒素が2～4割共存した場合に最良となり，それ以上硝酸態窒素の比率が増すと不良となるもの：グロキシニア，ツツジ．

IV型：アンモニア態窒素のみで生育が最良となり，硝酸態窒素の比率が増すにつれて不良となるもの：サツキ．

V型：両形態の比率に関係なくよく生育するもの：グラジオラス．

概して花きは硝酸態窒素を好むものが多く，硝酸態窒素を主にし，少量のアンモニア態窒素が共存した場合に生育，開花が良好となる種類が多い．実際栽培でこれが問題になることは少ないが，微生物活性の少ない人工培地や養液栽培，あるいは硝酸化成が抑制された条件下では，この供給比が不適正であると生育不良や生理障害を生じるので，肥料の選択に注意する．

窒素施用の影響は生育時期により異なる．キクに対する生育時期別窒素欠除の影響は，初期ほど大きく，欠除により生育が遅れ，後から補っても回復しない．生育期間が短いこと，生育初期は植物体が小さく養分保持量が少なく移行養分での生育確保が困難なこと，展開葉数などは生育初期に決定されることなどによる．これに対し，後期，特に出蕾期以後は吸収量が多いが欠除の影響は小さい．

したがって，初期栄養の確保が重要であるが，生育初期は濃度障害を生じやすいので多肥は避ける．濃度障害はECをめやすにするのがよく，電照ギク，バラ，カーネーションは0.6 mS/cm以下が安全とされる．土壌中の窒素適濃度は種類により異なるが，キクは定植時 NO_3-N 10 mg/100 g 以下，生育盛期 10～20 mg/100 g，収穫時 5 mg/100 g．バラは植付け初年度 10 mg/100 g，次年度以降 15～20 mg/100 g．カーネーションは 20～25 mg/100 g．スイトピーは 10～20 mg/100 g 程度とされる．また，窒素施肥は開花日に影響し，キクは窒素不足により開花が遅れ，シンビジューム，デンドロビウムは窒素供給打ち切りが遅れると開花が遅くなる．シャコバサボテンは花熟を促すためには窒素低濃度とするが，その発達にはある程度の高濃度が必要である．概して花芽分化は窒素濃度がある程度低いほうが早く，発達はある程度窒素栄養にすぐれた場合に早くなるが，この影響は種類や品種によって異なる．

リン酸は窒素に次いで影響が大きく，有効態リン酸が少ない場合は施用効果が大きいが，過多では生育を抑制し，鉄欠乏などの障害を生じる．リン酸施肥は品質を高めるとの考えから多施されがちだが，過剰が懸念される圃場もあり，土壌診断により適正に施用する．土壌の適正水準は種類などにより異なるが，キクでは可給態 P_2O_5 40～80 mg/100 g が適正で，300 mg/100 g（水溶性 P_2O_5 30 mg）の富化土壌ではリン酸無施用，100～300 mg/100 g（水溶性 P_2O_5 10～30 mg/100 g）では減肥する．カーネーションは 100 mg/100 g 以上では減肥可能，80～100 mg/100 g あれば多肥の必要はない．バラは 20～50 mg/100 g が好適とされる．

カリは吸収量が最も多いが，生育などへの影響は窒素，リン酸ほど大きくない．土壌中の適濃度はカーネーションで 40～60 mg/100 g とされる．カルシウムは比較的吸収量

が多く，生育，品質などへの影響が大きい．欠乏するとキク，カーネーションなどでは花腐れ症を生じる．微量要素について，ホウ素が欠乏すると，ストックでは葉の表皮が浮き上がったようになり，白い小班を生じ葉全体が白色がかり，茎に縦の亀裂が入る，定植前にホウ砂 1 kg/10 a 施用で防げるが適量幅が狭いので過剰とならないように注意する．

肥料の種類と施肥量の影響について，田中らはカーネーションで，油かすと CDU 化成を施肥した慣行に対し，被覆肥料および液肥の施肥量を変えて検討した．切り花本数は，小肥では慣行，被覆肥料，液肥の順に多く，標肥では被覆肥料が多く，多肥では慣行，液肥，被覆肥料の順であった．肥料の種類による収量差は認められず，施肥は慣行の有機質肥料主体でも液肥や緩効性肥料でも，特性を把握して施用すればいずれでもよく，生育に応じた施肥をするのがよいとしている．

d. 鉢花の施肥

鉢花は限られた小さな容器で栽培され，生育量，養分吸収量は鉢の大きさに比べて大

表 9.27 シクラメン底面給水栽培における秋季の液肥施用濃度が生育・開花に及ぼす影響（駒形，1988）

処理[*1]		葉数[*2]	株張	花蕾数	花弁長	花弁幅
前期	後期	枚	cm	本	cm	cm
5号鉢 50	50	64.2 (202)	33.6	23.8	—	—
	100	68.6 (219)	33.7	17.1	—	—
	150	75.3 (236)	33.9	22.7	—	—
5号鉢 100	50	66.6 (223)	32.9	16.7	—	—
	100	76.6 (255)	35.7	18.0	—	—
	150	54.2 (179)	35.0	17.9	—	—
手灌水		58.1 (198)	34.8	15.8	—	—
6号鉢 50	50	107.3 (219)	38.9	19.8	4.5	3.8
	100	104.6 (198)	40.2	24.9	5.1	3.8
	150	107.1 (225)	43.1	20.2	5.3	4.0
6号鉢 100	50	93.9 (184)	38.2	21.9	4.6	3.7
	100	105.2 (199)	39.3	21.7	5.2	3.9
	150	97.7 (200)	41.3	21.0	5.1	3.9
手灌水		93.3 (194)	37.3	20.0	5.0	4.0
7号鉢 100	100	100.1 (189)	41.0	23.9	5.1	3.6
	150	107.1 (209)	39.9	24.1	5.2	3.8
	200	107.7 (207)	40.6	17.8	5.1	3.3
手灌水		96.5 (192)	35.8	18.4	5.0	3.9

[*1] 前期；9/上〜10/20, 後期；10/21〜12/上, 数字は窒素濃度 (ppm)
[*2] ( ) 内は 9/上を 100 とした場合の増加率
品種：パステル系ピンク（大内氏採種）

きく,また灌水量が多く溶脱量が多いことなどから,施肥の影響は非常に大きい.生育,開花に影響の大きい要素は窒素であるが,全量基肥施肥すると普通の肥料では濃度障害を生じる.初期生育の確保が高品質生産には重要であるが,生育初期は濃度障害を生じやすく,上部からの灌水では生育中に養分が流亡する.生育に応じて追肥するか緩効性肥料,液肥などを施用するのが効果的である.流亡は要素によって異なるほか,肥料の種類,灌水量,灌水方法によって異なり,緩効性肥料は少なく,灌水量が多いと多くなる.流亡はカルシウムが最も多く,ついでカリ,硝酸態窒素で,リン酸は少ない.灌水の省力化から,底面給水栽培が増加している.底面給水栽培では,水ストレスが生じにくく軟弱となりやすい.また,養分は逆に鉢上部表層に集積する.底面給水では,養分の流亡がないので,上部からの灌水より施肥量をやや減じるのがよい.

最適な施肥法,施肥量,施肥濃度は花きの種類,品種のほか,鉢用土の違い,仕上げ鉢の大きさ,灌水方法などによって異なる.シクラメンの底面給水栽培における窒素施肥適濃度について,駒形らは仕上げ鉢の大きさによって異なり,5,6号鉢では秋期前期 50 ppm,後期 150 ppm.7号鉢ではそれぞれ 100 ppm,150 ppm 程度がよいとし(表 9.27),また,八木らは,それは鉢用土の違いによって異なり,ピートモスの含有比の少ない用土では肥効が劣るとしている.鉢花の最適施肥法は種類,品種,鉢用土,栽培方法などによって異なるので,それらに応じて適切なものとする.緩効性肥料を基肥あるいは追肥し,生育状況に応じて液肥施用するのが比較的に管理が容易である.

〔細谷 毅〕

9.4.7 球根類

球根類を花き園芸球根作物に限定する.球根類は葉,茎または根の一部が地中で肥大し,養分貯蔵器官になったもので,通常生育環中に休眠期をもち,繁殖は主に球根による栄養繁殖で行われる.球根類は種類が多いが,春〜夏に生育して開花し秋低温になると休眠する春植え球根と,秋〜春に生育して開花し,夏の高温乾燥期に休眠する秋植え球根に一応大別されている.しかし,球根類は種類により原生地の気候型や生理生態が異なり,また,栽培様式も球根養成栽培や切り花栽培などがあるので,これらの施肥問題を一括して述べるのは困難である.ここではわが国で研究が進んでおり,生産量の最も多い秋植え春萌芽型球根のチューリップを球根類の代表に選び,良質の球根生産を目的とした球根養成栽培の施肥とそれに関連する事項について述べる.

a. わが国のチューリップ球根養成栽培地帯

球根養成栽培地帯は新潟・富山両県を中心とした日本海沿岸地帯に分布している.この地帯の気候は,冬降水多量低温,夏乾燥高温で,チューリップの原生地と推定されている中近東のステップ型気候に類似しており,チューリップの生育に好適である.この地帯の球根栽培地は,花芽分化が早く促成切り花用に適した球根が生産される砂丘地帯と花壇用球根が主に生産される水田裏作壌土地帯が主体になっている.

b. チューリップの栄養生理[1,2]

チューリップの生育は,秋定植後根盤から多数の太い不定根の発根で始まり,以降翌春の萌芽時までの地中生育期間では根が,萌芽後になると葉が,ついで茎と花がそれぞ

れ主体になって展開され，摘花以降では新球根の肥大充実が主体になる．チューリップの根は地中生育期間中に窒素 (N)，リン酸 (PO_4) カリウム (K) などの養分，特に窒素を多量に吸収して一時的に高濃度で貯蔵し，萌芽後この貯蔵養分を葉などの新器官へ供給する特徴的機能を有し，これが早春の葉の旺盛な生育を可能にし，球根収量の向上に大きく貢献している．したがって，地中生育期間での窒素などの養分の十分な供給はきわめて重要である．また，球根生産に重要な窒素，リン酸，カリウムの供給時期は主に摘花時までの生育前半であり，収穫球根の適正な窒素，リン酸，カリウム濃度（乾物あたり）はそれぞれ 1.0～1.5％，0.6～0.8％，0.7～1.0％である．球根の窒素濃度はその品質にも大きな影響を及ぼし，濃度が 1.0％以下の球根は花芽分化が遅れ不整一になり，1.5％以上の球根は病害が発生しやすい．なお，窒素過多の球根は主に摘花後の窒素過剰供給によりもたらされる．

c. 球根養成栽培における肥料三要素の施肥[1,3]

i) 窒素 促成用球根産地の砂丘地帯では，高品質球根の効率的な生産が可能で，しかも省力的な施肥法が求められている．これに応える施肥法として，チューリップの栄養生理と耕種上の特性，砂丘地土壌の肥よく度と理化学的性質，球根生産地帯の気象条件などを総合的に活用した"窒素12月表面施肥法"がある．これは 25 kg 程度のアンモニア態窒素肥料（施肥量はすべて 10 a あたり）全量を降雪前の 12 月中旬に球根定植畑の表面に施用する方法である．また，窒素として 25 kg 程度の被覆肥料（100日タイプ）の全量基肥施用法も検討されている．これら両施肥法は，球根収量，窒素利用率，球根の窒素濃度と花芽分化状況などからみて，肥効が安定して高いすぐれた砂丘地畑の窒素施肥法であると判断される．他方，花壇用球根産地の水田裏作地帯では，外観がよく病害のない球根の生産が要望されている．そこで，窒素の肥効が遅くまで残るのを避けるため，窒素施肥量を抑える施肥法，すなわち窒素として 10 kg 程度の被覆肥料（100日タイプ）の全量基肥施用法が勧められている．

ii) リン酸およびカリ リン酸 (P_2O_5) は全量基肥で球根定植下部土層へ施用するのが常識的で適切である．また，カリ (K_2O) は砂丘地土壌でも窒素ほど溶脱しないので，カリは通常基肥施用のみで良いと考えられる．現行のリン酸とカリの基肥量は，両者とも砂丘地畑で 25～30 kg，水田裏作畑で 12～18 kg である．

d. チューリップに発生する要素欠乏[1]

チューリップは単子葉植物であるが，カルシウム (Ca) とホウ素 (B) の要求量が比較的高いのでカルシウム欠乏（根伸長不良，花茎の折れ曲りなど）やホウ素欠乏（根伸長抑制，花弁色ぬけ，花茎折れなど）が発生しやすい．カルシウム欠乏の発生は球根定植前の畑に適量の石灰質肥料を施用し，土壌 pH (H_2O) を中性付近に矯正することで回避できる．また，ホウ素欠乏は土壌の可給態ホウ素濃度が 0.2 ppm 以下の畑で発生するので，このような畑ではホウ素として 250 g 程度の難溶性ホウ素肥料を基肥施用すれば，欠乏は防止できる．　　　　　　　　　　　　　　　　　　　　　　　〔五十嵐太郎〕

文　献
1) 馬場　昴：肥料科学，9号，65-121，1986．

2) 五十嵐太郎：養液栽培と植物栄養（日本土壌肥料学会編），103-133，博友社，1989．
3) 今井 徹：花卉の栄養生理と施肥（細谷 毅，三浦泰昌編），445-453，農文協，1995．

9.4.8 ク ワ

クワは落葉性永年木本作物であり，桑園では1年間の生育過程で枝条の伐採や収穫が行われ，さまざまな仕立て・収穫法がとられている．したがって，施肥には収穫後の再生長および翌年以降の生育促進などに対しても多面的な配慮がされている．

a. クワの栄養生理

クワの1年間の生長は栄養上，①枝葉が主として貯蔵養分によって形成される時期，②枝葉形成および吸収同化のさかんな時期，③吸収同化された養分が貯蔵器官に移行貯蔵される時期，に大別されそれぞれ展開期，同化期，貯蔵期と呼ばれている．

普通，養蚕農家ではカイコの飼育が1年に3回以上行われる．農家の桑園には年間のカイコの飼育計画にあわせて収穫時期を異にする桑園が設置されている．春秋兼用桑園では春に前年の残条から発芽伸長した新梢を春蚕の飼料とするため，5月に枝条の基部から伐採（夏切りという）収穫する．その後，株から発芽伸長した枝条を9月に枝条の中間で伐採し晩秋蚕の飼料とする．一方，夏秋専用桑園では，春の発芽前に前年の残条を基部から伐採（春切りという）し，株から発芽伸長した枝条を7月から10月にかけて基部から40 cm位の位置で伐採し，夏秋蚕期の飼料とする．

このように栽培クワでは同化期の最中に一度生育が中断され，株からの再発芽とともに展開期からの生育がくり返される．この場合養分吸収も一時停止し，再発芽および初期生長はすべて貯蔵養分によってまかなわれる．年間多回育養蚕が行われると桑園には伐採時期が異なるクワが数種存在し，生育相が異なるクワが混在するようになる．夏切り法を毎年くり返していると樹勢が衰えるので，春切り法と夏切り法を年々交互に行ったり，春切りを1年，夏切りを2年続けるなどして樹勢を考慮した栽培が行われる．

栽培クワは生育の大部分を茎，葉，根などの栄養器官の生長に終始するため養分吸収の様相は比較的単純であり，養分吸収はほぼ全生育期間を通じて窒素（N）6，リン酸（P_2O_5）2，カリ（K_2O）4，苦土（MgO）1，石灰（CaO）4という比率で行われると考えられている．しかし，クワは生長の途中で伐採による収穫が行われるため養分吸収は著しい影響を受ける．水耕クワによる実験では生育途中に地上部を基部伐採するとリン，カルシウム，マグネシウムが見掛け上排出される．このような養分吸収阻害は伐採後おおむね2週間で回復し，見掛け上の吸収が始まるが，要素によって再吸収の時期が異なり，カリウムは1か月近く遅れる．越冬中は樹体の生理機能がほとんど停止していると考えられているが，養分吸収の面ではかなりの窒素が吸収されること，リンおよびマグネシウムは見掛け上の吸収はないが，カリウムとカルシウムは明らかに排出されることが認められている．クワは好硝酸性植物といわれ，培地中の窒素源として全体の窒素量の2/3以上を硝酸態窒素で与えた場合に最も生育がよい．

b. 施 肥 量

桑園における施肥量決定の基本的な考え方は，収穫物として圃場から持ち出される養分量とクワの根・株が生長肥大するために必要な養分量を補うことにあり，次式によっ

$$\text{施肥すべき要素量} = \frac{\text{収穫物中成分量(収穫量)} + \text{根株の発育に要する成分量} - \text{地力に由来する養分量}}{\text{肥料要素の利用率}} \times 100$$

　桑園における標準施肥量は，10 a の桑園から収穫される桑葉でカイコを飼育することにより得られる繭の量（収繭量）を目標に定められている．10 a あたりの目標収繭量を 120 kg とした場合，化学肥料による窒素施肥量は 30 kg である．これは年間収葉量（春蚕期：新梢量，夏秋蚕期：葉量）2,100 kg と，付随して収穫される枝条量約 1,400 kg，合計 3,500 kg の条葉量によって収奪される窒素量に対し施用すべき窒素量である．リン酸，カリウムは窒素 30 kg に見合う量を土壌からの天然供給量に基づいて施用する．施肥効果を確保するため 10 a あたり 1,500 kg 以上の堆肥を施用し，地力の維持増進を図るほか，必要に応じ，熔性リン肥，苦土石灰，炭酸カルシウムなど土壌改良資材を多投して土壌改良を図る．都府県では各地における現地施肥試験の結果に基づいて，さらに収繭目標，立地，土壌，気象などの諸条件を考慮して施肥基準を設定している．一般に寒冷地では施肥量が少なく，西南暖地では多雨条件を考慮して窒素 30～40 kg 程度を標準としている場合が多い．

　桑園は栽植距離（密度）の相違によって，普通桑園，多植桑園および密植桑園に区分され，栽植距離および 10 a あたり栽植本数が，普通桑園では畦間 2 m 前後で 1,000 本未満，密植桑園では畦間 1 m 前後で 2,000 本以上が一つの目安とされている．植付け当年から高い生産性を求める密植速成桑園は 2,500～3,000 本以上も栽植される超密植の桑園である．密植桑園は普通桑園にくらべて多収穫となり施肥効率が高い．しかし，土壌中の養分も消耗しやすいため，化学肥料や有機物の増施による地力維持が重要である．有機物が多量に施され土壌改良が十分行われた密植桑園では 10 a あたり窒素を 40 kg，密植速成桑園では暖地で 40～50 kg，寒冷地ではこれよりやや少なめに施用されている．

c. 施肥方法

　桑園における施肥は春の発芽前に施す春肥（3 月中下旬）と夏切り後に施す夏肥に分けて行われる．施肥の時期，施肥量の比重は地域によって異なり，寒地ではクワの生育期間が短く，かつ秋の伸長停止が早いため，春肥に重点がおかれる．これに対して，暖地では発芽が早く，秋遅くまで生育するので夏肥に重点がおかれ，夏肥を 2 回に分施したり，さらに追肥が行われる．春切り桑園と夏切り桑園の比較では地域により異なるが，春切りの場合でやや春肥に重点をおき，夏切りでは夏肥に重点的配分されている場合が多い．春のクワは主に貯蔵養分によって生長するが春肥の吸収は早い．したがって，春肥の施用時期は寒暖地域により異なるが，ふつう脱苞 20～30 日前が目標とされている．有機物は冬期間あるいは春の発芽前に施用するのが一般的であり，畦間の表面施用あるいは溝施用で施される．

d. 肥培管理の省力化

　大規模多回育養蚕では壮蚕飼育が連続して行われる．そのため，養蚕農家では蚕期中の施肥，中耕除草などの桑園管理作業の大幅な省力化が必要となる．

肥効調節型肥料の使用により，桑園でも夏肥，秋の追肥を省いた年1回施肥が可能である．年間降水量の多い西南暖地では年1回施肥ポリマルチ栽培が省力増収技術として普及している．そこではマルチによって肥料成分の溶脱防止が図られるとともに，施肥および除草作業が軽減されている．多雨の年はさらに土壌の流亡防止効果も大きい．ポリマルチ栽培では肥効調節型肥料でなく従来の肥料でも十分対応できる．

桑園管理作業には施肥・中耕除草のほかに機械収穫が含まれる．慣行桑園では畦間を耕起するため土壌が軟弱になり桑収穫機の作業能率が低下することがある．そこで密植機械収穫桑園では圃場表面を硬く平坦にし，条桑収穫機の走行を円滑にする無耕起管理も行われている．無耕起管理法では除草剤散布，施肥，有機質資材の投入などの作業がすべて地表面散布形式で行われる．　　　　　　　　　　　　　　　〔川内郁緒〕

9.4.9 チャ（茶）
a. 窒　　素

チャの収量および品質を決定する最も重要な肥料要素である．特に，品質との関係が大きい．チャの品質構成要素のうち最も重要なうま味は，新芽に蓄積したテアニン*を中心とするアミノ酸類によるため，これをいかに多く蓄積させるかが，窒素施設法のポイントとなる．

* 茶特有のアミノ酸．グルタミン酸のエチルエステル $C_2H_5\text{-}NH\text{-}CO\text{-}(CH_2)_2\text{-}\underset{NH_2}{C}H\text{-}COOH$ で，茶アミノ酸類の60％以上を占める．

収量目標18 t/ha程度の普通園の施肥基準は，600 kg/ha[1]を基本とする．しかし，チャの生産県は北関東から沖縄および，各地域で気象，標高，土壌ならびに収量目標などの生産条件が異なるので，条件に対応して増減する．低気温で，生育が気温によって制約されやすい北関東のような地域では，100 kg/ha前後の減肥をする．多収園では吸収量の増加に対応して，100～200 kg/haの増施をする．また，溶脱量の多い傾斜地や礫質土壌では，相当量を増施する．

基本的な施肥時期と施肥割合[2]は秋肥（中部地方で9月上中旬）30％，春肥（同3月上中旬）30％，夏Ⅰ肥（1番茶後）20％，夏Ⅱ肥（2番茶後）20％である．施肥時期は北ではこれよりやや早く，南ではやや遅くする．施肥回数は基本形は4回であるが，通常，芽出し肥や分施によって1～2回増加する．施肥時には次の点に注意する．1回の施肥量は，濃度障害を回避するため150 kg/ha以下とする．分施する場合は20日以上の間隔をおき，その間に30～50 mmの降雨のあることが望ましい．夏Ⅰ・Ⅱ肥は新芽収穫後できるだけ早く施用する．

窒素は4～11月に多く吸収され，新芽中の含量は全窒素で3～6％，遊離アミノ酸で1～5％である．利用率は600 kg/haの施肥水準で40％程度である．

施肥窒素の形態はアンモニア態窒素を主体とする．硝酸態窒素の施肥は特に必要ない．茶樹は好アンモニア性であり，また強酸性の茶園土壌中においても，硝酸化成は円滑に進行するからである[3]．窒素の形態と茶樹生育との関係は詳しく調べられている[4]．

化学肥料は硫安を中心に尿素，リン安，硝安が用いられる．尿素は夏肥利用がよい．

有機質肥料は菜種かす,魚かす,肉骨粉などが用いられ,主に秋肥と春肥に配合肥料として施用される.夏肥には速効性の化学肥料を用いる.施肥窒素のうち有機質肥料で施用される割合は,秋肥と春肥では30〜50％,夏肥を含めると20〜30％である.緩効性肥料,中でも溶出コントロールのできる被覆肥料の利用は,施肥回数の削減に有効である.葉面散布は,新芽中の窒素含量の増加(品質向上)を目的とする場合は,新芽の開葉後0.5％尿素液を2〜3回散布する.

研究の進歩によって,テアニンは根で合成され,新芽に転流すること,吸収アンモニアの解毒物質と考えられ,根域のアンモニア濃度が高くなると合成量が増加する,などの機作が明らかとなり,これらは窒素施肥法の進歩の有力な基礎となった.

窒素施肥法の進歩によって収量,特に品質の向上は著しかった.しかし,環境への負荷[5]の増大から,経済合理性(窒素多肥による収量と品質の向上)のみの追求は困難となり,高収量および高品質の維持と環境保全との調和を求めて,さらなる合理的施肥法の開発が現在進められている.

　b.　リ　ン

化成肥料の多用などで,茶園土壌中のリン蓄積量は過大になっているので,施肥量は抑制してよい.250 kg/ha程度を秋肥と春肥の2回に分施する.化学肥料として重焼リン,過石,熔リン,有機質肥料として魚かす,肉骨粉が用いられる.有機質肥料から供給される割合は30〜50％である.茶樹は,リンを4〜6月と9月に集中的に吸収し,7〜8月は葉に,10〜11月は根に多く分布する.新芽中の含有量は0.4〜1.0(乾物)である.

茶樹は難溶性のリン酸アルミニウムやリン酸鉄を,他作物よりもよく吸収する.茶園におけるリンの吸収利用率は20〜25％である.維持すべき有効リンは非火山性土20 mg/乾土100 g,火山性土5 mg/乾土100 gである.

　c.　カ　リ

350 kg/ha程度を,リンと同じく秋肥と春肥の2回に分施する.肥料は硫酸カリと塩化カリを用いるが,茶樹は塩素の害を受けやすいので,硫酸カリを主に用いる.吸収時期は窒素とよく似て,4〜11月によく吸収する.新芽中の含量は1〜3％(乾物)で窒素に次ぐ.吸収利用率は40〜50％である.維持すべき目標値は0.5〜1.0 m.e/乾土100 gである.

　d.　カルシウム

苦土石灰を主に,秋深耕の前に1〜1.5 t/haを畦間に施用して,土壌とよく混和する.茶樹は好酸性であるが,茶園土壌のこれ以上の酸性化の進行は,避ける必要があるので,必ず施用する.

茶園土壌の適正pH範囲は,他作物と比較して低いのが特徴で,4.0〜5.0である.塩基飽和度は25〜40％,カルシウム飽和度は15〜28％を維持する.測定位置は畦間の中央とする.土壌検定を活用して監視するとよい.

　e.　マグネシウム

酸性改良資材として,苦土石灰を毎年施用していれば,通常の茶園では不足することはない.

維持すべき目標値は1 m.e/乾土100 g である．多肥園で欠乏症状を示す場合があるが，この場合は水溶性マグネシウムを施用する．多肥に比例して溶脱量が増加するので，過剰施肥を是正することが大切である．

f. 微量要素

敷草，整せん枝葉，有機質肥料などから供給されるため，欠乏症状は起こりにくく，普通の茶園では施用の必要はない．しかし，特殊土壌や排水不良土壌では，吸収阻害による欠乏症状が発生することがある．

i) 亜鉛欠乏 蛇紋岩土壌や頁岩風化土壌で，夏から秋にかけて黄色の小斑点などが発生することがある．新芽の生長直前に0.4％硫酸亜鉛溶液を散布する．

ii) 鉄欠乏 排水不良園で，可溶性マンガンの増加が鉄吸収を阻害して，葉が網目状に黄化することがある．2％硫酸鉄溶液を散布する．

g. 堆肥，畜産排棄物

堆肥の施用基準は20～30 t/ha で，秋深耕前に畦間に施用してすき込む．自給堆肥が激減して購入堆肥が主となり，投入量の不足が懸念される．

生ふん尿の施用は，障害発生のおそれがあるため避ける．乾燥また堆肥化して利用する．乾燥鶏ふんは，含有カルシウム（約10％）による高 pH 障害を避けるため，連年施用の場合は5 t/ha 以下とする．

h. 敷わら

稲わら，山野草（乾草）など10 t/ha を晩秋に，畦間と茶園周辺に敷く．傾斜地茶園の侵食防止をはじめとして多方面に効果が高く，敷わらは茶園においては不可欠の資材である．必ず施用する．

i. 茶樹由来の有機物

茶園には落葉はじめ整せん枝葉などが大量に供給される．落葉と整枝葉[1]から毎年乾物で5～12 t/ha，全窒素として150～300 kg/ha，樹高を切り詰めるせん枝[6]では浅刈りで乾物約5 t/ha，全窒素約173 kg/ha，深刈りでは乾物約11 t/ha，全窒素205 kg/ha が供給される．この養分供給量は施肥量に加算しない．

〔中島田　誠〕

文　献

1) 保科次雄：茶業試験場研究報告, **20**, 1-90, 1985.
2) 静岡県農政部：茶生産指導指針, 33-38, 1994.
3) 早津雅仁：茶園土壌の微生物に関する生理生化学的研究, 学位論文, 1993.
4) 石垣幸三：茶業試験場研究報告, **14**, 1-152, 1978.
5) 木方展治, 結田康一：土肥誌, **62**, 156-165, 1991.
6) 中村　充：茶業研究報告, **166**, 68-75, 1985.

9.4.10 タバコ

タバコは嗜好作物であるため品質を重視する．目的とする収量をあげ，しかも品質のよいタバコを生産するためには，最も生長が著しい最大生長期に窒素を吸収させ，生長割合が低下する成熟期は，生命維持に必要な量だけ供給されればよく，成熟後期はむしろ供給されないことが好ましい．

1) **養分吸収量** 収量・品質が理想的なタバコの養分吸収量は表9.28のようで，種類によって異なるが，カリ（K_2O）の吸収量が最も多く窒素（N）の2〜3倍である．次いで窒素と石灰（CaO）が多く，ほぼ同量の吸収量となる．リン酸（P_2O_5）や苦土（MgO）の吸収量はきわめて少ない．

表9.28 タバコの収量と養分吸収量

種類	収量	N	P_2O_5	K_2O	CaO	MgO
黄色種	261	8.4	1.8	21.4	11.6	3.7
バーレー種	280	12.3	2.4	30.8	15.9	2.4
在来種	271	15.1	2.6	36.6	15.1	5.7

注）単位は10aあたりkg

2) **養分吸収経過** 窒素の吸収は，生育に伴って増加し，特に発蕾時から心止時にかけて最大となるが，それ以降は根圏の窒素が少なくなり吸収量は減少する．移植後50日ころまでに全吸収量の60〜70％，心止までに90％以上吸収されるような施肥量が理想的である．カリは窒素と平衡的に吸収され，その量は窒素の2〜2.5倍である．リン酸は，初期生育に対して効果が高いが比較的遅くまで吸収される．

3) **施肥量の決定法** タバコに対する施肥量は，品種や栽培地域によって多少異なる．標準的な施肥量は表9.29に示したが，栽培地域によって土壌の性質や肥よく度の程度，栽培形式などが異なるので，これに対応して加減する必要がある．

表9.29 タバコに対する標準施肥量

種類	N	P_2O_5	K_2O
黄色種	8〜14	13〜23	20〜30
バーレー種	12〜16	13〜20	20〜35
在来種	7〜24	3〜12	12〜45

注）単位は10aあたりkg

タバコ連作圃地は，施用した養分の大半を消耗するので，前年の作柄を参考にして加減すれば問題はない．しかし，輪作圃地は前作物の種類によって施用した窒素が多量に残存する場合があるので，これに応じて減肥する必要がある．また，新規耕作圃地は地力が著しく低いので，増肥や追肥などの対策が必要になる．このような場合は，土壌分析に基づいて次式により施肥量を決定する．

$$\frac{\{タバコの10aあたり吸収量－(10aあたり土壌中有効態窒素量\times 利用率)\}}{利用率}\times 100$$

この計算式における土壌および肥料窒素の利用率は，アイソトープ法などで確認されており，ほぼ50〜60％である．タバコ栽培では，複合肥料をほとんどの地域で施用しているので，窒素を中心に設計すればリン酸やカリは自動的に決まる．

4) **肥料の形態** タバコが好んで吸収する窒素は硝酸態である．タバコ用複合肥料の窒素源は，硝化作用のよいナタネ油かす，尿素，リン酸アンモニウムなどが使用される．カリは，不足すると生長が停止し，欠乏症が現れる．タバコ用の好ましいカリ肥料は，硫酸カリ，炭酸カリ，草木灰などである．リン酸は，生育初期に対して効果が高いので水溶性の過リン酸石灰，重過リン酸，リン安などを使用する．リン酸固定力の高い火山灰土壌には，熔成リン肥なども使用する．

5) **施肥法** 一般的な方法は，移植1か月前頃に堆肥を10aあたり1,500kg程度施用し，窒素・リン酸・カリを配合したタバコ用複合肥料を条肥として施用する．ここで注意する成分は堆肥中の塩素である．タバコは塩素を多量に吸収すると，品質を著しく低下させるので，土壌中の含量が乾土100gあたり3mg以上にならないように

特に注意する必要がある．

〔贅田博躬〕

9.4.11 林木（苗畑・林地）

わが国は温暖多雨の気候下にあるため森林土壌は酸性化しやすい．主要造林樹種の成長の好適 pH は 4.8～6.2 とやや酸性域に存在するが，最近，酸性降下物による土壌酸性化による被害が懸念されている．酸性化が進行すると主要な養分の可給力が低下し，pH 5 以下で主に葉にマンガン過剰，pH 4 以下で急激に溶出するアルミニウムにより根系の成長阻害や微生物活性の低下が生じる[4]．この酸性化を中和する技術の向上が求められる．また，化石燃料の大量消費や森林破壊によって，地球規模での二酸化炭素の富化が行われているため，各種栄養塩の欠乏症状が現れやすい状況である[6]．このような環境条件における材木への施肥を概説する．

a. 肥培管理の現状

苗畑は土壌条件の不良な箇所が多く，苗木を山出しする際には，多くの場合，根系の土壌も持ち出すため，苗畑では土壌と肥培の管理が行われてきた[2]．

わが国の林野の約 70 % を占める褐色森林土壌は比較的生産性が高い[3]．しかし急峻な地形のために土壌層は薄く，多雨などにより塩基飽和度も低く地力の低下が危惧されてきた．特に人工林化が進み皆伐作業が行われてきた地域では，生産力の低下が問題となった．このため地力の維持・回復と保育作業の一貫として林地肥培が行われてきた．肥培管理とは森林の物質循環機能に立脚したものであることが期待されている[1,8]．

北欧，オーストラリアやニュージーランドでは，排水，灌水技術と組み合わせた肥培技術によって生産性を上げている．わが国でも養分要求性の高いヤナギ・ポプラなどの超短伐期林を造成し，増加する二酸化炭素の固定をも意図したバイオマス造林の中で施肥技術の向上が急がれている[5]．都市近郊林や法面の緑化には省力化にも有効な被覆肥料が利用されている[7]．一般に，栄養塩類の欠乏・過剰症状は葉や梢端部などの生長部分に現れるが，転流しやすいマグネシウムなどでは下葉に現れる．土壌診断と葉分析により樹種ごとの栄養生理特性を把握しておく必要がある[3]．

b. 苗 畑

施肥量は（苗木の養分吸収量－土壌の養分天然供給量）/養分吸収率（肥料成分利用率）とする．スギ苗生産での施肥量計算には天然供給量を窒素（N）：リン（P）：カリウム（K）=50～60：60～70：70～80 とし，養分吸収率は窒素・カリウム=30～60 %，リン=10～20 % とする．

1) **土壌の管理と改良**　畑や水田では根株などが残されるが，苗畑からは通常，苗木全体が養分に富む土とともに運出される．このため畑地以上に地力維持管理を必要とする．堆肥の施用量は固定苗畑の場合 2～3 kg/m^2 である．バーク堆肥，ピートモス，オガ屑堆肥などを施用する時には，十分腐熟させ C/N 比を小さくしておく．土壌改良の方法は特徴的な土壌について以下に述べる．

火山灰質土壌の主な粘土鉱物はアロフェンのために，リンの吸着力が強く，アンモニウムやカリウムの吸収保持力が弱い．肥料には堆肥を混用する．大気中の二酸化炭素濃度の増加により窒素やリン欠乏が予想される．熔成苦土リン肥の効果が高い．また，酸

性降下物の被害が懸念されるのは塩基飽和度の低い土壌である．酸性土壌では土壌のリン吸着力が増加しアルミニウムやマンガン障害が生じる．過剰にならない程度に石灰を施用し pH（H_2O）＝約6に土壌調整を行う．同時に堆きゅう肥を施用し，有機物の補給に努める．この際に中性・塩基性肥料を用いる．

重粘な土壌では理学性が不良なため，砂客土・堆きゅう肥を用い，深耕や暗きょ排水などを組合わせる．浅耕土では，苗木の根系が曲がってトリ足状になるので耕土層を厚くする．表土が浅いと一時に多量の施肥をしても生育後期には養分不足になる．速効性肥料の分肥や，ベントナイトや堆きゅう肥施用も効果的である．

2) **ポット育苗（プラグ苗）** 気象条件のきびしい熱帯や苗畑地確保が困難な地域では，用土確保，養水分管理，運搬は困難であるが，ポット育苗が行われる．活着率向上，初期生長増大，作業適期拡大が期待できる．ペーパーポットは広葉樹やカラマツ苗生産に利用される．頻繁な灌水で養分が流亡するので基肥の窒素-カリ量を抑え追肥にまわす．直径3cmの紙包700箇に硫酸アンモニウム：過リン酸石灰：硫酸カリウム＝20：50～70：10gを施用．

泥炭を主材料にしたジフィーポットには，生長の速い樹種では直播き，遅い樹種では芽生えを移植して養苗する．やや乾燥気味の灌水管理によって根系の発達を促進する．用土には肥沃な砂壌土にピートモスなどを加えて理学性をよくする．用土1m²あたり，硫酸アンモニウム：過リン酸石灰：硫酸カリウム＝200～400：300～500：100～200gを与える．

c. 林地肥培

収穫物である幹の養分含有率は枝葉に比べて少ない．物質循環を考慮した長伐期施業を推進することで地力低下の抑制が期待できる．土壌により効果は異なるが，施肥により葉の生産効率や葉量が増加して林木の生長を促進し，落葉枝葉を通じて森林内の養分循環を促す．肥効は3～4年間は持続する．その結果，森林からの養分流出も招くが，土壌改良が期待される[8]．

1) **肥培方法（表9.30）** 生産期間が長いので生育段階（閉鎖前・保育期・主伐期）に応じた保育作業と併用して施用する[3]．閉鎖前や保育期には下草や伐られた生枝葉から養分が短期間に還元されるので，陽イオン（マグネシウムなど）動態を考慮するとカリ肥は控えてもよい[1]．施肥により年輪幅は広くなる．比重は針葉樹と広葉樹環孔材では年輪幅2mmまで増加するが，広葉樹散孔材では変化が少ない．

人・家畜糞はリン・カリ分は比較的少ないが重要な肥料源であり，高圧などの処理後のものを森林域に散布し，肥効や下流域での水質保全を期待した試験例がある[8]．

2) **肥料木の利用** 窒素固定菌を共生するマメ科や非マメ科（ハンノキ類・グミ等）樹種を積極的に利用する．窒素固定菌の活動により，せき悪地・治山施工・海岸砂地などの地力が高まる．高二酸化炭素では寄主木の光合成速度が増加し共生菌活性も上昇する．なお，肥料分が多いと共生菌活性は上昇しない．

d. 都市林の肥培管理

透水・保水性に乏しく，セメントなどから溶出した物質によりアルカリ化した場所が多く，微量要素欠乏も生じやすい[7]．土壌の種類により施肥方法は異なる（3.1節参

表 9.30 林地肥培体系

区分	幼齢林	若齢林	壮齢林
林況	閉鎖前	除伐・枝伐ち・間伐	主伐・収穫前
堆積層と地力変化	A_0層消耗	A_0層と地力回復	落葉層の形成地力の改善
施肥目標	①活着・成長促進 ②早期林冠閉鎖による地力維持	①成長促進・落葉落枝による養分循環の促進 ②枝伐ち後の成長回復・巻き込み促進 ③間伐後の成長促進・閉鎖回復	①材積生長量増大完満度増大 ②年輪幅の均一化落葉層の分解促進 ③地力維持・次代の造林の準備
施肥回数	3〜4回	3〜4回	1〜2回
施肥方法	植え穴・側方・ばらまき	溝状・ばらまき	ばらまき
主な要素	N・P・(K)	Nのみ (+P)	Nのみ (+P)

(伊藤, 1992を改作)

照).高木・低木・生け垣に共通して施肥時には根が肥料に直接ふれないようにする.追肥するときも樹冠先端直下に環状に与え(つぼ肥),緩効性肥料を利用する.播種工後の法面施肥では発芽障害のでない程度を与える. 〔小池孝良・生原喜久雄〕

文 献

1) 生原喜久雄:森林と肥培, **123**, 1-8;**141**, 14-18, 1985, 1989.
2) 原田 洸:造林学, 川島書店, 87-95, 1994.
3) 伊藤忠夫:造林学, 朝倉書店, 159-173, 1992.
4) 小池孝良, 真田 勝, 太田誠一:日土肥誌, **64**, 704-710, 1993.
5) 佐々木恵彦:造林学, 朝倉書店, 116-126, 1992.
6) Smith, W. K. and Hinckley, T. M.:Resource Physiology of Conifers, Acad. Press, San Diego, USA, 1995.
7) 高遠 宏:森林と肥培, **155**, 7-14, 1993.
8) 堤 利夫:森林の物質循環, 東大出版会, 1987.

10. 栄養診断

10.1 外観による栄養診断

10.1.1 概　説
a. 障害発生の要因
　栄養障害の原因を一つに限定しようとすると無理を生じることが多い．それは，障害発生には，主たる外因とそれを助長する環境などの誘因，障害を受ける作物側の内因とが相互に関与しているからである．

　外観症状もこれら要因の組み合わせによって異なる．たとえば，同じ環境条件下であっても，症状は品種により異なる．逆に要因が異なっても同じ外観症状を示すことも多い．外観からの診断を実施するにあたっても，障害は三要因の組み合わせによって生じることを考慮する．

　　外因：元素の欠乏，過剰など
　　誘因：水分，温度，pH，他の元素とのバランスなど
　　内因：作物の種類，品種間差，生育ステージなど

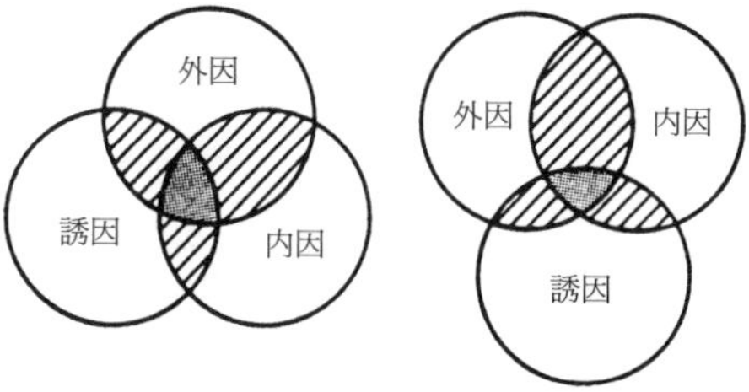

図10.1 三要因のかかわり方により外観症状は異なる[1]

b. 生理障害名は対策を示すとは限らない
　培地中の鉄（Fe）欠乏により新葉に黄化症状が発生する．同じ症状は銅（Cu）が過剰に存在するときにもみられる．いずれも，黄化した新葉の鉄含有率は低く，鉄の葉面散布により症状は治癒または軽減されるので，いずれの症状も鉄欠乏症といわれることがある．前者の鉄欠乏は一次要因だが，後者の鉄欠乏は二次要因である．いずれも，鉄欠乏といわれても間違いではないが，内容は異なる．

　一方，ハクサイの心腐れは，生育中期の水分不足や窒素（N）過剰で生じる．栽培的には定植時期が10日遅れても生じやすい．障害部位のカルシウム（Ca）含有率が幾分低いため，カルシウム欠乏症といわれているが，カルシウムを補給しても障害は容易に防止できない．

　前記の鉄の場合と同様に，二次的結果として生じた葉中の元素含有率の低下からカルシウム欠乏といわれている．カルシウム欠乏といわれている症状の中には同様のものが多く，こうした表現がすでに一般化している．すなわち，一次要因でないものも症状名とすることがあるため，これを拡大解釈する技術者がいると混乱を助長する．

極端な例をあげよう．家畜ふん尿堆肥を連用していると土壌中のカリウム（K）含有率が高くなる．そこに何かの障害が生じ，障害部位を分析するとカリウム含有率が高い．そこでその障害はカリウム過剰障害と診断されることがある．

どこかおかしい．症状名の表現一つにしても混乱している原因の一つは，診断が科学の方法でいう仮設の設立で終わることがあるためである．次に診断とは何かを考えてみる．

c. 仮設の設立

診断とは，対象を観察，分析（診察）してその結果から障害要因を予測（判断）することである．これは科学の方法でいう仮設の設立の段階で，科学的思考の途中であることを忘れてはいけない．仮設の設立のまま終った，ときには誤った診断結果が，科学的結論かのごとく普及してしまうことにお互い注意しなければならない．

すなわち，診断結果に基づいて予測された判断は，検証がなされて，はじめてその診断結果が意味をもつ．検証がなされている診断結果と未確認のものとを区別しなければならない．

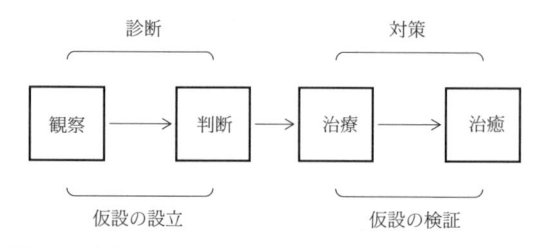

図10.2 仮設の設立（診断）と仮設の検証（対策）の関係[1]

d. 検証の方法

診断結果に基づいた仮設は，一つには治療という障害対策を実施することにより検証される．

しかし，これも直接的要因でなく間接的要因対策で治癒することも多い．たとえば，酸性土壌ではモリブデン（Mo）欠乏が発生しやすいが，モリブデンを見落とし，酸性障害と診断し，土壌 pH を高めるだけでも大半の障害は治癒する．土壌中のモリブデンが可溶化するからである．これも農業上は意味をもつが科学的には十分でない．

それでは，科学的な検証はどのようにしたらよいのだろうか．病原体の場合には，"コッホの病原体証明の4条件"に照らしあわせて検証がなされている．コッホ4条件とは，

① 病原体が罹患動物の組織，血液あるいは排泄物中に多数存在する．
② その病原体を分離して純粋培養する．
③ 培養した病原体を健康動物に接種して，それによって同じ病気を起こすことができる．
④ そこで発病した動物から最初と同じ病原体が多数検出される．

というものであるが，この4条件をすべて満足して初めて，その病原体がその病気の主

たる要因（病原）であることが証明される．

栄養診断にこれを適合してみると，①は特定元素が培地中に欠乏あるいは過剰に存在していることで，②は再現テストに用いる試薬の準備に相当し，③はその元素の欠乏・過剰処理により症状が再現できることで，④は再現された症状部位の元素含有率が，対象となっている障害と同程度であることである．複合障害であれば，複合元素で再現すればよい．

元素の欠乏・過剰障害の研究に際しては，こうした手順をふんで検証すべきことをお互い銘記したい．

e. 予防診断について

土壌分析結果を基準値に照らし合わせ，元素の欠乏や過剰障害の発生を未然に防止するための予防診断が実施され，多くの地域で一定の成果を上げてきている．しかし，永年同じように定められた項目を機械的に分析しても，目に見えた効果の上がらないことが多い．極端な異常はすでに改善されていることと，異常になる前の予防診断であるから当然でもある．

効果のある診断を実施するには，いま一度現地の生産阻害要因がなんであるかを，前述の三要因を考慮し，外観からの観察・調査により解析する必要がある．土壌が生産阻害要因でない場合に，土壌の化学分析をいくら実施しても解決策がみつからなくて当然である．診断は診察して判断することである．分析・調査項目も診断実施者の能動的な判断により決定されなければならない．

10.1.2 外観からの栄養診断のこつ
a. 要素欠乏・過剰症の出やすい元素と出にくい元素

なにごとにおいてもだが，ものごとには重要なものとそれほどでないものがある．実際農業上すでに数年間栽培されている圃場での栄養診断で重要な元素は，窒素である．各地で永年実施されている三要素試験結果を見直してみるとそのことがよりはっきりする（表10.1）．堆肥を施用している圃場での水稲作では，窒素だけを考えたらよい，といっても過言ではない．

一方，土壌中元素濃度と生育とは図10.3のような関係があり，欠乏域においては生育が阻害されるが，一定量以上土壌に存在するとあとは安定し過剰障害を示しにくいグループと，適量を越すとすぐ生育や収量，品質に害作用を及ぼすグループがある．窒素は後者に属し作物への適量範囲も狭い．

リン（P）やカリウムは，欠乏では作物は十分生育しないが，適量から過剰障害発生までの範囲が広い．そのため過剰障害の心配が少なく，安心して施用できる．同じ

表10.1 35年間実施された三要素試験結果（全期間の平均収量比）

	堆肥	NPK	-N	-P	-K	-NPK
水稲	施用	100 (100)	80	100	100	81
	無施用	100 (90)	71	97	97	66
麦	施用	100 (100)	37	86	99	35
	無施用	100 (49)	41	44	61	39

（兵庫県立農業試験場，1987より）

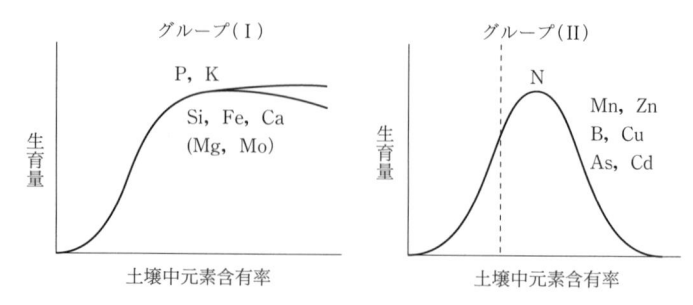

図10.3 土壌中元素濃度と生育・収量の関係[1]

グループ(I): P, K, Si, Fe, Ca (Mg, Mo)
グループ(II): N, Mn, Zn, B, Cu, As, Cd

（注）ヒ素，カドミウムなどの y 軸は破線の位置になる．こうした必須元素でないものでも土壌に微量施用すると生育量が増すことが多い．

グループにケイ素（Si），鉄，カルシウム，マグネシウムがある．微量元素は一般に適量幅が狭く，施用量を誤ると過剰障害がでやすい．例外的にモリブデンは欠乏から過剰に至る植物体含有率の範囲は 0.00005～100 ppm 以上ときわめて広い．モリブデンほどではないが，マンガンもやや幅の広い元素である．こうしたことを化学分析値を参考に診断する際には，承知していなければならない．すなわち，対象に比べマンガンが10倍多いからマンガン過剰症と単純にいえるものではない．

b．土壌中の養分の可給度

土壌中の養分の可給度はpHと E_h（酸化還元電位）に大きく支配されることも重要である．酸性側で可溶化しやすい元素は，鉄（Fe），マンガン（Mn），銅（Cu），亜鉛（Zn），ホウ素（B），アルミニウム（Al）で，逆に酸性側で不溶化する元素にモリブデン（Mo）がある．

還元状態になると，マンガン，鉄の可溶性度が増加するが，逆にカドミウム（Cd），亜鉛，銅は不溶化する．還元状態で生成した S^{2-} と不溶性の化合物を生成するためと考えられている．ヒ素（As）は還元状態の方が可溶化しやすい．

したがって，銅，亜鉛などの重金属過剰障害地帯は，土壌pHを高くし，水田では湛水栽培を実施することが対策のポイントとなる．一方，ヒ素鉱害は，水田では障害を受けやすく，畑作物は障害を受けにくい．

酸化還元電位の外観診断には，土壌の色，ガス発生の有無などを利用する．土を少し掘ってみて黒く鉄の還元が観察されるようであれば，表10.2より予測されるようにその部分に酸素は存在しない．酸素がなくなってから鉄の還元が始まるためである．水田に足を踏み入れ，ガスがブクブクと出てくるようであれば，かなり還元が進んでいる．ガスの発生量と酸化還元電位と

表10.2 土壌中の酸化還元反応と E_h の関係[2]

酸化還元反応	E_{h7} (V)
NO_3 還元開始	0.45～0.55
Mn^{2+} 生成開始	0.35～0.45
NO_3^- 不検出	0.33
O_2 不検出	0.22
Fe^{2+} 生成開始	0.15
SO_4^{2-} の還元と S^{2-} 生成開始	−0.05
CH_4（メタン）生成	−0.15～−0.19
H_2 生成	−0.15～−0.22

注）E_h の値は文献により異なり，およその目安

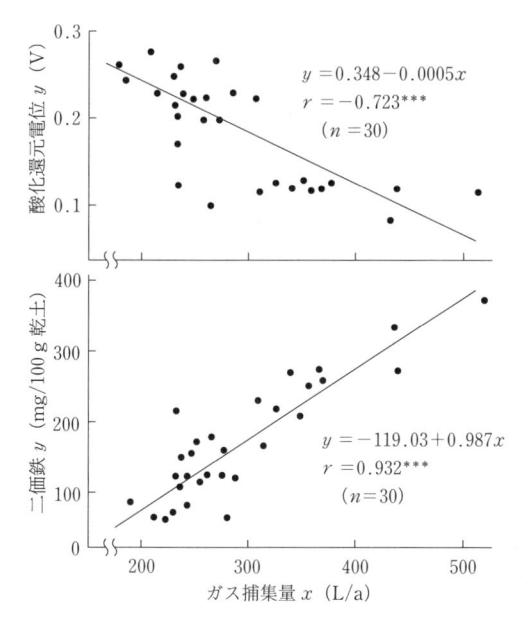

図10.4 ガス捕集量と酸化還元電位・二価鉄の関係[3]

は密接な関係がある（図10.4）．亜硝酸は土壌が少し酸素不足になると生成されやすい．亜硝酸が検出されたと驚かなくてもよい．また，畑土壌であっても，部分的に排水の悪い状態では還元が進み，マンガンが可溶化し作物に多くのマンガンが吸収される．

c. 症状発現部位（上位葉か下位葉か）

植物体内で特定元素が欠乏すると，その元素が植物体内で再転流されやすいか否かにより症状発現部位が異なる．再転流されやすい元素，たとえば窒素などではその欠乏症状は下位葉の旧葉から生じる．一方，再転流されにくい鉄のような元素では，その欠乏症状は成長点など上位葉から生じやすい．下位の古い葉や組織に欠乏症状を現す元素には，窒素，リン，カリウム，マグネシウムがあり，上位の新しい葉や組織に欠乏症状を表す元素に，カルシウム，鉄，ホウ素がある．他の元素についても欠乏症状は上位葉とか下位葉にと説明されているが，作物の種類，欠乏発生の緩急により影響され一定していない[2]．

d. 各要素の欠乏・過剰症状の特徴

個々の元素の欠乏・過剰症状は第3章に，また多くの図書[1,2,4]に詳しいので，ここでは農業生産場面での診断の要点，外観症状の特徴を表10.3にまとめて紹介する．

e. 病害虫被害との判別

元素の欠乏・過剰症状に類似した病害虫被害は多い．農業生産現場における栄養診断の第一歩は病害虫被害との判別である．したがって，圃場での障害発生状況調査においては，①圃場内での障害発生の仕方が均一か否か，②昨年度の状態，③近接圃場，他作

表10.3　生産現場における要素欠乏・過剰症の特徴など[2)]

元素	症状の特徴など診断の要点
窒素欠乏	樹勢や葉色が適量域のものに比べて劣る。窒素の適量判定が施肥のすべてといってもよいほど重要でむずかしい。
窒素過剰	イネでは過繁茂になり倒伏する。トマトでは，すじぐされ果，ハクサイでは心腐れ，花き類では開花遅延が問題になる。
リン欠乏	火山灰土壌での新規開墾畑で欠乏が問題になる。生育が小ぶりで，登熟が特に遅くなる。
リン過剰	土壌中に多くあっても外観症状は通常示さない。しかし，窒素，カリウムが少ないと過剰症状がでやすい。イネの稚苗では，低照度下では葉先が褐変する程度だが，高照度下では白化し枯れる。キュウリ，メロンなどでは，下位葉の葉縁より斑点状黄化症状を示す。
カリウム欠乏	カリウムは糖の転流とともに果実へ移行するため，欠乏障害は果実肥大期に生じやすい。カリウムの流亡が激しい砂質畑でのマクワ型メロンの例では，一番果肥大期に果実近傍の葉より急激にカリウム欠乏による葉縁枯れが生じる。スイカでは，長雨の後の晴天時に畑全体に一斉に発生する葉縁黒枯れ症があり，カリウム施用で被害は軽減する。水稲の登熟期に台風のあとなどに，急にしおれる青枯れも同様の機構と考えられている。穂にカリウムが転流し稈基部のカリウムが不足しているため，膨圧低下をまねき，吸水能力，耐倒伏性が劣っているのが一因。
カルシウム欠乏	カルシウム欠乏といわれている生理障害は多いが，二次的な障害が大半で，水ストレス，窒素過剰などが一次要因の場合が多い。
鉄欠乏	土壌がアルカリになると発生しやすい。また，重金属過剰の場合も鉄欠乏症を起こしやすい。上位葉のクロロシスが特徴。
鉄過剰	異常還元を起こした水田でイネにときに発生する。特にインディカ系統で弱い品種がある。
マグネシウム欠乏	葉脈間クロロシスは，マグネシウム散布で症状が軽減されることが多いが，障害発現の主要因は不明。
マグネシウム過剰	根の生育が低下し生育は劣るが，外観的に特別な症状は示さない。
ホウ素欠乏	ダイコン，カブ，セルリー，ナタネなどは，ホウ素欠乏症を発生しやすい。急激なホウ素欠乏下では，生長点が壊死したり新葉が黄化するが，圃場では根部に障害を生じやすい。ダイコンなどでは褐色心腐れ症などといわれている。病原菌による類似の障害もあるので，判別には注意が必要。
ホウ素過剰	ダイコンなどにホウ素欠乏対策として，ホウ素を施用している圃場にマメ，イチゴなどを栽培すると過剰障害がでる。葉縁部より褐色斑点を生じるとともに壊死する。なお，鉱さいの中にホウ素を多量含有するものがあるので注意すること。
マンガン欠乏	老朽化水田は作土からマンガンが流亡している。外観症状はないが，イネにもマンガン施用効果がでる。こうした圃場にアルカリ資材を施用し，pHが上昇しすぎると野菜にも黄化症状が発生する。ジベレリン処理したブドウ果実の着色障害もマンガンの葉面散布で防止できる。土壌の高pHも一因。
マンガン過剰	異常落葉（ミカン），粗皮病（リンゴ）など，土壌pHの低いところにでやすい。ただ，葉分析値のマンガンが高いからマンガン過剰とは断定できない。
銅欠乏	北海道，岩手県など銅欠乏地帯のムギがよく知られている。黄熟黄に入っても黄化せず，枯熟期に入って急激に枯れ上がり，大半が不稔となる。銅欠乏では，葉の膨圧が下がりダラリと垂れ下がる特徴があるが，対照区がないとわかりにくい。
亜鉛欠乏	土壌中亜鉛の絶対量の不足している特殊な地域や，蛇紋岩地帯，砂質畑での高pH下で発生する。トウモロコシでは葉身中央部が黄白化し，甘薯では葉の生育が悪く，先端がとがってアサガオ状になる。
モリブデン欠乏	新規開墾畑における鞭状葉症（ブロッコリー，カリフラワー），蛇紋岩地帯の黄斑病（カンキツ）などが知られているが，一般圃場での欠乏障害は少ない。ただ，人工的な培地でpHが酸性だと，ときにモリブデン欠乏が問題になる。モリブデン欠乏指標植物の一つポインセチアでは上位葉の葉縁から黄化する。

物の状況などに注意する．個体観察の際には，①葉裏の観察，②低倍率の顕微鏡観察，③ナイフでの切断，④障害葉などを2～3日放置し観察する，ことなどが病害虫被害と元素障害の判別の要点である．

窒素欠乏をはじめとして，葉が黄化する元素欠乏・過剰症状は多い．葉裏にいるハダニの被害でも葉は黄化する．ハダニにはテトラニカス属に属するナミハザニ，ニセナミハダニ，カンザワハダニが多いが，いずれも体長 0.4～0.5 mm で肉眼で観察できる．黄化葉をみればまず葉裏を観る習慣をつけたい．

肉眼で観察できないダニ類も多い．そうした場合には，低倍率の顕微鏡が必要である．たとえば，ナス，ピーマンなどに寄生するチャノホコリダニの被害は，成長点部分の生育が異常になり，ホウ素欠乏，ホルモン障害と紛らわしい．成虫でも 0.2 mm 内外のため顕微鏡でないと観察できない．チューリップの花色に異常をもたらすチューリップサビダニの被害も，被害花はモザイク状やかすり状になり，花弁は萎縮して奇形花となるため，ホウ素欠乏を疑われやすい．サビダニも体長 0.25 mm 内外で肉眼では観察できない．

病害虫の被害は，①伝染する，②しおれる，③症状が湿潤，④臭いがする，⑤作物体の半身や一部だけが異常，⑥導管が褐変する，⑦食害の痕跡，などの特徴がある．こうした症状をいくらかでも示すときは，病害虫被害を疑った方がよい．

要素欠乏・過剰症状で銅欠乏以外は普通しおれないため，しおれ（萎凋）症状は病害虫被害の特徴の一つである．各種導管病は黄化症状とともに一般にしおれを示すが，主根や茎の下部をナイフで切断すると導管部が褐変している．また，トマトのネコブセンチュウの被害も黄化するが，晴天時にはしおれる．根の観察も必要である．

10.1.3 葉色による栄養診断
a． 葉　　色

外観からの診断に葉色は欠かせない．葉が緑色を示すのは，クロロフィルが可視部のうち青色の 420～450 nm 付近と赤色の 650～700 nm 付近の光を吸収し，緑色の 550 nm 付近の波長の光を反射するためである．カロチノイドは 400～450 nm 付近の波長の光を吸収する．クロロフィルとカロチノイドは，葉緑体のラメラに重量比で約 100：15 の割合で存在している．

紫色の葉をもつナスやシソなどは，さらにアントシアニンを生育全期にわたって多量に含む．赤色を示すアントシアニンは，配糖体として細胞質内の液胞中に存在する．緑色植物では，アントシアニンは，幼植物時に比較的多く発現し以後消失することも多い．カエデのように低温になると紅葉色素として生成されることはよく知られているが，窒素やリン欠乏でもアントシアニン生成量が増し，葉や茎が暗紫色を呈す．大気汚染では通常はクロロフィルが分解されるが，ギシギシはオゾンに暴露されると，クロロフィル量には変化がなく，アントシアニンが生成し赤くなる．

色素を簡易に判別したいことも多い．アントシアニンは希塩酸によく溶ける．1～3％の希塩酸に植物片を入れ溶液が美しい赤紫色になれば，含まれている色素はアントシアニンの可能性が高い．カロチノイドは組織片を生のまま乳鉢ですりつぶし，ベンジン

を少量加えてさらにすりつぶすと，カロチノイドが含まれていたらベンジンが赤ないし黄色になる．アントシアニンはベンジンに溶けない．クロロフィルの簡易分析には80％アセトン溶液を用いる．一昼夜かけて抽出し，幅1cmのセルを用いて645nmと663nmの吸光度から次式により全クロロフィル（mg/L）を定量する[5]．

$$全クロロフィル = 20.2 D_{645} + 8.02 D_{663}$$

b. 葉色票

市販の葉色票には2種類ある．一つは，マンセルの色体系による色票で，作物全般を対象とした，17色相359色からなる"標準葉色帳"と31色相502色からなる"日本園芸植物色票"，水稲対象用の"栄養診断用水稲葉色票"（5色相40色）などがある．

他の一つは，対象作物を限定し，色解析を行ったうえ新たな色集団をつくりあげたもので，水稲用（7色），野菜用（8色），果樹ではリンゴ（8色），ブドウ（8色），ミカン（9色）用のカラースケールなどがある．

マンセル色体系を中心に構成されたものは，その3属性から色を正確に理解することができるが，現場における実用性には欠ける．しかし，実用化されている葉色票の基本となるもので，異なった作目などで新たに栄養診断用の葉色票を作成するのに参考になる．

c. 葉色診断の実際

葉色は，作目，品種，作型，地域により異なるが，これらを限定すれば，葉色から作物体の栄養状態を推定できる．水稲の追肥量の判定に前述のカラースケールは有効に利用されている．

水稲のカラースケールによる単葉の測定には，第2または第3位葉の中央部が適する．カラースケールの上に約1cm離して，色票のすじ目と平行に葉をおき比較する．色の一致した色票の番号を記録するが，一致しないときは中間値（0.5）とする．一つ

表10.4 幼穂形成期の窒素栄養状態と葉色の相関係数[6]

窒素％と窒素保有量	葉色関連形質	葉色		群落葉色 ×茎数
		単葉	群落	
全生葉 平均窒素％	コシヒカリ	0.982**	0.956*	0.995**
	トドロキワセ	0.901*	0.952**	0.977**
	初　　　星	0.666	0.859*	0.951**
	ハヤヒカリ	0.846*	0.872*	0.993**
稲体窒素 保有量 (kg/10a)	コシヒカリ	0.804	0.695 (0.959**)	0.979**
	トドロキワセ	0.817	0.997**	0.996**
	初　　　星	0.560	0.834*	0.936**
	ハヤヒカリ	0.658	0.979**	0.996**

注） 1）単葉は展開第二葉
　　2）*は5％水準，**は1％水準で有意
　　3）茎数は幼穂形成期の分げつ数
　　4）（ ）内は出穂前29日の葉色と幼穂形成期の窒素保有量

の圃場から平均的な10〜20個体を選び出し，測定結果を平均し，小数点第1位まで求める．

なお，群落の葉色の測定は，測定者は太陽を背にして，カラースケールから約3m離れる．一つの圃場で数回観察し平均値を求める．群落測定は出穂前は可能だが，出穂後は測定しにくい．単葉測定値と群落測定値とはきわめて高い相関があり，通常は群落測定値は単葉測定値よりも0.8程度低いため，群落測定値に0.8を加算すれば単葉測定値への読みかえが可能である．

幼葉形成期の窒素栄養状態と葉色の関係を調べた一例を表10.4に示す．葉色は群落の方が稲体の窒素濃度をよく反映する．それは稲体の窒素が不足すると旧葉中の窒素が新葉へ移行し，新葉の葉色は変化しにくい．しかも，水稲の新葉と旧葉は生育中期までほぼ同じ高さにあるため群落の方が平均値が得られる．さらに群落の葉色と茎数の積は，群落葉色単独よりも高い相関関係が得られる．窒素栄養状態が葉色だけでなく，茎数にも反映しているためである．

幼穂形成期の穂肥は，正確にはこのように茎数を考慮した方がよいが，単純にはコシヒカリのような倒伏しやすい品種では，群落葉色が3.5以下，その他の品種では4.0以下で施用し，それ以上では，穂肥の施用を5〜7日遅らせるよう指導されている．

〔渡辺和彦〕

文　献

1) 渡辺和彦：原色生理障害の診断法，農文協，1986.
2) 渡辺和彦：野菜の要素欠乏と過剰症，タキイ種苗，1983.
3) 久保田勝，ほか：水田土壌のガス発生量測定法，土肥誌，**54**, 533-535, 1983.
4) 高橋英一，ほか：作物の要素欠乏過剰症，農文協，1980.
5) 林　孝三編：植物色素，養賢堂，1988.
6) 深山政治，ほか：農業および園芸，**59**, 775-781, 1984.

10.2　化学分析による栄養診断

10.2.1　多量必須要素

a.　窒　　素

1) 窒素栄養診断の意義　　窒素は植物の栄養元素として最も大切で，その過不足は穀類，野菜，果樹，花きなどの生育，収量，品質と深い関連があるため，栄養診断項目として最も重要視されている．また，最近，施設栽培や園芸作物の過剰施肥による硝酸の土壌集積や地下水汚染が問題になっており，適切な窒素施肥による作物の窒素利用率の向上が求められている．窒素の適正な施肥のためには，慣行法や経験，勘にのみ頼らず，土壌と作物の栄養診断に基づく合理的な栽培技術が望まれる．

土壌診断では，植物が利用しやすい硝酸やアンモニウムなど無機態窒素と土壌の窒素供給力を表す可給態窒素が測定され，窒素肥料や有機物施用の参考にされている．

植物の栄養診断では，作物の栄養・生理的な状態を葉色や生育状態および障害症状などの外観的特徴により推定する方法と，作物体内の窒素濃度や関連する成分濃度の化学的分析により診断する方法があり，両者を総合した診断が望ましい．さらに，過剰や欠

乏症状の確認には水耕法などによる症状の再現や回復試験も行われる．

外観による診断は前項に述べられているので，ここでは化学分析について述べる．これまで化学分析による栄養診断は，欠乏や過剰症状が発生したあと，その原因を判定する目的で行われることが多かったが，これからは，作物の健康診断，すなわち作物と気象条件のモニタリングにより栽培方法を随時修正し，作物生育を最適化していく積極的な農業をめざした診断が必要となろう．そのためには，作物や品種別に理想的生育相をモデル化し，天候，栽培法などによる変動因子も含めた総合的な診断＋対策プログラムづくりの必要性が求められている．

栄養診断では，現地で測定でき，結果が直ちに栽培管理にいかせるような簡易診断法と，試料をもちかえり実験室で精密に分析する方法がある．これまで，簡易診断法では，簡単な比色法や点滴法を用いて成分の多少を定性的に判定するものが多かった．しかしながら，診断に対する信頼性，誤りのない対応策への要望，診断結果からの追肥量の算出の必要性などを考慮すると簡易診断法であってもある程度の精度範囲で定量的結果が得られることが望ましい．逆に精密分析も普及所や農協などで十分活用できるように，機器や試薬が安価で迅速，簡便かつ安全な方法が望ましい．

現場の圃場で測定できる簡易診断法としては，携帯式土壌養分検定器や比色法測定装置などの分析セットが普及しており，最近では葉緑素計による葉色診断や試験紙，平板式イオンメーターによる硝酸の測定も採用されている[1,2]．精密分析についても，土壌・作物体分析機器開発事業（略称SPAD）による分析装置の開発や改良が行われている．また，植物体内の微量成分については，各種比色分析をはじめ，高速液体クロマトグラフィー，イオンクロマトグラフィー，フローインジェクション分析，キャピラリー電気泳動など機器分析の進歩が著しい．以下，植物の窒素栄養診断と関連した各種化学分析の概要を紹介する．なお，窒素の生理機能（3.3.2項），代謝（5.1節），過剰と欠乏ストレス（7.4.7項）については，別記を参照いただきたい．

2) **土壌の窒素分析** 標準的な土壌分析方法については，"土壌標準分析・測定法"[3]など[4]に詳しく述べられている．主な分析項目は，全窒素，硝酸態窒素，亜硝酸態窒素，アンモニウム態窒素，および可給態窒素である．全窒素はケルダール法または乾式燃焼法が用いられる．畑土壌では硝酸態窒素が，また水田土壌ではアンモニウム態窒素が主な無機窒素成分であるが，これらは土壌から抽出後，各種分析法で分析する．測定方法は植物分析と共通点が多いが，土壌試料では乾土または湿潤土のどちらを用いるか，抽出溶液に何を使用するかなどの検討が必要である．現場での硝酸の簡易分析法としてはカード式イオンメーター，硝酸試験紙などが利用できる[5,6]．電気伝導度（EC）から硝酸態窒素濃度を推定する方法もある．

可給態窒素含有量については，風乾土を，水田土壌では湛水状態，畑土壌では畑状態で保温静置しその間生じた無機態窒素を浸出，測定するが，いずれも30℃で4週間インキュベートする必要があり，迅速性にかける．最近pH 7.0のリン酸緩衝液抽出窒素量から，保温静置法による土壌可給態窒素を近似する簡易法が報告された[7]．その他，土壌の窒素供給力や圃場での窒素収支には，硝化能，脱窒能，窒素固定能や窒素の流亡速度なども関連するが，一般には診断指標に入れられていない．

3) **植物の窒素分析** 植物の化学分析による診断法は，窒素栄養状態を知るうえで最も直接的な情報を与えてくれる．土壌の窒素分析のみでは植物の窒素吸収速度を厳密に予測することはむずかしい．また，植物の化学分析により外見的症状が出る前に欠乏や過剰の判定をし，対策を打つことができる．植物の窒素分析方法の詳細は"植物栄養実験法"[8]，その他[9]に詳しく述べられている．

栄養診断項目の第一は，植物試料の全窒素濃度の分析があげられる．一般に葉身の窒素濃度は，植物の窒素栄養状態をよく反映するので，診断後の追肥時期や施用量および水管理など栽培管理の判断材料となり，また，収量予測の重要な指針となり得る．診断結果から対策を決定するには，おのおのの地域で作物ごとに時期別の生育相を調べ，特徴的な部位の窒素濃度が，栽培条件，圃場条件，気象条件によりどう変化するかを調べ，診断のための指標づくりが不可欠である．全窒素の分析では，乾燥試料の粉末をケルダール分解して測定するのが一般的であり最も信頼性がある．一方，最近，窒素濃度の判定法として葉緑素計による非破壊クロロフィル測定が迅速簡便な診断法として広く利用されてきている[2,10]．ただし，クロロフィル測定値を窒素濃度に換算するには，作物ごと生育時期別にそれぞれ回帰式を作定しておく必要がある．また，遠赤外線分光法による葉身窒素診断も試みられた[11]．

植物試料の搾汁液，抽出液，導管溢泌液などに含まれ，窒素栄養状態をよく反映するような特定成分も診断指標として利用できる．分析試料の採取については，採取時期，採取部位，抽出方法（抽出溶液の種類や試料との量比，抽出時間など）試料の保存などに十分注意する必要がある．導管溢泌液は切り株にチューブを被せて，溢泌してくる導管液を採取する．溢泌液の窒素成分は採取時の根の窒素同化状態をよく反映している．ただし，植物によって，導管液を採取しにくい場合もあるし，また，採取時刻や土壌の水分条件などにより溢泌量や成分濃度が変化しやすいので検討を要する．組織からの搾汁液は，ペンチやにんにく絞り器などでつぶしてしぼる．また，組織を細断して水中で振とうしたり，水を加えてすりつぶしろ過するなどの方法もとられている．ある成分を指標に用いる場合，搾汁液や組織内の成分濃度は，その部位における流入（＋合成）と流出（＋分解）の差引であることに留意する必要がある．成分集積の原因には，流入の増加と流出の減少が考えられる．組織内の成分濃度の精密分析のためには，通常，通風（70-80℃）または凍結乾燥試料粉末を水や80％エタノールで抽出して測定する．全窒素や硝酸の測定には通風乾燥試料でよいが，アミノ酸など加熱変成しやすい成分の測定には，凍結乾燥を行うか，新鮮組織をエタノールで抽出する．代謝成分については，抽出，保管時に変成しないように注意する．

現場で対応できる植物成分分析法には，検定器，硝酸試験紙，カード式イオンメータがある．成分分析法の場合も，診断結果の意味を知り，今後どのような栽培管理をすべきかの明確な指針（処方箋）が必要である．

4) **全 窒 素** 全窒素の化学分析には，ケルダール法が最も一般的である[8,12]．一方，試料を燃焼し生じた窒素ガス（N_2）と二酸化炭素（CO_2）量から窒素，炭素濃度を測定する乾式燃焼法（CNコーダー，NCアナライザー）は，試料の窒素と炭素を同時に測定できる利点がある．土壌のケルダール分解には手間がかかることが多いので

乾式燃焼法が便利である．

　ケルダール法では，長年，伝統的なケルダール分解・蒸留装置が用いられてきたが，セミ・ミクロ法でも分解試料点数は少なく，装置は実験台をふさいできた．最近は，試験管とブロックヒーターを用いて，植物試料100点くらいを約3時間程度で分解する能率的な方法が採用されている[12]．

　硝酸をほとんど含まない組織の分解は以下のように行う．
① 　粉末試料50 mgをパイレックス試験管にとり，前日に濃硫酸1 mLを添加，混和してパラフィルムで封じる．
② 　180℃程度に加熱したアルミブロックに試験管をセットし，10分間加熱する．
③ 　ブロックから試験管を取り出し，数分間冷却したのち30％過酸化水素水約0.3 mLを添加する．
④ 　再度，アルミブロックにセットし，200〜230℃で30分加熱する．
⑤ 　③と④の操作を分解液が完全に透明になるまで3回程度くり返す．
⑥ 　最後の加熱は1時間程度続け，過酸化水素を完全に分解する．

　硝酸を含む組織では，ガンニング氏変法で分解する．ただし，微量の硝酸は，植物に含まれる糖などの有機物で還元されるので通常のケルダール法でもよい．ガンニング氏変法では，前述①で硫酸の代わりにサリチル酸—硫酸（サリチル酸10 gを濃硫酸300 mLに溶解）を用いること，分解前にチオ硫酸ナトリウム約50 mgを加えること，分解温度は100℃くらいからゆっくりあげていくことが異なる．この方法で硝酸態窒素も100％回収可能であった[12]．分解生成したアンモニアの定量には，インドフェノール法が感度および精度がよく安定した結果が得られる．

　5) アンモニウム態窒素　作物や土壌抽出液のアンモニウム態窒素は，インドフェノール法で比色分析できる．また，イオンクロマトグラフィー，イオン電極法，フローインジェクション法でも分析できる．

　インドフェノール法の概要は以下のとおりである．
① 　試料0.1〜1 mLを試験管にとり，EDTA溶液0.2 mLを加える．
② 　1 Mリン酸緩衝液0.2 mLを加える．
③ 　1 M NaOH溶液で中和後，ニトロプルシド試薬1 mLを加える．
④ 　次亜塩素酸試薬1 mLを加える．
⑤ 　水を加え全量10 mLとする．
⑥ 　3時間以上放置後，625 nmの吸光度を測定する．

　各試薬を添加するたびによく攪拌することが精度よい測定に大切である．本法をフローインジェクション分析に組み込めば，1点1分で能率よく分析することも可能である[13〜15]．

　6) 硝酸態窒素　硝酸は根が畑から吸収する窒素の主成分であり，植物体内にも高濃度に集積しやすく，重要な診断指標となり得る[16,17]．埼玉県では，果菜類の葉柄搾汁液の硝酸濃度の診断基準値が提案されている[18]．

　硝酸の精密分析では，分離分析であるイオンクロマトグラフィーが最も信頼性が高い．電気伝導度で検出できるが，高速液体クロマトグラフ用の紫外部吸光光度計を用い

て，硝酸の紫外吸収を測定してもよい．さらに，フタル酸系溶媒では，アニオンが負の吸光ピークを示すことから，これを利用してもよい[9]．硝酸の精密分析としては，これまでイオン電極法，デバルタ合金還元蒸留法，フェノールジスルホン酸法，カドミウムカラム還元法などが用いられてきたが，いずれも操作が煩雑であった．分光分析であるカタルド法は，試薬調整・発色操作が容易であり，感度・精度ともすぐれているので植物体内の硝酸濃度の測定に適している．通風乾燥試料粉末の水抽出液や導管液の硝酸測定に適している[20]．

① 試料溶液 50 μL を試験管にとり，5％サリチル酸一硫酸 200 μL を加える．
② 20 分静置後，5 mL の 2 M NaOH を添加する．
③ 20 分後に 410 nm の吸光度を測定する．

カード式イオンメーターや反射式試験紙読み取り装置の利用により，硝酸の簡易測定が現場でかなり正確かつ迅速に行えるようになった．カード式イオンメーターの場合は，安価，軽量で数値化されたデータを得られる利点があるが，試料中にタンパク質などの妨害成分が多いと電極膜の性能が一時的に劣化することがあるので，よく洗浄したり，標準液で校正する必要がある．硝酸試験紙は，最も簡便な方法であるが，視覚で判断するため個人差が起きやすい．近年，試験紙の変色を携帯機器で読み取る装置が発売され正確な定量が可能となった[21]．

7） アミノ酸 植物体内には遊離のアミノ酸が含まれ，その組成や濃度は窒素の栄養状態をよく反映するため，栄養診断の指標として利用できる．古くは，水稲穂肥の施用判断のためにアスパラギンテストが考案された．これは，出穂 20～28 日前に，水稲未展開葉の一定部の搾汁液を簡易ペーパークロマトグラフィーで分離し，ニンヒドリン発色して診断した[9]．現在では，この方法は現場で使用しにくいのでほとんど診断に利用されていない．一方，乾燥や塩類ストレスを受けた植物ではプロリンを高濃度に集積するため，プロリン濃度がストレスの指標となり得る．個々のアミノ酸の精密定量には，専用のアミノ酸分析装置や高速液体クロマトグラフィーが利用されるが，全アミノ態窒素とプロリン含有量については比色法で容易に測定できる．

ニンヒドリンによる全アミノ態窒素濃度の測定[8]は，
① 試料溶液 50 μL を試験管にとる．
② クエン酸緩衝液 1.5 mL を加える．
③ ニンヒドリン反応液 1.2 mL を添加する．
④ 試験管にアルミホイルでふたをし，沸騰水中で 20 分間加熱する．
⑤ 60％エタノール 3 mL を加え，室温まで冷やす．
⑥ 10 分後に 570 nm の吸光度を測定する．

プロリンの定量[2]は，
① 植物組織，新鮮重約 0.5 g を 3％スルホサリチル酸水溶液 10 mL で磨砕抽出する．
② ろ液 2 mL を試験管にとり，2 mL の酸-ニンヒドリン溶液（1.25 g のニンヒドリンを 6 M リン酸 20 mL と氷酢酸 30 mL の混合液に溶解）と氷酢酸 2 mL を加える．

③ 沸騰水中で一時間加熱する．
④ 氷冷した後，4 mL のトルエンを加え，20秒程度強く攪拌抽出する．
⑤ トルエン層を分取し，室温になったあとに 520 nm の吸光度を測定する．

8) **ウレイド**　ダイズなどの窒素固定植物根粒からの主要な窒素移動形態であるアラントインとアラントイン酸（ウレイド）の導管液中濃度は，窒素固定活性を反映している．ただし，導管溢泌液中の濃度は，測定時の天候により変動したり個体差が大きいため，導管液のウレイド態+アミノ態+硝酸態合計窒素量に含まれるウレイド態窒素量の割合をダイズにおける窒素固定の指標として用いている[23]．この相対ウレイド法は，ダイズにおいて区別のむずかしかった固定窒素と経根吸収窒素の同化比率の推定に利用できる．また，溢泌液採取と同時に植物個体の窒素総量を測定すれば，1日あたりの株あたり窒素固定速度，窒素吸収速度が算出できる．単純相対ウレイド法では，硝酸はカタルド法，アミノ酸はニンヒドリン法で，ウレイドはヤング・コンウェイ法で分析し，式〔100×ウレイド態窒素/（ウレイド態窒素+2×アミノ態窒素+硝酸態窒素）%〕で相対ウレイド値を求め，これを窒素固定依存割合（%）とみなしている．

ウレイドの測定法[8]は，
① 試料溶液 50 μL を試験管にとる．
② 0.083 M NaOH 溶液 3 mL を加える．
③ 沸騰水中で 8 分間加熱する．
④ 試験管を湯浴から出し，氷冷した 0.325 M 塩酸を含む 0.165 % フェニールヒドラジン塩酸溶液を 1 mL 加える．
⑤ さらに 2 分沸騰水中で加熱する．
⑥ 試験管を氷水中で冷却し，15 分後に氷冷した 8 M 塩酸を含む 0.33 % フェリシアン化カリウム溶液を 2.5 mL 加え攪拌する．
⑦ 30 分後に 520 nm の吸光度を測定する．

9) **クロロフィル**　クロロフィル含有量は，葉緑素計（SPAD-502 など）による測定により窒素の栄養診断指標として最も広く活用されている．特にイネの追肥の時期や施用量の判定に重要な判断材料となっている．一方，クロロフィル含有量を正確に測定するには，抽出して測定する．簡易抽出法に次の方法がある[10]．
① ガラス栓つき試験管に 80 % アセトン 20 mL を入れ，リーフパンチで打ち抜いた作物葉試料約 100 mg を入れる．
② 栓をして暗所で約 1 日半おく．この間，ときどき手で振とうする．
③ 上澄液の 645 nm と 663 nm の吸光度 E_{645}，E_{663} を測定し，クロロフィル含有量を求める．クロロフィル a，b，$a+b$ 濃度はそれぞれ，式（$12.7 E_{663} - 2.59 E_{645}$，$22.9 E_{645} - 4.67 E_{663}$，$8.05 E_{663} + 20.3 E_{645}$）で計算する．

10) **タンパク質**　タンパク質含有量およびその成分組成は，コメやダイズなどの食味，栄養価，加工特性などに大きな影響を及ぼすため，重要な分析項目となる．全タンパク質含有量は，ケルダール分析による全窒素分析値から求める方法が最も信頼性が高い[8]．ダイズ種子のように窒素成分のほとんどがタンパク質の場合，乾物試料をそのままケルダール分析し，窒素含有率に換算係数（通常 6.25）を乗ずればタンパク含有

率が求まる.一方,硝酸や遊離のアミノ酸など非タンパク態窒素を多く含む場合には80％エタノール抽出後の残渣を分析するか,トリクロロ酢酸不溶性画分の窒素を分析して求める.

その他,タンパク質の定量法には,色素結合法,ビュレット法,ローリー法,紫外吸光測定法など各種の測定法があるが,ビュレット法以外はタンパク質のアミノ酸成分により影響をうけやすく,定量精度は劣る.

タンパク質については含有量のみならず,アミノ酸組成や,個々のタンパク質成分組成も重要である.ポリアクリルアミドゲル電気泳動によるタンパク質成分の分離パターンは診断に利用できる可能性がある.さらに,染色したゲルをゲルスキャナーで吸光度測定することにより成分比率の定量的測定も可能である.タンパク質成分の精密分析には,高速液体クロマトグラフィーやキャピラリー電気泳動も用いることができる.

11) 化学分析による栄養診断の今後の課題　現在,現場で用いられている標準分析法には古い方法が多く,改善の余地がある.また,主な作物に対して,品種別,生育時期別の栄養診断指標の策定が切望される.できれば,葉身などの指標器官の全窒素や特定窒素成分濃度について,不足域,適性域,過剰域の数値が示され,生育時期や気象変動に応じた対策指針が与えられるとよい.診断指標と対策指針の確立により,普及所,農協,関連企業や農家自身が栄養診断を積極的かつ日常的に行い,実際に栄養診断が役立つ実感がもてることが望ましい.

現場で測定できる手法や機器については,葉緑素計や小型反射式の試験紙読取り装置,カード式イオンメーターなどは,安価,軽量で,今後現場における診断に大いに役立つと思われる.特に,試験紙による診断方法は最も簡単であり,できれば定量範囲が広く,面倒な希釈操作もなしに測定可能な試験紙の開発が望まれる.その際,定量範囲が異なる数種の試験紙を併用してもよい.将来は,体内成分測定だけでなく酵素活性や遺伝子発現をチェックする試験紙や簡易試薬の開発も期待される.

昨今,消費者ニーズの多様化や野菜などの年間を通した栽培など,農作物の種類,品種,栽培方法などが多様化しつつある中で,きめ細かな栄養診断指標および対策の策定がきわめて重要であろう.特に,正確な診断のためには,葉色や茎葉の生長など外観的診断と土壌や植物の窒素濃度や特殊成分の消長を総合的に判断し得るシステムの開発が強く望まれる.パーソナルコンピューターなどを利用した診断ソフトの開発と,その診断結果から,適切で具体的な施肥や対策指針が示されるようなシステムの開発が期待される[24〜26].

また,土壌,作物の栄養診断に基づいて,肥効調節型肥料や有機物施用が判定され,環境への負荷が少なく,作物生育の最適養分管理ができるような栽培方法が,21世紀における持続的生産を可能にする新しい農業技術として期待される.　　〔大山卓爾〕

文献

1) 中司啓二,清水義昭,米山忠克:土肥誌,**59**,120-124,1988.
2) 石井和夫:農業技術,**43**,481-485,1988.
3) 日本土壌肥料学会監修:土壌標準分析・測定法,博友社,1990.
4) Page, A, L., Miller, R. H. and Keeney, D. R.: Method of Soil Analysis, Second Ed. ASA, SSSA,

1982.
5) 平岡潔志, 松永俊朗, 米山忠克:土肥誌, **61**, 638-640, 1990.
6) 中路清和:土肥誌, **62**, 178-180, 1991.
7) 小川吉雄, 山根隆重, 加藤弘道:農園, **67**, 377-381, 1992.
8) 日本土壌肥料学会監修:植物栄養実験法, 博友社, 1990.
9) 作物分析法委員会編:栄養診断のための栽培植物分析測定法, 養賢堂, 1980.
10) 矢澤文雄:日本土壌肥料学会編:作物の栄養診断―理論と応用, 5-39, 博友社, 1984.
11) 吉川年彦, 永井耕介, 須堯健一:土肥誌, **62**, 641-642, 1991.
12) 大山卓爾, 伊藤道秋, 小林京子ほか:新潟大学農学部研究報告, **43**, 111-120, 1991.
13) 越野正義:土肥誌, **58**, 96-100, 1987.
14) 竹迫 紘:土肥誌, **62**, 128-134, 1991.
15) 朴昌榮, 中島秀治, 鳥山和伸, ほか:新潟アグロノミー, **30**, 48-50, 1994.
16) 六本木和夫:農園, **64**, 960-964, 1989.
17) 長谷川清善:農園, **67**, 301-305, 1992.
18) 六本木和夫:季刊 肥料, **69**, 80-86, 1994.
19) 青山正和:土肥誌, **63**, 597-601, 1992.
20) 西脇俊和, 水越一史, 大竹憲邦, 大山卓爾:土肥誌, **65**, 59-61, 1994.
21) 建部雅子, 米山忠克:土肥誌, **66**, 155-156, 1995.
22) Bates, L. S.: *Plant and Soil*, **39**, 205-207, 1973.
23) 大山卓爾, 高橋能彦, 池主俊昭, 中野富夫:農園, **67**, 1157-1164, 1992.
24) 丹野文雄:土肥誌, **59**, 423-428, 1988.
25) 山崎浩司:土肥誌, **63**, 533-540, 1992.
26) 北田敬宇, 塩口直樹, 森正克英:土肥誌, **66**, 107-115, 1995.

b. リン, カリウム, カルシウム, マグネシウム, 硫黄

1) リ ン わが国の耕地土壌の約20％を占める火山灰土壌は作物にリン(P)欠乏が発生しやすく, リン欠乏による作物の収量低下は重要な問題である. 欠乏症の現れ方は, 吸収されたリンの作物体内での動態と密接な関係がある. すなわち, リンは窒素, カリウム, マグネシウムなどと同じく体内で再移行しやすく, 欠乏してくると, 旧葉中のリンが活動のさかんな新葉中へ移行する. したがって, リンの欠乏症は通常旧葉から発生する.

旧葉を中心に発現するリン欠乏の徴候は, まず, 葉の光沢がにぶくなり, しだいに暗緑色となり, やがて紫色を帯びてくる. これはリン欠乏のために組織中にアントシアンが生成するためである. すなわち, クロロフィルとアントシアンの含有比が種々の葉色となって現れるのである.

しかし, リン欠乏症は普通外観に現れにくく, 外観に現れてからでは対策をたててもなかなか回復しない. そのために外観に欠乏症が現れる前にできるだけ早期に潜在的な欠乏の状況を知る必要がある.

作物体中におけるリン含有率は乾物中0.2～0.9％で, 作物の種類によってもかなりのちがいがある. また, 生育の時期, 作物体の部位(全葉身, 葉柄, 細根, 枝)などによっても含有率が異なるので, リンの体内含有率によって作物におけるリンの過不足を特定することは困難である. したがって, 各作物について種々の条件下におけるリン含有率の基準値をあらかじめ定めておく必要があり, これは実際にはなかなかむずかしいことである.

水稲の例では, 生育初期の茎葉に0.3％以上のリンを含んでいないと, 分げつが抑制

されるという．

　作物がリン欠乏状態になると体内の酸性ホスファターゼ活性が上昇することが知られている．酸性ホスファターゼはエステラーゼの一種で，リン酸のモノエステルの加水分解を触媒する酵素である．植物体でリンの供給が制限されたときに，体内に存在するリン酸のモノエステルを加水分解し，リン酸を遊離の状態にして新生組織へ移行するものと考えられる．しかし，リン欠乏時におけるこの酵素活性の上昇は，顕著に認められる植物と明確には認められない植物もあり，一概にはいえないが，生化学的な活性の変化で元素の欠乏状況を推定しようというのは興味のある試みである．

　リンは土壌に固定されやすく，施肥したリン酸の10～20％程度しか作物に吸収されない．特に火山灰土壌ではその傾向が強い．リンの吸収を阻害する要因としては前述の土壌の種類のほかに，石灰の過剰施肥，低pH，低温などがあげられている．

　土壌中の有効態リン酸含量（トルオーグ法による）は，ほとんどの畑作物，野菜で乾土100 g 中10～30 mg が適量とされており，リン酸吸収係数の大きい火山灰土壌で有効態リン酸が5 mg 以下のような土壌ではほとんどの作物にリン欠乏による障害が発生する．したがって，作物のリン欠乏発現は供給サイドである土壌の側からもある程度推定できる．

　一方，リンの過剰は窒素やカリと異なり，障害は現れにくいが，最近野菜畑などでリンの過剰施肥による作物の生育障害が発現する例がある．亜鉛の欠乏しやすい土壌にリンを多量施用すると亜鉛欠乏が，鉄の欠乏しやすい土壌にリンを多施すると作物に鉄欠乏を生ずる．

　リンの過剰によって引き起こされる亜鉛の欠乏は，リンが亜鉛の取込みに直接影響するのではなく，高濃度のリンが亜鉛の代謝を妨害するためであると考えられている．

　含有率からみると伸長期の秋まきコムギで全植物体中およそ0.8％以上のリンを含む場合，ダイズ葉身中0.8％以上，トマト葉中では1.1％以上のリンを含有する場合は過剰レベルである．

　リンは作物体内での移動性が大きく，生長のさかんな部分に集積する傾向がある．そのため，一般に新葉は旧葉よりも含有率が高い．しかし，リンが過剰レベルで供給されると，旧葉の方が含有率が高くなることが知られている．新葉と旧葉，上位葉と下位葉のリン含有率を比較することは，リンの栄養状態を知る一つの指標となる場合もある．

　また，作物のリン過剰はカリウムとのバランスが関係しており，カリウム不足状態だとリンの過剰障害が発現しやすい．

　作物体内におけるリンの過剰は糖代謝に著しい変化を及ぼす．すなわち，高濃度リンによる単離した葉緑体のデンプン合成の阻害，スクロースホスフェートシンターゼ活性の阻害，細胞質のフルクトース1-6ビスホスファターゼ活性の阻害，トリオースホスフェートイソメラーゼ活性の阻害など，いくつかの生化学的活性の変化が知られているので，今後，作物体のリン過剰を推定する指標として，このような酵素活性の変化が利用される可能性もある．

　作物に発現するリン過剰は，土壌に含まれる可給態リン酸（トルオーグ法）として100～300 mg（作物の種類，土壌の種類によっても差があるが）以上の場合に起こる．

土壌にカリウムが不足していると,トルオーグリン酸30～50 mgでも作物にリン過剰障害が発生する.

2) カリウム 作物体において吸収されたカリウム（K）の移行性は,窒素やリンと同様に大きい部類に入る.したがって,体内でカリウムが欠乏してくると,旧葉のカリウムが生長のさかんな新葉へ移行するために,旧葉からカリウムの欠乏症が現れる.果樹類では,果実肥大期に果実へのカリウムの必要量が急激に増大するため,果実周辺の葉にカリウム欠乏症（葉緑にクロロシス）が発生する.

作物体のカリ含有率は通常乾物あたり1～8％で,2％程度含有していると欠乏症は発生しない.リンゴでの研究によると,国光では葉中にカリが1.22％以下で,紅玉では葉中に1.43％以下で欠乏状態であるという.ダイズは葉身中1.25％以下で欠乏,イネは1.08％以下,キュウリ3.3％以下,トマト2.9％以下,キャベツ2.5％以下,ハクサイ3.3％以下が欠乏領域とされている.

カリウムは植物の諸酵素に対して特異的な賦活作用,阻害作用をもたない元素である.極端にカリウムを欠乏させると植物中にプトレシンやアグマチンを集積することが知られているが,通常の栽培レベルにおいては,カリウム欠乏による特徴のある生化学的なレスポンスを示さないために,欠乏の初期の段階で徴候を把握できるような現象はみられない.したがって,外観的な徴候と,土壌条件などから判断せざるを得ない.たとえば,野菜畑などで堆きゅう肥の施用が少なく,窒素に対してカリウムを同程度しか施用していないような条件では,カリウム欠乏を誘発する可能性がある.また,砂質土壌では土壌によるカリウムの吸着が弱く,そのため雨水などによって著しく流亡しやすい.カリウムは,作物の生育量が著しく増大する生育の後期や,果実の肥大期などで吸収が増大するので,元肥に多量に施してもこの時期になると不足しやすいので,分施による施肥管理を必要とする.

カリウムが欠乏しやすい作物はシュンギク,キュウリ,トマト,ピーマン,キャベツ,ジャガイモ,ハクサイ,ダイコン,ビート,ソバなどである.

土壌中の交換性カリ（K_2O）は乾土100 g中10 mg（K_2O）以下になると多くの作物に欠乏症が発生する.

一方,カリウムは多施しても作物に過剰障害は発生しにくいが,濃度障害による葉の巻き上がりや,葉脈間クロロシスの発生などの過剰障害もみられる.カリウムは施用量に応じてどんどん吸収するいわゆる"ぜいたく吸収"が行われる元素であるため,作物体中でも乾物で数％（K_2O）にまで達する場合がある.トマト葉ではK_2O 5.8％（対乾物）以上は過剰だという.

カリウムの過剰は,直接的なものよりもむしろマグネシウムとの拮抗作用によるマグネシウム欠乏症（葉にクロロシス発生）の発現がよく知れている.いわゆる"カリウム偏用土壌"における作物のマグネシウム欠乏症の発現は,ブドウ,サトイモなどで古くから指摘されている.土壌の交換性マグネシウム,カリウムの量をおさえておくことも必要である.

3) カルシウム カルシウム（Ca）は作物体内での再移行性がきわめて小さい元素である.したがって,その欠乏症は生長のさかんな新生組織に現れるのが普通であ

る．

　双子葉植物は単子葉植物よりもカルシウム含有率が高く，また，カルシウム要求度も大きい．単子葉植物の中ではユリ科は含有率が高いが，イネ科は低い．双子葉植物では野菜類は大半が好石灰植物であるためにカルシウム要求度が大きく，欠乏症も発生しやすい．

　作物体におけるカルシウム含有率は，作物の種類によってかなりの差があり，多いものでは3.5％程度，少ないものでは0.25％程度で10倍ほどのひらきがある．

　ダイズ葉身では0.2％以下は欠乏域とされ，キュウリでは茎葉中2％以下，トマトは葉中1.1％以下，キャベツは外葉で1.8％以下，ハクサイは外葉で2.4％以下は欠乏域とされている．

　現地でカルシウム欠乏の発生はしばしば起こり，トマト，ハクサイをはじめ，ピーマン，キャベツ，シュンギク，タマネギ，レタスなども発生しやすい．しかし，水稲，陸稲，ムギ類，ニンジンなどではほとんど発生しない．

　カルシウム欠乏を診断する方法としては，作物体中のカルシウム含有率を測定する方法があるが，これにはあらかじめ条件を決めて基準値を設けておく必要がある．たとえば，ブドウの例だと健全な葉中には1.0〜1.5％も含まれているのに，欠乏葉では0.2〜0.4％であった．カルシウムは体内での再移行性の小さい元素であるので，分析する部位としては生長のさかんなところがよいであろう．これはカルシウムが新生組織中で欠乏しても，古い組織中に入ったカルシウムが古い組織から移動して再分配されないためである．

　カルシウムの欠乏による作物の生理障害については種々の例が知られているが，そのような障害の発現する以前に何らかの生化学的な変化の発現は見出されていない．実験室レベルでは，カルシウム欠乏キュウリ根の各種酵素活性の変化，ATPase量の減少によるカリウム吸収の顕著な低下などが報告されているが，栄養診断に利用しうる段階のものではない．

　現実的な方法としては，土壌pH，土壌の交換性カルシウムの測定などによるカルシウム欠乏症発現の可能性の推定が第一にあげられる．

　土壌中のカルシウム量は，交換性カルシウム（CaO）として野菜類の場合，火山灰土壌では乾土100gあたり300〜500mg，砂質土壌で100〜250mg，壌粘質土壌では200〜350mgが適量とされている．一応の目安では100mg以下の場合は，欠乏症が発生の可能性があるとみてよい．しかし，土壌中にカルシウムが十分存在していても高温，乾燥，過湿による根いたみ，特定の時期に一時的にカルシウム欠乏にさらされた，などにより作物体にカルシウム欠乏症が発現することがある．また，窒素，リン酸，マグネシウムなどが多量に存在すると，作物体内あるいは根表面でカルシウムと拮抗作用を起こし，カルシウムがある程度存在していてもカルシウム欠乏症を誘発することがあるので，カルシウム欠乏の診断は種々の状況を総合的に調査して行う必要がある．トマト，ピーマンの尻腐れ，ハクサイ，キャベツの心腐れなどの生理障害はこの例である．

　一方，カルシウム過剰については，一般には土壌の場合アルカリ性になり，そのためにモリブデン以外の微量要素は溶解度を減じ，作物に吸収されにくくなる．カルシウム

過剰による直接的な害よりもむしろ二次的な微量要素欠乏が問題となることが多い．特に，堆きゅう肥の施用の少ない畑地や，もともと微量要素含量の低い畑地では高 pH によるホウ素，マンガン，亜鉛，鉄欠乏などが起きやすくなる．カルシウム過多によるこれら微量要素の吸収阻害により果樹類では樹勢が衰えたり，落葉が顕著になったりすることがある．自然の降雨を遮断して行うビニルハウスなどでは，塩基の溶脱が少ないために，連作しているうちにカルシウムなどが次第に土壌表層に集積し，土壌 pH がアルカリ性になり，前述したような種々の障害が発生するので，適切な土壌管理が大切である．

4) **マグネシウム**　作物はマグネシウム（Mg）欠乏により葉脈間クロロシスを生ずる．クロロシスの生ずる部位は一般に中〜下位葉であり，これはマグネシウムが窒素やリン，カリウムと同様に作物体内で再移動性が大きい元素であるためである．

作物体中のマグネシウムの形態は，無機態，ペクチン，フィチンなどの有機物との結合態，クロロフィル態など種々あるが，体内のマグネシウムは欠乏の段階によって最初は無機態が減少し，次にフィチン態，ペクチン態が減少し，最後にクロロフィル態が減少する．したがって，マグネシウム欠乏によってクロロシスを生ずる段階よりも以前に作物のマグネシウム欠乏は始まっているとみるべきである．

マグネシウムは作物中で 0.25〜0.7 %（Mg）含有され，油脂植物は含有率が高い．イネ科の植物は含有率が低い．欠乏の限界はキュウリでは 0.3 % 以下，トマト，キャベツ，ハクサイでは 0.24 % 以下である．ウンシュウミカンの例では健全葉は 0.25 % 以上であるが，欠乏症の出ている葉では 0.2 % 以下である．

作物体のマグネシウム含有率を調べて過不足を判定しようとする場合には，中〜下位葉の含有率を調べる．作物体中の要素含有率を調べる方法は，前にも述べたように作物の種類，生育の時期，調査する部位などについて一定の条件を定めて基準値を設けておくことが必要である．実際には土壌中のマグネシウム含量なども調べて総合的に判定することが大切である．

土壌中では交換性マグネシウム（MgO）が 10 mg/乾土 100 g 以下のときに作物に欠乏症が発生する．適量としては，野菜類の場合，火山灰土で 30〜60 mg/100 g，砂質土で 15〜30 mg/100 g，壌粘質土で 30〜45 mg/100 g（乾土中）とされている．しかし，いわゆる"カリ偏用土壌"では，マグネシウム（MgO）が 15〜28 mg/100 g も含有されているのにブドウやサトイモなどにマグネシウム欠乏症が発生したという報告がある．この土壌でのカリは 33〜43 mg（K_2O）もあり，過剰の状態であった．

マグネシウムの過剰は作物体の外観には現れにくい．葉色がやや濃緑となる程度であるが，根の発育状態は著しく不良となる．土壌に塩基性のマグネシウム塩を施して過剰となった場合には，土壌は高 pH となることが多く，そのためにホウ素やマンガン，亜鉛などの微量要素が欠乏することがある．

実験室レベルではマグネシウム過剰が作物根の TTC 還元活性を特異的に低下させることが知られているが，実用的にはなっていない．

作物の高マグネシウム耐性には種間差があり，イネ，トウモロコシ，トマトなどは強いが，ハクサイ，ダイコン，キャベツ，シュンギクなどは弱い．

マグネシウム過剰が発生する例としては，ハウス栽培土壌の場合があげられる．施肥した肥料成分のうち作物による吸収量も少なく，また，降雨を遮断しているため溶脱もないためにマグネシウムが表土に集積し，これが作物の生育阻害の原因となる．

5) 硫　　黄　硫黄 (S) は，植物中ではメチオニンとしてタンパク質の必須成分であり，原形質の構成と酵素の生成に直接関与する重要な元素である．硫黄を含有する酵素のうち，SH 基をもついわゆる SH 酵素は植物中できわめて重要な働きをしている．

硫黄は，植物中で 0.15～1.1％含まれ，含有率の植物種間差が大きい．アブラナ科の植物や *Allium* 属の植物は含有率が高い．硫黄は植物中の含有率も比較的高く，生理的にもきわめて重要であるにもかかわらず，日本では欠乏障害発生の報告はほとんどない．また，日本では火山灰土壌が多いために，硫黄欠乏の生じる可能性が小さいと考えられてきた．しかし，無硫酸根肥料の連用によって，硫黄欠乏の発生する可能性も指摘されている．アフリカ南部の気温の高い地方ではチャの葉が黄化する tea yellow という硫黄欠乏症の発生が知られている．オーストラリアやニュージーランドでは土壌からの硫黄供給量が少なく，植物に硫黄欠乏が発生している．

硫黄欠乏は窒素欠乏に似ているが，発生の部位は窒素欠乏と異なり，比較的新しい葉に起こる．水稲の実験では硫黄欠乏により分げつが悪くなり，草丈も劣り，葉色は淡くなり，稈は細く，穂数も少なくなった．ダイズやワタ，トマトでは上部の新葉が黄化し，茎は細くなり木質化しもろくなった．これらは硫黄欠乏がタンパク質の合成阻害をもたらし，クロロフィル含量を低下させたためである．

現実には硫黄は肥料の副成分としてあるいは大気中の二酸化硫黄などとして多量に土壌に供給されるし，日本などでは熱帯地方と異なり有機物の分解もそれほど速くないために，作物に硫黄欠乏が発現することはほとんどないが，硫黄の天然供給量の低い (5 mgS/kg) 中国地域の鉱質土壌では，腐植含量も著しく低いために，草類に硫黄欠乏を生じ，収量も低下させるという[1]．作物の生育に必要な土壌硫黄含量は，可給態硫黄として 6～8 ppm であるといわれている．

作物体内の硫黄含量は，生育の時期や作物体の部位によっても異なるが，およそ 0.15％以下は欠乏域とみてよい．葉分析と外観の観察を行えばある程度の見当はつく．

硫酸根を含む肥料を連用していると，土壌は硫酸酸性となる．水田では夏期に水温が上昇し硫酸根が還元されて硫化水素となる．この際，鉄分が不足していると水稲根は根ぐされを起こし，水稲に大きな被害を与える．それゆえに，このような水田では無硫酸根肥料を使うか，リン安系の化成肥料などを使って硫酸根の害を防ぐようにする．これは作物による硫酸の吸収以前の問題であるが，硫黄過剰の害としてはこれが最も大きい．

施肥成分以外でも干拓田などで硫黄過剰が問題になることがある．硫黄の多い干拓田では，排水をよくして酸化を促進し硫酸にして早く流亡させ，さらに硫酸が少なくなるまで有機物の施用をひかえるとよい．

〔嶋田典司〕

文 献
1) 河野憲治：農業技術体系，土壌施肥編2 Ⅲ，67-75，農文協，1987．

10.2.2 微量必須要素

一般に要素の栄養診断は，①外観による診断（症状の肉眼的観察），②植物体中の要素含量，③土壌中の有効態要素含量（土壌からの供給能），④要素の添加試験，などの結果を総合して決定される．②，③について，化学分析によって得られる値は，植物部位，生育段階，土壌抽出条件などにより，一定なものとはなりにくいので注意を要する．最近，生化学領域の急速な発達とともに，微量要素の栄養診断に，⑤生化学的手法，が用いられるようになった．

以下，本項目では，鉄（Fe），マンガン（Mn），ホウ素（B），亜鉛（Zn），銅（Cu），モリブデン（Mo）および塩素（Cl）の微量必須要素について，上記②，③，④，⑤について解説する．

a．鉄

1) 植物体中の鉄（Fe）含量による診断 鉄は葉緑素構成成分ではないが，鉄が欠乏すると，葉緑素の生成が妨げられ，いわゆる，鉄クロロシスを起こす．植物の鉄の含量は 100 ppm（乾物）程度であり，その値は他の微量要素と比べかなり高い．鉄欠乏発生の限界値は 50 ppm 以下の場合が多いが，全鉄の含量は必ずしも診断のよい目安にはならない．それは，体内での鉄不活性化の問題があるからである．たとえば，クロロシスを起こしている組織の鉄含量が，正常なものよりかえって高いことがある．鉄クロロシスを起こしている葉のリン/鉄（P/Fe），マンガン/鉄（Mn/Fe），銅/鉄（Cu/Fe）あるいはニッケル/鉄（Ni/Fe）を調べてみると，これらのうち，いずれかの比が高い．この場合は，リン，マンガン，銅，あるいはニッケルのいずれかの要素の過剰が正常な代謝における鉄の機能を妨げている結果である．

鉄の定量は原子吸光光度法で行う．

2) 土壌中の有効態鉄含量による診断 大部分の土壌においては，鉄絶対量の不足のために起こることは少なく，種々な要因が相互に作用しあい鉄欠乏を誘発する場合が多い．すなわち，土壌反応が中性からアルカリ性に傾くと，鉄が溶解しにくくなって，その有効度を減ずる結果，欠乏症が起こりやすく，陸稲においては pH 6.0 で欠乏症が発現し，pH 6.5 では，激甚になるといわれている．

また，酸性土壌では，植物による銅，マンガン，亜鉛およびニッケルなどの重金属の過剰吸収が鉄欠乏を助長し，逆に鉄の過剰吸収はこれら重金属の欠乏を引き起こす．

さらに，植物体内のリン濃度が高い場合には，不溶性のリン酸鉄を生成して鉄の移動を阻害する．

有効態鉄の定量には，微酸性の緩衝液で土壌を抽出するのが一般的である．すなわち，風乾細土に 1 N-酢酸ナトリウム緩衝液（pH 4.8）を加えて振とう後，上澄液中の鉄を定量し有効態鉄とする．有効態鉄は，健全土壌で 8～10 ppm，欠乏症の出やすい土壌で 4～8 ppm 以下である．

3) 鉄の土壌施用や葉面散布による診断 鉄欠乏と思われる作物について，鉄を土

壌に散布したり，または，葉面散布を行い，症状の変化を観察する．土壌施用は硫酸第一鉄を 10 a あたり 5～10 kg 程度である．葉面散布は 0.5％硫酸第一鉄水溶液が適当である．

4) 生化学的手法による鉄栄養の診断　鉄欠乏植物では，アコニターゼの活性が著しく低下し，その結果クエン酸が特異的に蓄積するという報告がある．この酵素の活性やクエン酸含量が鉄欠乏の診断指標となる可能性がある．

b. マンガン

1) 植物体中のマンガン (Mn) 含量による診断　植物のマンガン欠乏，過剰の体内限界値は植物の種類や品種によって異なる．水稲のマンガン含量は 1,000 ppm を超える．強酸性土壌で生育可能な茶樹のマンガン含量は高く，葉中のマンガン含量が数千 ppm になっても外観上正常である．これに比べると，ミカンやリンゴはマンガン耐性が弱く，葉中のマンガン含量が 300 ppm 以上になるとマンガン過剰障害が発生する．マンガン欠乏発生の限界値は，およそ 15～25 ppm（乾物葉身）の範囲である．マンガン欠乏に最も敏感なのは葉緑体であり，マンガン欠乏によって著しい構造破壊が起こることが知られている．マンガンの定量は原子吸光光度法で行う．

2) 土壌中の有効態マンガン含量による診断　マンガン欠乏は pH の高い有機質の土壌にでやすい．このような条件下では Mn^{2+} が Mn^{4+} へ酸化されて不溶性になるためである．わが国では砂質の老朽化水田や腐植質の火山灰土壌で，マンガン欠乏が多くみられるが，これは湛水によって還元可溶化したマンガンが下層へ流亡したり，土壌有機物と結合して不溶性になるためである．

マンガン過剰障害は酸性土壌で起こる．土壌の pH が 4 台に低下するとマンガンの可溶化が起こる．同じようにアルミニウムの可溶化も起こるので，酸性土壌における生育阻害はマンガンとアルミニウムの過剰のほかリン，カルシウムの不足，モリブデンの不足，有用土壌微生物の活性低下などが主な原因である．

土壌中の有効態マンガンの測定法として広く行われているのは，置換性マンガンおよび易還元性マンガンの定量である．置換性マンガンは土壌コロイドに吸着されていて容易に他の陽イオンと置換し得るマンガンで，その抽出液として 1 N-酢酸アンモニウム水溶液などの塩類溶液が用いられている．易還元性マンガンは軽度の還元により Mn^{2+} に変化するマンガンで主として Mn^{3+} と考えられる．これは通常 1 N-酢酸アンモニウム水溶液 (pH 7) にハイドロキノンを 0.2％加えた水溶液で抽出される．健全土壌では，置換性マンガン 4～8 ppm，易還元性マンガン 100～250 ppm である．

3) マンガンの土壌施用や葉面散布による診断　硫酸マンガンを 10 a あたり 5～10 kg を施用する．葉面散布としては，0.3％硫酸マンガン水溶液に展着剤を加えたものを用いる．

4) 生化学的手法によるマンガン栄養の診断　マンガンは酵素タンパク質の構成成分としてではなく Mn^{2+} の形で多くの酵素反応の活性剤として作用する．Mg^{2+} も同様な活性化を示すことが多く，Mn^{2+} に特異的な酵素は少ないといわれている．しかし，マンガン欠乏のワタの葉の IAA レベルが異常に高いこと，マンガン過剰障害で IAA オキシターゼ活性が増大することなどが報告されているので，マンガンの栄養診断指標と

して，IAA レベルや IAA オキシターゼ活性を利用することが考えられる．
  c. ホ ウ 素
  1) 植物体中のホウ素（B）含量による診断　ホウ素は植物の種類によって含有率や要求量が著しく異なる．このためホウ素肥料の施用は後作にホウ素要求量や耐性の著しく異なる作物を栽培するときには注意を要する．健全な作物におけるホウ素含量は，水稲 3～5 ppm（乾物），ダイズ 35～50 ppm，ダイコン 40～70 ppm である．一般に，単子葉植物のイネ科の作物はホウ素含量が低く，要求量も小さく，欠乏症は発現しにくいが，双子葉植物のアブラナ科のホウ素含量はイネ科の 10 倍以上も大で，要求性も高く欠乏症もでやすい．

　ホウ素の定量法としては，比色法と発光分光分析法の二つがある．比色法では，クルクミン試薬による発色法が簡単であるが，一定した値を得るには熟練を要する．発光分光分析法はきわめて高価な機器が必要である．

  2) 土壌中の有効態ホウ素含量による診断　土壌中のホウ素含量は平均 10 ppm 程度であるが，酸性の火成岩由来の土壌では低く，これに対して海水（5 ppm 程度のホウ素を含む）の影響を受けた土壌腐植に富んだ土壌のホウ素含量は高い．

　土壌中に含まれるホウ素の形態は有機態のものと無機態のものに大別されるが，植物が吸収・利用できる形態のホウ素については，熱水で抽出される形のものとされている．すなわち風乾細土を，ホウ素が溶出しない軟質ガラス三角フラスコにとり土壌と水が 1：2 になるように水を加える．これをバーナー上で逆流冷却管をつけて加熱し正確に 5 分間沸騰させる．熱水抽出液中のホウ素が有効態ホウ素と考えられている．

　一般に，健全土壌の有効態ホウ素は 0.8～2.0 ppm，0.4 ppm 以下では欠乏症がでる．また，7 ppm 以上では過剰が現れる．

  3) ホウ素の土壌施用や葉面散布による診断　ハクサイ，ダイコンに対しては，ホウ砂を 10 a あたり 1 kg の施用で十分であり，2 kg の施用は傷害を与える場合がある．葉面散布は 0.2～0.3％ホウ砂水溶液が適当である．

  4) 生化学的手法によるホウ素栄養の診断　ホウ素を必要とする酵素反応は知られていないが，ペントースリン酸経路の重要な酵素であるグルコース-6-リン酸デヒドロゲナーゼがホウ素の存在で活性が抑制されるという．実際，ホウ素欠乏植物では，ペントースリン酸の回路が上昇することが報告されているので，この酵素の活性を調べれば，ホウ素の栄養状態を知ることが可能である．

　また，ホウ素欠乏状態では，インドール酢酸（IAA）やオーキシン類が組織中に過剰に存在することが報告されているので，インドール酢酸をホウ素の生化学的診断指標として利用することも考えられる．

  d. 亜　　鉛
  1) 植物体中の亜鉛（Zn）含量による診断　植物体の亜鉛含有率は，ホウ素などの場合と異なり，植物種による違いは大きくない．一般的に，葉身中（乾物）の亜鉛含有率は，欠乏：亜鉛 15 ppm 以下，過剰：200 ppm 以上を一応の目安とする．得られた分析値から亜鉛の栄養状態を診断する際に重要なことは，拮抗関係の考慮である．亜鉛濃度そのものは正常値であっても，ニッケル，鉄，マンガンなど，亜鉛によく似た元素

が異常に高い含量で存在すると，亜鉛が生体内で十分に機能することができないことが知られているからである．亜鉛の定量は原子吸光光度法で行う．

2) **土壌中の有効態亜鉛含量による診断** 土壌中の全亜鉛は，通常 10～300 ppm の範囲である．有効態亜鉛は土壌中のいくつかの要因によって規制される．第一は土壌の反応である．石灰などを施用して土の pH が上昇するにつれて，有効態亜鉛が減じてくる．難溶性の亜鉛の水酸化物が生成するためである．

有効態亜鉛の量と土壌有機物の間に正の相関が認められている．これは土壌中の有機物が，それ自体植物にとって良好な亜鉛給源であること，さらに，キレート作用を有する物質を含むことに起因している．しかし，有機物中のキレート物質が，植物に対する亜鉛の有効性をむしろ減じる場合もあるが，この程度は銅の場合ほど強いものではないといわれている．

水田土壌では，有機物施用が硫化水素発生を促進し，硫化亜鉛生成を引き起こし，結果的には亜鉛の有効度を明らかに低下させる場合もあることが報告されている．リン施用と有効態亜鉛との関係も重要である．

有効態亜鉛の定量には，希塩酸で土壌を抽出するのが一般的である．トウモロコシでは 0.1 N-塩酸可溶亜鉛が乾土 1.0 ppm 以下のとき，亜鉛欠乏を呈するといわれている．また，キレート試薬を用いる，精度のよい方法がある．風乾土壌 10 g に 1 M-炭酸アンモニウム水溶液と 0.005 M DTPA 水溶液（ジエチレントリアミン五酢酸）の 20 mL を加え 15 分間振とう，ろ過後，亜鉛の定量を行う．本法によるトウモロコシに対する亜鉛欠乏発生の限界値は 0.9 ppm である．

3) **亜鉛の土壌施用や葉面散布による診断** 硫酸亜鉛を 10 a あたり 1 kg 程度を施用する．葉面散布法では 0.5 ％硫酸亜鉛水溶液を用いる．

4) **生化学的手法による亜鉛栄養の診断** 柑橘の亜鉛欠乏葉ではリボヌクレアーゼが特異的に高いことが知られている．この現象を利用した亜鉛栄養診断法がある．試料葉を水でよく洗浄後，1 枚の葉ごと中肋から二分し，一半で亜鉛含量を，他半分でリボヌクレアーゼ活性の測定を行う．リボヌクレアーゼの活性度は酵母核酸を基質として，1 時間の反応によって分解される基質の量を％で表示する．

亜鉛濃度とリボヌクレアーゼの活性度を両軸にとって，その関係を調べると，亜鉛含有率 15 ppm を境として，これより低いとリボヌクレアーゼ活性は急激に高い値（45～55 ％）を示し，柑橘葉は亜鉛欠乏症状を現すことがわかる．一方，亜鉛が 15 ppm を越えると柑橘葉は正常で，リボヌクレアーゼ活性は低く，その値はすべて（35～40 ％）の間に保たれる．リボヌクレアーゼの活性度の低いときは RNA の合成は促進され，リボヌクレアーゼの活性度の高いとき RNA の分解が起こる．したがって，最適な亜鉛濃度（亜鉛 15 ppm 以上）では，リボヌクレアーゼの活性度は低く保たれ，RNA やタンパク質の合成が促進されると考えられる．以上のように，リボヌクレアーゼの活性度は，柑橘の亜鉛栄養診断の有効な指標となり得ることが明らかである．

また，著しい亜鉛欠乏を呈するワタの葉身中の炭酸脱水酵素の活性はまったく検出されないことが知られている．葉身中の亜鉛濃度が上がるにしたがって，炭酸脱水酵素の活性が現れ，葉身中亜鉛が 10 ppm から 20 ppm へと高くなると，この酵素の活性は直

線的に高くなる．同様な結果がトウモロコシについても得られている．このように，炭酸脱水酵素活性と亜鉛濃度との間にはきわめて密接な関連が存在するので，この酵素の活性度は亜鉛の栄養診断の有力な指標となる．

e. 銅

1) 植物体中の銅（Cu）含量による診断 健全な植物体中の銅含量は10 ppm程度である．銅は植物体中では，通常，根に集積する傾向が強い．銅は，鉄，亜鉛などと相互作用がある．すなわち，銅は植物による鉄の過剰吸収を抑制する作用があり，また，過剰の銅の存在は鉄クロロシスを引き起こす．亜鉛過剰の害も銅施用によって軽減される．銅の過剰害は，生理的活性部位に存在する微量要素のうちで特に鉄と置き換わるのが原因の一つであるといわれている．したがって，銅過剰症はクロロシスとなって現れ，外観的には鉄欠乏に似ている．銅の定量は原子吸光光度法で行う．

2) 土壌中の有効態銅含量による診断 土壌中の銅は，陽イオンとして溶けているもの，腐植とキレート化合物をつくっているもの，粘土と結合して，いわゆる置換性として存在するものなどである．したがって，土壌有機物の含量，粘土鉱物の量と種類，土壌のpHなどは，土壌中の可給態銅量を支配する要因である．土壌中の有効態銅を定量する方法は，まだ確立されていないが，よく用いられる実験例は次のとおりである．風乾土に1 N-酢酸アンモニウム水溶液（pH 4.8）を加え振とう抽出し，このろ液について，銅の定量を行い，有効態銅含量を算出する．健全土壌における有効態銅は0.8～1.5 ppmである．この値が5 ppm以上の場合は銅過剰を示し，0.2 ppm以下の場合は銅欠乏発生の可能性がある．

3) 銅の土壌施用や葉面散布による診断 硫酸銅を10 aあたり0.5～1 kgを施用する．葉面散布では硫酸銅0.4%水溶液を用いる．

4) 生化学的手法による銅栄養診断 銅欠乏が植物体中の含銅タンパク質の一種であるプラストシアニン含量を減少させることが認められている．プラストシアニン含量を健全葉と比較することにより，銅栄養の診断が可能である．また，チロシナーゼ活性やアスコルビン酸酸化酵素活性と培養液中の銅濃度との間に高い相関関係があることが報告されているので，これらの酵素活性が銅栄養の診断指標となる得る．

f. モリブデン

1) 植物体中のモリブデン（Mo）含量による診断 植物体中のモリブデン含量は正常なもので0.5～1 ppm（乾物）程度で，微量必須元素の中で最も少ない．植物体中のモリブデンが0.01～0.3 ppm（乾物）であれば，モリブデン欠乏症状が現れる．

モリブデン分析法として，原子吸光光度法があるが本法は，モリブデン含量の多い肥料などには応用されているが，モリブデン含量のきわめて低い水や植物などについては，直接応用した例は少ない．モリブデンが微量であること，妨害イオンの除去が必要であることなどの点を考慮すると，有機溶媒抽出によるジチオール比色法，チオシアン酸比色法あるいは有機溶媒抽出法を用いた原子吸光光度法が適当と考えられる．

2) 土壌中の有効態モリブデン含量による診断 土壌中のモリブデン含量は母岩の種類による差は小さく平均2 ppm程度である．土壌中での存在形態は他の重金属と異なりMoO_4^{2-}のアニオン態であり，土壌中における行動はSO_4^{2-}やPO_4^{3-}アニオンに似

ている．多くの重金属は酸性化により可溶性となりpHの上昇によって不溶化が進む．しかし，モリブデンは酸性土壌で欠乏がでやすく，石灰で中和することによって可給度が増し，欠乏症は回復する．

有効態モリブデンの定量をするには，まず風乾細土をシュウ酸アンモニウム－シュウ酸水溶液を加え，一昼夜振とう抽出する．抽出液中の有機物およびシュウ酸を加熱分解した後，モリブデンを定量する．健全土壌での有効態モリブデンは0.2 ppm程度であるとされている．

3) **モリブデンの土壌施用や葉面散布による診断**　モリブデン酸ソーダまたはモリブデン酸アンモニウムを10 aあたり30～50 gを水に溶かすか，土壌と混ぜるかして，できるだけ均一に施用する．葉面散布は上記モリブデン酸塩の0.01～0.05％水溶液に展着剤を加えたものを用いる．

4) **生化学的手法によるモリブデン栄養の診断**　モリブデンは硝酸還元酵素の成分金属であるので，この酵素の活性が，モリブデンの栄養診断指標として利用できる可能性がある．

g. 塩　　素

1) **植物体中の塩素（Cl）含量による診断**　植物体中で，塩素を含む，生理的に重要な有機化合物は見出されておらず，したがって塩素は，主にイオンとして行動していることが考えられる．特に，塩素は植物の気孔の開閉時におけるカリウムイオンのカウンターイオンとしての機能は重要である．

作物の欠乏症については，現在，十分に明らかになっていないが，塩素欠乏症発現の限界値は，70～100 ppm（乾物）程度であることが報告されている．しかし，日本では，海水の飛沫が風によって多量に空気中に混じり，塩素は（1～10 kg/10 a/年）が土壌に補給されると見積もられている．このように，塩素は土壌や大気，水中に多く含まれており，それらによって，作物の必要以上が供給されているので塩素は農業上問題となることはない．

表10.5　水稲・野菜・果樹の葉中の微量要素含有率（適正範囲）（単位：対乾物ppm）

微量要素 作物	ホウ素（B）	鉄（Fe）	マンガン（Mn）	銅（Cu）	亜鉛（Zu）
水稲	3～5	30～100	80～200	5～15	10～20
トマト	15～50	100～350	30～200	10～20	20～50
温州ミカン	30～100	50～150	30～100	10～50	30～100

塩素の定量法は硝酸銀による滴定法が一般的である．同一ハロゲン族元素である臭素やヨウ素が多量に存在するときは，蛍光X線分析法がすぐれているが，分析装置はきわめて高価である．

最後に，各種作物の葉における微量要素含有率を表にまとめておく（表10.5）．

〔高木　浩〕

文　献
1) 髙橋英一：作物栄養のしくみ, 172, 農文協, 1993.

10.2.3 その他の元素
a. ケイ素

ケイ素 (Si) は各種植物に含まれ，その含有率は広範囲に及んでいる．一般にイネ科植物は多量のケイ素を含み，水稲茎葉 (乾物) 中には 0.1～0.2 kg/kg 程度含まれる．水耕法で栽培されたキュウリ葉中には 0.03 kg/kg 程度，大豆葉中に 0.01 kg/kg 程度，トマトやイチゴ葉中には 0.005 kg/kg 以下含まれており，いずれの作物においても欠除処理では生育異常がみられている．ケイ素の生理作用はなお不明な点が多いが，水稲ではリン酸吸収に関与することが知られている[1]．

ケイ素は土壌の主要な構成成分であり，試料に土壌の付着があれば誤差を生じる原因となるので，十分洗浄する必要がある．従来，ケイ素の定量には重量法，比色法[1]，蛍光 X 線法[2]が用いられてきたが，多くは比色法によってなされている．ICP-発光法は，感度よく，検量線の直線範囲が広いことから，検量線作製のための標準溶液は 1 点準備すればよく，希釈率を変えることなく多くの試料を分析でき，同時に多元素を分析できる簡便な方法である．ここでは，分析法として，ICP-発光法[3,4]を紹介し，重量法，比色法，蛍光 X 線法などについては成書[5,6]を参照されたい．

1) 灰化法　乾燥粉末試料 0.5 g を白金るつぼにとり，350℃で十分炭化させた後，500℃で 30 分間灰化する．メタホウ酸リチウム 1 g を添加し，900℃10 分間溶融する．放冷後，るつぼをビーカー内に移し，1 mol/L 硝酸 40 mL を加え，60℃湯浴上で溶融物を溶解し，定容する．

2) 測定法（ICP-発光法）　分析線 251.6 nm を用い発光強度を測定する．ケイ素以外に，P, K, Ca, Mg, Mn, Fe, Zn, Cu, Al など 9 元素が定量されている．NIES 植物標準試料を分析した結果は，ケイ素以外の元素は保証値とよい一致を示した[4]（ケイ素に保証値はないため比較できない）．標準土壌を分析した結果は，ケイ素の保証値とよい一致を示した[3]ことから，植物のケイ素の分析にも適した方法と考えられる．また，1 試料に要する処理時間は，前処理 90 分程度，10 元素測定は 5 分程度である．

b. ナトリウム

ナトリウム (Na) の必須性は証明されていないが，セロリ，テンサイ，カブなどで有効といわれている．植物体内のナトリウムは，イオンの形で存在し，水に難溶性化合物はほとんどないと考えられている．分析法としては，炎光法が最も多く採用されているが，原子吸光法も用いられる．

1) 灰化法（前処理法）

i) 湿式分解　適量の乾燥粉末試料をトールビーカーにとり，硝酸-過塩素酸 (5：1) 50 mL を加え，時計皿で覆い，徐々に加熱し分解する．分解終了後，乾固し，濃塩酸 2 mL を加え再乾固する．2 mol/L 塩酸 2 mL を加え，灰分を溶解後，定容する．

ii) テフロン加圧分解[7]　市販のテフロン加圧容器（容量 70 mL のふた付きテフ

ロン製内筒と耐圧ステンレスジャケットからなる）を用いる．乾燥粉末試料（0.5g程度）を20mLテフロン製ビーカーにとり，テフロン容器（内筒）内に納める．ビーカー内に濃硝酸5mLを加え，ふたを締めたあと，ステンレスジャケット内に納める．電気乾燥器内で170°C，2時間加温後，30分水冷し，分解液を定容する．

iii) 乾式灰化　適量の乾燥粉末試料を磁性るつぼにとり，550°Cで白色灰になるまで灰化する（同時に亜鉛，カドミウムなど低沸点金属元素を分析する場合には，450°C以下で行う．それでも若干の揮散損失は防げない）．少量の蒸留脱イオン水で潤し，濃塩酸2mLを加え，灰分を溶解後，定容する．

iv) 1N塩酸抽出[8]　適量の乾燥粉末試料をポリエチレンビンにとり，1mol/L塩酸25mLを加え，振とうし，24時間放置する．沈殿をろ別し，ろ液を供試液とする．

2) 測定法（炎光法，原子吸光法）　ナトリウムを含む供試液を炎中に噴霧し，炎光光度計または原子吸光光度計により，589nmの発光強度または吸光度を測定する．炎光法は原子吸光光度法に比して，測定濃度範囲の広いこと，中空陰極ランプを必要としないことから，簡便さにまさる．原子吸光法は，一般に空気-アセチレン炎が用いられるが，ナトリウムは，イオン化率が大きいので，空気-プロパン炎（低温炎）を用いると，約2倍の感度が得られる．しかし，空気-プロパン炎はノイズが大きいため，検出限界は悪くなるので，低濃度試料の場合は，空気-アセチレン炎の方が適している．低濃度（10mg/L以下）試料液では誤差を生ずることがあるので，正確な定量には干渉制御剤の添加が必要となる[9]．

c. アルミニウム

アルミニウム（Al）は植物に対する毒性が強く，土壌溶液中の濃度はpH4.5以下で急激に増加する．作物中のアルミニウム含量は作物種により異なるが，一般的には100mg/kg（乾重）を越えるものは少ない[10]．一方，茶葉は通常200〜1,000mg/kg程度のアルミニウムを含有しており，茶樹の活力を増進することが認められている[11]．アルミニウムは地殻を構成する主要な元素であり，試料に付着した微量の土壌が大きな誤差を生ずるので，十分な洗浄が必要である．分析法として比色法[11]，原子吸光法[12]が用いられているが，近年ICP-発光法[13,14]が適用されている．比色法については成書[15]を参照されたい．

測　定　法

i) 原子吸光法　常法どおり灰化した試料液（前記b.1）参照）を，原子吸光光度計に導入し309.2nmの吸光度を測定する．フレーム法は，二酸化窒素-アセチレン炎を使用し，定量下限は10mg/L程度である．フレームレス法は，炭素炉の中に10〜20μLの試料液を注入し測定する．検出限界絶対量は10pg程度なので，溶液としての濃度は1μg/L程度となり，高感度である．しかし，フレームレス法は，共存元素の干渉をうけやすく，バックグランド補正を必要とする[12]．

ii) ICP-発光法　ケイ素と同分析法（前記a.参照）．分析線167.1nmの発光強度を測定する．

d. コバルト

コバルト（Co）は，植物の必須元素として認められていないが，ラン藻や根粒菌に

よる窒素固定に重要な役割を果たしていることが知られている．またビタミンB_{12}の構成成分として哺乳動物の栄養上不可欠な元素であり，農業との関連は深い．植物のコバルト含量は，一部の蓄積性植物[16]を除くと微量であるため，高感度の分析法が必要である．従来，分析法としての比色法（o-ニトロソクレゾール法）が用いられ[17,18]，簡便法として原子吸光法が用いられている．フレーム原子吸光法の最適定量範囲は2～15 mg/L程度であるので，一般作物の分析には適さず，試料分解液からコバルトを溶媒抽出法によって濃縮し，測定されている[17,18]．ICP-発光分光法は，フレーム原子吸光法より感度がよいが，フレームレス原子吸光法はさらに高感度である．

測定法（フレームレス原子吸光法） 常法どおり灰化した供試液（b. 1) 参照）の10～20 μLを炭素炉内に注入し，240.7 nmの分析線を用いて吸光度を測定する．検出限界絶対量は20 pg，同濃度は2 μg/Lである．ただし，共存元素の干渉を受けやすいので，必ずバックグランド補正をする必要がある．さらに妨害が大きな場合には，溶媒抽出を行いマトリックス成分の除去が必要となる．溶媒抽出法については成書[17,18]を参照されたい．有機溶媒の炭素炉への注入量は，水溶液に比べ不安定なので，より正確な測定には希硝酸を用いてコバルトを水相へ逆抽出したあと測定する．

e．ニッケル

ニッケル（Ni）は高等植物における必須性を認める報告もあるが，ウレアーゼの構成元素であり，トマト，ダイズの生育に効果のあること[19]などが知られているので，少なくとも有益元素に分類することに異論はないであろう．コケ類を含む植物中のニッケル含量は，一部の集積植物[20]を除いて，通常20 mg/kg（乾重）以下[21~23]である．

ニッケルの分析は，比色法，原子吸光法[19,21,23]，ICP-発光法[25]で行われている．比色法は，中性または微アンモニアアルカリ性溶液中でジメチルグリオキシムと錯体を形成し，450 nmの吸光度を測定することにより定量する[24]．近年は，原子吸光法，ICP-発光法が簡便な方法として採用されている．しかし，前述のように植物中のニッケル含量は少ないので，フレームレス原子吸光法では濃縮の目的で溶媒抽出を行い測定する[19]．ここでは高感度なフレームレス原子吸光法（検出限界絶対量20 pg，同濃度2 μ/L）をとりあげる．

測定法（フレームレス原子吸光法） 常法どおり前処理（b. 1) 参照）した供試液を，10～20 μL炭素炉に注入し，232 nmの吸光度を測定する．しかし，共存元素の干渉を受けやすいので，必ずバックグランド補正を必要とする．また，マトリックス成分除去の目的で溶媒抽出法を採用するとよい．有機溶媒の炭素炉への注入量が不安定となるため，定量精度は水溶液系より劣る．したがって，より高精度の定量を行う場合には，水相への逆抽出[25]を行うとよい結果が得られる．

f．セレン

セレン（Se）は植物の必須元素ではないが，哺乳動物の必須元素であり，グルタチオンペルオキシダーゼの構成元素としていられている．セレンはアルカリ性土壌では，水溶性であるが，酸性土壌では亜セレン酸として存在し，鉄と結合して不溶性となる．酸性土壌の多い日本では，多くの牧草中のセレン濃度は，家畜のセレン欠乏症（白筋病）の発生が考えられる0.05 mg/kg（乾重）以下であることが指摘されている[26,27]．

セレンの定量は，蛍光法を中心に行われてきたが[26,27]，高感度分析法として水素化物発生-原子吸光法[28]も用いられている．近年，微少量試料（100 μL）の分析が可能で高感度（定量範囲数十 pg～数十 ng）な HPLC の土壌中セレン分析への応用例が発表されている[29,30]．ここでは，水素化物発生-原子吸光法を紹介する．

測定法（水素化物発生-原子吸光法） 　分解液中のセレン（VI）を塩酸酸性下でセレン（IV）に還元し，さらに水素化ホウ素ナトリウムで水素化物を発生させ，これを石英セル中で加熱分解し，196 nm の分析線を用いて吸光度を測定する．10～50 μg/L 程度の範囲で定量可能で，水素化物として分離するので共存元素の干渉は受けにくく，バックグランド補正の必要はない．しかし，ヒ素，スズ，アンチモンなども同じ原理で水素化されるので，これらの元素が多量に共存する場合には干渉を受ける．水素化物をICP-発光分光分析計に導入しても高感度の分析が可能である．

〔装置〕　連続水素化物発生装置，原子吸光光度計
〔試薬〕　1．希塩酸，2．水素化ホウ素ナトリウム水溶液
〔操作〕　常法どおり灰化した供試液（b. 1) 参照）を，4 mol/L 塩酸酸性化，60 分煮沸し，セレン（VI）からセレン（IV）に還元し測定試料液とする．水素化物発生装置指定濃度の希塩酸，水素化ホウ素ナトリウム水溶液，試料液を装置にセットし，ペリスタルポンプで送液し，発生する水素化物を原子吸光高度計に導き，196 nm の吸光度を測定する． 　　　　　　　　　　　　　　　　　　　　　　　　　　　　　　〔深見元弘〕

文　献

1) Ma, J. et al.：*Plant Soil*, **126**, 115-119, 1990.
2) 高橋英一ほか：土肥誌, **52**, 445-449, 1981.
3) 後藤逸男ほか：土肥誌, **62**, 521-528, 1991.
4) 後藤逸男ほか：土肥誌, **62**, 628-633, 1991.
5) 作物分析法委員会編：栄養診断のための栽培植物分析測定法, 141-146, 養賢堂, 1975.
6) 京都大学農学部農芸化学教室編：農芸化学実験書第1巻, 129-131, 1965.
7) 後藤逸男ほか：土肥誌, **63**, 345-348, 1992.
8) Ando, T. et al, ：*Soil Sci Plant Nutr*., **31**, 601-610, 1985.
9) 竹内　誠：土肥誌, **62**, 545-548, 1991.
10) 我妻忠雄：山形大学紀要（農学）, **10**, 637-745, 1988.
11) Konish, S. et al.：*Soil. Sci. Plant Nutr*., **31**, 361-368, 1985.
12) Ono, K. et al.：*Plant Cell Physiol*., **36**, 115-125, 1995.
13) 矢彦沢清充：日蚕雑, **63**, 494-498, 1994.
14) 後藤逸男ほか：土肥誌, **62**, 628-633, 1991.
15) 作物分析法委員会編：栄養診断のための栽培植物分析測定法, 435-436, 養賢堂, 1975.
16) Morrison, R. S. et al.：*Phytochem*., **20**, 455-458, 1981.
17) 渋谷政夫，ほか：重金属測定法, 164-178, 博友社, 1980.
18) 作物分析法委員会編：栄養診断のための栽培植物分析測定法, 128-131, 養賢堂, 1975.
19) 嶋田典司ほか：土肥誌, **51**, 487-492, 1980.
20) Lee, J. et al.：*Phytochem*., **16**, 1503-1505, 1977.
21) 西村和雄ほか：土肥誌, **52**, 439-444, 1981.
22) Hara, T. et al.：*Soil. Sci. Plant Nutr*., **22**, 317-325, 1976.
23) Bernal, M. P. et al.：*Plant Soil*, **164**, 215-259, 1994.
24) 作物分析法委員会編：栄養診断のための栽培植物分析測定法, 132-140, 養賢堂, 1975.
25) 三島昌夫：環境中の微量金属の測定, 111-113, 東京化学同人, 1985.
26) 浅川征男ほか：土肥誌, **48**, 287-292, 1977.

27) 小山雄生ほか：土肥誌, **55**, 395-399, 1984.
28) Oien, A. *et al.*：*Acta Agric. Scand.*, **38**, 127-135, 1988.
29) 山田秀和ほか：分析化学, **36**, 542-546, 1987.
30) Kang, Y. *et al.*：*Soil Sci. Plant Nutr.*, **36**, 475-482, 1990.

10.3　リモートセンシングによる栄養診断

　作物個体や群落は，その化学的・物理的特性の違いによって電磁波の波長ごとに反射や放射の仕方が異なる．ヒトの眼は 500～600 nm 付近の情報を多く得られるような構造になっているので，可視波長域の反射測定を行って含有成分量を推定することは，ヒトが観察によって行う栄養診断と同じことになる．

　リモートセンシングによる栄養診断とは，サンプリングした作物の実測データと分光反射率などのリモートセンシングデータとの関係を見出して回帰式や診断モデルを構築し，これらに基づいて非破壊で診断を行うことをいう．また，広義には，各種ストレスの検出や収量予測が含まれる場合がある．これには，衛星データや航空写真などを利用した広域栄養診断と，分光放射計やCCDカメラなどを使用して対象物を比較的近い位置からセンシングする近接リモートセンシング技術を利用した局所的栄養診断のふたつがある．特徴としては従来の診断方法と比べて，①地点の調査結果を面に展開することにより調査地点数を増やすことができる（精密度が増す），②観察による診断とは異なり客観的に診断が可能である，③毎回，毎年の診断結果をデータベース化できる，④他の情報と階層化して統合解析し診断ができること，などがあげられる．

　リモートセンシングで栄養診断を行うことは，「肉眼では感知できない波長域をプラスしたセンサー」という目で作物を客観的に観察し，従来の化学分析では不可能であった面的な診断を可能にするということである．たとえば，30 m 解像度で作物の含有成分を推定した場合，その精密度は 1 ha あたり約 11 地点の調査・分析を行ったことになり，1 m 高解像度データを利用した場合には，さらにその 900 倍の情報が得られることになる．

a.　診断の現状

　現在のところ，地上において分光反射率を計測して行う局所栄養診断の研究が多く行われている．広域診断に関しては，研究の段階は終了しているものの，実利用化のためには，①現在利用可能なデータの解像度では適用できない地域があること，②必要な時期に画像を撮影できない場合があること，③撮影してから解析者の手元に画像が届くまでに数週間を要することなどの課題の解決が残されている．

　1)　農業分野で利用される主な衛星データと解像度　　現在，農業分野で利用されている衛星データは，太陽光の反射および対象物から放射される電磁波を収集する光学センサーで観察されたデータが大部分を占める．耕作規模が小さいことから，国内では解像度 30 m の LANDSAT や 20 m の SPOT 衛星を利用した解析が多く行われている．一方，モニタリングという観点からは，解像度は 1 km と粗いが毎日データを取得できるという点で気象衛星 NOAA/AVHRR データなども注目されている．ただし，北海道のように単一作物が数 km 四方以上のまとまりをもって作付けられている場合に適用

可能である．

2) 求められる観測波長域　診断を行うために必要とされる波長域と波長分解能は，利用する分野や目的によっても異なるが，最低でも可視域と近赤外域の情報が必要となる．また，ハイパースペクトラルデータ（波長分解能が高いデータ）を解析することでランドサット，スポット，イコノスなどに代表される観測波長幅では検出できなかった植物生理的なシグナルを抽出できるようになるので，このようなデータの利用も有効である．一方，雲の存在により撮影チャンスが少なくなってしまう光学センサーに対しては，雲を通過して地表面情報を得られるマイクロ波レーダー画像の利用も考えられている．

3) 要求されるデータの提供時間　衛星データが迅速にユーザーのもとへ届けられるのが原則であるが，現段階では撮影された画像が解析センターや研究者の手元に届けられる最初の段階で既に数週間を要している．データによっては1週間以内ということも可能であるが，このような撮影リクエストは特別価格の対象となるので通常より2〜3倍程度費用が高くなってしまう．農業の現場で要求される時間スケールは数日から1週間程度であるため，リアルタイム性を満足させるところまではまだ到達していない．

b. 局所的栄養診断

葉色から窒素やクロロフィル含有率を非破壊で推定できることが知られているが，これは可視波長域の各波長域におけるクロロフィルの放射吸収強度の違いを利用している．一般に緑葉はクロロフィルの吸収帯の存在によって青，赤波長域の光に対して高い吸収率を示し，クロロフィル含有率の増加は可視域での反射率の低下をもたらす．この関係を利用してクロロフィルメーター（SPAD-502，ミノルタカメラ）の測定値から水稲の窒素含有量が推定されている．

また，コムギの550 nmにおける反射を測定することで出穂期に栄養診断が可能であることが示されている．

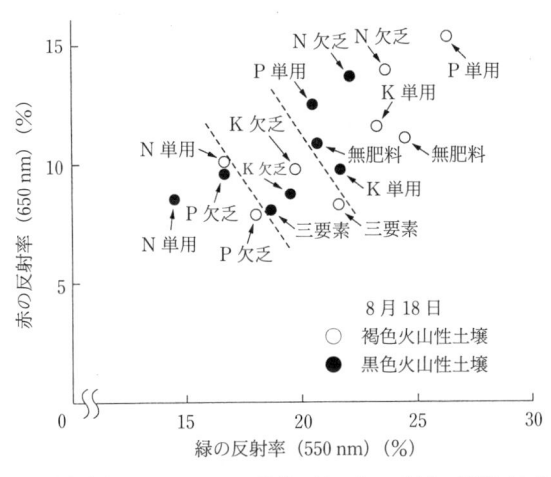

図10.5　三要素試験におけるテンサイ緑葉の緑と赤の反射率の関係（斎藤ら，1982）

さらに，三要素試験を行ったテンサイの分光反射を調べると生育が良好である健全区の赤波長域（650 nm）では低く，近赤外（750 nm，850 nm）においてはその値は高くなる．しかし，窒素欠乏区やリン酸欠乏区の反射率は，裸地と健全区の中間値を示し，リン酸含有率が増加すると緑の反射率が増加する．テンサイ茎葉部の緑と赤の反射率を二次元散布図で示すと（図 10.5），リン酸欠乏区は図の左側に，窒素欠乏区は右上，三要素が完全区では中央部にプロットされる結果が得られている．

c. 広域栄養診断

栄養診断を行う作物の圃場を衛星データから抽出することが，広域診断の第一条件となる[1]．作物を判読するためには，生育ステージの異なる複数時期のデータを解析することが有効である．たとえば，湛水時期の画像と生育して水面が隠れている状態の画像を解析することで水田を正確に抽出できる．テンサイの場合もこの生育ステージの特徴を利用した多時期衛星データの論理演算を行うと，高い判別率で圃場を抽出することが可能である．この判別作業終了後，抽出した圃場ごとに診断用の回帰式やモデルをあてはめると，各画素に対応する最小単位で診断結果が出る．

〔解析事例〕

i) **テンサイ根中糖分の推定**[2]　糖分は，収穫期の茎葉の窒素含有率と負の相関関係にあるので，精度よく糖分を推定するためには収穫期の画像データの解析が有効であると考えられる．テンサイの可視域の地上分光反射率と根中糖分には高い正の相関関係が認められ，一方，葉中窒素含有率やクロロフィル含有率と可視域における反射率とは負の相関関係が認められる（表 10.6）．そこで，窒素含有率の違いによって左右される葉の分光反射強度を計測することで，間接的に根に含まれる糖分の推定が可能になる．ランドサットデータの各バンドのディジタル値と収穫期の糖分との相関関係は Band 1，Band 2，Band 3 で高く，重回帰分析の結果 Band 3 と Band 1 を説明変数とする推定式が得られ，糖分含量の診断区分図が作成されている．

表 10.6 各波長帯におけるテンサイの分光反射率と含有成分との相関係数（岡野ら，1994）

分析項目	測定波長（nm）				分析項目	
	475	550	650	850	糖分	窒素含有率
糖分	0.90**	0.71*	0.75*	0.41	—	—
窒素含有率	−0.91**	0.79*	−0.80*	−0.60	−0.89**	—
総クロロフィル量	−0.78*	−0.74*	−0.67	−0.37	−0.92**	0.74*
根重	0.32	0.19	0.45	0.39	0.40	−0.29

*5％水準で有意，**1％水準で有意．

ii) **テンサイ根重の推定**[2]　葉の生育量や被度は赤と近赤外の反射率に反映されるので，これらの反射率から根重を推定できることが知られている．解析では収穫期に近い9月のデータを用いて重回帰分析を行い，クロロフィル吸収帯で糖分を間接的に表現する Band 1，バイオマス量が反映される Band 4，植物体の水分状態に関係している Band 5 を説明変数とする根重区分図を作成するための推定式が得られている．

iii) **テンサイ根中アミノ態窒素含有率の推定**[3]　葉中の窒素含有率とアミノ態窒

素含有率とは有意な正の相関関係にあり，テンサイが吸収した窒素量の多少により葉色が変化するので，可視域のバンドを使って根中のアミノ態窒素含有率を間接的に推定することができる．

TM データの各バンドのディジタル値と収穫期のアミノ態窒素含有率との相関係数は Band 3 で最も高く，この Band の値からアミノ態窒素含有率の診断区分図を作成できる．

テンサイの根に含まれるアミノ態窒素含有率は，糖分含有率と有意な負の相関関係にある．一方，アミノ態窒素含有率は窒素施肥量と正の相関関係にあるので，テンサイの窒素栄養状態を判定できる．この関係を利用すると，アミノ態窒素含有率を指標とした窒素栄養診断によって，高糖分を実現させるための施肥管理ができると考えられる．

iv）窒素吸収量の過不足量の推定[4]　成田（1989）らは，テンサイの根に含まれるアミノ態窒素含有率と窒素施肥量とが正の相関関係にあることに着目し，アミノ態窒素含有率からテンサイが吸収した窒素量を推定し，窒素施肥管理を行うための手法を開発している．そこでこの手法に基づき，衛星データから推定した根部のアミノ態窒素含有率から吸収された窒素量を求め，この値から収益が最大となると推定される"理想吸収量"を差し引くと，圃場ごとの窒素吸収量の過不足量を求めることが可能であり，その区分図も作成できる．

得られた解析結果に既存の土壌データを重ね合わせて総合的に栄養状態を調査すると，黒色火山性土に作付けられたテンサイは糖分，根重ともに低く，1 ha あたりの生産者価格も低かった．そして，これらのテンサイは窒素を過剰に吸収した傾向がみられた．理想とする吸収量より 6 kg/10 a 過剰に吸収していた圃場は全体の 50 % にも及び，減肥の必要性を示していた．

v）コメのタンパク含量推定[4]　収穫間際のイネは枯れあがりが進むのに従って緑色が退色してくる．このとき葉に含まれる窒素は穂に転流してタンパク質として貯蔵さ

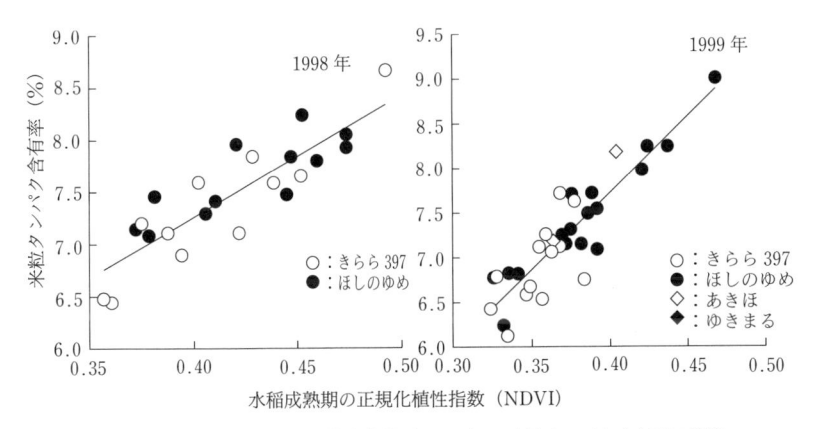

図 10.6　水稲成熟期の正規化植生指数（NDVI）と米粒タンパク含有率の関係
（1998 年・1999 年，長沼町）

れる．そのため，収穫時期に葉の緑色が薄い水田は窒素の量が少なくタンパク質含量が低く，収穫時期になっても葉に青みの残る水田はタンパク含量が高くなる傾向がある．一方，タンパク含量が低いイネはその植生指数も高いことから（図 10.6），この関係を使うと衛星データからイネのタンパク含量を推定し収穫前に診断区分図を作成できる．

d. 問題点と将来展望

これまで，作物の栄養状態や栽培管理に関する問題は，試験圃場のデータや一部の事例調査にとどまっていた．しかし，ここで紹介した事例では，衛星に搭載された"センサ"という目が地上約 700 km の高さから 840 km^2 の範囲に位置するすべての圃場に対して栄養診断を不断に行っている．これを利用すれば，窒素施肥管理も可能であることから，従来の手法とリモートセンシングを組み合わせて利用することは，農業経営戦略上の情報提供に不可欠なものとなり，圃場管理のためのシステム構築の基本情報収集に有効であるといえる．

しかし，ここでの診断は収穫後の実測データを使った推定であるためにリアルタイム診断や収量予測とはいえないこと，圃場の境界領域の抽出に限界があるため推定精度が低下してしまうこと，診断可能な項目が窒素に関連することに限られてしまっていること，すべての作物に共通な診断手法が開発されていないこと，などの問題点が多数残されている．したがって，実用化のためには，予測モデルを構築したり，高解像度・ハイパースペクトラルデータを利用するなどの改良を加える必要がある．

循環型農業への移行が求められる中，環境保全を考えながら収量や品質を高めるような施肥管理に注目が集まっている．その施肥指針を提供するために必要な収量データは生産者単位で集計されており，個々の圃場や地点のデータはほとんど蓄積されていない．少なくともここで紹介した衛星データを利用したテンサイの窒素栄養診断に関わるリモートセンシング手法は，圃場単位での栄養診断の可能性を提示している．そして，農業の IT 化の流れを受けて，農協の営農計画・指導，加工用原料を扱う企業の調査活動などの精度向上や効率化のために，また農村社会システムのパイプ役となるツールとして，具体的活用への取り組みが行われている．

21 世紀になって TERRA/ASTER や高解像度商業衛星 IKONOS, QuickBird の運用が開始され，栄養診断ツールの仲間が増えた．IKONOS や QuickBird の場合，毎日～数日の時間分解能で，地上分解能が約 60 cm～4 m の画像を撮影できるので，北海道のような大規模耕作地帯以外の地域での利用に期待が高まっている．さらに，今後新たな高解像度衛星の打ち上げも予定されており，画像の撮影チャンスが増えることによって生育期間を通しての栄養診断も可能になりつつある． 〔本郷千春〕

文 献

1) 岡野千春ほか：システム農学, **9**(2), 82-91, 1993.
2) 岡野千春ほか：システム農学, **10**(1), 11-20, 1994.
3) 岡野千春ほか：システム農学, **11**(2), 137-144, 1995.
4) 安積大治：農業における衛星情報活用の最前線, **10**(2), 27-31, 2000.

11. 農産物の品質

11.1 食糧・食品の品質要素

　わが国における食生活の変化向上は，近年予想以上のものがある．国民生活の安定・向上に伴い食生活は量から質の時代を迎え，多様化が進むとともに外食傾向の増加が顕著にみられるようになった．今日，食物は栄養源として摂取するだけでなく，嗜好品としての傾向が高くなり，農業生産物に対する品質向上への要望が高まっている．作物の品質は味のよさだけではなくて多くの要素が関係しており，基本的にはまず栄養特性が考えられる．従来必要とする栄養素として，タンパク質，デンプン，脂肪，ビタミン，ミネラルなど多種類にのぼる．これら栄養素の摂取は作物の種類により異なり分化していてたとえば，米麦などの穀類からは主に炭水化物，野菜，果実からは主にビタミン，ミネラル，繊維などが畜産物（肉類），および魚類からはタンパク質と脂肪分が摂取されている．ついで，必要な要素として食品の機能性が上げられる．これは味のよさ（うまさ）と関係している趣好性が重視されており，味についで香り，外観，色，歯ざわりなどが総合されたものと考えられる．したがって，食料品の種類により重要視される項目が分化されてくると考えられる．米では香り，味と歯ざわり，果実では特に香りや味とともに歯ざわりが影響する．野菜類は多種多様で一概には表現できないが新鮮味からくる色，味，硬さ（歯ざわり）などが重要視されている．食糧，食品の味は，その化学的組成に左右されるもので，糖，有機酸，アミノ酸などの含有量との関係が考えられる．

　ついで，品質に関係する要素として新鮮度のことが上げられる．特に鮮度を重視する野菜，花きなどは鮮度保持こそ必要である．そこで，貯蔵庫（保冷庫）では温度湿度，空気組成の調節などによって新鮮度が保持されているか，一時貯蔵，輸送，市場（売場）など環境の異なる開放状態では，収穫後の農作物自体の活力に依存するのみである．通常，収穫物は呼吸作用を継続しており，そのエネルギーは貯蔵されている糖分に依存しているので糖含有量や水分の保持量などの多少が鮮度保持にとって重要となる．

　さらに，米の品質については米粒の外観的性質と米飯としての食味が問題となる．一般に米飯の食味を左右する要因としてみると，まず品種の特性が上げられる．ついで，水稲栽培に関係して栽培方法，登熟条件などが影響する．そのため，わが国では収穫された米の流通については，品種と生産地を組み合わせた銘柄制度が定着している．米の食味についてみると，精米の理化学性と関係が深い．飯米の熱糊化特性（粘性）とデンプンゲルの老化性が直接的要因となる．デンプンはアミロースとアミロペクチンから構成されているが，アミロペクチンの割合が多いものほど粘性が強く，味，歯ざわりなどが良好なものとされている．餅用のもち米のデンプンはアミロペクチンのみである．米

のタンパク質含有量は高いほど味の劣ることが認められている．したがって，水稲栽培にあたり出穂期頃の窒素追肥は，米粒の窒素含有量を高めるため品質が低下するので施用調節が肝要である．

　園芸作物では趣好性の大きい果実，野菜類については品質，特に味について関心の度合いが大変高く，それによる価格差は顕著である．品質を左右する主要な要因としては，まず品種が重要で，ついで栽培産地，栽培方法が関与している．品質に関与している第一の要因は土壌水分があり，栽培にあたり収穫期を低水分状態に保持し体内のデンプンから糖分の生成を促進し，作物体内の糖分量を高く維持するとともにタンパク質の合成を抑制すれば，高品質のものが生産される．

　近年，ハウス栽培のミカンが定着してきているが，糖度が予想以上に高く，味も良好と賞味されている．これは，ハウス栽培では土壌水分の調節が容易なこと，果実の成熟期を低水分状態に維持させることが可能なためである．さらに，品質に影響する要因として窒素供給の方法が考えられる．一般に栄養成長期には窒素養分が生長を促進するが生殖生長期になると窒素養分の高濃度の存在は，品質を低下させるものである．したがって，生育後期には窒素の供給を抑制して，体内の糖分含有量を高めタンパク質の生成を減少させることにより，味のよい趣好性に富んだ果実が生産されることになる．

　最近，環境保全型農業が関心を高めており，有機質肥料が農作物の生産で高品質化に有効とされ，その利用が増加しているが，有機質肥料の特徴として，有機態窒素の肥効が緩効的でゆっくり吸収されるところにある．

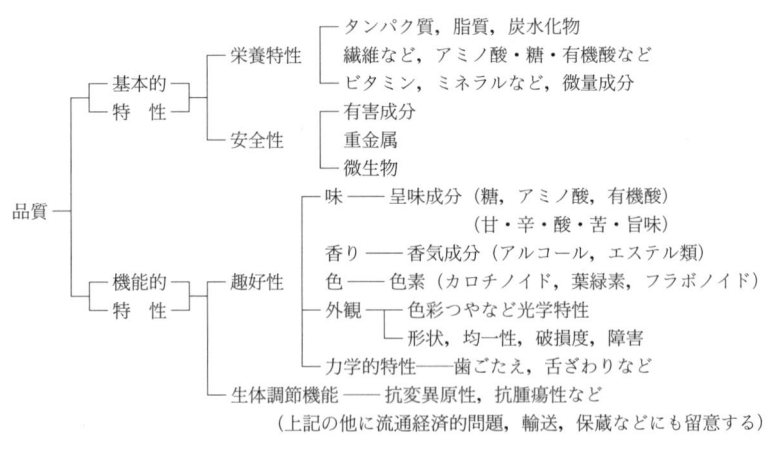

```
                    ┌ 栄養特性 ┬ タンパク質，脂質，炭水化物
         ┌ 基本的 ─┤          ├ 繊維など，アミノ酸・糖・有機酸など
         │  特 性  │          └ ビタミン，ミネラルなど，微量成分
         │         │          ┌ 有害成分
         │         └ 安全性 ──┼ 重金属
品質 ────┤                     └ 微生物
         │         ┌ 味 ── 呈味成分（糖，アミノ酸，有機酸）
         │         │              （甘・辛・酸・苦・旨味）
         │         │ 香り ── 香気成分（アルコール，エステル類）
         │ 機能的 ─┤ 色 ── 色素（カロチノイド，葉緑素，フラボノイド）
         │  特 性  ├ 趣好性 ┬ 外観 ┬ 色彩つやなど光学特性
         │         │        │      └ 形状，均一性，破損度，障害
         │         │        └ 力学的特性── 歯ごたえ，舌ざわりなど
         │         └ 生体調節機能 ── 抗変異原性，抗腫瘍性など
                   （上記の他に流通経済的問題，輸送，保蔵などにも留意する）
```

図11.1　食糧・食品の品質要素

　ただし，有機質肥料はすべてに万能であるわけでなくその種類や施用量については，それぞれの特徴を生かした合理的な対応が望ましいものと考える（図11.1参照）．

〔麻生昇平〕

11.2 農産物の安全性と施肥

　現在，世界各国で多種多様の作物が栽培されており，野菜類の海外からの輸入種・量が年々増加傾向にある．

　わが国においては，全国的規模で農産物の地域生産地拡大の進行がみられる．飽食の時代になり，特に食品に対する要望が多様化の一途をたどってきている．すなわち，量から質に転換されてきているが，最近では鮮度，色などの外観的な品質から栄養価，安全性，味などへの関心が高くなっている．そこで，作物栽培の条件，施肥と農産物の品質について検討してみることとする．

　肥料として土壌に施用された成分は作物によって吸収される．一般に肥料は肥料取締法による公定規格などにより規制されており，作物にとって，あるいは農産物を利用する人や家畜にとって有害成分は排除されているので農産物の安全性は保たれている．

　作物の栽培にあたり土壌中に存在する窒素成分中作物に有効に吸収利用されるのは，大部分が硝酸イオンおよびアンモニウムイオン（NO_3^-，NH_4^+）としてである．吸収された硝酸イオンは，作物体内で速やかに還元されて，グルタミン酸などのアミノ酸を経てタンパク質にまで合成される．そのため，収穫物中の硝酸態窒素濃度は特に高くならず，数百 $\mu g/g$ 以内程度になっている．しかし，作物の種類や部位により，さらには施肥条件によっては1％を超えることが報告されている（表11.1，11.2）．

　一般に多肥栽培での葉菜類などでは，窒素施用量が増加すると収量は増えるが，体内の硝酸態窒素含有量も増加する傾向となる．これまでも，ホウレンソウの収量，品質と窒素施用量との関係からみた試験結果を図11.2に示した．これら一連の栽培試験結果

表11.1　1907年および1964年に報告された野菜中の硝酸態窒素の量（現物中 $\mu g/g$）

野菜	Richardson (1907)		Jackson ら (1964)	
	範囲	平均	範囲	平均
マメ（さや入り）	9～149	99	33～69	52
ビーツ	209～1809	583	152～374	270
キャベツ	8～109	45	36～106	71
ニンジン	9～20	15	4～44	23
セロリー	179～647	338	591～668	629
レタス	89～795	376	110～202	150
タマネギ	4～189	52	4～70	39
エンドウ	10～13	12	6～14	11
ジャガイモ	9～24	17	8～32	23
サツマイモ	6～29	15	6～12	10
カブ	119～686	411	282～392	337
ホウレンソウ	70～855	431	54～167	118
同上（かんづめ）	60～437	256	89～124	107
トマト	6～20	12	11～25	16
同上（かんづめ）	4～17	11	2～24	13

表11.2　各種作物の部位別窒素含有量（九州農試・土肥3研，1974）

植物部位		N含有量（%）			NO₃-N
		全量	NO₂	(アミド+/全N NH₄)	（%）
イタリアン・ライグラス（2番刈り）	茎	2.52	0.732	0.163	29
	葉鞘	3.02	0.585	0.107	20
	葉	5.21	0.542	0.097	10
	穂	4.00	0.026	0.196	1
ナタネ（収穫期）	茎	6.63	1.295	0.328	20
	葉柄	6.57	2.017	0.299	31
	葉身	5.62	0.316	0.189	6
	穂	4.14	0.066	0.294	2
	根	4.96	0.805	0.267	16
カンショ（収穫期）	葉柄	2.55	0.851	0.117	33
	葉身	4.36	0.070	0.073	2
	つる	1.83	0.185	0.242	10
	いも	1.34	0.007	0.050	1

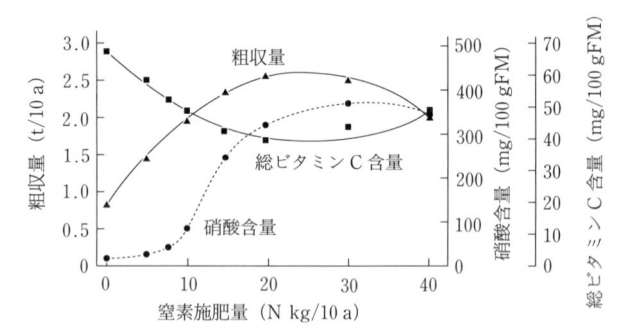

図11.2　窒素施肥量とホウレンソウの収量および硝酸，ビタミンC含量の関係

からでは品種の違いによることも明らかであり，また，硝酸態窒素含有量を抑制する方法についても検討されている．

多量の硝酸塩を含む飼料を動物に与えると，硝酸または，それから変化した亜硝酸のために障害が発現することがある．19世紀の末にウシの"トウモロコシ茎中毒"が発表され，今世紀半ばに硝酸塩によるメトヘモグロビン血症であることが広く認められるようになった．

硝酸塩による中毒は，ウシ，ヒツジなど反芻動物で発生がみられるが，ウマ，イヌなど単胃動物での毒性は低く，ヒトでも毒性は低い．しかし，3か月未満の乳幼児の場合，中毒が発現しやすく"ブルーベビー症"として知られている．硝酸塩が体内で発がん性のあるニトロソアミンに変わるといわれているものの，量的な検討はない．また，

硝酸塩は多くの食品に添加物として含有されていることから，食生活全体として食品について総合的に検討する必要があると考える．すなわち，安全性の確認とともに鮮度（保存性）の保持や栄養価に富んだ食糧・食品の利用が切望されている．　〔麻生昇平〕

11.3 作物ごとの品質

11.3.1 コ　メ

コメの産地間競争は，良品質米の生産と低コスト化が中心的な課題となっている．特に，良品質米の生産には，各産地とも品種改良と肥培管理技術の開発にしのぎを削っている．米の品質という言葉は，広範で多様な意味をもつが，その内容は米質すなわちコメの外見的品質と食味を総称して用いるのが一般的である．

a. 外見的品質

コメの外見的品質は農産物検査規格によって定められている．この規格では容積重，整粒歩合，形質，水分，被害粒，死米，着色粒，異種粒および異物混入割合を判定し，1等，2等，3等，等外に規格外を加えた5段階に分類し格付けされる．この中で栽培技術によって大きく変動するのは，整粒歩合，形質，死米および着色粒歩合である．

整粒は完全に登熟したもので，品質の特性である粒形および色沢を有した健全な粒をいい，検査規格では玄米から被害粒，死米，未熟粒，異種穀粒および異物を除いた粒の重量歩合で判定する．

形質は皮部の厚薄，充実度，質の硬軟，粒ぞろい，粒形光沢ならびに肌ずれ，心白および腹白の程度によって評価される．格付け理由のうち，整粒に次ぐ大きなウエイトを占めているのが形質であり，特に肥料過多によって，この低下が著しいので注意を要する．死米とは外観が不透明な白色または緑色の粒で，その大部分が粒状質で光沢のないものをいう．白死米は，出穂後間もない時期に粒の発育が停止し葉緑素が立毛中に消失したもので，高温で登熟したものによくみられる．緑色の死米は発育が止まってから間もないか，発育途中で刈り取られた未熟米をいい，遅延型冷害年や窒素過多のものに多く認められる．

一般に1等米を上位等級米といい，この値の都道府県別平均値は60～80％の範囲に多く分布している．これより低くなる場合は，ほとんどの地方で登熟不良による整粒不足が主因であるが，形質による落等も多くみられる．上位等級米を生産するためには登熟不良を改善すること，穂ぞろい性の良化および適期刈り取りの実施が重要となる．登熟，穂ぞろい性の良否は水田土壌および施肥法によって大きく異なるから，この分野の技術対策が効果的である．また玄米の基本的形質は品質固有のものであることが大きいので，良質品種の選択も重要である．

水田土壌の種類と検査等級に示される米質との関係をみると，整粒歩合，青米歩合，粒ばりにこの差の大きいことが認められ，整粒歩合が高く，粒ばりのよいコメを生産する土壌で上位等級米の生産割合が高い．火山灰土壌，黄褐色土壌など排水のよい乾田タイプの水田では春先に土壌が乾燥し，これに湛水すると乾土効果によって早い時期から無機態窒素の放出が多く，水稲の初期生育が旺盛となる．こうした土壌で生産された玄

米は粒ばかりがよく，整粒歩合も高いことから上位等級に格付けされる割合も高い．これに対して，泥炭土壌やグライ土壌など排水の悪い湿田タイプの水田では，生育初期の養分供給が少なく，逆に後期に多いことから生育遅延と遅発分げつの多発が影響し，これによって登熟不良となる．このような土壌で生産される玄米は整粒歩合が低く青米，死米歩合も多いため上位等級米の格付割合は少ない．

土壌間による米質の相違は，土壌窒素を中心とした各養分の放出パターンに影響されることが多く，土壌の管理技術の活用が重要である．基盤整備による土層の移動および大型機械の稼働に伴う圧密，練りつぶしによって土壌構造の破壊が透水性を低下させている．透水不良水田では春，秋の土壌の乾燥が十分でないために乾土効果による窒素の発現が少なく，窒素は地温が上昇しだすと発現することが多くなる．この温度上昇により発現する窒素はかなり遅く放出されるから，秋まさり的な生育相となり，生育の遅延による登熟不良がしばしば認められる．普通このような排水不良田から生産される産米の米質は死米，青米が多くなり，整粒の粒ばりが劣ることが多い．窒素の多肥によっても，これと類似した現象がみられる．特に倒伏した水稲は死米・青米が多くなり，整粒の形質も著しく劣ることから検査等級を低下させる．

北日本では，リン酸の有効化が遅く生育初期のリン酸吸収が抑制される．リン酸不足の水稲は分げつが停滞し生育が遅延する．さらに低温になるとこの影響は顕著となり，登熟の低下が認められる．リン酸不足のイネから生産された玄米は死米，青米歩合が多く，整粒歩合が低いこと，粒ばりが劣り形質が著しく低下することがあげられる．したがって，土壌中のリン酸レベルは適性を保つことが必要となる．水稲はケイ酸植物群に属し，無機成分中で最も多量にケイ酸を吸収している．ケイ酸は葉面蒸散量に関係することが知られており，10 a あたり 70〜100 kg ほど吸収している．ケイカル，熔リンなどのケイ酸資材の施用は玄米の整粒歩合，千粒重の向上をはじめ，光沢，検査等級も良好となることが知られており，米質向上技術として欠くことのできないものである．

b. 食　味

おいしいコメを食べたいという願望は，米食人種である日本人にとっても誰しももっている．日本人が美味であると感じるコメはどのような因子によって構成されているのかは，食味特性の分析値を評価する上で重要となる．コメの食味は数多くの因子が集まってできているもので複合的な形質である．ご飯の味は視覚，嗅覚，味覚，触覚の五感によって判断される．五感の中で最も重要なのは触覚，すなわちそしゃくのときの食感であり，これはご飯の硬さ，粘りなどの物理的要素によって支配されている．また，物理的要素は，食味に対し 70〜80％も寄与していることが明らかとなっている．

食物の食味はヒトにとって栄養摂取の際のマーカである．すなわち消化の難易や代謝調節のシグナルとしての機能をもつ．たとえば，塩味はミネラル，甘味はエネルギーの補給，うま味はアミノ酸のバランスなどの機能を有する．コメ，ムギ，イモなどの主食は呈味成分よりもむしろデンプンの糊化と老化の程度を示すテクスチャーにより味が判断されているのも栄養摂取と関係していると考えられる．

デンプン中のアミロース，アミロペクチン分子は，主に相互の水素結合で結ばれているが，分子の密なところでは，ブドウ糖残基あたり 1〜2 個の結晶水を保持している．

炊飯時に起こる糊化とは、コメに多量の水を加え、熱すると水分子がデンプンの網目構造の間に入りこみ水素結合をつくることをいい、この糊化の難易はご飯の物理的性質に大きく関与する。一方、ご飯を室温で放置していると硬く粘りも少なくなり、白っぽく、食べると"ボソボソ"する。この現象をご飯の老化と呼ぶ。老化は糊化の逆作用で、分子間の結合が安定化する方向に動くことをいう。糊化とその老化はご飯の食味の大部分を支配するといってよいほどの重要な特性で、これを支配するのはコメの中のデンプン分子の性質が主であるが、その他に周辺に存在する成分の挙動も関係する。

うるち米のデンプンは、一般に20％のアミロースと80％のアミロペクチンからできている。デンプン中のアミロース分子はブドウ糖が6個で1巻となった形で、脂肪酸とらせん状包接化合物をつくっている。アミロースはアミロペクチンと異なり直鎖状で分子量が比較的小さいため糊化しても老化しやすい。このようなことで、米飯の硬さ、粘りなどのテクスチャーにはデンプンの熱糊化、老化性に関係するアミロースが支配的に働くと考えられる。アミロース含有率は品種によって大きく異なる。もち米はアミロースを含まないデンプンでつくられている。うるち米は15～25％のアミロースを含んでいる。普通のうるち米より低いアミロース含有率のものを半もち種、高いものが高アミロース種と呼ぶ。日本のうるち米は、一般に17～23％のアミロース含有率の中に分布しており、食味のよいものが17～19％、中程度のもので19～21％の範囲で分類される。

アミロース含有率は窒素、リン酸、カリ、マグネシウム、ケイ酸および微量要素の土壌中における多少によって起こる差がきわめて小さいことが知られている。したがって、普通の水田では各種養分の過不足によるアミロース含有率の変動はきわめて小さいものと判断される。アミロース含有率は登熟期間の積算温度が高いほど低下する。また、登熟前半の低温は後半の低温より、低い夜温は昼間の低温よりアミロース含有率を高め、米飯のテクスチャーを強く支配することが認められている。この理由は、米粒中のデンプン合成が登熟前半、昼間より夜間でより多く行われているものと推察され、これに起因するものと思われる。この結果は、早期出穂、良好な穂揃による高温での登熟が食味特性の向上に有利であることを示唆するものである。

北海道や本州高冷地では、北陸や西南暖地よりも登熟温度が明らかに低く、アミロース含有率を高める要因となる。このような地帯では、健苗育苗、早期移植、側条施肥などの初期生育向上技術による出穂促進が低アミロース米の生産に有効と考えられる。

一方、米粒中のタンパク質含有率と食味の間に有意な負の相関が認められている。米粒中に集積するタンパク質はプロテインボディーと呼ばれるタンパク質顆粒をつくるが、このタンパク顆粒はプロテインボディーⅠとⅡに分類される。プロテインボディーⅠはプロラミンよりなり、直接集積によって蓄積される1～3 mμの比較的小さなタンパク質顆粒である。これに対しプロテインボディーⅡはグルテリン、グロブリンからつくられており、これがブロック状に集合して形成される3～5 mμの大きなものである。プロテインボディーⅠは耐熱性の構造で、炊飯した後にはデンプンやプロテインボディーⅡが原形をとどめなかったのに対し、プロテインボディーⅠはほとんど形をくずさないことが判明している。プロテインボディーⅠはその年輪構造に含流ポリペチド

が関与しており，肥培管理技術との関連が注目される．低タンパク質の米生産にはプロテインボディーIをいかに低下させ得るかに重点をおくことが必要と思われる．

窒素は水稲の生育・収量・食味にとって大きな影響を与える成分である．吸収した窒素は，主に生長の最も旺盛な展開葉に移行し生長する．吸収した窒素が白米に移行する割合は出穂期から出穂後20日目の間で最も高い．この蓄積は，米粒の外側部よりも中心部で顕著である．この時期は胚乳の伸長と中心部細胞の発達がさかんな時期であるため，吸収した窒素が他の器官よりも多く集積したものと考えられる．タンパク質含有率に影響の小さい追肥は幼穂形成期1週間後までの期間であり，それ以降は基肥窒素量にかかわらず高まる．白米中のタンパク質含有率は，窒素の玄米生産効率と有意な負の相関が認められている．

幼穂形成期1週間後までの窒素追肥は，穂数，一穂粒数の増加に効果的に働き，窒素の玄米生産効率を高めるが，登熟期間に吸収した窒素は玄米生産効率を低下させることが多い．タンパク質含有率を高める要因は，登熟期間における窒素吸収だけでなく，基肥窒素量が多い場合や，気象条件などにより出穂期近くまで稲体の窒素含有率の高いことがあげられる．

基肥窒素量はどの産地でも水準を低く設定する傾向にあり，タンパク質含有率にはそう大きな影響を与えない．出穂期前20〜25日の穂肥やそれより早い追肥はタンパク質含有率に与える影響が小さい．この時期より遅い穂肥や実肥は，タンパク質含有率を高める．したがって，低タンパク米の生産には基肥窒素量の水準を低くし，加えて登熟期間中に吸収される窒素量を少なくできる施肥法が有効である．成熟期の窒素保有量は，施肥窒素からほぼ40%，土壌窒素からほぼ60%の割合であるが，白米中では施肥窒素から20〜30%，残り70〜80%が土壌由来の窒素で構成されている．低タンパク米の生産には生育後半に吸収される土壌窒素の制御が重要な課題となる．

良食味でありながら高収を指向するためには，窒素の玄米生産効率を高めて玄米収量を上げる技術的手法が重要であり，それには窒素の玄米生産効率と窒素吸収量が負の相関を有することから，良食味米生産にはあまり高い窒素吸収でないことが有効である．すなわち，中庸な窒素吸収で玄米生産効率をいかに高めるかが重要で，これにはリン酸，カリ，ケイ酸および微量要素の適正な吸収が必要と考えられる．すなわち，良食味米を生産するイネのイメージとしては多収イネよりも確収イネであり，安全で無理のない稲作りが必要で，特に施肥，土壌管理技術と苗質の改善が重要である．〔稲津 脩〕

11.3.2 普通畑作物
a. ム ギ 類

わが国におけるムギ類の作付面積は，平成元年度以降漸減傾向を示し，平成4年度現在で約30万haになった．30万haのうちコムギが72%を占め圧倒的に多く，オオムギを始めとしたその他のムギは作付面積が少なく，近い将来においても拡大は望むべくもない．このため，本文では作付面積の多いコムギを対象として品質問題を説明する．また，コムギ粉の用途はパン用，めん用，菓子用などと多岐にわたり，各用途に求められる品質評価基準も微妙に異なっているが，国産コムギの大部分はめん用に供されてい

11.3 作物ごとの品質

表11.3 コムギ粉の分類とその用途

等級 (灰分%)	種類（タンパク質%）			
	強力粉	準強力粉	中力粉	薄力粉
特級粉 (0.3〜0.4)	高級食パン 高級ハードロール (11.7)	高級ロールパン	フランスパン, ケーキ, 天ぷら粉	カステラ (6.5)
1級粉 (0.4〜0.45)	高級食パン (12.0)	高級菓子パン 高級中華めん (11.5)	高級めん, そうめん 冷麦, まんじゅう (8.0)	一般ケーキ, クッキー ソフトビスケット (7.0)
2級粉 (0.45〜0.65)	食パン (12.0)	菓子パン, 中華めん クラッカー (12.0)	うどん 中華めん (9.5)	一般菓子 ハードビスケット (8.5)
3級粉 (0.7〜1.0)	生ふ, 焼ふ そばのつなぎ (14.5)	焼ふ かりんとう (13.5)	かりんとう (11.0)	駄菓子類 製糊 (9.5)

るため，めんに関する品質問題を中心に記述する（表11.3）．

これまでのコムギの品質評価は，原粒と生地の"物性の測定"に力点がおかれ，その内容は十分に検討されていなかったと思われる．組織の物性とは多糖類とタンパクの量や質の影響を強く受けた細胞の胚乳の構造特性をさし，その良否はめんの食感にも深く関与する．このため，コムギの品質研究は，これら成分の動態を重点的に解明する必要が生じ，現在ではそのような視点で検討された報告も認められつつある．

日本めんの食感は，なめらかで適度の硬さをもち粘弾性の高いものがよく，これにはデンプン特性が強く関与する．デンプンの粘りは低温では生じないが，高温になると漸次高まるため，その測定にはアミログラフを有効利用できる．アミログラフの糊化開始温度は低いほどめんのゆで上がりが早く，めんの表面と中心部は均一にゆで上がり十分に糊化するので，めんの表面がなめらかになり喉ごしはよくなる．また，最高粘度とブレークダウンの大きいものは適度の歯ごたえ（硬さ）があり，粘弾性の高いめんになる．粘弾性には品種の遺伝的特性であるアミロース・アミロペクチン比が大きな影響を及ぼし，それの小さいものほど，粘弾性が高く食感のよいめんが得られる．このため，コメの品質問題と同様に低アミロースのコムギ育成が今後の課題である．

最高粘度とブレークダウンは低アミロコムギできわめて小さくなる．低アミロコムギとは最高粘度が 300 B.U.以下のコムギをさし，α-アミラーゼの活性化でデンプンが分解されることによって生じる．コムギの主産地である北海道は，登熟期間と収穫期間が低温・多湿で経過する場合もある．このような環境は α-アミラーゼの活性化と穂発芽の発生に好適であるため，道産コムギはしばしば低アミロが大問題となるのである．倒伏はそれをさらに助長することもみとめられており，倒伏に関与する連作（眼紋病の発生）や窒素過剰施肥は避けるべきである．一般に，低温下で登熟する寒地コムギは，暖

地コムギに比べて α-アミラーゼ活性が高い。低アミロと穂発芽は，北海道に限らず高緯度の世界各国で毎年のように発生しながら，いまだに根本的な解決をみない重要問題である。

コムギ粉のタンパク質は，低温で粘弾性を発揮し生地がまとまるため，製めん工程で重要な役割を果たす。また，めんの硬さに影響を及ぼすのでデンプンほどではないが，食感にも関与する。一般にタンパク含有率の高いコムギ粉ほどグルテンの質が硬くなるため，中庸を目標とするめん用コムギは原粒で10～11％，粉で8.5～9.5％が適性範囲であるといわれている。めんの嗜好には地域性があり東日本では硬い方が，西日本では軟い方が好まれるが，元来コムギのタンパク含有率は前者で高く，後者で低い傾向にあり，国産コムギの品質分布と一致しており興味深い。しかし，このタンパク含有率は，デンプン組成などとは異なり土壌や施肥など栽培環境の影響を受けやすく，人為制御が可能と考えられる。端的な例を示すと，コムギの登熟期間は開花後の平均気温が1℃上昇するに伴って2～3日短縮し，デンプン集積に負の作用を及ぼすためデンプンの制御は不能であるが，タンパク質の集積にはあまり影響せずその制御は可能である。このような条件で，適正なタンパク含有率を確保するには，窒素施肥の合理化（施肥量，施肥位置，施肥時期など）で対応することが有効であり，北海道ではそのための技術開発がなされつつある。（本稿は1995年に執筆）　　　　　　　　　　　　〔下野勝昭〕

b. マメ類

マメ類の品質は，他の農産物と同様に，外観，基本特性（栄養性，機能性，嗜好性など），流通・貯蔵特性および加工適性に大別される。しかし，その評価はマメ類を取り扱う立場によって重要度が異なる。

現在，生産・流通段階においては，農産物検査法に基づいた農産物規格規程により，整粒歩合，外観（被害粒，未熟粒，異種粒や異物）および水分を調査して品位（等級）を定めており，これが唯一の公的な品質評価である。加工段階においては，用途に応じて求められる品質特性が異なるため，一概に良質な品質にまで言及できないが，一般に粒大，種皮色などの外観や煮熟性または嗜好性が評価基準として重視される。一方，品質は品種や生産地，栽培年次，栽培法の影響を受けるので，実際には品種や生産地を考慮しつつ，用途に適したものが選択される。

マメ類は用途が多様であり，肉眼的に判定できる外観形質以外の品質特性は正確に数量化されておらず，未知な部分が多い。ただ，栄養性に関与する成分についてはデータの蓄積も多く，種によって組成の異なることが明らかになっている（表11.4）。すなわち，ダイズではタンパク質含量が35％程度と高く，次いで糖質（25％前後），脂質（20％前後）の順となっている。アズキやインゲンマメでは糖質含量が最も高く50％以上を占め，ダイズと異なりその大部分はデンプン質である。タンパク質含量は20％前後であるが，脂質は2％程度で油糧用ダイズの1/10ほどしか含まれていない。

1) ダイズ　　ダイズの成分組成や加工適性は，品種（遺伝的要因）の影響が大きいが，一部の成分では栽培条件（環境要因）の関与が大きい（表11.5）。炭水化物および灰分含量は品種の他に栽培地の影響を受け，マンガン含量は還元状態にある転換畑で高く，また，カルシウム含量は高温で増加する。脂質や脂肪酸含量は，登熟期間中の

11.3 作物ごとの品質

表11.4 マメ類の成分組成（四訂日本食品標準成分表より抜粋）

食品名	可食部100gあたり											
	水分	タンパク質	脂質	炭水化物		灰分	無機質					
				糖質	繊維		カルシウム	リン	鉄	ナトリウム	カリウム	マグネシウム	亜鉛	銅
	(………… g …………)						(………… mg …………)						(μg)

食品名	水分	タンパク質	脂質	糖質	繊維	灰分	カルシウム	リン	鉄	ナトリウム	カリウム	マグネシウム	亜鉛	銅
マメ類															
ダイズ															
国産　全粒・乾	12.5	35.3	19.0	23.7	4.5	5.0	240	580	9.4	1	1900	220	3200	980
アメリカ産　全粒・乾	11.7	33.0	21.7	24.6	4.2	4.8	230	480	8.6	1	1800			
中国産　全粒・乾	12.5	32.8	19.5	26.2	4.6	4.4	170	460	8.9	1	1800			
アズキ　全粒・乾	15.5	20.3	2.2	54.4	4.3	3.3	75	350	5.4	1	1500	120	2300	670
インゲンマメ　全粒・乾	16.5	19.9	2.2	54.1	3.7	3.6	130	400	6.0	1	1500	150	2500	750

（科学技術庁資源調査会編：四訂日本食品標準成分表，1982）

表11.5 ダイズの成分および加工適性に影響を及ぼす要因（平，1988に一部加筆）

品種（遺伝的要因）					栽培条件（環境要因）
原料ダイズ（成分）	（加工全般）	豆乳（豆腐）	蒸煮ダイズ（味噌・納豆・煮豆）	原料ダイズ（成分）
タンパク質	百粒重	固形物抽出率	重量増加比	栽培地：炭水化物
11Sグロブリン		水分	水分	灰分
7Sグロブリン	浸漬ダイズ	pH	かたさ	リン
アミノ酸	重量増加比		健全粒	カルシウム
脂質		色調	皮うき	
炭水化物	発芽率	($Y\%, x, y$)	色調	栽培年次：脂質
灰分			($Y\%, x, y$)	オレイン酸
リノール酸	浸漬液中			リノレン酸
カロチノイド	溶出固形物			カルシウム
				転換畑：水分
				マンガン
				播種期：タンパク質
				脂質
				カロチノイド

（平　春江：農業技術大系 作物編，追録大10号，技204の4-12，農文協，1988）

気温の影響を受ける．すなわち，温暖な条件では脂質およびオレイン酸含量は高くなり，リノレン酸含量は低くなるので，当然年次による変動もある．タンパク質や脂質含量は播種期の影響も受け，カロチノイド含量は播種の遅延に伴い増加する．一般に，施

肥量，栽植密度，中耕培土，追肥，深耕などの栽培法が，成分組成に及ぼす影響は小さい．なお，国産ダイズは輸入ダイズに比べてタンパク質含量が高く，脂質含量は低い（表11.4）．

用途別にみると，大粒種は煮豆や菓子に，中粒種は味噌や豆腐に，小粒種は納豆に用いられる．豆腐はダイズから成分を抽出してつくるため，原料の外観品質は重視されず，高収率が望まれる．豆腐の収量は，豆乳中固形物抽出率と関係が深く，タンパク質含量の高いダイズで固形物抽出率が高い．豆乳中固形物抽出率の品種間差異は小さいため，原料には中粒褐目や等級の低いもの，または外国産を混合して用いることが多い．味噌，納豆，煮豆用などでは，加工適性に関連する形質が原料により大きく異なる．製品の品質には蒸煮ダイズのかたさが強く影響し，種皮や臍（目）の色の濃いものは嫌われる．淡色系の味噌の原料としては，明るい色調が好まれる．これらの形質は，栽培条件よりも品種の影響が大きいため，適切な品種の選択が重要となる．

2) アズキ　アズキの品質はダイズと同様に，種皮色や粒大などの外観形質や一部の成分では，栽培条件により大きく変動するものもあるが，主として品種による影響が大きい．アズキはダイズやインゲンマメと異なり，開花と登熟が同時に進行するため，この間の気象条件の影響を受けやすい．種皮色は登熟期間中の気象に影響を受け，高温の地域や年次ほど種皮色は濃くなる．粒大や成分組成も気象条件による変動がみられるほか，土壌の種類により一部の成分含量に差を生ずる．このほか，有機物の施用により，タンパク質含量が増加し，種皮色の明度が低下することがわかっている．

アズキの加工用途としては，大部分の普通アズキは"あん"として利用され，大納言銘柄の大粒種では甘納豆など高級和菓子の原料になっている．大納言では，"丹波大納言"が種皮色，粒大ともに最高の品質とされており，製あん用では，北海道の主要品種である"エリモショウズ"が種皮色および風味の点ですぐれている．

製あん適性に関しては，煮えむらやあんの収率に関わる煮熟性がまず問題となる．アズキは品種や栽培環境によっても煮熟性が異なるが，一般に，種皮の割合が少ない粒大の大きいものほど，あん収率は高い傾向にある．アズキの吸水部位は他のマメ類と異なり種瘤部分のみで，種皮からはほとんど吸水しない．このため，種瘤に何らかの生理的障害を受けて，吸水性のいちじるしく劣る硬実が生産される年次があり，煮えむらをもたらすことがある．種皮色は淡色を呈するものが好まれ，あん色に影響を及ぼす．特に，明度およびa^*値（赤色の程度を表す知覚色度指数）は，あん色と有意な相関関係がみとめられる．嗜好性の一つとして，あんの舌ざわりがあるが，一般に100〜200メッシュ（150〜75 μm）の粒径のあんが好ましい．あん粒子の大きさは，粒大に大きく影響を受ける．平均あん粒径と百粒重の間には高い正の相関関係があり，粒大であん粒子の大小を予測できる．あん粒子の大きさや粒径組成の違いは，製あん適性としても重視される．

3) インゲンマメ（菜豆）　インゲンマメには，金時類，手亡類，ウズラ類または大福類や花豆類のようなつる性のものなど多くの種類があり，その外観も多種多様である．これらのうち，花豆類（ベニバナインゲン）を除いて，同一種（インゲンマメ）に属する．種皮色や粒大，粒形といった外観形質や，成分組成などには遺伝的要因が強く

関与するため, 品質特性は品種により大きな差異がある. また, 粒大や成分組成は, 生産地や栽培年次, 栽培条件などの環境要因の影響も受けるが, 一般に土壌または施肥などの栽培条件よりも気象条件の影響を受けやすい.

インゲンマメの加工用途としては, 主に金時類, 花豆類は煮豆として, 手亡類, 大福類は"あん"として利用される. あん用では, 種皮色の違いを除けば, アズキと同様の加工適性が求めれる. ただし, 粒大とあん粒径の間の相関関係は, 同一種間内に限り認められる. 煮豆用途としては, 基本的にはダイズの場合と同様であるが, 先述したように, タンパク質や脂質の含量にはダイズと大きな違いがあり, 品種によっても成分組成や種皮色は大きく異なる. したがって, できあがる製品も多様であり, 品種の特性を強く反映したものになるため, それぞれの目的に応じた品種の選択が必要である.

〔加藤　淳・市川信雄〕

c. ジャガイモ, サツマイモ

1) ジャガイモ　ジャガイモは食用, 加工用, デンプン原料用として栽培され, いずれの用途でも最も重要な品質項目はデンプン価（比重測定により得たデンプン含量）である. 北海道では, 加工用（トヨシロ）で, デンプン価16.3以上, 個体重60～360 g, 収量30 Mg/haを目標として, 窒素吸収量は114 kg/haに, 食用（男爵薯, デンプン価14）で110 kg/ha, 原料用（紅丸, デンプン価15）で130 kg/haにとどめる必要があり, このため土壌診断により窒素供給量を知って施肥を行うこととされている[1]. このように, デンプン価を低下させないために, 窒素施用量の制御は重要であり, 一般に基肥のみの施肥体系で栽培されている. しかし, コナフブキのような高デンプン価の品種では, 開花期に4 kgN/m²程度の追肥を行うことにより, デンプン価の低下はみられず, デンプン収量が増加するため, 一部のデンプン原料地帯では追肥が取り入れられている[2]. カリウム施用量の増加もデンプン価を低下させるため, 土壌交換性カリウムが極端に低くない限り, 施用量は少ない方がよい[1].

ジャガイモのビタミンC含有率は新鮮物1 kgあたり0.31～0.38 g程度（男爵薯）であり, 貯蔵や調理でその減少量が少ないことから, 食用ジャガイモの主要品質項目である. 窒素施用量を8から16 gN/m²に増加しても塊茎ビタミンC含有率は一定であったが, さらに施用量を増すと低下する[3]. 高ビタミンC品種のキタアカリが育成され, 収穫直後に0.41～0.54 g/kgの含有率を示す. さらに, カロチノイドを含む島系575号など, 機能性成分含有品種が育成されている.

加工用では, ポテトチップス用はそのカラー値を30以上と, 淡い色にするためには, グルコース, スクロース含有率が低いことが必要である. また, カット・ピール（剥皮後に真空調理した一次加工産物）用の需要が伸びており, 切断後の褐変の程度は加工用品種ホッカイコガネで小さく, ポリフェノールオキシダーゼ活性との関係が強かった. 品種保存栽培の406品種（系統）の分析値より, ジャガイモのタンパク質は10.0～23.4 g/kg, リンは225～746 mg/kgの範囲であった[4]. また, 50％窒素減肥でタンパク質が2 g/kg低下することから, 品種や栽培条件を考慮することにより, 低タンパク質, 低リンの病人食用の用途が可能である[4]. デンプン原料用としては, デンプン粒の大きさや, 糊化時の粘度に差がみられ, 品種では紅丸で粒径が大きく, また, 塊茎重や

生育の進み具合で異なる.ジャガイモのデンプン価,ビタミンC,タンパク質および遊離アミノ酸含有率は,有機栽培と慣行栽培の間で有意な差はみられなかった[4].

2) **サツマイモ** サツマイモの用途も食用(青果用,加工用),原料用などに分かれる.デンプン原料用としては,デンプン歩留り30%を目標に高デンプン,多収品種が育成されている.青果用では形や表皮色などの外観と食味が重要視され,濃い紅色の表皮はアントシアニンによって,加熱後の甘味はデンプンをマルトースに変えるβ-アミラーゼ活性によって,粉をふくような肉質は,デンプン含有率によって決まる.加工用としては調理後黒変のないことのほか,用途により求められる品質はさまざまである.蒸し切干し,芋ようかんなどの伝統的な加工品に加え,新用途の開発と新しいタイプの品種の開発が進み,β-アミラーゼを欠き調理しても甘くならない品種,高アントシアニン品種,高カロチン品種などが菓子や色素原料,機能性食品として注目されている.

青果用品種ベニオトメ,土佐紅は鹿児島のアカホヤ土壌で,黒ボク土壌,シラス土壌より高品質のイモが得られ,窒素生成量が低く,膨軟で保水性にすぐれ,地温の上昇が抑えられる土壌が好ましいことが示された[5].大分では,淡色黒ボク土壌では窒素を減肥すると蒸しものブリックスなどで表された品質が向上したが,腐植質黒ボク土壌では窒素施用量に影響されず,安定多収と甘みの確保のためには土壌の可給態窒素濃度に応じて窒素施用量を決める必要があるとしている[6].一般に,サツマイモは窒素吸収量が多いといわゆるつるぼけ現象を起こすので,ほかの作物に比べ窒素施用の適量は小さいが,さらにきめ細かな窒素制御が品質の向上にむすびつくようである.

サツマイモの塊根には$0.30 \sim 0.38 \, g/kg$のビタミンCを含む.葉身のビタミンC含有率は葉菜類などと同じように,窒素や遮光処理で変動するが,塊根のビタミンC含有率はこれらの処理に対して安定しており,窒素$6 \, gN/m^2$施用で最高$1.2 \, g/m^2$のビタミンCを生産(ジャガイモは窒素$20 \, gN/m^2$施用で同じく$1.2 \, g/m^2$生産)し,ビタミンCの供給源として重要な作物である[3]. 〔建部雅子〕

文献

1) 谷口健雄:土肥誌,**63**(6),723-727,1992.
2) 東田修司,佐々木利夫:北海道立農試集報,**77**,59-63,1999.
3) 建部雅子,米山忠克:土肥誌,**63**(4),447-454,1992.
4) 日本土壌肥料学会北海道支部編:北海道農業と土壌肥料,133-142,261-262,1999.
5) 門脇秀美ほか:鹿児島県農試研報,**20**,11-18,1992.
6) 小野忠,矢野輝人:大分県農技セ研報,**25**,77-94,1995.

d. テンサイ

慣行の栽植密度で通常の生育期間栽培ができる大型の礫耕実験場で,筆者らが行ったテンサイ標準培養液による窒素(N)(250 ppm),リン(P)(87 ppm),カリウム(K)(290 ppm)の給与日数に対するテンサイの反応から,テンサイの栄養要求の特徴を述べる.

図11.3に窒素,リン,カリウムの給与日数に対する収穫期の根中糖分を示す.窒素

ではその給与が長いほど，根中糖分は直線的に低下するが，リンとカリウムについては，窒素に比較して，特に生育後半にわたる給与の影響がみられない．

図11.5には糖量（根重×根中糖分）に対する反応を示す．窒素，カリウム，リンの順に給与日数が短い場合に糖量の低下が大きく，特に窒素の場合にはその給与が短くても，長すぎても減収している．リンは窒素と同様に生育前半の給与で十分であり，カリウムはやや後半まで給与効果がみられる．

テンサイの目的生産物は窒素を含まないショ糖であり，早期に地上部を形成させ，生育後半には窒素をできるだけ残さない窒素施肥方法が高糖量を得るための要点である．

現在，一般的である移植栽培では播種後45日程度の育苗中，専用育苗肥料として十分な量の窒素，リン，カリウムを施与している．特にリンは増肥しており，畑リン施肥の効果が小さい試験例が多く，節減の余地がかなり大きい．カリウムは土壌の蓄積量が多く，土壌診断によりかなり節減されている．

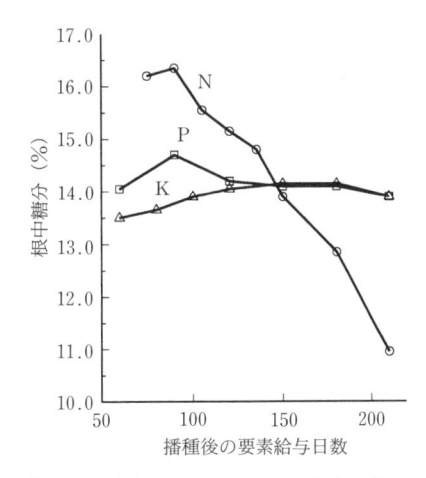

図11.3 窒素，リン，カリウムの給与日数が根中糖分に及ぼす影響
日本野菜甜製糖㈱礫耕実験場，帯広市，1972年
（窒素系列のリン，カリウムは全期間，リンとカリウム系列の窒素は135日給与）

図11.4 日本甜菜製糖㈱礫耕実験場（帯広市）

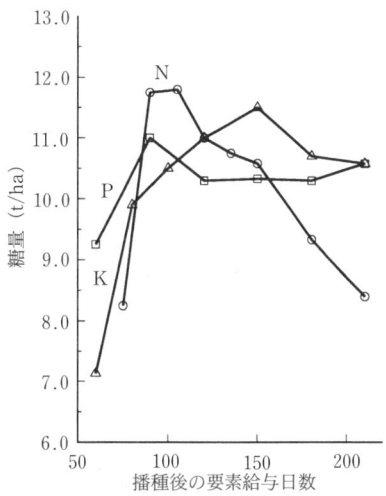

図11.5 窒素，リン，カリウムの給与日数が糖量に及ぼす影響

窒素は適正給与の幅がリン，カリウムに比べて狭く，畑土壌の可給態窒素の供給量には年次変動があるため，最も土壌診断による評価がむずかしく，カリウム，ナトリウムとともに不純物として根中糖分と同時に分析されるアミノ態窒素の多少を基礎にした窒素

の適正施肥法が検討されている.

約45日の紙筒育苗期間中,最適な養水分で生育し,畑土壌リン,カリウムの蓄積が多い現在,糖量生産が低い圃場の原因としては,施肥量の多少ではなく,低い土壌pHや過湿土壌の場合が多くなってきている. 〔井村悦夫〕

11.3.3 野菜類

野菜の品質には甘味,酸,香り,舌ざわりや栄養成分などの内容的なものと,形,大きさや色などの外観的なものとがある.加えて葉菜類は鮮度が重要な要素となっている.それらの特性は作物や品種の遺伝的素質と生育環境によって決定される.品質向上法としてもっとも有力な方法は品種改良によるものであろうが長い年月が要求されるので,栽培技術による品質向上策がさまざまな面で行われている.効果的な栽培技術としてあげられているものでは,土壌水分の調節によるもの,肥料成分と施肥量との関連で数多くの研究がある.しかし,野菜類では一作物の品種は多い上に作型も多様であり,同じ作物でも作季によって内容成分は著しく変動するため効果的な技術も一様ではない.まず品質関連成分について説明し,内容成分からみた品質向上技術について述べる.

a. 品質関連成分

野菜類は水分が多いわりには無機質,ビタミン類,糖分の含有率が高い.これらの栄養的成分や硝酸,シュウ酸などの有害成分が品質を左右する.すなわち,栄養的価値のある成分の含有率が高く,有害成分が少ないものが品質を高めるといえる.

1) **ビタミン** ビタミンの食品別摂取構成は,ビタミンA,B,Cのいずれも植物性食品からの摂取割合が多く,特にビタミンCは大部分を果物と野菜からとっている.緑黄色野菜はビタミンAの前駆体のカロチンを多く含む.最近のように動物性食品を多くとるようになると,野菜からのカロチンにそれほど期待をかける必要はなくなったといわれるが,日本人のビタミンAの大きな給源となっている.カロチンは油溶性なので油といっしょにとるほうが効果は大きい.ビタミンB類は緑色の茎葉野菜に多く含まれる.これらの野菜は熱を加えて食べることが多いが,熱には比較的安定であることや生食に比べて量を多くとるので,摂取量としては野菜からとる量が最も多くなっている.

2) **無機質** 野菜類はカリウム,カルシウム,マグネシウムなどの含有率が比較的高く,これらのよい給源である.しかし,その含量が多くなりすぎると,あくや渋みなどとして不快を与える原因ともなる.山菜はこのあくが多く,特有の風味をもっている.これを万人に好まれるよう,無機質含量を少なくした結果が今日の野菜である.

3) **味と香り** 野菜類にはそれぞれ特有の食味がある.食味は呈味成分と香気成分とからなり,それぞれに複雑な成分構成をしている.食味は遺伝的な要素によって決まる部分が多い.味の成分構成は甘味,酸味,渋味などが微妙に組み合わさって特有の味をつくっているので,それぞれの成分を取り出して味を表現することはむずかしいことである.野菜の味は果物ほど重要視されず,軟化栽培野菜にみられるように淡泊な味が好まれている.

4) **有害成分** 野菜の有害成分として問題になるのは比較的含量が多い硝酸とシュウ酸である．硝酸は野菜の主要な窒素源であり，吸収されたのち還元されてアンモニアとなり，さらにアミノ酸に合成される．体内で同化される硝酸の量には限度があり，多量の窒素肥料が施用されると吸収される硝酸も多くなり植物体内に蓄積することになる．葉菜類の栽培では収穫期まで十分な施肥が行われるので硝酸の含有量は多くなる．硝酸の害作用としては缶詰缶からのスズの溶出の助長，還元されて生じる亜硝酸によるメトヘモグロビン血症やニトロサアミンの生成などである．シュウ酸は植物に広く存在する有機酸であり，わが国の代表的な野菜であるホウレンソウに多量に含まれている．シュウ酸の害作用はカルシウムの吸収阻害や腎臓結石の原因となるとされている．そのため，これらの成分は食品としては低含量であることが望ましい．

b. 土壌水分と品質

植物が水不足の状態になると蒸散を抑制しようとして気孔開度が減少する．その結果，二酸化炭素の取り込みも減少し光合成能が低下し，生育は劣るようになる．このように，水ストレスは作物の生育・収量にはマイナスの要因となって現れる．しかし，水ストレスに遭遇した作物の内部では，種々の代謝変動が起こっていることが知られている．すなわち，高分子成分のタンパク質やデンプンの合成能が低下する．さらに欠乏状態が進むと細胞内の浸透圧を維持するために，可溶性成分のアミノ酸や糖を積極的に合成するようになる．

これらの現象を利用している栽培法としてメロン栽培における水切り処理がある．この処理により糖度が高まると同時にうま味成分であるアミノ酸なども増加する．露地栽培では水の管理は難しいが，有機物の施用は有効な方法であるといわれている．有機物の施用により，土壌の透水性や保水性が改善されて土壌の水ポテンシャルは低い安定した値が維持される．さらに，無機態窒素量も低めに推移することがこの効果を高めるのに一役かっている．

降雨のない施設栽培では，灌水を必ず行わなければならないが，この量を調節することによって一定の水分量を維持することは可能である．

土を使用しない養液栽培では，水と養分は培養液で与えられるが，この供給方法をタイマーなどで遮断することにより容易に水不足状態をつくり出すことができる．また，塩類を添加し培地の浸透圧を高め，吸水を阻害することにより水ストレスを付与する方法もある．これらの処理はより強く付与するほど内容成分の改善効果は大きくなるが，作物の生育にとってはマイナスの要因なので生育にあまり影響を与えない収穫の数日前に行うのが効果的であると思われる．

以上のように，水管理による品質向上策は露地栽培には不向きな方法であるため，露地栽培の野菜の内容成分からみた品質は，降雨に左右され不安定なものとなっている．降雨の影響を防ぐために簡易ビニルトンネル栽培が広く行われている．

c. 肥料成分および施肥量と品質

肥料成分のうち，窒素はタンパク質の構成元素であり，葉緑素の生成や光合成作用と関係が深く，野菜の生育をもっとも大きく支配する要素である．さらに，リン酸は生体内の種々の生理代謝に重要な役割を果たしており，カリウムは同化産物の転流に重要な

役割を果たしていると考えられている．これらの要素に過不足が起こると，糖分やその他の関連成分の生成が悪くなり，品質に悪影響を及ぼす．化学肥料の場合，肥料成分は水に溶けやすく，土壌中の動きが速やかなので，多量の降雨や過度の乾燥により，溶脱，集積が起こりやすく，根での養分吸収に過不足を与えやすい．三要素の中では窒素により影響がもっとも大きいことが知られている．

窒素の過剰供給は，体内窒素濃度を必要以上に高め，組織を多汁質で軟弱とし病性を高める．たとえば，キャベツでは，球内のタンパク質含量が増加すると水分率が低下し，腐敗球率を低下させるが，硝酸態窒素濃度が高いと水分率が高くなり腐敗する割合も増加するという．野菜に吸収された窒素が硝酸態窒素として体内に多量に蓄積すると安全性上でも問題となる．さらに，その多量の硝酸態窒素を還元してアミノ酸の生成，タンパク質の合成への過程における糖の消費は体内の糖濃度を低下させる．葉菜類の全窒素と糖含量には負の相関があるといわれる．そのため，食味の悪化や貯蔵性の低下を引き起こし品質劣化の原因となる．そして体内糖濃度の減少は糖を前駆体とする種々の物質（ビタミンCなど）の含量をも低下させることになる．

低窒素下における栽培では，窒素の過剰蓄積はなく，硝酸態窒素の還元に伴う糖の過剰な消耗もないため，光合成産物は蓄積の方向に進むことになる．その結果，糖を前駆体とするビタミンCなども増加する．硝酸態窒素の害作用については先に述べたが，硝酸を吸収して生育する野菜などではアンモニア栄養の作物よりも有機酸を多く生成する．すなわち，硝酸イオンとバランスしていたカルシウムやカリウムイオンは硝酸の還元により過剰になり，細胞内はアルカリ化することになる．これを中和するために有機酸が生成されるのである．代表的な有機酸はリンゴ酸とシュウ酸である．リンゴ酸は代謝されるが，シュウ酸は代謝されにくいので蓄積することになる．このようなことから，ホウレンソウなどのシュウ酸集積植物では窒素源としてアンモニアの比率を高めると硝酸ばかりではなくシュウ酸含量も低下する．

低窒素施肥に関連して，有機質肥料の品質向上効果があげられる．有機質肥料の窒素は無機質肥料に比べて肥効は緩効的である上に，完全に無機化することはないため，生育は劣る傾向にあるが品質の面では少肥栽培と同様な効果を与えることになる．さらに，前述したように有機物施用により土壌の物理性が改良され，有機物も水を吸収するため土壌の水分は低下し，作物は水ストレスも付与されることになる．有機質肥料の肥効は作季により異なり，有機質本来の特性が発揮されるのは地温の低い秋作で認められる傾向にあるという．これは作物がゆっくり生育することと関連していると思われる．

化学肥料を使用しても有機質肥料的効果を引き出すために種々の試みが行われている．少肥栽培では追肥は必須の作業となるが，施設内では灌水と施肥を同時に自動的に行う施肥法もある．また，肥効調節型肥料であるコーティング肥料の使用も効果的であり，濃度障害のおそれが小さいので接触施肥が可能となる．接触施肥法ではアンモニアを硝酸に変化させることなく吸収させることができる上に，高い利用効率を示すので施肥量の節減に加え，品質の向上も期待される．　　　　　　　　　　　　　〔渡邉幸雄〕

11.3.4 果菜類

品質を構成要素から分類すると外観，基本特性，流通特性，加工適性などがある．果菜類には，トマト，メロン，ニンジン，ダイコン，ナス，ピーマン，イチゴ，キュウリなどがあるが，作物によって品質評価項目の重要度は異なる．最近は，特に消費者志向の重視から基本特性の中の嗜好性に重点がおかれている．ここでは代表的な作物について，重視される品質評価項目を中心に，栽培方法などとの関連を記す．

a. トマト

トマトは，特に嗜好性の中の味の要素が強い．特にブリックス（Brix，屈折示度），酸度が重要である．兵庫県では，おいしいトマトの基準を数年前まではブリックスは5以上，酸度0.4以上と定めていたが，消費者ニーズの高品質化指向がより進むなか冬春トマトにおいてはブリックス6以上，酸度0.5以上，夏秋トマトではブリックス6〜8，酸度を0.6〜0.8と定め，高品質化対策を行っている（図11.6）．トマト果実の成分と土壌との関係を図11.7に示す．ブリックス，酸度が高く，おいしい果実は，カリウム（K），マグネシウム（Mg），全ビタミンC（TVC）も高い．一方，土壌成分では，硝酸態窒素（NO_3-N），

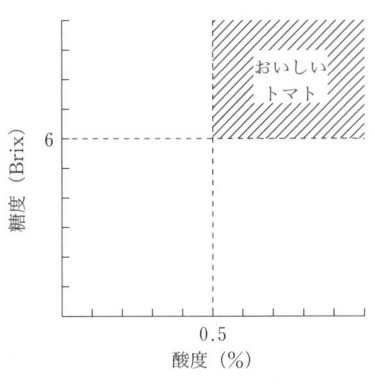

図11.6 おいしいトマトの基準

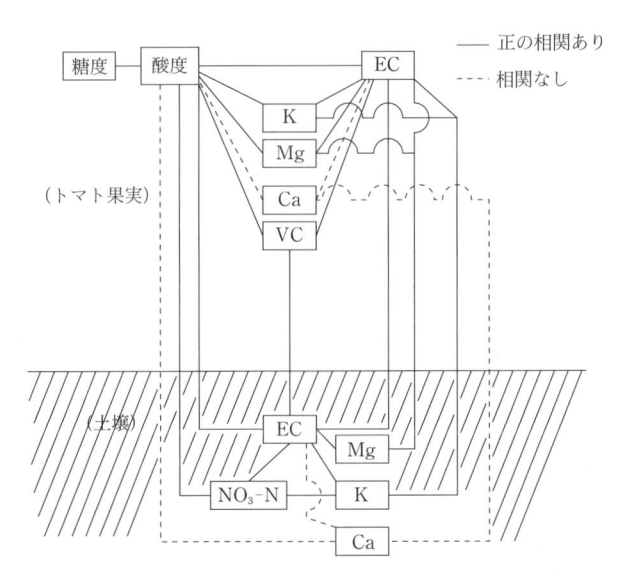

図11.7 現地調査におけるトマト果実と土壌の内容成分の相関図

交換性カリウム（Ex-K），マグネシウム（Ex-Mg）が高い傾向にある．このように果実の内容成分は土壌成分と関係があることがわかる．

またトマトの味は，土壌水分と深い関係がある．時枝ら[1]は暗渠の水位を変えて土壌水分を調整し，トマト果実の内容成分と土壌水分との関係を検討した．暗渠水位をA区は栽培全期間30～35 cmに，B区は当初は35 cm，7月中旬以降40 cmに，C区は当初は40 cmに，7月中旬以降45 cmにした．D区は栽培全期間45～50 cmにし，最も少ない区とした．その結果，最も水分の少ないD区がブリックス6.8，酸度0.73，還元糖4.15，乾物率6.47で最も高い値を示した．小林ら[2]は，ベッド栽培で，チューブによる給水により，給水回数と給液量を変えて水分コントロールを行った．その結果，表11.6に示すようにブリックスは，多回数（6～9回/日）・多量（6～10分/回）では5.1に対し，少数回（3～7回/日）・少量（4～6分/回）給液区では6.4と高かった．栃木ら[3]はトマトの生育ステージ別土壌水分変化が果実のブリックスに及ぼす影響について検討した．処理区を全期乾燥区（pF 2.9），全期湿潤区（pF 1.9），前期乾燥・後期湿潤区（pF 2.7～1.9），前期湿潤・後期乾燥区（pF 1.9～2.7）設け，検討した．その結果，生育ステージ別に湿潤から乾燥状態へ変化させた場合は，収穫前25日程度からの処理ではブリックスへの影響は認められなかった．しかし，35日前頃からは上昇し，乾燥処理機関の長いほど，ブリックスの増加は顕著に認められた．また乾燥から湿潤とした場合も同様に，ブリックスの低下は収穫前35日程度の処理から認められている．一方，果重はブリックスと相反する変化を示し，Brixと果実肥大との間には密接な関係がある．トマトについては，果実肥大後にBrixを高めることの困難さを指摘している．このように，トマトのような甘味をおいしさの1指標とする作目では，土壌水分が少ない状態で栽培を行えばブリックスが高くなることが明かであり，土壌水分のコントロールも大きな栽培条件となる．

表11.6 給液回数および量の違いがトマト果実の内容成分に及ぼす影響（促成栽培）

処理区	糖度[*1]	酸度[*2]	硬度[*3]	乾物率	灰分
	°	%		%	%
多回数・多量給液区	5.1	0.336	1.7	5.0	0.39
多回数・少量給液区	6.0	0.410	2.2	6.0	0.44
少数回・多量給液区	6.1	0.403	2.3	6.4	0.46
少数回・少量給液区	6.4	0.416	2.6	6.3	0.45

[*1]糖用屈折計示度（Brix°）
[*2]N/10 NaOH滴定によるクエン酸換算値（%）
[*3]ハードネスメーター示度

b．メロン

斉藤ら[4]はメロンについて土壌の種類を沖積土壌と火山灰土壌を用い，ベッド栽培でリン酸（P_2O_5）施用による品質の影響について検討した．その結果，火山灰土壌下層土は沖積土壌に比べ果実のブリックス，糖含量（ショ糖，ブドウ糖，果糖）は全般的に

高まった．沖積土壌ではリン酸施用量を増すにつれてブリックスと糖含量は低下する傾向を示したが，火山灰土壌下層土ではこの傾向は明かではなかった．また食味は火山灰土壌下層土は沖積土壌に比べて良好であったが，リン酸の極端な多用区ではやや劣った．このことはリン酸の施用量も適正な量があることを示している．

c. ニンジン

ニンジンの高品質要因として色の濃いもの，すなわち，カロチン含量が重要である．江村ら[5]は，窒素とリン酸施肥量がカロチン含量に及ぼす影響について検討した．窒素施用量が20 kg/10 a区は10 kg/10 aより師部，本部ともカロチン含量は高まった．またリン酸施用量の増加によりカロチン含量は高まる傾向を示し，ニンジンのカロチン含量は窒素，リン酸が重要であることを示している．

同じくニンジンにおいて矢野ら[6]は土壌の種類による糖含量について検討した（表11.7）．全糖含量は黄色土＞沖積土＞砂土＞黒ボク土で黒ボク土は低かった．また，ブドウ糖，果糖は沖積土が，ショ糖は黄色土，砂土が多いことが認められている．

d. ダイコン

ダイコンの高品質の要素の一つとして糖が上げられる．小濱ら[7]は土壌の種類による

表11.7 土壌別のニンジン糖含量（矢野ら）

土壌	収量	グルコース	フルクトース	スクロース	全糖
	(kg)	(g)	(g)	(g)	(g)
沖 積 土	233	0.57	0.75	3.46	4.78
砂　　土	160	0.24	0.33	4.10	4.67
黄 色 土	220	0.34	0.50	4.50	5.34
黒ボク土	181	0.27	0.50	3.53	4.30

品種"中村鮮紅五寸"，収量は1アールあたり，数値は生重100gあたり．

表11.8 大根の土壌別品質成分値（品種；阿波晩生）（野菜試・小濱ら，1982）

土壌名	根重 (a) (kg/a)		屈折計示度(b) (%)		全糖 (b) (%)		貫入応力 (a) (g/πmm^2)	
	$\bar{x}$	CV	$\bar{x}$	CV	$\bar{x}$	CV	$\bar{x}$	CV
黒ボク土壌	693.4	17.8	3.79	3.7	2.33	10.6	1132.9	6.1
沖積土壌	523.6	13.5	4.14	6.6	2.82	13.0	1185.4	4.5
黄色土壌	563.7	11.5	4.06	3.5	2.69	9.1	1192.9	7.8
F　値	23.21***		14.46***		12.37***		4.73*	
L.S.D(5%)	52.0		0.14		0.21		42.4	

注）サンプル数：aはブロック平均値24点，bはブロック平均値16点．

糖含量を検討した（表11.8）。ブリックスは沖積土（4.14）＞黄色土（4.06）＞黒ボク土（3.79）で沖積土，黄色土は高かった。これは土壌の保水力や窒素供給力の違いによるものと推察している。

以上，ほんのわずかな事例のみを示したが，施肥法や土壌の種類，土壌水分の違いによって食味に関係する内容成分が異なり，味などの向上にはこれらの要因を把握することが重要である。　　　　　　　　　　　　　　　　　　　　　　　〔吉川年彦〕

文　献
1) 農林水産技術会議事務局・中国農業試験場：近畿・中国中山間地における高品質野菜・果実生産と域内出荷管理技術の確率，推進会議資料（II），47-48，1988．
2) 小林尚地ほか：兵庫中央農技研報，**36**，29-34，1988．
3) 栃木博美ほか：園学要旨集 春（野菜），320，1988．
4) 斉藤忠雄ほか：土肥誌，**58**，12-20，1987．
5) 江村　馨ほか：埼玉園試報，8，13-21，1979．
6) 矢野　充ほか：野菜園誌，**A8**，53-67，1981．
7) 小濱節雄ほか：野菜の品質成分等に関する基礎研究，昭和56年度土壌肥料関係専門別総括検討会資料，369-370，1982．

11.3.5　果　樹　類
a．果実の品質
果実の品質構成要素としては，形状や大きさ，着色や地色，光沢などの外観ならびに食味に関わる甘さ（糖度）や酸味（酸含量），硬さ，香り，渋み，粘質や粉質などの肉質，弾性などの物性，汁質など，さらに，流通・貯蔵性，栄養価や機能性成分量および安全性などが重要である。

果樹の新品種開発においては，これらの形質が品質・系統の特性評価の対象とされる。一方，生産・流通段階では，主に大きさ，形，着色，色沢，傷害の有無などの外観評価が出荷規格としてランク付けされ，価格にも反映するが，近年は，可視光や近赤外光などを利用した糖度など内部品質の非破壊評価を選果基準に加える傾向にある。

また，果実は，他の農産物以上に，成熟に伴う内部成分や肉質などの諸形質の変化が大きく，適期収穫および日持ち性が重視される。

b．果実品質の形成要因
品種や系統間における果実品質の差異は，代謝関連酵素等を制御する遺伝子群の差異などによる遺伝的特性として性格づけられ，優良系統（着色や高糖度，高機能性など）の選抜が重要視される。

果実品質の形成に関与する要因は，以下（図11.8）のように多様であるが，これらの形質発現は，栽培管理や環境条件によって大きく影響されるため，適地性や栽培管理技術が重要であり，多くの項目に土壌や栄養条件が関与している。

c．土壌環境と品質
温度や日照などの気象要因は，樹体生育や果実肥大・糖蓄積の生理反応に直接的に関与するため，標高や傾斜面，海岸線からの距離などの立地条件が果実品質への影響が大きく，カンキツでは，海岸線から5km程度までの地帯に適地が多い。

- 樹体要因 ── 品種, 系統, 台木, 樹齢, 樹勢, 栄養
- 環境要因 ┬─ 気象条件…日照, 日射, 気温, 降水量, 風, 霜, 雹, 雪
         ├─ 立地条件…標高, 傾斜度・方位, 造成法, 水田転作, 海岸からの距離
         └─ 土壌条件…地質母材, 土性, 有効土層, 地下水位, 下層土, 理化学性
- 栽培要因 ┬─ 地表面管理…清耕, 草生, マルチ
         ├─ 土壌管理…深耕, 改良, 有機物施用, 土壌消毒
         ├─ 水管理…灌水量, 灌水時期, 灌水法, 排水法, マルチ
         ├─ 施肥管理…施肥量, 成分・形態, 施肥時期, 葉面散布
         ├─ 枝梢管理…整枝, 剪定, 誘引, スコアリング
         ├─ 着果管理…受粉, 摘蕾, 摘果, 落果防止
         ├─ 着色管理…袋掛け, 玉廻し, 葉摘み, 反射シート
         ├─ 病虫害防除…薬剤散布, 防鳥, 網掛け, トラップ
         ├─ 防風…防風樹, 防風ネット
         └─ 収穫貯蔵…収穫適期, 熟度, 追熟, 貯蔵法, 予措, 運搬法

図11.8 果樹の品質形成に関与する諸要因

　また，土壌は，その母材により構造や含有成分に特徴的差異があり，特に保水性や窒素（N）やマグネシウム（Mg），カリウム（K）などの栄養成分の供給力の差異が大きく，そのため養水分の保持・供給，乾湿や水ストレス，窒素無機化や微量成分の可給化等を通じて果実の品質形成に影響する．こうしたことから，気象条件だけでなく，地形や土壌母材などの土壌条件が高品質果実生産の大きな決定要因となっている．全国的にも，礫を含む古生層土壌地帯にはカンキツやブドウの高品質産地が発展しており，一方，黒ボク土壌地帯では，栄養生長の制御や着花果の確保がしにくいため，着色や糖酸比などの点で高品質果実の生産には高度の技術を要する．

d． 樹体栄養と品質

1） 栄養元素と果実品質　栄養成分の中で，窒素（N）は生育とともに品質に最も影響する元素である．また，過剰や欠乏により，果実品質に障害が現れやすい元素には，カルシウム（Ca），カリウム（K），ホウ素（B）が，樹勢や生育に影響する元素には，マグネシウム（Mg），鉄（Fe），亜鉛（Zn），マンガン（Mn）などがある．

2） 窒素の効果　窒素は，根から吸収され，アルギニン，アスパラギン，グルタミンなどの形態で転流し，果実内で品質関連成分の生合成が行われる．窒素肥料や堆肥の施用が多いほど，樹体内窒素濃度，特にタンパク態窒素および水溶性窒素の割合が高まり，栄養生長を促進する．果実肥大を左右する果肉細胞数は開花後1か月以内に決定されるため，新梢の伸長や葉の展開，果実の初期肥大における窒素はきわめて重要である．葉や枝，果実の窒素濃度は，貯蔵された養分が転流され，生育初期に最も高く，生長とともに希釈され低下する．果実の糖含量は肥大とともに増し，一方，有機酸は減少する．成熟期には酸含量はさらに低下し，糖と酸の比が高まる．

　このような一般的なパターンに対し，窒素供給の過多や多水分の状態では，窒素吸収が過剰となり，枝葉が繁茂し，果実への日照が劣り，果実の地色（クロロフィル）のぬけが悪く，リンゴやモモの赤色（アントシアニン）や，カンキツの橙色（カロテノイド）の発現が悪い．また，光合成産物が，果実への糖蓄積よりも新たな合成系に用いら

れるため，果実の糖度が低くなり，減酸が遅れる．また，カンキツでは果皮と可食部のじょう嚢は，別個に発達するが，窒素過多では，果実全体が大きくなるが，成熟期に至っても果皮組織の発達が続くため，果皮が厚くなったり，果皮と果肉が離れる浮皮という状態になり，貯蔵や輸送中に痛みやすくなる．また，リンゴやニホンナシなどでは，窒素含量が高いほど，果肉の硬度が小さくなり，軟質の日持ち性の低い果実となる．

3) リン酸およびカリウムの効果　　リン酸（P_2O_5）は，過剰施用や欠乏によっても品質に明らかな異常がみられないことが多いが，極端な欠乏は生育や結実を抑制する．カリウムの欠乏では，果実肥大や糖含量が低下する．

4) カルシウムの効果　　果樹のカルシウム吸収量はきわめて多いが，果実中濃度は極微量である．葉面散布でカルシウムの樹体内濃度を高めると，ニホンナシ果実の硬度を増し熟期を遅らせる効果がある．一方カルシウム含量が低いと，ニホンナシ二十世紀のユズ肌や長十郎の石ナシのような果肉硬化障害や西洋ナシの尻腐れ，リンゴの斑点性障害の一つビターピットなどの生理障害の発生要因となる．カルシウム欠乏症は，カルシウムの不足のみならず，窒素の過剰や，カリウム過剰など陽イオン間のバランスの異常によっても発生する．

5) 微量成分の効果　　ホウ素は極低濃度であるが，果実の初期肥大や成熟期の蜜入りなどに関係し，欠乏ではブドウのエビ症や縮果病などの果実異常やリンゴやナシなどの斑点障害などを生じるが，過剰によっても異常症を生じ，適量範囲がきわめて狭い．

　これらの樹体内成分の過不足には，土壌 pH の関与が大きい．果樹は同一場所で連年生産するため，年々土壌 pH は低下し，塩基類の溶脱による欠乏や，マンガンなどの重金属元素の可給態化による過剰吸収が起きやすい．逆に石灰の過剰施用などによる pH 上昇も，ホウ素や微量重金属類を不可給態化し，障害発生を招くこともある．

6) 栄養管理による高品質化　　果実の高品質化への栄養面からのアプローチは，過剰・欠乏などの障害要因を排除した上で，窒素を主体とした適期・適量の養分供給と水管理技術が主体となる．樹種間で肥効反応と成熟パターンに差異があるが，秋基肥重点の施肥など夏期以降に窒素を切るような施肥量と施肥配分体系，および透湿性シートマルチや成熟期の水切りなど土壌乾燥と窒素供給の抑制が効果的である．　　〔駒村研三〕

11.3.6　飼料作物

a．トウモロコシ，ソルガム類

1) トウモロコシ

i) 生育ステージと品質　　トウモロコシの熟期ステージは5段階に分けられ（表11.9），熟期の進行に伴い乾物率，TDN 含有率は増加する．未乳熟期〜乳熟期は乾物率が低く，生草中 TDN 含有率も 10〜12％と低い．糊熟期はデンプンの蓄積が急速になり，乾物率は 20〜25％となるが乾物収量は最高収量期の 70％内外である．黄熟期はデンプンの蓄積が旺盛で乾物率 25〜35％，生草中 TDN 含有率 20〜25％，収量も最高収量期の 90％程度でサイレージ原料としての刈取り適期である．成熟期・過熟期とも子実用としては収穫適期であるが，サイレージ用としては低水分と乾物損失の両面から適当でない．

表11.9 熟期別サイレージの飼料価値（名久井・櫛引，1979）

熟　期	乾物率(%)	栄養価(%) 生草中TDN	乾物中TDN	乾物回収率
未乳熟期	15以下	10以下	63〜65	85
乳熟期	15〜20	12	63〜65	90
糊熟期	20〜25	15	65	90
黄熟期	25〜35	20〜25	70	95
過熟期	35以上	25以上	70以下	95

　黄熟期における乾物増加の大部分はデンプンの蓄積で占められるが，黄熟後期以降の変化は少ない．子実中の粗タンパク質は乳熟期以降ほとんど変化しないが，植物体全体のそれに占める割合は70％に達する．この子実中の粗タンパク質は茎葉中のものより消化率が高く，飼料成分としての意義が高い．飼料価値からみた登熟後半の無機成分含有率は，カリウム（K）とマグネシウム（Mg）が家畜の要求量を満たし得るが，カルシウム（Ca），リン（P），ナトリウム（Na），硫黄（S）およびビタミン類が不足しており，他の飼料との組み合わせが必要である．

　ii） 施肥と品質　　乾物収量は窒素施肥量が15 kg/10 a 程度まで増加する．しかし，基肥に速効性の窒素肥料が多量に施用されると，濃度障害により出芽と初期生育の不良を招くので，基肥は側条により火山性土では窒素7〜8 kg/10 a（その他土壌では10 kg/10 a 程度）が好ましく，残りを4〜7葉期までに追肥する．なお，側条施肥では初期生育に重要なリンが不足するため，肥効調節型肥料を用いた接触施肥法が効果的で収量増加や肥料利用率を向上させる．

　一方，窒素多肥や未熟堆肥，スラリーの多施用は乳糊熟期の茎葉中硝酸態窒素の増大をもたらすため，堆肥で3〜4 t，スラリーで5〜6 t/10 a（北海道では5 t/10 a 以下）が望ましい．北海道東部の火山性土，高 pH 土壌では，リン酸の多施用によって亜鉛欠乏を招き，30％内外の減収と乾物中 TDN 含量の低下を招くので注意が必要である．

　2） ソルガム類
　i） 生育ステージと品質　　ソルガム類の収量は，穂ばらみ期以降急速に増加する．青刈り利用の場合，穂ばらみ期から出穂期が利用適期で茎のリグニン化があまり進んでいないので家畜の採食性がよい．出穂期をすぎると乳牛の採食性が低下するのでサイレージとして利用する．乾物収量は，乳熟期以後が最高であり，この時期での刈取りはスーダングラス型雑種では，再生も可能で，土地生産性は最大となる．乳熟期以降，熟期の進行に伴い茎葉収量が減少するが，子実収量が増加し，高 TDN 粗飼料として利用される．

　ソルガム類はトウモロコシに比べ消化性や嗜好性に劣るとされるが，嗜好性は穂重割合の高い子実型・兼用型ソルガムが比較的すぐれ，スーダン型とスーダングラスが劣る．また，高消化性遺伝子をもつ系統の多くは高い嗜好性と消化性をもつ．

　ソルガム類に特有の青酸は青刈り給与する場合に注意する必要がある．青酸含量は一

番草,二番草とも生育初期に高く,特に二番草で高い.また,青酸含量は生育の進行に伴い低下し,一番草ではは種後50〜60日,二番草では再生後40日前後で危険値より低水準となる.草丈では1m以上で利用すること,またはサイレージ調整することで青酸中毒の危険性を回避できる.干ばつで生育不良のもの,霜害を受けたり,窒素多肥条件で高まりやすい.

ii) 施肥と品質 ソルガム類の窒素施肥反応は著しく,窒素の増肥は生育期間の短縮,乾物生産量やタンパク質含量を高める.乾物収量を高める刈取り期の窒素濃度は1.5〜2.0%までで,それ以上の濃度では乾物収量に効果的に作用せず,むしろ収穫物中に硝酸塩を蓄積しやすくなる. 〔三木直倫〕

b. 牧　　　草

1) 牧草の品質要素 牧草も家畜の飼料である.トウモロコシ子実やダイズかすなどが濃厚飼料と呼ばれるのに対して,牧草は前項のトウモロコシ,ソルガムなどの禾穀類と同様に粗飼料と呼ばれている.粗飼料は乳牛など反すう家畜にとってルーメンの機能や恒常性を維持するために必須であり,その量は全乾物摂取量の30%以上とされている.前述の禾穀類は牧草に比べて収量が高く,可溶性炭水化物,タンパク質,ビタミン含量に富み,一般に品質がよい.牧草はこれら禾穀類が生育できない寒冷気象や不良土壌および急傾斜地など立地条件の劣るところで栽培されることが多い.

牧草の品質は家畜にとっての栄養価値,すなわち可消化養分総量(TDN),可消化粗タンパク質(DCP)などの多少によって決定されることが多いが,さらにミネラル含量とそのバランス,微量要素,ビタミン含量のほか,有害成分の有無なども重要な要素となる.牧草の品質が劣ると,家畜の嗜好性が低下して採食量が減少し,生産性や健康の維持に問題が生じるため,禾穀類を導入できない地域では,牧草の品質を向上させることが重要である.

2) 牧草の種類の影響 牧草にはイネ科やマメ科,寒地型や暖地型などがあり,種類によって品質が異なる.イネ科牧草は粗繊維,可溶性炭水化物が多く,タンパク質や脂肪,ミネラルなどが少ない.これに対して,マメ科牧草はタンパク質が高く,ミネラル,微量要素,ビタミンが豊富であり,特にアルファルファは"牧草の女王"と呼ばれ,乳牛の産乳性にすぐれている.これらイネ科牧草とマメ科牧草の長所を同時に活用するため,両者を混播して適正な割合に保つことが奨励されている.暖地型牧草と寒地型牧草では,前者の方がタンパク質以外の品質において劣り,老化も早く,消化率,嗜好性の低下も早いといわれている.なお,牧草地では播種した牧草が経年的に衰退して,品質の劣る他の牧草や雑草の割合が高まる場合があり,その結果として,そこから生産される牧草の品質が低下することも多い.したがって,その地域の生育環境に十分適応し,雑草などの侵入を受けにくい牧草を導入する必要がある.

3) 土壌の性質と施肥の影響 土壌の乾湿やpH,養分含量など理化学的性質は牧草の無機成分に関連した品質に影響を及ぼす.たとえば,牧草の硝酸態窒素含量は土壌水分によって,微量要素含量は土壌pHによって変動する.また,土壌の性質は牧草の品質に直接影響を及ぼすほかに,牧草地の牧草の種類を変化させることによって,そこから生産される牧草の品質を変動させる.そのため,土壌の性質に合った適切な施肥管

理が重要である．

イネ科牧草は窒素の多肥によって高収となるが，過剰施用は牧草の硝酸態窒素含量を高め，家畜に硝酸中毒をもたらす原因となる．また，カリウムの過剰施用は牧草のカリウム含量を高め，拮抗的にカルシウム，マグネシウム含量を低下させ，家畜にグラステタニーを発生させる危険性がある．このように，窒素とカリウムの過剰施用は牧草の品質を悪化させ，家畜に疾病をもたらしやすい．畜産から大量に発生する家畜ふん尿の主成分は窒素とカリウムであるから，家畜ふん尿を牧草地に施用する場合には特に注意が必要である．

iv) 利用法の影響　牧草の栄養価やミネラル，微量要素含量はいつでも一定に保たれているわけではなく，生育段階によって大きく変化する．一般には生育段階の早い牧草ほど栄養価が高い．たとえば，早春の牧草は TDN 含量が 80％程度と高いが，出穂期には 60％台となり，開花期には 50％台まで低下する．微量要素含量も生育段階による変化が大きく，若い牧草ほど高含量である．また，牧草は採草利用の場合でも 1 年に 1 回ではなく，2〜数回利用されるが，品質は春と秋のものがよく，盛夏のものは劣る．

放牧や青刈り利用では，牧草の生育段階が早いうちに利用されるため，栄養価，ミネラル，ビタミンに富むが，施肥管理が適切でないと硝酸態窒素含量が高まったり，ミネラルバランスが不良となり，直接家畜に悪影響を及ぼすので注意が必要である．一方，乾草やサイレージ利用では，硝酸態窒素含量が高かったりミネラルバランスが不良な牧草でも，調製，貯蔵中の変化により，無機成分的な品質は多少改善される可能性がある．しかし，TDN や DCP などの栄養価は原料となる牧草よりも向上することがないので，品質のよい乾草やサイレージを得るためには，前述の品質に影響する諸要因を考慮して，品質のよい牧草を生産するように心がけるべきである．　　　　　　〔能代昌雄〕

11.3.7　花　き　類
花きの施肥と品質

花きは鑑賞作物なので高品質生産が必須である．品質には品種，栽培方法など種々な要因が関与するが，高品質生産には栄養特性に応じた的確な施肥が欠かせない．高品質生産には露地栽培よりも施設栽培がすぐれるが，施設栽培では濃度障害や，塩基のアンバランスなどを生じやすい．

花きの肥培管理において，品質に影響が大きいのは窒素施肥と水管理である．キクについて駒林らは窒素施肥量を 0〜3 kg/a として調べた．2 kg/a までは多施で生育がすぐれ，3 kg/a では過繁茂であった．切り花重/切り花長は多肥ほど高い傾向だが供試品種"天寿"の品質はこの比が 0.9 がよいので，最もバランスのよい草姿である 2 kg/a が適量とした．ハウス促成型ユリについて柳井らは，窒素施肥量を 0〜8 kg/10 a と変えて調べた（表 11.10）．窒素増肥につれて生育がすぐれ，8 kg/10 a で最大となったが，増肥により切り花時期が遅れ，軟弱度が大となった．品質は 5 kg/10 a が最もすぐれ，これが適量であった．生育量が最大となる窒素施肥量と品質が最高となる窒素施肥量は異なった．鑑賞作物なので，品質が最高となる施肥量が最適施肥量となる．スプレ

表11.10 ハウス促成型テッポウユリの品質に及ぼす窒素施肥の影響（1株あたり）（柳井ら, 1979）

区　名	切り前適期(12月)日	茎長(cm)	茎重(g)	花梗長(cm)	頂葉長さ(cm)	蕾数(個)	蕾重(g)	切り花重(g)	軟弱度*	総合判定順位
無窒素	7～8	89.2	74.5	14.5	10.9	3.9	19.2	157.4	1	5
追肥窒素2kg	8～11	87.5	75.9	16.7	11.4	3.8	20.6	162.5	3	2
基肥窒素2kg	8～11	89.7	77.5	14.6	11.2	4.1	20.4	165.3	2	3
基肥窒素5kg	9～12	90.3	81.5	16.4	11.4	4.6	22.3	169.2	4	1
基肥窒素8kg	10～14	90.4	84.0	16.0	12.8	4.2	21.7	178.5	5	4

* 相対値の数字の小さいものほど硬いことを示す

表11.11 肥料および施用量の違いがスプレーギクの切り花形質に及ぼす影響（河合ら, 1995）

区　名	夏秋ギク型					秋ギク型				
	品種	開花日月/日	切花長cm	切花重g/本	花房の乱れ*	品種	開花日月/日	切花長cm	切花重g/本	花房の乱れ*
無施肥	プリント	9/8	71.2	30.0	1.9	ピンキー	10/31	64.2	19.6	0
L-1		9/17	106.1	58.0	6.8		10/30	105.0	52.4	0
L-1.5		9/7	100.9	62.1	7.2		10/30	108.3	50.9	0
L-3		9/9	106.2	79.3	6.6		10/30	114.1	83.5	0.1
L-5		9/13	109.7	85.5	8.6		10/30	106.4	64.7	0.2
SL-1		9/8	96.1	57.2	4.6		10/30	105.1	51.5	0
SL-1.5		9/5	93.6	52.9	7.3		10/31	108.4	49.5	0
SL-3		9/9	105.6	86.0	8.1		10/30	111.4	72.4	0
無施肥	オーロラ	8/19	72.9	38.1	1.3	スプリングソング	11/1	45.8	15.1	0
L-1		8/21	92.3	67.9	1.3		10/26	97.2	52.3	0.1
L-1.5		8/11	86.6	69.6	2.0		10/26	104.8	54.2	0.1
L-3		8/10	85.1	78.7	2.5		10/26	112.6	64.6	0.1
L-5		8/19	95.4	101.0	2.4		10/26	107.2	92.0	1.3
SL-1		8/14	87.3	54.0	1.9		10/28	88.8	38.5	0
SL-1.5		8/12	89.6	63.5	2.4		10/27	97.6	43.5	0.1
SL-3		8/13	89.6	74.6	3.0		10/27	107.3	69.7	0.2

*花房の乱れ：乱れを数値化（0～10），0乱れなし，10乱れ大．
区名：L，SLは供試肥料，数値は施用量kg/a，L＝ロング140（リニア型溶出140日タイプ），SL＝スーパーロング140（シグモイド型溶出140日タイプ）．無施肥区以外の全区にリン硝安カリ0.3kg/a施用．

　ーギクに対して，河合は，夏秋，秋の2栽培型について各2品種を用い，溶出タイプの異なる2被覆肥料の施肥量を変えて調べた（表11.11）．増肥につれて生育量は増大するが，3kg/a以上の多肥では重くなりすぎた．また多肥で花房が乱れ，その傾向は夏秋ギクで大きく，品種"オーロラ"が"プリント"より大きかった．シグモイドタイプ溶出の被覆肥料は，リニアタイプ溶出に比較して品質が劣った．後期の窒素栄養が過多

11.3 作物ごとの品質

となったためと思われた．最適施肥量や施肥法は，同一種類でも栽培時期や品種の違いによって異なることもあるので，それらに留意する．

吉永らはスターチス・シヌアータについて三要素施肥量と土壌水分との関係を調べ，生育は施肥量が多く，土壌水分が多い場合に旺盛であり，切り花品質は施肥量が多い場合，また土壌水分が多い場合に低下する傾向であった（図 11.9）．

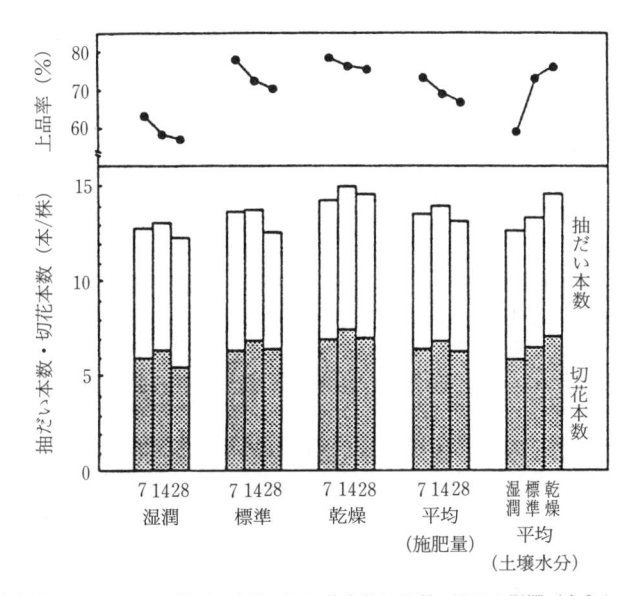

図 11.9 施肥量と土壌水分がスターチスの抽だい本数・切り花本数と品質に及ぼす影響（吉永ら，1983）枠試験（65×65 cm，深さ 30 cm，土壌約 85 L），施肥量：三要素各 7, 14, 28 g/枠，土壌水分：定植後 2 週間は一定，その後，湿潤（灌水点 pF 2.0〜2.5），標準（同 pF 2.3〜2.7），乾燥（同 pF 2.7 以上）．

土壌水分は窒素施肥効果にも影響するので高品質生産には窒素施肥量を適正にし，かつ，適水分で管理することが大切である．いずれもある程度までは多いと生育量は増大し，多収となるが，一定量以上では過繁茂，軟弱となり，品質が低下する．収量を最大とする施肥量，土壌水分と，品質を最高とするそれは必ずしも一致しない．収量を増加させ，かつ高品質を維持するような肥培管理をすることが重要である．

リン酸は窒素についで影響が大きい．三要素の中では吸収量が最も少ないのに施肥量は概して最も多いのが実情である．リン酸多肥は花きの品質を高めるとの考えによるが，適量以上の施肥で高品質となることはなく，バラのクロロシス症はリン酸過剰による鉄欠という報告もあり，適正施肥が必要である．土壌の適正水準は花きの種類や土壌の違いなどによって異なるが，有効態リン酸 30〜80 mg/100 g 程度と考えられる．

カリ施肥については，西沢らはカーネーションの適正濃度を 40〜60 mg/100 g としている．花きの種類によっては茎が硬くなるなど，品質を高めるといわれるが，成績は少なく検討が望まれる．カルシウムが不足するとキク，カーネーションでは花腐れ症を生

じる．花きの生理障害について土屋らは調べ，ホウソ，マンガン，亜鉛，鉄などの微量要素欠乏がみられた．不適切な施肥に起因するが，障害は葉に生じることが多く，花きは花だけでなく葉も観賞対象であり，障害の発生は商品価値を減じるので，適切な施肥管理により防止することが大切である．

　花きは生育好適 pH で品質が最高となるが好適 pH は種類により異なる．概して 6.0～6.5 で良く生育，開花する種類が多いが，ツツジなどは酸性を好む．ハイドランジアは花色によって好適 pH は異なり，pH が低いと鮮やかな青色となり，中性に近づくほど桃色になるが，鮮明な青色，桃色の開花は品種特性の影響が大きい．

　花き栽培では有機質肥料の施用が多く，かつては高品質生産に欠かせないとされていた．バラについて，石田らは骨粉と油かすを主とした有機質肥料区，硫安と塩化カリを水に溶かして施用した液肥区，被覆肥料区を設け，施用量（N 4, 8, 12 kg/a）を変えて調べた．採花数は液肥区が多く，12 kg/a が最も多かった．液肥区は冬季以降の採花数が多かった．低温で有機質肥料は分解が遅れ，被覆肥料は溶出が遅延し，養分吸収がスムースに行われず劣ったものと考えられた．切り花重，切り花の充実度（切り花重/切り花長）には肥料の違いによる差はみられなかった．バラの冬切り中心型栽培では，冬季の温度に左右されず安定した肥効が得られることが必要で，速効性肥料の定期的施用が効果的であり，有機質肥料や被覆肥料は高温期には問題がないが，冬季には肥効発現が遅れるので，肥料の特徴をよく把握して施用するのがよいとしている．サツキについて，中野らは鶏ふんと緩効性肥料の効果を調べ，生育は緩効性肥料がすぐれ，鶏ふんは劣り，特に多施で劣った．鶏ふんは pH を高くし，サツキの好適 pH は 5 前後と低いことによる．有機質肥料の施用効果はさまざまであり，効果は大きいが高品質生産に不可欠なものではない．肥料の特性を把握し，栄養特性に合致するように適切に施肥することが高品質生産には重要である．　　　　　　　　　　　　　　　　〔細谷　毅〕

11.3.8　ク　　ワ

　桑葉は同化器官であるとともにカイコのえさでもある．そのために葉質の良否は，カイコの成長やマユの生産量に多大の影響を及ぼす．桑葉の飼料価値には葉の物理的，化学的，その他の因子が総合的に関与する．葉質に関係のある桑葉成分の主要なものには，水分，タンパク質，アミノ酸，炭水化物，ビタミン，脂肪，繊維，ステロール，無機物などがある．中でもタンパク質含量が高いことは良質な桑葉の条件でもある．桑葉はカイコの栄養的要求を十分に満すだけの栄養成分を含有し，ほぼ理想的な組成をもっていると考えられているが，その組成は栽培環境，肥培条件などによってかなり影響される．桑葉成分の中には飼料としての最低至適量の限界値に近いものもあり，それらの成分含量の低下は葉質低下の要因となる．

　a. 葉質と肥培

　桑葉中の無機要素の含量，量的均衡などが葉質を左右する．すなわち，低肥沃土壌において窒素，リン酸，カリウムを無施用で栽培すると葉中の当該要素含有率は低下し，最低至適量以下になる．当該要素の施用により桑葉中の各要素含有率は高くなるが，他の成分に対しても特異的な影響を与える．たとえば，窒素施用によりリン酸含有率が低

下し，カルシウム含有率が増加する．リン酸施用ではカリウム含有率が低下する．また，カリウム施用によりマグネシウム含有率が低下し，逆に苦土石灰の施用によりカリウム含有率が低下する拮抗作用も認められる．カイコの飼育試験では窒素，リン酸，カリウムを施用しないと飼育成績が劣り，中でもカリウム無施用の影響が大きい．カイコの栄養としてカリウム，マグネシウム，リン，亜鉛などの無機塩が必要である．中でもカリウムは必要量が最も多く，葉中のカリウム濃度は葉質ないし飼料価値の決定に主導的役割を果たす．リンはカリウムと共存して飼料価値を高める．このほかカルシウムや鉄にも栄養効果が認められている．各要素の不足によりクワは生理的変調をきたす．リン酸欠乏は葉中の含窒素成分や糖類に著しい影響を与え，特にアルギニンの異常蓄積をもたらす．このような桑葉を連続給与するとカイコの生育は不良となり，致死することがある．無機肥料のみの多用は土壌の悪化，クワ収量の減少，葉質の低下をきたす場合が多い．塩基構成の悪化した土壌では土壌が強酸性になると桑葉内のマンガン，鉄，ニッケルなどの含有量が増加しクワの生育が不良になる．そのような葉では水分が増加し，タンパク質，炭水化物，灰分などは減少する．鉄，亜鉛，銅，モリブデン欠乏クワや，マンガン，ニッケル過剰クワでは正常なクワに比べてカイコの飼育成績が劣る．ホウ素欠乏は軽度の場合には葉質上の問題は少ないが，明らかに欠乏症が認められる場合には葉質が懸念される．堆肥の施用効果は，低肥よく土壌や砂質土壌などの土壌条件が悪い場合，葉中の諸成分を増大させ，葉質向上とクワ収量に対する効果がある．家畜ふん尿の多量施用により窒素過多になることがある．窒素過多の桑葉は，軟葉で水分含量が高く，全窒素中の非タンパク態窒素，特に遊離アミノ酸，無機態窒素の割合が高く飼料価値が劣る．また，リンやカリウムが不足している場合にも窒素過多の葉になりやすい．

b. 葉質と土壌

一般に砂質土や岩屑土ではクワの生長が悪く，速く成熟硬化するため，桑葉は水分，タンパク質に乏しく炭水化物，繊維，固形物が多くなる．土壌水分の多少も葉質に影響を与える．地下水位が高く土壌が過湿になると葉の水分は減少し，炭水化物が多くなり，タンパク質は少なくなる．干害を受けると収量が減少し，被害葉によるカイコの飼育ではマユ量が減少する．　　　　　　　　　　　　　　　　　　〔川内郁緒〕

11.3.9 チャ（茶）
a. 緑茶の品質と施肥，土壌

緑茶の品質指標として，うま味成分であるアミノ酸類の含量が最も重要である．品評会の上位煎茶では全窒素として6〜7％，並級煎茶では4〜5％を含み，高級茶ほど多く含む[1]．茶アミノ酸の特徴はテアニン（グルタミン酸のエチルアミド）が60％以上を占めることで，グルタミン酸などと合わせて，上品なうま味を呈する．新芽中のアミノ酸の蓄積量は，窒素施肥が決定的に関与し，一般に窒素の多施によって増加する．また，遮光（玉露，抹茶）によっても増加する．香りは多肥によって低下したといわれる．土壌の種類との関係は，生産技術の進歩による全体的な品質向上もあって，明確ではない．

b. 茶の品質評価

　品質の総合判定には，官能審査法を用いる．審査項目は形状，色沢，香気，水色，味の5項目が基本で，茶種によっては茶殻の色も重視する．本法では審査の公正を保つため，審査員の熟練と高度な技術が要求される．

　官能審査法における茶品質の評価基準は，新茶業全書[2]から，その一部を表11.12に紹介した．詳細は同書を参照されたい．感覚的表現であるが，茶種別に詳しく述べられている．

　企業の現場では，迅速・簡便な近赤外法[3]が，工程中の品質管理手法として定着している．

表11.12　官能審査法における茶品質の評価基準（新茶業全書[2]から作表．一部茶種の水色，香，味のみ，一部改変）

審査項目＼茶種	煎茶	紅茶	ウーロン茶
水色	黄緑色で濃度感のあるものがよい．深蒸し茶は煎茶よりも濃い緑黄色で，青味をもった浮遊物による濁りのあるものがよい．煎茶は濁りのあるもの，橙赤色のものはよくない．	鮮やかな橙赤色から赤紅色を呈し，透明なものがよい．コロナ（金環）の現れるものがよい．薄いもの，黒褐色のものはよくない．	濃い橙色で，色調が明るく澄んでいるものがよい．黒味を帯びているものはよくない．
香り	そう快な若葉の香りをもつものがよい．深蒸し茶は青臭（硬葉臭）が完全にぬけたものがよい．煎茶は青臭，むれ香り，焦げ臭，しめり香のあるものはよくない．	バラ様の芳香とそう快な青葉の香りが，調和したものがよい．青臭，過酸酵による酸臭，火香のあるものはよくない．	ジャスミンあるいはクチナシ様の高い香と樹脂香に，釜香が調和したものがよい．焦げ香の強いものはよくない．
味	渋味とうま味が調和し，後味に清涼感を与えるものがよい．深蒸し茶は青臭味がなく甘涼しいうま味をもつものがよい．苦渋味の強いものはよくない．	強い渋味をもち，芳香を伴ったそう快感を感じるものがよい．酸味，苦味のあるものはよくない．	苦渋味がなく，豊じゅんな芳香を伴った甘涼しいうま味を感じるものがよい．苦渋味の強いものはよくない．

c. 各種茶の特徴

　図11.10に製造法による茶の分類を示した．最大の相違は発酵の有無とその程度である．緑茶は製造工程の最初に，酸化酵素を加熱失活させて緑色を保つ．紅茶は酸化酵素を活発に働かせて色素や香りを生成させたのち，最終工程で加熱失活させる．ウーロン茶はその中間である．後発酵茶は茶製造後，微生物によって発酵させる．同じ緑茶でも，蒸し製（日本）と釜炒り製（中国）では香味が異なる．

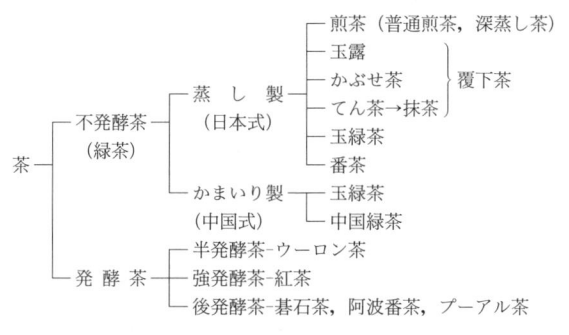

```
                  ┌─ 煎茶（普通煎茶，深蒸し茶）
                  ├─ 玉露                    ┐
         ┌ 蒸し製 ├─ かぶせ茶                │ 覆下茶
         │ (日本式)├─ てん茶→抹茶            ┘
   ┌不発酵茶 ├─ 玉緑茶
   │ (緑茶) └─ 番茶
茶 ┤        ┌ かまいり製 ┌─ 玉緑茶
   │        └ (中国式)  └─ 中国緑茶
   │        ┌─ 半発酵茶－ウーロン茶
   └発酵茶 ─├─ 強発酵茶－紅茶
            └─ 後発酵茶－碁石茶，阿波番茶，プーアル茶
```

図11.10 茶の分類（野菜・茶業試験場）

 i) 煎 茶 日本産茶の代表茶種で，原葉はアミノ酸含量が高く，カテキン（渋味）含量の低いものがよい．近年，濃度感のある深蒸し茶が増加した．高級煎茶から番茶まで品質差が大きい．

 ii) 玉 露 原葉は覆下園で生産されるためアミノ酸，カフェイン，葉緑素含量が高い．特有の海苔様の香りは，含硫化合物ジメチルスルフィドによる．

 iii) てん茶・抹茶 てん茶の原葉は，玉露と同様に覆下園で生産される．てん茶を微粉末にしたものが抹茶である．

 iv) 番茶・ほうじ茶 番茶は下級の原葉から製造され，また荒茶の低品質部分も供する．ほうじ茶は番茶を約200°Cで焙焼したもので，ほうじ香は加熱香気ピラジン類などによる．

 v) 玉緑茶 玉状に曲った茶で，釜炒り製は特有の香ばしい香味をもつ．生産と消費は主に九州である．

 vi) ギャバロン茶[4] 血圧抑制効果をもつとされ，原葉を嫌気処理してGABA（γ-アミノ酪酸）を生成させる．

 vii) 緑茶缶ドリンク 高級茶ほど緑茶本来の香味を持たせることが難しい．主原因は，加熱殺菌時に生成する不快なレトルト臭である．

 viii) 紅 茶 産地（アッサム，ダージリン，ウバなど），栽培地の標高，生産の季節，茶樹の品種（アッサム種，中国種，中間種）の相違などによって，大きな品質差と特徴をもつ．品質構成要素の多くが，発酵中にカテキン類の酸化重合によって生成するため，品質は発酵の影響が大きい．水色の良い紅茶は紅赤色の色素テアフラビンと赤褐色の色素テアルビジンの生成量のバランスがよい．原葉はカテキン含量が高く，若芽（1芯2葉の手摘み）がよい．スタンダード紅茶よりもC.T.C.紅茶の方が，発酵がよく進んで水色が濃い．しかし，発酵が進みすぎると，渋味の低下と酸味の生成によって品質が低下する．缶ドリンクの品質は比較的よい．

 ix) ウーロン茶 発酵度は紅茶の約70％である．テアフラビンの生成量が少ないため，橙色を呈する．高い香りは萎凋工程で生成する．缶ドリンクの品質はよい．

 d. 茶の品質保持
 高級茶ほど変質しやすい．主な品質保持技術は乾燥（貯蔵最適水分3％），低温貯蔵

(最適0°C, 経済温度0〜5°C), 低酸素 (3％以下), 適正な包装材の選択である. うまく品質管理すれば, 大きく品質低下させることなく周年供給できる. 茶は新鮮なものほどよいが, 通常, 緑茶の賞味期限は1年, 紅茶は2年程度である. 〔中島田　誠〕

文　献
1) 中川致之：茶業研究報告, **47**, 124-132, 1974.
2) 竹尾忠一ほか：新茶業全書, 393-420, 1988.
3) 池ヶ谷賢次郎ほか：野菜茶試研究報告B, (2), 47-90, 1988.
4) 津志田藤二郎ほか：農化, **61**, 817-822, 1987.

11.3.10　サトウキビ
a.　望ましいサトウキビの品質

サトウキビ栽培は植物体の形質に関係なくショ糖が目的生産物である. サトウキビは成熟してくると栄養体の茎 (柔組織) にショ糖を蓄積するわけであるから, 単位面積あたりショ糖収量は原料茎収量と原料茎のショ糖含量 (甘しょ糖度) の積で得られる.

原料茎は収量が多くても糖度が低ければ高産糖にはつながらないので, 糖度が高くなければならない. 沖縄県ではかなり以前から1019運動 (収量は10t/10a以上, ブリックスは19度以上) が進められているが, ブリックス19度は甘しょ糖度約14.28である.

1994/95年期サトウキビから品質取引となったが, 沖縄県における当期の基準 (甘しょ) 糖度は13.7, 基準糖度帯12.9〜14.4度でこの範囲のサトウキビは51％, この基準糖度以下は38％, 以上が11％, 糖度の最高は17.6であった[1]. 糖度とブリックスは密接な相関関係にあるが, ちなみに沖縄県の1993/94年期サトウキビのブリックス別生産割合をみるとブリックス19度以上は37％であり, これの割合を高める努力が望まれる.

b.　サトウキビの糖度に影響する因子

サトウキビの栄養体は水, 光, 温度, 養分があれば生育を続け, 成熟すなわち糖度上昇が遅れる.

1)　水　分　サトウキビは, 植物体に水分が多いと成熟しないが, ある程度大きくなった時点で水分供給を制限すると登熟する性質がある. ハワイのクロップログ方式[2]ではサトウキビの葉鞘が植物体の水分状態を敏感に反映することを利用して, 生長期間は葉鞘水分が85％以上 (茎の水分75％以上) を保つように灌漑し, 希望する収穫日の5か月くらい前から徐々に葉鞘水分を下げるように灌水量を減らし, 葉鞘水分を73％ (茎の水分約70％) にして収穫している.

わが国のサトウキビ産地 (沖縄, 鹿児島) のように年間を通して降雨があるところでは, 水分調節によってサトウキビを登熟させることは困難である.

2)　光　サトウキビの糖は, 光合成によってつくられるものであるから, 生育中は十分な光が必要である. 特にサトウキビはC_4植物であるから光が強いほど生育がよい. 一般に生育がよく収量が高いと糖度も高くなる傾向がある.

3) 温度（気温）　サトウキビの生育適温は品種により多少異なるが，一般に 32～35℃であり，生育の温度範囲は最低 10～12℃，最高 42～45℃である．サトウキビは生育が進んだ段階で低温に遭うと生長速度が衰えて茎の糖分が増加する．冬期のある北半球亜熱帯では 9 月の最高気温と平均気温が高く，10 月下旬～11 月中旬の気温較差が大きく，11 月中の最低および平均気温が低い場合に最も糖度が上がるといわれる．

沖縄県や鹿児島県では晩秋から初冬にかけての気温低下の程度がサトウキビの品質（糖度）を大きく左右することになる．

4) 養　　分　　養分は土壌と施肥によってバランスよく供給されなければならない．沖縄県の主要土壌についてみると，サトウキビの平均単収は灰色台地土・石灰質＞赤色土および黄色土＞暗赤色土の順であるが，原料茎の質（ブリックス）は灰色台地土・石灰質＞暗赤色土＞赤色土および黄色土の順となる[3]．

灰色台地土・石灰質（ジャーガル）は反応がアルカリ性，粘質で，養分保持・供給力が高い．特にカリ供給力が強い．暗赤色土（島尻マージ）は微酸性～微アルカリ性，粘質であるが，土層の浅い場合が多い．赤色土および黄色土（国頭マージ）は塩基分少なく酸性で，リン酸に乏しく，粘質である．

いずれの土壌も腐植および窒素含量が低いため，サトウキビは堆きゅう肥や窒素施用に対する生育反応が大きいが，サトウキビの窒素含量が高くなると糖含量が下がるので，収穫期までには窒素が切れるように最終追肥の時期を考える必要がある．また，糖の生成・流転・蓄積にはカリを多く必要とするのでカリの多施は必要である．しかし，多すぎると製糖工程で結晶化がむずかしくなるおそれがあるので注意を要する．

〔大屋一弘〕

文　献

1) ㈳沖縄県糖業振興協会：平成 6 年産（6/7 年期）さとうきび品質・生産実績，1995．
2) Clements, H. F. : Environmental Influences on the Growth of Sugar Cane. In Mineral Nutrition of Plants(ed. Trruog, E.) , 451-469, Univ. of Wisconsin Press, 1961.
3) 大屋一弘：日作紀, **53**(3), 340-346, 1984．

11.4　有機農法と品質

11.4.1　有機農法とは

化学肥料が出現したのは 19 世紀の後半である．20 世紀の半ばには化学農薬も使われるようになった．作物品種の改良や灌漑など農業技術の進歩もあって，世界の農業生産は飛躍的に増大し，20 世紀後半の世界の人口爆発を支えた．しかし，その後，先進諸国では食料の需要は満たされ，農産物の生産過剰に悩むようになる．各国で有機農業への関心が高まったのは，その頃からであった．

わが国でも飽食の時代を背景に 1980 年代後半には，消費者の有機農産物への関心は加熱気味になった．"有機"を表示した野菜などが店頭にあふれて消費者の混乱を招き，1988 年には，公正取引委員会が有機農産物の不当表示について，流通関係団体に厳重に注意するほどであった．また，1989 年には，有機栽培農家と隣接する普通栽培農家

との争いが、裁判にもち込まれる事件まで起こった．温暖多湿なわが国で，完全な有機農法を実現するのはきわめてむずかしい．消費者はこれを認識すべきであろう．

農林水産省は「有機農産物等に係る青果物等特別表示ガイドライン」を制定して1993年4月から実施し，日本農林規格を定めたJAS法の改正も行った．1997年には米麦を含めるためのガイドラインの改正が行われ，有機農産物とそれ以外の特別栽培農産物とに区分された．1999年にはJAS法が改正され，農林規格が見直されている．

欧米では"有機農産物"の基準はあっても，それ以外のものは認められていない．"特別栽培農産物"の基準は，わが国独特のものであるが，条件の悪いわが国で有機農業に取組む農家の努力を評価しようとするものであろう．

有機栽培は「生産過程等において化学合成資材を使用しない栽培方法」，有機農産物は「化学的に合成された肥料及び農薬の使用を避けることを基本として，播種又は植付け前2年以上（多年生作物にあっては最初の収穫前3年以上）の間，堆肥等による土づくりを行った圃場において生産された農産物」と定義されている．

有機農法あるいは有機農業という言葉は，いろいろな使われ方をしているが，一般的には，「化学合成資材中心のこれまでの農法の反省に立って，堆肥など有機物の投入による土づくりを重視し，土壌生態系の保持と安全な食料生産をめざす農法」と考えてよいであろう．

11.4.2 有機栽培と生産物の品質

有機栽培でつくられた農産物は高品質である，と信じている消費者は多いが，これを科学的に裏づけるのはむずかしい．残留農薬をチェックすることで無農薬栽培を推定することはできるかも知れないが，収穫物の分析によって化学肥料の使用を推定することは不可能であろう．一方，化学肥料やその溶液を使った養液栽培で，高品質の野菜は大量に生産されている．

農産物の品質は肥料の種類や施肥法だけで決まるものではなく，多くの栽培条件が関与する．そのため，有機栽培と品質とを安易にむすびつけるのは危険であり，厳密に比較した試験は多くない．

森[1]は，有機物施用によって，生産物の品質が向上するメカニズムを図11.11のように整理している．有機物の形で土壌に施用された窒素成分は，土壌中でゆっくり有効化するから，窒素施肥を抑制したのと同じ結果になる．また堆肥などを連用して土づくりされた土壌は，透水性が高く，保水性もよいから，過剰にならずしかも安定した水供給能を維持しやすく，給水を抑制した栽培に近くなる．また，有機物施用では，窒素の供給がゆるやかであるため，取り込まれた窒素の代謝は比較的円滑に行われ，間接的に糖含有量の増加に寄与する，と考えている．

おいしい野菜をつくるために，施用窒素量を抑え，水分供給も抑え気味に管理する栽培法は，施設栽培などで実践されていることであるが，有機栽培では，窒素の供給や土壌の水分状態が，これと同じ結果になっていると考えられる．

吉田[2]はトマトの品質に及ぼす影響を，有機肥料と無機肥料とについて比較している（表11.13）．トマト果実の味を左右する糖と有機酸の含有量は，全体的にみて有機肥料

11.4 有機農法と品質

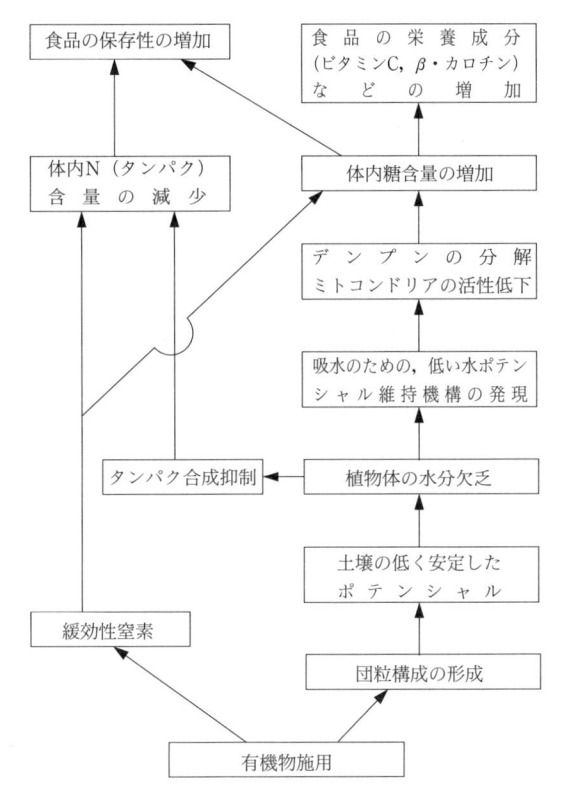

図11.11 有機物施用による生産物の質向上のメカニズム（模式図）[1]

表11.13 トマト果実のビタミンC含量[2]（mg/%）

施肥区	ビタミンC	果房							
		1	2	3	4	5	6	7	8
有機区	還 元 型	14±0.71	17±1.41	18±0.71	15±0.00	17±1.41	24±4.95	28±3.54	32±0.00
	酸 化 型	3±0.71	2±0.71	1±0.00	3±0.71	1±1.41	1±0.00	2±3.54	2±0.00
	総 量	17±0.71	19±0.71	19±0.71	18±0.00	18±1.41	25±4.95	30±3.54	34±0.00
無機区	還 元 型	15±0.71	16±0.71	15±0.45	16±0.00	16±1.41	23±0.00	30±0.71	28±0.71
	酸 化 型	2±0.71	1±0.71	3±0.71	3±0.00	1±1.41	2±1.41	2±0.71	2±0.00
	総 量	17±0.35	17±0.71	18±0.01	19±0.00	17±1.41	25±0.71	32±0.71	30±0.71

区の方が高い傾向にあるが，試験年次や果房位置によっては差のみられない場合も多かった．ビタミンCの含有量についても，有機肥料区と無機肥料区との違いは明らかでなかった．しかし，還元糖，有機酸，ビタミン含有量の変動係数は，いずれの場合も有機肥料区が小さかった．有機肥料区の方が，安定した品質で収穫されているといえよ

う.
　野菜の日持ち,鮮度保持については米沢[3]の研究がある.この中で有機区のコマツナ,セロリは収穫物の乾物率が無機区より高く,時間の経過に伴う重量の減少率は無機区より有機区で小さいことが明らかにされた(表11.14,表11.15).食味やビタミン含量,日持ちなど野菜の品質に関する吉田,米沢のこれらの研究結果も,森の推定した前述のメカニズムで説明することができる.有機資材については,わずかではあるが吸収される低分子の有機化合物の効果など,まだ未解明の部分はある.しかし,有機物の効果は,窒素成分の緩効性と土壌物理性の改善による水分供給の抑制・安定化,とで大きな部分が説明できそうである.

表11.14　有機肥料,無機肥料による収穫物の乾物率の差(コマツナ,セロリ)[3] (%)

試験区名	コマツナ	セロリ	
		葉	茎
1.無　機	6.22	11.76	3.49
2.有　機	6.64	12.63	4.63

注)乾物率 = $\dfrac{乾物重}{新鮮重} \times 100$

表11.15　有機肥料,無機肥料による新鮮重減耗率の差(コマツナ,セロリ)[3]

試験区名 \ 作物 時間(日)	コマツナ			セロリ					
	24 (1)	48 (2)	72 (3)	24 (1)	48 (2)	72 (3)	120 (5)	144 (6)	192 (8)
1.無　機	21.0	26.6	37.4	6.2	9.5	13.3	17.9	18.5	24.3
2.有　機	16.6	21.0	29.0	4.0	8.1	12.0	16.5	17.1	21.3

注)収穫時重量に対する重量減少率(%).

11.4.3　有機農産物の表示ガイドライン

ガイドラインに基づく有機農産物等の表示の例を,米について図11.12に示した.コメの場合,精米に関する項目が加わっている.また,有機農産物の生産圃場には,ガイ

```
農林水産省ガイドラインによる表示
有機栽培米
栽培責任者　○○○○
住所　　　　○○県△△町△△△
連絡先 Tel　□□-□□-□□
確認責任者　△△△△
住所　　　　○○県△△町◇◇◇
連絡先 Tel　□□-□□-▽▽
精米確認者　◇◇◇◇
住所　　　　△△県△△町▽▽▽
連絡先 Tel　○○-○○-□□
```
(a) 有機農産物の表示例

```
農林水産省ガイドラインによる表示
無農薬栽培米(化学肥料使用)
栽培責任者　○○○○
住所　　　　○○県△△町△△△
連絡先 Tel　□□-□□-□□
確認責任者　△△△△
住所　　　　○○県△△町◇◇◇
連絡先 Tel　□□-□□-▽▽
精米確認者　◇◇◇◇
住所　　　　△△県△△町▽▽▽
連絡先 Tel　○○-○○-□□
```
(b) 特別栽培農産物の表示例

図11.12　農林水産省のガイドラインによる表示

ドラインに基づいて栽培責任者や確認責任者の氏名，住所を記載した立札を立てなければならない．

有機農産物の表示については，1992年にガイドラインが制定されたが，表示の混乱が続き，一方，FAOとWTOとで構成するコーデックス委員会においても，有機食品の表示基準の検討が進んだ．これらを背景に農林水産省では，1999年7月，JAS法に新たに有機食品の検査・認証制度を設けた．この制度では，農林水産大臣の認可を受けた登録認定機関（法人）が，生産農家などを認定し検査した結果，JAS規格に適合した場合，生産農家は農産物に有機JASマーク（図11.12）を付けることができる．そして，有機JASマークが付いた農産物等でなければ，「有機」の表示をしてはならない，という制度である．有機農産物等の表示規制は，2001年4月からスタートした．

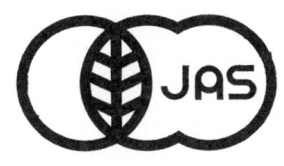

図11.12　有機JASマーク

1999年のJAS法の中で，生産方法については細かく基準が定められている．たとえば，圃場の条件，種苗や肥料，土壌改良資材，生産物の包装や貯蔵などに関する基準である．有機農産物と表示するためには，日本農林規格の別表1に示されている肥料と土壌改良資材以外は使用できない．また，遺伝子組換え技術によって得られた種苗は使えないし，放射線照射を行った農産物は認められていない．

使用できる肥料，土壌改良資材は天然物質あるいは，それを粉砕，溶解，発酵，燃焼など単純に加工したものに限られているが，天然物への依存だけでは農業生産が成り立ちにくい場合のために，例外的に使用できる化学合成資材も別表には含まれており，肥料では微量要素肥料が条件付きで認められている．　　　　　　　　　〔藤沼善亮〕

文　献
1) 森　敏：有機物研究の新しい展望（日本土壌肥料学会編），85-137，博友社，1986．
2) 吉田企世子：作物の高品質を求めた土つくり（日本土壌協会編），37-46，日本土壌協会，1989．
3) 米沢茂人：有機肥料の施用効果に関する研究（全農，農業技術センター特別研究報告第1号），40-62，1983．

12. 環　　境

12.1　環境動態と植物

12.1.1　生元素循環と植物
　生元素とは，生物圏に多量に存在し，生物を構成している元素のことで，水素（H），炭素（C），窒素（N），酸素（O），リン（P）をさす．このうち，水素は大部分が水として地球上を循環し，また炭素，酸素などとともに有機物中に保持されている．安定なガス態化合物になり得る炭素，窒素，酸素も，大気圏と生物圏の間を循環している．さらに植物栄養としては多量要素のうち硫黄（S）が，窒素と類似した循環形態をとっている．

　a．酸　　素
　現在，大気の第2成分である酸素ガスは，嫌気性微生物以外のすべての生物に呼吸基質として必須であるが，約27億年前に海中微生物の光合成によって生産されて初めて生物が関与するようになった．約15億年前に発酵から呼吸へ転ずる酸素分圧をすぎ，生物が急速に進化した．やがて，上部成層圏で酸素ガスからオゾンが生成され，有害な紫外線が地表に届かなくなると，植物が陸上にあがり，3億5,000万年前の石炭紀には植物が旺盛に繁茂した．現在，水・養分吸収とともに植物体内で有機物となった酸素は，光合成とともに再び大気へ放出され，その一部は呼吸や有機物の分解によって消費される．

　b．炭　　素
　大気中に現在約350 ppm含まれている二酸化炭素は，光合成とともに植物体内で有機物となり，食物連鎖に従って動物や微生物に利用され生物圏を循環し，呼吸によって二酸化炭素として再び大気へもどる．植物遺体は土壌中で微生物による分解と再合成を受けながら安定な腐植となる．また，酸素の少ない低湿地などの環境では，有機物の分解が抑制され泥炭が集積したり，分解産物としてメタンが生ずる．近年，化石燃料の大量消費に伴い，大気中の二酸化炭素濃度が年々上昇しているが，北半球での上昇カーブには，植物の光合成や土壌有機物の分解，生物の呼吸作用，を反映した季節パターンが明瞭に認められる．

　c．窒　　素
　大気第1成分の窒素ガスは，窒素固定能をもつ原核微生物以外のほとんどの生物には直接利用できない．植物では，根粒菌と共生関係をもつマメ科植物やシアノバクテリア（ラン藻）と共生するアカウキクサなどが空中窒素を固定利用できる．それ以外の植物の生長は，いったん有機物となった窒素化合物が分解してできた無機態窒素，あるい

は工業的窒素固定による肥料窒素に専ら依存している．植物遺体中の有機態窒素は，土壌微生物によって再構成され土壌有機態窒素となる．その一部は，分解・無機化されアンモニア態窒素となり，このままか，さらに硝化細菌により酸化され硝酸態窒素となってから，植物に利用される．過剰の硝酸態窒素は，溶脱されたり，土壌の嫌気的部位で脱窒されて窒素ガスとなり大気圏へもどる．最近，窒素循環量の人為的増加によって，水圏の富栄養化や地下水汚染，あるいは大気中の亜酸化窒素濃度増加などさまざまな環境への悪影響が引き起こされている．

d. リン

主に固体または溶液態で存在し，循環量は少ない．しばしば生物生産を制限する元素の一つとなるが，近年施肥や生活排水など人為的循環量が増加し，水圏で富栄養化を起こしている．その反面，地下資源のリン鉱石の枯渇も憂慮されている．

e. 硫黄

土壌中で酸化・還元，有機化・無機化といった形態変化をし，植物による吸収とその遺体が微生物分解を受ける点では窒素に類似する．大気圏にはわずかに存在するが，近年化石燃料の大量消費などに伴い循環量が急増している．

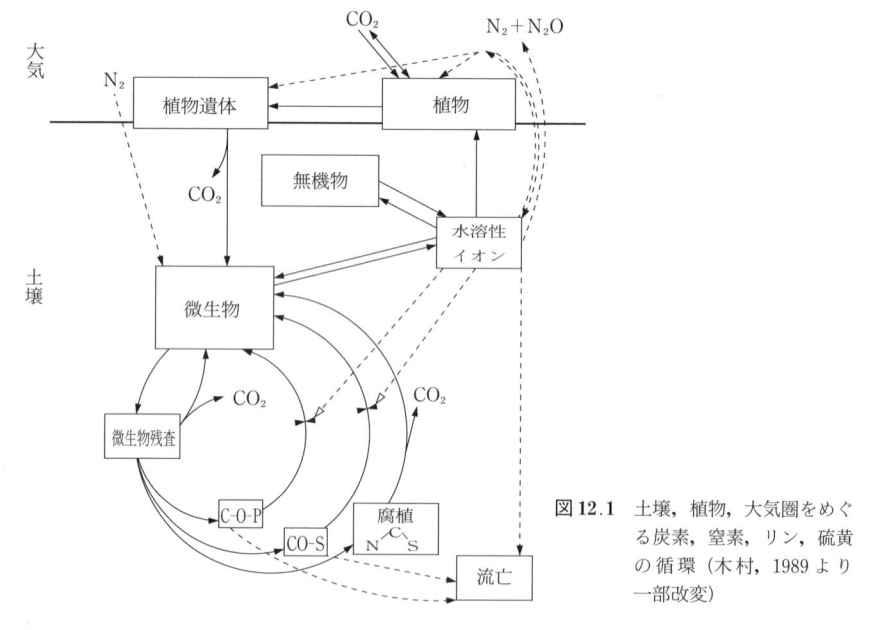

図12.1 土壌，植物，大気圏をめぐる炭素，窒素，リン，硫黄の循環（木村，1989 より一部改変）

図12.1[1]に，土壌中および植物，大気への炭素，窒素，リン，硫黄の循環の概略を示した．ただし存在形態や現存量，循環量は元素によって大きく異なる． 〔犬伏和之〕

文献

1) 木村眞人：土の化学（季刊化学総説 4，日本化学会編），129-146，学会出版センター，1989.

12.1.2 養分の天然供給量

作物が吸収する無機養分のうち，肥料以外の形で土壌より供給される養分量を天然供給量という．土壌肥沃度の基本となる．肥よくな土壌は養分の天然供給量が高い．地球規模でみると，利用可能な水分の多いところでは養分の天然供給量の高い肥よくな土壌の分布は，人口密度の高い地域と重なる．

アジアの人口密度は高いが，その中でも大きな粗密がある．ガンジスなどのデルタ部，ジャワやバリ島のように中性や塩基性の火山活動の活発な地域，あるいは玄武岩質の溶岩台地のデカン高原などでは，人口密度は 500 人/km^2 以上に達する．一方，ボルネオ島の人口密度は 10 人/km^2 程度にすぎない．熱帯アフリカではコンゴ盆地の人口密度は小さいが，ビクトリア湖周辺の火山灰土壌地帯は高い．熱帯アメリカではアマゾン低地の人口密度は低いが，古代マヤやインカ文明の栄えた，メキシコ，ペルーなどでは，火山灰や石灰岩などにより高い土壌肥沃度と人口密度を有している．土壌養分の天然供給量の指標となるのは，土壌の有効塩基交換容量（eCEC）と交換性カルシウム（ExCa）である．高人口密度地帯の土壌の eCEC や ExCa は，おのおの 150 mmol/kg，100 mmol/kg 以上が普通である．低人口密度地帯では eCEC は 50 mmol/kg 以下，ExCa は 20 mmol/kg 以下の土壌が広く分布する．

養分の天然供給量の高い肥よくな土壌の分布を決めているのは，地球の営みとしての地質学的施肥作用である．地質学的施肥作用は，以下の四つを認めることができる．

a. 水の作用，河川による運搬沖積作用

数年〜数十年のタイムスケールでくり返される洪水は，肥よくな低地土壌を生成する．熱帯アジアではヒマラヤ山脈とモンスーンによって肥よくなデルタの生成が顕著である．

b. 火山活動による火山灰の供給

数百〜数千年のタイムスケールで供給される中性・塩基性火山灰は，多量の易風化性鉱物を供給し，土壌の若返り，養分の天然供給量の高い活力のある肥よくな土壌を生成する．

c. 風の作用によるレスの供給

サハラ砂漠からのハルマッタンダストは塩基に富み肥よくである．ナイジェリア北部のハウサ圏の土壌がその例である．欧米もレスの分布は広い．中国東部地域はゴビや黄土高原などからのダストも重要である．

d. 母岩の風化・土壌生成と侵食の動的平衡

インドのデカン高原は，数千万年の年代をもつ玄武岩の溶岩台地である．これを母材として黒色肥よくなヴァーテソルが生成している．ヴァーテソルの成熟年数は 1 万年以内であるので，デカン高原のヴァーテソルは，土壌生成と侵食の動的平衡が保たれている．人為による過度の侵食は，土壌層の消失と砂漠化を引き起こすが，逆に，土壌生成に比べ侵食が非常に小さい場合は，長期的には土壌養分の溶脱と消耗をきたし，老化土壌であるオキシソルを生成する．オキシソルにおける養分の天然供給量は極小となる．

低地の水田土壌は，畑に比べ養分の天然供給量は大きい．水稲では肥料を施用しない場合の収量低下の程度が畑作物に比べ小さい．低地水田の高い天然供給量の物理化学的

機構としては，湛水された作土層で鉄の還元にともなうリンの天然養分供給量が大きくなることがある．生物学的機構も重要である．水田土壌は畑土壌に比べ有機物含量が高い．アカウキクサとアナベナによる共生的窒素固定，各種の嫌気性光合成細菌や従属栄養細菌による窒素固定も行われる．また，湛水期間に無機化生成される窒素の量も多い．これらの機構によりわが国の水田では年間 50～80 kgN/ha の窒素の天然供給量があると推定される．

水田における灌漑水も重要である．わが国における水稲作付け期間中の灌漑水量（約 1,000 t/ha）と水質とから算出すると水稲 1 ha あたりの供給量はカルシウムで 90 kg，マグネシウムで 20 kg になり，100％の吸収効率を仮定すれば，カルシウムやマグネシウムでは 6 t/ha の玄米収量を生産するのに十分な供給量となる．ただし，灌漑水よりの供給量はケイ素で必要量の 30％，カリウムで 15％，窒素で 3％，リンでは 1％以下しかない．土壌よりの天然供給によるか，施肥の必要がある．

土壌生成・侵食・堆積に関わる地形・地質的要因も重要である．世界の平均土壌生成速度 1 t/ha/y 弱と推定され，日本における土壌生成速度の範囲は 0.1～10 t/ha/y の範囲と推定される．肥よくな土壌地帯では高い．さて，山地での生成速度を 2 t/ha/y とする．安定な集水域生態系では土壌生成と侵食はつりあう．ある集水域で，面積 10％の低地に 90％の山地で生成した表土とその過程で放出された養分が集まると仮定すると，低地の土壌生成速度は 20 t/ha/y に相当することになる．水田は地質学的施肥作用を強化できるシステムである．この場合，山地の森林生態系は低地に集まる肥よくな侵食表土の生成に重要である．山地の森林と低地の水田という土地利用の組み合わせは，養分の天然供給能を高く維持するのに役立ち，水田の集約的持続性を向上させる．

〔若月利之〕

12.1.3　土壌環境と植物栄養

植物が健全に生育するためには，①光，②温度，③空気，④水，⑤栄養分，⑥障害因子のないこと，などが必要である．これを作物生育の六要素という．これらのうち光と温度を除いた③～⑥の因子が土壌環境に深く関わる．

a.　土壌の水分・養分・空気の役割

水と各養分は土壌から根によって吸収される．また，根は呼吸作用をするので土壌気相中の酸素が必要である．植物の根を良好に生育させるためには，培地である土壌が根を良好に生育させる環境に保たれなければならない．そのため土壌の役割は，1）植物の必要とする水分，養分および酸素を過不足なく供給すること，2）根の生育を阻害する病原菌や有毒物質を含んでいないこと，3）作物根の発達が良好で冷害，湿害，干害などの気象障害に耐える機能を備えていること，などである．

植物にとって望ましい土壌環境とは，植物が必要とする時に水，栄養分や酸素を供給し，有用微生物が活発に活動し，植物に害作用を与える病原菌の繁殖や毒物質の発生を防ぎ，健康な植物を育んでくれる場である．

b.　土壌の化学性，物理性，生物性

土壌のもつ機能を別な面からみると，図 12.2 のように化学性，物理性，生物性にま

12.1 環境動態と植物

表12.1 植物栄養からみた土壌型の特徴

土壌型	特徴	対策
1. 岩屑土	固結岩石を母材とする残積土で山地の斜面に分布.土層が浅く,中粗粒質で,保肥力・保水力が弱い.	除礫・客土,有機物の施用,苦土石灰などの塩基補給,分施や緩効性肥料の施用.
2. 砂丘未熟土	砂丘地の土壌で,排水過大,保肥力に乏しい.畑地利用.	風水食・干害の防止,有機物の施用,優良粘土の客入,微量要素の補給.
3. 黒ボク土	火山灰土壌.腐植に富む表層,保水力大,孔隙に富み軽く透水良.リン酸吸収大,塩基・リン酸に乏しい.風食を受けやすい.全国の主要な畑作地帯を形成.	酸性化の防止と塩基・リン酸の適正保持のため石灰質肥料によるpHの矯正,塩基・リン酸肥料の施用.有機物の施用.
4. 多湿黒ボク土	火山灰台地や低地にある水田化された黒ボク土.下層に鉄斑紋あり,上段黒ボク土より透水性・リン酸吸収係数がやや低い.主に水田利用.	対策は上段の黒ボク土に準ずる.作土深の確保,窒素と加里は基肥重点よりも基肥一穂肥が効果的.初期生育は浅水にて早期に必要計数の確保に努め,その後は間断灌水する.
5. 黒ボクグライ土	地下水位の高い排水不良地の水田化された黒ボク土.下層グライ化,強度の還元状態,根腐れを起こしやすい.地耐力が弱く機械走行支障.水田利用.	対策は上段の多湿黒ボク土に準ずる.暗きょ排水の施工.中干し,間断灌水に留意.根腐れの防止のため含鉄資材の施用.ケイ酸資材の施用.
6. 褐色森林土	山腹~山麓斜面や丘陵地,台地の波状地,平坦地などの比較的排水良好な地域に分布.表土は浅く,腐植小,下層は堅密,強酸性.主に畑地・果樹園に利用.	地すべり・侵食の防止,有効土層の確保,酸性矯正,塩基・リン酸の補給.地力確保のため有機物の施用.スプリンクラーなどによる干ばつ防止.
7. 灰色台地土	地下水や停滞水の影響で灰色化した台地土壌.強粘質のため耕運困難,過湿で,養分少,強酸性を呈す.北海道に広く分布.主に水田利用.	作土深の確保,暗きょ排水や間断灌漑など透水性の改善.完熟堆肥などの有機物の施用.土壌性矯正と塩基・リン酸の補給.
8. グライ台地土	地下水などの影響で下層がグライ化した台地土壌.強度の排水不良と強還元で根腐れ・秋落ちが多い.	排水処理による透水性の改善.完熟堆肥,リン酸,含鉄資材,ケイ酸などの施用.酸性矯正.
9. 赤色土	東海以南に分布し,腐植少,下層土は強粘質で,ち密.強酸性で保肥力乏しい.畑・果樹園・施設に利用.	作土深の確保,有効土層の拡大,酸性の矯正,塩基の補給,有機物の施用.内部排水.
10. 黄色土	東海以南の山地の傾斜地に分布し,腐植少,下層は黄色,ち密で,排水不良.強酸性.果樹園・茶園に利用.	侵食防止.深耕,有機物の鋤込みによる下層の改良.塩基の補給とpHの矯正.
11. 暗赤色土	石灰岩や火山灰を母材とする強粘質土.土層が浅く,下層はち密で,排水不良.畑・果樹園に利用.	深耕と有機物の施用で保水と物理性の改善.等高線栽培やマルチなどで侵食防止.
12. 褐色低地土	排水良好な沖積地などに広く分布.黄褐色で,斑紋はない.砂質のため透水性大,腐植少,保水力・保肥力小.有機物の消耗大.畑・水田に利用.	有機物の施用.石灰・苦土質資材の施用で塩基の補給と適正pHの保持.ゼオライトなどの土壌改良材の施用で保肥力の改善.深耕.
13. 灰色低地土	平坦な沖積地などに広く分布.土色は全層灰色.細粒質では保肥力,養分状態とも中~良.中・粗粒質では保水・保肥力小.わが国の主要な水田地帯を形成.	細粒質では深耕で根域の拡大,土壌構造の発達促進,通気・排水性の改善.中・粗粒質では珪カル,溶リン,改良資材,有機物の施用.
14. グライ土	海,湖岸,河川流域の沖積地に分布.排水不良,下層はグライ化・強還元.保肥力,養分中~大.水田利用.	暗きょや間断灌漑等の排水と水管理.客土,含鉄,ケイカル,リン酸資材などの施用.作土深の確保.
15. 黒泥土	沖積低地は排水不良地に分布.厚い黒泥層をもつ.根系障害大.リン酸,ケイ酸,カリが低い.主に水田利用.	暗きょなどの排水処理.リン酸質,ケイ酸質,含鉄資材の施用.優良粘土の客土.
16. 泥炭土	沼沢周辺,海岸砂丘後背地の排水不良地に分布.強酸で,地耐力低い.母材は泥炭.根系障害大.水田利用.	暗きょ等の排水処理.ケイカル,熔リン,苦土などの無機養分の施用.優良粘土客土.

とめられる．すなわち化学性は養分の供給，物理性は水と酸素の供給と根の活動，生物性は主に微生物の働きによる養分の形態変化と供給，病害などと関係が深い．

c. 作物生育の阻害因子

作物生育の阻害は，養水分の欠乏と過剰，土壌固有の性質，侵食，汚染などに起因する．欠乏は養水分の作物による吸収，流亡などにより供給が追いつけない現象で，一方過剰は主に肥料の過剰施用による過剰症，成分間のアンバランスなど，による現象である．侵食は風水害により土壌表層の肥よくな部分が失われることで，汚染は過剰の農薬の投与

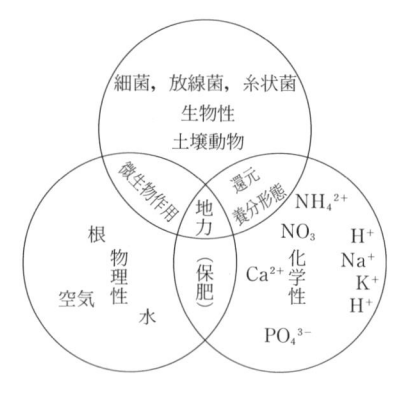

図12.2 土壌のもつ機能

や公鉱害などの有害物質による土壌汚染，また大気汚染による作物の地上部の阻害などである．土壌固有の要因には母材，土性，ち密層などの物理性，有機物，カチオンやアニオン組成などの化学性，など広い範囲の諸性質と関連する．

d. 土壌の種類と作物栄養

土壌は，その母材となる岩石の種類，堆積様式，地形，気候，植生などの自然生成因子の影響下，長年月を経て生成されたものである．その生い立ちにより，それぞれ特有の性質をもつ土壌型に分かれる．土壌の植物生産力は農業生産の基礎である．土壌の生産力を増進していくことは農業の生産性を高め，農業経営の安定を図る上できわめて重要である．わが国の土壌は，母材の性質が不良なものが多く生産力が低いため，まずその阻害要因や生産力の実態を知る必要がある．そこで，わが国の代表的な土壌型とその性質，良好な作物を生育させるための対策をまとめたのが，表12.1で，またそれらの土壌型別耕地面積をまとめたものが表12.2である[1]．つまり，農作物を生産しようとする場所の土壌の種類がわかれば，どのような植物（作物）の生産に適しているか，あるいはどのような生育阻害があるのかが，定性的に把握である．そのため，植物を良好に生育させるための対策を講じることが可能である．土壌の生産力は，植物の生産量として表されるが，それは栽培技術，植物の種類，品種などで異なる．飢餓から解放され，飽食に慣れた最近のわが国ではこれらの他に高濃度施肥，高収益生産や高品質を求める社会情勢の変動によっても，植物の生産力に関わる土壌環境の概念が変わる．特に近年は物不足の時代から過剰生産の時代になり，食料生産はカロリー生産から高濃度施肥やハウス栽培による高収益生産に変化し，作物生産が土壌生産力に期待する面も多様化している．

〔金澤晋二郎〕

文　献

1) 川口菊雄ほか：土壌断面をどうみるか，農水省農蚕園芸局農産課監修，土壌保全調査事業全国協議会，1986．

表12.2 わが国の農耕地土壌の土壌型別耕地面積

土壌型 \ 地目別	水田 面積(100 ha)	水田 割合(%)	普通畑 面積(100 ha)	普通畑 割合(%)	樹園地 面積(100 ha)	樹園地 割合(%)	合計 面積(100 ha)	合計 割合(%)
1. 岩屑土	0	0	71	<1	77	2	148	<1
2. 砂丘未熟土	0	0	223	1	19	<1	242	<1
3. 黒ボク土	171	<1	8,511	47	861	21	9,542	19
4. 多湿黒ボク土	2,743	10	722	4	25	<1	3,490	7
5. 黒ボクグライ土	508	2	19	<1	0	0	526	1
6. 褐色森林土	66	<1	2,875	16	1,490	37	4,431	9
7. 灰色台地土	792	3	719	4	64	2	1,575	3
8. グライ台地土	402	1	43	<1	0	0	446	<1
9. 赤色土	0	0	252	1	199	5	452	<1
10. 黄色土	1,443	5	1,056	6	760	19	3,259	6
11. 暗赤色土	18	<1	291	2	61	2	370	<1
12. 褐色低地土	1,418	5	2,311	13	353	9	4,081	8
13. 灰色低地土	10,566	37	751	4	101	3	11,417	22
14. グライ土	8,892	31	132	<1	21	<1	9,044	18
15. 黒泥土	759	3	17	<1	1	<1	778	2
16. 泥炭土	1,095	4	323	2	1	<1	1,419	3
計	28,874	100	18,315	100	4,033	100	51,222	100

(「土壌断面をどうみるか」1986年より)

12.1.4 人工環境と植物栄養

作物は自然環境で栽培するのが長年つちかわれたわが国での農法であったが，1920年代半ばに油紙による苗床の保温が試みられて以来，ペーパーハウスの設置など戦前においても徐々に人工環境による作物栽培が本格的に試みられるようになってきた．特に戦後，1952年頃塩化ビニルで被覆する方法，1955年頃からポリエチレンなどのプラスチックフィルムの開発，ハウス栽培への導入によって一挙に人工環境による栽培面積が増加し，現在ではわが国の施設栽培面積は，野菜栽培だけでも7万haにも達し，果菜類では50％以上がこれら環境下で栽培されている．

わが国の降雨量は，年間1,500 mmを超え，比較的多いため，圃場に施用されながら作物に吸収されなかった肥料成分の多くは，雨水によって溶脱される．しかし，人工環境下では，雨水をさえぎった状態であるため，肥料成分の下層への溶脱はほとんど行われない．したがって，施設が恒久的になるとともに，従来一般露地ではみられなかった生理障害が発生し，栽培上の問題になっている．次に人工環境下での植物栄養について述べることにする．

a. 人工環境下で起こる生理障害

施設栽培は，ガラスあるいはプラスチックフィルムで被覆した人工環境での栽培である．ここでは，自然環境と異なる二つの問題がある．その一つは，作物に吸収利用された以外の肥料成分と肥料に付随する副成分が，すべて土壌中に残留し，連作に伴ってこ

れらが集積し作物生育に支障をきたすまでになることである．第二はこれらの栽培が，自然環境下では不適期といわれる時期であるため，光や温度条件など，たとえ人工的に調節したとしても作物生育に好適条件とはいえない場合が多い．その結果として，従来観察されなかった各種の生理障害が現れたことである．大野[1]は主に野菜の生理障害について各地での報告をまとめているが，施設栽培関連作物については表12.3のとおりである．表に示したように，その多くは窒素，リン酸，カリの過剰，カルシウム，ホウ素の欠乏，さらには日照不足，養分のアンバランスなどで，単一の要素の欠乏，過剰というより，各種要因の複合によって引き起こされたものが多いようである．

表12.3 最近の野菜栽培（施設）における主な生理障害（大野）

作物名	症状	主な症状	発生しやすい条件	原因など
ナス	褐色斑点病	冬期葉脈間にクロロシスを生じ褐色斑点を発生，樹勢低下，果実肥大低下	着果が多く，樹勢低下株に発生	不明．養分のアンバランスとみられる
キュウリ	葉枯れ症	ハウスキュウリで摘心後，葉が葉脈にそって褐変する．下位葉から中位葉へ進み，側枝に及ぶ	発生は品種間差あり，ひじり（白イボ）多発，まじみどり（黒イボ）少，排水不良土，蓄積リン過多	葉にリン，カルシウムの吸収大，カリウムが少ない．短日期早期におけるリン多量吸収で起こる
メロンおよびスイカ	黄化葉症	葉脈間にマグネシウム欠乏様症状，次第に葉が硬化，クロロシスは葉脈間から全葉身へ．また，下位葉から上位葉へ広がる	ハウス栽培で発生	不明
メロン	線条果症 果面汚点症	成熟期果面の一部に縦に濃緑の条斑あり，収穫期近い白変期に果面に濃緑色の小斑点を生ずる	窒素過多，水分過少，草勢の強いときに発生，多肥，日照不足，夜間低温，高湿度，不完全整枝，白変期の水分過多で発生	窒素過剰吸収とみられる．NO_3の過剰吸収
イチゴ	急性萎凋症 葉枯れ症	収穫10～15日前，急激に萎凋し枯死．新葉の葉縁が褐変～黒変，葉の伸長によりしわ，ひきつれが生じカップ状になる	強整枝，多着果，曇天後の晴天に発生．古い産地の促成，半促成栽培，多肥高温，乾燥，低カルシウム，低ホウ素で発生	不明，根の活性低下か．カルシウム，ホウ素の複合欠乏症とみられる
	根腐れ褐変症	開花期以降根が褐変化する	低温，日照不足，過湿，過乾，塩類集積などで発生	果実と根の同化産物競合による根の活性低下とみられる
プリンスメロン	発酵果症	1～2番果の果肉が水浸状に変色して発酵，黄から緑色に変色	高肥よく土，排水不良土，窒素多肥，未熟家畜ふん多施，バレイショ跡地などで多発，果実肥大期の日照不足，高夜温，カボチャ台木など	窒素過多吸収，日照不足，高夜温などによるカルシウム代謝の異常に伴うエタノール発酵

b. 土壌環境と養分の吸収

人工環境下では一般露地とは異なる現象がみられる．その主なものはカルシウム過剰集積土壌における作物のカルシウム欠乏症の発生である．施設土壌中には一般にカルシウムが多く集積され，pHも7前後と高いところが多いが，これら土壌での栽培ではトマトなどにカルシウム欠乏に由来する果実の尻腐れ症状の発生が多くみられている．作物のカルシウム吸収は土壌中のカルシウムの絶対量よりむしろ吸収条件が問題となることはよく知られている．トマトを用いて培養液濃度と養分の吸収を調べた実験によれば[3]，濃度上昇とともにカリ，窒素の吸収は増加するのに比し，カルシウムは高濃度区では明らかにその吸収が低下している．多くの研究によるとカルシウムの吸収は培地の全塩濃度に対するカルシウム比や，アンモニア，カリなどの濃度にも関係していることが明らかになっている．施設内土壌は全塩濃度の上昇とともに特定イオンの集積による害も指摘されている．カチオンとしてはMg^{2+}で他のイオン以上に生育を阻害することが明らかになっている[4]．また，アニオンでは肥料に付随イオンとして入るSO_4^{2-}の集積も指摘されている[6]．これらの集積の多い土壌では，多くの土壌でみられるECとNO_3との相関が認められないことで，近年これら土壌の増加も問題となっている．

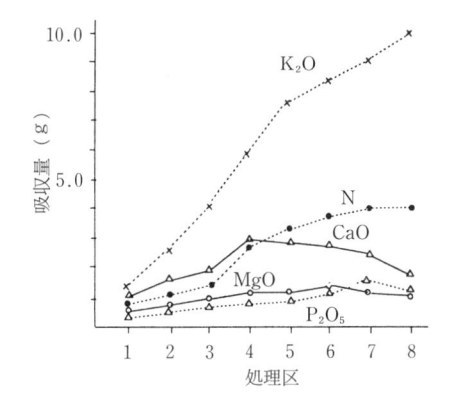

処理区		N	P	K	Ca	Mg
No.	倍率					
		ppm	ppm	ppm	ppm	ppm
1	1/8	25	4	34	20	6
2	1/4	50	8	68	40	12
3	1/2	100	16	137	80	24
4	1	200	32	274	160	48
5	1.5	300	46	411	240	76
6	2	400	62	548	320	96
7	2.5	500	77	685	400	120
8	4	800	124	1,096	640	192

図 12.3 培養液濃度の相違とトマトが吸収した各要素全量（嶋田）

養分吸収には地温，光も関係するが，特に気温，地温の高低は養分吸収への影響が大きい．久保[2]は気温，地温を組み合わせてトマトの養分吸収に及ぼす影響を調べているが，カリは気温，地温の上昇で吸収が著しく増加したのに対し，カルシウムは高地温で逆に低下している．

このように人工環境下では環境内への投入量と持出し量の収支を十分考慮するとともに，養分の吸収環境をととのえることが大切である．

c. これからの問題

人工環境下での栽培は，今後ますます増加していくものと思われる．その最終的な方式として野菜工場があるが，その段階に達する前に各施設内への各種養液耕の導入がある．いずれの方式をとるにしても，限られた施設内への肥料成分の収支を間違えると，

表12.4 トマトの生育に及ぼす地温の影響（久保）

温度条件（°C）			トマト葉中の養分濃度（％）				
昼温	夜温	地温	N	P_2O_5	K_2O	CaO	MgO
20	10	20	2.20	0.41	6.56	4.25	1.93
20	10	14	2.29	0.35	5.50	6.05	1.23
25	15	20	2.12	0.37	7.99	4.26	1.84
25	15	16	2.05	0.24	6.46	6.14	1.63

現在各地でみられるような生理障害が発生し、これが栽培を持続させるための制限因子となるものと思われる。今後も土壌を培地として用いるほとんどの人工環境栽培では、露地以上の診断技術が必要であろうし、養液耕においても廃液の再利用など、クローズドシステムとしての栽培法が強く要求される。　　　　　　　　　　　　　　〔嶋田永生〕

文　献
1) 大野芳和：農業技術, **43**(4), 25-28, 1988.
2) 久保研一：農業技術, **48**(6), 16-20, 1993.
3) 嶋田永生：愛知園試研究報, **6**, 67-114, 1967.
4) 嶋田典司：千葉大園学特研報, **6**, 1-105, 1972.
5) 滝　勝俊：農業技術, **47**(5), 15-20, 1992.

12.1.5 焼畑農業
a. 焼畑の定義
　地域の生態的特性と調和した焼畑—休閑システムをもつ作物栽培体系を焼畑という。人口が希薄で、開墾が可能な土地が広く、開墾した土地に数年間作物を栽培し、その土地に雑草や灌木が侵入したり、土地の生産力が低下すると、そこを放棄し、別の土地を開墾して、作付ける方法（shifting cultivation）である。わが国では、焼畑あるいは切替畑と呼んでいるが、山地高原の傾斜地で行われ、ソバ、ヒエ、アワ、マメなどが作付けされてきた。
b. 焼畑の分布
　東南アジア、南アメリカなどの熱帯を中心に、温帯地域、冷温帯地域でも焼畑が行われ、湿潤地帯では森林焼畑が、乾燥地帯では低木焼畑がなされる。そのほか、土地や気候条件によって沼沢焼畑や芝地焼畑などが知られている。わが国でも伝統的な農耕方法の一つであり、1960年頃には約8万haと見積られていたが、最近ではごく限られた地方で行われているにすぎない。かつては日本海側では、朝日山地、上越岩代山地、東西頸城山地、飛驒山地北部、加賀、美濃山地、丹後山地などで、太平洋側では、北上山地、秩父丹沢山地、赤石山地、四国外帯山地、九州山地などに断続的に分布していた。
c. 焼畑の栽培体系
　森林焼畑では、小径木の伐倒、大径木の伐倒、伐倒木の枝落とし、天日乾燥、火入れ、二度焼き、種まき、除草、収穫、脱穀の作業手順で焼畑耕作を行う。林木を伐倒し

た後，数か月乾燥し，火を入れて焼き払い，1～3年くらい作付ける．湿潤熱帯地域では，雑穀類（オカボ，ヒエ，アワ，キビ，トウモロコシ），根菜類（キャッサバ，ヤムイモ），野菜類（キュウリ，カボチャ，ナス），その他（バナナ，パイナップル，ワタ，コショウ，サトウキビ）などを作付けるが，除草の手間が大きくなるか，地力が低下してくると，放棄して，同様の方法で耕作地を開墾する．わが国では，夏焼の場合，生育期間の短いソバが，春焼の場合，ヒエあるいはアワを作付け，翌年からは，普通作物，ソバ，ヒエ，アワ，マメなどが栽培された．地力のある焼畑地域では，ミツマタを栽培することもあった．

d. 焼畑における元素循環

　湿潤熱帯地域の成熟した森林の地上部バイオマス（300～400 t/ha）に蓄積されている元素は，haあたり窒素1,000～2,000 kg，リン100～250 kg，カリウム700～2,500 kgであるが，20年以下の休閑期間で回復する森林では，その1/2～1/5しか地上部に蓄積していないと見積られている．焼畑においては，窒素，カルシウム，マグネシウムが土壌から，リンおよびカリウムが植生から供給される．東北タイの焼畑(Fukuiら，1983)では，火入れによって，窒素，リン，カリウムが，それぞれ，54，72，455 kg/haほど供給された．窒素については，火入れの焼土効果(部分殺菌効果)によって，火入れ直後に，有機態窒素，特にバイオマス窒素が減少し，無機態窒素が増加する．有機態窒素の減少は，窒素の無機化速度および硝化速度を低下させることになる．リン，カリウムは，植生からそれぞれ，70～90％，60～70％が供給される．焼畑の労働生産性，土地生産性は比較的高い．しかし，土地利用の粗放さを前提として成り立っているため，人口の増加によって休閑期間の短縮や土壌侵食がはげしくなると，焼畑の継続は困難となる．火入れによる農地の拡大は，炭素のシンクとしての森林を消失させ，年間数十億tの二酸化炭素を放出させることとなり，地球の温暖化を加速する．〔岡崎正規〕

文　献

1) Fukui, H., Pairintra, C. and Kyuma, K.：General discussion and conclusion, in Shifting cultivation(ed. Kyuma, K. and Pairintra, C.), 185-204, Kyoto University, Kyoto, 1983.

12.1.6　低湿地土壌と植物

　低湿地の土壌には，排水不良の沖積地のグライ土，後背湿地に発達する泥炭土，干拓地やマングローブ林下にみられる酸性硫酸塩土などがある．

a. グライ土

　グライ土（gley soil）は，全層または作土直下から青灰色の還元色を示すグライ層が存在する土壌である．年間を通して還元状態にあるため，土壌中の鉄は二価鉄化合物となり青灰色を呈する．下層に泥炭層や硫化鉄が存在して青灰色が見分けにくい場合は，ジピリジル反応による二価鉄の存在から，グライ層と判定できる．

　グライ土は地下水位が高いため，養分は富化される傾向にあり，有機物の分解速度は遅い．有機物からの窒素無機化の時期がイネの窒素を必要としない時期にあたると過繁茂，倒伏などの生育障害を招く．また，強還元状態になりやすいため，有機質資材の施

用は慎重に行うことが望ましい．また，畑作物の導入には十分な排水対策と地下水位の低下が必要となる．

b. 泥炭土

泥炭土（peat soil）は植物遺体の分解が抑制されて堆積した土壌である．有機物含量が20％以上で植物遺体の組織が判別できるものを泥炭と呼び，泥炭土は表層50 cm以内に泥炭層が積算して25 cm以上ある土壌と定義されている．低湿地泥炭は北ヨーロッパの泥炭地から，フロリダやボルネオなど湿潤熱帯の沿岸域にみられる．日本では主に北海道，東北地方に分布している．

泥炭土の三相分布は大部分が液相であり，仮比重は0.07から0.3と低く，火山灰などの混入する泥炭では0.3から0.6となる．泥炭土はきわめて高い水分保持能をもち，その水分保持機構は内・外間隙の二重構造によると考えられている．外間隙と不連続な内間隙の水が排水されると，表面張力のため再びもどることが困難になる．そのため過度の排水は，泥炭土の脱水・収縮を招く．また，泥炭土は強酸性～弱酸性を示し，鉱質土に比べカルシウム，カリ，リンや鉄，銅などの微量元素が著しく少ない．

低湿地泥炭を農業利用するためには，排水不良，低い地耐力，無機養分欠乏，強酸性などの泥炭固有の特性を矯正する必要がある．日本では無機質土壌の客土（置土）によって改良され利用されている．

c. 酸性硫酸塩土

低湿地の酸性硫酸塩土（acid sulfate soil）は，湖成，海成堆積物中にパイライト（FeS_2）を含む土壌で，陸化して酸化すると硫酸を生成し，強酸性を示す土壌である．熱帯・亜熱帯のマングローブ林下に分布しており，日本では主に干拓地にみられる．海岸や入江の干潟の泥土は有機物の供給が多く，強還元状態にあるため，海水中の硫酸イオンが二価硫黄に還元され，二価鉄と反応して硫化鉄となり，さらに元素状硫黄と反応してパイライトを集積する．

水田としての農業利用が考えられるが，低pH，アルミニウム・鉄過剰，リン欠乏などの制限要因を矯正する必要がある．酸性硫酸塩土を改良するには，適当な深さまで排水して酸化を促進し，生成する硫酸を灌漑水で洗浄することが行われる．石灰による中和は，酸化洗浄によって土壌がかなり改良されたあとにすべきで，初期の石灰施用は硫酸還元を促進し水稲の生育障害を引き起こす．

d. 熱帯の低湿地

熱帯アジアの島嶼部の沿岸域には，広大な低湿地が存在している．海岸線のマングローブ林下の土壌は酸性硫酸塩土壌であり，後背湿地に発達する湿地林はほとんど例外なく熱帯泥炭上にある．また，多くの場合，泥炭の基部には酸性硫酸塩土が存在する．

熱帯泥炭は木本植物の遺体からなる木質泥炭であり，厚さは数m以内であるが，30 mの深さとなる場合もある．未分解の幹や枝が筏状に入り組んで堆積し，間隙を泥炭が埋めて全体が水に沈んだ状態となっている．

無機養分の大部分は表層30 cmに含まれ，下層泥炭中の含有量は著しく低い．薄い泥炭の場合は底部の粘土層の影響で泥炭中の無機養分量も増加するが，数mを越える泥炭では，開墾によって，表層に蓄積した養分は急速に失われる．特に微量元素は，泥

炭の腐植物質とキレート結合しており，パイナップル栽培における銅・亜鉛欠乏が報告されている．微量元素を施肥しても，石灰で酸性矯正を行うと，腐植物質のキレート能が高まり施肥した重金属の大部分は不可給化することが知られている．

また，排水に伴う泥炭の収縮や酸化分解による地表面の低下が問題となっている．泥炭層が浅い場合には不用意な開発によって泥炭が完全に消失し，基部の酸性硫酸塩土が露出し，広大な荒れ地を残すことになる．　　　　　　　　　　　　　　　　〔米林甲陽〕

12.2 資材投入による環境負荷

12.2.1 窒素質肥料

今世紀における農業の特徴は，先進諸国において工業的に固定した窒素（N）肥料の投入により単位収量が飛躍的に増大したこと，家畜による食肉生産が広く行われたことにある．大量の化学肥料投入が生産量を増加させ，穀物による食肉の生産を可能にさせた．21世紀には多くの開発途上国において，今世紀に先進諸国が行ったことと同様のことが行われるであろう．しかし，窒素肥料の多用は閉鎖性水域の富栄養化，地下水の硝酸性窒素による汚染，大気中の亜酸化窒素濃度の増加を招いた．

窒素投入量と収穫量の関係を図12.4に示す．投入された窒素のうち収穫物に移行しない部分は環境に放出されている．投入量が多いほど環境に放出される量も増加する傾向にある．図12.5には1990年の世界における食料生産と消費を窒素の流れとして示すが，人類が摂取するタンパク質の約1.6倍が家畜の飼育のために費やされていることが理解できる．穀物から食肉の変換の効率は，窒素基準でみたとき約20％程度である．家畜排泄物が，世界においてどれほどの割合で農地に還元されているかを推定することはむずかしいが，半分が農耕地に還元され残りが環境へ放出されているとすると，地球全体では約7,000万t/年ほどの窒素が，環境への負荷になっている．

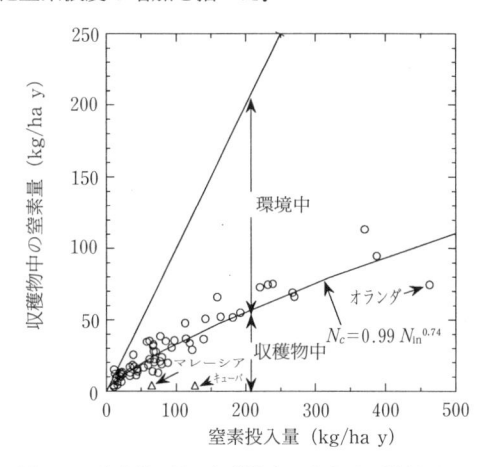

図12.4　窒素投入量と収穫物中の窒素量の関係（FAO資料（1990）より人口1,000万人以上の65か国について示す．マレーシアはゴム，キューバはタバコを多く生産しているため，他の国々と違った傾向を示す．）

$N_c = 0.99 \, N_{in}^{0.74}$

次に，わが国の食システムにおける窒素の流れを図12.6に示す．輸入により77.6万t/年もの窒素がわが国に流入していることがわかる．わが国の畜産は，その飼料のほとんどを海外に依存している．家畜より生じる窒素負荷は68.1万t/年にも及び，現在では人間より排出されるものよりも多くなっている．これは，64.1万t/年使用される化

学肥料と相まって，閉鎖性水域富栄養化や地下水汚染の遠因となっている．脱窒技術の開発が各方面で行われているが，いまだ安価で効率よく窒素を除去する方法を確立するには至っていない．空中窒素の固定には多くのエネルギーを要し，このエネルギーが化石燃料によっていることを考えれば，排水中の窒素を再度エネルギーを要しながら空中にもどすことは，本来避けるべきである．窒素の循環を容易にする社会システムの構築を考えるべきであろう．このためには，輸入資料に依存した畜産の見直し，畜産廃棄物のコンポスト化，化学肥料使用量の低減などを考える必要がある．

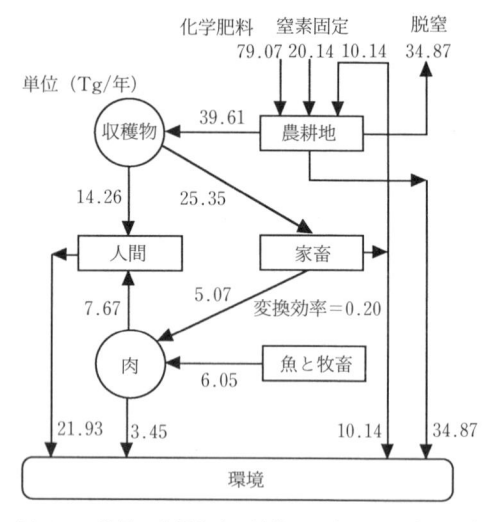

図 12.5 世界の食料生産・消費より生じる環境への窒素負荷

窒素肥料が環境に与える影響としては，これまでに述べた水環境に対するものの他に亜酸化窒素の発生がある．亜酸化窒素は温暖化ガスとして知られ，近年その大気中濃度の上昇が問題となっている．亜酸化窒素は化石・バイオマス燃料の燃焼より生じるとと

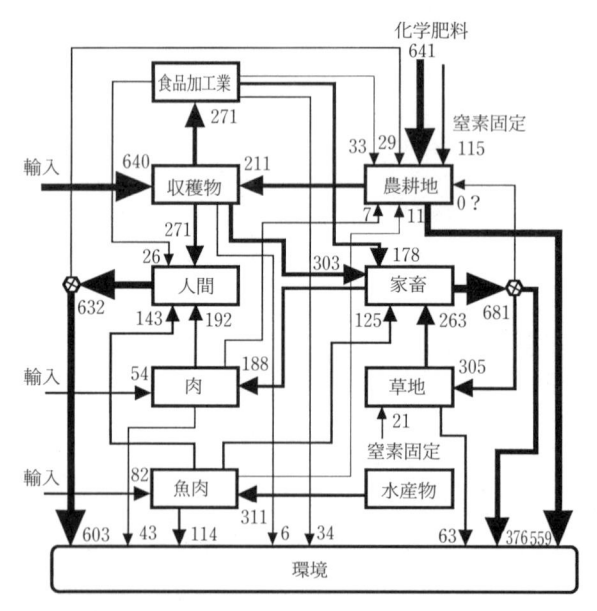

図 12.6 わが国の食料生産・消費より生じる環境への窒素負荷（1990 年，単位：$\times 10^3$ t/y）

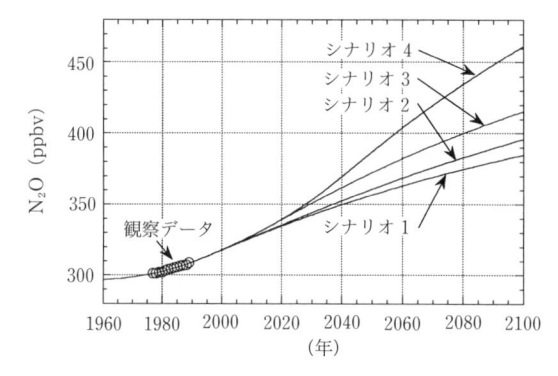

図12.7 21世紀における大気中の亜酸化窒素濃度予測値（シナリオ1：窒素肥料使用量は現状で推移，2：北中米，南米，アジア，オセアニアのみ過去のトレンドに従い増加，3：全世界が現在の趨勢で12.6 Tg/yまで増加，4：現在の趨勢で220 Tg/yまで増加）

もに窒素循環の硝化・脱窒過程より生じる．

　最近の研究では化石・バイオマス燃料の燃焼の際に生じる量は少なく，大部分は窒素循環過程より生じるとされる．地球規模の窒素循環を変えた主因として窒素肥料が揚げられる．今後，窒素肥料の使用量がより増大することが想定されるが，これにより大気中の亜酸化窒素濃度がどの程度上昇するか，数理モデルにより検討した研究がある．この研究では過去の肥料使用量のトレンドを検討し，21世紀における肥料使用量について四つのシナリオを考え，これに基づき大気中の亜酸化窒素濃度の上昇を検討している．結果を図12.7に示すが，現在，約310 ppb程度である亜酸化窒素濃度は，21世紀末には400 ppbにも達しよう．地球規模においても，窒素の循環を容易にする食料生産システムの構築が望まれる．　　　　　　　　　　　　　　　　　　　〔川島博之〕

文　献

1) Kawashima, H., Bazin, M. J. and Lynch, J. M.：A Modeling Study of World Protein Supply and Nitrogen Fertilizer in the 21st Century, *Environmental Conservation*, **24**, 50-56 (1997)
2) Kawashima, H., Bazin, M. J. and Lynch, J. M.：Global N_2O Balance and Fertilizer, *Ecological Modelling*, **82**, 51-57 (1996)

12.2.2　リン酸質肥料

　リン（P）は，農薬などの有機リン化合物に含まれる場合を除き，生体に有害な元素ではない．したがって，リン酸質肥料の投入による環境負荷は天然水圏の富栄養化がもっぱら問題になっている．この場合でも，リン酸自体は問題ではなく，リン酸濃度の増加によって藻類などが異常に繁殖することが問題となる．わが国では湖沼などにおけるアオコの増殖，瀬戸内海における赤潮の発生などが水圏のリン酸富化と関連して問題にされている．本稿では，農地に投入されたリン酸質資材が水圏のリン濃度を増加させる過程と程度を概説する．

a. 施肥リン酸の土壌における動態

リン酸（P_2O_5）の土壌中における動態を図12.8に模式的に示した．リン酸は，過リン酸石灰などのように水溶性リン酸に富む資材であっても，土壌に添加されると土壌中で化学的あるいは生物的に容易に固定され，難溶化する．土壌溶液中のリン酸イオンは，酸性土壌では活性の大きい鉄やアルミニウムイオンと，塩基性土壌では主にカルシウムイオンと反応して難溶性のリン酸塩として沈殿する．難溶性の無機リン酸塩は土壌微生物や作物根，土壌中の酸性物質によって溶解され得るが，それは一部にすぎない．リン酸イオンは種々の土壌生物によって吸収利用され，いわゆる土壌微生物バイオマスリン酸として土壌中に蓄積される．バイオマスリン酸は微生物の死滅のたびにリン酸イオンやリン酸エステルなどとして放出され，可給態リン酸の一部を構成する．土壌溶液中のリン酸イオンの一部は土壌コロイドに吸着保持され，陰イオン交換により土壌溶液中に放出される．

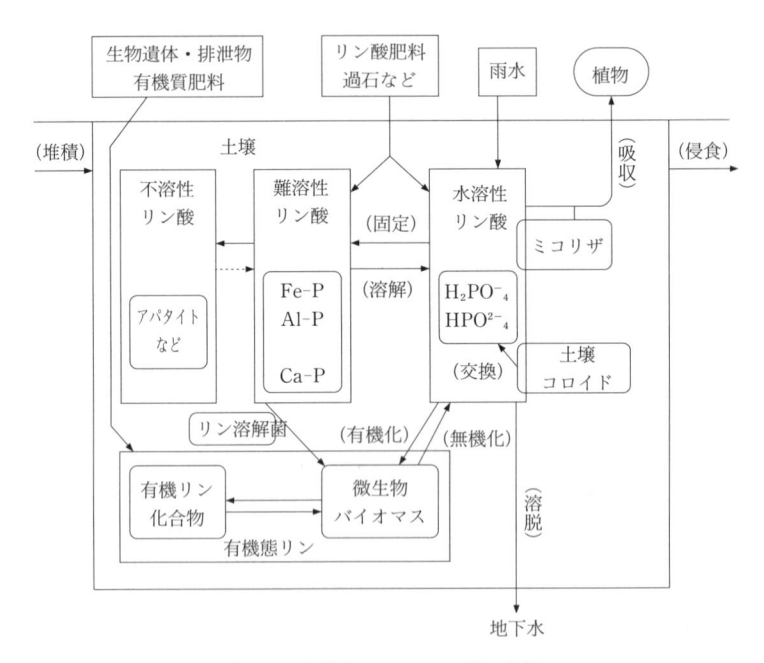

図12.8 土壌中におけるリン酸の動態

土壌に施肥されたリン酸は速やかに難溶化するため，作物による施肥リン酸の利用率は通常20％以下で窒素やカリウムに比べると著しく低い．作物に吸収されなかったリン酸の大部分は，土壌中の難溶性無機リン酸塩や有機態リン酸として蓄積することになる．そのため，作物にリン酸欠乏が生ずる土壌でも数百ppm以上の全リン酸を含むことはめずらしくなく，2,000 ppm以上の場合もある．

リン酸は土壌中で難溶化しやすいため，土壌溶液中のリン酸濃度は，リン酸肥料を多

施した場合でも一般に2 ppm以下と低く、土壌中を移動しにくい養分である。農地直下の地下水や暗渠排水中のリン酸濃度も0.001〜0.005 ppmP程度の報告が多い。したがって、リン酸は一般に土壌表層に蓄積され、下層土の可給態リン酸濃度は著しく低い。ただし、粗孔隙に富む砂質や泥炭質の土壌では、例外的に土壌微粒子の移動に伴って下層へリン酸が移動している場合もある。

b. リン酸の土壌からの流出

作物根によるリン酸の吸収を除外すれば、リン酸の土壌からの主な流出経路は土壌侵食によるものである。未墾地土壌でもリン酸は一般に表層に集積しており（表12.5）、耕地ではこの傾向がより顕著となる。表土を奪い去る水食や風食は耕地のリン酸保有量を著しく低下させる。表土は全リン酸含有量が多いばかりでなく、可給態リン酸や他の養分にも富むので土壌侵食は、土壌生産力を低下させる。傾斜地など土壌侵食を受けやすい農地では、植生による被覆や等高線栽培などにより流去水の発生や加速を防止する手立てを講ずることが、耕地からのリン酸の流出を防止する最善の方法である。

表12.5 中国地域に分布する未墾地土壌のリン酸含量（mgp/kg 乾土）[*1]

土壌の種類	深さ (cm)	全リン	有機態リン	可給態リン[*2]
黄色土	0〜15	82〜 131	14〜 28	8.0〜 8.4
	15〜40	78〜 109	5〜 18	2.4〜 4.9
赤色土	0〜15	198〜 269	42〜 76	10.2〜10.8
	15〜40	177〜 216	32〜 42	4.9〜 6.0
褐色森林土	0〜15	238〜 266	55〜 92	16.6〜35.6
	15〜40	167〜 214	34〜 77	7.3〜 9.6
黒ボク土	0〜15	618〜1,303	195〜624	18.8〜50.9
	15〜40	490〜1,236	112〜586	6.0〜15.8

[*1] 安藤忠男ら（未発表）、[*2] オルセンP

家畜家禽のふん中には、比較的高濃度のリン酸が含まれており、また有機物の比重が小さいので、これらが耕地に表面散布された場合、流去水により流出され、水圏のリン酸を富化しやすい。したがって、降雨前の散布を避け、散布後は速やかに土壌と混合し、耕地の周辺に植生帯を設けるなどして有機物の流出を防止することが必要である。リン酸肥料は、一般に基肥として土壌と混合されることが多いので、肥料の種類による移動性の差異は小さい。

c. 水圏におけるリン酸の動態

水圏のリン酸濃度は一般にきわめて低く、水圏における生物生産の律速因子となっている場合が多い。通常、0.003 ppmを超えるリン酸の負荷は藻類などの増殖に寄与すると考えられている。耕地から流去水により運搬されてきた土壌粒子中のリン酸は、水中でリン酸イオンとして放出されたり、河川の土手などの侵食によって水圏に混入した下層土などと反応して沈殿したりする。その経路や量は、条件によって大きく異なるが、大部分のリン酸は最終的には河川、湖沼、海洋の底部に無機態あるいは有機態リン化合物として堆積する。水圏底部には、このようなリン酸が大量に蓄積しており、その一部

が可溶化して水圏の食物連鎖に入り，その一部が海鳥や水産業などによって陸上に運び上げられる．陸域からのリン酸の供給や底部蓄積リン酸の可溶化が著しいときは，藻類などの異常繁殖を招き，水圏の汚濁が問題となる．

d. わが国の耕地からのリン酸流出防止

わが国ではリン酸質肥料が比較的安価なため，品質向上などを目的としてリン酸が多施される場合が多い．そのため，わが国の耕地には多量のリン酸が蓄積されている．そのような場合でも土壌層を通したリン酸の流出は少ないので，土壌侵食を防止できれば，耕地からのリン酸の流出を効果的に防止することが可能である．このことは，耕地の生産力を維持する上でも必要なことである． 〔安藤忠男〕

文 献

1) Taylor, A. W. and Kilmer, V. J.：Agricultural phosphorus in the environment, in The Role of Phosphorus in Agriculture. (ed. Khasawneh, F. E. *et al*.,), 545-557, ASA/CSSA/SSSA, 1980.
2) Sanyal, S. K. and DeDatta, S. K.：*Adv. in Soil Sci*., **16**, 1-120, 1991.

12.2.3 下水汚泥の緑農地還元

a. 歴史的背景

わが国では，1922年に下水処理場（散水ろ床法）の運転が開始され，発生した下水汚泥の肥料としての有効性が麻生の研究（1924年）によって確認された．1930年には新たな下水処理技術として活性汚泥法が導入されたが，これにより発生した下水汚泥もその肥料的価値が評価され，1950年代まではいくつかの都市で汚泥肥料が製造，販売された．しかし，1960年代に入ると経済の発展，農業人口の都市への流出，化学肥料の普及などを背景に，下水汚泥の農業利用は大きく減少した．1970年代中頃からは下水道の整備拡充に伴って発生する汚泥量が年々増加し，この間行われてきた海洋投棄処分，埋め立て処分が困難となってきた．一方，農業の場面でも，化学肥料の過剰施用などによる土壌の劣化が顕在化し，その回復のため下水汚泥の有機物や肥料成分に着目した資源としての利用が見直されてきた．1999年7月に成立した「食料・農業・農村基本法」では，農業の自然循環機能を活用して，農業の持続的発展を図ることが盛り込まれた．下水汚泥の緑農地還元も，土壌の物質循環機能を喪失させることなく，恒久的に行われることが重要である．

b. 下水汚泥製品と品質管理および土壌管理

わが国の下水処理施設では，下水を好気的条件下で生物学的に浄化する活性汚泥法が多く用いられている．この処理によって発生した下水汚泥は濃縮，消化，脱水処理されて脱水汚泥となるが，緑農地への還元には脱水汚泥を天日または人工加熱し乾燥した製品あるいはコンポスト化した製品が用いられることが多い．近年では，モミガラ，オガクズ，バーク，わらなどを混合資材に用いて脱水汚泥をコンポスト化し，①下水汚泥中の不安定有機物を安定化させ急激な分解に伴う植物の障害を防ぐ，②C/N比の改善により植物の窒素飢餓を避ける．③細菌，害虫，雑草種子の不活性化によりこれらの害をなくす．④汚物感や臭気を軽減する，などの改善が図られた製品が主流となっている．

しかしながら，こうした製品も下水汚泥そのものが目的として生産されるものではないため，肥効成分，有害成分ともに表12.6および12.7（建設省土木研究所1991年度製品調査）のように変動幅が大きい．こうしたことから農林水産省は1999年7月「肥料取締法」を改正（2000年10月1日施行）し，汚泥肥料などをこれまでの特殊肥料（おでい肥料，おでいたい肥）から普通肥料（下水汚泥肥料，汚泥発酵肥料）に移行した．これによって下水汚泥肥料，汚泥発酵肥料は品質表示が義務づけられることになり，これらの肥料成分を勘案した適切な施用が可能になった．また，含有を許される有害成分の最大量を公定規格として設定（ヒ素，カドミウム，水銀，ニッケル，クロム，鉛について乾物重あたりそれぞれ50，5，2，300，500，100 mg/kg）し，登録制へ移行することによって品質の確保を図った．

表12.6 肥効成分含有量などの解析結果（乾物重当たり．ただし含水率を除く）

		N (%)	P_2O_5 (%)	K_2O (%)	含水率 (%)	pH	C/N比	アルカリ分 (%)	有機物 (%)
乾燥汚泥	有効数字件数	47	30	30	39	31	23	27	30
	平均値	4.01	3.62	0.29	16.8	7.11	6.53	7.10	53.3
	標準偏差	1.47	1.67	0.15	10.5	1.41	1.45	7.54	14.1
	中央値	3.98	3.17	0.23	14.1	6.80	6.40	3.20	53.7
汚泥コンポスト	有効数字件数	94	69	67	73	72	59	66	70
	平均値	2.41	3.35	0.31	30.0	7.28	9.43	11.9	45.8
	標準偏差	1.34	2.25	0.23	10.9	0.64	3.44	10.3	16.9
	中央値	2.25	2.81	0.23	28.1	7.48	8.95	8.40	43.3

表12.7 重金属含有量の解析結果（mg/kg・乾物重）

		Hg	As	Cd	Pb	Zn	Cu	Ni	Cr
乾燥汚泥	有効数字件数	21	21	21	11	28	26	4	7
	平均値	1.03	4.92	2.08	43.3	1,232	308.1	25.5	57.6
	標準偏差	0.68	2.78	0.78	30.0	753	152.1	3.38	28.6
	中央値	0.84	3.57	1.94	27.0	1,184	236.0	24.0	48.0
汚泥コンポスト	有効数字件数	38	37	38	22	68	67	16	21
	平均値	0.87	4.88	1.72	39.3	835	250.6	59.6	104.6
	標準偏差	0.34	3.47	0.87	27.2	492	154.2	67.7	196.3
	中央値	0.85	3.58	1.56	34.3	707	207.5	26.0	31.0

一方，土壌中の重金属などの蓄積による植物生育への影響を防止するため，環境庁から通達「農用地における土壌中重金属等の蓄積防止に係る管理基準」（1984年）が出されており，暫定的な基準として土壌中の亜鉛の許容量を120 mg/kg（乾土）としている．これは土壌中亜鉛の自然賦存量を考慮したもので，植物生育への影響から定められたものではない．またこれとは別に，ヒ素，銅，カドミウムに基準を設けている「農用地土壌汚染防止法」や土壌全般に対する「土壌の汚染に係る環境基準」などにも留意し

なければならない．

このように製品の品質や土壌に対して基準が設けられているものの，実際の下水汚泥の緑農地還元にあたっては，使用する下水汚泥の成分や性状，緑農地の土壌条件や立地条件，さらに栽培植物の栄養生理特性など多方面から検討し，肥料あるいは土壌改良材としての効果と，重金属など有害成分による土壌の物質循環機能の喪失や植物生育への影響がないことを確認することが前提である．

c. 下水汚泥の肥効成分と有害成分

下水汚泥の肥効成分の主体は菌体に由来するタンパク質など有機態窒素と考えられるが，ほかにもリン，カリウムを含有する（表12.6）．しかし，窒素，リン，カリウムのバランスは悪く，とりわけカリウムの含量が少ないことが特徴である．しかし「肥料取締法」の改正で普通肥料に移行したことによって，製品に不足するカリウムを補うことが可能となった．一方，リンはわが国では産出せず，限られた資源であるので，下水汚泥は窒素資源としてのみならず，リン資源としても利用することが重要である．このほか，下水汚泥には土壌中の有効微生物の活性化や土壌の化学性，物理性を改善する効果も期待される．

下水汚泥は肥効成分と同時に重金属などの有害成分を含んでいる（表12.7）．これらの土壌への蓄積，植物への移行が，下水汚泥の緑農地還元において最大の問題点となっている．下水汚泥中の重金属含有量が高いのは，活性汚泥法による下水処理過程で重金属が汚泥中に濃縮されることによるが，わが国で問題となるのは，必須微量元素でもある亜鉛，銅などの重金属である．緑農地へ下水汚泥を長期間還元し，汚泥由来の重金属の挙動を調べた試験が国内外で行われている．それらの報告からは，下水汚泥由来の重金属のほとんどは作土層に残留し，下層への溶脱や植物の収穫によるもち出しは多くはないと考えられる．一方では，いくつかの土壌条件下で長期にわたる還元により作土層の重金属含有量が次第に頭打ちとなる現象が報告されている．この要因として，農作業や流亡による試験区外への重金属の移動をあげている報告がある．

このような土壌への蓄積と同時に，実際には有害重金属の植物生育への影響，可食部への蓄積が問題である．長期間の還元によって土壌中の重金属が増加するのに対して，植物が利用可能な土壌中の可給性重金属量はどのように変化するのか，現在，①比例して増加する，②頭打ちになる（プラトー説），③ラングミュア型を示す（汚泥時限爆弾説），の三つの説がある．また，重金属は植物だけではなく土壌微生物相に与える影響も大きく，その解明は土壌の物質循環機能を維持するために重要である．

下水汚泥中の有害成分としては重金属のほかに，健康上問題となる病原菌がある．わが国では，多くはコンポスト化過程において65°C以上の高温で2日間以上処理することによって滅菌されている．下水汚泥の脱水処理過程で添加される凝集剤（石灰系あるいは高分子系）は土壌pHに影響し，石灰系下水汚泥の運用はpHを高め，高分子系下水汚泥はpHの低下を招くおそれがある．

d. 緑農地還元の今後

生活排水中の亜鉛など重金属には，食物，水道水由来のものが多いことを考えると，その処理によって発生した下水汚泥の緑農地還元による処分法は，物質循環という観点

からごく自然な方法といえる．この方法を恒久的なものにしていくには，下水汚泥の緑農地還元を考慮した下水処理が望まれる．

また，カリウムの不足あるいは亜鉛の過剰などの下水汚泥の弱点を補うため，都市分別ごみなどとの混合コンポストの試みも生まれている．農業側でも適正な還元（施用）技術の確立，科学的成果を十分に反映した合理的なガイドラインの設定，安全を確認するためのモニタリングシステムの確立が必要である．また最近では，重金属を吸収し体内に集積する植物を利用して汚染された土壌を回復するファイトレメディエーションの試みもあり，緑農地への応用も期待される．下水汚泥の緑農地還元には，こうした持続的な技術向上，ガイドライン設定，などとともにこれらの根底にある資源や環境に配慮した物質循環の考え方が広く理解される必要がある．　　　　　　〔後藤茂子〕

12.2.4　家畜ふん尿施用
a.　家畜ふん尿問題の背景

畜産業の振興にともなって，飼養規模は大幅に拡大し，家畜，特にニワトリ，ブタは安価な輸入飼料に依存する割合が高くなった．その結果，発生した家畜ふん尿は廃棄，野積みや，素掘り貯留などの浄化能を上回る処理がなされたり，農地の受け入れ可能容量を越えた過剰施用も増加した．このため，1970年代から家畜排泄物による悪臭，公共用水域や地下水の水質汚濁などの環境問題が発生し，悪臭防止法や水質汚濁防止法による規制が強化されている．

国土レベルで食料や飼料からの窒素収支をみると，家畜ふん尿に由来する窒素負荷割合の高いことが明らかにされている．家畜から排泄された窒素量は，1960年に17万tであったが，1982年には72.4万tに増加した．これに対し農地の窒素リサイクル容量は111万tであり，これから農地に施用された化学肥料の窒素68.3万tを差し引くと，農地での窒素受け入れ可能量は42.7万tにすぎないと試算された．このことから，家畜ふん尿に含まれる窒素が，農地への化学肥料全投入量より多く，化学肥料を除いた農地の受け入れ可能量をはるかに超過しているなど，家畜ふん尿問題の重要性が強調された．なお，1999年に発生した家畜排泄物の量は9,220万tであり，排泄物に含まれる推定窒素量は72.1万tと増加が抑制されている．これを全農地へ均一に還元したと仮定すれば，家畜ふん尿由来の窒素投入量は148 kg/haとなり，きわめて多量であることが示される．

家畜ふん尿の排泄量が地域により偏在したり，年間の需給にアンバランスがあることも利用上の問題点となっている．このため，家畜ふんの堆肥化を促進し，有機質資源として循環理由を図るため，「持続性の高い農業生産方式の導入の促進に関する法律」および「家畜排せつ物の管理の適正化及び利用の促進に関する法律」，堆肥の品質表示を義務づけた「肥料取締法の一部を改正する法律」が制定されている（1999年）．

b.　家畜ふん尿による環境負荷と持続型農業への展開
1)　**土壌への負荷**　　家畜ふん尿を堆肥化し，適正量を合理的に施用した場合，土壌の有機物や養分含量が高まり土壌の物理，化学，生物的環境が改善され，作物の生育や収量の向上，安定生産に役立つことはよく知られた事実である．しかし多量に施用する

とふん尿中に多く含まれる窒素，カリウム，リン酸が土壌に集積し，作物の収量や品質に影響を及ぼす．さらに過剰になると，環境にも負荷を及ぼすようになる．環境負荷を低減して，土壌肥沃度を適正な範囲に保ち，農業生産を維持するためには，土壌診断に基づいた適正施用量の設定が必要である．

家畜ふん堆肥の成分量や土壌中の分解速度は，家畜の種類や，おがくず，わら等の副成分，乾燥，発酵などの処理によっても異なる．最近，流通・利用されている家畜ふん堆肥の成分量を示すと，含水率（平均値）は，牛ふん堆肥（54.8％），豚ぷん堆肥（40.2％），鶏ふん堆肥（25.1％）の順に低下する．窒素，リン酸，カリウム含量や土壌中の分解速度は，鶏ふん堆肥が最も高く，牛ふん堆肥が低く，豚ぷん堆肥が中間的である．カルシウム含量は鶏ふん堆肥で高い．家畜ふんの分解特性や成分量の違いを利用して異なる家畜ふんを組み合わせ，肥効の偏りを少なくしたブレンド堆肥も考案されている．また，貯蔵や輸送などの取扱いを容易にするペレット化堆肥の製造も試みられている．

家畜ふん尿施用による土壌への影響は，土壌有機物の集積があげられ，家畜ふん尿中の炭素に比べ窒素のほうが集積しやすい．また土壌の陽イオン交換容量は増加し，保肥力が高まる．土壌リンは無機態・有機態リンともに増加する．可給態リン酸も著しく増加し，この効果は下層土にも及ぶ．カリウムは土壌中で交換性カリウムとして吸着，保持されるが，陽イオン交換容量の小さい土壌や，吸着力の弱い土壌では溶脱を起こしやすい．カルシウムやマグネシウムも土壌に吸着，保持されるが，家畜ふん尿を多量に施用すると，土壌の塩基組成がカリウム過剰となりやすい．

またブタ，ニワトリの飼料には，家畜の成長促進のため銅や亜鉛が過剰に添加されており，豚ぷん堆肥施用により，土壌中の銅や亜鉛濃度が上昇する事例も知られている．家畜ふんの農耕地への還元利用を推進するためにも，重金属の添加量を必要最小限に抑えることが望まれる．

2) 水系への負荷 畜舎からの排水，家畜ふん尿の貯留（点源負荷）と，家畜ふん尿の農耕地施用（面源負荷）が環境負荷の主要な発生源である．家畜ふん尿の窒素やリンが，河川や湖沼などの公共用水域へ流入して富栄養化を生じたり，農耕地から溶脱した硝酸態窒素の地下水汚染が問題となっており，水道水の水質基準値より高い測定事例が増加している．家畜ふん尿を施用すると，易分解性有機物が増加して窒素無機化作用が高まり，硝酸態窒素が盛んに生成される．作付により硝酸態窒素は作物に吸収され，地下水への溶脱はかなり低減するが，無作付期間や吸収の少ない時期，多量に施用した場合は，硝酸態窒素の溶脱量が増加する．リン酸は土壌に強く固定され，土壌リンの溶解度は低いので，リンの地下水への負荷はほとんど生じない．

地下水は飲料水に利用されることもあり，わが国では水道水中の硝酸性窒素および亜硝酸性窒素の合量が 10 mg/L 以下と水道法の水質基準で定められている（監視項目として亜硝酸性窒素は 0.05 mg/L 以下，1998 年追加）．また，環境基本法で定める公共用水域および地下水の水質汚濁に係る環境基準でも，硝酸性窒素および亜硝酸性窒素は要監視項目から環境基準の健康項目に移行し，規制が強化されている（1999 年）．

〔梅宮善章〕

文 献

1) 農林水産技術会議事務局編:家畜ふん尿処理・利用技術,農林統計協会,1994.
2) 西尾道徳監修:環境保全と新しい畜産,農林水産技術情報協会,1997.

12.2.5 有機物と温室効果ガス

大気中に存在するメタン(CH_4)と亜酸化窒素(N_2O)は,二酸化炭素(CO_2)とともに地球の大気を暖める温室効果の役割を果たしている。これらのガスを温室効果ガスと呼ぶ。大気中でこれらのガスの濃度が増加すると,地球の温暖化が促進されると推定されている。ここでは,現在問題になっているCH_4とN_2Oについて述べる。

現在の対流圏のCH_4およびN_2O濃度は,それぞれ約1.8 ppmvおよび310 ppbvであるが,1800年代からこれらのガス濃度が増加し続けており,この15年間にそれぞれ約1および0.3%の割合で増加している。なお,1990年代に入ってCH_4濃度の増加率は減少しつつあるが,その原因は解明されていない。

農業生態系は,これらのガスの主要な発生源の一つであることが明らかにされている。CH_4は水田や反すう動物が,N_2Oは施肥土壌や家畜排泄物が主要な発生源と考えられている。農業生態系では,作物の栄養補給と地力の増強のために,つねに土壌に有機物が投与される。したがって,ここでは,土壌に存在するまたは土壌に施用される有機物と,それに伴って発生する温室効果ガスであるCH_4とN_2Oについて整理してみよう。

a. メタン

CH_4は嫌気条件下における微生物の活動によって生成される。したがって,水田土壌中でのCH_4生成には,湛水に伴う土壌の還元の発達,すなわち土壌Ehの低下が必要不可欠な条件となる。

土壌有機物は,土壌中の酸化還元反応において還元剤として働く。さらに,土壌有機物の微生物分解により生成された有機酸,CO_2および水素(H_2)などは,CH_4生成反応の基質になる。このように,土壌有機物はメタン生成に対して間接および直接的に関与しており,土壌中でのメタン生成に及ぼす影響はきわめて大きい。この場合,問題となるのは易分解性有機物含量である。稲の刈株,稲わら,緑肥など新鮮有機物の土壌への添加は,生成を著しく増加させることになる。

水田土壌で生成されるCH_4には,次の経路が明らかにされている。その一つは炭酸還元反応で,CO_2に対する水素供与体として,水素,ギ酸,C_3以上の飽和脂肪酸,C_2以上のアルコールが利用される経路である。他の一つは,メチル基がその結合水素の損失なしにそのままCH_4に転移するメチル基転移反応で,その基質として酢酸,メタノールが利用される経路である。

$$CO_2 + 4H_2A \longrightarrow CH_4 + 2H_2O + 4A$$
$$C^*H_3COOH \longrightarrow C^*H_4 + CO_2$$

メタノールや酢酸を利用する菌としては*Methanosarcium*,水素やギ酸を利用する菌としては*Methanococcus vannielii*が知られている。

水田圃場に設定した化成区,化成+堆肥区,化成+稲わら区での水稲栽培中のCH_4

発生量の測定結果によれば，有機物の施用により発生量は大きく変動する．ヘクタールあたり6～12tの稲わらを施用すると，CH_4の年間発生量は，化成の施用に比べて2～3倍程度増大する．これに対して，堆肥施用によるCH_4発生量の増大効果はきわめて少ない．これは，堆肥に比べて稲わらに易分解性有機物が多量に含まれているからである．このように，施用する有機物の量のみならず易分解性有機物含量，すなわち有機物の質がCH_4の発生に大きく影響する．

このことは，土壌に稲わらをすき込む時期によっても発生量が異なることを意味する．水田圃場に秋と春に稲わらをすき込んだ研究結果によれば，春すき込みの場合，秋すき込みに比べて約6倍の発生量が認められている．

ここでは，有機物のみに限定して水田からのCH_4発生について述べてきたが，水田からのCH_4発生要因としては，このほかにも，土壌の性質（物理・化学・生化学），水稲の品種，根の活性，栽培体系，施肥管理，水管理，気象および気候条件，地形などがある．これらの数多くの要因を加味して，有機物とCH_4発生の関係を考えなければならないことは，いうまでもない．

水田から発生するCH_4を制御するために，適切な有機物管理が有効である．生わらや緑肥のような新鮮な有機物を土壌にすき込むことは避けるべきである．そのかわり，堆肥化して施用するか，秋にすき込むか，表面散布など酸化的分解を受けやすい条件を設定することが必要であろう．また，前作の刈株の分解促進も有効な手段であろう．さらに，発生量の少ない品種の検索も残された課題である．

b. 亜酸化窒素

土壌から大気に放出される窒素酸化物（N_2O）は，主に土壌中の微生物活動によって生成される．生成メカニズムの一つに脱窒作用がある．これは，土壌中の微生物により嫌気条件下で硝酸態窒素または亜硝酸態窒素が，ガス状態の窒素（N_2）か窒素酸化物（NOまたはN_2O）に還元される反応である．他の重要なメカニズムに硝化作用がある．これは，好気条件下で土壌中のアンモニウムが硝酸態窒素に酸化される過程でN_2Oが生成される作用である．このほかにも非生物的過程（化学的脱窒）で生成される場合もあるが，一般的には量的にごく少ない．

$$NO_3^- \longrightarrow NO_2^- \longrightarrow N_2O \longrightarrow N_2$$
$$\uparrow N_2O$$
$$NH_4^+ \longrightarrow NH_2OH \longrightarrow NO_2^- \longrightarrow NO_3^-$$

窒素肥料の形態によりN_2Oの発生量が大いに異なることは，多くの研究から明らかになった．しかし，有機態窒素と無機態窒素（施肥）から発生するN_2Oを比較検討した研究はきわめて少ない．土壌に有機物を施用した場合のN_2O発生については，まだ統一した見解が得られていない．今後に残された研究課題である． 〔陽 捷行〕

12.2.6 施肥と塩類集積
a. 施肥による塩類集積

世界の陸地の1/3は乾燥地あるいは半乾燥地と呼ばれる地域で，地中深くに存在していた塩類が，灌漑やこれに伴う地下水位の上昇によって，地表面付近に集積あるいは地

表面に残存して塩類集積が生じ，砂漠化の大きな原因の一つとなっている．このような乾燥・半乾燥地の塩類集積と同様の現象は，湿潤地域でも発生する．降水の侵入が制限され，しかも施肥量が露地よりも多い，集約的な施設栽培では，乾燥・半乾燥地の土壌のように土壌溶液中の塩類濃度が高くなる傾向があり，年間を通じての土壌水の移動は上昇型となるため，施用された肥料は施設内の土壌表層あるいは表面に集積することになる（図12.9）．

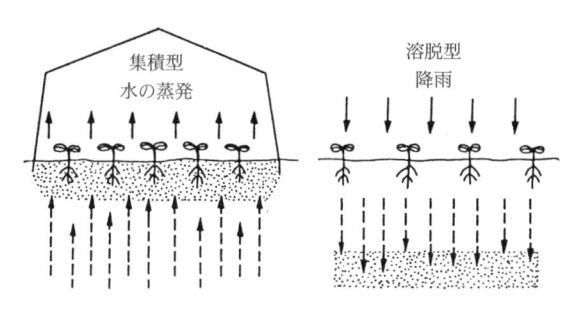

図12.9 肥料の集積型と溶脱型

施設内の土壌に集積する塩類は，硝酸カルシウム（$Ca(NO_3)_2$）が最も多く，塩化カルシウム（$CaCl_2$），硫酸マグネシウム（$MgSO_4$），硫酸アンモニウム（$(NH_4)_2SO_4$）である．土壌溶液中の全塩類濃度が 3,000 mg/L を超えると根の養分吸収が不良となるといわれている．

b. 施設栽培面積の拡大と施肥基準

わが国の耕地面積は，高度経済成長以降，減少の一途をたどり，1970 年には 579.6 万 ha となり，その後も 2.76 万 ha/年ずつ減少を続け，1990 年には 524.3 万 ha となった．一方，全国の施設栽培面積は，ビニルハウス，ガラスハウスともに急激に増加しており，1990 年には，ビニルハウス 40,816 ha，ガラスハウス 1,900 ha にまで達した（図12.10）．施設栽培面積の拡大は，必然的に，わが国に塩類土壌面積の増加をもたらせた．施設栽培では，作物や果樹の養分吸収量の数倍に及ぶ施肥が行われている場合もあり，肥料成分の利用率，吸収量から施肥量を算出（表12.8）し，電気伝導度（electric conductivity；EC）などを経時的に計測して塩類集積の目安とする．

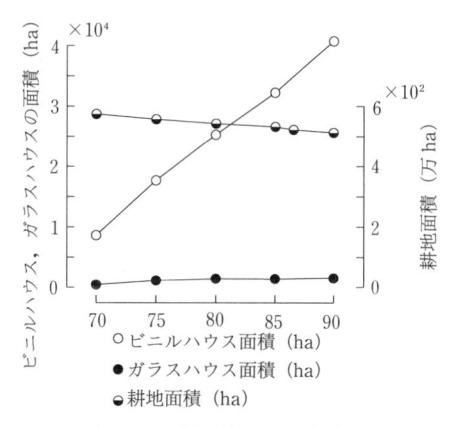

図12.10 施設栽培面積の拡大

表 12.8 施設野菜 100 kg 収穫する場合の三要素吸収量（堀，1970）

作物	N (kg)	P_2O_5 (kg)	K_2O (kg)
キュウリ	0.19〜0.27	0.08〜0.09	0.35〜0.40
トマト	0.27〜0.32	0.06〜0.10	0.49〜0.51
ナス	0.30〜0.43	0.07〜0.10	0.49〜0.66
ピーマン	0.58	0.11	0.74
イチゴ	0.31〜0.62	0.14〜0.23	0.40〜0.82

c. 施設栽培における塩類濃度障害とガス障害

　塩類による施設栽培作物の障害は，塩類そのものによって引き起こされる塩類濃度障害と，塩類から生成したアンモニアガスと亜硝酸ガスなどによるガス障害に分けることができる．

1）塩類濃度障害　塩類による濃度障害には，浸透圧効果による障害と特定イオン効果による障害があげられる．土壌溶液中の塩類濃度が高まれば，浸透圧も高くなり，根からの水分やイオンの吸収が阻害される（浸透圧効果）．施設栽培土壌に含まれる塩類は，わが国では，土壌1に対して水5の割合に加えてろ過したろ液のECを測定して，モニタリングすることができる．ろ液中に最も多く含まれるイオンはカルシウム（Ca^{2+}）と硝酸（NO_3^-）であり，NO_3^-とECとの間には一定の関係がみられる．このため，ECを計測して，次作の施肥量を決定する．塩類濃度の障害を軽減するためには，施設内に排水管を埋設し，水によって溶解した塩類を施設外に流出させる方法がとられる．一方，作物に対する害作用のいき値幅が比較的狭いNa^+，Cl^-，Mg^{2+}，NH_4^+，$B(OH)_3^-$，HCO_3^-などの特定のイオンは，低濃度であっても作物に害作用を与える（特定イオン効果）．また，Mg^{2+}やNH_4^+はCa^{2+}と拮抗する関係にあり，過剰に存在すると，Ca^{2+}の吸収が抑制され，心枯れの症状を呈するようになる．

2）ガス障害　集積した窒素成分から発生するアンモニアガスあるいは亜硝酸ガスが施設内の作物に害作用を及ぼす．土壌が塩基性（pH 7 以上）であれば，アンモニアNH_3ガス，酸性（pH 5 以下）であれば亜硝酸HNO_2ガスが生成している．土壌が塩基性となると，アンモニウムイオンはアンモニアガスとなり，施設内の空気中に高濃度で存在する．アンモニアガスが空気中に窒素として 40 mg/L となると障害が発生する．施設内の土壌中のアンモニウムイオンは硝化によって亜硝酸イオンを経て硝酸イオンを生成させるが，硝化の進行は土壌の酸性化を引き起こし，亜硝酸酸化菌の活性を低下させる．これによって，亜硝酸イオンが集積し，土壌pHが5以下となる場合には，亜硝酸ガスあるいは二酸化窒素ガスが発生して，作物に害作用を及ぼす．亜硝酸ガスあるいは二酸化窒素ガスが窒素として 20 mg/L に達すると障害が発生する．ガス障害を軽減するには，灌水を行い，ガスを水に溶解させ，地温を低下させる．

d. 施設栽培における塩類集積の防止と施肥管理

　施設栽培における施肥基準（作物の種類，品種，作型）に基づいて施肥量を決定し，過剰の施肥を避けるとともに，施設内土壌中の成分をつねにモニタリングできる体制を確立することが望ましい．実際にアンモニアガス障害が発生している場合には，過リン

酸石灰を，亜硝酸ガスが発生している場合には，石灰を施用する． 〔岡崎正規〕

12.2.7 カウンターアニオンなどの影響（随伴イオン）
a. 土壌成分の溶出
　土壌中の成分は多量に存在しても，溶けなければ栄養としても有害な成分としても植物にあまり影響がない．土壌成分が土壌溶液に溶け出すには，必ず随伴イオンを伴っている．土壌溶液中では，陽イオンと陰イオンは電気的に当量に存在する．大部分の陽イオンは土壌粒子上に吸着されているので，溶出陽イオンは通常溶液中に存在する陰イオンの当量値に等しい．

b. 土壌溶液中の主要な陰イオン
　土壌中の陰イオンは畑土壌と水田土壌中でも異なるし，あるいは同じ土壌でもその時間的な経過でも異なる．畑土壌の初期では肥料中に含まれる塩素イオン（Cl^-）や硫酸イオン（SO_4^{2-}）が主体となり（硝酸系肥料の場合は硝酸イオン（NO_3^-）），やがてアンモニウムイオン（NH_4^+）の硝酸化成で硝酸イオンが増大する．

　水田土壌溶液中の最初は肥料中の塩素イオンと硫酸イオンが大部分を占めるが，土壌の還元に伴い，硫酸イオンの大部分が硫化物となるので溶出しなくなる．炭酸水素イオン（HCO_3^-）が増大し，陰イオンの60〜70％を占め，稲わらなどをすき込むと80％以上まで上昇する．

　この場合，炭酸水素イオンが陰イオンの主流となるばかりでなく，溶出するイオンの総量も3倍程度となる．陰イオンの増大に伴う陽イオンは，イオン化傾向の高いナトリウム（Na）やカリウム（K）はあまり変動せず，マグネシウム（Mg），カルシウム（Ca）などの増大が目立つ．土壌の還元による二価鉄の溶出も大きい．

c. 硝酸化成
　アンモニウムイオンの硝酸化成は，土壌溶液中のイオン総量を著しく増大させるだけでなく，カルシウムなどの吸収を助長する．しかし，1価のイオンは活動度係数の低下が少ないため電気伝導率が増大し[1]するのと，pHの低下によって作物に障害を与える場合がある．

$$NH_4^+ + 3H_2O = NO_3^- + 10H^+ \text{（酸）}$$

　硝酸化成によって農作物が被害を受ける例はそうめずらしくない．ハウス内などで野菜その他の育苗の過程で気温が急に上昇したときに発生する障害の原因の第一にあげられる．低pH，高ECであればほぼ間違いない．炭カルを根際にまき，新鮮な水で洗い流すのが簡便かつ適切な対策法である．

　硝酸イオンは環境問題としても重要である．特に地下水の汚染，あるいは河川水の汚染として登場する．地下水の硝酸イオン汚染は多量に使われる肥料に原因している．集約的な野菜地帯や茶園などでは，作物の吸収する窒素よりはるかに多い施肥を行う場合がある．さらに，これらの圃場が排水のよい土壌では，硝酸イオンは地下水脈に入る．このような地帯の井戸水ではNO_3-Nで50 ppmを超えるのもめずらしくない．このような水は飲料に適さないばかりでなく，作物に対する灌水用としても塩類濃度が高すぎて適さない．

その他の地下水や河川水の硝酸イオンの汚染は畜産地帯にみられる．本来有効な肥料となるものが，ずさんな管理のために環境の汚染源となる．ある火山灰地に存在する畜産地帯を流れる河川水の調査結果では，途中にある広いアシ原をぬけるとしだいに硝酸イオンが減少する．また，季節的には夏に低く，アシの枯れる秋から冬にかけて高まることが明らかにされている．このことは湿原にはえるアシが環境の浄化に役立っていることを示す．

地下水の硝酸イオンは砂質の酸化的なところで高まりやすい．これは還元土壌では硝酸はできずらく，また硝酸イオンが入ってきても還元層で脱窒現象で消失する．

環境の硝酸汚染を防止する方法としては，必要以上に窒素の施肥を行わないこと，植物の生育が停止する晩秋にはいってからの畜産尿の散布は控える必要がある．

d. 有機物の効用

古くはリービヒがすでに指摘したように，堆きゅう肥の施用で土壌に養分が供給されるとともに，分解で発生する二酸化炭素によって風化が促進され，養分の持続的供給がなされる．この二酸化炭素による一次鉱物の風化は大きく，炭酸水素イオンと岩石の風化の程度は密接な関係があり，地下水の炭酸水素イオンの観測からその地帯の崖崩れの予測が可能[2]であるという．

畑土壌に炭酸石灰を施用しても，作物のカルシウム欠乏を防止できないこともあるが，堆肥との併用はこの石灰の溶出を容易にする．炭酸カルシウムから炭酸水素カルシウムに変わるからである．

$$CaCO_3 + CO_2 + H_2O = Ca(HCO_3)_2$$

以前は「石灰をやれば堆肥を，堆肥をやれば石灰を」と指導していた．これは堆きゅう肥の施用で石灰が溶けやすくなり，それだけ石灰の消耗も大きいためである．

e. 硫黄イオン

水田土壌では硫酸イオンが還元状態で硫黄イオン（S^{2-}）にかわる．重金属汚染土壌ではこれによる被害イネが土壌の還元が進むと重金属が硫化物となるため回復する．しかし多量の硫黄イオンは硫化水素の毒ガスとなり，はげしい根腐れを起こし，秋落ち水田の原因となる．秋落ち水田対策には遊離酸化鉄（Fe_2O_3）がモル比として硫黄の7倍以上必要といわれる．一般の水田土壌の硫黄含有率は0.1％以下なので，遊離酸化鉄の基準値1.5％以上とは硫黄0.1％の7倍以上にあたる．火山の泥流地帯あるいは海成粘土に多量の硫化物の含まれる酸性硫酸塩土壌地帯では酸化による硫酸イオンの生成に伴って著しいpHの低下と，鉄と石灰，加里の流亡がはげしい．　〔水野直治〕

文献

1) 水野直治：土肥誌, **55**, 103-108, 1984.
2) 北野　康：水の科学, 83-88, 日本放送協会.

12.3 環境の変化と植物栄養

12.3.1 植物に対する地球環境変動の影響

地球環境は，地球形成時に小惑星群のもたらした集積エネルギー，地球のコア形成時に放出された位置エネルギー，地球内の放射性元素の壊変により放出された核分裂エネルギーおよび太陽から地球へ送られてきた太陽エネルギーの四大エネルギーによって生み出されている．この地球環境は，多くの要因によって変化・変動している．約300年前までは自然的原因のみによって形成されてきたが，人口の増加と化石エネルギーの大量使用により人為的原因の重みが増している．人類の活動は，地球表面の形状・性質だけでなく地球を外界から守っている大気層自身にも劇的な変質を与え始めており，人口の爆発的増加とエネルギー・物質の大量使用は46億年の地球の歴史と35億年の生物の歴史の中で生み出された豊かな地球環境を根底から崩壊させようとしている．それは，①大気の温室効果の増大による気候の温暖化，②酸性雨の広がりと深化による植生と生態系の破壊，③成層圏のオゾン層の破壊による地表への極短紫外線入射の増加，④砂漠化の進行と強化であり，これらの四大環境変動は，はじめは局地的な公害の形で発現したが，現在では地球全体を完全に覆うほどに広がり，また，深刻化してきている[1]．これらのうち①〜③の環境変化が植物に影響を与える．

a. 気候の温暖化が植物に与える影響

気候温暖化の主な原因は，年間200億t以上の二酸化炭素（CO_2）ガス，年間100億t以上のフロンガス，メタンガスやその他の温室効果ガスの放出などとされており，大気中のCO_2濃度が600 mg/Lとなれば$3.0\pm1.5°C$の気温上昇が予想されている．また，植生および農業地帯の分布の変化，中緯度地帯での干ばつの激化，海水位の上昇，植生の生産力の変化が主なインパクトであるとされている[1]．

現在，地球大気中のCO_2濃度は約0.4%/年（1.4〜1.5 mg/L/年）の速度で急増しており，他の温室効果ガスの濃度も上昇していることから21世紀半ばにはこれらの温室効果ガスの大気中濃度は20世紀初頭の2倍に達すると予想され，大気中のCO_2濃度の倍増とそれに伴って予想される気候変化が作物生産に及ぼす影響について検討が進められている[2]．

1) CO_2濃度の上昇 CO_2は作物の光合成反応の基質であることから，その大気中濃度の上昇は，作物生長を促進させるが，イネ，コムギのようなC_3作物とトウモロコシ，ソルガム，サトウキビなどのC_4作物では増収効果が異なることが明らかにされている[2]．

C_3作物であるイネ，コムギを高CO_2濃度下におくと，最初は光合成速度の顕著な増加がみられるが，日数が経過するにつれてCO_2の取込口である気孔が部分的に閉鎖するようになり，光合成の促進効果は次第に小さくなる．水稲を全生育期間にわたって現在の約2倍（700 mg/L）のCO_2濃度下で育てた実験結果から，通常の温度条件下ではCO_2濃度の倍増は水稲収量を約25%高めると推定されている．他のC_3作物についての同様な実験結果を総合すると，大気中のCO_2濃度の倍増によるC_3作物の増収効果は大きくても30%程度と考えられている．一方，光呼吸のないトウモロコシ，ソルガム，

サトウキビなどのC_4作物では，CO_2濃度の倍増による増収効果はきわめて小さいとされている[2]．

これにより大気中のCO_2濃度の上昇による増収効果は，C_3作物の比率の高い温帯地域で大きく，C_4作物の比率の高い熱帯乾燥地域で小さいと予想されている[2]．

このようにCO_2濃度の上昇それ自体は作物生産にプラスに作用するが，CO_2をはじめとする温室効果ガスの濃度上昇は，温暖化など大規模な気候の変化を引き起こすとされている．この温室効果ガスの濃度上昇と気候の温暖化の両者が作物に与える影響について水稲を例に予測されている．

2) CO_2濃度の倍増と温暖化が日本各地域の水稲収量に及ぼす影響　　現行の品種，作期などの栽培条件を前提とすると，CO_2濃度の倍増と温暖化により水稲の増収が期待できる地域は，北関東・東山以北の北日本に限られ，これらの地域の多くでは水稲の平均単収は現在より20％程度高まり，かつ収量の年次変動も減少するものと予想されている．しかし，南関東から西南日本にかけての一帯は，大気中のCO_2濃度が倍増しても高温の影響が大きく，水稲単収は現在よりも低下すると予想される．特に，開花期の温度が高い瀬戸内から南四国にかけての地域では平年気候のもとで約20％の減収と，収量の年次変動幅の数倍の拡大が予想され，生産が著しく不安定になると考えられる．イネは冷温に弱く，穂ばらみ期から開花期にかけての冷温によって不稔になることはよく知られているが，同時に高温にも弱く，現在よりも気温が3℃も上昇し，開花期の温度が36～37℃を越すようになると不受精による不稔が発生するようになる．これに加えて，高温による登熟不良などが重なって，西南日本一帯は温暖化によってかなりの減収が予想されている[2]．

この予測は，現行の品種，作期などの栽培条件を前提としており，予想される環境変動に対応した栽培技術の開発によりそのマイナスの影響はある程度軽減できるものと考えられるが，このような適応技術を考慮しても北日本での増収，西南日本での減収と不安定化はさけられないと考えられている[2]．

以上の予測は，地球が温暖化した場合，日本より気温の高い熱帯地域の稲作がより深刻な影響を受けることを示唆している[2]．これまで日本の稲作は冷温害の克服の歴史であったといっても過言ではないが，地球温暖化が現実となった場合，一転して高温害の克服が日本の稲作の最重要課題となるかもしれないとされている[2]．

このほか，温暖化は海水位の上昇を引き起こすとされている．これにより海岸低地の農耕地が海水の影響を受けるとともに，海水の河川への遡上が現在よりも大きくなる結果，灌漑用水の塩水化を引き起こす可能性も予想される．

b. 酸性雨が植物に与える影響

降水の酸性化（酸性雨）の主な原因は，硫黄および窒素酸化物の放出とされており，これによる主要なインパクトは，林地植生の衰退の進行，河川・土壌の酸性化の進行，湖沼生態系の崩壊，耕地生産力の低下，建造物の腐食の進行などがあげられている[1]．

酸性雨によると推定されている植物生態系への影響には，北欧・北米の酸性雨地域における森林の衰退現象や日本各地で報告されているスギの衰退現象がある．欧米における森林樹木の衰退現象の原因仮説としては，土壌酸性化説，オゾン仮説，土壌塩類欠乏

説，窒素供給過多説，複合ストレス説の5仮説が知られているが，現在も酸性雨と森林衰退の関係は状況証拠にとどまっており，直接的な因果関係は証明されていない．また，わが国におけるスギの衰退現象の原因究明は，関口が1985年に発表した酸性降下物による影響ではないかとする見解を契機に活発に行われているが，原因仮説として多くの研究者が着目したのは土壌酸性化説である．これは，衰退現象が発生している地域では酸性物質が雨とともに負荷されるとともに，無降雨時にスギの葉に付着した乾性の酸性物質が雨とともに林床に負荷されることによって土壌が酸性化され，土壌中のアルミニウムが溶解し，樹に吸収されやすい形態となる．この形のアルミニウムは樹木の生育を阻害するために衰退が発生するというものである．この仮説を立証すべく研究が実施されており，スギ林の林床に到達する降水の化学的性状が長期にわたり観測されている．しかし，現在のところ，スギの衰退現象についても欧米における森林の衰退現象と同様酸性雨との直接の因果関係は立証されていない．火山性酸性雨による植物の被害については，鹿児島県の桜島火山の噴火後に降った酸性雨による被害症状が報告されており，シソの葉の周辺のきょ歯が黄色化し枯死する症状やネギの葉の先端が赤褐色に枯死する可視害が認められている．わが国の都市域の降水の年平均酸性度は横ばいの状況にあり，大気の清澄な地域では，酸性化しているとされている[3]．環境省では，わが国周辺諸国の工業化により降水が酸性化することを懸念している．

c．オゾン層の破壊が植物に与える影響

オゾン層の破壊の主な原因としては，フロンガスの生産と放出，窒素肥料の増産による一酸化二窒素（N_2O）ガスの放出の増大と考えられており，インパクトとしては，極短紫外線によるDNAの損傷の増加，植物・動物における突然変異の増加，人間の皮膚がん発生の増加，植物生産力の低下が予想されている[1]．

紫外線は，波長によりUV-A（315～400 nm），UV-B（280～315 nm），UV-C（280 nm未満）に分けられるが，オゾン層の破壊によって増加する紫外線の大部分はUV-B領域にあり，UV-B領域の波長をもつ紫外線の増加が植物にどのような影響を与えるかが問題であるとされている．UV-Bの増加により植物の種や品種によって生長が顕著に阻害されるものや，ほとんど影響がみられないものがあることが知られている．全般的には双子葉植物の方が単子葉植物よりも感受性が高いとされており，植物に与える影響は，葉の（面積）生長を阻害する，草丈を低くする，葉面にクロロシスを生ずる，花粉の発芽や発芽形成を阻害する，葉を厚くする，葉の表面にワックス状の物質を蓄積する，乾物生産を低下させる，とされている．このうち，葉を厚くする，葉の表面にワックス状の物質を蓄積する現象は，葉肉細胞に到達する紫外線量を減少させるための一種の適応反応と考えられている[4]．植物に対するUV-Bの影響の詳細は，7.2.2項を参照されたい．南極におけるオゾンホールの大きさとオゾン濃度の低下は年々進行しており，オゾン層の破壊が全地球的に拡大することが懸念されている[5]．

d．砂漠化

砂漠化とは"気候の変動・変化による少雨・干ばつと人間活動によるインパクトが重なって，乾燥・半乾燥地帯で植生が貧困化する現象"と定義されている．各地域の気候・土壌条件で決まる植物生産力，すなわち，生物扶養能力以上に人口が増大して，扶

養能力が過度に利用され植生が急激に劣化するのが砂漠化である[1].

これらの四大環境変動は，そのいずれもが人口の爆発的増加とエネルギーの大量使用に起因しており，被害の軽減・防止は非常にむずかしいとされている[1]. 〔藤井國博〕

文　献
1) 内嶋善兵衛：図説環境科学（社団法人環境情報科学センター），88-89，朝倉書店，1994.
2) 堀江　武：農薬，**42**，1-3，1995.
3) 藤井國博：図説環境科学（社団法人環境情報科学センター），112-113，朝倉書店，1994.
4) 近藤矩朗：オゾン層破壊とその環境影響（平成6年度環境庁請負業務結果報告書），109-114，1995.
5) 鷲田伸明：図説環境科学（社団法人環境情報科学センター），104-105，朝倉書店，1994.

12.3.2 重金属負荷

重金属とは，比重が比較的大きい（5.0または4.0以上）金属のことである．必須，非必須をとわず，これらは培地中の濃度が高すぎると植物の生育に害を及ぼす．また，植物に害のない濃度であっても，それを食べたヒトや家畜に害のでる場合もある[1]．ここでは，土壌-植物系に対する過剰の重金属負荷の問題を概説する．

わが国における重金属汚染問題の原点は，渡良瀬川流域の銅鉱毒事件にあるといわれている．1880年代における足尾銅山の規模拡大に伴って下流域の作物生育に激甚な被害が出た．被害を防ぐため，坑内排水を石灰で中和後，鉄の層を通して銅イオンを除く方法が開発されたが，1940年代に入って浮遊選鉱法が採用されるに伴い，再び被害は拡大した．一方，重金属に汚染されたものを食べたヒトに被害をもたらした最大の例に，神通川流域のカドミウムによる腎臓障害とその進行によるイタイイタイ病発症がある．この場合，先に述べた渡良瀬川の銅公害の場合とは異なり，イネはほぼ正常に生育でき，減収が問題になる前の段階で生産されたコメを食べたヒトに害をもたらした．同様に，正常に生育した牧草に含まれたモリブデンが家畜に中毒を引き起こした例もある．汚染源としては，鉱山や精錬所周辺における灌漑水や大気経由のもののほか，めっき工場からの汚染も知られている．水田用の灌漑水源が汚染された場合，汚染は水路を経由して広範囲に広がり得るため問題は特に大きい．また，センメト工場からの排出やごみ焼却に伴う汚染も問題視されている．

1970年の農林省の推定によると，汚染または汚染のおそれのある農用地面積は3万7,000haにおよんでいる[2]．これに対して1967年に公害対策基本法が制定され，1970年には農用地土壌汚染防止法が制定された．この中で，銅は土壌中の0.1 N塩酸可溶性銅が125 mg/kg以上の地域が，カドミウムは，玄米中1.0 mg/kgを越える濃度が検出されるか，またはそのおそれの著しい地域が，対策地域として指定されることとなった．

重金属の土壌中における挙動を正しく把握しその運命を予測するためには，土壌-液相系での反応や溶解度を支配する要因の正確な理解が必要である．この点に関し，土壌中における重金属の存在状態が飯村[3]によってとりまとめられている．それによると，重金属は土壌中でいくつかの形態の固相に分布し，それらが土壌溶液を介して平衡状態

にある.土壌溶液中では,可溶性の配位子と結合した錯体と,遊離のイオンとが共存している.重金属と土壌固相との反応には,粘土などとのイオン交換反応,水酸化物や土壌腐植との結合,難溶性化合物としての存在があるが,これらはまだ完全には解明されていない.難溶性化合物で最も重要と考えられるものに硫化物がある.硫化物イオンは,土壌が酸化的になると硫酸イオンに変化するので,重金属の溶解度は土壌の酸化還元電位によってコントロールされる.カドミウムの溶出は硫化物イオンによって明確に規制されており,水稲を栽培して土壌を酸化的に管理すると玄米中のカドミウム濃度が上昇しやすい.

重金属元素に対する植物のレスポンスを調べた先駆的研究に,北岸・茅野[4]による過剰の重金属が水稲収量に及ぼす影響の元素間比較がある.筆者らは,重金属元素としてマンガン,コバルト,ニッケル,銅,亜鉛,カドミウムを選び,過剰の重金属元素に対する水稲のレスポンスを水耕法で厳密に比較した.その結果,籾収量を指標として毒性順位を比較すると,銅>ニッケル>コバルト>亜鉛>マンガンの順位が得られた.この順は,これらの重金属の2価陽イオンが多くの配位子と錯体を形成する際の安定度の順と一致した.また,被害のメカニズムを検討した結果,上記の順の上で銅に近いほど根における集積が著しく,養水分の吸収阻害が著しいことが認められた.土壌-植物系のような複雑な系における重金属の挙動を支配する要因について,錯体化学的な解析が可能であることを示した点で,この研究は画期的なものといえる.

水稲の生育を阻害しない程度の,低レベルのカドミウムの水稲体内における挙動がカドミウムのラジオアイソトープを用いて詳細に検討された.その結果,カドミウムは根に大量に蓄積されるが,根を経由して地上部に達したものは,亜鉛を運ぶメカニズムによって運ばれると考えられた.これらの結果などから,登熟初期の分裂増殖中の胚乳細胞に,主としてこの時期に根から吸収されたカドミウムが送り込まれて汚染米が生産されるという説が提案された[5].

重金属は土壌にいったん集積されると,その後,取り除くことが著しく困難である.汚染地の復元方法として現在最も有効と考えられるのは,客土または排土客土であるが,深さ30 cmの土層を非汚染土壌で置き換える必要があり,ばく大な費用がかかる.また,客土用の膨大な量の土壌を必要とし,汚染された土壌の安全な保管も必要となる.再汚染についても考慮する必要がある.

これに対し最近,植物を利用した吸収除去技術(ファイトレメディエーション)が注目されている[6].これは特定の重金属の吸収性がきわめて高い植物を自然界から選抜したり,遺伝子工学的手法を用いて植物に他の生物由来の耐性遺伝子を導入し,重金属耐性・蓄積性をもった植物を作出して,重金属汚染土壌に植え,重金属を回収しようとするものである.この試みは,以前行われたことがあったが,吸収性の高いすぐれた植物が得られなかったことから,その後忘れられていた.しかし,最近きわめて集積性の高い植物が発見され,遺伝子工学的手法の進歩もあって,将来有望な方法として注目されている.

〔小畑 仁〕

文献

1) Kitagishi, K. and Yamane, I. eds.: Heavy Metal Pollution in Soils of Japan, Japan Scientific Societies Press, Tokyo, 1981.
2) 環境庁:環境白書昭和48年版, 265-272, 1973.
3) 飯村康二:土壌の物理性, **67**, 19-27, 1993.
4) 北岸確三, 茅野充男:農林省農林水産技術会議研究成果, **17**, 199-218, 1964.
5) 北岸確三, 小畑 仁:三重大学環境科学研究紀要, **4**, 59-65, 1979.
6) McGrath, S. P. et al.: *Plant Soil,* **188**, 153-159, 1997.

12.3.3 貧栄養と過剰栄養

作物の生産量を増やすために，また物質のリサイクルをはかるために，人間は土壌にさまざまな物質を投入している．さらに栽培面積拡大のため，従来耕地でなかった場所を新たに開墾することなども行っている．その結果，多くの利益が得られているが，また反面不良土壌の一つである貧栄養，過剰栄養地帯の面積が増加した．ここでは，このような人間の行為が惹起した問題点のうち，貧栄養，過剰栄養に関する部分を述べる．

a. 貧 栄 養

一般に新たに開墾された圃場では，植物の生育に必要な養分が不足することが多い[1]．多量元素のみに注意していると，微量元素が不足する場合もあるので注意を要する．同様の養分欠乏が，圃場を大規模化するため土木工事を行った水田や，重金属汚染地復元工事によって新しい非汚染土壌を客土した水田でも発生している．牧草地造成のため傾斜地を開墾した際にも，同様の問題が生じる場合があり，この場合には，牧草自体の生育に注意するばかりでなく，これを飼料とする家畜の栄養にも注意を払う必要がある．

農業技術の改善により，単位面積あたりの収穫量が増え養分の収奪量も増えている．多量養分元素は肥料として施用されるが微量元素にも注意を払わないと不足するものが出る．微量元素を多く含む有機質肥料の施用量が減少し化学肥料そのものの純度が向上したことが微量元素欠乏を助長していると考えられ，今後も注意を要する．一部の農作物の生産過剰（特にコメ）により，作付けられる作物の転換が進められた．その結果，水田から畑に転換された場合，水田条件で透水によって減少し，しかし，水田という還元的条件下では可給化されやすかったり，灌漑水から供給されて欠乏症が問題とならなかった元素が酸化的な畑状態で欠乏することがある．逆に，酸化的な条件下で可給化されやすい元素は畑地化によって過剰になることもある．

一方，転作によってムギの作付け面積が増えた結果，ムギで出やすい銅欠乏が北海道で多発した例[2]にみられるように，作付け品目の変化などによる養分の欠乏や過剰は今後も問題となろう．

養分が単に欠乏するだけの貧栄養は，施肥によって改善することができる．収穫による養分の減少は問題が少なく的確な診断が下されれば問題は解決するが，原因が別にあって結果として養分欠乏を引き起こしている場合には，その原因となるものを取り除かねばならない．

特定の養分が過剰になることにより引き起こされる欠乏の発生がある．アンモニア態

窒素の過剰は，2価陽イオンの吸収を抑制し，体内に取り込まれた多量の窒素がうまく代謝されるためにはカリの供給が不可欠である．逆にカリの過剰がマグネシウム欠乏を引き起こす場合がある．またリン酸の過剰は，これと結合しやすい鉄や亜鉛の欠乏を引き起こす．一方，カルシウムは水とともに吸収され，植物体内でも導管中を汁液に乗って上昇移動する．そのため，水供給の過不足がカルシウム欠乏症発生の原因となる場合がある．マグネシウムやカルシウムの過剰はpHの上昇をもたらすが，モリブデン以外の微量元素は高pH下で吸収されにくく欠乏しやすい[3]．

b．過剰栄養

リン酸の利用率は，窒素やカリに比べて低く土壌に集積されやすい性質があり，施肥量が多い場合や，流亡の少ない乾燥地帯や施設栽培のようにプラスチックフィルムやガラスでおおわれた人工的な乾燥地では，過剰になる場合がある．ただし，リン酸は土壌中ですみやかに固定される．同様の蓄積は，硝酸態窒素やカルシウム，マグネシウムなどで認められることがある．硝酸態窒素やマグネシウムが過剰になると，これらのイオンは水に溶けやすいため，塩類濃度障害を引き起こしやすい．いずれの場合も，多量の肥料を与えることによって高収量をあげているいわゆる先進国型の農業において問題となることであり，これ以上の農地の拡大がのぞめず，逆に都市化によって農地が狭められている現状のもとで，限られた面積で多くの収量をあげようとすると，さらに問題が大きくなることが懸念される．集積した塩類を水で洗い流すこともしばしば行われるが，地下水や河川などの汚染を引き起こすおそれが大きく，基本的に元素の利用率の向上をはかる必要がある．

わが国が大量の食料を外国から輸入していることも，養分の過剰を引き起こしている大きい原因として見落とせない．窒素だけに限ってみても，国内で消費される肥料の総量に匹敵する量が食料の形で日本に運び込まれており，最終的にわが国の土壌，海洋，大気中に負荷されている．これを単なる廃棄物として処理するだけでなく，有効利用を考える必要があるが，現実には多くの問題を抱えている．外国から輸入される物資として家畜の飼料も考慮する必要がある．これも家畜の生産に利用されたあと廃棄物を生み出し，環境に負荷を与える要因となる．

開墾によって新たに農地を造成する場合，先に述べたように貧栄養の問題が生じることが多いが，土壌によっては元素の過剰をもたらす場合がある．ヨウ素は開墾されたばかりの圃場でイネを作付けると過剰害の出る場合がある（開田赤枯れ）．また蛇紋岩質土壌地帯で新たに圃場を造成する場合，多量に含まれるニッケル，コバルト，クロム，マグネシウムに注意を払う必要がある[4]．特にニッケルの障害が問題になることが多く，ニッケルの少ない土壌を客土するか，またはpHを上げてニッケルを化学的に不溶性にすることが必要となる．しかし，風化の進んでいない蛇紋岩質土壌はマグネシウムを多く含み，もともと塩基性であるので問題は複雑になる．土壌の風化の程度も，対策を決定する際の要因となる．ニッケルによる障害を受けにくい作物の選択も必要で，一般にアブラナ科のものが障害を受けやすい．

大気汚染物質のうち，NO_x，SO_xは直接植物に害を与えるほか，土壌や水系の酸性化を引き起こすことが懸念されており，副次的にさまざまな問題を生ずるおそれがある．

また，アンモニアや亜硝酸ガスによる障害はプラスチックフィルムで覆われた栽培形態の場合発生することが多い．しかし，NO_x，SO_xそれ自身は植物の養分であり，低レベルであれば生育は旺盛になる． 〔小畑 仁〕

文 献

1) 渡辺和彦：原色生理障害の診断法，55-58，農山漁村文化協会，1986．
2) 水野直治ほか：土肥誌，**52**，381-384，1981．
3) 清水 武ほか：大阪農技セ研報，**18**，47-60，1981．
4) 水野直治：北海道立農試報，**29**，1-79，1979．

12.3.4 酸性土壌とアルカリ性土壌
12.3.4.1 酸性土壌

酸性土壌は世界に46億 ha 存在する．それら全酸性土壌の約75％，全農業利用可能陸地面積の約30％（34億 ha）は改良の必要な強酸性土壌とされている．非酸性土壌も肥料や植物の種類によっては酸性化する．硫安，塩安，硫加，塩加などの大量施用は，植物によるアンモニウムやカリウムなどの陽イオンの吸収や残留陰イオンの酸としての作用のため，根圏を酸性化する．また，これらの肥料は塩基飽和度の低い土壌へ混合されると，イオン交換により土壌からアルミニウムや水素イオンを放出させるため土壌を酸性化する．さらに，アンモニウムは硝酸化成により酸性化を引き起こすとともに，塩基を溶脱させる．その結果，地下水，河川水，海水中に窒素が富化する．アロフェンや鉄・アルミニウム水和酸化物を多く含む土壌は酸性条件で正荷電を多く発現するので，硝酸イオンの溶脱が少ない．硫安などの多肥によって，茶園ではpH（H_2O） 5以下の土壌も多くみうけられる．

土壌の二次鉱物の荷電特性は，酸性度を大きく支配する．塩基飽和度が50％程度であっても，土壌pHは2：1型のスメクタイト質の土壌で最も低く，ついで1：1型カオリナイト質，2：1～2：1：1型中間種鉱物の土壌であり，腐植質やアロフェン質の土壌は，最も酸性が弱い．これは同形置換基に由来するアルミニウムイオンの多寡によるものである．第三期・第四期の湖成・海成堆積物が酸化された化石的土壌，熱水変成安山岩に由来する，いずれもきわめて強い酸性を呈する酸性硫酸塩土壌が，丘陵地開発によって新たに出現した例も報告されている．

土壌の酸性条件は，好酸性植物（茶樹など）に適しているだけではなく，バレイショのそうか病やイネ苗の急性萎凋病を防ぐために必要とされている．土壌酸度の矯正には，主として生石灰，消石灰，炭カル，場合によっては苦土石灰やスラッグが用いられる．

南アフリカ，ブラジル，アメリカ南部などの酸性・低塩基のフェラルソルやアクリソルでは，炭カルの施用は表層土しか改良できず，かえって水分ストレスを受けやすくする．このような場合に，石コウやリン酸石コウも用いられる．その理由は，これらに含まれる硫酸イオンと，土壌の変異荷電末端の水酸化物イオンとの配位子交換によるpH上昇，硫酸イオンの大きい移動性のため下層土深くまで起こる酸度矯正，毒性の弱い錯イオンである硫酸アルミニウムイオンの生成のためである．火山灰や変異荷電鉱物の卓

越する土壌での石コウの利用は，今後，日本でも検討すべき課題である．

土壌の酸性化によって放線菌や細菌の活性が低下し，硝化作用や空中窒素固定反応が阻害される．一方，アルミニウム耐性の糸状菌が集積する．

酸性土壌の植物成育不良要因には，普遍的なものとしてアルミニウム過剰があるが，その他，各種養分の欠乏・過剰を伴う．アルミニウム過剰障害自体もカルシウムやリンの欠乏と複雑に関連し合っている可能性がある．植物の酸性障害を回避するためには，土壌と植物両面からの改良が必要である．

鉄やアルミニウムの水和酸化物，アロフェン，イモゴライト，アルミニウム腐植複合体は酸性条件で，施用されたリン酸を強くまた大量に収着し不溶性とする．この機構は，植物へのリンの効率的供給，世界のリン資源の節約，環境へのリン負荷防止の関連で，研究が進められている．リンの有効利用や有機態リンの可給化のため，酸性土壌に耐性な菌根菌・細菌の検索もなされている．

最近，地球的規模で酸性雨が観測されており，日本各地の降水平均値の多くはpH 4台である．土壌の酸性化は顕在化していないが，負荷の継続は深刻な事態を招くおそれがあるため，多くの研究・調査が進行中である． 〔我妻忠雄〕

12.3.4.2 アルカリ性土壌

1) **石灰質土壌生成の要因** 石灰質土壌の母材は石灰岩（lime stone）である．石灰岩はサンゴ，海ユリ，石灰藻，貝類，有孔虫などの石灰質分泌生物の遺体の累積や化学的沈殿により形成される．したがって，しばしば化石を含んでいる．これが地殻変動により褶曲を得て，陸上に現れたものが長い年月の間に風化して石灰質土壌となる．このような土壌では作物の鉄欠乏が大きな問題である．

2) **高塩類集積土壌生成の要因** 年間の地表面からの水の蒸散量が，年間降雨量に比べて多い場合は，水の蒸散に伴って，土壌中の毛管現象で，水にとけ込んだ塩類が地表に移行してくる．このような現象が何年にもわたってくり返されると，地表から1〜2 mの深度にわたって，カルシウム，マグネシウム，ナトリウムなどの塩化物，硫酸塩，炭酸塩が大量に集積してくる．特に炭酸カルシウムは，乾燥地土壌では普遍的に認められる．また，ナトリウムは必須栄養素ではなく，海水の3〜4倍の濃度で耐える植物はいない．このような土壌反応（pH）は弱アルカリ性からアルカリ性であるので，3.4.1項で述べる激甚な作物の鉄欠乏症が観察される．マンガン欠乏，亜鉛欠乏なども観察される．

歴史的にいえば，人類が森林を伐採して，農耕地とした地域から，土地の乾燥化が進み，畑地の灌漑農業による土地の塩性化が進行した．とりわけ，塩濃度の高い河川水を経年的に灌漑に利用しつづけると，作物の元素収奪量に比べて，灌漑水による投入量の多い元素が次第に土壌に集積していくので，塩濃度障害や鉄欠乏症で作物が枯死する．人類文明の発祥の地といわれているメソポタミアでは，チグリス・ユーフラテス河下流域のウルから発祥した文明は，都市が次々と不毛の地となり2,500年の間に次第に上流に移行していった様子が，遺跡調査で明らかにされている．その際，コムギ→エンマームギ→オオムギと作目自身も耐塩性かつ鉄欠乏耐性に遷移していったことも，粘土板の記録により明らかにされている．

このように永い年月をかけなくても，現代日本のハウス栽培では，高塩類土壌が容易に形成されている．閉鎖系の中で雨水がかからず，灌水により栽培し，高濃度の肥料を投与するので，勢い，塩類が毛管現象で地表面に一作のうちに集積してくる．この塩濃度障害を防ぐために，粗大有機物資材を用いたり，灌水して除塩したり，生育の早いソルガムを栽培して生物的塩類除去を行ったり，ハウス栽培土壌と露地栽培土壌との輪作を行ったり，の方法がとられている．このような土壌条件下では，作物の形質として，耐肥性，高塩濃度耐性，鉄欠乏耐性が要求される． 〔森　敏〕

12.3.5 土壌物理性の劣化と植物

土壌物理性の劣化とは，農業機械の車輪踏圧などにより土壌の仮比重，孔隙分布などが変化し，植物の生育に好適な土壌物理性が損われること，および機械の走行性などが低下することである．植物生育に直接的に影響する土壌の物理性には，土壌硬度，通気性，保水性（水分保持曲線で示される）がある．また，排水不良による土壌の強還元のように，土壌物理性の劣化が間接的に植物生育に影響を与える場合もある．

a. 土壌硬度

土壌硬度が増すと根の伸長に対する機械的抵抗が大きくなり，植物根の伸長が抑制される．土壌硬度は，仮比重，固相率に比例し，土壌水分の減少により大きくなる．根の伸長を抑制する土壌硬度は，植物の種類と用いた土壌によって異なるが，1から3 MPa（10～31 kgf/cm^2）の範囲で根の伸長速度が明瞭に低下し，3 MPaを越えると著しく遅くなる[1]．土壌調査で用いられる山中式硬度計の値では，24 mm（12 kgf/cm^{2}相当）以上で根の伸長が抑制される．根が侵入できる大きさの孔隙がないときは，根は孔隙を拡大するか，土粒子の再配置を行って自分自身で通路をつくる．根冠が大きな機械的抵抗に遭遇したとき，細胞が急速に拡大して直径が大きくなる結果，土壌の機械的抵抗が小さくなったり，土壌に亀裂ができて根が伸長する．

b. 通気性

土壌中の気相中に含まれる酸素は，土壌表面が水で覆われて通気が遮断されると速やかに消費されてしまうので，酸素の供給には通気性が重要である．酸素不足は根の呼吸を阻害し養水分の吸収を低下させる．土壌と大気の間の酸素と炭酸ガスの交換は，主に分圧の差による拡散で起こる．土壌通気性の良否の指標には，土壌中の拡散係数Dと大気中の拡散係数D_0との比で相対酸素拡散係数D/D_0が用いられ，作物で異なるがおおよそ0.02以下で生育が抑制される．また，通気性に関連する気相率の好適範囲は，畑作物の種類により10～24％と異なる．一定の気相率以下になると，気相の連続性が少なくなるためにガス拡散係数が0に近づく．このため，畑作物の生育には，降雨後迅速に排水される粗孔隙が10％以上必要とされる．

c. 土壌水分

土壌水分の減少は，水分ストレスを与えて生育を抑制する．生育抑制を起こさない限界の土壌水分量を生育阻害水分点と呼び，ほぼ-50～-100 kPa（pF 2.7）に相当する．植物がしおれ，給水しても回復できなくなる水分が，永久しおれ点で，-1.5 MPa（pF 4.2）とされている．圃場容水量から永久しおれ点までに保持されている土壌水分

d. 土壌物理性間の相互関連性

遅沢[2]は，畑作物の生育を抑制しない土壌物理性を示す土壌水分範囲を，根生育非制限有効水分域（NLWR）として示し，この範囲の水分量を非制限有効水分量として表す方法をわが国の土壌に適用した（図12.11）．生育限界臨界値としては，通気制限による臨界値を相対酸素拡散係数 $D/D_0=0.02$ に，土壌硬度を 12 kgf/cm² (1.2 MPa)，有効水分域を -6.2 kPa～-1.5 MPa (pF 1.8～4.2) とした．黒ボク土作土では全有効水分域で硬度，ガス交換上の抑制はなく，非制限有効水分量は 18 ％ と多かった．しかし，耕盤層の土壌硬度は 20～155 kPa (pF 2.3～3.2) の範囲にあり，根は耕盤層を伸長できなかった．土壌物理性からみて生育阻害の起こりにくい土壌は，この非生育制限水分域の幅が大きな土壌であり，この水分域を狭くする作用が土壌物理性の劣化といえる．

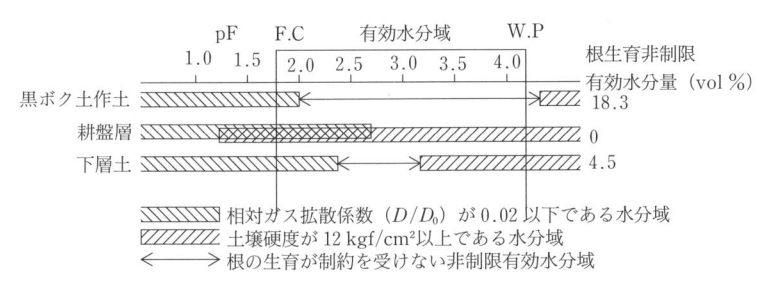

図 12.11 根生育非制限有効水分域の考え方（遅沢[2]の図より作図）

e. 土壌物理性劣化の要因と対策

物理性の劣化を引き起こす原因には，農業機械の車輪による踏圧，多水分条件での耕起，雨滴の衝撃による土壌の分散，土壌のアルカリ化などがある．車輪踏圧は土壌構造を変える最も大きな要因で，仮比重と土壌硬度の増加が起こる．踏圧の影響は，pF 2.0 付近の土壌水分で大きくなる．通常の踏圧の影響が及ぶ深さは，20～30 cm までであるが，プラウ耕では下層をプラウが通過するとともに車輪が犂底を通るので，下層に耕盤層ができる．仮比重の増加は，粗孔隙，易有効水分量を減少させ，通気性，透水性を低下させる．前述した根生育非制限有効水分域は小さくなり，気象変動により生育制限を受けやすくなる．耕盤層では不飽和透水係数も減少し，下層からの水分補給が低下する．また，降雨による雨滴の衝撃が土壌を分散させ，硬いクラストをつくり出芽不良や，その後の降雨の浸透を妨げることがよくみられる．

土壌物理性の劣化を少なくするためには，排水をよくし土壌水分の多い条件での機械作業を避けること，有機物施用などにより土壌構造の安定性を増すこと，トラクターの走行回数の少ない栽培方法を採用することなどである．
〔長野間 宏〕

文献
1) Vepraskas, M. J.：Plant Response Mechanisms to Soil Compaction, Plant-Environment Interactions (ed. Robert, E. Wilkinson), 275, Marcel Dekker, Inc., 1994.
2) 遅沢省子ほか：土壌の物理性, **60**, 6-14, 1990.

12.4 植物栄養・肥料学的手法による環境改善へのアプローチ

12.4.1 共生窒素固定

a. 食糧・環境問題における共生窒素固定の意義

　地球上の53億人のタンパク質消費は1日あたり平均約70 g であり，1年間では2300万 t の窒素に相当する．40年後に地球の人口が2倍以上になり，かつ現在の摂取レベルを維持するならば，作物生産を2倍にすることが必要となる．この作物生産の増加は農耕地の悪化を乗り越えて達成されなければならず，また，現在は作物生産に適していないと考えられる地域の利用も必要である[1]．

　植物における窒素の吸収と同化は，光合成について重要であり，窒素は作物生産を制限している最も重要な因子である．1950年から1990年までの先進国の穀物収量の劇的な増加は，10倍以上の窒素肥料の増投に直接起因している．しかし，今後，窒素肥料の多投による収量の増加はほとんど期待できないだけでなく，先進国においては窒素肥料の多投が硝酸による湖水や地下水の汚染や窒素酸化物の大気中への揮散など環境問題を引き起こしている．一方，発展途上国では，窒素肥料の高価格や肥料製造のエネルギー不足のため，窒素肥料はあまり利用されるに至っていない．共生窒素固定は，現在の農業で利用されている窒素の約65％に相当している．"持続可能な農業"を達成するため，先進国においても，発展途上国においても，将来の作物生産における共生窒素固定の有効利用が，ますます重要となってきている[1]．

　共生窒素固定は地球レベルの窒素循環においても重要な位置を占めている．生物圏で生物が利用しうる"固定された窒素"は，大気中の分子状窒素との間で，窒素固定と脱窒によって循環している．マメ科植物と根粒菌の共生窒素固定は，生物的窒素固定の約46％で，空中放電・火山噴出物などの自然現象や工業による窒素固定を含んだ地球全体の窒素固定量の約20％を占めていると推定されており，共生窒素固定は現在の地球規模における窒素経済に大きな役割を果たしている[2]．

　近年，共生窒素固定に関する研究の進歩は著しい．分子生物学の手法によって根粒菌と宿主植物細胞間の共生成立現象が，誘導物質分泌と共生遺伝子発現の過程として理解することが可能となってきた．このような研究の中で，謎につつまれていた根粒菌の宿主特異性の実態も明らかになりつつある．また，根粒菌の保有している窒素固定酵素ニトロゲナーゼと，その制御系の分子生物学も進歩してきた．ここでは，主にこのような研究方向と切り結んで，共生窒素固定の有効利用の将来予測を考えてみたい．

b. 根粒菌の選抜と分子育種

　根粒菌の選抜は，従来接種試験によって窒素固定量の多いものを経験的に選抜していた．近年これに代わる方法として，分子育種的な手法が試みられている．ジカルボン酸

輸送系遺伝子の増強と nif オペロン制御遺伝子 nifA の発現を増強した組換えアルファルファ根粒菌によってポットレベル・圃場レベルで，野性株より明らかに窒素固定能が高まることが報告されている[3]．ジカルボン酸輸送系は，根粒バクテロイドの細胞膜に存在するジカルボン酸トランスポーターで，宿主植物から根粒バクテロイドへの炭素源供給の律速過程になっていると考えられている．また，nifA 遺伝子は窒素固定酵素ニトロゲナーゼをコードしている nif オペロンの正の制御に関わっている．このプロジェクトでは，安定にこれらの遺伝子を導入するため，染色体上に存在し共生と関係のないイノシトール資化遺伝子を標的としている．しかし，組換え根粒菌によってアルファルファの収量を増加させるには，土壌窒素が少なく，競合する土着根粒菌密度が低く，十分な水分を保った圃場であることが必要なようである[3]．

優良根粒菌を選抜または構築して圃場レベルで接種を行った場合，接種根粒菌の根粒形成率が低く押さえられ，大部分の根粒が土着根粒菌によって形成される場合が多い．これは競合問題（competition problem）といわれ，その克服が以前から課題となっており，近年，競合に関わる遺伝子の単離が試みられている．競合現象は，根粒菌の宿主植物への感染過程全体が絡む複雑なものであるが，ストレス耐性遺伝子やシャペロニンなどの関与が示唆されており，それらの遺伝子の増強や付与といった方向も考えられている．

このような根粒菌の分子育種は，技術的にほぼ完成した生物である細菌を対象としているので，将来の発展が望める．しかし，実際の圃場で使用する場合は，組換え体の野外放出となるため，種々の規制が行われている．

c. イネ科植物への根粒形成能の付与

根粒菌の感染はマメ科植物に限られたものと考えられており，ニレ科のパラスポニアが唯一の例外であることが発見されている．しかし，すべてのマメ科植物に根粒が形成されるわけではない．最近の研究によると，マメ科植物内の共生窒素固定の起源は一つではなく，マメ科の進化の途上で少なくとも3回独立して根粒形成の形質獲得が起こっていることがわかってきた．また，根粒形成特異的タンパクといわれたノジュリンの遺伝子も根粒を形成しない植物に広く分布している．これらのことは，マメ科植物の洗練された根粒形成過程を模倣し，経済的に重要なイネ，トウモロコシ，ムギなどのイネ科作物に根粒形成能を付与することが可能であることを示している．しかしながら，現在の研究成果からのみでは，窒素固定を行う根粒をイネ科作物に着生させることは困難である．

d. 耕種的方法による共生窒素固定の利用

根粒菌の選抜と分子育種やマメ科植物以外への根粒形成の付与といった展望は，現在の研究展開との関連で目標とされているものであり，基礎研究の積み重ねが必要であることはいうまでもない．また，実際の応用の際には，克服しなければならない問題も多いと予想される．一方，耕種的方法による共生窒素固定の向上は，約100年前に窒素固定が発見されるはるか以前から人類が行っていた輪作や緑肥の利用に始まり，現在まで非常に多くの技術的集積がある．各種のマメ科作物に適した施肥法・作付体系（輪作・間作）・根粒菌接種技術などが，日本をはじめ世界各地の試験研究機関によって行われ

ている．このような技術的集積を生かして，おのおのの気候・土壌・経済条件に適した"持続的農業"や"環境保全型農業"を指向した農業技術体系を総合的に組み立てることで，共生窒素固定の有効利用はおそらく相当程度達成されると考えられる．

最近の話題の一つになっているのは，窒素固定を行うマメ科植物とその他の作物の混作である．窒素固定作物から非窒素固定作物へ固定窒素が根系を通じて移譲されるが，非窒素固定作物が吸収した窒素に占める固定窒素移譲の割合は，試験条件により0％から70％まで大きく変化することが知られている[1]．　　　　　　　　　　　〔南澤　究〕

文　献

1) Vance, C. P. and Graham, P. H.: Proceeding of 10th International Congress on Nitrogen Fixation (eds. Tikhonovich, I., Romanov, V. and Newton, W.), 77-86, Kluwer Publishers, Dordrecht, 1995.
2) 中村道徳：生物窒素固定，1-11，学会出版センター，1980．
3) Bosworth, A. H. et al.: Appl. Environ. Microbiol., **60**, 3815-3832, 1994.

12.4.2　ラン藻による窒素固定と水素発生

窒素固定酵素ニトロゲナーゼは，窒素ガスの還元に伴って水素ガスを発生する．窒素固定の観点からは，エネルギーのむだである．事実，多くの好気性窒素固定菌は，吸収型ヒドロゲナーゼで水素ガスを酸化して，ATPをつくっている．こうして，水素ガス発生のために消費されたATPの一部を回収している．

基質となる窒素ガスがないとき，つまりアルゴンなどの不活性ガス下で，ニトロゲナーゼは水素ガスをつくる．水素ガスは，多くの原核生物や緑藻のヒドロゲナーゼによっても生産される．しかし，この反応は可逆反応で水素ガス分圧が高いと，平衡が水素ガス吸収に傾く．継続的に水素ガスを発生させるには，水素ガス分圧を低くしておく必要がある．ニトロゲナーゼは水素ガスの吸収をやらないので，水素ガス分圧が高くても発生を続ける．

水素ガスは，きれいなエネルギー源として注目をあびている．まず，燃焼によって水ができるだけなので，化石燃料の焼却時のように地球温暖化ガスである二酸化炭素を発生しない．内燃機関の中で燃えても炭化水素の燃焼時ほど窒素酸化物を生成しない．さらに，最近は水素ガス吸蔵合金が開発されて，水素ガスの貯蔵・運搬が簡単になった．このようなことから，水素ガスの生物生産が研究されている．

上に述べた窒素固定菌の水素ガス発生能力のため，いくつかの窒素固定菌による水素ガス生産が工業パイロットの段階で試されている．

嫌気性の光合成細菌は，光と有機酸のエネルギーを用いて水素ガスをつくる．この系は，いまのところ生物的水素ガス発生で，最も効率（菌体あたりの活性でみても，また光の利用率からみても）がよい．ただ有機酸を含む有機物の供給が必要なので，実用化されるならば，有機廃棄物の処理とからんでくるであろう．

一方，ラン藻は他の微細藻類とならんで，化石燃料の燃焼時に多量に発生する二酸化炭素を生物に同化させる技術と関係して利用・開発が研究されている．この同化の過程で水素ガスが発生すれば，エネルギーの一部は回収される．

ラン藻がニトロゲナーゼで水素ガスを発生するときには，光合成による酸素ガスが同時に発生する．この両者を混ぜて燃焼すれば，直接エネルギーが取り出せる．このような観点から，ラン藻による水素ガス生産も研究されている．Anabaena や Synechococcus で有望なものがある．ニトロゲナーゼでの水素ガス生産は，窒素固定菌のもつ酸素防御機構のため，光合成によって同時に発生する酸素ガスによる水素ガス発生の抑制があまりないという利点がある．

ラン藻の中には吸収型ヒドロゲナーゼをもっているものがあるので，水素ガスの一部が菌によって酸化されてしまう．この働きの弱いものを選べば，よいであろう．

ラン藻や微細藻類は，ヒドロゲナーゼによる水素ガス生産もやる．このときは，気相から窒素ガスを除く必要はない．しかし，ヒドロゲナーゼによる水素ガス生産が酸素ガスに敏感なので，ヒドロゲナーゼでやるときには，光合成と切り離して酸素のない条件でやらなければならない．ヒドロゲナーゼ型とニトロゲナーゼ型の水素ガス発生にはそれぞれ一長一短があるといえる．　　　　　　　　　　　　　　　　　　〔渡辺　巌〕

12.4.3　低投入農業

化学肥料や農薬などの過剰投入分を削減して適正な投入量まで下げ，過剰投入により環境に与えていた負荷を軽減した農業を低投入農業と呼ぶ．

近年，主として先進国においては化学肥料や農薬，エネルギー，購入飼料などが相対的に安価に使用できるため，それらを非常に多く投入して農業生産を行うようになり，その結果として，環境汚染，温暖化や酸性雨などの地球環境問題，食品の品質や健康の問題などが発生するようになってきた．このような事態に対し，それに替わる農業のあり方として，低投入農業という考え方が提起され，各地でその実践がはじめられ，効果をあげつつある．なお，発展途上国では現状に比べ高投入が必要な場面の多いことを付言しておく．

アメリカにおいては，1985年の農業法において LISA (low input sustainable agriculture：低投入持続型農業) が推進されるに至り低投入農業の考え方が広く普及するようになった．たとえば，当時，コーンベルト地帯に位置するアイオワ州では，地下水の硝酸濃度の高い事例が多発し，乳児の健康被害なども懸念されていた．そこで，州政府は，大学，研究所などの協力を得て，実態調査にのり出した．その結果，トウモロコシによる吸収や，土壌肥沃度の維持増進に必要な量を上回る窒素の施肥が，広範に行われている実態が明らかとなった．そこで，窒素施肥を控えることを試みたところ，収量低下をきたすことなく窒素の減量が可能であることが明らかとなった．

わが国においても，葉菜類に対する窒素の過剰，タマネギに対するリン酸の過剰などが検討の対象となり，対策がたてられてきた経験がある．農薬に対しても，食品に対する残留の問題，散布時などの健康影響の問題などから使用量を削減する方向で実行されつつある．

畜産における一つの事例は，低投入農業の本質を考えさせる例なのでやや具体的に紹介する．北海道根室支庁管内は，酪農を主体とする農業が確立されている地域であるが，近年，乳牛飼養頭数が増加を続け，2000年で1戸あたり成牛換算約85頭を飼養し

ている．酪農経営は，生きた乳牛を対象としているため，その経営は年中無休とならざるを得ず，このような規模の多頭数飼育を1戸あたり2.5人の労働力で切り回すことは機械化を進めたところでおのずと限界がある．大量に毎日生産されるふん尿を処理し草地に有効に還元することは後回しにならざるを得ない．最近，管内の河川や地下水の硝酸などによる汚染も報告されている．低価安定の乳価のもとでは，所得率も低下する傾向にあった．そこで，あるグループはマイペース酪農と銘打ち，乳牛の飼養頭数を大幅に減らすことを試みた．飼養頭数の削減は，濃厚飼料，飼養スペース，労力の削減に直結し，付随してふん尿の草地還元が進むことから化学肥料の削減にもつながり，経費が切りつめられる反面，年を経るに連れて所得率が向上することが明らかとなった．

この事例は，化学肥料などだけでなく乳牛，労力，エネルギー，購入飼料などまでを含めた複合的な低投入農業ということができるが，根室管内の多頭数飼育酪農が，労力の配分および物質循環の適正化など多くの局面で理に合っていないことが多く，それを理に合うように直す試みがマイペース酪農という一種の低投入農業であることを示している．低投入農業は，多すぎて理に合わない部分を切り捨てて適正なレベルにおくことに，その本来の姿であって，投入量が少ないほどよいということではない．

適正なレベルは，それぞれの場面に応じ具体的に明らかにされるべきであるが，基本的には環境汚染を引き起こさないレベルということができる．施肥の場合を考えると，過剰施肥量の削減だけでなく，さらに作物の吸収特性にあった養分供給を実現し，施肥効率を高めるための緩効性肥料の開発など，いわば質的な改善をも考える必要がある．それにより，硝酸の地下水への遺漏，亜酸化窒素の発生などを防ぎ，環境負荷を削減するとともに作物の品質向上から経営体の収入増加にもつながることとなる．そのような意味で，低投入農業のための適正レベルには，環境汚染だけでなく健康被害の回避や経営の安定化などの観点も含まれる必要があろう．

わが国の食料システムは，食料自給率が低く輸入量がきわめて多いため，最終的に環境に廃棄される養分が多く，その量は使用されている化学肥料よりはるかに多い．この点が，わが国農業の最大の問題点であり，環境へ多大な負荷をかけている根元であり，この姿を変えることこそが，低投入農業をわが国において実現する最大の課題ということができる．

〔袴田共之〕

12.4.4 環境保全型農業

環境保全型農業は，自然環境あるいは自然生態系と調和し，経済的・社会的にも持続可能な農法の体系であり，わが国の環境保全型農業，アメリカの LISA (low input sustainable agriculture) や代替農業 (alternative agriculture)，EU諸国の integrated farming system，各国の有機農業など多様な農業システムが含まれる．環境保全型農業は，化学肥料や合成農薬，大型機械など工業製品に依存した近代農業技術を見直し，持続可能な農法への転換を実現しようとする世界的な潮流である．わが国では，農林水産省が環境保全型農業を「農業の持つ物質循環機能を生かし，生産性との調和などに留意しつつ，土づくり等を通じて化学肥料，農薬の使用等による環境負荷の軽減に配慮した持続的な農業」と規定し，有機農業もその一形態として位置づけられている．わが国

をはじめ先進諸国では，工業製品に依存した近代農法が本格的に導入されたのは1940年代であるが，すでにその四半世紀後の1962年にはカーソンの「Silent Spring（沈黙の春）」が刊行され，近代農業が内包する重大な矛盾が明らかにされた．この間，先進諸国では，それまで各国で培われてきた輪作と家畜飼育を結合した農業から，作物栽培と畜産が分離し，それぞれ大規模化した企業的な商品生産物の生産に一層傾斜し，農業生産は世界全体でみると増大した人口に見合った食糧が確保できるまでに飛躍的発展した．

その反面で，当面する問題の様相は国によって異なっているが，いずれの先進諸国においても，①耕地における基礎的生産力の低下，②農業生産活動を発生源とした環境問題の顕在化，③工業製品への依存度増加に伴う経営採算性の悪化，など農業生産基盤を崩壊させるような重大な現象が顕在化し，近代農業技術の見直しが求められるようになったのである．わが国でも，土壌肥沃度の維持向上に配慮した伝統的な農業から，単作化，大型機械の導入，経営規模の拡大とともに，耕種と畜産が分離し，化学肥料・農薬に過度に依存した農業が普及するにつれて，地力の減退や連作障害の多発などによる生産性の低下や硝酸による河川や地下水汚染など環境破壊に見舞われることになった．

しかし一方では，この間に合成化学物質の使用を避けて自然の物質循環に依拠した有機農業の普及活動が，農業聖典（Agricultural Testament）を著したイギリスのAlbert Hawardと欧米各国におけるその共鳴者により，1930年代から展開された．わが国でも，1971年に「環境破壊を伴わず地力を維持培養しつつ，健康的で味のよい食物を生産する農法を探求し，その確立に資する」ことを目的として，日本有機農業研究会が発足している．

このような状況の中で，1972年の"国連人間環境会議"では，工業生産と農業生産活動が環境に及ぼす影響が具体的に指摘され，自然環境と人間がつくり出した環境が，共に人間共存に不可欠であることが宣言（人間環境宣言）された．1987年に"環境と開発に関する世界委員会"が提出した報告書「われら共通の未来」では，地球環境の保全と人類との共存の道を明らかにする最重要のキーワードとして，"持続可能な発展(sustainable development)"が採用され，環境保全の問題が人類共通の課題であることが認識された．これ以降，持続可能な農業も持続可能な社会発展の一局面として世間の関心を集めるようになった．

アメリカ合衆国では，1984年に全米学術研究協議会の農業委員会が特別委員会を設けて，環境にやさしく農業の持続性を高める農法（代替農法）について調査し，技術的な問題だけでなく政策的，経営的な諸問題について総合的に検討して，1989年に報告書が提出された．その成果は"1990年農業法"の制定に大きな影響を及ぼし，持続的農業への政策転換が図られ，LISA（低投入持続的農業）が推進されている．

EU諸国でも，1980年代中葉以来環境保全的対策が進められ，integrated farming systemなど環境保全型農業の普及が政策的に進められている．

1992年にリオデジャネイロで開催された"環境と開発に関する国連会議（地球サミット）"では，各国が"アジェンダ21"に基づいて行動計画を立て，協調して地球環境問題に取り組むことが合意された．このような状況を背景にして，わが国では1992年

6月に「新しい食糧・農業・農村政策の方向」（新政策）を公表して，環境保全型農業対策室を設置して，環境保全型農業を本格的に推進する体制を整備した．各市町村では，自然条件や営農条件など地域の実態に配慮した環境保全型農業を推進するために"環境保全型農業推進方針"の策定と"環境保全型農業の推進協議会"の設置が進められている．また，世界的な取り組みの対応として，"アジェンダ21"に基づいた行動計画も策定された．さらに，1999年7月には21世紀における食料，農業および農村に関する施策の基本指針となる新農業基本法が施行されたが，その中で農業の自然循環機能（「農業生産活動が自然界における生物を介する物質循環に依存し，かつ，これを促進する機能」）を活用して，農業の持続的発展を図ることが明記された．

わが国では環境保全型農業技術として，下記の対応策の活用が推奨されている．①堆肥・家畜ふん・作物残査などの粗大有機物や土壌改良資材の適正な施用による土づくり，②環境に配慮した施肥基準の設定，土壌診断などに基づくきめ細かな施肥，局所施肥，肥効調節型肥料の利用，栽培方法の工夫および土地利用の適正配置などの施肥技術，③きめ細かな病害発生予察，防除要否判定基準の設定と活用，環境に配慮した農薬の使用，生物的・化学的・物理的・耕種的技術などの多様な防除技術の活用，特異性の高い化学合成農薬の使用などによる防除技術，④輪作，対抗植物，カバークロッピング，クリーニングクロップ，リビングマルチなどを活用した合理的作付け体系，⑤家畜ふん尿の適切な処理法の導入，家畜ふん尿堆肥の品質と円滑な流通のための方策の確立，堆きゅう肥の省力的散布技術の使用などによるリサイクル．

また，アメリカ合衆国や EU 諸国でも下記のようにわが国とほぼ同様な対応策が推奨されている．①輪作：土壌構造と肥沃度を増進し，雑草や病害虫などの被害を軽減して農薬の投入量を低減する．②最小限の表土管理：耕種的，環境保全的（土壌侵食や窒素揮散の防止）に有益である．除草機械を導入する．③農外インプットを低減するために病害抵抗性品種を導入する．④播種期の調整：病害虫の発生を低減するために播種期を遅らせる．⑤肥料の局所施用：化学肥料の総量を減らし，コストを削減すると同時に，地下水汚染を低減して環境保全にも有益である．⑥農薬の適正使用：発生予察や最適散布時期を決定する病害虫の密度基準を設定し，予防的な農薬散布を避ける．⑦捕食動物の生息地をつくるための耕地周辺域の管理をする．⑧害虫の生態防除，土壌構造改良，窒素投入量の低減に有益な耕うんシステムを導入する．⑨作物種の多様性を増大させる作付け体系に変換させる．

わが国では，以上のような環境保全型農業技術の導入を促進するために，堆肥などによる土づくりと化学肥料・農薬の使用の節減などを一体的に行う生産方式を導入する農業者に対し，金融・税制上の支援措置を講じる「持続性の高い農業生産方式の導入に関する法律」(1999.10施行)，畜産業における家畜排せつ物の管理の適正化と利用の促進を図る「家畜排せつ物の管理の適正化及び利用促進に関する法律」(1999.11施行) および有機性資源の循環利用を促進するうえで，堆肥などの適切な利用のための肥料成分などの表示制度を整備する「肥料取締法を改正する法律」(1999.7施行) の環境関連3法が施行され，"環境保全型農業"を推進する体制整備が着々と進められている．

〔尾和尚人〕

12.4.5 コンポスト化

コンポスト化とは，有機質資材（作物残査，畜産廃棄物，生ごみ，汚泥など）中の易分解性有機物を微生物によって分離し，腐植化することである．

その製造方法は，主として前調整，一次発酵，二次発酵（熟成）の三つのプロセスからなる．前調整とは，水分が多い有機質資材に副資材（木質チップ，モミガラ，刈草など）を混合し，水分調整とともに通気性の改良を行うことをいう．水分は一般的には50％程度が適切である．

一次発酵では，前調整を行った混合物を1～2 mに堆積し，下部から通気し，微生物によって易分解性有機物を分解する．この期間中は，有機物の分解により熱が発生するので混合物の温度は50～70℃になる．一次発酵の期間は約1～2週間程度である．一次発酵の目的は易分解性有機物の分解以外に病原性微生物の死滅，悪臭物質の分解，取扱い性の改良などである．

二次発酵（熟成）は一次発酵物を1～2か月程度で熟成を行うプロセスのことをいう．その方法は，一次発酵での有機物の分解の程度に応じて1～2日に1回または週に1回程度の切り返しを行う．特に通気は必要ない．温度は有機物濃度により変化し，おおむね40℃以下である．二次発酵の目的は有機物の熟成にあるので，有機物の腐植化を進めることが重要である．

最近の傾向として，高品質コンポストの製造が期待されている．その特徴は，土壌改良効果が高いこと，および肥料成分がほぼ一定で肥料効果も高いことが要求される．高品質コンポストをつくるためには，副資材として水分調整材以外に木炭やゼオライトなどを加える．その理由は，土壌改良効果をさらに高めるためである．また，米ぬかを添加すれば有機物の分解促進とともにカリ成分の補給ができる．

最近，地域および地球環境問題の深刻化とともに，循環型社会をつくる必然性から有機廃棄物のコンポスト化が進められている．畜産廃棄物は量が膨大であること，および含水率が高いのでそのコンポスト化のためには，水分調整材とともにカロリーの高い有機廃棄物と一緒にコンポスト化することが望まれている．たとえば，牛舎廃棄物と生ごみ，下水汚泥または浄化槽汚泥を一緒にコンポスト化する方法がある．これを融合コンポストと定義する．融合コンポストは縦割り行政の壁を除き，適切な有機物循環および環境保全のために重要である．

〔森　忠洋〕

12.4.6 生理生化学・分子生物学的研究の進展

いわゆる酸性雨現象では，森林を中心とした目にみえる形での環境の劣化と同時に，長期的には土壌の酸性化をもたらすと考えられる．この現象は，主に工業活動などの人為的要素に起因し，農業生産環境の劣化をもたらすが，農業自体も環境に負荷を与える要因となり得る．すなわち，農薬・肥料による水質汚染，水田から発生するメタン（温室効果ガス），過度な放牧による砂漠化の促進などが問題となっている．これらに対処するためには，①劣化した条件での農業生産の維持，②環境への負荷を軽減する生産システムを構築すること，が必要である．その解決策の一つとして，いわゆるバイオテクノロジーによる，植物の機能改変が試みられつつある．

現時点までに,いくつかのストレスに対する耐性機構が分子レベルで解明され,これをもとに耐性植物が作出されている.低温障害では相転移(ゲル化)が原因の一つであるが,たとえば,生体膜の相転移温度は脂肪酸の飽和度により変化する.実際,チラコイド膜の飽和脂肪酸含量を導入遺伝子(アシルトランスフェラーゼ)により低下させた場合,耐冷性が強化された[1].また,ほ乳類ではカドミウムなどの重金属と結合するメタロチオネインを産生し,解毒する能力をもつ.ヒト由来のメタロチオネイン遺伝子を導入したタバコおよびアブラナではカドミウム耐性が発現し,メンデル則に従って種子後代で分離した[2].

したがって,このような,単一遺伝子に支配される形質では,分子育種により耐性植物を作出することが可能であると考えられる.実際には,環境ストレスは複合的な側面をもち,たとえば砂漠化に対処するためには,単に耐乾燥性を向上させるだけでなく,土壌の塩類集積に対する耐塩性の向上,寒暖差の増加に対する耐冷性の向上などが必要とされる[3].したがって,収量増加を目的とする場合,単一の形質を改変するだけでは不十分と考えられる.

深刻な土壌ストレスである塩集積ストレス,アルミニウムストレスに関しては,耐性細胞を選抜し再分化植物を獲得する,いわゆる細胞選抜により耐性植物が作出されている[4,5].したがって,これらの耐性形質の一部は,細胞レベルで発現すると考えられる.現時点までに,これらの形質に関与する耐性遺伝子は単離されていないが,生理的なレベルで研究が進み,耐塩性に関してはプロリン集積,オスモチンなどの塩基性タンパク合成,ポリオール合成能などが,耐アルミニウム性に関しては,有機酸放出による吸収抑制・排除,細胞膜ゼータポテンシャルなどに起因するアルミニウム結合量などが,耐性に関与すると考えられている.

植物の養分吸収特性を向上させることは,施肥量の減少を可能とし,資源の持続的使用・環境への負荷の軽減が期待できる.たとえば,リン酸資源は寿命が今後数十年と見積られているが,施肥の多くが難溶性リン酸として土壌中に固定される.したがって,リン酸吸収能力の向上,固定リン酸の可溶化能力を向上させることが,その対策の一つと考えられる.大腸菌などでは,リン酸により制御される遺伝子群(*pho*レギュロン)が存在し,この中にはリン酸欠乏を回避する機構が含まれる.植物にも同様な機構が存在する可能性が高く,リン酸欠乏により高親和性の吸収キャリアの誘導,酸性フォスファターゼやクエン酸などの,難溶性リン酸可溶化物質の放出が認められる.現時点では,これらの機構は酵素活性の変動などの生理的なレベルでは解明されるとともに,遺伝子レベルの研究が進められている.

同様な可溶化物質の放出による養分吸収は,鉄欠乏に対するイネ科植物のムギネ酸類の放出,キマメにおけるリン酸鉄可溶化能をもつピシジン酸の放出が見出されている.これらの機構は,発現する種が限定されており,特異的な代謝経路により産生されていることが期待され,現在活発に分子レベルでの解析が試みられている[6].なお,最近分子生物学上有力な研究材料であるシロイヌナズナで栄養要求に関する変異体の選抜がさかんに試みられ,たとえば,リン酸吸収に関する変異体は複数選抜されている.

一方,植物の代謝能力を改善し積極的に大気汚染物質の除去能力を付与する試みがな

されている.元来植物は,気孔より取り込んだ亜硝酸を葉緑体の硝酸同化経路を用いて,同化する能力を潜在的にもっている.したがって,亜硝酸還元酵素などの窒素同化系の強化により,好大気汚染物質植物の創生が期待される[3].同様に,炭酸固定能力の向上は,単に収量増加のみならず,温室効果原因ガスである二酸化炭素の除去効果が期待できることから,PEPC,Rubiscoの分子レベルでの機能改変が試みられている.

〔小山博之〕

文献

1) Murata, N. et al. : Nature, **356**, 710-713, 1992.
2) Misra, S., Gedamu, L. : Theol. Appl. Genet., **78**, 161-168, 1989.
3) 山田康之:植物細胞工学 別冊1,環境問題と植物バイオテクノロジー,7-9,1994.
4) 小島邦彦:植物組織培養の栄養学,139-152,朝倉書店,1993.
5) Sumaryati, S. et al. : Theol. Appl. Genet., **83**, 613-619, 1992.
6) 茅野充男:植物細胞工学(3巻),265-267,1991.

12.4.7 土壌によるバイオリメディエーション

バイオリメディエーションという言葉に厳格な定義があるわけではない.人間活動に基づいて起こる多種多様な環境への負荷は,多くの場合,環境中の生物集団によって軽減されたり,取り除かれたりして負荷がかかる以前の状態にもどされる傾向にあるが,人間が意識的に生物のこの環境修復の作用を利用することを広い意味でのバイオリメディエーションという.特に,最近では環境がある種の物質によって汚染される場合が多く,その状態を生物,特に微生物の働きによって環境を修復する場合によく用いられるが,これはむしろ狭義のバイオリメディエーションであろう.ここでは,土壌がある種の難分解性有機物によって汚染された場合を想定して,微生物を用いてどのようにして修復できるかの可能性を述べることとする.

a. 土壌孔隙と微生物のすみか

土壌のバイオリメディエーションを述べる前に,その実際の担い手である土壌微生物の土壌中の生態について,若干述べておく必要がある.肥よくな土壌の表層土には,通常 $10^6 \sim 10^8$ 個/g 土壌 の微生物の生息が認められるが,それらはつねに活発に行動しているわけではなく,どちらかといえば環境に強く抑制されていて,静菌状態(増殖できず,かろうじて生きている状態)にあるといった方が正しい.環境とはこの場合,微生物が土壌中で生きていくためのすべての状況を意味しており,地温,水分状態,基質となる物質の量的存在,酸素濃度など,微生物が生存するための基本的な環境因子のほかに,体型の小さな生物はより大きな生物の餌食にされるという土壌中にも一種の植物連鎖があって,このような生物間の相互生存関係も考慮しなければならない.図12.12は土壌中にみられる各種生物のうち,大きさが原生動物以下のものについて,その形態と相対的な大きさを表したものであるが,大きさ,形態,栄養要求性,最適温度・水分・pH など環境条件などそれぞれ異なる種々の生物のコミュニティーが実際の土壌中での姿である.

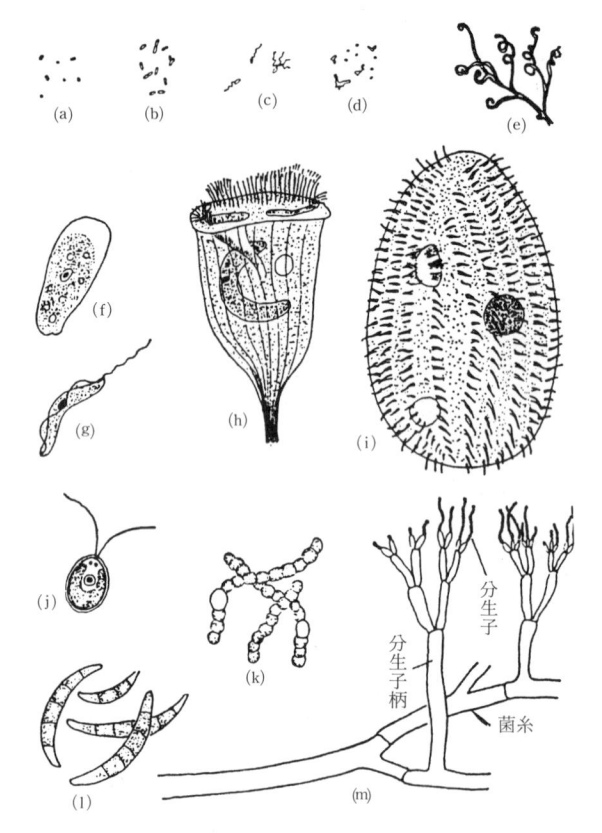

図12.12 各種土壌微生物の形態と大きさ（服部, 1987）
(a)～(e)細菌, (f)～(i)原生動物, (l)～(m)糸球菌

b. 土壌による効果的なバイオレメディエーションが可能である条件

　微生物は分解しやすい有機物から順次利用していく．土壌中の微生物も易分解性有機物から利用し，順次難分解性有機物へと移っていくが，この過程は連続的に長期にわたって進行する．また，易分解性有機物の分解は速やかであるのに対して，難分解性有機物の分解速度は緩慢である．バイオレメディエーションの対象になる有機物は概して難分解性であるので，その分解を効果的に分解速度を速めるには特別の条件を設定する必要がある．微生物による分解は生化学反応であり，その反応は微生物の生産する酵素が触媒となって働く．したがって，分解を促進させるには分解に関与する微生物を増殖させることが必須であるが，自然条件下にある土壌中では，ある特定の微生物だけを増殖させることは容易ではない．それは土壌中の環境条件をその微生物が働きやすい条件に保つことがきわめてむずかしいことのほかに，図12.12に示したような食物連鎖があって，特定微生物の固体数を一定限度以上に増殖することが非常に困難であることに因

る．そこで，特定条件を土壌に設定して，微生物の活動をある程度保護したり，意図的に増殖させる必要がある．特定条件には，
① 分解に関与する微生物体の物理的な特性にあわせた住処を土壌中に付与する（マイクロハビタットの付与という）．マイクロハビタットの付与には微生物のすみかとなる多数の細孔隙を有する担体を用いて，原生動物などより大きな生物の捕食から微生物を保護する．
② 微生物の土壌中での固体数を増加することがまず必要であるので，易分解性有機物の施用を行い，多種類，多数の微生物集団による難分解性物質の分解促進を図る（コメタボリズムの促進という）．コメタボリズムの促進には堆肥など易分解性有機物などを豊富に含む有機物の施用を行う．
③ 特定の物質を土壌に長期にわたって施用する（長期連用するという）ことにより，特定微生物の増殖（集積微生物という）をはかるなどが考えられる．

ただし，③の場合は特定物質の長期連用が微生物の集積を必ずもたらすとはいえず，かえって，特定物質の汚染を土壌にもたらす結果にもなりかねないので注意が必要である．

〔松本　聰〕

12.4.8 不耕起栽培

不耕起栽培は，一連の圃場作業の中から耕うんや整地の行程を省略する栽培法である．不耕起栽培用に開発された農機具により，種子を蒔く部位に溝を掘るか，または幅5 cm，深さ5 cm程度の表層土を砕き，播種とともに肥料（肥効調節型など）と除草剤を同時に施用し，収穫斬残査を圃場にもどすことを前提とした農法である．

不耕起栽培は，元来土壌および水の保全という観点から注目されてきた農法[1]である．特にアメリカの乾燥した大穀倉地帯では，はげしい風食と水食への対策としてこの40年間，不耕起の導入とその研究が続けられてきた．今日では，不耕起栽培法は，アメリカはもとより，ブラジル，メキシコ，オーストラリアおよびヨーロッパ諸国で急速な普及をみている．当初は，作物収量の減少が懸念されたが，収量確保を目的とした研究が多くなされ，栽培面積が着実に増加している．現在アメリカ農務省では，本農法を"最も経済的で有効な土壌浸食の防止策"と位置づけている．たとえば，1974年におけるアメリカ農務省の試算[2]によれば，不耕起栽培の面積は220万haで，これが2000年までに，6,200万ha，すなわちアメリカの農耕地の45％に達すると見積もられている．7種の主要な1年生作物（コムギ，オオムギ，ライムギ，オートムギ，コーン，ダイズ，ソルガム）の65％は，2000年までに不耕起で栽培され，2010年には78％に達するとしている．わが国においても第2次石油ショック（1973年）を契機として，農業のエネルギー利用効率の向上が急務となり，本農法の導入が東京大学農学部付属多摩農場（田無）および北海道農試で検討され，導入の可能性が認められている．

他方，わが国を中心に水田不耕起の技術開発が進んでいる．本技術は，学術的には水田マルチとして，佐賀県農試で開発された技術である．新鮮な稲わらを湛水条件下にある土壌表層に置くと，底土に生息する紅色光合成細菌が，太陽光線とわらの有機組成分から栄養素および高濃度の炭素が供給され増殖し，その窒素固定能により水田に窒素を

冨化させる．わらには光合成細菌のみでなく，種々のプランクトンおよび微生物の栄養源となり，自然の堆肥場となる．それにより水田の表層土をわらで覆うため雑草の発生も抑制する．水田不耕起栽培は，水稲栽培の新農法として発展が期待されている．

a. 不耕起栽培の歴史と背景

不耕起の起源は，青銅器や鉄器が使用される以前の原始的農業にさかのぼることができる．不耕起栽培とは，石器時代後期の人類，日本では縄文人，200年前のアメリカインデアン，現在では南米アマゾンやボルネオ島奥地の原住民が行っている手や木の棒で土に穴を穿ち，そこに種子を蒔く古代の農法と，農薬や化学肥料を生み出した近代科学を駆使した現代の農法との合体で，可能となった新農法である．

近代において今日の不耕起栽培の原型である stable mulching が行われたのは1930年代に風食防止のために北アメリカの大穀倉地帯の大平原（グレートプレーン）である．その背景には，1930年にアメリカの大平原に起こった大砂塵の嵐で，表土をアパラチア山脈を越え，アメリカ東部に運び，年々歳々空を黄色に覆った．この国家的災害は，①トラクターによる狭い等高線に沿う帯状地・点状地・段丘を破壊した巨大な耕地に単一作物の栽培，②乾燥地帯の牧草地の耕地化，③過放牧や森林の伐採，④不適切な耕作法，などでもたらされたものである．

この現象はアメリカのみでなく，世界的な規模で土壌侵食が深刻化している．作物別の土壌侵食をみると，裸地100％とした場合，トウモロコシは74％と最も大きく，牧草は0.7％と最も少ない．農地を裸地にしないことが，土壌侵食を防ぐのに大きな効果をもつ．不耕起栽培は，農作物残査による土壌表面被覆率が30％以上で，風食や水食による土壌侵食を防止する．

この新農法の急速な普及は，除草剤の著しい進歩と播種機の性能が一段と高まった1970年以降である．最近では，この超粗放的な不耕起農法に必須である高価な除草剤をはじめ，殺虫剤や殺菌剤の施用が極端に少なくてすみ，経済的な効果が大きい遺伝子組換え穀物の栽培が主流になりつつある．食糧輸出国，特にアメリカでは本農法を展開し，経済効率を求める限り，遺伝子組換え植物から逃れられない宿命をもつ．

b. 収　量

1) 畑農産物　不耕起栽培の収量については，Unger[1]が多くの研究データーから，良好な栽培条件では耕起栽培の収量とほとんど差がないと結論づけている．特に雨量の少ない乾燥地および半乾燥地では，土壌水分の保持能力が高い．その結果，増収を示すことが多い．不耕起栽培で増収する理由は水分保持能力の他に，①土壌の流亡がきわめて少ない，②土壌有機物の増加，③土壌の物理性の改善，④ミミズなどの土壌動物の働きによる土壌構造の発達，⑤微生物数・量の増大，などがあげられる．他方，半湿潤および湿潤地帯では，①湿害，②土壌表面の残査被蔽による地温上昇の抑制，③雑草との競合，④出芽不安定，などにより減収するケースがしばしば認められる．

わが国の不耕起栽培の歴史は新しく，収量が増大した事例としては，北海道の重粘地[3]の春コムギ，エンバク，トウモロコシおよびダイズなどである．トウモロコシやダイズの収量は，初期多少とも減少するが3年目あたりから差[4]がなくなる．同じ結果が関東のデントコーンで[6]得られている．不耕起栽培では，収量は減少せず，むしろ増収

するケースが多い．低投入で，収量を低下させない事実は，きわめて重要である．

2) 水　稲　水稲生産においても，畑農産物と同じように，減少せずにむしろ増加する例が多い．たとえば，育苗箱全量施肥の場合，玄米収量は慣行（化成肥料）農法に較べて被覆尿素400gで5％，被覆尿素600gで13％増収する．不耕起栽培は施肥窒素を6割節減した場合でも慣行区に較べて収量が高い報告[26]もある．不耕起栽培による水稲の形態をみると，根は太くて活性の高い白根が多く，根域も広く，量も多い．加えて，茎も太くなり逞しい姿となる．これは，水稲根が本来有している生命力を発現させる栽培法であることを示唆している．加えて，栽培湛水期間中，土壌表層が稲わらなどの収穫残査で覆われるため雑草防除の一助となる．関東の一部では，不耕起栽培米は，"エコロジー米"の名称で販売され，好評を得ている．

農林水産省および県の研究機関を中心にして，不耕起栽培用農機具と肥効調節型肥料とタイアップし，西南暖地では播種と施肥が同時に終了する不耕起直播栽培法，関東以北の寒冷地では育苗箱全量施肥法により田植と施肥が同時に終了する不耕起移植栽培法が開発され，いっそうの効率化が図られている．

不耕起直播栽培の利点は，①乾田直播に比較して作業が天候に左右されないこと，②排水不良水田でも作業が可能なこと，③条件によっては20年以上継続可能なこと，④水稲の生育は秋勝り型で登熟が良いこと，などである．他方，不耕起移植栽培の利点は，①省力効果が大きいこと，②水田期間の圃場の透水性や地耐力が向上すること，③田畑輪換を行う場合水稲作後作物の湿害が回避できること，④稲わらを鋤き込まないため根腐れ発生やメタンの発生が少ないこと，⑤代かき水の流出が少なく水質保全効果が高いこと，などである．

他方，欠点として，①地下水位が低い場合には減水深が大きくなること，②肥料の利用効率が低いこと，③雑草防除が困難であること，などが指摘されている．①透水の問題は，大規模区画化により避けることができる．なぜなら，砂質水田においても大規模化で縦浸透がすくなくなっているからである．透水係数の大きい中粗粒の灰褐色土壌で不耕起栽培を20年以上継続しても，漏水は認められていない[27]．すでにこれらの欠点を補う結果が得られている．すなわち，①の透水性の問題は，大規模区画化に伴って縦浸透は少なくなってきている[27]．②の肥効の問題は，肥効調節型肥料を播種溝播種に同時に接触施肥することにより利用率を高めることができる．③の雑草の問題は，播種前の防除は除草剤の改良で実用化の段階に達している．効果が低い湛水後の除草は，水田の横浸透を防止することが必要となる．

c. 省力・省エネ効果

1) 畑作物　この新栽培法は労働力，燃料および農機具を節減できるため，経費の節減または高能率，あるいはこの両者を兼ね備えており，従来法に較べて経済的にきわめてすぐれている[7]．これが不耕起栽培の大きな利点である．労働力および農機具の節減効果は，除草剤が高価なのである程度相殺される．しかし，現在では雑草の除草剤で行う方が経済的である[8]．たとえば，アメリカの各作付体系ごとに除草剤の経費を較べると，除草剤の方がコムギーソルガムで67％，コムギーコムギで41％，ソルガムーソルガムで39％，コムギーソルガムー休閑で25％，それぞれ経費を節減できる[9]．

イギリスでも不耕起栽培の穀物生産に要する農作業の経費は，耕起栽培の約半分[1]である．このように不耕起栽培は，きわめて省力・省エネ農法である．

わが国では，関東のデントコーンの不耕起栽培[10]で約50％の燃料節減，東北のデントコーン[6]では作業時間約30％および燃料約40％節減された．

2) 水　　　稲　　特に育苗箱全量施肥は不耕起移植栽培の適応性が高い．すなわち，本農法の特徴である耕起・代かき作業の省略に加え，育苗および本田期間の施肥が省略できるので，慣行栽培に比べて，省力・省エネ効果が大きい．金田[27]によれば，燃料および肥料費は慣行栽培に比べそれぞれ85％および37％減少し，除草剤費は12％増加する．その結果，総費用が21％節減（10aあたり）されるとしている．さらに，上記の計算に基肥や追肥の燃料費や作業労力も含めると，いっそうコストが削減される．今後，他の肥料成分（リン，カリ，ケイ酸など）接触施肥の開発が進み，実用化され，かつ大規模化が進めばさらにエネルギー投入量の少ない低投入施肥が実現する．

このように，本農法は経済性にすぐれた新農法であることが理解できよう．

d. 土壌理化学および生物性の特徴

1) 土壌の水分と構造

i) 畑　　地　　畑地の土壌水分の保持[11]は，不耕起栽培の最もすぐれた機能の一つである．不耕起畑の土壌表面の植物残査は，①太陽光線から土壌を遮蔽し大気への水蒸気の動きの抑制[12~14]すること，②土壌をマスクして水の表面流去を緩和させて浸透性を増加[14~16]させること，などにより土壌水分の蒸発を抑制し，植物に利用可能な水を保存する．不耕起畑は耐水性粒団を増加させる農法[15]で，耕起栽培に比べて約2倍多いとの報告[21]もある．畑地の安定性の高い粒団は，土壌表層の風食や水食を防ぐ働きが大きい．

ii) 水　　田　　不耕起水田は慣行田に比べ，地下水位は常時低い状態で，地盤浸透量は大きく，暗渠管からの排水量も多く，圃場の排水性に優れている．また，作土層は，①圃場含水比の減少すること，②仮比重の増加による圃場の乾燥化の進行すること，根成孔隙の発達量に対応して透水性が高くなること，などの特徴をもつ．不耕起水田では根穴が破壊されずに土中に保存されるので，それを通し地下水位の低下と圃場排水の改善がなされる．この根成孔隙は土壌中に3次元的連続性をもった立体管路網構造を有する．不耕起水田は，慣行水田に比べ，酸化層が厚くなり，グライ層の出現位置が低くなる．

2) pH値とカルシウム量および有機物量

i) 畑　　地　　不耕起畑のpH値は，慣行畑のそれに比べて低下する[19]．その低下は表層から10cmまでの部位に限定され，この傾向は雨量の多い地域に顕著である．この酸性化の主な原因は，表層に蓄積した植物遺体の分解で生成する有機酸類や硝酸によるカルシウム（Ca）やマグネシウム（Mg）などの塩基の流亡による．

不耕起畑の表層土壌は，慣行畑のそれと比べて冷涼・湿潤で，酸素に乏しく，酸性であるため有機物の分解が抑制し，土壌有機物を増加させる[20,21]．土壌有機物量の分布は普通，植物遺体が集積する表層0~3cmの部位に局在する．わが国の火山灰土壌の不耕起栽培では，有機物集積効果は非火山灰土壌よりも大きく，深さ25cmに至るまで

ii) 水　田　不耕起水田のpH値は慣行水田に比べpH値が低下する．カルシウムを下方に洗い流したことによる．

不耕起水田の表層土壌は，畑地と同様に有機物が集積していた．表層0～3cmの部位に集積していた．したがって，不耕起栽培は，畑および水田とともに作土表層に有機物を集積させる．

3) 土壌の動物と微生物
i) 畑　地　不耕起畑土壌のミミズや節足動物数[23～25]は，慣行畑土壌よりも2～9倍も富化する．土性の細かい粘土質土壌においても，ミミズや作物根で形成される孔隙により水分保持能力は次第に改善される．わが国の火山灰土壌においても部分耕（ロータリにより1/4を耕起）では耕起に認められないミミズが生息し，かつトビムシやササラダニが著しく多くなる[6]．トビムシやササラダニは土壌病原菌を捕食するので，土壌病害の軽減機能を有する．すなわち，不耕起栽培は土壌病害防除型の新農法であるといえる．

不耕起栽培の微生物フロラ[22]は，表層すべての微生物フロラが著しく増大する．特に嫌気性細菌や脱窒菌の増加が顕著で，作土層上部のみならず，下部でも富化する．しかしながら，下部では酸素の供給が制限されるため，糸状菌や好気性細菌は減少する．わが国の火山灰土壌の不耕起においても微生物[17]は作土上部（0～5cm）に集積する．

ii) 水　田　不耕起水田（八郎潟：秋田）土壌の細菌数は，不耕起水田の方が慣行水田よりも多く，特に最表層の0～2cmの部分で富化していた．また，pH値が改善されていた作土下部で菌数が増加していた．また，炭素代謝に関与する不耕起のセルラーゼ活性をみると，細菌数と同様に表層3cmまで高く，再度pHが改善されている作土下部から鋤き床層が高くなっていた．　　　　　　　　　　　　　　　〔金澤晋二郎〕

文　献
1) Unger, P. W. and McCalla, T. M.：*Adv. Agron.*, **3**, 1-58, 1980.
2) Philips, R. H. *et al.*：*Science*, **208**, 1108-1112, 1980.
3) 渡辺治郎ほか：北農試研報, **148**, 139-156, 1990.
4) 小川治郎ほか：北農試研報, **124**, 81-94, 1988.
5) 坂井直樹ほか：農作業研究, **22**, 113-119, 1987.
6) 板倉寿三郎，中村好男：東北農業研究, **45**, 125-126, 1992.
7) Freebarin, D. M. *et al.*：*Soil and Till.*, 8, 211-229, 1986.
8) Mielke, L. N. *et al.*：*Soil and Till.*, 8, 211-229, 1986.
9) Smith, D. S. *et al.*：*Arioglu. Agronomy J.*, **79**, 570-576, 1987.
10) 坂井直樹ほか：農作業研究, **22**, 229-235, 1987.
11) Ungar, P. W. and Wiese, A. F.：*Soil Sci. Soc. Am. J.*, **43**, 582-588, 1979.
12) Ellis, F. B. *et al.*：*Soil and Till. Res.*, 8, 253-263, 1982.
13) Boton, F. E. and Booster, D. B.：*Trans. ASAE* 24, 59-62, 1981.
14) Derpsch, R. *et al.*：*Soil and Till. Res.*, 2, 115-130, 1982.
15) Culley, J. L. B. *et al.*：*Soil Sci. Soc. Am. J.*, **51**, 47-49, 1987.
16) Dick, W. A.：*Soil Sci. Soc. Am. J.*, **47**, 102-107, 1983.
17) 金澤晋二郎：第8回環境連合講演会論文集, p.31-38, 日本学術会議, 環境工学研究連絡委員会, 1993.
18) Klaedivko, E. J. *et al.*：*Trans, Agron. J.*, **69**, 383-386, 1986.

19) Monschler, W. W. et al.：*Agron. J.*, **65**, 781-783, 1973.
20) Blevins, R. L. et al.：*Agron. J.*, **69**, 383-386, 1977.
21) Doran, J. W.：*Soil Sci. Soc. Am. J.*, **44**, 765-771, 1980.
22) Doran, J. W. and Power, J. F.：*Special Publication*, No.23, p. 441-455, The Univ. Georgia, Coll. Agric. Exp. Stn., 1983.
23) Nakamura, Y.：*Pedobiologia*, **33**, 389-398, 1989.
24) Stinner, B. R. et al.：*Soil and Till. Res.*, **11**, 147-158, 1988.
25) 松崎　巌, 板倉寿三郎：農業技術, **48**, 364-369, 1988.
26) 金田吉弘：水稲の育苗箱全量施肥・不耕起移植栽培法. 新農法への挑戦（庄子貞雄編），203-220, 1995.
27) 長期不耕起圃場調査報告書，全国農業協同組合連合会，1993.

12.5　解　析　手　法

12.5.1　安定同位体比と負荷源の特定

　炭素・窒素には二つの安定同位体が存在する．^{13}C は atom％で1.11％，^{15}N は0.366％である．同位体分子（異なる同位体をもつ分子）の化学的性質はよく似ているが，分子量が異なるため，おのおのの統計熱力学的な定数は若干異なり，関与する物理・化学・生化学反応において異なる挙動を示す（同位体分別）．たとえば，^{14}N-O 結合は ^{15}N-O 結合より切れやすく，硝酸同化や脱窒では同化産物や窒素ガス中の$^{15}N/^{14}N$比は小さくなる．すなわち，生物界のすべての物質は，その基質の同位体比と生成経路の同位体分別によって，特徴ある同位体比を示すことになる．この事実を通称，安定同位体のフィンガープリントと呼んでいる．同位体分別係数（α）は分子の統計熱力学的な性質の差に起因するため，反応経路が同じであれば，生物種に関係なくほぼ同じような値となる．また，同位体比の分布，変動は全生物界を通して，分子内から生態系まで，ある種の統一された姿を示すようになる．別の言葉でいえば，自然界は壮大な生元素安定同位体のトレーサー実験の場とみなすことができよう[1]．

　同位体比の変動は，きわめて小さいため，次のように定義された δ‰（デルタパーミル）を用いて，その存在比を表すのが慣例となっている．

$$\delta^{13}C \text{ あるいは } \delta^{15}N = \frac{R\text{（試料）} - R\text{（標準）}}{R\text{（標準）}} \times 1000$$

ここで，R は $\delta^{13}C/^{12}C$ と $^{15}N/^{14}N$ であり，炭素の標準としては炭酸カルシウムである化石の矢石（これは海洋の全炭酸の $\delta^{13}C$ 値にほぼ等しい）をまた窒素の場合は大気中の N_2 ガスを用いる．δ値が0であれば R は標準物質と等しく，プラスは ^{13}C や ^{15}N がより多くなることを意味している．

　a．2ソースモデル

　自然界では ^{13}C や ^{15}N の存在量が少ないため，同位体比の異なる2種の物質（δ_1 と δ_2）が混合すると，$\delta_1 f + \delta_2 (1-f) = \bar{\delta}$ が成立する．ここで，f は値 δ_1 をもつ物質の全体に対するフラクションで，$0 \leq f \leq 1$ の値をとる．したがって，δ 値の異なる二つの物質が混合する系では，全体に対する両者の比率を計算することが可能となる．以下にはこの応用例としての具体的な事例を示す．

　① 窒素固定系ではその同位体分別係数は小さく，大気中の窒素ガスに比べて，生成

した有機態窒素は−2.0‰となる[2]．一方，土壌有機物はアンモニアの揮散や脱窒のため4〜6‰の値となっている．したがって，ダイズなどのマメ科植物や肥料木の$\delta^{15}N$値を測定することによって，窒素固定由来の窒素が全植物体に寄与する割合を上記の式から計算することができる．土壌窒素の$\delta^{15}N$値は周辺の非豆科植物から知ることができる．

② アンモニアの揮散では大きな同位体分別が起こり，系内の窒素化合物の$\delta^{15}N$が高くなる．たとえば，牛舎排水の影響がある地下水中の硝酸態窒素の$\delta^{15}N$値は10‰以上18‰に達する．これに対して，自然条件下では3〜7‰であり，両者の寄与率は2ソースモデルによって試算することができる．最近地下水の汚染を探る1方法として，その硝酸態窒素の$\delta^{15}N$を測定することがさかんになってきている[3]．

このほか，2ソースモデルはいろいろな場で使われているが，主なものとしては，C_3とC_4植物が起源となる有機炭素負荷源の特定，植物への堆肥窒素の寄与率の見積り，沿岸堆積物中の陸起源有機物の寄与率の特定などがある．

③ 前述したようにN−O結合の開裂は大きな同位体分別を伴う．ある系内で全体の硝酸のうちfフラクション脱窒が起こると，

$$\alpha = \frac{\ln(1-f)}{\ln(1-rf)}, \quad r = \frac{R(\text{生成物 N})}{R(\text{NO}_3^-, t=0)}$$

の式が成立し，脱窒の進行の程度を試算することができる．たとえば，周辺の内湖，河口を含む琵琶湖では流入窒素の30〜40％が脱窒で失われ，湖内の硝酸の$\delta^{15}N$は高くなっている[4]．

b. 3ソースモデル

ダイズ畑では窒素源として，肥料（f_1），窒素固定（f_2），土壌窒素の三つがある．したがって，生育したダイズの$\delta^{15}N$は次の式で表すことができる．

$$\overline{\delta^{15}N(\text{ダイズ})} = f_1 \delta^{15}N(\text{肥料}) + f_2 \delta^{15}N(\text{N}_2\text{固定}) + f_3 \delta^{15}N(\text{土壌})$$

$$f_1 + f_2 + f_3 = 1.0$$

いま，$\delta^{15}N$の異なる硫安肥料（−20〜+50‰）を調製し，圃場で大豆を生育させる．このとき各プロットには量は同じであるが$\delta^{15}N$値の異なる硫安を施肥する．生育後，$\delta^{15}N$（N_2固定）および$\delta^{15}N$（土壌）はほぼ一定であるとみなすと，図12.13の関係が成立し，直線の勾配からf_1，Y切片の内分比からf_2とf_3を計算することができる．北海道芽室でのこの種のダイズ生育実験の結果では，非常によい直線関係が得られ，ダイズ窒素固定の葉による診断法が提案されている[5]．

〔和田英太郎〕

文　献

1) 和田英太郎：遺伝，**47**(5), 10-14, 1993.

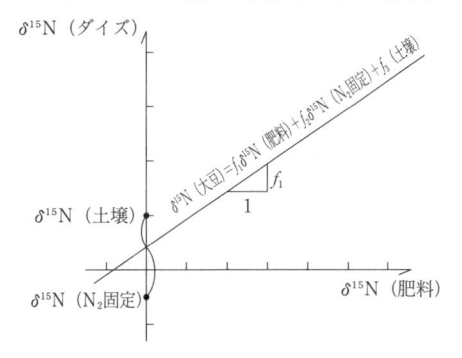

図12.13　3ソースモデルの模式図（和田ほか）[5]

2) 米山忠克：土肥誌, **58**, 252-268, 1987.
3) 朴　光来ほか：土肥誌, **66**, 146-154, 1995.
4) 和田英太郎, 山田佳裕：化学, **49**, 719-723, 1994.
5) Wada, E. *et al.*：*Plant and Soil*, **93**, 269-286, 1986.

12.5.2 元素分析法の進歩
a. 試料の前処理（分解法）の進歩

　植物体の分析，特に微量および超微量元素の分析では，試料の灰化方法が決定的な重要性をもっている．多量元素の分析に広く用いられている乾式灰化法は低沸点の元素の揮散があることに加えて，灰化過程中に炉材などからの汚染の危険性が高いことから有効な方法とはいいがたい．同様なことは，開放型の容器を用いた湿式灰化法についても認められ，クリンルーム内での操作を前提としない限り，超微量元素の分析には不都合な点が多い．

　金属製の外筒内に入れたテフロン製の密閉容器中で加圧下で分解を行う，テフロンボンブ法は分解時間が短縮できる，酸の消費量が少ない，汚染が防止できる，揮散性元素の損失が少ない，などの利点からかなりの普及をみせている．しかし，試料量が多くとれない，爆発の危険性がある，装置の耐久性が低いなどの問題点が指摘されている．これらの難点を克服したものとして，最近のマイクロウェーブを用いて，同じくテフロン製の密閉容器内で加熱分解する方法が提唱されている．容器の容積もボンブ法よりは格段に大きく，加熱も内部より発生する熱を利用するので分解は一段と能率的である．さらに，試料の分解を硝酸のみで行うことができ，後述のICP-MSでの定量の妨害となる塩素および硫黄を含む過塩素酸と硫酸の使用を回避できる点でもすぐれている．

　上記の前処理で得られた分解液の直接噴霧で，試料の種類によって大きく異なるが，一般にリチウム（Li），ホウ素（B），アルミニウム（Al），バナジウム（V），クロム（Cr），マンガン（Mn），鉄（Fe），コバルト（Co），ニッケル（Ni），銅（Cu），亜鉛（Zn），ルビジウム（Rb），ストロンチウム（Sr），モリブデン（Mo），カドミウム（Cd），バリウム（Ba），鉛（Pb）などの元素が試料中で比較的高い濃度で存在していれば（>1 mg/kg）容易に定量可能である．なお，上記元素の一部は多量元素と同時にICP-AES法（後述）によって求めることも可能である．

b. 濃度測定法の進歩

　濃度の測定法（狭義の分析法）は数多くあるが，ここでは代表的な下記の機器分析法について述べる．

　1） 原子吸光法（AAS）　　現在最も広く用いられている方法であり，大きく分けて次の二つの方式がある．

　i） フレーム原子吸光法　　本分析法は化学炎で原子化を行うものであり，下記の諸点ですぐれている．①精度がよく，高感度である，②共存物による物理的干渉が少ない，③光学的な干渉が少ない，④操作が比較的容易で分析も迅速である，⑤比較的安価な装置であり，高価なガスも必要としない．

　一方問題点としては，①元素ごとにランプが必要で，原則として単元素分析である，

②原子化困難な元素（アルミニウム，ホウ素，ケイ素，チタン）では感度が悪い，③化学的干渉が大きい（代表的な例はカルシウムに対するリンの妨害），④定性分析が困難である，⑤検量線の直線範囲（ダイナミックレンジ）が狭い，などがあげられる．

ii) 電気加熱原子吸光法　　上記の方法に対し，本方法は目的元素の原子化に電気加熱炉を用いる方式であり，AASの一般的な特徴を有しているがフレーム法と異なるのは次の点である．①きわめて高感度であり，フレーム法よりも3桁は感度がよい，②しかし，精度（再現性）は著しく劣る，③共存物による干渉もきわめて大きく，標準添加法による定量が必要である，④迅速性に欠け，分析能率はきわめて悪い．

2) 高周波誘導結合プラズマ-発光分光法（ICP-AES）　　発光分析法は古い歴史をもつ分析法であるが従来の光源には欠点が多く，一時はAASの蔭に隠れて衰退の一途をたどるかにみえた．しかし，ICPというすぐれた光源の開発で，再び発光分析法の普及が始まっている．

本法は次の諸点ですぐれている．①多くの元素に関して高感度であり $\mu g/L$ レベルの分析が可能である．特に，原子吸光法で感度が低いアルミニウム，ホウ素，ケイ素，チタン，バナジウムなどの感度が高い，②分析可能な元素が多く，しかも装置の設定条件を大きく変えることなく同時分析が可能である，③利用できる発光線が多く，多様な分析条件の設定が可能である，④ダイナミックレンジが広く，多量・微量および超微量元素の分析が希釈なしで行える，⑤AASで問題となる化学的干渉およびイオン化干渉が少ない，⑥安定性にすぐれ長時間の連続分析が可能である．

一方，下記の問題点がある．①共存物による影響を受けやすく，ベースラインや感度が大きく変化する，②光学的干渉が大きい，③逐次分析（スキャニング）型装置では分析能率は高くはない，④操作性，データの解釈はAASよりも困難である．

最近はICPを水平方向に配置した（軸方向測光）方式や半導体検出器を装着した装置が登場してきており，さらに一段と強力な分析手段となるものと期待される．

3) 高周波誘導結合プラズマ-質量分析法（ICP-MS）　　本分析法は簡単にいえば上記ICP-AESで用いている分光器を質量分析器に置き換えたものである．したがって，本法の特長の多くはICPによるものでICP-AESと共通する部分が少なくない．さらに，質量分析装置の長所が加わり，①感度が非常に高く（ICP-AESよりも3桁以上）ng/L レベルの分析が可能である，②ダイナミックレンジが広い，③多元素同時（超高速逐次）分析が可能である，④スペクトルが非常に単純である，⑤高い選択性をもつ，⑥同位体の分析が可能である，などの特徴をもっている．

一方，問題点には次のものがある．①共存物の影響を強く受ける，②精度が悪い，③操作には相当の熟練を必要とする，④超低濃度レベルでの分析に必要な種々の周辺技術の開発を必要とする．

以上のように，各分析法にはそれぞれ特徴があり，分析対象元素の種類と濃度レベル，要求される分析精度や能率などを考慮して最適方法を選ぶことが肝要である．

〔山崎慎一〕

12.5.3 リモートセンシングによる環境解析の手法

リモートセンシング (remote sensing) は,「すべての物体は,種類および環境条件が異なれば,それぞれ異なる電磁波の反射・放射特性を有する」という原理に基づいて,「離れた所から直接触れずに対象物を同定あるいは計測し,また,その性質を分析する技術」である.一般的には,航空機や人工衛星などのプラットフォームに搭載したセンサを用いて,観測対象物から反射または放射される電磁波を収集し,そのデータを用いて地形,土壌,水,植生,土地利用とそれらの変化などの情報を得る技術をいう.

リモートセンシングデータから情報を得る手順は,まず,目的に適した衛星等のリモートセンシング・データを入手し,前処理として大気の影響に関する歪みの補正や地図座標に変換する幾何補正を行う.次いで,グランドトルースデータ(現地調査)に基づいて,各種の演算や分類処理によって対象物の特徴を把握し,解析結果は評価・予測など目的に応じて利用される.

リモートセンシングデータとして,1972年以来のランドサット(LANDSAT,米)はじめ,スポット(SPOT,仏)や気象衛星ノア(NOAA,米)の衛星データが環境・資源調査に利用されてきた.2000年から高解像商業衛星イコノス(IKONOS)が利用可能になった.また,ERS-1 (ESA), JERS-1(日), RADARSAT(カナダ)などにはSAR (synthenic aperture rader, 合成開口レーダ)が登載されている.可視・近赤外域センサは,太陽光の当たらない夜間や雲の下は観測できないが,能動型のマイクロ波センサ衛星に搭載したアンテナから地上にマイクロ波を連続的に発射し,その反射波を捉えるので,雨天や夜間でも観測できる.

衛星リモートセンシングの利点は,①可視域から眼には見えない赤外域,あるいはマイクロ波までの多波長域で,②広い範囲の同じ地域を,③一定の周期で繰り返し観測し,④少ない統計データで対象全域を解析できることである.

センサによって観測幅,地上分解能,時間分解能,そしてスペクトル分解能が異なるので,解析にあたっては,それぞれの特長を生かしてデータを利用する必要がある.LANDSAT 5号(米)の場合は,高度700 kmで,1日14回地球を回り,16日目の同じ時刻(9時35分)に同じ地域(180 km平方)を,多量分光走査放射計(MSS)とセマテックマッパー(TM)の2つのセンサで観測している.MSSの観測波長域は可視光2バンド,近赤外2バンドの4バンドからなり,解像力は地上換算80 mである.TMは5号からデータ供給しているセンサで可視3(近赤外1,中間赤外2,熱赤外1の7バンドの波長帯域をもち,地上分解能は約30 m(熱赤外域のバンド6のみ120 m)である.

グランドトルースは,リモートセンシングデータと観測対象物との対応関係を明らかにするために,地上の実態に関する情報を観測・測定・収集することをいう.調査方法としては,現地での目視観測,分光計などの各種装置による測定が主であるが,空中写真の判読や文献,主題図,地形図などの既存資料の調査も含まれる.リモートセンシング・データの幾何補正のための基準点の設定やグランドトルース地点の正確な位置を特定するためにはGPS (global positioning system, 汎地球測位システム)が必要である.GPSは,カーナビゲーションシステムに代表される衛星を用いた測位技術で,機器か

ら緯度，経度，高度を読みとり，記録することができる．

　リモートセンサで得られるデータは，通常マルチスペクトル（多重分光）画像データである．画像データの解析手法は，主に土地被覆分布図や土壌分布図の作成などで用いる定性的分類方法と，腐植含量分布図作成で用いる定量的推定方法に分けられる．定性的分類方法は，土壌，植生，水などの太陽光に対する分光特性が異なることを利用してマルチスペクトル画像から多変量解析で対象の分類を行う．定量的推定方法は，特定の波長の電磁波エネルギーが対象の組成や定量的な特性を反映することを利用する．その推定手法として，対象の電磁波に対する性質を物理・化学的にモデル化して求める手法と，グランドトルース・データ (ground truth data) と対応する画像から統計的に求める手法がある．土地利用の変化や植物の成長の解析には季節や年次の異なる複数のデータを組み合わせることが有効である．植物の生育量を強調する演算として植生指数NVIが知られている．植物は葉緑体による吸収のため赤域での反射 (R) は低いが，近赤外域 (IR) では葉面で反射するため高い値を示す特徴をもつことから，

$$NVI = (IR-R)/(IR+R)$$

で示される．

　環境の変化などの衛星データから得られた情報から，その変化の要因や背景，変化の影響などのより高度な評価や計画，予測を行うためには，GIS (geographic information system，地理情報システム）を利用することが不可欠である．GIS は，リモートセンシングデータや地図データなどの地理情報を，位置的な分布を示す空間情報とその領域が有する特質を表す属性として，コンピュータで統合的に蓄積・管理するシステムである．地理情報を利用目的に応じてわかりやすく表現したり，検索・分析・解析を効率的に行うことができる．地理情報の表現モデルは，ベクター形式とラスター形式がある．ベクター形式では点，線，領域で描かれ，それぞれに属性が付与される．ラスター形式では，空間を規則的にグリッド（メッシュ）に分割し，各グリッドに属性を与えて散る空間を表現する方法である．リモートセンシング画像のデータはラスター形式である．

〔福原道一〕

文　献

1) 秋山 侃ほか編：カラー解説・農業リモートセンシング，養賢堂, 165 p, 1996.
2) 和田清夫ほか：リモートセンシング, 朝倉書店, 280 p, 1976.
3) 安仁屋政武，佐藤 亮訳：P. A. バーロー・地理情報システムの原理・古今書院, 232 p, 1990.
4) 日本リモートセンシング研究会編：図解リモートセンシング, 日本測量協会, 308 p, 1992.

13. 分子生物学

13.1 分子生物学の基礎技術

　植物栄養・肥料学の分野でも，急速に分子生物学的技術が応用されるようになり，今では必須の実験技術の一つとして位置づけられる．本章では，分子生物学の基礎技術について記述する．

　分子生物学では，実験技法の発展から，DNA，RNA をほとんどの場合の対象としており，タンパク質は技術の発展が遅れていることがあって残念ながらあまり対象にならない．また，"分子"の狭義の定義では核酸分子のみを対象とする可能性もある．

　分子生物学的技術は，基礎生物学分野全般でもすでに基礎技術としての地位を確保しており，そのため英文・和文の実験技術書はすぐれたものが多数出版されてきた．本章では，その内容をあえて重複させることをせずに，まず紹介する．

　英文の実験書として，すでに古典の地位を確保した，

　　Molecular Cloning—A Laboratory Manual—[1]
　　Current Protocols in Molecular Biology[2]

を座右の書とすることをお勧めする．

　和文の実験書として植物栄養・肥料の分野で有用な技法が満載されているのは，

　　"細胞工学"別冊　バイオ実験イラストレイテッド 1，2，3 [3~5]
　　"細胞工学"別冊　植物細胞工学シリーズ 2，4，5 [6~8]

である．わかりやすい記述で即実行に移しやすいシリーズとして，定評がある．

　分子生物学的技術の目的は，遺伝子を単離してきてその遺伝子が植物の栄養学・肥料学的にどのような機能をもっているかを研究することであるといえる．したがって，これらの書から，

　① 遺伝子のクローン化
　② 塩基配列の決定
　③ 単離あるいは改変遺伝子の植物体への遺伝子再導入

を学んでいただきたい．

　本章では，これら分子生物学的技術の基礎となっている（しかしながら，最近ふれられることの少なくなった），組換え DNA 実験に限定して詳述することにする．

13.1.1 組換え DNA 実験技術の意義

　組換え DNA 実験技術とは，ある生細胞内で増殖可能な DNA と他の DNA との組換え分子を，酵素などを用いて試験管内で作製し，それを生細胞に移入し増殖させる実験

技術である．そして，増殖可能なDNAをベクター，ベクターに組み込むDNAを供与体DNA，ベクターと供与体の結合分子を組換えDNA，組換えDNAを移入する細胞を宿主，組換えDNAを保有する宿主を組換え体と呼ぶ．

組換えDNA実験技術の特色は，ベクターにつなぐ供与体DNAについては，原理的にその種類に制限がなく，任意のDNAを用いることができる点にある．DNAは一部のウイルスを例外として，地球上のあらゆる生物の遺伝物質として普遍的なものであるので，たとえばヒトのDNA断片を適切なベクターにつなぐことによって，細菌の細胞に移入し，ヒトの遺伝子を保持したまま増殖する細菌をつくり出すことも可能なわけである．いいかえれば，自然界で交雑可能な種または属の壁をはるかに越えて遺伝的雑種をつくり出す手段が，この技術によって産み出された．それによって，これまで以上に広範囲な有用遺伝子を供給原として農作物に移入し，品種改良をはかったり，増殖力の弱い高等生物から，微量有用物質を生産する遺伝子DNAを取り出し，これを増殖のさかんな微生物に移入することにより，大量に生産する可能性などが生じてきた．

組換えDNA実験技術のもう一つの特色は，多種多様な遺伝子を含む生物体のDNAの中から，特定の遺伝子のDNAだけをベクターにつなぎ，組換え体の中で増殖させることを可能にした点である．これが遺伝子のクローン化と呼ばれているものであって，それにより，特定の遺伝子のDNAだけを抽出してその構造を解析することが可能になった．クローン化された遺伝子に試験管内で化学的な修飾や変更を加えることによって，突然変異遺伝子に相当する人工遺伝子を計画的に効率よく作製することも可能になった．さらに，宿主染色体とプラスミドの増殖率の差を利用して，細胞あたりのクローン化した遺伝子数の増加（遺伝子の増幅と呼ばれている）をはかったり，宿主細胞の中での外来遺伝子の発現を高める効果のあるDNA断片を，ベクターと供与体DNAの間に挿入するなどして，クローン化した遺伝子による物質生産をきわめて効率よく達成させる方法が導かれた．

以上に述べたように，組換えDNA実験技術はバイオテクノロジーにおける新技術として，遺伝子操作レベルにおける幾多の特色をそなえている．しかしながら，この技術を広範囲な生物に適用するためには，さらに数多くの技術開発を必要とすることを心得ておかねばならない．特に，この技術の特長ともいうべきベクターの開発が遅れているために，利用できない宿主が多数存在する点を留意しなければならない．また，組換えDNA実験技術とともに，各種のバイオテクノロジー技術を総合的・有機的に活用してはじめて，物質生産や品種改良などへの実用化が達成されることも十分念頭におかなければならない．

13.1.2 実験過程の概要

組換えDNA実験技術は，細胞の取り扱い技術とDNAの抽出・分析・合成技術に加えて，形質転換や組換え体の選抜などの遺伝学的操作をも含む複合した技術である．

用いる技術によって大きく2群に分けることができる．第1群は，基本的には従来形質転換法として知られていたものに該当する．要点は，目的とする遺伝子DNAを宿主細胞に移入し，自己増殖させて形質を発現させることにある．そうした技術に対する理

解を深めるためには，宿主として用いる細胞の培養法，ならびに微生物遺伝学で発達した突然変異体や遺伝子組換え体の選抜・検定法などの生物学的手法を熟知することがきわめて有効である．もう一方の過程は，DNAの抽出・精製，酵素処理，電気泳動による分画などの生化学的手法に重点がある．こうした生物学的手法と生化学的手法の両刀使いが必要とされるわけである．

13.1.3 実験計画上の留意点

実験の計画を立てるにあたっては，用いる供与体，宿主およびベクターの組み合わせを選定することが第1要件となる．それらの適切な選定が実験方法の選択に大きく関わり，ひいては実験の成否にも関わってくる．以下に選定の際の目安となる重要なポイントを掲げておく．

a. 供与体の選定

供与体は，目的とする遺伝子のDNAを保有する生物であり，実験の目的が決まれば必然的に定まってくるものである．しかしながら，ある生物の遺伝子のクローン化を組換えDNA実験によって行おうとする場合に，その生物種のどの系統を用いるかについては選択の余地がある．この場合には次の項目が配慮の対象となる．

① 系統維持が確立されたものであること（実験の再現性を保証する上で重要である）．
② 入手できるなら遺伝子構成についての分析が行われているものであること（組換え体の選抜方法などを計画する上で重要である）．
③ 一つの系統で不成功の場合には，制限酵素などの試薬の種類を変えるばかりでなく，異なった系統についても試みてみること（機能の同じ遺伝子領域のDNAであっても，系統により制限酵素切断点の分布が異なる場合がある）．

供与体は供与体DNAの調製に使われるものであり，DNA抽出の成否はDNA抽出に用いる細胞の種類によっても左右される．したがって，微生物の場合にはどのような条件で培養した細胞であるか，また多細胞生物の場合には，どのような組織から抽出するかにも留意することが望ましい．

高等生物の遺伝子を組換えDNA実験によってショットガン法でクローン化することは，有効な組換え体選抜方法がないときわめて困難である．この問題を解決するために，目的とする遺伝子の転写産物であるメッセンジャーRNA（mRNA）をまず細胞から抽出精製し，これを鋳型として逆転写酵素により相補DNA（cDNA）を人工合成する方法が頻用される．この場合には，目的とするmRNAをなるべく大量に生産する組織を，RNA抽出用に選ぶことが必要である．また，遺伝子産物としてのタンパク質のアミノ酸配列が判明している場合には，遺伝暗号解読表に従って，情報源となる遺伝子の塩基配列を推定し，その塩基配列をもつDNAを人工合成する方法もとり得る．

b. 宿主の選定

宿主となる細胞は，目的とする遺伝子の増殖・発現の場としてきわめて重要である．その選択にあたっては，まず次の2点の配慮が必要である．

① 適切なベクターの組み合わせが得られること．

② 組換え体の選抜に有効な遺伝形質をそなえていること．

さらに，組換え DNA 実験の安全確保の面から，

③ できるだけ生物学的封じ込め効果の高いものを選定することが望ましい．

組換え体を生物生産などに利用する場合には，

④ 培養条件下での増殖力が高いこと．

⑤ 目的とする産物を効率よく生産し得る遺伝子組成をそなえていること．

を考慮する必要がある．また，植物を宿主として用いる場合には，

⑥ コンピテント細胞の作製が可能であり，しかも組換え DNA を移入したあとに，組換え体として増殖可能であること．

が必須となる．育種を目的として組換え体植物を作製しようとする場合には，

⑦ 組換え体培養細胞から再生分化が可能である．

という条件がさらに加わる．

c. ベクターの選定

ベクターは組換え DNA 実験に最も特徴的な構成員である．ベクターの自己複製能は宿主の遺伝的特性に依存しているので，特定の宿主を選定すれば，それと組み合わせて選択できるベクターの種類も限られるが，その限られた範囲内でもきわめて多種のものが改良され使用されるようになってきている．ベクター改良の歴史を学ぶことは，どのような性質をそなえたベクターがより望ましいベクターであるかを理解し，さらに手もちのベクターをさらに改良するための戦略を考える上できわめて有効である．

組換え DNA 実験を計画する場合に，ベクターの選定にあたって一般的に配慮すべき点としては，以下の諸項目があげられよう．

① ベクターとしての諸機能を失わない範囲において，なるべく小さいものであること（ベクターを無傷の分子として抽出するため，および宿主細胞へ効率よく移入するために特に重要である）．

② 宿主細胞内で安定に維持されるものであること（宿主との組み合わせ如何により，自己複製能が正常でも宿主細胞の分裂に伴う分配がうまくいかない場合があるので注意する必要がある．また転移性遺伝要素の存在により，組換え DNA に部分的な欠失などが起こる可能性も配慮を要する）．

③ 細胞内でのコピー数が適切であること（一般的に多コピーベクターを用いる方が組換え DNA の抽出，遺伝子産物の増収に有効と考えられているが，コピー数が多くなると宿主細胞の代謝平衡をくずすために組換え体の増殖能が低下したり，組換えた遺伝子の発現が抑制されることもあるので，注意する必要がある）．

④ 適切な制限酵素切断点を含んでいること（ショットガン実験で，各種の制限酵素を用いて調製した DNA 断片を供与体として使用する計画の場合には，特になるべく多種の制限酵素の切断点をそれぞれ 1 個ずつもつことが望ましい）．

⑤ 宿主細胞に移入したあとに，組換え体を効率よく選抜できるような標識遺伝子を含んでいること（目的とする遺伝子が直ちに組換え体で発現しなかったり，発現しても宿主細胞の集団中より組換え体細胞を効果的に選抜する方法がないときには特に重要である）．

組換えた遺伝子による産物の生産を目的とする場合には，目的とする遺伝子のクローン化を行う"クローニングベクター"に加えて，宿主中での発現に有効な遺伝子調節領域を組み込んだ"発現ベクター"，産物を細胞外に分泌させることにより生産量を高める働きをもつ"分泌ベクター"，異なった複数種の宿主で自己複製できる"シャトルベクター"などが開発されているので，それらを適切に組み合わせて利用することが望ましい．

以上の諸要件に加えて，実験の安全確保のために，宿主との組み合わせで，安全性の保証できるベクターを選定することを配慮しなければならない．

供与体DNAの種類および宿主とベクターの組み合わせが定まると，組換え体作製のそれぞれの手順は，標準的な方法が経験的に知られているので，それらの中から適切な方法を選定することになる．たとえば，宿主細胞への組換えDNAの移入については，細菌宿主に広く用いられる"カルシウム法"，高等生物細胞で頻用される"リン酸カルシウム沈殿法"，"封入体融合法"あるいは大型細胞に適用される"マイクロインジェクション法"などの中から，宿主の特性に応じて最も適切なものを選ぶ必要がある．

本章では，分子生物学的基礎技術の基本である組換えDNA実験技術の，そのまた基礎となる留意点について詳述した．これをもとに，冒頭にあげた実験技術書を参照していただけると理解が深まると期待している．〔米田好文〕

文　献

1) Sambrook, J., Fritsch, E. F. and Maniatic, T : Molecular Cloning—A Laboratory Manual—2nd Edition, Cold Spring Harbor Laboratory Press, 1989.
2) Ausubel, F. M. *et al* : Current Protocols in Molecular Biology, Greene Publishing Associates and Wiley-Interscience, 1987.
3) 細胞工学　別冊　バイオ実験イラストレイテッド1，分子生物学の基礎，秀潤社，1995．
4) 細胞工学　別冊　バイオ実験イラストレイテッド2，遺伝子解析の基礎，秀潤社，1996．
5) 細胞工学　別冊　バイオ実験イラストレイテッド3，PCRとクローニング，秀潤社，1996．
6) 細胞工学　別冊　植物細胞工学シリーズ2，植物のPCR実験プロトコール，秀潤社，1995．
7) 細胞工学　別冊　植物細胞工学シリーズ4，モデル植物の実験プロトコール，秀潤社，1996．
8) 細胞工学　別冊　植物細胞工学シリーズ5，植物のゲノムサイエンス，秀潤社，1996．

13.2　養分吸収と転流の分子生物学

植物栄養学に携わる研究者にとって，養分吸収や転流を制御する遺伝子をクローニングし，そのコードするタンパク質の構造や機能を明らかにすることは，長年の懸案事項であった．最近，分子生物学や遺伝学の手法を用いて硝酸イオンなどの養分吸収に直接関与するとみられる遺伝子や転流を直接制御していると考えられてきたスクローストランスポーターの遺伝子が単離され始め，これらの研究分野に飛躍的な発展がもたらされる時代が訪れた．また，シロイヌナズナを用いた研究により，植物栄養学の分野に関連したさまざまな変異株が単離され始め，その変異の原因遺伝子も単離され始めている．

ここではまず，硝酸イオンの吸収をつかさどるトランスポーターの遺伝子の単離について，その手法から述べてみたいと思う．研究が進んでいるのはラン藻類（*Syne-*

chococcus sp. PCC 7942),緑藻類(*Chlamydomonas reinhardtii*),カビ類(*Aspergillus nidulans*)であるので,これらの硝酸イオントランスポーター遺伝子の単離について述べ,さらに植物の硝酸イオントランスポーターについてふれる.また,最近単離された硫酸イオントランスポーター遺伝子の単離についても述べてみる.転流研究の分野においても,スクロースやアミノ酸の師管への取り込みに関与する遺伝子の単離が始まっているが,本稿では,特にスクローストランスポーター遺伝子の単離にも焦点をあてた.いずれの遺伝子についても,その単離法に最も重点をおいた.

13.2.1 硝酸イオントランスポーターの単離
a. ラン藻の硝酸トランスポーター

1987年,Omataらは,*Synechococcus* sp.PCC 7942を,硝酸を唯一の窒素源として成育させると,細胞膜画分の主要タンパク質として45 kDのタンパク質(NrtA)が現れ,アンモニア培地で成育させた場合には消失すること,およびこのNrtAをコードする遺伝子が破壊された変異株が硝酸イオンを吸収できないことより,このタンパク質が硝酸イオン吸収に深く関わっていることを見い出した[1].しかしながら,NrtAの予想アミノ酸配列からは,このタンパク質が直接硝酸イオンの取り込みに関与しているとは考えがたく,別の膜タンパク質の関与が必須であると考えられた.

一般に,ラン藻類においては,関連する遺伝子がクラスターをつくっている場合が多いことから,*nrtA*の周辺の遺伝子群を解析したところ,その下流に,三つの関連した

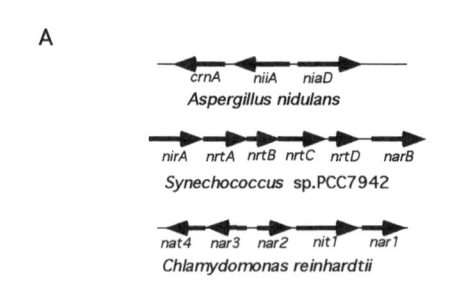

A

crnA niiA niaD
Aspergillus nidulans

nirA nrtA nrtB nrtC nrtD narB
Synechococcus sp.PCC7942

nat4 nar3 nar2 nit1 nar1
Chlamydomonas reinhardtii

B

	硝酸イオントランスポーター	亜硝酸還元酵素	硝酸還元酵素
Aspergillus nidulans[4]	crnA	niaD	niiA
Synechococcus sp.PCC7942[2]	nrtB+nrtC+nrtD +(nrtA)	narB	nirA
Chlamydomonas reinhardtii[3]	nar2+nar3 or nar2+nar4	nit1	?

図13.1 硝酸イオンの吸収代謝に関与する遺伝子クラスター
A:*Aspergillus nidulans, Synechococcus* sp.PCC7942, *Chlamydomonas reinhardtii* の遺伝子クラスター.矢印は遺伝子の存在と方向を示す.
B:それぞれの遺伝子の機能.*Synechococcus* や *Chlamydomonas* においては複数の遺伝子産物により硝酸イオントランスポーターが構成されている.

遺伝子（nrtB, nrtC, nrtD）が存在することを見い出した[2]．これらの遺伝子をそれぞれ破壊した変異株では，硝酸イオンを唯一の窒素源としては成育できないこと，およびNrtBがバクテリアの結合タンパク質依存性トランスポーターと相同性があることなどより，Omataらは，これらNrtB, NrtC, NrtDタンパク質が高親和性の硝酸イオントランスポーターを構成し，NrtAが，硝酸イオン結合タンパク質として機能することを提案している[2]．

また，ラン藻以外では，緑藻[3]やカビ[4]からも硝酸イオントランスポーターがクローニングされているが，いずれも，塩素酸イオンに対する抵抗変異株の利用やこれらの微生物においても，硝酸代謝の遺伝子がクラスターをなしていることを利用して，硝酸イオントランスポーター遺伝子を単離したものである．ラン藻の硝酸トランスポーターは，他の硝酸トランスポーターとは相同性がみられていない．

b. 植物硝酸トランスポーターの単離

植物においては，好アンモニア性植物と好硝酸性植物があり，いずれの無機窒素も吸収利用することが可能である．畑作物の多くは好硝酸性植物である．植物における硝酸イオンの取り込みは，高親和性の吸収システム（K_m；10〜300 μM）と低親和性の吸収システム（K_m；0.5 mM以上）によりなされていることが知られており，その生理学的な性質についても調べられていたが，いずれも吸収システムの本体であるトランスポーターの単離はなされていなかった．これらトランスポーターを単離するためには生化学的な手法によりトランスポーターを精製してくる方法では限界があり，変異株を利用した遺伝子単離法が有効であると考えられる．塩素酸イオンは，硝酸イオンと同様に植物体内に取り込まれ，硝酸還元酵素により亜塩素酸イオンに還元され，これが植物への毒性を発揮する．したがって，塩素酸イオンに対する抵抗性変異株は，硝酸の取り込みに変異のある，あるいは硝酸の還元に変異のあるものということになる．これまでにシロイヌナズナの塩素酸イオン耐性変異株がいくつも得られており，そのうちの一つは（chl1-1），確かに，硝酸の取り込みに変異のある株であることが明らかになってきた[5]．

近年，植物より新規遺伝子を単離する方法として，遺伝子タギング法が実用的に利用できるようになってきた．遺伝子タギング法とは，これまでの変異導入法（化学物質処理や放射線処理など）とは異なり，既知の遺伝子断片（たとえばAgrobacteriumのTiプラスミド上にあるT-DNA領域）をAgrobacteriumなどによる形質転換法を利用し植物ゲノムにランダムに挿入することで，植物に変異を導入する方法である．このようにして変異を導入した多数の変異株の集団より目的の変異株をスクリーニングしてくれば，その変異株を用いて，挿入遺伝子断片を目印にして，挿入遺伝子断片のまわりにあるあるいその断片により破壊された，変異の原因遺伝子を容易にクローニングしてくることができる．特にシロイヌナズナを用いてつくられたT-DNAタギングライブラリー[6]は，非常に有効であり，多くの独立な変異株を手にいれることができる．

このタギングライブラリーを利用して，塩素酸イオン耐性の変異株がスクリーニングされた（chl1-2∷T-DNA）[7]．遺伝学的な手法により，この変異株（chl1-2∷T-DNA）とこれまでに得られていた変異株（chl1-1）がゲノム上の同じ場所に変異をも

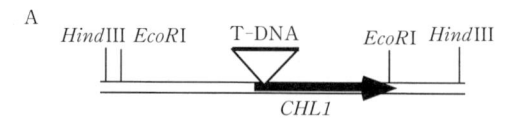

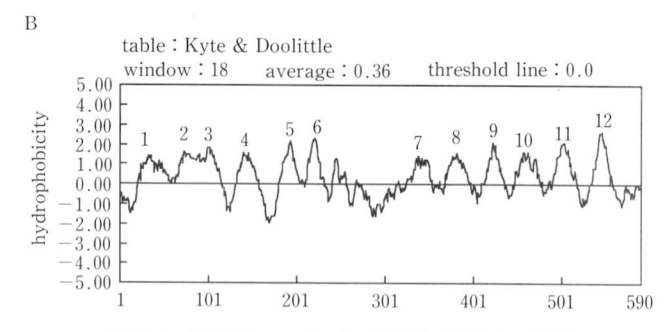

図 13.2 硝酸トランスポーター遺伝子（*CHL1*）の構造
A：植物ゲノムの *CHL1* 遺伝子の上流域に T-DNA が挿入される形で，この遺伝子がタグされている．*CHL1* 遺伝子単離のために，この挿入変異株よりゲノムライブラリーを作成し，T-DNA をプローブとして目的遺伝子を単離している．
B：遺伝子配列から予想されるアミノ酸配列をもとにタンパク質の疎水性度 ピークの上に付した数字は，予想膜貫通領域を示す．12 箇所の膜貫通領域が認められる．

っていることを確認したあとに，挿入された T-DNA を利用して目的とする遺伝子がクローニングされた[7]．得られた遺伝子は，12 箇所に膜貫通領域とみられる配列があり，膜タンパク質であることが予想された（図 13.2）．本遺伝子の発現は，培地に硝酸イオンを与えた植物の根においてのみ認められている．また，硝酸イオンによる誘導は，硝酸イオンを与え始めてから 30 分で観察されるようになる．アフリカツメガエルの卵母細胞にこの遺伝子の転写産物を注入すると，翻訳産物がこの細胞膜上に埋め込まれ，硝酸イオンを外液に与えたときに，細胞の内側に向かうイオンの流れが観察されることから，最終的に，得られた遺伝子が硝酸イオンのトランスポーターの一つをコードしていることが確かめられた[7]．

13.2.2 硫酸イオントランスポーターの単離

硫黄も植物にとっては重要な元素であり，硫酸イオンの形で吸収される．どのようなトランスポーターを介して，植物がこのイオンを吸収しているのかについても長年の懸案事項であった．近年，酵母の硫酸イオン吸収変異株の形質を相補する方法で植物より，硫酸イオン吸収に関与するとみられるトランスポーターが単離された．

a. 酵母硫酸トランスポーターの単離

Smith ら[9]は，セレン酸とクロム酸が硫酸イオンの吸収アナログになることを利用して，酵母の硫酸イオン吸収変異株の単離を行った．まず，エチルメタンサルホネイト

(EMS)や紫外線を用いて，多数のランダムな変異株を作製した．これらを硫酸イオンをまったく含まない基本培地に，吸収アナログとしてセレン酸（75 μM）とクロム酸（150 μM），硫黄源としてホモシステインチオラクトンを加えた培地で，選抜した．多くの変異株，①ATP-sulfurylase遺伝子に変異が起こったもの，②硫酸吸収活性およびATP-sulfurylase活性のいずれもが検出されないもの（すなわち，両遺伝子の発現調節に関わる遺伝子に変異がはいった），③硫酸吸収活性のみが認められないもの，が得られたが，このうち，上記③の硫酸活性のみられない変異株を用いて硫酸イオントランスポーター遺伝子の単離が行われた．なお，この変異株は5 mM以下の硫酸イオン濃度では生育することができない．野生型の酵母よりmRNAを抽出し，cDNAを合成した後にこれを酵母発現ベクターにクローニングし，得られた変異酵母に導入した．低濃度の硫酸イオンしか含まない培地でも生育できる株を得ることで，硫酸イオン吸収に直接関与する酵母遺伝子を単離することに成功した．得られた遺伝子は，2775 bpであり，12箇所の膜貫通領域をもっていた．また，この遺伝子産物は，硫酸イオンに対する K_m 値が $7.5\pm0.6\,\mu M$ であり，高親和性の硫酸イオントランスポーターであることが確認されている．

b. 植物からの硫酸イオントランスポーターの単離

Smithら[10]は，上記の酵母硫酸イオン吸収変異株を用いて，植物の硫酸イオントランスポーターの単離を行っている．熱帯の飼料作物である *Stylosanthes hamata* よりmRNAを単離（単離前3日間硫酸イオンを与えずに栽培した）し，cDNAを合成後，酵母の発現ベクターにクローニングし，これを変異酵母に導入した．100 μMの硫酸イオンを含む培地で選抜することで，変異を相補する植物遺伝子を得ることができている．根で発現する遺伝子（*shst1*, *shst2*）だけでなく，葉で発現する遺伝子（*shst3*）も得られ，硫酸トランスポーターは，ファミリーを形成していることが明らかになってきた．

また，これら植物の硫酸トランスポーター遺伝子は，カビや酵母の硫酸トランスポーター遺伝子と高い相同性を有し，さらにダイズの根粒で特異的に発現している遺伝子[11]とも相同性を有していた．遺伝子の発現についてみてみると，*shst1*, *shst2* は，外部硫酸イオン濃度が低くなると発現量が増加するのに対して，*shst3* は逆のパターンを示した[10]．発現部位，発現パターンから考えると，*shst1*, *shst2* が根における硫酸イオンの吸収に重要な役目を果たしていると考えることができる．

13.2.3 師管へのスクロースの取り込みをつかさどる遺伝子

葉からの光合成産物の転流は，師管を通じて起こる．この師管の最も重要な機能は，葉肉細胞で固定した炭素をスクロースの形でシンクへ送ることである．維管束内に存在する師管は，伴細胞や師部柔細胞と師部を形成している．通常，師管と伴細胞はそれ以外の細胞とは原形質連絡によるつながりがなく，葉肉細胞で固定された炭素は，師管周辺でいったんアポプラストに放出され，師管伴細胞細胞膜上に存在するスクローストランスポーターによりプロトンとのシンポートにより積極的に師管内に取り込まれ，シンクへ輸送されると考えられている．また，この際に形成されるスクロースの濃度勾配に

より，ソースからシンクへのマスフローが生じ，物質が師管内を転流していくと考えられている．

したがって，この師管へのスクロースの積み込みを直接担うスクローストランスポーターが直接転流を制御しているといってもいいすぎではなく，このトランスポーターの性質を明らかにし，これを単離しようとする試みが多くなされてきたことはいうまでもない．しかしながら，生化学的な方法で部分的にこのスクローストランスポーターを精製した例はあるが[12]，このタンパク質あるいはコードする遺伝子を単離するには至っていなかった．

1992年，スクロースを唯一の炭素源としたときに生育できないような酵母の変異を相補する植物遺伝子が単離された[13]．酵母は通常培地中のシュクロースを利用するために二つの手段をとる．一つは，細胞外にインベルターゼを放出し，スクロースを分解し，分解された単糖をヘキソーストランスポーターにより体内に取り込みこれを利用する方法，もう一つは，細胞膜上に存在するマルトーストランスポーターを利用してスクロースを細胞内に取り込み利用する方法である（酵母自身はスクローストランスポーターをもっていない）．図13.3に示すように，唯一の炭素源としてスクロースを利用できない酵母の変異株を得るためには，この二つの経路を破壊し，さらに，スクロースを酵母体内で代謝できる酵素を導入しておく必要がある．*Saccharomyces cerevisiae* YSH株は，インベルターゼ欠失（suc⁻），マルトース利用能欠失（mal 0）の両方の形質を兼ね備えており，これにスクロース代謝のためのスクロースシンターゼ（あるいは分泌されないように改変したインベルターゼ）遺伝子を導入し，スクローストランスポーター単離用の酵母変異株を作出した（図13.3）．この変異酵母に，ホウレンソウの葉より単離したmRNAより合成した酵母発現型cDNAライブラリーを導入した．スクロースを唯一の炭素源として生育できるようになった形質転換酵母より得られたcDNAは，55 kDaのタンパク質をコードしており，12箇所の膜貫通領域を有していた．この遺伝子で形質転換された酵母のスクロースの取り込みを調べることにより，この遺伝子産物が，スクロースの取り込みに対するK_m 1.5 mMをもち，プロトンとスクロースを共輸送することが明らかにされた．この遺伝子産物がこれまで生化学に明らかにされてきたスクローストランスポーターの性質を示すことより，この遺伝子が，葉におけるスクロースのトランスポーターをコードしていると結論づけられている．また，*in situ* ハイブリダイゼーションの結果より，本遺伝子の発現部位は，ソース器官として働いている成熟葉であり，しかも，その小維管束の師部に特異的に発現していることが明らかになっている[14]．さらに，本遺伝子の発現を抑えるようなアンチセンス形質転換植物（ジャガイモ）では，葉に野生株の20倍もの可溶性の炭水化物を蓄積し，根や貯蔵組織の発育が異常に悪くなることが観察されている[15]．これらのことは，本遺伝子が，葉で合成されたスクロースを師管内に取り込むときに働くスクローストランスポーターをコードしている遺伝子であることを疑いのないものにしている．

以上みてきたように，養分吸収や転流の制御に欠くことのできない遺伝子の単離が相次いでいる．ここに記した以外にも多くのトランスポーター遺伝子が単離されてきてい

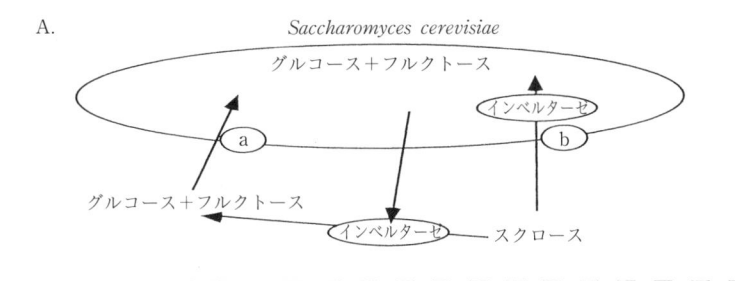

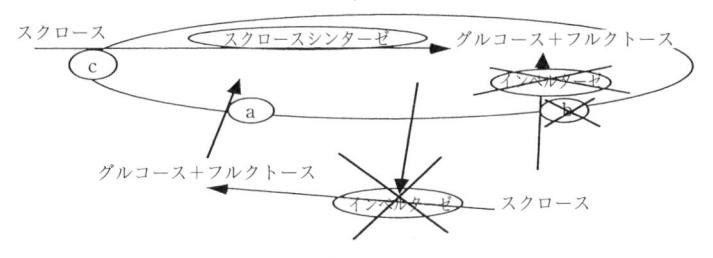

図13.3 スクローストランスポーター単離のための酵母変異株
A：野生型の酵母．野生型酵母は，分泌型のインベルターゼによりスクロースをヘキソースに分解し，これをヘキソーストランスポーター(a)により吸収し，利用する．または，スクロースと構造が似ているマルトースのトランスポーター(b)によりスクロースを吸収し，細胞内でインベルターゼによりヘキソースに分解し利用する．野生型酵母は，スクロースそのものを吸収する機構をもっていない．
B：スクローストランスポーター単離用変異株（SUSY 7株）．酵母変異株 YSH 株は，マルトース利用能とインベルターゼを欠いている．この株に，取り込まれたスクロースを酵母細胞内で分解するために，スクロースシンターゼを導入したものが SUSY 7 株である．相補遺伝子の産物（c；植物のスクローストランスポーターが想定される）により取り込まれたスクロースは，このスクロースシンターゼにより分解利用される．

る．これらの遺伝子を用いることにより養分吸収や転流の調節機構解明がますます進むと期待される．今後は，植物体内における養分の必要度を決定する遺伝子，養分欠乏や過剰を感知する遺伝子，光合成産物の分配，師管からの積み下ろしや貯蔵を制御する遺伝子の単離などに焦点が向けられていくものと考えられる． 〔林 浩昭〕

文 献

1) Omata, et al.：*Proc. Natl. Acad. Sci. USA*, **86**, 6612-6616, 1989.
2) Omata, et al.：*Mol. Gen. Genet.*, **236**, 193-202, 1993.
3) Quesada, et al.：*Plant J.*, **5**, 407-419, 1994.
4) Unkles, et al.：*Proc. Natl. Acad. Sci. USA*, **88**, 204-208, 1991.
5) Doddema and Telkamp：*Physiol. Plant*, **45**, 332-338, 1979.
6) Feldmann：*Plant J.*, **1**, 71-82, 1991.
7) Tsay, et al.：*Cell*, **72**, 705-713, 1993.
8) Forde and Clarkson：*IACR Report 1994*, 45-47, 1994.

9) Smith, *et al.*：*Mol. Gen. Genet.*, **247**, 709-715, 1995.
10) Smith, *et al.*：*Proc. Natl. Acad. Sci. USA*, **92**, 9373-9377, 1995.
11) Kouchi, H. and Hata, S.：*Mol. Gen. Genet.*, **238**, 106-119, 1993.
12) Li, *et al.*：*Biocem. Biophys. Acta*, **1103**, 259-267, 1992.
13) Riesmeier, *et al.*：*EMBO J.*, **11**, 4705-4713, 1992.
14) Riesmeier, *et al.*：*Plant Cell*, **5**, 1591-1598, 1993.
15) Riesmeier, *et al.*：*EMBO J.*, **13**, 1-7, 1994.

13.3 窒素同化の分子生物学

窒素はタンパク質や核酸など生体高分子の主要な構成元素であるが, 通常の環境下では窒素栄養は植物生長にとって必ずしも十分ではなく, 慢性的な不足状況下にある. つまり, 窒素は光・温度などとならぶ植物生長の重要な律速要因の一つといえる. 図13.4 に植物細胞における窒素同化の概要を示した. 無機窒素同化系は硝酸イオンをアンモニアに還元する硝酸還元系と, アンモニアをアミノ酸に同化するアンモニア同化系からなるが, 植物は細胞内・細胞外環境の変化に応じ一連の同化酵素の発現を巧みに調節することにより, 限られた窒素栄養を効率よく同化している.

また, 硝酸還元系, アンモニア同化系とも光合成由来の還元力を利用していること, 光合成細胞では光合成系タンパク質の含量が高い, つまり窒素配分率が高いことなどから窒素同化と光合成は密接な関係下にあり, 窒素同化系遺伝子の発現は単に窒素源の有無のみならず, 光, 炭素源など他の要因によっても制御されている.

13.3.1 硝酸還元系酵素

a. 硝酸還元酵素

硝酸還元酵素 (nitrate reductase, NR) は細胞質に局在し, 補欠分子族としてモリブデン, FAD, シトクロム b_{557} をもつ分子量約10万〜12万のサブユニットからなる二量体酵素である[1]. NR の遺伝子はすでにシロイヌナズナ, タバコ, トウモロコシ, オオムギ, イネなどで単離され, その遺伝子構造や発現様式, さらにタンパク質分子構造も詳しく調べられている[2]. 高等植物の NR は電子供与体として NADH または NADPH を要求し, ラン藻などがもつフェレドキシン (Fd) 依存性の NR とは一次構造上の相同性も低く, むしろ糸状菌などのピリジンヌクレオチド依存性の NR と相同性が高い. NR には NADH と NADPH に対する特異性の異なる複数の分子種が存在するが, 緑葉では全活性の大半を NADH-NR が占める. 組織から抽出される NR 活性は NiR などの代謝下流に位置する酵素の活性量に比べ低いことから, NR は硝酸同化系の鍵酵素であり, 窒素同化ひいては植物生長の重要な律速因子の一つと考えられている. NR の活性発現制御機構については, その農業生産上の重要性からも古くから研究の対象とされてきたが, その調節は転写, 転写後, そして翻訳後の段階と多岐にわたっている.

1) 転写段階での制御 NR 遺伝子の発現は硝酸塩および光によって迅速に誘導される. この誘導に必要な培養液中の硝酸濃度は $<10\,\mu$M であり, 硝酸添加直後に転写

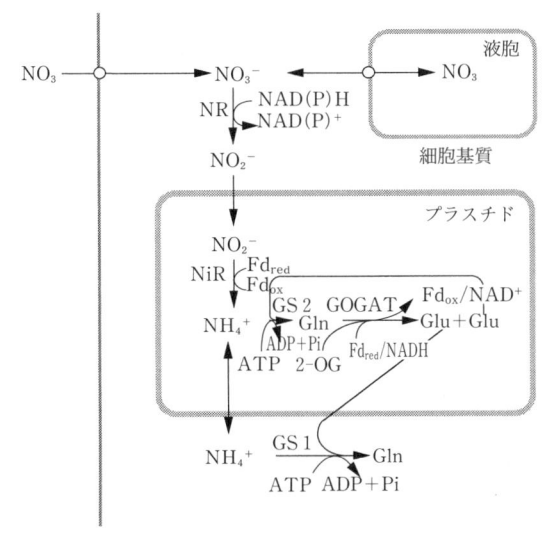

図13.4 植物細胞における窒素同化系の概略
Gln, グルタミン；Glu, グルタミン酸；2-OG, 2-オキソグルタル酸
Fd_{red}, 還元型フェレドキシン；Fd_{ox}, 酸化型フェレドキシン；○,
硝酸イオン能動輸送体

が活性化され，約1〜2時間後に最大となる．NRmRNAの蓄積量は数時間で最大に達し，活性の増大が引き続いて起こる．この誘導は一過性でNRmRNAの蓄積量はその後減少していく[3]．NRはmRNA，タンパク質ともに安定性が非常に低く半減期はそれぞれ<30分[4]，1.5〜6時間である[5]．よって，転写活性が抑制されれば酵素活性もすみやかに減少する．

一方，光はNRの硝酸誘導を増幅するが，黄化葉では赤色光と青色光，緑葉では白色光のみが増幅効果をもつ，つまり効果を示す光の波長が異なることから，硝酸誘導に及ぼす光効果には複数の光受容系の関与が予想される[3]．また，植物ホルモンであるサイトカイニンとアブシジン酸が，それぞれ正と負に転写レベルで影響しているという報告もあるが[6]，その作用機構はまだわかっていない．

NRの硝酸誘導が一過性であるのは，何らかの窒素同化産物レベルの相対的な上昇の感知機構によりNR発現の抑制がかかるものと考えられる．糸状菌（*Neurospora crassa*）においては硝酸還元系の代謝産物であるアンモニアやグルタミンを培地に加えると，調節因子NMRが正の制御因子NIT 2と相互作用することにより，NR遺伝子の転写を抑制することが知られている[7,8]．植物でもグルタミン共存下での硝酸誘導ではNRmRNAの蓄積は著しく阻害されること，また，タバコでは昼夜でのNRmRNAの蓄積量の変動パターンと葉内のグルタミン蓄積量の変動が鏡像の関係，つまり逆の周期で変動していることから[9]，NR遺伝子の発現にはグルタミンかそれ以降の窒素代謝産物が負の因子として関与していると考えられている．最近，原核生物の炭素/窒素バラ

ンスによる制御因子タンパク質として知られる glnB (PII) タンパク質のホモログ遺伝子 (*GLB1*) がシロイヌナズナから単離された[10]. この翻訳産物は葉緑体に局在することから, 仮にこの *GLB1* が植物細胞内で炭素/窒素のセンサーとして機能しているのならば, 葉緑体内がそれを感知するコンパートメントの一つとなる.

硝酸還元系遺伝子への硝酸シグナル伝達機構についての知見は乏しいが, タンパク質合成阻害剤を用いた実験から, NR 遺伝子の硝酸誘導には新規のタンパク質合成は必要ではないことがわかっている.

2) 光による翻訳後の活性調節　　NR 発現の光に応答した調節は前述の転写レベルのほかに, 翻訳後でのリン酸化・脱リン酸化による活性調節があげられる[11]. NR は分子内のセリン残基がリン酸化されているホスホプロテインであるが, 明所と暗所ではプロテインキナーゼ・ホスファターゼの働きによりリン酸化状態が異なる. つまり明所ではより脱リン酸化された状態, 暗所ではよりリン酸化された状態として存在する. そしてリン酸化状態の NR は細胞内の Mg^{2+} などの 2 価のカチオンと 14-3-3 タンパク質と呼ばれる調節因子との相互作用により立体構造的な変化が起き, その活性が可逆的に阻害される[12] (図 13.5). この光による NR の活性化・不活性化は, 明暗の変化後数分内に起こることから, 硝酸還元系の活性はその還元力供給の源である光の有無に対して非常に敏感に反応しているといえる. このような光によるリン酸化・脱リン酸化による活性調節は, スクロース合成に関わるスクロースリン酸シンターゼ[13]や C_4 光合成の一次炭酸酵素であるホスホエノールピルビン酸カルボキシラーゼ[14]などでも知られている.

b. 亜硝酸還元酵素

亜硝酸還元酵素 (nitrite reductase, NiR) はプラスチドに局在し, Fd から供給される電子を利用し亜硝酸をアンモニアにまで還元する. NiR は核ゲノムにコードされる分子量約 6 万の単量体酵素で, 補欠分子族として Fe-S クラスター (4 Fe-4 S) とシロヘムをもつ[15]. 一次構造や電子供与体の特異性は, NR の場合とは逆にラン藻など原核光合成生物の NiR と相同性が高い. これは, 硝酸還元系を構成する二つの酵素は真核光合成生物への進化の過程で, NR は宿主原生細胞, NiR は共生した光合成細菌由来のものであることを示唆しており, 硝酸還元系の成り立ちを考える上で興味深い. また, NiR の構造は, 植物の硫酸還元に関与する Fd 依存性亜硫酸還元酵素 (SiR) と類似しており, Fe-S クラスター, シロヘム結合領域など部分領域は特によく保存されている. SiR は NiR 同様 6 電子還元を行う酵素であること, さらに NiR は K_m 値は高いながらもわずかながら SiR 活性をももつことなどから, 両酵素は同様の反応機構をもつものと予想される.

NiR の発現は, NR と同様に硝酸と光により誘導されるが, NR のような転写後, 翻訳後の活性発現調節などの報告はない. また, シロヘムの合成系であるウロポルフィリノゲンⅢメチル基転移酵素遺伝子の発現が NiR と同様の調節を受けることから[16], コファクター供給系を含む一連の遺伝子群が, 同様の制御下にあると予想される.

c. 炭素・窒素比の調節に関連した発現制御

NR の発現は, 窒素化合物ばかりでなくスクロースなどの光合成炭素同化産物によっても誘導される. この正の制御は, グルコース投与によっても再現できることから, 何

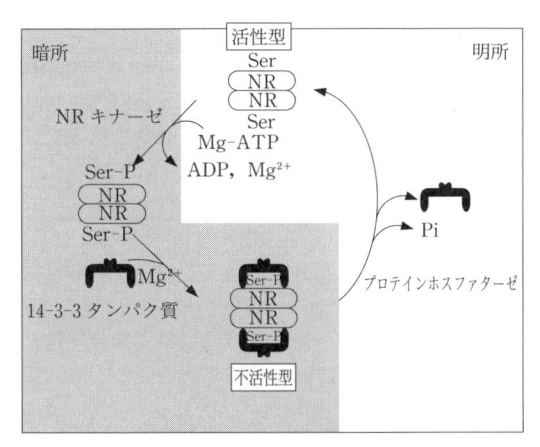

図 13.5 NR の光による可逆的な活性調節機構
NR は暗条件下で NR キナーゼによりセリン残基がリン酸化され，その部位に 14-3-3 タンパク質が結合することにより不活性型となる．明所では脱リン酸化され，14-3-3 タンパク質が解離して活性型にもどる．

らかの炭素化合物が正の代謝シグナルとして働いている[17]．NiR mRNA の蓄積はこれら炭素化合物によりほとんど増加しないことから，この点で両者の制御機構は異なると予想される．一方，Rubisco 小サブユニットや C_4 植物の PEPC などの炭素同化系の遺伝子の発現は，逆にスクロースによって抑制され[18]，さらに窒素同化産物であるグルタミンは窒素欠乏からの回復過程での PEPC mRNA の蓄積に寄与している[19]．このように，炭素および窒素の一次同化に関わる酵素がそれらの代謝産物により，自らには負の，そして他方には正の制御を行っていることは，細胞内の炭素・窒素比のアンバランスを生まないための調節機構によるものと思われるが，その実体については明らかとなっていない（図 13.6）．

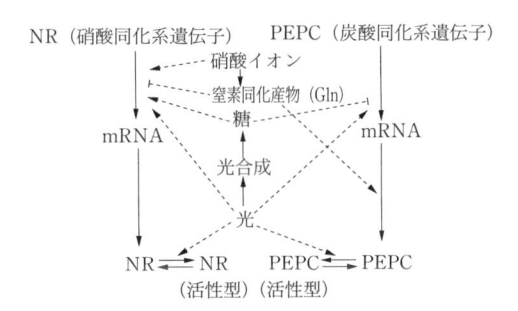

図 13.6 硝酸同化系と炭酸同化系遺伝子間での発現調節の概略
NR と PEPC を例にあげた．――▶と――⊣はそれぞれ正の効果，負の効果を示す．

d. 硝酸還元系への還元力の供給

植物種により差はあるものの硝酸還元は，葉ばかりでなく非光合成器官である根でも起こる．光合成細胞の場合，電子は光化学系 I から Fd にわたされ，NiR をはじめとするさまざまな Fd 依存性酵素へと供給されるが，根のような非光合成器官では，葉から運ばれた光合成産物であるスクロースをペントースリン酸回路で代謝することにより NADPH を生産し，FNR が NADPH の還元力を Fd にわたし，この還元型 Fd が NiR などの Fd 依存性酵素に電子を供給しているものと考えられている．つまり，Fd，FNR，NADPH 間の電子の流れは，光合成細胞と非光合成細胞で逆になっている．近年，トウモロコシなどの根で，Fd，FNR の存在が確認され[20,21]，それぞれ硝酸誘導を受ける分子種の存在も報告されている[21,22]．これらの分子種は，根の硝酸同化系への優先的な還元力の供給に深く関与するものと予想される．

13.3.2 アンモニア同化系酵素

アンモニアは，NR，NiR による硝酸還元，ニトロゲナーゼによる窒素固定などのほかにも光呼吸やその他さまざまな代謝系により産出される．これらのアンモニアは，グルタミン合成酵素（glutamine synthetase, GS）によりグルタミンに同化され，さらにグルタミンアミドトランスフェラーゼ群と呼ばれる一群のアミド転移酵素により，さまざまな窒素化合物へと変換されていく．グルタミン酸合成酵素（glutamate synthase, GOGAT）はそれら転移酵素のうちの一つであるが，GS の基質となるグルタミン酸を供給することから二つの酵素からなる代謝経路は GS/GOGAT サイクルと呼ばれる．アンモニアは高濃度では毒性をもつことから，窒素はアンモニアの形で細胞内に蓄えられることはなく，硝酸の形で液胞に蓄えられるか（図 13.4），すみやかにアミノ酸にまで同化される．また，GS の生成するグルタミンは，植物体内での窒素転流の主要な輸送形態であると同時に，窒素・炭素同化系遺伝子発現制御に関わる代謝シグナルの一つと考えられている．細胞内のグルタミンプールサイズは，GS/GOGAT の発現様式に大きく左右されると考えられることから，両酵素は窒素・炭素両同化系においてきわめて重要な役割を演じているといえよう．

a. グルタミン合成酵素

高等植物の GS には，細胞内局在性の異なる 2 種類の GS，細胞基質局在型 GS（GS1）とプラスチド局在型 GS（GS2）が存在し，GS1 は分子量 37,000〜39,000，GS2 は分子量 40,000〜42,000 のサブユニットからなる八量体酵素である．一方，原核生物の GS は分子量約 55,000 のサブユニットからなる十二量体で，植物の GS との一次構造の相同性は 10% 台と非常に低い．むしろ植物の GS は GS1，GS2 ともに糸状菌や酵母など真核生物の GS とより高い相同性（約 40%）を示す．大腸菌 GS などで知られているアデニリル化による翻訳後の活性調節機構は真核生物型 GS には報告されていない．

GS の遺伝子は，すでにダイズ，イネ，タバコ，トウモロコシをはじめとするさまざまな植物種から単離され，その構造が明らかにされている．GS2 は核にコードされるシングルコピー遺伝子であり，アミノ末端にプラスチド移行のためのトランジットペプ

チドをもつ前駆体として翻訳される．プラスチドに移行した後トランジット領域が除去され，成熟型となる．一方，GS1は多重遺伝子族を構成しており，植物種によって異なるが2から5種類のGS1遺伝子の存在が報告されている．GS遺伝子群の発現・分布様式は器官・環境要因によって異なることから，GS1とGS2，さらにGS1分子種内での機能分化がされていると予想される[23]．

b. グルタミン酸合成酵素

グルタミン酸合成酵素（GOGAT）には電子供与体の依存性の異なる2種類のアイソザイム，Fd-GOGATとNADH-GOGATが存在する．NADH-GOGATは分子量20万～24万の単量体酵素で，葉や根の他に根粒にも見出され，全GOGAT活性に占める割合は非光合成器官で高い．特に根粒形成の過程では，根粒特異的なGS1分子種とともにNADH-GOGATの顕著な誘導が起こることが知られている[24]．

一方，Fd-GOGATは分子量12.5万～18万の単量体酵素で同じく葉，根，根粒に存在するが光合成器官で特に強く発現しており，光合成生物にのみ見出されている．両者のGOGATの発現様式は異なり，播種5日後の未成熟葉ではNAD（P）H-GOGAT活性は全GOGAT活性の約70％を占めるが，17日後の成熟葉ではFd-GOGAT活性が増大し全GOGAT活性の95％以上になることから[25]，光合成能獲得による独立栄養生物への生長過程においてFd-GOGAT発現の誘導がされていると考えられる．両者の全一次構造は，トウモロコシとアルファルファよりとられた遺伝子からすでに推定されており[24,26]，それらの構造は大腸菌のNADPH-GOGATと有意な相同性を示した（図13.7）．細菌類のGOGATは大サブユニットと小サブユニットからなるが，Fd-GOGATは大サブユニットと相同性をもち，NADH-GOGATは両サブユニットが融合した構造をとっている．このことから，三者は共通の祖先となるタンパク質から進化してきたものと想像される．

c. GSの生理的役割と発現調節

GS2活性の欠失したオオムギ変異株は，CO_2分圧を高め光呼吸活性を抑えた環境で

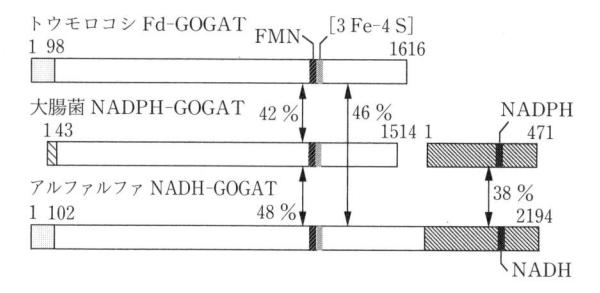

図13.7 植物と大腸菌のグルタミン酸合成酵素の一次構造の比較　各タンパク質分子間での相同性を％で示した．小数字はアミノ酸残基の番号を示す．■プラスチド移行のためのトランジットペプチド．▨成熟体になる際に除去されるプレ配列．補欠分子族（FMN，Fe-Sクラスター，NADH/NADPH）の結合領域を示してある．

のみ生育できる[27]．このことは，光呼吸由来のアンモニアの再同化にGS2が深く関与していることを意味している．実際，GS2とFd-GOGATの発現は光によって協調的に誘導され，GS2はフィトクロムを介した制御が行われている．一方，硝酸還元系由来のアンモニアはプラスチド内で生成されることから，GS2は硝酸還元由来のアンモニアの一次同化にも寄与している．GS2の発現はNR，NiR同様，培養液中の μM オーダーの硝酸イオンで顕著に誘導され，その誘導には新たなタンパク質合成を必要としない．さらに，アンモニアでも誘導されないことなどからGS2遺伝子はNR，NiRと同様の硝酸シグナル応答の制御下にあると予想される．

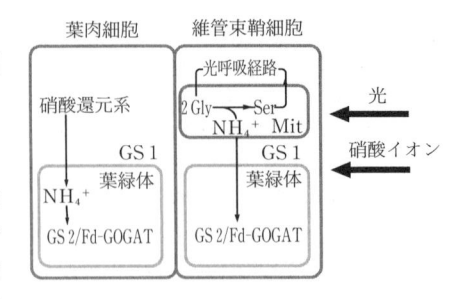

図13.8 C_4植物における窒素代謝系の概略
Gly，グリシン；Ser，セリン；Mit，ミトコンドリア
C_4植物のGS2遺伝子は光および硝酸イオンの刺激に対して，光には維管束鞘細胞で，硝酸イオンに対しては葉肉細胞で組織優先的な発現誘導を受ける

　GS1は老化葉から他の組織への窒素転流のためのグルタミンの生産[28]，また根粒では窒素固定により生産されるアンモニアの同化，その他さまざまな代謝系より生成するアンモニアの同化などに関与する．GS1遺伝子群は器官，環境条件により発現様式が異なり，そのパターンも植物種により異なる．個々のGS1遺伝子がもつ生理的役割を論ずるのは現在のところ困難である．

　トウモロコシ，キビなどのC_4植物は，2種類の光合成細胞，葉肉細胞と維管束鞘細胞をもち，両細胞間での機能分業により高い炭素同化能を獲得している．窒素同化・代謝系の酵素も両細胞で分布様式が異なっており，NR，NiRなどの硝酸還元系は葉肉細胞に偏在，また光合成細胞における主要なアンモニア生成経路である光呼吸経路の大部分の酵素群は維管束鞘細胞に局在している（図13.8）．C_4植物でも低いながら光呼吸は起こっていると理解されていることから，両細胞で窒素代謝系，特にアンモニア生成系の局在様式は大きく異なるといえる．GS/GOGATサイクルは，両細胞に分布しているが，これらの発現は光や硝酸などのアンモニア生成に関わる環境刺激に対して特にGS2が組織優先的な応答を示すことが明らかにされている．つまり，GS2タンパク質は硝酸誘導条件下では葉肉細胞で，光誘導条件下では維管束鞘細胞で優先的に蓄積する[29]．このことはC_4植物のGS2遺伝子は両光合成細胞で硝酸投与と光照射という異なる刺激によるアンモニア生成に対し，組織優先的な発現調節を行うことにより対処しているといえる．

〔榊原　均・杉山達夫〕

文　献

1) Solomonson, L. P. and Barber, M. J.: *Annu. Rev. Plant Physiol. Plant Mol. Biol.*, **41**, 225-253, 1990.
2) Crawford, N. M.: *Plant Cell*, **7**, 859-868, 1995.

3) Melzer, J. M. et al.: *Mol. Gen. Genet.*, **217**, 341-346, 1989.
4) Sueyoshi, K. et al.: *Plant Physiol.*, **107**, 1303-1311, 1995.
5) Kelcker, H. and Filner, P.: *Biochim. Biophys. Acta*, **252**, 69-82, 1971.
6) Lu, J-L. et al.: *Plant Physiol.*, **98**, 1255-1260, 1992.
7) Marzluf, G. A.: *Annu. Rev. Microbiol.*, **47**, 31-55, 1993.
8) Xiao, X. et al.: *Biochemistry*, **34**, 8861-8868, 1995.
9) Deng, M. et al.: *Plant Physiol. Biochem.*, **29**, 239-247, 1991.
10) Hsieh, M. H. et al.: *Proc. Natl. Acad. Sci. USA*, **95**, 13965-13970, 1998.
11) Kaiser, W. M. and Huber, S. C.: *Plant Physiol.*, **106**, 817-821, 1994.
12) MacKintosh, C.: *Curr. Opin. Plant Biol.*, **1**, 224-229, 1998.
13) Huber, S. C. and Huber, J. L.: *Plant Physiol.*, **99**, 1275-1278, 1992.
14) Nimmo, H. G.: Post-translational modifications in plants (eds. Battey, N. H. et al.), 161-170, Cambridge University Press, 1993.
15) Kleinhofs, A. and Warner, R. L.: *The Biochemistry of Plants*, **16**, 89-120, 1990.
16) Sakakibara, H. et al.: *Plant J.*, **10**, 883-892, 1996.
17) Vincentz, M. et al.: *Plant J.*, **3**, 315-324, 1993.
18) Sheen, J.: *Plant Cell*, **2**, 1027-1038, 1990.
19) Sugiharto, B. et al.: *Plant Physiol.*, **100**, 2066-2070, 1992.
20) Hase, et al.: *Plant Physiol.*, **96**, 77-83, 1991.
21) Ritchie, S. W. et al.: *Plant Mol. Biol.*, **26**, 679-690, 1994.
22) Matsumura, T. et al.: *Plant Physiol.*, **114**, 653-660, 1997.
23) Forde, B. G. and Woodall, J.: Amino acids and their derivatives in higher plants (ed. Wallsgrove, R. M.), 1-18, 1995.
24) Gregerson, R. G. et al.: *Plant Cell*, **5**, 215-226, 1993.
25) Matoh, T. and Takahashi, E.: *Planta*, **154**, 289-294, 1982.
26) Sakakibara, H. et al.: *J. Biol. Chem.*, **266**, 2028-2035, 1991.
27) Wallsgrove, R. M. et al.: *Plant Physiol.*, **83**, 155-158, 1987.
28) Kawakami, N. and Watanabe, A.: *Plant Physiol.*, **88**, 1430-1434, 1988.
29) Sakakibara, H. et al.: *Plant Cell Physiol.*, **33**, 1193-1198, 1992.

13.4 光合成の分子生物学

13.4.1 光合成の反応

　光合成は，光をエネルギー源とし，水を電子供与体として，二酸化炭素・硝酸塩・硫酸塩などの無機物から有機物を合成する反応で，植物細胞に特徴的な小器官である葉緑体を中心とする場で進行する[1〜3]．葉緑体は包膜と呼ばれる二重の膜で包まれ，内部にチラコイド膜と呼ばれる内膜系をもっており，炭酸固定系のカルビンサイクルの酵素群は，その礎質であるストロマに，集光性色素系・反応中心・電子伝達系・ATP合成酵素などの成分は，内膜系に局在する（図13.9）．

　光エネルギーは，まずチラコイド膜上の集光性色素タンパク複合体（LHC）に吸収され，ついで色素分子の励起エネルギーは，光化学系Ⅰ（系Ⅰ）および光化学系Ⅱ（系Ⅱ）の初発光化学反応を担う反応中心に伝達され，酸化還元のエネルギーに変換される．系Ⅱ反応中心では，初発光化学反応の結果1ボルトを越える酸化力が形成され，この酸化力は化学的に安定な水分子を活性化し最終電子供与体として利用するため，副産物として酸素を生成する．

　一方，チラコイド膜のストロマ側では，膜結合型のプラストキノンが還元され，還元

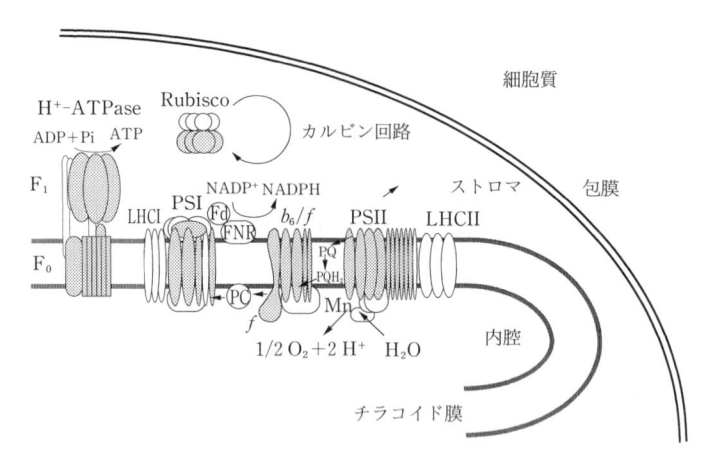

図 13.9 光合成に関与するタンパクの葉緑体での配置の概略を示す模式図
白は核遺伝子にコードされるタンパク，灰色は葉緑体遺伝子にコードされるタンパク．
b_6/f；シトクロム b_6/f 複合体，Fd；フェレドキシン，FNR；フェレドキシン-NADP 酸化還元酵素，Mn；酸素発生系のマンガンクラスター（4 原子の Mn で構成），PC：プラストシアニン，PQ；プラストキノン（PQH_2，同還元型），PSI；系 I 複合体，PSII；系 II 複合体，その他については本文参照．

されたプラストキノンはプロトンポンプの機能をもつシトクロム b_6/f 複合体を介して内腔側に存在するプラストシアニンに電子を渡し，この電子は系 I に伝達される．

系 I で進行する光化学反応では，ストロマ側に存在するフェレドキシンが還元され，電子はフェレドキシン-NADP-酸化還元酵素（FNR）を介して $NADP^+$ に伝達される．水分子から $NADP^+$ への電位勾配に逆らったこの電子伝達反応は，膜を隔てた電気化学ポテンシャルの形成と共役しており，このエネルギーを利用して ATP 合成酵素により ADP と無機リンから ATP が合成される．

上述のようにして生成した NADPH と ATP は，葉緑体のストロマで進行する炭酸同化に代表される生合成反応のためのエネルギーとして利用される．リブロース二リン酸カルボキシラーゼ/オキシゲナーゼ（Rubisco）は炭酸固定反応の鍵酵素として機能し，1 分子のリブロース二リン酸と二酸化炭素から 2 分子の 3-ホスホグリセリン酸を生成するカルボキシル化反応を触媒する．

光合成に関与するタンパクが正常に機能するためには，それらが図 13.9 に模式化されるように葉緑体内に秩序正しく配置されなければならない．特に励起エネルギーのように短寿命で反応性が高いエネルギーを効率よく利用するには，集光性色素タンパクや反応中心における色素や電子伝達成分の配置の秩序が重要である．本稿は，光合成の分子生物学を主題とするが，紙面の都合上，光合成エネルギー変換系の構造と機能およびその制御の分子生物学的側面を中心に述べ，生合成系についての記述は省略する．

13.4.2 光合成系を構成するタンパク質の遺伝子支配

最近，光合成に関係するタンパク質の構造と機能ならびにその遺伝子に関する研究が大きく進展した．以下には，これらタンパク質成分の構成を機能単位ごとにまとめ，その遺伝子支配について解説する（遺伝子名については，表13.1を参照）．

a. 集光性クロロフィル a/b タンパク複合体

低密度で地表に到達する光エネルギーを効率よく集めて反応中心へ伝達する役割を担うのは，緑色植物においてはクロロフィル a と b を結合する集光性色素タンパク複合体（LHC）類である．これらは，系Ｉにエネルギーを伝達するLHC Ｉと，系Ⅱにエネルギーを伝達するLHC Ⅱに分けられる．これら両成分以外に，微量成分としてLHC Ⅱと系Ⅱの間のエネルギー転移を橋渡しすると考えられているCP 29，CP 26，CP 24 などのクロロフィル a/b タンパク類が知られている．これらのクロロフィル a/b タンパクはお互いに相同性が高く，一つの遺伝子ファミリーに属している[4]．

20〜25 kDa の 4 種類のアポタンパク（Lhca1-4 遺伝子）として同定されているLCH Ｉは，強固に系Ｉ複合体に結合し，およそ100分子のクロロフィルを保持している．これに対して，LHC Ⅱは，地球上に最も多量に存在する色素タンパク質で，チラコイド膜に存在する全クロロフィルの約50％を結合している．この色素タンパクは，主に系Ⅱにエネルギーを伝達するが，系Ⅱ複合体への結合は比較的弱い．葉緑体におけるこの成分の主な存在場所は，チラコイド膜が積み重なったグラナ部分で，集光以外の機能として，この成分はチラコイド膜の重なり構造（スタッキング）の形成に関与していることが示唆されている．Lhcb1-3 の 3 種類の遺伝子にコードされるこの成分は，25〜30 kDa の領域に 3 種類のアポタンパクとして同定されている．

現在，LHC Ⅱの三次元構造は 3.4 Å の分解能で解析されている[5]．その結果によって，LHC Ⅱは膜を貫通する三つの α-ヘリックスから構築されている．この構造上に，7分子のクロロフィル a，5分子のクロロフィル b および 2 分子のキサントフィル（ルテイン）の結合部位が推定されている（クロロフィルのマグネシウム原子は，多くの場合ヒスチジン，グルタミン，グルタミン酸などの極性アミノ酸残基と配位結合している）．キサントフィル分子はクロロフィルと近接して存在し，集光機能だけでなく，励起されたクロロフィル分子が酸素分子と反応して活性酸素を生成することを防ぐ光防御の機能をも果たしているものと推定されている．このアポタンパクのＮ末端近くのスレオニン残基は，酸化還元シグナルを感知するキナーゼによりリン酸化を受け，その結果，チラコイド膜上での分布を変化させることにより，系Ｉと系Ⅱの間のエネルギー分配を調節しているものと考えられている．

b. 系Ⅱ複合体

系Ⅱ機能の中心を担う構造体は，クロロフィル a，β-カロチン，フェオフィチン a，キノンなどを含む超分子複合体で，およそ20種のサブユニットから構成されているものと推定されている．一方，系Ⅱの初期電荷分離反応を担う反応中心は，葉緑体遺伝子 psbA と psbD にコードされる分子量約3万の相同なタンパク（Ｄ１とＤ２と呼ばれる）のヘテロ二量体を中心に構成されている．系Ⅱ反応中心の機能の中枢を担うＤ１タンパクは，光照射下で高速度で合成されるタンパクとして発見され（Ellisら），また系Ⅱの

電子伝達反応を特異的に阻害するアトラジンなどの除草剤を結合するタンパクとしても知られている．除草剤耐性を示す植物として，D1をコードする $psbA$ 遺伝子に点変異をもつ場合が数多く報告されており，D1タンパク上の結合部位の改変などにより除草剤耐性の作物の開発が試みられている．

系Ⅱ複合体に存在する40〜50分子のクロロフィル a は，CP 47 および CP 43 と呼ばれる2種類の集光性クロロフィルタンパクに結合し，それらアポタンパクは葉緑体ゲノム上の $psbB$ と $psbC$ にコードされている．また，反応中心には α および β サブユニットよりなるシトクロム b_{559} （葉緑体遺伝子 $psbE$ と $psbF$ にコードされる）が強く結合しているが，このシトクロムは初発光化学反応には関与せず，反応系の保護機構として機能していることが推測されている．

これらの成分以外に，補欠分子族を結合しないと考えられる小型で疎水性のサブユニットが多数存在し，それらの遺伝子は $psbH$，$psbI$，$psbJ$，$psbK$，$psbL$，$psbM$，$psbN$，$psbT$ と命名されている．また，核遺伝子 $psbO$，$psbP$，$psbQ$ にコードされる酸素発生系安定化タンパクもチラコイド膜の内腔側に存在する．

c． シトクロム b_6/f 複合体

シトクロム b_6/f 複合体は，系Ⅱと系Ⅰの間の電子伝達体として働き，還元型プラストキノンからプラストシアニンへ電子を伝達すると同時に，プロトンポンプとして機能する．この複合体には，c 型のヘムをもつシトクロム f（$petA$ 遺伝子），二つの b 型ヘムをもつシトクロム b_6（$petB$ 遺伝子），高電位の鉄硫黄タンパク（Rieske タンパク）（$petC$ 遺伝子）とサブユニットⅣ（$petD$ 遺伝子）が存在する．そのほかにも機能が不明な小型のサブユニットが含まれていることが最近の研究により明らかになった．シトクロム f のヘムを結合する N 末側の親水領域はチラコイド膜の内腔側に存在する．

d． 系Ⅰ複合体

系Ⅰ複合体は，10以上のサブユニットから構成される超分子複合体で，系Ⅱの場合のような反応中心と集光サブユニットとの区別が明らかでない[8]．葉緑体の $psaA$ と $psaB$ 遺伝子にコードされる分子量約8万の二つのサブユニットは，初発光化学反応に関与する電子伝達成分とおよそ100分子のアンテナとして機能するクロロフィル a を結合している．複合体内での最終電子受容体である鉄硫黄タンパクは葉緑体の $psaC$ 遺伝子にコードされ，ストロマ側の鉄硫黄タンパクの近傍に存在しフェレドキシンの結合に関与しているサブユニットを核遺伝子 $psaD$，$psaE$，$psaG$ がコードしている．また，系Ⅰとプラストシアニンとの反応に関与するタンパク（核遺伝子 $psaF$ がコードする）は内腔側に存在する．さらに，機能不明で疎水性の小型サブユニットが葉緑体遺伝子 $psaI$ と $psaJ$ や核遺伝子 $psaK$ にコードされている．

e． ATP 合成酵素

この複合体は，F_1 および F_0 と呼ばれる二つの部分からなり，チラコイド膜に埋め込まれて存在しプロトン輸送のチャンネルを形成する F_0 は，4種類のサブユニットⅠ〜Ⅳから構成されている．ストロマ側に存在し ATP 合成の活性をもつ F_1 部分は5種類のサブユニット α，β，γ，δ，ε からなり，その活性中心は β サブユニットにあり，γ サブユニットは F_1 の構造の中心部分を担っている．表13.1に示されるように F_0 と F_1

13.4 光合成の分子生物学

表 13.1 光合成系の構築と構成タンパクの遺伝情報の存在部位（C は葉緑体，N は核を示す）

構造単位	遺伝子	存在部位	機能など	構造単位	遺伝子	存在部位	機能など
光化学系 I 複合体	psaA	C	集光と反応中心	シトクロム b_6/f 複合体	petA	C	シトクロム f
	psaB	C	集光と反応中心		petB	C	シトクロム b_6
	psaC	C	鉄硫黄タンパク		petC	N	鉄硫黄タンパク
	psaD	N	Fd 結合		petD	C	キノン結合
	psaE	N	Fd 結合		petG	C	小型サブユニット
	psaF	N	PC 結合		petL	C	小型サブユニット
	psaG	N	Fd 結合		petM	N	小型サブユニット
	psaH	N	小型サブユニット		petN	C	小型サブユニット
	psaI	C	小型サブユニット	プラストシアニン	petE	N	電子伝達タンパク
	psaI	C	小型サブユニット	フェレドキシン	petF	N	電子伝達タンパク
	psaK	N	小型サブユニット	FNR	petH	N	$NADP^+$ の還元
	psaL	N	小型サブユニット	ATP 合成酵素 複合体	atpA	C	α サブユニット
	psaN	N	小型サブユニット		atpB	C	β；触媒部位
光化学系 II 複合体	psbA	C	反応中心		atpC	N	γ；機能調節
	psbB	C	色素結合		atpD	N	δ；F_1 と F_0 の結合
	psbC	C	色素結合		atpE	C	ε サブユニット
	psbD	C	反応中心		atpF	C	サブユニット I
	psbE	C	シトクロム b_{559}		atpG	N	サブユニット II
	psbF	C	シトクロム b_{559}		atpH	C	サブユニット III
	psbH	C	リン酸化タンパク		atpI	C	サブユニット IV
	psbI	C	小型サブユニット	Rubisco	rbcL	C	活性部位
	psbJ	C	小型サブユニット		rbcS	N	調節部位
	psbK	C	小型サブユニット	LHCI	Lhca1	N	系 I の集光機能
	psbL	C	小型サブユニット		Lhca2	N	系 I の集光機能
	psbN	C	小型サブユニット		Lhcb3	N	系 I の集光機能
	psbO	N	酸素発生系補助因子		Lhcb4	N	系 I の集光機能
	psbP	N	酸素発生系補助因子	LHCII	Lhcb1	N	系 II の集光機能
	psbQ	N	酸素発生系補助因子		Lhcb2	N	系 II の集光機能
	psbR	N			Lhcb3	N	系 II の集光機能
	psbS	N		CP 29	Lhcb4	N	系 II の集光機能
	psbT	C	小型サブユニット	CP 26	Lhcb5	N	系 II の集光機能
	psbW	N	小型サブユニット	CP 24	Lhcb6	N	系 II の集光機能
	psbX	N	小型サブユニット	光非依存クロロフィル合成系	chlB	C	
					chlN	C	鉄硫黄タンパク
					chlN	C	

のサブユニットの大部分が葉緑体遺伝子にコードされているのに対し，サブユニット II, γ, δ は核遺伝子 atpG, atpC, atpD にコードされている．

f. その他の成分

光合成電子伝達系に関与するその他のタンパクの多くは，核遺伝子にコードされている．そのうち，系 I の還元側で働くフェレドキシンとフェレドキシン―NADP 酸化還元酵素は，ストロマ側に存在し，それぞれ petF と petH にコードされ，一方，系 I の酸化側で働くプラストシアニンは内腔側に存在し，petE にコードされている．

13.4.3 光合成に関与するタンパク質の遺伝情報の存在部位

葉緑体は独自の遺伝情報とその発現系をもつ．単離した葉緑体のタンパク組成を二次元のポリアクリルアミドゲル電気泳動法で調べると，少なくとも250以上のスポットが検出される．一般に，葉緑体遺伝子の発現調節に関与する因子など，存在量が少ないタンパクや10 kDa以下の低分子量の成分の検出はむずかしいため，実際に葉緑体に存在するタンパクの種類はこれよりかなり多く，数百種類に及ぶものと推定されている．

ところが，葉緑体ゲノムのサイズはおよそ130〜200 kbpと小さく，そこにはrRNAやtRNA遺伝子を含めて120程度の遺伝子しか存在しない．葉緑体タンパクを放射性同位元素の存在下でラベルするとき，細胞質の80Sリボソームによるタンパク合成を阻害する薬剤であらかじめ処理しておくと，葉緑体ゲノムにコードされるタンパクを特異的にラベルすることができる．逆に，葉緑体の70Sリボソームによるタンパク合成を阻害する条件下では，核ゲノムにコードされるタンパクを特異的にラベルすることができる．このように，特異的な阻害剤を用いる実験や，単離した葉緑体でのタンパク合成の実験の結果は，葉緑体に存在するタンパクのごく一部が葉緑体ゲノムにコードされ，多くは核にコードされていることを示している．

これまでに，タバコ，イネ，オオムギ，クロマツ，ゼニゴケなどの葉緑体ゲノムの全塩基配列が決定され[9〜12]，葉緑体ゲノムに存在する光合成に関与する成分の遺伝子（光合成遺伝子）が明らかにされた．図13.10に示したように，光合成遺伝子は多くの場合いくつかの遺伝子クラスターを形成してゲノム上に散在している．遺伝子の配置は高等植物の間では比較的よく保存されているが，藻類では大きく異なっている．表13.1に示すように，これまでに約30の光合成遺伝子が葉緑体ゲノム上に同定されているが，炭酸固定系の酵素は，Rubiscoの大サブユニットの rbcL 遺伝子の存在が認められるのみである．クロマツのような裸子植物・鮮苔類・藻類の一部のクロロフィル合成系では，光非依存性のプロトクロロフィリド還元反応が進行するが，この反応に関与する酵素は葉緑体遺伝子 chlB，chlL，chlN にコードされている．一般的にいって，光合成エネルギー変換反応の中核を担う反応中心・電子伝達系・ATP合成酵素などの主成分は，ほとんど葉緑体遺伝子にコードされており，集光系と反応の制御系に関与する成分は核遺伝子にコードされている場合が多い．

13.4.4 葉緑体の光合成遺伝子の発現調節

葉緑体遺伝子の転写産物を調べると，多くの場合遺伝子はバクテリアのオペロンのように共転写されている．たとえば，系Ⅰを構成する相同な大型のサブユニットの遺伝子（psaA と psaB）は葉緑体ゲノム上で隣り合って存在し，両者は共転写される．また系Ⅱの psbB と psbH 遺伝子は，機能上は異なる petB と petD 遺伝子と共転写されている．他方，psbA や rbcL のように単独に転写されている遺伝子もある．葉緑体遺伝子の転写開始点の上流には原核生物型のプロモーターに存在するRNAポリメラーゼの認識部位である−10塩基配列（Pribnowボックス）と−35塩基配列が存在する．

葉緑体遺伝子の転写活性は，植物の発達や分化の段階で変動し，rbcL や psbA 遺伝子の転写活性は光照射下で増加する．しかし，一般的に成熟した植物体では転写活性は

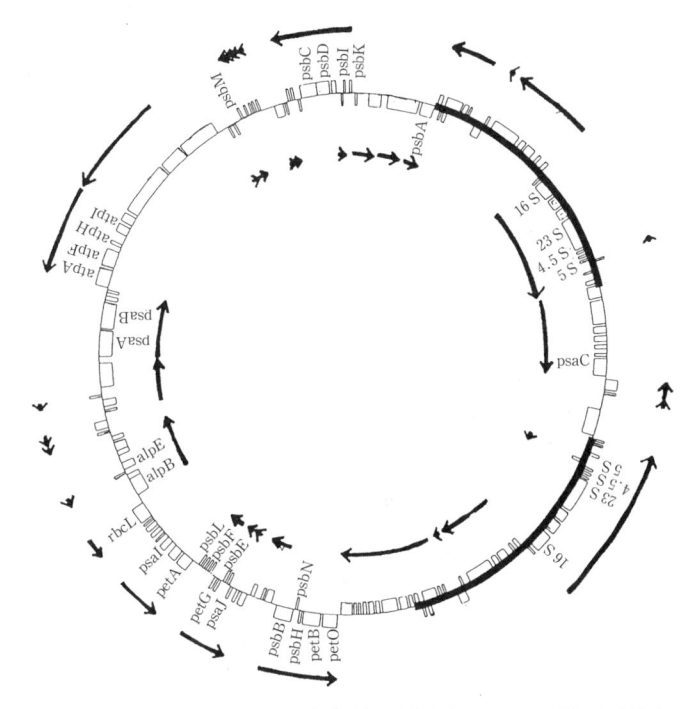

図 13.10 イネ葉緑体ゲノムの光合成遺伝子地図 (Kanno and Hirai, 1993)
ゲノムサイズはおよそ 135 kbp である。太線は逆位反復配列、内外リングの矢印は葉緑体遺伝子の転写産物を示す。光合成系の遺伝子とリボソーム RNA 遺伝子の名前以外は省略した。

あまり変化せず、mRNA とタンパク合成活性のレベルは必ずしも対応しない。したがって、mRNA のプロセッシング・安定性・翻訳活性など、転写後の調節が葉緑体遺伝子の発現制御機構の主要な部分を担っているといえる。系II反応中心のD1をコードする *psbA* に関しては、翻訳の開始および伸長の段階が光により制御されていることが明らかになりつつある。

前項で述べたように、光合成に関与するタンパクのいくつかは核と葉緑体遺伝子の産物からなる複合体を形成しており、両ゲノム間の協調的発現制御が行われている。また、葉緑体ゲノムには遺伝子発現を制御する因子の遺伝子がほとんどみあたらず、葉緑体遺伝子の発現に欠損がある核の変異体が数多く単離されている[13～15]。

13.4.5 核の光合成遺伝子の発現調節

葉緑体遺伝子の発現が主に転写後の段階で制御されているのに対して、核遺伝子はむしろ転写の段階で制御されている。光合成反応は光照射下で進行するが、一般に光合成タンパクも光によりその発現が促進され、たとえば、集光性クロロフィルタンパクやRubisco の転写活性は、光照射により著しく促進される。この光による発現の促進に

は，フィトクロムや青色光受容体が関与している．

13.4.6 光合成タンパク質の機能発現部位への輸送[16]

図 13.9 で示したように，炭酸固定系の酵素の多くはストロマに存在し，集光性クロロフィル複合体，反応中心，光合成電子伝達系の成分や ATP 合成酵素などはチラコイド膜に局在する．詳述すれば，チラコイド膜のタンパクでも，膜のストロマ側あるいは内腔側に結合しているタンパクと膜に内在する疎水性タンパクが区別される．また，葉緑体遺伝子の発現制御に関与する因子の多くはストロマやチラコイド内腔に存在するものと考えられる．

図 13.11 に示したように，核にコードされる前駆体タンパクは，葉緑体へ輸送されるために必要な輸送ペプチドと呼ばれる延長ペプチドを N 末側にもち，これが葉緑体への輸送の必要条件になっている．延長ペプチドは包膜通過後，ストロマに存在するペプチダーゼにより切断され，タンパクは成熟型になる．膜輸送や構造形成に関連して数多くの分子シャペロンが機能していることも知られている．チラコイド膜のストロマ側に結合しているタンパクや膜内在性のタンパクには，チラコイド膜へ向かわせるためのシグナルペプチドは存在せず，成熟型のタンパクの構造にその情報がもり込まれているものと考えられる（図13.11）．一方，チラコイド膜の内腔側に輸送されるタンパクは，輸送ペプチドに加えてチラコイド膜通過に必要な延長ペプチドをもっている（図

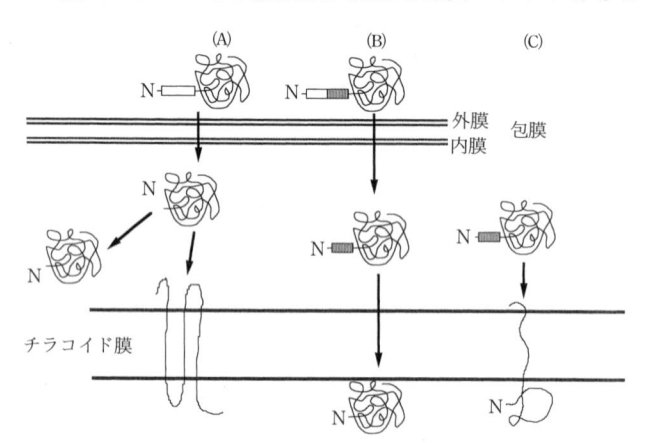

図 13.11 光合成タンパクの輸送の模式図
(A)核にコードされるタンパクは細胞質で前駆体として合成されたあと，葉緑体に輸送され包膜を通過する．その後，N 末端の一部が切断されたあと，そのままストロマに留まるか，あるいはチラコイド膜へ移動する．
(B)チラコイド膜の内腔に存在するタンパクは，二つのシグナルペプチドをもち，葉緑体へ輸送されたあと，最初の部分が切断され中間型になり，さらにチラコイド膜を通過したあともう一度 N 末端部分の切断を受け成熟型になる．(C)葉緑体遺伝子にコードされるタンパクのうちにもチラコイド膜の輸送に関与するシグナルペプチドをもつものがある．

13.11).このチラコイド通過ドメインをもった中間体タンパクは,チラコイド膜を通過し,内腔に存在するシグナルペプチダーゼによりこの部分が切断されて成熟型になる.このようなチラコイド膜の内腔側に存在するタンパクとしては,プラストシアニン,酸素発生系のマンガン安定化因子（psbO, psbP, psbQ）やD1前駆体のC末プロセッシングに働くプロテアーゼなどが知られている.興味深いことは,葉緑体で合成されるタンパクの中でも,シトクロム f や psbK 遺伝子産物のように,そのN末にチラコイド通過ドメインをもつものが存在することである（図13.11）.葉緑体遺伝子 psbA にコードされる系II反応中心のD1も前駆体タンパクとして合成される.しかし,この場合,タンパクはC末に延長配列をもち,チラコイド膜に挿入されたあとチラコイド膜内腔に存在する核支配のプロテアーゼによりこの部分が切断され成熟型になる.D1タンパクはチラコイド膜を5回貫通するヘリックスをもつ膜タンパクであるが,この延長配列を欠損させてもチラコイド膜への挿入には何ら影響を与えないことが知られているが,水分解の機能をになうマンガン-クラスターが形成されるには,延長配列が切断されなければならない.

13.4.7 光合成に関与するタンパク質の構造と機能の分子生物学的解析

光合成の構造と機能の解析において,分子生物学的手法は新しい可能性を提供する.特に光合成遺伝子を特異的に失活あるいは改変させた変異株を作出する形質転換法は,最近注目されている.光合成遺伝子を操作するには,従属栄養条件下で生育できる生物をホストとして選ぶことが望ましい.光合成遺伝子の操作に用いられる主な材料は,相同組換えによる遺伝子導入が容易な原核生物のシアノバクテリアと真核生物の緑藻クラミドモナスである[17,18].クラミドモナスは,高等植物により近いモデル生物で,核のゲノムは相同組換えが起こらないが,葉緑体ゲノムの相同組換えが比較的容易である[18].高等植物ではタバコの葉緑体形質転換も可能であるが[19],効率が悪く,光合成機能を失活させるような変異を導入することは容易でない.しかし,レポーター遺伝子を導入して光合成遺伝子の発現の組織特異性などを解析するのに適している.

a. 光合成遺伝子の特異的破壊

系I,系IIの複合体やシトクロム b_6/f 複合体には,機能の不明な小型サブユニットがいくつも存在することをすでに述べた.これらのサブユニットの機能の解明のため,一つのサブユニットを特異的に破壊させた形質転換体を作出し,その表現型を解析する手法が有効である.系Iの鉄硫黄タンパクの遺伝子（psaC）を破壊させるためのベクターについて示したのが図13.12（A）である[20].遺伝子のコード領域に薬剤耐性を与える遺伝子カセットを挿入したコンストラクトを作製し,ベクターとして葉緑体に導入して薬剤耐性を指標に形質転換体を単離することにより目的を達成する.一般に,複合体の構成サブユニットの一つを欠損させると,葉緑体では複合体全体の蓄積が起こらなくなることがある.これは,多くの場合,一つの遺伝子の破壊により他の構成成分の遺伝子の発現が抑制されるためではなく,一つのサブユニットの欠損により複合体が不安定になり急速にプロテアーゼの作用を受けるようになるためである.

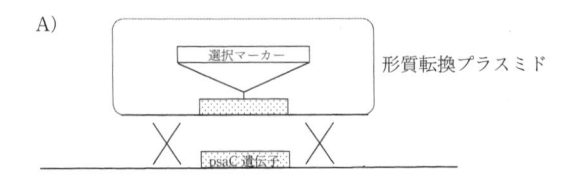

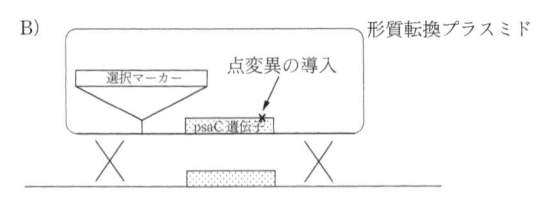

図13.12 光合成遺伝子の形質転換
(A)光合成遺伝子を破壊させるときは,目的の遺伝子に選択マーカーを挿入する.(B)部位特異的な変異を導入するときは,選択マーカーは遺伝子の発現に影響を与えない部位に挿入する.

b. 部位特異的変異の導入

遺伝子のコード領域や発現に関与する調節領域のヌクレオチドを特異的に改変する部位特異的変異の導入は,図13.12(B)に示したように,選択マーカーを目的の遺伝子の発現に影響を与えない部位へ挿入することにより行うことができる.この場合も,形質転換体は薬剤耐性で選択する.この方法を利用して光合成タンパクの活性部位や電子伝達成分の結合部位周辺のアミノ酸を置換することができる.この手法は,効率の高い光合成反応系における構造・機能相関を明らかにしたり,光合成遺伝子の発現を制御するシス領域を同定してその制御機構を解析する上できわめて有効である.

これらの手法は,将来光合成能を増強した植物や除草剤耐性を付与した植物を作出したり,さまざまな環境に適応して光合成を行う植物を作出するために必要な基礎技術を提供することになるものと思われる. 〔高橋裕一郎・佐藤公行〕

文 献

1) 藤茂 宏:光合成,裳華房,1972.
2) 西村光雄:光合成,岩波書店,1987.
3) 蛋白質・核酸・酵素, **34**(6), 725-772(特集:光合成・光化学反応中心研究の新しい展開),1989.
4) Green, B. R. et al.: *Trends. Biochem. Sci.*, **16**, 181-186, 1991.
5) Kuhlbrandt, W. et al.: *Nature*, **367**, 614-621, 1994.
6) Ikeuchi, M.: *Bot. Mag. Tokyo*, **105**, 327-373, 1992.
7) Nanba, O. and Satoh, K.: *Proc. Natl. Acad. Sci.*, **84**, 109-112, 1987.
8) Golbeck, J. H.: *Annu. Rev. Plant Physiol. Plant Mol. Biol.*, **43**, 293-324, 1992.
9) 篠崎一雄,杉浦昌弘: *Jpn. J. Genet.*, **61**, 371-409, 1986.
10) Sugiura, M.: *Plant Mol. Biol.*, **19**, 149-168, 1992.
11) Shinozaki, K. et al.: *EMBO J.*, **5**, 2043-2049, 1986.
12) Ohyama, K. et al.: *Nature*, **322**, 572-574, 1986.

13) Kano, A. and Hirai, A.: *Curr. Genet.*, **23**, 166-174, 1993.
14) Taylor, W. C.: *Annu. Rev. Plant Physiol. Plant Mol. Biol.*, **40**, 211-233, 1989.
15) Rochaix, J.-D.: *Annu. Rev. Cell Biol.*, 8, 1-28, 1992.
16) de Boer, D. and Weisbeek, P.: Pigment-Protein Complexes in Plastids; Synthesis and Assembly (eds. Sundqvist, C. and Ryberg, M.), 311-334, Academic Press, 1993.
17) Nixon, P. J. *et al.*: Plant Protein Engineering (eds. Shewry, P. R. and Gutteridge, S.), 93-141, Cambridge University Press, 1992.
18) Boynton, J. E. *et al.*: *Science*, **240**, 1534-1538, 1988.
19) Svab, Z. and Maliga, P.: *Proc. Natl. Acad. Sci. USA*, **87**, 8526-8530, 1990.
20) 高橋裕一郎: 蛋白質・核酸・酵素, **38**, 16, 2700-2710, 1993.

13.5 生殖生長の分子生物学

高等植物の生殖生長は，栄養生長からの生長の相（phase）の転換に始まり，花芽形成から生殖器官原基の発達，生殖器官の成熟，さらに受粉受精へと続く一大イベントである．ここでは，花芽形成，器官成熟，受粉・受精のそれぞれに分け，遺伝子発現を中心に述べる．

13.5.1 花芽形成過程
a. 花序分化から花器官形成

高等植物は，日長や温度などの環境条件の変化をシグナルとして受容すると，栄養生長から生殖生長へと生長の相を切り替える[1]．このとき，ドーム状の形態を示していた茎頂分裂組織（shoot apical meristem）は隆起して花序（inflorescence）を分化する．花序には花芽（flower bud）が分化し，それぞれの花芽が1個の花（flower）に分化する．そして花芽分裂組織（floral meristem）は，がく片（sepal），花弁（petal），雄ずい（stamen），心皮（carpel）を分化し，やがて心皮は融合し雌ずい（pistil）となる（図13.13）．

花序分化から花器官形成を制御する遺伝子は，ホメオティック突然変異体（homeotic mutant）を用いた実験から解析されている．ホメオティック突然変異体は，本来その場所に生じるべき器官とは異なる器官が形成される突然変異体であり，シロイヌナズナ（*Arabidopsis thaliana*）やキンギョソウ（*Antirrhinum majus*）などから多数単離されている．それらホメオティック突然変異体から，いくつかのホメオティック遺伝子が単離されている（表13.2）．代表的なホメオティック遺伝子には，シロイヌナズナの *AGAMOUS*, *APETALA3*, *PISTILATA* や[2]，それらのホモログとしてのキンギョソウの *PLANA*, *DEFICIENS*, *GLOBOSA* などがある[3]．たとえば，*AGAMOUS*（*PLENA*）は雄ずいと雌ずいの原基において発現しており，この遺伝子が機能を失うと雄ずいが花弁に，心皮ががく片に変化して八重咲の花を形成する．

このようなホメオティック遺伝子の産物は，高度に保存された57残基からなるドメインをもっていることが明らかになっている．この配列は植物に限らず酵母の転写調節因子 MCM1 (mini chromosome maintainance-1) やヒトの転写調節因子 SRF (serum responsive factor) においても認められ，MCM1, AGAMOUS, DEFICI-

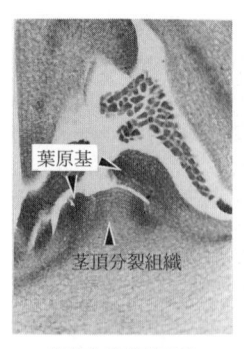

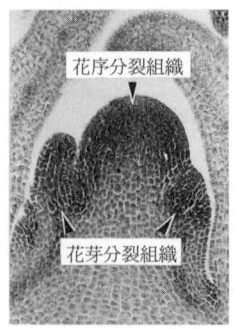

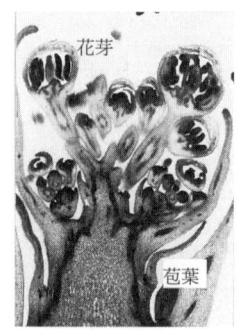

図 13.13 花芽分化から花器官形成（*Brassica campestris* の例）
花芽形成シグナルを外界から受容した植物は、茎頂分裂組織から花序を分化する。その後、さまざまな花器官原基を形成して花芽となる

表 13.2 花器官形成に関わる形態形成遺伝子の例

	シロイヌナズナ	キンギョソウ	突然変異体の形質
花序分裂組織の特異性	TERMINAL FLOWER (TFL1)		花序→花芽
花芽分裂組織の特異性	AGAMOUS (AG)	PLENA (PLE)	花器官特異性の消失
	APETALA1 (AP1)	SQUAMOSA (SQUA)	側花の形成
	APETALA2 (AP2)		側花の形成
	CAULIFLOWER (CAL)		花芽→花序（AP1 と共働して）
	LEAFY (LFY)	FLORICAULA (FLO)	花芽→花茎
花器官の特異性	AGAMOUS (AG)	PLENA (PLE)	雄ずい→花弁 心皮→新しい花
	APETALA1 (AP1)	SQUAMOSA (SQUA)	がく片→葉 花弁の消失
	APETALA2 (AP2)		がく片→葉 心皮・花弁→雄ずい
	APETALA3 (AP3)	DEFICIENS (DEF)	花弁→がく片 雄ずい→心皮
	PISTILATA (PI)	GLOBOSA (GLO)	花弁→がく片 雄ずい→心皮

ENS, SRF のそれぞれの頭文字をとり MADS ボックスと命名されている。この領域は DNA に対する結合やタンパク質同士の二量体の形成に関与しているとされ、この

MADSボックスをもったタンパク質は転写因子であると考えられている．以上のことから，ホメオティック遺伝子が変異を起こすと，この制御下にあるさまざまな遺伝子の発現が変化し，器官形成に異常を生じると考えられる．

こうしたホメオティック遺伝子とは別に，花芽分化時期の茎頂部において特異的に発現する遺伝子が，タバコ (*Nicotiana tabacum*) やシロガラシ (*Sinapis alba*) などから単離されている．その発現時期の特異性からみて，これらの遺伝子は花芽分化に関与していると考えられるが，その機能については明らかになっていない．

b. 雌雄器官の分化の決定

高等植物の花は，雌雄同花と雌雄異花の二つに分けることができる．雌雄同花の場合は一連の形態形成の中で，1個の花の中に雌雄それぞれの生殖器官が形成され，両性花となる．他方，雌雄異花の場合はいずれかの生殖器官が消失し，雄花あるいは雌花を形成する．トウモロコシやウリ科植物などの雌雄異花の植物の雄花や雌花を観察すると，雄花には雌性器官の，雌花には雄性器官の痕跡が認められ，花器官の発達と雌雄性決定の機構が密接に関連していることが考えられる[4]．

トウモロコシの雄穂 (tassel) においては，通常雌穂 (ear) の発達が抑制されているが，その抑制がはずれ，雄穂に種子 (tassel seed) が形成される突然変異体が得られている．この突然変異の原因と考えられる遺伝子 *TASSEL SEED 2* が近年単離され，ヒドロキシステロイドデヒドロゲナーゼとの相同性が示されたことから，ジベレリンやステロイド様の物質が，性決定に関与しているのではないかと考えられている[5]．

また，アサ，メランドリウム，ホウレンソウなどにおいては，性染色体の存在が知られており，性染色体特異的遺伝子と雌雄性器官の分化発達との関連に興味がもたれるが，最近ようやく遺伝子レベルの解析が緒についたばかりであり，今後の研究に期待されている．

13.5.2 生殖器官成熟過程
a. 雄性器官成熟と関連遺伝子

高等植物の雄性配偶体である花粉はやく（葯）の内部で形成される（図13.14）．やくの発達過程において花粉母細胞 (pollen mother cell) は減数分裂を行い，半数性細胞の四分子 (tetrad) を形成する．この四分子は β-1,3-グルカンからなるカロース (callose) に包まれているが，やく壁最内層のタペート組織 (tapetum) から供給されるカラーゼ (callase) によって消化され小胞子 (microspore) を遊離する．その後，タペート組織は小胞子に対して栄養分や花粉壁構成成分を供給するが花粉成熟期に崩壊する．この間に小胞子内部の核は分裂し，栄養細胞 (vegetative cell) の中に雄原細胞 (generative cell) を形成する[6]．その後，雄原細胞は2個の精細胞 (sperm cell) に分裂する．なお，花粉の発育ステージは花粉に含まれる核（細胞）の数によって，1核期（小胞子期），2細胞期および3細胞期に分類することが多いが，ナスやユリなどやく内で2細胞性花粉を形成するものと，イネやアブラナなど3細胞性花粉を形成するものに大別される（図13.15）．

やくで発現している遺伝子のうち1/3はやく特異的であり[7]，やく特異的遺伝子を解

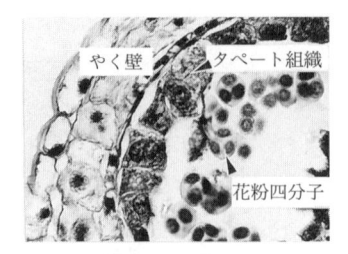

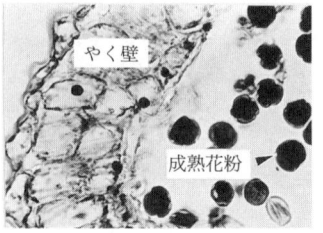

図13.14 雄性配偶体を形成するやくの構造（*Nicotiana tabacum* の例）
やく壁の最内層に存在するタペート組織は，小胞子期後期から分解を始め，成熟した花粉を含むやくに存在しない

A：やく内における花粉の発達

花粉母細胞　　花粉四分子　　小胞子　　2細胞花粉　　3細胞花粉
　　　　　　　カロース膜

B：胚珠内における胚のうの発達

胚のう母細胞　　胚のう細胞　　　　　胚のう
　　　　　　　　　　　　　助細胞　卵細胞
　　　　　　　　　　　　　　　　　極核
　　　　　　　　　　　　　　　　　反足細胞

図13.15 雄性配偶体・雌性配偶体の形成
花粉母細胞は減数分裂し，花粉四分子を形成する．その後，花粉四分子を包むカロース膜が分解され，小胞子が遊離する．小胞子は引き続き分裂を行い花粉となる．
胚のう母細胞は減数分裂を行い，胚のう細胞（大胞子）を形成する．その後，細胞分裂を伴わない核分裂が進行しやがて胚のうを形成する．

析することによって遺伝子発現と器官形成の全体像を明らかにしようとする研究がなされている．減数分裂期のやくで特異的に発現している遺伝子はユリから数種類単離されている．四分子期から小胞子期のタペート組織崩壊前のやくで特異的に発現する遺伝子は，比較的多く単離されている．これらの cDNA はディファレンシャルスクリーニングによって単離されたものであるが，タペート組織で特異的に発現しているものが多い．これは四分子期から小胞子期のタペート組織の生理活性が高いためであろうと考えられる．また，成熟花粉から単離された cDNA も多く報告されている．これらの遺伝子は花粉で特異的に発現しており，タペート組織崩壊後，花粉で発現を開始して成熟期に発現が増加するものが多い．また，この時期で発現している遺伝子のいくつかは花粉管発芽後の花粉管でも発現している．

やく特異的遺伝子の機能に関しては，得られた遺伝子の塩基配列やそれらから推定さ

13.5 生殖生長の分子生物学

表13.3 雄性生殖器官で特異的に発現する遺伝子の例

遺伝子	植物種	発現時期	発現組織	類似タンパク質
A9	ナタネ	減数分裂期～小胞子期	タペート組織	プロテアーゼインヒビター
SaTap35	セイヨウカラシ	小胞子期	タペート組織	?
tap2	キンギョソウ	小胞子期	タペート組織	?
TA29	タバコ	小胞子期	タペート組織	?
Osc4	イネ	小胞子期	タペート組織	?
Osc6	イネ	小胞子期～2細胞期	タペート組織	?
P2	マツヨイグサ	小胞子期～2細胞期	花粉	ポリガラクチュロナーゼ
Bcp1	カブ	小胞子期～3細胞期	花粉・タペート組織	?
LAT52	トマト	小胞子期～2細胞期	花粉・タペート組織	?
Bp4	ナタネ	2細胞期～3細胞期	花粉	花粉壁タンパク質
Bp19	ナタネ	2細胞期～3細胞期	花粉	ペクチンエステラーゼ
Zm13	トウモロコシ	2細胞期～3細胞期	花粉	?

れたアミノ酸配列を基に行った相同性検索からいくつか推定されている．表13.3 に例示した遺伝子のうち，花粉で特異的に発現している遺伝子のいくつかはポリガラクチュロナーゼやペクチンエステラーゼ遺伝子と相同性があり，花粉管の発芽，伸長に関連していると考えられる．

一方，雄性不稔（male sterility）という現象が知られている．雄性不稔は雄性生殖器官がその機能を失い，花粉が形成されなかったり，花粉が形成されても受精能力がない現象である．この雄性不稔性は，核遺伝子に制御されているもの，細胞質遺伝子によって制御されているもの，両者によって制御されているものがある．雄性不稔性は，農業上 F_1 採種などに応用されている．細胞質雄性不稔性に関しては，イネ，トウモロコシ，ペチュニア，テンサイなどで研究が行われており，ミトコンドリア遺伝子である *coxII*, *atpA*, *atp6* などに異常が観察されているが，雄性不稔を直接的に引き起こす遺伝子は単離されていない．しかし，先に述べたタペート組織特異的遺伝子の発現制御領域にさまざまな遺伝子を連結して遺伝子導入を行い，人為的に雄性不稔性を付与した例が報告されている[8~11]．たとえば，Mariani らは，タバコのタペート組織特異的遺伝子の *TA29* のプロモーター領域に *Bacillus amyloliquefaciens* から単離された RNase をコードする *Barnase* 遺伝子を連結し，タバコに導入して，タペート組織で発現している遺伝子の mRNA を分解させて雄性不稔タバコを作出した．また彼らは，Barnase を特異的に阻害する Barstar を同様の方法でタペート組織で特異的に発現させて，雄性不稔回復系統を作出した．導入した遺伝子をホモでもつこの回復系統の花粉を雄性不稔系統に交配して得られた F_1 個体のタペート組織においては，Barstar が Barnase の活性を特異的に阻害し，結果的に Barnase による雄性不稔は打破されるため F_1 は種子を形成することが可能となる．

b．雌性器官成熟と関連遺伝子

高等植物の雌性配偶子である卵細胞（egg cell）は胚珠（ovule）内部に形成される．

表 13.4 雌性生殖器官で特異的に発現する遺伝子の例

遺伝子	植物種	発現組織	類似タンパク質	機能
STIG1	タバコ	柱頭分裂組織	?	?
SLG	キャベツ・カブ	柱頭	SLG	自家不和合性
SRK	キャベツ・カブ	柱頭	SRK (レセプターキナーゼ)	自家不和合性
S-RNase	タバコ	花柱	リボヌクレアーゼ	自家不和合性
NaPRP4	タバコ	花柱	Pro に富むタンパク質	花粉管への栄養供給?
AGP	タバコ	花柱	Hyp に富むタンパク質	病原体への防御?
PPT	ペチュニア	花柱	チオニン	病原体への防御?
PTL1	キンギョソウ	花柱	エクステンシン	組織強度の維持
ACO1	ペチュニア	花柱・胚のう	ACC オキシダーゼ	エチレン合成
TTS-1	タバコ	花柱	Pro に富むタンパク質	細胞間認識・花粉管伸長

被子植物の場合，胚珠の発達過程において胚のう母細胞（embryosac mother cell）は減数分裂を行い半数性細胞の胚のう細胞（embryo cell）を形成する．胚のう細胞は，その後3回の核分裂を行い，1個の卵細胞（egg cell）と2個の助細胞（synergid）（いずれも珠孔側），2個の極核（polar nucleous）（中央）および3個の反足細胞（antipodal cell）（合点側）を形成するが，その構造は植物種によって多岐に富んでいる．胚珠の上部には心皮の融合によって形成された花柱（style）と花粉の受容器官である柱頭（stigma）が形成される[12]（図13.15）．

雌性生殖器官において発現する遺伝子については，報告例が少ないが，タバコの花柱や柱頭において特異的に発現する遺伝子がいくつか単離されている（表13.4）．たとえば，STIG1 は柱頭の分泌細胞（secretary cell）で特異的に発現している遺伝子[13]で，分泌型のタンパク質をコードしており，C末端側はシステインに富んでいた．この遺伝子のプロモーターに Barnase 遺伝子を連結してタバコに導入したところ，分泌細胞を欠損した雌性不稔（female sterile）のタバコが作出された．そのほかに，エクステンシンのように細胞の構造を維持しているタンパク質や，チオニンなど病原体の防御に関係するらしいタンパク質をコードしている遺伝子が単離されている．また一方で，表13.4に例示したように，雌性生殖器官で特異的に発現している遺伝子の中には，次項で述べる自家不和合性に関連した遺伝子が詳しく研究されている．

13.5.3 受粉・受精過程

受粉（pollination）・受精（fertilization）に関して，分子生物学的な研究を行った報告は少ない．しかし，受粉の際の自己・非自己認識反応である自家不和合性（self-incompatibility）については多くの報告例がある．

自家不和合性は，雌雄同花で両性の生殖器官が正常であるにも関わらず，自家受粉を行ったときに花粉の不発芽，花粉管伸長不全などにより受精ができない現象であり，大きく同形花型と異形花型の自家不和合性に分けられる．さらに同形花型自家不和合性は胞子体型（sporophytic type）と配偶体型（gametophytic type）に分けられる．いず

13.5 生殖生長の分子生物学

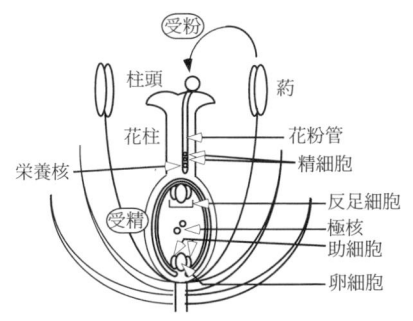

図13.16 受粉・受精の模式図
柱頭上に受粉した花粉は，花粉管を伸長する．伸長した花粉管は珠孔から胚珠内に侵入し，花粉管内を動いてきた精核のうちの一つは卵核と，残り一つは2個の極核と融合して，重複受精が完了する

れの型の自家不和合性においても，その遺伝は一般にS複対立遺伝子系で説明される．アブラナ科植物に代表される胞子体型自家不和合性[14,15]は，花粉を形成する親植物（胞子体）のS遺伝子表現型と柱頭の表現型が一致した場合不和合となる．この場合，一般的に花粉の発芽が柱頭上で阻害される．

一方，ナス科植物に代表される配偶体型自家不和合性[16]は，花粉（配偶体）のS遺伝子型と柱頭のS遺伝子の表現型が同一であるとき不和合となる．配偶体型の場合，一般的に花粉管の伸長は花柱内で阻害される．胞子体型自家不和合性のS遺伝子の産物として，糖タンパク質であるSLGや，SLGと高度に相同性のある領域を細胞外ドメインとしてもつ膜結合型プロテインキナーゼであるSRKが単離されている．このことから，高等植物の自他認識の情報伝達に，動物の場合と同様のタンパク質のリン酸化が関与していることが考えられる．一方，配偶体型自家不和合性のS遺伝子産物はRNase活性を有したS-RNaseであり，この発現が花柱に特異的であることから，花柱側で直接自家不和合性に関与している．

正常な花粉管伸長が起こり，2個の精細胞が胚のうに到達して受精が起こる（図13.16）．被子植物の場合，精核のうちの1個が1個の卵核と，残り1個が2個の極核と融合して重複受精（double fertilization）が完了する．この過程において発現する遺伝子は報告されていない．

また，配偶子の融合なしに無性的に種子を形成するアポミクシス（apomixis）により種子を形成することがある．アポミクシスを利用すると，優良なヘテロ接合体をその遺伝子型を変えずに増殖することが可能なため植物育種の点から注目されている．アポミクシスは，カンキツやギニアグラス，ニラなどで観察されており，それらは数種の遺伝子座の制御によるものと考えられている．

おわりに

以上，述べてきたように，生殖生長は大きな形態的な変化を伴う．その形態変化を制御している遺伝子は多岐に富み，またその発現制御も複雑で，分子生物学的なメスが入ったのはごく最近であることもあって，いまだ研究途上の分野である．おのおのの項目に関する詳細については個々の文献や総説をご覧いただきたい．なお，生殖生長の分子生物学に関して，*Plant Cell*の1993年10月号に"Plant Reproduction"の総説の特集

号があり，生殖器官形成の遺伝子支配についてまとめてあるので，参照していただきたい． 〔土屋　亨・北柴大泰・渡辺正夫・鳥山欽哉〕

文献

1) Bernier, G. et al.: *Plant Cell*, **5**, 1147-1155, 1993.
2) Okamuro, J. K. et al.: *Plant Cell*, **5**, 1183-1193, 1993.
3) van der Krol et al.: *Plant Cell*, **5**, 1195-1203, 1993.
4) Dellaporta, S. L. et al.: *Plant Cell*, **5**, 1241-1251, 1993.
5) DeLong, A. et al.: *Cell*, **74**, 757-768, 1993.
6) McCormick, S. et al.: *Plant Cell*, **5**, 1265-1275, 1993.
7) Mascarenhas, J. P.: *Plant Cell*, **1**, 657-664, 1989.
8) Koltunow, A. M. et al.: *Plant Cell*, **2**, 1201-1224, 1990.
9) Mariani, C. et al.: *Nature*, **347**, 737-741, 1990.
10) Worrall, D. et al.: *Plant Cell*, **4**, 759-771, 1992.
11) Tsuchiya, T. et al.: *Plant Cell Physiol.*, **36**, 487-494, 1995.
12) Reiser, L. et al.: *Plant Cell*, **5**, 1291-1301, 1993.
13) Goldman, M. H. S. et al.: *EMBO J.*, **13**, 2976-2984, 1994.
14) Nasrallah, J. B. et al.: *Plant Cell*, **5**, 1325-1335, 1994.
15) Hinata, K. et al.: *Intern. Rev. Cytol.*, **143**, 257-296, 1993.
16) Newbigin, E. et al.: *Plant Cell*, **5**, 1315-1324, 1993.

13.6　登熟の分子生物学

　登熟という言葉は，穀類やマメ類などの種子を食用とする作物の受精から完熟種子に至る過程を指すものとして農学分野でよく使われている．ただし，登熟が植物の生活環のどの部分を指すかについての厳密な定義はされていないようである．

　さまざまな生命現象の分子レベルでの理解は，分子生物学，遺伝学，生化学を中心とした広い分野の科学の貢献によって，近年めざましい進歩をとげている．高等植物の生殖過程についても解析が進んでおり，生殖生長と栄養生長の切り替えに働く遺伝子，花の各器官の形成に関わる遺伝子，受精から胚発生初期に働く遺伝子，さらに種子の発達や休眠に関わる遺伝子などが同定され，そのうちいくつかはクローニングされている[1,2]．

　このような研究の発展によって，登熟過程を現象論でとらえるだけでなく分子の相互作用として理解することが可能になりつつある．

　登熟は種子の成熟過程であるが，種子の成熟中に起こる貯蔵物質の蓄積には，植物体内で光合成産物などが適切に分配される必要がある．したがって，登熟は広く物質転流などを含めた過程の総体としてとらえるべきであるが，そのような過程については，本書中の他の部分を参照していただくこととして，ここでは，被子植物の受精から胚と胚乳が分化して完熟種子となる過程の分子レベルでの知見を貯蔵物質の集積を中心に概説する．

13.6.1 種子の分化と発達
a. 種子の特性
　高等植物の胚は発生のある段階で生長を停止し，貯蔵物質を蓄えて休眠に入る．この状態が種子である．種子は種の保存に都合のいい多くの性質をもっている．水分含量が低く，乾燥，低温，および高温に耐性であり，また貯蔵物質を蓄えているために，幼植物の初期生長が多少の不良環境でも進行する．多くの植物では種子は，完熟後しばらくは休眠状態にあり，水分や温度条件が適切であっても発芽しない．温帯で冬に向かう時期に種子をつける植物では，種子の成熟直後に発芽しても幼植物の生育には不都合な冬が訪れるわけで，低温耐性をもった種子の状態で冬を越すことは種の生存にとって有利な性質である．

　このような種子のもつ性質の多くは，穀物としての利用にも有用である．一方，休眠性は多くの作物で失われてきているが，これは，人間の都合のよい時期に播種しても発芽する系統が，長年にわたって選抜されてきたためと考えられる．

b. 種子の構造
　種子は一般に胚，胚乳および種皮の三つの部分から構成されている．胚は発芽後，植物体となる部分であり，胚乳は種子登熟期の胚あるいは発芽時の幼植物に養分を供給する役割をもっている．種皮の主な役割は，胚と胚乳の保護である．胚乳と種皮は，その役目を果たしたあとに植物体から脱落する．胚と胚乳は重複受精によって生じた細胞に由来するのに対して，種皮は母植物由来の細胞からなる．

c. 登熟段階
　種子の形成過程は大きく三つの段階に分けることができる．すなわち，受精後の胚と胚乳の細胞分裂と分化の起こる時期（初期），貯蔵物質の集積のさかんに起こる時期（中期），乾燥耐性を獲得して休眠に入る時期（後期）である．胚と胚乳では受精後一定期間の細胞分裂が起こったあとに，貯蔵物質の蓄積を伴った細胞の肥大が起こる．これに対して種皮は受精時にほぼ細胞分裂を終えており，胚と胚乳の発達を物質供給を通じて補佐するものの，自身では物質集積を行うことはない．

　胚形成は，受精卵が細胞分裂することによって始まり，細胞分化を経て基本的な植物の原型が形づくられる過程である．一方，胚乳は重複受精により，中央細胞に二つ存在する半数性(n)の核と精核の融合によって$3n$の核相となった細胞から形成されるのが通例である．種によっては胚乳の表層を覆う一層から数層の細胞である糊粉層（アリューロン層）と，胚乳内部のデンプンやタンパク質を蓄える細胞への分化が起こる．

13.6.2 細胞分裂と細胞の分化
a. 胚の分化
　受精卵は，花粉管伸長と並行して起こる精核の分裂の結果生じる二つの極核のうちの一つと，卵細胞との受精によって生じる．近年，分子生物学的研究材料として注目されているシロイヌナズナでは，胚発生の細胞系譜が比較的よく知られている[3]．細長い形の受精卵は受精後伸長し，数時間後に長軸に垂直な面で不等分裂する．珠孔に近い側の底細胞は比較的大型で液胞が発達しており，反対側の頂端細胞は小さくて細胞質に富

む．底細胞は長軸と垂直に3回分裂し，最も頂端細胞に近い細胞が幼根原基と根冠となる．

一方，他の7個の細胞は胚柄となる．頂端細胞はさらに分裂して8個の細胞からなる球状胚を形成する．これが胚の本体となる部分である．胚柄は球状胚の段階で分化を停止し，胚の発達に伴って消失する．8細胞となった球状胚は球表面に平行な分裂を行い16細胞となる．表面の細胞は前表皮となり，以降は表面に垂直な分裂をくり返して表皮となる．内側の8細胞は分裂をくり返したあと，球状胚上部の対称な2箇所で急激な細胞分裂が起こり，将来子葉となる部分がもり上がって心臓型胚となる．この間に茎頂分裂組織の原型が形成される．さらに胚の中央部に胚軸と幼根が分化し，魚雷型胚を経て幼植物としての形態が完成するにつれ，維管束組織などの初期分化が起こり，子葉胚の段階に至る．軸方向の伸長，胚の緑化，各種貯蔵物質の集積を経て胚は休眠し，完熟種子となる．

単子葉植物の胚発生は，双子葉植物とは多くの点で異なっている[4]．イネでは受精卵が軸方向に垂直に二つに分裂したあと，胚座側の細胞は比較的不規則な分裂を行って胚球の本体を形成する．珠孔に近い側の細胞は軸に垂直に2回分裂し，胚球に最も近い細胞が不規則な分裂を経たあと，胚球の一部となる．胚柄の発達は観察されない．球状胚は分裂を続け，半月状となったあと，胚盤の形成が起こる．幼芽の原基は細胞塊の中央部に形成され，ほぼ同時に幼芽原基のすぐ下部で幼根の原基が形成される．幼芽原基は完熟するまでに3枚の幼葉を分化する．イネ科植物は貯蔵物質の大部分を胚乳に蓄積するが，発芽時に胚乳からの養分吸収に重要な役割を果たすと考えられている胚盤の吸収層の細胞が，葉原基の伸長方向とは反対側の胚乳に接する面に，このころ形成される．

b. 胚分化過程の分子生物学

シロイヌナズナやイネ[5]を中心として，胚発生の過程に関わる遺伝子の研究が行われている．シロイヌナズナでは，胚発生に異常を示す変異株が多数単離されており，原因遺伝子のいくつかが単離されている[1]．変異株には胚発生の細胞系譜が野生株と異なるものや，胚発生が途中で停止するものなどが知られており，胚発生がどのように進行し，制御されているかが分子レベルで明らかにされつつある．

ここでは，一例としてシロイヌナズナの *twin* 変異株を紹介する[6]．*twin* 変異株ではある頻度で一つの種子から複数の幼植物が発芽してくる．野生型株では受精卵の第1分裂によって生じる底細胞からは根冠などになる細胞が生じるものの，それ以外は胚柄になり，胚本体にはならない．これに対して，*twin* 変異株ではある頻度で底細胞が胚本体となることによって双子が生じる．*twin* 変異株が存在することは，底細胞が胚本体となる潜在能力をもっていること，および野生型株で胚柄が消滅するのは，底細胞を死に向かわせる因子が存在していることを示唆しており，植物における細胞死の一例として興味深い．

c. 胚乳の分化

胚乳細胞は雄性配偶子と一つもしくは複数の極核の融合に始まる．種によって融合する極核の数は異なるが，ほとんどの場合には二つの極核が融合する．受精後の胚乳の発達は三つの型に分けられる．主に双子葉類にみられるヌクレアータイプ（nuclear type) とセルラータイプ (cellular type), および単子葉類にみられるヘロビアルタイプ (helobial type) である[7].

ヌクレアータイプでは, 受精によって生じた核が細胞壁の合成を伴わずに分裂をくり返す. この時期には, 胚乳細胞は中心に大きな液胞をもつことが多く, 分裂した核は細胞の周辺に押しやられた細胞質にならぶ. 引き続き細胞壁が合成され, この段階で胚乳の大部分は細胞によって埋め尽くされ, その後分裂を伴わない DNA 合成と胚乳細胞の肥大化が起こる. このような肥大化は, ときには 3072 C もの核型をもつ細胞を生み出し, さらにデンプンやタンパク質を多量に蓄えるようになる. 一方, セルラータイプでは初期の核分裂が細胞分裂を伴って起こる点がヌクレアータイプと異なっている.

ヘロビアルタイプは上記二つの型の中間ともいえる発達を行う. 重複受精によって複数の極核と融合した精核は胚乳原核となり, 核分裂がくり返されて核が胚のう内壁にならぶようになる. その後, 細胞壁の合成が起こり, 胚乳細胞が胚のう内壁に形成される. これらの細胞は分裂して胚乳中央部を満たすようになる.

イネはヘロビアルタイプの胚乳形成を行う[7]. 重複受精によって一つの精核は二つの極核と融合して胚乳原核となり, 3 日間ほど核分裂をくり返して胚のう内壁を満たす. このころ細胞壁の合成が起こって, それぞれの核が単一の細胞となる. これが胚乳細胞の最外層となる. この細胞が分裂することによって, 2 日間ほどで中央部を埋めるようになる. このころからデンプンの蓄積が中心部より始まり, 周辺部へと広がっていく. 糊粉層は胚乳細胞の最外層から受精後 5 日目頃から分化する. 胚乳細胞は, 発芽時には死に至るものがほとんどであるが, 糊粉層細胞は, 発芽後, 貯蔵物質の分解酵素を活発に分泌するという重要な役割をになっている.

d. 胚乳の分化の分子生物学

胚乳の分化過程の分子レベルでの解析は, 胚に比べて遅れている. 胚乳の分化過程に関わる変異株は, イネを中心とした穀類で報告されている[8]ものの, 原因遺伝子の単離に至っているものは知られていない. 胚乳細胞の分化過程に, どのような遺伝子が関わっているのかを明らかにすることは, これからの研究課題である.

13.6.3 細胞肥大とエンドリデュプリケーション

a. 貯蔵物質の蓄積

分化が終わると胚と胚乳細胞は細胞分裂を停止し, 登熟中期に入る. 中期には細胞肥大を伴った物質の集積が起こる. 種子にはタンパク質, デンプン, 脂質などの貯蔵物質が, 光合成産物に由来する転流物質から大量に合成され蓄積される. これらの物質は, 幼植物の発芽時に使用されるとともに重要な食糧源となる. 植物種により貯蔵物質の組成は異なっている. イネ (玄米) ではデンプンが 70％, タンパク質が 9％, 脂質が 2.5％程度であるのに対して, ダイズではタンパク質と脂質がそれぞれ 30〜40％を占め, デンプンはほとんど蓄積しない. タンパク質, デンプン, 脂質はそれぞれプロテインボディー, アミロプラスト, リピドボディーと呼ばれる細胞内器官に蓄積する.

b. エンドリデュプリケーション

この時期には, 細胞の肥大に伴って核分裂を伴わない核内 DNA の合成が起こり, 細

胞あたりの核型は種によっては1000 C以上にも達する．このような核分裂を伴わないDNAの複製はエンドリデュプリケーション（endoreduplication）と呼ばれる[9]．エンドリデュプリケーションは，遺伝子のコピー数を増やすためだと考えられていた時期があったが，貯蔵物質の蓄積時期とDNA合成は必ずしも一致しないため，現在ではこのような考え方は支持されていない．種子には貯蔵態リンとして機能していると考えられているフィチン酸が蓄積する[10]が，DNAもリンに富む化合物であり，種子におけるリンの貯蔵形態の一つであるとの考えもある．最近，エンドリデュプリケーションは植物の細胞周期のDNA合成期に活性化するプロテインキナーゼの活性化と，細胞分裂期に活性化するプロテインキナーゼの活性の低下が伴って起こる現象であることが報告されている[11]．しかしながら，エンドリデュプリケーションのもつ意義は，明確には理解されていない．

13.6.4 種子貯蔵タンパク質の合成と蓄積
a. 植物の種子タンパク質

種子の登熟中には，種子にのみみられる数種のタンパク質が大量に合成されて蓄積する．これらのタンパク質は種子貯蔵タンパク質と呼ばれ[12]，合成に伴ってプロテインボディーと呼ばれる細胞内器官に蓄積される．完熟種子中では安定に存在するが，種子の発芽時にはすみやかに分解されて幼植物の窒素源や硫黄源として使われる．種子貯蔵タンパク質は，一般的にはアミノ酸の貯蔵形態という以外には酵素活性などの機能をもたない．種子貯蔵タンパク質は登熟中の種子においてのみ合成され，発現量も非常に多い．

種子貯蔵タンパク質は，溶解性によって大きく4種に分類される[12]．水溶性のアルブミン，塩可溶性のグロブリン，酸または塩基性溶液に可溶性のグルテリン，アルコール可溶性のプロラミンである．双子葉植物の種子ではアルブミン，グロブリンが，単子葉植物の種子ではグルテリン，プロラミンがそれぞれ主要な貯蔵タンパク質を占めることが多い．

種子貯蔵タンパク質は，受精後，胚の分化が終わり，細胞肥大の起こる登熟中期から後期にかけて合成される．多くの植物種から100に近い種子貯蔵タンパク質遺伝子がクローニングされており，ほとんどの場合多重遺伝子族を形成している[12]．貯蔵タンパク質遺伝子の発現は種子に特異的に起こり，発現は主に転写レベルで調節されている．種子貯蔵タンパク質mRNAは粗面小胞体上のリボソームで翻訳され，多くの場合ゴルジ体を経て糖鎖などの修飾を受けたあとにプロテインボディーに蓄積する．

b. 種子タンパク質遺伝子の転写制御

種子貯蔵タンパク質は登熟中期から後期の種子でのみ大量に発現する．このような組織および時期特異的な種子貯蔵タンパク質遺伝子は，植物における遺伝子発現機構の研究のモデルとして1980年代後半を中心に多く研究されてきた．

アグロバクテリウムを用いた形質転換系が確立され，種子貯蔵タンパク質遺伝子が異種植物に導入されるようになると，ほぼ例外なく組織特異的な遺伝子発現制御パターンが異種植物でも保存されていることが明らかにされた[13]．さらに，プロモータ領域を用

いた解析などによって，種子特異的な遺伝子発現は転写レベルでの制御が中心となっていることが明らかにされた[13]．これらの結果は，高等植物が共通の種子特異的な遺伝子の転写制御系をもっていることを示唆している．

種子貯蔵タンパク質遺伝子のプロモータ領域は，欠失変異の導入によってさらに細かく解析され，多くの種子タンパク質遺伝子のプロモータ領域に共通にみられるRY配列が，種子特異的な遺伝子発現に関わっていることを示す結果が複数のグループによって得られている[14]．この配列は高等植物における種子特異的な遺伝子発現調節機構の中心的な役割をもつシス因子の一つであると考えられている．

トランス因子に関しても多くの研究が行われ，10種類をこえるプロモータについてDNA結合因子の解析がなされてきている[13]ものの，種子タンパク質遺伝子に共通のDNA結合因子の同定には至っていない．RY配列を認識するDNA結合因子も知られていないが，トウモロコシの Vp-1 遺伝子[2]産物はRY配列による種子特異的発現に関わっていることを示唆する結果が得られており，種子特異的な遺伝子発現調節機構に関与する重要な遺伝子であると考えられる．

c. 種子タンパク質遺伝子の転写後制御

貯蔵タンパク質のほとんどは，アミノ末端側にシグナルペプチドをもっており，翻訳と同時に小胞体に入り，ゴルジ体を経てプロテインボディーへと集積していく．プロテインボディーは，小胞体由来のものもあるが，液胞由来のものがほとんどである．種子貯蔵タンパク質は，分子内に小胞体から液胞へと運ばれるための情報をもっていると考えられ，酵母を用いた実験などによって，タンパク質のどの部分が情報になっているかが明らかにされた例もある[15]．

種子貯蔵タンパク質は，このような細胞内輸送の過程でゴルジ体内部で糖鎖の付加や部位特異的なペプチド鎖の切断を受け，特定のコンフォメーションをとる成熟型となり，プロテインボディーに蓄積していく．糖鎖の付加など，単にアミノ酸の貯蔵という目的にしては手の込んだように思われる修飾が，どのような目的で行われているかは，タンパク質の乾燥時の安定性を高めるなどの説はあるものの，不明な点が多い．

13.6.5 デンプンの合成と蓄積

a. 種子におけるデンプン合成と蓄積

穀類の種子に蓄えられるデンプンはアミロースとアミロペクチンが主成分である．いずれもグルコースの α-1,4結合からなる直鎖ポリマーを骨格として，α-1,6結合による枝分かれがところどころに入った高分子である．アミロースでは枝分かれが非常に少なく，α-1,4結合/α-1,6結合の比は1000以上であるのに対して，アミロペクチンではこの比が25程度である．通常の穀類にはアミロースとアミロペクチンの両者が存在しているが，イネのモチ種のようにアミロースを含まない変異体も知られている[16]．

デンプンは転流されたショ糖から合成される．ショ糖はスクロースシンターゼやインベルターゼなどの作用によってフルクトース6-リン酸となり，フルクトース1,6-二リン酸を経て3ホスホグリセリン酸などのトリオースリン酸に代謝される．トリオースリン酸はデンプン合成の場であるアミロプラスト（主にデンプン合成を行うように分化し

たプラスチド)に輸送され,フルクトース 1,6-二リン酸,フルクトース 6-リン酸,グルコース 6-リン酸,グルコース 1-リン酸を経てADPグルコースピロホスホリラーゼによってADPグルコースとなり,デンプン合成酵素によってデンプン粒に取り込まれる[17]．

b. 種子におけるデンプンの合成と蓄積の分子生物学

デンプン合成にはさまざまな変異が知られている．モチ米をつけるイネのモチ種は *wx*（*Waxy*）遺伝子座に変異をもっていることが知られている[16]．*wx* 遺伝子座はデンプン粒結合型のデンプン合成酵素をコードしていることが,トウモロコシより単離された遺伝子を用いた解析から明らかになっている．デンプン粒結合型のデンプン合成酵素はアミロースの合成に必須であり,変異型のモチ種では種子のデンプンはすべてアミロペクチンであり,炊飯によって粘りのあるコメとなる．

世界の主要なイネはジャポニカ型とインディカ型に分けられる．日本,韓国,中国の揚子江北側で食べられるコメはジャポニカ型であり,タイなど東南アジアで作付けされているコメのほとんどはインディカ型である．インディカ型のコメはジャポニカ型に比べて長粒で粘り気がないが,粘りの違いはアミロース含量の違いによる．インディカ型では *Wx* 遺伝子の発現がジャポニカ型に比べて10倍程度高く,これが高いアミロース含量の原因であると考えられている．

冷害時にはコメの品質の低下が起こるが,その要因の一つはデンプンの質的な劣化である．*Wx* 遺伝子の発現は20℃以下の低温によって活性化され,その結果アミロース含量が高まり,コメの品質が低下すると考えられている[18]．

トウモロコシには *shrunken*（*sh*）という劣性変異が知られている[19]．これは乾燥種子が張りのない縮んだようなシワ状になることから命名されたが,この変異をもつ種子は胚乳中のデンプン含量が非常に低く,変異はデンプン合成に関わるスクロースシンターゼの遺伝子の一つ（*Sh1*）に起こったものである．デンプン合成酵素の変異によってデンプン合成が低下し,種子中のショ糖濃度が高まるため,浸透圧によりシワ状となる．ショ糖濃度が高いことから,未熟種子を食用とするスイートコーンには *sh* 変異をもった品種が利用されている．スイートコーンの種子を購入するとシワだらけであるのはこのためである．

メンデルがエンドウマメの研究に用いた種子のシワの形質は,デンプン分枝酵素の一つの遺伝子の変異によってもたらされる．*sh* と同様,デンプン合成が低下してショ糖濃度が高まり,浸透圧によってシワになる．

13.6.6 脂質の合成と蓄積
a. 種子における脂質の合成と蓄積

ナタネに代表される油糧種子は種子重量の60％にも及ぶ脂質を主に子葉に蓄積する．蓄積される脂質の大部分はトリアシルグリセロールである．デンプンを主に集積するイネ,コムギなどの穀類でも,胚（胚芽）や糊粉層にはトリアシルグリセロールを蓄積する[20]．

種子に蓄積される脂質は転流してくるショ糖から合成される．ショ糖はプロプラスチドでペントースリン酸経路と解糖系を経てピルビン酸となり,アセチル CoA を経て,

アシルキャリアータンパク質を介した反応によってステアリン酸（18：0），パルミチン酸（16：0）オレイン酸（18：1）などの脂肪酸に取り込まれる．脂肪酸は小胞体膜でCoAと縮合し，還元などを受けたあと，細胞質で解糖系を経て合成されたグリセロール3リン酸との反応によってトリアシルグリセロールとなる．小胞体膜で合成された脂質はオイルボディーと呼ばれる脂質一重層の膜で囲まれた直径約1 μmの小胞となって種子に蓄積する．オイルボディーは疎水結合によって成立している細胞内小器官であるが，オレオシンと呼ばれるタンパク質が膜に埋め込まれているため，乾燥して種子の水分含量が下がっても融合して大きな油滴をつくることはないと考えられている．

このような脂質の合成は，登熟の中期から後期にかけて大量に起こる．脂質の脂肪酸組成は，植物種によって異なるため，植物油の物理，化学，栄養特性は由来する植物種によって異なっている．また，生育温度によって脂肪酸組成が変化することが知られており，登熟期の高温は飽和脂肪酸含量を高め，低温は不飽和脂肪酸含量を高める傾向がある．

b. 種子における脂質合成と蓄積の分子生物学

高等植物の脂質合成に関わる遺伝子は，アシルキャリアータンパク質，グリセリド合成に関わるアシルトランスフェラーゼなど，多くが単離されている．脂肪酸の不飽和化に関わる酵素は，シロイヌナズナにおいて，ガスクロマトグラフィーを用いて脂肪酸組成が変化した変異株が単離されており，その解析から，不飽和化酵素をコードする遺伝子が単離されている[21]．

オレオシンをコードする遺伝子も，トウモロコシ，ニンジンなど数種の植物より単離され，登熟期の種子で強く発現すること，オイルボディーへの移行に関わる共通配列の存在が明らかにされている．

13.6.7 休眠と乾燥耐性の獲得

a. 種子休眠と乾燥耐性

種子は登熟中期に貯蔵物質を蓄えるが，後期になると水分含量の低下に伴って，代謝活性が低下し，休眠状態となる．この過程で種子は乾燥耐性を獲得し，低水分含量のまま長期にわたっての保存に耐え得るようになる．極端な例では遺跡から発見されたハスの種子が1,000年もの休眠のあとに発芽した有名な例があげられる．

登熟後期にはLEA (late embryogenesis abundant) タンパク質と呼ばれる数種のタンパク質の蓄積がみられるLEA遺伝子の多くはクローニングされており，種子の乾燥耐性に重要な役割をもつことが示唆されているものもある[22]．

作物の栽培上，休眠の重要性に気づかされるのは，イネやコムギでの収穫期の台風などによる倒伏，穂の浸水などによって起こる穂発芽であろう．発芽のプロセスが進んでしまうことで，登熟時に蓄えられた貯蔵物質が分解され，作物の品質の急激な低下をもたらす．

b. 種子休眠と乾燥耐性の分子生物学

種子の休眠と乾燥耐性はどのように獲得されるのであろうか．登熟中期には種子中のアブシジン酸含量が高まる．アブシジン酸は登熟後期に発現する一連の遺伝子を誘導す

るとともに，登熟中の種子の成熟前の発芽を抑える役割をもっており，乾燥耐性の獲得にも重要な役割をもっていると考えられる．アブシジン酸と種子の乾燥耐性獲得に関わる変異株が知られている．

トウモロコシでは穂発芽を引き起こす一群の *viviparous*（*vp*）変異が知られており，その原因遺伝子の一つ（*Vp-1*）がクローニングされている[2]．変異型の種子では色素生産がみられなくなることなどから，種子で発現するいくつかの遺伝子の制御系の上流に位置する因子であると考えられている．*vp* 変異をホモにもつ種子は，野生型種子の登熟後期に起きる乾燥耐性の獲得と休眠の確立が起こらずに，発芽に向かってしまう．

シロイヌナズナではアブシジン酸の存在下でも発芽する能力をもつ *abi3* 変異株が知られている[23]．*abi3* 変異株はトウモロコシの *vp* 変異株と似た表現型をもち，種子の登熟後期に乾燥耐性を獲得できない．*ABI3* 遺伝子もクローニングされており，*Vp-1* 遺伝子と相同性のあることが明らかにされている．これらの遺伝子は，登熟後期の乾燥耐性の獲得に中核的な役割を果たす制御因子であると考えられる．シロイヌナズナでは，*ABI3* 遺伝子以外にも種子の乾燥耐性獲得に関わる遺伝子がクローニングされており，それらの遺伝子の相互関係が明らかにされつつある[24]．　　　〔藤原　徹・内藤　哲〕

文献

1) Meinke, D. W.: *Ann. Rev. Plant Phys. Plant Mol. Biol.*, **46**, 369-394, 1995.
2) McCarty, D. R.: *Ann. Rev. Plant Phys. Plant Mol. Biol.*, **46**, 71-93, 1995.
3) Bowman, J. ed.: Arabidopsis, 349-401, Springer-Verlag, 1993.
4) 北野英己：種子のバイオサイエンス（種子生理生化学研究会編），16-22，学会出版センター，1995.
5) 長門康郎，北野英己：植物の形を決める分子機構（細胞工学別冊植物細胞工学シリーズ1），139-147，秀潤社，1994.
6) Vernon, D. M. and Meinke, D. W.: *Developmental Biology*, **165**, 566-573, 1994.
7) Gifford, E. M. and Foster, A. S.: Molphology and Evolution of Vascular Plants, 3rd ed., 563-616, Freeman, 1989.
8) Hong, S. K. *et al.*: *Plant Science*, **108**, 165-172, 1995.
9) Lopes, M. A. and Larkins, B. A.: *Plant Cel.*, **5**, 1383-1399, 1993.
10) West, M. M. and Lott, J. N. A.: *Canadian Journal of Botany*, **71**, 577-585, 1993.
11) Grafi, G. and Larkins, B. A.: *Science*, **269**, 1262-1264, 1995.
12) Shotwell, M. A. and Larkins, B. A.: *The biochemistry of plants.*, **15**, 297-345, Academic Press, 1989.
13) Thomas, T. L.: *Plant Cell*, **5**, 1401-1410, 1993.
14) Fujiwara, T. and Beacy, R. N.: *Plant Molecular Biology*, **24**, 261-272, 1994.
15) Schroeder, M. R. *et al.*: *Plant Physiology*, **101**, 451-458, 1993.
16) Wang, Z. Y. *et al.*: *Plant Journal*, **7**, 613-622, 1995.
17) 山口淳二：種子のバイオサイエンス（種子生理生化学研究会編），87-93，学会出版センター，1995.
18) Umemoto, T. *et al.*: *Phytochemistry*, **40**, 1613-1616, 1995.
19) McCarty, D. R. *et al.*: Proceedings of National Academy of Sciences USA, 83, 9099-9103, 1986.
20) 市原謙一：種子のバイオサイエンス（種子生理生化学研究会編），94-99，学会出版センター，1995.
21) Arondel, V. *et al.*: *Science*, **258**, 1353-1355, 1992.
22) Roberts, J. K. *et al.*: *Plant Cell*, **5**, 769-780, 1993.
23) Giraudat, J. *et al.*: *Plant Cell*, **4**, 1251-1261, 1994.
24) Nambara, E. *et al.*: *Development*, **121**, 629-636, 1995.

索　引

ア

亜鉛　105, 524
亜鉛過剰ストレス　353
亜鉛欠乏　105, 106, 525
亜鉛欠乏ストレス　352
亜鉛酵素　105
青枯れ　83
赤枯れ　347
秋落ち　61
秋肥　560
アクアポリン　134
アクチノリゼー共生　241
active volume　292
アグマチン　348
亜酸化窒素　578, 590, 600
亜硝酸　505
亜硝酸ガス　602
亜硝酸還元酵素　57, 166, 308, 652
亜硝酸呼吸　57
亜硝酸酸化細菌　56
アシル-ACP　204
アシルキャリアータンパク質　681
アシルグリセロール　203
アシル脂質デサチュラーゼ　207
アシルトランスフェラーゼ　624
アズキ（ショウズ）の施肥　460
アズキ（ショウズ）の品質　548
アスコルビン酸　104, 300, 308
アスコルビン酸ペルオキシダーゼ　93, 300, 308
アスパラギン　170, 258, 263, 309
アスパラギン酸　170
アセチル-CoA　205, 225
アセチル-CoA カルボキシラーゼ　204
アセチレン還元法　245
アゾスピリラム　244
アゾラの利用　247
アデニン　175

アデノシン 5′-ホスホスルフェート　192
アーバスキュラー菌根　264
apparent free space　140
Irving-Williams 序列　102
アファノミセス根腐病　463
アブシジン酸　278, 651, 681
油かす類　373
アポプラスト　128, 129, 131, 187, 292, 338, 342
アミド集積　106
アミド植物　260
アミノアシル-tRNA シンテターゼ　183
アミノ酸　272, 513
　　──酸の活性化　183
アミノ酸オキシダーゼ　55
アミノ糖　55
アミラーゼ　199
アミログラフ　545
アミロース　196, 543, 679
アミロプラスト　29, 196
アミロペクチン　196, 679
アラキドン酸　201
アラニン　171
アラントイン　260
亜硫酸還元酵素　192
亜硫酸酸化酵素　116
アルカリ土壌　275, 613
アルカロイド　180
アルギニン　172
アルデヒド酸化酵素　116
α-アミラーゼ　199, 545
α-チューブリン　17
α-トコフェロール　300
α-ナフチルアミン酸化能　51
アルブミン　678
アルミニウム　40, 120, 295, 529
アルミニウム移行性　333
アルミニウム過剰　45
アルミニウム結合座　333
アルミニウム錯体　41
アルミニウム集積植物　121
アルミニウム集積性　333
アルミニウムストレス　332
アルミニウム耐性　333, 337
アルミニウム耐性遺伝子　342

アルミニウム排除能　334
アルミニウム有機複合体　121
アルミニウム誘導性遺伝子　341
アルミニウム陽イオン種　332
アレロパシー　360
アレロパシーストレス　360
アロフェン　498
アロフェン性火山灰土壌　274
アンチコドン　183
アンチポート　132, 144, 151
安定同位体　632
アントシアニン　104, 550
アンモニア　366
アンモニアガス　602
アンモニア化成　55
アンモニア酸化細菌　56
アンモニア障害　309, 310
アンモニア植物　309
アンモニア同化系酵素　654
アンモニアの揮散　633
アンモニアオキシゲナーゼ　56
アンモニウムイオン　308
アンモニウム態窒素　165, 512
unloading　161

イ

硫黄　94, 521
硫黄イオン　604
硫黄栄養診断　351
硫黄過剰　98
硫黄過剰ストレス　349
硫黄含有率　96
硫黄供給量　95
硫黄欠乏　95, 96, 521
硫黄欠乏限界含有率　96
硫黄欠乏ストレス　349
硫黄脂質　195
硫黄代謝　191
硫黄同化作用　95
硫黄要求量　95
イオン吸着　137
イオンチャネル　152
イオンの吸収・移動　127
イオン輸送　136, 148
維管束鞘細胞　656
育苗箱全量施肥　452, 629

索引

維持呼吸　228
異常落葉　506
移植限界温度　445
移植栽培　551
イソアミラーゼ　199
イソロイシン　171
イタイイタイ病　608
一次細胞壁　13
一次能動輸送　133,145,148
一重項酸素　297
一酸化二窒素　607
遺伝子組換え技術　575
遺伝子組換え植物　628
遺伝子タギング法　645
遺伝子のクローン化　640
遺伝情報　189
遺伝情報伝達物質　76
イネ　31,33
稲わらすき込み　447
イノシトール1,4,5-三リン酸　276
イノシトール脂質回路　277
イノシトールリン酸　316
イノシン酸　176
異物貪食　25
易分解性有機物　600,626
いもち病　118,440
易有効水分量　615
インゲンマメの品質　548
飲作用　146
インドフェノール法　512
インドール酢酸　103,105,352
イントロン　182

ウ

ヴァフィロマイシン　149
ウイルス　283
ウイロイド　283
Water-Waterサイクル　301
water free space　140
浮力　560
ウラシル　175
ウリカーゼ　261
ウリジン5′-リン酸　178
ウレアーゼ　56,124
ウレイド　154,258,514
ウレイド植物　260
ウレイド法　246
ウロポルフィリノゲンⅢメチル基転移酵素　652

エ

栄養障害　501
栄養生長期　2,445

栄養特性　537
液状複合肥料　379,398
エキソサイトーシス　17,146
液体微量要素複合肥料　397
液胞　25,47,131
液胞膜　25
──のH$^+$-ATPase　279
液胞膜輸送　142
液面低下法　432
エクステンシン　17
エクソン　182
エコロジー米　629
エスレル散布　457
エタノール発酵　225
エチレン　89,307
エッグボックス説　88
エネルギー　148
エネルギー代謝　256
エネルギー捕獲　27
エリコイド菌根　268
エリシター　276,284
塩化アンモニウム　367
塩害　357,444
塩化カリウム　371
塩基組成　434
塩基飽和度　434
炎光法　529
塩集積　42
塩ストレス　319
塩生植物　82,319
塩素　69,116,527,603
塩素過剰ストレス　357
塩素欠乏ストレス　356
塩素酸イオン耐性変異株　645
塩素施与効果　357
エンドサイトーシス　17,146
エンドリデュプリケーション　677
塩囊　320
塩類集積　441,600,613
塩類集積土壌　275
塩類腺　47,320
塩類濃度障害　611

オ

オイルボディー　681
黄化植物体　27
黄熟期　560
黄色体　27
オオムギの施肥　455
オーキシン　291
オーキシン含量　105
オゾン　304,306,577
オゾン層の破壊　607

汚泥　422
汚泥発酵肥料　595
オルニチン　262
オレオシン　681
オレオソーム　207
温室効果ガス　599,605
温暖化ガス　590

カ

外衣-内体　4
灰化法　528
塊茎　458
外見的品質　541
塊根　459
海水位の上昇　606
外生菌根　54,270,315
外生菌根菌　270
害虫ストレス　288
解糖系　223,318
カイナイト　371
カイネティクス　150
外膜系　17
カウンターアニオン　603
花芽　667
化学的脱窒　600
化学肥料工業　364
花きの施肥　485
花きの品質　563
可給態硫黄　96
可給態重金属　44
可給態窒素　434,510
可給態リン酸濃度　593
核　19
核酸　56,175
拡散係数　36
拡散抵抗　216
拡散電位　146
核磁気共鳴　188
核小体　20
隔壁形成体　19
核膜孔　19
隔離床栽培（ベッド栽培）　471,556
加工マンガン肥料　396
果菜類の施肥　468
果菜類の品質　555
かさ密度　389
過酸化水素　51,297
火山灰土壌　556
果実の品質　558
果樹類　473
花序　667
花床　11
過剰栄養　611

索　引

過剰塩類　42
過剰窒素の処理機構　309
カスケード　345
ガスストレス　306
カスパリー線（カスパリー帯）
　　9, 128, 153
化成肥料　378, 418
化石燃料　578
ガダベリン　173
カタラーゼ　300
カタルド法　513
家畜排泄物　589
家畜ふん堆肥　598
家畜ふん尿　563, 597
花柱　672
褐色森林土壌　498
活性汚泥法　594
活性酸素　93, 284, 297, 307
活性酸素消去系　297
活性酸素ストレス　297
活性鉄資材　61
活着肥　447
家庭園芸用肥料　398
家庭園芸用複合肥料　380
仮導管　4
カドミウム　360, 608
カドミウム過剰ストレス　357
カーナリタイト　371
カナル模型　291
果肉硬化障害　560
カーネーションの施肥　488
カーネーションの品質　565
加熱香気　569
過繁茂　448
下皮　133
花被　12
過敏感反応　283
花粉　669
壁タンパク　129
咬みつき因子　289
果面汚点症　584
花葉　11
可溶性成分　413
可溶性リン酸　413
カラースケール　508
カリウム（カリ）　69, 81, 119,
　　443, 518
カリウム欠乏　82, 518
カリウム欠乏ストレス　347
カリ栄養　234
カリ質肥料　371
仮登録　413
カリ偏用土壌　520
過リン酸石灰　369

カルシウム　69, 85, 86, 518
カルシウム-アルミニウムバランス　41
カルシウムイオンチャネル
　　335
カルシウム過剰　519
カルシウム欠乏　491, 519, 585
カルシウム欠乏ストレス　342,
　　345
カルシウムシアナミド　368
カルシウム粘土　420
カルシウムポンプ　345
カルジオリピン　203
カルビン回路　211
カルボキシアラビニトール1-
　　リン酸　212
カルボニックアンヒドラーゼ
　　212, 217
カルモジュリン　87, 336, 345
枯熟れ　456
カロース　339
カロチノイド　27, 210, 507
干害　439, 440
灌漑　42
灌漑水　319
カンキツ類の施肥　473
環境解析　636
環境基準　598
環境ストレス　79
環境負荷　620
環境保全型農業　620
環境容量　438
還元型硫黄化合物　191
還元糖　556
緩効性肥料　449
乾式灰化法　634
乾式リン酸　369
完熟種子　674
甘しょ糖度　570
冠水　299
冠水耐性　297
乾燥耐性　675, 681
乾燥地　600
寒地型牧草の施肥　480
乾田直播栽培　453
ガンニング氏変法　512
官能審査法　568
乾物率　556
カンペステロール　204
γ-アミノ酪酸　569
γ-チューブリン　18
含硫アミノ酸　94, 173

キ

キク　563
　──の施肥　486
気孔　215
　──の開閉　83
気候温暖化　605
気孔伝導度　302
気孔閉鎖　302
キサンチン酸化酵素　116
キサンチンデヒドロゲナーゼ
　　261
キサントフィル　659
寄主選択　288
気象条件　439
気象要因　558
キシログルカン　16
寄生生活　63
拮抗菌　53
起電性　149
起電性カルシウムイオンチャネル　87
機能的モデル　37
キノン　659
基肥　429
キャッピング　182
キャピラリー電気泳動　515
キャリアー　145, 148, 151
休閑期間　587
球状胚上部　676
急性萎凋症　347, 584
吸着複合肥料　380
休眠　675, 681
強光障害　282
共進化　290
共生窒素固定　122, 244, 247,
　　616
強制通気法　432
共生の窒素固定菌　239, 245
協同経路　207
共輸送　187
供与体　641
魚かす　373
局所施肥　429
局所的栄養診断　533
きれいなエネルギー源　618
菌根　264
菌根菌　54
菌根形成　315
近紫外光反応　281
菌鞘　270
金肥　365

ク

グアニン　175
グアノ　186
クエン酸　338
クエン酸可溶性（ク溶性）　413
クエン酸合成酵素遺伝子　341
茎　2
管状要素　154
クチクラ　3
クチクラ蒸散　118
苦土重焼リン　370
苦土肥料　382
国頭マージ　467
区分施肥法　449
組換えDNA実験技術　639
ク溶性（く溶性）　413
グライ土　587
クラスリンタンパク質　24
グラテスタニー　83
グラナチラコイド　27
グランドトルース　636
グランドトルース・データ　637
グリオキシソーム　207, 227
グリオキシル酸回路　29
グリコール酸代謝系　51
グリシン　171
グリシンベタイン　174
グリセロ脂質　201, 202, 206
クリーニングクロップ　454
グルコシノレート　195
グルコン酸　272
グルタチオン　194, 300, 308, 359
グルタチオン還元酵素　93, 308
グルタチオンレダクターゼ　300
グルタミルtRNA　179
グルタミン　154, 263, 309
グルタミンアミドトランスフェラーゼ群　654
グルタミン合成酵素　92, 167, 169, 259, 654
グルタミン酸　309
グルタミン酸合成酵素　259, 309, 655
グルタミン酸脱水素酵素（グルタミン酸デヒドロゲナーゼ）　55, 167, 259
グルテリン　678
クレブス回路　318
グレーンソルガム　477
グロブリン　678

クロモプラスト　29
クロロシス　80
クロロフィル　77, 178, 210, 507, 514
　――の光酸化　103
クロロフィルa　659
クロロフィルb　659
クロロプラスト　357
クワの施肥　492
クワの品質　566
桑葉の飼料価値　566
群落　509

ケ

系Ⅰ複合体　660
ケイ灰石肥料　383
蛍光性シュードモナス　63
ケイ酸　104, 117
ケイ酸カリウム　372
ケイ酸質資材　440, 443
ケイ酸質肥料　383, 404
形質転換法　665
形成層　4
形成複合肥料　379
ケイ素　117, 528
ケイ鉄　452
鶏ふん　496
茎粒　241
軽量気泡コンクリート粉末肥料　383
下水汚泥　594
下水汚泥中の重金属　595
下水汚泥中の肥効成分　595
下水汚泥肥料　595
欠乏限界含有率　79
ケルダール法　511
ゲルマニウム　118
牽引根　11
原核経路　207
原核細胞型の合成系　182
嫌気条件　296
原形質　187
原形質膜　187
原形質流動　131, 266
原形質連絡　128, 153, 158
減酸　560
原子吸光法　529, 634
健苗育成施肥法　387
玄米生産効率　544

コ

広域栄養診断　534
高エネルギー結合　190
好塩性作物　463

公害ガス　306
光化学系Ⅱ　303
光学的干渉　634
交換性カルシウム　579
後期重点施肥技術　448, 450
後期重点窒素施肥法　457
好気的脱水素酵素活性　349
抗菌物質　51
光向運動　282
光合成　209, 577, 657
　――の光阻害　303
光合成活性中心　99
光合成速度　605
光合成組織　78
光合成反応ストレス　301
光合成有効放射　281
交互接種群　240
鉱さいマンガン肥料　396
高周波誘導結合プラズマ-質量分析法　635
高周波誘導結合プラズマ-発光分光法　635
後熟　89
後生導管　133
好石灰植物　519
厚層黒色火山性土　465
高速液体クロマトグラフィ　515
酵素の酸化　51
酵素の活性化因子　101
酵素ピロホスホリラーゼ　190
公定規格　408
　――の設定と改正　411
　――の品質保証基準　411
公定法　406
高度化成肥料　378
高二酸化炭素環境　273
耕盤層　615
孔辺細胞　117
広葉樹環孔材　499
広葉樹散孔材　499
コウライシバ　484
小型サブユニット　665
呼吸　223
固結　390
古細菌　59
五炭糖リン酸回路　166
骨粉類　373
コッホの4条件　502
コーティング肥料　421
コドン　184
コーニング現象　390
コバラミン補酵素　122
コバルト　122, 529

索　引

コバルト過剰　123
コバルト欠乏　122
コバルト集積植物　123
ゴルフ場　484
糊粉層　677
コムギ　31
　——の施肥　456
　——の品質　544
コムギ Ec タンパク　360
コメタボリズム　627
コメの食味　542
コメの品質　541
ゴルジ体　23
Goldman-Hodkin-Katz の式　146
コレステロール　204
根冠　10, 676
根圏細菌　63
根圏深度　34
根圏土壌の pH　48
根圏の窒素固定　247
根圏微生物相　53
根圏容量　33
混合たい肥　437
混合土づくり肥料　392
混合マンガン肥料　396
根菜類の施肥　469
混植　52
根端　133
根端細胞原形質膜　336
根長　33
根長密度　32
混播採草地　482
コンポスト　421, 623
根毛　127
根粒　242, 248
根粒菌　53, 122, 240, 461, 616
根粒菌接種　246
根粒菌 nod 遺伝子　249
根粒形成　45
根粒形成過程　17

サ

最高粘度　545
最小養分律　427
採草地　480
採草利用　563
最大根深　31
最大ち密度（土壌の）　434
最大律　427
再転流　74, 505
サイトウの施肥　460
サイトカイニン　311, 651
細胞核遺伝子　182

細胞間隙　302
細胞系譜　675
細胞骨格　18, 336
細胞質　19
細胞質ゾル　130
細胞質 pH　294
細胞脱水　280
細胞板　19
細胞壁　13, 136
　——の酸性ホスファターゼ　316
細胞膜　17
細胞膜・液胞膜の単離　142
再利用効率　344
サイレージ　477
錯体化学　609
作土の厚さ　434
作物生育の阻害因子　582
作物生育の六要素　580
雑草防除　361
サツマイモの施肥　458
サツマイモの品質　550
サトウキビの施肥　466
サトウキビの品質　570
砂漠化　607
サビダニ　507
サプレッサー　286
差分法　38
サリチル酸　284
酸化型硫黄化合物　191
酸化還元電位　504, 609
酸化酵素　298
酸化の障害　297
酸化的脱アミノ反応　55, 227
酸化的リン酸化経路　225
酸化的リン酸化反応　78
三価鉄還元酵素　100, 331
酸化物質　49
産業廃棄物　421
酸ストレス　294
酸性雨　444, 606, 623
酸性矯正資材　380
酸性土壌　275, 612
酸性土壌における生育阻害機構　295
酸性ホスファターゼ　272, 316, 318, 517
酸性硫酸塩土　588
酸素　49, 68, 71
　——の分泌　50
酸素ストレス　296
3 ソースモデル　633
酸素発生　116
酸素バリヤー　257

酸度（トマトの）　555
3 文字暗合　175
三要素試験　503
三要素の天然供給率　455
産卵刺激因子　288

シ

ジアシルグリセリド　276
シアナミド　368
シアノバクテリア　1, 240
シアン感受性呼吸　225
シアン耐性呼吸　225
紫外線　607
自家不和合性　672
直播栽培　453
師管　73, 128, 161
師管液　157
師管内タンパク質　158
師管-伴細胞複合体　157
師管輸送　156
色素体　196
色素体 DNA　25
時期別養分吸収量　473
自給肥料　363, 365
敷わら　496
シグナル伝達　159
シグナル認識粒子　22
シグナル物質　311
シグナルペプチド　21
シグナル変換　276
シグナルリガンド　276
シグマ因子　25
シグモイド型溶出パターン　385
自己貪食　25
子実生産　74
子実生産効率　454
脂質代謝　201
子実タンパク　262
脂質二重層　17
雌ずい　12
シスゴルジネットワーク　24
システイン　192
施設栽培　470, 601, 611
湿式リン酸　369
実測電位　147
指定配合肥料　378, 392
シデロフォア　323
シトクロム b_6/f 複合体　221, 660
シトシン　175
シトステロール　204
シトルリン　260
シネラリアの施肥　486

芝生の施肥　484
ジヒドロキシアセトリン酸　231
師部　4
師部柔細胞　156
shifting cultivation　586
師部伴細胞　168
脂肪酸　77, 164, 201, 204
脂肪酸 β 酸化酵素群　29
ジホスファチジルグリセロール　203
島尻マージ　467
ジャガイモの褐変　549
ジャガイモの施肥　458
ジャガイモの品質　549
ジャーガル　467
弱光障害　281
遮光　567
ジャスモン酸　284
蛇紋岩　349
蛇紋岩地帯　506
蛇紋岩土壌　496, 611
車輪踏圧　615
収穫指数　460
重過リン酸石灰　369
重金属　43, 422
重金属汚染　608
重金属汚染地復元工事　610
重金属過剰障害　504
重金属耐性・蓄積性植物　609
終結コドン　184
集光・光化学反応　210
集光性クロロフィル a/b タンパク質複合体　659
集光性色素タンパク質複合体　210
重合体アルミニウムイオン種　41
シュウ酸　272, 553
集積微生物　627
従属栄養期　2
従属栄養菌　54
従属栄養組織　196
重炭酸イオン　71
重窒素ガス法　245
重窒素希釈法　245
宿主　271
宿主-寄生者の特異性　283
宿主特異性　252
宿主特異的毒素　286
種子　675
樹枝状体　265
種子貯蔵タンパク質　678
種子発芽　30

受精　672
樹体内窒素濃度　559
受動輸送　144, 151
受粉　672
shrunken　680
硝化細菌　56
硝化作用　600
止葉期追肥　449
硝酸　72, 308, 553
蒸散　35, 154
硝酸イオントランスポーター　644
硝酸化成（硝化）　55, 578, 603
硝酸化成抑制剤（硝化抑制剤）　58, 393
硝酸還元　74
硝酸還元酵素　57, 92, 114, 130, 165, 356, 650
硝酸還元酵素タンパク質のリン酸化　166
硝酸呼吸　57
硝酸態窒素　165, 512
硝酸トランスポーター　644
硝酸能窒素の吸収・利用　163
硝酸の簡易測定　513
蒸散量　344
ショウズ（アズキ）の施肥　460
焼成リン肥　370
消石灰　381
沼沢植物　49
焼土効果　587
小胞　241
小胞子　669
小胞体　22
小胞体膜結合リボゾーム　22
初期光合成産物呼吸　227
初期光合成産物　235
初期ノジュリン　255
食作用　146
植生指数　536
植物群落の多様性　266
植物試料の搾汁液　511
植物試料の抽出液　511
植物生長調節剤入り肥料　393
植物体硫黄含有率　96
植物の窒素分析　511
植物の抵抗性　283
食物連鎖　186, 594
食料自給率　620
除草剤　299
ショ糖（スクロース）　196
　　──の代謝　200
ショ糖密度勾配法　142

尻腐れ　342
飼料作物の施肥　477
シルビナイト　371
シロヘム　652
真核経路　207
真核細胞型の合成系　182
真核生物　2
シンク　160, 163
心腐れ　501
シンク能　161
ジングフィンガータンパク　105
シングル・ルート・モデル　34
人工環境　583
新鞘部の伸張阻害　352
心臓型胚　676
深層追肥　449
浸透圧　119
浸透圧効果　602
浸透ストレス　294
心皮　12
シンプラスト　128, 130, 131, 292, 338
symplasmic transport　329
シンポート　143, 151
森林の衰退現象　606
森林焼畑　586

ス

水害　440
水圏　593
　　──の汚濁　594
水酸化苦土肥料　382
水質汚染　443
水質汚濁　597
水性二層分配法　142
水素　68, 71
水素イオンポンプ　187
水素化物発生-原子吸光法　531
水素化物発生装置　531
水素発生　618
水田不耕起　627
水田マルチ　627
水稲育苗箱全量施肥法　387
水稲収量　606
水稲の施肥　444
スイトピーの施肥　488
水分欠乏　302
水分ストレス　290
水分代謝　310
水溶性アルミニウム　332
水和酸化物　40
水和反発　280
スギの衰退現象　606

すき床層　434
スクロース（ショ糖）　196
スクロース合成　213
スクロース合成酵素　199
スクロース代謝　200
スクローストランスポーター　158,648
スクロースホスフェートシンターゼ　231
スクロースリン酸シンターゼ　200
スクロースリン酸ホスファターゼ　214
すじぐされ果　506
スターチス　565
スチグマステロール　204
stable mulching　628
Strategy I　322,325,326
Strategy II　323,326,327
ストレス　275
ストレス耐性　355
ストロマ　212,657
ストロマチラコイド　27
スーパーオキシドアニオン　297
スーパーオキシドジスムターゼ　93,105,299,308,353,354
スピロプラズマ　283
スフィンゴイド　204
スプライシング　182
スプリングフラッシュ　480
ズベリン　128
ズベリン化　134
スペルミジン　173,179
スペルミン　173,179
スレオニン　170

セ

生育阻害水分点　614
静菌作用　63
静菌状態　625
性決定　669
生元素　577
青酸　561
生産阻害要因　403
整枝葉　496
生殖過程　674
青色光反応　281
生殖生長期　2,445
生石灰　381
生体膜　76
生長効率　229
生長呼吸　228
静的抵抗性（植物の）　283

製糖副産石灰　381
生理障害　584
ゼオライト　403
セカンドメッセンジャー　276
赤・近赤外光可逆反応　281
石灰資材　364
石灰質土壌　322
石灰質肥料　380,404
石灰窒素　368
石コウ　612
接種技術　617
接触吸収　37
摂食刺激因子　289
摂食阻害因子　289
施肥基準　433,447
施肥配分方式　449
施肥リン酸の利用率　592
セリン　171
セルロース　136,197
セルロース合成酵素　14
セルロース微繊維　13,129
セレニウム　124
セレノシスチン　125
セレノメチオニン　125
セレノメチルシステイン　125
セレブロシド　204
セレン　530
セレン集積植物　125
前駆体タンパク　664
全茎苗　466
せん枝　496
漸増追肥　449
全窒素収支法　245
鮮度保持　537
全量基肥　448
全量基肥施用技術　387,452

ソ

早期栽培　450
総根長　32
増収効果　606
双子葉植物　343
藻類の異常繁殖　594
側枝苗　467
側条施肥　449,452
促進拡散　145
ソース　160,163
ソース-シンク単位　163
ソース能　161
速効性肥料　462
粗皮病　506
粗面小胞体　22
ソルガムの施肥　477
ソルガムの品質　561

ソルビトール　197

タ

耐塩性　42,321
大気汚染　444,611
大気汚染物質　299,304
台木植物　52
堆きゅう肥　400,403
大工原酸度　40
ダイコンの品質　557
代謝回転　190
代謝プール　174,188
耐水性粒団　630
ダイズ根粒　256
ダイズの施肥　460
ダイズの品質　546
代替農業　620
耐凍性増大機構　280
他感作用　360
他感物質　360
　——の浸出　361
多植桑園　493
立入検査　415
脱窒　57,578
脱窒菌　57
脱窒作用　600
脱フツリン酸三石灰　420
脱分極　346
脱分枝酵素　199
タバコの施肥　496
タバコ用複合肥料　497
タペート組織　669
多量必須元素　67
担根体　6
炭酸カルシウム　404
炭酸カルシウム肥料　381
炭酸還元反応　599
炭酸固定反応　212
炭酸マンガン肥料　395
単純拡散の法則　144
炭水化物代謝　196
湛水栽培法　432
湛水直播栽培　454
湛水透水性　434
炭素　68,71
炭素還元回路　212
炭素代謝　256
炭素率　437
暖地型牧草の施肥　482
タンパク質　514
タンパク質含有率　543
タンパク質合成　182
タンパク質合成系　107
タンパク質合成装置　76

チ

タンパク質生合成　22
タンパク質分解　73
タンパク質リン酸化　92
単播採草地　482
単葉　509

チ

地下水中の硝酸態窒素　633
地球温暖化ガス　59
蓄積リン酸　594
地質学的施肥作用　579
窒素　68, 72, 442, 509
窒素栄養　233
窒素過剰ストレス　308
窒素環境容量　418
窒素飢餓　437
窒素吸収パターン　447
窒素欠乏ストレス　310
窒素固定　72, 114, 162, 239
窒素固定菌　30, 53
窒素固定系　632
窒素固定能　577
窒素固定微生物　239
窒素固定量　245
窒素サイクル　72
窒素酸化物　304
窒素質肥料　366, 429, 589
窒素収支　597
窒素12月表面施肥法　491
窒素循環　616
窒素転流　170
窒素代謝　165
窒素負荷　589
窒素リサイクル容量　597
チャ（茶）　121
　——の施肥　494
　——の品質　567
チャネル　145, 149
チャノホコリダニ　507
虫害　440, 441
中心柱　3, 10, 128
沖積土壌　556
中層　137
柱頭　672
チューリップの施肥　490
長距離輸送　156
長期連用　627
超多収品種　451
超短伐期林　498
貯蔵タンパク質　164
貯蔵デンプン　196
貯蔵物質　164, 675
貯蔵物質呼吸　227
貯蔵プール　174

チラコイド膜　210, 657
チリ硝石　368
チロシン　172

ツ

追肥　429
追肥省略型基肥重点施肥法　387
通過細胞　10
ツツジ型菌根　268
つなぎ肥　447
粒状配合肥料　388
つぼ肥　500

テ

テアニン　494, 567
低アミロース　545
低温ストレス　278
抵抗性品種　52
底細胞　676
低酸素ストレス　296
定常浸透勾配　292
泥炭土　588
低投入農業　619
低度化成肥料　378
低木焼畑　586
底面給水栽培　489
低養分耐性　337
テイリング　182
テオシント　478
デスモ小管　129
鉄　69, 98, 522
鉄欠乏　45, 99, 501, 522
鉄欠乏クロロシス　123, 325
鉄欠乏ストレス　322
鉄欠乏耐性　326
鉄／マンガン比　104
デブランチングエンザイム　199
テフロンボンプ法　634
δ-アミノレブリン酸　178
テルペン化合物　46
電位勾配　131
電気化学ポテンシャル　130, 144
電気化学ポテンシャル勾配　131, 148
電気化学ポテンシャル差　145
電気加熱原子吸光法　635
電気伝導度　435, 601
点源負荷　598
転座　184
テンサイの施肥　463
テンサイの品質　550

電子伝達系・光リン酸化反応　210
電照ギクの施肥　488
田畑輪換　452
デンプン　164, 561
　——の熱糊化　543
デンプン合成　214
デンプン合成酵素　680
デンプン鞘　10
デンプン代謝　198
転流　73, 647

ト

銅　69, 108, 526
同位体分別係数　632
銅過剰　109
銅過剰ストレス　354
透過性イオン　138
同化デンプン　196
導管　3, 73, 128, 132, 153
導管溢泌液　511
導管液　154
導管病　507
凍結傷害　280
銅欠乏　108
銅欠乏ストレス　353
糖脂質　203
登熟　164, 170, 674
登熟限界　445
銅チオモリブデン酸　114
動的抵抗性（植物の）　284
トウモロコシの施肥　477
トウモロコシの品質　560
特殊肥料　365, 400, 408
特定イオン効果　602
特別栽培農産物　572
独立栄養菌　54
独立性窒素固定菌　239
トコフェロール　308
都市近郊林　498
土壌　580
　——の硫黄供給量　96
　——の酸性化　295
　——の種類　582
　——の窒素分析　510
　——の通気性　614
　——の抵抗　35
　——の物質循環機能　594
　——の役割　580
土壌 pH　43
土壌改良剤　403
土壌型　582
土壌型別耕地面積　582
土壌環境　580, 585

索引　　691

土壌孔隙　625
土壌硬度　614
土壌酸性化説　607
土壌-植物系　609
土壌浸食　593
土壌診断　433
土壌水分　553, 556, 565, 614, 630
土壌ストレス　624
土壌生産力　582, 593
土壌生成速度　580
土壌窒素供給パターン　447
土壌中の養分の可給度　504
土壌動物と微生物（不耕起栽培の）　631
土壌微生物群　272
土壌微生物の増殖阻害　295
土壌微生物バイオマス　592
土壌病害　441
土壌病害防除型　631
土壌肥沃度　579
土壌物理性の劣化　614
土壌養分の改善目標　433
トマトの酸度　555
トマトの品質　555
トランジットペプチド　167
トランスゴルジネットワーク　24
トランスファー RNA　182
transfer cell　322
3-トランスヘキサデセン酸　201
トランスポーター　17, 645
トランスロカーゼ　143
トリアシルグリセロール　201, 680
トリプトファン　172
トレハロース　271
Donnan free space　140
Donnan 膜平衡　137, 139

ナ

内生菌根　54, 315
内部品質　558
内膜系　17
ナシの施肥　476
夏 I 肥　494
夏枯れ　480
夏肥 I　492
夏 II 肥　494
夏焼　587
ナトリウム　69, 119, 528
ナトリウム粘土　420
難分解性有機物　626

難溶性リン酸　495
難溶性リン酸塩　592

ニ

二価鉄イオントランスポーター　332
ニコチアナミンアミノトランスフェラーゼ　100, 330, 331
ニコチアナミン合成酵素　100
ニコチアナミンシンターゼ　331
二酸化硫黄　193, 304, 306, 307, 351
二酸化炭素　48, 71, 303, 599
二酸化炭素ガスの拡散　216
二酸化炭素濃度　220
二酸化炭素飽和点　220
二酸化炭素補償点　220
二酸化窒素　306
二次鉱物の荷電特性　612
二次細胞壁　13
二次能動膜輸送　133
2 節苗　466
2 ソースモデル　632
ニッケル　124, 530
ニッケル過剰　124
ニトロゲナーゼ　113, 239, 356, 619, 654
ニトロゲナーゼ活性　257
Nitrosomonas　56
Nitrobacter　56
2 ポンプモデル　132
乳酸発酵　225
尿素　56, 367
ニンジンの品質　557

ヌ

ヌクレオシドリン酸エステル　78
ヌクレオチド　175, 188

ネ

根　8
　——の活性　235
　——の酸化能　51
　——の酸化力　104
Nye らのモデル　39
根腐れ　60
根腐れ褐変症　584
根生育非制限有効水分域　615
熱可塑性樹脂被覆肥料　385
熱硬化性樹脂被覆肥料　385
熱ショックストレス　342
熱ショックタンパク質　278

熱水抽出性の全窒素　465
熱帯地域の稲作　606
熱帯泥炭　588
根張り　31
根分泌　55
根分泌物　51
Nernst の式　146
Nernst-Planck の式　144

ノ

農産物の安全性　539
農産物（農作物）の品質　539
嚢状体　264
能動的吸水　291
能動輸送　145, 151
農薬入り肥料　393
農薬の過剰投入　619
農用地土壌汚染防止法　608
ノジュリン遺伝子　254
ノジュリン-35 遺伝子　258
呑み込み因子　289

ハ

葉　6
胚　675
バイオリメディエーション　625
バイオマス燃料　590
廃棄物　611
配合肥料　379
培土　472
排土客土　609
胚乳　676
胚乳原核　677
胚発生　674
胚盤　676
胚柄　676
培養液　472
パイライト　588
パーオキシソーム→ペルオキシソーム
葉枯れ症　584
白色体　29
バーク堆肥　400, 403, 498
バクテリゼーション　64
バクテロイド　259
白斑病（カリウム欠乏症）　85
破生間隙　49
破生通気組織　50
ハダニ　507
発酵果症　584
パッチクランプ法　152
ハートザルツ　371
花　11, 667

バナジン酸　149
Haber-Bosch 法　364, 367
Barber らのモデル　39
葉縁枯れ　347
バーミキュライト　403
バミューダグラス　485
パーライト　403
バラの施肥　488
バラの品質　565
バリン　171
春切り　492
バルクブレンド肥料　379, 388
Hartig ネット　270
春焼　587
バレイショ　32
半乾燥地　600
晩期栽培　450
伴細胞　156
斑点性障害　560
半透膜　290
反応中心クロロフィル　210
反撥係数　291

ヒ

火入れ　586
ビウレット　368
光吸収代謝　167
光呼吸　213, 655
光酸素障害　107
光増感反応　282
光阻害　298
光防護機構　282
光補償点　219
光力学的増感反応　282
光リン酸化　91
光リン酸化反応　78
肥効試験　415
肥効調節型肥料　394
肥効発現促進材　365
微小管　17
ヒスチジン　172
微生物　625
微生物バイオマス窒素　55
微繊維　136
皮層　3, 9, 128
非代謝プール　188
ビタミン　552
ビタミン C　549
必須元素　67
ヒドロキシプロリン　136
ヒドロキシルラジカル　297
ヒドロゲナーゼ　124, 618
被覆カリ肥料　384
被覆作物　361

被覆小胞　24
被覆窒素質肥料　384
被覆肥料　452, 462
被覆肥料の溶出タイプ　385
被覆複合肥料　379, 384
病原糸状菌　61
病原体　299
病原微生物ストレス　283
病原微生物抵抗性　283
皮層細胞　153
病虫害　440
表皮　2, 6, 8, 127
表皮細胞　131, 153
非理想半透膜　291
微量元素欠乏　610
肥料
　　——の一次要素　364
　　——の三要素　363
　　——の主成分　407, 413
　　——の定義と分類　364
　　——の登録　415
　　——の評価　406
肥料取締法　364, 399, 406, 413
肥料・農薬の過剰投与　619
微量必須元素　67
肥料分析の公定法　406
肥料分析法　408
ピルビン酸　205, 318
ピルビン酸キナーゼ　231
ピルビン酸デヒドロゲナーゼ複
　合体　205
ピルビン酸リン酸ジキナーゼ
　217
ピロホスホリラーゼ　190
ピロリン　190
貧栄養　610
貧血症　122
品質（農作物・農産物の）
　375, 537
品質要素（農産物の）　537

フ

ファイトアレキシン　276, 285
ファイトクロム　346
ファイトシデロフォア　133
ファイトフェリチン　100, 101
ファイトフェリチン遺伝子
　329
ファイトプラズマ　283
ファイトレメディエーション
　597, 609
フィコビリン　210
フィターゼ分泌　316
フィチン　191

フィチン酸　76, 188
部位特異的変異　666
フィトクロム（ファイトクロ
　ム）　346, 656
フィトケラチン　194, 354, 359,
　360
フィトケラチン合成酵素　360
フィードバック制御　93
フィードバック的阻害　161
富栄養化　578
フェオフィチン a　659
フェニルアラニン　172
フェニルプロパノイド合成
　167
フェノール化合物　45
フェノール代謝　104
フェノール類　323
フェリチンタンパク質　25
フェレドキシン　115, 650
深蒸し茶　568
複合肥料　376
副産苦土肥料　382
副産石灰肥料　381
副産複合肥料　379
不耕起移植栽培法　629
不耕起栽培　627, 628
　　——の省力・省エネ効果
　629
不耕起直播栽培法　629
不耕起水稲生産　629
腐植含有量　434
腐植酸苦土肥料　382
付着器　265
普通期水稲　450
普通桑園　493
普通肥料　365, 373, 408
フッ化水素　304, 306
フッ素アパタイト　368
不透過性イオン　138
不動性アニオン　139
不動性イオン　137
不動性電荷　139
ブドウの施肥　476
プトレシン　84, 173, 179, 348
不稔　606
不飽和長鎖脂肪酸　189
フラクタン　197
プラグ苗　499
プラスチド経路　207
Bradyrhizobium 属　54
フラボノイド　308
フラボノイド化合物　45
フランキア　240
フランコライト　369

索 引

ブランチングエンザイム 198
プラントオパール 118
フリースペース 139
ブリックス 555,570,571
ブリッジ現象 391
フリップフロップ運動 143
不良土壌 443,610
プリン塩基 175
プリン核 261
フルクトース 1,6-ビスホスファターゼ 214
ブルーベビー症 540
ブレークダウン 545
フレーム原子吸光法 634
フレームレス原子吸光法 530
ブレンド堆肥 598
プロセッシング 182
production value 228
プロテアーゼ 55,73
プロテインキナーゼ 652
プロテインボディー 543,678
プロトコーム 269
プロトン-アニオン共輸送 308
プロトンATPase 149
プロトン駆動力 145
プロトンポンプ 149,329
プロラミン 678
プロラメラボディ 27
プロリン 173,321,513
フロンガス 607
bronzing 347
糞化石 186
分散係数 36
分子生物学 623
分施方式 449
分泌タンパク質 23
粉粒混合配合肥料 392

ヘ

平衡電位 147
ヘキサデカトリエン酸 201
壁タンパク 129
ベクター 642
ペクチン 129,136,140,334,343
ペクチン質 113
ペクチン性多糖類 14
β-アミラーゼ 199,550
ベタイン 321
β-カロチン 300,659
β-1,3-グルカン合成酵素 335
β-チューブリン 18
ベッド栽培 471,556
ペプチドグリカン 55

ヘマトキシリン染色 339
ヘミセルロース 129,136
ヘミセルロース多糖類 14
ペリバクテロイド膜 259
ペルオキシソーム 29,207,227
ペルオキシダーゼ 51,102,103,300
変位荷電座 40
鞭状葉症 506
ベントグラス 484
ペントースリン酸回路 225
ベントナイト 403
鞭毛菌類 61

ホ

膨圧 119
防御遺伝子発現 284
放射線照射 575
放線菌 240,241
ホウ素 16,69,110,524
ホウ素過剰 112
ホウ素過剰ストレス 355
ホウ素欠乏 111,469,491
ホウ素欠乏ストレス 355
ホウ素肥料 396
放牧 563
放牧草地 480
包膜 657
ホウレンソウ根腐病 62
ぼかし肥料 429
牧草の季節生産性 481
牧草の施肥 480
牧草の品質 562
穂肥 448
圃場試験 431
保証成分 413
保証成分量 413
保証票 365
保水力(土壌の) 558
ホスファターゼ 79
ホスファチジルイノシトール 203
ホスファチジルエタノールアミン 203
ホスファチジルコリン 77,203
ホスファチジルセリン 203
ホスホエノールピルビン酸 217
ホスホエノールピルビン酸カルボキシラーゼ 217,231,261,321,303,308
ホスホフルトキナーゼ 190
ホスホリパーゼ 189
ホスホリラーゼ 199

ポット試験 430
穂発芽 545
ホメオティック遺伝子 667
ポリアクリルアミドゲル電気泳動 515
ポリアミン 73,173
ポリエン脂肪酸 201
ポリソーム 21
ポリフェノール 272
ポリペプチド鎖の延長 184
ポリリン酸 188,266
ホールクロップサイレージ 477
ボルテージクランプ 152
ポルフィリン 178
ホルモン障害 507
ホルモン生合成 23
ポンプ 148

マ

マイクロハビタット 627
マイクロボディ 29
マイペース酪農 620
膜結合型 20
膜脂質の流動性 279
膜電位 47,146
膜電位固定法 152
膜動輸送 145
マグネシウム 69,90,520
マグネシウム過剰 520
マグネシウム過剰ストレス 349
マグネシウム欠乏 94,520
マグネシウム欠乏ストレス 348
膜の硬直化 336
膜輸送 143
マスフロー 36,130,134,135
マメ科植物 122,247
マルチ栽培 455
マルチスペクトル画像 637
マンガン 69,102,295,523
マンガンイオンの酸化 102
マンガン過剰 498,523
マンガン過剰ストレス 351
マンガン欠乏 523
マンガン欠乏ストレス 351
マンガン質肥料 395
マンガン毒性と解毒 104
慢性的ストレス 305

ミ

ミオイノシトール 191
Michaelis-Mentenの式 145,

150
ミクロフィブリル 197
実肥 448
水 71
水呼吸 34
水ストレス 221, 299, 303, 442
水造粒肥料 392
水ポテンシャル 34, 221, 302
水ポテンシャル勾配 134
密植桑園 493
密植速成桑園 493
ミトコンドリア 29, 298, 326
ミトコンドリア局在化シグナル 21
水口流し込み施肥法 425
ミロシナーゼ 195

ム

無機資材被覆肥料 385
無機質 552
無機態窒素 308
ムギネ酸 45, 100, 323, 330
無機リン 188
無機リン酸 78, 190
無機リン酸濃度 161
無効根粒 253
ムシゲル 24
ムシレージ(ミューシレッジ) 127, 334, 338
鞭状葉 113
無硫酸根肥料 61, 521

メ

メタロチオネイン 354, 358, 359, 624
メタロチオネイン合成遺伝子 354
メタン 49, 58, 577, 599
メタン細菌 58
メタン酸化細菌 57
メチオニン 171, 193
メチル基転移反応 599
4-メチレングルタミン 260
メッセンジャーRNA 182
メトヘモグロビン血症 540
Mehler 反応 103
Mehler-Malley 序列 102
メロンの品質 556
免疫組織学的解析(GOGATの) 169
面源負荷 598

モ

木質泥炭 588
木部 3
木部プロトンポンプ 294
モニタリング 602
モノグルコシルセラミド 204
モモの施肥 476
モリブデン 113, 526
モリブデン過剰 114
モリブデン欠乏 113
モリブデン欠乏ストレス 356
モリブデン中毒 114

ヤ

焼畑 586
薬物の代謝 23
野菜の日持ち 574
野菜類の品質 552

ユ

誘引因子 289
有害金属イオン 295
有害重金属 43
有害成分 553
有機化合物 45
有機酸 315
有機酸放出 337
有機質肥料 372, 400
有機JASマーク 575
有機態硫黄 94, 351
有機態窒素 55
有機農産物 572
——の表示ガイドライン 574
有機農法(有機農業) 571, 621
有機物 436
有機物集積効果 630
有機リン酸エステル 75
有効塩基交換容量 579
有効水分量 615
有効成分 413
有効態ケイ酸 434
有効態リン酸 434
雄ずい 12
有穂茎数 481
雄性不稔 671
誘導酵素 356
有用根圏細菌 63
遊離アミノ酸 550
遊離アミノ酸集積 106
遊離型 20
遊離酸化鉄 434
輸送細胞 17
輸送小胞 23
輸送ペプチド 664
ユニポート 143

ユリ 563
油糧植物 164

ヨ

陽イオン交換容量 434
養液栽培 471
養液栽培試験 431
幼芽原基 676
ヨウ化プロピジウム 335
葉形 8
葉原基 7
葉菜類の施肥 469
溶出シミュレーション 386
葉鞘水分 570
葉色診断 508
葉色帳 508
熔成複合肥料 380
熔成リン肥 370, 404
溶脱 361
葉枕組織 84
葉肉細胞 656
葉肉組織 7
養分吸収モデル 37
養分の天然供給量 579
養分要求性 68
葉脈 7
葉面散布 495
葉面散布肥料 397
幼葉形成期 509
葉緑素計 514
葉緑体 27, 184, 196, 209, 298, 657, 662
葉緑体ゲノム 662
四分子 669

ラ

ライシメーター試験 431
ラグ期 445
落葉 496
ラムノガラクツロナンII 16
ラン 269
ラン型菌根 268
ラングバイナイト 371
ラン藻 1, 240, 242, 618
ランドサットデータ 534

リ

陸稲の施肥 454
リグニン 88, 128, 136
リジン 171
離層 8
リゾビウム 240
リピットボディ 23
リービッヒ 363

リブロース二リン酸 212
リブロース二リン酸カルボキシラーゼ 303
リボソーム 20,184
——の減少 106
リボソーム RNA 182,189
リボヌクレアーゼ活性 525
Rhizobium 属 54
リミジン塩基 175
リモートセンシング 532,636
硫酸アンモニウム 367
硫酸 603
硫酸イオントランスポーター 646
硫酸イオンの還元同化 191
硫酸カリウム 37
硫酸カリウムマグネシウム 372
硫酸還元菌 60
硫酸苦土肥料 382
硫酸銅 114
硫酸マンガン肥料 395
粒状配合肥料 392
流動栽培法 432
流動モザイクモデル 143
粒度分布 389
良食味品種 451
緑農地還元 594
緑農地利用 421
リレー施用 437
リン 68,75,516
——の吸収・利用 163

——の再移行 313
リン栄養 234
リン過剰 517
リン過剰限界含有率 80
リン過剰症 80
リン吸収 266
リン欠乏 45,273,312
リン欠乏症 79,516
リン欠乏ストレス 312,316
リン欠乏土壌に対する耐性 313
リン鉱石 369
リンゴ酸 338
リンゴの施肥 474
輪作 51
リン酸 443,592
リン酸アンモニウム 370
リン酸栄養条件 338
リン酸エステル 188
リン酸獲得機構 315
リン酸過剰 565
リン酸吸収促進 271
リン酸吸収能 315
リン酸資材 420
リン酸質資材 591
リン酸質肥料 368,404,591
リン酸トランスロケーター 190,198
リン酸二石灰 420
リン酸富化 591
リン酸要求性 79
リン酸レギュロン 316

リン脂質 75,76,188,189,202,336
林地肥培 499
リン代謝 186
林木の施肥 498
リン要求性 313

ル

Rubisco 91,182,212,459
——の生成 185

レ

冷温傷害（障害） 278
冷温耐性機構 279
冷害 439,440,445
レクチン 253
レトルト臭 569
レナニアリン肥 420

ロ

ロイシン 171
老化 89
老化性（デンプンの） 543
老朽化水田 60,506
露地野菜の施肥 468
ロックウール栽培 472
loading 161

ワ

枠試験 431
渡良瀬川 608

略語索引

AAS 634
ABA 101,329
ABC 149
abi3 変異株 682
ACC オキシダーゼ 89
ACC シンターゼ 179
AC 法窒素 465
ADP 78
ADP グルコースピロホスホリラーゼ（ADPG） 190, 198
ADPGPPi 162
AFS 140
AMP 175
APS 192
APX 301
AS 170
ATP 75,78,191
ATPase 複合体 211
[ATPMg]²⁻ 複合体 91
ATP 合成酵素 660

BB 肥料 379,388

C_3 光合成系 231
C_3 作物 605
C_4 光合成 216
C_4 光合成系 232
C_4 植物（C_4 作物） 27,120, 217,605,656
CAB 41
CaM 345
CAM 光合成 218
CAM 植物 152,218
CCCP 47
CDP-DG 206
CDU 472,489
CMP 206
CEC 111,140,333
C/N 比 374,437
CoQ 225
¹⁴C 残存割合 235

DFS 140
DG 201,206
DHAP 200,214,231
DNA 76,175
DPG 203
DPPG 278

eCEC 579
EDTA 88
ER 22
ExCa 579

Fd-GOGAT 169,655
Fd-NADP 還元酵素 166
FED 55
Fe/Mn 比 104
FNR 658
Fe-S クラスター 652

GABA 569
GDP 276
GE 229
GIS 637
glnB（P II）タンパク質 652
GMP 175
GOGAT 169,655
GPS 636
GS 167
GS 1 167
GS 2 167
GS 2 欠損突然変異体 168
GS/GOGAT 258,259,654
G タンパク質 276
GTP 供給タンパク質 276

H⁺ 輸送性 ATPase 91
HPLC 531

IAA 103,105
ICP-AES 635
ICP-MS 635
ICP-発光法 529

JAS 規格 575
JAS 法 572
JCP-発光法 528

KK 膜 291

LANDSAT 636
LEA タンパク質 681
LHC 657,659
LISA 619,620
LPA 205

MADS ボックス 668
MeGLN 260

Met-tRNA 184
MGDG 201
MHB 272
mRNA 20,76,82
MT 354,358,359

NAAT 331
NADH 23,650
NADH-GDH 167
NADH-GOGAT 169,655
NAD-ME 型 217
NADP 29
NADPH 23,217,650
NADP-ME 型 217
NAD キナーゼ 87,340
Na⁺-K⁺ ポンプ 82
NAS 331
N/C 比 309
NiR 166,564
NMR 188
nod 遺伝子 249
Nod ファクター 249
No_x 611
NRmRNA 651

OAS 95
ORN 262

P 680 210
P 700 210
PAL 104
PAN 306
PAPS 192
PBM 257
PC 203
PCK 型 217
PDC 205
PE 203
PEP 120,217,234
PEP カルボキラーゼ（PEPC） 217,261,308,318,653
PG 201
PGA 213
PGP 206
pH 安定化仮説 297
pH 維持機構 309
pH 上昇能 335
pH 変化能力 338
Pi 318
PI 203

Pi トランスロケータ　231
PS　203
PS I　210
PS I 複合体　211
PS II　210
PS II 複合体　211
PV　228

RNA　76,175,188
RNAase　318
RNA ポリメラーゼ　91,105
Rp　227
rRNA　20,76,182
Rs　227
RuBP　212,213
RuBP の再生産反応　212
RY 配列　679

S 遺伝子　673
SAM　193
SAR　636
S-アルキル-L-システインスルホキシド　195
sn-1,2-ジアシルグリセロール　201
SOD　105,301
So$_x$　611
SPAD-502　514,533
SPS　200,214,231
SQDG　206

TCA 回路　225
TCC 還元力　349
TDN　560
T-DNA タギングライブラリ
　　　645
TG　201
tRNA　76,182
TTC 環元活性　520

UDP　78
UDPG　190
UMP　178
UTP　78
UV　607

VA 菌根　264
Vp-1 遺伝子　679

WFS　140
wx 遺伝子座　680

MEMO

MEMO

植物栄養・肥料の事典		定価は外箱に表示

2002年5月10日 初版第1刷

編集者	植物栄養・肥料の事典編集委員会
発行者	朝倉邦造
発行所	株式会社 朝倉書店 東京都新宿区新小川町6-29 郵便番号 162-8707 電話 03 (3260) 0141 FAX 03 (3260) 0180 http://　www.asakura.co.jp

〈検印省略〉

© 2002〈無断複写・転載を禁ず〉

ISBN 4-254-43077-9　C 3561

壮光舎印刷・渡辺製本

Printed in Japan

進化生物研 駒嶺　穆総編集　東北大 山谷知行編 朝倉植物生理学講座2 ## 代　　　　謝 17656-2 C3345　　A 5 判 192頁 本体3600円	分子レベルの研究の進展は，より微視的かつ動的な解析方法による植物代謝への理解を深めている。本書はその最新研究を平易に解説する。〔内容〕代謝調節／エネルギー代謝／水代謝／窒素代謝／炭素代謝／イオウ代謝／脂質代謝／二次代謝
進化生物研 駒嶺　穆総編集　前岡山大 佐藤公行編 朝倉植物生理学講座3 ## 光　　合　　成 17657-0 C3345　　A 5 判 212頁 本体3900円	〔内容〕概説／光合成色素系／光合成反応中心での電子移動とエネルギー変換反応／ATP合成系／炭素同化系／細胞レベルでの光合成機能／個葉・個体レベルでの光合成／群落の光合成と物質生産／光環境の移動に伴う光合成系／光合成工学
進化生物研 駒嶺　穆総編集　東大 福田裕穂編 朝倉植物生理学講座4 ## 成　長　と　分　化 17658-9 C3345　　A 5 判 216頁 本体3800円	植物細胞の分裂，成長，分化などについて基礎的な知見からシロイヌナズナを用いた最先端の研究まで重要なことがらを第一線研究者により易しく解説。〔内容〕植物ホルモン／細胞分裂／細胞伸長／細胞・組織分化／個体形成／生活環の制御
進化生物研 駒嶺　穆総編集　阪大 寺島一郎編 朝倉植物生理学講座5 ## 環　　境　　応　　答 17659-7 C3345　　A 5 判 228頁 本体3900円	ストレスや刺激など植物環境と応答に関する研究は近年著しい進展をしている。本書はその最前線を平易に紹介する。〔内容〕光／水分環境／温度／環境と生物のリズム／栄養塩，化学物質／物理的な刺激／病原体／傷害／環境応答の生理生態学
元東大 原　襄著 ## 植　物　形　態　学 17086-6 C3045　　A 5 判 196頁 本体4300円	植物の「形」に凝縮された大量の情報を体系的に整理。〔内容〕植物の基本構造／器官と器官系(根,茎,葉)／組織と組織系(細胞,分泌構造)／形態形成と組織形成(胚発生，分裂組織，葉の形成)／生殖に関する構造(花，果実，種子)
前北大 酒井　昭著 ## 植物の分布と環境適応 ―熱帯から極地・砂漠へ― 17094-7 C3045　　B 5 判 160頁 本体5500円	熱帯・極地・高地・乾燥地など異なる環境下の植物がいかにしてその環境に適応しているのか，その戦略を植物生態・生理学的に述べ，植物の多様性と生きざまを探る〔内容〕総論／低資源高ストレス環境下の植物／木本植物／氷点下温度の植物
国際日本文化研究センター 安田喜憲・岡山理大 三好教夫編 ## 図説日本列島植生史 17102-1 C3045　　B 5 判 320頁 本体14000円	日本列島における現在までの植生史研究の集大成。第1部で植生史研究の基礎と概説を行ったのち，第2部で日本各地の植生史を地域別に詳述，第3部では樹種別の植生の変遷を述べた。巻末には植生史の関連文献を集大成し今後の便を図った
堀江　武・吉田智彦・巽　二郎・平沢　正・ 今木　正・小葉田亨・窪田文武・中野淳一著 ## 作　物　学　総　論 41021-2 C3061　　A 5 判 212頁 本体4300円	環境悪化の中での作物生産のあり方にも言及する好教科書。〔内容〕農業と作物および作物学／作物の種類と品種／作物の発育と適応／作物の形態と機能／作物の生長と生理／作物生産と環境／品種改良の目標と生理生態的研究／作物の生産管理
日大 石井龍一・前北大 中世古公男・千葉大 高崎康夫著 ## 作　物　学　各　論 41022-0 C3061　　A 5 判 184頁 本体3800円	各作物(87種)について知っておくべき要点を解説したテキスト。〔内容〕作物の種類と作物化／食用作物(穀類／まめ類／いも類)／繊維作物／油料作物／糖用作物／嗜好料作物／香辛料作物／ゴム料作物／薬用作物／イネ科牧草／マメ科牧草
日大 石井龍一編 ## 植　物　生　産　生　理　学 41018-2 C3061　　A 5 判 184頁 本体3700円	学生・技術者のための好参考書。〔内容〕序論／作物生産と光合成／作物の生長と呼吸／光合成同化産物の転流と蓄積／作物生産と窒素の吸収・代謝／水ストレスと作物の光合成・生長／塩・濃度ストレスと作物の生長／作物生産と植物調節物質

日本土壌肥料学会編	学会創立70周年を記念して，学会の精鋭70名が地球環境問題に正面から取り組む。持続性のある食糧生産における土と植物がもつ機能の重要性を平易に開示。〔内容〕人類の文化と土と植物資源／土と植物のサイエンス最前線／日本農業の最前線
土　と　食　糧	
―健康な未来のために―	
40010-1　C3061　　B5判 224頁　本体4800円	
安西徹郎・犬伏和之編　梅宮善章・後藤逸男・ 妹尾啓史・筒木　潔・松中照夫著	好評の基本テキスト「土壌通論」の後継書〔内容〕構成／土壌鉱物／イオン交換／反応／土壌生態系／土壌有機物／酸化還元／構造／水分・空気／土壌生成／調査と分類／有効成分／土壌診断／肥沃度／水田土壌／畑土壌／環境汚染／土壌保全／他
土　壌　学　概　論	
43076-0　C3061　　A5判 228頁　本体3900円	
元東大 高井康雄・元千葉県農試 三好　洋著	土壌学の平易な入門書。〔内容〕土壌鉱物／土壌の反応／土壌生態系／土壌有機物／土壌の構造／土壌生成／調査と分類／有効成分／水田土壌／畑土壌／施設土壌／草地土壌／樹園地土壌／森林土壌／環境汚染と土壌管理／土壌保全と人類／他
土　壌　通　論	
43003-5　C3061　　A5判 244頁　本体4000円	
滋賀県立大 久馬一剛編	土壌学の基礎知識を網羅した初学者のための信頼できる教科書。〔内容〕土壌，陸上生態系，生物圏／土壌の生成と分類／土壌の材料／土壌の有機物／生物性／化学性／物理性／森林土壌／畑土壌／水田土壌／植物の生育と土壌／環境問題と土壌
最　新　土　壌　学	
43061-2　C3061　　A5判 232頁　本体4200円	
「土の世界」編集グループ編	土を理解し，土を守り，地球環境を救うための大地からの声。中・高生から一般の人々にまで薦めたい本。〔内容〕土からのメッセージ／土をとりまく環境／悲鳴をあげる土／土のゆくすえ／はたらく土／土はどうしてできるの／土ってどんなもの
土　の　世　界	
―大地からのメッセージ―	
43045-0　C3061　　A5判 168頁　本体2900円	
前静岡大 仁王以智夫・名大 木村眞人他著	〔内容〕物質循環の場としての土壌の特徴／生化学反応と微生物／微生物バイオマス／土壌酵素／土壌有機物の分解と炭素化合物の代謝／窒素の循環／リン・イオウ・鉄の形態変化／共生の生化学／分子生物学と土壌生化学／環境問題と土壌生化学
土　壌　生　化　学	
43056-6　C3061　　A5判 240頁　本体4600円	
東京大学農学部編 農学教養ライブラリー1	土のはたらきや土をとりまく環境について平易に解説。〔内容〕土壌中の水・溶質・ガス／熱と物質移動／土壌の力学／土壌資源／物質大循環と土壌生物／農業と土壌有機物／砂漠化／高性能土壌／土壌の生物生産能／熱帯の土壌／熱帯森林土壌
土　壌　圏　の　科　学	
40531-6　C3061　　A5判 152頁　本体2900円	
茅野充男・杉山達夫・高橋英一・但野利秋・ 麻生昇平・山崎耕宇著	水や栄養素の吸収・代謝の機序，栄養特性および肥料の種類と特性等あらたに解明されたことなどを含めて基礎的なことから高度なことまで述べたテキスト。〔内容〕植物の特性／植物生産の代謝／必須元素／養分吸収と移動／栄養特性／肥料
植　物　栄　養・肥　料　学	
43052-3　C3061　　A5判 232頁　本体4500円	
前東北大 小島邦彦著	植物組織培養は栄養要求の発展史でもある。本書はその視点から解説。〔内容〕栄養要求面からの考察／各種組織培養法／培地の基本的成分／培地の調製と処方／無機・有機養分の栄養要求／緑色カルス／変異細胞の特性／酸性土壌耐性植物／他
植物組織培養の栄養学	
43055-8　C3061　　A5判 180頁　本体3500円	
本田　博・赤塚尹巳・近内誠登・佐藤仁彦著	環境を保全しつついかに農薬を使用すべきかという観点からわかり易く述べた好テキスト。〔内容〕農薬概説／農薬の安全性／殺菌剤／殺虫剤／殺ダニ・殺線虫剤／殺鼠剤／除草剤／植物成長調節剤／農薬の製剤と施用法／農薬の効力検定と評価法
新　農　薬　学　概　論	
43054-X　C3061　　A5判 212頁　本体4200円	

前九大 和田光史・滋賀県立大 久馬一剛他編

土　壌　の　事　典

43050-7　C3561　　A 5 判　576頁　本体20000円

土壌学の専門家だけでなく，周辺領域の人々や専門外の読者にも役立つよう，関連分野から約1800項目を選んだ五十音配列の事典。土壌物理，土壌化学，土壌生物，土壌肥沃度，土壌管理，土壌生成，土壌分類・調査，土壌環境など幅広い分野を網羅した。環境問題の中で土壌がはたす役割を重視しながら新しいテーマを積極的にとり入れた。わが国の土壌学第一線研究者約150名が執筆にあたり，用語の定義と知識がすぐわかるよう簡潔な表現で書かれている。関係者必携の事典

千葉大 本山直樹編

農　薬　学　事　典

43069-8　C3561　　A 5 判　592頁　本体20000円

農薬学の最新研究成果を紹介するとともに，その作用機構，安全性，散布の実際などとくに環境という視点から専門研究者だけでなく周辺領域の人たちにも正しい理解が得られるよう解説したハンドブック。〔内容〕農薬とは／農薬の生産／農薬の研究開発／農薬のしくみ／農薬の作用機構／農薬抵抗性問題／化学農薬以外の農薬／遺伝子組換え作物／農薬の有益性／農薬の安全性／農薬中毒と治療方法／農薬と環境問題／農薬散布の実際／関連法規／わが国の主な農薬一覧／関係機関一覧

松本正雄・大垣智昭・大川　清編

園　芸　事　典

41010-7　C3561　　A 5 判　408頁　本体16000円

果樹・野菜・花き・花木などの園芸用語のほか，周辺領域および日本古来の特有な用語なども含め約1500項目（見出し2000項目）を，図・写真・表などを掲げて平易に解説した五十音配列の事典。各領域の専門研究者66名が的確な解説を行っているので信頼して利用できる。関連項目は必要に応じて見出し語として併記し相互理解を容易にした。慣用されている英語を可能な限り多く収録したので英和用語集としても使える。園芸の専門家だけでなく，一般の園芸愛好者・学生にも便利

日本作物学会編

作　物　学　事　典

41023-9　C3561　　A 5 判　580頁　本体18000円

作物学研究は近年著しく進展し，また環境問題，食糧問題など作物生産をとりまく状況も大きく変貌しつつある。こうした状況をふまえ，日本作物学会が総力を挙げて編集した作物学の集大成。〔内容〕総論（日本と世界の作物生産／作物の遺伝と育種，品種／作物の形態と生理生態／作物の栽培管理／作物の環境と生産／作物の品質と流通）。各論（食用作物／繊維作物／油料作物／糖料作物／嗜好料作物／香辛料作物／ゴム料作物／薬用作物／牧草／新規作物）。〔付〕作物学用語解説

根の事典編集委員会編

根　の　事　典

42021-8　C3561　　A 5 判　456頁　本体18000円

研究の著しい進歩によって近年その生理作用やメカニズム等が解明され，興味ある知見も多い植物の「根」について，110名の気鋭の研究者がそのすべてを網羅し解説したハンドブック。〔内容〕根のライフサイクルと根系の形成（根の形態と発育，根の屈性と伸長方向，根系の形成，根の生育とコミュニケーション）／根の多様性と環境応答（根の遺伝的変異，根と土壌環境，根と栽培管理）／根圏と根の機能（根と根圏環境，根の生理作用と機能）／根の研究方法

上記価格（税別）は 2002 年 3 月現在